KB271317

韓國農業經濟學의 泰斗,
金俊輔 先生의 삶과 學問世界

− 碧齊 金俊輔 敎授 回顧 論文集 −

한국농업경제학회 편저

농민신문사

발 간 사

　고 김준보교수님 추모 논문집 발간을 매우 뜻 깊게 생각합니다. 올해로 52주년을 맞아 우리나라 농업경제 연구의 산실이 된 한국농업경제학회는 그 태동에서부터 성장에 이르기까지 고 김준보교수님의 애정과 헌신이 있었기에 가능했습니다. 또한 학문적 업적면에서도 농업경제학은 물론 경제사, 경제통계학 등 관련분야에 이르기까지 탁월한 족적을 남기셨습니다.

　우리 학회에 대한 애정이 남다르셔서 고령에도 불구하고 학회 발표장에 나오셔서 후학들에게 친절한 조언을 해주시던 게 엊그제 같은데, 이제 교수님의 그 훌륭한 모습을 볼 수 없다는 것이 안타깝기 그지없습니다. 그러나 우리는 지금도 찬란하게 빛나는 교수님의 학문적 업적을 통해 계속 교수님의 정신을 되새기고 학술적 교감을 가질 수 있을 것입니다.

　이에 한국농업경제학회에서는 회원들의 중지를 모아 고 김준보교수님의 학문적 업적을 기리고 계승 발전시키자는 취지에서 이 추모 논문집을 발간하게 되었습니다. 워낙 학문적 업적이 방대하고 출중하셔서 추모 논문집에 모두 담을 수는 없었지만, 이 논문집 발간을 계기로 교수님의 이론을 재조명하고 현대적 함의를 도출하는 시발점이 되기를 빕니다. 우리 농업을 둘러싼 환경은 여전히 어렵지만, 온고지신의 정신으로 교수님의 명저들로부터 많은 학술적 영감을 얻으시기를 기원합니다.

　이 추모 논문집은 회고사, 해제, 논문선집(경제사편, 농업경제편)으로 구성되어 있습니다. 회고사와 해제 집필을 맡아주신 여러 교수님들께 진심으로 감사를 드립니다. 아울러서 오래된 저작들의 편집 작업에 참여해주신 서울대학교 농경제사회학부 교수님들과 대학원생들에게도 감사드립니다. 또한 이 추모 논문집 발간을 위해 물심양면의 지원을 아끼지 않으신 농민신문사와 농협문화복지재단 관계자 여러분들께도 심심한 감사를 드립니다.

2009년 7월

한국농업경제학회장 **이 병 오**

목 차

[회고사]

[해 제]

[논문선집Ⅰ] − 경제사편

[논문선집Ⅱ] – 농업경제편

[논문선집Ⅱ] – 경제이론편

[논문선집Ⅱ] – 통계학편

회 고 사

[회고사]

회고사 Ⅰ

가치이론에서의 모집단성(母集團性)의 문제
– 김준보교수의 논문 중에서

김 문 식 (서울대학교 명예교수)

4년 전 김용철(金容喆)박사와 오근배(吳根培)씨가 신년하례차 김교수님 택(宅) 심방(尋訪)하는데 동행한 적이 있다. 이 자리에서 김교수는 인사말을 나눈 뒤 곧바로 경제이론(經濟理論)에 관한 특히 2002년 4월에 발표한 논문 "상품가치(商品價値)의 모집단성(母集團性) 재고(再考)"에 관하여 설명하기 시작하셨다. 특히 이 논문 중 "전체에 대비된 개별적자본(個別的資本) 또는 노동(勞動)과 자본(資本)의 각종 유형에 따른 특수조건은 고사하고 변수적(變數的) 편차(偏差) 외에 통계적오차(統計的誤差)야 말로 기본적 요인이다. 생산가격(生産價格)과 시장가격(市場價格)의 불일치는 엄연한 통상적 편의현상(偏倚現象)이거니와 이때에 만약 모집단(母集團)과 표본(標本)의 관계에 대한 명시적(明示的) 도입이 없는 경우 적어도 그 "정량적(定量的) 편의(偏倚)"를 인식함에 명확한 방법은 기약될 수 없다. 이점 또한 "자본론(資本論)" 자신 모집단(母集團) 개념의 선행적(先行的) 도입이 간절한 소이(所以)이다."

김교수는 "모집단(母集團) 개념의 선행적(先行的) 도입"에 관하여 설명하고 또 설명하고 약 30여분동안 설명하셨다. 그러나 필자(筆者)는 명확한 이해가 되지 않았다.

그와 같은 대담(對談)이 있은 후, 필자(筆者)는 자본론(資本論)에서의 생산가격 (生産價格)과 시장가격(市場價格)의 각 개념(概念)을 다시 알아보고 싶었다.

다음은 생산가격(生産價格)에 관한 서술내용이다.

자본의 유기적구성(有機的構成)은 현실의 어느 순간에도 두 사정(事情)에 관련(關聯) 되어진다. 하나는 충용생산기관(充用生産機關)의 량에 대한 충용노동력(充用勞動力)의 기술적 관계이고 다른 하나는 그 생산기관(生産機關)의 가격(價格)이다.

자본의 유기적구성(有機的構成)은 그 백분율로서 고찰하여야 할 것이다. 5분의 4의 불변자본(不變資本)과 5분의 1의 가변자본(可變資本)으로서 성립한다.

자본의 유기적구성(有機的構成)을 표시하는데 있어 80C+20V라는 공식으로서 한다. 비교의 조건으로서는 잉여가치율(剩餘價値率)이 변화하지 않는다 가정하고 이것이 100percent라는 식의 임의(任意)의 정율(定率)을 갖는다고 가정한다.

이와 같은 경우에는 80C+20V라는 자본(資本)은 20m이라는 하나의 잉여가치(剩餘價値)를 낳는다. 이 경우 자본(資本)의 생산물의 현실적가치(現實的價値)가 얼마인가는 불변자본(不變資本)의 고정분(固定分)의 크기와 고정자본(固定資本)중 마감(磨減)에 의해 생산물(生産物)에 이전(移轉)되는 부분의 크기에 따라 좌우된다.

서로 다른 생산제부문(生産諸部門)에 속하는 자본(資本)은 각 가변자본(可變資本)의 크기에 비례하여 매년 동량의 잉여가치(剩餘價値)를 실현한다고 가정한다. 즉 회전기간 (回轉期間)의 상이(相異)가 여기서는 발생할 수 있는 구별을 잠시 불문(不問)에 부치기로 한다.

이제 다섯가지 상이(相異)한 생산부문(生産部門)을 예로 들어 각 부문에 투입되는 자본(資本)이 아래와 같이 서로 다른 유기적구성(有機的構成)을 갖는다고 가정한다.

〈표 1〉 제자본(諸資本)구성, 생산물가치(生産物價値) 및 이윤율(利潤率)

자본	잉여가치율	잉여가치	생산물가치	이윤율
I 80C+20V	100%	20	120	20%
II 70C+30V	100%	30	130	30%
III 60C+40V	100%	40	140	40%
IV 85C+15V	100%	15	115	15%
V 95C+5V	100%	5	105	5%

표 1에 나타나 있는 5개 부문에 투하(投下)된 자본총액(資本總額)은 500, 생산된 잉여가치(剩餘價値)의 총액(總額)은 110, 생산된 상품(商品)의 총가치(總價値)는 610이다.

여기서 500의 자본(資本)의 평균구성(平均構成)은 390+110으로서 그 백분율적 구성은 78C+22V가 될 것이다. 500으로서 만들어지는 총생산물(總生産物)의 각 5분의 1의 가격은 122가 될 것이다. 총자본(總資本)의 각 5분의 1로서 만들어지는 생산물(生産物)은 122라는 가격으로 판매되어야 한다는 내용이다.

80C+20V라는 구성과 100%라는 잉여가치(剩餘價値)를 갖는 100이라는 자본(資本) I 에 있어 만약 불변자본(不變資本)이 완전히 생산물(生産物)에 이전(移轉)된다고 하면 이 자본(資本)에 의해 생산되는 상품(商品)의 총가치(總價値)는 80C+20V+20m = 120이 될 것이다.

이제 표 1의 5개 부문의 자본(資本)이 각각 불변자본(不變資本)의 불가분(不可分)을 생산물(生産物)의 가치(價値)에 이전(移轉)된다고 할 때 다음과 같은 표 2를 얻을 수 있다.

〈표 2〉 제자본(諸資本)구성, 상품가치(商品價値) 및 비용가격(費用價格)

자본	잉여 가치율	잉여가치	이윤율	소비된C	상품의 가치	비용가격
I 80C+20V	100%	20	20%	50	90	70
II 70C+30V	100%	30	30%	51	111	81
III 60C+40V	100%	40	40%	51	131	91
IV 85C+15V	100%	15	15%	40	70	55
V 95C+5V	100%	5	5%	10	20	15
	–	110	110%	–	–	–
	–	22	22%	–	–	–

생산부문 I 에서 V까지의 제(諸)자본은 단일자본으로 간주할 때 5개 부문의 자본총액의 구성은 390C+110V로서 평균구성은 78C+22V이다. 평균잉여가치는 22(I)임을 알 수 있다. 이 잉여가치를 부문 I 에서 부문 V까지의 각 자본에 균분(均分)하면 다음의 표 3에 나타 있는 상품의 제(諸)가격이 비롯되어진다.

〈표 3〉 상품가치(商品價値), 비용가격(費用價格) 및 생산가격(生産價格)

자본	잉여가치율	잉여가치	생산물가치	이윤율
I 80C+20V	100%	20	120	20%
II 70C+30V	100%	30	130	30%
III 60C+40V	100%	40	140	40%
IV 85C+15V	100%	15	115	15%
V 95C+5V	100%	5	105	5%

가치이론(價値理論)에서의 생산가격(生産價格)이란 표 3에 나타나 있는바와 같이 상품(商品)의

비용가격(費用價格)과 평균이윤(平均利潤)과의 합이 된다.

이상으로서 김교수의 상기 논문상의 생산가격(生産價格)의 개념(槪念)이 밝혀졌거니와 이 생산가격(生産價格)과 비교한 시장가격(市場價格)인 즉 특정상품(特定商品)에 대한 수요(需要)와 공급(供給)에 의해 결정되는 가격(價格)이다.

(자본론(資本論) 제3권 제2편 제9장 "일반이윤율(一般利潤率)(평균이윤율(平均利潤率))의 성립 및 상품가치 (商品價値)의 생산가격화(生産價格化)")

이제 다시 필자(筆者)가 문제로서 제기한 김교수의 가격이론(價格理論)부분을 상기한다.

"자본론(資本論)은 주로 자본(資本)에 대한 이윤율(利潤率)을 중심으로 그점의 변동관계(變動關係)를 해명하고 있으나 그도 그렇게 단순할리는 없다. 전체에 대비한 개별적자본 (個別的資本) 또는 노동(勞動)과 자본(資本)의 각종 유형에 따른 특수조건은 고사하고 변수적 (變數的)인 편차(偏差)외에 통계적오차(統計的誤差)야말로 기본적 요인이다. 어쨌든 생산가격(生産價格)과 시장가격(市場價格)의 불일치는 엄연한 통상적 편의현상 (偏倚現象) 이거나와 이때에 만약 모집단(母集團)과 표본(標本)의 관계에 대한 명시적 (明示的) 도입이 없는 경우 적어도 그 "정량적(定量的) 편의(偏倚)"를 인식함에 명확한 방법은 기약될 수 없다. 이점 자본론(資本論) 자신 모집단(母集團) 개념(槪念)의 선행적 (先行的) 도입이 긴절한 소이(所以)이다."

필자(筆者)는 김교수가 어째서 필히 가격이론(價格理論)을 논술하면서 모집단(母集團) 개념(槪念)의 선행적(先行的) 도입을 제기하였는지를 알고 싶다.

회고사 Ⅱ

잊을 수 없는 나의 스승이신 김준보 선생님

박 진 환(전 서울대학교 교수, 서울대 농경제학과 48학번)

(I)

1945년 8월 15일 한반도는 일제식민지로부터 해방되었다. 해방된 지 얼마 되지 않은 1948년 수원에 있는 서울대학교 농과대학에 우리나라에서는 처음으로 농업경제학과가 생긴다는 정보를 듣고 필자는 농업경제에 대해 관심을 가지면서 그 해에 농업경제학과에 입학하였다.

입학을 하고 보니 농업경제학과에는 세 분의 전임교수님들이 계셨다. 김준보 교수님이 과장이었고, 정남규 교수님은 미국으로 유학을 가셨고, 이필규 교수님은 농업사를 담당하고 계셨다. 따라서 교수들이 모자라 김준보 교수님은 서울에 있는 대학들의 교수들을 시간강사로 초빙하게 되었다. 외부 강사님들은 주로 일반경제학 과목과 법률 과목을 담당하게 되었다. 덕분에 필자는 농업분야 만이 아니라 법률과 일반경제학 분야의 과목들을 많이 들을 수 있게 되었으며 그것으로 나의 안목이 넓어지게 되었다고 생각된다.

그러다가 1950년에 북한의 불법 남침으로 6·25전쟁이 일어났으며, 북한공산군들이 서울을 점령하자 우리 중앙정부가 수원에 있는 농과대학으로 피난을 올지도 모른다는 이야기가 나돌았다. 6·25전쟁 당시 필자는 같은 과의 김동희 교수와 수원 역전에 있는 하숙집에서 함께 숙식을 하고 있었는데 아침에 학교로 가다가 육교 밑에 경부선 열차가 정지하고 있기에 기차표도 없이 그 열차에 승차하고서 나의 고향인 경남으로 피난갈 수 있었다.   1953년에 6·25전쟁이 휴전이 되자 수원

농대에서 마지막 남은 학점들을 취득하고 1953년에 졸업을 하게 되었다. 그러나 취직할 곳이 없었기 때문에 고향으로 내려가서 어느 여자 고등학교에서 시간강사로 있었다. 그러던 어느 날 김준보 교수님으로부터 농업경제학과의 조교로 와달라는 편지를 받게 되었다. 이것이 나의 삶에 있어서 가장 소중한 계기가 되었다.

농업경제학과의 조교로 와 보니 이필규 교수님은 지방대학으로 가시고 안계셨으며 정남규 교수님은 아직도 유학중이었으며, 김준보 교수님만이 학과 과장으로 계셨다. 그래서 나는 농업경제학과의 운영에 필요한 여러 가지 일들을 맡아 하면서 김준보 교수님을 돕게 되었다.

농업경제 학과의 조교로 있으면서 여러 가지 일들을 돕게 된 것들 중 지금까지 잊혀지지 않는 것들 중에는 다음 두 가지가 있다. 그 하나는 그 당시만 하여도 수원시내에는 버스나 택시가 없었기 때문에 서울에서 오시는 강사님들은 수원역에서 학교까지 걸어오셔서 강의를 하게 되어 있었으며 강의가 끝난 다음에도 도보로 역까지 가셔야만 하였다. 자가용이라는 것은 생각할 수 없는 시대이었다. 거기에다 국립대학의 시간 강사료도 아주 적은 금액이었다.

그런데도 그 당시에 한국에서 이름난 저명한 여러 교수님들이 수원까지 농업경제학과의 시간강사로 와 주셨다. 그 중에서 연세대학교의 최호진 교수님, 김상겸 교수님, 고려대학교의 조동필 교수님은 그 모습이 아직도 기억에 생생하다. 그 분들이 교통이 불편하고 강사료가 적은데도 수원까지 시간강사로 오시게 된 것은 김준보 교수님과의 각별한 인간관계 때문이었다는 것을 나는 잘 알고 있었다. 따라서 그 당시의 농업경제학과 학생들은 조용한 상록(常綠)의 교실에서 저명한 교수님들로부터 경제학과 법률분야의 강의를 들을 수 있게 되었다.

그리고 학과의 조교인 내가 해야 할 일은 강사님들을 수원역에 나가서 맞이하고 학교까지 함께 걸어오는 일, 그리고 강의가 끝나면 또 걸어서 역까지 가사 전송하는 일이었는데 고려대학교의 조동필 교수님은 두 시간의 강의가 끝나면 학교 뒤의 서둔동 길가에 있는 막걸리집으로 가서 몇 잔을 드신 후에 나와 함께 역까지 걸어가시는 일이 자주 있었다.

그리고 또 한 가지 잊을 수 없는 것은 김준보 교수님께서 연구실에 들어오시면 언제나 원고를 쓰시거나 쓰신 원고를 교정하시는 일이었다. 그리고 교정이 다 끝난 원고들은 나에게 다시 깨끗하게 쓰라는 것이었다. 나의 글씨는 선생님의 글씨에 당할 수 없는데도 나한테 시키는 것이었다. 따라서 김준보 선생님의 출판 서적들 중에는 필자가 마지막으로 원고를 깨끗이 쓰게 된 것들이 많았다. 컴퓨터가 없는 시절의 교수님들의 저서들은 그만큼 노동력이 많이 투입되어야만 하였다. 스승님의 원고를 깨끗하게 다시 쓰면서 나는 많은 공부를 하게 되었다.

필자가 80세가 넘은 지금까지도 책상에 앉아서 원고를 쓰면서 즐거운 시간을 보낼 수 있는 것은 아무래도 은사님인 김준보 교수로부터 배운 덕분이라는 생각을 하게 된다.

김준보 교수님의 교정된 원고를 깨끗이 쓰면서 가장 인상에 남아 있는 것은 그분의 현대통계학 책의 원고이었다. 확률 표본, 평균치와 편차, 시계열 분석, 상관관계, 유의성(有意性) 검정, 실험포장 설계 등 현대 통계학에 관한 원고들을 접하면서 필자는 도대체 김준보 교수님은 어디서 언제 이와 같은 현대통계학을 배우셨을까? 하는 생각을 많이 하게 되었지만 물어 볼 수는 없었다.

필자는 은사님을 모시면서 김준보 교수님은 태어날 때부터 독학으로 어려운 학문분야를 개척해 내시는 재능을 지니신 분이라는 생각을 하게 되었다. 그리고 김준보 교수님께서 수원고농(水原高農)을 졸업하신 후 일본의 구주(九州) 제국대학시절에 법관이 될 수 있는 고등고시(高等高試)에 합격하셨다는 것을 소문으로는 들었지만 그것이 어떻게 해서 가능하였는지를 직접 물어볼 수는 없었다.

김준보 교수님의 자택은 수원역에서 가까운 고등동 주택가의 경사진 곳의 평범한 가옥이었다. 급한 일들이 생기면 선생님의 자택으로 연락하기 위해 가끔 방문하는 기회가 있었다. 그런데 사모님께서는 여의사로서 직장에 나가시고 집에는 나이 많으신 선생님의 모친께서 혼자 집을 지키고 계실 때가 많았다. 필자는 그의 모친으로부터 다음과 같은 이야기를 듣게 되었다. 대학시절에 고등고시(高等高試)에 합격하였기 때문에 구주(九州) 제국대학을 졸업하시자 곧 한국의 연천(蓮川)군수로 발령이 났으며 군수로 취임하는 날에 입을 옷이 학생복 밖에 없었기 때문에 학생복 차림으로 군수로 취업하게 되었으며 군수가 되신 후에야 세월이 가면서 신사복과 외투를 입을 수 있게 되었다라고.

그리고 다음과 같은 이야기도 들은 기억이 있다. 김준보 교수님은 이리농고를 우등으로 졸업하였으나 돈이 없어 상급학교에 진학할 수 없었기 때문에 모친 모르게 육군 사관학교에 응시함으로써 합격이 되었다고 한다. 그런데 조선족이 육사에 합격하였기 때문에 일본군부에서 부모 허락을 받기 위해 모친을 방문하게 되었다고 한다. 자기도 모르는 일이었기 때문에 모친께서는 놀랐다고 하며 홀어머니 밑의 독자가 군인이 된다는 것은 결코 허용할 수 없다고 답변해 주었으며 그것으로 육사합격이 취소되었다고 한다. 그 대신 광주지방(?)에 있는 장학재단에서 김준보 교수님의 수원고농(水原高農) 진학의 학비를 지원하게 되었다고 한다.

김준보 교수님을 모시면서 우리 두 사람만 있는 어느 좌석에서 은사님은 구주(九州) 제국대학의 학생시절에 관하여 다음과 같은 이야기를 하시는 것을 듣게 되었다. 수원고농(水原高農)을 졸업하고 보니 공부가 더 하고 싶어서 구주(九州) 제국대학에 지원서를 제출한 결과 합격이 되었다고 한다.

그런데 일본까지 가는 여비를 아끼기 위해 여수항에서 일반 선박으로 구주(九州)까지 건너가게 되었다고 한다.

그리고는 값이 싼 하숙집을 구하다 보니 대학 정문 앞 가까운 곳에 있는 하숙집에서 숙식을 하게 되면서 대학도서관을 자주 이용할 수 있게 되었다고 한다. 그 당시의 대학생들은 대학생 가방을 들고 다녔다고 한다. 그러나 자기는 가방 살 돈을 아끼기 위해 책을 보자기에 싸서 들고 다녔다고 한다. 구주(九州) 제국대학에 다니실 때는 농업경제학과가 아닌 농과를 다니신 것으로 이야기 하셨으며 농과 2학년 재학 중에 일본에서 실시된 고등고시(高等考試) 시험에 합격이 되었으며 그것이 일본 내의 주요 신문들에 "농업계통의 대학 2학년 재학생이 고등고시(高等考試)에 합격하였다"는 특집기사로 실렸다고 한다.

일본인들 같으면 중앙정부의 공무원으로 취직이 되었겠지만 자기는 한국에 가서 취업하겠다는 신청서를 제출한 결과 연천(蓮川)군수로 발령이 나게 되었다고 한다. 여기서 필자는 대학 2학년 때에 이미 고등고시에 합격했고 한국에서 취직하기로 하였으니까 그 후로는 농업경제학과의 과목들을 이수하면서 농업경제학에 관한 공부를 주로 하게 되셨을 것이라는 생각을 하게 되었다.

1945년에 한반도가 일제식민지로부터 해방이 되자 김준보 교수님은 군수직에서 중앙정부의 높은 직책으로 전임되셨다가 1948년에 수원 농과대학에 농업경제학과가 신설되자 모교의 교수로 오시게 되었다.

이상으로 필자는 김준보 교수님의 배경에 관하여 이야기로 들은 것들을 대강 써 보았다. 나의 스승님은 가난함 속에서 법률학과 경제학을 독학으로 습득하시는 재능과 노력으로 대가가 되신 분이라고 필자는 말하고 싶다.

1955년 당시 농과대학의 다른 학과에서는 대학원 과정이 생겨나고 있었지만 농업경제학과는 1948년 처음으로 생겨났기 때문에 대학교수가 될 수 있는 후보자가 적었다. 그리하여 농업경제학과는 대학원이 신설되는 데 있어서 최소한 필요로 하는 교수의 수가 미달하는 학과로 되어 있었다. 법률담당의 김천수 교수님께서 전임교수가 되면서 비로소 최소한의 교수 인원수를 채워 농업경제 학과에 대학원 과정이 생기게 되었으며 필자는 농업경제학과에서 석사학위를 이수할 수 있었다.

그 이후로 박홍래 교수, 심영근 교수, 주봉규 교수, 반성환 교수, 왕인근 교수 등이 대학원으로 진학하게 되었으며 석사학위를 받은 후 농업경제학과의 전임교수로 되면서 농업경제학과는 젊은 교수들이 가장 많은 학과로 되었으며 외부로부터 시간강사를 초빙할 필요가 없게 되었으며 필자도 조교로부터 전임강사로 되면서 강의를 맡을 수 있게 되었다.

(II)

　1945년의 해방 후에는 한국말로 된 농업경제학에 관한 서적들이 없었다. 역사가 오래된 (수원고농)의 도서관에 있는 책자들은 주로 일본말로 된 것들이었다. 필자는 농대 도서관에 있는 도서들 중 농업경제학이나 일반경제학 분야의 서적들을 주로 읽어 보았다.

　그런데 그 당시만 하여도 일본말로 된 경제학과 농업경제학 분야의 서적들 중 상당한 부분은 노동가치설에 입각한 맑스 경제학을 기반으로 하는 서적들인 것을 알 수 있었다. 그리하여 필자는 노동가치설을 기반으로 하는 맑스 경제학과 관련되는 책들을 많이 읽게 되었다.

　일본말로 되어 있는 노동가치설을 기준으로 하는 농업경제학 분야의 책들을 읽어보면 자본주의 경제 하에서는 일본농업은 희망이 없다는 것으로 서술되고 있었다. 그렇다고 해서 일본이 계획경제 하에서 집단농업을 해야만 잘살 수 있다고 되어 있는 책은 없었다.

　따라서 노동가치설에 의한 맑스 경제학은 자본주의 경제 하에서는 농촌은 상대적으로 뒤지게 마련이고 농민들은 상대적으로 어렵게 된다는 것을 분석하는 하나의 방법은 되지만 농촌문제를 어떻게 해결할 것인지를 제시하지는 못한다는 것을 알게 되었다. 그런데 1950년 그 당시에 북한에서는 계획경제 하에서 집단농장들이 실시되고 있었다.

　필자는 일본의 좌익 서적들을 읽으면서 인구밀도가 높은 한국에서는 공산품을 수출하는 시장경제로 발전되어야 농촌의 과잉인구 문제가 해결될 수 있지 북한처럼 계획경제 하에서 집단농장을 하게 되면 공산품을 만들어 수출하는 경제로 될 수 없기 때문에 농촌의 과잉인구 문제를 해결할 수 없게 된다는 것을 알게 되었다. 따라서 그 이후부터는 일본말로 되어 있는 농업경제 분야의 책들에서 멀어지게 되었다.

　1953년에 6·25전쟁이 휴전에 들어가자 전쟁으로 폐허가 된 대한민국 경제의 전후복구를 위해 미국의 경제원조가 시작되었다. 대학교육의 재건을 위한 지원으로 서울대학교 중에서는 농과대학, 공과대학, 그리고 의과대학의 교수요원들이 미국의 미네소타 대학에 가서 2년 동안 대학원 과정을 공부할 수 있게 되었다. 이에 따라 농업경제학과에서는 우선 김준보 교수님과 내가 일차적으로 유학을 가게 되었다. 그러나 김준보 교수님은 사정이 있어서 필자가 먼저 1955~1957년 미국으로 가서 대학원 석사과정을 다시 하게 되었다. 뒤 이어 농업경제학과의 젊은 교수들인 박홍래 교수, 심영근 교수, 주봉규 교수, 반성환 교수, 왕인근 교수님들 모두가 미네소타 대학에서 2년간의 유학을 하게 되었다. 이것은 농업경제학과의 학문적 발전에 있어서 일대 전환기가 되었으며 한국의 농업경제학 발전에도 크게 기여하게 되었다.

필자는 미네소타 대학의 농업경제학과의 대학원에서 석사과정을 이수하면서 한국에 있는 농업경제학과의 교육 내용을 향상시키기 위해 어떤 것들이 보완되어야 할 것인지를 구상하는 기회가 되었다. 그리하여 1957년에 귀국하여 농업경영학과의 과목 중에 생산경제학(production economics)을 추가하여 필자가 담당하게 되었다.

이 과목을 담당하면서 학생들에게 1ha 정도의 논 면적에서 벼농사를 하고 있는 한국 농가들의 생산함수는 지역에 따라 농가들의 규모에 따라 어떤 모습으로 나타날 것인지를 학생 스스로가 생각해 보는 강의를 하게 되었다. 추상적인 정의보다는 문제해결의 능력을 키워 주는 강의에 중점을 두게 되었다.

그러면서 필자가 미국으로 가기 전에 작성한 강의 노트를 다시 찾아내어 읽어보았던 바 그 당시 본인에게는 시장에서의 수요와 공급에 의해 인적 및 물적 자원들이 배분된다는 경제학의 기본적인 원리에 관한 지식기반이 부족하였다는 것을 자각할 수 있었다.

그러면서 필자 자신이 공부를 더 해야만 앞으로 서울대학교에서 교수 노릇을 할 수 있겠다는 생각을 하게 되었다. 이 때 나의 은사이신 김준보 선생님께서 수원고농(水原高農)을 졸업한 것에 만족하지 못하시고 경제적인 어려움 속에서도 구주(九州) 제국대학으로 유학을 가셨던 굳은 의지를 다시 한 번 생각하게 되었다. 공부는 젊었을 때 해 두어야 한다는 생각에서 미국으로 박사학위 취득을 위해 다시 가야겠다는 생각이 들었다.

그러다가 1960년에 미국의 미네소타 대학의 농업경제학과에서 아시아 지역 나라들의 농촌발전에 관한 국제세미나가 있게 되어 필자도 참가하게 되었다. 여기서 필자는 미국의 지도교수에게 미국에 오게 된 것을 기회로 박사학위를 취득하고 싶다고 말하게 되었으며 다행히 미국의 록펠러재단의 지원을 받게 되어 1960~1963년 기간에 박사학위 과정을 이수하게 되었다.

그런데 지도교수는 나에게 박사학위 과정을 시작하되 처음 1년간은 시카고 대학의 경제학과에 가서 공부하고서 미네소타 대학으로 다시 오라는 것이었다. 필자는 시키는 대로 시카고 대학의 대학원 경제학과에 등록을 하고 수강 신청을 하게 되었다.

이 대학에는 경제학의 노벨 수상자인 Freedman 교수가 있었으며, 농업경제학에서 널리 알려진 Schultz 교수도 있었다. 필자는 무턱대고 유명한 교수들의 과목들을 수강신청 하게 되었다. 결과적으로 좋은 성적의 학점은 못 받았지만 저명한 교수들의 과목들을 이수하면서 나의 학문적인 생활에 크게 도움이 되었다고 생각하고 있다. 필자는 시카고대학에서 공부를 하면서 특히 다음 세 가지 점에 있어서 배운 바 컸었다.

– 우리가 일상생활에 있어서 한정된 인력이나 물자를 배분함에 있어서 능률을 기준으로 할 것인지, 아니면 평등을 기준으로 할 것인지를 분명하게 생각할 줄 알아야 한다는 것이었다. 이것도 좋고 저것도 좋다는 식이 되어서는 쓸모없는 지식으로 된다는 것이었다.

– 지구촌의 수많은 후진국들은 대개가 가난한 농업국들이다. 그런데 후진국들이 경제발전을 이룩하는 데 있어서는 우선 농업부터 발전시켜야 경제가 발전하는 나라들이 많지만 개중에는 노동집약적인 수출부터 발전하면서 그것으로 농업과 농촌이 발전될 수 있는 나라들도 있다. 농촌인구의 교육수준이 높은 농업국에서는 노동집약적인 공산품을 수출함으로써 경제가 발전할 수 있다.

– 그리고 시장경제가 발전하려면 자본주의 정신이 있어야 한다는 것이었다. 기독교에 있어서 청교도정신은 인내와 희생의 삶을 살아야 영생하는 것으로 되어 있다. 청교도정신을 경제학적으로 해석하면 인내는 부지런함(勤勉)이 고, 희생은 저축(貯蓄)이 된다. 왜냐 하면 부지런한 사람이 되기 위해서는 참을성이 있어야 한다. 그리고 저축하기 위해서는 돈을 쓰고 싶은 생각을 희생시켜야 저축이 되기 때문이다. 그러므로 자본주의 정신은 자기 자신과 싸워서 이기는 근면과 저축이 된다.

시카고대학에서 두 학기를 보낸 후 미네소타 대학으로 되돌아와서 소정의 학점을 취득한 후에 박사학위 논문을 쓰게 되었다. 논문을 쓰면서 가난한 한국경제의 앞날을 생각해 보았다. 한국은 이렇다 할 물적자원이 없는 나라이기 때문에 인적자원으로 경제를 발전시켜야 할 나라라고 생각하게 되었다.

인적 자원으로 수출주도의 경제발전이 이룩되어야만 농촌의 과잉인구도 줄어들고 농가들의 영농규모도 커질 수 있으며 농외소득도 늘어날 수 있다는 결론에 도달하게 되었다. 1963년에 수원의 농과대학으로 되돌아 왔다.

한국에서는 1961년에 5·16 군사혁명이 일어났으며 고 박정희 대통령은 조국 근대화의 지름길은 한국경제의 근대화에 있다고 단정하고서 한국농촌에는 학교교육을 받은 젊은 인력들이 많이 있다는 것을 비교우위로 하고서 노동집약적인 수출산업을 일으키는 데 주력하고 있었다. 고 박정희 대통령은 한정된 개발 자원들을 배분하는 데 있어서 능률을 기준으로 하고 있다는 것을 알 수 있었다. 그리고 그는 국민들에게 근면과 자조 자립정신을 강조하고 있었다.

　　이것을 보고서 필자는 고 박정희 대통령의 국가발전의 전략은 정당한 방향으로 나아가고 있다고 생각하게 되었다. 그리고 농업경제학과의 학생들에 강의할 때는 문제해결에 도움이 되는 경제학의 원리를 소화할 수 있게 하는 데 주력하게 되었다.

맺음 말

　　필자는 1927년 우리나라 남해연안에 13호 정도의 농가들이 거주하는 마을에서 태어났으며 그 마을에서는 영세한 자작농들이 식량은 자기 소유의 논과 밭에서 생산하고 바다에서 잡는 생선들을 팔아 현금수입을 얻으면서 거주하고 있었다. 필자는 근면, 자조, 상부상조의 새마을정신이 몸에 배인 농민들 속에서 자라면서 어떻게 하면 우리 농촌이 잘 사는 농촌으로 될 수 있을 것인지에 관심이 많았다.

　　은사님이신 김준보 교수님께서 새로 생겨난 농업경제학과의 조교로 오라는 편지를 보내주신 것이 나의 인생을 바쁘게 그리고 보람있게 살 수 있도록 해주신 것이다. 내가 농업경제학을 공부하였기 때문에 지난 반세기 동안에 농촌과 농민들을 위해 해야 할 일들도 연속적으로 생겨났었다. 따라서 내가 1948년에 수원에 있는 농과대학의 농업경제학과에 입학하게 되었고 또한 김준보 교수님께서 이끌어 주셨기 때문에 보람된 삶을 살게 되었다는 것을 감사하게 생각한다.

회고사 Ⅲ

김준보 교수님의 학구생활

반 성 환(서울대학교 명예교수, 서울대 농경제학과 50학번)

우리나라가 해방된 후 오십 년 동안 농업경제학뿐 아니라 일반경제학과 통계학에 관한 저서를 김준보 교수님 만큼 많이 저술한 학자는 없는 것으로 알고 있다. 본인은 이처럼 훌륭한 학자를 학문적으로 평할 수 있는 능력을 갖추지 못하였다.

다만 약 10년간(1952-1961) 제자로서 가까이 모시고 있으면서 바라본 교수님의 학구생활, 가치철학 및 세상에 알려지지 않은 젊은 시절에 있었던 이야기들을 내 나름대로 이해한 바를 기술하고자 한다. 그럼에 있어서 나의 잘못된 이해와 판단이 선생님께 누가 되지 않을까 심히 두렵다.

김교수님은 타고난 천부적 재능과 쉬지 않은 노력으로 앞에서 언급한 한문분야에 관한 이론을 누구로부터도 배우지 않고 스스로 책을 읽고(독학), 이해하여 자기의 가치를 담아 독창적으로 많은 저서를 세상에 내 놓았다.

본인은 군에서 제대하여 1953년 봄에 복교하여 교수님으로부터 농업경제학, 근대경제학(케인즈경제이론) 등 많은 과목을 이수하였다. 그 후 1961년까지 대학원과 조교생활을 통해 교수님을 가까이 모실 수 있었다.

내가 이해하고 있는 김교수님은 인고(忍苦)의 생활, 천부적 재능을 바탕으로 한 독학을 통한 자존적자기성취(自尊的自己成就), 성실하고 청빈한 학자적 자세를 견지해 오신 분이다.

교수님은 어린 시절 아버지를 여의고 편모슬하에서 자랐다. 넉넉하지 못한 가정경제로 인해 수원고등농림학교(지금의 서울대 농생대)를 졸업할 당시 납입금을 내지 못해 어려운 지경에 빠졌을 때 고향의 장학재단의 도움으로 간신히 졸업을 하고 구주대학에 가실 수 있었다고 한다. 교수님은 구주대학에 다니실 때 대학생이 갖는 가방을 갖지 못해 부러워 하셨고, 부산과 일본 하관을 다니는 연락선의 선비(船費)가 없어서 거센 파도의 두려움을 무릅쓰고 전남 여수와 일본 구주를 왕래하는 어선을 타고 현해탄을 건너야 했다고 말씀하셨다. 퇴임 후에도 활동기의 능력과 신분 및 노력에 걸맞지 않는 적은 수입으로 넉넉하지 못한 생활을 하신 것으로 알고 있다. 이런 생활의 근저에는 근검절약의 정신과 금전적 보상을 염두에 두지 않는 청번한 학구생활이 있었던 것으로 이해된다.

교수님은 음주나 흡연을 하지 않으시고 세상적인 쾌락은 멀리하시고 오직 책을 읽고 저서를 하시는데 전력을 기울이셨다. 한 번은 서울 명동의 다방에서 몇 사람이 차를 마시는 기회가 있었다. 교수님은 홍차의 봉지를 뜯어서 찻잔에 풀어서 우리들이 웃었다. 그만큼 세상의 통상적 물정에 어두웠다는 것을 나타낸다.

구주대학에 다닐 때는 하숙집-학교교실-도서관을 왕래하면서 전공분야인 농학뿐 아니라 경제학과 법학을 독학하여 일본의 고등문과 고시에 합격하여 구주대학의 자랑거리가 되었다고 한다. 그런데 고시공부에 필요한 책을 구입하지 못해 도서관에서 빌려서 공부하는데 반납기간에 쫓겨 어려움을 겪었다고 말씀하셨다.

교수님은 안전제일주의 생활을 하셨다. 수원-서울 간을 운행하는 통근버스는 절대로 이용하지 않고, 학교와 수원역까지는 반시간정도 걸리는 거리를 왕래하면서 기차로 출퇴근하셨다. 요즘은 건강유지를 위해 걷기운동을 장려하나 그 당시는 이런 말조차 없었으니 교수님께서 건강을 위한 것보다는 안전성을 위해 기차통학을 하셨는데 결과적으로 건강유지에 도움이 된 것으로 추리된다. 한 번은 강남의 상록회관에서 농경제학과 동창회에 초대되어 제자들에게 격려의 말씀을 하시는 기회가 있었다. 그때 "여러분은 주식을 절대 사지 말라"고 하신 것을 기억한다. 불확실의 시대니 투자의 위험부담을 회피하라는 말씀인지는 알 수 없으나, 하여튼 안전성을 추구하는 생활철학을 단편적으로 표현한 것으로 짐작된다.

교수님은 청번한 학자생활을 실천하셨다. 교수들은 정해진 봉급 외에 연구사업을 하게 되면 연구수당 등을 받는다. 그런데 교수님은 1950년대에는 경제잡지재정 (財政)에 출고한 원고료와 한국은행 자문위원수당 등이 있었던 것으로 안다. 그 후에는 저서의 인쇄수입이 있었던 것으로 추리된다. 그러나 교수님은 연구과제를 출원하여 연구수당을 받았다는 이야기는 듣지 못하였다. 본인도 교수출신으로서 연구비를 받아 연구하는 것을 옳지 않다고 생각하지는 않는다. 그러나 교수님께서는 연구과제를 출원하는 것을 푸르제크(Project)라 하시면서 그렇게 탐탐하게 생각하지 않으셨다. 아마 연구비를 받으면 학자가 지녀야 할 인류 보편적인 중립적 가치에 기초한 주장을 하기 힘들 것을 염려하지 않았나 생각된다. 교수님의 학구철학은 자존자주적진리추구 (自尊自主的眞理追求)였다고 감히 말씀드리고 싶다.

교수님은 이리농림학교와 수원고농 및 구주대학을 항상 수석으로 졸업하신 것으로 알고 있다.

이리농업학교에서 일등을 다투는 급우가 있었는데 기말시험 때 폭우가 쏟아져 그 학생이 결석하여 안심하고 시험을 치렀다는 소시대의 순박한 욕망을 사석에서 말씀하신 적이 있다.

이러한 젊은 시절의 성취감을 외향적으로 자랑하지는 않았으나 내면적으로는 자존적자신감을 굳게 소유하신 것으로 이해된다. 그리하여 천부적인 수월성과 쉬지 않는 근면으로 경제와 관련된 여러 분야의 책을 독학을 통해 저술하셨다.

1945년 해방직후 우리나라에는 우리말로 된 전문서적은 전무한 상태였다. 그래서 교수님께서는 주로 일어로 씌어진 책으로 연구하였으나 영어와 독어로 씌어진 원서(原書)도 많이 참고하신 것으로 추리된다. 당시에 통계학은 이해하기 매우 어려운 새로운 학문분야로 일어통계학도 드물었다. 교수님은 통계학의 중요성을 예견하셔서 독학으로 공부하시고, 서울대학교 농경제학과와 연세대학교에 통계학 과목을 설정해서 강의하셨다. 현대통계학을 초시로 하여 경제통계론 등을 저술하셔서 한국에서 통계학의 배움과 연구의 길을 열었다. 그리하여 1971년에 통계학회를 창설하여 초대 회장을 역임하셨다.

본인은 교수님의 깊은 학문의 세계와 방대한 저술활동을 올바르게 논할 수 있는 능력을 갖추지 못하였다. 다만 저가 알고 있는 범위 내에서 논급하고자 하오니 독자 여러분의 이해를 구한다. 김교수님의 전공분야는 농업경제학이라고 단정해도 될 것이다. 1946년 서울대학교 농과대학의 설립과 더불어 우리나라에서 처음으로 농업경제학과를 개설하였다. 농업경제학에 대한 많은 논문과 저술을 통해 학문적인 발전과 후학양성에 기여한 바는 이 분야에 종사하는 사람은 다 아는 사실이다. 1948년에 출판한 토지개혁론요강 (土地改革論要綱)은 1949년에 실시된 농지개혁의 길잡이를 하였다고 볼 수 있다. 1966년에 출간된 농업경제학서설(農業經濟學序說)은 표제에서 밝힌바와 같이 한국자본주의하의 농업문제를 깊게 다루고 있다. 이 책에서 농업문제의 인식, 연구체계, 제반자본주의의 성립과 농업문제 및 세계적 토지문제 등을 서술하고 있다. 여기서 우리는 김교수님의 깊고 넓은 통찰력과 지식의 일면을 엿볼 수 있다. 교수님은 관념적 내지는 이념에 사로잡힌 연역적인 이론전개보다는 통계자료에 입각한 실사구시 (實事求是)의 학문을 추구한 것으로 감히 이야기할 수 있다.

김교수님은 일반경제학에 관해서도 「한국자본주의연구」 를 비롯하여 「신가치논고 」 등 많은 책과 논문을 저술하셨다. 여러 책들을 다 읽지는 못하였으나 교수님이 추구하신 창의적 핵심은 자원배분과 소득분배에 절대적인 영향을 미치는 가격을 결정하는 요인 또는 원천을 규명하고 그것을 통계이론으로 입증하는데 있었다고 감히 추론하고자 한다. 물론 교수님께서 수요·공급이론을 도외시한 것은 아니지만 가격을 결정하는 본원적인 원천을 규명하는데 창의적인 노력을 하시고 또한 기여하셨다. 본인이 이해하기로는(틀릴 수도 있음) 교수님의 가치창조론은 칼맑스의 노동가치설 및 레온티에프의 부가가치가 노동으로부터 조성된다는 견해와 일치된다고 볼 수 있다. 여기에 통계학의 확률이론을 적용하여 증명하셨다고 생각된다. 이 점에 관해서는 본인도 확실한 이해나 동의 없이 견해를 밝히는 바이며, 교수님의 창의적·고차원적인 이론은 한국과 일본의 학계에서는 아직도 이해를 못하고 있는 것으로 알고 있다. 앞으로 교수님의 창의적 이론이 진리로 입증되고 보다 넓은 세계의 경제학계에서 수용되면 그간의 성취가 빛을 보게 될 것이다. 이점과 관련하여 제자로서 아쉬운 감을 금치 못한다. 경제학, 농업경제학, 통계학 및 가치론에 관한 방대한 저술과 창의적 이론정립을 하였음에도 불구하고 출판서적이 한글로 되어 있어서 넓은 세계의 학계가 알지 못한 체 국내에 묻혀있다는 사실이다. 교수님의 심오한 경제철학이 누군가에 의해 잘 이해되고 쉽게 풀이되어 국제적인 경제학계에 중요한 이론(Theory)으로 정립되기를 바란다.

1950년대 중반에 서울대학교와 미네소타대학교간에 자매결연이 맺어졌다. 이는 미국의 물적·인적자원으로 6·25전쟁 중 파괴된 교육·실험시설을 복구 확장하고 교수요원의 자질향상을 도모하는데 목적이 있었다. 이 사업은 이공계 중 공대, 농대, 의대에 집중되었다. 수원에 있던 농대에도 본관의 복구, 새로운 강의실험실 건물과 광장과 기숙사가 건립되었다. 한편 재직 중이던 많은 교수들이 미네소타대학교에 유학을 가서 석사 또는 박사학위를 취득하고 기교하셨다. 김준보 교수님께서도 유학의 기회가 있었던 것으로 전해 들었다. 그럼에도 불구하고 어떠한 연유인지는 알지 못하나 교수님은 미네소타대학교에 유학을 가시지 않았다.

본인은 제자로서 교수님이 이러한 기회를 놓친 것을 매우 아쉽게 생각한다.

미네소타대학교 경제학과에는 후일에 노벨경제학상을 수상한 휠빅수 교수를 비롯한 쟁쟁한 교수들이 많이 계셨다. 농업경제학과에는 미국농업경제학회장과 미농무성의 자문위원장을 역임한 코크란 교수 등 훌륭한 교수들이 계셨다. 김교수님이 그 대학에 유학하셨더라면 그분들과 학문적인 토론을 할 기회가 있었을 것이다. 나아가서는 시카고대학교 등에 머물 수 있는 기회를 만들어 세계적인 학자들과 교분을 쌓았다면 한국학계를 뛰어넘는 학문적 업적을 성취할 수 있지 않았을까 하고 몹시 마음 아파한다. 이 점에 관하여 교수님의 자존적 독학의 자신감이 넓은 세계의 저명교수들과의 교분을 쌓는데 걸림돌이 되지 않았는지 감히 짐작해 본다. 다만 앞으로 가치이론을 깊이 연구한 경제통계학자가 학계에 진출하여 김교수님의 본원적 가치창조이론을 쉽게 풀이하여 김준보이론(Kim gunbo's Theory)을 국제경제학계에 널리 알려주실 것을 기대하면서 이 글을 마무리한다.

회고사 Ⅳ

회고사

장 동 섭(전남대학교 명예교수, 서울대 농경제학과 54학번)

□ 선생님과의 첫 만남

내가 김준보 선생님과 남다른 인연을 갖게 된 것은 그야말로 남달리 당돌했던 내 행동 때문이었다. 학부 2학년 때의 일이다. 지금이야 박사학위를 갖고도 교수 자리를 얻지 못해 시간강사로 전국을 유전하는 인재들이 수도 없이 많지만, 내가 대학에 다닐 때에는 박사학위는 고사하고 석사학위를 소지한 교수도 그리 많지 않아 대부분 학사학위를 가진 교수이거나 심지어 그 이하의 학력을 가지고도 대학 교수를 하는 경우가 적지 않았다.

물론 학력이 반드시 실력과 비례하는 것은 아니다. 김준보 선생님은 수원고농을 거쳐 구주제대만을 나오셨지만 농업경제학은 물론, 통계학까지를 포함한 경제학 전반에 걸쳐 그야말로 당대의 석학으로 명성을 떨치고 계셨다. 그 어렵기로 유명한 일본 고등문관 시험에 합격하여 27세의 젊은 나이로 군수를 지냈고, 8·15 광복 후 미군정 시절에는 오늘날 사회부 차관에 해당하는 조선 노동인 차장을 역임하는 등 행정 경력도 적지 아니 갖고 있었기 때문에 참으로 바쁜 일정 속에 살고 계셨다. 예를 들면 수원농대 농업경제학과 교수로 계시면서 서울상대 경제학과와 연세대 경제학과에도 전임 대우로 출강을 하셨을 뿐만 아니라, 금융통화위원회 위원, 심지어 국회 전문위원 등 많은 부문에 걸쳐 정부 각 부처의 자문에도 참여하고 계셨기 때문에, 말이 수원농대 교수지 사실은 거의 대부분 서울 신당동 자택에 상주하면서 수원 고등동 자택에는 화요일에 내려와서 겨우 하룻밤을 지내고 수요일이면 다시 서울로 올라가야만 하는 참으로 바쁜 생활을 하고 계셨다.

사정이 이러한지라 우리 학과의 선생님 강의는 거의 대부분 시간강사로 메워졌고, 심지어 수강신청서에 명의는 김준보 교수로 되어 있으나 실제는 무급 조교인 대학원 학생이 대강을 하는 경우마저 적지 않았다. 그리고 말이 학과장이지 학과장실은 항상 비어 있어서 급사만이 자리를 지키고 있었다. 그러니 주임 교수의 직접적인 학생지도는 가위 전무했다 해도 과언이 아니었다.

어느 날 나는 급우 정기수 군(후에 농업중앙회 부회장)과 함께 김준보 선생님 자택을 찾아가 이를 시정해 줄 것을 요구하기로 하였다. 그래서 고등동에 있는 자애병원 (사모님의 개인 병원)을 두 번이나 찾아 갔지만 번번이 허탕을 쳤다. 이에 우리는 세 번째 날엔 밤을 새워서라도 기어코 만나서 우리들의 의사를 전달하자고 결의하고 다음 화요일 밤을 기다렸다. 그날 마침 보슬비가 내리고 있었는데, 밤 10시가 지나서야 선생님께서 귀가해 들어가는 것을 보고 초인종을 눌렀더니 선생님은 우산을 펼쳐 들고 전등불을 비치면서 나오셨다. 누구냐고 묻기에 학생들이라고 대답했더니, 학생들이 무슨 일로 찾아왔느냐는 것이다. 드릴 말씀이 있어서 왔다고 했다. 서재가 바로 대문에서 가까운 곳에 있는지라 내심 들어오라고 할 줄 알았는데, 더구나 비까지 부슬부슬 내리고 있는데도 찾아온 사람들을 문밖에 세워 놓은 채 묻는 말씀이 "할 말이 긴가?"였다. 엉겁결에 "한 30분이면 되겠습니다." 했더니 역시 세워 놓은 채, "말해 보아!"라는 것이었다. 사정이 이렇다 보니 인사말도 서론도 없이 단도직입적으로 찾아온 용건만을 말할 수밖에. 그래서 우리는 위압된 분위기 속에서 더듬더듬, "저희들은 선생님의 명성을 듣고 농업경제학과를 지원해 왔는데 정작 선생께서는 강의를 거의 안 하시고 대부분 강사나 대학원생, 조교들의 대강(代講)만을 듣고 있어 학생들의 불만이 크니 이를 시정해 달라고 찾아 왔습니다. … "하고 말씀드렸다. 이렇게 말하고 보니, 실상 할말은 30분이 아니라 5분 정도에서 끝이 나고 말았다. 선생님은 "알았으니 신학기부터는 시정하겠다!"고 짧게 말씀하시고는 그만 가보라는 것이었다.

우리는 더 이상 할 말이 없어서 안녕히 계시라고 고개 숙여 인사하고 다시 머리를 들었을 때에는 선생님께서는 벌써 대문 안으로 들어가 버리고 계시지 않았다. 이것이 내 인생에서 처음으로 선생님을 직접 만나 뵙게 된 사연이다. 그런데 이렇게 해서 시작된 선생님과의 인연은 나의 평생을 지배하는 계기가 되고 만 것 같다.

☐ 대학원 진학과 첫 직장

그 후 학부를 마치는 동안 강의실에서 강의를 듣는 것 외에 선생님을 특별히 만났던 일은 없다. 어쩌다가 선생님께서 걸어가시는 모습을 보면, 귀골풍의 훤칠한 체격에 짙은 감색 양복을 입고 항상 중절모자를 썼으며 옆을 보지 않고 묵중한 걸음걸이로 당당히 걸어가시는데, 꽉 다문 입과 날카로운 눈초리는 어쩐지 사람을 위압하는 인상을 풍기셨다고 회상된다.

강의실에서는 언제나 경건하고 공식적이어서 유머러스한 면은 본 적이 없다. 그러기에 수강생들 사이에서는 심지어 김준보 선생이 웃으면 비가 온다고까지 해서, 사실상 선생님의 강의 시간은 언제나 딱딱한 분위기로 일관하였다.

그러던 어느 날 출석을 부르고 나서 씩 웃으시더니 하시는 말씀이, "우리의 학문 세계를 크게 둘로 나누면 하나는 자연과학 체계요, 또 다른 하나는 사회과학 체계다. 아인슈타인의 상대성 원리가 자연과학을 대표하고 칼 마르크스의 『자본론』이 사회과학을 대표하고 있는데, 이 두 개의 학문 체계는 마치 완벽한 구조물을 보는 것과도 같아서 대포로 어느 한 부분을 쏘아도 결코 흔들리거나 파괴되지 않을 것이다."라고 하시더니, 다시 한 번 가볍게 웃는 표정을 짓고 나서 하시는 말씀이 "이 두 개의 체계를 다 아는 사람은 나밖에 없다!"고 하시던 것이 내가 대학을 졸업한 지 50년이 지난 오늘날까지도 아직 기억에 생생하다.

이것이 내가 최초로 본 선생님의 자기 자랑이었고, 그 뒤에도 자기 자랑을 하는 것이 대단한 것을 종종 보았지만, 그것은 결코 자기를 과장해서 자화자찬하는 속된 자랑이나 자만이 아니라, 그야말로 학문에 대한 높은 긍지와 강한 자부를 나타내는 자신감의 표현이었다고 생각된다.

선생님께서 원래 하시고 싶었던 공부는 물리학이었다고 자주 말씀하셨다. 구주제대 입학시험과목에 물리학이 있었는데, 당신은 물리학 과목에서 틀림없이 만점을 받았을 것이라고 자랑삼아 말씀하시고는 하셨다. 그리고 마르크스의 『자본론』에 관한 한 명실 공히 한국에서 최고의 권위자임을 아는 사람은 다 알고 있는 일이지만, 만년에 이르러 마르크스의 『자본론』에 더욱 심취하셔서 수많은 연구 논문을 발표하셨다. 그런데 출판사에서는 출판을, 학회에서는 게재를 거부한다고 하여 마침내 쓰신 논문을 자비로 출판하여 읽을 만한 사람들에게 우송해주기까지 하시다가 세상을 떠나셨다. 마르크스의 '가치론'에 관한 한 당신 스스로 세계의 독보적 존재로 자처하시면서 세상의 경제학자들이 이에 대하여 너무 무식하다고 늘 통탄하시곤 하였다. 그러기에 선생님께서는 이 두 개의 학문 체계를 다 같이 알고 있는 사람은 오직 자기 한 사람뿐이라는 자부심을 가졌던 것으로 생각된다.

학부를 마치고 모두들 취직 시험을 치는데, 나는 한 번도 취직 시험을 준비하거나 시험을 친 적이 없다. 뒤늦게 생각을 정한 것이지만 대학원 진학을 위한 준비만을 했을 뿐이다. 그런데 막상 대학원에 입학원서를 내려고 하니 학과장의 추천서가 문제였다. 입학원서에는 학과장의 추천서가 필수 구비 서류인데, 당시 학과장이던 김준보 선생님은 누구에게도 대학원에 진학하는 것을 반대하는 입장이었기 때문이다. 이유인즉 어려운 가정 형편에 대학 4년도 너무 길거늘 대학원까지 진학해서는 안 되니 빨리 취직해서 학비 대느라 고생하신 부모님들을 도와드려야 한다는 주장이었다.

선생님은 나를 어찌 보셨던지 개별적으로 불러 한국은행이나 부흥부에 무시험 특채로 보내줄 테니 대학원 진학을 포기하라고 권유하셨다. 그럼에도 불구하고 대학원 진학만을 맹목적으로 고집하는 나에게 추천서를 거부하시는 것을 백방으로 노력해서, 또 다른 교수님들의 협조를 통해서, 추천을 받아 대학원에 진학을 하였다. 그러나 정작 대학원에 들어가서 보니 아닌 게 아니라 학비 조달이 일차적으로 큰 문제가 되었을 뿐만 아니라 대학원을 나와 봤자 마땅히 갈 곳도 없는 것이 현실이었다. 그런데 선생님께서는 일단 들어온 이상 학구에 전념해야 한다는 것이고, 당신이 강의를 언제 할지 모르니 매일 도서관에 가서 공부하면서 기다리고 있으라는 엄명을 내리셨다. 그리고 정말로 불시에 부르시고는 하였다. 물론 방학도 없었다.

　앞날에 대해서 특별한 계획도, 뚜렷한 목표도 없이 선생님께서 퇴근할 때까지 대기하고 있기란 참으로 지루하고 따분한 노릇이었다. 설상가상 격으로 대학원 과정이 원래 2년인데도 김준보 선생님은 2년에 석사학위를 준 예가 없었고 대개 5~6년을 끈다는 것이다. 두 학기 동안을 방학도 없이 도서관에 가서 책만을 뒤적이고 있던 대학원 입학 동기 세 사람은 어느 날 연구실로 선생님을 찾아 가서 농업은행에 입사 시험을 치겠다고 하였더니 대학원에 들어오지 말라고 권했는데도 어기고 온 사람들이 공부를 열심히 할 생각은 않고 취직시험은 무슨 취직시험이냐면서 꼭 취직시험을 치려면 자퇴원부터 먼저 내라는 것이었다. 그래서 우리 세 사람은 여러 가지로 궁리하고 논란을 벌인 끝에 다함께 자퇴원을 써 가지고 갔다. 그러자 선생님께서는 "자퇴원을 써오란다고 정말 써오는 법이 어디 있느냐!"고 하시면서 기왕 들어왔으니, 한 2년간 독실히 공부를 더 하라고 권고하셨다. 나는 이전에 한국은행이나 부흥부에 무시험 특채로 보내주시겠다고 하시던 생각이 나서 신당동 자택을 방문해 보았다. 그러나 선생님께서는 이제는 기회가 다 지나갔다고 준엄한 꾸지람만을 하셨다.

　그럭저럭 한 학기가 또 지나가고 있을 때였다. 어느 날 급사가 도서관으로 나를 찾아 와서 과장 선생님께서 급히 오란다고 하기에 가보니, 이게 웬일인가, 그렇게까지 취직을 반대하시던 선생님께서 서울신문 광고란에 실린 농협중앙회 신규 공채 공고문을 호주머니에서 꺼내 나에게 주시면서 농협중앙회 입사 시험을 치라는 것이었다. 물론 다른 두 사람에게도 연락을 해서 세 사람이 다 함께 시험 준비를 하라는 지시였는데, 그때 하시던 당부의 말씀이 참으로 당혹스러웠다. 세상 사람들이 농업경제학과의 존재를 제대로 알고 있지 못하니 이번 공채에 응시해서 반드시 수석 합격을 함으로써 농업경제학과의 존재를 세상에 알려야 한다는 것이었다. 선생님도 고심하시느라 늦게 주셨는지 진작 났던 공채 공고가 선생님 호주머니에서 나에게로 전해진 것은 시험 일자가 불과 7일밖에 남지 않은 때였다.

　시험을 준비할 시간이 태부족한지라 우리 세 사람은 합숙을 하면서 시험 과목을 분담해서 각기 맡은 과목을 공부해가지고 다른 두 사람에게 서로 강의해주는 방식으로 시험을 준비하는 방법을 쓰기까지 하였다. 그런데 원서를 접수하고 보니 중앙회 배치 4명, 제주도 1명, 그밖에 각도 지부에 2명씩을 배치하는 공채 시험에 물경 850여 명이 응모해서 그야말로 경쟁이 치열한 채용시험이었다. 그때만 해도 말이 공채지 이른바 빽(연줄)이란 것이 공공연히 자행되던 시대다. 1차 필기시험에서 61명을 합격시키고 2차 시험인 구술고사에서 21명의 최종 합격자를 발표하는데 2주간이나 끌었으니 당시의 공채 분위기를 가히 짐작할 만도 하였다.

그런 와중에서도 나는 시험 운이 얼마나 좋았던지 5개 시험 과목의 평균 점수가 85점이라는 고득점으로 수석 합격의 영광을 차지해서 선생님의 염원에 다소나마 부응하는 행운을 얻었다. 아마 이것이 선생님과 한 걸음 더 가까워지게 하는 계기를 마련해주었던 것이 아닌가 하는 회고를 해본다.

어쨌든 나는 대학을 졸업한 뒤 50주년을 지내는 동안, 잠깐 군 복무를 했던 기간과 미국에 유학했던 기간을 빼고는, 단 한 해도 설 때와 추석 때 선생님 댁을 예방하지 않은 일이 없다. 또 자녀 6남매의 결혼식과 사모님의 장례식에 이르기까지 참여하지 않은 적이 없었으며, 이제 선생님의 장례식을 마지막으로 선생님과의 살아서의 인연은 종지부를 찍게 되었지만, 내 영혼 속에 남아있는 선생님은 내 생명이 다할 때까지 계속되리라 여겨진다. 나는 선생님을 모신 이후 지금에 이르기까지 어떤 판단키 어려운 일을 당하면 언제나 이런 경우 선생님이라면 어떻게 하셨을까 하는 생각을 하면서 살아왔고, 이런 생각은 앞으로도 계속될 것이라고 생각되기 때문이다.

□ 대학교수로의 돌연한 변신

나는 선친의 고집스러우신 유학(儒學)에 대한 집착 때문에 초등학교 과정도 제대로 거치지 않은 채 20세까지 한학(漢學)을 공부하였다. 21세가 되어서 시골 중학교 2학년에 편입학한 것이 이른바 '신학문'의 시작이다. 그래서 나는 28세에 대학을 졸업하는 만학도가 되었다. 그리고 곧 이어서 대학원에 진학하고 또 대학원 재학 중에 취직을 하다 보니, 중학교 때부터 받아 온 군대의 소집 영장은 학업 중 연기 혜택으로 병역을 마치지 못한 채 직장 생활에까지 연장되어 오다가 5·16을 맞았다. 5·16이 나자 연령상 병역 해당자가 병역을 필하지 않은 자는 무조건 직장에서 해직되는 병역 특별조치법이 내려졌다.

나는 나이가 많은 탓으로 직장에 휴직원을 내고 당시 군복무로 대체되는 국토건설단에 입단하게 되었다. 이 무렵 김준보 선생님은 전남대학교 총장으로 가셨고, 나는 국토건설단 복무를 마치고 돌아와서 석사학위를 끝마쳤다. 그리고 다시 농협으로 복귀하였다.

선생님은 나에게 전남대학으로 오라는 권유를 하셨지만, 나는 솔직히 교수가 되고 싶지 않아서 대학으로 가는 것을 회피하고 있었다. 물론 교섭은 선생님께서 직접 하신 것이 아니고 당시 전남대 농업경제학과 학과장 겸 중앙도서관장으로 있던 이필규 교수를 통해서였다. 편지가 오고 이 교수가 직접 찾아와서 선생님의 뜻이라면서 가자고 조르기를 무려 8차례나 했지만, 나는 대학교수가 될 만한 자질도 실력도 없다고 고사했다. 그런데 아홉 번째는 '긴히 상의할 일이 있으니 급히 내광하라 - 김준보'라는 전보를 받게 되었다. 무슨 뜻인지를 이미 잘 아는지라 선생님께서 베푸시는 높은 호의를 변명으로 사절할 심산에서 일부러 면도도 하지 않고 넥타이도 매지 않은 복장차림으로 광주에 내려가 총장실이 아닌 총장공관으로 찾아 갔다. 선생님께서는 단도직입적으로 농협에 사표를 내고 당장 강의를 시작하라는 것이었다. 뜻밖의 강권에도 나는 속으로 아니 갈 결심이었기에 변명만을 되풀이 했다. 마침내 선생님은 "그렇게 연구생활이 싫은 사람이 들어오지 말라는 대학원엔 왜 왔었느냐!"며 뵙기에도 민망한 한숨을 내쉬고 나서 하시는 말씀이, "와 있는 이력서가 16통이나 되지만 나는 생각이 있어서 군을 오라는 것인데 안 온다고 하니 그럼 누구를 오라고 해야지!" 하시던 그 때의 그 표정이 지금도 눈에 선하다.

마침내 통행금지 예비 사이렌이 울렸다. 죄송한 생각을 금치 못하면서 자리에서 일어났다. 대문 밖까지 따라 나오신 선생님께 고개 숙여 인사드리면서 "올라가서 편지 드리겠습니다."했더니 선생님께서는 "편지는 그만 두게, 전보를 치면 몰라도!"라고 하셨다. 편지는 안 오겠다는 변명일 테지만 전보는 부임통보라고 여기셨기 때문이다. 나는 평생 선생님이 대문 밖 몇 십 미터까지 나와서 방문객을 전송하는 것을 본 적이 없다. 그렇건만 한참을 걸어오다가 공관을 다시 볼 수 없게 되는 꺾어진 모퉁이 길에서 뒤돌아 본 나는 나도 모르게 가슴이 벅차고 눈시울이 젖어오는 감회를 누르지 못하였다. 선생님께서 내가 가는 뒷모습을 바라보며 서 계시다가 내가 돌아보자 손을 들어 잘 가라는 손짓을 하시는 것이 보였기 때문이다.

숙소인 여관으로 돌아 온 나는 새벽 4시가 되도록 한 잠도 자지 못했다. "네가 도대체 무엇이기에 천하의 대학자이신 은사님의 그토록 간절한 권유를 거절할 수 있단 말이냐?"는 자문에 끝내 이런 변명 저런 핑계 외에 정답을 찾지 못했기 때문이었다. 새벽 4시가 되어서야 비로소 답이 나왔다. 내려오겠다는 것이다. 이유는 지극히 간단했다. 내 성격이나 역량으로 보아 농협에 그대로 남아 있으면 시·군 조합에 전무까지는 할 것 같았다. 그러면 이다음에 내 자식들이 자라났을 때 저들의 친구들이 "너의 아버지는 무엇 하는 사람이냐?"고 물으면, "우리 아버지는 농협 전무다."라는 것 보다는 "대학 교수다."라고 하는 것이 낫겠다는 생각이 들었던 것이다.

다음날 아침 일찍 전남대 총장실을 찾아가서 다짜고짜 선생님께 전남대학에 오는 데 필요한 서류를 달라고 했더니, 말로는 "왜 안 온다더니?"하시면서도 내심 너무나도 기쁜 표정을 지으면서 총무과장에게 전화를 걸어 채용에 필요한 일체 서류를 가져오라고 하였다.

나는 서울역에 도착하자마자 곧바로 중앙우체국으로 가서 선생님께 전보를 치고 말았다. 누구와도 한 마디 상의 없이. 상의를 하면 생각이 변할 것만 같아서. 이렇게 해서 서울에서 안정된 직장생활을 하고 있던 나는 돌연 사고무친한 타향 광주로 내려가 전남대학교에서 교수생활을 시작하게 되었다. 그것이 1964년 4월 4일, 지금으로부터 45년 전의 일이다.

□ 잊을 수 없는 추억

나는 선천적으로 병약한 체질을 타고나서 병원 출입이 잦았다. 갑자기 심한 통증으로 전남대학병원엘 갔더니 목 디스크라고 당장 입원치료를 받으라는 것이다. 사실 수년 전부터 중추계의 신경통으로 고생을 해오던 터라 3개월 예정으로 입원치료를 받게 되었다.

입원 중에 한국농업경제학회 동계 학술발표회가 서울에서 열리는데, 내가 안 가면 틀림없이 참가한 우리학과 교수에게 선생님께서 내가 왜 안 왔느냐고 물을 것이고 내가 입원 중이라고 하면 선생님께 심려를 끼치게 될 것만 같아서, 학회에 참가하는 동료교수에게 신신 당부를 하였다. 만일 선생님께서 물으면 집에 부득이한 일이 생겨서 못 왔다고 답해 달라고. 그런데 학회에 다녀 온 교수가 병원에 와서 하는 말이, 그만 깜빡 잊고 엉겁결에 사실대로 말씀드렸노라며 대단히 미안하다는 것이다.

그런 지 며칠이 지났을까, 함박눈이 내리고 있는 날이었다. 병실 문이 열리면서 모자와 외투에 흰 눈이 잔뜩 묻은 채 선생님께서 들어서는 것이 아닌가. 깜짝 놀란 나는 어떻게 선생님이 여길 다 오셨느냐고 했더니, 장 선생이 병원에 입원해 있다는데 궁금해서 어떻게 견딜 수 있겠느냐고 반문 하시면서 품속에서 과자봉지를 꺼내 주셨다. 식기 전에 어서 먹어보라는 것이다. 말씀인즉 내가 입원해 있다는 말을 듣고 걱정이 되어서 내려오는 길에 명동에 있는 뉴욕제과에 들려 방금 구은 과자를 사서 식지 않도록 과자봉지를 외투 품속에 품고 왔다는 것이었다. 서울역에서 광주역까지 기차 시간만도 약 다섯 시간이 걸리는 거리거늘 아무리 가슴에 품고 오셨다고 한들 그것이 식지 않고 따뜻할 수야 있겠는가마는, 어쩌면 그 천진스럽게까지 보이는 노은사님의 지극한 정성에 너무나도 감격하여 그만 눈시울이 뜨거워져 옴을 금치 못했다.

그해 겨울엔 무슨 눈이 그렇게도 많이 왔던지. 수십 년래 최고의 강설량을 기록했다고 하거니와 선생님이 뜨거운 과자 봉지를 품속에 품고 병원으로 달려오시던 날은 그 중에서도 눈이 가장 많이 온 날이었다고 회상된다. 그리고 택시가 병원 문 밖까지밖에 들어오지 못하게 되어 있던 시절인지라 차에서 내려 현관까지 걸어오는 동안에 맞았던 눈을 마음이 급해 미처 털지도 못한 채 병실에 들어서셨던 선생님의 그때 그 모습이, 그리고 식기 전에 어서 먹으라며 품속에서 과자봉지를 꺼내 주시던 그 모습이, 지금도 생각하면 벅찬 감격을 억누를 길이 없다.

누가 우리 김준보 선생님을 차다 했던가. 사람들은 흔히 그를 차디차기만 한 사람으로 알고 있을지 몰라도 나에겐 온정이 한없이 많은 분으로 기억되어 있다. 다른 사람의 이야기이지만, 선생님께서 아끼던 제자로 당시 농사원에 근무하던 최영래씨가 폐결핵으로 경기도 화성의 고색리에 있는 한 외딴 농막에서 외롭게 죽어가고 있을 때, 우중(雨中)에 길을 나서 바지자락을 진흙으로 다 적시면서 혼자 외롭게 죽어가는 그를 만나보고 오셨다는 말을 나는 직접 들었다. 그런데도 선생님을 차디찬 사람이라고만 말할 수 있을 것인가.

어떻든 내가 전남대 병원에서 퇴원 후 서울 집에 와서 요양을 하고 있던 어느 날이었다. 선생님께서

오셔서 비용을 당신이 다 댈 테니 충주에 있는 수안보 온천엘 같이 가서 한 일주일 동안 휴양을 하자는 것이었다. 마침 한방 탕약을 복용 중이어서 선생님의 제안을 따르지 못했지만 장기간 입원치료 끝에 퇴원해서 허약하게만 보이는 나를 물끄러미 바라보시던 선생님의 그때 그 눈길을 지금도 잊을 수가 없다.

□ 최후 준비를 위해 카톨릭 성당에서 영세를 받으시던 날, 그리고 발인식이 끝나고 영구차에 실려 가는 선생님을 바라보던 날

사모님께서 지병 요양을 겸해 10년 계약으로 일본의 무의촌으로 가시게 되자 선생님은 거의 한 평생을 살면서 장서(藏書) 때문에 못 떠나신다던 신당동 집을 장남에게 물려주고 과천의 한 조그마한 아파트로 옮기셨다. 그리하여 나의 오랜 동안의 신당동 댁 방문이 이제 과천으로 바뀌게 되었다. 내가 찾아가는 곳이 신당동이든 과천이든 물을 것 없이 명절 아닌 평시에도 종종 찾아뵈었고, 그 때마다 밤늦도록 특별한 주제도 없이 이야기가 지속되곤 했다. 특히 신당동에 사실 적에는 내가 구의동에 살았기 때문에 거리가 멀지 않았던 탓도 있지만, 내가 찾아간 때가 낮이든 밤이든 관계없이 통행금지 시간이 가까워져서야 댁을 나와 집으로 돌아오는 것이 상례였다. 대화의 내용은 언제나 학술에 관한 것에 국한되지 않고 세상 이야기 전반에 걸쳐 화제가 꼬리에 꼬리를 물고 진전되었기 때문에 지루한 줄도 모르는 채 시간이 늦어지곤 하였다.

과천으로 옮기신 후에는 찾아갈 때마다 퍽 외롭고 쓸쓸해 하는 것을 느꼈지만, 나도 워낙 바쁘게 살았던 터라 신당동에 사실 때처럼 자주 방문하지는 못하였다. 이제 생각하니 좀 더 자주 찾아뵙고 외로움을 달래드렸어야 했는데 하는 회한이 남는다. 더욱이 팔순을 넘기시고 아흔을 바라보면서부터는 점점 노쇠해 가시는 모습이 역력하였고, 게다가 일본에서 돌아오신 사모님의 건강이 좋지 않아 선생님께서 살아가심을 퍽 힘들어 하시는 것 같기도 했다. 사모님이 세상을 떠나셨을 때 조문을 갔더니 "집사람이 몇 달만 더 살았더라도 내가 먼저 죽었을 텐데 나를 살리기 위해 먼저 갔어!" 하시면서 그동안 사모님 병간호가 얼마나 고생스러웠는지를 가히 실감케 하였다.

선생님께서는 전남대학교총장에 취임한 지 3년 만에 자진 사퇴하였다. 당초 김상협 당시 문교부장관으로부터 전남대 총장으로 가달라는 부탁을 받고 '총장이 행정관이지 학자냐'는 이유로 고사했으나, 장관의 집요한 강권에 못 이겨 "2년만 해도 된다면 가겠다."는 약속 하에 총장직을 수락했던 터라 부임 2년 만에 사표를 냈다. 그런데 전남대학교 교수단의 진정으로 사표가 반려되어 부득이 총장 자리를 지키고 있던 중, '대통령 하야'를 요구하는 성명서가 최초로 전남대 학생들에 의해 발표되자 "나를 임명한 대통령을 내가 가르치고 있는 학생들이 물러나라고 하였으니 도의상 내가 물러나야 옳다!"는 명분을 내세워 끝내 총장직을 사퇴하고 말았던 것이다. 그 후 고려대학교에서 정년퇴임을 하고 70세까지 한국신학대학에서 계속 교수 생활을 하셨는데, 내가 어쩌다 "요새는 무슨 연구를 하고 계십니까?” 하고 물으면 의례히 “나는 철학자요!”하시곤 했다. 나도 전남대학교에서 정년을 마치고 서울로 올라온 뒤 한중철학회에 참여한 지 벌써 10여년이 되었다. 이 모임은 동양철학과가 있는 대학의 철학교수 약 30여 명이 자발적으로 모여 매주 금요일 오후 3시부터 약 3시간 동안 『성리대전(性理大全)』을 읽고 해석하는 모임이다. 더러는 정년퇴임한 학자도 있지만 대부분은 박사학위를 근간에 마쳤거나 혹은 아직 박사학위 과정에 재학 중인 비교적 젊은 나이의 학자도 상당수가 있다. 그런데 경제학을 공부하던 사람으로는 내가 유일한 존재거니와 십여 년 동안에 단 하루도 빠진 적이 없는 것으로도 나는 유일한 존재다. 나는 나도 모르게 감히 선생님을 닮아가고 있는 게 아닌가 하는 생각을 해 본다. 지금 누가 나더러 요새 무슨 공부를 하고 있느냐고 묻는다면 “나는 철학도요!”라고 대답하지 않을까. 사실 사람은 늙으면 모두 철학자가 되는 것이 아닌가 하는 생각이 든다.

　『성리대전』 강독을 마치고 이야기꽃을 피우고 있던 어느 날 저녁 7시경에 전화가 걸려왔다. 의사인 선생님의 둘째 아드님으로부터의 전화였다. 내용인즉 “내일 10시에 과천에 있는 카톨릭 성당에서 아버님이 영세를 받으시는데 아버님께서 지목하신 몇 분이 식전에 참석해 달라!”는 것이었다. 나는 그 순간 ‘이제 선생님이 세상을 떠날 준비에 들어가시는구나!’ 하는 생각을 하면서 착잡한 심정으로 귀가하였다. 이것은 분명 선생님의 자의는 아닐 테고 자녀들이 뜻을 모아 저들의 부친을 천주께 의탁시켜드리는 정성일 것이라는 생각을 가져보았다. 대부분의 경제학자가 그렇듯이 선생님은 철저한 무신론자이심을 나는 잘 알고 있기 때문이다.

　다음 날 과천에 있는 성당엘 갔다. 선생님께서 지목했다는 사람들이 다 왔지만 고작 5명에 불과했다. 영세 받는 행사장은 퍽이나 단조로웠다. 한 사람의 신부, 한 사람의 수녀, 한 사람의 대부, 그리고 몇 안 되는 가족과 선생님의 지목으로 왔다는 불과 몇 사람이 식전에 참가한 사람의 전부였다.

　수녀가 물었다. 영세 받으시는 분과는 어떤 관계냐고, 우리 선생님이라고 했더니 간단한 예행연습을 하자는 것이다. 예행연습이란 다름이 아니라, 당사자의 건강상태나 표정으로 보아 의식상 필수절차인 신부의 물음에 침묵으로 일관할 것 같으니, 묻는 항목마다 큰소리로 예하고 대신 대답을 해 달라면서 물을 항목이 적힌 인쇄물을 나누어 주었다. 아니나 다를까, 신부의 물음에 선생님은 시종 입을 굳게 다문 채 아무런 대답도 하지 않았고, 제 3자가 대리로 하는 “예!”소리만이 텅 빈 듯한 성당의 공간을 메웠다.

　이런 일이 있은 뒤에도 나는 몇 차례 선생님을 찾아가 뵈었지만 그 때마다 노쇠현상은 날로 더해만 가는 것을 실감케 했다. 그 유난히도 빛나던 안광에는 졸음이 차 있는 것 같았고, 그 당당하시던 걸음걸이는 단장을 짚고도 곧 넘어질 것만 같은 조마조마한 위태로움을 느끼게 했다. 그처럼 강건했던 체력에도, 굳센 의지에도, 급기야 임종은 다가오고 있음을 실감케 했다.

　한 해가 거의 저물어 가던 어느 날 새벽에 선생님의 둘째 자제로부터 또 다시 전화가 걸려 왔다.

드디어 선생님께서 운명하셨다는 전화였다. 날이 밝자 빈소에 달려가 보았지만 말없는 영정 사진만이 봉안되어 있을 뿐 이젠 더 이상 "좀 더 이야기하다가 가라!"는 말씀은 없었다. 그저 국화꽃 한 송이 받쳐 들고 하염없이 눈물을 흘리면서 명복을 빌고 또 빌었을 뿐이다.

영정 앞에 무릎 꿇고 향을 사르면서 강원도 고성에 있는 서산대사 기념관에서 보았던 서산대사의 임종 게송이 문득 생각이 났다.

> 도대체 사람이 살았다는 것은 무엇인가, 그저 한 조각의 구름이 일었을 뿐이다.
> 사람이 죽었다는 것은 또 무엇인가, 역시 한 조각의 뜬 구름이 사라졌다는 것이다.
> 뜬 구름은 본시 실체가 없는 것이니
> 살았다는 것도 죽었다는 것도, 왔다는 것도 갔다는 것도, 다 마찬가지다.
> 生也一片浮雲起, 死也一片浮雲滅.
> 浮雲自体本無實, 生死去來亦如然

나는 선생님의 발인식에 참가해서 마지막 떠나가시는 영구차의 뒷모습을 바라보면서 불현듯 엉뚱한 생각을 해 보았다. 그야말로 수많은 불후의 연구 업적을 남기신 천하의 대학자 김준보 선생님도 결국엔 저렇게 속절없이 떠나가고 말게 되는구나. 저렇게 가신 후 장차 그의 무덤 앞에 세워질 비석에는 어떤 묘비명이 새겨지게 될까 하고.

연전에 관광 차 중국 산동성에 간 적이 있다. 옛 제나라의 수도 치박(淄博) 시에 있는 제나라 첫째왕인 여상 강태공의 기념관을 구경하고 나서, 춘추전국 시대에 제나라 환공에게 정치적으로 죄를 짓고 수레에 실려 형장으로 가던 도중 요행히 친구 포숙아의 도움으로 풀려나서 제나라를 도와 제 환공으로 하여금 패왕의 위업을 이룩케 함으로써 공자마저도 그 업적을 인정한 바 있는 이오 관중의 무덤이 『맹자』, 「고자」 장에 나오는 우산(牛山) 기슭에 있다는 말을 듣고 그곳엘 잠시 들렀다가 관중의 무덤 앞에 세워져 있는 비석에 새겨 놓은 한 이름 모를 선비의 묘비명을 보았던 생각이 났다. 그 묘비명은 이러하였다.

> 요행히 형장으로 끌려가던 수레에서 풀려나
> 제나라를 패왕의 나라로 만드는 위업을 이룩했건만
> 가련하도다, 우산 기슭 석자밖에 안 되는 흙 속에
> 천하를 뒤흔들던 인재가 영원히 잠들어 있네!
> 幸脫當年車轞災. 一匡霸業爲齊開.
> 可憐三尺牛山土. 千古長埋天下才

한국농업경제학회로부터 회고사를 써달라는 요청서가 왔다. 나는 선생님과의 사이에 얽힌 사연이나 일화가 참으로 많은 것만 같다. 그러나 나에게 주어진 회고사를 쓸 시간은 고작 20일 뿐이고, 그 양은 A4용지 10매 정도라니, 무슨 말을 어디서부터 시작해서 어디에서 끝내야할지 모르겠다. 지극히 한정된 시간에 제한된 분량의 글을 쓰기는 했지만, 앞뒤도 없이 횡설수설 흰 종이에 공백만 메워 놓은 것 같아서 부끄러움을 느낀다. 게다가 마침 이 글을 쓰는 동안 장기간의 지병이 악화된 집사람이 사경을 넘나들고 있는 처지에 놓여 있었기에 본래의 둔필이 졸필이 되어 더욱 두서를 잃게 되었음을 안타까워하면서 붓을 멈춘다.

끝으로 나에게 글을 쓸 기회를 준 한국농업경제학회에 감사하며 선생님의 명복을 다시 빈다.

회고사 V

故 김준보 교수님을 회고하며

구 천 서(단국대학교 명예교수, 서울대 농경제학과 56학번)

☐ 김준보 교수님(교수님과 대립한 못된 제자)

교수님의 가르침을 받은 많은 사람 중에서 필자만큼 교수님과 대립한 사람은 많지 않을 것이다. 그러기에 필자는 이곳에서 그 사실을 고백하지 않을 수가 없다. 필자는 대부분의 다른 제자들과는 달리 학부, 대학원 및 박사과정의 오랜 기간의 지도를 받았었다. 돌이켜 보면 필자가 가르침을 받은 많은 선생님들 중 교수님만큼 Episode가 많은 분은 없었다. 아마도 그 첫째 이유는 그분이 가지고 계셨던 천재적인 두뇌와 두 번째는 무서운 집중력과 집착력 그리고 세 번째는 불의와 타협 않으려는 고집 그리고 마지막으로 넓은 학문분야에 대한 섭렵 등 때문이었다. 아마도 이들 대부분에 대한 Episode들이 이미 다른 선배 및 교수님들에 의해서 기술되었거나 기술될 것이라 믿는다. 그러기에 이곳에서는 이들에 관한 일반적으로 회자되고 있는 부분은 생략하려 한다. 다만 이들 에피소드의 핵심만을 다시 요약하여 필자가 앞으로 기술하려는 내용의 이해를 도우려 한다.

☐ 핵심 Episode

(1) 일본 구주 농대 농학부 재학 시 일본으로 유학 갔던 법학, 경제학 등을 전공하는 다른 학생들을 물리치고(농과학생이) 일본에서 고시에 합격 세상을 놀라게 했다. (2) 그의 유학비용은 고향사람들이 추념하여 걷어 준 것이다. (3) 학교 졸업 후 첫 부임지는 경기도 연천군(군수)이었는데 다른 신임군수와는

달리 입던 교복을 빨아 다려 입고 부임지인 군에 가는 바람에 백발이 성성한 일본인 총무과장에 의해(학생으로 오인되어) 쫓겨날 뻔 했다. (4) 농대 교수로 부임할 당시 농업경제가 아닌 이공계 부문강의를 맡았었다는 것. (5) 그리고 연대에서의 강의시 어떤 학생이 교수님을 골탕 먹일 속셈으로 독일어와 관련된 질문을 했었다. 한 대 얻어맞은 듯이 서 계시던 교수님. 다음 주 시간에 독일어가 중심이 되어 강의를 시작하여 학생들이 그것을 익히느라 혼쭐이 났다. (6) 농경제학자가 엉뚱하게도 현대통계학이란 전문서적을 냈고 후에는 통계학회 회장을 역임했고 (7) 경제학회 회장으로 피선되는 등등 Episode는 끊이지 않았다. 이들은 더욱 요약하여 보면 (1) 교수님의 천재성 (2) 학문분야의 다양성 뿐 아니라 가 분야에서 최고를 달리었었다는 점들이 그것이었다.

☐ 교수님과의 첫 만남

필자는 늦깎이로 농업경제과에 지원했다. 중학교 5학년 때 6·25가 일어나 그 해 입대하여 벼락 장교가 되었다. 그 후 5년간 참전한 후 중위로 제대하였다. 시골 장을 전전하며 장사를 하였으나 곧 이것이 천직이 될 수 없다는 것을 깨달았는데 그때는 이미 입학시험이 3개월밖에 남지 않았을 때였다. 3개월 남겨놓고 3년 치의 공부를 해내야 하는 궁한 처지에 몰리고 말았다. 더구나 동란 중 부모님은 돌아가시고 형님이 운영하시던 방직공장도 망했고 두 채의 집은 불타버렸다. 제대해보니 모든 식솔들이 좁은 방에서 비참하게 살고 있었다. 그런 와중에서 대학 공부하겠다고 '용감히' 나선 것이다. 그러기에 농대에서 떨어지면 다른 대학에 갈 엄두를 낼 수 없었다. 구두 시험장에서 필자는 마치 고양이 앞의 쥐처럼 내심으로 오들오들 떨고 있었다. 여기서 떨어지면 내 인생은 근본적으로 그 방향이 바뀌는 것이다!

근엄한 모습의 교수님이 중앙에 앉아계시고 다른 교수님들도 계셨지만 몇 분이 계셨는지도 기억도 안 났다. 아마 엄청나게 긴장했었든 듯싶었다. 교수님은 다짜고짜 "영어시험 잘 봤나?"하고 물으셨다. "네 조금요"하고 대답하니 "영어로 오늘 비가 왔습니다. 라고 말해봐"하고 물으셨다. 급작스럽기도 하고 예상치 못했던 질문이라 얼떨결에 "It is rain today."라고 답해버렸다. 여하간 시험에는 합격했다.

☐ 구군, 자네 내 장갑 봤나?

2학년 때 역전에서 이미 4학년이 된 고교 동기동창 친구를 만나 걷고 있는데 누군가가 "자네 내 장갑 봤나?"하는 소리가 나서 깜짝 놀라 쳐다보니 교수님이셨다. 한쪽 손에는 장갑이 끼어있었고 다른 손은 맨손이었다. 무엇인가 골똘히 생각하시다가 언제 어디에 장갑을 놓았는지 몰라 전혀 상관없는 우리에게 자기 장갑의 소재를 물으신 것이었다.

□ 무정한 교수님

오랜만에 상경할 기회가 생겨 상경하는데 차에 손님이 많아 미리 서둘러 기차에 뛰어올라 겨우 자리를 잡았다. 예상했던 대로 차 칸 안은 손님으로 꽉 차서 발 디딜 틈도 없었다. 자리를 잡고 편안한 마음으로 앉아 앞을 쳐다 보니 그 군중 속에서 교수님이 이리 밀리고 저리 밀리고 하시는 것이 보였다. 필자는 매우 지쳐 있었지만 얼른 일어나 자리를 양보하였다. 교수님은 필자를 쳐다보지도 않으시고 '응'하시더니 털썩 자리에 앉으셨다. 그리고는 서울역에 도착할 때까지 천정만 응시하고 계셨다. 그뿐 아니라 서울에 도착하자 벌떡 일어나시더니 더벅더벅 밖으로 걸어 나가셨다. 떠나신 자리에는 덩그렇게 가방이 놓여 있었다. 필자는 그 가방을 얼른 집어 들고는 쫓아가 "교수님 이 가방을.......''하고 전하니 '응'하시고 역시 쳐다보지도 않고 가방을 받아들고는 앞을 향해 역 개찰구 쪽으로 걸어 나가시는 것이었다.

□ 아니 아니, 저… 저…(영어에 통달하셨던 교수님)

대학원 재학 중에 USOM(United States Operation Mission to Korea)에서 스카우트 제의를 받았다. 대학원 졸업 전까지 공부만 하겠다고 생각하였던 터라 이 제의를 단칼에 거절하였다. 그러나 그 후에 거듭 제의가 들어왔다. 그제야 저는 그곳에서 하는 일에 대하여 알아보았다. 미국에서 하고 있는 대 한국 농업원조 사업을 보다 합리적 효율적으로 하기 위하여 농업경제·경영 분야의 전문적인 연구자를 원하고 있다는 것이었다. 그런데 영어도 잘하고 또 연구경험이 있는 사람을 못 찾아……. 그리고 같이 일할 사람은 미국 명문 코넬 대학교에서 농업경제학에서 학위를 받은 Beirman박사라는 것이었다. 보람 있는 일도 하고 일도 배우며 영어도 배우고 또 돈도 번다! 차차 필자도 솔깃하게 생각하기 시작하였다. 교수님들과 상의 끝에 결국 그곳에 취직했다. 그런데 필자를 괴롭힌 것은 본업 이외에도 부득이 통역을 해야 하는 경우가 발생한다는 것이었다. 불행하게도 농업분야에서 영어를 잘하시는 분은 정남규 박사, 오홍근 박사와 외무고시를 통과한 이득용(당시 과장)선배 등 몇 명과 미국에서 돌아오신 농업경제과 교수님들 뿐 이었다. 미국 유학을 안 다녀오신 교수님들은 일본사람으로부터 영어를 배웠었기에 영어를 말하거나 듣는다는 것은 불가능한 것이었다. 하루는 수원에서 연락이 왔다. 북해도 대학에 교환교수로 오신 축산경영을 전공한 미국 교수님의 특강이 있으니 참석해 달라는 것이었다. 장소는 농업경제과 대 강의실이었다. 이 특강의 통역을 맡은 분은 미국에서 대학원을 나오시고 경제학을 전공한 분이셨다. 원래 농업경제를 전공하지 않은 사람이 통역을 맞는다는 것은 사실은 엄청난 모험이었다. 그러나 그런 사실은 통역을 해 본 사람만이 아는 사실이었다. 본격적으로 강연이 시작되었다. 미국 교수는 미국의 축산경영에 대하여 매우 재미있게 설명하여 나아갔다. 미국의 소 생산은 산악지대인 럭키산맥 주변에서 어린 소들을 키워

뼈만 앙상한 비쩍 마른 소들로 키워 옥수수 생산지대(Corn Belt)인 아이오와 주변의 평야지대로 보내어진다. 거기에서 옥수수와 콩 등의 사료를 집중적으로 먹여 통통한 살찐 소(고기)로 키워 시장에 내보낸다. 그 교수는 이러한 사실들을 더욱 재미있게 설명하기 위해 "They produce bone around rocky mountain areas and bring them to Iowa to produce meat"라고 말하였다.

교수님들이 앞에 앉아 응시하고 있었고 미국 축산경영에 대한 기초지식이 없으셨던 그분은 그만 한두 군데 중요한 부분을 흘려듣고 말았다. 그때 그분은 "미국의 소 사육관행은 럭키산맥 지역에서는 주로 뼈를 생산하고 평야지인 아이오와 주 주변에서는 고기를 생산한다." 말은 비슷했으나 내용은 전혀 달랐다. 필자는 아차 싶었다.

미국 교수의 연설은 계속되었고 한번 잘못 해석된 내용은 뒤에 가서 더욱 얽혀나갔다. 이제는 누군가가 이 얽혀진 실타래를 풀어야 했다. 필자가 나서서.......? 불가능한 일이었다. 통역하던 분도 필자의 등짝도 땀으로 범벅이 되었다. '어, 어!'하고 안절부절 못하시던 김준보 교수님이 일어나시면서 "그게 말이어, 이런 이야기 아녀?"참으로 놀랄 일이었다. 어떻게 이런 일이....... 김 교수님은 정확하게 연설내용을 파악하고 계셨던 것이었다. 김 교수님은 그때까지 미국이나 영국에 간적도 또 원어민과 만나 직접 이야기 한 적도 거의 없었는데 말이다.

□ 단 둘이 앉아 1년 동안 수강(보이지 않는 기싸움)

고려대학교 대학원(박사과정)에서는 지금과는 달리 수강생이 하나밖에 없었다. 학교 측의 배려로 통계학과에 계시었던 김 교수님의 강의를 혼자서 들을 수 있었다. 강의 시기는 학생운동이 격화되어 학교 전체가 휴강이었다. 마침 직장에서 외국에 나가 조사할 일이 생기어 출장을 나갔다 왔다. 그때까지도 학교의 휴강은 계속되었다. 가까스로 강의가 다시 시작되었고 정상적으로 모든 학사가 마무리 되었다. 그러기에 학점걱정은 하지 않았다. 그런데 교수님의 학점만은 나오지 않았다. "구천서가 해외에 나갔다 온 것은 세상이 다 아는 사실인데 내가 어떻게 학점을 줘!"그렇게 교수님께서는 주변 사람에게 말씀하셨다고 전하여 들었다. 그 바람에 필자는 그 과목 때문에 한 학기를 더 수강해야 하였다. 혼자 앉아 수강하는 동안 필자는 엄격하시게 만 느껴졌던 교수님의 따뜻한 면을 볼 수 있었던 것은 더 없는 행운이었다. 다른 한편으로 그분 마음속 깊숙이 자리 잡은 '노동가치설'에 대한 집착을 볼 수 있었던 것은 필자에게는 엄청난 불행이었다. 불행히 필자는 미국과 영국의 대학원에서 그곳 석학들로부터 세뇌를 받았었고 그러기에 교수님을 존경하면서도 교수님의 주장을 액면 그대로 받아들이기에는 너무나 오염되어 있었다. 필자는 조용히 앉아 강의를 듣기만 하고 적극적으로 논쟁을 벌이려 하지 않았다. 그러나 교수님도 그런 필자의 속내를 모르실 리가 없었다. 안타깝게도 가장 가깝고 가장 먼 사제 사이가 되었다고나 할까?

□ 글을 마치면서

　서두에서도 언급한 바 있으나 교수님은 필자가 가장 존경하는 그리고 또 닮고 싶었던 분이었다. 그러나 필자가 그 분으로부터 배우고 싶었고 닮아 보려고 애쓴 부분은 학술적 이론 면은 아니었다. 또한 그분의 천재성도 아니었다. 그분은 평생을 가난하게 사셨다. 비록 그분이 대학총장이 되어 부와 영화를 누릴 수 있게 되었을 때도 그분은 검소하게 살면서 공부를 계속하시었다. 또한 자기가 배우려고 하였던 분야만을 공부하시지 않고 주변 학문에까지 깊숙하게 파고들어 그 분야에서도 존경받는 학자가 되었다. 일어, 영어, 독일어, 물리학, 화학, 수학, 통계학 그리고 그 학문을 기초로 경제와 농업경제를 파고드시었다. 필자는 바로 그 점이 닮고 싶은 부분인 것이다. 또한 교수님은 80이 지나서 미국을 좀 더 알고 싶어 미국으로 공부하려고 떠나셨다. 그리고 그분은 고지식하게도 원칙을 지키셨고 그 희생자 중에는 필자도 포함되었다. 필자가 두 번째로 닮고 싶었던 부분이 그 점 이었다. 그러나 닮고 싶지 않은 부분도 또한 있다. 그것은 다른 사람들은 간과 하겠지만…….. 그분은 농학을 출발점으로 농업경제를 연구하시었지만 진짜 농학에 대해서는 깊숙이 알려 한 흔적이 별로 없다. 6·25 동난 중 뜻하지 않게 순창에 꽤 오랫동안 머무르셨는데 순창 지역농업에 대한 그분의 이해는 보통 농민의 수준을 넘지 못하였다. 원래 순창은 고랭지로 그곳만의 특징적인 농업이 존재하고 있었는데도 불행히 이에 대한 충분한 이해를 못하고 계시었다. 필자는 아직도 그분을 닮아 보려고 노력하고 있다. 외국어 공부에서도 그렇고, 관련 학문 분야에서도 그렇다. 또한 고지식한 면에서도 마찬가지다.

　과연 필자가 그 분 만큼의…….

　앞으로 계속 노력하여 보려한다.

회고사 VI

김준보 선생님 소고

김 영 철(건국대학교 명예교수, 서울대 농경제학과 56학번)

□ 두 번의 꾸지람

나는 1956년에 서울대학교 농과대학 농업경제학과에 입학하였다. 그때 우리 농업경제학과 1학년은 김준보 학과장의 주장으로 1학년 첫 학기부터 전공과목을 수강 했다. 나는 어떻든 선생님 과목은 좋은 학점이 나오도록 공부를 열심히 하여 1학년 말 성적에 선생님 과목은 모두 'A' 학점을 맞았다. 겨울방학을 하자 선생님의 좋은 말씀도 들을 겸 같은 반 오근배 친구와 수원 고등동에 있는 선생님 집을 찾아 가 초인종을 눌렀다. 그 때 선생님은 현관문만 연체로 누구냐고 물었다.

"경제과 1학년 학생 오근배와 김영철입니다." 우리들의 말이 떨어지기도 전에 선생님은, "1학년 학생이야 ? 뭐 하러 여기 왔어 ! 가 ! 가! 가서 공부나 해! 학생이 공부를 해 야지, 요런데 오는 것 아니야 ! 빨리 가 !" 하고 현관 마루에 선체로 문을 꽝 닫아 버렸다.

나는 이렇게 무안한 꾸지람은 생전 처음으로 들었다. 그 후 나는 선생님의 학교 연구실에도 한 번 못 가보고 졸업을 했다.

1987년 늦은 봄 어느 날 오후였다. 그날은 원고를 과천 선생님 집으로 갖다 주기로 한 날이었다. 나는 원고와 조그만 카세트 녹음기를 함께 가지고 갔다. 과천시 별량동 주공아파트 501동 903호 벨을 누르자 선생님은 여느 때와 같이 반갑게 맞아 주었다.

나는 자리에 앉자마자 먼저 원고를 건네 드리고 카세트 녹음기를 꺼냈다. 카세트 녹음기를 본 선생님은 먼저 그것이 무어냐고 묻기에 나는 즉시 녹음기를 가지고 온 이유를 설명하기 시작 했다.

“선생님, 가끔 선생님 젊었을 때 애기랑 일본 유학시절 애기랑 재미 있는 애기 많이 해 주셨잖아요. 이제부턴 그런 애기 해 주시면 여기 녹음 했다가 나중에 선생님 일화에 관한 책을 만들어 볼 가 해서요”

내 말이 끝나기도 전에 선생님 안색이 굳어지면서,

“김군, 내 개인적인 애기로 책을 쓰겠다고! 그러려면 다시는 여기 오지 말아!”

“학생들을 가르치고 있는 학자가 쓸 것이 없어서 내 사생활 애기를 쓴다고! 그건 학자가 할 일이 절대로 아니야, 절대 학자가 할 일이 아니야!”

나는 지금까지 그렇게 화가 난 선생님의 얼굴을 본 적이 없었다.

나는 즉시 내 잘 못을 사과하고 앞으로 선생님 심기를 불편하게 하는 일은 절대로 안 하겠다고 사죄를 했다. 물론 선생님은 그 후에도 가끔 재미있는 애기들을 해 주었지만 이것이 내 생전 두 번째 들었던 꾸지람이 되었다. 다만 이번에 또 세 번째 꾸지람은 안 했으면 하면서 이 글을 쓴다.

□ 대학생복 차림의 ‘연천’ 군수 부임

김준보 선생님은 일제시대 일본 구주대학 농학부 농업경제학전공 2학년 재학 중에 지금 우리나라의 행정고시와 유사한 고등문관시험에 합격하였다. 그 당시 대학 2학년 재학생이 고등문관시험에 합격 한 것은 일본 전국 대학에서도 없었던 일로 구주대학의 자랑이었을 뿐만 아니라 또한 농학부의 최대 명예였다. 왜냐하면 자타가 공인하는 전국 유수의 대학을 물리치고 그것도 법학부 학생이 아닌 농학부 2학년 재학생이 합격해서 일본 전국이 떠들썩 했기 때문이었다.

선생님은 대학을 졸업 하자마자 곧 바로 경기도 연천군 군수로 초임 발령을 받았다. 1941년 1월 중순 어느 날 경기도 연천군청에서는 아침 일찍부터 새로 부임하는 군수를 맞이 할 준비에 만전을 다하고 있었다.

그러나 막상 신임 군수가 부임 하는 날 아침 예정 된 9시가 넘어가고 10시 11시가 되어도 신임 군수가 나타나지 않아서 연천 군청에서는 야단이 났다.

그런데 추운 겨울날이라 군청 사무실에 난로를 피워 놓고 있었는데 아침 일찍부터 대학생 제복차림의 한 대학생이 난로가 의자에 앉아 주위는 아랑곳 않고 두꺼운 책을 펴 들고 읽고 있었다. 11시가 넘어도 신임군수가 나타나지 않아 군청이 야단법석인 와중에 군청 직원 한사람이 출근 때부터 계속 난로 가에서 책만 읽고 있는 대학제복의 학생에게 다가가,

“누구세요?”

“무슨 일로 아침 일찍부터 군청엘 왔나요?” 하고 물었다.

이 학생은

"나 김준보요" 하는 짤막한 대답과 함께 다시 계속해서 책만 읽고 있었다.

약간 화가 난 이 직원이 다시

"김준보가 뭐요! 일 없으면 나가시오 여긴 도서실이 아니요" 하고 윽박질렀다.

그 때서야 이 학생은

"내가 신임 발령을 받고 온 김준보요. 지금 중요한 이론을 읽고 있으니 방해 말아 주시오" 하는 대답에 이 군청은 또 한 번 야단법석이 났음은 물론이다.

대학생 제복으로 난로 가에서 계속 책만 읽고 있었던 이 학생이 바로 고등문관 시험에 합격하고 연천 군수로 발령을 받아 부임을 하러 간 김준보 선생님이었다. 대학생 제복을 입고 군수 부임을 간 선생님은 그 때 약관 26세의 청년이었다.

□ 동경 지하철과 금주(禁酒)

나는 서울대 농대 농업경제과를 다녔던 1956-1960년 4년 동안 김준보 선생님의 강의는 하나도 빼지 않고 모두 수강 신청을 했다. 그러나 김준보 선생님과 함께 요즈음 흔히 있는 개강파티나 종강파티는 한 번도 없었다. 그러니 김준보 선생님이 무슨 음식을 좋아하는지 또는 술은 좋아 하는지 아니면 조금이라도 마시는지는 전혀 알지 못 했다.

김준보 선생님이 술을 좋아했다는 사실을 안 것은 1985년 어느 날 선생님이 일본 유학시절 고등문관시험에 합격한 이야기를 하는 중에 알게 됐다

김준보 선생님은 재학 중에 고등문관시험에 합격하고 합격증을 받으러 규슈에서 동경으로 가게 됐다. 동경에서 합격증을 받은 그날 저녁에 동경 유학생들이 모여 김준보 선생님의 합격을 축하해 주는 모임이 있었다. 이 자리에서 선생님은 한잔 두잔 축하주를 받아 마시느라 그만 곤드레만드레가 되었다고 한다.

선생님은 어렸을 때 고향인 전남 영암 시골 마을 집에서 동동주를 만들 때 쌀 밥 톨이 그대로 씹히는 익히기 전 달콤한 술을 아주 좋아 했다. 그래서 방학 때 고향에 오면 막걸리나 특히 동동주를 아주 좋아 해서 자주 마셨다.

그러나 일본 유학시절에는 어울리는 친구도 없었고 돈도 없어서 술 마실 기회가 거의 없었다. 정말 오랜만에 고등문관시험 합격 축하회에서 기분도 좋고 해서 그날따라 술을 많이 마셨다.

축하회는 동경 지하철의 막차가 떨어지기 전 까지 계속 됐다. 선생님은 만취 상태에서 가는 방향이 같은 유학생과 마지막 동경지하철을 탔다. 같이 지하철을 탄 유학생은 선생님의 임시 동경숙소 보다 먼저라서 미리 내려 버렸다. 그날 밤 동경지하철 막차가 종착역에 도착해 승객들은 모두 내려

버리고 선생님 혼자만 남았다.

선생님은 혼자 내릴 생각도 않고 술에 취해 그냥 자고 있었는데 비몽사몽간에 누군가 흔들어 깨우는 기척에 정신을 차렸다. 승무원이 마지막 객차를 점검하면서 취한 승객이 대학생복의 학생인 것을 알고 흔들어 깨웠다.

"여보세요. 대학생님, 종착역에 다 왔습니다."

그 당시는 대학생이 사회적으로 매우 대접을 받고 존경과 부러움의 대상이었기 때문에 승무원은 정중히 말을 했다.

" ? ? ? ? ? ? "

"정신 차리세요. 상당히 취하셨네요. 종착역입니다. 이름이 뉘신가요? 대학생님 "

승무원이 선생님을 다시 정중히 일으켰다.

"나요! 내 이름은 김준보요. 고등문관시험 합격 축하주를 좀 마셨어요." 하고 우리말로 대답했다. 이 말을 들은 승무원의 태도가 180도로 바뀌었고 눈을 부라리고 내 뱉은 한마디는,

"고노야로 죠센진데스네, 고노 죠센진, 키타나이…(이 놈, 조선인이구나. 이 더러운 조선인…)"

그리고 빨리 내리라고 만취상태의 선생님을 윽박질러 동댕이치듯 밀어 냈다. 그 순간 선생님은 술기운이 싹 가시면서 가슴속으로 참기 힘든 분노가 산더미처럼 밀려왔다.

"내가 술을 마셔서 동경 지하철에서 이 모멸을 당했구나. 이 놈의 술 때문에 이 김준보가 우리나라가 모독을 당했구나."

"이 놈의 술 때문에 나의 명예도 자존심도 모두 무참히 짓 밟혔구나. 다시는 술을 입에도 대지 않겠다. 내가 생전은 물론 죽어서도 절대로, 절대로 술은 안 마신다." 라고 다짐을 했다.

선생님은 동경 지하철 사건 이 후 술과 완전히 인연을 끊고 살았음은 물론이다. 지금 선생님은 천당에서도 절대로 금주하리라 생각된다.

□ 김준보 선생님과 도조 히데키(東條英機)

1987년 늦은 봄 어느 날이었다. 김준보 선생님을 찾아온 일본인 이도(伊藤)교수와 서울의 북악 터널 근처에 있는 올림피아 호텔에서 만났다.

이 자리에는 김준보 선생님과 이도 교수 외에 그 당시 농협대학 교수로 있던 이환규 교수도 자리를 같이 했다. 나와 이환규 교수가 함께 자리를 한 것은 이도 교수가 구주농대 농업경제학과에 교수로 재직 시 협동조합론을 강의하였고 그 인연으로 서로 잘 알고 있었다. 이도 교수는 구주대학 농학부의 김준보 선생님 후배로 특별히 김준보 선생님에 관한 몇 가지 일화를 직접 확인하기 위해 한국을 방문해 이 자리가 마련됐다.

그 날 올림피아 호텔 야외 식당 한 구석에 자리를 잡은 우리들은 따뜻한 늦은 봄 햇살을 맞으며 주로 선생님이 구주대학 농학부에서 공부 한 이야기를 많이 나눴다.

그 당시 선생님은 별도로 책을 사서 공부 할 경제적인 여유가 전혀 없어 전적으로 도서관 책에 의존해 공부를 했다. 구주대학 1학년에 입학하여 처음으로 도서관에 가던 날 선생님은 "졸업 할 때 까지 여기 있는 책을 모조리 읽어버리겠다"고 다짐했다.

도서관에는 경제학 등 농업경제학 관련 책들이 약 2,000권 정도가 있었는데 실제로 졸업할 때까지 모두 읽고 졸업을 했다.

선생님은 구주대학에 입학하자 고등문관시험을 보겠다고 생각하고 방학 때 고향에 와서 아주 독특한 방법으로 시험공부를 했다.

전남 영암군 영암읍 서남리 111번지의 고향 시골집에 조그만 문간방이 있었는데 여기서 방학 때 시험공부를 했다. 이 문간방에 선생님은 책을 놓고 볼 수 있는 밥상 하나를 가지고 들어가서 드나드는 문을 통째로 뜯어 버리고 전체를 아예 흙벽돌로 쌓아 버렸다. 그리고 통로라고는 음식과 요강이 겨우 들락거릴 정도의 구멍만 뚫어 놓았다. 통로가 없는 꽉 막힌 좁은 공간에서 거의 두 달 동안 밤낮으로 혼자 공부를 해 고등문관 시험에 합격했다.

김준보 선생님은 구주대학 농학부 재학시절에 항상 책만 읽고 다니는 독특한 학생으로 유명했다. 농학부 재학시절에 날마다 강의실, 도서관, 기숙사만을 왔다 갔다 하는 삼각형 학생으로 소문 난 학생이었다. 선생님이 재학 2학년 때 고등문관시험에 합격하자 구주대학 교수들 간에도 화제의 학생이 되었음은 물론이다.

그런데 같은 대학 농학부에 나이가 지긋한 '다카하시' 교수가 있었다. '다카하시'교수는 그 당시 나는 새도 떨어뜨릴 만큼 최고 권력가인 "도조 히데키(東條英機)" 일본 총리와 동서 간이었다. 선생님이 고등문관 시험에 합격 한 후 어느 날 학교에서 '다카하시' 교수가 김준보 학생을 찾는다는 전갈을 받고 연구실로 찾아갔다. '다카하시' 교수는 김준보 선생님을 아주 반갑고 친절하게 마지 하면서 극진한 칭찬 까지 아끼지 않았다.

"김준보 학생, 우리 구주대학이 생긴 이래로 가장 열심히 공부하는 학생이라면서요. 더구나 이번에 농학부 2학년 학생으로 고등문관시험에 합격을 했다니 정말 훌륭한 학생입니다. 진심으로 축하 합니다. 같은 대학 교수로서 매우 자랑스럽습니다."

그리고는 뜻 밖에 전혀 엉뚱한 질문을 던졌다.

"김준보 학생, 결혼은 아직 안 했지요?"

깜짝 놀란 선생님은 사실 얼떨결에 "네 아직 미혼입니다"라고 대답했다.

다음 이야기에 선생님은 더 더욱 놀랐다.

"오늘 학생을 오라고 한 것은 다름이 아니고 내가 학생 결혼 중매를 하려고 보자고 한 것이요.

어느 모로 보던지 현재 일본에서 최고 1등 신부 감이요. 김 군 마음의 준비가 되면 언제든지 다시 찾아와요.”

그 순간 선생님은 민족적인 수치심을 강력하게 느꼈다. ‘다카하시’ 교수의 말이 떨어지기가 무섭게 생각할 나위도 없이 내 뱉듯 한 마디를 던지고 도망치듯 ‘다카하시’ 교수 방을 뛰쳐나왔다.

“저는 지금 결혼 할 생각은 눈곱만큼도 없습니다. 그리고 저는 결혼을 한다면 한국여자와 결혼하지 일본사람과는 절대로 결혼 안 합니다.”

‘다카하시’ 교수가 김준보 선생님에게 자기의 동서인 그 당시 ‘도조 히데키’의 딸을 중매 하려고 했다는 사실을 안지는 이 교수 사건이 있은 지 얼마 지나지 않아서였다. ‘도조히데키’ 그 당시 일본총리가 자기 동서인 ‘다카하시’ 교수로 부터 김준보 선생님이 구주대학 이래로 최고의 삼각형 생활 학생의 공부벌레라는 이야기와 농학부 학생으로 일본에서도 없었던 재학 2년생의 고등문관시험 합격 학생이라는 이야기에 반해서 한국사람 인데도 불구하고 사위를 삼고자했다는 사실을 나중에 지도교수로부터 직접 전해 들었다.

□ 백범 김구선생과의 만남

김준보 선생님은 1941년 구주대학을 졸업하자 바로 연천군수로 발령을 받고 행정공무원 생활을 시작 하여 1946년 군정청 근로부의 고등문관 근무가 마지막이 되었다. 행정공무원 생활을 마치게 된 것은 1946년 10월 그 당시 서울대학교 농과대학 조백현 학장이 선생님을 농대 교수로 초빙하여 학교로 자리를 옮겼기 때문이다.

농과대학 교수로서 선생님은 우리나라 처음으로 농업경제학과를 창설하고 전공인 농업경제학을 기초적 사회과학의 범주로 규정하여 체계적인 학문 발전에 초석을 마련하였다. 이때부터 선생님의 논문 및 저술활동이 시작되었는데, 1947년에 ‘농업경제’를 저술하여 최초의 농업경제학 교과서로 발간되었다. 선생님은 초기 연구 활동 분야로서 주로 식민지하의 우리나라 소농형태를 체계적으로 인식할 필요성을 강조하였고, 특히 소작농의 후진적 성격과 자본주의 발전과정에서 토지소유형태의 중요성을 피력하였다.

그 당시 선생님은 신당동의 조그만 옛날 일본식 가옥에서 살고 있었다. 1948년 1월 어느 날, 선생님은 대문을 요란하게 두드리는 소리에 나가 보았다.

“중요한 일로 김준보 교수님을 뵈러 왔는데요. 김준보 교수님이신가요?”

“내가 김준보요. 어디서 무슨 일로 왔나요?”

“네, ‘경교장’에서 왔는데요. 김구 주석님께서 보내서 왔습니다.”

그날 찾아 온 사람은 김구 선생의 비서실장인 엄항섭 씨였고, 김구 선생이 우리나라 토지정책에 관해 김준보 선생님을 직접 뵙고 싶다는 전갈이었다.

이 일로 김준보 선생님은 경교장에 가서 김구 선생과 대면을 했고 이 자리에서 우리나라 토지정책 문제에 대한 연구 보고서를 써 달라는 부탁을 받았다. 그 후 약 3개월이 지나 선생님은 "우리나라 토지정책에 대한 소고" 라는 약 70여 페이지의 보고서를 작성해 경교장에 가서 김구 선생에게 직접 전달했다. 김구 선생은 짧은 시간에 매우 수고했다는 말과 함께 수고비조의 봉투를 직접 건네주었다.

선생님은 김구 선생으로부터 받은 토지정책에 관한 보고서의 수고비로 받은 금액 전부를 주고 당시 수원 고등동에 있는 집을 구입했다. 수원 집을 구입하기 전까지는 서울 신당동 집에서 항상 기차를 타고 수원으로 출퇴근을 하다가 수원 집을 구입 한 후 부터 수원에서 살게 됐다.

선생님은 출장을 가거나 여행을 갈 때 꼭 기차만을 이용했는데 기차여행의 안전성 확률이 제일 높기 때문에 기차를 이용한다는 이야기도 해 주었다.

그리고 김구선생에게 제출한 "우리나라 토지정책에 대한 소고"를 기반으로 1948년 그 해에 "토지정책론요강"을 발간했다.

□ 6·25전쟁과 쌍치재의 운명

1950년 6·25전쟁이 일어나자 선생님은 그 해 10월경 서울에서 고향인 영암으로 피난길을 나섰다. 가족들은 두 달 전쯤 피난을 보냈고 선생님은 학교 일로 혼자 남아 있다가 학기가 되어도 강의가 안 되어 혼자 걸어 나서게 됐다.

거의 15일 동안 걸어서 마침 그 날은 해가 뉘엿뉘엿 어두워져가는 저녁 무렵 선생님은 전라남도 화순군 이양면의 쌍치재를 넘어가고 있었다. 그 때 피난 행렬은 거의 30여명이 되어 어두워지기 전 쌍치재를 넘기 위해 다들 부지런히 걷고 있었다.

쌍치재를 거의 다 내려 왔을 무렵 갑자기 인민군 복장의 군인 몇 사람이 피난 행렬을 조사했다. 여자들이나 노인들은 그냥 가라고 하고 젊은 남자들은 붙잡아 한편으로 밀어 낸 후 모두 손바닥을 펴 보라고 했다. 손바닥이 깨끗한 사람은 왼쪽으로, 거칠고 울퉁불퉁한 사람은 오른쪽으로 분류 한 후 오른쪽 남자들은 가라고 놓아주었다.

선생님과 함께 왼쪽으로 분류 된 7~8명은 그 당시 이양면 지서인 이양면 인민위원회로 끌고 가서 구치소에 가두어버렸다. 손바닥이 깨끗한 사람은 지주나 "부르주아" 계급으로 분류해서 다음 날 인민재판 후 처형할 계획이었다. 구치소 안에는 이미 20여명이나 갇혀 있어서 만원이었다. 절망과 허기, 갈증으로 뒤범벅이 되어 거의 뜬 눈으로 밤을 새운 선생님은 새벽녘에 "야! 너 이리 나와. 빨리 나와!" 하는 소리와 함께 인민 위원회에 근무하는 한 청년에 의해 밖으로 끌려 나왔다.

아무 영문을 모르고 두려움이 범벅이 되어 어리둥절해 하던 선생님에게 이번에는 180도 변한 태도로, "선생님, 김준보 선생님이시지요? 빨리 산으로 피신하십시오."하고 놓아주었다.

"도대체 당신은 누구요? 왜 나를 풀어주는 거요?" 하는 선생님의 물음에 그 인민위원회 청년은 "저는 선생님을 잘 알고 있습니다. 선생님이 쓴 책 '토지정책요강'을 아주 감명 깊게 여러 번 읽어서 선생님을 잘 알고 있습니다. 아무 말 말고 빨리 이곳을 벗어나십시오."

선생님은 숙연한 표정으로 이 이야기를 해 주셨다. 나는 "선생님, 선생님을 살려 주신 그분 생각 가끔 하셨어요? 살아 있을까요?" 하고 물었다.

"살았는지 죽었는지 알 길이 없지. 누군지도 모르지 않아. 어디서든지 잘 살고 있었으면 좋겠지."

선생님의 쌍치재 이야기는 "로만 폴란스키"감독의 명 영화 "피아니스트"를 연상시킨다. 유태인 천재 피아니스트 '스필만'이 지옥 같은 처절한 생사의 마지막 기로에서 독일 장교 '호젠펠트'를 세워두고 연주한 '쇼팽'의 '발라드 1번 G단조'가 어쩌면 선생님의 "토지정책론요강"과 같은 운명으로 자꾸만 '오버 랩' 되는 여운을 남긴다.

□ 팔순 노교수의 학문적 열정

김준보 선생님은 2007년 12월 12일 별세하기 3~4년 전까지도 항상 책 속에 파 묻혀 오로지 학문 연구에만 몰두했다. 특히 고령에도 불구하고 1990년대 들어 선생님은 가치와 가격 문제에 전념하면서 대단한 학문적 열정을 쏟았다. 선생님의 그 동안 연구 업적은 1993년 '학술원논문집'에 3년간 연속 게재된 '가치의 가격전화론(I), (II), (III)'을 필두로 2003년까지 해외 학계에 보낸 "On the labor-value problem of the modern grouped commodities"와 서울대 '경제학논집'의 "상품가치의 집단적 자연성-모집단과 표본의 가치관계" 일본 학계에 배부된 "가치전화의 물신적 자연성 고찰(일어)"등으로 모아진다.

선생님의 주장을 보면 "전통적인 상품가치론 또는 가치 전화론은 상품가격에 대한 가치의 선행조건을 명확하게 이론화 한 것이 (아직까지)없다"라고 시작한다. 물론 지금까지 '마르크스'의 노동가치설이나 '레온디에프'의 투입-산출론으로 가치와 가격과의 관계를 일부 설명하지만 이론상 매우 불완전 하다.

특히 일부 경제학자 간에는 가격과 가치와의 관계를 규명하기 어렵다는 핑계로 그냥 넘겨 버리는 어리석음을 범하고 있다. 그 대표적인 경제학자가 미국의 "사무엘슨" 교수로 그의 "Eraser Algorithm"을 든다.

선생님은 1989년 10월 "사무엘슨"의 이 "지우개 이론"을 연구하기 위해 미국 워싱턴의 국회도서관을 방문하여 거의 한 달간 체류하면서 관련 문헌들을 조사 연구한 후 '사무엘슨' 교수가 가치와 가격과의 관계를 규명하려는 노력 없이 그 기본적인 관계를 간과해버렸다는 사실을 파악하고 귀국했다.

선생님의 이론은 "자본주의의 대량 상품생산체제 하에서 가격은 통계적 이론상 상수와 같은 자연가격 또는 가치로 인정 되는 기대적 모수(parameter)이다"라고 설명한다. 더 나아가 "상품의 가격은 우리가 알 수 없는 가치의 자연적 모집단이 표본으로서 주어진 가치의 자연성과 상품의 물신성(物神性)에 의해 설명할 수 있는 자연가격으로 그 상품의 가치와 일치한다." 라고 설명한다.

근본적으로 가치와 가격의 관계는 통계적 모집단의 파라미터에서 일치하고 "기대적 모수로서 그 자체 미지의 가치라 할 수 없다."라고 설명한다. "기대적 모수인 자연가격 또는 가치가 단순한 주관적 개념이나 미지의 개념이 아니라는 것"을 증명하기 위해 선생님은 양자역학에서 가장 중요한 개념인 슈뢰딩거(Schrödinger)방정식을 도입하고 있다.

"가치의 확율적계측 이론을 기초로 양자역학의 슈뢰딩거(Schrödinger) 방정식의 연산자(operator,운동열량)를 특정 모집단(eigenfunction)인 상품가치에 대응시키고 확율적 연산에 관한 본래의 생산가격과 함께 자연적 모수(가치)의 고유치(eigen value)로서 확인 할 수 있다."는 논리를 전개한다.

이 이론을 전개 하면서 선생님은 "만일 1860년대에 현재와 같은 통계학의 발달이 있었더라면 '마르크스'의 노동가치설이 보다 명료하게 표현 됐을 것이다." 왜냐하면 "'자본론'에서 가치의 기대적 모수 개념을 추론할 수 있는 표현을 발견할 수 있기 때문이다."라는 주석을 달았다. 아울러 선생님은 "경제학의 불완전성을 보완하기 위해 통계학이 필요하며, 그래서 나는 지금까지 통계학을 함께 공부했다"는 말을 덧붙였다.

회고사 Ⅶ

그냥 묻어두기엔 아까운 "에피소드"와 學問

천 기 길(농업사회발전연구원, 서울대 농경제학과 57학번)

□ 일러두기

여기에 기술하는 선생님에 관한 "에피소드"는 내가 선생님과의 일상적인 대화과정에서 직접 나눈 내용을 가감 없이 기술한 것으로서 따로 기록한 것이 아니므로 人名과 학교의 명칭에 오류가 있을 수 있으며 선생님으로부터 직접 듣지 않은 逸話는 기술하지 않았음.

□ 선생님의 學窓時節

선생님의 호(號)는 "碧齊"이시고 고향은 全南靈巖으로서 1915년 7월 21일가난한 농부의 아들로 태어나 일찍이 아버지를 여의시고 홀어머니 슬하에서 初等學校를 근근이 마쳤으나 가정형편이 어려워 自力으로는 중학교 진학이 어렵게 되었다.

집은 가난하였지만 초등학교 성적이 너무도 뛰어나 이를 안타깝게 여긴 고향 門中(金氏집안)에서 中學進學을 시키기로 결정하였다. 당시 문중에서는 초등학교 履修만을 支援키로 되어 있던 規約을 선생님에게는 例外措置를 취한 것이었다. 이러한 문중의 지원으로 중학교 지원을 하게 되었는데 선생님은 농촌에서 태어 나셨고 가난의 굴레를 벗어나지 못한 배경 등으로 학교선택은 자연히 농과계통을 선호하게 되어 裡里(지금의 全北 益山)에 있는 당시 湖南지역 유일의 이리농림학교에 진학하게 되었다.

　중학시절에도 지원된 장학금으로는 시골의 어머니 生活費로 일부 지출하고 나면 책을 구입할 돈이 없어서 裡里驛前에 日本人이 경영하는 書店이 있었는데 每週日曜日이면 서점 앞에서 가게 문을 열 때까지 기다렸다가 문이 열리면 들어가 2~3시간을 서서 공부하셨다고 한다. 이러한 공부가 數週째 일요일이면 반복되자 하루는 서점 女主人이 이를 안타까이 여겨 편한 마음으로 공부할 수 있게 배려함으로써 서점 안에서 공부시간은 4~5시간으로 늘어나 큰 도움이 되었다.

　이러한 공부에 대한 熱誠의 결과 중학 3학년 졸업 시(1934년)에는 首席卒業의 영광을 안게 되었으며 이를 알게 된 門中에서는 다시금 그 이상의 학업을 계속할 수 있는 큰 결정을 내렸다.

　그리하여 고등학교를 진학하는데 농림 분야는 당시 水原農高(現 서울大 農大)이 가장 명문이어서 수원고농을 지원하게 되었다 한다. 수원고농에서도 역시 공부로서는 뒤지지 않아서 기어이 대학에 진학하기로 마음먹었는데 하루는 일본인 고농교장이 불러 가보았더니 교장의 아들이 당시 선생님과 같은 반이었는데 아들 공부를 도와 달라고 하면서 졸업 무렵에는 선생님이 日本 九州帝大에 진학키로 하자 교장은 자기 아들과 함께 구주제대 입학시험을 치를 수 있도록 조치하였다고 한다. 이러한 사유로 선생님은 수원고농의 卒業狀이 없다고 하셨다.

　알려진 바와 같이 "수원고농의 학창시절은 기숙사 → 강의실→ 도서실 이외는 학교근처의 그 유명한 西湖의 벚꽃 길 한 번 가지 않은 사람, 외식 한 번 하지 않은 사람이라고" 당시 동창들은 입을 모았다 한다.(金容箕 씨 - 조선총독부시절 함께 근무함)

　마침내 구주제대 농학부에 합격한 선생님은 대학 입학 후 一般農學도 중요하지만 당시 高等文官시험(高等考試)은 사회적으로 국가최고의 큰 시험으로서 대학생들의 偶像이 되는 시험이기에 여기에 뜻을 두고 精進하셨다.　대학 1학년 말에는 有機化學분야의 어느 문제가 풀리지 않아 방학 때 이 분야에 진학하고 있는 金浩植(前 서울農大 敎授) 學兄에게 질문 하였던 바 모르겠다고 하기에 수소문 끝에 當代 아시아권 최고 권위자로 알려져 있는 日本 京都大學長에게 편지를 보내자 「學生은 功을 생각하지 말고 공부에 精進하라」는 답장만 받았다고 하셨다. 이 有機化學분야 質問問題가 그로부터 몇 년 뒤에 경도대학 그 학장이 노벨 化學賞을 받은 내용이라고 말씀하셨다.

　그 후 선생님은 그동안 꾸준한 考試준비 끝에 구주제대 농학부 2학년에 마침내 고등문관 시험에 합격(1939년)함으로써 당시 조선은 물론이고 日本에서도 큰 화제 거리가 되지 않았나 생각해 본다. 그도 그럴 것이 당시 고등문관 시험은 일본 東京帝國大學 法學部 3年生이라야 예비적으로 시험에 응시하는 것이 慣例였는데 지방의 구주제대 농학부 학생이 더구나 2학년 농학도가 당당히 합격한 지라 당연히 대단한 화제였으리라 짐작된다. 특히 당시 고등문관시험에는 구주제대에서 101명이 응시했는데 농학부 한 사람만 합격하고 법학부 100명은 모두 낙방하여 구주재대에서는 오랫동안 화제의 인물이 되었다고 한다.

□ 先生님의 公職生活

선생님의 朝鮮總督府 勞務課 근무 시 일화다. 당시 朝鮮노무자들에 대한 일년 예산을 계획하고 이를 확보하자면 日本東京에 있는 大藏省에 가서 상세한 설명을 해야 되는 상황이었다. 한 번은 이러한 예산획득을 위해 일본을 혼자가게 되었는데 어떻게 하면 經費를 가장 적게 들일까 하고 알아보니 麗水港에서 배를 이용하면 가장 싸게 갈 수 있어 여수에서 배를 타고 東京에 가신 적이 있다. 도쿄호텔(지금도 현존하고 있음 – 당시 미군폭격을 받지 않은 건물 중 하나라고 함)에 여장을 풀고 이튿날 대장성에 들렀는데 조선담당 예산취급과장 뒤편의 冊欌에는 조선에 관한 책자와 각종 자료가 가득 채워져 있어 깜짝 놀랄 정도였으며, 더 놀라고 난처했던 일은 그 담당과장이 "조선에는 공직에 있는 노무자들의 상당수가 妾을 거느리고 있다는데 그 첩에 대한 조사 자료를 요구"하였다는 것이다.

이유인즉 그 첩에 대한 예산을 반영하지 않으면 公務가 소홀이 되고 자연히 不條理가 발생하게 될 거라는 이야기다. 당연히 그에 관한 통계자료가 있을 리 없는 일이었다.

또 하나 놀란 것은 동경에 도착한 날 밤에도 美軍의 폭격이 있었는데 아침에 그 예산취급과에 들렀더니 20명이 넘게 보이는 직원들 한 사람도 빈 자리가 없이 전원 출근을 하고, 한쪽의 女職員이 흐느끼고 있어 무슨 사연인지 물어보았더니 간밤의 폭격에 가족 중에 희생자가 있었다는 사연이었다고 한다. 실로 戰時體制에서의 公職社會의 정신무장상태를 엿보게 하는 장면이었다 한다.

선생님은 그 후 경기도 漣川郡守를 지내셨고 여기에서 8·15 光復을 맞이하게 되었다고 한다. 水原農大에 재직하게 된 동기는 광복이 되어 서울의 西大門에 있는 여관에 잠시 머물고 있는데 농대 趙伯顯(前 農大學長역임) 池泳鱗(前農大 교수)교수 두 분이 두 차례나 찾아오셔서 母校의 강단에 서 주실 것을 간곡히 부탁하셔서서 뿌리치지 못하셨다고 한다.

이 때까지도 앞에서 언급한 재학 중 받았던 장학금은 재직 시 받은 봉급으로 계속 갚아 나갔으며 시골 어머니의 생활도 꾸준히 도우셨다고 한다.

□ 末年에 完成한 世紀的인 論文

선생님은 많은 著書와 論文을 남기셨다. 1948年 "土地改革論要綱을 비롯하여 2001年 "新價値論考"에 이르기까지 17권의 저서와 1956년의 "自立經濟를 爲하여"라는 논문을 필두로 2002年 "商品價値의 母集團性 再考" 등 수십 편의 논문을 발표하셨다.

이 가운데 생생하게 기억이 되는 것은 "1956년의 자립경제를 위하여" 라는 논문은 당시 국내논문 사례집 중에서 가장 잘 쓰여 진 논문이라고 평가받고 있어서 대학가 논문작성의 모델로 여겨졌던 기억이다.

선생님은 별세하시기 3~4년 전(90歲) 나에게 "價値의 轉化" 문제에 대한 말씀을 많이 해 주셨는데 이 분야에 대한 지식이 全無한 내가 여기에 선생님의 세기적인 논문에 관하여 대담으로 들은 정도를 바탕으로 감히 언급하는 데는 본 일화를 읽으시는 분들의 폭넓은 이해가 뒤따라야 된다고 생각하고 있음과 동시에 행여 선생님의 理論을 잘못 언급하여 오해가 뒤따른다면 언급을 아니 한 것만 못하리라는 생각도 하지만 선생님 논문의 再認識次元에서 強調하는 내용이라고 이해하시면 좋겠다.

經濟學分野에서 價値에 대한 理論的 提起는 그 유명한 1867年에 간행된 K.Marx의 Das Kapital Ⅰ(資本論 1권)이 세상에 나오면서 經濟學界에 큰 관심을 불러일으킨 것으로 생각한다. 자연히 선생님도 막스의 資本論을 대하시면서 價値란 무엇이고 價格이란 價値와 어떤 관계에 있는지 관심을 갖게 되셨는데 관심을 더 끌게 한 것은 K.Marx는 그의 자본론 Ⅰ.Ⅱ에서 가치와 가격에 대한 주장이 자본론 Ⅲ에서는 완전히 입장을 달리한 것을 알게 되었으며, 과연 가치란 무엇인가의 근본적 문제에 K.Marx는 명확한 해답이 없이 어슴푸레하게 언급하고 있어서 이 문제를 명확히 해야겠다는 생각을 하시게 되었다. 선생님의 이에 대한 생각을 더 자신 있게 만든 것은 막스시대 이후 자본주의 시장경제가 크게 伸張하고 科學이 발달함으로서 선생님의 가치에 대한 인식을 뚜렷하게 부각시켰다고 한다.

여기에서 선생님은 많은 경제학자들이 주장하고 있는 "價値=價格"-(代表的인 학자 K.Marx)이라는 주장에 대해서 가치란 원래 母集團이라는 것으로서 이미 存在하는 것이어서 "價値가 價格을 先行 즉 支配한다"고 주장하셨다. 이것을 量子學을 동원하여 價値의 存在性을 客觀化하므로서 아무도 異議를 달지 못하도록 結論지으셨다.

내용을 보면 K.Marx는 그의 資本論 Ⅰ,Ⅱ에서는 "價格=價値"라고 주장하였다가 資本論Ⅲ에서는 "價値가 價格을 支配하는것 같다"고 어슴푸레하게 주장하였고, Engel's는 價格의 平均値가 많을수록 母集團에 가까워지니까 가격이 가치를 지배한다고 mistake하고 있으며, Robinson 역시 가격이 가치를 지배한다고 同調하였다. 이 점에 대해서는 日本의 경제학계(東京大側)도 마찬가지였다. 또 samuelson은 없는 것하고 있는 것은 天地差異인데 가치라는 것이 있거나 없어도 좋다"고 하였다. 후일 샤무엘슨도 "가격의 평균치가 價値를 先行(支配)한다"고 주장하고 나섰다고 한다. 선생님은 가격의 평균치가 가치를 선행하는 것 같이 보이지만 그렇지 않다고 예를 드셨다. 아무리 많은 Sample (平均値)라도 가치를 지배 못 한다. 즉 가치란 모수(母數)-parameter로서 반드시 존재하는 母集團(어머니格) 인데 價格(子息格)이 많아지면 어머니와 같아진다? 그건 아니다. 수십 명의 자식을 모아 평균을 내면 어머니와 같아진다는 것인데 그렇게 되지는 않는 것 아닌가! 따라서 어머니라야 자식(價格)을 支配할수 있는 것이어서 母數는 존재 하는 거라고 하신다.

따라서 가치가 모집단이라는 것을 量子學(1920년대-物理的 條件中 가장 微分子)을 이용 주장하셨는데 그 줄거리는 대략 이렇다.

"價値는 곧 勞動價値를 말하는데 그 노동가치란 勞動의 Energy를 말한다. 그런데 人間勞動은

Energy인데 여기에 Operator가 있어서 그 Energy를 지배함을 양자학으로 立證하셨다. 이로써 그 Energy는 客觀的 價値(反對로 效用은 主觀的 心理的 價値임)임을 양자학으로 究明하므로서 客觀的 의미를 가지고 있다. 그런데 경제의 발달(특히 통계학)로 個別的 統計에서 集團的 개념으로 발전(자본주의 대량생산의 상품탄생)하게 됨으로서 개별적 상품보다는 오늘날은 집단적 상품으로 흘렀다. 그러므로 집단적 상품은 하나하나의 개별상품은 의미가 없고 집단의 성격은 개별적 상품개넘이 모여서(大量化)나타난다. 따라서 개별상품의 평균치가 가치가 아니다. 개별상품의 평균치가 지배력을 갖는다고 주장하고 있으나 支配力이라는 性質(母數)이 價値지 價格의 평균치가 支配力을 갖는 것이 아니라는 것이다. 이런 맥락에서 볼 때 개별적인 상품을 따진 것이 막스의 이론이기 때문에 자본주의 時代性(대량생산)의 立場에서 보면 막스의 價値論은 未洽하다고 보고 있으며 선생님은 어디까지나 자본주의(대량화)상품을 대상으로 定義한것이 선생님의 理論이다.

이상과 같이 가치문제를 양자학을 통한 數學的 公式으로 定義하므로서 異論이 있을 수 없게 되었으며 마침내 K.Marx의 資本論이 더 明確하게 되었다고 自評하셨다.

하루는 이에 대해서 "사실상 지금까지 가치에 대한 定說이 없이 애매모호 하였던 것을 客觀化(明確化)한 것이기 때문에 노벨상감이 아니 되겠습니까? "라고 말씀 드렸더니 선생님은 곧바로 "K.Marx의 資本論이 出發點이 되기 때문에 조금 問題가 될 것"이라고 말씀하셨다.

선생님은 이 같은 世紀的인 논문의 완성을 위해서 유명한 경제학자들 즉 K.Marx를 필두로 Engel's.F, Weezy,L, A.Marshall, A.Smith, D.Ricardo, Wever.M, Sweezy.L, P.Samuelson, J.Robinson, D.Foley, M.Dobb, A.Pigou, V.Pareto, A.Bergson 등의 저서를 모두 독파 하신 것이다. 특히 이들의 原論을 접하기 위해 美國에 1個月間 체류하셨는데 宿所 → 食堂 → 圖書館의 범주를 벗어나지 않으시고 자료의 수집과 검토를 하셨다.

이렇게 하여 탄생한 논문이 英語와 日語로도 요약되었고 1977~1978년도에 學術院 論文集과 서울대, 연세대 경제연구소의 연구지에 각각 게재됨으로서 세상에 알려지게 되었다.

이에 대해서 내심으로는 놀랐지만 자존심 때문에 표현하지 않는 쪽은 인접국 日本經濟學界였다. 이러한 정황을 입증하는, 조금 웃음이 나는 사실이 5년 전에 일어났다.

내가 일본의 우수 農村成功事例를 조사연구하기 위해(정부연구 용역과제수행) 일본에 다녀오겠다고 선생님께 말씀드렸더니 잘 되었다고 하시면서 편지 하나를 꺼내 보이셨다. 내용인즉 일본의 ○○經濟學會(計量經濟學會) 幹事인 "原美厚子"-○○政經大學 敎授의 편지였다. 선생님의 논문에 관심을 갖고 있다는 내용이며 잘 받아 보았다고 하면서 논문의 日本式綴字法이 틀려서 學會誌에 수록이 어렵다는 등 몇 가지 이유를 말하고 아무 말이 없다고 하시면서 당시 학회지에 수록의사를 비춰서 보내주었는데 論議過程에서 어려움이 있는 것 같다고 말씀하시면서 다시 정리한 요약분을 나더러 전달해 달라는 말씀이었다. 그래서 일본 현지의 우리 연구팀 안내자인

"왓쇼"박사(일본 농림성 농업기술센터)에게 전후사정을 이야기하고 그 여자교수를 수소문 하였던바 그날 오후 2시경에는 학교에 나오실 거라는 대답이어서 교수님을 찾아 뵈옵겠다는 사유를 남기고 오후 3시경에 전화를 하였더니 1년간 영국에 유학하러 이미 출국하였다는 이야기다. 참으로 이해가 되지 않는 일이 발생된 것이다. 더더욱 놀란 것은 그럼 영국에 도착하면 자기 집에 전화가 필연 올 것으로 생각되어 여 교수댁 전화번호를 알려달라고 했더니 이게 무슨 소리인가? 그 교수가 떠나면서 "어느 누구에게도 집 전화를 알려주지 말라"는 당부까지 하였다는 것이다. 지금까지도 미스터리이다. 결국 논문게재는 실현되지 않고 말았다.

□ 선생님과의 人緣 그리고 追憶

나의 친구 한 사람(수원농대 농화학과 1년생)이 진학시험을 앞둔 나에게 농대의 농과, 임과, 축산과, 농경제학과를 설명하면서 농경제과가 어떤 과인지 묻는 나에게 金俊輔선생님의 인품과 명성을 소개해 주었는데 당장 그 자리에서 수원농대 농경제과에 진학하겠다고 결심하였다.

진학 후 1학년 때는 교양과목만 이수하는 과정이어서 金俊輔선생님은 一般經濟學 강의시간에만 뵈올 수 있었다. 선생님은 어떻게 엄하게 외모까지 풍기시는지 선생님과 거리가 한참 있을 수밖에 없었고 강의시간에 의자에서 발만 통로 쪽으로 내 놓았다가는 혼이 나게 꾸중하시는 모습도 있었고 한 번은 입학 후 농경제과 신입생 환영회가 농대 연습림 공터에서 있었는데 선생님께 노래나 한 말씀을 청한 자리에서 지금도 잊혀지지 않는 재미나는 말씀으로 가름하셨다. 즉 일본어와 영어가 미숙한 사람이 일본어로 "사과를 깎으시오"라는 말을 "닝고 기모노 사요나라" 즉 닝고=사과, 기모노=일본의 전통여자 옷, 사요나라=안녕. 뜻이니 연결하면 "사과 옷 안녕"이라는 표현이다.

또 영어로 "맥주병마개를 여시오"를 "비루 에어 굳 바이" 즉 비루=일본식 맥주 발음, 에어=공기, 굿바이=안녕, 연결하면 "맥주 공기 안녕"이라는 표현이어서 일대 폭소가 터져 나왔었다.

선생님은 2학년 첫 학기에 농업경제학을 강의하셨는데 약 한 달 남짓 강의하신 끝에 하루는 갑자기 A4 용지 한 장씩을 나누어 주시더니 흑판에 10개의 강의하신 내용 문제를 제시하시고 써 내라는 시험도 실시하고 다음 시간에는 2~3명의 이름을 거론하시며 비교적 잘 썼다고 평가도 하셨다. 또 3학년 초에는 농대 최초로 科기대항 學內 symposium이 있었는데 내가 농경제과 대표로 "협동조합을 통한 농가소득 증대방안"이라는 제목으로 발표를 하는데 심사를 맡으신(김준보(金俊補) 선생님이 유난히 흥미있게 듣고 계심을 알 수 있었다. 그로부터 몇 개월 뒤 3학년 2학기 말쯤 돼서 선생님께서 강의가 끝나고 "千君 지금 내 방으로 오라"고 말씀하셔서 특별히 잘못 한 것도 없기에 어리둥절하면서 조심스럽게 선생님 방에 들어가 선생님 얼굴도 제대로 쳐다보지도 못하고 있는데 "君 말이야 駐美韓國大使館에서 농경제과 학생 우수한 한 사람을 추천하여 달라는 요청이 있어 千君을 추천하려 하는데 여기에 조건이 하나 있다. 즉 軍筆者라야 한다"고 말씀하시면서 "千君은 군대를 갔다 왔는가?" 하고 물으셨다. "군대에 가지 않았습니다"고 대답하였더니 그럼 알았다고 말씀하셨다. 그 후 농경제과 학생이 추천되지는 않았다.

　얼마 후 선생님은 전남대 총장으로 가시고 나는 졸업 후 지방근무를 마치고 농촌진흥청(기획과)에 근무하였는데 늦게나마 결혼을 하게 되어 선생님께 주례를 부탁드렸더니 "내가 남들처럼 가정이 순조롭지 않아서 주례는 안 서고 있는데…" 하시면서 나의 간청에 승낙을 하셨던 일도 있었다. 물론 이전에 선생님의 회갑연을 농경제과 동창회 주관 하에 실시할 때 행사 총무를 맡은 적도 있었지만 그 후 1년에 한 번씩 세배 정도로 선생님을 가끔 찾아 뵈옵게 되었는데 선생님은 그 흔한 신문이나 TV 등을 전혀 안 보시고 오직 60년대 초에 만든 것으로 보이는 라디오만 듣고 계시면서 우리나라 경제, 그 중에서도 농업 관련 문제는 시사성있게 모두 알고 계셨다. 특히 IMF의 어려운 시대에 우리 농업 농촌이 기여했던 점을 자세히 말씀하시면서 전북 扶安의 새만금 사업에 깊은 관심을 가지고 계셨다.

　찾아뵐 때마다 나에게 식량의 중요성과 새만금 사업에 관해서 깊은 말씀을 빼놓지 않으셨다. 물론 부안 현지에도 찾아오셨다. 이 외에도 선생님은 우리 생활에 밀접한 사고현장은 반드시 살피시곤 하셨는데 대표적인 것이 서울 아현동 가스폭발 현장과 이리역 폭발 사건 현장을 직접 가 보신 것이다. 다녀오셔서 하신 말씀은 "무릇 경제를 공부하는 사람은 이런 현장을 직접 살펴봐야 된다"고 하시면서 두 곳 모두 공통적으로 인명과 재산피해가 컸다면서 특이한 것은 인근의 많은 건물이 부서졌는데 일본사람들이 지어놓은 건물은 피해가 크지 않았더라면서 무슨 일이든 기초를 튼튼히 해야 되겠더라는 평가이셨다.

　하여튼 선생님은 별세하시기 직전까지도 새만금사업장의 개발이 어떻게 진행되고 있느냐고 관심을 잃지 않고 계셨으니 틀림없는 농업경제학자이셨다.

　선생님을 모시고 기차여행(선생님 집안 일 정리 겸)을 한 적이 있는데 그 일이 잘되고 나서 하루는 나를 불러 찾아뵈었더니 수고했다면서 돈 뭉치를 내 놓는 것이 아닌가! 이를 극구 사양하였지만 막무가내이셨다. 후에 보니 100만원이었다. 내가 한 역할에 비해 너무도 과대한 사례였다. 선생님과 점심식사를 하는 경우도 많았는데 선생님이 불러서 가는 경우 식사비는 반드시 직접 지불하시는 원칙이 있었으며 치아가 부실하셔서 장어덥밥을 좋아하셨고 도가니탕도 즐겨 드셨다. 또 한 가지, 선생님은 끝까지 존댓말을 잊지 않으셔서 계속 그러시면 찾아뵙기가 어렵다고 하였지만 듣지 않으셨다. 또 항간에 졸업생 이름을 가장 모르시는 교수님으로 알려졌지만 실제로는 그와 달리 깜짝 놀랄 정도로 많은 학생 이름을 알고 계셨다. 선생님은 거의 아파트 거실에서 기거하셨는데, 거의 하루 종일 양복차림(넥타이는 매지 않으심)을 하고 계셨으며 학술원에 가실 경우와 은행 일을 보시는 경우 외에는 외출을 삼가고 늘 집안에 계셨다.

　이상이 제가 선생님을 뵈었을 때 직접 말씀해 주신 내용이며 나의 추억이자 선생님 생활의 단면이다.

선생님의 육체와 영혼은 어디로 가시고 나의 가슴속에는 선생님에 대한 추억만이 생생하게 남아 있을 뿐이다. 하지만 나는 언제나 선생님의 그 근엄하신 자태와 오직 외길 학자로서 일생을 마치신 그 분을 항상 가장 존경하는 스승님으로 모시고 있다.

회고사 Ⅷ

산 學問의 참 스승님

김 성 훈(중앙대학교 명예교수, 서울대 농경제학과 58학번)

김준보(金俊輔) 선생님의 역정(歷程)을 몇 줄의 글로 압축하여 서술하기에는 너무 사연이 많고 오묘하다. 일본 구주제대 2학년 때 고등문관시험에 합격하여, 학사복 차림으로 연천군수직을 맡으신 것을 시작으로 총독부의 연구관이 되어서는 당시 소작인보호법 (小作人保護法)을 일본 본토보다 한해 앞서 제정 실시하셨다. 선생은 무엇을 하시던 언제나 심중에 약하고 버림받는 농민을 중심에 두고 사시었다. 학문으로서의 일생도 그러하였다. 평생 청렴과 청빈의 생활신조를 자기자신의 일상과 가족 돌보기에 일관되게 실천하신 분이셨다. 민족의 비극인 6.25 전란을 맞아서도 피란하지 않고 수원 서울대 농대 관사에 홀로 남아 나물먹고 물마시며 오로지 학문연구에만 천착(穿鑿)하는 바람에 세상의 화(납치 등)를 지나칠 수 있었다. 5.16 쿠테타 초기 박정희씨에 징발되어 경영고문직에 강제 복무하게 되었을 때는 군사정부로 하여금 전국 농어촌 고리채 정리를 단행케 했고 따로 놀던 농업협동조합과 농업은행을 통합하여 오늘날의 종합농협을 탄생하도록 입안(立案) 하였다. 그 후 정부의 요직 제의가 수차례 있었으나 그때마다 단호히 뿌리치고 학자 생활을 고수하시었다. 그에 앞서 허정 과도정부 때도 농림수산부 장관에 초빙되었으나 때가 아니라하며 일언지하에 거절한 것은 널리 알려진 이야기이다. 학자의 본분이 무엇이라는 것을 아마도 선생님만큼 철저히 실천으로 보여준 분도 드물다.

처음으로 공개하는 사실이지만 내가 대학 3학년 때 수원에서 오호성, 이영선 등과 4.19 민주화 시위운동을 주도했던 정신적인 배경은 선생님이시었다. 강의 중 이승만 정권의 독재와 부정부패 행위를 개탄하는 선생님의 언중유골에 이심전심으로 크게 영향을 받았다고 생각한다. 전국 학생들의 시위와 발포, 사망 등이 따르고 곧이어 4.26 교수시위로 인해 마침내 이승만 대통령이 하야성명을 내고 망명함으로써 우리나라는 5천년 역사에 비로소 민주화의 기틀을 다진 듯 하였다. 허정 과도내각과 장면 정권의 탄생으로 한 때 민주주의 세상을 맞이하였다. 우리들은 다시 교실로 돌아와 선생님의 열정을 만끽하며 열심히 공부를 하였다. 선생님께서는 '산 공부'를 해야 한다고 강조하시며 우리들을 농촌 현장마을로 데려가 농가부채조사를 하게 하거나 농업정책을 점검하도록 훈도하였다. 농촌현장에 문제가 있고 그곳에 해답이 있다고 노상 강조하시었다. 배우지는 못했어도 농민들이 농업문제의 진짜 살아있는 선생이라고도 말씀 하시곤 했다. 한국적인 소농과 가족농의 문제란 열정을 가져야 보이는 법이라고도 하셨다. 자본주의하의 소농(小農)문제를 풀지 못하면 한국의 농업문제가 풀리지 않는다. 태생적으로 국토가 협소하고 인구가 과다한 우리나라의 현실조건 하에서 열정(passion)을 가지고 현장에 임하지 않을 경우 소규모 가족농의 구조개선문제에 관한 해법(解法)은 자칫 미국·호주식 규모의 경제학 신자유주의론에 함몰되어 농업포기의 비관론에 떨어진다고 경고하였다. 그것이 유명한 「농업경제학 서설」을 쓰신 배경이며 철학이다. 그 책을 쓰실 당시 선생님은 전남대학교 총장이셨고 나는 그 학교의 대학원생 겸 도서관 임시 사서(司書)로서 선생님의 지도를 받고 있었다. 미국서 공부하고 돌아오는 제자들이 늘어나면서 선생님께서는 미국식 신고전학파 이론을 배워 온 제자들이 한국 현실을 꿰뚫어 보지 못하고 그 같은 자가모순 (自家矛盾)에 빠지지 않을까 우려하여 이 책을 쓰신 것이라고 귀뜸하셨다. 그런데 아직까지 선생님의 역저(力著)를 읽어보지 않고서도 농업경제학자 행세를 하는 선생님의 제자 교수들이 꽤 있는 것 같아 참으로 안타깝다. 나 또한 그후 미국무성 장학생 시험에 합격하여 미국에 가서 신고전파 경제학이론을 배워 왔지만 귀국하여서는 몇년동안 농업경제정책론 강의의 교재로 뜻한 바 있어 「농업경제학 서설」을 채택하였다. 내 스스로 공부를 단련하려는 뜻이 적지 않았다.

우리들은 학생시절 선생님의 지도로 살아있는 학문을 했다고 자부한다. 방학 때마다 농촌에 뛰어 들어가 봉사활동을 하였다. 그러나 우리집 가세가 기울어 학업을 끝까지 계속할 수 없게 된 4학년 때, 선생께서는 귀향해 있던 나를 불러올리어 댁에서 개인조교 일을 시키며 학업을 계속하게 해주었다. 겨우 선생님의 장서정리 일과 자녀들의 공부를 뒷바라지 하는 일이었으나 매달 용돈을 주시고 숙식을 해결해 주었다. 무엇보다도 선생님께서 나의 마지막 두 학기 등록금까지 대 주셨다. 그래서 선생님이 전남대 총장으로 부임해 내려 가셨을 때도 나는 선생님을 따라 그 대학 대학원에 입학하였고 선생님의 지도로 "농산물유통과정에 있어서의 상업자본이 농촌경제에 미친 영향"이라는 한국농업경제학회 수상 석사학위 논문을 쓸 수가 있었다. 나에게 선생님께서는 전임 유급조교로 발령장을 주시면서 하신 말씀이 지금도 귀에 쟁쟁이 남아있다. 대학교수의 길은 "하루를 백년같이, 백년을 하루 같이 살아야 한다."라고 타이르셨다. 훗날 나는 이를 지키지 못했을 때마다 얼마나 자괴했는지 모른다. 발령을 주신 다음날 선생님께서는 임기가 2년이나 남았는데도 총장직을 사임하고 서울(고려대학교)로 돌아와 그 유명한「계량경제학」 저서를 출간하시었다. 총장으로서 할 일을 다 끝냈으니 다시 교수직으로 돌아가게 해달라고 정부와 국회에 탄원하셨던 에피소드는 당시 큰 화제가 되었다.

그 후 나는 미국에서 박사학위를 마치고 귀국하여, 전남대 교수를 계속하면서 어려운 가정 형편을 타개하느라 서울에 올라가 이른바 유명교수들이 도맡은 연구 프로젝트 일을 대신 써주었는데 이를 전해 듣고 못 마땅히 여긴 선생께서는 일부러 나를 고려대 연구실로 불러 짐짓 자신의 저서 「경제학 기초론고」 초안을 정리하도록 일을 시키셨다. 꾸중 한마디 않으셨지만 아무리 어렵더라도 남의 용역 하청 일을 하지 말라는 뜻이었다. 그리고서는 박봉을 쪼개어 경제적으로 내 어려움을 도와 주셨다. 이 프로젝트 하청사건은 내 인생에 두고두고 큰 가르침이 되었다.

전두환 정권이 들어서기 직전 5.18 혁명이 터졌을 때 선생님은 나더러 함께 광주 현장을 찾아가자고 권유하여 수십일만에 허용된 광주행 첫 기차를 타고 갔다. 이렇듯 선생께서는 나라에 큰 홍수피해가 일어나거나 심지어 사북탄광 시위가 출혈사태로 이어질 때도 항상 제자들을 불러내 꼭 현장을 방문하셨다. 그날 광주에 들어섰을 때 라디오 정오방송을 통해 내가 그 서슬퍼런 전두환 주도의 국보위에 전문위원으로 발령났음을 알았다. 어찌할 줄 몰라 망설이는 나에게 선생께서는 박정희 정권초기 한때 경영고문으로 참여한 것을 후회한다는 말씀으로 은근히 나를 깨우쳐 주었다. 나는 그 발령을 단호히 거절하고 소집에 응하지 않았다. 나중에 이 거부행위와 선생님을 따라 이른바 "지식인 134인 선언"에 서명한 것이 병합되어 나는 당시 남산에 끌려가 혼쭐이 났고 불량교수로 분류된 적이 있다.

선생께서는 나 뿐만 아니라 우리 제자들에게 있어 공부에 막힘이 생겼거나 이론과 정책연구에 갈등이 생길 때마다 그리고 역사의 고비 때 앞길을 비춰주는 등대불과 같은 역할을 해주셨다. 예컨대, 내가 국민의 정부 초대 농림부 장관이 되어 농조 통합과 수세 폐지조치와 농축인삼협 중앙회 통합을 추진하면서 반발에 부딪쳐 고민에 빠졌을 때마다 과천에 은퇴해 계시던 선생님과의 우문선답의 도움으로 원만히 개혁을 완수할 수 있었다.

선생님께서는 비록 지금 유명(幽明)을 달리 하시고 계시지마는 우리 제자들에게 여전히 길을 환히 비춰주는 가르침을 계속 주시고 계신다. 열정을 가지고 민생, 민주, 민권 문제를 풀려고 애쓰는 제자들에게는 선생님이 언제나 살아 계신다.

해제(解題)

해제(解題) I

경제학 이론

박 정 근(전북대학교 농업경제학과 교수)

I. 김준보 교수 경제학 저술활동

김준보(金俊輔)교수는 평생을 교육과 연구에 전념하여 많은 저서를 남겼으나 처음부터 끝까지 경제이론을 자본운동과 인간문제로 해명하려는 일관된 논지를 유지하였다. 서울대학교 농과대학에 1946년 농업경제학과를 직접 창설하여 교육과 연구를 시작한 이래 초기에는 개벽, 재정 등 잡지에 경제문제와 농업문제에 관한 기고를 하였고, 1950년대 이후 한국경제학회와 농업경제학회가 창설되면서는 주로 학회지에 논문을 투고하였다. 해방 후 혼란과 전쟁으로 인한 어려운 시기에 보여준 저작활동에 대한 노력은 가히 경이로운 것이었다. 한국 검인정도서주식회사에서 1947년 출간한 "농업경제"를 시작으로 2001년 신성인쇄상사에서 출간한 "신가치논고"에 이르기 까지 총 26권의 저서를 출간하고 50편의 학술논문을 발표하였다. 이중 1980년 정년 이후에 출간된 저술이 9권, 정년 후 학술원 논문집 등에 발표된 논문이 19편으로 평생을 저술활동에만 몰두한 것이다. 김준보 교수의 저술활동은 경제이론, 농업경제학, 경제사, 통계학 등 광범위한 분야에 걸쳐 이루어졌다. 그 중 경제이론 부문은 "일반경제학"을 비롯하여 "이론경제학", "산업연관분석론", "한국경제의 임금구조", "현대경제학서설", "경제학기초론고", "경제학의 기초", "가치와 가격진화론", "가치법칙의 재확인", "신가치론고" 등 10권이다. 경제학 저서는 주로 경제이론과 경제학 방법론이 주류를 이루었고 이를 바탕으로 현실문제에 대한 응용은 농업경제와 경제사분야에서 독창적인 영역을 구축하였다.

김준보 교수는 농업경제학을 전공하면서 마르크스(Marx)의 자본론을 토대로 경제학 이론 체계를 세우고 자본론을 수학과 통계학으로 재구성하는 것을 평생의 목표로 하였다. 따라서 초기의 저술은 농업문제와 통계학 이론이 주를 이루었다. 경제학으로는 박영사 (博英社)에서 1958년 "일반경제학 (一般經濟學)"이 처음 발간되었다.

이때는 경제학 교과서가 거의 없던 시절이기 때문에 농업경제학 분야만이 아니라 경제학과 법학분야에서도 이 책에 대한 수요가 폭발적이었고 특히 고등고시를 준비하는 수험생들의 필독서로 손 꼽혔다. 그 당시 고시에 합격한 대부분은 지금도 김준보 교수의 "일반경제학"을 기억하고 있다. "일반경제학"은 경제의 이론, 역사와 정책을 종합적으로 일반화하려는 목표를 가지고 자본주의 경제의 기본구조를 역사적, 동태적으로 체계화한 저서이다. 따라서 오늘날 경제학 교과서가 미시경제학과 거시경제학으로 나뉘어 시장이론과 국민소득분석이라는 현상적 분석에 초점을 맞추는 것과는 달리 경제학설사, 가치이론, 일반균형론, 자본의 순환, 경기변동 등을 기초로 시장분석과 국민소득, 경제성장과 국제경제에 이르기까지 체계적으로 정리되었다. "일반경제학"은 그 후 1963년 증보판으로 후진국 경제발전이론이 소개되어 빈곤의 악순환, 위장실업문제 등이 추가되었다. 1974년 다시 개정한 "신고(新稿) 일반경제학"에서는 국민 소득론과 케인즈 이론을 보다 체계화하였다. 이처럼 김준보 교수는 기초이론인 "일반경제학"에서 자본주의 경제의 본질은 크게 달라지지 않았더라도 급변하는 경제이론에 대하여 언제나 새로운 문제를 추구하였고 이에 대한 비판적 수용을 늦추지 않았다.

"일반경제학"이 나온 지 3년 만인 1961년 케인즈 이후의 분석론 체계라는 부제로 "이론경제학 (理論經濟學)"이 박영사(博英社)에서 발간되었다. 부제에서 알 수 있듯이 이 책은 케인즈의 기본구상, 일반이론의 총체기구, 일반이론의 동학화(動學化) 등 그 당시 가장 새로운 거시경제 이론이 소개되었다. IS, LM 곡선은 말할 것도 없거니와 정차방정식(定差方程式)과 특성방정식(特性方程式)을 기본으로 한 사무엘슨(P. Samuelson)과 힉스(Hicks)의 기본방정식을 비롯하여 해롯드(Harrod)와 도오말(Domar)등 거시경제학 이론을 총망라하여 체계적으로 기술되었다. 또한 미시분석의 기초로 부분균형 분석에서 시장형태에 따른 최적 이론과 왈라스(L. Walras)의 일반균형 이론에서 동태의 안정조건까지 수리경제학 방법론을 이용하여 정밀한 논증 과정을 보여 주었다.

이 책에는 일반균형 이론을 거쳐 레온티프(W. Leontief)의 투입-산출분석(input-output analysis)과 최적자원의 배분방식을 위한 선형계획법(linear programming), 비선형계획법 (non-linear programming), 게임이론(game theory)등 리니어 이코노믹스(linear economics)가 소개되었고 예제를 통한 실증분석이 이루어졌다. 이론경제학의 내용은 당시로서는 경제학에서 가장 첨단의 이론을 보여 주었다. 사실 이 책은 학부생들을 위한 책이기 보다는 대학원 수준의 고급 이론서였다.

1960년대 초기 미국에서 경제이론을 제대로 수학한 학자는 극히 드물었다. 이처럼 신고전 경제학 첨단 이론을 접하기는 극히 어려운 때 마르크스 자본론을 이론적 배경으로 한 김준보 교수가 독학에 의하여 이런 저서를 발간한 사실에 실로 놀라움을 금할 수 없다. 이것은 평소 수학과 통계학에 깊은 조예를 가졌기 때문에 가능했으며 한국농업경제학회장만이 아니라 한국경제학회의 학회장과 초대 한국통계학회장을 역임한 것은 당연한 일이라 할 것이다.

 "이론경제학"에서 소개한 투입산출분석은 그 후 1970년부터 한국은행에서 산업연관표가 작성되기 시작하면서 관심의 대상이 되었다. 이에 따라 1975년 "산업연관분석론"이 법문사에서 출간되었다. 이 책에서는 "이론경제학"에서 간단히 소개한 투입산출분석의 기술적 정치성(精緻性)을 높이고 체계화를 도모했다. 뿐만 아니라 산업생산의 파급효과를 보고 레온티에프체계의 수량화를 위하여 가격변동의 효과를 제거할 수 있는 통계적 지수화로 수량체계와 가격체계를 동시에 접근하였다. 이와 같은 기법(技法)을 넘어서 독점적 상품과 경쟁적 상품의 상이성에 따라 이러한 접근이 갖게 되는 한계를 지적하기도 하였다. 따라서 단순한 수요공급 이상으로 산업이나 소득관련 분석, 나아가서 무역부문의 연관구조까지 확장시켰다.

 한국경제는 경제개발 계획에 의한 고도성장으로 1970년대 노동자들의 임금문제가 수면으로 떠오르게 되었다. 김준보 교수는 인플레션의 앙진(昂進으)로 근로소득을 압박하는 그 당시의 경제현상을 1979년 "한국경제와 임금구조"로 정리하여 고려대학교 출판부에서 출간하였다. 이 책은 성장경제의 저임금 구조를 물가, 임금, 생산성 측면에서 이론적으로 해명하고 방대한 현실 자료를 근거로 실증적인 분석을 하였다. 구체적으로 보면 도시와 농촌의 근로소득 동태, 산업임금의 격차와 분포, 최저 임금제의 기본문제와 그 규제방식을 이론과 정책적 측면에서 기술하였다.

 "현대경제학서설"은 김준보 교수가 1980년 멕시코에서 개최된 세계 경제학회를 마치고 미국을 방문하여 미국 미네소타대학교 등에서 행한 경제학과 인간에 관한 강연내용을 중심으로 집필하여 1981년에 출간하였다. 현대의 주류경제학인 신고전 경제학에서 인간은 경제인(homo-economicus)으로 추상화 되었다. 그것은 신고전 경제학이 자본주의 경제기구의 발전된 단계에서 인간 없는 경제학으로 위기상황이라는 문제를 제기한 것이다. 김준보 교수는 따라서 자본주의 경제와 주체적 인간을 설정하기 위하여 역사적(歷史的) 인간(人間)으로 객관화 하고자 하였다. 경제학은 단순한 인간과 인간의 관계가 아니라 인간의 자기소외, 인간에 의한 인간의 지배, 인간의 비인간화 등 역사적 인간의 소외조건으로 파악해야 한다는 것이다. "현대경제학서설"은 그동안 농업경제학과 경제사분야에서 역사적 인간과 인간소외(人間疎外) 문제로 접근한 이론체계를 "이론경제학"에서 정리한 최신 경제학 이론으로 확대한 것이다. 특히 신고전 경제학의 후생함수를 비판적으로 검토하여 가치판단의 객관적 평가 가능성에 따라 인간후생의 조건을 경제학에서 찾아야 한다고 보았다. 또한 자의적 정책기준을 내세워 기술적 방법에 노력할 필요가 없다고 강조하였다. 이처럼 "현대경제학

서설"은 "이론경제학"에 인간적 요인을 도입하여 환경파괴와 공해문제, 사회보장제도 등 경제학의 확대방향을 제시 하였다. 또 이를 위한 인간적 요인의 도입에 대한 개념을 해설하여 김준보 경제학 방법론을 현대경제학 분야에 확대할 수 있는 기초가 되었다.

"현대경제학서설"을 탈고한지 5년이 지나 1986년에 출간된 "경제학기초론고"는 김준보 경제학 방법론의 결정판이라 할 수 있다. 특히 이 책은 김준보 교수의 거의 모든 저서가 그렇듯이 학생들이나 일반 대중을 위한 저서라기보다는 경제학을 전공하는 전문가들을 위한 학술서로서 고려대학교 출판부에서 발간되었다. "현대경제학서설"은 그 부제가 이론, 역사, 인간의 체계로 경제학의 기초가 되는 전체론적 방법의 체계라는 면에서는 "경제학기초론고"와 같다. 그러나 "현대경제학서설"이 개념적 해설에 중점을 둔 데 대하여 "경제학기초론고"는 그야말로 기초적 이론에 역점을 두었다고 할 수 있다. 이 책은 근대 철학과 경제학의 학설적 배경에서 역사적 인간과 인간소외 문제를 투사하여 경제학 방법론을 완성한 것이다. 즉 역사적 인간의 본질과 소외된 노동의 실체를 이론적으로 구명하였다. 뿐만 아니라 자본운동에 따른 노동가치와 상품생산으로 역사적 인간의 객관적 평가를 가능하게 한 이론적 배경을 제시하였다. 경제체제의 발전에 따라 생산관계의 변질과 특히 독점자본제하에서 인간소외가 어떻게 복잡하게 전개되는가를 구체적으로 보여 주었다. 또한 인간소외 문제에서 시대적 한계성과 특수성을 묻지 않는 구조주의와 인간주의의 이데올로기를 벗어나지 못하고 역사의식에 사로잡혀 있는 역사주의를 비판하였다. 그 결론은 인간소외의 문제를 소외된 노동으로 상정하고 상품의 물신성이나 노동의 추상화(물상화)를 통하여 보편적 법칙성과 필연적 존재성을 역사적 과정에서 확인하는 역사적 인간으로 경제학 기초를 삼아야 한다는 것이다.

"경제학의 기초"는 1991년 한길사에서 발간된 저서이다. 물신성(物神性)과 인간소외(人間疎外)라는 부제에서 보는 바와 같이 "경제학기초론고"에서 밝힌 인간소외 문제를 물신성으로 일관되게 조명하였다. 물신성과 인간소외란 인간의 물화(物化)에 대응한 자기소외(自己疎外)의 개념이다. 물신성은 이와 같이 인간이 생산한 물(物)이 인간을 지배하는 신비한 특성을 말한다. 재화는 단지 인간의 효용을 충족시키는 데 그치나 화폐와 상품은 인조물이지만 물(物)을 넘어서 끝없이 이윤을 추구하는 마력으로 인간을 사로잡는 신비성을 갖는다. 그러나 사물의 형상인 경제현상 자체는 언제나 그 실체를 감추는 신비성을 갖기 때문에 "경제학 기초"의 사명은 이것을 밝혀내는 데 있는 것이다. 또 자본운동의 발전에 따른 물신성의 객관화와 시대성을 추구하는 기초를 정립하는 것이다. 따라서 이 책은 시장경제, 자본기구, 총자본의 물신적 동태를 통하여 물신성의 발전적 재인식으로 그에 대응한 인간소외의 조건과 속성을 밝히고자 하였다.

김준보 교수는 이후 1996년 "가치와 가격 전화론", 1998년 "가치법칙의 재확인", 그리고 2001년 "신가치론고" 등 주류 경제학에서는 소외된 테마를 신성인쇄상사에서 자비로 출판하였다. 비록 김준보 교수 자신은 20세기 경제 최대의 아포리아(aporia)는 다시 말할 것도 없이 가치의 평가문제로 가치와 임금, 가치와 가격의 연결고리를 찾는 일이라고 역설하였다. 그러나 사실 경제학에서 이러한 문제는 난삽(難澁)할 뿐만 아니라 마르크스 경제학의 쇠퇴 이후 대부분 관심이 적어졌기 때문에 오늘날과 같이 출판사정이 어려운 여건에서 출판사를 통하여 출간하기는 쉬운 일이 아닐 것이다. 그동안 가치의 가격 전화론(轉化論)은 스위지(P. Sweezy), 모리시마(Morishima), 사무엘슨(P. Samuelson) 등 모두 상품의 가치를 생산에 투하된 체화노동(體化勞動)으로 보아 가치(價值)= 가격(價格)의 연립방정식체계(聯立方程式體系)나 축차수정법(逐次修正法)으로 접근하였다.

그러나 시장가치는 체화노동인 비용가격 이외에 반드시 평균이윤을 요구하는 생산가격이어야 한다. 이에 대하여 마르크스는 총가치(總價值)=총생산가치(總生産價値)와 총잉여가치(總剩餘價值) =총이윤(總利潤)이라는 개별적 상품가치와는 다른 총체적 가치관을 내세웠다. 김준보 교수는 생산가격과 시장가격을 각각 모집단과 표본 사이의 관계로 파악하여 모수와 표본치 사이의 확률오차는 불가피 하다고 본다. 그러나 가치의 모수성(母數性)은 가치의 시장가격에 대한 선행성(先行性)을 분명하게 한다는 것이다. 다만 마르크스의 단일생산가격식(單一生産價格式)을 직접 전화(轉化)의 실체로 입증할 수는 없으며 전화를 전제로 경험적 자료에 의하여 경향적 가치법칙을 검증할 수밖에 없다고 보았다.

II. 김준보 경제학 이론 체계와 그 성격

① 이론 체계

김준보 경제이론은 경제학의 현실적 과제란 빈곤의 양상을 구조적으로 밝힐 뿐만 아니라 그 조건을 철저히 구명하여야 한다는 문제의식에서 출발하여 일반경제학의 범주를 넘어서 독자적인 영역을 구축하였다. 자본제 초기단계에서 자본형성은 그 사회의 내부적 조건에 의하여 결정되지만 독점자본이나 제국주의 단계에서는 외부적 조건에 크게 의존하게 된다. 후진국 빈곤문제도 시장경제를 전제로 한 일반경제학의 범주에서는 그 구조적 조건을 밝히는 데 한계가 있다. 따라서 독점자본이라는 지배조건(支配條件)과 소농생산양식 (小農生産樣式)의 피지배조건(被支配條件), 역사적 부수조건과 주체의식을 기반으로 경제이론 체제를 정립해야 한다고 보았다.

지배조건인 독점자본과 피지배조건인 소농생산양식을 연결하는 것은 소농이 생산하는 잉여노동(剩餘勞動)이며 이것이야말로 지배조건인 독점자본이 수취하는 이윤(利潤)의 실체로서 독점자본제에서 소농이 존립할 수 있는 기반이라는 것이다. 더구나 독점자본은 단순히 경제기구 뿐만 아니라 국가의 권력기구와 결합하여 정치적 지배세력을 구축한다. 개별 산업자본은 이윤을 생산과정에서 추구하지만 독점자본은 최대한의 이윤을 전체 경제의 유통기구에서 확보하는 것이 보통이다. 농산품과 공산품간의 부등가 교환을 나타내는 세례(schere) 현상이나 농업공황을 통하여 독점자본이 가격기구를 이용하여 소농의 잉여가치를 수취하는 과정은 이러한 현실을 반영하는 단면에 불과하다. 이와 같이 김준보 경제학 이론체계는 저발전이나 빈곤의 조건을 독점자본의 시대적 배경에서 전개된 농업의 전체적 피지배기구에서 찾는다. 그 결과 시장기구 중심의 자본제 일반경제학에 종속된 이론체계를 넘어 고유의 독자적인 영역을 구축할 수 있었다.

자본제에 종속된 피지배조건인 소농생산양식에서 나타나는 봉건지대의 분화(分化), 지대(地代)와 이윤(利潤)의 분화, 지대의 이윤화(利潤化)과정은 자본제 생산관계의 발전과 소외(疎外)된 노동(勞動)의 분화를 나타낸다. 특히 지대와 이윤의 분화과정은 곧 자본제 생산관계의 성립을 의미한다. 자본제의 진행에 따라 봉건적 지주는 단순한 지대의 수취자라는 위치에서 점차 자본가적 이윤추구의 입장으로 전환되기 때문이다. 독점자본에 의하여 수취당한 지주는 당연히 상실된 지대부문을 소작농으로부터 보충하려 할 것이다. 따라서 소작료는 고율화하기 마련이고 그 한계점은 적어도 산업자본의 수익률을 초과해야 한다. 소농은 과소농적(寡少農的) 토지소유의 성격에 따라 지주, 자본가, 노동자의 삼위일체(三位一體)의 복합적 외양(外樣)으로 나타난다. 그러나 독점자본제하 농업공황에 의한 농산물 가격의 저락으로 지대, 이윤 및 노임부문 중 오직 노임부문 만 취득할 수 있기 때문에 소농의 실질은 임금노동자에 불과하다.

독점자본제하 농업공황은 영세농의 노동자화 과정을 촉진시키고 소작료의 이윤화, 소농소득의 노임화, 독점자본에 의한 잉여노동의 수취 등을 나타나게 하는 계기가 된다. 이 과정은 독점자본이 소농에 직접적으로 관계하지 않고 산업자본이나 상업자본을 통하여, 또 기생지주를 매개로 하여 소농수취의 실질을 거둔다. 또한 국가권력의 비호아래 소농에 대한 영향력을 발휘하여 영농자금, 입도선매자금, 가공선대금(加工先貸金), 생산물담보융자,수리시설자금,경지정리자금 등 간접적으로 잉여가치를 수취할 수 있다.

김준보 경제이론은 이처럼 독점자본과 소농생산 양식의 관계를 경제의 전 기구적 체계로 파악한다는 점에서 프랭크(Frank)의 종속이론과 같은 시각을 나타낸다. 그러나 지대의 이윤화과정을 통하여 소농의 잉여가치가 독점이윤으로 이전하는 과정분석에서 경제발전 분야의 독자적인 이론체계를 이루고 있다. 지대의 이윤화는 일본 독점자본이 제국주의 형태로 수행한 한국 식민지 정책에서 구체적으로 나타났다. 그들은 한국에 소농 생산양식을 지속시켰으나 봉건적 생산관계를 고수하지 않았다는 것이다.

일제 식민지개발은 지세(地稅),수세(水稅) 등 각종 공과금의 명목이나 금융자본의 침입활동, 농업공황과 농산물의 부등가적 상품교역을 통하여 기생지주(寄生地主)에게 압력을 가한다. 지주는 이러한 압력적 지배조건에 대응하여 자본가적 타산성을 갖는 투자가의 성격을 갖게 된다는 것이다. 기생지주는 봉건적 지대뿐만 아니라 궁극적으로 투하자본에 대한 최대한의 이윤을 추구하게 된다.

영세농은 지대만을 제공하는 봉건적 농노와 같지 않고 실질적 농업노동자의 성격을 가질 수밖에 없는 봉건지대의 분화와 변질과정을 의미한다. 경제체제의 지배조건인 제국주의나 독점자본은 농업공황을 통하여 또는 세금, 징수금, 부과금 등 명목으로 지대부문을 이윤화하고 지주는 토지자본의 평균이윤을 수취하고자 노력하는 자본가적 성격을 갖는다. 왜냐하면 소작료는 자본이자(資本利子)라는 기회비용에 대비되며 그렇지 않으면 지주가 토지를 소유할 하등의 이유가 없기 때문이다. 따라서 소작농은 실질적으로 노동자화하며 자작겸 소작농이나 영세 자작농도 같은 성격을 가질 뿐이다. 그들이 비록 토지를 소유하고 지대, 이윤 및 노임을 추구한다 할지라도 지대와 이윤은 모두 독점자본에 의하여 수취 당한다. 그 결과 삼위일체적 외양과는 달리 실질적으로 임금부문만을 수취하는 농업노동자에 불과하다.

김준보 경제이론은 지배조건인 독점자본과 피지배조건인 소농생산의 전체 기구적, 구조적 접근으로 보아 종속이론(從屬理論)과 같은 맥락을 갖는다. 그러나 종속이론은 후진국의 구조적 모순과 독점자본의 제국주의적 성격을 바탕으로 한 구조주의 자체가 갖는 이론적 한계를 벗어날 수 없다. 왜냐하면 구조주의는 현실의 배후에 있는 역사를 인과의 연쇄적 현상으로 보지 않고 현실의 구조로서 보아 필연적 법칙성이 인정될 수 없기 때문이다. 사실 프랑크를 비롯한 대부분의 종속 이론가들은 자본제 경제체제를 생산양식으로서 보다는 유통관계에 의하여 지배되는 사회체제로 정의하였다. 따라서 종속관계의 기본적 동인을 독점자본의 시장 기구에서 나타나는 부등가 교환이라는 유통 측면에서 찾는다. 이처럼 생산관계보다 유통측면에서 찾을 때 그것은 원인분석이 아닌 피상적 결과분석에 그치기 쉽다고 본다.

이러한 남미의 종속이론과는 달리 김준보 경제이론은 독립적으로 지배조건인 독점자본과 피지배조건인 소농 생산양식을 경제체제의 전체론적 기구분석에 의하여 일관성을 유지하면서 체계화하여 종속이론의 한계를 극복하였다. 김준보 경제이론은 유통 편향적인 종속이론에 대하여 그 종속성을 생산관계에서 찾아야 한다는 생산양식 우월론을 받아 드린다. 그러면서도 생산양식론 자체가 그 독자성을 유지하기 어렵다고 본다. 왜냐하면 지배조건에 의한 종속성으로 인하여 피지배조건은 변형(變形)이 아니라 변질(變質)되기 때문이다. 따라서 종속의 결과를 외형적인 생산양식으로만 포착하기는 어렵다고 본다. 생산양식이 변질되지 않는다는 것은 종속적인 것이 아니고 독립적 관계인 것이다. 또 종속이 외형적으로 변형을 가져오지 않고 단지 변질만 가져올 수 있는 가능성도 언제나 배제할 수 없다. 종속이론의 유통 편중 경향만을 비판하고 생산양식만을 주장하는 논리는 바로 이러한 점을 간과하고 변질보다 변형만을 강조한 것이다.

과거 역사적으로 영국의 요만(yeoman)과 같은 독립자영농은 시대적 배경이 자본제 초기로서 자본제의 힘이 약하여 독립적으로 존립할 수가 있었다. 또한 전통적 농업의 근대화를 산업간의 문제(between problem)로 접근한 슐츠(T. W. Schultz)이론에서 농업과 공업의 관계는 자본제하지주, 자본가, 노동자의 분화된 형태이다. 이처럼 농업이 공업에 대등하게 존재할 수 있을 때만 독립적인 관계로 접근할 수 있다. 그러나 독점자본의 지배 하에서 미분화된 소농은 처음부터 외부조건과 결합된 피지배적 생산관계의 종속성을 전제하고 출발할 수 밖에 없다. 이와 같이 종속성은 생산양식의 변질이며 변형이 아니고 독립이나 피지배조건인 소농은 외형이 불변하는 경우 종속성을 생산양식으로 포착하기 어렵다. 김준보 경제이론은 이러한 이론체계에 따라 생산양식의 변질은 지배조건인 독점자본과 피지배조건인 소농생산의 전기구적 관계에서 파악되어야 한다는 점을 강조한다. 또한 이러한 종속성은 지대의 이윤화와 현실적 과소농의 실체인 삼위일체적 외양의 배후에 있는 본질적 소외조건에서 찾아야 한다고 본다.

② 이론체계의 성격과 그 의의

김준보 경제학 이론은 자본제에서 외양으로 나타나는 상품의 물신성과 그 배후의 본질적 조건인 소외된 노동의 객관적 지표로서 역사적 인간을 설정하여 경제학의 기초를 삼는다. 이와 같은 기초에서 독점자본의 지배조건과 소농 생산양식의 피지배조건이란 전체 기구적 접근에서 종속이론과 같은 접근방법을 보였다. 1950년대 이후 발전경제학은 정태적 이중구조에서 벗어나 근대화하는 후진국의 발전과정을 낙관적으로 분석하였다. 이에 대하여 후진국의 저발전은 후진국 자체만의 문제가 아니라 선진국의 발전에 종속된 발전과 저발전의 관계로 파악해야 한다는 종속이론의 시각이 라틴아메리카(Latin America)를 중심으로 대두 되었다. 종속이론은 1940년대 바구(Bagu), 프레비쉬(Prebisch), 프라도(Prado) 등 선구자를 거쳐 바란(Baran)의 성장과 후진성의 정치 경제학적 접근이 그대로 프랑크(Frank)에 이어졌다. 비록 유통국면에 한정된다는 비판을 받으면서도 경제발전이론에서나 현실정책에 광범한 영향을 미쳤다.

사실 자본제 전체의 기구적 접근이라는 점에서 같은 맥락인 프랑크(Frank)이론이 1960년대 처음 발표되었으나 김준보 경제이론은 그보다 앞서 1957년 서울대학교 논문집 인문사회과학편에 "금융자본주의하의 영세농의 성격-일제하의 소작농을 중심으로"가 발표되었고 1966년 고려대학교 출판부에서 발간한 "농업경제학 서설"에 그대로 집대성되었다. 프랑크의 종속이론은 독점자본이 이윤보다 절대량주의로 자가노동의 대가만을 추구하는 소농 생산양식을 보전하면서 독점이윤의 극대화를 도모하는 발전과 저발전의 종속관계를 정당하게 인식하고 있다. 즉 독점기업은 독점이윤을 얻기 위하여 생산과정에서 낮은 임금이 요구되고 이를 위한 저곡가는 이윤 없이도 생산이 가능한 소농체제의 기능적 이중구조(functional dualism) 때문이다. 그러나 프랑크의 종속이론에서는 독점자본이 소농의 잉여가치를 수취하는 과정분석을 결여하고 있다.

김준보 경제이론은 지대의 이윤화를 통하여 어떻게 소농의 잉여가치가 독점 이윤화 하는가에 대한 과정분석을 구조적으로 뿐만 아니라 구체적으로 밝혔다. 즉 독점자본제하 피지배적 생산양식의 성격은 외양으로는 소농 생산양식을 유지하면서도 본질적으로 그 성격이 변질되어 소농의 실질적 노동자화란 필연적 동태로서 설명한다. 이러한 과정분석에서 나타난 지대의 독점적 이윤화 운동에 따른 토착지주의 자본가적 변질은 일본학계의 유명한 강좌파(講座派)와 노농파(勞農派)가 인식하지 못한 점이다. 노농파는 독점자본제하 소농의 실질적 노동자화에 대한 인식을 가졌음에도 불구하고 지주의 성격분석에서 독점자본제하 기생지주가 지대를 수취하는 근대적 지주로 규정함으로서 김준보 경제이론과 같이 지주의 자본가적 변질을 인식하지 못한 것이다. 이와 같이 김준보 경제이론은 남미(南美)의 종속이론이나 일본의 자본주의 논쟁에서 불분명한 논점을 명쾌하게 설명하고 있다. 한편 1970년대 현대 자본주의 발전과정을 세계체제를 중심으로 설명한 왈러슈타인(Wallerstein)은 지배조건인 독점자본에는 분석의 정밀성을 보였다. 그러나 피지배조건인 소농 생산양식에 대한 변질과정을 간과함으로서 지배조건과 피지배조건을 동시에 추구하는 김준보 경제이론과는 다르다. 물론 기본적으로 독점자본주의와 봉건주의가 양립할 수 없기 때문에 독점자본제하 봉건적 요인의 성격이 변질한다는 점에 대해서는 상호 일치점을 보이고 있는 것이 사실이다.

　한국의 일제 식민지 성격을 구명하는 1970년대에 이루어진 학계의 이 분야에 관한 일련의 연구들은 일제하 농업생산의 성격을 봉건제적 토지소유에 의하여 지배적으로 전개되어 왔다고 규정하였다. 그에 따라 일제의 수탈을 경제외적 강제에 의한 봉건적 수탈로 보는 견해가 있다. 또 기생지주들이 산업자본가적 산업이윤(産業利潤)과 맞먹는 타산적 견지에서 지대=소작료를 관념하고 행동하였다 하드라도 지주들의 주관 속에서 그럴 뿐이며 지대(地代)가 객관적 범주로서의 이윤(利潤)으로 화한 것으로 볼 수 없다는 주장도 있다. 따라서 일제하 잉여노동의 지배적 형태가 산업이윤이 아닌 전기적 이윤(前期的利潤)으로 보기도 한다. 한편 해방 후 소작농들은 산업노동자들처럼 농장 자주 관리운동이나 임금 인상투쟁이 아니라 지주 소유토지의 분배를 요구하고 관철시킨 사실을 들어 지대의 이윤화를 비판하기도 하였다.

　그러나 이러한 모든 비판은 기본적으로 자본제 개념을 고전적 산업자본의 자본운동과 생산양식에 한정시켰기 때문이다. 자본제 초기에는 자본의 힘이 약하기 때문에 자본운동과 농업문제가 어느 정도 독립적으로 양립할 수 있었다. 그러나 발달된 자본의 형태인 독점자본제에서는 생산양식이 지배적 독점자본에 대한 피지배적 생산관계로서의 종속성을 전제로 한다는 사실을 인식해야 한다. 더구나 이때의 피지배조건인 소농 생산양식은 지배조건에 따라 변질된다. 따라서 과소농의 실체를 생산양식이라는 외양(外樣)에서 규정하기는 어렵다는 사실이 중요하다. 독점자본의 성격을 갖는 일본 제국주의하에서 김준보 경제이론에 따라 소농 생산양식으로서 지대의 이윤화 논리는 토착지주의 자본가화와 소농의 실질적 노동자화라는 변질을 말한다. 이것을 경제외적 강제에 의한 봉건적 성격이나 전기적 이윤화로 보거나 임금인상 투쟁이 아니었다는 비판은 자본제하 물신성(物神性)이 야기한 소외된 노동가치의 복잡성을 인식하지 못한데서 연유한 것으로 본다.

신고전 경제이론은 농산물 수요의 소득탄력성이 비탄력적이기 때문에 경제성장에 따라 국민소득이 상승하면 농산물 수요가 상대적으로 낮아져 농업의 상대적 비중이 줄어드는 쇠퇴산업으로 본다. 그러나 그 이론은 다만 가계의 지출분에 한정된다는 것이다. 농산물에 대한 수요라 하더라도 소득에 의하지 않고 자본에 의한 원료산업이라는 큰 부문은 농산물의 종목에 따라서 수요가 경제성장으로 절대적으로나 상대적으로 언제나 줄어든다고 할 수 없다. 식량수요의 엥겔 법칙도 중산층 이상에 적용되며 빈곤층에는 오히려 역행적 법칙으로 기능하는 예도 많기 때문이다. 농촌 노동력이 산업노동자화 함에 따라 농업생산력을 위하여 2차 산업에 대한 수요는 증대될 수밖에 없고 도시의 농산물 수요도 당연히 증대할 것이다. 뿐만 아니라 2차 산업의 발달은 농산물 수요의 변형과 농촌 수공업의 파괴적 쇠퇴과정을 촉진하여 농가소득의 상대적 위축을 초래한다고 본다. 따라서 김준보 경제이론은 경제발전에 따른 산업구조와 농업문제를 시장경제보다 독점자본과 소농구조의 전기구적 성격으로 파악하면서도 그 경제적 객관성을 역사적 인간의 소외된 노동의 조건에서 모색해야 한다는 것이다.

농업 생산력은 기술적 조건에만 의존하는 것이 아니고 토지의 근대적 소유제가 자본의 진입을 막아 효율적 영농이나 농촌의 분화(分化), 분해(分解)를 저지한다고 본다. 특히 인플레이션이나 금융제도 등 구조적 압력에 의하여 지배된다는 것이다. 김준보 경제이론은 경제체제의 방향설정에 신고전학파의 주관적 효용을 근거로한 후생경제학의 비과학성을 비판하고 종속이론이 빠지기 쉬운 소박한 민족경제론이나 국가주의를 경계한다. 진실한 경제적 이론의 파악 없이 정치적 의식만을 강조한다 하여도 그 결과로서 소외된 노동이나 소외된 인간의 조건을 정상적으로 파악할 수 없게 될 전망이 분명하다고 보기 때문이다.

김준보 경제이론은 전체경제의 체계적 분화에서 사회적 보편성을 갖는 역사적 인간의 활동으로부터 경제구조에 대응한 계급적 인간이나 산업구조에 대응한 직업적 인간을 유형화하여 소외된 노동으로부터 객관적 사실을 추출해야 한다는 것이다. 자본주의의 분화과정에 따라 특히 독점자본주의 단계에서 상품(商品)의 물신성(物神性)에 의하여 인간소외 현상이 복잡화한다. 따라서 소외된 노동에 대응한 후생조건을, 예를 들면 지주, 노동자, 자본가의 삼위일체적 성격을 갖는 소농의 빈곤문제를 넘어서 도시의 사회보장제, 최저임금제, 공해문제에까지 확대할 수 있다고 보기 때문이다.

김준보 경제이론의 독자적 이론체계인 지대의 이윤화이론은 경제학이론, 특히 농업경제학이론에서 다음과 같은 몇 가지 유용한 이론적 근거를 제시한다. 첫째, 지주의 성격을 자본가적 변질로 설명함으로서 소농 생산이론을 자본운동의 논리로 관철시킬 수 있다. 독점자본제하 소농 생산체제에서 지주는 자본가로, 소농은 실질적 노동자로 변질된다. 이것은 단순히 반봉건적(半封建的) 또는 반자본제적(半資本制的)이라는 왜곡된 성격에 의하여 농업의 양극분해에 대한 현실적 제약이론이 아닌 실질적 양극 분해론으로 자본운동의 논리가 가능하다. 따라서 농업경제학은 일반경제학과는 달리 시장경제를 넘어서 자본의 논리에 따라 소농의 변질분석에서 그 독자성과 일반성을 구축할 수 있다.

둘째는 농산물 가격문제에서 농산물가격이 단순한 생산비문제에 그쳐서는 안 되며 소농의 노동자화에 따른 노임이라는 관점에서 생존비(生存費)=노임(勞賃)으로 보아야 한다는 것이다. 농산물가격은 단순히 생산을 위한 비용뿐만 아니라 가족을 부양하기 위한 모든 생계비가 포함되어야 한다. 따라서 소농을 위한 농산물 가격보장에 대한 이론적 의미와 한계가 분명해 진다. 특히 비교우위론에 의한 농산물교역에서 소농의 생존과 직결된 농산물 수입개방은 이러한 관점에서 검토되어야 한다고 본다.

셋째는 경제발전이론에서 종속이론을 둘러싼 생산양식 논쟁에 대한 이론적 해명이 가능하고 농지개혁 등 농지문제에 대한 평가기준을 제공한다. 종속이론의 유통 편향적 성격은 생산양식에 대한 이론이 결여된 것으로 본다. 그러나 생산양식을 주장하는 이론 또한 독점자본제하에서 변질된 소농의 피지배성을 간과한 것도 사실이다. 따라서 김준보 경제학이론으로 본 독점자본제하 국가의 과소농 보호나 지원육성 정책은 기생지주를 배제하고 이윤의 독점적 지배체제를 강화하는 정책으로 볼 수 있다. 농지개혁도 중간 수탈자를 배제한 독점자본의 직접적인 소농에 대한 잉여수취로 본다.

이와 같이 자본운동과 인간문제로 일관된 김준보 경제이론은 일반경제 이론, 농업경제학, 경제발전론 등에 독자적 이론체계를 구축하였다. 특히 오늘날 농업경제학은 신고전 경제학을 현실적 농업문제에 응용하는 응용경제학으로 보아 현장문제 해결중심의 실증연구로 자리잡고 있다. 경제이론 없는 응용연구로서 농업경제학은 대상문제(subject matter)의 범위를 넓히거나 복수 학문적인 연구(multidisciplinary research), 또는 단순한 응용경제로서 무정형의 주체집합(amorphous collection of topics)으로 그 존립은 가능하나 정체성 문제에 직면하고 있다. 따라서 농업문제에 대한 이론체계는 단순한 경제주의나 기계론적 역사주의에 그쳐서는 안되며 경제주체로서 인간을 본질적 기본으로 삼아야 한다고 본다. 이러한 인간은 추상적인 경제인이나 단순히 철학적, 사변적 의미에서 소외된 인간에 한정될 수 없다. 이것은 역사적 인간으로 소외된 노동의 구체적 현실을 추구하는 김준보 경제이론 체계와 방법론을 의미한다. 왜냐하면 이러한 이론체계는 경제분석에서 자본운동과 인간적 요소, 역사적 경험을 기반으로 한 전체적 접근이기 때문이다. 그럼으로써 오늘날 농업경제학이 독자적인 정체성을 확립할 수 있을 것이다.

III. 김준보 경제학 이론의 방법론

1 방법론의 개요

　오늘날 경제이론은 가정의 현실성과 이론의 예측력에 의하여 평가하는 주류경제학인 신고전경제학의 방법론에 그 정당성의 근거를 두고 있다. 주류경제학의 방법론은 연역법에 의한 이론모형의 설정과 귀납법에 의한 이론의 현실성 검증을 통한 실증분석(positivism)에 의존하며 이는 논리적 실증주의(logical positivism)나 비판적 합리주의(critical rationalism)에 의하여 뒷받침되고 있다. 그러나 경험적 정당성이 물리적 법칙성에 근거를 둔 자연과학과는 달리 사회과학으로서 경제학은 인간의 행동을 바탕으로 한 인간적 요소가 포함되어 있다. 물리학의 법칙성은 기계적 운동을 나타내는 폐쇄된 체제(closed system)에서 이루어지나 인간적 요소는 항상 변하는 개방체제(open system)에서 이루어진다. 인간은 의지(intention), 지식(knowledge), 그리고 감성(emotion)을 가지고 있으며 인간의 경제행동을 규정하는 현실은 항상 변화한다. 따라서 현실적 오류는 확률적 법칙성보다 원인(cause)과 구조(structure)에 기인한 부적절성 때문인 것으로 보인다.

　주류경제학의 방법론에 대한 또 다른 비판은 후기 모더니즘(post-modernism)을 배경으로 하는 주관주의(subjectivism)에서 이루어졌다. 실증주의를 바탕으로 한 근대주의 (modernism)는 오늘날 세계 도처에서 나타나고 있는 복잡하고 다양한 문제들을 해결하기 어렵다. 이러한 문제들은 전통적 가설검정 방법이나 컴퓨터, 계량화에 의해서 풀기 어려운 인종문제, 종교문제, 성차별, 환경보호, 동물복지 (animal welfare), 빈곤문제 등이며 이것은 실증분석보다 규범적 분석을 요구하기 때문이다. 경제학에서 주관주의는 과거 한계효용을 중심으로 하는 주관적 가치이론에서 출발하여 오늘날 여러 가지 다양한 요인들을 포함한 신오스트리아 학파에 이르기 까지 다양하다.

　이처럼 경제학 방법론에서 주류경제학이 근거하는 일반적 법칙을 찾으려는 논리적 실증주의에 한정되지 않고 방법론적 다원주의(methodological pluralism)나 메타방법론(meta-method-ology)에 의하여 한 가지 방법론이 아니라 여러 가지 방법론적 체계(methodological system)를 세워야 한다. 왜냐하면 주류 경제학도 환경문제와 같은 시장 경제적 접근이 어려운 여러 부분에서 활용이 늘어가고 있는 임의가치법(contingent valuation method) 등에 대한 이론적 배경을 필요로 하기 때문이다.

　경제이론에 인간적 요소를 강조한 방법론적 다양성은 오스트리아학파의 주관주의적 전통에서만 찾을 수 있는 것은 아니다. 김준보경제학 기초이론은 기존의 모든 경제학 이론을 비판적으로 수용하면서 이론(理論), 역사(歷史), 인간(人間)의 전체론적 접근방법(holism approach)에 의하여 경제학을 체계화 하였다. 특히 인간행동을 단순히 물적(物的)으로 환원하여 보는 주류경제학의 일반적 접근방법을 비판하면서 경제이론을 역사과학적 방법에 따라 인간과 함께 추구할 것을 강조한다.

경제학은 단순한 물질의 과학(자연과학)이 아니라 인간의 과학(사회과학)이다. 만일 인간이 경제학에서 배제되고 단순한 물질적 운동법칙의 일반화만을 추구한다면 인간의 노동과 가축이나 기계의 마력(馬力)과를 구별할 길이 없다. 그들은 다 같이 오직 상품일 뿐이며 에너지의 급원(給源)이 되어 있을 따름이라고 보기 때문이다.

신고전 경제학이 내세운 경제인(homo economicus)이란 역사적 현실을 떠난 추상적이고 관념적인 인간에 불과하다. 그는 순수한 이기적 개인의 주관적 심리를 바탕으로 한 인간이기 때문에 역사적 인간을 경제학의 주체적 인간으로 파악해야 한다는 것이다. 역사적 인간은 근대사회에서 규정한바 자유로운 인간이 아니다. 시대적 조건에 따른 피지배성(被支配性)을 갖는 인간으로 역사의 일반적 단계에 따라 특징을 나타내는 인간소외(人間疎外)조건을 벗어날 수 없는 현실적 인간을 말한다. 경제학이 이러한 역사적 인간을 객관적 요인으로서 내생화(內生化)하여 다루게 될 때 비로소 인간이 상호대립과 발전의 조건을 물질적 관계에서 추구할 수 있고 경제학은 현실성이나 대상의 전체성을 유지할 수 있다고 본다.

신고전학파에서 보는 바와 같이 인간이 단순히 개인의 이기적 주체로서 존재하며 객관적 본성을 갖지 않을 때는 그러한 인간을 주체로 삼는 경제학은 생산이나 소비에 관한 합리적 기준의 제시에 그칠 뿐이다. 따라서 경제체제의 비판이나 분배에 따른 가치문제를 밝힐 수 없다. 또한 오스트리아학파의 인간적 요인에 의한 주관주의는 객관적 가치를 나타내지 못한다. 역사적 인간을 객관화하기 위해서는 고전적 노동가치의 발전적 개념인 소외(疎外)된 노동을 통하여 가능하다고 본다.

인간의 본질은 노동이며 인간은 자기의 생을 위하여 창조적 가치활동을 하기 때문에 노동은 인간사회 존속의 조건이 된다. 이와 같이 현실적 인간의 객관적 본질을 노동으로 규정하면 인간소외란 자연적 인간의 노동에 대한 요구에서 비롯된다. 노동의 자기분화(自己分化)에서 나타나는 인간성의 필연적 제약이라 할 수 있고 인간본질의 상실을 의미한다. 즉 인간이 창조적이거나 아니든 간에 그 가치 활동이 자신을 떠나서 외화(外化)하게 되면 인간은 본래의 자신을 부분적으로나 전체적으로 상실하게 된다. 이것이 소외의 개념이며 이와 같이 외화(外化)되어 인간성을 상실하게 하는 노동이 소외된 노동이다. 따라서 그것은 본질적으로 인간(人間)의 비인간화(非人間化)를 말한다.

이러한 본질적 인간의 비인간화는 인간소외 현상을 말한다. 인간소외는 역사적 단계나 주어진 시대에 따라 경제적 바탕에서 구체적으로 객관화시킬 수 있다. 가치의 실체를 사회적 평균노동으로 보면 사회적 평균노동은 언제나 변동하기 때문에 이를 추상화할 수밖에 없다. 그러나 자본제하 노동의 상품화에 의하여 임금으로 구체화되기 때문에 그 실체를 객관화할 수 있다.이처럼 시대적 변화에 따라 일반화시킬 수 있는 역사적 인간은 어느 정도 객관성을 가질 수 있다. 따라서 김준보 경제이론은 역사 과학적 방법에 따라 시대적으로 역사적 인간을 설정하고 소외된 노동을 통하여 이를 객관화 한다. 여기서 역사적 인간이나 소외된 노동의 구체적 내용은 인간본질의 해명과 이를 토대로 인간과 노동의 관계를 구명함으로써 명료해질 수 있다고 본다. 자본제사회에서 나타나는 소외된 노동의 구체적 형태는 생산물에 대한 사물적 소외(事物的 疎外), 생산행위에 대한 노동자의 자기소외(自己疎外), 인간이 인류적 존재라는 의미에서 인간이 인간의 위치로부터 탈락하게 되는 유적소외(類的疎外) 등이다. 특히 유적소외에서 인간의 창의력이나 개성의 발휘를 제약하는 분업이나 자본제의 중요한 특성인 인간노동의 상품화는 중요한 소외조건이라 할 수 있다.

개인의 불행의식이나 자기불만과 같은 정신적 소외의식과 인간의 고독이나 허무감에서 나타나는 실존적 자기소외는 인간본질 자체의 문제이다. 인간본질을 제약하는 외부조건이 아니기 때문에 과학적인 객관성을 부여할 수는 없다. 왜냐하면 소외된 노동의 객관성은 인간소외에 대한 사회의식이 물질에 관한 시대적 생산관계와 직결된 객관적 조건을 형성할 때에만 비로소 객관성을 인정할 수 있기 때문이다.   이와 같이 상품의 배후에 있는 소외된 노동과 그 객관적 기준인 역사적 인간의 개념은 단순한 노동자와 자본가 계급이 아니다. 그것은 역사적으로 또 사회경제적으로 다양하게 분화된 현실적, 실천적 인간을 기초로 한 경제학의 객관적 지표가 될 수 있다. 사실 인간문제는 인류역사의 오래된 과제이다. 루소(J. Rousseau)는 봉건적 질곡에서 벗어난 자유로운 인간을 상정하였고 헤겔(Hegel)의 인간은 주체적 의식을 갖는 관념적 인간이었다. 이에 대해 포이에르바하(Feuerbach)는 자연적 인간, 마르크스(Marx)는 사회적 인간을 상정하였으며 김준보 경제학의 인간은 역사적 인간이다. 경제학은 인간사회의 실천적 조건과 관련되어 있기 때문에 인간의 본질, 역사뿐만 아니라 실천과학으로서 그 특성이 중요하다. 김준보 경제학 방법론은 이론, 역사, 인간(실천)을 종합하여 전체적으로 현실경제를 파악하고자 한다. 이러한 방법론은 인간의 단순한 선호나 효용과 같은 주관적, 심리적 요인보다 역사적 인간으로서 인간의 가치, 즉 소외된 노동으로 상품가치를 평가함으로서 현실적 경제학이 요구하는 전체성을 이론적으로 일관성을 가지고 설명할 수 있다.

② 방법론의 성격

신고전 경제이론은 추상적인 경제인의 무차별곡선에서 도출된 시장의 수요곡선과 공급곡선을 중심으로 형이상학적 개념인 일반균형이론을 전개하였다. 이에 대하여 김준보 경제이론은 소외된 노동과 역사적 인간이라는 경험적 사실과 사회적 실천성을 기초로 경제이론이 성립되어야 한다는 것이다. 거시경제에서도 단순한 IS곡선과 LM곡선 뿐만 아니라 IS곡선과 LM곡선의 주체를 파악함으로써 역사적 인간의 주체의식 이라는 현실적 경험과 실천성을 물을 수 있다. 마르크스(K. Marx)이론은 노동가치와 역사성에 기반을 두면서도 인간소외의 추상성과 노동가치의 연계가 명시적으로 이루어지지 않았다. 경제학에서 단순한 노동가치가 아닌 소외된 노동가치가 객관적 기준이 될 때 자본제하 실업의 성격을 일관성 있게 설명할 수 있고 주관적인 심리적 소외의식에서 벗어나 보다 객관성을 유지할 수 있다.

　자본제 사회에서 상품(商品)의 물신성(物神性)은 인간노동의 상품화나 분업을 통하여 본래적 인간관계가 시장의 상품관계로 대치되어 복잡화한 소외상태를 나타낸다. 그것은 자본제 경제체제의 외양(外樣)과 실체(實體)가 달라진다는 특징을 가장 두드러지게 나타내고 있다. 특히 시장경제가 잉여가치(剩餘價値) 즉 이윤(利潤)을 낳는다는 사실은 상품의 총가치 가운데 필요노동을 넘는 잉여노동이 소외된 노동의 이중적 소외를 나타낸다. 그 부분이 바로 소외된 노동 가운데 전혀 보상되지 않는 부분이다. 전통적 노동가치설은 전혀 이러한 인식을 결여하고 있다. 마르크스경제학도 비록 소외된 노동을 확인하였음에도 불구하고 이를 객관화하여 명시적으로 체계화하지 못하고 단순히 인간소외 문제로 함축시켰을 뿐이다. 그 결과 오늘날 프랑크푸르트(Frankfurt)학파에서처럼 복잡한 철학적, 이념적, 인간주의적 측면에서 해석할 수 있는 논쟁적 소지를 남겨놓았다. 더구나 소외된 노동이라는 입장에서 비로소 실업문제를 자본제의 구조적 측면에서 만이 아니라 가치적 측면에서도 정당하게 평가할 수 있다. 마르크스 경제학에서 실업은 이윤추구와 자본축적에 따른 자본운동이 실업을 촉진시켜 마침내 자본제를 붕괴시킨다는 전체 기구적인 접근에 그쳐 있어 현실적 제약성을 보인다. 경제학에서 단순한 노동자가 아닌 소외된 노동가치가 객관적 기준이 될 때 자본제하 실업의 성격을 일관성 있게 설명할 수 있고 주관적인 심리적 소외의식에서 벗어날 수 있다.

　이처럼 김준보 경제이론의 방법론은 소외된 노동과 역사적 인간의 개념으로 인간의 노동이 역사적으로 어떻게 소외되어 왔는가를 경제학의 객관적 기준으로 삼는다. 또한 이들을 경제학에 내생화(內生化) 시킴으로써 합리적 접근과 경험적 접근만이 아니라 역사적 접근을 동시에 추구한다. 따라서 주류 경제학인 신고전 경제학이나 오스트리아학파의 주관주의, 마르크스경제학의 공식주의와 교조주의를 그대로 받아들이지 않는다. 또한 고전적 이론과 근대적 이론은 말할 것도 없이 인접과학의 성과를 충분히 받아들여야 한다는 것이다. 이러한 전체론적 방법론은 자본제 시장기구하 가격에 대한 행태분석 뿐만 아니라 역사적인 자본운동의 본질과 그 제약조건을 추구하기 위하여 광범위한 학제간 (interdisciplinary)의 연구를 확대하여야 한다는 것을 의미한다.

　과학의 인식론적 법칙으로서 검증은 합리성을 인식의 기초라고 보는 데카르트 (Decartes)에 의하면 일관성 검증(consisteccy test)이 이루어져야 한다고 본다. 이것은 제시된 결론이 세워진 가정으로부터 논리적으로 유도되는 가의 여부, 즉 논증의 내부에 모순이 있는가 없는가를 결정하는 것이다. 그러나 이와 달리 경험을 중시하는 흄(Hume)의 일파는 어떤 명제의 입증에는 다음의 세 가지 입증이 필요하다고 본다. 첫 번째 대응성 검증(correspondence test)은 이론으로부터 유도된 결론이 현실에서 경험적으로 관찰될 수 있는 사상에 의해 확증되어진 것인가 아닌가를 결정하는 것이다. 두 번째는 포괄성 검증(comprehensiveness test)으로서 어떤 이론이 연구 중인 모든 현상에 관계되는 이미 알고 있는 모든 사실을 포함할 수 있는가 없는가를 결정하는 것이다. 마지막으로 검약성 검증(parsimony test)이며 이 검증은 기초를 이루고 있는 가정들을 포함하면서 이론을 구성하는 특정요소가 경험적으로 관찰될 수 있는 사상을 설명하는 데 필요한가 아닌가를 결정하는 것이다. 따라서 경제학의 파라다임은 이론 체계의 내적 일관성(internal consistency)과 이론의 현실성을 나타내는 외적 적합성(external adequacy)을 동시에 충족시킬 수 있어야 한다.

현상과 실체가 모순된다는 사실을 인식한다는 것이 곧 비판적 인식이다. 김준보 경제이론은 경제학의 범위와 대상을 현실적 자본제 사회에서 상품생산의 배경을 분석하는 추상적 이론에서 시작하여 역사성과 실천성으로 확대하는 접근방법이다. 이것은 자본제의 외양(外樣)인 상품(商品)의 물신성(物神性)과 그 본질인 소외(疎外)된 노동(勞動)의 법칙적 귀납에서 얻어진 법칙의 구체적 사상을 연역적으로 분석하는 방법을 취한다. 즉 독점자본제하 소농생산에서 나타나게 되는 상품의 물신성과 소외된 노동을 통하여 현상과 실체의 모순을 인식할 때 주관적으로 나타나는 심리적이거나 이데올로기 등과는 다른 객관적 비판인식을 갖게 된다. 이러한 비판적 인식은 칸트(Kant)의 철학적 비판인식과는 다른 경제학에 기초한 비판적 인식이다.

자본제의 외양인 상품의 물신성은 상품(商品)의 인간화(人間化)이며 그 본질인 인간소외(人間疎外)의 현상은 인간(人間)의 상품화(商品化)이다. 자본제는 노동(勞動)의 상품화(商品化)를 통하여 상품의 물신성과 인간소외가 일치된다. 김준보 경제이론의 비판적 인식은 이점을 분명하게 밝히고 있는 것이다. 어느 시대에나 소외현상은 존재하며 이것은 우연적인 것이 아니다. 이것은 일반적이며 역사적 인간을 통하여 귀납적으로 소외조건을 파악하여 객관화시킬 수 있다. 왜냐하면 가치의 실체를 사회적 평균노동으로 보면 사회적 평균노동이란 언제나 변동하기 때문에 이를 추상화(抽象化)할 수밖에 없다. 그러나 자본제하 노동의 상품화에 의하여 임금으로 구체화되기 때문에 그 실체를 객관화할 수 있기 때문이다.

김준보 경제이론에서 이와 같이 소외된 노동과 역사적 인간의 개념은 인간의 노동이 역사적으로 어떻게 소외되어 왔는가를 객관적 기준으로 삼아 경제학 이론체계에 내생화(內生化) 함으로서 이론과 현실의 일치성(consistency)을 추구할 수 있다. 또한 이러한 접근은 데카르트의 합리적 접근과 흄의 경험적 접근을 동시에 추구하여 대응성 검정(correspondence test)을 충족시킬 수 있는 것이다. 주류경제학인 신고전경제학이나 마르크스경제학의 공식주의를 그대로 받아드리지 않고 또한 고전적 이론과 근대적 이론은 말할 것도 없이 인접과학의 성과를 충분히 받아드려야 한다는 방법론은 이론의 포괄성 검증(comprehensiveness test)을 충족시킨다. 이것은 자본제 시장기구에서 탄력성분석 등 가격에 대한 행태분석(behavior analysis) 뿐만 아니라 소농생산 양식에서 자본운동의 미시적, 거시적, 총체적 기구분석을 대상으로 한다는 것이다. 또한 역사적으로 인간노동의 소외현상의 본질과 그 제약조건을 추구하기 위하여 학제간 연구를 광범위하게 확대하여야 한다. 이와 같은 포괄적인 접근방법은 그러나 현실문제에 대한 실제적 응용과 분석이 그동안 충분히 이루어지고 있지 않았다. 따라서 검약성 검증(parsimony test)은 보다 많은 연구 성과가 이루어질 때까지 유보될 수밖에 없을 것이다. 김준보 방법론의 지적에서 알 수 있듯이 본질적인 것과 배타적인 것, 기본적인 것과 부차적인 것을 뚜렷이 판별하기 위하여 검약성 검증에서도 단순한 파라미터 수뿐만 아니라 질적 측면까지 고려하고 있다는 사실은 분명하다.

IV. 김준보 경제학 이론의 응용

경제문제를 자본운동과 인간소외로 접근하는 김준보 경제이론을 현실문제에 어떻게 응용할 것인가는 중요한 문제이다. 사실 그동안에 발표된 방대한 논문이나 저서에서 경제이론을 바탕으로 현실문제나 정책적 제의가 이루어 졌으며 이에 대한 논의도 충분하였다. 그러나 지배조건과 피지배조건에 의하여 역사적 사실을 조명하는 김준보 경제이론 체계는 특히 경제사와 농업경제 분야에서 응용할 수 있다. 또한 김준보 경제학 방법론인 역사적 인간과 소외된 노동은 현대 후생 경제학이나 기술 경제학에 응용할 수 있다. 경제사 분야에서 김준보 경제이론과 방법론의 응용은 일제하 식민지 농업의 단계구분이나 농업경제에서 중요한 논점인 해방 후 농지개혁의 성격구명, 경제학 분야에서 후생경제 이론의 전체성, 신성장이론으로 특징을 갖는 지식이나 기술 경제학의 한계 등에서 독자적인 영역을 보인다.

오늘날 국가의 경제정책 목표는 사회적 후생을 증진시키는 것이며 후생경제학(welfare economics)의 분석적 이론체계는 사회적 후생함수로 정리되었다. 그러나 소외된 노동의 객관성을 노동가치 이론과 역사적 인간으로 체계화한 김준보 경제이론은 현대적 후생이론을 대표하는 사회적 후생함수가 개인의 욕망이나 주관적 효용을 근거로 하며 역사적 인간의 현실적 조건이 주어져 있지 않다고 비판한다. 더구나 사회적 후생함수에 대한 애로우(K. Arrow)의 불가능성 정리(impossibility theorem)는 정태적이며 인간행동에 대한 비역사성과 비사회성이 기조로 되어 있다는 함수 자체의 약점은 차치하더라도 그 결과가 사회적 시장 기구에서 합리적 선택기준의 설정이 불가능하다는 사실을 보여준다. 따라서 선험적 후생조건의 평가뿐만 아니라 이론체계에서 인간소외의 기준에 따라 객관적으로 현실성을 판단해야 한다는 것이다. 김준보 경제학 방법론에서 지적한 바와 같이 후생의 조건은 국민소득이나 개인의 후생 등 국가의 내적문제만을 기준으로 해서는 아니 된다. 상품시장이나 자본시장의 세계적 확대, 다국적 기업의 내외활동, 세계적 공황이나 인플레이션 확대 등 지배조건과 소외된 노동의 시대적 대중성으로 나타나는 피지배조건이 주목되어야 한다는 것이다.

이러한 접근은 소외된 노동의 시대적 대중성(大衆性)으로 후생시설의 방향이 대중적 소외문제에 맞추어 져야 한다는 것이다. 예컨대 토목공사나 수리시설 에서도 단순히 수익과 비용(benifit-cost)의 분석에만 의존하지 말고 대중적 몽리(蒙利) 상황이나 사회적 제약 조건을 아울러 보아야 한다. 사회보장제의 각종 시책도 시대성과 대중성에서 그 구체적 실시방법이 모색되어야 한다. 특히 독점자본제에서 노동은 보다 대중적 위협이 급박하고 인플레이션과 공황의 압박이 중첩되며 후생시설의 실효를 거두기 어렵다. 또한 노동조합이나 소비조합등 자주적 조직이 제약된다. 자본제하 노작적 소농은 지주, 자본가 및 노동자란 삼위일체적 속성을 보이나 독점자본제의 진행에 따라 실질적 노동자화 한다. 따라서 이들의 소외조건이 강화되고 역사적 체제 기반이 변동하게 된다. 이러한 체제에서 소외된 노동에 대응한 후생조건으로 임금의 조절이 가장 유효하다. 생계비에 미달되는 저임금이나 저소득 문제를 떠나서 사회적 후생이나 사회보장제도는 의미가 퇴색할 수밖에 없다. 특히 대중적 소외현상으로 최저임금제나 실업수당의 의미가 강조된다. 사회보장제는 구호(救護)나 부조(扶助)가 아니며 산업적 재난이나 직업병 등 근대적 공해도 이러한 소외된 노동의 대중적 발로이다. 따라서 사회보장제도는 단순한 휴머니즘이나 외부경제라는 외변수로 처리할 수 없고 소외된 노동의 객관적 사실에 직결된 것이다.

 피지배조건으로서 인간소외의 대중화는 자본주의 사회 내부에서 공해문제로서 환경오염이나 자원파괴 등 여러 가지 문제를 야기한다. 이것은 자본제의 고도화에 따라 지배조건인 독점자본제의 진행과 밀접한 연관을 맺고 있다. 대기업 활동이 시민 일반에 대한 안주(安住)의 불편과 위험을 조성하고 공해를 심화한다는 것이다. 환경의 오염이나 자연파괴는 노동생산성을 저하시키고 공해방지를 위한 새로운 시설의 부담이 대중적(大衆的)으로 가중된다. 공해로 인하여 생활환경이 악화되고 신체적 위험이 뒤따르며 정신적 불안과 의욕의 감퇴 등 대중적 인간소외의 조건이 된다. 물과 대기의 오염, 원자력의 위험, 소음으로 인한 대중의 피해는 특히 경제적 취약자나 소외된 노동의 불우한 입장에 처한 사람들에게 가중되는 것이 현실이다. 더구나 고도 자본제의 진행으로 공해는 양적 수준의 확대만이 아니라 질적 변동이 확대된다. 또한 공해의 대중화, 만성화, 지역적 확대, 이동, 전가 등이 상승추세를 보인다. 만일 대기업에서 야기한 환경 파괴적 생산 활동이나 자원고갈 등이 신고전 경제학이론의 시장실패로 인하여 그대로 국가적 재정 지원이나 보충의 대상이 된다면 그것은 국민 대중의 부담이 될 것이다.

 오늘날 경제성장과 발전의 원동력은 저축이나 투자 혹은 교육수준을 넘어 기술이나 새로운 지식이라는 지식경제학(economics of knowledge)을 배경으로 한 신성장론(new growth theory)이 크게 부상되고 있다. 일찍이 슘페터(J. Schumpter)는 기술혁신 (innovation)을 추구하는 기업가 정신이 자본주의 발전의 원동력이 된다고 주창하였다. 솔로(R. Solow)가 1957년 생산함수에서 잔여법(residual method)에 의한 기술계측을 시도한 이후 1986년 롬머(P. Romer)의 내생적 기술변화(endogenous technical change)는 지식의 확산효과 (spillover effect)에 의하여 수확

체증으로 나타난다는 것이다. 김준보 경제이론에서도 기술혁신은 노동의 개선효과와 고용의 새로운 기회를 창출하는 경제발전의 적극적인 측면을 부인하지 않는다. 그러나 독점자본주의 단계에서는 기술혁신이 노동집약적 중소기업을 파괴하고 소수 자본집약적 대기업의 시장지배를 통하여 노동문제의 새로운 기저적 조건을 배태하는 양상을 지적한다. 기술혁신의 핵심으로서 기계화는 인간노동의 정형화, 의사결정의 비자유화, 인간의 비인간화 등 노동의 주체적 조건으로서 인간노동의 소외현상을 초래한다. 이처럼 기술혁신은 독점자본의 지배조건에 기대되는 특징이며 노동주체를 포함한 역사적 인간의 소외조건이 포괄적으로 규정되어야 한다는 것이다.

　기술혁신에 따른 자원고갈, 환경파괴, 공해배출 등 여러 가지 문제를 노동의 주체와 관련하여 소외된 노동으로 파악할 수 있다. 노동인구의 도시집중과 그로 인한 각종 형태의 직업적 분화에 따른 인간 소외적 국면도 무시할 수 없는 사실이다. 이와 같이 기술혁신은 김준보 경제이론에서 처음부터 노동의 절감을 전제한 노동 소외적 현상으로 규정할 수 있는 것이다. 뿐만 아니라 사회적 제도에 의한 기술의 규제는 그 부담을 노동에 전가하여 또 다른 형태의 소외된 노동을 초래하기도 한다. 사실 오늘날 한국의 소농이 발달된 현대의 과학기술을 받아들이지 못하고 있는 사실에서 소농의 기술수용이 소농 자체의 성격에 의존하는 것만은 아니라고 본다. 소농을 둘러싼 지배조건의 관계에서 파악해야 한다는 것은 분명하다. 또한 소농의 주체성도 소농을 지배하는 사회경제적 조건에 의하여 왜곡된 주체성이나 이데올로기화한 주체성 보다 주체적 인간의 실질적 피동성에 깊은 관심을 가지고 소외된 노동에 의하여 평가되고 역사적 사실에 의하여 확인될 때 비로소 경제학의 객관성이 유지될 수 있다는 것이다.

　경제사에서 김준보 경제이론은 일제 식민지 시대구분에 응용할 수 있다. 식민지 시대구분을 위한 보편적 기준은 토착경제의 전체적 지배조건 뿐만 아니라 이에 규제되는 피지배조건을 포함하는 총괄적 개념으로 보아야 한다. 따라서 생산기구의 체제적 변동을 가져오는 경제의 체제적 위기를 기준으로 삼아야 한다는 주장이다. 그동안의 식민지 시대구분은 조선경제연보(전국경제조사 기관연합회 조선지부편; 소화 14년 1939년 판)에서 고문(顧問)정치, 보호정치로부터 한일합병까지를 제1기, 한일합병(1910)부터 1920년까지를 제 2기, 1920년부터 1931년까지를 제3기, 1931년 이후를 제4기로 구분하였다. 여기서 1920년은 일제의 내선(內鮮) 블록경제의 확립으로 식민지가 내지(內地)에 공업원료와 식료품 공급시장으로서 또 공급제품의 판로시장으로서 식민지 경제관계가 확립된 것으로 보아 제3기의 기점으로 삼았다.

　그러나 이 시기는 일제하 식민정책인 산미증식계획(産米增殖計劃)이나 조선 회사령의 철폐, 대일 관세제도의 조정 등 정책적 지배조건에 한정된 시대구분이다. 3.1 운동을 전후하여 전개된 소작쟁의, 노동쟁의의 본격적 발생 등 토착경제의 피지배조건 변동요인을 아울러 봄으로서 지배조건과 피지배조건 양면의 객관적 적용성을 갖는 시대구분의 지표인 경제 체제적 위기를 보아야 한다는 것이다. 이러한 위기는 바로 제국주의 지배체제와 그로 인한 토착적 피지배조건의 변질로 규정할 수 있다. 따라서 경제공황이라 할지라도 그것이 생산체제의 변질이 아닌 외양적 변동에 그친다면 그것은 체제적 위기로 볼 수 없다는 것이다.

3.1 운동이 가져온 획기적 변질관계는 토지조사사업에 의하여 정립된 근대적 토지제도가 그 본질을 바꾸게 되었다는 점과 농업규모와 소작제도의 내외 양면에 걸친 변질의 동태를 말한다. 즉 산미증식계획에 의하여 이루어진 높은 수익률, 수리조합 신설에 의한 과다한 수세 등이 토착지주를 몰락시키고 일본자본의 토지병탄을 촉진시켜 일본인 토지소유의 비약적 확대를 가져왔다. 이와 함께 토착소농의 변질 또한 분명하다. 소작농의 급격한 증대는 물론이고 소작료의 고율화는 명목적 수량이나 도지(賭只), 타조(打租), 집조(執粗) 등 소작료 납부 방식을 변화시켰다. 또한 강요된 실물의 운반비, 포장비 등 부수적 지출과 불합리한 농민부담, 소작인의 가사노역, 토지 개량비, 공과부담 등으로 나타났다. 이와 같은 제국주의하 소작농의 잉여가치에 대한 독점자본의 수취는 지주와 소작인의 변질로 지대의 이윤화가 촉진되어 지주의 자본가화와 소작농의 노동자화를 통하여 마침내 소작쟁의의 격화로 나타났다고 본다.

이와 같이 근대적 소작쟁의가 3.1 운동에 기점을 둔다고 보면 일제의 지배조건과 토착 소농의 피지배조건을 종합적으로 형성하는 시대구분은 제 3기의 기점을 1920년으로 보기보다는 1919년으로 보는 것이 타당하다는 논리이다. 이것은 3.1 운동의 경제사적 의의를 분명히 밝힘과 동시에 3.1 운동을 기점으로 한 지대의 본격적 이윤화 과정이 한국 자본주의사에서 중대한 의의를 갖게 된다는 것을 의미하는 것이다. 이러한 한국 식민지 시대의 시대구분은 김준보 경제논리에 의해서 설명될 수밖에 없다.

김준보 경제논리는 한국 농지개혁의 평가에도 응용될 수 있다. 한국 농지개혁에 대한 성격 분석은 농업의 자본제화를 보는 시각에 따라 각각 달리 나타난다. 먼저 농지개혁은 봉건적 토지소유가 근대적 소유로 전환하는 과정에서 나타나는 과도기적 토지소유인 농민적 토지소유를 확립했다고 보아 지대현상과 경제외적 강제라는 규정을 받지 않는 과도기적 단계로 보는 견해가 있다. 이들은 지주적 토지소유의 농지를 농민에게 적절히 분배함으로서 비로소 지주적 토지지배에 따른 봉건적 제 관계가 배제되고 광범위한 영세 소농의 지배적 토지소유가 확립되었다고 본다. 이에 대하여 봉건적 토지소유의 본질 파악에 입각한 지대사적 해명을 그 방법론적 시각으로 하는 견해가 있다. 이러한 견해에 의하면 농지개혁을 농민적 토지소유로 보는 것은 경제주의적 일관이며 농업 생산력 발전의 질적 변화 변화의 계기로 까지 이르지 못한 봉건적 지배의 타협적 해소의 특수한 하나의 형태로 본다.

김준보 경제이론에 의한 접근방법으로 보면 이러한 봉건적 요인의 지배적 존재를 배제하거나 인정하는 시각은 현실적 농지제도의 실상을 크게 왜곡한다는 것이다. 왜냐하면 그러한 시각으로 보면 역사적으로 봉건제 하에서 항조운동(抗租運動)과 일제하 소작쟁의의 차이를 밝힐 수 없고 농업공황의 의미를 제대로 파악하기 어려운 이론적 취약성 때문이다. 이는 또한 독점자본과 봉건사회의 공존을 전제함으로서 소농생산의 종속관계에 따른 기능적 이중구조를 제대로 인식할 수 없다는 것이다. 김준보 경제이론은 한국의 현실적 소농 생산양식을 과도기적 토지소유인 농민적 토지소유나 봉건적 지배의 타협적 해소에 의한 반봉건적 토유소유 해체의 실패로 보지 않는다. 오히려 소농생산은 지배조건인 독점자본주의 경제가 독특한 발전 단계에 놓여 있는 점에서 경제의 일반적 역사적 체계에 광범하게 관련되어 있다고 본다. 동시에 다른 한편에 있어서 현실적 소농생산의 기술적 조건인 피지배 조건에 깊이 뿌리박고 있는 것으로 그 본질을 파악한다. 한국의 현실적 소농의 성격을 파악하는 데 있어서 역사적으로 일제하 농업은 독점자본주의하 지주의 자본가화와 영세 소작농의 노동자화 과정으로 보면 농지개혁의 성격이 분명해 진다는 것이다. 농지개혁은 중간수취 계층을 배제하고 소농적 지대를 국가적 자본 독점력의 이윤화 운동에 직결시키는 결과를 가져온 것이다. 농지개혁 이후 소작제 재생도 봉건제의 재생이 아닌 근대적 변질과정으로 규정한다. 이와 같이 김준보 경제이론은 농지개혁이 소작제를 일단 타파한 것임에도 불구하고 변질적 조건을 전환시키지 못했기 때문에 독점이윤의 축적을 위한 조건형성에 불과한 것으로 평가할 수 있다.

참고문헌

김준보 농업경제, 한국검인정도서주식회사, 1947

일반경제학, 박영사, 1958

일반경제학(개고판), 박영사, 1974

이론경제학-케인즈 이후의 분석론 체계, 박영사, 1961

농업경제학 서설, 고려대학교출판부, 1966

산업연관분석론, 법문사, 1975

한국경제와 임금구조 : 고도성장하의 동태분석, 고려대학교 출판부, 1979

현대경제학서설 : 이론, 역사, 인간의 체계, 법문사, 1981

경제학기초논고, 고려대학교 출판부, 1986

경제학의 기초, 한길사, 1991

가치와 가격전화론, 신성인쇄상사(자비출판), 1996

가치법칙의 재인식, 신성인쇄상사(자비출판), 1998

신가치 논고, 신성인쇄상사(자비출판), 2001

박정근 우리 농업경제를 인식하는 경제학 파라다임과 한계, 산업화와 농업경제의 동태적 관계, 21세기

농정자료 시리즈 10, 한국농촌경제연구원, 1989
한국농업경제학 발전의 과제와 방향, 2001년 하계학술대회 발표논문집,
한국농업경제학회, 2001
농업발전경제학, 박영사, 2004

해제(解題) Ⅱ

경제통계론: 계량경제학의 기초체계

이 태 호(서울대학교 농경제사회학부 교수)

I. 서론

　　고 김준보 선생님의 학문 세계는 크게 농업경제학, 경제학 이론, 경제사, 계량 경제학 및 통계학의 4 분야로 나눌 수 있다. 그 중에서도 계량경제학 및 통계학 분야는 1954년에서 1975년에 걸쳐 무려 5 권의 저서[1]를 집필하시고 1971년에 한국통계학회의 창립 회장을 역임하실 정도로 조예가 깊으셨던 분야이다. 계량경제학 및 통계학 분야는 인생의 황금기라 할 수 있는 40대와 50대에 가장 왕성한 학자로서의 탐구능력을 집중하신 분야라고 할 수 있다.

　　1954년에 발간된 선생님의 저서 "현대 통계학"[2]과 1969년에 발간된 "경제통계론: 계량경제학의 기초체계"[3]는 각각 통계학과 계량경제학 분야의 선구적 업적으로서 그 이전 까지 미국, 일본, 독일 등 외국의 교과서에 의존해야만 했던 학생들에게 비로소 우리말로 통계학과 계량경제학을 공부할 수 있는 기회를 열어준 것이라고 할 수 있다.

---

1) 현대통계학, 민중서관, 1954
　　추측통계: 표본조사와 실험계획법 입문, 민중서관, 1955
　　경제통계론: 계량경제학의 기초체계, 일조각, 1969 (1977년에 재발간)
　　수리통계학(P. G. Hoel 저), 장인식, 장병지와 공역, 고려대학교출판부, 1971
　　산업연관분석론, 법문사, 1975
2) 같은 시기에 나온 통계학 책에는 이정환의 "통계학(1954)," 이해동의 "통계학 원론(1956)" 등이 있다.
3) 한국 학자에 의해 본격적인 계량경제학 책이 저술되기까지에는 더 많은 세월이 흘러야 했다. 1970년대 후반에 가서야 곽상경(1977)과 윤석범(1978)의 계량경제학 책이 발간되게 되었다.

특히 "경제통계론: 계량경제학의 기초체계"는 처음으로 한국인 학자에 의해 기초적인 계량경제학 개념 전반을 아우르는 체계가 세워졌다는 점에서 큰 의미를 갖는다. 선생님께서 책의 머리말에 피력하신 바를 인용하면 다음과 같다.

"이 책은 저자가... 중략... 상급학년 또는 대학원 학생들에게 강의한 초고에 살을 붙여서 체계화한 내용으로 되어 있다. 살을 붙였다는 것은 고유한 경제통계의 분석법에 통계조사법이나 국내 주요 경제지표의 작성법·추정·검정법의 초보적 해설, 계량경제학의 기본정리 등에 관한 설명을 첨가하여 이 방면의 이론적 구성이 전체적으로 통일성을 갖게 하는 동시에, 당장 일반의 실용면에도 기여할 수 있도록 종합하여 보았다는 뜻이다. 그렇게 함으로써 일상적 경제통계의 처리에 관한 발전된 요령을 밝히는 기본목적 이외에 경제이론의 통계적 방법을 통한 발전상을 구체화하는 데 저자의 추가적 노력이 가해진 바 있다고 볼 수 있다. 이 점이 전통적 경제통계법을 넘어서 계량경제학의 기초과정에 널리 미쳐 있는 소이이다."

"경제통계론: 계량경제학의 기초체계"는 선생님의 통계학과 계량경제학 강의 내용을 집대성한 것으로 다년간에 걸친 선생님의 강의와 실용적 응용에 대한 경험이 융화되어 하나의 "통일성"을 가진 저서로 체계화 된 것이라고 할 수 있다. 이 저서는 1960년대와 1970년대에 계량경제학과 통계학을 공부하는 한국 학생들에게 경제학 이론과 통계학, 수리경제학, 계량경제학 사이의 관계를 정립해 줌으로써 어떠한 방향으로 공부를 해야 할 것인지를 가리켜 주는 이정표적인 역할을 했다고 해도 과언이 아니다. 필자는 김준보 선생님의 교육에 대한 높은 이상과 이론에 대한 깊은 탐구, 그리고 실용적 응용에 대한 넓은 경험을 기리기 위해 졸렬하나마 "경제통계론: 계량경제학의 기초체계"의 해제를 시도해본다.

Ⅱ. 구성

"경제통계론: 계량경제학의 기초체계"는 국판(148mm×210mm)으로, 1 쪽에 27행의 작은 활자가 빽빽하게 인쇄되어 있는, 본문 394쪽, 부록 10쪽에 달하는 책이다. 본문 중 158쪽은 다양한 경제지표와 경제학의 기본개념에 관한 8개의 장에, 143쪽은 고전적 계량경제학(classical econometrics)을 다루는 6개의 장에, 93쪽은 시계열 분석을 설명하는 4개의 장에 할애되어 있다. 거의 매 쪽마다 복잡한 수식이나 표, 또는 그래프가 등장하는 것은 물론이고 부록에는 통계분포 표와 용어색인까지 꼼꼼하게 첨부되어 있다. 현재와 같은 컴퓨터로 조판하는 기술이 없었던 1960년대에는 매우 제작하기 힘든 책이었을 것임에 틀림없다.

특기할 것은 1960년대에 집필되어 출간된 저서임에도 불구하고 시계열에 대한 수준 높은 논의가

책의 상당부분을 차지하고 있다는 점이다. 경제학 분야에서 시계열 모형 추정이 보편적으로 이용되기 시작한 것은 합리적 기대가설(rational expectation hypothesis) 이론과 벡터 자기회귀 추정(vector autoregressive regression estimation)이 부상한 1970년대 이후부터이므로 이것은 시대를 앞서가는 김준보 선생님의 혜안을 보여주는 것이라 할 수 있다.

　　제1장부터 제7장까지, 그리고 제10장에는 기초적인 경제 통계지표의 계측 방법과 경제학의 기본 개념이 설명되어 있다. 본 해제에서는 이 8개의 장을 ‘지표와 기본개념’이라는 주제로 분류하였다. 제8장, 제9장, 제11장, 제15장, 제16장, 제18장에는 현대 계량경제학에서 자주 다루는 소재인 구조적 모형의 파라미터 추정과 예측, 소득 불균등도의 추정, 분산분석, 상관계수 추정, 요인분석 등이 수록되어 있다. 본 해제에서는 이 6개의 장을 ‘구조의 추정과 예측’이라는 주제로 분류하였다. 제12장, 제13장, 제14장, 그리고 제17장은 경기변동론과 시계열 추정 및 예측에 대한 것을 다루고 있다. 본 해제에서는 이 4개의 장을 ‘시계열의 추정과 예측’이라는 주제로 분류하였다.

<표 1> “경제통계론: 계량경제학의 기초체계”의 구성

제목 구분	쪽 수
<지표와 기본개념>	158
제1장 경제통계의 기본개념	07
제2장 경제통계의 조사법	20
제3장 기본적 경제지표	40
제4장 국민소득의 개념과 계측	16
제5장 산업연관·자금순환·국제수지	20
제6장 재정통계와 투융자	12
제7장 경제기구의 기본 파라미터	17
제10장 경제기본함수의 분포	26
<구조모형의 추정과 예측>	143
제8장 파라미터의 2대 추정법	28
제9장 소득분포의 불균도측정	16
제11장 분산분석과 상관도측정	31
제15장 경제구조의 요인분석	20
제16장 경제구조체계의 확립	25

III. 해제의 내용

여기에서는 "경제통계론: 계량경제학의 기초체계"를 위에서 구분한 3개 주제별로 선별하여 알기 쉽게 요약하고 설명해 보기로 한다. 안타깝게도 필자에게는 이 짧은 글로 선생님의 방대하고 심오한 학문세계를 모두 표현할 능력이 없다. 그리고 선생님의 선구적 업적 가운데는 선생님의 노력 덕택에 널리 일반화되어 다시 거론하기 무색한 것도 많다. 따라서 책 내용을 선별하여 다룰 수밖에 없는데 저자는 책을 구성하고 있는 수많은 내용 중에서 나름대로 다음과 같은 기준을 가지고 주제를 선별하여 보았다.

첫째, 독창적인 이론으로 오늘날까지도 가치가 있다고 생각되는 주제.

둘째, 다른 책에서 잘 다루지 않거나 그 설명 방법이 독특한 주제.

셋째, 선생님의 저서로 인하여 처음으로 개념이 명확하게 정리된 주제.

넷째, 기초적인 개념으로서 해제를 읽는 독자가 반드시 이해하여야 할 만한 가치가 있는 주제.

선별된 주제는 요즘 학생들이 알기 쉽도록 가능한 한 현대적 표현방법을 사용하여 다시 서술하였으며 경우에 따라서는 예를 들어 설명하기도 하였다. 이러한 과정에서 원래 선생님께서 의도하셨던 바를 충분히 반영하려고 노력하였으나 필자의 학문이 미치지 못하여 오류를 범한 것도 없지 않으리라 생각된다.

① 지표와 기본개념

1. 경제통계와 계량경제학의 구분

경제통계는 계량경제학의 기초이며 기본적 구성분야이나 경제통계는 통계적 분석기술에 중점을 두고 계량경제학은 경제현상을 경제이론에 맞게 모형화 하는데 중점을 둔다. 다시 말해, 계량경제학은 회귀모형의 형태와 변수를 정하고 그것을 평가하는 것이 본래의 목적이고, 경제통계는 계량경제학에 의해 정해진 회귀모형에 관하여 회귀계수를 추정하고 검정하는 것을 주목적으로 삼는다.

2. 합리적 통계조사의 요건

합리적 통계조사의 요건은 다음과 같다.

① 통계목적을 명확히 인식하고, 누가, 어떤 것을, 언제, 어디서, 어떻게 조사할 것인지 먼저 파악한다.

② "적게 묻고, 많이 알아낸다(少問多知)"는 원칙하에 불필요한 조사 사항을 붙이고 적은 비용과 적은 노력으로 조사효율을 올린다.

③ 기존의 통계자료나 이비 발간된 문헌 등을 최대한 활용한다.

④ 조사에 앞서서 예비조사(pilot survey)를 하여 조사가능성, 그 효율성, 오차 등에 대해 미리 알아본다.

⑤ 표본조사에 있어서는 그 계층, 집락 등의 설계를 합리적으로 한다.

⑥ 조사비용을 감안하여 조사대상의 수량, 그 지역, 조사항목을 정한다.

⑦ 조사항목은 모순없이 정하고 그에 대한 설명이나 참고사항을 붙여 조사자로 하여금 혼동을 일으키지 않도록 한다.

⑧ 표본 조사의 경우에는 조사대상의 모집단이 무엇이며 통계단위와 표지가 무엇인가를 명확히 파악한다.

⑨ 조사항목은 가능한 한 과거의 통계나 외국자료, 관련된 기존 통계와 비교 가능하도록 설계하고, 계속성이 주어지도록 한다.

⑩ 조사자료의 정리, 집계, 검산, 재검사, 보고서작성 등에 관한 작업을 미리 예정할 것.

⑪ 조사된 통계의 정확성이 자율적으로 규제되고 자체 내에서 검산될 수 있도록 조사항목, 조사순서, 조사원의 비치 등에 각별한 신경을 쓸 것.

3. 이상적 물가지수(ideal price index)

라스파이레스(Etienne Laspeyres) 지수법에 의한 물가지수는, 기준시점 0의 상품 i의 가격을 p_i^0, 비교시점 1의 상품 i의 가격을 p_i^1, 기준시점 0의 상품 i의 거래량을 q_i^0, 비교시점 1의 상품 i의 거래량을 q_i^1라고 할 때, 다음과 같이 계산된다.

$$(1) \quad P_L = \sum_{i=1}^{n} \frac{p_i^1}{p_i^0} W_i^0$$

위 식에서 P_L은 라스파이레스 물가지수이고, n은 물가지수에 반영되는 상품의 개수이다. 그리고 W_i^0는 기준시점 0에서 조사된 전체 상품 거래액에 대한 상품 i의 거래액의 비중이다. W_i^0는 각 상품가격의 변화가 얼마나 중요하게 물가지수에 반영되는지를 나타내는 가중치로 사용된다. W_i^0의 식은 다음과 같다.

$$(2) \quad W_i^0 = \frac{p_i^0 q_i^0}{\sum_{i=1}^{n} p_i^0 q_i^0}$$

식 (2)를 식(1)에 대입하면 라스파이레스 지수 P_L은 다음과 같이 나타낼 수 있다.

$$(3) \quad P_L = \frac{\sum_{i=1}^{n} p_i^1 q_i^0}{\sum_{i=1}^{n} p_i^0 q_i^0}$$

한편 식 (1)에서 기준시점의 거래액 비중을 반영하는 가중치 W_i^0 대신 비교시점의 거래액 비중을 반영하는 가중치의 역수 W_i^1을 사용한다면 식 (3)은 식 (4)와 같이 변화시킬 수 있다.

$$(4) \quad P_P = \frac{\sum_{i=1}^{n} p_i^1 q_i^1}{\sum_{i=1}^{n} p_i^0 q_i^1}$$

이 때 W_i^1의 식은 (5)와 같다.

$$(5) \quad W_i^1 = \frac{\sum_{i=1}^{n} p_i^1 q_i^1}{p_i^1 q_i^1}$$

그리고 여기서 계산된 지수 P_P를 파쉐(Hermann Paasche) 지수라 한다.

라스파이레스 지수는 가중산술평균이고 파쉐 지수는 가중조화평균이다.[4]

Irving Fisher는 라스파이레스 지수와 파쉐 지수를 기하평균하여 다음과 같은 지수를 고안해 내고 이것을 이상적 지수(ideal index)라 하였다.

$$(6) \quad P_F = \sqrt{P_L \times P_P}$$

4. 비용-편익 분석

비용-편익 분석은 투입한 비용으로 얼마만큼의 성과를 거두었는가 하는 것을 측정하여 효율성을 평가하는 것이다. 경지정리사업과 같이 오랜 기간동안 되풀이 시행되며, 또한 그 효과도 오랜 기간에 걸쳐 서서히 얻어지게 되는 사업의 성과는 대개 사업비용의 현재가치를 모두 합한 것과 사업의 결과 오랜 기간에 걸쳐 얻어지는 편익의 현재가치를 모두 합한 것을 비교함으로써 평가할 수 있다. 모든 재화나 용역의 가치는 시간에 따라 변화하기 때문에 미래의 비용과 편익을 비교하기 위해서는 이들을 현재 가치로 환산할 필요가 있다. 예를 들어 내년의 105만원을 현재가치로 환산하는 문제를 생각해 보자. 내년의 105만원을 올해의 가치로 환산하는 시간할인율은 어떻게 정해지는 것일까? 경제학에서는 미래의 가치를 현재의 가치로 환산하는데 기회비용(Opportunity Cost)의 개념을 이용한다.[5] 올해 100만원을 쓰지 않고 남에게 빌려준다면 내년에 원리금을 합쳐서 105만원을 받을 수 있다고 하자. 이것은 내년에 105만원을 얻는 것을 포기한다면 올해 100만원을 쓸 수 있다는 것을 의미하는 동시에 연간 이자율이 5%라는 것을 의미하기도 한다. 이 경우, 1년 후의 105만원을 현재가치로 환산하기 위해서는 이자율이 5%라는 사실을 이용하여 105만원을 $(1+0.05)$로 나누어 주어야 한다. 즉 우리는 이자율을 시간할인율로 사용하는 것이다. 이와 같은 사실을 수식으로 일반화 하면 다음과 같다.

---

4) 예를 들어 1, 2, 4라는 숫자가 있을 때 산술평균은 $\dfrac{1+2+4}{3} = \dfrac{7}{3}$, 조화평균은 $\dfrac{3}{\dfrac{1}{1} + \dfrac{1}{2} + \dfrac{1}{4}} = \dfrac{12}{7}$, 기하

평균은 $\sqrt[3]{1 \times 2 \times 4} = 2$ 와 같이 계산된다.

5) 우리는 종종 한 가지 일을 하기 위하여 다른 일을 포기하여야 하는 경우에 직면한다. 이 때, 포기되는 일에서 얻어질 수 있는 편익을 그 일을 하는 데 들어가는 기회비용이라고 한다. 예를 들어, 간척사업을 하는 경우, 논농사를 짓기 위해 개펄을 매립하여야 한다면 개펄에서 나오는 수입이 논농사의 기회비용이 된다.

$$(7)\ \ PVC = \frac{C_0}{(1+r^0)} + \frac{C_1}{(1+r^1)} + \cdots + \frac{C_k}{(1+r^k)}$$

PVC: 비용의 현재가치
Ci : 현재부터 i기 후에 들어가는 비용, i=1, 2, 3,... , k
    : 이자율

위의 식은 현재부터 시작하여 k기까지 계속되는 정책사업에 들어가는 비용을 현재가치로 환산하는 식을 나타내는 것이다. 같은 방법으로 정책사업에 의해 얻어지는 편익의 현재가치도 식 (8)과 같이 계산할 수 있다. 식 (7)과 (8)을 이용하여 편익의 현재가치를 비용의 현재가치로 나눈 것(=PVB/PVC)을 계산한 다음 이것을 정책의 효율성을 나타내는 지표로 사용할 수 있다.

$$(8)\ \ PVB = \frac{B_0}{(1+r^0)} + \frac{B_1}{(1+r^1)} + \cdots + \frac{B_m}{(1+r^m)}$$

PVB: 편익의 현재가치
Bj : 현재부터 j기 후에 얻을 수 있는 편익, j=1, 2, 3,... , m
r   : 이자율

투자의 효율성을 평가할 수 있는 또 하나의 방법은 투자의 결과 얻어지는 편익의 시간할인율을 얼마로 하면 정책으로 얻을 수 있는 편익의 현재가치가 정책에 들어가는 비용과 같아지게 되는지 계산해 보는 것이다.

$$(9)\ \ PVC = \frac{B_0}{(1+x^0)} + \frac{B_1}{(1+x^1)} + \cdots + \frac{B_m}{(1+x^m)}$$

PVC: 비용의 현재가치
Bj : 현재부터 j기 후에 얻을 수 있는 편익, j=1, 2, 3, ... , m
 x : 내부수익률

식 (9)에서 x는, 각각의 기에 얻는 편익을 현재의 가치로 전환할 때, 편익의 현재가치가 비용의 현재가치와 일치하도록 하는 할인율을 나타내는 것이다. 이 식에서 우리는 각각의 기간의 편익을 할인율 x로 할인한 것이 비용의 현재가치(PVC)보다 크게 되게 하려면 각각의 기간의 수익률의 평균이 최소한 x 이상이 되어야 한다는 것을 알 수 있다. x가 가지고 있는 이러한 최소수익률적인 성격을 부각시키기 위하여 x를 내부수익률(IRR: Internal Rate of Return)이라고 부르기도 한다. 정책의 효율성을 평가할 때, 내부수익률과 이자율을 비교하여 내부수익률이 이자율보다 크면 클수록 효율성이 높은 정책으로 평가하기도 한다.

5. 투입-산출 분석

투입-산출 분석은 주로 정책의 효과(effectiveness)를 측정하기 위하여 행하여진다. 정책의 효과에는 직접적인 것도 있으나, 2차적, 3차적으로 정책의 영향이 다른 관련부문에 파급되어 얻어지는 파급효과도 있다. 따라서 정책의 파급영향을 제대로 측정하기 위해서는 경제의 각 부문이 서로 어떻게 연관되어 있는지 파악할 필요가 있다. 경제의 각 부문의 연관관계를 나타내는 표를 산업연관표라 한다.

5-1. 산업연관표(Input-Output Table)

여기서는 간단한 예를 들어 산업연관표를 설명해 보기로 한다. <표 2>는 2개의 산업 부문(농업과 농업이외의 부문)이 2개의 원초적 생산요소(노동과 토지)를 사용하여 재화를 생산하는 경제를 나타내는 산업연관표이다. <표 2>의 숫자는 시장에서 거래되는 가격에서 유통마진을 제외한 생산자 가격을 나타내는 것이기 때문에 <표 2>를 생산자가격표라고도 한다.

<표 2>에서 농업은 농산물 100원어치, 농업이외 산업 제품 200원어치, 노동 50원어치, 토지 150원어치를 투입하여 500원어치의 농산물을 생산한다. 생산된 농산물 중 100원어치는 다시 농업생산에 중간투입물(Intermediary Input)로 사용되고,6) 150원어치는 농업 이외 산업의 생산에 중간투입물로 사용되며, 나머지 250원어치는 최종 수요자 들에 의해 소비된다. 농업 이외 산업은 농산물 150원어치, 농업 이외 산업 제품 500원어치, 노동 250원어치, 토지 100원어치를 사용하여 1000원어치의 농업 이외 제품을 사용한다. 생산된 농업 이외 산업 제품 중 200원어치는 다시 농업생산에 중간 투입물로 사용되고, 500원어치는 농업 이외 산업의 생산에 중간 투입물로 사용되며, 나머지 300원어치는 최종 수요자들에 의해 소비된다.

---

6) 중간투입물(intermediary inputs)이란 한 부문에서 생산되어 다른 부문에 생산요소로서 투입되는 재화를 말한다. 예를 들어, A 부문에서 생산된 재화가 B 부문의 생산요소로 사용되면 A 부문에서 생산된 재화가 B 부문의 중간투입물로 사용되었다고 한다. 반면에 노동이나 토지는 어느 한 부문에서 생산되어 다른 부문에 투입되는 것이 아니므로 원초적 투입물(primary inputs)이라 한다.

〈표 2〉 생산자가격 산업연관표

부문	농업	농업 이외 산업	최종수요	총생산
농업(A)	100	150	250	500
농업 이외 산업(M)	200	500	300	1000
노동(L)	50	250		300
토지(K)	150	100		250
부가가치(L+K)	200	350		550
총투입(A+M+L+K)	500	1000	550	1500

〈표 3〉 투입계수표

부문	농업	농업 이외 산업
농업(A)	0.20	0.15
농업 이외 산업(M)	0.40	0.50
부가가치(L+K)	0.40	0.35

<표 3>은 투입계수표이다. <표 3>의 어둡게 표시된 칸에 들어 있는 숫자들은 투입계수 들로서 각 부문의 생산을 1원어치 증가시키기 위해서는 각 부문으로부터의 생산물이 각각 얼마나 필요한지

나타내는 것이다. 예를 들어, 어둡게 표시된 부분의 첫째 열의 숫자 0.20과 0.40은 농업부문의 생산을 1원어치 증가시키기 위해서는 농업부문으로부터의 생산물이 0.20원어치, 농업 이외 부문으로부터의 생산물이 0.40원어치 필요하다는 것을 나타낸다.

5-2. 파급효과와 연쇄효과

<표 5-3>의 어둡게 표시된 부분을 행렬 A라고 하고 각 부문의 총생산을 나타내는 벡터를 X라 하면 A와 X는 식 (10)과 같다. 행렬 A는 투입계수로 이루어 졌으므로 투입계수 행렬, 벡터 X는 총생산을 나타내는 것이므로 총생산 벡터라고 부르기로 한다.

$$(10) \quad A = \begin{bmatrix} 0.20 & 0.15 \\ 0.40 & 0.50 \end{bmatrix}, \quad X = \begin{bmatrix} 500 \\ 1000 \end{bmatrix} \qquad (5.5)$$

그러면, 농산물 500원어치, 농업 이외 산업 제품 1000원어치를 생산하기 위해 필요한 중간투입물의 양, 즉 부문별 중간수요가 농산물 250원어치, 농업 이외 산업 제품 700원어치라는 것을 (11)과 같은 식을 통해 계산할 수 있다.

$$(11) \quad AX = \begin{bmatrix} 0.20 & 0.15 \\ 0.40 & 0.50 \end{bmatrix} \begin{bmatrix} 500 \\ 1000 \end{bmatrix} = \begin{bmatrix} 250 \\ 700 \end{bmatrix}$$

이제 최종수요가 총생산에서 중간수요를 뺀것이라고 한다면 최종수요는 식 (12)와 같이 계산할 수 있다.

$$(12) \quad X - AX = \begin{bmatrix} 500 \\ 1000 \end{bmatrix} - \begin{bmatrix} 250 \\ 700 \end{bmatrix} = \begin{bmatrix} 250 \\ 300 \end{bmatrix}$$

식 (12)에서 최종수요 벡터 [250 300]´을 Y라 하고, X-AX를 (I-A)X로 다시 정리하면, 총생산을 나타내는 벡터 X에 (I-A)를 곱하여 최종수요 Y를 계산하는 과정을 식 (13)과 같이 표현할 수 있다.[7]

$$(13) \quad (I-A)X = \begin{bmatrix} 0.80 & -0.15 \\ -0.40 & 0.50 \end{bmatrix} \begin{bmatrix} 500 \\ 1000 \end{bmatrix} = \begin{bmatrix} 250 \\ 300 \end{bmatrix} = Y \quad (5.\ 8)$$

식 (13)을 이용하면 최종수요 벡터 Y를 알고 투입계수 행렬 A를 알 때 총생산 벡터 X를 계산하는 식을 다음과 같이 세울 수 있다.

$$(14) \quad (I-A)^{-1}Y = \begin{bmatrix} 1.471 & 0.441 \\ 1.176 & 2.353 \end{bmatrix} \begin{bmatrix} 250 \\ 300 \end{bmatrix} = \begin{bmatrix} 500 \\ 1000 \end{bmatrix} = X$$

식 (14)에서 역행렬 (I-A)-1의 각 항은 한 단위의 최종수요를 충족시키기 위하여 생산되어야 하는 중간투입물의 양을 나타내는 것으로 생산유발계수 라고 불리운다. 생산유발계수의 행렬 (I-A)-1은 레온티에프 역행렬(Leontief Inverse Matrix)이라고 불리기도 한다.

$$(15) \quad (I-A)^{-1} = I + A + A^2 + A^3 + A^4 + \cdots$$

(I-A)-1은 무한 등비급수의 원리에 따라 식 (15)와 같이 전개할 수 있다. 식 (15)는 한 단위의 최종수요를 충족시키기 위하여 생산되어야 하는 중간 투입물의 총합계를 나타낸다. 즉 최종수요 한 단위(=I)에 최종수요 한 단위를 생산하기 위한 직접적 투입(=A)을 더하고, 또 거기에 직접적 투입 A를 생산하기 위한 투입(=A2), A2를 생산하기 위한 투입(=A3), A3를 생산하기 위한 투입(=A4),... 등을 모두 더한 것이다. 따라서 (I-A)-1은 직접적인 연관효과 뿐만 아니라 무한히 계속 파급되는

---

7) 여기서 I는 단위행렬(identity matrix)을 나타낸다. 단위행렬은 행과 열의 수가 같은 '정방행렬'로서 행렬의 대각선상에 있는 항의 값이 모두 1이고 나머지 항의 값은 모두 0인 행렬, 즉 아래와 같은 행렬을 말한다.

$$I = \begin{bmatrix} 1 & 0 & \cdots & 0 \\ 0 & 1 & \cdots & 0 \\ \vdots & \vdots & \ddots & \vdots \\ 0 & 0 & \cdots & 1 \end{bmatrix}$$

간접적인 연관효과도 고려한 것이라고 할 수 있다. 예를 들어 식 (14)에서 숫자 1.471은 농산물 최종수요 1단위를 충족시키기 위해서는 1.471단위의 농산물이 중간투입재로 투입되어야 한다는 것을 나타내며, 숫자 1.176은 농산물 최종수요 1단위를 충족시키기 위해서는 1.176단위의 농업 이외 산업 제품이 중간투입재로 투입되어야 한다는 것을 나타낸다.

각 산업의 총생산에서 중간재가 차지하는 비중을 중간투입률이라고 하여 후방연쇄효과(backward linkage effect), 즉 한 산업의 생산증가가 다른 산업의 생산증가를 유발하는 효과의 척도로 사용하기도 한다. 마찬가지로 각 산업의 총투입에서 중간재가 차지하는 비중을 중간수요율이라고 하여 전방연쇄효과(forward linkage effect), 즉 한 산업이 다른 산업에 그 생산물을 판매함으로써 기여한 정도를 측정하는 척도로 사용하기도 한다. 예를 들어 <표 2>에서 농업의 후방연쇄효과를 나타내는 중간투입률은 0.5(= [100+150]÷500) 이고 전방연쇄효과를 나타내는 중간수요율은 0.6(= [100+200]÷500) 이다. 그리고 농업이외 산업의 후방연쇄효과를 나타내는 중간투입률은 0.7(=[200+500]÷1000) 이고 전방연쇄효과를 나타내는 중간수요율은 0.65(=[150+500]÷1000) 이다.

② 구조모형의 추정과 예측

1. 회귀분석

회귀분석이란 독립변수(=x)와 종속변수(=y) 사이의 관계를 밝히는 통계적 방법을 말한다.

다음 표는 변수 x와 y로 표시되는 어떤 현상의 결합밀도함수 f(x,y)를 나타내는 것이다. 표의 행은 x의 값, 열은 y의 값을 각각 나타낸다. 표에 의하면 x는 1에서 7까지의 값을 가지고 y는 1에서 13까지의 값을 가진다. 표 내부의 숫자들은 확률을 나타낸다. 예를 들어 x, y의 값이 모두 2가 될 확률은 0.010이다. 표에서 빈 칸으로 남겨져 있는 부분의 확률은 모두 0이다. 표에서 P[x]는 y의 값에 상관없이 정해진 x값이 나올 확률, 즉 x의 한계확률(marginal probability)을 나타내고, E[y | x]는 x의 값이 일정하게 주어졌을 때 기대되는 y의 값, 즉 y의 조건부 기댓값(conditional expectation)을 나타낸다.

<표 4> x와 y의 결합밀도함수

y \ x	1	2	3	4	5	6	7
13							
12						0.010	0.010
11					0.010	0.020	0.010
10				0.010	0.020	0.020	0.010
9			0.010	0.025	0.050	0.025	0.010
8		0.010	0.020	0.050	0.050	0.020	0.010
7		0.020	0.050	0.060	0.050	0.020	
6	0.010	0.020	0.050	0.050	0.020	0.010	
5	0.010	0.025	0.050	0.025	0.010		
4	0.010	0.020	0.020	0.010			
3	0.010	0.020	0.010				
2	0.010	0.010					
1							
P[x]	0.050	0.125	0.210	0.230	0.210	0.125	0.050
E[y|x]	4	5	6	7	8	9	10

이 때, y의 조건부 기댓값과 x의 관계를 $E[y|x] = a + bx$ 와 같은 선형식(linear equation)으로 나타냄으로써 x와 y 사이의 관계를 규정하는 것을 선형회귀(linear regression)이라고 한다. 위의 표에서는 x가 1일 때 $E[y|x]$는 4, x가 2일 때 $E[y|x]$는 5, x가 3일 때 $E[y|x]$는 6, x가 4일 때 $E[y|x]$는 7, … 이라는 것을 알 수 있으므로 어렵지 않게 a=3, b=1 이라고 결론지을 수 있다.

이와 같이 어렵지 않게 a와 b의 값을 알 수 있는 이유는 우리가 <표 4>에 나타나 있는 것과 같은 x와 y의 분포(즉 모집단의 분포)를 미리 알고 있기 때문이다. 만일 우리가 모집단의 분포에 대한 정확한 정보를 미리 알지 못하는 채 소수의 표본에 의존하여 a와 b의 값을 구한다면 어떠한 결과를 얻을 것인가? 다음과 같은 예를 통하여 살펴보기로 하자.

예를 들어 <표 4>와 같은 현상을 회귀분석하기 위하여 3번의 표본관찰을 실시한 결과 <표 4>의 짙게 칠한 칸들이 관찰되었다고 하자. 즉 {(x,y)|(2,4), (4,8), (6,9)}와 같은 3개의 표본이 얻어졌다고 하자. 이 3개의 표본을 가지고 a와 b를 구하기 위한 연립방정식을 세우면 4=a+2b, 8=a+4b, 9=a+6b와 같이 되어 미지수의 수보다 방정식의 수가 많게 되므로a와 b의 해가 정해지지 않게 된다. 이와 같은 문제를 해결하는 방법 중의 하나는 다음과 같은 식의 값이 최소화 되도록 a와 b의 값을 정하는 것이다.

(16) $S = (4-a-2b)^2 + (8-a-4b)^2 + (9-a-6b)^2$

S의 값을 최소화 하는 1차 조건을 얻기 위해 S를 a로 미분하면 7-a-4b=0의 식을 얻고, b로

미분하면 47-6a-28b=0의 식을 얻는다. 이 2개의 1차 조건을 연립시켜 풀면 $\hat{a}$ =2, $\hat{b}$ =1.25라는 해를 얻을 수 있다. 이 값들은 물론 앞의 모집단에서 얻은 값 a=3, b=1과 다르다. 여기서 a와 b 대신 $\hat{a}$, $\hat{b}$ 라는 표현을 사용한 이유는 모집단에서 얻은 모수가 아니고 표본에서 얻은 추정치라는 것을 표시하기 위함이다. 아래의 〈표 5〉는 이상의 예에서 나타난 x, y의 관찰치, 오차, 잔차의 관계를 보여준다.

〈표 5〉 x, y의 관찰치, 오차, 잔차의 관계

관찰번호	x의 관찰치	y의 관찰치	a + bx	u(error)	$\hat{a} + \hat{b} x$	$\hat{u}$ (residual)
1	2	4	5	-1	4.5	-0.5
2	4	8	7	1	7	1
3	6	9	9	0	9.5	-0.5

아래 〈그림 1〉은 〈표 5〉의 관계-특히 회귀선과 잔차의 관계를 보여주는 것이다. 그림에서 굵은 선은 회귀선, 겹줄로 표시된 수직선들은 잔차를 나타낸다.

〈그림 1〉 회귀선과 잔차

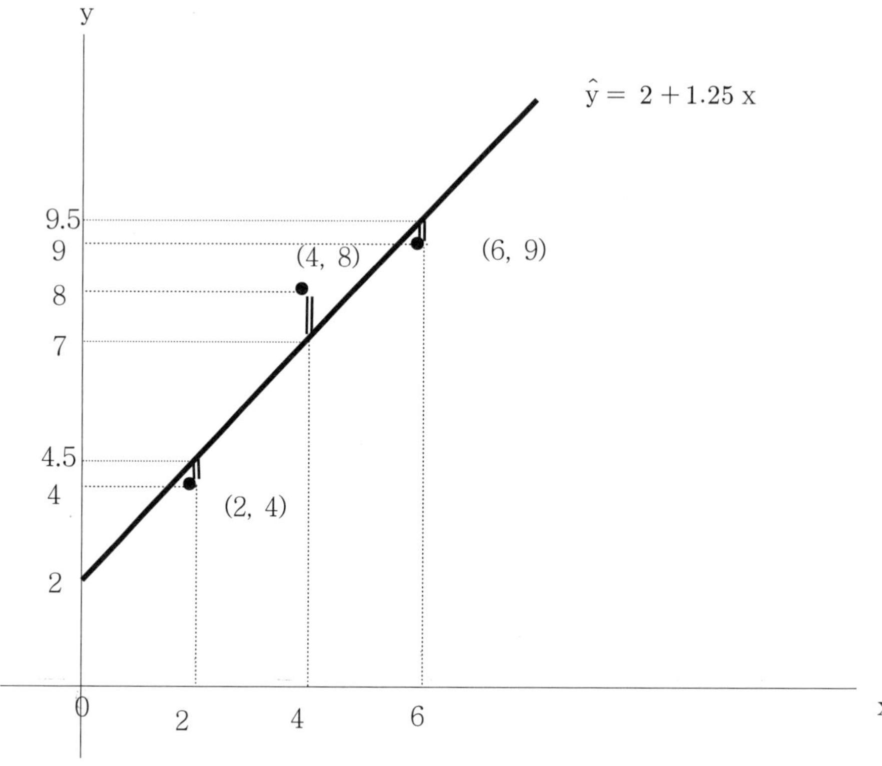

2. 통상적 최소자승법(OLS: Ordinary Laeast Squares)

통상적 최소자승법(이하 OLS)의 원리는 다음과 같다.

외생변수 x와 내생변수 y를 각각 n번 관찰하여 x를 조건으로 하는 y의 기대치를 추정한다고 할 때, x와 y의 관계를 다음과 같은 선형 식으로 규정할 수 있다고 가정하자. 아래 식에서 i는 관찰의 순서를 나타내는 하첨자(subscript)이고, ei는 오차항이다. 그리고 a와 b는 추정하려고 하는 계수이다.

$$(16) \quad y_i = a + bx_i + e_i \qquad i = 1, 2, \ldots, n$$

이 때 가장 좋은 a와 b의 추정치가 식 (16)의 오차항의 제곱값을 모두 더한 것을 최소로 하는 것이라고 한다면, a와 b의 추정치는 아래 식과 같은 최소화 문제의 해라고 할 수 있다.

$$(17) \quad \min_{a,\, b} \ S \equiv \sum_{i=1}^{n} (y_i - a - bx_i)^2$$

위 문제의 해를 구하는 1차 미분조건은 다음과 같이 위의 식을 a와 b로 각각 미분함으로써 구할 수 있다.

$$(18) \quad \frac{\partial S}{\partial a} = - \sum_{i=1}^{n} (y_i - a - bx_i) = 0$$

$$\frac{\partial S}{\partial b} = - 2 \sum_{i=1}^{n} x_i (y_i - a - bx_i) = 0$$

위와 같은 식을 정규방정식(normal equation)이라고 한다. 이 정규방정식을 a와 b에 대하여 풀면 a와 b의 추정치, 즉 $\hat{a}$과 $\hat{b}$을 다음과 같이 구할 수 있다.

$$(19) \quad \hat{a} = \frac{\sum_{i=1}^{n} x_i^2 \sum_{i=1}^{n} y_i - \sum_{i=1}^{n} x_i \sum_{i=1}^{n} x_i y_i}{n \sum_{i=1}^{n} x_i^2 - (\sum_{i=1}^{n} x_i)^2}$$

$$\hat{b} = \frac{n \sum_{i=1}^{n} x_i y_i - \sum_{i=1}^{n} x_i \sum_{i=1}^{n} y_i}{n \sum_{i=1}^{n} x_i^2 - (\sum_{i=1}^{n} x_i)^2}$$

여기서 변수 x의 값이 평균으로부터의 거리라고 한다면, 즉 x 변수 축의 원점이 x 값의 평균이 일치한다고 하면, $\sum_{i=1}^{n} x_i = 0$ 이 되고 위의 식을 아래와 같이 고쳐 쓸 수 있다.

$$(20) \quad \hat{a} = \frac{\sum_{i=1}^{n} y_i}{n}$$

$$\hat{b} = \frac{\sum_{i=1}^{n} x_i y_i}{\sum_{i=1}^{n} x_i^2}$$

이상과 같은 OLS 과정을 보다 보편적인 설명변수가 m 개인 경우에 적용하여 행렬식의 형태로 표현하면 다음과 같다. 먼저 식 (17)은 다음과 같이 표시할 수 있다.

$$(21) \quad \underset{\beta}{\text{Min}} \; \|y - X\beta\|^2 = (y - X\beta)'(y - X\beta)$$

여기서 y는 n×1 벡터(vector), X는 n×m 행렬(matrix), β는 m×1 벡터(vector)이고, "∥ ∥"는 벡터의 길이를 나타내는 "놈(norm)", "'"는 행렬의 행과 열을 바꾸는 "전치(transpose)"를 나타낸다. 그러면 식 (18)의 1차조건(FOC: First Order Condition)은 식 (22)와 같다. 식 (22)에서 0은 그 요소가 모두 0으로 이루어진 m×1 벡터이다.

$$(22) \quad X'(y - X\beta) = 0$$

식 (22)는 벡터 y와 벡터 Xβ 사이의 거리($=\|y - X\beta\|^2$)를 최소로 만들기 위해서는 행렬 X와 벡터 (y - Xβ)가 서로 직교관계(orthogonal)가 되도록 β를 정해야 한다는 것을 나타낸다.

식 (22)를 다시 쓰면, X'y=X'Xβ 가 되고, 이 식의 양변의 항의 앞에 $(X'X)^{-1}$를 각각 곱해 주면 최종적으로 β의 추정치 $\hat{\beta}$ 의 값을 다음과 같이 나타낼 수 있다. 아래의 식 (23)을 식 (20)과 비교해 보면 그 형태가 비슷하다는 것을 알 수 있다.

$$(23) \quad \hat{\beta} = (X'X)^{-1}X'y$$

3. 연립방정식 추정

앞의 절에서는 OLS로 단일방정식(single equation)을 추정하는 방법을 알아보았다. 그러나 경제 전체의 체계는 보통 1개 이상의 방정식으로 표현되는 경우가 많다. 여기서는 여러 개의 방정식으로 모형화된 경제 전체의 체계를 추정하는 연립방정식추정 (simultaneous equation system estimation)에 대하여 알아보기로 한다.

어떤 상품의 소비자에게 "가격이 pi로 주어졌다고 할 때, 구입하기를 원하시는 상품의 양(p_i)은 얼마입니까?"라는 질문을 하여 $\{(p,q) \mid (p_1,q_1),\ (p_2,q_2),\ (p_3,q_3),\ (p_4,q_4)\}$와 같은 4개의 관찰치를 얻었다고 하자. 질문의 성질로 보아 이 4개의 관찰치는 $q=a+bp+u$ (a와 b는 매개변수, u는 오차항)와 같은 가격–수요 관계에서 얻어진 것이므로 이 4개의 관찰치에 단일방정식 추정방식을 적용하여 매개변수의 추정치 $\hat{a}$, $\hat{b}$를 구함으로써 <그림 1>의 수요곡선 h–h′를 추정할 수 있다.

<그림 1> 가격–수요 설문조사와 수요곡선

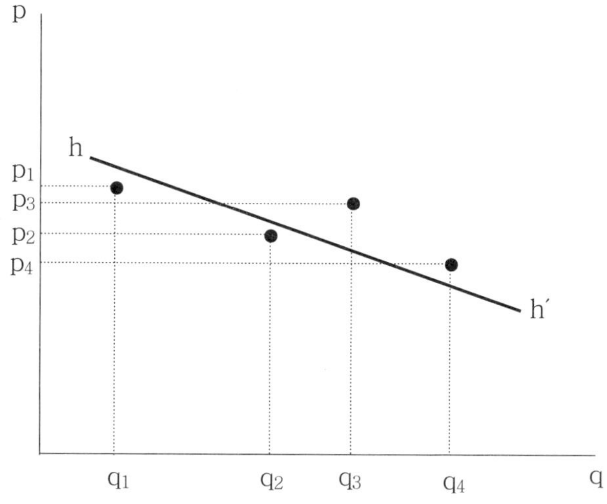

그러나 우리가 시장의 가격과 거래량을 관찰하여 <그림 2>의 $\{(p^e,q^e) \mid (p_1^e,q_1^e),\ (p_2^e,q_2^e),\ (p_3^e,q_3^e),\ (p_4^e,q_4^e)\}$와 같은 4개의 관찰치를 얻었다고 하면 더 이상 위와 같은 단일방정식 추정방법을 쓸 수 없다.[8] 그 이유는 시장의 가격과 거래량이란 수요곡선과 공급곡선이 만나는 '균형점'에서 '동시에' 결정되는 것이기 때문에 가격이 먼저 주어진 다음 주어진 가격에 따라 거래량이 결정된다고 하는 논리를 적용시킬 수 없기 때문이다.

---

8) 여기서 상첨자 'e'는 '균형'을 뜻함.

예를 들어 어떤 상품의 시장을 아래와 같은 3개의 식으로 표현할 수 있다고 가정하자. 식에서 d는 수요, s는 공급, p는 가격, y는 1인당 소득, g는 정부보조를 나타낸다. 그리고 a_1, b_1, c_1, a_2, b_2, c_2는 수요곡선과 공급곡선의 형태를 결정짓는 매개변수(parameter)이며, u_1과 u_2는 오차항이다. 식 ①은 수요함수를 나타내고, 식 ②는 공급함수, 식 ③은 수요와 공급의 균형조건을 나타낸다.

$$(24) \quad q^d = a_1 + b_1\, p + c_1\, y + u_1 \quad\quad ----- ①$$

$$q^s = a_2 + b_2\, p + c_2\, g + u_2 \quad\quad ----- ②$$

$$q^d = q^s \quad\quad\quad\quad ----- ③$$

이와 같은 연립방정식에 의해 그 값이 결정되는 변수를 내생변수(endogenous variables)라고 한다. 연립방정식 (24)는 3개의 1차식으로 이루어져 있으므로 식 (24)를 풀면 3개의 변수의 값을 정할 수 있다. 우리가 시장에서 중요하게 생각하는 변수는 균형가격과 균형교환량이므로 우리는 보통 식 (24)를 p, q^d, q^s에 대해서 풀어 균형가격 p^e와 균형교환량 $q^e (= q^d = q^s)$의 값을 구한다.

여기서 중요한 것은 이렇게 연립방정식 (24)를 풀어 구한 p^e와 q^e의 값이 y와 g의 값에 따라 정해진다는 것이다. 식 (25)는 식 (24)를 p^e와 q^e에 대해 '푼(reduce)' 결과이다. 식 (25)의 우변에 있는 변수 y와 g는 좌변의 내생변수 p^e와 q^e의 값을 변화시키나 자신들의 값은 p^e와 q^e의 변화에 영향 받지 않는다. 이와 같이 연립방정식의 내생변수의 값이 결정되는데 영향을 미치나 그 자신의 값은 연립방정식에 의해 정해지지 않는 y와 g 같은 변수를 외생변수(exogenous variables)라고 부른다. 식 (25)와 같이 원래의 방정식 (24)를 풀어 좌변에 내생변수, 우변에 외생변수가 위치하도록 한 것을 '환원식(reduced equation)'이라고 한다. 계량경제학에서는 항상 (25)와 같은 '환원식'을 추정의 대상으로 하는데, 그 이유는 (24)와 같은 내생변수가 우변에도 있는 방정식을 추정할 경우 추정된 계수가 '편의(bias)'되기 때문이다.

$$(25) \quad p^e = \frac{1}{b_2 - b_1}(a_1 - a_2) + \frac{c_1}{b_2 - b_1}y - \frac{c_2}{b_2 - b_1}g + \frac{1}{b_2 - b_1}(u_1 - u_2)$$

$$q^e = \frac{1}{b_2 - b_1}(a_1 b_2 - a_2 b_1) + \frac{b_2 c_1}{b_2 - b_1}y - \frac{b_1 c_2}{b_2 - b_1}g + \frac{1}{b_2 - b_1}(b_2 u_1 - b_1 u_2)$$

연립방정식 추정에서 외생변수가 중요한 이유는 외생변수가 방정식의 그래프를 이동(shift)시키는 역할을 하기 때문이다. 아래 <그림 2>의 그래프 d_1, d_2, d_3, d_4는 연립방정식 (24)에서 수요를 나타내는 식 ①의 그래프가 외생변수 y의 값이 변화함에 따라 이동하는 것을 보여준다. 또 그래프 s_1, s_2, s_3, s_4는 연립방정식 (24)에서 공급을 나타내는 식 ②의 그래프가 외생변수 g의 값이 변화함에 따라 이동하는 것을 보여준다.

<그림 2> 관찰된 시장균형 값의 변화와 외생변수의 영향

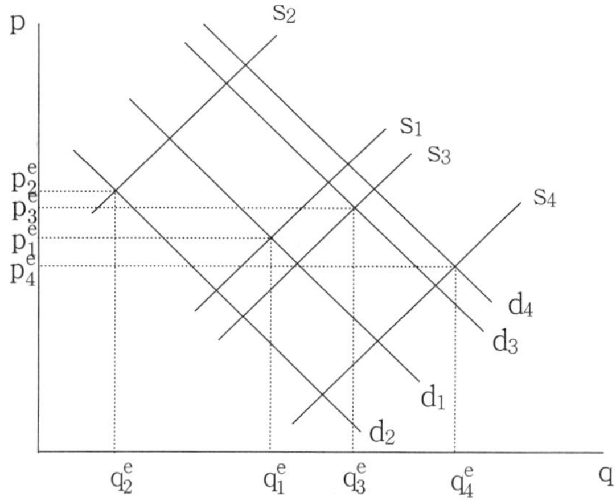

이제 식 (24)에서 외생변수 y와 g를 제외한 다음과 같은 3개의 식으로 이루어진 연립방정식 모형을 생각해 보자. 식 (26)에 의한 평균적 균형점은 <그림 3>의 (p_1^e, q_1^e)이지만, u_1, u_2와 같은 오차항 때문에 실제 균형점은 <그림 3>에 점으로 표시된 곳이면 어디에서나 관찰될 수 있다. 균형점이 이와 같이 흩어져서 관찰되면 수요곡선과 공급곡선의 형태에 관한 정보를 얻기 어렵다. 식 (27)은 식 (26)을 실제로 추정하기 위한 환원식으로서 연립 방정식 (26)을 풀어 좌변에 내생변수의 관찰치 p^e과 q^e, 우변에 외생변수라 할 수 있는 절편을 배치한 것이다. 이 경우 식 (27)을 추정하여 $\hat{A}_1$과 $\hat{D}_1$를 구하여도 식 (26)의 수요곡선과 공급곡선의 형태를 파악하기 어렵다.

(26)　　$q^d = a_1 + b_1\, p + u_1$

　　　　$q^s = a_2 + b_2\, p + u_2$

　　　　$q^d = q^s$

(27)　　$p^e = \dfrac{1}{b_2 - b_1}(a_1 - a_2) + \dfrac{1}{b_2 - b_1}(u_1 - u_2) = A_1 + \eta_1$

　　　　$q^e = \dfrac{1}{b_2 - b_1}(a_1 b_2 - a_2 b_1) + \dfrac{1}{b_2 - b_1}(b_2 u_1 - b_1 u_2) = D_1 + \theta_1$

<그림 3> 평균적 균형점과 오차가 포함된 관찰점

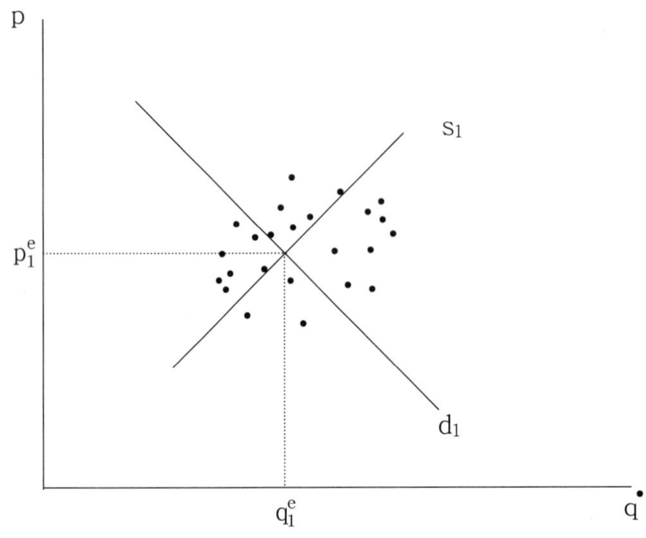

<그림 4> 공급곡선의 이동과 수요곡선의 식별

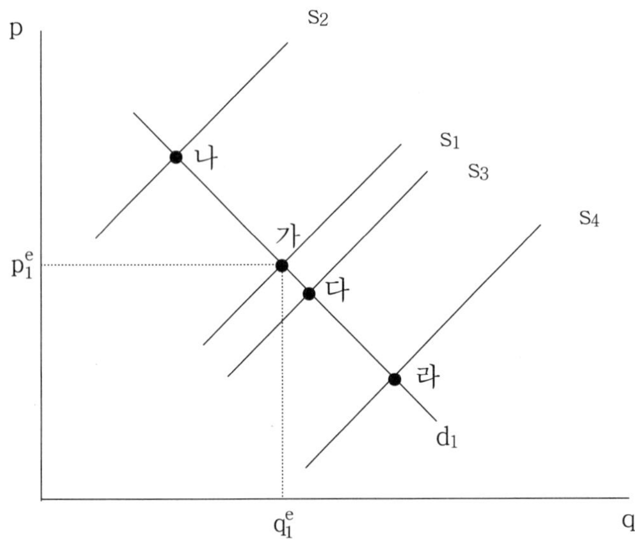

이 때, 만약 공급곡선의 식에 외생변수 g가 포함되어 공급곡선을 폭넓게 이동시킬 수 있다면 훨씬 명확하게 수요곡선을 파악할 수 있게 된다. 그 이유는 외생변수 g가 추정에 필요한 정보를 외부로부터 공급하는 역할을 하기 때문이다. <그림 4>는 수요곡선을 고정하고 공급곡선을 s_1, s_2,

s_3, s_4로 이동시킬 때 수요곡선을 따라 균형점 가, 나, 다, 라가 드러나고 이 균형점들이 수요곡선의 윤곽을 결정하는 것을 보여주고 있다. 이렇게 수요곡선의 윤곽을 파악하는 것을 수요곡선의 '식별(identification)'이라고 한다.

이와 같은 식별과정은 수식으로도 나타낼 수 있다. 식 (28)은 식 (26)의 공급곡선의 식에 외생변수 g를 추가한 것이다. 식 (28)을 풀어 식 (29)와 같이 내생변수인 pe과 qe가 좌변에, 외생변수인 절편과 g가 우변에 오도록 정리한 다음 이것을 추정하여 $\hat{B}_2$, $\hat{E}_2$를 구하면 수요곡선의 기울기 b1의 추정치를 $\hat{b}_1 = \hat{E}_2/\hat{B}_2$와 같은 식을 통하여 구할 수 있다. 이와 같이 수요곡선에 대한 정보를 알아내는 것은 식 (26), (27)의 경우에는 불가능 했었는데 그 이유는 식 (26)에는 '공급곡선을 이동시킴으로써 수요곡선에 대한 정보를 드러내는 g와 같은 외생변수가 포함되어 있지 않았기 때문이다.

$$(28) \quad q^d = a_1 + b_1\,p + u_1 \qquad ----- ㉠$$

$$q^s = a_2 + b_2\,p + c_2 g + u_2 \qquad ----- ㉡$$

$$q^d = q^s \qquad ----- ㉢$$

$$(29) \quad p^e = \frac{1}{b_2 - b_1}(a_1 - a_2) - \frac{c_2}{b_2 - b_1}g + \frac{1}{b_2 - b_1}(u_1 - u_2) = A_2 + B_2 g + \eta_2$$

$$q^e = \frac{1}{b_2 - b_1}(a_1 b_2 - a_2 b_1) - \frac{b_1 c_2}{b_2 - b_1}g + \frac{1}{b_2 - b_1}(b_2 u_1 - b_1 u_2) = D_2 + E_2 g + \theta_2$$

이상에서 살펴본 바와 같이 식 (28)의 ㉠으로 표시되는 수요곡선은 식 (28)의 ㉡으로 표시되는 공급곡선에 외생변수 g가 첨가됨으로써 식별이 가능하게 되었다. 식 (28)의 ㉡으로 표시되는 공급곡선 역시 식 (28)의 ㉠에 하나 이상의 외생변수를 추가하면 식별가능하게 될 것이다. 이와 같이 연립방정식 추정에 있어서 외생변수는 각 방정식을 식별가능하게 하는 정보를 제공한다.

③ 시계열모형의 추정과 예측

3-1. 시계열과 정차방정식

<그림 5> 시계열 모형의 그림

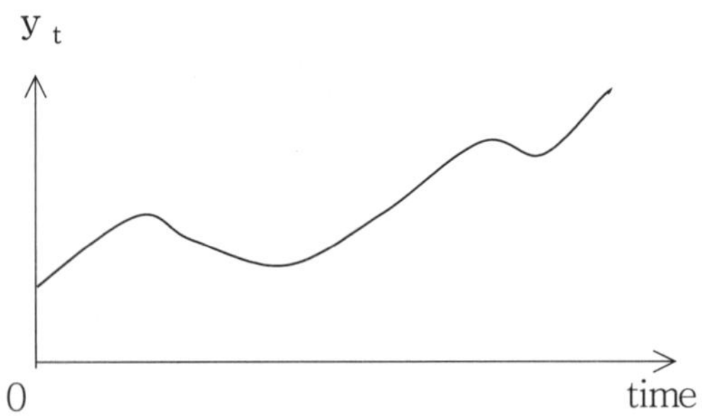

보통 시계열 변수(time series variable)의 그래프는 <그림 5>와 같이 나타난다. 시계열 변수 yt의 행태를 나타내는 가장 보편적인 모형은 식 (30)과 같이 표현된다. 식 (30)과 같은 모형을 자기회귀-이동평균(ARMA: Auto-Regressive Moving Agerage) 모형이라고 하고 ARMA(p,q)와 같이 표현하는데 여기서 p는 자기회귀(AR) 부분의 차수(order)이고, q는 이동평균(MA) 부분의 차수이다.

$$(30)\quad y_t = a_0 + a_1\,y_{t-1} + a_2\,y_{t-2} + \cdots + a_p\,y_{t-p}$$
$$+ e_t + b_1\,e_{t-1} + b_2\,e_{t-2} + \cdots + b_q\,e_{t-q}$$

그러나 대부분의 경우 시계열 변수의 행태는 1차나 2차 자기회귀 모형으로 표현될 수 있다. 가장 대표적인 시계열 모형은 1차 자기회귀(first order auto-regressive) 식으로 다음과 같은 형태를 갖는다.

$$(31)\quad y_t = a + by_{t-1} + \epsilon_t$$

a, b: parameters
yt: endogenous variable
yt-1:predetermined variable
εt : error term

식 (31)과 같은 1차 자기회귀식을 AR(1)으로 표시하기도 한다. 식 (31)과 같은 형태를 수학에서는 1차 확률적 정차방정식(stochastic difference equations)이라고 부른다.

물론 통상적 최소자승법(OLS)에 의해 a와 b의 추정치 $\hat{a}$, $\hat{b}$를 구할 수 있다. 그러나, 추정된 계수 $\hat{a}$, $\hat{b}$의 의미를 알기 위해서는 정차방정식을 연구해 보아야 한다. 식 (31)을 계속 되풀이하여 전개해 나가면 식 (32)와 같은 정차방정식의 해를 얻는다.

$$(32) \quad y_t = a + b(a + by_{t-2} + \epsilon_{t-1}) + \epsilon_t = a + ab + b^2 y_{t-2} + b\epsilon_{t-1} + \epsilon_t$$

$$= a + ab + b^2(a + by_{t-3} + \epsilon_{t-2}) + b\epsilon_{t-2} + \epsilon_t$$

$$\quad\vdots \qquad\qquad \vdots \qquad\qquad \vdots$$

$$= \sum_{i=0}^{T-1} b^i a + b^T y_{t-(T-1)} + \sum_{i=0}^{T-1} b^i \epsilon_{t-(T-1)}$$

여기서 시간지평선(time horizon)이 무한한 경우, 즉 $T \to \infty$ 인 경우를 생각해 보자. 이 때, $|b| \geq 1$이면 명백히 y_t의 값은 무한대가 되어 계산할 수 없게 되어버린다. 그러나, $|b| < 1$이라면 식 (33)과 같이 y_t의 값을 계산할 수 있다.

$$(33) \quad y_t = \lim_{T \to \infty} \left[\sum_{i=0}^{T-1} b^i a - b^T y_{t-(T-1)} + \sum_{i=0}^{T-1} b^i \epsilon_{t-(T-1)} \right]$$

$$= \frac{a}{1-b} + \lim_{T \to \infty} \sum_{i=0}^{T} b^i \epsilon_{t-(T-1)}$$

이상과 같은 결과는 시계열 y_t의 값은 식 (31)의 절편을 나타내는 계수 a와 기울기를 나타내는 계수 b, 그리고 과거에 시계열 y_t에 가해진 확률적 충격 ϵ_t에 가중치를 곱하여 합한 것에 의하여 결정된다는 것을 보여준다. 여기서 시계열 y_t에 가해진 충격 ϵ_t가 서로 독립이고 동일한 $\epsilon_t \sim iid(0, \sigma^2)$와 같은 분포를 한다고 하면 위의 결과에 기대치 연산자(expectation operator) 'E[·]'를 적용시켜 식 (34)와 같이 기대치를 계산할 수 있다.

$$(34) \quad E[y_t] = E\left[\frac{a}{1-b} + \lim_{T \to \infty} \sum_{i=0}^{T} b^i \epsilon_{t-(T-1)} \right] = \frac{a}{1-b}$$

3-2. 연립방정식 시계열 모형 ─ 거미집 모형(The Cobweb Model)

다음 식 (35)와 같은 연립방정식 모형을 생각해 보자. 식 (35)의 모형은 기본적으로 식 (26)과 같은 것이나 시간을 나타내는 하첨자 't'가 포함되어 있으며 계수 b_1과 a_2의 부호가 음이고 오차항이 생략되어 있다는 점이 다르다. 시간을 나타내는 하첨자를 포함시킨 이유는 생산에 1기의 시차가 있어서 $t-1$기의 가격이 t기의 공급에 영향을 미친다는 거미집 이론의 가정을 반영하기 위한 것이다. 계수의 부호를 변경시키고 오차항을 생략한 이유는 계산을 편하게 하기 위해서 이다. 역시 계산의 편의를 위해 아래 식에서 계수 a_1, b_1, a_2, b_2는 모두 양수라고 가정한다.

$$(35) \quad q_t^d = a_1 - b_1\, p_t \qquad -----------\ (\alpha)$$

$$q_t^s = -a_2 + b_2\, p_{t-1} \quad -----------\ (\beta)$$

$$q_t^d = q_t^s \qquad -----------\ (\gamma)$$

식 (35)를 시장균형조건 $a_1-b_1p_t = -a_2+b_2p_{t-1}$을 이용하여 정리하면 다음과 같은 1차 정차방정식을 얻는다.[9]

$$(36) \quad p_t + \frac{b_2}{b_1}\, p_{t-1} = \frac{a_1 + a_2}{b_1}$$

이제 다음과 같은 순서에 의해 정차방정식 (36)을 풀어 나간다. 먼저 정차방정식 (36)의 특별해(particular solution)를 구하기 위해 $p_t=p_{t-1}$로 놓고 식 (36)을 p_t에 대하여 풀면 다음과 같은 해를 얻는다.

$$(37) \quad p_t = \frac{a_1 + a_2}{b_1 + b_2}$$

그다음 보완해(complementary solution)를 구하기 위해 식(36) 우변의 상수부분을 0으로 하여 동차식(homogeneous equation) (38)을 만든 다음 이것에 $p_t = Ak^t$ $(k \neq 0)$라는 해를 적용해 본다. 이때 A는 임의의 상수이다.

$$(38) \quad p_t + \frac{b_2}{b_1}\, p_{t-1} = 0$$

---

9) 연립방정식 (35)의 계수의 추정치는 식 (35)의 (β)와 식 (36)을 추정하여 그 계수의 추정치로부터 계산해낼 수 있다. 예를 들어 b_1의 추정치는 식 (35)의 (β)의 p_{t-1}의 계수의 추정치를 식 (36)의 p_{t-1}의 계수의 추정치로 나눔으로써 구할 수 있다

그러면 식 (38)은 다음과 같이 표현할 수 있다.

$$(39) \quad Ak^t + \frac{b_2}{b_1}Ak^{t-1} = Ak^{t-1}(k + \frac{b_2}{b_1}) = 0$$

여기서 $k=-(b_2/b_1)$임을 알 수 있으므로 식 (35)의 보완해를 다음과 같이 구할 수 있다.

$$(40) \quad p_t = Ak^t = A(-\frac{b_2}{b_1})^t$$

그러면 특별해와 보완해의 합으로 정의되는 일반해는 다음과 같이 나타낼 수 있다.

$$(41) \quad p_t = A(-\frac{b_2}{b_1})^t + \frac{a_1 + a_2}{b_1 + b_2}$$

식 (41)을 이용하면 p_t의 초기값 p_0를 다음과 같이 구할 수 있다.

$$(42) \quad p_0 = A + \frac{a_1 + a_2}{b_1 + b_2}$$

이것을 이용하면 상수 A를 초기값 p_0를 이용하여 다음과 같이 표현할 수 있다.

$$(42) \quad A = p_0 - \frac{a_1 + a_2}{b_1 + b_2}$$

식 (42)를 식 (41)에 대입하면 아래와 같은 확정해(definite solution)을 구할 수 있다.

$$(43) \quad p_t = (p_0 - \frac{a_1 + a_2}{b_1 + b_2})(-\frac{b_2}{b_1})^t + \frac{a_1 + a_2}{b_1 + b_2}$$

식 (43)에서 알 수 있는 것은 다음과 같다.

첫째, 가격의 초기값 p_0가 $(a_1+a_2)/(b_1+b_2)$와 같다면 $p_t=(a_1+a_2)/(b_1+b_2)$가 되어 가격의 시계열은 시간의 흐름에 상관없이 항상 일정한 값 $(a_1+a_2)/(b_1+b_2)$에 머물러 있게 된다.

둘째, 만약 $p_0 \neq (a_1+a_2)/(b_1+b_2)$라면, $-(b_2/b_1) < 0$ 이므로 가격의 시계열은 t값이 홀수냐, 짝수냐에 따라 진동(oscillation)하게 된다. 여기서 $-(b_2/b_1) < 0$ 이 되는 이유는 처음에 b_1과 b_2가 모두 양수라고 가정하였기 때문이다.

셋째, 가격의 시계열이 진동하더라도 $|b_2/b_1| < 1$ 이면 가격 p_t는 시간이 지남에 따라 $(a_1 + a_2)/(b_1 + b_2)$로 수렴(converge)하게 된다. 여기서 $|b_1|$은 수요곡선 기울기의 절대값의 역수이고 b_2는 공급곡선 기울기의 절대값의 역수이므로 $|b_2/b_1| < 1$ 이라는 것은 공급곡선의 기울기가 수요곡선의 기울기보다 가파르다는 것, 즉 공급량이 수요량에 비해 가격변화에 덜 민감하게 반응한다는 것을 뜻한다.

Ⅳ. 맺는 말

언제나 한 시대의 선각자(pioneer)의 업적을 기리는 일은 매우 흥미롭고 즐거운 일이다. 김준보 교수님께서 남기신 여러 업적 중에 특히 한국의 초기 통계학과 계량경제학 발전에 미친 영향은 독보적인 것이라고 할 수 있다. 모든 훌륭한 저서가 다 그러하듯이 "경제통계론: 계량경제학의 기초체계"도 자기완성적이다. 수학에 기초적 소양이 있는 독자가 참을성을 가지고 차근차근 읽어나가면 대학원 수준의 경제분석에 필요한 통계학과 경제수학 그리고 계량경제학을 배울 수 있게 되어 있다. 그러나 내용이 함축적이고 포함하는 범위가 넓어서 한 학기나 두 학기에 익히기보다는 항상 손닿는 곳에 두고 유용하게 참고하기에 알맞은 책이라고 할 수 있다.

선생님의 다음 세대에 와서 많은 훌륭한 통계학, 경제수학 계량경제학 교과서가 각각 한 학기 강의에 적합한 분량의 단행본으로 출판되게 되었는데, 이러한 책들의 저자들은 모두 직접 간접으로 선생님의 지도를 받은 제자들이었다. 필자는 학문의 계보상 선생님의 손자뻘이 되는 사람으로서 이 해제를 작성하면서 하나의 학문이 세대를 거쳐 전해지는 동안 어떻게 가지를 치고 전문화 되고 다각화 되며 살이 붙는지를 관찰할 수 있었다. 그리고 선생님과 같은 선각자의 영향이 몇 세대 후 까지도 학문에 남아 그 온기를 전하고 있다는 것도 알게 되었다.

이 해제에서 필자는 선생님 시대와 다른 현대적 방법으로 선생님의 저서를 풀어 설명하였고, 독자의 이해를 돕기 위해 새로운 항목을 첨가하기도 하였지만 선생님의 학문적 전통과 향기가 그 과정에서 훼손되지 않았기를 빈다. 모든 오류와 원저에 대한 잘못된 해석은 모두 필자의 책임임은 두말할 나위도 없다.

참고문헌

김준보, 현대통계학, 민중서관, 1954

김준보, 추측통계: 표본조사와 실험계획법 입문, 민중서관, 1955

김준보, 경제통계론: 계량경제학의 기초체계, 일조각, 1969

Hoel, Paul G., (김준보, 장인식, 장병지 공역), 수리통계학, 고려대학교출판부, 1971

김준보, 산업연관분석론, 법문사, 1975

이정환, 통계학, 장왕사, 1954

이해동, 통계학 원론, 일조각, 1956

곽상경, 계량경제학, 법문사, 1977

윤석범, 계량경제학, 법문사, 1978

해제(解題)Ⅲ

한국근대경제사 특강

주 종 환

(한국농업경제학회 전 회장, 동국대학교 명예교수, 한국사회경제학회 명예회장)

① 들어가는 말

한국에 경제학자들이 기라성같이 많이 있지만 김준보 교수님(이하 존칭 생략)은 명실 공히 한국 경제학계의 최고봉으로서 '군계일학'이란 말이 조금도 손색이 없는 사회과학적 업적들을 남기셨다. 그런 뜻에서 필자는 평소에 높이 평가하고 존경해왔다. 그런 필자가 비록 편집자들의 간곡한 요청이 있었다 해도 감히 서평 비슷한 "해제"를 맡겠다고 마음먹게 된 것은 이를 통해 김준보교수의 학문적 도달점을 재평가하면서 필자 자신의 이론들을 재점검해보고, 아울러 현재 한국의 경제학계와 경제사학계를 비판적으로 평가해볼 수 있는 좋은 기회라고 생각했기 때문이다. 그것이 현 시점에서 김준보 교수의 학맥을 이어가는 최선의 방안일이란 점도 필자에게 이 해제를 쓰게 하는 동기를 부여했다.

② 경제사학 방법론

김준보 교수가 경제사학과 관련하여 저술 출판한 책은, "한국농업경제학 서설" "한국자본주의사연구 I. II. III.", "토지문제와 지대이론" "한국근대사 특강" 등, 여러 권이다. 이 해제는 위 여러 권 가운데 가장 연대가 현재에 가까운 마지막 두 권의 책, 그 가운데서도 "한국근대사특강"(이하 "특강")에 초점을 맞추려고 한다. (이글 중간에 나오는 페이지 표시는 "특강"의; 페이지임)

"특강"은 제목이 "한국경제사 특강"이지만 김준보교수의 다방면에 걸친 경제학체계 전체의 집대성이라고 할 수 있다. 이 책의 내용은 비단 경제사 분야에 극한하지 않고 경제학 전반에 걸친 방법론에 대한 김준보 교수의 견해를 담고 있기 때문이다.

특히 "특강"은 제1장 '경제 사실(史實)의 재인식'에서 L. Lanke의 실증사학 방법론을 통렬하게 비판함으로써, 현재 한국에서 자기들의 역사학이 실증사학으로서 가장 과학적 내용을 담고 있다고 우기고 있는 이른바 "식민지근대화론" 내지 "식민사관"에 대해 크나큰 경종을 울리고 있다는 점에서 현 시점에서도 귀중한 길잡이를 우리에게 제공하고 있다. 그런 의미에서 졸저인 "뉴라이트의 실체, 그리고 한나라당 : 식민지근대화론의 허구성", (서울 : 일빛, 2007)으로 이어지는 내용을 담고 있다. 따라서 현시대적으로도 커다란 가치를 풍부하게 지니고 있다. 그런 점에서도 한국사 연구자뿐만 아니라 현국근현대경제사 연구자들이 반듯이 한번은 넘어야할 높은 봉우리의 하나임을 강조하고 싶다.

김교수는 다음과 같이 지적하고 있다. "역사과학이 한정된 실체적 귀납법에 그칠 때….문제의 당면한 시대성이 정확히 규정될 수 없다……(p. 13). 근대사회란 가장 발전된, 그리고 가장 다양한 생산의 역사적 조직이다. 그럼으로 이 사회의……제 범주는 이사회의 이해와 동시에……모든 몰락된 기존의 사회형태와 생산관계의 내용을 통찰할 수 있게 한다. (p. 17)….. 나타난 역사적 사실은 물신적(物神的)으로 복잡하다. 그 가운데 개별적 사실의 추상화는 과학적 인식의 제1보이다. 우리는 발견된 이상적(법칙적) 가치를 토대로 개별적 사실을 재평가해야한다……경제적 가치법칙은 근대사회를 지배한다. 그 가운데 인간의 가치적 실체는 역사와 더불어 숨겨진다…….자본제의 전제 없이 자본제의 완전한 이해는 어려우나, 그것의 반대는 가능하다……근대사회의 비판은 독점자본제에 이르러 비로소 가능하다. 전자본제의 본격적 변질 내지 왜곡 또한 이때에 확인된다. 이후 사회과학은 경제학을 앞세워 비판적 인식의 체계를 낳게 된다……(p. 21)

김준보 교수의 이상과 같은 주장을 필자 나름대로 풀이하면 다음과 같다. "자본제에 관한 경제학적 성과에 의존하지 않으면 역사적 사실을 과학적으로 분석할 수 없다. 시장만능의 자본제 사회에서는 돈이라는 허상이 지배함으로 인간노동을 근원으로 하는 가치의 실체가 실종되며 '인간소외'가 지배한다. 인간이 만든 물질인 돈을 인간이 지배하는 것이 아니라 거꾸로 돈이란 물질이 인간을 지배하게 되고, 그 속에 인간은 보이지 않게 되며, 인간은 사람들의 눈에서 사라진다. 돈이란 하나의 물질이고 허상임에도 불구하고 이 물질적 허상이 인간을 지배하는 '신'으로 둔갑하고 모든 인간이 그 위력 앞에 꼼짝 못한다. 물질 만능사회에서의 인간의 실종이다. 이런 상황을 '돈의 물신화' 또는 '가격의 물신화'라고 한다.

한계효용학파에서 유래된 신고전파 경제학과 이를 이어받은 신자유주의 경제학 등 그간의 주류경제학은 인간이 마들어낸 돈이란 물질적 수단을 신격화하고 그 지배자여야 할 인간을 돈의 노예로 만드는 데 크게 기여했다. 이런 잘못되고 왜곡된 경제학과 이를 추종하는 정책들은 2008년 가을에 그가 지닌 모순을 더 이상 감당하지 못하고, 총체적으로 파탄하고 말았다. 오늘의 세계적 경제공황은 돈이 신격화 된 왜곡된 사회에 대해 신이 내린 일대 형벌이라고 할 수 있다. 돈이란 '물신'이 지배하는 사회에서 인간이 다시금 물질의 지배자로서 자기의 본연의 위치를 되찾고 인간성을 회복하기 위해서는 돈이라는 허상 대신에 인간의 노동이 모든 가치의 근원이라는 사회과학적 인식을 반듯이 필요로 한다. 그런 의미에서 보면 노동가치설만이 유일한 과학적 이론이라고 할 수 있다. 이를 부인하기 위해 안출된 여타의 모든 경제이론들은 자본주의 경제를 합리화하는 비과학적 변호를 위한 이론이라는 성격에서 자유로울 수 없다. 이를 극복하기 위해서는 정치경제학의 과학적 체계적 이론의 도움이 필요하다.

과학적 정치경제학의 도움 없이는 인간의 역사를 나아가서는 자본주의사회의 탄생을 과학적으로 분석할 수 없으며, 위기 극복을 위한 처방이나 올바른 경제정책이 나올 수 없다. 2008년 전 세계를 휩쓴 미국발 신자유주의체제의 파탄과 경제공황은 '수요'의 측면에 초점을 맞춘 통화주의와 기능주의적 한계효용학파의 총체적 파탄을 의미한다. 이제 케인즈경제학을 포함한 '공동체의 경제학'에 눈을 돌려야만 한다. 이런 새로운 경제학 체계를 확립하지 않고서는 자본주의사회가 총체적으로 직면한 현재의 위기에 대한 탈출구를 발견할 수 없다. (주종환, '공동체의 경제학' I. 및 II. "사회경제평론" 제26-27호, 2007. 참조)

김준보 교수가 강조해마지않았던 역사방법론과 경제사이론 및 경제이론은 위와 같은 관점에서 현시대적으로 부활의 계기를 맞이했다고 할 수 있다. 김준보 교수의 역사관을 활용하지 않으면 오늘날 한국의 경제사학계와 정치권을 오염시키고 있는 '뉴라이트'세력들의 이른바 '실증사관'의 반민족적 반민주적 반민생적 '식민지근대화론'을 비롯한 역사학의 비과학성과 문제점을 올바르게 비판할 수 없다. 그런 점에서, 김준보교수의 경제사학 방법론은 찬란히 빛나고 있다. 김준보 교수의 저작에 대한 이 '해제'가 그의 필생의 방대한 업적에 극히 일부나마 보답하는 길이 되기를 바란다.

다음은 김준보 교수의 한국경제사연구의 각론에 관한 해제이다.

③ 시장경제의 진보성과 무정부성의 공존

이명박 정부의 행정적 지지를 현재 누리고 있는 뉴라이트 계열 관변학자들의 공통된 주장들은 다음과 같이 요약할 수 있다.

즉, 구한말 이래 현대에 이르기까지 한국사회는 줄곧 시장경제를 자생적으로 발전시킬 능력이 없었음으로 외세에 의한 강제적 타율적 개입이 불가피했다는 것이 뉴라이트 역사관의 핵심적 요소다. 이런 관점에서 한반도의 식민지화도 불가피했고, 타율적으로 도입한 시장경제 덕택으로 한국경제는 자본주의 아래서 고도성장을 누리고, 선진국 경제를 따라잡기(catch-up)할 수 있었다고 본다.

식민지화는 '축복'이었다고 말했다가 수구언론들까지 가세한 전체 언론의 집중포화를 받고 끝내 명예교수 직함마저 내놓게 되었던 고려대 한승조 명예교수의 견해도 같은 맥락이다. 이들의 역사관은 일본 산게이신문 계열 후소샤의 일본제국주의미화론과도 사실상 짝퉁이다. 그럼에도 불구하고 이런 왜곡된 역사관을 전파하는 뉴라이트 세력들이 사실상 국정철학을 지배하고, 이들의 역사관에 따라 고등학교 근-현대사 교과서마저 전면 개편될 상황으로 몰려있다. 실로 한심한 일이다.

도리켜 보면, 이런 타율사관은 일찍이 일제시대에 일본인 학자인 시까따 히로시(四方 博), 후구다 도꾸조(福田德三) 등에 의해 주장되었고, 해방 이후에는 전 서울대학교 역사학 교수 이병도에 의해 계승되었다. 이병도는 일제 시대에 조선총독부 역사편찬위원이었고, 8.15 해방으로 당연히 숙청 대상이어야 할 위치에 있었다. 그럼에도, 이승만 정권에 의한 '반민족행위자 처벌에 관한 특별위원회(반민툭위)'에 대한 폭력적 해산과 '반공'을 내세우기만 하면 과거의 모든 허물을 벗을 수 있는 사회풍조가 오랜 세월 지배하게 됨에 따라, 장구한 세월 서울대 역사학과 교수 자리를 유지했고, 끝내는 문고부장관 자리에까지 올라선 바 있었다. 이병도의 '타율사관'은 한 때 신채호의 민족사관의 맥을 이은 김용섭 교수 등을 중심으로 한 이른바 '내재적 발전론' 내지 '민족사관'에 의해 비판되었고, 김준보 교수와 필자가 부분적으로 약간의 견해 차이를 보이는 가운데 이에 가세한바 있었다. '식민사관'이라고 불리기도 하는 이 '타율사관'은 이명박 정부 등장 이후, 뉴라이트세력 등 관변학자들에 의해, '식민지근대화론'에 입각한 "한국 근현대사 대안교과서"로 계승되고, 사정을 잘 모르는 가람들이 흔히 과학적이라고 오인하기 쉬운 '실증주의적 학문'의 탈을 쓰고 다시 한국 역사학 분야에서 현 정권과 결탁하여 패권을 장악했다. 이들 '식민지근대화론'의 역사관은 2009년 연초인 현재 고교 "근현대사" 교과서 개정을 위한 정부의 강압조치를 뒷받침함으로써 크나큰 정치사회문제로까지 비화하고 있음은 주지하는바와 같다.

돈만이 절대적 지배력을 갖는 신자유주의에 대한 '물신적' 신앙에 가까운 추종이 그런 반민족적 반민주적 반민생적 견해로 이어진다는 것은 필연적 귀결이다. 시장경제에 대한 맹목적 신봉은 돈의 지배를 절대시 하고 인간의 노동을 근원으로 하는 사회경제적 '가치의 실체'에 눈을 감고, '근원적 가치'가 인간이며, 인간의 본성이기도 한 가족적 공동체적 가치를 외면하게 만들었다. 그 결과 가치의 실제적 창조자인 '노동자와 농민과 지식인'은 역사의 주역의 자리에서 사라지고, 오로지 이들을 강권적으로 억압하고 이용하여 경제성장을 이룩한 '지배자들의 업적'만을 부각시키는 결과로 이어지고 있다. 이들의 역사관에 의하면, 일본제국주의 지배자들이건 독재자건 군사적 폭압적 지배자이건 상관이 없다. 이들이 모두 '경제성장'의 공노자로서 숭배의 대상으로 승격된다. 2008년 크나큰 논란을 불러온 '건국60주년' 담론도 그런 권위주의 역사관의 산물이었다. 이들 뉴라이트의 역사관은 오늘의 한국경제 발전을 이끌어낸 소리 없는 노동자 농민 지식인들의 피와 땀을 무시하고, 모든 공로를 오로지 역대 대통령들의 업적으로 몰아갔다.

시장경제가 자본주의의 근원이고 그것이 구시대를 근대사회로 이끌었다는 점을 부정할 필요는 없다. 그 덕택으로 한국경제가 성장한 것 또한 부정할 수 없다. 그러나 그것을 시장경제만의 덕택으로 단순화할 수 있을까? 결코 그렇게 단순화할 수 있는 것이 아니다. 더욱이 어떤 특정 지도자의 역량으로 귀결시킬 수 있는 문제가 아니다. 노동자 농민 지식인 등 서민들의 민족적 애국심과 그들의 피땀 없이 어찌 오늘의 한국 경제가 가능했겠는가. 이 점에 눈을 감고 특정 개인의 업적만을 부각시키는 것이 사회과학자로서 양심 있는 견해라고 할 수 있겠는가? 더욱이 성취된 경제성장만을 보고 자유시장경제의 모순에 눈을 감는다면 이미 그는 사회과학자가 아니다. 2008년 미국에서 폭발한 세계적 경제공황은 돈이 지배하는 시장경제와 자본주의사회의 모순의 폭발이며, 그 본질과 실상 그리고 그 결말을 극명하게 보여주었다. 이 공황은 종전에 경제학계를 지배했던 한계효용학파와 이를 토대로 한 신자유주의경제학에 대해 사실상 사형선고를 내렸다. 이 세계공황은 돈이 허상이고 노동자들과 농민들의 피땀 어린 '노동만이' '모든 가치의 실체'라고 설파함으로써 정치경제학을 하나의 독립된 사화고학의 분과로 확립하고, 그럼으로써 경제학의 시조로 평가받는 Adam Smith 이래 면면히 이어져온 '노동가치설'이 옳다는 사실을 여지없이 분명하게 밝혀주었다.

김준보 교수는 <근대경제사특강>에 앞서 <농업경제학서설>과 <한국경제사연구, I, II, III.>을 통해 위와 같은 사회과학적 경제이론을 개항 이후의 한국의 농업과 전체경제에 관한 역사적 연구에 적용하여, 독창적 경제사연구의 빛나는 업적들을 우리에게 남겨주셨다. 그는 다음과 같이 갈파하고 있다. "우리는 일단 발전된 이상적(법칙적) 가치를 토대로 개별적 사실을 재평가하여야 마땅하다" (p.21). 이 말은 경제학 연구자들뿐만 아니라 그 밖의 모든 분야의 사회과학자들이 가슴 속 깊이 새겨두어야 할 명언이다.

④ 지대의 범주와 한반도 근대농업사

김준보 교수는 위와 같은 역사 방법론에 입각하여, 개항 전후의 우리나라 토지소유제도에 관한 연구를 깊이 있게 파고들었다. 이 분야에 있어서도, 김교수는 위와 같은 역사이론을 시종 일관 관철시키려고 했다. 이 점이 김준보 교수의 일련의 역사연구의 최대의 특징이다.

김준보 교수에 의하면, 농업은 토지소유제와 뗄 수 없는 산업이다. 따라서 자본주의 경제학이 그간에 개발해 온 '지대론'에 기대지 않으면 토지소유제에 관한 역사적 과학적 분석은 불가능하다. 그가 "법칙적 가치를 토대로 개별적 사실을 재평가해야한다"(p. 21)라고 말한 것도 같은 맥락이다. 이 점이 김교수의 역사이론의 핵심이다.

그는 한반도의 농업과 농가경제를 논함에 있어, 빼놓을 수 없는 요인으로서 '피지배조건'인 '독점자본과 결합된 제국주의'를 특별히 강조했다. 한반도의 경제적 발달사를 과학적으로 분석하기 위해서는 정치경제학의 여러 범주들을 동원해야만한다고 본 것도 그 연장선상에 있다.

독점자본주의단계에 도달한 일본제국주의의 식민지 지배조건을 전제로 농업과 농촌을 분석하려면, 그 이론적 토대로서 '지대론'의 도움과 더불어 '독점자본주의이론'과 '제국주의이론'의 도움이 꼭 필요하다는 것이다.

두말할 것도 없이 농가경제는 토지와 결합되어 있다. 따라서 '지대'라는 경제학적 범주에 깊숙이 관련되어있다. '동학혁명의 지대사적 단계론'(3장)은 '한말 개항과 근대화 동인'(제2장)을 전제로 한 분석이다. 이는 개항을 단순히 자본주의 시장경제의 타율적 도입으로 해석하며 근대화에 대한 기여를 유달리 부각시킨 '식민지근대화론'과 확연하게 대립되는 견해다.

'제국주의와 식민지 경제 기반'(제4장), '근대적 토지소유제와 소농생산'(제5장), '3.1운동과 식민지개발공황'(제6장),'농지개혁의 지대사적 의미'(제9장) 등으로 이어지는 식민지 독점자본주의 =제국주에 관한 분석과, 이 책의 말미에 <부론>으로 수록된 3편의 논문, '가치법칙의 전체론적 재인식' '물신성(物神性)의 근대사적 발전' '소농지대의 발전과정' 등, 일련의 논문들도 지대론을 기반으로 전개된다. 단순한 사실의 나열에 집착하는 실증주의를 넘어, 경제의 역사적 변천과정을 과학적으로 평가 분석하려면 경제학이 과학적으로 체계화시킨 '지대론'이 필수 불가결하다는 김준보교수의 핵심적 이론이 여기에서도 일관되게 관철된다. 그럼으로써만 이론과 현실을 변증법적으로 통일할 수 있다는 것이 김교수 이론의 또 하나의 핵심이다.

위와 관련하여 '제10장'으로 수록된 '자본주의논쟁 비판'을 통한 일본 경제학계의 유명한 '지대논쟁'에 관한 비판적 평가는 그의 역사이론 형성에 지대한 영향을 끼쳤다. 그는 일본 경제학계의 치열했던 논쟁에 대한 평가를 이 책의 "결산으로 삼을 수 있다"고 말하고 있다. (p. 188) 그런 점에서 일본 경제학계의 '지대논쟁' 내지 '봉건논쟁'에 관한 김준보 교수의 평가는 그의 한국경제사 연구를 이해하는 데 필수적인 중요성을 갖는다.

⑤ 일본 강좌파-대-노농파 사이의 논쟁에 대한 긴준보 교수의 평가와 관련하여

두말할 것도 없이 자본주의는 보편적 법칙성을 갖고 있기 때문에 이에 관한 사회과학적 일반법칙의 규명이 필요하지만, 그 법칙적 일반성은 어떤 나라건 그 나라의 농업과 농촌의 존재형태에 의해 결정적으로 제약 받는다. 어떤 민족에 있어서나 예외 없이 농촌은 그 나라와 민족의 뿌리이며, 오랜 역사를 면면히 이어온 인민생활의 지배적 토대이다. 그렇기에 어떤 나라이건 농촌을 근대적 자본주의적으로 변화시키는 과정에서 커다란 굴절을 불가피하게 받지 않을 수 없다.

일본에 있어서도 자본주의에 앞선 전통사회는 서구라파와 지극히 닮은 전형적인 지방분권적 봉건사회였고 인구의 대부분은 농업에 종사하고 있었다. 그렇기 때문에, 경제학자들은 일본이 자본주의를 도입하여 근대화를 시작한 이후의 농촌의 역사적 성격을 둘러싸고 '강좌파= 半봉건사회론'과 '노농파=독점자본주의사회론'으로 양분되어 치열한 논쟁을 벌였다. 이 를

'봉건논쟁'이라고 하는데, 이 논쟁은 일본농촌을 지배했던 고율의 소작료=지대의 경제학적 성격규정에 관한 논쟁이기도 했다. 이 때문에 '지대논쟁'이란 또 하나의 명칭을 갖고 있다.

이 논쟁은 단순한 학문상의 논쟁에 그치지 않고 일본의 근대화와 진보를 지향하는 민중운동의 전략과 전술에 관련된 현실적 실천운동과 깊숙이 관련되어 있었다. 서양에 관한 유명한 M. Dobb 대 P. Sweezy 의 '자본주의 이행 논쟁'이 있다면 일본의 '봉건논쟁'은 그 일본판이라고 할 수 있다.

김준보 교수는 이 논쟁을 다음과 같이 비판한다. 김교수 자신의 말을 들어보면 다음과 같다.

"노농파는 제국주의를 전제시한 이론에 틀림이 없다 하여도 .....토지제의 당면한 변질조건을 묻고 있지 않다. 압박된 소농의 특성이나 지대의 변질 조건을 해명함에 그쳐있을 뿐이다.....지대의 이윤화란 기구적 변질을 체계화하지 못한 점은 뚜fut하다.......소작농의 노동자화 과정이나 현실적 토지소유제도의 근대적 변동을 내세우고 있다 하되, 기생지주의 '토지자본가'화 운동을 묻지 않는 형편이다. 따라서 소농이 어찌하여 농노로부터 근대적 노동자화 한 것인가, 또는 근대적 토지소유제와 전자본제적 그것이 어떻게 구별되는가에 관하여 명확한 이론적 근거 또한 주어져 있지 않다. 요컨대 제국주의의 현존 조건은 적극적으로 도입되어 있지 못한 체계이다." (p. 196)

일본의 노농파 대 강좌파 사이의 논쟁이 간과한 것은 제국주의로 변모한 자본주의 이래서 일본농업의 자본주의화를 더욱 가속화 시키면서 농업을 구조적으로 변질시켰던 점을 짚어내지 못했다는 것이다.

김준보 교수는 '소작농의 노동자화' 과정과 기생지주의 '토지자본가'화 운동을 유난히 강조한다. 그의 이론의 특징은 바로 이 점에 있다. 그에 의하면, 일제지배하의 한반도 농촌을 분석함에 있어 반드시 놓쳐서는 안 될 부분은 국가독점자본주의로 발전한 일본자본의 지배로 말미암아 기생지주는 사실상의 자본가로 변했고, 소작농은 사실상의 임금노동자와 같은 존재로 바뀌었다는 점을 파악하는 것이 결정적으로 중요하며, 이것을 '지대의 이윤화 과정'이라고 규정할 수 있다는 것이다.

그런 점에서 그의 이론은 일견 일본의 노농파 이론과 일맥상통한다. 일본 노농파 이론의 근본적 특색은 일본이 자본주의 사회로 변모한 이후에 일본 농업과 농촌 역시 자본주의로 변모했다고 보고 있기 때문이다. 이에 대해 일본의 '강좌파'는 일본이 명치유신으로 자본주의를 도입한 이후 도꾸가와 막부 지배하의 봉건제를 무너뜨리고 일본 '천왕'이 전권을 장악하는 '왕정복고'를 실현하고, '천왕'을 정점으로 하는 절대왕정을 확립하였고, 후에 입헌군주제로 바꾸었지만, 봉건제도의 본질적 지배성에는 변화가 없었다고 본다.

일본 '경좌파'에 의하면, 일본의 절대군주제는 시장경제를 토대로 자본주의를 도입했지만, 농촌에서는 고율소작제에 의존하는 지주제를 확립하고, 도시를 중심으로 한 상공업에서는 혈족재벌에 의한 독과점 지배체제를 확립하여, 농민과 노동자를 철저히 착취했다는 의미에서, 형태는 자본주의로 바뀌었지만, 사회의 실질적 본질적 성격은 구시대의 봉건제적 본질을 그대로 이어받았음으로 '반(半)봉건적'이라고 규정되어야 한다는 것이다. 이런 반봉건적 체제를 유지하기 위한 제도적 장치가 천황을 신격화한 지배체제이며, 전체 인민은 천황제에 대한 절대적 복종과 봉건시대의 유물인 지주제에 의한 고율소작제를 강요받고 있으니, 이를 철폐하지 않는 한, 일본을 제대로 된 자본주의적 근대사회라고 보기 어렵다는 것이다. 이들 '강좌파' 역시 일본이 명치유신 이후 자본주의사회로 변했다는 것을 부인하는 것은 아니지만, 사회의 본질적 성격이 제대로 된 자본주의가 아니고, 구시대의 봉건제적 유제를 제대로 청산하지 못했다는 의미에서 반(半) 봉건적 사회구성체라고 보았다는 점에서 보면, '반(半)봉건적 자본주의 사회구성체'라는 규정 대신 일본 자본주의에 뿌리 깊게 남아있던 봉건적 유제를 강조하기 위한 다른 표현으로서 '반(半)자본주의적 사회구성체'라는 표현이 보다 적절하다는 것이 필자의 견해다.

아무튼 '강좌파'는 천황제 철폐를 주장하고, 고율소작제에 기생한 지주제의 철폐와 농지개혁, 그리고 재벌을 비롯한 중요자본의 국유화를 주장하는 일본공산당의 강령을 지지하고 제공했다. 이에 대해 '노농파'는 천황제에 대한 비판보다는 재벌에 대한 비판과 노동조합운동의 합법화 등, 일련의 노동운동 중심의 정치 강령을 내세운 일본사회당 계열의 정치세력을 지지하고 성원하는 성향을 나타냈다.

위와 같은 강좌파 대 노농파 사이의 이론적 대립을 이해하기 위해서는 일본이 근대사회로 진입한 명치유신 이후의 근대화의 역사를 간략하게 되돌아 볼 필요가 있다. 이를 요약하면 다음과 같다.

일본은 명치유신으로 그 때까지 봉건적 지방분권적 체제의 정점을 차지하던 도꾸가와 장군 (막부)의 지배체제를 물리치고, 천황을 정점으로 한 절대군주 제도를 확립하여, 과거의 모든 봉건적 신분제도를 철폐하고, 서양의 제도와 문물을 받아드려 근대화의 모양새를 갖추었다. 하지만 실질적으로는 근대화 이전의 봉건제의 유물들을 천황제를 앞세워 그대로 계승했다. 일본의 근대화 이전의 '도꾸가와 막부' 시대에는 지방분권적 영주제를 정점으로 한 농노들에 대한 절대적 신분제가 지배했고 상공업조차도 이를 뒷받침하는 역할을 담당했지만, 사유재산권의 절대적 인정을 전제로 한 시장경제와 자본주의제도를 도입하고 이를 확립한 명치유신 이후에는, 극소수의 혈족재벌들을 정점으로 하는 자본가계급이 이윤추구 사회를 선도하고, 봉건시대에 농민들로부터 고율의 봉건지대를 착취했던 지주계급은 자본가계급에게 주도권을 넘겨주고, 시장경제법칙에 순응하면서 잉여가치의 일부를 분배받는 계급으로 바뀌었다.

그러나 이로써 자본가계급과 지주계급의 차이가 전적으로 없어진 것은 아니었다. 자본가계급이 취하는 잉여가치는 자본에 대한 이윤이고, 지주계급이 소작농민들로부터 착취하는 잉여가치는 토지소유자에게 귀속되는 '지대'였다. 그 경제학적 범주는 분명히 달랐지만, 자본가계급과 지주계급은 노동자 농민 등 무산자 대중에 대립하는 유산자계급으로서 자본주의적 사유재산제도에 입각한 잉여가치를 나누어 갖는 처지에 있다는 점에서, 사유재산제도와 운명을 같이 해야 하는 공통의 이해관계에 묶여있었다. 일본의 천황제와 토착종교는 이런 체제를 유지하기 위한 주술적 이데올로기적 장치였다.

"이윤은 지대 없이도 착취할 수 있지만, 지대는 이윤을 전제로 해야만 얻어진다." David Ricardo는 그렇게 주장했다. 이 말은 자본주의사회 안에서 자본가계급의 지위와 역할이 지주계급의 그것과 지극히 유사하면서도, 자본가계급의 '이윤'이 주도권을 장악하고 지주들의 '지대'는 이윤의 일부를 분배받는 부수적인 입장으로 내몰리게 되었음을 극명하게 보여준다.

순수 이론적으로 본다면 자본주의 사회는 지주에게 지대를 지불하지 않게 될 경우, 훨씬 더 빨리 발전할 수 있다. 중국공산당 영도하의 중화인민공화국이 세계에서 제일 높은 경제성장률을 장기간 지속적으로 실현해온 이유는 토지국유제를 채택함으로써 토지에 대한 불로소득을 배제했기 때문이라고 할 수 있다. 토지 임대차제도 아래서도 토지 점유와 이용에 따른 지대부분을 완전히 배제할 수 없지만, 토지에 대한 영구적 배타적 소유권을 인정하는 다른 자본주의 국가에 비해 토지구입에 따른 비생산적 투자가 필요하지 않고, 투자금액이 전액 자본으로 기능할 수 있다는 점이 중국공산당 영도하의 중국경제를 급속도로 발전시킨 활력소였다고 생각된다.

자본주의사회를 옹호하는 한계효용학파의 창시자의 한 사람으로 유명한 레온 왈라스(Leon Walras)는 토지국유론자였기 때문에 사회주의자로 오인을 받아 하마터면 스위스 로잔느 대학의 경제학 교수직 선정과정에서 탈락할 위기에 처했었다는 사실은 의외로 잘 알려져 있지 않다. 그가 토지의 국유화를 주장했던 이유는 토지의 독점적 소유가 자본의 자유로운 운동을 저해함으로써, 자본주의 발전에 제동을 걸게 된다고 보았기 때문이다. 레온 왈라스의 유명한 완전경쟁을 전제로 한 일반균형모형에서 생산자와 소비자에게 동시에 극대만족을 실현해 주는 이른바 '파레토 최적(Pareto optimality)'을 보장하기 위해서는 자연의 산물인 토지에 대한 독점이 배제되어야만 한다는 것은 이론적으로 자명하다. 완전경쟁의 조건은 토지에 배타적 소유가 존재하는 조건 아래서는 충족되지 못하는 것이기 때문이다.

Leon Walras의 주장을 빌리지 않더라도 '이윤'은 자본주의사회의 본질적 근간이지만 '지대'는 자본주의사회의 일종의 군더더기에 불과하다. 지주 없이도 자본주의사회는 존립 가능하지만 자본가 없는 자본주의사회는 상상할 수조차 없다. 이 점이 바로 유명한 David Ricardo 대 Robert Malthus 사이의 영국 곡물법 철폐 여부를 둘러싼 논쟁의 과정에서 분명히 밝혀진 경제학의 유산이다. David Ricardo의 경제학이 급기야 '토지국유화론'을 주장하는 '리카도파 사회주의자들(Ricardian Socialists)'의 이론이나 Henry George의 '토지단일세론'으로 발전해 간 이유도 여기에 있었다. 이런 일련의 경제학적 논쟁의 과정에서 분명해 진 것은 다음과 같은 자본주의사회의 본질적 역학관계였다.

즉, 자본주의사회에서 자본가계급과 지주계급은 노동자나 소작농민 등 무산자들의 노동에서 얻어지는 잉여가치의 일부를 소유권의 불가침이라는 사회제도에 입각하여, 자본가에게는 '이윤'을,

지주에게는 '지대'를 분배해 준다. 이렇게 자본주의 사회에서 유산계급인 자본가와 지주는 무산노동자나 소작농민 등 '무산자계급'에 대립하는 계급으로서 공통된 이해관계 아래 묶여있다. 자본주의사회에서 토지소유자계급이 불필요한 군더더기에 불과함에도 불구하고 토지에 대한 국유화가 실현되지 못하는 이유는 토지의 국유화를 인정하게 되면 그것이 급기야 자본에 대한 국유화로 번져나갈 것을 자본가계급이 우려하기 때문이다.

이렇듯 지주와 자본가는 유산자계급이라는 공통점 때문에 사유재산제도를 옹호하는 데 이해관계를 같이 한다. 그러나 자본가의 이해관계와 지주의 그것은 반듯이 일치하는 것은 아니다. 자본가들이 무산자들의 공세 앞에 사유재산제도 그 자체를 지키기 어렵게 되면, 자기 계급의 생존을 위해, 자기의 종전의 동맹자였던 지주들과의 동맹관계를 내팽개칠 가능성은 언제나 열려있다. 자본가계급이 무산자계급의 공세 앞에 사유재산제도 그 자체를 포기하지 않을 수 없는 위급한 상황으로 몰리게 되면, 종전의 동지였던 토지소유자계급을 희생양으로 하더라도 우선 자본가계급 자신만이라도 살려놓고 보자는 쪽으로 기울 수 있는 것이다. 그 하나의 좋은 예가 바로 2차 세계대전 이후 일본 한국 대만에서 미군 주도 아래 실시된 '농지개혁'에서 발견될 수 있다는 것이 필자의 견해다.

⑥ 극동 3국의 농지개혁에 관한 정치경제학적 해석

일본에서는 제2차 대전 이후 미군정의 점령 아래 미군정의 명령에 의해 강제로 농지개혁이 실시되었다. 그와 동시에 족벌적 재벌 역시 미군정의 명령으로 해체되었다. 이에 병행하여 그 동안 금지되었던 노동조합의 결성이 자유화 되었으며, 노동3권이 확립되었다. '일본 전후 3대 개혁'이라고 불리는 일련의 개혁조치에 의해 절대군주체제 아래서 지주제와 족벌재벌지배체제에 묶여있던 농민과 노동자는 전통사회에서 물려받은 전근대적 속박에서 형식적 제도적 측면에서나마 해방되었다.

그럼 어찌하여 자본주의체제를 앞세운 미국의 일본점령군은 자본주의의 근간인 사유재산권의 불가침 원칙을 버리고, 사유재산권을 박탈하는 내용을 담은 '농지개혁'을 일본정부에 명령하였는가? 이런 의문에 대한 합리적 해답은 다음과 같은 정치경제학적 분석이 아니고서는 불가능하다는 것이 필자의 견해다.

즉, 전후 일본의 '3대 개혁조치'는 노동자와 농민을 전근대적 속박에서 해방하지 않으면 공산혁명이 일어날 수 있다는 미군정 나름의 정세판단의 산물이었다. 이런 개혁조치는 패전과 미군정이라는 외압 없이는 불가능한 것이었다. 일본은 이들 개혁조치에 의해 미국식 민주주의와 금전만능의 자본주의를 타율적으로 받아드려야만 했다. 미군정의 속셈은 이들 개혁조치에 의해 일본 경제를 '미국중심의 세계자본주의 지배체제(Pax Americana)'의 일부분으로 편입함으로써, 세계적 규모의 반공산주의 동맹체제의 확실한 고리를 구축한다는 것이었다. 미군정의 입장에서는 종전의 고율소작제나 족벌지배체제는 일본에서 유산자계급 대 무산자계급의 계급투쟁을 격화시킴으로써 공산당의 세력기반 강화를 가져올 위험성이 있기 때문에 척결의 대상으로 되지 않을 수 없었던 것이다.

이런 역사적 과정은 재산에 대한 소유권의 불가침을 전제로 해야만 존재를 인정받을 수 있는 자본가계급이, 재산에 대한 몰수와 그 국유화를 주장하는 공산주의세력의 공세 앞에, 자기들 자신의 생존을 위협받게 되면, 종래 자기들의 동맹자였던 지주계급을 희생시키면서까지 자기들 자신의 생존을 위한 특단의 개혁조치로서 자기 자신의 존립기반인 소유권의 불가침원칙을 일부 포기하면서까지 자본에 대한 소유권을 사수하려고 한다는 사실을 극명하게 보여준다. 제2차 세계대전 패전 이후 일본을 점령한 미군정이 일본정부에 강요하여 실시한 3대개혁(농지개혁, 재벌해체, 노동3권 인정)은 바로 일본의 공산화를 막기 위한 고육지책이었다. 미군정은 이들 개혁조치에 의해 일본을 미국중심의 세계지배체제(Pax Americana)의 일환으로 편입기킴으로써 일본에 대한 미국의 패권을 공고히 하고, 아울러 미국 자본주의를 위한 확고한 시장을 확보할 수 있다고 보았던 것이다.

아무튼 패전에 의해 미군에게 점령당한 일본은 미군정의 명령에 의해 농지개혁을 실시하게 됨으로써, 일본 농업의 반(半)봉건성을 강조해온 강좌파는 이론상으로 일대 승리를 거둔 셈이 되었다. 미군정은 일본 경제학계의 치열한 논쟁과는 무관한 입장이었고, 일본경제의 개혁보다는 패전한 일본을 어떻게 하면 안정적으로 관리하면서 미국의 이해관계에 맞는 체제를 일본에 심어놓을 수 있느냐라는 점에 관심을 갖고 있을 따름이었다. 미군정은 구시대의 유물로서 군국주의 일본의 정치 경제 사회를 떠받혀온 토대가 반(半)봉건적이라고 규탄의 대상이었던 농촌의 고율소작제와 이에 기생하는 지주제와 아울러 군부와 결탁한 족벌재벌 지배체제였다는 사실을 속속들이 알고 있었다. 미군정은 이런 구시대의 유물들을 그대로 놓아두면 공산혁명의 온상이 될 위험성이 있지만, 이를 개혁하면, 일본을 미국중심의 세계지배체제에 편입시킴으로써 일본의 공산화를 막을 수 있다고 보았던 것이다. 이에 따라 미군정은 일본정부에게 3대개혁을 실시하도록 명령했다. 일본을 항복시켰던 미군정이 점령 후 맨 처음 착수한 것이 '농지개혁'과 '재벌해체' 그리고 노동조합운동의 합법화였던 이유를 합리적으로 설명하기 위해서는 위와 같이 분석하지 않으면 도저히 그 배경을 설명할 수 없다.

이 문제와 광련하여 필자는 일본을 점령한 미국 맥아더 사령부가 어떤 연유로 농지개혁에 그토록 집착했던가에 관해, 일본농지개혁의 입안과 실시를 시종일관 책임 맡아 시행했던 Wolf Ladejinsky(1917년 러시아 공산혁명에 따라 미국에 망명해온 이주자의 후손)에 관한 가록물의 분석을 통해 밝혀보려고 시도한바 있었다. 1)

필자는 이 논문에서 김준보 교수가 제시한바 있는 일제하 한반도 농업에 관한 "지대의 이윤화과정"에 관한 이론에 언급하면서 다음과 같은 점을 강조한바 있다.

---

1) (주종환, (1991), '토지소유와 자본의 논리 : 정치경제학적 고찰' (일본어), 일본 東京 : "帝京大學 : 국제문화학과 紀要" 제4호 : Cf.: Louis J. Wallensky ed. (1977), *The Selected Papers of wolf Ladjinsky : Land Reform and Unfinished Business*, Washington) D. C. : World Bank,).

첫째, 역사적으로 토지소유와 자본은 서로 대립적인 관계 아래 놓여왔음으로 토지의 지대와 자본의 이윤을 이론적으로 혼동 또는 혼합하는 것은 허용될 수 없다는 것, 둘째, 일본의 농지개혁은 농업에서 나오는 지대를 희생시키는 가운데 자본의 이윤논리의 전일적 지배를 관철시키려고 하는 자본가계급의 살아남기 전략이었다는 것. 셋째, 이와 같은 지대와 이윤 간의 역사적 계급투쟁은 영국의 "곡물법 Corn Law" 둘러싼 David Ricardo 대 Robert Malthus 사이의 경제학적 논쟁에 반영되어 있는 과학적 기본원리라는 것, 따라서 넷째, 일제하 한국농업에 관해 '지대의 이윤화 과정'을 말할 수는 있겠지만, 그 전제로서 지대와 이윤 간의 근본적 차이점을 분명히 하고 이들을 이론적으로 혼합 내지 혼동해서는 안 된다는 것, 등이었다.

제2차세계대전 이후 미군정의 명령으로 실시된 일본의 농지개혁은 미군정의 지배 아래 있던 한반도 남반부에서도 미군정의 종용으로 실시되었고 미군정의 영향권 아래 있던 중국의 대만성에서도 실시되었다. 미군정은 농지개혁이란 극약처방 없이는 소련의 막후조종을 받고 있던 공산주의 세력의 침투를 막아낼 수 없다고 보았고, 이 때문에 이들 극동 3국에 농지개혁을 서둘러 실시했다. 그럼으로써 이들 3국을 미국중심의 세계자본주의지배체제(Pax Americana) 안에 포섭하고 돈이 모든 것에 앞선 절대적 가치라고 보는 실용주의적 인생관과 세계관에 입각한 미국식 자본주의 사상을 뿌리내리게 하였다. 그로써 미국자본주의에 절대적으로 의존하는 확고한 시장을 확보하면, 자유시장의 원리에 따라 이들 나라에 대한 정치경제적 패권을 장악할 수 있다고 보았던 것이다. 이것이 바로 2차 세계대전 이후 국제경제 질서로 자리 잡은 '브레턴우즈 체제(Breton Woods System)' 또는 '국제통화기금 체제(IMF System)'이었음은 주지의 사실이다.

후진국에 시장경제를 도입시킴으로써 정치경제적 패권을 장악하려고 하는 위와 같은 선진자본주의 열강들의 정책은 일찍이 19세기 이래 영국 등 유럽 선진국에 의해 "자유무역제국주의(Free Trade Imperialism)"라는 형태로 구체화되고 있었다. 2) 미군정의 최고책임자로서 일본 점령군 사령관이었던 맥아더 장군은 직접적인 정치적 군사적인 지배보다는 자유시장경제를 통한 간접적인 지배가 훨씬 효과적이며 비용이 적게 드는 정책임을 영국의 식민사를 통해 이미 잘 알고 있었다. 또한 공산혁명을 막기 위해서는 군사력에 의한 억압보다는 배고픈 대중에게 먹을 것을 가져다주는 것이 훨씬 효과적이라는 사실을 알고 있었다. 이런 사실들은 맥아더 장군과 그 아래서 일본의 농지개혁을 입안하고 실시했던 Wolf Ladejinsky와맥아더 장군과의 대화록에서 확인되고 있다. 3)

농지개혁 실시 이후 일본의 농업과 농촌은 창전벽해와도 같은 일대 변화를 겪었다. 수천년 동안 공동체원리에 따라 운영되어온 일본 농업과 농촌은 돈만을 절대적 가치로 여기는 '물신숭배정신'을 받들어 모시게 되었다. 그와 동시에 일본 농민은 농지개혁으로 비록 평균 1정보 정도의 극히 소규모의

---

2) J. Gallagher and R. Robinson, 'The Imperialism of Free Trade, 1815-1914, *Economic History Review*, Second Series, iv (1953/4)
3) 각주 1) 참조

경지라 할지라도 이를 자작지로 소유하게 됨으로써, 비록 극히 소규모의 경지라 할지라도 일종의 '자산가'로 승격하였고, 그렇게 됨으로써 자본주의제도를 옹호하는 일대 세력을 형성하게 되었다. 농지개혁 이후 일본 보수 세력인 자민당이 오늘까지 장기 집권할 수 있었던 것은 소규모의 자산가로 변모함으로써 보수화한 자작소농이 지배적으로 자리 잡은 농촌주민들의 지지를 모을 수 있었기 때문이었다.

그러나 자작소농이 지배하는 농촌으로 변모한 가운데 국가독점자본주의가 온존된 상황에서 자작소농은 비록 자산가로 행세할 수 있게 되었지만, 그들의 생활상의 처지는 자기소유의 토지에 자기자본을 투입하여 가족이 다 함께 노동에 종사함으로써 겨우 생계를 유지하는 이른바 '토지를 가진 노동자'의 차지를 벗어날 수 없었다. 그들은 부수정권의 보호 아래 비교적 안정적인 생활을 보장받으면서, 국가독점자본주의 체제가 공급하는 공산품에 대한 방대한 시장을 제공함으로써 체제를 뒷받침해 주었다. 그 과정에서 일본 농민의 대부분은 극히 소규모의 토지를 소유한 사실상의 노동자의 신분으로 변모했다. 그들은 오늘날 정부의 지원을 받고 있다는 의미에서 '국가가 고용 사실상의 경지소유노동자'라고 규정될 수 있는 존재라고 할 수 있다.

일본의 농민은 화폐경제의 파고에 완전히 흡인됨으로써 공장노동자 등과 어깨를 나란히 하는 '근로대중'으로 분류되지만, 미국중심의 세계자본주의체제에 편입된 일본의 국가독점자본주의 체제를 받혀주는 사회계층으로 변모했다. 그런 상황 아래서 일본 농업경제학계에서는 종전과 같은 강좌파 대 노농파의 대립은 사실상 의미를 상실했고, '지대논쟁' 역시 서서히 시들어갔다. 농업경제학의 연구대상 역시 신자유주의적 WTO체제 아래서 어떻게 일본농업이 국제경쟁력을 확보하면서 민족의 원점이라고 할 수 있는 농민과 농촌을 계속 보전할 수 있느냐라는 문제로 연구의 초점을 옮겨갔다.

일본 농촌은 종속적 국가독점자본주의 아래서 미국중심의 세계지배체제(Pax Americana)의 일환으로 편입되었다는 점에서는 한국농촌과 비슷한 일면을 갖는다. 하지만, 한일 양국 사이에는 근본적 차이점이 있다. 그것은 비교적 안정되어 있는 일본농촌과 너무나도 대조적인 한국 농촌의 몰락상이다.

그 근본원인은 무엇보다도 한국경제가 일본보다는 국가적 자주성이 부족하고 미국경제에 대한 종속성을 매우 강하게 노출하고 있다는 점이다. 이 점은 일본 농촌이 한국농촌과 사뭇 다른 모습을 보여주고 있는 근본원인으로 이어지고 있다는 것이 필자의 견해다.

이를 상징적으로 보여주는 사실들은 대체로 다음과 같다. 즉, 일본농민층의 평균소득수준이 도시근로자의 그 것을 항시 능가할 정도로 비교적 부유하다는 점, 공업의 지방 분산으로 말미암아, 수도권으로 약 50%이상의 인구가 몰려 사는 과대한 인구집중 현상을 보이고 있는 한국과는 매우 대조적으로, 일본 농촌에는 상당히 많은 인구가 정주하고 있다는 점, 그리고 일가 전체가 도시로 옮기는 일은 그다지 많지 않고, 농촌 근처의 공장에 출퇴근하는 자녀들이 많고, 이들이 벌어드리는 농외소득이 농업소득을 훨씬 능가하여, 농가소득 중 농외소득비중이 전국 평균 수치로 약 85%수준에 달한다는 점, 농업기계화수준도 경지면적당 마력수를 기준으로 보면 세계 최고의 수준에 달한다는 점 등이 특기할 사항들이다.

그 근본 원인은 어디에 있을까? 이는 한국의 경제학과 농업경제학 연구자들이 힘을 합해 풀어야 할 중대한 과제임에 틀림이 없다. 다만 김준보 교수가 필생을 통해 밝혀내려고 애써 오셨던 한국의 현실에 부합하는 농업경제학체계, 즉 그가 즐겨 사용했던 용어로써 표현한다면, "독점자본주의와 제국주의의 피지배조건" 아래서, 현재의 한국농업과 농촌을 관통하는 법칙성을 과학적으로 해명할 수 있는 농업경제학체계의 수립에 대해, 그의 이론이 커다란 디딤돌이 될 수 있다는 점을 강조하고 싶다.

다만 일본의 농업과 농촌이, 여러 가지 문제점을 안고 있으면서도 한국의 농업과 농촌에 비교를 불허할 정도로 근대화되어 있고, 비교적 안정되어 있다는 것만은 부인하기 어렵다. 이런 일본 농업과 농촌의 오늘의 성과는 결코 '시장경제에 농촌 경제가 순응했기 때문'이라고 단순화시켜 설명할 수 있는 문제가 아니라는 점은 분명하다. 오히려 그와는 반대로, 일본의 경제정책 전반이 오랜 일본농촌의 전통에 바탕을 둔 '공동체원리'를 시장경제원리와 적절히 조화시켜왔다는 점, 그럼으로써 국민경제의 공공성을 그런대로 확고하게 지켜왔기 때문이라는 점에 각별히 유념해야 한다는 것이 필자의 견해다. 4)

⑦ 구한말 소농경제 결여론과 김준보교수의 자본주의 맹아론

김준보 교수의 경제사 연구에 관해서 또 하나 빼놓을 수 없는 특징은, 구한말 한국에 자본주의의 '싹(맹아)'이 싹트고 있었다는 점을 강조함으로써, 이를 부인해온 일본인 학자들을 통렬히 비판하고 있다는 점이다. 이 문제는 최근 한국에서 뉴라이트 계열의 경제사학자들이 일본 총독부 지배 아래서 일본인 학자들이 발표했던 견해들을 마치 답습이나 하듯이, 구한말에 자본주의 맹아가 존재하지 않았다고 주장하면서, 구한말의 이른바 '소농'이 매우 미숙하였음을 유난히 강조하고, 이것을 근거로 한국에는 자립적으로 근대화 할 가능성이 없었다고 주장하고 있다는 점에서 새삼 우리의 관심을 끄는 중요한 문제로 부각된다.

뉴라이트 경제사학의 대표자격인 이영훈교수는 그의 일련의 연구를 통해, 구한말 한국에 '소농'이 매우 열악하고 미성숙한 존재로 광범하게 지배적으로 퍼져있었기 때문에 구한말의 사회는 자력으로 근대화하거나 자본주의화 할 잠재력을 갖추지 못하고 있었다는 점을 강조해 왔다. 그럼으로써 뉴라이트 쪽 역사가들은 일본제국주의의 한국 침탈은 불가피했다는 것을 논증하려고 했다.

---

4) : 주종환, "공동체의 경제학 Ⅰ. Ⅱ." "사회경제평론' 제26호(2006) 및 −27호(2007) 참조.

뉴라이트들의 이런 견해들은 시장경제를 한국에 보급시킨 일본제국주의의 공적을 높이 평가하고, 일제에 의한 근대기술의 보급과 사회간접자본의 확충 및 도시화와 공업화를 통한 시장경제화와 자본주의화가 제2차세계대전 이후 독립국으로 바뀐 한국이 자본주의적 공업화와 고도성장으로 이어짐으로써, 이른바 '선진국 따라잡기', 즉 '켓치엎 catch-up'을 성공시킨 전제조건이었다는 견해로 나타나고 있다.   실증사학이라는 그럴듯한 이름으로 포장하여 사람들을 현혹하고 있는 "식민지근대화론"은 한국의 오늘의 각종 경제적 성취들이 일본제국주의가 한국에 심어준 각종 유산 덕택이라고 본다는 점에서 일본 극우파의 역사관을 추종하는 상게이신문 계열의 후소샤 발행 일본역사교과서의 역사관과 짝퉁이라는 비판을 받고 있다.

이 후소샤 교과서는 한일 양국에 격렬한 역사전쟁을 유발하여 한 때 그 교과서 채택률이 일본 전국적으로 0.4%에 불과하다는 성과를 보인 바도 있었고, 그것이 한일 양국의 양심세력의 승리의 상징으로까지 높이 편가 받은 일도 있었다. 그럼에도 불구하고 시대가 바뀌어, 집권세력이 자기 고향인 포항에 구 일본인 거리를 기념물로 조성하는 것을 묵인할 정도로 일본우파에 가까운 풍조가 난무하게 됨에 따라 뉴라이트세력들의 반민족적 역사관은 현 집권자들의 지원 아래, 한국의 근현대사 교과서의 지배적 역사관의 자리로까지 올라서 가고 있는 것이 오늘의 상황이다.

필자는 일찍이 1994년부터 이들의 역사관의 허구성을 직접 비판해 왔다. 그리고 김준보 교수의 전술한 일련의 한국경제사에 관한 역사연구업적들도 "식민지근대화론"을 직접 겨냥한 것은 아니지만, 간접적으로나마 이에 비판을 가하는 내용을 담고 있다. 김교수는 일본총독부 관변학자 '시까따 하로시 (四方 博)'의 다음과 같은 견해를 인용하면서 이를 통렬히 비판하고 있다. 시까따는 "자본의 축적도 없고, 기업의 정신에 충만된 계급도 없었으며, 대규모 생산에 쓰여질 기계도 기술도 없었다.....근대의 경제조직을 배양할 만한 아무런 맹아도 발견할 수 없다."라고 말했던 것이다. (p. 27)

시까따의 이런 견해는 조선총독부 산하 조선사 편수관으로 근무했고 해방 후 서울대학교 역사학과 교수로 변신했던 이병도를 비롯한 관변역사학자들에게 이어지면서 한때 한국의 지배적 역사학설의 자리를 차지했었지만, 김용섭 교수와 강만길 교수 등의 이른바 "민족사관"에 의해 비판되어, 일시적으로 주류의 자리에서 물러나는 듯 했다. 김준보 교수 역시 경제사학자의 입장에서 이들 민족사관의 학맥에 동참했다. 이 민족사관은 구한말에 내재적으로 자본주의 맹아가 발전하고 있었다는 견해로서, 1987년 6.10 항쟁의 결과 '87년 체제'가 출범하게 되자 이병도로 대표되는 이른바 '식민사관'을 대신하여 한국 역사학계의 주류의 자리를 차지하기 시작했지만, 그 내부에서는 구한말의 자본주의맹아의 성격을 둘러싼 논쟁이 계속되고 있었다. 필자 자신도 "한국자본주의사론" (주종환, 한울, 1988)을 통해 이에 가세한바 있다.

필자는, 김용섭 교수가 구한말에 자존주의의 싹으로서 강조해 마지않았던 소위 '경영형 부농'의 성격을 영국의 17세기 '농업자본가'에 비견되는 것으로 본 것은, 이론적 비약이라는 점, 한국 농업이 그토록 높은 발전단계에 달하고 있었다면, 역으로 어찌하여 한국이 일본제국주의의 침탈을 받게 되었는가를 설명하기 어렵게 된다는 점, 등을 문제점으로 지적했다.

구한말에 '소농'이 지극히 열악한 지배적 존재였기에 내재적으로 근대화의 동력을 결여했고, 한국이 일본의 식민지화한 것은 어찌 보면 필연적 결말이었고, 일본제국주의 덕택으로 한국이 시장경제화 되고 자본주의화 되었다고 본 이영훈의 '소농경제이론'5) 의 문제점은 한국 국내의 근대화 즉 자본주의화를 향한 내재적 발전의 움직임과 그 가능성을 깡그리 무시해 버렸다는 점에 있다. 이 점에서 김준보 교수의 견해와는 확연히 구분되며, 필자 자신의 견해와도 대립된다.

첫째로 소농이 지배적이었다는 것은 자본주의 맹아가 존재했다는 결론으로 이어져야만 한다. 그런데, 이영훈은 그와 반대의 결론을 유도했다. 둘째로 이영훈은 구한말의 '소농'을 규모가 작고 빈곤한 농민들을 지칭하는 말로 사용했는데, 그런 의미의 소농에는 자작농도 있고, 자소작농도 있고, 소자작농도 있고, 순수한 소작농도 있다. 그럼에도 이영훈은 이런 점을 깡그리 무시하고 내용이 불분명한 '소농'이라는 개념으로 뭉뚱그리면서 전혀 내용이 분명하지 않는 개념으로 만들어버렸다.

이영훈이 주장하는바 대로 만일에 소농이 구한말 농촌의 지배적 존재형태였다면, 그것 자체가 농업의 근대화의 싹이라고 자리매김할 수 있다. 농업의 근대화는 소농경제가 봉건사회의 질곡에서 벗어나 점차 자립적 소농으로 발전하는 과정을 거쳐 실현되었다는 것이 여러 나라의 역사적 궤도였기 때문이다. '소농'의 역사적 역할을 이렇게 자리매김한다면, 구한말에 '소농'이 지배적이었기 때문에 한국 사회가 근대화의 동력을 갖지 못했다고 보는 것은 '소농' 개념과 그 역사적 위치에 대한 무식을 폭로하는 것이라고 할 수 밖에 없다.

소농의 문제에 관해서는 Kautsky, David, Tschayanov 등의 고전적 노작들을 비롯하여 일본인 학자들과 한국인 학자들에 의한 수많은 연구업적들이 있으며, 이것들을 소화하지 못한 상황에서 섣불리 소농문제에 언급하게 되면, 이영훈과 같은 독단적 오류에 함몰될 수밖에 없다는 것을 깊이 인식할 필요가 있다. 소농 문제에 관한 국내외의 농업경제학적 연구들을 깊이 살펴보지도 않으면서 함부로 소농의 시대사적 역할을 논단한다는 것은 아무리 그것이 실증사학이라는 너울을 쓰고 이것저것 실증적 자료들을 나열했다하더라도 지극히 비과학적 독단론에서 벗어나지 못한다는 점을 명심해야 한다.

김준보 교수의 일련의 농업경제학과 한국경제사에 관한 일련의 노작들은 소농문제에 관한 수준 높은 업적들이다. 한국의 소농문제를 논하는 사람이라면 반듯이 한번은 넘어야 할 높은 봉우리로서 우뚝 서있음에도 불구하고 그 봉우리를 아애 무시한 가운데 소농을 논한다는 것은 자칫 논자의 무식을 폭로할 위험성마저 있다는 점을 강조하고 싶다.

---

5) 이영훈, '조선 후기 이래 소농사회의 전개와 의의', "역사와 현실 45", 한국역사연구회, 2002.

해제(解題)IV

농업경제학서설-한국자본주의와 농업문제

황 연 수(동아대학교 금융학과 교수)

Ⅰ. 머리말

　김준보 선생님은 우리나라 경제학계의 태두로서 학문적으로나 인격적으로 후학들에게 미친 영향이 지대하다.[1] 선생님의 학문적 활동은 수많은 저서와 논문에서 보듯이 경제학 일반에 걸쳐 있지만 주된 관심은 농업문제에 있었다.

　선생님은 농업경제 이론과 역사의 체계적인 정리뿐만 아니라 농지개혁, 농업공황, 농공간 「쉐레」, 농촌불황, 농가소득과 부채, 식량문제, 농업협동조합 등 농업 현안 문제에 대한 실증분석에도 많은 노력을 기울였고, 특히 '전시하의 농촌경제상', '한해지구 답사' 등 현장 실태조사에도 적극적이셨다. 1946년 이후 20년 간의 연구업적을 보완하고 집대성한 결과가 바로 이 책 「농업경제학서설」(이하 「서설」)이다.

　이론·역사·정책 어느 면에서나 부족함이 많은 필자가 해제를 맡게 된 것은 아마도 「서설」과의 각별한 인연 때문으로 생각된다. 필자가 「서설」을 처음 접한 것은 대학 2학년이던 1973년 9월 서클 세미나 주제발표를 위해 청계천 헌책방에서 이 책을 사면서부터다.[2] 당시 세미나에서는 '농민이 가난한 것은 농민의 무지와 게으름 탓이 아니라 독점자본의 소농지배 때문이다', '농민운동의 당면 과제는 토지문제인가, 가격문제인가? 토지문제는 기본문제이고, 가격문제는 주요문제이다' 등 열띤

---

1) 선생님은 1915년 전남 영암에서 태어나셨고, 1941년 일본 규슈대학을 졸업하고 일제 강점기 말기에 경기도 연천 군수를 지내셨으며, 1946년 국립서울대학교 창설과 함께 농과대학 농업경제학과를 창설하고 농업경제 연구와 교육을 시작하셨다. 1962년 전남대학교 총장을 거쳐 1965년에는 고려대학교 교수가 되셨고, 같은 해 대한민국 학술원 회원으로 선출되셨다.
2) 1970년대 초 「서설」은 서울대학교 향토개척단 등 각 대학 농촌문제연구 써클의 필독서였다.

토론이 있었고, 농촌활동 가서는 농민들의 '의식화'를 위해 세미나를 통해 공부한 내용들을 설파하였다. 군 제대 후 크리스챤 아카데미에서 농촌문제에 대한 교육을 받을 때나, 가톨릭농민회에서 농민교육을 할 때에도 강의안의 기본 틀과 핵심내용은 「서설」이었고, 대학원에 진학하여 소농문제에 관심 있는 연구자들과 세미나를 할 때에도 「서설」에 나오는 고전과 문헌들을 주로 읽었던 것으로 기억된다.

「서설」은 소농문제, 토지·가격문제, 농업사를 연구하는 연구자들의 학술논문에서도 자주 인용되지만, 대학의 정식 교재보다는 농업문제 해결이나 농민운동에 관심이 많은 사람들의 학습교재로 널리 읽힘으로써 실천면에서도 적지 않은 영향을 미쳤다. 「서설」이 필자의 인생과 학문에도 지대한 영향을 미쳤음은 물론이다.

선생님은 한국의 농업문제, 즉 한국 자본주의하의 소농문제를 분석함에 있어서 그것을 단순히 현상적·피상적으로 분석한다든가, 이론적·본질적 분석을 하되 우리 현실과 부합되지 않는 고전적 이론을 그대로 적용시키는 태도를 배격하고, '비판적 인식'하에 새로운 농업문제에 대하여 새로운 분석무기를 창조하고 그것을 역사적·실천적으로 인식할 것을 요구하였다.

선생님이 강조해 마지않은 '농업문제의 역사적·실천적 인식'은 오늘날 더욱 절실히 요청되고 있다.

Ⅱ. 「서설」의 체재와 내용

「서설」은 총 411면에 달하는데 서문, 본문 4장 9절, 참고문헌으로 구성되어 있다. 비슷한 시기에 출판된 일본의 곤도야수오(近藤康男)가 펴낸 「농업경제연구입문(신판)」(동경대학출판회, 1966)과 비교할 때 주요 농업문제들이 단순히 횡적으로 나열되어 있는 것이 아니라 역사적으로 체계화되어 있어 「서설」의 완성도가 한층 더 높아 보인다.3)

<서장>에서는 농업문제의 과학적 인식과 농업문제의 본질(역사적 생성과정과 성립조건), 농업경제학의 분석대상과 분석방법을 밝히고 있다. 농업경제학의 사회과학적 인식이란 농업경제학의 방법론 문제이다. 농업경제학의 방법론은 일반경제학의 방법론과 마찬가지로 크게 두 가지가 있다.4) 하나는 가격이론이나 소득이론을 중심으로 하는 근대경제학적 방법론이고, 다른 하나는 지대론을 중심으로 하는 사회과학적 방법론이다. 전자는 자연과학적 방법론과 크게 다를 바가 없어 사회현상의 본질 해명을 결여하고 있는 반면, 후자는 사회현상과 자연현상의 질적 차이점을 뚜렷이 밝히고

---

3) 近藤康男 編 「農業經濟研究入門」은 제1장 농업경제학의 기본문제, 제2장 토지소유와 농업생산력, 제3장 농업경제의 제 문제(농민분해론, 농산물가격론, 농산물시장론, 농업금융론, 협동조합론, 사회주의 농업론), 장·절별 참고문헌 목록으로 구성되어 있다.

4) 일본의 경우 「마르크스」학파에 소속된 농업이론의 경우 아직 교조주의 또는 훈화주의적인 것이 많고, 근대경제학적 농업분석론의 경우 현실의 구조분석에 미치지 못한 형식적 계량론에 머물러 있는 속론이 많다. 양자 모두 아직 체계적 완성을 보지 못하고 있는 느낌이다(김준보, 1967: 51).

사회현상을 관찰함에 있어서 그것의 생성·발전·소멸의 과정을 내면적으로 분석함으로써 사회현상의
내면적 본질해명에까지 도달하게 된다.5)

    <제2장>에서는 총 142면에 걸쳐 한국의 농업문제가 역사적으로 어떻게 전개되어 왔는가를
한국자본주의의 성립과정, 제국주의하의 농업문제, 국가독점자본주의하의 소농경제로 나누어
고찰하고 있다. 한국농업의 근대사적 배경을 고찰하는 이유는 비단 한국의 농업문제에 관한 역사적
배경만을 알고자 함에 있지 않고, 제국주의 지배하의 소농생산을 유형화하여 고찰하는 데 기본적
의의가 있으며, 역사적 법칙의 실증적 검증 또한 과학적 방법의 당연한 요구이기 때문이다. 선생님은
일본 제국주의와 더불어 전개된 식민지 한국의 역사적 과정을 4 단계로 구분하였는데, 제1단계는
한일합병 전후부터 제1차 세계대전의 종말에 이르기까지의 토지수탈을 기축으로 한 본원적
자본축적기, 제2단계는 1920년경부터 1930년대에 이르기까지의 산미증산을 중심으로 한 소작문제의
본격적인 전개 시기, 제3단계는 1930년대의 농산물가격의 폭락, 쉐레현상의 격화로 특징지워지는
농업공황기, 제4단계는 일제의 대륙침략에 따른 농민의 가혹한 전시적 부담 시기이다.6)

    <제3장>에서는 총 25면에 걸쳐 금융자본주의하의 영세농 문제, 즉 소농논쟁의 윤곽, 지주의
변질기구와 영세농의 노동자화 과정, 영세농과 지대형태 등 학계의 중요한 쟁점들을 다루고 있다.
선생님은 종래의 봉건파(일본의 강좌파)와 공식파(자본주의파, 일본의 노농파)의 소농이론이
산업자본주의 단계의 낡은 이론이라고 비판하고, 금융자본주의 단계에서는 금융자본의 최대이윤의
확보가 경제의 기본법칙이라는 새로운 패러다임을 제시하고, 이 단계에서 지대는 금융자본의 이윤
혹은 이자로 전화하고, 지주는 평균이윤을 수취하는 산업자본가로 되고, 영세소작농은 독립경영자적

---

5) 저자는 후자의 방법론을 따르고 있으면서도 지대론을 농업경제학의 중심적 대상으로 생각하지 않고 아래에서 보는 바와
같이 오히려 그것에 대하여 비판적인 입장을 보이고 있다. 19세기 산업자본주의단계의 영국에 있어서와 같이 농기업이
정상적으로 발달된 나라에 있어서는 농업과 공업의 가장 뚜렷한 차이는 지대의 존재였다. 그러므로 농업경제학이 경제
학의 한 분과로 존립할 수 있었던 것은 농업에만 특수하게 존재하는 지대를 분석의 주된 대상으로 하였기 때문이다. 그
러나 20세기 접어들자 금융독점자본주의의 발전으로 종래에 독립적 지위를 유지하고 있던 기업들이 독점기업에 합병·흡
수되거나 그의 하청기업으로 연명하지 않을 수 없게 됨에 따라 농기업자나 지주도 독점자본의 지배하에 놓이게 되고 지
대도 독점자본의 이윤으로 흡수되게 된다는 것이다. 즉 금융독점자본주의하에서 농업의 발전·유지·쇠퇴의 조건은 지대에
있지 않으며, 독점자본의 독점적 초과이윤의 수취에 있는 것이다. 그러므로 이제 농업문제는 지대문제가 아니며, 독점자
본의 지배문제로 되게 된다(안병직, 1968: 186).

6) 저자는 한국에 있어서의 자본주의 발전을 당시 제국주의에까지 발달되어 있었던 일본자본에 의하여 수행되었다고 보고
있다. 저자 역시 한국의 근대적 개항 이전에 한국경제 자체 내에 자본제적 맹아가 발전하고 있었다는 사실을 부정하는
것은 아니나 그것은 봉건적 제억압 및 수탈 하에서 스스로 근대사회를 담당할 만큼 충분히 성숙되어 있지 않았기 때문
에 한국의 근대화 과정은 불가피하게 일본자본에 의하여 진행되지 않을 수 없었다고 보면서 제1차대전 이후의 회사자
본의 발전 및 「토지조사사업」을 한국산업자본의 형성과정으로 파악하였다. 나아가 저자는 제국주의하의 농업문제를 분
석함에 있어서 이러한 견해를 더욱 뚜렷이 밝히고 있다. 제국주의하의 농업문제, 즉 토지조사사업에 의하여 역사적으로
조건지워진 한국의 소농문제 즉 소농의 생산관계를 종래와 같이 반봉건적 생산관계로 파악할 것을 거부하면서, 지주를
반봉건적 지주로 농민을 반봉건적 소작농으로 보지 않고, 지주를 금융독점자본의 지배하에 있는 산업자본가와 같은 것
으로 소작농을 산업자본의 지배하에 있는 노동자와 같은 것으로 파악하고 있다. 그리고 저자는 소농 정체성의 본질 즉
소농이 산업자본의 발전과 더불어 당연히 해체되어 농기업으로 발전하지 않는 이유를 농업의 식민지적 지배나 식민지에
있어서의 공업의 미발달에서 찾지 않고 금융독점자본의 초과이윤 추구 즉 고율의 소작료에서 찾고 있다(안병직, 1968:
186~187).

의의를 상실하여 임노동자로 된다고 주장하고 있다.[7]

<부장>은 총 84면에 걸쳐 농업문제의 핵심대상인 토지문제의 세계사적 의의에 대해 고찰하고 있다. 토지문제는 농업문제의 가장 보편적이고 기간적인 대상으로서 농업경제학의 이론·역사·정책을 관통하는 기초적 과제이다. 각국의 근대적 토지제도에서는 토지제도의 변혁이 농업문제의 양태에 커다란 영향을 미치기 때문에 특징적인 자본주의 국가의 근대적인 토지제도의 생성과 변동의 유형을 세계사적 기반에서 고찰하고 있다. 토지제도개혁의 사조에서는 토지문제의 실천적 방도를 찾기 위해 지주주의 토지정책과 보수주의 토지정책, 공상적 토지사회화론, 지대공수론, 토지국유론, 사회주의 토지개혁론, 수정파 농업이론 등을 검토하고 있다. 끝으로 각국 토지개혁의 경위에서는 각국이 실제로 어떠한 과정을 거쳐 어떤 내용의 토지개혁을 실시하였는가를 검토하고 있다.

<참고문헌>은 총 12면에 걸쳐 장·절별로 일목요연하게 기술되어 있는데, 서장은 ① 구미 각국 저자, ② 일본인 농업경제 기본서, ③ 국내 기간의 농업경제 교재, 제2장 제1절은 ① 8·15 해방 전 한인 저작분, ② 8·15 해방 전 일본인 저작분 및 관청 간행물, ③ 해방 후 한인 주요 저작, 제2장 제2절은 ① 기본적 참고서 및 자료, ② 농업협동조합에 관한 기본서, ③ 기타 제자료, 제3장은 2장과 대동소이하나 직접 인용된 것은 본문에 삽입, 부장은 ① 영국, ② 프랑스, ③ 독일, ④ 미국, ⑤ 러시아 및 동구, ⑥ 기타 서구 토지개혁론, ⑦ 일본에 관한 문헌이나 자료들이 정리되어 있다.

분야별로 어떤 문헌이 있는지조차 잘 모르던 그 시절 「서설」의 참고문헌 목록은 훌륭한 나침반 역할을 하였고, 대학도서관은 물론 농협도서관, 진흥청도서관 등을 샅샅이 뒤져 어쩌다 문헌 하나를 구하면 복사하여 돌려 읽곤 하였다.

<주석과 인용문>은 적재적소에 구체적이면서도 체계적으로 배치되어 있어 마르크스, 레닌, 엥겔스, 카우츠끼 등의 원전을 접하기가 여의치 않았던 그 시절 지적 호기심을 자극하고 학문의 지평을 넓히는 촉매제가 되었다.

<통계자료와 분석자료>는 어떤 문제를 해명할 때 어떤 자료를 이용하여 어떻게 분석하는지, 또 그 자료를 어디서 구할 수 있는지를 소상하게 알려줌으로써 매우 유용하였다.

---

7) 저자에 의하면 "일제하 한국 내의 많은 일본인 지주는 그 객관적 양태에 있어서 뿐만 아니라 각자의 주체적 활동에 있어서 확실히 기업농(농업자본가)의 일면을 보였다." … 한국인 대지주 또한 "일본인 대지주와 거의 마찬가지 입장에서 점차 자본가적 수익의 타산자로 되었으며, 그의 영리적 목표기준 또한 일차적으로 산업의 투자수익률이었음이 일반적 동향이다. 그 밖에 한국인 중소지주 또는 영세지주의 입장 역시 그 영리성은 박약하다 하겠으나, 봉건적 기생성으로부터 전기적 자본가로서의 변질과정을 밟았음이 분명하다." 그러면 영세농의 지위는 어떠한가? 한국적 소농은 아직도 약간의 생산수단을 소유하고 있는 한 그들을 바로 농업노동자로 규정함에 객관적 난점은 없지 아니하나 그들에게는 독립적 생산자로서의 안정성이 부여되어 있지 않으므로 "영세농은 완전 몰락하지 않을진대 스스로 농업노동자의 실질이 될 수밖에 없었다." … "그러나 무엇보다 영세농의 노동자화 과정은 그의 소득이 실질적으로 노동의 성과에 한정되어 있다는 실질적 조건에서 지배적으로 유도된다." 이리하여 역사적 지대 제형태는 전면적으로 분화소멸되어 금융독점자본의 이윤으로 되며, 이를 구태여 지대라는 용어로 표시한다면 그것을 절대지대라고 부를 수 있다(안병직, 1968: 187).

III. 농업문제와 농업경제학의 방법(「서설」의 序章)

① 농업문제의 과학적 인식

1. 문제의 제기

선생님은 1957년 한국농업경제학회를 창립하고 초대회장으로 추대되었는데, 그로부터 40년이 지난 1997년 학회 창립 40주년 기념강연에서 다음과 같이 당시를 회고하고 있다.

> 한국농업경제학회의 창립을 보게 된 1957년은 6.25사변 후 얼마 되지 않아서 전쟁 중 막심한 인적 및 물적 희생에 겸하여 전후의 공황이 겹쳐 한국의 농촌은 실로 위기의 절정에 놓여 있었던 해였다. 때마침 무절제한 도입을 보게 된 미국의 잉여농산물이 농업생산에 미친 역효과마저 가중한 점, 동년의 도입 양곡이 전체 생산량의 20%에 달했던 정도이다. 그것은 바로 1930년대를 넘는 대공황이었으며, 그 중 압도적 소농의 공황은 형언하기 어려운 참상이었다.
>
> … 그날 농협중앙회 강당에 모인 창립멤버의 수는 28인이었는데, 이때에 모인 전원이 농업공황을 학회설립의 동기로 잡았다 할 수 없다 하여도 본인을 포함한 몇몇 발기인이 적어도 당시의 위기적 농촌의 국면 특히 소농의 공황문제를 깊이 인식하고 있었던 것은 틀림이 없다. 학회라 하지만 현실적으로 급박한 자기문제의 배경을 떠나서는 고고히 설수는 없었던 까닭이다.
>
> … 우리의 농업경제학이 자본주의하 소농경제를 떠나서 존립할 수 없다는 것, 더구나 농업경제학회의 진행 역시 만성화한 이 땅의 소농공황을 각별한 대상으로 삼는데 이유는 충분하다. 적어도 본인은 그렇게 생각하고, 학회창립에 임하였으며, 초기의 전공테마 역시 시종 여기에 주력이 놓여 있었다는 점을 고백하지 않을 수 없다. 더욱 그 동안 본 학회40년의 세월 역시 객관적으로나 실천적, 주체적으로 이러한 문제의식에서 크게 떠날 수 없었다고 보는 입장이다. (김준보, 1997: 231~232)

선생님은 또 1958년 펴낸 학회지 「농업경제연구」 창간호에서 "농업경제학의 현대적 과제"를 논하여 '농촌 빈곤의 양상을 구조적으로 밝히는데 그치지 않고 그 조건을 철저히 구명하는 사명을 다해야 한다.'고 하면서, 이러한 제조건을 농업생산이나 농촌경제의 내부에서만 구하지 말고 농업을 둘러싼 사회적·자연적 제조건의 복합적 지배조건을 대상으로 해야 한다고 강조하였다(김준보, 1958: 7).

어느 과학이 독자적 영역을 가지고 성립하려면 대상과 방법론에서 특징적인 것이 있어야 한다. 선생님은 오늘날 우리가 다루는 비판적 인식체계로서의 농업경제학의 대상과 방법론에 관하여 「서설」에서 더욱 명료하게 언급하고 있다. 즉, 한국의 농업경제학은 금일 농업문제의 본질적 지배조건으로서의 독점적자본주의경제와 한국적 소농의 피지배조건의 구체적 성격, 그리고 이들의 상호작용을 밝히는 것이라고 하면서 이론의 역사성과 비판성을 강조하였다(김동희, 1975: 6).

농업문제란 무엇인가? 「서설」의 본문 제일 첫 문장이다.

농업문제는 현실적 사회문제의 속성이고, 근대사적 한계성을 지니며, 따라서 자본주의 경제와 관련된 사회문제라는 것은 분명하다. 농업문제에 대한 과학적인 대답의 열쇠는 생산양식에 있다. 생산양식이야말로 경제발전의 특징을 나타내는 동시에 생산관계나 생산력을 가장 종합적으로 표현하고 있기 때문이다. 두 말할 것 없이 공업은 기업화되어 있는데 대하여 농업은 역사적 소농생산양식이 그대로 지켜져 있다(김준보, 1970: 87).

구체적으로 전개되는 농업문제의 양태는 헤아릴 수 없을 만큼 다양한 색채로 나타나지만8) 그 객관적 형상은 물론 동일한 형상에 대한 사회적 주체의식 또한 동일한 반응을 일으키는 것은 아니다. 예컨대 문제는 처음부터 계급적 대립의식 하에 폭발될 수도 있고 그의 동기를 민족적 피압박조건에 두는 경우도 있다. 일제하 토지문제를 비롯하여 이 땅의 농업문제에 있어서 바로 이러한 이중성(계급모순과 민족모순)을 확인할 수 있으며, 아일랜드의 소작문제나 그 밖에 동구 각국의 농업문제에 있어서 민족적 의식의 개재가 불가피함을 확인할 수 있다.

일반적으로 농업문제에 대한 사회적 의식의 강도는 객관적 모순의 구체적 조건에만 기인하는 것이 아니라 그 모순성을 자각하는 사회적·주체적 의식에 크게 의존한다. 본래 사회문제의 성격은 사회적 의식의 배경 없이 생성되지 않으며, 주체적 의식수준은 이 때 문제의 방향을 지시하고 그 농도를 좌우하는 지렛대의 역할을 한다.

다음으로 농업문제의 지배조건은 무엇인가?

한국의 소농에 관한 객관적 지배조건을 집약적으로 관찰하지 않으면 안 되는 이유는 ① 당장 우리의 실천적 요구를 충족하기 위하여, ② 이론적 분석의 효율성을 더욱 높이기 위하여, ③ 문제에 대한 사회적 주체의식의 공통성(공감)을 크게 살리기 위하여 불가피한 과학적 방법이기 때문이다.

한국 농업의 지배조건으로 자연적·기술적 제조건을 무시할 수 없을 뿐 아니라 사회적·역사적 제요인의 동태 또한 철저히 추구하지 않으면 안 된다. 농업의 지배조건을 묻는 것은 농업 생산력의 소장(消長)의 조건을 묻는 것과 같다.

농업은 자연에 의존하는 산업인 만큼 자연적 제조건인 기후·지세 및 토양은 특히 미맥을 중심으로 하는 우리나라의 경종농업 경영형태에 있어 절대적 요건이다. 게다가 이른바 아세아적 생산양식 특유의 후진적 제약성을 감안하면 자연(수리관계)은 한 때 이 땅의 역사적 단계를 규정함에 있어 충분히 위력적인 조건이었다.

그러나 자연이나 기술이 비록 농업에 있어서 특별한 규제력을 갖는다 하더라도 그들이 농업생산력의 결정적 조건은 아니며, 더구나 농업문제의 본질적인 조건이라고는 단정할 수 없다. 자연이나 기술은

---

8) 선생님은 1970년의 "한국의 농업문제"라는 글에서 당면한 농업문제로 ① 소득분균형문제, ② 곡가문제, ③ 쉐레문제, ④ 농산물도입문제(식량수급문제), ⑤ 그 밖에 개별적으로 본다면 토지개량문제(수리사업), 농업협동조합문제, 축산양잠문제, 농촌전화(電化)문제, 농업노동문제 등을 열거하고 있다(김준보, 1970: 88~90).

결코 경제의 내면적 조건이 아니며 다만 주어진 조건(여건)으로서 기능할 수밖에 없는 기초적 요인일 뿐이다.

그렇다면 농업문제의 본질적 지배조건은 자연을 넘어서 사회적인 것임에 틀림없다. '인간과 자연'과의 관계를 초월하여 '인간과 인간'의 관계, 즉 인간에 의한 인간의 지배관계에서 찾아야 하고, 그 노골적 지배관계는 인간의 물질적 생활면에 투사된 경제의 왜곡된 법칙으로 표현될 수밖에 없다.

한국 농업을 그 경제적 측면에서 관찰할 경우 본래의 기술적 생산형태의 정체성에도 불구하고 우리 농업이 갖는 자본제적 피지배성은 이미 전역에 걸쳐 뚜렷하다. 발달된 교환경제하 다양한 분업의 형성은 농업문제의 사회성을 일으킬만한 본질적 기점이다. 비록 개별적 소농의 생산목적이 상품을 위주로 하지 않고, 자가노동에 의한 반자급적 노작경영형태에 머물러 있다 하더라도 자본주의의 시장기구는 소농을 지배한지 이미 오래다. 19세기 말 이후 우리는 이미 한국에 침입한 외래 금융독점자본주의(제국주의)의 지배하에 놓여 있었던 경험을 갖고 있고, 우리는 그 위력이 개별적 교환경제에 한정되어 있지 않고 정치적 권력구조를 좌우한다는 사실도 알고 있다. 요컨대, 농업(소농)의 지배조건은 독점자본주의이다.

다음으로 농업경제학의 사회과학성에 대해 살펴보자. 현실적 농업문제의 결정적 지배조건이 독점자본주의의 경제기구임을 안 이상, 이에 대응할 수 있는 농업경제학의 객관적 좌표를 설정하지 않으면 안 된다.

만약 오늘의 농업경제학이 자연과학적 분석론에 그치거나 단순히 자유시장기구의 조건만을 전제삼아 그에 입각한 원리구성에 머물러 있다면 그것은 일정한 사회과학으로서의 본연의 모습이라 할 수 없다. 농업경제학은 순수과학적 구상만으로는 정립될 수 없고, 막스 웨버의 '몰가치론' 역시 농업경제학의 효과적인 방법론이 될 수 없다. 예컨대 소농의 취약성을 토지의 유한성에 돌리거나, 그의 빈곤의 원인을 농촌인구의 과잉성(다산성)에 돌려서는 안 된다. 한국에 있어서 소농가족의 다산성은 빈곤의 원인이 아니라 오히려 그 결과에 불과한 것으로서 농업문제에 대한 정당한 사회과학적 인식의 결여에서 초래된 피상적 관찰의 소산일 뿐이다.

오늘의 사회과학적 방법이 사회적 제모순 현상에 대한 비판적 인식을 떠나서 논의될 수 없음은 너무나 당연하다. 농업경제학이 바로 그러한 조건의 특별한 강조자임은 자본주의경제와 소농의 상대적 지위를 감안할 때 자명하다.

2. 농업문제의 본질

선생님은 농업문제의 본질을 ① 농업문제의 역사적 생성과정, ② 농업문제의 성립조건, ③ 농업문제
· 농민문제 · 농촌문제로 나누어 고찰하고 있다.

먼저 농업문제의 역사적 생성과정부터 보자. 상업자본주의(전기적 자본주의) → 산업자본주의
(자유적 자본주의) → 독점자본주의(금융자본주의 또는 제국주의)와 같은 자본주의의 발전단계에
조응하여 농업경제학의 분석대상인 농업문제는 다양한 양태로 전개되었다.

농업경제학이 추구하는 본래적 대상은 현실적 농업문제의 본질적 지배조건(= 자본주의경제)과
피지배조건(= 한국적 소농)의 구체적 성격을 밝히는 것이다. 그러므로 농업문제의 '역사적 생성과정'
또한 알고 보면 현실적 '지배자'로서의 자본주의적 제조건의 성숙과정 이외에 다름 아니다.

요컨대, 농업문제란 자본주의 경제하 각종 자본의 독특한 기능에 의하여 제기된 제사회문제의
유형이며, 오늘날의 자본주의는 그 독점적 지배력을 포함하여 필연적으로 소농경제에 대립하는
세력적 존재이다. 독점자본주의 단계의 농업문제는 세계적 농업공황, 농공상품간의 쉐레(Schere)
현상, 산업공황의 농업에의 전가, 독점가격에 의한 농민경제의 상대적 제약, 농산물가격의 권력적인
인하, 제국주의 전쟁 등의 형태로 발현된다.

다음으로 농업문제를 성립시키는 기본적 제조건은 무엇인가?

첫째, 농업문제에 관한 지배조건, 즉 자본주의 경제의 농업에 대한 기능이다. 그 기능은
피지배조건(예컨대 대기업적 대농과 비자본적 소농)에 따라 다르며, 자본주의의 발전단계에 따라서도
다르다. 농업문제가 본격적으로 심각해지는 것은 바로 독점자본주의 단계에 이르러서다.

둘째, 농업문제의 피지배조건, 즉 한국적 소농생산양식의 침체성이다. 이 피지배조건은 본래
자본주의 생산양식을 대상으로 삼는 일반경제학의 범위 밖에 있으므로 곧 농업경제학의
정체성(正體性)과 밀접한 관련이 있다. 그런데 지배조건과 피지배조건을 상호 대응된 관계에서
파악하지 않고 피지배조건을 지배조건의 한 국면으로 독단하는 경향, 즉 소농생산양식의 독립성을
무시하고 그를 자본주의 경제기구의 일환으로 처리하는 사고방식이 없지 않다.

셋째, 역사적 부수조건, 즉 한국의 소농사회에서 볼 수 있는 전래적 기생지주제, 계, 머슴, 특이한
공동노동제, 품앗이 등 본래적 소농생산양식 이외에 그를 윤색하고 있는 봉건적 잔재이다. 역사적
부수조건(유산)은 소농의 피지배적 독립성을 더욱 뚜렷이 할 뿐 아니라 그 실질에 있어서 본래적
요인으로 승화시키는 힘을 발휘하는 경우도 있다.

넷째, 농업문제의 사회성을 규제하는 주체적 조건이다. 사회문제의 문제성은 원래 그 객관적
존재에만 의존하는 것이 아니라 객관적 조건을 전면에 내세우고 그를 가치기준에서 평가하는 주체적
사회의식(= 문제의식) 또한 필요로 한다. 예컨대, 사회문제로서의 소작문제는 소작관계의 결정·변경과
관련하여 지주소작인 간에 소작쟁의가 빈번하고, 그 쟁의가 현저히 계급투쟁적 색채를 띠게 될

경우를 말한다. 그렇지 않고 만약 소작인이 봉건적 주종관계에 지배되고 지주계급과 대립하고 있다는 독립된 사회계급으로서의 자각이 없을 때 이에 대항하여 격렬한 소작쟁의를 기도할 수는 없는 것이다.

다음으로 농업문제 · 농민문제 · 농촌문제는 어떻게 구별되는가?

농업문제가 자본주의 경제기구 하 농업에 관한 경제적 범주의 문제인데 비해 농민문제는 정치적 대상을 전면에 내세운 사회비판적 개념이다. 전자가 농업의 쇠퇴과정, 농민의 생활수준과 생산력의 소장(消長)을 인과분석적으로 다루는 데 비해 후자는 계급적 불균형에 대한 투쟁의식, 지배계급(자본가 또는 지주)에 대한 소농의 사회적 지위, 정치적 피제약성 등을 중시한다. 전자가 농업경제학의 대상이라면 후자는 농민운동론이나 농민에 관한 정치학적 평가의 대상이라 할 수 있다. 우리는 소농이 토지소유자인 경우, 소작농인 경우, 영세농으로서 거의 생계를 노동수익 만에 의존하는 경우 사이에 농민운동의 주체적 의식이 달라질 수 있다는 사실에 유념할 필요가 있다. 이 점은 농업문제에서 볼 수 없는 농민 상호간의 본질적인 차이이다.

농촌문제는 도시에 대한 농촌의 불균형적 발전의 속성에서 의식되어 왔다. 도농간 주민의 직업, 환경, 집락의 규모, 인구 밀도, 주민의 이질성, 사회적 분화 및 사회계층, 그의 유동성, 상호관계의 조직 등에 관한 비교에 주목한다. 우리는 도시의 번영과 농촌의 몰락, 전자에 대한 후자의 시대적 낙후성에 착안하고, 전자에 의한 후자의 지배성에 유념할 필요가 있다. 그러나 현실에 있어서 소농빈곤의 양상이나, 농촌 노임수준의 상대적 저위성, 농민부담의 과중성, 농민의 이농 현상 등이 과연 농업문제의 범주인지 농촌문제의 범주인지 명확히 구획할 수 없는 경우도 적지 않다.

3. 농업경제학의 신구상

우리는 앞에서 자본주의경제하 소농생산양식에 관련된 사회적 제문제의 법칙적 특성을 그 실질면에서 명백히 하는 것이 농업경제학의 과학적 과제라는 것을 알았다. 그러면 우리는 농업문제를 어떻게 인식할 것인가?

하나의 농업사상(事象) 대한 인식과정은 관찰로부터 시작된다. 우리의 제1차적 과업은 제기된 문제의 형태에 대하여 냉엄하고 객관적인 태도로 임하는 것이다. 관찰의 방법이 계수적이거나 계량적이거나, 정태적이거나 동태적이거나, 혹은 직접적 수법에 의존하거나 어떠한 보조적 매개수단의 전달을 빌거나 본질적 차이는 없다. 편견 없는 정확한 물리적 관찰이 요구될 따름이다.

우리의 관찰이 현실적 사상(事象)을 묻되 역사적 배경을 간과하여서는 안 된다. 우리의 피지배조건=소농생산양식도 알고 보면 전래적 · 역사적 유산이고, 우리의 지배조건=자본주의 경제기구 역시 시대적 변천과정을 묻지 않고서는 그의 특징을 명확히 파악할 수 없다. 우리의 문제의식이 강하면 강할수록 역사적 기반에 깊이 비판적으로 들어가야 하고, 사물에 대한 역사적 관찰은 의심할 바 없는 과학의 조건이다. 근대적 농업문제의 인식체계로서의 농업경제학(과학)은 역사성을 떠날 수 없고, 따라서 실천성을 버릴 수 없다.

선생님은 농업경제학의 신구상에 앞서 전통적 농업이론에 대해 차례로 비판하면서, ① 맑스 학파의 자본주의적 농업이론은 소농=반(半)자본주의적 생산양식이란 의제에 기초하고 있고, ② 특정국가의 농업구조분석을 농업경제학의 본분이라고 주장하는 학파는 과학적 보편성이 결여되어 있으며, ③ 역사학적 농경이론은 소농적 생산양식의 피지배조건에 관한 분석이 미흡하고, ④ 근대경제학적 농업분석론은 그의 정밀성에도 불구하고 현실적 농업문제의 내면성을 묻지 않는 피상성을 면치 못하고 있다고 지적하였다(김동희, 1975: 6).

우리의 농업경제학은 ① 결코 순수한 자본주의 농업이론이 아니며, ② 자본주의 경제기구하의 특수적 응용론이나 그의 분과이론으로서 만족할 수 없고, ③ 단순한 지대론으로서 존속할 수 없을 뿐 아니라, ④ 농업의 막연한 자본주의사적 변천론으로서 규정지을 수 없으며, ⑤ 도시에 대한 농촌, 비농업에 대한 농업의 불균형적 경제조건을 묻는 지역간 비교분석의 체계로 한정될 수 없음은 물론이다.

따라서 우리의 농업경제학은 ① 자본주의 경제하 소농생산의 피지배성을 인정하되, ② 소농생산양식의 역사적 고유성을 무시하지 않으며, ③ 독점자본주의의 발전에 조응한 새로운 사회과학적·비판적 의식의 형성과, ④ 그에 기초를 둔 농업경제학의 독자적 정립을 기도하지 않을 수 없다.

선생님은 우리의 농업경제학이 분석대상을 주로 한국적 소농생산에 집약하고, 그 객관적 사회사상(事象)의 내면적 분석 가운데 이론의 역사성과 실천성을 담보해야 함을 강조하면서, 금일의 자본주의하 소농생산양식의 운동법칙과 논리를 밝히는 사회과학적 농업경제학의 체계화를 제창하였는데 그 실증적 산물이 바로 「농업경제학서설」이다.

② 농업경제학의 연구체계

1. 농업경제학의 분석 대상

선생님은 농업경제학의 분석대상으로 ① 소농생산양식, ② 소농경제의 불안정성, ③ 소농과 잉여노동에 중점을 두고 있다.

먼저 한국의 소농생산양식의 특징적 조건은 무엇인가? 한국적 소농생산양식도 그 외형에 있어서는 서구 사회의 역사적 과소농과 다를 바 없지만, 통계자료에 입각하여 소농의 구체적인 특징을 6가지로 정리할 수 있다.

① 한국의 기간적 농민은 자영적 소규모 토지소유자라 할 수 있다(1964년 현재 1ha 미만의 소농이

72% 차지).

② 한국의 전형적 소농은 토지 이외에 다소의 노동시설이나 노동수단을 보유하고 있다.

③ 전형적 소농생산은 대부분 가족노동에 의존하며, 고용노동은 일시적이거나 특수한 의미를 갖고 있다. 소농의 비자본제적 성격은 이 점에서 뚜렷하며, 그의 가족노동성이 그를 기업농으로부터 분리시키는 기본적 조건이다.

④ 형태적으로 보아서 소농은 순수한 농업노동자가 아닌 동시에 순수한 지주계급이 아니며 또한 농기업가라고도 할 수 없다. 그는 자본주의 경제기구 하 특유한 과도적 경제주체이다. 구태여 의제적으로 생각할 때 한국적 소농은 농업기업가 · 지주 · 농업노동자의 3위1체적 계층이라 할 수 있다.

⑤ 전형적 소농은 반자급적 단순상품생산자이다. 상품화율은 자본주의 경제의 발달과 더불어 높아지는 경향을 보이고 있다. 소농의 높은 상품화율은 기업농의 필요조건이긴 하나 충분조건이라고는 할 수 없다. 기업농의 완전한 조건은 고용노동률과 아울러 상품화율이 높아야 한다.

⑥ 소농의 생산활동은 대체로 비수익적이다. 지대와 노동수익(노임소득)은 구분되나 이윤은 발생하지 않는 것이 일반적 형태이다. 소농은 기업인이 아니라 하더라도 이른바 경제인(homo economicus)으로서 기능하는 것이며, 다만 현실적 생산의 객관적 조건(지배조건과 피지배조건)이 그로 하여금 이윤은 고사하고 정당한 노동적 대가를 보장하지 않을 뿐이다.

선생님은 또 소농경제의 불안정성을 잠재실업, 저위의 생산력, 수입의 불안정성, 소농경제 내부적 불안정성으로 나누고, 통계자료에 입각하여 실증적으로 분석하고 있다.

① 소농은 그 본래적 성격에 있어서 상당량의 잠재실업을 내포하고 있다. 즉, 생산수단의 영세성으로 인해 상대적 과잉인구를 보유한 역사적 경영형태이다.

② 소농의 생산력은 상대적으로 후진상태에 머물러 있는데, 문제의 근본적 동인은 피지배조건을 넘어 지배조건에 있다.

③ 소농의 저생산성과도 관련이 있지만 그의 '수입의 불안정성과 만성적 수지부족 상태'가 심각한 상황에 있다.

④ 소농경제의 내부적 불안정성: ㉠ 한국적 소농에 있어서 자본적 구성도는 상대적으로 미약하다. ㉡ 소농의 가계와 생산은 미분화상태에 놓여 있으며 생산은 부단히 소비과다에 의하여 위협받고 있다. ㉢ 소농의 각 계층에 걸친 분해과정은 반드시 공식적이 아니다. ㉣ 소농계급간의 경쟁과 지배관계는 점차 격화되고 있다. ㉤ 소농 가운데 영세농을 포함한 기간적 계층은 도시근로자에 못 미치는 생계수준을 유지하고 있다. ㉥ 한국 농민의 부채는 산업금융적이 아니라 주로 고리대형태를 취하고 있고, 현금부채보다는 현물부채가 우세하다.

그러면 농업문제의 피지배조건과 지배조건의 종합적 분석은 어떻게 가능한 것인가? 다시 말해 이들 두 조건을 이론적으로 연결시키는 공통적 인식의 계기는 무엇인가? 그것은 소농생산의 잉여가치(잉여노동)에서 찾을 수 있다.

소농생산양식의 현실에 비추어 상품의 '가치법칙'을 그대로 적용하는 것은 곤란하다 하더라도 잉여노동=잉여가치의 개념 없이 자본주의 경제와 소농생산양식의 실질적 기반을 효과적으로 구축할 수 없다. 소농이 생산하는 잉여노동의 실질이야말로 소농을 지배하는 자본이 목표로 하는 이윤의 실질이며 동시에 소농이 존립하는 기반이다. 따라서 잉여노동의 해명 없이는 일체의 농업문제는 제기될 수 없거니와 그것에 의하여 농업문제의 조건은 비로소 그의 정체를 드러내게 된다.

잉여노동은 전노동에서 필요노동(생활수준)=가치를 뺀 것인데, 소농생산물을 구체적으로 가치화할 경우 평가상의 난점이 따르며, 그 객관적 수준은 사실상 확립되기 어렵다. 그럼에도 불구하고 잉여노동의 현실적 평가와 구체적 파악이 불가능한 것은 아니다. 실제로 잉여노동은 기업이윤·이자·지대 등의 형태로 구분될 수 있으며, 이들은 다름 아닌 자본가 또는 지주에 의해 수취되는 소농의 '초인간적' 고한(苦汗)의 대가일 뿐이다. 그것은 생산물의 가격으로부터 노임(필요노동)에 해당하는 부분이 취득되는 한 소농은 토지를 경작하기 때문이다.

2. 자본주의와 소농경제

자본주의경제와 한국적 소농생산양식은 소농의 잉여노동을 매개로 하여 상호 긴밀히 연결되어 있다. 그 독특한 유대관계는 자본의 소농에 대한 침투, 잉여가치 수취의 운동기구이다.

선생님은 자본주의와 소농경제의 관계를 자본주의 발전단계에 따라 전기적 제자본의 소농침투, 근대자본의 축적과 소농기구, 독점자본의 소농지배로 나누어 고찰하고, 마지막으로 소농의 침체·분해과정에 대해 설명하고 있다.

전기적 제자본의 소농침투는 다시 ① 전기적 상인자본과 소농, ② 고리대자본과 소농, ③ 기생지주적 자본과 소농으로 나누어 설명한다. 한국의 기생지주제는 특히 봉건사회에 있어서 가장 일반적인 소농지배 형태였으며, 자본주의 성립기에 실시한 「토지조사사업」은 기생지주 계층을 더욱 확립된 제도로서 이 땅에 부식한 역사적 계기였다고 하면서 기생지주의 징표로 ㉠ 기생지주는 토지를 매수함에 있어서 점차 지대적 수익을 자본의 수익률에 의하여 평가한다. ㉡ 지가의 등귀를 목적으로 삼는 투기적 지주의 경우 그의 외양이 기생지주를 가장하였을 뿐 자본가의 성격이 한층 뚜렷하다. ㉢ 기생지주는 스스로 전기적 상업자본이나 대부자본의 기능을 겸유한다 등을 들고 있다.

근대자본의 축적과 소농기구에서는 ① 산업자본의 발달과 소농, ② 근대적 상업자본과 소농으로 나누어 고찰하고 있고, 독점자본의 소농지배에서는 ① 독점자본주의와 농업공황, ② 소농금융의 문제, ③ 국가적 자본주의와 소농부채 등과 같은 농업경제학의 주요 과제들을 다루고 있다.

그리고 소농의 침체·분해과정에서는 ① 노동집약적 토지생산성(절대량주의), ② 농민층분해와 대소경영문제, ③ 농민보호정책과 협동조합운동 등에 대한 이론과 정책을 고찰하고 있다.

3. 농업경제학의 비판적 전개

선생님은 농업이론의 역사성과 실천성을 강조한 다음 근대경제이론을 비판적으로 고찰하고 있다.

사회과학에 있어 이론·역사·정책은 전통적으로 구분된 논리적 체계이며, 농업경제학의 경우 농업의 경제에 관한 추상적 이론, 농업사, 농업정책이 이해 상응하는 독립된 과학 분야이다. 농업경제학은 농업문제의 소재를 인과적으로 밝히는데 제1차적 목적이 있고, 그렇기 때문에 그 방법론은 역사적 계기를 벗어날 수 없다.

역사적 관찰이 과거에 관한 사물을 인식한다는 데 의문의 여지는 없지만 가장 역사성을 풍부히 갖는 것은 실은 과거가 아니라 현재라는 것, 그리하여 현대의 사회란 결국 역사적 사회의 가장 보편적 표현이라는 것을 우리는 결코 간과하여서는 안 된다.

이론의 역사성은 필경 현실주의를 스스로에게 요구한다. 그것은 바로 우리의 과학에 대한 실천성의 요구이다. 우리의 농업경제학은 이와 같이 하여 그 범위와 성격을 역사성과 실천성에까지 확장한다. 남아 있는 것은 현실의 충실한 귀납에 의한 법칙성의 확립이며, 구체적 사상(事象)에 대한 기정(既定)원리의 연역적 분석이다. 그리고 객관성과 보편성은 그리스 이래 과학의 변함없는 성립조건이며 그 자신 우리의 이론적·실천적 수단임에 분명하다.

끝으로 선생님은 오늘의 근대경제학적 분석방법이 농업문제의 기초적 요인이나 농업과 기타 산업 간의 불균형구조를 효율적으로 밝혀냄에 있어 적지 않은 역량을 발휘하였다고 평가하면서도 근대경제이론은 아직 농업문제의 근본원인을 내면적으로 추구함에 있어 상대적인 한계를 안고 있다고 비판하고 있다. 근대경제학의 이론구성은 분석적이고 기교적인 반면에 사물의 인과분석에 있어 깊이를 갖지 못하고 있고, 때로는 원인과 결과의 혼동, 형식과 실질의 무차별과 같은 오류를 범하는 경우도 있다.

총체적으로 말해 근대경제이론에 있어서 이론의 역사성은 의식적으로 도입되어 있지 않고, 그 실천성 또한 처음부터 배격하고 있다. 그러므로 농업문제의 지배조건을 해명함에 있어 그 한계가 뚜렷하고, 피지배조건을 구명함에 있어서는 더 큰 한계를 안고 있다.

Ⅳ. 한국농업의 근대사적 배경(「서설」의 제2장)

① 한국자본주의의 성립과정

1. 외래자본의 침투

선생님은 <서장>에서 농업이론의 역사성과 실천성을 누누이 강조하면서 농업문제의 본질이 무엇인가를 밝힌 다음, 농업문제의 생성조건에 관하여 총괄적으로 검토하고, 한국적 소농의 피지배조건을 내면적으로 추구하는 방법과 함께 그에 대한 제자본의 지배조건을 유기적으로 고찰한 후, 농업경제학의 대상과 범위, 방법을 정립하였다.

<제2장>은 서장의 이론체계를 역사적 자료에 의하여 구체적으로 검증하기 위해 기술되었다. 한국농업의 근대사적 배경을 고찰하는 이유는 비단 한국의 농업문제에 관한 역사적 배경만을 알고자 함에 있지 않고, 소농경제 일반 특히 외래자본(제국주의) 지배하의 소농생산을 유형화하여 고찰하는 데 기본적 의의가 있으며, 역사적 법칙의 실증적 검증 또한 과학적 방법의 당연한 요구이기 때문이다.

외래자본의 침투는 ① 외래자본과 전기적 농업생산, ② 일본자본의 본원적 침탈로 나누어 고찰하고 있다.

먼저, 외래자본과 전기적 농업생산의 관계부터 보자. 한국의 자본주의는 이조 봉건체제의 붕괴와 더불어 생성되었는데 외래자본 특히 일본자본의 침입에 의하여 전기를 마련하였다. 1876년 조선과 일본이 체결한 강화수호조약은 바로 그 도화선이었다. 한일강화조약 제1조 "양국 인민은 각자 자유로 무역하며 양국 관리는 이를 간섭·제한금지할 수 없다"는 개항조치가 취해짐에 따라 일본인은 당당히 한국 땅에 그 발판을 구축하게 되고, 일본자본은 한반도에 배타적으로 침입할 수 있게 되었으며, 이 땅의 소농경제를 포함한 전체 경제기구는 일본제국주의의 유린하에 들게 되었다.

그러면 한국의 근대화과정은 그 자체 아무런 내재적 준비 없이 오로지 외래자본의 침입만을 기다리고 있었던 것인가? 선생님은 '이조말의 동태를 면밀히 살펴보면 이미 자본주의의 맹아가 싹터고 있었고, 전기적 상인자본이나 고리대자본의 활동이 이미 국내 각처에 발호하고 있었다'고 보고 있다. 그럼에도 불구하고 한국의 봉건적 사회기반이 그 내재적 역량에 의하여 개화되지 못하고 외래자본의 힘에 의존할 수밖에 없었던 이유는 이 땅의 봉건질서가 기생지주·전기적 상인자본·고리대자본의 농민 수탈에서 볼 수 있듯이 자본주의 신체제로의 이행에 있어서 본원적 자본축적을 저지하였기 때문이다.

게다가 한국자본주의의 존립기반으로 기대되었던 조선말의 농업생산력은 극도로 취약한 상태에 놓여 있었을 뿐 아니라 쇠퇴일로의 과정을 걷고 있었다. 그것은 계속된 비정(比定), 사화, 당쟁, 민란, 그리고 혹독한 소농착취의 집약적 결과였다.

다음으로, 일본자본의 본원적 침탈에 대해 살펴보자. 일본경제의 근대화과정은 봉건세력의 말살이 아니라 그의 온존과 육성에 기초하였고, 농민대중과 노동계급의 가혹한 수탈에 의해 유례없는 자본축적을 이루었으나 상품시장의 협애성, 전래적 과잉인구 문제와 같은 애로 또한 없지 않았다. 일본 제국주의는 우선 인접지 한국을 향하여 자기문제의 해결을 도모하였다. 한일수교조약 체결 즉시 자국 상품의 대한 수출에 혈안이 되었고, 한국산 미곡과 금은 수입에 열중함으로써 상품의 교역을 통한 경제적 침략수법을 강화하였다.

일본의 침략은 상품시장의 개척에만 그친 것이 아니라 '상품의 수출로부터 자본의 수출'이라는 제국주의의 운동은 한국의 지배관계에 있어서도 관철되었다. 1878년 부산에 설치된 일본 제일은행 지점은 바로 그 선구적 실현자였고, 이를 계기로 금융자본의 세력망을 확장해 나갔다.

그러면 한말의 일본자본은 한국농업에 대하여 무엇을 요구하였는가? 일본자본이 당초 관심을 집중한 대상물은 다름 아닌 토지, 그 중에서도 농토는 무엇보다 중요한 목표물이었다. 지가는 한없이 저렴하였고, 토지생산력의 여유는 풍부하였으며, 약소국의 국법은 별다른 장애가 되지 못함으로써 적수공권(赤手空拳)으로 현해탄을 도래하여 몇 년 만에 대토지를 점거한 일본인이 청일전쟁 직후 급증하였다.

조선말 일본인의 토지취득 과정은 간교하고 혹독하였다. 그들의 토지자본의 본원적 축적은 정당한 보상방식을 취하지 않았으며, 이러한 수탈적 방식은 개인에 한정되거나, 농지의 취득에 국한되지 않았다. 공공적 토지 및 산림의 수용이나 각종 권리의 설정관계에서도 방약무인하였다. 저 유명한 동양척식주식회사의 침략적 거점이 바로 이러한 수탈적 기초 위에 구축되었던 것이다.

토지 이외에 일본자본의 본원적 침탈경위를 보면 청일전쟁 직후 철도부설권, 광산채굴권, 어장지배권 등 이미 조선 경제의 중추에 미치고 있었다. 그 후 노일전쟁에서 승리함에 따라 이 땅의 정치와 경제의 전역에 패권을 장악하기에 이르렀다.

2. 화폐경제의 발달과 산업자본의 형성

선생님은 구한말 화폐경제의 발달과 산업자본의 형성과정을 ① 화폐·금융제도의 수립, ② 국내 상업과 통상무역의 발달, ③ 산업자본의 형성과정으로 나누어 고찰하고 있다.

일본자본의 침투축적 과정에 대응하여 한국의 봉건경제는 점차 각 분야에 걸쳐 새로운 시장조건을 형성하였다. 오랜 자연경제는 서서히 해체되는 가운데 화폐적 교역이 압도적 비중을 차지하게 되었고, 구래의 수공업은 도시 농촌 할 것 없이 속속 몰락하였으며, 외래상품이 국내의 상가에 범람하기 시작하였다. 기업적 생산기구의 대두와, 조세제도·전매제도·특허제도 등이 뒤따랐으며, 화폐제도의 정립과 금융기구의 신설로 근대적 자본주의가 본격적으로 진행되었다.

그러면 한국의 자본주의 성립 초기 화폐금융제도는 어떠하였는가? 구한말의 화폐제도는 처음부터 상품경제의 일반적 수요에 대응한 것이 아니라, 대원군의 당백전(1866년)에서 보듯이 국민경제의 불안정한 토대 위에 집권층의 재정조달을 주된 목적으로 수립된 일방적 제도였다.

1904년 제1차 한일협약이 체결되자 일본정부는 한국화폐의 정리작업에 나섰는데, 자국 통화를 한국 내에 강제 통용시킴과 동시에 자국의 제일은행 지점으로 하여금 새 화폐를 발행케 함으로써 구한국 동화(銅貨)를 완전 환수하는 조치를 취하였다. 그것은 물론 일본 화폐제도의 실질적 한국 이입정책이었으며 자국 자본의 제도적 도입방법이었을 뿐 아니라 식민지에 대한 배타적 지배관계의 형성을 위하여 가장 효과적인 방책이었다.

요컨대, 신화폐제도의 수립은 일본제국주의의 추진을 위하여 불가결한 조건이었는데, 그것은 정립된 화폐제도 없이 자본축적은 불가능할 뿐 아니라 조세의 금납제를 포함한 교환경제의 근대화 또한 안정된 화폐제도 없이 불가능하였기 때문이다.

한일합병 후 일본인 금융자본은 점차 대부대상을 한국인 경제부문에까지 확장함으로써 식민지적 이윤추구의 본격적인 활동을 전개하였다. 동시에 금융기구 또한 확충되고 정비되었는데, 제일은행 지점은 발권권(發券權)을 취득함으로써 중앙은행적 기능을 발휘하였고, 한성공동창고(1904), 농공은행(1906), 금융조합(1907), 동양척식주식회사 금융부(1908) 등의 금융기관이 산업금융이나 화폐금융을 담당하였다.

그러나 구한말 금융자본의 주체는 일본인에 국한된 것은 아니었다. 19세기 말 청·러에 의한 은행기구의 설립이 있었고, 민족자본에 의한 토착은행(조선은행, 제국은행, 대한천일은행, 한성은행 등)의 대두가 있었으나, 전자는 제반 정세하에 얼마 안 가서 폐쇄되어버렸고, 후자 또한 1905년 화폐개혁에 따른 금융공황을 독자적으로 극복할 수 없어 정리되거나 일제 통감부의 지원 아래 타율적으로 존명할 수밖에 없었으며, 그 대상범위는 토착상인이나 지주에 대한 반(半)고리대적 금융에 한정될 수밖에 없었다.

다음으로 국내 상업과 통상무역의 발달에 대해 살펴보자. 조선말 유통계를 지배하였던 전기적 상업자본의 지배적 형태에는 소농경제와 밀접한 관계를 맺었던 객주(客主), 여각(旅閣), 보부상과 특권 계층을 상대로 한 조달상(調達商)인 서울의 육의전(六矣廛)이 있었다. 대도매상에 해당하는 객주·여각은 조선말 봉건경제를 주름잡았던 가장 우월한 상업자본가로서 생산자금의 선대(先貸)나 수집자금의 대부를 통해 영리목적을 달성하였다. 소매행상에 해당하는 보부상은 전국적 연합체를 구성함으로써 한 때 그 세력이 국내시장의 독점이라는 시장의 지배를 넘어 전체 경제의 조종과 정치적 영향력까지 행사하였고, 이들 보부상이 소농계급이나 중소수공업자에게 자행한 농간과 피해는 심각하였다.

전기적 상인자본은 고리대자본과 더불어 쌍생아의 관계를 지속하였다. 그들은 특히 소농에 대하여 상업이윤과 대부이자를 동시에 획득하는 것에 목적을 두고 있었다. 선대(先貸)하여 생산품을 염가로 취득하거나 고율로 대부하여 제품을 고가로 판매하는 것은 그들의 상투적인 수법이었다.

교통의 발달과 청상(清商), 일상(日商) 등 외상의 진출은 국내 상인에 대한 존명의 위협이 아닐 수 없었다. 그들의 독점상권은 무너지기 시작하였고, 활동영역은 축소될 수밖에 없었으며, 그 조직 또한 변질(회사화)과 해체의 과정을 밟게 되었다.

그러면 이조봉건사회의 대외무역관계는 어떠하였는가? 일반적인 외국무역은 엄격히 금지되어 있었고, 엄중한 감시하에 특정지역에 한하여 특권적 무역상만이 일정 상품의 교역을 영위할 수 있었을 뿐이다. 이는 실로 철저한 쇄국주의의 관철이었으나, 시대의 변화와 더불어 선진 각국의 강력한 개항공세에 부딪쳐 1876년 강화수교조약을 맺게 되고 그 후 새로운 국면을 맞게 되었다.

청일전쟁 이후 한일합병에 이르기까지 일본은 이미 이 땅의 무역을 독점한 가운데 석유·직물 등의 공산품을 우리에게 수출하였고, 그 대신 금은이나 미곡·대두 등의 농산품을 수입하였다. 이 때 수출품의 주된 공급자가 이 땅의 소농이었다는 점, 그리고 수입품의 소비자 또한 대부분 소농이었다는 사실은 중간착취와 부등가교환의 가능성을 짐작케 한다.

끝으로 산업자본의 형성과정은 어떠하였는가? 근대자본주의는 산업자본의 발달에 의해 비로소 그 전형적인 단계에 도달한다. 이 때 기본적인 생산양식은 기업화하고 대량적 상품생산이 일반화하며, 자본과 노동의 분리, 농업과 공업의 분화, 지대와 이윤의 분할이 필연적으로 진행된다.

조선말의 봉건체제는 스스로 근대자본주의의 단계를 맞이할 정도의 본원적 자본축적을 하지 못하였을 뿐 아니라 완고한 쇄국주의의 장벽이 외래적 기업가정신을 받아들이는 데 있어 치명적 제약조건이 되었다. 그 결과 이 땅의 산업자본주의는 일본에 의해 형성될 수밖에 없었고, 일본자본주의는 이미 독점단계에 도달해 있었다.

물론 한일합병에 앞서 이 땅에 가내공업이나 수공업의 발생이 전연 없었던 것은 아니나, 근대적 대공장제는 일본과의 개항이 가져온 외래적 소산이었으며 이런 의미에서 이 땅의 근대화는 일본 금융독점자본주의의 산물이었다. 초기적 공업으로 설립된 공장(정미, 전기, 피혁 등)과 근대적 시설(철도, 광산 등)은 한말정부와 美·英·露·淸·日 등과의 합자에 의한 것이 많았고, 그 가운데 일본자본에 의한 것이 지배적이었다.

한국의 근대화과정이 일본 독점자본의 세례에 의한 것은 분명하나, 일본자본은 20세기 초에 이르기까지 한국에 대한 산업적 투자를 주저하였다. 그 이유는 우선 일본제국주의의 제1차적 관심이 한국의 토지시장 지배에 있었고, 일본의 절대적 자본부족과 본국 산업과의 경합회피 등으로 인해 구태여 한국의 공업화에 적극성을 표명할 필요를 느끼지 못하였기 때문이다.

식민지 산업이 독자적으로 발전할 수 없다는 제약은 예정된 결론이었다. 일본은 당초 동양척식회사나 금융적 개발자본을 이 땅에 침입시키는데 주력하였을 뿐 산업자본의 적극도입에는 등한하였고, 심지어는 「조선회사령」(1910년)에서 보듯이 토착자본의 산업계 진출을 방어한 사례 또한 없지 않았다.

식민지경제는 부등가교환을 강요하였고, 그것은 지배자와 피지배자간의 가장 원칙적인 거래관계였다. 일본산업자본의 육성을 위하여 이 땅의 소농은 최대의 기여를 하였다. 풍부한 원료와 저렴한 임금, 그리고 독점적 시장조건은 일제의 본원적 자본축적에 새로운 산업이윤을 누적시켰다.

3. 근대적 토지소유제의 확립

일제하 토지조사사업의 의의와 성과를 보기 전에 먼저 조선말의 토지제도부터 간단히 살펴보자.

조선말의 봉건사회는 그 본래적 체제의 면모를 유지할 수 없을 정도로 지리멸렬하였다. 특히 농민의 토지이탈과 농토의 황폐화로 말미암아 농촌인구의 감소현상과 경지면적의 축소경향조차 막을 길이 없었다. 전래적인 중앙집권적 토지공유제는 허구화하고 기생지주와 소작농이 점차 지배적인 사회계층을 구성하였다. 소작농의 일반화는 토지사유제의 보편화를 말하는 것이며, 이는 봉건사회의 실질적 변질을 의미하는 것이다.

그러면 조선말의 토지제도에 수반된 조세제도(현물지대)나 노역제도(노동지대)는 어떠하였는가?

임진왜란 후부터 형식적으로는 전정(田政), 군정(軍政), 환곡(還穀) 등 삼정(三政)의 조세제도가 존재하였다. 이들 제도가 엄격히 준수되려면 전정의 경우 토지대장의 정비, 군정의 경우 호적의 정비, 환곡의 경우 응분의 준비태세가 필요하였고, 관의 기강 확립은 물론 농민의 부담능력 배양 또한 전제조건이었다. 그러나 당시의 사회는 삼정을 유지하는 데 요구되는 제조건을 충분히 갖추지 못하여 삼정은 결국 형해(形骸)만 남게 되고 도처에 양육강식의 폐풍이 만연하게 되었다.

봉건제도하 농민의 피지배양태는 동서양을 통하여 공통적이라 하겠으나, 조선말 이 땅의 지방 이서(吏胥)·아전(衙前)의 소농에 대한 착취는 정다산의 「목민심서」(1821) '세법'에서 보는 바와 같이 유례를 찾아볼 수 없을 정도로 가혹하였고, 외국인 「비숍」(Bishop, 「서설」, 154쪽 참조)은 이들을 '흡혈귀'로 단정할 정도였다.

이처럼 토지공유제도의 문란(國公有地·共有地·民有地 등의 구분마저 불명확)으로 국권의 정당한 행사가 불가능하게 되자 한말정부는 1894년(고종 31년) 스스로 토지관계의 국가적 정리사업에 착수하였으나 실패하고 말았다. 실패 이유는 사업을 추진할 주체적 역량이 결여되어 있었을 뿐 아니라 일본의 내정간섭이 심하여 독자적 개혁방안을 수립하는 것조차 어려웠기 때문이다.

그러면 일제에 의해 추진된 토지조사사업의 내용과 성과는 어떠하였는가?

일본제국주의는 1905년 한국을 그의 통치하에 넣게 되자 자본주의 각국의 선례에 준하여 토지조사사업에 착수하였는데, 확고한 토지제도의 정비 없이는 식민정책의 기반은 정립될 수 없다고 보았기 때문이다. 토지조사사업은 우선 일제가 자행한 토지수탈의 행적을 합법화하기 위해 필요하였을 뿐 아니라 앞으로 예정된 식민지적 토지투자의 안정성 보장을 위해서도 필요하였으며, 근대적 조세제도의 수립 등 자본주의 생성의 기초를 구축함에 있어 불가결한 준비작업이기도 하였다.

1910년 5월에 시작하여 1918년 10월에 완료된 토지조사사업의 구체적인 내용을 보면 권리자의 신고에 의한 토지소유권자의 확인과 지목·지적·지형 등의 계측, 권리관계의 확정, 토지가격의 결정 등이 중요한 항목이었고, 신고 없는 토지나 국공유지 등의 조사·계측이나 권리관계의 확정 사업이 동시에 이루어졌다.

토지조사사업은 과연 한국의 소농사회에 어떤 의미를 가졌던 것인가?

토지조사사업은 이 땅에 봉건체제의 해체와 근대적 토지소유권의 확립을 가져왔고, 한국자본주의 진행의 기초를 세운 획기적 계기가 되었다. 특히 소농의 생산조건과 관련하여서는 심각한 농업문제의 시발점을 형성하였는데, 그것은 전래적 수조권자(田主)의 토지지배력은 그대고 근대적 소유권으로 인정되는 반면에 경작농민(佃客)의 안정성은 박탈되었기 때문이다. 지주는 자유롭게 자기토지를 처분하고 배타적으로 이용할 수 있는데 반해 경작농민은 어떠한 권익의 주장도 용인되지 않은 채 근대적 소작농으로 전락하고 말았던 것이다.[9]

자본주의의 성립과 더불어 형성된 주요 각국의 토지소유 유형에는 ① 영국형, ② 독일형, ③ 프랑스형, ④ 미국형이 있으나 조선말의 침체된 농업생산력과 외세에 의한 토지조사사업=토지근대화 작업의 결과 우리의 경우 봉건적 기생지주제의 확대와 소작농의 누적, 소자영농의 존속과 그의 점진적 해체를 내용으로 하는 '동양적 소농생산양식'으로 낙착되고 말았다.

토지조사사업이 가져온 근대화제도는 각국의 예에서 흔히 보는 바와 같이 사유지의 국공유지 편입, 공유 또는 공동이용 토지의 사유화 조치를 통해 생산농민의 토지상실과 소작농이나 빈농에로의 전락을 촉진시킴으로써 이 땅의 농업문제의 시발점이 되었다. 즉 총농가호수의 77%에 달하는 지배적 계층이 단순한 소작농 또는 자작겸 소작농으로 전락하여 불과 3.1%의 지주와 대립하는 모순된 토지소유구조를 이 땅에 부식하였던 것이다.

토지제도의 근대화과정은 지세제도의 전면적 개혁(1914)을 수반하였다. 토지조사사업에 의한 토지소유권의 확립과 토지대장의 정비, 그를 통한 납세의무자의 확정과 지세부과기준의 명료화는 근대적 지세제도의 실시는 물론 지세의 원활한 징수를 위한 필수조건이었다. 일제의 재정적 기초는 바로 이를 기점으로 수립되었고, 금납세제의 전면화 조치 또한 이를 계기로 실시되었다.

1916년에 시작하여 1924년에 제1차 사정을 완료한 임야조사사업 또한 토지조사사업과 대동소이한 목적과 방법에 의해 실시되었으며, 소농에 미친 영향은 무주공산(無主空山)을 포함한 국공유의 산지·임야로부터 소농을 구축함으로써 토지조사사업이 가져온 결과와 비슷한 농업문제를 야기하였다.

---

9) 토지조사사업과 후술하는 「산미증식계획」에 대한 보다 상세한 내용은 임병윤 교수의 동경대학 박사학위 논문 「植民地における商業的農業の展開」(東京大學出版會, 1971)를 참조.

② 제국주의하의 농업문제

1. 토지문제의 전개

선생님은 제국주의하의 토지문제를 ① 토지겸병의 양상, ② 빈농의 누적과 전락, ③ 소작문제의 전개로 나누어 고찰하고 있다.

먼저 토지겸병의 양상부터 보자. 한국의 근대적 토지제도는 토지조사사업에 의한 봉건적 토지사유제의 계승형태로 일단락 되었다. 그 결과 자본주의적 경영형태로의 이행이 어렵게 됨과 동시에 소농의 토지상실, 소작농의 누적, 그에 상응한 토지겸병의 확대를 초래하였다. 게다가 일제의 식민지적 토지정책은 이를 더욱 가속화시켰다.

일제 초기 일본인 자본가는 정식 토지매입을 통해서도 값싸게 토지를 점령할 수 있었지만 이보다 더 편리하고 한층 더 싸게 토지를 점령하는 방법이 있었으니 그것은 바로 '저당유실(抵當流失)'이었다. 그 밖에 소농에 대한 악덕지주의 사기, 공갈, 협박, 소송 등은 내외인 간에 공통된 습속이었고, 일제관헌의 부당한 과세10) 또한 소농의 토지상실을 촉구시키는 계기로 작용하였다. 이리하여 내외인 지주, 상인, 고리대업자 등의 토지겸병은 늘어만 가고, 한국인 자영농의 토지소유는 점차 위태로운 상황을 면치 못하게 되었다.

일제하 일본인 소유토지의 전체 토지면적에 대한 형식적 비율은 10%를 크게 넘지 않았으나, 일본인 소유토지는 밭보다는 논, 그것도 기후 온화하고 수리 안전하며 교통 편리한 평야지대에 집중적으로 분포되어 있었다는 사정을 감안하면 문제의 소지는 충분하였다.

토지의 겸병은 일본인에만 한정된 것이 아니라 한국인의 기생적 대지주 또한 폭넓게 분포하고 있었는데, 그들에 의한 토지경병의 수법이나 소작농의 수탈방식은 일본인의 경우와 대동소이 하였다. 다만 한국인 지주에 대한 일본제국주의의 정치적·경제적 압박이 가중됨에 따라 그들의 부담이 소농에게 즉각 전가되었다는 점에서 차이가 있다.

이리하여 대지주와 영세소작농의 계급분화는 가속화되고, 소작농의 궁핍은 심화되는 가운데 토지의 분배상태는 현저히 불균등한 곡선을 그릴 수밖에 없었다. 예컨대, 1930년 말의 통계의 의하면 총지주의 51%는 0.5정보 미만의 영세지주로서 불과 9%의 농토를 소유한 반면, 1.5%에도 못 미치는 10정보 이상의 대지주는 총농지의 24%를 겸병하고 있었다.

다음으로 지주주의적 토지제도, 토지의 무제한 소유 반대편에 서 있는 빈농의 상태는 어떠하였는가? 우리는 토지의 사적 겸병이 농업생산규모의 확대를 가져오기보다는 축소경향을 초래하였다는 사실에 주목할 필요가 있다. 부익부·빈익빈의 과정은 거침없이 진행되었고, 소농의 영세적 생산성을 카바할

---

10) 토지에 대하여 부당하게 고율과세를 하면 소유 농민은 '세금만 면제해 달라'는 식으로 토지를 내놓은 경우가 적지 않았음.

만한 소득원은 찾기 어려워 노작적 단순경영 이외에 그들 노동력의 경제적 가치화는 절망적이었다. 당시 농업인구는 총인구의 8할을 차지할 정도로 산업화가 지연되어 있었으니 농민의 부업·겸업 소득이란 제1차 산업의 잡종업무에 불과하였다. 그러므로 대부분의 소농은 묘액(猫額, 고양이 이마)과 같은 토지에 매달려서 자가노동을 혹사할 수밖에 없는 실질적 농업노동자였던 것이다.

일제하 소농의 빈곤상은 과연 어느 정도였는가?

압도적 다수의 농민의 경우 기근을 피할 길이 없는 가운데 부채 부담만 늘어갔다. 소농의 빈곤이 누적됨에 따라 그들의 토지에 대한 집착은 부질없이 강화되었다. 가혹한 자가노동의 집약적 투하에 의한 절량의 모면이 필사적 노력의 목표였으나 그 또한 여의치 않아 소농의 토지이탈은 불가피하게 되었다. 그들은 임시노동자나 상고노동자(머슴)로 농촌에 머물러 있지 아니 할진대 일가이산, 이민, 입산, 구걸 등이 그들을 기다리는 종착역이었다.

일제하 한국인 자작농의 소작화 경향도 하나의 전락상태를 반영함에 틀림없으나, 만주·일본·시베리아 등지로 향한 몰락농민이나 화전민으로 입산하는 자들은 실로 비극적 행정(行程)이 아닐 수 없었고, 그들이 가는 곳에 민족적 천대, 착취와 수탈 세력, 불합리한 사회문제는 언제나 따라다녔다.

끝으로 제국주의하 소작문제는 어떻게 전개되었는가?

일제하 이 땅의 소작관계는 잉글랜드 지배하에 전개된 19세기 이전의 아일랜드의 그것과 흡사하였다. 철저한 식민주의하 고율적 고문소작료, 불안정한 소작기간 등은 최대한의 착취라는 의미에서 지주주의적 토지제도의 표징이었고, 소작료는 실로 봉건적 지대의 재판이라 하여 무방하였다.

지주주의적 토지제도는 토지의 사유적 집적, 자작농의 소작농화, 자작지의 소작지화 경향을 배출함으로써 소농적 생산양식하 저생산성과 사회적 퇴폐성(頹廢性)이라는 소작문제를 제기하고, 소작문제는 점차 자본주의 경제하 노동문제와 더불어 사회문제의 쌍벽을 이루게 되었다.

일제하 소작료의 책정방식에는 정조(도지, 정액소작), 타조(공익소작), 집조(看坪, 檢見)라는 3가지 방식이 병존하였는데, 어느 것이나 지주의 일방적 편의에 의하여 선택되고 있었던 소작료 수납액의 결정방식이었다. 3가지 방식은 다소의 성격적 차이와 시대적 변천을 보였으나 소작농 수탈의 가혹한 수법이었음은 공통적이었다.

일제하의 소작료율은 꾸준히 등귀하여 토지수익률을 크게 상승시켰다. 여기에 이른 바 '소작료 아닌 소작료'(예: 지세, 수리조합비 등 공과부담, 마름에 대한 각종 사례물, 소작료의 운반비, 지주의 가사노동 등)를 감안하면 지주의 수익률은 일반의 자본투자 못지않은 수준이었다. 이러한 토지수익률은 필경 지가를 앙등시키고, 이는 다시 소작료를 등귀시키는 악순환적 요인이었으며, 농업투자를 제약하는 원인이 될 수밖에 없었고, 궁극적으로는 농업생산력을 정체시키고 소작문제를 격화시키는 기초적 조건을 형성하였다.

소작문제는 소작료의 고율성에만 국한되는 것이 아니라 소작기간의 설정, 소작료의 징수방법,

운반비용, 소작계약의 체결방식에도 있었다. 제1차 세계대전 후 이 땅의 소작문제는 심각한 사회문제가 되었고, 그 후 1930년대의 세계적 공황에 휩쓸리게 되자 한국의 소농, 특히 소작농의 궁핍은 극에 달하게 됨으로써 소작쟁의의 격화를 불러오게 되었다.

한국의 소작쟁의는 1920년 일부지역의 농민에 의한 소작료 감면과 운반비 인상 요구를 계기로 폭발하였는데, 당초에는 15건에 불과하였으나 요원의 불길처럼 전국에 퍼져 1923년에는 176건, 1924년에는 164건에 달하였다. 이 땅의 소작쟁의는 제1차 세계대전 후 급격히 팽배한 민족자결사상과 사회의식의 일반적 발전에 대응한 필연적 소산이었고, 제국주의통치하 농민운동의 선구를 이루는 획기적 주체의식의 진전(<서장>에서 말한 '농업문제의 성립에 대한 주체의식의 발로」)이었으며, 그 성격이 사회운동인 동시에 민족해방운동이라는 의의를 가지고 있었다.

그러면 당시 소작쟁의에 있어서 소작농이 취하는 수단은 어떠하였고, 지주나 당국의 이에 대한 태도는 어떠하였는가?

개별적 소작농은 처음에는 지주의 온정에 호소하고 그들의 반성을 촉구하였으나, 방약무인한 지주의 태도를 접하게 되면서 그들은 같은 마을 또는 수개의 촌락에 걸쳐 상호단결하여 부당한 제부담의 공동 거부, 불경작동맹 감행, 당국에 소작조건 시정 건의 등의 집단행동을 취하게 되었다. 그러나 그들의 투쟁력은 유약하고 지속성 또한 한계가 있어 대개는 좌절하고 말았다. 이 점을 잘 알고 있는 지주는 부분적 설득을 꾀하는 동시에 '소유권만능주의'와 '계약자유원칙'을 내세워 소작농의 요구를 일축하거나, 지주조합을 결성하여 소작계약의 공동해제, 양곡대여의 중단협약 등의 위협수단을 쓰기도 하고, 관헌과 결탁하여 소작인조합의 분열을 획책함과 동시에 '위탁경작제'와 같은 탈법적 계약관계를 형성하기도 하였다.

한편, 관헌 당국의 소작쟁의에 대한 태도는 지주와의 내통하에 소작조합이나 농민조합의 파괴공작, 조합간부나 지도적 인물의 검속, 쟁의 선동혐의자에 대한 혹독한 처벌로 임하였다. 일제의 탄압에도 불구하고 소작관계를 둘러싼 분쟁이 계속 악화되자 당국은 1928년 「임시소작조사위원회」를 설치, 사태를 면밀히 조사시키는 동시에 그의 답신에 의거하여 ① 서면계약의 권장, ② 소작료 인상 및 소작권 이동의 제한, ③ 소작지 전대의 제한, ④ 계속적 소작의 장려, ⑤ 소작권 상속의 보장, ⑥ 소작료 체납에 대한 유예 권장, ⑦ 정액소작제의 실시 권장, ⑧ 소작료 운반비 부담의 조정, ⑨ 공정 소작료의 책정, ⑩ 사음(舍音)의 폐해 방지 등의 소작관행 개혁안을 수립하였다. 그러나 이들 방책은 법적 조치라기보다는 통첩에 불과하여 실효를 거두기에는 한계가 분명하였다. 그 후 각 도에 소작관을 배치(1929년)하여 소작분규의 조정을 전담시키는 방안을 추가하였으나 이 역시 호도책에 불과하여 근본적 사태해결책은 되지 못하였다.

2. 식민지경제의 발전과 농업공황

선생님은 일본 제국주의와 더불어 전개된 식민지 한국의 역사적 과정을 4 단계로 구분하였다. 첫째는 한일합병 전후부터 제1차 세계대전의 종말에 이르기까지의 무단적 초창기, 둘째는 1920년경부터 1930년대에 이르기까지의 식민주의 확립기, 셋째는 1930년대의 농업공황기, 마지막 단계는 일제의 대륙침략기이다. 이를 다시 농업면에서 고찰하면, 제1단계는 토지수탈을 기축으로 한 본원적 자본축적기, 제2단계는 산미증식을 중심으로 한 농민지배운동과 소작문제의 본격적인 전개 시기, 제3단계는 농산물가격의 폭락, 쉐레현상의 격화로 특징지울 수 있는 농업공황기, 제4단계는 농민의 가혹한 전시적 부담 시기라 할 수 있다. 그런 다음 선생님은 식민지경제의 발전과 농업공황에 대해 ① 식민지시장의 확대 강화, ② 식량증산정책과 소농경제, ③ 농업공황과 농민시책, ④ 침략전하의 농업문제 등 4개의 항으로 나누어 고찰하고 있다.

먼저 식민지시장의 확대 강화부터 보자. 일본제국주의의 식민지 한국에 대한 지배방침은 자국의 상품시장을 이 땅에 개척하고 동시에 자국이 필요로 하는 식량과 공업원료를 독점적으로 공급하는 것이었다. 화폐·금융제도의 확립은 바로 이를 위한 선행적 방편이었으며, 토지·광산·산림 등의 본원적 수탈은 그 기초적 자본형성의 방도였다. 그들의 목적이 이 땅의 자본주의화를 의도하였다고는 보기 어렵고, 이 땅의 상업자본이나 산업자본의 축적이 있었다면 그것은 식민정책의 반사적 결과에 불과하였다.

당시 상업자본이나 고리대자본과 병행하여 계통농회나 면작조합, 양잠조합, 축산조합 등은 일제의 선봉으로서 소농생산과 그 생산품의 수집 처분에 큰 기능을 발휘하였는데, 무리하게 생산케 하여 무리한 가격으로 사들이는 것이 그들의 기본적 행태였다. 각 조합은 조합원인 생산농민에 대하여 자금이나 자재의 알선과 생산품의 공동판매를 도모하는 것이었으나 그들의 종국적 사명은 식민정책의 원활한 수행이었으며 관의 대행기관에 불과하였다.

한일합병을 계기로 일본인 상권은 크게 팽창하여 이 땅의 도시와 농촌을 석권하게 되었고, 무역면에서는 일본인의 독무대였다. 그 가운데 특히 일본인 무역상의 정미업 겸영은 일제하 농업문제의 조건으로서 중요한 위치를 차지하였다. 일본인 무역상은 대소지주로부터 조곡을 싼 값에 매입하여 도정한 다음 일본의 현미수요에 대응하였는데, 당시 농민 일반의 보관시설과 정미시설 부족은 이들 업자의 수익을 영속화시키는 조건이 되었다.

일본제국주의는 식민지 한국의 지배과정에서 처음에는 상품시장화에 주력하였고, 그 후 점차 산업자본의 도입과 이 땅의 직접적 개발에 나서게 되었다. 그런데 일본인 투자에 대한 이윤의 원천은 한국인 노동자의 저렴한 임금과 한국 농민의 부등가교환적 원료공급, 즉 한국인 노동자·농민의 잉여노동력에 있었다. 사실 한국인 노동자·농민은 식민지 한국의 자본시장에 기여하였을 뿐 아니라 일본 본국의 자본축적에 크게 공헌하였다.

다음으로 일제의 식량증산정책이 소농경제에 미친 영향에 대해 살펴보자.

일본은 그 봉건체제하에서 본래 심각한 「맬더스」적 식량부족 상태에 놓여 있었고, 산업자본의 융성기에 앞서 인구문제(식량문제)는 극에 달하였다. 한일합병 이후 제1차 세계대전을 겪게 되자 일반 물가의 앙등에 수반하여 미가가 폭등함으로써 전국적인 '미(米)소동'(1918년)을 겪게 되었다. 이에 일본은 식민지 한국과 대만의 미곡생산에 큰 기대를 걸고 산미증산계획을 추진하였다.

제1차 산미증산계획은 주로 수리사업에 대한 재정보조를 통해 1920년 이후 15년간 약 9백만섬의 정곡을 증산하고, 그 중 8백만섬을 일본으로 수출하는 것이 종국적인 의도였다. 산미증산계획은 일본 본국의 식량수급에 기여할 뿐 아니라 국내 기생지주층에게도 각별한 복음이 아닐 수 없었는데, 증산에 의한 토지가격의 등귀와 소작료의 증대는 지주의 이익이었기 때문이다. 그러나 현실은 기대와는 달리 곡가는 하락하였고, 금리의 상승이 지가를 억압하였으며, 무엇보다 목표로 한 증수효과가 크지 않았던 것이다.

1926년 재출발한 제2차 산미증산계획은 본래의 투자계획을 변경하여 향후 14년간 820만섬의 미곡증산을 목표로 정하고, 토지개량비의 적극적 저리융자를 도모하는 것에 중점을 두었다. 제2차 계획은 다소의 증수효과를 거두긴 하였으나 1930년대의 공황에 돌입하게 되자 계획 추진이 난관에 봉착하여 1934년 중단하게 되었다.

제2차 계획의 중단은 1930년 일본의 미곡 풍작과 그로 인한 곡가 폭락이 직접적인 동기이긴 하나 일본식민정책의 실체를 여실히 드러낸 것이라 하지 않을 수 없다. 요컨대, 일본의 곡가 폭락과 농가의 수입 격감 문제의 근본적 원인은 결코 식민지 한국 농민의 증산의 결과가 아니라 세계적 경제공황과 그에 취약한 일본 농업구조의 결함에 있었던 것이다. 그럼에도 불구하고 일본 정부와 국회는 미곡통제법(1933년)을 공포하여 식민지의 산미에 대하여 그의 수입·보관 등에 특별한 조치를 강구함으로써 자국 농민의 부담을 식민지 농민에게 전가시키려 하였다. 당시 이 땅의 농민들이 정책전환의 혼란을 겪게 된 것은 이러한 반동의 소산이었다.

그 후 일본제국주의의 침략정책이 만주대륙에 대한 무력행사로 발전되자 식민지 한국의 농민은 다시 산미증산계획하에 들어가게 되었고, 그로 인해 무거운 증산책임하에 강력한 공출제에 의한 압박과 수탈을 당하게 되었다. 이 땅의 소농은 혹독한 공황의 상처를 회복할 겨를도 없이 제2차 세계대전이 가져온 가혹한 시련을 겪게 되었던 것이다.

다음으로 일제하의 농업공황과 그에 대응한 일제의 농민시책은 어떠하였는가? 일제하 이 땅의 농업공황은 산미증산계획, 면화증산계획, 잠업장려운동 등에서 보듯이 전단계(제2단계)에 이미 내재되어 있었다. 식민지 한국경제의 대일의존도는 절대적인데 비해 일본 내 독점자본의 지배력은 이 땅의 농업 사회에 깊숙이 침투되어 있었으므로 세계적 불황의 파급효과는 식민지 한국에 있어서 더욱 극심할 수밖에 없었다. 그 이유는, 공황은 본성상 고도화한 자본주의하에서 맹위를 발휘하며,

쉐레현상 또한 제국주의적 독점자본주의의 생리로서 소농에게 그 무거운 부담을 전가시키기 때문이다.

농업공황기에 들어서자 이 땅의 소농경제는 말할 수 없을 정도로 곤궁하였다. 곡가의 폭락은 지주를 당황케 함과 동시에 그 효과는 즉시 소농에게 이중적 부담으로 전가되었다. 소작료의 인상으로 소작문제가 격화되었고, 농민의 계급적 분화과정이 촉진되었으며, 농가의 부채가 누적되었고, 춘궁농민 · 화전민 · 결식자가 급증하였다. 바야흐로 농촌의 위기는 긴박하였고, 소농의 생활상은 절망상태였으며, 도시 실업인구의 농촌압박과 잠재실업의 급격한 증가 또한 파국적이었다.

이에 일제의 농민대책은 당초의 탄압정책에서 유화정책으로 전환되었다. 이른 바 자력갱생, 농촌진흥운동이 일제가 내세웠던 전환된 정책이었다. 자작농창설사업이 추진되고, 소작제도의 개선책이 강구되었으며, ‘남면북양(南綿北羊)’ 등의 생산정책을 적극적으로 추진하였다.

끝으로 앞에서 보류하였던 제4기 침략전 하의 농업문제에 대해 좀 더 구체적으로 살펴보자. 1930년대의 격심한 공황의 물결에 휩쓸리게 된 일본자본주의는 그 위기를 우선 대륙침략으로 타개하고자 획책하였다. 독점자본과 군부세력은 결탁하여 만주를 침공하고 대륙시장의 개척에 나섰다. 1937년에는 중국 본토를 유린하고 무력으로 그의 경제권을 넓혔으며, 1941년 12월 미국에 선전포고를 함으로써 제2차 세계대전에 돌입하게 되었다.

일본제국주의는 대륙경영에 앞서 일단 식민지 한국의 병참기지화에 주력하였는데, 식량증산 정책이나 농촌진흥운동은 바로 그 일환이었다. 전시체제하 농업생산에 대한 정책적 요청은 우선 1939년의 제3차 산미증산계획으로 구체화되었는데, 그것은 무리와 모순의 표본이었다. 전시하 극심한 자재부족과 강력한 공출제하의 시책이고 보니 증산이 가능할 리 만무하였고, 생산농민의 빈곤은 누적되고 그들의 심신은 극도로 피폐하였다. 일제 관헌의 성화같은 독려에도 불구하고 증수효과는 부진한 실적을 보였을 뿐이고, 1939년의 대흉작과 그 후 전개된 노동력 동원은 식량생산계획을 지리멸렬하게 만들었다.

식량의 공출에 있어서 일제는 당초 어느 정도의 생산비보상주의를 가식하였으나 전시체제의 강화와 더불어 식량 수요의 증대, 인플레이션의 앙진은 생산비의 보상정책을 허구로 만들었고, 오히려 식량전쟁의 명목하에 저렴한 책정가격에 의한 양곡의 약탈적 수집이 점차 공공연하게 되었으며, 그 결과 쉐레현상은 격화되었다. 그리고 풍부한 잠재실업에도 불구하고 기간노동력 동원의 전면적 강화는 농업생산의 일반적 위축을 가져올 수밖에 없었다. 전시체제의 강화에도 불구하고 소작쟁의는 끝까지 종식되지 않은 사회문제의 하나였다. 다만 식량공출제의 강화는 지주의 토지소유욕을 감퇴시켰고, 일제말의 통계는 자작농 비율의 상승을 보여주고 있으나 그 중에는 전시하 식량의 자급을 위한 지주의 소작관계 해소(= 자작화)도 있었음을 간과하여서는 안 될 것이다.

③ 국가자본주의하의 소농경제

1. 농지개혁과 소농

제2차 세계대전이 연합군의 승리로 끝남에 따라 1945년 8월 15일 한국 인민은 오랜 식민지로부터 해방되었으나 통일적 독립은 보지 못한 채 남한에는 자본주의, 북한에는 사회주의라는 체제적 대립을 보게 되었다.

그러면 농업생산의 기초적 조건인 토지제도와 관련하여 남한의 국가자본주의는 무엇을 추구하였는가? 미군정은 해방 직후 '토지는 농민에게'라는 거족적 요구가 치열하였음에도 토지제도에 관한 한 근본적인 개혁책을 마련하지 못한 채 1945년 10월 소작료의 3·1제를 단행하였다. 그러나 3·1제의 실행은 일부 지주측의 반발로 간단하지 아니하였는데, 그것은 이 땅의 소작농을 예속상태에 놓아 둔 채 봉건적 착취를 계속하겠다는 시대착오적 행적이 아닐 수 없었다.

미군정은 1948년 3월 「중앙토지행정처」를 설치하여 우선 신한공사 소속의 귀속농지를 분배하는 토지개혁책을 추진하였으나 실현을 보지 못하였는데, 그 주된 이유는 표면상 토지개혁을 말하면서도 내심 이를 저지하려는 지주측의 정치적 책동 때문이었다. 이와 같은 지연책은 기생지주로 하여금 토지를 방매케 하는 기회를 제공하였고, 소작농으로 하여금 고가의 토지를 획득케 하는 제2의 폐단을 초래하였다. 이 점은 해방 당시의 소작지면적과 농지개혁시 실제로 매상한 농지면적간의 현격한 차이로서 입증되는 사실이다.

1948년 8월 15일 정부수립과 함께 신헌법 하에 농지개혁정책은 드디어 본격적 체제를 갖추었다. 그것은 경자유전의 원칙하에 기생지주제의 완전제거를 목적하여 자작농의 전면적 창설을 강행하는 것이 그 기본적 취지였다. 그리고 우여곡절 끝에 1949년 6월 "농지를 농민에게 적절히 분배함으로써 농가경제의 자립과 농업생산력의 증진으로 농민생활의 향상 내지 국민경제의 균형과 발전을 기한다."를 제1조(목적)로 하는 농지개혁법이 제헌국회를 통과하였다.

농지개혁법의 제정에 앞서 토지매수와 분배방식을 둘러싸고 유상매수·유상분배안, 유상몰수·부상분배안, 무상몰수·무상분배안이 대립하였다. 일견 자본주의 사유재산제도의 원칙을 끝까지 고수한다면 유상의 방식을 따르는 것이 옳은 것처럼 보이나, 한 걸음 깊이 농지개혁의 근본원인을 따져보고 그의 성과에 대한 보장을 생각할 때 '유상주의'에는 이론적 수미일관성이 결여되어 있는 것이 분명하다. 유상주의는 결국 지대(소작료)의 전부 또는 일부를 농민의 부담하에 지주에게 끝까지 보상하는 조치이니 지대의 박멸을 목적으로 하는 농지개혁의 근본취지에 부합되지 않는다. 결국 한국의 방식은 유상주의에 보다 충실한 편이었는데, 이는 보수적 정치세력이 우세하였던 당시의 사정을 그대로 반영한 결과이다.

그러면 남한의 농지개혁은 당초 기도한 바의 제목적을 어느 정도 달성하였는가?

남한의 농지개혁은 전후 미국의 국제정치와 세계시장 재편정책의 일환으로서 큰 의미를 가졌다. '건전온건한 민주주의 수립'과 '강력한 압력에 대응한 확실한 방어'가 그 함축된 목표였으며, 민심수급과 유산계급의 형성이 그 정치적 동기였다. 그리고 중산농민계층의 육성이 기도됨과 아울러 중간적 착취계층인 기생지주를 배제함으로써 국가적 대자본 또는 독점자본이 소농경제와 직결하는 신기반을 구축코자 하였다. 그 밖에 농지개혁에 기대할 수 있는 부수적 목적에는 소농규모의 조정, 농업생산력의 간접적 촉구, 식량정책에 대한 기여 등도 포함되어 있었다.

소농대중의 집요한 토지소유욕이 충족되지 않고서는 민심의 안정을 보장할 수 없었던 당시의 사정을 감안할 때 농지개혁이 그러한 위기의 타개목적을 위하여 기여한 성과는 결코 적지 않았다. 그러나 '국민경제의 균형적 발달'은 허구적 기대에 지나지 않았고, '소농규모의 조정' 또한 보잘 것이 없었다. 다만 농지를 분배받은 농민의 상환양곡은 국가 식량수급에 크게 기여하였고, 소작문제의 해소를 일단 보게된 것도 성과라면 성과라 할 수 있다. 그러나 소작관계는 재생하여 오히려 공공연한 사태로 진행되고 있음이 목격되고 있다.

농지개혁의 실적이 제한적일 수밖에 없었던 근본원인은 자본주의경제 전체에 관련된 문제임에 틀림없으나, 사후대책의 결여에 따른 소농의 토지상실, 유상주의의 본질적인 결함, 상환양곡 부담의 과중, 수배(受配)농지의 상환기간이 너무 짧았던 점, 대상농지가 지주측의 예매에 의하여 불리한 조건하에 소작농에게 매도된 점, 곡가의 보장이 없었던 점, 농지개혁과 동시에 농업협동조합의 체제가 완비되지 못한 점 등도 중요한 요인이라 할 수 있다.11)

2. 재정 · 금융과 농업문제

선생님은 국가자본주의하의 재정 · 금융과 농업문제를 ① 인플레이션하의 소농부담, ② 재정투자와 소농경제, ③ 금융기구와 소농경제로 나누어 고찰하고 있다.

적자재정하 불환지폐의 홍수 속에서 정부수립을 맞이한 데다 6·25사변의 발발로 사태는 더욱 악화되어 통화량은 1950~1962년 사이 130배를 넘었고, 물가지수는 그보다 더욱 높은 배율로 상승하였다. 그 사이 2회에 걸친 통화개혁이 있었음에도 불구하고 이렇다 할 재정안정을 보지 못한 채 국민대중의 부담만 늘어갔다.

그러면 재정 인플레이션은 소농에게 어떠한 정책적 부담을 안겼는가? 정부의 일관된 양곡수집을 비롯한 현물세제의 추진, 잉여농산물 도입에 의한 농업생산의 억압, 수세 등 각종 공과 부담으로 인한 생계압박 등이 주요한 부담으로 작용하였다.

---

11) 박진도는 농지개혁의 역사적 의의를 반봉건적 토지소유의 해체와 자작농적 토지소유의 창출=한국사회의 자본주의적 발전의 기초 형성이라고 파악하고 있고(박진도, 1993: 133), 박석두는 "현재의 한국 농업을 보면 극단적으로 말해 '농지개혁을 통해 소작제란 상처는 치유되었지만 농업이란 환자는 죽어가고 있는 것'이 아닌가. 따라서 농지개혁은 실패로 귀결되고 만 셈"이라고 하였다(박석두, 1993: 79).

잉여농산물은 당초 6·25사변 직후의 식량부족과 흉작을 계기로 도입되었으나, 전시 인플레이션의 수속에 특별한 자료로 이용되었고, 팽대한 국방비를 그 판매대금으로 충당할 수 있었으며, 막대한 군량의 수요를 잉여농산물로 충족시킬 수 있었다. 그러나 시기를 가리지 않은 무절제한 도입과 불합리한 처분방식은 농산물가격의 편파적 억압으로 농민의 일방적 희생을 요구하였을 뿐 아니라 인플레이션 조절에 있어서 균형적인 성과를 올리지 못하였다.

그러면 국가자본주의의 적극적 측면인 재정투자는 이 땅의 소농경제와 어떠한 특징적 관련을 가졌던 것인가? 재정투자는 국고수입에 의한 정부활동의 적극적 운영인 동시에 그의 생산적 지출이라 할 수 있다. 그러므로 각 분야에 대한 투자 비중은 국가자본주의의 관심도를 나타내는 척도로 쓰인다.

그동안 국가자본주의는 통례적으로 상공업 투자에 치중하는 반면 농업투자에 대하여는 소극적인 재정방침을 세우고 있음이 주목된다. 이 점은 제1차 5개년계획의 투자배정에서도 명백히 실증된 사실이나, 그 이유는 자본주의 경제정책의 본성에 기인한다. 국가자본주의는 주어진 경제성장 목표를 급속히 성취하기 위해 그 투자계획은 성장률에 대한 기여도가 높은 산업을 선호하기 마련이다. 여기서 우리는 국가자본주의의 시책이 독점자본의 이익과 부합되고 있다는 사실을 직감하게 되는 것이나, 그럼에도 불구하고 우리는 이러한 투자계획에 대한 궁극적 가치판단을 해보지 않을 수 없다. 농업투자의 실질효과는 그 생산성 여하에 불구하고 전체 경제의 안정이나 공업생산의 지원에 대한 파생적 효과를 올리는 것이며, 국가적 농업투자의 제약이 일반의 농업투자를 기피하게 만드는 요인도 되는 까닭이다.

총체적으로 평가하여 한국재정의 실적에 있어서 농업투자의 비중이 소농경제의 희생적 부담을 보상하지 못하고 있다는 것은 분명하고, 그로 말미암아 전체 경제의 안정성이 위태롭게 되었다는 것 또한 감출 수 없는 현실이다.

끝으로 금융기구와 소농경제의 관계에 대해 살펴보자. 해방 직후부터 소농 본위의 농업신용기관이나 금융조합의 본질적 협동조합화가 요청되었으며, 농지개혁에 수반하여 그러한 지원단체의 보급이 일찍이 기대되었으나 비농민적(또는 반농민적) 기구로서의 금융조합이 그 후 농업은행(1956년 2월) 또는 농업협동조합(1961년 7월)으로 이름만 변경되었을 뿐, 아직 우리는 이 땅에 명실상부한 조직을 갖추지 못하고 있는 실정이다.

현실은 이들 농업금융기구가 오직 재정적 융자금의 고리적 매개단체로서 비대하여 왔고, 비료의 공급을 비롯한 구판매사업의 영위자로서 존속하고 있다. 그 결과 이들 기구는 꾸준히 번영하여 왔으나 조합원의 경제에는 기여하지 못하는 모순된 현상이 나타나고 있다.

V. 금융자본주의하의 영세농(「서설」의 제3장)

① 영세농의 양태

1. 소농논쟁의 윤곽

선생님은 「서설」을 발간하기 10년 전인 1957년에 "금융자본주의하의 영세농의 성격: 일제하의 영세소작제를 중심으로"라는 국내외 학계가 주목할 만한 논문을 발표하였고, 본 장은 이 논문에서 전개된 이론을 기초로 하고 있다.

위 논문에서 선생님은 종래의 봉건파(일본의 강좌파)와 공식파(자본주의파, 일본의 노농파)의 소농이론이 산업자본주의 단계의 낡은 이론이라고 비판하고, 금융자본주의 단계에서는 금융자본의 최대이윤의 확보가 경제의 기본법칙이라는 새로운 패러다임을 제시하고, 이 단계에서 지대는 금융자본의 이윤 혹은 이자로 전화하고, 지주는 평균이윤을 수취하는 산업자본가로 되고, 영세소작농은 독립경영자적 의의를 상실하여 임노동자로 된다고 주장하였다.

영세농은 자본주의사회의 발전과 더불어 어떠한 범주적 성격을 갖는 것인가? 영세농의 성격은 마르크스와 엥겔스의 고전에서 보듯이 "비자본제적 생산형태인 동시에 자가노동을 충분히 소화시킬 수 없을 만큼 소규모의 경영주체, … 자가식량을 조달하기가 쉽지 않은 반자급적 소농, … 자본주의 경제기구하 상품의 교역, 화폐의 대부관계를 떠나서 존립할 수 없다는 것, … 소토지소유자로서 완전한 무산계급이 아니라는 점, 그리고 과소농(영세농)경영이 소작지에서 이루어진 경우 소작료는 이윤의 부분을 포함하며 심지어 노임으로부터의 공제부분을 포함함으로써 명목적인 지대에 불과하고 노임 및 이윤에 대립하는 하나의 독립적 범주의 지대가 아니라는 점, 그리고 영세농은 자본주의의 발달과 더불어 몰락의 위험에 처해 있다."

자본주의사회에서 보는 영세농의 일반적 현상형태가 이와 같다 하더라도 일제하의 우리의 영세농, 특히 영세소작농이 어떠한 범주적 성격을 가졌으며 그가 어떠한 형태적 진화의 과정을 밟고 있었던가는 구체적인 입장에서 새로운 검토가 필요하다.

일제하 한국의 영세농이 공업의 발전과 더불어 자본주의의 전형적 과정을 밟아 나가느냐(공식파=자본주의파의 견해), 그렇지 않고 오히려 봉건적인 후진성을 더욱 심화시키느냐(봉건파의 견해)는 영세농의 성격에 관한 대립적인 논의는 1930년대의 농업공황을 계기로 전개되기 시작하였다.

먼저 봉건파의 견해로 "조선의 농촌사회는 외래자본주의와의 불가피적 접촉에 의하여 자본제적 융통 및 축적의 궤도 내부에 급격히 그리고 긴밀히 종속=편입되어 그의 봉건성 해체를 위한 자극과 충동을 부단히 받아 왔음에도 불구하고, 본질적으로는 금일에 이르기까지 봉건적=반농노적인 수취관계의 제특징을 확보 지속하여 나감으로써 오로지 비자본주의적 외위로서의 역사적 과제에 충실을 다하고 있다."는 印貞植의 주장을 소개하고 있다.

다음은 공식파의 견해로 "비록 영세농이라 할지라도 그 외형 여하에 불구하고 그는 자연경제를 일찍이 탈피하였으며, 바로 자본주의경제의 기구적 일환으로서 존립한다. 그리하여 그는 발전된 화폐경제 가운데 근대화를 부단히 지향하는 사회구조의 과도적 한 형태이다."라는 朴文秉의 주장을 소개하고 있다.

일제하 한국 내에 전개된 봉건파와 공식파(자본파)의 대립은 일본자본주의의 성격규정에 관한 강좌파와 노농파의 '일본자본주의논쟁'의 이식이라 할 수 있다. 강좌파(山田盛太郎, 野召榮太郎, 平野義太郎, 近藤康男 등)는 자본주의하의 일본농업을 반봉건적 생산관계로 규정하되 특히 20세기 초 독점자본의 진행과 더불어 심각화하였다고 주장하고 있는 데 대하여 노농파(向坂逸郎, 節田民藏, 土屋喬雄, 大內力 등)는 "농산물은 벌써 상품인 것이고 농민경제는 전사회의 상품생산관계 가운데 있는 것이며, 소경영은 자급자족적 성질을 탈피하고 있다. … 상품화는 소경영이 가진 봉건적 성질을 파괴하여 버렸다."고 주장하고 있다.

선생님은 식민지시대의 농업문제에 대한 종래의 봉건파 및 공식파의 견해를 모두 비판하고 있다. 즉 "그들은 무엇보다 문제의 제조건을 광범한 시야에서 비판적으로 인식하지 못하였다는 것, 따라서 우리들로 하여금 문제에 내포된 보다 본질적인 의의를 충분히 이해할 수 없게 하였다는 것, 그럼으로써 그들은 문제에 대한 결정적인 지표의 정립 없이 결국 상대적 논쟁의 교환으로부터 그의 타협에 이르는 과정을 밟고 말았다. … 요컨대, 그들에 있어서 영세농의 표면과 이면의 동질성과 이질성은 아직 명백히 밝혀지지 않고 있다."는 것이다.

2. 금융자본 · 농업공황 · 영세농

그러면 우리는 공식적인 자본주의화론을 따를 것인가, 아니면 봉건파의 견해를 따를 것인가? 결론부터 말하면 두 견해 모두 오류를 범하고 있다.[12]

먼저, 전통적 공식주의 견해의 경우 문제의 대상(영세농)에 대하여 있어야 할 전제적 지배조건의 기반을 산업자본주의에 둠으로써 이미 발전된 금융독점자본주의하의 영세농이 아니라 단순히 산업자본주의하의 영세농을 대상으로 하는 역사적 후진성을 면치 못하고 있다. 따라서 이들의 이론체계는 본래적(초기적) 자본주의의 공식적 진행론에 충실한 나머지 현실적 지배조건과 피지배조건의 상호관계에 눈을 감았다는 비판을 면할 수 없는 관념적 인식의 소산일 뿐이다.

다음으로 봉건파 또한 문제의 기저적 조건을 규정함에 있어서 외래적 금융자본주의의 현실적 지배성을 정당하게 파악하지 못하였다. 그들이 비록 일제하 영세적 소작관계의 강제적 지배조건을

---

12) 김준보 선생님은 자신이 봉건파인지 공식파(자본파)인지 명시적으로 밝히지 않았으나, 안병직 교수와 주종환 교수는 선생을 후자로 분류하고 있다.

보았다 할지라도 발달된 자본주의와 침체된 영세농의 상대적 위치를 형식적으로 추구함에 그쳤을 뿐 독점적 금융자본의 전체적 지배관계, 그로 인한 영세농의 사회성격적 변질관계를 충분히 인식하지 못하였다는 점에서 공식파의 결함보다 더한 약점을 보이고 있다.

그러면 산업자본주의 단계와 금융자본주의 단계에 있어서 영세농이 존속하는 근본적인 조건은 어떻게 다른가? 우선 자본주의 발전단계에 따라 이윤추구 법칙이 각각 다르다. 개별적 산업자본은 그의 이윤을 생산과정에서 추구함이 원칙이나 독점적 금융자본은 그의 최대한 이윤을 전체 경제의 유통기구에서 확보한다.

일찍이 독점단계에 도달한 일본제국주의=금융적 독점자본주의는 '최대의 편의와 최대의 이익'을 위하여 식민지 한국에 침입하였고, 그로 말미암아 이 땅의 화폐경제는 발전되고 자본축적의 기초조건이 정비되었다. 그에 있어서 평균이윤이 기준이 아니라 최대한의 금리와 최대한의 화폐적 이윤확보만이 활동목표이므로 그는 식민지의 소농경제를 스스로 지배함으로써 다른 자본(산업자본)의 소농지배를 적극적으로 배제하였다. 그 결과 농기업(농업자본가)의 독립적 발전성은 제약되고, 기생지주(토지자본가)의 세력 또한 약화될 수밖에 없는 가운데 일제의 금융자본만이 독점적 지배력을 강화하게 되었다.

봉건파의 견해를 계승하고 있는 안병직 교수는 자본주의파로서 선명한 논리를 보여주고 있는 김준보 선생의 이상과 같은 주장에 대해 다음과 같은 비판적 입장을 보이고 있다.

> 그는 두 가지 점에서 전통적 이론과는 다른 논리를 전개하고 있다. 첫째, 그는 금융독점자본의 기본 특징을 생산에 있어서의 독점의 성립에서 찾지 않고, 유통과정에 있어서의 독점적 이윤에서 찾고 있다. 그 때문에 식민지에 있어서는 산업자본이 성립하지 않더라도 농업의 상품생산이 이루어지는 한 금융자본의 독점적 이윤은 실현될 수 있다는 것이다. 둘째, 금융자본은 식민지에 있어서 산업자본의 대두를 억제한다는 것이다. 왜냐하면 식민지에 있어서의 산업자본의 발전은 금융자본에 귀속될 이윤을 감소시킬 것이기 때문이다. 여기서 그는 금융자본을 독점적 산업자본의 존재양식으로 파악하지 않고 산업자본과 대립하는 것으로 파악하고 있다.
>
> 우리는 여기서 그가 식민지경제를 연구함에 있어서 생산과정의 분석보다 유통과정의 분석에 역점을 두는 논리를 발견하게 되는 것이다. 이러한 논리는 그의 특유의 논리가 아니고, 생산과정에 관한 분석이 없이 자본에 의한 농업의 지배라는 측면에서 농업경제의 성격을 규정하려는 자본주의파 일반에 공통적인 논리이다. 그렇기 때문에 그의 이론에 있어서는 농업에 있어서 영세소농의 보편적 존재, 소작료의 현물형태, 전통적인 고율소작료 및 농산물가격의 계절적 변동 등도 생산과정에 있어서의 전근대성을 반영하는 것이 아니라, 오히려 금융자본의 독점적 최대이윤을 보장하는 기구로서 온존되고 있는 것이다. (안병직, 1986: 234)

독점적 금융자본이 그의 우세한 기능을 소농경제 위에 발휘할 때 농공상품간의 쉐레현상은 불가피하고 농업공황은 바야흐로 현재화 한다. 일제하 농업공황은 바로 이러한 정세 하에 생성한 것이나 영세농의 경우 특유한 내면적 조건을 형성한다. 농산물가격의 폭락은 영세농에 있어서 직접적 제약의 요인인 동시에 간접적 부담의 전가를 초래하는 계기이다. 전자는 영세농이 상품생산자로서 기능하는 한도에 있어서 그러하고 후자는 그의 경제적 예속성에서 비롯되는데, 이것이 바로 1930년대 농업공황기에 목격한 소농의 피지배조건의 자태이다.13)

② 금융자본의 농업지배

1. 지주의 변질기구

그러면 위와 같이 금융독점자본의 경제법칙, 즉 '최대이윤=최대금리'의 법칙이 지배하는 단계에 있어서 지주·영세소농·지대는 어떠한 성격의 변화를 겪게 되는가? 선생님의 견해에 의하면, 지주는 '산업자본가화', 영세소농은 '노동자화', 지대는 '이윤화'된다는 것이다.

우선 지주의 성격변화부터 보기로 하자.

독점적 금융자본은 우선 그 예하의 은행자본이나 산업자본을 통하여 국내시장을 농단하고 세계시장에의 부단한 진출을 추구한다. 그에 있어서 종국적 목적은 두 말할 것 없이 최대한 이윤의 확보에 있는 것이며, 그를 위하여 정치적 투쟁이나 전쟁을 불사하는 것이다.

금융자본은 어떻게 지주로부터 초과이윤(잉여노동)인 지대를 빼앗아 가는가? 토지금융에 의한 직접적 대차관계의 이자형태로 획득함이 일반적이나, 소작입법이나 토지조세입법과 같은 간접적 지배수법 또한 없지 않다. 그 결과 지주의 지대는 제약되고 종국적으로 소농생산의 제약을 초래하지 않을 수 없다.

이에 지주는 지대의 일부 또는 전부를 빼앗기거나, 그렇지 않으면 새로운 기구적 위치를 차지하는 자기를 찾지 않을 수 없게 된다. 당연한 결과로서 지주는 상실한 지대부분을 소작농으로부터 보충코자 하고 소작료는 더욱 고율화하기 마련이다. 그 한계점은 지주에 있어서 적어도 일반 산업투자의 수익률을 넘어야 하며, 그 이하일 때 소작관계는 당연히 해제된다. 소작료의 직접적 인상이 어려울 때 조세·공과의 부담전가로 커버하기도 한다.

그리고 발달된 경제제도하(금융자본주의하)의 지주는 봉건적 지주로 머물러 있기에는 너무나 민감한 타산적 이윤추구자이고, 그들은 단순한 지대 수취자의 위치로부터 한 걸음 자본가적 이윤추구자의 입장으로 전환하게 된다. 이 점은 그들을 고립적 존재로 보지 않고 금융자본과의 관련 하 소작농과의 대립 하에 전체적·기구적으로 통찰할 때 비로소 노정되는 성격이다. 특히

---

13) 김준보 선생님은 한국농업경제학회 창립 40주년 기념강연에서 해방 직후 학계에 들어서게 되자 이 문제(봉건파–자본 파 논쟁)에 접근하지 않을 수 없었던 이유와 한국과 일본 두 나라의 소농생산양식에는 차이가 거의 없음에도 불구하 고 소농의 지배세력적 조건이 크게 다름을 강조하고 있다(김준보, 1997: 232).

영세적 소작농의 노동자화 과정을 아울러 생각할 때 지주의 자본가화 과정은 더욱 뚜렷해진다.

사실 일제하 한국내의 많은 일본인 대지주는 그 객관적 양태에 있어서 뿐 아니라 각자의 주체적 행동에 있어서 기업농(농업자본가)의 일면을 보였고, 한국인 대지주 또한 구태의연한 봉건적 기생지주가 아니라 일본인 대지주와 거의 마찬가지 입장에서 점차 자본가적 수익의 타산자로 되었으며, 그의 영리적 목표기준 또한 제1차적으로 산업의 투자수익률이었음이 일반적 동향이었으며, 한국인 중소지주 또는 영세지주 역시 영리성은 박약하다 하겠으나 봉건적 기생성으로부터 전기적 자본가로서의 변질과정을 밟았음이 분명하다.

2. 영세농의 노동자화 과정

그러면 지주가 산업자본가화 됨에 따라 그에 대응되는 영세소농(소작농)의 성격은 어떻게 변하는가?

금융자본의 지주에 대한 지배력은 강화되고, 농산물의 상품화경향은 촉진되며, 쉐레는 커지는 경향이 있어서 영세소작농의 지대부담은 가중되고, 그의 빈곤상은 더욱 심각하게 된다.

영세농 특히 영세소작농이 본질적으로 자본가적 기업농이 될 수 없고, 또한 '봉건파'가 주장하는 봉건적 예농이 될 수 없다면 그는 곧 현존형태를 소극적으로 유지하면서 농업노동자의 길을 걸을 수밖에 없다.

발전된 금융자본주의 하 영세소농이 보유한 생산수단의 비중인즉 그 가치에 있어서 너무나 약소하고, 그 유지조건에 있어서 지극히 불안정하다. 그리고 금융자본주의의 영향 하 정액소작제의 발전과 위탁경작제의 보급과 같은 전래적 소작관계의 변천 등이 영세소작농의 노동자화 과정을 촉구하고, 농업공황이나 그에 앞서 진행된 산업공황이 소농 일반으로 하여금 노동자의 길을 걷게 하고, 도시 실업자와 농촌 잠재실업자의 성격차를 축소시킨 점 또한 금융자본주의 하에서 널리 볼 수 있는 특징적 조건의 변천이다.

그리고 무엇보다 영세농의 노동자화 과정은 그의 소득이 실질적으로 노동의 성과에 한정되어 있다는 현실적 조건에서 지배적으로 유도된다. 이 점에 있어서 그가 소작농이건 자작농이건 결론에 본질적인 차이는 있을 수 없다. 그의 영세적 비수익성의 조건이 그대로 지속될 때 그 주체적 의식이 언제까지나 불변이라는 보장 또한 없는 것이다.

3. 영세농과 지대형태

끝으로 독점적 금융자본주의 하 기생적 지주의 자본가화 경향과 영세소(작)농의 노동자화 과정은 그 필연적 결과로서 소작료=지대의 변질을 가져올 수밖에 없다.

일제하 한국농업의 지대형태는 어떻게 전화과정을 밟았는가? 한국 토지제도의 전반적 근대화과정은 토지조사사업을 기점으로 한 것이나 그에 앞서서 일본자본의 본원적 토지수탈은 이미 자행되었고, 한일합병 이전에 지대의 이윤적 평가(토지수익률의 평가)의 방식이 부분적으로나마 나타나기 시작하였다.

지대와 이윤의 분리의식은 제1차 세계대전 후 3·1운동(1919년)을 계기로 한 사회의식의 팽배, 소작쟁의의 대두에서 그 기점을 찾을 수 있다. 1930년대의 농업공황은 영세농의 노동자화 과정을 촉진시키는 동시에 소작료의 이윤화, 소농소득의 노임화, 독점적 금융자본에 의한 지대적 잉여노동의 수취관계 등을 현재화한 계기로서, 역사적 제지대형태의 분화소멸(이윤화)을 의미하며, 지대적 관용어로 표시한다면 차액지대의 절대지대화라 할 만한 전개과정이었다.

그러면 일제하 영세소작농의 자작농화정책이나 해방후 실시한 한국의 농지개혁은 무엇을 의미하는가?

일제하 한국에서의 농지제도의 진행을 순전히 봉건제의 심화과정으로 이해할 경우(봉건파의 견해) 자작농 창설이나 농지개혁은 봉건제의 해체, 농노적 소작농의 봉건적 지주로부터의 해방을 의미함에 불과할 것이고, 공식파의 입장에서 보면 영세농의 몰락, 중소농의 영세화, 토지겸병에 의한 대농의 형성이라는 농민층 분화과정을 제지하는 정책으로 이해될 수밖에 없을 것이다.

그러나 봉건파 및 공식파의 견해를 동시에 비판하는 선생님은 자작농 창설을 내포하는 한국의 농지개혁은 결국 세계적 또는 국가적 독점자본주의하에서 현실적으로 진행되고 있는 영세농의 농업노동자화 과정을 단절하는 조치로 보고 있다.

봉건파의 이론에 입각한 농지개혁은 전통적 지대의 소멸을 기도하였고, 공식주의의 견해에 입각한 농지개혁은 근대적 고율지대(소작료)의 제약과 그의 조절을 목적으로 한데 비해 선생님의 견해에 입각한 농지개혁은 중간수탈자(지주)의 배제로 인한 이윤의 독점적 지배체제를 강화하는 것으로 볼 수 있고, 따라서 농지개혁은 결코 반자본제적인 정책수단이 아니며, 오히려 그를 옹호·확장하는 노선일 뿐 아니라 독점적 자본의 편의와 이익을 위한 안정적 기반의 구축작업으로 인식될 수 있다.

Ⅵ. 토지문제의 세계사적 의의(「서설」의 附章)

① 토지문제의 일반적 전개

1. 각국의 근대적 토지제도

토지문제는 농업문제의 전체는 아니라 하더라도 가장 보편적·기간적 대상으로서 농업경제학의 이론과 정책과 역사를 관통하여 그 스스로 종합적 체계를 형성하는 기초적 과제이다. 후진적 생산양식이란 다름 아닌 토지에 대한 의존도가 높은 생산관계의 기구를 말하는 것이며, 한국적 소농생산양식이란 바로 그러한 범주를 벗어나지 못한 것을 말한다.

각국(영국, 프랑스, 독일, 러시아, 미국, 일본, 동구제국)의 근대적 토지제도의 생성과 변동의 유형을 세계사적 기반에서 고찰하는 과학적 이유는 토지제도의 변혁이 농업문제의 전체적 양태에 커다란 영향을 미치기 때문이다.

자본주의의 선두를 걸어 온 영국의 경우 농업의 자본주의화 과정은 14세기 이후 19세기 중엽에 이루어진 토지집적운동(enclosure movement)에 그 기초를 두고 있다. '농업생산자로부터의 토지의 수탈'은 바로 영국 산업자본의 본원적 축적을 의미하는 동시에 농업자본제적 생산양식의 기초를 제공하였다. 자본의 본원적 축적이 개시됨과 아울러 자본주의 생산양식이 농업에 성립되자마자 농민의 양극적 분화과정이 진행된다. 기업농과 농업노동자의 대립은 격화하고, 독립적 자영농의 해체, 토지의 대대적 집중, 소차지인·소지주·소토지소유자의 몰락이 계속되었다.

엔클로저운동을 비롯하여 그 후의 경제발전이 초래한 소수인의 토지독점 현상은 영국에 있어서 그 자체 불합리한 사회조건을 형성하는 동시에 심각한 사회문제의 근원이 되었다. 영국본토(잉글랜드 및 스코틀랜드)에 있어서 소작문제의 대두는 반드시 자본주의 생산양식의 완성에 수반된 결과는 아니었으며, 14~15세기의 농민해방운동에 앞서서 이미 보편화한 현상이었다(1916년 조사 결과 자작농은 1할에 불과하고 전체 경영자수와 전체 경영면적의 9할은 소작농 및 소작지). 산업혁명을 전후한 곡물가격의 등귀는 지주에게 소작료 인상의 구실을 제공하였고, 노동생산성의 향상과 토지개량의 발전이 소작료의 고율화를 촉구하였다. 여기에 대지주의 토지겸병, 부재지주의 폐단은 지주의 자심한 횡포를 가져올 수밖에 없었으며, 특히 소작기간의 단기적 불안정성은 소작농으로 하여금 토지개량을 기피하게 만들고 약탈농법을 자행케 하는 원인이 되었다.

프랑스의 근대화과정은 영국과는 대조적으로 중소농민의 토지소유제로서 전개되었다. 1789년의 혁명 이전에 이미 프랑스에는 이른 바 '민주주의적' 토지소유형태(① 봉건적 대토지 영유, ② 소농적 토지소유(전체의 3분의 1), ③ 분익소작제, ④ 대량적 차지자본가에 의하여 농민에게 재분할전대하는 토지, ⑤ 보통소작 등)를 보이고 있었다.

프랑스혁명은 오랜 봉건영주의 토지소유를 완전소탕하고, 예속농민을 봉건적 질곡으로부터 해방하여 근대적 토지소유제를 확립시켰으나 대농제를 구축하지는 못함으로써 중소농적 토지소유로 인해 생산조건이 제약을 받게 되었다. 프랑스의 분할지 소농민은 얼마 안 가서 도시의 고리채에 시달리고 저당의 압박 하에 들어서게 되어 몰락자와 토지집적자의 분해과정이 진행되었다. 그것은 중소농의 존속을 전제로 한 내재적 분화현상이었으며, 영국에서 진행된 공식적 자본주의화의 기구적 형성과정은 아니었다.

독일(프러시아)의 봉건사회제도는 그 본질에 있어서 영국이나 프랑스와 다를 바 없었으나 근대화과정은 반드시 혁명적인 것은 아니었다. 18세기 중엽에 국유지를 농민에게 분배하는 점진적 토지해방책이 실시되었고, 사유지 농민의 일반적 해방은 19세기 초에 실시된 「슈타인-하르덴베르히」의 관료적 개혁에 의해 이루어짐으로써 독일 농업의 근대화과정은 점진적으로 진행되었다.

농민해방과 토지정리의 결과 독일의 농업생산은 크게 증대되었고 농업경영의 합리화는 추진되었으나 새로운 문제가 제기되었다. 즉 농민은 종래의 무거운 공조부역을 면제받는 대신에 보유토지의 2분의 1 내지 3분의 1의 면적(약 50ha)을 영주계급에게 양도하는 의무를 지게 됨으로써 소작농은 증가하고 농민의 생계난은 극심해졌다. 농업경영규모의 동태는 19세기 말 이래 산업자본주의의 발달에도 불구하고 소농의 점진적 누적이 눈에 뜨일 뿐 대농화 경향은 그다지 볼 수 없었다.

제정 러시아에 있어서 농민해방조치는 1861년 알렉산더 2세의 농민해방령에 의해 이루어졌다. 러시아 봉건체제의 타파는 혁명적이기보다는 영국 · 프랑스 · 독일에 비해 타협적 · 점진적으로 추진되었다. 19세기의 신분해방이 있은 직후 러시아 농민은 아직 독립된 경제력의 주인공이 아니었다. 당초 농민에게 매도분배된 토지는 그들의 자유로운 소유물이 아니라 대부분 미루(Mir, 부락)의 공동소유로 인정된 다음에 미루를 통하여 개별 농민의 수익권은 행사될 수 있었고, 그나마 농민의 보유면적은 제한적이었으며, 토지배상금을 포함한 농민의 부담은 점점 늘어만 갔다.

자본주의적 자유의식이 러시아에 만연하게 되자 미루사회의 불안은 고조되었고, 1905년의 노일전쟁과 제1차 러시아혁명은 구질서의 유지를 불가능하게 만들었다. 이에 재상 스토리빈이 1906년 토지공유제(미루제) 포기 법령을 발표함으로써 미루는 해체되고 토지의 개인소유정책이 단행되었다. 이리하여 토지사유제는 일단 확립을 보았으나 결과는 결코 농업생산력의 향상이나 빈농구제의 목적은 달성할 수 없었을 뿐 아니라 오히려 토지겸병만을 확대하는 과정을 밟게 되었다. 「스톨리빈」혁명은 자본주의적 농업혁명이 되지 못하였고 가혹한 지주주의와 농민수탈을 체제화함에 그치고 말았다. 그것은 바로 제1차 세계대전까지 새로운 혁명을 기다리고 있었던 러시아의 근대적 토지제도의 미숙한 형태였다.

미국은 자본주의국가 중 봉건제도의 역사를 갖지 않는 대표적인 나라이다. 그러므로 미국에 있어서 근대적 토지사유제는 미개지의 본원적 수탈, 개척적 점령의 소산일 수밖에 없었다. 원래 미국은 독립 당시 농지를 각주의 소유에 분산적으로 맡겨두었으나 연방정부는 점차 이를 국유화하는 조치를 취하였다. 1784~87년 사이 행정구획의 정리와 더불어 토지정리를 단행하였고, 관서·학교 등 공공용토지를 배정하는 동시에 그를 통하여 국고수입의 증대를 도모하였다. 연방정부는 얼마 안 가서 토지의 대민분양의 방책을 실시하게 되었는데, 그것은 광활한 국유 미개척지를 이주개척민에게 분할불하 하는 방식이었고, 그 결과는 토지투기자들에게 토지병탄의 기회를 제공하게 되었다.

한편 노예제도를 둘러싼 남북전쟁(1860~63)은 남부지방 일대에 보급돼 노예적 대지주제의 혁명적 해체를 가져옴과 동시에 농업의 기업적 경영형태를 혁명적으로 전개시켰다. 이른 바 대농장제의 크로퍼 시스템(cropper system, 분익소작제)은 그의 전화된 토지이용의 한 방식인데 농업노동자를 이용하여 분익소작을 영위하였고, 그것은 근대농업의 한 전형인 이른 바 '아메리카형'의 특징이었다.

일본의 봉건제도는 1868년 왕정복고(명치유신)에 의해 붕괴되었다. '일부의 토지를 제외한 모든 토지를 백성의 소유로 한다'는 유신정부의 포고에 따라 근대적 토지소유제는 확립되었으나, 봉건체제의 완전해체와 토지에 관한 매매·분할·상속·저당 등의 자유처분이 전면 시행되기에는 7~8년의 기간이 더 소요되었고, 조세의 금납제는 1873년의 지조개정 조치에 의해 이루어졌다.

토지사유제의 근대화와 금납지세제의 과중한 부담은 소농의 토지상실과 유산자의 토지집중이라는 폐단을 초래하였다. 게다가 유신 직후 대소 토지소유자는 지세법의 개정으로 일정 기준의 세금액을 납부한 데 대해 지주가 수납하는 소작료는 물납이 원칙이었으므로 때마침 곡가의 급등으로 부익부의 사태가 초래되기도 하였다.

그 후 일본 자본주의는 급속히 독점화하는 반면에 수차의 전쟁과 공황, 그리고 과잉인구의 부단한 압박으로 영세농의 누적과 몰락, 소작농의 증가, 소작관계의 악화 현상이 진행되었다. 그 결과 1930년대를 전후한 농촌의 피폐상황은 식민지 조선을 방불케 할 정도로 심각하였고, 소작농의 경제적 피지배관계는 봉건적 생산관계를 재현시키고 있다는 지적이 나올 정도였다. 제1차 세계대전 후 사회사조의 진행은 격렬한 농민운동을 전개시켰으며, 소작쟁의 또한 증가일로에 있었던 것이 제2차 세계대전까지의 일본의 실태였다.

제1차 세계대전 이전의 동구 제국(핀란드, 에스토니아, 라트비아, 리투아니아, 폴란드, 체코슬로바키아, 루마니아, 유고슬라비아, 불가리아, 그리스)은 대개 19세기 초·중엽에 농민해방의 완결을 보았고 그에 따라 토지사유제의 근대화를 보았으나 토지사유제가 곧 새로운 토지겸병을 비롯한 여러 토지문제의 출발점이 되었음은 소농 각국이 일반적으로 보여준 공통적 역사였다. 그 중 봉건적 토지제도의 유산이 이들 동구 제국의 농업을 지배하였고, 토지분배상태의 불균형과 소작관계의 극단적인 불합리성 또한 이들 각국의 근대적 제약조건으로 기능하였다.

2. 토지제도개혁의 사조

선생님은 농업문제의 핵심인 토지문제를 세계사적 기반에서 살펴본 다음, 이론의 역사적 확인에 이어서 그 실천적 방도를 묻는 것을 과제로 삼고 토지제도의 근대사적 변천에 대응한 몇몇 기본적 사조에 관하여 고찰하였다. 사회과학의 비판적 의식이란 직접간접으로 문제와 관련된 여러 사조를 하나의 배양기(培養基)로서 간직하는 것이기 때문이다.

선생님은 토지제도개혁의 사조를 ① 근대토지정책의 구상(지주주의적 개인주의 토지정책과 보수주의 토지정책), ② 공상적 토지사회화론, ③ 지대공수론, ④ 「왈라스」의 토지국유론, ⑤ 사회주의 토지개혁론, ⑥ 「수정파」 농업이론으로 나누어 고찰하였다.

먼저 지주주의적 개인주의 토지정책부터 보자. 1789년의 프랑스혁명은 영국의 자본주의를 대륙 각국에 전파함으로써 자유적 사조의 교량 역할을 하였으며, 근대적 농업문제의 일환으로서의 토지문제를 지주주의로서 특징화하는 도화선이 되었다. 이 토지정책은 우선 농민의 인격적 자유를 보장하는 동시에 공동소유지·공동목야지의 해체, 개인에 대한 분할불하, 소농의 추출과정으로 전개되었다. 19세기 말엽 유럽사회 전역에 걸친 지주주의적 토지제도는 1870년대의 농업공황을 맞이하여 점차 위기적 양상을 보였고, 계약자유의 원칙은 오히려 심각한 소작문제의 조건으로 작용하였다. 그 결과 개인주의 토지정책에 대한 반성과 부정의 사조가 대두되었는데 그 중의 하나가 보수주의 토지정책이다.

보수주의는 원래 근대적 개인의식의 표방에 대한 수구적 전통의식의 발로이고, 개인에 앞서서 국가와 민족의 전체적 개념을 내세우며, 개인적 자유방임을 혐오하고 국가적 보호간섭을 도모한다. 보수주의 토지정책은 소농의 보호육성을 주장하되 그를 통한 국가적 수익의 증대책을 꾀하는데, 전래적 세습재산제도의 부활, 농장분할금지법, 일자상속법·가산법의 시행, 농산물의 보호관세정책 등이 보수주의적 토지정책의 범주에 속한다. 보수주의 토지정책은 소농을 보호하는 동시에 지주의 권익을 침해하지 않는 원칙을 고수하였다. 보수주의 토지정책 역시 한계에 부딪치게 되자 소작입법, 농지개혁, 자작농창설사업, 소농해소를 위한 토지분배정책 등이 요구되었고, 다시 보수주의를 뛰어 넘는 제3의 정책으로서 각종의 토지사회화 운동이 전개되었다.

공상적 토지사회화론의 기원은 농업문제를 떠나 근세의 계몽사상에서 찾을 수 있다. 토지는 하늘이 전 인간에 부여한 시혜물이므로 이를 만인이 공유하여야 한다는 이념은 17세기 계몽사상가 「존 로크」에서 찾아볼 수 있다. 그에 의하면 토지를 개인이 독점하는 것은 자연법에 위배되는 것이니 마땅히 만인의 공유로 삼거나 가장 합리적 이용자에게 그의 노동의 성과만큼 부여함이 옳다는 것이다. 그 후 토지사유제의 폐단을 더욱 구체적으로 지적하고 자연법적 이데올로기 하에 토지의 평등한 소유와 그의 합리적 이용을 실천화하는 운동이 영국 사회에서 대두되었는데, 「토마스 스펜서」, 「윌리엄 오길비」, 「토마스 페인」 등이 선구적 사상가였다.

이상의 초기적 토지사회화운동은 높은 자유와 평등의 이념 위에 서 있고 인류의 이상을 표명함에 틀림없으나 그들은 또한 실천적 성과를 올리기에는 너무나 공상적이었다. 사회사상이 사회운동으로서 실천적 차원에 옮겨질 수 있으려면 적어도 과학적 토대의 정립이 절실히 요구된다. 그가 어떠한 형이상학적 구상에 잠겨있거나 단순한 유토피아만을 꿈꾼다면 만인을 힘차게 향도할 만한 추진력은 나오지 않기 때문이다.

이상의 자연법적 토지공유론에서 한 걸음 나아가 실천적 추진력을 갖게 된 것이 「리카아도」의 차액지대론에 근거한 과학적 지대론이다. 「죤 스튜어트 밀」의 불로소득 과세론과 「헨리 죠지」의 토지단일세론이 이를 대표하는 토지개혁론(地代公收論과 토지단일세론)이다.

「리카아도」의 차액지대는 인구의 증가나 산업의 개발과 같은 사회의 진보(그에 따른 곡물수요 증대와 곡물가격 등귀)에 크게 의존하고 반드시 토지소유자의 토지개량의 소산이라고는 할 수 없다. 즉 차액지대는 그 대부분이 사회의 전체적 발전에 따른 개인의 불로소득이라 할 수 있다. 그럼에도 불구하고 차액지대를 전적으로 토지소유자의 독점에 맡기는 것은 불로소득을 공인하게 되는 것이니 이는 사회의 정의와 공평의 원칙에 위배된다.

「죤 스튜어트 밀」은 바로 이러한 근거에 입각하여 '지대공수론'을 주장하였다. 즉 지대소득에는 무거운 세금을 부과하여 사회발전의 소산인 불로소득 부분을 국고수입으로 귀속시킴이 타당하다. 「헨리 죠지」는 그의 명저 「진보와 빈곤」에서 인구의 증가와 사회의 발전과 더불어 지대는 등귀하여 지주는 불로소득으로 치부하는 반면에 노동자의 수입은 감소하여 빈곤을 피할 수 없게 된다고 보고, 이와 같은 모순을 시정하려면 국가는 마땅히 토지소유자에 한하여 무거운 세금(토지단일세, single tax on land)을 부과하여 지대를 몰수해야 할 것이며, 이자나 노임소득에 대하여는 오히려 면세함이 타당하다고 주장하였다.

다음은 토지사유화의 시정책으로서의 토지국유론에 대해 살펴보자. 영국의 「알프레드 왈라스」는 지주제도의 폐단을 지적하는 동시에 그 철저한 개선책으로 토지국유화를 주장하였다. 그에 의하면 지주는 필연적으로 토지의 독점자이며 소작인에 대하여 전제자일 수밖에 없고, 지대를 징수할 뿐 아니라 정치적으로 그를 이용하고 종교적으로 그를 지배하는 것이 일반적이다. 더구나 영국에 있어서 대지주의 토지겸병은 막대한 산야를 황무지화하는 반면에 소작인의 생활난을 초래하고 그들을 몰락케 하는 것이 분명하다. 그 밖에 토지가격의 등귀, 농업경영의 자본적 제약 또한 현실적으로 불가피한 토지사유제의 폐단이라고 그는 보았다.

그러면 「왈라스」의 국유화정책의 내용은 무엇인가? 모든 지주 소유의 토지를 국유화하되 그의 가치를 자연적 및 사회적 요인에 의한 가치와 지주의 인위적 개량에 의한 가치로 구분한 다음, 전자의 가치부분은 무상 또는 장기적 보상에 의해 국유화하고, 후자의 가치만 지주의 소유로 인정하여 유상으로 국유화하는 것이 옳다는 것이다. 한편 국유화한 토지는 경작농민에게 분배경작될 것인데 이 때 농민은 국가의 소작인으로서 일정한 소작료를 납부하고 특별한 결격사유가 없는 한 그들의 소작권은 영속적인 것이 원칙이다. 「왈라스」는 '토지국유화협회'를 조직하여 실천운동에 나서기도 하였는데, 그의 논지가 영국에서 그대로 실현되지는 못하였다.

토지국유화론은 더욱 발전하여 사회주의 토지개혁론의 형성을 보게 되었는데, 그 중 대표적인 것이 「마르크스」의 이론에 입각한 '과학적 사회주의'의 토지개혁론이다. 그의 이론은 토지뿐만 아니라 모든 생산수단의 사회화를 주장함에 있으며, 나아가 농업경영의 대규모 사회화를 필연시 하는 것에 그 특징이 있다. 그의 주의주장이 바로 소련을 비롯한 사회주의 각국에서 결실을 보았음은 무엇보다 실천적 토지개혁론으로서의 그의 입장을 더욱 강화시키고 있다. 모든 생산수단의 사회화를 제창하는 이론에는 페비언사회주의(Fabian socialism), 길드사회주의(guild socialism), 국가사회주의, 조합사회주의 등 일일이 헤아릴 수 없을 만큼 많다.

「엥겔스」는 그의 농업이론을 통해 주로 현실적 소농문제의 해결에 기여하고자 노력하였다. 「엥겔스」는 소농에 대하여 ① 자본주의체제 하에서 그는 절대적으로 몰락함으로써 구출할 수 없다는 것, ② 그러나 적극적으로 그의 몰락을 촉구할 필요는 없다는 것, ③ 그의 소유지를 강제수용할 수 없다는 것, ④ 그러나 모든 원조를 제공하여 그들을 협동조합적 경영에 유도하여야 한다고 주장하였다. 그는 중농 및 대농에 대해서는 ① 그들은 본래 프롤레타리아의 대립자이지만 그들 또한 자기위치의 개선을 위하여 조합경영에 참가를 희망한다면 이를 유도할 것, ② 그리고 그들 소유지에 대하여 반드시 강제수용 할 필요는 없다고 보았고, 대지주 및 농업노동자에 대하여는 ① 대지주의 토지는 즉시 강제수용 하되 배상여부는 구체적 사정에 따라서 결정할 것, ② 수용된 토지는 농업노동자의 경작조합에 위탁하여 사회적 관리하에 경작시킬 것을 주장하였다.

「마르크스」의 이론을 다방면에 걸쳐서 광범위하게 발전시킨 「카우쯔기」는 그의 저서 「농업문제」에서 자본주의 농업을 역사적·이론적 관점 하에 실증적으로 분석 해명함과 아울러 자신이 가담한 독일사회민주당의 농업정책에 지침을 주고자 애썼다. 「카우쯔기」는 농업의 대소경영문제에 관하여 원칙상 대경영은 농업에서 결정적으로 유리하나 다만 공업에서와 같이 외형상 분명하지 않다고 하였으며, 「엥겔스」와 더불어 농민보호를 거부하였는데, 중농 이상은 고사하고 소농은 필연적으로 몰락할 것이므로 그를 구태여 보호하는 것은 효과적이지 않다는 것이다. 그는 또 토지를 국유화하고 농업을 대규모 공동경영(협동조합경영)화하는 것이 바로 사회주의의 본령을 발휘하는 길이라고 주장하였다.

사회주의혁명의 최고 지도자 「레닌」은 농업경영규모에 관하여 미국의 1900년부터 1910년의 농업통계자료를 이용하여 대경영의 우위성을 실증하되 농업의 발전이 상품생산의 과정에 이르러 비로소 밝혀질 수 있다고 지적하였다. 「레닌」의 토지정책은 토지사유권을 인정하지 않고, 대규모 공동경작제를 실시함에 있었다. 그는 농민정책에 있어서 대체로 「엥겔스」의 주장을 준수하되 소농원조(보호)를 보다 적극적으로 표방하여 세인의 주목을 끈 바 있다.

끝으로 「수정파」의 농업이론에 대해 살펴보자. 「마르크스」로부터 시작하여 「레닌」에 이르는 농업이론은 19세기 말 이후 「마르크시즘」을 계승한 여러 학자들의 열렬한 옹호에도 불구하고 점차 수정론에 의한 시련을 면치 못하였다. 수정파의 선구자 「베른슈타인」은 독일·프랑스·네덜란드·영국·미국 등의 농업경영통계를 자료삼아 농업에 관한 한 전 유럽에서 뿐 아니라 미국에 있어서 사회주의학설(정통파)이 지금까지 가정한 내용(대경영 우위)과 모순되는 현상이 나타나고, 공업 및 상업에 있어서 대경영에의 상진(上進)운동은 가정된 템포보다 완만히 행해지고 있으며, 더욱 농업에 있어서는 경영규모의 정지를 보이거나 축소를 보이기도 한다고 주장하였다.

「에드워드 다비드」는 「베른슈타인」의 주장에 동조하되 농업생산의 유기적·자연적 특성을 일일이 들어서 농업의 대경영은 반드시 소경영을 구축할 수 없다고 지적하였다. 그는 무엇보다 소경영이 결코 몰락하지 않을 뿐 아니라 오히려 증가추세에 있다는 사실을 통계로서 논증하고, 소경영이 대경영에 비하여 결코 비생산적이지 않다는 이론을 내세웠다. 이 점은 곧 소농보호정책을 적극화하자는 그의 정책적 주장에 부합되는 것이고, 그의 이론적 귀추는 당연히 소농민의 토지소유권을 존중하고 토지공유제에 반대하는 결과를 가져왔다.

그 외에 「슈르쓰」나 「좀바르트」도 「마르크스」의 농업이론에 반론을 제기하고 소농우월론을 주장하였는데 이들 수정론자의 주장은 단순한 학구적 탁상론에 그친 것이 아니라 당시 강력한 각국의 사회주의 정당에 있어서 실천적 운동의 지표로서 의결된 역사성을 확인할 수 있다. 특히 프랑스와 서남부 독일에 있어서 누적된 소농층을 유인하려 할 경우 각 사회주의 정당이 「마르크스」 농업이론을 고수하기 힘들었던 조건은 부인할 수 없다. 농민대중을 자기진영에 적극적으로 포섭하려 할 때 실천론에 있어서 이론의 일시적 후퇴는 불가피한 객관적 요청이었던 것이다.

② 각국 토지개혁의 경위

각국의 근대적 토지제도의 성립과 그 문제점을 고찰하고, 그 문제점을 해결하기 위한 토지제도 개혁의 여러 사조를 비교 검토한 선생님은 마지막으로 각국이 실제로 어떠한 과정을 거쳐 어떤 내용의 토지개혁을 실시하였는가를 ① 소련의 농업사회화, ② 동구 제국(핀란드, 에스토니아, 라트비아, 리투아니아, 폴란드, 체코슬로바키아, 루마니아, 유고슬라비아, 불가리아, 그리스)의 제1차 토지개혁, ③ 제2차 대전 후의 토지사회화 운동(동구 제국, 중국), ④ 동남아 각국의 토지개혁(일본, 버마, 인도, 필리핀, 대만, 북한) 순으로 고찰하고 있다.

Ⅶ. 맺음말

「농업경제학서설」을 오랜만에 다시 읽고 비록 책장은 누렇게 변하였으나 그 안에 있는 내용은 빛바래지 않고 살아 숨쉬고 있음을 느낄 수 있었고, 한 편의 감동적인 소설을 읽고 난 후의 느낌 못지않은 잔잔한 감동마저 맛보았다.

책의 체계와 구성이 얼마나 탄탄하고, 동서고금의 이론·역사·정책을 넘나드는 흐름이 얼마나 역동적이고, 소품이라고도 할 수 있는 주석과 인용, 통계자료까지 얼마나 잘 짜여 있든지 선생님 특유의 생경한 어법마저도 오히려 신선하게 느껴질 정도였다.

그리고 이 책이 나온 당시나 42년이 지난 지금이나 한국 농업의 지배조건과 피지배조건에는 큰 차이가 없고, 농업·농민·농촌의 문제 상황 또한 별반 달라진 것이 없는데, 문제의 과학적 인식과 문제 해결을 위한 정책·운동은 오히려 후퇴하고 있는 것은 아닌가 하는 안타까운 생각이 들었다.

선생님의 문제의식과 방법론에 따라 한국사회의 구조적 성격과 그것의 실천적 함축을 둘러싸고 한 때 치열하게 전개되었던 '한국 사회구성체논쟁' 혹은 '한국 사회성격논쟁'도 훑어보고,14) 현존하는 각 정당·정파의 강령이나 정강·정책도 살펴보았으나15) 농업문제에 관한 한 기대에는 크게 미치지 못하였다.

농업경제학 교육자·연구자나 농업문제 해결을 위해 애쓰는 정책가나 농민운동가 모두 「서설」을 다시 한 번 읽고, 이론·정책·운동에 임하는 자세나 노선, 방법론을 새로 가다듬었으면 하는 마음 간절하다.

---

14) 박현채·조희연 편, 「한국사회구성체논쟁」(Ⅰ)~(Ⅳ), 도서출판 죽산, 1989, 1989, 1991, 1992.
15) <한나라당 강령> 어디에도 농업, 농민, 농촌이라는 단어는 하나도 없었음.
　　<민주당 강령 및 정강정책> 농어업 개방화에 따른 보완대책 수립/ 농어가 소득안정 도모와 농어촌 삶의 질 향상/ 농어업경쟁력 강화/ 검역주권 확립 및 식량안보 강화
　　<자유선진당 창당선언문> (창당선언문만 있고 강령, 정강정책은 없음) 농업, 농촌, 농민이란 단어 한 곳도 없었음.
　　<민주노동당 정강정책> 농산물가격정책을 통한 농가 소득 향상/ 농업 구조 정책은 소수의 상층 농가를 집중 육성하는 것이 아니라, 마을 공동체를 세우는 방향으로 추진/ 협동조합을 정부 통제에서 해방시켜 농민의 권익을 진정으로 옹호하는 조직으로 전환/ 농가 부채 원금 상환을 연기하고 이자율을 낮추어 농가의 빚이 줄도록 적극 지원
　　<진보신당 강령> 신자유주의 농업말살 정책을 막고 소농가족농 중심 생태 농업과 도농 연대의 방향에서 농업과 농촌을 회생시키며 식량 주권을 확보한다.
　　<창조한국당 강령> (농어촌 재창조) 도농순환 사회를 조성하고 농어가 소득의 다변화를 촉진시켜 지속가능한 농어촌의 발전을 이룩한다.
　　<전국농민회총연맹 강령> 경자유전에 입각하여 농민적 농지소유와 이용체계를 확립하고 농업생산기반을 확충/ 농축산물 수입개방을 막아내고 식량자급형 농업을 이룩한다/ 농축산물 가격을 보장하고 소득보장형 농업을 실현한다/ … / 민족자존과 식량주권을 지키기 위해 통일대비형 농업을 추진/ 전업적 가족농을 기반으로 농업의 협동화를 구축/ … / 농협 등 농업관련 협동조합의 자주화와 민주화를 실현/ … / 농업보호와 발전을 뒷받침하는 재정, 조세, 금융정책을 실현/ …

참고문헌

김동희, 1975, "김준보 교수와 농업경제학", 「농업경제연구」, 제17집, 한국농업경제학회.

김병태, 1974, "지대범주와 이윤범주의 문제: <서평> 김준보 저 한국자본주의사연구(II)", 「신동아」, 122호(1974. 10), 동아일보사.

김준보, 1954, "전시하의 농촌경제상: 旱災·山間戰災농촌의 조사보고", 「경제학연구」, 제2권 제1호, 한국경제학회.

김준보, 1955, "경제학의 현대적 기능", 「경영논총」, 제2권, 고려대학교 경영대학.

김준보, 1957, "금융자본주의 하 영세농의 성격: 일제하의 영세소작제를 중심으로", 「논문집」, 제5권, 서울대학교.

김준보, 1958, "농업경제학의 현대적 과제", 「농업경제연구」, 제1집, 한국농업경제학회.

김준보, 1960, "농촌경제의 불황분석: 최근 수년의 실태", 「농업경제연구」, 제3집, 한국농업경제학회.

김준보, 1967, 「농업경제학서설: 한국자본주의와 농업문제」, 고려대학교출판부.

김준보, 1967, "해방후의 「쐬레」 과정분석", 「농업경제학연구」, 제15집, 한국농업경제학회.

김준보, 1968, "나주무안 한해지구 답사기", 「농업경제연구」, 제10집, 한국농업경제학회.

김준보, 1970, "한국의 농업문제", 「여성과 경영」, 제2권, 이화여자대학교 경영연구소.

김준보, 1979, "경제성장과 경제학의 반성", 「경제학연구」, 제27권, 한국경제학회.

김준보, 1997, "한국농업경제학회 40년의 회고와 과제", 「농업경제연구」, 제38집 제2권, 한국농업경제학회.

박석두, 1993, "대한민국의 수립과 농지개혁", 「근현대사강좌」 제3호 특집-농지개혁의 역사적 의의를 재조명한다. 한국현대사연구회.

박진도, 1993, "농지개혁의 역사적 한계", 「근현대사강좌」 제3호 특집-농지개혁의 역사적 의의를 재조명한다. 한국현대사연구회.

박현채, 1988, "서평: 토지문제와 지대이론(김준보 저)", 「월간경향」, 276호(1988. 2), 경향신문사.

안병직, 1968, "서평: 농업경제학서설(김준보 저)", 「한국사연구」, 제2권, 한국사연구회.

안병직, 1986, "제국주의와 식민지지주제: 김준보 교수의 농업이론에 대한 비판을 중심으로", 「경제사학」, 제10권 제1호, 경제사학회.

임병윤, 1976, "개항후 전기적 상인자본과 토지소유관계", 「고대 농림논집」, 제16집.

주종환, 1973, "「이윤」의 범주와 「지대」의 범주: 김용섭 교수와 김준보 교수의 소론에 대한 비판적 고찰", 「농업경제연구」, 제15집, 한국농업경제학회.

김준보 교수 논문선집 I

[논문선집 I] − 경제사편

개항기(開港期) 「인플레이션」 과 농업공황 기구(機構)

김 준 보[1]

Ⅰ. 개항의 획기성과 토착경제

한국 자본주의는 주지하는 바와 같이 1876년의 개항에 앞서서 일찍이 자율적인 싹이 트고 있었다. 이조봉건체제가 그와 더불어 쉽게 무너진 것은 아니지만 적어도 전기적(前期的) 상업자본의 활발한 대두를 보게 되었고 그에 따른 도시의 형성, 양반계급의 해이, 「매뉴팩처」의 배태(胚胎), 토지의 황폐화 등 일련의 근대화과정이 구각(舊殼)을 뚫고 서서히 진행하고 있었던 것이 개항 전후의 사정이다.

그러면 개항은 한국 자본주의의 성립에 관하여 아무런 획기적 의미를 갖지 않는 것인가. 우리는 개항 이전에 「근대적 자본주의」 의 기반 형성을 볼 수 없다고 단정하지 않지만 적어도 개항이 몰고 온 제국주의의 「폭풍우」 를 경시할 수 없다. 그것은 말하자면 「자본 없는 자본주의」 로서의 일본 군국주의의 침입으로부터 시작하여 그것의 폭력적 위압 하에 세계시장의 확대를 이 땅에 보게 된 까닭이다.

지금, 「자본 없는 자본주의」 라 하지만 그것은 결코 단순한 전기적(前期的) 수탈이나 고리대적 활동만을 뜻하는 것은 아니었다. 근대적 금융자본으로서의 은행의 침입도 있었거니와 그것을 배경으로 한 상업자본의 배타적 활동 역시 처음부터 볼만한 점이 뚜렷한 사실이다. 그럼에 있어서도 아직 이 땅에 산업자본의 적극적 도입은 없었고 상업자본이라 하더라도 그 양적 수준에 관한 한(限), 제한된 단계에 머물러 있었다. 따라서 경제는 정치적 침투력에 비하여 상대적으로 주저(躊躇)되는 과정에 머물러 있었다는 것을 가리키고 있을 뿐이다.

그러나 금융자본만 하더라도 개항이 되자마자 일본의 제일은행(第一銀行)은 당장 부산에 상륙(1878년)하였고 이에 꼬리를 물고 일본 내 수개 은행의 진출을 보이었다. 더구나 일본 화폐의 국내 통용이 동시에 개시되었다는 것, 그리고 그를 배경으로 삼은 일본 상인에 의한 세계적 교역이 급격한 확대를 보게 획기성은 당장 크게 눈에 띈 사실이다.

무엇보다 우리는 유명한 일본 제일은행의 진출이야 말로 일본제국주의의 기동력이었다고 보아도 무방하다. 그것은 단순히 일본인 상업자본의 지원자이었을 뿐만 아니라 스스로 상업적 실무에 종사하였고, 점차 이 나라 국고를 관리하고 대행하기도 하였던 침략적 기구이다. 그리하여 그는 처음부터 일본 화폐의 본원적 공급자인 동시에 한전(韓錢)의 구매자이었으며, 특별히 미곡과

---

1) 고려대학교 정경대 교수

산금(産金)의 매입자로서 군림하였다. 그 가운데 그는 관세의 대리수납자이기도 하였거니와 한말(韓末)의 화폐정리자로서 이 땅의 재정·금융을 요리하기도 하였던 것이다. 사실, 정리에 관련하여 제일은행에 의한 은행권(제일은행)의 무제한적 발행은 바로 토착경제를 「인플레이션」 과 농업공황의 심연에 이끌어 넣은 직접적 동인이 되었다는 것이 우리에게 새삼 주목된다. 아니나 다를까, 일본의 독점 자본은 이에 편승하여 이 땅의 도시와 농촌을 석권하기 시작하였고 봉건국권(國權)의 위기는 그와 더불어 격증하여 한반도의 운명을 결정적으로 단절하고 만 것이 그간의 경위이다.

　그러나 우리는 개항의 획기성을 위와 같은 일본 자본의 지배적 세력 조건에만 찾아서 충분하다 할 수 없다. 더욱 그로 말미암아 유발되고, 형성된 토착경제사회의 피지배적 국면을 아울러 보는 것이 지극히 중요하다. 그런데 그 가운데 가장 보편적인 의미를 갖는 것은 달리 말할 것도 없이 「인플레이션」 과 농업공황이라 할 수 있다. 실로 이들 요인이야말로 본래 자본주의의 생리적 병폐를 대표하는 가장 심각한 사회적 속성이다. 알고 보면 「인플레이션」 농업공황인즉 각기 한국 자본주의를 관철한 폭압적 모순의 조건이었을 뿐 아니라 그들은 흔히 상호 연계하여 시대적 위기를 형성해 왔다. 그리하여 그들 세력은 토착경제로 하여금 역사적 신단계를 구획할만한 기동적 계기로서 기능하였다는 것이 한국 자본주의사상 입증된 경력이다. 그러므로 우리는 적어도 「인플레이션」 과 농업공황을 떠나서 한국 자본주의를 체계적으로 파악 할 수 없음이 분명하다. 다만 그 가운데 우리는 때에 따라서 「인플레이션」 이 우세한 비중으로써 토착경제를 위압함을 볼 수 있고 또는 이와 반면에 오히려 농업공황이 획기성을 구체화할 만큼 뚜렷이 부각됨을 볼 수 있을 뿐이다.

　실로 한국 자본주의 100년의 역사를 달관(達觀)할 때 그것은 바로 「인플레이션」 의 확대 재생산의 진행과정이었으며, 농업공황의 만성적 또는 급성적 심화와 발(跋)호의 역사였다. 그 가운데 지배 자본의 축적은 진행되었고 이른바 한반도의 개척과 경제의 성장은 이루어졌으나 그로 인한 피압 계급의 인고(忍苦)는 막을 길이 없었다. 흔히 흉년이나 전재(戰災)를 이에 관련하여 크게 들기도 하지만 그들 자신이 결코 문제의 근본적 동인이 아니라 함은 주지의 원리이다. 따라서 「인플레이션」 과 농업공황의 역사적 의미는 그 가운데 오히려 뚜렷한 것이며, 더욱 이들 양자는 반드시 대척적(對蹠的)이 아니라 양자 연결허가나 또는 상호 보완하여 상승적 기능을 다하였다. 이 점에서 그들이 보여준 한국적 특성은 여실한 면목(面目)이다. 사실, 그동안 전체적 생산 기반을 소농 양식에 두고 있었던 한국 자본주의에 있어서 도시의 「인플레이션」 과 농촌의 공황이 병존하는 국면은 결코 신기한 것이 아니었다. 소농 공황의 만성적 특성을 생각할 때 그것은 오히려 보편적 사상(事象)이다. 그도 따져보면 「인플레이션」 과 농업공황이 언제나 또는 눈에 띄게 상승 기능만을 표시하는 것은 아니나, 이들 양자의 토착 대중에 대한 파괴적 기능은 흔히 상호 인과적이 아니면 병행적인 가운데 뚜렷한 공통성을 보여주고 있다. 우선 이들 「인플레이션」 이나 농업공황은 그 극점에 이르게 되자 필경 사회적 위기를 격성(激成)하는 것이니 동학혁명이나 의병운동은 바로 개항기에 있어서 뚜렷이 나타난 그러한 구체적 동태라 할 수 있는 예이다. 한국 자본주의 백년의 역사는 실로 위와 같은 위기를 거듭 거쳐서 몇 단계의 신시대를 구획하여 왔던 것이며, 그에 따라서 무엇보다 봉건 지대의 내면적 변질을 보기도 하였다2). 3.1운동이나 1930년대 초의 대공황 역시 바로 그 후의 이러한 기동적 계기들이다. 여기에 우리는 개항이후 「인플레이션」 과 농업공황을 동시적 기구적으로 볼만한 이유를 뚜렷이 갖게 되었다. 이점 문제를 가장 보편적 입장에서 객관적으로 다루어 보고자 하는 우리에게 있어서 잊지 못할 기본적 명제이다.

그렇다면 일찍이 들은 바 개항의 획기성 역시 처음부터 외래 자본의 침투 행적이나 세계시장의 확대 운동 등 그 지배 조건에 한정될 수 없고, 적어도 「인플레이션」 과 농업공황의 피지배 조건에 깊이 관련되어 있음을 알 수 있다. 아니 이들 요인이야말로 한국 자본주의사를 일관하여 체계화하는데 당장 기저(基底)적으로 요구되는 제일차적(第一次的) 과제이다. 다만 그럼에 있어서도 우리는 개항기 「인플레이션」 을 지목하는 전통적 제견해(諸見解) 가운데 농업공황의 국면을 동시적으로 깊이 물어보지 않는 경향에 주목하지 않을 수 없다. 그들 역시 자본주의경제의 범주를 떠나 있지 않는 것이나, 요는 그들이 토착경제의 피지배적 특성을 철저히 보지 못한 소견임은 물론이다.

사실, 개항 직후의 토착경제를 피상적으로 관찰한다면 때는 아직 우세한 봉건적 자급체제의 시대이었던 만큼 「인플레이션」 이나 농업공황의 근대적 발생이 배제된 것 같기도 하였다. 사실 적어도 자본화 과정이 매우 미급(未及)하여 농업공황의 정상적 파급이 불가능하였으리라고 보는 견해에 접하기도 하는 실정이다. 이 점, 다음 소절에서 좀 더 구체적으로 밝히고자하는 본론의 중요과제이거니와 결론적으로 말하여 우리는 근대적 「인플레이션」 의 전개를 시인하는 한(限)에 있어서 적어도 소농 공황의 독립적 또는 중첩적(重疊的)발생을 배재할 수 없다. 전반적 유통경제가 우세한 자본주의의 지배력에 의존하는 소농 사회에 있어서 소농 그것이 비록 전기적(前期的) 속성을 보유한다 하더라도 공황의 외중에 들어갈 수 있다는 것은 공황론일반이 오히려 일찍이 제시한 바 있는 명제인 까닭이다.

II. 개항기 「인플레이션」 의 특성

개항은 위에서 본 바와 같이 일본 자본의 세력적 침투와 그것을 통한 세계시장에의 연결을 한반도에 가져왔으므로 당연히 토착경제의 화폐화를 촉구할 수밖에 없다. 그것이 당장 「인플레이션」 으로 진전되리라는 것은 당연한 귀추이다. 사실 개항과 더불어 해외 교역은 급진적 팽창을 보이었고, (아래 표 참조) 그 가운데 물가는 급등하였으며, 통화량 또한 급증하였음이 역연하다.

---

2) 좀더 자세히는 졸저(拙著) 「한국 자본주의사 연구」 II. 1974참조

　　고종17년(1880년)에 이미 「물가배사(物價倍徙) 호비우다 (浩費尤多) 전지탕패지경(轉至蕩敗之境)」3)이라는 비명을 듣게 되었으며 그 밖에

　　　「조선에 있어서 모든 물가는 개항 이래로 그 주위 사정의 그것에 비등하게 되는 경향이 있는데 그것은 생활필수품이 등귀(騰貴)하는 결과를 가져오고, 특히 식량 가격의 앙등(昂騰)을 가져왔다」4)

는 외국인의 보고에 접하는 실정이다.

<h3 style="text-align:center">[개항 전후의 무역 동태]</h3>

단위: 원

년차	수입액	수출액	총액	지수
1875	68,930	59,787	128,717	100
1876	81,374	82,572	163,846	127.3
{ 1877.7 ~ 1878.6	228,554	119,538	348,092	270.4
1879	566,953	677,061	1,244,814	967.1
1880	978,013	1,373,671	2,351,684	1,827.00
1881	1,944,731	1,882,657	3,827,388	2,973.50
1882.1				
1882.6	742,562	897,225	1,639,787	1,273.90

자료: 로서아대장성(露西亞大藏省), 「한국지(韓國誌)」(일역, 1905), 112~113면

　　더구나 1890년을 고비로 한 미곡의 격화된 대일 수출과 더불어 물가의 광등(狂騰)을 보았음이 주목된다. 즉,

　　　「금지물가십년전(今之物價十年前) 혹유과십배자(或有過十倍者) 혹유과백배자(或有過百倍者) 명난당오(전)(名難當五(戰)) 실불급전일엽전반문지용(實不及前日葉錢半文之用)」5)

　　이라든가, 동년에 미곡 1담(擔) 120냥 하던 것이 1892년에는 350냥으로 뛰었다는 기록6)은 그 표시이다. 물론 물가고의 경향 그것은 개항 이전에도 없지 않았으며, 개항 후의 물가 동태 또한 반드시 일률적인 것은 아니다. 곡가(穀價)의 계절적 변동은 말할 것도 없거니와 한전(韓錢, 葉錢)의 일화(日貨)에 대한 시세 또한 시기와 지역에 따라서 큰 변동을 보인 것이 틀림없는 사실이다. 그밖에 개항 전 대원군치하(大院君治下)의 당백전(當百錢) 「인플레이션」은 너무나 유명하거니와 그에 병행된 청전(淸錢)의 남용 또한 볼만하며, 더욱 개항 직전 년이 사례로서

---

3) 「승정원일기(承政院日記)」. 고종 17년 7월 21일
4) G.N. Carzon, Problems of the Far East, 1894 p.p. 187~9
5) 김윤식(金允植): 「운양집(雲養集), 제7권, 제2·전폐론(錢幣論)(1890년대초)」
6) Consular Reports, Foreign Office, Annual Serries, No. 1088, 1894(British)

> 「금년이 풍년이면서도 곡물이 귀한 것은 잠상배(潛商輩)가 곡물로 외국 물화(物貨)를 환매하는 까닭이므로 무릇 이국 화물은 일체 통금할 것」[7]

을 요구한 문면(文面)을 볼 수 있다. 따라서 「인플레이션」이 개항 전에 볼 수 있었던 사실임에는 틀림이 없는 것이나, 그럼에도 불구하고, 우리는 개항 후의 「인플레이션」이 보여준 특징적 조건을 또한 결코 간과할 수 없다. 후자의 「인플레이션」이 적어도 전자의 그것에 관한 사태의 단순한 연장이 아니라 개항과 더불어 새로운 충격을 가한 위기적 성격이라는데 전후 발전성은 확인되는 관계이다.

그 밖에 개항 후의 「인플레이션」이 앞에서 본 개항이 가져온 토착 경제의 지배 조건과 피지배 조건을 그대로 반영하리라는 것은 당연하다. 단적으로 말하여 그것은 바로 일본제국주의의 배경과 「세계시장의 폭풍우」란 외래적 지배 세력에 그 근원적 동인을 갖고 있다는 것이다. 더욱 그것이 농업공황과 연결된 점에서 근대적 특색을 한결음 뚜렷이 부각한다. 그것은 대원군치하(大院君治下)의 당백전(當百錢) 「인플레이션」이나 그 밖의 전기적(前期的) 「인플레이션」이 보여준 조화(粗貨) 따라서 발행이나 흉작과 같은 우연적, 일시적인 것이 아니라 자본주의경제의 외래적 침투와 관련된 근대경제와 인과성을 갖는 것이라는 것, 더구나 전자와 같이 한정된 지역이나 특수한 피지배층의 전기적 부담(지대 부담)만에 관련된 것이 아니라 전체적 경제기구(機構)를 통하여 대중에 대한 압력의 조건이 되고 있다는 것, 그로 말미암아 지배 자본에 대한 축적의 동인이 될 수 있다는 점 등이 처음부터 특징적으로 주어지는 속성이다. 이러한 의미에 있어서 우리는 개항 후의 「인플레이션」을 근대적인 그것이라 하여 전후 구별하는 것이 무방하다. 더욱 이와 같은 「인플레이션」과 상호 연결되어 있다는 점에서 개항 후의 농업공황이 뜻하는 근대성 또한 한결음 뚜렷이 반증되는 관계이다.

물론 개항기의 근대적 「인플레이션」이라 하더라도 당장 토착 경제의 전기적(前期的) 후진성을 떠나서 그대로 볼 수는 없다. 적어도 농촌사회의 봉건적 지배체제와 자급적 생활양식은 근대적 「인플레이션」에 대한 실질적 제약성을 가져오는 기초요인이다. 그러므로 이때에 「인플레이션」이라 하여도 그것은 일견 개항 지역이나 도시사회에 국한된 문제일 것 같기도 하나 진상은 반드시 그렇지 않다. 바야흐로 상품화율이 저열하고, 자급체제가 우세한 경제사회임에 틀림이 없으나 지배 자본의 침투력은 매우 강근한 것이어서 전체적 토착 경제의 상품화를 각 방면에서 강요하는 동시에 시장경제의 확대를 내면적으로 보완하는 점 또한 강한 까닭이다.

때마침 개항기 「인플레이션」이 농업공황을 촉진하는 특징적 국면은 볼만 하거니와 그것의 상승효과가 봉건적 생산체제의 전면적 위기와 직결된 구조적 동인성에 관하여는 지금 각별히 주목한다. 우선 화폐화 과정이 봉건지주나 지방 리료(吏僚)를 척극(刺戟)하여 생산 농민의 수탈을 강화하든지

---

7) 「승정원일기(承政院日記)」. 고종 12년(1875년) 12월 1일

외래 자본의 침투력이 예리화함으로써 동양혁명과 같은 거대한 농민운동을 일으킨 동기는 고사하고, 농민의 부등가적「쉐레」현상만도 「인플레이션」 과정 하에 크게 노정(露呈)됨을 보인 국면이다.

Ⅲ. 개항기 「인플레이션」 의 주도 원인

개항의 세계사적 의미가 밝혀지고, 개항기 「인플레이션」 의 특성이나 그와 관련된 농업공황의 연결설이 인정될 때 한반도 개항사의 전국면은 비로소 우리 앞에 정체를 나타낸다. 개항기 「인플레이션」 의 주도적 원인 또한 여기에 객관적 근원적으로 밝혀질 것이 기대되는 전망이다.

그러면 개항기 「인플레이션」 의 주도적 원인은 구체적으로 어디에 있는 것인가?

우리는 문제에 임하여 첫째로 일본자본에 의 무곡(貿穀)의 급격한 팽창과정에 주목하지 않을 수 없다. 주지하는 바와 같이 개항 전후의 무역 통계에 있어서 수출액의 대부분은 곧 미곡과 대두인 바, 그들 단가의 등귀를 고려에 넣고 본다 하더라도 매곡(買穀)의 양적 확대 과정은 꾸준한 추세이다. 특히 1880년대의 상승 과정을 거쳐서 1890년에 이르러 특히 미곡의 대일수출이 급증된 사실은 놀랄만하거니와(다음표 참조) 그 후 다소의 기복을 보인 가운데 무곡량(貿穀量)의 대체적 증세는 바로 「인플레이션」 과 농업공황의 진행상을 반영한다. 특히 대일 무곡(貿穀) 그것이 반드시 국내 식량의 과부족을 깊이 묻지 않게 된 사정에 있어서 그러한 진행은 당연한 결론이다.

원래 전세기 중엽까지 일본의 「맬더스」 적 식량문제는 심각한 바 있었다. 더구나 일본경제의 초기적 발전은 계속 식량 수요의 급격한 증대를 나타냈다. 그리하여 일본은 1880년대에 이르기까지 산미(産米)의 수출 개방을 본 가운데 있어서도 한국미를 비롯한 외미(外米)의 도입을 결코 중단하지는 아니하였다. 그것이 1890년에 이르자 170만석을 넘는 기록적 수입초과미(輸入超過米)를 보게 되고 이후 한국산미에 대한 의존도는 높아져 간 것이 틀림이 없는 추세이다. 때마침 한반도 역시 그 식량 사정이 점차 여유를 갖지 못하게 된 과정임에 있어서 문제의 심각화는 면할 수 없었다. 이 점 우선 국내 미가(米價)의 앙등으로 나타났으나 이를 테면 「일본에 있어서 곡가(穀價)의 앙등(昻騰)은 곧 조선시장에 영향을 미쳐서 미·두의 수출을 크게 늘리게 하고, 이것은 통화량을 증대시켰으며, 또한 모든 필수품의 가격을 올렸다」 8)는 것이다. 그리고 우리는 「양곡의 가격이 전국적으로 대단히 앙등하여 … … 2년전(1890년)의 미가는 1담에 120냥이던 것이 지금은(1892년)은 350냥으로, 화폐 가격은 하락되었다」 9)는 전게(前揭)의 외국문헌에 접하는 실정이다.

그런데 일본자본에 의한 초기 무곡은 그것이 반드시 정상적 상거래의 소산(所産)이 아니라는데 문제의 심각성은 가중된다. 그것인즉 곧 생산 농민에 대한 폭력적 위압이 아니라면 고리대적

---

8) 개항 직후의 상품별 무역통계자료는 구해 보기 어렵다.
9) H.B. Hulbert;"Korea Review"Vol.Ⅱ. No. Ⅰ, 1901
　　Consular Reports; (전제)

궁박(窮迫)에 편승된 결과임이 일반이다. 따라서 토착 민중의 식량 사정은 고사하고, 「인플레이션」이 진행된 가운데 농민의 부등가적 손실은 초래됐다. 그것은 필경 농업공황을 유인하는 조건이 된 것이므로 개항기의 교역관계를 다룬 「한국지(韓國誌)」 역시 다음과 같이 지적하고 있다. 즉

> 「미곡의 수출량은 국내의 풍흉에 관계될 뿐 아니라, 주요 수요자인 일본의 수요 여하에 의한다. 한국에 있어서는 미곡 수매 자금의 대여 관행에 의하여 교역의 미곡은 흉작이라 할지라도 일본인의 손에 들어가 주민의 손실에 돌아간다. 운운(云云)」10)

하물며 이 때에 무곡을 막기 위한 방곡령(防穀令)이 한말(韓末)정부나 지방관리에 의하여 공포됨을 보게 됨에 이르러 생산 농민의 입장이 어떠하리라는 것은 대체로 자명하다. 일본 자본의 우세 하에 방곡의 실효를 거두기에 어려웠을 뿐 아니라 결과는 흔히 생산 농민의 손실을 가중시키고 말았던 것이다. 실로

> 「방곡령은 그 목적인 미가 그 밖의 농산물가의 하락은 이를 볼 수 없고, 헛되이 농민의 손실에 의하여 관리의 사복(私腹)을 비(肥)하게 할 뿐이다」11)

하였음은 바로 목격자의 기록인 「한국지」의 논평이다.

그러나 알고 보면 개항기 「인플레이션」이 그 주도적 기동 효과를 일본 자본의 무곡에만 두었다고 볼 수 없다. 일본 자본에 대한 한전(韓錢)의 매매활동 또한 이에 못지않게 「인플레이션」의 화폐적 측변을 구축한 큰 동인의 하나이다.

사실 한일조교조약(韓日條交條約)은 대일 무곡을 공인하는 동시에 일본 화폐의 국내 통용을 허용한 점에서 반식민적 개항임을 가장 구체화하였다고 볼 수 있다. 그것은 다 같이 이 땅에 「인플레이션」을 약속하는 조건 이외에 다른 것이 아니다. 특히 일화 통용으로 말하면 당장 한전(엽전, 葉錢)과 혼용되고, 한전을 매매함으로써 국내 화폐 가치를 실질 이상으로 저락(低落)시킬 수 있는 본성을 갖게 하였다. 그리하여 한말의 재정 궁핍으로 말미암은 한전 소재(素材)의 저질화는 「구레샴」의 법칙을 노골화시키고, 「인플레이션」에 부채질을 더한 결과로 되었다 따라서 총체적으로 1880년대의 당오전이나 1890년~1900년대의 백동화의 교환 가치 저락이 당시의 일본 화폐와의 접촉에 의한 반사적 효과라 함은 대체로 틀림없는 명제이다.

개항과 더불어 자국 화폐를 통용한 일본 자본은 한전 매매를 자행하여 한전 시대의 이차(利差)를 취득할 뿐 아니라 한전을 교묘하게 이용함으로써 또한 거래상의 이득을 취득하였다. 더구나 그들은

> 「한전 시대가 저락(低落)하리라고 예상될 때는 현금 또는 일본 화폐를 지불에 쓰지 않고 일시의 구급을 위하여 한전어음을 발행해 놓은 다음 후일에 한전(가치)이 저락하면 현금을 사서 어음지불에 공(供)한다」12)

는 것이니 여기에 한전어음의 발행으로 통화량은 그만큼 증가되고, 그 가운데 그들의 이득은 늘어난다. 요컨대 그들은 추악한 한전(당오전(當五錢), 백동화(白銅貨) 등)의 주행(鑄行)을 기다려서

---

10) 「한국지」, 144면
11) 「한국지」, 130면
12) 강 용일(岡 庸一): 「최신한국사정(最新韓國事情)」, 1904, 287면

저렴한 시가로 이를 매점(買占)하되 명목가 그대로 그를 이용하거나 조화(粗貨)로써 양화(良貨)를 구입 반출하는 방도를 취하였던 예이다.

그런데 개항 직후 시장경제는 급속히 확대되었으므로 일본 화폐의 도입이 있었다 하더라도 「구레샴」의 법칙과 더불어 한전의 양적 부족은 감출 길이 없었다. 당장 한전을 다량으로 주조할만한 능력은 당시의 한국정부에 있어서 보유되지 않았던 처지이다. 여기에 일본 화폐에 대한 수요는 높아가고 그에 대한 가치는 낙세를 면할 수 없었다. 따라서 개항초의 한전 수요기를 제외하고 한전의 조락(凋落)은 계속된 셈이다. 다만 개항초의 엽전시세 그것 역시 주로 동가(銅價)의 앙등과 그에 대한 수요 증가에 기인한 일시적 현상에 불과하고 그것이 일반 물가의 저락을 뜻하는 상황은 아니었다. 곡가를 비롯한 일반 물가의 일시적 기복이나 계절적 등락은 불가피한 것이었으나 그도 개항기를 통하여 대체로 상승을 거듭하였던 것이 틀림없는 실태이다.

그럼에도 불구하고 한전의 변동 시세를 속지할 수 있는 일본인의 입장에 있어서 더구나 그것을 주조함에 요구된 원료(지동, 地銅)를 거의 독립적으로 공급하고 있었던 처지에 토착 경제에 「인플레이션」을 일으키는 조건을 갖추고 있었던 것은 분명하다. 무엇보다 그들 악덕 상인이 감행한 한화 위조의 행패(行悖)는 그것의 극단적 사례일 뿐이다. 사실 널리 알려진 것만도 동학혁명 후의 백동화(白銅貨) 위조는 일본인에 의하여 공공연히 행해졌던 것이니 인천항과 같은 개항에는 거의 한화의 전부가 위조 화폐였다는 정도이었다. 더욱 당시의 일본인 스스로

> 「작금(昨今) 대판(大阪)지방의 제동 회사 가운데 백동화를 주조하여 완제품으로서 1개 1전 5리 내지 2전의 가격으로 대거 밀수입을 시도하는 자가 있으며, 이제 인천 그 밖에 각지 상인은 거의 이 일에 관여치 않는 자가 없는 형편이다」 13)

하였다. 따라서 지금

> 「어떠한 지방에 유력자가 있어서 한전의 매점을 할 때는 시가를 조정함으로써 폭리를 취득하기에 어렵지 않았다」 14)

는 표현은 우리에게 너무나 단순하다. 그들은 곧 한전을 위조할 수 있었던 반면에, 일본 정부의 규제력을 받지 않고서 위화(僞貨)「인플레이션」제어할 길은 사실상 이 땅에 없었던 까닭이다.

사실이 그러함에도 전통적 내외 개항론에 있어서 「인플레이션」은 극히 한정된 사건으로서 다루어져 있지 않을진대 그 원인을 왕실에 의한 조화의 난발에 돌리는 것이 상례(常例)로 되어 있다. 그들에 있어서 개항 전후의 「인플레이션」이 명확히 판별되어있지 않을 뿐 아니라 개항 후의 당오전(當五錢)의 남발이나 백동화(白銅貨)의 주행(鑄行)이 곧 「인플레이션」의 근원인양 판정하고 마는 예는 너무나 많은 실정이다. 언필칭(言必稱), 재정의 문란, 관리의 부패, 왕실의 사치를

---

13) 「은행통신록(銀行通信錄)」, 1902년 6월호 제34권, 205면
14) 강 용일(岡 庸一); 「전게서(前揭書)」 393면

들고, 또는 흉작만이 곧 곡가 앙등, 물가고의 원인인양 주장하는 견해를 허다하게 보는 것이나 그것이 역사의 진실한 배경을 보지 못한 피상적 소견임은 다시 말할 것도 없다. 필경 그가 개항기「인플레이션」의 특성이나 그 근원을 파악하지 못하고 있을 뿐이 아니라 개항의 획기성 또한 인식되어 있지 않는 가운데 농업공황의 형성 조건과 같은 것을 당장 묻지 못한 단견임은 물론이다.

지금 개항기 일본 화폐의 국내 통화량만을 구태여 묻는다 하여도 그 수준은 결코 경시할 수 없다. 개항초기와 그 후기에 따라서 큰 차이를 보이기도 하지만 적어도 개항지나 주요 도시에 관한 한, 거의 한전을 능가하였음이 분명하다. 그것은 일찍이 동학혁명 직전의 엽전의 유통량이 대략 800~1,000만원으로 추산된데 대하여 그 직후(1879년)의 일본인측 조사에 의한 일본 화폐의 그것이 은화만도 300~350만원에 달해 있었다는 정도에서[15] 능히 알만하다. 따라서 일본인 발행의 한전 어음을 놓고 보면 더욱 후자의 양적 수준은 올라갈 것이 분명하며, 더구나 1900년대초 일본의 제일은행(第一銀行)권의 무제한 발행 단계에 들어서고 보면 일본 화폐량의 지배성은 뚜렷해지는 실태이다.

하물며 전체적 경향에 있어서 일본 화폐의 유통 속도가 빠른데 대한 한전의 퇴장성(退藏性)을 아울러 보게 될 때 위의 양적 평가는 훨씬 강조된다. 이점, 개항기의 진행과 더불어 각별히 지목되는 당면한 문제의 조건이다.

그러나 개항기 「인플레이션」 과 일본 자본의 지배성을 살펴봄에 있어서 더욱 우리는 후자에 의한 계속된 산금(産金)활동을 간과할 수 없다. 이 점, 확실히 개항기의 「인플레이션」 의 부가적 원인의 큰 종목이다.

원래 국가의 산금활동은 화폐의 수량을 늘리는 동인이라 하겠으나, 그 자체 언제나 「인플레이션」 의 조건이라 할 수는 없다. 그것을 근대 각국의 교역면에서 본다면 그 자체 오히려 국가의 대외지불능력을 높이고, 방만한 지폐나 은행권의 신용력을 보장하는 강간(杠桿)이 되는 점에 있어서 반「인플레이션」 의 기능을 분명히 갖고 있다. 그러나 거기에는 물론 등가적 교환이 전제로 되어야 하겠고, 개항기의 한반도에 있어서와 같이 외래 자본에 의한 반수탈적 매점(買占)행동과 같은 사례를 예상하고 있지 않다. 후자의 경우, 결과는 오히려 내외 화폐의 국내 유통량을 증가시킬 것이며, 자주적 지불능력의 감퇴를 가져옴으로써 「인플레이션」 의 근원을 조성하게 될 뿐인 까닭이다.

산금(産金)의 수매 반출은 일본 자본의 소행만이 아니라 청국 또는 개항 이전부터 산금의 매입에 혈안이 되어왔었다. 다만 개항이 되자마자 일본 자본은 이에 우위적 박차를 가한 것이 틀림이 없는 것이니 특별히 제일은행의 지금매상(地金買上)은 그 주업무의 하나로서 볼만하다. 그리하여 결과는

---

15) 「일본인 상업회의소 조사」 사방박(四方博), 「朝鮮に於ける近代資本主義の成立過程」, (朝鮮社會經濟史硏究) 京城帝大 法文學會刊, 1933, 48면, 71면

청일전쟁 직후 일본의 금본위제(金本位制)의 수립16)에 크게 기여하였음은 주지한 바와 같고, 다시 한전의 상대적 가치 저락과 금본위제도 정립을 저해하는 반사적 원인이 되고 만 점, 또한 잊지 못할 문제의 요인이다.

Ⅳ. 개항기 농업공황의 위기적 전개

우리는 앞에서 개항기의 농업공황을 필연시하여 「인플레이션」 과의 연결성을 어느 정도 살펴보았으나 한국 농업공황을 객관적으로 정립함에는 더욱 선행적으로 요구되는 몇가지 인식의 조건이 우리에게 남아있다. 그들을 구태여 요약하면 다음과 같다. 즉

(1) 첫째로 다기(多岐)한 학설적 공황이나 농업공황의 개념 악바(握把), (2) 얻어진 이론 그것으로 개항기의 농업공황과 어떻게 대결할 것인가 하는 문제, 나아가서 (3) 「인플레이션」 과 더불어 농업공황을 구체적으로 실증화하는 문제, 즉, 농업공황의 성립이 개념적으로 인증된다 하더라도 그것의 실증자료를 구체적으로 얻을 수 있을 것인가 하는 점 등, 우선 우리는 오늘날 경제학적 개념에 있어서 공황과 같이 이견을 많이 보고 있는 것도 드물다 하겠다. 특별히 농업공황에 이르러서는 공업공황과도 관련하여 양상과 원인이 구구한 논의를 자아낼 만큼 복잡하다. 농업공황은 공업공황과 반드시 병행하든가, 그렇지 않다든가, 또는 공업공황은 자본주의 일반의 소산(所産)인데 대하여 농업공황은 독점자본주의의 발전된 단계를 요구하든가 하는 소견을 많이 보는 예이다. 그 가운데는 농업공황의 원인의 모름지기 지대(고율 지대)의 고착성에 놓여 있다는 이론도 유력하거니와 독점 자본의 강압에 연유한다는 주장 또한 당연히 설 수 있다. 그 밖에 일반(공업) 공황론의 형식적 연장을 꾀하는 방법론 역시 지목되는 개념적 인식의 유형이며, 물론 고전적 이론을 일일이 찾는다면 한이 없을 실정이다.

그러나 우리는 여기에 새삼 역사적 공황론이나 농업공황론을 들어서 시비곡절을 가리는 여유를 갖고 있지 않다. 사실 그 중 하나의 체계를 세워서 개념을 정립한다 하더라도 실로 방대한 성과를 보기에 충분한 내용의 과제이다. 그러므로 우리는 대체로 여기에 통설적인 것으로 인정되는 그것의 개념을 취하되 개항기의 역사적 배경을 충분히 고려하되 구체적으로 해답하는 방도를 취할 수밖에 없다. 그럼에 있어서도 이 때에 일본 제국주의의 침입이나 「세계시장의 폭풍」 에 대응한 봉건적 토착 경제의 침체된 생산 양식 등은 무엇보다 우리의 이론 형식상 중요한 요소적 대상이다. 그렇다면 필경 우리에게 주어진 기본 전제는 대체로 다음과 같음을 알 수 있다.

(i) 공황이나 농업공황은 자본주의 경제기구(機構)의 고유한 산물이며, 상대적 생산 과잉을 토대로 한 폭발적 경기 하락의 국면을 가리키고 있다는 것, 따라서 곡가나 물가의 폭락, 생산의

---

16) 일본은 1879년에 금화본위제(金貨本位制)를 수립하였다.

위축, 실업 사태, 소득의 감축, 금융의 핍박(逼迫) 등이 우선 눈에 띄는 현상이라는 것.

(ii) 그러나 공황이나 농업공황을 피지배 대항으로 하여금 반드시 자본주의 생산양식일 것을
요구하지 있지 않고, 전기적 생산양식(예: 소농)에 있어서도 일정한 조건 하에 공황은 충분히
발견될 수 있다는 것.

(iii) 농업공황은 공업(공황)과 병행하는 것이 상례(常例)이지만 독립적으로 발견할 수 있다는 것.
다만 그것은 언제나 자본주의의 시장경제를 떠나서 독립적으로 생기는 것이 아니라는 것.

(iv) 공황이나 농업공황은 「인플레이션」과 마찬가지로 상당한 화폐경제의 발전이
생성기반으로서 요구되고 있다는 것, 자급적 경제체제 하에서 그것은 결정적으로 제약될
수 밖에 없다는 것. 그러나 이때에 공황의 강도는 반드시 생산 농민의 상품경제(상품화율)만에
의존할 수 없다는 것. 실물소작제 하에 있어서 예컨대 지주의 소작미(小作米) 방매는 역시
소농의 공황과 직결될 수 있는 조건이라는 것.

(v) 농업공황은 농업 생산의 특유성과 생산 농민의 경제사회적 지위에 대응하여 만성적 본성을
갖고 있다는 것. 특별히 소농 공황에 있어서 그러하다는 것. 따라서 사실상 그것은 공업공황과
병행되는 경우를 많이 볼 수 밖에 없게 된다는 것.

(vi) 농산물의 수요가 많고 농촌 노동력의 도시 산업에 대한 흡수 운동이 왕성한 산업 자본주의
단계에 있어서 농업공황의 발생 가능성이 저지된다는 것, 그러나 이 점은 지역에 따라서
매우 유동적이라는 것.

(vii) 농업공황의 기본 원인이 흉작과 같은 자연조건에 있지 않다는 것, 그리고 그 만성적 원인
역시 지대(地代)의 고착성과 같은 내재적 요인에만 달려있지 않다는 것, 지대의 가변성을
생각한다 하더라도(사실, 지대의 가변성은 소작제 하에서 흔히 있을 수 있다) 그것은
외위적(外圍的)지배력에 의하여 만성화하는 것은 오히려 상례라는 것.

(viii) 바로 위의 두가지 항목(v 와 vi)과도 관련하여 농업공황은 독점자본주의의 단계에 있어서
보다 많이 보게되는 특성임을 알 수 있다는 것, 이때에 농업공황은 그 만성적 양상을 뚜렷이
나타낼 뿐이 아니라, 공업공황의 전가(轉嫁)와 더불어 급성적 상황으로 전개되는 조건을
발견할 수도 있게 된다는 것.

농업공황에 대한 우리의 이해가 대체로 위와 같은 것이라 할진대 결론적으로 우리는 개항기의
한국 농촌사회에 공황의 발생을 예상하기에 어렵지 않다. 토착경제의 봉건적 피지배시에도 불구하고,
농업공황의 발생을 부인할만한 단정적 조건은 위의 항목에 비추어 당장 지적될 수 없는 속성이다.
그보다 오히려 당시에 군국주의에 힘입은 강한 외래 자본의 침입활동을 상기할 때 우리는 농업공황의
필연성을 부인할 수 없게 된다. 그것은 실로 단순한 자본주의의 침입이 아니라 군국주의의 배경을
갖는 「폭력적」 위세의 침입으로 말미암아 봉건체제를 넘는 타율적(他律的) 근대화는 거기에

실질적으로 꾸며졌던 까닭이다.

모름지기 우리는 자본주의나 독점자본주의의 지배 조건을 토착경제의 근대 구조적 발전에서만 구해 볼 수 없다. 비록 토착경제가 아직 역사적 생산양식을 그대로 존속시키는 과정에 있어서도 우세한 자본제약 지배체제 하에 놓여 있는 한, 「인플레이션」이나 농업공황은 거침없이 일어날 수 있는 것이 도처에 실증된 사실이다. 이 점의 투철한 인식 없이 이론이 봉건적 침체성이나 전기적 자연관에만 머물러 있게 된다면 문제의 올바른 해결은 도저히 지어질 수 없다. 사태는 피지배적 양태 그것에 본질이 있는 것이 아니라 지배 조건의 발생성이 흔히 봉건적 기구(機構)의 형식을 내면적으로 변질(근대화)시키는 운동에서 전개함을 볼 수 있는 까닭이다.

그 뿐인가, 봉건적 피지배성 역시 그저 근대적 농업공황을 제약하는데 그쳐 있는 것이 아니라 후자 그것을 더욱 심화하는 동인이 될 수도 있다. 이른바 「쉐레」현상에 허덕이고 있는 생산 농민을 생각하되 그들이 만약 가혹한 봉건적 소작료를 강요당하는 입장에 있다면 그것은 분명히 문제의 심화를 가져오는 구조적 동태일 뿐이다. 그럼에 있어서도 이때에 문제의 주도력이 외래적 지배 조건에 달려 있다는 것. 그리고 봉건적 고율 소작료나 그밖에 흉작과 같은 내재적 요인이 강장 문제의 본성을 가리키고 있지 않다는 점은 우리에게 중요하다. 따라서 개항기의 농촌 불황을 모름지기 봉건적 지배 조건이나 흉작과 같은 자연적 제약성에만 돌리는 일부의 견해는 거듭 본 바와 같이 사태의 동인에 관하여 적어도 주종을 가리지 못한 논리적 과오이다.

지금 한반도의 역사적 농업공황이 내외 자본주의사의 전체를 통하여 그동안 각별한 특징적 국면이 무엇이냐 하면 그것은 근대적 피지배성에 더하여 바로 봉건적 동인이 스스로의 가세적 조건으로 기능한 점이라 하여서 무방하다. 이 점, 후자는 전자에 비하여 독립적 제약성을 갖고 있을 뿐 아니라 단순한 자본제약 시장경제를 넘는 심각성을 전제에 부여할 수도 있다는 것, 그것은 무엇보다 개항기의 농업공황에서 그 특징이 가장 뚜렷함을 볼 수 있게 하고 있다는 것, 따라서 그것은 봉건체제의 위기를 포함한 근대적 위기를 조성함에 한결음 큰 기동력을 농업공황에 부여하고 있다는 논리적 시사이다.

물론 따져보면 봉건적 지배 조건뿐이 아니라 흉작과 같은 자연조건 역시 농업공황과 무관하다 할 수는 없다. 후자가 직접적으로 농업공황의 본질적 동인은 될 수 없으나 농업공황(또는 인플레이션)을 심화하는 동인이 될 수 있다는 것은 사실이다. 더구나 자연경제가 지배적인 후진사회에 있어서 그것이 한층 맹위(猛威)를 발휘하는 외적 요소임에 또한 틀림이 없다. 다만 우리는 끝까지 흉작 그것을 농업공황의 본질적 지배 요인으로 볼 수 없을 뿐이다.

그러나 개항기 이후 우리는 한국자본주의사상 농업공황의 보다 적극적이며 보편적 의미를 갖는 협동적 동인을 말한다면 몇 번 본 바와 같이 「인플레이션」을 들 수밖에 없다. 양자는 일견 대조적인 가운데 흔히 소농생산을 고동의 힘으로써 억간(抑墾)하고 상호 보완적으로 파괴하는 것이며,

자연경제의 구각(舊殼)을 뚫고, 그들 자신을 관철하는 것이 뚜렷한 까닭이다. 따라서 이들의 발전적 운동은 필경 전체 사회의 위기를 조성함에 크게 기여한다. 그것의 극점이 바로 신시대를 구획하는 동인으로 되어 있다는 것은 한국자본주의사의 역연히 실증된 국면이다.

그러면 여기에 문제의 획기성을 특례로서 동학혁명을 살펴보자, 발동의 직접적 도화선이 봉건가감(苛斂)에 대한 반항에 있었다 하더라도 우선 「척사배외(斥邪排外)」의 의식이 보다 큰 지주를 이루고 있다는 점, 주지하는 바와 같다. 따라서 이는 봉건적 위기와 근대적 위기의 중첩적 국면이며, 바로 「인플레이션」과 농업공황에 직결된 사태임에 틀림이 없다. 여기에 실로 동학혁명의 본성은 비로소 뚜렷함을 보여주는 관계이다.

아니나 다를까, 동학군의 방목(榜目)에는 수다한 내정적폐(積幣)의 시정을 촉구하는 문구이외에 「위군축척(僞軍逐斥)」의 당목(黨目)이 분명히 끼어있고, 「타국잠상지준가무미야(他國潛商之峻價貿米也)」라든가 「각포구사무미엄금사(各浦口私貿米嚴禁事)」의 절규 또한 주목되는 문제의 조건이다.

사실이 동학봉기의 직전 수년의 경제동태로 말하면 격렬한 「인플레이션」과 농업공황의 중첩적 과정을 우리에게 역연히 전해주고 있다. 즉,

> 「1890년 및 1891년은 한국에 비상한 풍작을 보고, 일본에 흉황을 봄으로써, 한국무역액이 약 배의 증가를 보였으나 다음 2년에 있어서는 이 사정은 변화하였다. 1892년 및 1893년에는 풍우(風雨) 때문에 한국이 흉작이었고, 특히 지미비옥(地味肥沃)한 남부지방에 피해가 많았기 때문에 정부는 1892년 11월에 방곡령(防穀令)을 펴지 않을 수 없게 되었다. 그런데 이 때에 한편 일본에서는 풍작이어서 한산(韓産)의 수요를 감하고 운운(云云)」17)

그렇다면 위의 양년(兩年)에 미곡 수출의 격감을 보인 점과 특히 1893년의 방곡사태는 볼 만하다. 이는 수출입 무역의 전반적 감퇴(전게표, 前揭表)와 더불어 경기적 불황의 국면을 여실히 나타내는 까닭이다. 따라서 사태는 곧 토착농민의 경제면에 대하여 공황적 압력으로서 기능할 것이 분명하나, 다만 이때에 시장미가의 동태만을 본다면 그가 뚜렷하진 않은 가운데 화폐적 동태에 비추어 「인플레이션」의 진행은 틀림없는 기세이다. 그밖에 따져 보면 우리는 수출 미가와 수입 직물 가격간의 「쉐레」현상을 동학혁명 직전 수년의 동태로서 찾아볼 수 있다. 이도 적지 않게 우리에게 흥미를 자아내는 자료의 하나이다(다음표 참조).

지금 동학혁명을 전후한 농업공황의 구체적 내용을 실증적으로 찾아본다면 한이 없다. 적어도 곡가의 범주에 그쳐있지 않은 문제이다. 어쨌든 그것이 전래적(傳來的) 봉건농업의 정체성(停滯性)과 뚜렷이 구별하기에 어려운 가운데 동학란(東學亂)을 맞았다고 보는 것이 중요하다. 여기에 고유한 농업공황은 가중적 조건을 첨부한 셈이다.

그러나 우세한 외래 자본의 침입을 보아 온 개항기의 농업사회에 공황의 발생을 보리라는 것은

---

17) 「한국지(韓國誌)」, 139면

너무나 당연하다. 이점은 구태여 고유한 근대적 공황의 가장 보편적 동인(과잉생산)만을 들어본다 하더라도 일찍이 다음과 같은 문면(文面)은 역시 우리에게 중요하다. 즉

> 「개항 전에는 주민은 국내에 많은 수요가 없었으므로 자가용 이상의 농산물을 산출할 필요가 없을 뿐이 아니라, 만약 잉여가 있으면 흔히 관리의 강구(强求)를 빚어낼 매개물이 될 뿐이었다……그러나 개항과 동시에 외국인의 내방(來邦)함에 이르러 주행(舟行)의 편(便)이 있는 하천 및 해안 부근의 주민은 비로소 잉여의 판로를 발견함으로써 경작량을 증가함에 이르렀다. 이에 연유하여 얻어진 수익은 한인(韓人)으로 하여금 수출의 목적으로써 경작함에 유리함을 깨닫게 함에 이르렀다」[18)

그런데 여기에 있어서

> 「일본인은 더욱 한민(韓民)의 농업을 장려할 목적으로써 경작 착수 전에 스스로 농업지방을 순회하고, 또는 다리인인 한인을 순회시켜 보통 수확의 반을 분득(分得)조건으로써 농민에 자금을 대여하고, 가을에 이르러 다시 계약 지방을 순회하여 농산수확(農産收穫)을 분득하여 이들 무역항에 송치한 바, 그가 대여한 바는 미곡의 매매시세보다는 상당히 저렴한 것이므로 풍년에 있어서는 막대한 이익을 보고, 흉년에 있어서도 손실을 본 바 없다[19).」

따라서 부등가교환의 현상은 역연한 것이나, 더구나 만약 이때에 어떠한 이유에 의하여 급격한 방곡령에 접하게 될 때, 그 밖에 곡가 저락의 부담 전가를 보게 될 때 문제는 크다. 이 점은 동학혁명 전에도 볼 수 있었던 과정임에 틀림이 없으나, 더욱 그 후 곧

> 「일청전책의 때에 지세의 곡납(穀納)제도가 폐지되고, 금납(金納)을 취하였기 때문에 종래 경성에 송치하여 관고(官庫)에 들어간 막대한 미곡이 현금(現今)은 잉여로 되어 거의 수출함에 이르렀다」[20)

[개항기 미곡수출면직물 수입 동태(동학혁명 전후)]

미면직물(米綿織物)

년차	수출량 담(擔)	[*]수출액 불	단가 불	수입량 불	수입액 불	단가 불
1886	8,454	12,193	1.442	389,178	1,107,670	2.846
1887	67,589	90,071	1.332	492,099	1,440,282	2.926*
1888	16,065	21,810	1.357	442,786	1,297,187	2.929
1889	34,527	77,578	2.246	393,488	1,175,097	2.986
1890	874,665	2,037,868	2.329	566,765	1,688,539	2.979
1891	928,010	1,820,319	1.961	641,055	1,892,826	2.952*
1892	487,601	998,519	2.047	464,067	1,357,250	2.924*
1893	170,077	367,165	2.158	387,903	1,140,608	2.940*
1894	376,239	979,292	2.602	448,570	1,586,411	3.536
1895	305,196	739,870	2.424	678,589	2,482,416	3.658
1896	906,585	2,509,343	2.767	428,911	1,567,967	3.655
1897	1,738,331	5,556,764	3.196	573,829	2,121,671	3.697

(가격: 동상, 소上) (단가는 국내시세를 반영한 것)

---

18) 「한국지(韓國誌)」, 141~142면
19) 「한국지(韓國誌)」, 142면
20) 「한국지(韓國誌)」, 142면

단가비교동태

	[미]	[면]
1890	100.0	100.0
1891	84.2	99.1
1892	87.9	98.2
1893	92.7	98.7
1894	111.7	118.7

(1890년=100, 「쉐레」 상(相))

는 실정은 바로 토착 농업공황의 개연성을 강화하는 동향이외에 다른 것이 아니다.

그 밖에 토착농민의 토지 상실 소작농의 증세(增勢)에서 농업공황은 또한 분명히 입증되거니와 좀더 구체적으로 이를 지적할 수 없지 않다. 예컨대 면화의 생산에 관하여 일찍이 동학란(1894년)에 앞서서 뚜렷한 공황에 접한 셈이다. 즉

> 「1890년에는 비상한 풍년이어서 수출액이 6,794곤(梱), 27,541불(弗)에 달하였던 것이 근년은 이 수출이 점차 감소어서 1897년에는 아지구 단절되어 버렸다. 이 점, 외국의 면(綿)제품이 속속 수입됨으로써 한국의 면작(棉作)이 쇠퇴에 귀(歸)한 까닭이다」[21]

물론 개항기 농업공황이나 「인플레이션」과 관련된 위기적 국면은 결코 동학혁명에 그쳐 있지 않다. 그에 앞서서 일찍이 발생한 임오군란(壬午軍亂, 1882년)만 보더라도 그것이 단순한 군졸의 반항에 그쳐 있지 않은 근대사적 대중운동이 하나이다. 하물며 동학혁명 이후의 사태를 살펴볼 때 우리는 「인플레이션」의 극화와 병행된 농업공황의 심화과정을 토착사회의 위와 더불어 쉽게 찾아 볼 수 있게 된다. 의병운동의 배경 역시 그것의 유형이다.

그 밖에 노동운동의 체계적 대두는 아직 시기상조이었으나 한말(韓末)에 그것의 존재를 전적으로 부인할 도리는 없다. 그 역시 다소의 포말적(泡沫的)전개를 보인 가운데 농업공황과 더불어 연결된 기능자였음은 물론이다.[22]

V. 결론

우리는 1876년의 개항을 당장 한국자본주의 성립의 기점으로 보지 않지만 적어도 근대적 「인플레이션」과 농업공황의 조건이 성립된 기점으로 보고 있다. 비록 토착경제의 봉건적 침체성이 지속된 바 있다 하더라도 일본군국주의의 배경으로 몰아온 「세계시장의 폭풍우」는 이 땅에 「인플레이션」과 농업공황을 유발시킬 수 있었고, 사실 그것만이 근대적 「인플레이션」과 농업공황을 일으킬 수 있었다는 점에서 개항의 회기성은 일단 뚜렷한 국면이다.

---

21) 「한국지(韓國誌)」, 142면
22) 우리는 여기에 토착농촌을 기반으로 한 각종의 독립운동이나 의병운동 등을 생각한다.

　개항기 「인플레이션」은 흔히 전통적 견해에 있어서 재정의 궁핍이 아니면 국내의 화폐 난발에 그 원인을 두고 있는 것도 같으나 실은 외래 자본의 배타적 활동에 보다 원천적 근거를 두고 있다. 특히 일본자본에 의한 무곡(貿穀)이나 한전매매(韓錢賣買), 일본 화폐의 국내 통용, 청일 양국의 산금(産金)운동 등이 일찍 눈에 띄는 문제의 지배적 요인이다.

　그런데 개항기 이후 이 땅에 「인플레이션」인즉 반드시 독립적으로 그 위세를 발휘하는 것이 아니라 농업공황과 상호보완적으로 연결되고, 협동하였다는 점에서 세계사적 특성을 보여준다. 그것은 소농이 지배적인 후진 자본주의국가에 있어서 쉽게 볼 수 있는 문제의 국면이며, 한말의 개항기는 바로 이 점을 실증하는 좋은 계기이다.

　사실, 외래 자본의 강압적 침투에 의한 개항기의 「인플레이션」을 보는 한, 우리는 당연히 농업공황을 예상하지 않을 수 없다. 농업공황이 독점자본주의의 산물인 것인지 산업자본주의 이전의 단계에서도 발생할 수 있는 것인지에 논의의 여지는 있을 수 있지만 어쨌든 강력한 일본군국주의의 침입 하에 있어서 농업공황은 봉건성만을 지속할 수 없는 문제이다. 그럼으로써 한반도의 농업공황은 오히려 일본에 앞서서 일어날 수 있었다고도 보아지고, 따라서 공업공황과 독립적으로 일어날 수 있었던 것이 실증적으로 확인된다. 그것은 두말 할 것 없이 반식민지 하의 소농공황이란 고유한 성격에 연유한 필연적 귀결이다.

　요컨대 우리는 개항기의 농업공황이 만성적인 가운데 「인플레이션」을 수반하였고, 그 뿐이 아니라 봉건적 지배조건과 병행하여 신시대를 구획할만한 전체적 위기를 조성한 사실에 주목한다. 구체적으로 볼 때 그것은 임오군란(壬午軍亂)이나 당오전(當五錢) 「인플레이션」이나 동학혁명이나 백동화(白銅貨)「인플레이션」을 거쳐서 내적으로 확대재생산하여 드디어 이조봉건국가의 운명을 결정지었다고 볼 수 있다. 그간에 의병운동이나 근대적 노동운동의 포말(泡沫)을 아울러 찾아볼 수 또한 없지 않거니와 다만 그 가운데 가장 보편적이며, 기저(基底)적인 요인으로서 우리는 농업공황을 본다는 것을 각별히 강조한다. 여기에 비로소 개항의 역사적 의미는 부각되고 그 후의 한국자본주의사 또한 현실적 의미를 뚜렷이 갖는 까닭이다.

해방후의 「쐬레」 과정 분석
- 곡가와 비료 가격을 중심으로-

김 준 보[1]

목차

서언

8·15 해방 후 한국 농업경제의 유통면에서 전개된 농공상품 가격간의 「쐬레」 현상은 이미 다양적 단편적으로 여기 저기에서 지적된 바 적지 않다. 필자 자신 일찍이 농업불황[2] 실태분석이나 그 밖의 예에서 그의 국소적 과정만은 검토한 바 있었던 낯익은 「테마」이다. 그러나 원래 문제의 조건인 즉 다기(多岐)하고 더욱 발전된 자본주의경제 밑에 독점적 제자본에 의한 소농생산의 피지배성에 관련되어 있으므로 그것은 처음부터 복잡성과 장기성을 띠고 있는 동태적 양상이라 할 수 있다. 이하 우리는 해방 후의 전국면을 다음의 몇가지 단계, 즉 (1) 전후(戰後)의 혼란기, (2) 6·25사변 중의 「인플레이션」 격앙기(激昂期), (3) 1955년~1960년의 본격적 농업공황기, 그리고 (4) 1960년 이후의 중압적 안정기로 구분하되 이들을 상호관련 하에 계수(計數)적 중점적으로 관찰하려는 것이다.

Ⅰ. 전후 혼란기의 「쐬레」

제2차 세계대전의 종식과 더불어 1945년 9월, 미군정이 남한에 시행되자 이후 국내의 정치적 혼돈에 발맞추어 경제의 파국적 난동상은 얼마동안 지속되었다. 그 가운데 무엇보다 곡가의 급등이 전후의 민생을 크게 위협하였으나 필수적 공산품의 농가 수요가격은 더욱 국내의 공급원천을 잃은

채 폭등을 거듭하였음이 주목된다. 그리하여 동년 추수기를 맞이함으로써 미가는 약간의 반락을 보이었으나 비료(대표: 류안(硫安))가나 광목(廣木)가 등의 기세는 오히려 상등을 거듭하였으니 어찌하랴. 1946년 1월 미가의 재등(再騰)을 보기 시작하였음에도 불구하고 주요 농공상품 가격간의 「쬐레」는 일로(一路) 확대되기만 하였던 당시의 동태이다. (이하 표 참조)

다음 제 표에서 본 바 시초의 「쬐레」 과정은 우리에게 너무나 역연한 실태이나 그것은 곧 전재(戰災)나 그 밖의 전후유증(戰後遺症)적 「인플레이션」에 관련되어 있음이 분명하다. 지금보다 단적인 그의 진행상을 보기 위하여 1945년 평균의 각 상품별 가격을 기준으로 1945년~1949년의 추수기(10월~12월) 미가와 동기의 류안 가격을 대조한다면 표3과 같다. 결과는 역시 외비(外肥)도입의 두절 상태에 연유한 그 가격의 우세적 폭등을 나타내는 계수이다.

〈표1〉 해방 직후의 곡가와 주요 공산품가 대비

년 월	정조 (60kg, 2등)		정미 (1석, 1등)		대맥 (동좌)		류안(硫安) (45kg, 1대(袋))		광목 (1마, 조(粗))	
	가격	지수	가격	지수	가격	지수	가격	지수	가격	지수
	원		원		원		원		원	
1945. 8	420	100.0 (4,778)	2,100	100.0 (7,000)	600	100.0 (6,667)	60	100.0 (1,538)	7	100.0 (3,333)
1945. 9	210	50.0 (2,389)	1,100	52.3 (3,667)	500	83.3 (5,556)	60	100.0 (1,538)	13	185.7 (6,190)
1945.10	125	29.8 (1,422)	700	33.3 (2,333)	500	83.3 (5,556)	90	150.0 (2,308)	19	271.4 (9,048)
1945.11	220	52.3 (2,503)	650	31.0 (2,167)	500	83.3 (5,556)	125	208.3 (3,205)	25	357.1 (11,905)
1945.12	250	5.95 (2,844)	840	40.0 (2,800)	500	91.7 (6,111)	130	216.7 (3,333)	40	571.4 (19,048)
평 균	245		1,078		530		93		20.8	

자료: 조선은행, 경제연보, 1948. 괄호 내 숫자는 1936년 기준의 지수. 각 상품 가격은 서울시 도매가. 단, 광목은 소매가.

〈표2〉 곡가 지수와 비료 지수

년	곡물 (A)	비료 (B)	B/A
(1945. 8)	100.0	100.0	100.0
1945	88.6	192.3	217.0
1946	446.1	1484.5	332.8
1947	807.3	3023.9	374.6

자료: 동상 경제연보, 1948.

<표3> 추수기 미가와 류안가 추세

년	정미(석당)		류안(45kg)		B/A
	가격(원)	지수(A)(%)	가격(원)	지수(B)(%)	
1945	730	70.5	115	123.7	175.5
1946	7,700	714.3	1,200	1,290.0	180.6
1947	13,667	1,267.8	2,867	3,082.8	243.1
1948	13,193	1,223.9	2,367	2,545.2	207.9
1949	22,150	2,054.6	2,000	2,162.4	105.0

자료: 동상 경제연보, 1949, 1955. 각 가격은 매년 10월~12월간 3개월 서울도매가격의 평균. 단, 1949년은 9월 및 12월 3개월의 서울시 도매가격 평균(백미는 1945년 평균가 1,078원=100, 류안은 93원=100으로 본 지수)

　사실인즉 금비(金肥)로 말하면 1946년경부터 규제 가격에 의한 일부 배급이 미맥(米麥)의 수납 시책과 병행하여 실시된바 있었으므로 우리에게는 여기에 정부의 수집 미가와 더불어 그의 배급 가격의 변동상을 대조함이 스스로 요구된다. 그런데 「쐬레」 과정은 또한 이때에 역연하여 그 중 유안 가격은 미가를 기준으로 점차 5할을 넘는 등세(騰勢)를 보이었던 것이 사실이다.

<표4> 수집미가와 류안 가격 (1945년=100)

년	정미(석당)		류안(45kg)		B/A
	가격(원)	지수(A)(%)	가격(원)	지수(B)(%)	
1945	118.4	11.0	115	123.7	1,124.5
1946	2,146.0	199.1	1,200	1,290.0	1,150.1
1947	2,366.0	211.0	252	271.0	128.4
1948	4,440.0	411.9	460	494.6	120.1
1949	9,620.0	892.4	1,333	1,438.7	155.6

자료: 동상. 단, 1945~1946년의 류안가는 비통제가격이므로 「쐬레」 의 격화상(激化相)을 볼 수 있다. 여기에서 수집미 1석은 180.4L. 기준은 1945년의 전게(前揭) 평균가격.

　우리는 여기에 1945년 추곡 이래 실행된 미맥(米麥)의 공출제(供出制)를 상기하고 그의 추진이 바로 위의 「쐬레」 현상을 가져온바 가장 노출된 촉구책이었다함에 각별히 유념한다. 다만 이때에 수입 미가와 통제된 류안 가격과의 대비만으로써 어찌 그의 강도를 여실히 나타낼 수 있을 것인가. 사실 문제는 더욱 내면적 고찰을 깊이 요구하는 심각한 조건이다.

〈표5〉 수집 미가와 시장 미가

년	(A) 수집 미가(환)	(B) 시장 미가(환)	A/B
1945	12	12	100.0
1946	21	72	342.9
1947	23	123	534.8
1948	44	176	400.0
1949	96	191	199.0

자료: 농협중앙회, 한국의 농업문제, 1963, p.82 각 미가는 180.4L 당.

Ⅱ. 6·25사변 중의 동태

그러면 1950년 6월 25일 발발된 사변으로 말미암아 사태는 문제의 국면에 어떠한 진전을 보인 것인가?

혹심한 전재(戰災)와 무엇보다 교통의 간헐적 두절상태로 말미암아 도시 곡가는 그의 급등을 가져올 수밖에 없었다. 그러므로 부산 또는 서울의 곡가는 얼마동안 결코 농촌을 포함한 국내의 대표적 가격수준을 가리키지 못한 국소적 지표의 성격이다. 따라서 우리는 거기에 곡가의 공산품가격에 비교한 일시적 등귀를 본다할지라도 그것은 곧 전재(戰災)적 여건의 우연적 소산이라 할 수 밖에 없다. 『곡가는 동란 직후부터 심한 격등상을 나타내어 미곡 정곡 석(石)당 연중 평균가격은 1949년의 191환에서 1952년에는 9,300환으로 2년간에 무려 50배의 앙등율을 보이었다』(농협중앙회, 한국농정20년사, p.289)함은 바로 그러한 관계의 표시이다.

그런데 동란 직후부터 격등한 곡가파동을 막기 위하여 당국은 도시배급제를 확대하는 동시에 시기를 가리지 않는 무분별한 정곡 도입시책을 감행하였다. 그러므로 예컨대 1953년 중 외곡(外穀) 도입량은 710만 석의 기록을 세웠었고 동년 10월의 곡가는 유례없는 폭락을 자아냈던 실태이다. 『이러한 곡가 폭락의 결과 심각한 농업불황이 야기되어 농촌경제를 극도로 궁핍화 시켰기 때문에 불과 1년 전까지만 해도 곡가 폭등 억제에 부심(腐心)하였던 정부는 정곡 폭락 방지와 그 적정가격 보장을 위하여 골몰하여야 하는 아이로닉한 사태에 직면하게 되었다』(동상. p290). 그러한 가운데 있어서도 1951년 이래 토지소득세제 (현물세)는 강행되고 농지개혁에 뒤따른 양곡상환조치는 추진되었으며 양곡매입제 또한 의연 지속되었으므로 농촌의 곤궁은 누가(累加)할 수밖에 없다. 그리하여 이때에 농민으로 말하면 전란하(戰亂下) 격심한 재정「인플레이션」을 편파적 「쐬레」 형성으로 스스로 막아야만 하였던 불운의 주인공이다.

〈표6〉 곡가 지수와 물가 지수

	(추수)미가지수 (A)	물가지수 (B)	(B/A)%	곡가지수 (C)	C/B
1947	100.0	100.0	100.0	100.0	100.0
1951	2,166.7	2,194.1	101.3	2,194.1	94.1
1952	6,515.3	4,750.8	72.9	4,750.8	153.7
1953	4,662.0	5,591.0	119.9	5,951.0	127.2
1954	6,544.7	7,628.5	111.6	7,268.5	79.7
1955	12,655.3	13,815.7	109.2	13,815.7	105.6

자료: 동상, 경제연감, 단, 1951년의 추수미가는 12월(기타 추수미가는 10월~12월 평균)
　　　1947년을 기준으로 삼은 이유는 사변 전 다소간 국내경제의 수습을 보기 시작한 연도이기 때문이다.

〈표7〉 곡가 지수와 비료가 지수

	곡물 (A)	비료 (B)	A/B
1947	100	100	100.0
1950	410	910	222.0
1951	2,064	6,136	297.3
1952	7,305	7,987	109.3
1953	7,567	8,449	111.7
1954	6,077	8,449	139.0
1955	14,587	14,825	101.6

자료: 경제통계연보, 1960, p.250
　　　상품가격은 서울도매. 단 1953년도의 것은 부산의 것. 여기에서 곡물은 미곡, 맥류를 포함한 10품목. 비료는
　　　류안(硫安), 초안(硝安), 석회질소 및 류산가리(硫酸加里)를 주로 포함한다.

〈표8〉 매입 미가와 시장 미가

	매입미가(환) (A)	시장미가(환) (B)	A/B(%)
1950	296.0	–	–
1951	1,176.6	2,318.1	197.0
1952	3,611.2	8,388.6	232.3
1953	5,957.0	8,731.0	146.6
1954	9,509.0	7,090.0	74.6
1955	14,000.0	17,039.0	121.7

자료: 농협중앙회, 한국농정20년사, p.317.
　　　1953~1955년에는 여기 매입미가 이외에 보다 저렴책정가격인 수납미가가 발표된 바 있음.
　　　단위: 각 180.4L(1석)

Ⅲ. 농업공황의 앙진기(昻進期)

6·25사변 이래 1955년경까지를 전시「인플레이션」에 대처하는 농업생산의 일방적 기여기(寄與期)라한다면 그 후 1960년경까지는 전단계의 곤비(困憊)한 토대위에 전개된 본격적 농업 공황기라 할 수 있다. 실로 전기(前期) 이래의 양곡에 관한 수탈적 매입정책은 완화되지 않는 가운데「쐬레」과정만이 가중하여 심화 확대를 보인 것이 이때의 특징이다.

우선 물가지수와 곡가 또는 미가의 지수를 종합적으로 관견(管見)하면 다음과 같다.

〈표9〉 물가 지수와 곡가 지수

	도매물가 지수	곡물 지수	곡물제외 지수
1955	100.0	100.0	100.0
1956	131.6	159.9	122.4
1957	152.9	183.2	142.9
1958	143.4	150.0	141.3
1959	147.2	131.4	152.5
1960	163.1	157.4	165.0

자료: 한은자료, 농업경제연구(농업경제학회지)제3집 p.2(김준보)

〈표10〉 추수미가 지수와 비곡가 지수

	정미		비곡물 지수 (B)	B/A
	가격	지수(A)		
1955	1,8983	100.0	100.0	100.0
1956	3,5017	184.5	122.4	66.3
1957	2,4597	129.6	142.9	110.3
1958	2,3521	123.9	141.3	114.0
1959	2,0717	109.1	152.5	139.8
1960	2,6826	141.2	165.0	116.8

자료: 경제연감, 1956~1960. 단, 백미 200L 가격.

더욱 앞에서의 예에 따라서 곡가와 비료가격을 지수적으로 대조하건데 이 때에 「쐬레」현상은 급템포로 노골화함을 볼 수 있다. 1947년 기준의 이들 양 지수는 다음 표11에서와 같이 일단 1955년에 이르러 균등의 양태를 보인 것이나 다시 그 이후 비료 가격의 상대적 상승기세로 전환한 것이 이때의 추세이다.

더욱 시험 삼아서 정부의 곡가정책을 반영한다고 보아지는 년년의 매입책정미가와 류안 규제가격을 살펴보면 표12와 같다.

⟨표11⟩ 곡가 지수와 비료가 지수

	곡물		비료	
	1947년 기준	1955년 기준	1947년 기준	1955년 기준
1955	14,587	100.0	14,825	100.0
1956	22,861	156.7	51,375	346.5
1957	26,553	182.0	53,940	363.8
1958	21,781	149.3	53,940	363.8
1959	19,119	131.1	53,940	363.8
1960	22,483	154.1	53,940	363.8

자료: 경제통계 연감, 1960, p.250. 기타는 표(7) 참조.

⟨표12⟩ 정부 매입미가와 류안 가격

	미곡(석)		류안(45kg)		B/A
	가격(환)	지수(A)	가격(환)	지수(B)	
1955	14,060	100.0	579	100.0	100.0
1956	19,062	135.6	1,799	310.7	229.1
1957	19,062	135.6	1,886	325.7	240.2
1958	19,062	135.6	1,886	325.7	240.2
1959	19,062	135.6	4,601	799.8	589.8
1960	19,062	135.6	4,502	700.5	516.6

자료: 한국농정20년사, p.315. 경제연감, 1960. 단, 1959 및 1960년의 류안 가격은 농업연감, 1963.

사실인즉 곡가는 이 땅에 있어서 외곡(外穀)의 도입이나 풍흉의 강도에 크게 좌우됨이 사실이라 할지라도 그것은 그동안 정부의 일반 물가를 조정하는 전략적 「파라미터」 로서 조작되어 왔었고 편향적 저물가 정책과 재정안정정책을 위한 것이 되어왔다함은 주지한 바와 같다.

〈표13〉 미가 계절 지수와 변동폭

	최고 계절 지수	최저 계절 지수	연중 변동폭
1953	123.0	72.0	51.0
1954	121.8	73.0	48.8
1955	150.3	67.3	83.0
1956	131.4	62.8	68.6
평 균			62.9
1957	118.8	73.4	45.4
1958	113.0	83.1	29.9
1959	112.9	85.9	27.0
1960	124.4	95.7	28.7
평 균			32.8

자료: 농업연감, 1964, p.1~88. 한국농정20년사, p.292

그런데 이들은 결국 소농민으로 하여금 궁박(窮迫)한 생활 하에 간교한 모리상(謀利商)의 매점매석 행위와 함께 곡가의 계절 변동 지수를 유난히 크게 동요시키는 조건을 형성케 할 수밖에 없다. 그리하여 지금 한국농촌에 있어서 『대체로 1950년 이래 곡가의 계절적 변동은 매우 우심(尤甚)하여 의례히 출하기인 연말에는 저락하고 춘궁기(春窮期)에는 폭등하는 경향을 되풀이하여 왔는데 1957년의 경우에는 이것이 특히 심하였다』 (한국농정20년사, p291). 여기에 「미곡담보융자 제도」 의 실시를 동년 가을에 보게 되었다는 사실은 주목되고 이것이 어느 정도 미가 저락에 기여한 점 또한 우리의 기억한 바와 같다. 사실 다음표에서 본 바와 같이 미담(米擔)융자가 실시되기 이전인 1953년부터 1956년의 기간에 있어서 우리는 미가의 연간 평균 변동폭이 62.9%로 나타난데 대하여 1957년 이후의 그것은 32.8%로 줄어들었음을 볼 수 있다. 1955년의 연중 변동폭과 같은 것은 실로 83.0%에 달하는 큰 계절적 등락상이었던 것이나 그럼에도 불구하고 년년의 월별 통계에 있어서 추수기 미가와 그 이전 월의 미가 사이에 반드시 큰 차이를 볼 수 없는 양상임은 그 동안 「인플레이션」 의 진행이 급격하였던 소지(所致)이다.

표13에서 본 바 미가의 계절적 변동폭은 1957년 이래 상당한 완화를 보이었다 할지라도

『1958년으로 접어들면서부터 1957년산 추곡의 풍작과 양곡수입의 격증에 영향을 받아 곡가는 전반적인 하락상을 나타내기 시작하였다. 이리하여 곡물을 제외한 상품의 가격에 대한 곡가의 「페리티율」 은 1957년의 128.2에서 1958년에는 106.3이 되었고 1954년에는 86.7이 되었다3). 이와 같이 「쐬레」 현상의 현저화(顯著化)에 따라서 농업의 교역조건은 악화되어 농업견제는 침체를 면치 못하였다. 운운(云云)』 (동상, p293)

한 것이 바로 이때의 불황상이다.

---

3) 표10에서의 자료와 반드시 일치되어 있지 않으나 경향성은 마찬가지다. 한편 이때의 곡가하락에 관한 강도를 대조하 기 위하여 1930년대의 농업공황기에서 본 바를 구해 보면 다음과 같다.특히 전게(前揭)의 표10과 대조함이 유익하다.

미가와 일반물가 지수

	정미(100kg)		물가 지수	비 고
	가격	지수		
1928	20.87	212.5	214.43	
1929	21.30	227.8	207.24	
1930	18.58	198.7	179.60	기준은 1908년 미가
1931	12.47	133.3	145.26	기준 9.35원
1932	15.41	164.8	144.45	
1933	15.77	168.8	160.09	
1934	17.25	195.2	162.32	

Ⅳ. 중압적 안정기

1960년과 1961년에 한국은 연거푼 정권개혁을 보았으며 그 때마다 농촌의 불황은 심각한 정치적 「테마」로서 재인식되어 왔다. 「절망과 기아에 허덕이는 민생고를 시급히 해결하고 운운(云云)」한 것은 바로 1951년 5월에 탄생한 군사정권이 크게 내세웠던 공약의 하나이다. 사실 농촌경제의 파탄상을 말하자면 이때에 너무나 뚜렷하였으므로 군사개혁 직후 때를 놓치지 않고, 농어촌고리채정리법의 실행을 보았고 동년 8월엔 「농산물가격유지법」의 공포를 보게 되었음은 획기적이라 할만하다. 그 가운데 무엇보다 주요 농산물에 관한 생산비 보상주의의 보장이 자못 크게 표방되었던 정책이나 그러면 그 후 이 방면의 성과는 어떠한 것인가?

우선 1959년 이래 농업협동조합중앙회(당시 농업은행)의 표본조사로 작성된 농산물의 농가판매가격지수와 구매가격지수는 유용하거니와 그의 종합적 대비 즉 이른바 「페리티」율을 연도별로 계산하면 다음표14와 같다. 즉 1960년을 기준으로 삼았을 때 다소나마 역「쐬레」의 전개를 보이는 수적 동태이며 총체적으로 보아서 3%~9% 정도 농가판매가격지수의 구매가격지수에 대한 비율은 형식상 유리한 방향이다. 더욱 그 중 부분적으로 미가와 비료 가격의 변동상을 대조할 때 그러한 차이 역시 확대되어 간다는 동태를 우리는 무시할 수 없다. 따라서 부분적 가격조건에 관한 한 농촌경제의 현실은 여기에 어느 정도 모순성이 해소된 안계에 놓여 있는 양상이다.

<표14>농산물판매지수와 농가구매품지수 비율

	농산물 (A)	구매품임료 (B)	B/A	미곡 (C)	비료 (D)	D/C
1960	100.0	100.0	100.0	100.0	100.0	100.0
1961	115.9	112.0	96.6	124.1	102.1	82.3
1962	131.7	124.2	94.3	131.8	112.2	85.1
1963	186.9	149.9	80.2	210.2	112.0	53.3
1964	131.6	201.9	153.4	339.2	139.3	41.1
1965	255.8	234.0	91.4	248.7	201.2	80.9
1966	268.0	256.2	95.6	259.6	201.2	77.5

자료: 농업연감, 1966, 통계편, 한국통계연감 1967.

본기(本期)의 역「쒜레」관계는 시장평균 미가뿐이 아니라 농가의 추수 판매 미가나 정부 매입 미가와 비료 가격의 동태에 비추어 대체로, 그대로 확인된다. 즉 전단계의 과정이나 시기별 거래 수량을 따지지 않고 농가의 수취 미가와 배급 가격만을 보는 한 초안(硝安)이나 류안(硫安) 등 보편적 질소비료의 등귀율은 개선된 상태라는 것이 기간의 계수적 내용이다.

<표15> 추수기 판매 미가와 비료가격 대비

	정미		초안		류안		(시장 미가)	
	가격(원)	지수	가격(원)	지수	가격(원)	지수	가격(원)	지수
1960	2,683	100.0	547.6	100.0	405.2	100.0	2,736	100.0
1961	2,955	110.0	551.1	100.7	391.6	96.6	3,374	123.3
1962	4,288	159.8	542.2	99.0	397.3	98.1	3,536	129.3
1963	5,318	199.0	589.0	107.6	385.0	95.0	5,602	204.8
1964	5,966	222.3	604.0	143.3	311.0	96.8	6,940	253.7
1965	6,180	230.3	1,181.0	210.6	688.0	169.8	6,648	243.0

자료: 농업연감, 1966, 정미 200L, 초안가는 N33% 45kg, 류안은 21% 45kg. 시장미가는 연중 전국평균도매가격.

그러나 위의 역「쒜레」의 동향에 그대로 만족하지 않고 우리는 1960년 기준에 의한 위의 곡물 지수와 비료 지수를 비교적 안정성을 가졌다고 보아지는 1945년 기준(이는 1947년의 기준과 실질적으로 같다. 표7참조)으로 환산하여 보는데 의미는 없지 않다. 과연 이때에 결과는 다음표17에서 본바와 같이 여전히 「쒜레」의 지속성을 보여주는 역전된 사태이다.

〈표16〉 정부 매입 미가와 비료 가격

	정미		초안	류안	B/A	C/B
	가격	지수(A)	지수(B)	지수(C)		
1960	1,906	100.0	100.0	100.0	100.0	100.0
1961	2,789	146.3	100.7	96.6	68.8	66.0
1962	2,979	156.3	99.0	98.1	63.3	62.8
1963	3,700	194.1	107.6	95.0	55.4	48.9
1964	4,755	249.4	143.3	96.8	57.2	67.5
1965	5,670	297.5	210.6	169.8	70.8	80.6

그러면 위의 1960년대의 역「쐬레」 과정은 무엇을 의미하는 것인가?

〈표17〉 곡가 지수와 비료가 지수

	곡물		비료		B/A
	1960년	1955년(A)	1960년	1955년(B)	
1960	100.0	154.1	100.0	363.8	236.1
1961	124.2	191.4	102.1	371.4	194.0
1962	132.8	204.6	112.2	408.2	199.5
1963	214.6	330.7	112.0	407.5	123.3
1964	271.5	418.4	139.3	506.8	121.1
1965	247.8	381.9	201.2	732.0	191.7
1966	259.1	399.3	201.2	732.0	183.3

자료: 표11참조.

　우선 우리는 당장 1960년대의 전단계에 대비한 역「쐬레」 자체를 부정하지 않는 것이나 그의 외형에 앞서서 한걸음 경제의 내면을 추구할만한 이유는 여기에 없지 않다. 「쐬레」 의 성격인즉 본래 상대적 의미를 갖는 것에 불과하고 농촌경제의 실질이 그에 의하여 어떠한 것인가? 문제는 이 점만이 궁극적으로 결정할 수 있는 절대적 조건의 성질이다. 생각건대 지금 전단계에서 보여준 극단의 모순된 가격조건의 외형이 어느 정도의 광정(匡正)을 보인바 있다 할지라도 우선 우리의 묻고자 하는 사태는 개별적 비료의 가격에 앞서서 객관적으로 주어진 비료의 비효율적 이용에 관한 난점이라 할 수 있다. 사실 현실적 예에 있어서 비료의 시기를 잃은 투입이나 불필요한 비료의 배급이 그의 허실을 가져오게 하고[4] 저곡가정책의 속행(續行)이 오히려 세농(細農)으로 하여금 토지생산성의 제고를 위하여 비료의 남투(濫投)를 가져올 수밖에 없게 한 과정을 우리는 간과할 수 없는 까닭이다.

---

4) 국사혁명 이후 비료는 전적으로 협동조합의 배급에 속해졌으나 비민주적 폐단으로 적기를 일실(逸失)한 바 없지 않다. 더욱 당국은 농민이 소원치 않는 비료를 흔히 소원하는 비료에 얹어서 강매한 사례 또한 허다하다.

<표18> 금비(金肥)소비실적과 미곡 수량(收量)

년	성분				석당 생산비중 금비액	지수	반수 (反收)	지수
	계	질소	인산	가리				
1960	136,827	87,653	42,784	6,390	233	100.0	1,410	100.0
1961	308,494	210,867	80,788	16,839	259	111.2	1,765	125.2
1962	59,885	19,865	39,959	–	293	125.8	1,538	109.1
1963	307,095	191,729	94,371	20,995	305	130.9	2,052	145.5
1964	364,145	173,152	153,571	37,422	459	197.0	1,993	141.3
1965	393,098	217,925	123,489	51,684	743	318.9	1,790	126.9

자료: 한국통계연감, 1947, p.58. 농업연감, 1966, p.137.

문제는 결코 금비에 그치지 아니하였으니 농약에 관하여서 또한 우리는 그의 소비량이 근래에 곡가의 등귀율이나 곡물의 증수(增收)율을 훨씬 넘어서 급증하고 있는 동향을 볼 수 있다. 이것이 곡물의 생산비를 올리고 따라서 실질적 「쐬레」를 형성시키는 중요한 요인이 되고 있음은 다시 말할 것도 없거니와 금비와 농약은 바야흐로 악순환하는 기술적 시용(施用)조건이다.

<표 19> 농약소비량 동태

1960	5,057ton	275	
1961	5,557	261	
1962	7,421	349	(1946년=100)
1963	18,772	888	
1964	23,356	1,096	
1965	12,729	597	

자료: 농업연감, 1966, p.23.

필경 생산자재의 위와 같은 비효율적 시용(施用)은 문제의 「쐬레」 형태여하에 불구하고 농업경영비의 상승(다음표 참조) 따라서 농업소득에 대한 중압으로 나타날 수밖에 없다. 이점 근자의 동태를 주시하되 우리에 있어서 구태여 그를 「중압적 안정기」 로서 특징화하려는 이유이며 그것은 더욱 근자 비농업부문의 성급한 성장운동에도 관련하여 우리의 관심을 끄는 중요한 대상의 하나이다.

〈표 20〉 농업경영비의 증세(호당 평균)

	경영비 총액(원)	지수	추수기 판매미가 지수
1960	8,810	100.0	100.0
1961	10,930	124.1	110.0
1962	19,390	220.1	159.8
1963	24,383	276.8	199.0
1964	24,327	276.1	222.3
1965	27,179	308.5	230.3

자료: 농업연감, 1966, p.159. 미가는 표15 참조.
주의: 우리는 여기에 경영비의 등세가 미가에 비하여 훨씬 우위에 있음을 주목한다.

요약

해방 이후 약 20년, 그동안 농공산품간의 「쐬레」 현상은 대체로 역연한 「템포」를 보인가운데 시기에 따라서 기복을 자아낸바 적지 않다. 우리는 그의 전체를 개관(槪觀)하되 크게 해방 직후의 혼란기, 6·25사변 중의 동태 , 사변 직후의 수년 그리고 1960년대의 현국면을 미가와 비료가를 중심으로 본 것이나 그의 파동은 이들 단계에 따라서 약간의 특징적 소장(消長)을 보이는 양상이다.

우선 해방 직후의 출발기에 있어서 이미 곡가에 대한 비료가의 등귀율은 200%를 훨씬 넘는 「쐬레」 상태이었으나 그 후 6·25사변 중 곡가의 전시적 폭등기를 맞이하여 그것은 외면상 일시 조정된 동향을 보이었고, 그러한 특수과정을 지나서 다시 1955년~1960년의 지점에 이르자 농촌의 유례 드문 불황으로 말미암아 사태는 악화하였음이 주목된다. 실로 후자에 있어서 급 「템포」로 확대되어 가는 「쐬레」 과정은 1930년대에 못지 않는 농업공황의 격화기를 특징적으로 조성한 것이 사실이다. 그 후 1960년에 이르자 정치적 변혁과 아울러 농촌의 위기적 국면은 그의 가격적 교역조건으로 하여금 이 이상 불리성이 추가될 수 없을 만큼 극정(極頂)에 달한 것이 진실이라 할 수 있다. 그리하여 1961년 이래 위의 「패리티」 (쐬레)곡선은 부득이 그의 고개를 약간 수그렸으며 1960년을 하였을 때 기간 다소의 역 「쐬레」 현상마저 보인 것이 당국의 자료에서 얻어진 근자의 동태이다.

그러나 1961년 이래의 역 「쐬레」 현상인즉 아직 유동적 단계인 만큼 지금 만약 관찰의 기준을 1947년 또는 1955년(이들은 일반물가지수 작성의 기준년도이었음)에 바꾸어 이를 살펴본다면 사태는 즉시 역전하고 말게 된다. 그리하여 1966년의 지수를 본다 할지라도 이때에 농가에 대하여 80% 이상 불리한 「쐬레」 과정으로 나타나는 것이나 만약 이에 겸하여, 여기에 연중 평균 미가 대신에 추수기(10월~12월)의 농가판매미가를 취하고 또한 배급 비료가격에 농가의 실질적 시장구매비료의 가격을 감안한다면 앞에서의 「쐬레」 폭은 능히 100%를 넘게 되는 추산이다.

그렇다면 결과적으로 한국농민이 8·15해방을 기점으로 하여 자신의 판매 곡가에 비하여 월등히 고가의 금비를 써왔다고 볼 수 있는바 이것이 곧 「쐬레」의 전양상이 아니며 하물며 농촌불황의 유일한 원인이 아닐지라도 그것은 적어도 중추적 제약조건의 하나라 아니 할 수 없다. 그밖에 우리는 일반 농가에 있어서 비료뿐만이 아니라 생산 자재 일반의 소비량이 급격히 증대하고 있다는 전자의 동태를 이에 관련된 무거운 조건으로 주시하는 것이니 사실 곡가의 보장이 이에 따르지 못할 때 이러한 동향인즉 실질적인 「쐬레」 격화의 결과를 가져올 수밖에 없는 까닭이다.

개항기 외래 통화와 「인플레이션」 기구(機構)

김 준 보

목차

Ⅰ. 서론

1876년의 한반도 개항은 당연히 세계시장의 확대를 이 지역에 가져옴으로써, 화폐경제기구(機構)의 근대적 기동과 아울러 「인플레이션」 과 농업공황의 물결을 이 땅에 일게 하였다. 그 중 곡가를 기축으로 한 물가고의 충격은 이때에 이조재정의 궁핍을 한층 격화시킴으로써, 봉건국가의 체제적 위기를 새로운 국면에서 조정하고 말았다. 그러므로 개항기의[1] 「인플레이션」 은 우선 한국자본주의의 생성과정을 전후 체계적으로 묻고자 하는 우리의 입장에 있어서 처음부터 기본적 의미를 갖는 문제의 대상이 아닐 수 없다. 모름지기 근대적 시장경제의 위협의 조건은 일단 「인플레이션」 으로 집약되어 나타나는 것으로 보아지기 때문이다.

물론 우리는 개항 이전에 일찍이 이름난 대원군치하(大院君治下)의 당백전(當百錢) 「인플레이션」 이나 그 후 동학란(東學亂)에 뒤따른 백동화(白銅貨) 「인플레이션」, 그리고 그 중간기에 걸친 당오전(當五錢)의 발행이나 사전(私錢)의 남주(濫鑄)에 관하여 각종의 논평이 적지 않게 시도되어 있는 사실을 볼 수 있다. 그 중 단편적으로는 일본화폐의 한전매매운동이라든가 금매상운동(金買上運動)과 같은 것을 개항기의 폐정과 관련시켜 다룬 몇 가지 업적을 근래에 보게 되는 설정이다.

그러나 대체로 보아서 전통적 개항론이 이 방면의 문제의식에 있어서 적어도 개항기의

---

1) 우리는 이하 「개항기」 를 1876년의 강화조약 체결 이후 1894년의 동학란(東學亂)에 이르기까지로 일단 한정한다. 사실 여기에 우리의 보는 바, 한국자본주의 생성과정의 제1단계는 구획된다고 인정되기 때문이다.

「인플레이션」에 관한 한, 편향적으로 문제의 요인을 한말(韓末)의 재정 빈궁이나 관기(官紀)의 해이가 아니면 흉작과 같은 내재적 조건에 전가시키고 있는 느낌을 주고 있다. 설령 그들이 외래자본의 지배력을 묻는바 있다 할지라도 후자를 「인플레이션」의 기구(機構)에 직결적으로 도입시킨 논리의 전개를 보지 못한 점이 눈에 띄이는 이 방면의 결함이다. 따라서 역사적 각종 「전폐론(錢幣論)」이 이러한 제약을 벗어 날 수 없었음은 오히려 당연하다 하겠으니, 이를테면 당오전의 가격하락을 물가와 연결시켜 보되 그 가격하락의 원인을 묻고 있지 않는 다음의 문면을 봄과 같은 예이다. 즉,

> 「전폐균능생폐 구당오대소경중 족당엽전이문…… 범물정득기평칙 쟁단식 쟁단식칙 백고자연칭정 시용오언 시월지간 종시물가지복구(錢幣均能生弊 舊當五大小輕重 足當葉錢二文…… 凡物情得己平則 爭端息 爭端息則 百估自然稱停 試用吾言 時月之間 從是物價之復舊)」2)

이는 분명히 폐지(幣制)의 시폐(時弊)를 지적하고 있으나, 문제의 본질적 배경을 파악하고 있지 않다. 바로 이 점이 우리가 묻고자 하는 제1차적 문제의 기점이다. 그밖에 역사적 동인인 농작의 풍흉이 「인플레이션」의 고유한 요인으로서 언제까지나 지목될 수 없다는 점 또한 개항이 가져 온 시장경제의 국제적 확대와 더불어 구조적으로 반증되는 관계라 할 수 있다. 이점 뚜렷이,

> 「금년이 풍년이면서도 곡물이 귀한 것은 잠상배(潛商輩)가 곡물로 외국 물화를 환매하는 까닭이므로 무릇 이국 화물은 일체 통금할 것 운운(云云)」3)

한 개항 직전년(고종 12년)의 문기에서 본 바와 같다. 시대는 벌써 풍흉을 넘어서 우세한 경제적 지배조건이 도사리고 있는 과정인 까닭이다.

지금 만약 개항기 「인플레이션」에 관하여 그 주도적 원인을 끝까지 내재적 폐제(幣制) 결함이나 재해와 같은 비사회적 현상에서 추구한다면 우리는 무엇보다 개항의 획기적 특성을 본질적으로 파악할 수 없는 결과를 가져올 수밖에 없다. 특히 개항으로 연유한 시장경제의 발전과 외래적 지배력의 개입을 묻지 않게 되고, 더욱 개항전과 그 이후의 「인플레이션」을 명확한 토대에서 구별할 수 없게 되는 것이 그 필연적 논리이다.

우리는 무엇보다 개항과 더불어 한반도에 전개된 「세계시장의 폭풍우」를 문제의 조건으로서 잊을 수 없다. 그러면 이때에 문제인 「인플레이션」은 우선 물가변동의 과정에서 어느 정도의 획기적 위협을 이 땅에 베풀었던 것인가?

지금 개항기를 전후한 국내 물가수준을 계통적으로 파악케 할 만한 실증적 자료는 우리 앞에 당장 준비되어 있지 않다. 일반물가를 주도하였다고 보아지는 쌀값의 동태마저도 이를 수량적으로 비교하는 것은 거의 불가능한 형편이다. 그럼에도 불구하고 개항과 더불어 「인플레이션」이 앙진되었음은 틀림없는 사실로서 하나하나를 모두 들어 말할 수 없는 사정이나 먼저 일외인(一外人)의 보고로서,

---

2) 김윤식(金允植), 1890년대초 《운양집(雲養集)》 7-2, 〈전폐론(錢幣論)〉
3) 《승정원일기(承政院日記)》 고종 12년 12월 1일

「조선에 있어서 모든 물가는 개항 이래로 그 주위시장의 그것에 비등하게 되는 경향이 있는데, 그것은 생활
필수품의 가격이 등귀하는 결과를 가져오고, 특히 식량가격의 앙등을 가져왔다. 운운(云云)」 4)

함은 특히 볼만하다. 그밖에 개항 직후인 고종 17년(1880년)의 관변기록 역시 이에 관련하여 당시의 재정난에 언급하되,

「물가가 배증되고 부비(浮費)가 우다(尤多)하여 탕배지경(蕩敗之境)에 빠졌다」 5)

고 실토하고 있는 형편이다. 과연 1883년 10월 1일(음력)자의 《한성순보(漢城旬報)》에 의하면 상미(上米) 1승(一升)이 5전 5분인데, 3년 후인 1886년 9월 13일자 《한성주보(漢城周報)》에 의한 그것은 2냥 3전으로 4배가 가르키는 상승률임이 분명하다. 다시 1890년대에 들어서자 제반 상품시장은 더욱 폭등하는 기세를 보이고 있어서, 이 점

「금지물가준십년전 혹유과십배자 혹유과백배자 명난당오(전) 실불급전일엽전반문지용(今之物價準十年前 或
有過十倍者 或有過百倍者 名難當五(錢) 實不及前日葉錢半文之用)」 6)

이라 하였거니와 단적으로 1890년의 미곡 1담(擔)에 120냥 하던 것이 1892년에는 350냥으로 오르는 실정이었다.7)(영국 영사의 대본국 보고문)

물론 개항후 물가는 줄곧 등기만을 되풀이 한 것은 아니고, 특히 단기적으로 볼 때 미가의 계절적 등락은 불가피한 사례이다. 《한성주보(漢城周報)》에 나타난 일례8)만도 1886년 9월 13일자 상미 1승에 2냥 3전, 중미는 1냥 9전, 하미는 1냥 7전하던 것이 약 4개월 후인 1887년 1월 23일에는 거의 반액으로 떨어져서 각각 1냥, 9전 및 8전이 되어 있는 형편이다. 그밖에 미가시세는 풍흉에 따라서 변동이 심하고 더욱 그에 따라 시장경제의 성쇠(盛衰)를 보게 된다는 점 누구나 부인할 수 없다. 더욱이 명목만이 높던 당오전의 가격 저락이라든가 사전(私錢)의 남주(濫鑄)로 나타난 재정난이나 폐제문란(幣制紊亂) 등의 내재적 경제 요인 또한 문제의 관련 국면임은 물론이다. 그러나 과연 이들이 개항기 「인플레이션」에 대하여 그 스스로 결정적 의미를 갖는 적극적 조건인가에 대하여는 당장 이에 수긍할 수 없다. 우리는 그 보다 앞서서 얼핏 생각하여도 무곡(貿穀)을 비롯한 상품교역의 부등가적 확대, 일본자본의 한전 매매, 산금매상운동(産金買上運動) 등 외래적 충격을 들어서 토착경제의 전반적 기반을 취약화시킨 결정적 동인으로서 지목할 수 있는 문제이다.

이하 우리는 당면한 과제에 실증적으로 대답하고자 개항이 가져온 외래자본의 지배력에 관하여 각별히 유념하되, 특히 일본화폐의 국내 유통이 어떠한 기구(機構)를 통하여 「인플레이션」의 위기적 국면을 한반도에 형성하였는가를 중점적으로 묻고자 한다. 말하자면 외래통화의 국내 통용에

---

4) Cuson, G. N., 1894. Problems of the Far East(London) (188~89(한우근(韓㳓劤)) , 1970. 《한국 개항기의 상업연
   구》 279에서 인용)
5) 《승정원일기(承政院日記)》 고종 17년 7월 21일
6) 김윤식(金允植), 《전게서(前揭書)》 〈전게논문(前揭論文)〉
7) 1892.4.20. British Consular Report, Foreign Office Annual Series(Seoul) 1088, 4~5
8) 《한성주보(漢城周報)》 〈28〉; 〈99〉

문제를 집약화하여 보되, 「인플레이션」을 화폐적 기능면을 그와 더불어 추출하여 본다는 뜻이다. 이러한 요령은 확실히 「인플레이션」을 일으키는 또 하나의 국면인 물량적 변동의 기구(機構)를 유기적으로 묻지 않는 방법론상의 위험성을 내포하는 것이나, 그럼에 있어서도 저기에 어느 정도 수긍될만한 근거는 없지 않다. 그것은 원래 「인플레이션」이란 화폐의 수요 초과를 기점으로 형성된 경기 팽창의 과정이라는 것과 문제의 외래적 지배요인이라 할지라도 이를 집약화하여 볼 때, 그것은 필경 토착경제에 대한 금융자본=화폐자본의 침입 활동에 그것의 제1차적 특징이 부각된다고 보아지는 까닭이다.9)

Ⅱ. 일본화폐·한전 「어음」의 유통효과

개항과 더불어 침입한 일본자본의 공세는 위에서 본 바와 같이 금융화폐자본의 한반도에 대한 상륙과정에서 특징화할 수밖에 없다. 개항 이전의 한정된 상품교역의 동기는 여기에 새로운 매개적 기반을 구축함으로써 거래의 급격한 팽대를 보게 된 것이 우선 눈에 뜨이는 획기적 결과이다. 곧 개항에 힘입은 외래 자본은 근대적 신용력의 지원 하에 토착시장에 배타적 뿌리를 부식하게 마련인 데, 그것은 두 말할 것 없이 일본상인이 자국은행(제일은행)의10) 한국진출과 더불어 독점적 시장개척에 혈안이 되었다는 사실로서 반영된다. 이때에 이러한 일본자본의 적극적 태세에 대하여 그들 화폐의 한국통용은 무엇보다 그들에 대한 제1차적 편익의 수단으로서 관측되었다는 점이 중요하다.

일본화폐의 국내 통용이 장차 이 땅에 무엇을 가져올 것인가를 봄에 앞서서 우선 강화수교(江華修交)조약(부록제7관)에 의하여 보장된 규정부터 확인한다면 다음과 같다. 즉,

> 「일본인민은 본국에서 현행되는 제화폐로 조선인민이 소유하고 있는 물화와 교환할 수 있으며, 조선인민은 그 교환된 일본국 제화폐를 써서 일본국 소산의 제물화를 매득할 수 있다. 그럼으로써 조선국이 지정한 제항구에 있어서 인민들은 서로 화폐를 통용할 수 있다. 조선국의 동화폐(銅貨幣)를 일본인민이 사용하고 운송할 수 있으며, 양국인민이 전화(錢貨)를 사주(私鑄)할 경우에는 각기 국법을 따른다.」11)

외래 화폐의 국내통용은 단적으로 당해 외국자본에 대하여 식민지적 경제활동권의 설정을 국내에 허용케 한다. 무엇보다 토착정권에 대하여 국내 통화에 대한 자주적 조절관리력을 제약케 한다는 점이 문제의 기점이다. 폐제(幣制)의 문란이 여기에 배태되고 통화의 증발(增發)효과는 말 것도 없거니와, 국내 통화의 투기적 대상화 또한 그 필연적 과정으로서 전개된다. 더욱이 국내 화폐가치의

---

9) 더욱 본고의 동기의 하나가 1960년대 후반기로부터 급격화한 외래 화폐자본의 한국 도입과 현실적 「인플레이션」 기구(機構)를 묻는데 있어서 하나의 역사적 실증자료를 제시하려 함에 놓여 있다는 점 또한 당연하다 할 수 있다.

10) 개항과 더불어 최초로 한반도에 일본의 국립제일은행 부산지점이 1878년에 설립을 보게 된 것이나 일본 자본주의 추진의 선구자인 삽택영일(澁澤榮一)과 대창희팔랑(大倉喜八郞)이 이 땅에 은행 설립을 꾀한 것은 바로 개항과 동시이었고, 그들은 당시 자본금 5억엔의 사설은행을 우선 부산에 설립한 바 있었다. 이것이 바로 제일은행부산지점으로 개편된 것이다.

11) 《증보문헌비고(增補文獻備考)》 1, 179

상대적 저락, 「인플레이션」의 급격한 형성과 조작이 그에 따르게 된다는 것이 스스로 나타나는 문제의 동태이다. 다만 한말(韓末)의 개항기에 있어서 일본화폐의 국내 통용은 그 구역이 형식상 일본인 거류지에 제한된 그것이었다. 그러므로 문제는 그만큼 실효력이 억제된 것 같기도 하지만 결과는 결코 그 구역 내에 제한된다고 보아서는 아니된다. 사실 일본화폐는 한전매매를 통하여 국내시장의 중추부를 뒤흔들어 놓았고, 그 위세는 점차 농촌경제의 심부(深部)에 미쳐 있었던 것이다.

물론 일본자본의 입장에서 본다면 상품의 교역상 편익을 위하여서 뿐이 아니라 원시적 저축의 기술적 발휘를 위하여 자국화폐의 한반도 상륙은 필요불가결한 수단이 될지도 모른다. 그들은 이를 언필칭(言必稱)「한국화폐의 부족」으로 지적하였던 실저이며, 노서아대장성(露西亞大藏省)의 《한국지》(1904년)는 이점을 소박하게 다음과 같이 부연하고 있다. 즉

> 「한국에는 일본측 은행을 제외하고는 오랫동안 금융기관의 시설이 없었으므로 해(該)은행(제일은행)은 관세금을 당좌예금으로서 보관하고, 또 한국은 화폐의 종류가 부족함으로써 일본인은 자국화폐를 통용하는 권리를 얻어서 한국통화의 시세를 좌우할 수 있게 되었다. 운운(云云)」[12]

그러나 이른 바 「한국화폐의 부족」이란 한국경제의 현실이 요구하는 조건을 뜻하는 것이 아닐 뿐 아니라, 일본화폐의 보충이 필요하다는 객관적 조건을 뜻한다고 볼 수 없다. 그것은 개항이 가져 온 사태의 진행이 일본화폐의 국내 통용을 확대시킬 수밖에 없게 되었다는 「결과」를 표현함에 적의(適宜)한 용어일 뿐이다.

사실, 외래자본의 활동에 있어서 개항 당시 한전의 매개 거래는 불편하였을 뿐 아니라 불안한 일이었음에 틀림이 없다. 그러므로 그 대변자는 말하기를 곧 양국간에

> 「일대 저해로서 무역시장에 가로 놓여 있는 것은 피국(彼國, 한국) 통화 즉 동전 결핍의 일이다.」[13]

하였고, 동시에 신한전(新韓錢)의 주조, 즉 일본화폐에 준한 한전의 제작을 한말정부에 요구한 바도 있었던 실정이다. 즉

> 「물화가 아국(일본)에 수출될 때는 반드시 동전의 가격이 귀앙(貴昂)의 세(勢)를 지(持)하고 심히 무역의 권형(權衡)을 방해하므로 여기에 아(일본)거류상가(居留商家)는 조선정부로 하여금 신화 주조를 거행할 것을 의(議)하여 이미 아관리자(我管理者)에 이를 상신하였더니, 듣는 바에 의하면 방금 피(한국)정부에 조의중이라 한다. 운운(云云)」

여기에 당장 우리는 한화개조론이 대두되는 일부의 동기를 찾아 볼 수 있고, 한편 대일차관론의 내면을 볼 수도 있는 것이나, 어쨌든 외래자본의 투기적 상품거래에 수반하여 대량의 한전이 불가피적으로 요구되었음은 틀림이 없다. 그리하여 그것의 신속한 조달이 그들에게 한전부족의 결함을 크게 느끼게 하고, 교역 불편의 조건을 격화하였다고 보는 것이 사태의 정상적 판단이다.

그런데 일본화폐의 국내 통용은 표상적으로 우선 국내 화폐종목의 다양화를 가져오고, 상품 매개수단의 확대, 통화유통속도의 증대를 가져왔다. 무엇보다 군국주의의 배경을 갖는 개항초기의

---

12) 노서아대장성(露西亞大藏省), 일어역 1904. 《한국지》 133
13) 1957. 《삽택영일(澁澤榮一)전기자료전집》 16, 8

일본 상권독점시대에 있어서 일본화폐의 등장은 심리적 위압의 대상이 아닐 수 없었다. 아니나 다를가, 그들의 기능은 가중적으로 가격구조에 지배력을 개입시킴으로써 근대화의 이름 밑에 반식민지적 경제관계를 한반도 이 땅에 형성하기에 이르렀던 실정이다. 그럼으로써 때는 바야흐로

> 「소위 자유경쟁의 사회가 아니고 그(일본인) 소수 도항자의 독점(monopoly)적 상업시대이므로 한국에 있어서의 수출품 가격도 그 소수자의 평가에 의하여 정해지고, 한인은 그들이 말하는 대로 따르는 형편이므로 한전 가격과 같은 것도 자유로 좌우하는 편리가 있었다. 운운(云云)」 14)

하는 시대로서 특징화한다. 여기에 필경 일본자본의 원시적 축적을 위한 부등가교환의 활동을 위하여 토착시장은 농간되기 마련이며, 그 가운데는

> 「일확천금을 꿈꾸고 휼사간매(譎詐奸媒)를 획책하여 건곤일척(乾坤一擲)의 기회」 15)를 노리는 「악의의 모험자」 의 사례를 아 땅에서 보게 마련이다.

그 뿐 아니라 견고한 신용력과 우세한 정책적 배경을 갖는 일본 화폐는 국내 상품시장을 교란함으로써 자신의 교환 가치를 본연의 가격이상(환율이상)으로 올려놓고, 국내 상품의 국제적 평가를 떨어뜨리는 동시에 한전의 교환가치를 본래의 그것 이하로 추락시키는 기능을 발휘한다. 그리하여 본래 일본화폐는 자국에 있어서의 가치적 동요에도 불구하고 한반도의 시장활동에 있어서 스스로 안정성을 보전하는 반면에 한국의 폐제(幣制)를 크게 동요시키는 구실을 하게 된다. 그 가운데 있을 수 있는 주화의 「오그멘테션」(augmentation)은 당장 폭로될 수밖에 없고, 그러므로서 양국의 화폐간에는 질적 면에서 점차 주객의 전도를 가져오게 되었으니, 동학란 전후에 이르러 일본 화폐는 마치 본위 화폐와 같이 행세하고 한전은 보조 화폐와 같은 지위에 떨어지는 모순된 사태를 우리는 보게 되었다. 그러므로 개항기 직후 일(一)일본인 논자는 이 점의 경황을 다음과 같이 기술하고 있는 실정이다. 즉

> 「일본화폐는 가격변동에 위험이 없고, 그 지폐는 계수, 운반, 저장 등이 다 같이 편리하며, 또한 견고한 금융기관을 갖고 있다. 그리고 피아(彼我)의 관계는 마치 주종과 같아서 일본화폐는 무역시장에 있어서 가격의 표준, 물가의 척도인 성질이므로 한화는 우선 아(일본)화폐에 대하여 자가(自家)의 가격을 정한 뒤에 겨우 교역의 매개에 설 뿐이다. 그런 점에서 한화는 아(我)화폐에 대하여서는 물품에 지나지 않는다는 느낌이다. 운운(云云)」 16)

물론 일본화폐는 당장 개항기 초두부터 한반도 전역에 걸쳐서 상품유통의 가치적 기준으로 쓰여진 것은 아니다. 그 실지 통용은 일본인 거류지에 한정되어 있었으며 그나마 명목상은 얼마동안 한전이 평가의 척도 기준으로 쓰여진 것이 사실이다. 예컨대 동전(엽전) 1관문(貫文, 1,000문)에 일화 1, 2엔이 교환된다 하면 그 환율은 12할이라 함과 같다. 다만 문제는 이와 같은 일시적 환율 형식적 범주를 떠나서 양자의 실질적 신용도가 어느정도 길게 유지되느냐에 달려있을 뿐이다. 그런데,

> 「당시(개항기)의 조선 통화는 그가 형식상 착잡(錯雜)하였을 뿐 아니라 그 통용가치에 있어서 또한 그러하

---

14) 강 용일(岡 庸一), 1904 《최신한국사정(最新韓國事情)》 409
15) 사방 박(四方 博), 1933. 〈朝鮮に於ける 近代資本主義の 成立過程〉《朝鮮社會經濟史研究》(京城帝大法文學會編)162
16) 강 용일(岡 庸一), 1904. 481~82

였는데, 그것은 안정된 가치표준인 외국화폐의 도래에 부딪쳐서 이것과 비교됨으로써 한층 명백히 반영된다. 왜냐하면 당시의 조선과 같이 정부의 재정상 신용이 전무한 나라에 있어서 또한 그 화폐 역시 반드시 국가의 조출물이 아닌, 그리고 하물며 그것이 엄정한 감독을 받지도 않은 나라에 있어서 화폐라 할지라도 궁극에서는 일종의 상품으로서 그 실질 가치에 따라서 평가될 수밖에 없기 때문이다.」17)

도대체 한전(엽전) 그것이 하나의 상품과 같이 거래된다는 뜻은 무엇을 가리키는 것인가? 그것은 한전이 국내 물가의 척도로서 존립하기에 앞서서 금속 등으로 평가된다는 것, 그리고 반드시 일반적인 물가의 등락과 관계없이 그것의 시세가 등락할 수 있다는 관계를 가리킨다. 따라서 물가가 상승하는 경우에 있어서도, 즉시 한전의 가치적 평가는 하락하는 것이 아니라 상승할 수 있다는 것, 그럼으로써 그것의 척도기능은 크게 손상되고, 객관적 신용력 또한 스스로 타락(墮落)된다는 것이 그에 내포된 결론이다. 여기에 일본자본이 그들의 독점적 최대한 이윤을 쫓아서 발호(跋扈)할 수 있는 또 하나의 구조적 조건은 형성된다. 이때에 일본자본은 자신의 이익에 따라서 구입한 한전을 동지금(銅地金)으로 처분할 수 있거니와 또는 동화(銅貨)로 사용할 수 있을 것이며, 그보다 더욱 한전 시세를 세력적으로 조절함으로써 기간에 독점적 평가 이차(利差)를 이중적으로 취득할 수 없지 않았다. 그밖에 반수탈적 부등가 교환의 술책을 농(弄)함으로써 제2의 추가적 이익을 확보할 수 있다는 것이 그들에게 주어진 개항초의 특권적 지위임에 틀림 없는 사실이다. 우리는 당장 그 내용이 반드시 명시적은 아니나 이점의 구체적 일례를 다음과 같은 데서 찾아 볼 수 있게 된다. 즉

　　「개항 직후의 사태로 일본화폐를 "건상장(建相場)"(기준)으로 하는 소위 한전 거래라는 위만적 화폐 조작을 통하여 일본상인은 조선산 미, 대두, 우피 또는 금까지 염가로 구입할 수 있었다. 조선미를 1석에 40전 내지 45전이라는 염가로 구입하여 그것을 일본 오사카시장에서 6엔~8엔으로 파는 일과 같은 장사를 가능케 한 비밀은 여기에 있다고 할 것이다. 운운(云云)」18)

한편 은화나 일본은행권과 같은 고유한 일본화폐의 직접적인 국내유통 이외에 일본상인이나 일본측 금융기관이 발행하는 각종 「어음」(특히 한전 「어음」)의 거래 관계 또한 일찍이 볼 만하다. 그것의 사용은 흔히 한전(엽전)의 보관, 운반이 가져온 난점의 소산이라 하겠지만 기실 화폐경제의 발달, 투기행위의 성행이 가져온 필연적 진화형태이며, 스스로 「인플레이션」의 도입자이다. 특히 한전 「어음」 은

　　「1884년에 일본 제일은행이 한국정부의 위탁으로써 세관업무를 맡게 됨으로써 더욱 광통하였다. 운운(云云)」19)

하였으니, 그것의 발행인이 제일은행이 아니면 주로 일본상인이 되어 있다는 것, 그것은 적어도 한전을 능가한 신용력을 보유하고 있었다는 것, 그리고 제일은행에 대한 관세업무 위탁은 결과적으로 한전의 신용력을 저락시키는 반면에 그들 「어음」 을 통하여 「인플레이션」 이 조장되는 행적을

---

17) 사방 박(四方 博), 1933. 47~48

18) 강덕상(姜德相), 〈李氏朝鮮開放直後に於ける　朝日貿易の　展開〉 《역사학연구》 제266호(한우근(韓㳓劤), 《전게서(前揭書)》 267에서 인용)

19) 한전 「어음」 이나 그밖의 「어음」 에는 위조물이 불소(不少)하였다고 알려져 있다. 이 또한 화폐제의 문란과 「인플레이션」 의 가중적 원인임은 물론이다. 1890년대의 한전 「어음」 은 그 유통액이 평균 80만관 정도이었다고도 하나 물론 진부(眞否)는 불분명하다. (강 용일(岡 庸一), 《전게서(前揭書)》 355

가져왔다는 문제점을 우리는 발견한다. 전기(前記) 제일은행의 관세수금목(目)에는 일본화폐나 한전「어음」 그리고 「멕시코」 은화만이 용인되고 한전은 수수대상에서 제외된 실정이었던 소치(所致)이다.

그렇다면 개항기를 통하여 일본화폐나 한전「어음」의 국내 통용량은 어느 정도의 수준에 달해 있었던 건인가?

원래 개항 당시에 통용된 외국 화폐로 말하면 일본화폐에 한정된 것은 아니었다. 변방에는 청로의 화폐도 간혹 쓰여졌고, 「멕시코」 은화(먹은, 墨銀)는 이전부터 상역(商易)에 상당히 많이 통용된 고전적 화폐이다. 그러나 이들은 대개 일본화폐의 세력에 밀려서 점차 희미한 존재로 되어버렸다. 다만, 「멕시코」 은화만은 1884년의 한일간 해관세 취급조역에 의하여 지정화폐로 쓰여지기도 하였으나, 그 또한 1890년대를 넘지 못하고 폐절되어 버렸으므로 개항기를 통하여 지배적 외래화폐란 다름 아닌 일본화폐 뿐이다.

지금 개항기에 통용된 일본화폐의 종목별 수량이 어느 정도이었던가를 적확(適確)히 알 길은 없다. 설령 그것의 절대적 도입량을 안다고 하더라도 현실적 유동성은 또한 별도의 문제로서 남게 된다. 다만 참고로 동학란 직후인 1897년 하계에 일본인 상업회의소가 조사하였다고 알려진 자료[20]에 의하며, 당시 일본 은화만도 300~350만 엔에 달하였다 하니 청일전쟁의 영향을 참작한다 하더라도 그에 앞서서 일본화폐가 국내 총통화량 가운데 상당한 비중을 파지하고 있었던 것만은 부인할 수 없다고 보아진다. 우리는 별도로 동학란 직전에 있어서 한전(엽전)의 유통량이 대략 800~1,000만 엔으로 추산된다는 제설(諸說)[21]에 비추어 그 점을 대체로 확인할 수 있다는 관계이다.

그밖에 여기에 일본화폐나 한전「어음」이 비교적 빠른 유통속도인데 대하여 한전(엽전)의 퇴장성(退藏性)이 문제로 되지 않을 수 없다. 후자는 실로 총량의 불과 1할 정도만이 실지 통용되었고, 나머지는 「그레샴」의 법칙 하에 퇴장된 상태에 놓여 있었던 실태이었으니 외래통화의 우세는 여기에 더욱 뚜렷한 셈이다. 이는 분명히 한말정부에 있어서 「인플레이션」을 제어하는 자력이 결여되어 있었다는 관계를 실증하는 국면 이외에 다른 것이 아니다.

Ⅲ. 외화의 한전 매매와 폐정문란(幣政紊亂)

외국화폐의 국내 통용은 현실적으로 한전 매매로부터 시작되고 외국자본은 한전매매를 통하여 이중적으로 「인플레이션」을 조장한다. 그것의 하나는 국내화폐의 절대량 증가를 가져오는 소행이며, 다른 하나는 한전 매매의 투기에 따르는 국내 화폐가치의 인위적 조작이 보여주는 결과이다. 일본자본은 반드시 한전을 현금으로 시장에 응하여 매입한다 할 수 없고,

---

20) 사방 박(四方 博), 〈전게논문(前揭論文)〉 48의 주(註)
21) 〈동상노문〉 71

> 「한전시세가 저락되리라고 예상될 때는 현금 또는 일본 화폐를 지불에 쓰지 않고, 일시에 구급을 위하여 우선 한전「어음」을 발행해 놓은 다음에 후일에 하전이 저락하면 현금을 사서 「어음」 지불에 공(供)한다.」[22]

그런데 누구보다 제일은행이나 일본인 상인은 개항당초부터 한전시세의 등락을 가장 빨리 포착할 수 있는 특혜적 조건을 갖추고 있었다는 것이 분명하다. 즉 일본인 스스로

> 「거류지 인민은 한인보다 시장의 변동을 속지한다」[23]

고 자인함과 같은 처지이다. 그렇다면 그 점은 두말 할 것 없이 일본자본이 적어도 그 독점시대에는 한전 시세를 변동시킬 만한 역량이나 특권을 보유하고 있었다고 볼 만 하다. 사실 한전의 기간적 수급자도 일본상인이며, 무곡(貿穀)이나 무금(貿金) 등 한전시세에 크게 영향을 미칠 만한 상품의 대량적 거래자 또한 그들이었던 형편에 있어서 그것은 오히려 추측하여 남음이 있는 실태이다. 더욱 상품의 수급뿐만 아니라 한전의 주조 원료인 동지금의 공급자 역시 대부분 일본자본이었다는 개항 전후의 사정은 한전 매매에 관한 시장의 투기성에 한층 활기를 부여한다. 그들에게 동지금의 풍부한 공급에 의하여 한전시세의 저락이 응당 예상될 수 있고, 전자의 제약에 의하여 후자의 등귀를 볼 수 있는 형편에 있어서 사태는 거의 분명한 까닭이다. 지금 신주화의 발행이 시도되었던 시기인 1883년의 기록(서간)으로서 제일은행 대표 삽택영일(澁澤榮一)의 한전시세에 대한 전망의 예는 볼만 하다. 즉

> 「조선화폐는 지금까지 구 일리전(壹厘錢, 엽전)으로써 통용 화폐로 하였던 바, 이제 신 일리전, 오리전 및 은전, 즉 일전(壹錢)·이전(貳錢)·삼전(參錢)의 3종을 발행하였으므로 물품의 시세가 크게 변동하였다고 사료함. 당장 구 일(리)전의 시세가 일시는 30할(대 일화)하였던 것이 오늘날 경성에서 24할까지 인하된 것은 그 일증이다. 더욱 저락될 것은 틀림이 없다. 운운(云云)」[24]

이 점, 일본자본의 개입에 의한 신화(新貨)의 주행이 분명히 한전의 투기적 대상 가능성을 증대시켰다는 것, 즉 앞으로 한전 가치는 더욱 「저락될 것이 틀림이 없으니」 제일은행 한국지점은 이에 대비하여 영리적 행동계획을 세우라는 것, 적어도 당장 한전의 매입을 삼가라는 시사 깊은 문면이다. 이때에 결과는 곧 한전 가격의 저락을 촉구하기 마련이고 다른 조건이 변동하지 않는 한, 이 땅에 「인플레이션」의 압력은 짙어질 뿐이다.

그러나 앞에서도 본 바와 같이, 한전은 개항기에 있어서 하나의 상품인 동시에 화폐이었던 만큼 그것의 시세변동은 결코 단순하지 않다. 우선 일본화폐에 대한 평가 그것이 당장 한전의 국내 가치를 그대로 표시하기 않다는 것과 한전의 일화에 대한 평가율이 오른다 할지라도 그것은 언제나 미가를 비롯한 일반 물가의 저락을 가져오지 않기 때문이다. 그럼에도 불구하고 이미 본 바와 같이 한말 경제의 전체적 취약성은 한전의 국내적 가치 저락을 「인플레이션」과 더불어 동반하였다는 사실이

---

22) 강 용일(岡 庸一), 《전게서(前揭書)》 387
23) 〈동상서〉 394
24) 《삽택영일(澁澤榮一) 박기자료(博記資料)》 16, 24(1883년 8월 8일자 서간(書簡))

우리에게 주목된다. 연세에 따라서 또는 계절적 조건이나 지역적 시장 형편에 의하여 한전의 수급 변동은 격화를 보기도 하였으나, 천화물귀(賤貨物貴)의 현상은 대체로 지속되었던 것이 개항기의 특징적 추세이다.

지금 환율의 구체적 상황을 일본 측 문헌에 비추어 좀 더 자상히 살펴보면, 한전의 일본화폐에 대한 교환 시세는 개항 직후 약 3년 동안은 그다지 큰 변동이 없었던 것으로 나타나 있다. 그리고 그 후 오히려 한전 일반이 점차 높이 평가된 경향이 눈에 띄는 상황이다. 즉 처음 1876년~1978년경의 부산항 한전시세는 대일본 화폐에 관하여 15할 정도로 지속된 것이 1879년에 들어서자 23~24할로 올라섰고, 점등(漸騰)하여 1881년 이후로는 30할 수준을 상하할 만큼 되었다는 것이 나타난 기록이다. 이는 표현상 개항 직후의 저조한 교역 관계로부터 점차 수출입의 성행에 따라서 한전의 수요증대를 가져온 결과인 것 같기도 하지만 반드시 그렇지도 않다. 무엇보다 일본의 독점 상권이 환율을 조작하되 개항초기일수록 그 세력적 지배성이 강하였다는 것, 보다 실질적으로는 개항 이후 얼마동안 동가(銅價)의 점등을 보게 되었다는 것이 유력한 근거이다. 그 중 한전가격의 조작에 관하여서는 앞에서도 언급한 바 있지만, 개항과 동시에 부산에 은행의 공동설립을 기도한 일본인 대창희팔랑(大倉喜八郎)의 다음과 같은 문면에서 그 내용이 한층 구체적으로 입증된다. 즉,

> 「실제를 재고찰하건대 우선 당분간 재래의 한전(대소취교, 大小取交)666문을 아(일본)은(銀) 동화 1엔과 교환하되 점차 아은(我銀), 동화의 편리함을 자각함에 이르러 차차 고저로 개정하면 양측이 편익할 것으로 생각됨(즉 15할의 계산이다)운운(云云)」[25]

다만 이때에 한전의 지금(地金)인 동의 가격 변동에 관하여서는 그가 1876년을 기준으로 놓고 볼 때, 1881년에는 3~4할 정도 상승[26]하였다는 일본(동경)시세이고 보니, 개항초기의 한전의 시세 또한 점차 이에 따를 수 없게 된 것으로 우리에게는 판단할 뿐이다.

물론 한전의 국내시세가 언제나 일본의 동가(銅價)변동만에 의존하였다고 문제를 간단히 볼 수 없다. 구체적 자료에 접하기는 어려우나 1880년대의 중반기에 들어서자 상품시장의 국제적 확대와 폐정(幣政)의 문란(紊亂)이 한전의 국내 가치를 격락시키고, 다시 국제적 환율의 그것에 미치게 되었으리라는 역현상 또한 볼만한 기구(機構)이다. 년대는 명기되어 있지 않지만 예컨대,

> 「일한무역 이래 한전의 시세는 항상 변동하며, 또한 전도(全道) 각 지방에 따라서 상위(相違)할 것은 물론, 일청전쟁(1894년) 이전에 있어서 경성 및 그 부근에 있어서의 시세는 한층 심할 때 아(일본) 1엔으로서 한전 3천 2백문으로 교환하거나 또는 2천문으로 환산할 때도 있었다. 운운(云云)」[27]

함은 이점의 반영이라 할 수 있다. 즉 한전의 대 일화 환율은 조화(粗貨)의 발생과 더불어 3할 1분 정도나 5할에 까지 떨어졌다는 정황이다.

---

25) 동상; 대창희팔랑(大倉喜八郎), 〈한전교환급위체취이부조서(韓錢交換及爲替取二付調書)〉(강덕상(姜德相), 〈전게논문〉에서 인용). 더욱 한전 666문과 일화 1엔의 교환율이 15할이라함은 한전 1,000문과 일화 1엔과의 교환율이 10할이라는 「한전기준」에서 나온 수자이다.
26) (강덕상(姜德相), 〈전게논문〉 자료에서 산출함.
27) 강 용일(岡 庸一), 《전게서(前揭書)》 403

지금 한전의 국내시세에 관하여 좀 더 살펴보면, 그것은 지방에 따라서 격차를 보이었고 계절적으로 동요가 심한 예이나, 개항초의 대체의 경향은 춘하지경에 시장에 대한 공급이 풍부하고 추동기에 시세 등귀하는 예로 되어 있다. 그리고 납세기나 일본자본의 무곡활동, 외래상품의 시장출회도에 따라서 구구히 주어지는 조건이나, 그 가운데 스스로 한전의 하락시세에 이론적 한도는 없지 않았던 것이다. 즉,

> 「엽전은 한국의 법화로서 일정한 공정가격을 갖는 동시에 일본화폐에 대한 비가(比價)는 그 유통 지방에 따라서 특종의 수요공급에 의하여 정하여지는데 반드시 외계에 있는 동(銅) 가격과 일치되지 않는다. 그러므로 만약 일본에 있어서 동 가격과 엽전의 일본화에 대한 비가간의 차액이 생겨서 엽전의 화폐로서의 가격보다도 실물인 동의 가격이 고가일 때는 기민한 일본상인은 즉시 이를 일본에 수출하여 각종 동기에 원료로서 판매한다. 운운(云云)」 28)

함을 볼 수 있다. 이는 곧 「그레샴」 법칙의 운동을 말함이다.

그런데 한전의 위와 같은 퇴장(退藏)운동에 따른 소감(消減)은 당당 신주(新鑄)의 원료 구입난이 절박한 시기에 있어서 점차 국내 한전 통화량의 감퇴를 가져올 수밖에 없다. 더욱 동일 명목의 한전 가운데 있어서도 상기 법칙으로 말미암아 대형 양화(良貨)의 것이 먼저 소거되고 조화(粗貨)만이 남게 되는 점 또한 문제이다.29)

여기에 필경 조화의 보충을 위한 재정의 자구적 활동이 예상되는 것이며, 그것이 곧 당오전이나 추악한 사전(私錢)의 주행(鑄行)이었다 함은 다시 말할 것도 없다. 그리하여 우리는 여기에 직접적으로 투기적 과정을 통하지 않는 한전의 질적 저락이 「인플레이션」을 야기시키는 동인으로서 기능할 수 있다는 관계에 접한 셈이나, 이는 폐정(幣政)의 입장에서 볼 때, 「진정한 국가파산의 불명예를 은폐하기 위한 요술과 간책」 30)을 농(弄)한 셈이다.

그러나 「기만적 요술」은 역시 「용이하게 간파되고, 동시에 지극히 유해하다」. 아니나 다를가 한정(韓政)에서 강요 유통된 당오전은 앞에서도 본 바와 같이 1890년대초에 이르러 실로 「구당오대소경중족당엽전2문(舊當五大小輕重足當葉錢2文)」으로 저락하고 말았고, 더욱 동학란에 임하여서는 거의 엽전과 구분 없이 혼용된 지경에 이르렀다. 그 뿐 아니라 이러한 조화를 제작하기 위한 비용마저 재정난과 「인플레이션」의 원인을 형성하였으니 문제의 심각성을 알만 하다. 고종 25년(1888년) 8월에 나타난 일 관료의 계언(啓言)에 의하면 다음과 같은 정황이다. 즉,

> 「근일 화천(貨泉)의 폐가 점점 고막(痼瘼)을 이룸에 따라 물이 상귀(翔貴)하여 민생이 더욱 곤궁한데 전환국(典圜局)이 어떤 주화를 낼 것인지 기계창사(廠舍)의 비용만도 이미 수백만을 헤아려 폐단이 적지 않다. 운운

---

28) 제일은행, 1909. 《한국화폐정리보고서》 135
29) 구체적 대소형의 예로서 다음과 같은 문면을 볼 수 있다. 즉 「대형의 동전만을 선별하면 500문의 중량이 780목(目), 차량목(此量目) 100근의 가격 20엔 51전 3리이고, 소형의 동전만을 선별하면 500문의 중량 570목, 차량목 100근의 가격 28엔 7전이다 …」 (대창희팔랑(大倉喜八郎), 《전게서(前揭書)》
30) Smith, A. 1776. The Welth of Nations 최호진(崔虎鎭), 정해동(丁海東) 공역 1971, 《국부론》 1357

(云云)」 31)

그럼에도 불구하고 한말정부의 처지는 일단 주행한 당오전에 대하여 철폐령을 내리는 주권을 행사함에 이미 자유롭지 못하였다. 그것은 바야흐로

> 「혹왈여시칙 경성급삼항구 각국상민무려수천이 국중지전반재 기중일문차령 필화연이기 개요배급절본 고금 탕장허모 하이주차거관이 급지호(或曰如是則 京城及三港口 各國商民無慮數千 而 國中之錢半在 其中一聞此令 必譁然而起 皆要賠給折本 顧今帑藏虛耗 何以籌此巨款而 給之乎)」 32)

라는 소견을 볼만큼 되었던 위기인 까닭이다.

그밖에 당시(1890년대 초)에 나타난 외국인 보고에 의할 때 한층 신주전(新鑄錢)의 문란상은 여실하다. 즉, 부산항의 예로서,

> 「당오전 당일전 가치유장락 무일정의 당오전일원가환자 다자이천이백문 소자일천사백주문 당일전 다자칠백 오십문 소자사백오십문 수시기질(當五錢 當一錢 價値有長落 無一定矣 當五錢一元可換者 多者二千二百文 少 者一千四百鑄文 當一錢 多者七百五十文 少者四百五十文 隋時起跌)」 33)

이란 환율이다. 이는 곧 5천문에 해당하는 당오전이 많아야 엽전 2,200문이나, 적으면 1,400문으로 교환되고, 당일전의 경우 1천문이 많아야 엽전 750문, 적으면 450문과 교환된다는 것, 따라서 당오전은 당일전의 5배가 아니라 겨우 3배 정도라는 것, 그나마 수시로 시세는 변동한다는 것이다. 따라서 폐제(幣制)의 혼란은 이미 걷잡을 수 없는 단계이다. 그 뿐인가 얼마 후 당오전과 당일전의 혼용이 있게 되고 구 엽전마저 거의 이들과 같이 평가되었으며, 더구나 이때에 지역적으로 화폐의 종류는 반드시 균일한 분포를 보지 못하였다. 그러므로 여기에 염가로 매수한 당오전을 고가로 세납하여 국익을 버리고 사익을 추구하는 간리(奸吏)나 상인들이 발호(跋扈)를 보게 됨은 오히려 당연한 판국이다. 즉,

> 「금삼남, 관동, 관서북, 개불용당오 유경기해서호서연서해용지 기사상매매 혹이당이혹불급당이이 용지팔도 조부 개이엽전 징봉이당오변납우경 기영여지리 귀우수령리서급외획차인이 수기해자 독국가이이(今三南, 關 東, 關西北, 皆不用當五 唯京畿海西湖西沿西海用之 其私相賣買 或二當二或不及當二而 用之八道租賦 皆以葉錢 徵捧以當五變納于京 其贏餘之利 歸于守令吏胥及外劃差人而 受其害者 獨國家而已)」 34)

그러나 이와 같은 조화남행(粗貨濫行)의 요술도, 간리의 책동도 외래자본의 국내 활동에 연유한 「인플레이션」의 동인 없이는 도저히 상상할 수 없다. 개항 얼마 후 폐제문란의 원천인즉 의연 내재적 범주를 넘어서 무곡에 비롯된 사실이다. 여기에 겸하여 외래적 위폐의 성행마저 보게 되었으니, 이미 폐정(幣政)의 자주적 상궤(常軌)를 유지할 수 없게 된 경위는 오히려 분명하다 할 수 있다. 즉 개항 초기부터

> 「묵은(墨銀)이 청상(淸商)에 의하여 수입됨으로써 일시 거류지에 일본엔은과 아룰러 성행하였지만 안조(贋造)

---

31) 《승정원일기(承政院日記)》 고종 25년 8월 26일 좌의정 김병시(金炳始)계언
32) 김윤식(金允植), 《전게서(前揭書)》〈전폐론(錢幣論)〉
33) 1890. 《조선통상구안삼관무역책(朝鮮通商口岸三關貿易冊)》〈부산항구, 조선무역정형논략(釜山港口, 朝鮮貿易情形論略)〉
34) 김윤식(金允植), 《전게서(前揭書)》〈전게논문(前揭論文)〉

가 많고, 더욱 이를 식별함이 곤란하여 명치 22년(1889년)경을 정점으로 점차 폐절에 귀하였다. 운운(云云)」35)

어찌 묵은에 한정되어 있으랴. 도입 일화나 한전 「어음」에도 안조는 횡행하였으며 특히 원료(동)의 획득이 비교적 용이한 일본 상인 측에 있어서 그러한 범법은 개항 직후부터 자행되었다고 보아지는 폐풍이다. 그 후 분명히

> 「전환기계주전(典圜機械鑄錢)의 모조(模造)와 도주(盜鑄)가 족생(簇生)하여 화폐시장은 대교란을 당하였다. 운운(云云)」36)

하였던 표정이나, 이러한 위기가 바로 동학란과 직결되었음에 틀림이 없다. 그밖에 동학란 직후 오사카시 부근에 대규모 백동화(白銅貨) 안조(贋造)의 근거를 발견하였다는 문면 역시 그 이전부터의 소행임을 우리에게 시사하는 것도 같고,

> 「당시, 탐욕배들이 백동화 주조의 난맥(亂脈)에 괴(乖)하여 별도 위조, 악화(惡貨)의 수입을 개시하였고 혹은 이를 죽간이나 탄표(炭俵) 가운데 은닉하거나 또는 된장통이나 귤 상자속에 혼입하여 교묘히 세관관리의 눈을 속여서 한국 내에서 사용하였다. 운운(云云)」37)

한 소행이 결코 개항 후에만 있을 수 있었던 사례가 아니었음은 물론이다. 지금 폐정문란(幣政紊亂)의 역사적 배경을 좀 더 살펴볼 때, 우리는 개항 전 바로 10년(고종 3년)에 대원군이 당백전(當百錢)을 시주(始鑄)함으로써 급격한 「인플레이션」을 일으킨 바 있었다는 경위에 주목한다. 그리고 그와 때를 같이하여 청전(淸錢)의 수입을 감행함으로써 국고 부족을 보충한 바 있었다는 점 또한 주지하는 역사이다. 그러나 이들 조화(粗貨)의 유통은 민원을 자아내고 한갖 사회적 위기를 조성하였을 뿐이므로, 즉시 정부로 하여금 수속(收束)을 강행할 수밖에 없게 하였다. 즉,

> 「물가만이 상등하고, 미가 1석에 44~55냥으로 올라서 목적이 전연 그릇되게 되었으므로 동 6년 (1869년) 부득이 이를 회수하여 재계는 겨우 구태(舊態)를 회복하였다.」38)

그러나 당백전이나 청전의 수속 후 물가 앙등의 기세가 이 땅에서 완전히 꺾였다는 것은 아니다. 개항 1~2년 전의 기록에도

> 「근래 도매의 중간 조종으로 물가가 등귀하였다.」39)

든가,

> 「금년이 풍년이면서도 곡물이 귀한 것은 잠상배들이 곡물로 외국 물화를 손무(損貿)하는 까닭이므로 운운(云云)」40)

함을 보는 것과 같다. 그러나 「인플레이션」의 본격적 위기성이 들어난 것은 개항에 연유한

---

35) 류자후(柳子厚), 1940. 《조선화폐고(朝鮮貨幣考)》
36) 사방 박(四方 博), 〈전게논문(前揭論文)〉52; 67
37) 가등정지조(加藤政之助), 1905, 《한국경영, 실업지일본사(實業之日本社)》62
38) 강 용일(岡 庸一), 《전게서(前揭書)》314
39) 《승정원일기(承政院日記)》 고종 12년 12월 5일
40) 《동(同)상서》 고종 12년 12월 1일

것이 틀림없는 것이니, 우리는 그의 반증으로 다음과 같은 년평을 볼 수 있다. 즉

> 「당백전의 회수 후 10여 년간은 소강상태를 얻었으나 기간에 일본과의 통사조약이 체결됨으로써 주전을 제주(制肘)하는 패반(覇絆)이 해지됨에 따라 아울러 국내 일반의 사정에 급격한 변혁이 생기기 시작하여 사리(射利)의 도(徒)가 기간에 나타났으므로 당국(한국) 전폐(錢幣)의 난잡은 여기에 시작되었다. 운운(云云)」[41]

우리는 앞에서 당오전의 주조나 사전의 남주(濫鑄)가 그 근원을 어디에 두고 있는가에 대하여 이미 논증한 것이나, 이른 바 전환국(典圜局)의 정비[42] 와 같은 구체적 폐정의 시행 역시 배경을 따져 보면 반드시 외자나 외세의 개입이 그 가운데 빠져 있지 않다. 그러므로 이들 제도적 운영의 문제 역시 단순한 한말정권의 부패나 비정(秘政)에만 돌릴 수 없게 되고, 좀 더 당시의 역사적 배경의 조건을 깊이 보아야 한다는 것이 당면한 우리의 문제의식이다.

원래 1883년(고종 20년)에 이 땅에 이른 바 전환국을 설치한 표면상의 동기는 대체로 알려 있는 바와 같다. 그것은 개항 후 시장경제의 발전에 대응하여 근대적 폐제를 정립해 보고자 하는 것이 새로운 취지이다. 그러나 한말정권에 있어서 처음부터 화폐발행의 추진은 자립적으로 성취되기 어려웠고, 당장 주화를 하고자 하되 원료난의 문제에 부딪치고 말았다. 개항이 가져온 재정의 궁색 하(下) 조화(粗貨)에 따른 세수증대의 욕구, 원료지금(原料地金)의 절약 목적이 가세하여 관주(官鑄)로서 당오전의 발행에 일단 착안하게 되었고, 더욱 사주를 특허케 하였다는 것이 바로 위기를 격화시킨 커다란 계기이다. 이에 전후하여 대일차관문제가 대두함으로써 물의(物議)의 대상이 되기도 하였고, 그 후 1891년에는 인천에 전환국 공장을 건립히기 위하여 실지 일본의 자본 및 기술의 지원이 어느 정도 도입되기도 하였다. 그러나 그 전환국이 개항기에 각종 화폐의 시주(試鑄)적 범위[43]를 넘어서 본격적으로 화폐발행사업을 전개하기에는 그 능력에 있어서 너무나 장애가 많았던

---

41) 강 용일(岡 庸一), 《전게서(前揭書)》 314
42) 인천 전환국은 1892년(고종29년)에 시공하여 11월에 건축이 완성되었고, 12월 24일의 관보로 신화폐의 주조를 행한다는 것이 고시되었으나, 시주(試鑄) 이외에 「화폐의 발행에 이르지 못하였던 것은 신구 화폐의 교환비율이 정하여지지 못하였던 것이 가장 큰 원인이었음이다. 왜 교환비율이 정하여지지 못하였는가 하면 앞에서도 서술한 바와 같이 납세 주전(鑄錢)이 행하여지고 있었기 때문에 당시 의정이라고 불리우고 있었다고 생각되는 총리대신격인 민영준(閔泳駿)씨와 같은 사람이 평양에서 활발히 주화를 주조시키고 있었기 때문이었다. 상세히 말씀드리면 교환비율의 여하에 따라 자기에게 이로우면 정부의 재정에 나쁜 영향을 미치고, 반대로 정부에 대하여 유리하게 하면 자기가 손실을 보게 되기 때문에 우물쭈물하여 교환비율이 정하여지지 못하는 것이었습니다.」(삼상 풍(三上 豊), 1931. 〈전환국회고록〉 《한국경제사문헌》 (서울: 경희대학교 한국경제경영사연구소. 1970년) , 60
43) 전환국은 당초는 당오전과 엽전의 시주를, 1886년에는 금화(5종), 은화(5종) 및 동화를 그리고 1892년 12월에는 일본의 자본 및 기술의 지원 하에 5냥 은화, 1냥 은화, 백동화 2전 5분, 적동화 5분, 황동화 1분 등이 약간씩 주조되었으나 널리 통용되지는 못하였다. 1892년1월 ~ 1893년 1월간(1894년 7월 현재) 인천 전환국 주조화폐 수량은 다음과 같다.

5냥 은화	19,923환 00전
1냥 은화	70,402환 20전
백동화(2전5분)	36,953환 00전
적동화(5분)	67,186환 70전
황동화(1분)	888환 42전 2리
계	195.353환 32전 2리

(자료: 삼상 풍(三上 豊), 〈동상(同上)논문〉 87)

당시의 국정이다.

지금 전환국 정비에 수반하여 있었던 일본 측의 지원 관계를 보면 1890년의 일로서,

> 「한국정부에서는 건축비와 주조자금 등이 없으므로 증전(증전신삼, 增田信三) 씨가 건축비로소 약 6만 환 주조 자금으로 25만환(이상은 예산액)을 융통 대부하기로 하였다. 운운(云云)」44)

함으로 알 수 있다. 그리고 구태어 차간(遮間)에 일본 측 심산으로서 알려진 다음과 같은 문면은 우리에게 주목된다. 즉

> 「증전(增田)씨는 장래를 생각할 때 어떻게 해서든지 일본과 깊은 관계를 맺어 두지 않으면 아니 된다는 입장에서 어떠한 수단을 쓰더라도 일본정부로 하여금 무슨 명목을 붙여서라도 이 전환국의 건축비의 약간이라도 보조하여 두는 것이 좋겠다고 생각하였다. 이러한 때에 증전씨는 오십팔은행(五十八銀行)의 춘본(椿本)씨로부터 일본정부에 2만 700원의 여유자금이 있다는 말을 듣고서 그 자금을 어떻게 해서라도 받고 싶어 먼저 대삼륜(大三輪)씨를 동경으로 올려 보내서 일본정부의 당국자들을 설득시키기로 하였다. 운운(云云)」45)

일본자본의 위와 같은 적극적 개입 의도에는 분명히 한반도 폐제에 대한 정치적 지배의식이 잠재되어 있다. 동시에 청상(淸商)과의 경쟁에 대처한 기선(機先)의 의욕이 내포되어 있었음은 다시 말할 것도 없다. 이에 대응하여 1883년에는 전환국의 설립에 앞서서 청국의 원세개(袁世凱)는 고종께 헌책십조문(獻策十條文)을 상진하였다. 그것의 설치가 급무가 아니라는 견해이다. 즉,

> 「전환국 제약국 종상국 기기국 수반국등사 풍비선거 연이조선지세논지 불의급차(典圜局 製藥局 種桑局 機器局 輪般局等事 豊非善擧 然以朝鮮之勢論之 不宜急此) 운운(云云)」46)

과연 한말의 전환국은 처음부터 외국인의 참여와 외래자본의 지원 하에 운영되었을 뿐 아니라 그 주화의 종목이 매양(每樣) 일본화폐에 기준하여 작성되었다는 사실이 더욱 볼만 하다. 즉 고종 29년(1892년)에는,

> 「은화 5냥은 일본의 1엔 은화와 동량으로, 1냥은 20전과 동량으로, 백동화2전5분은 5전과 동량으로, 5전 적동화는 1전 동화와 동량으로」47)

주조함과 같은 예이다. 이 점은 일본자본의 활동을 위하여 지극히 편의한 조건의 설정임에 틀림이 없다. 더구나 1891년에 한말정부는 화폐교환국(교환서)48)을 설립하여 일본인(대삼륜장병위, 大三輪長兵衛)으로 하여금 보조케 하는 조치를 취하였으니, 폐정은 대일 의존성으로 기울어진 셈이다. 이리하여 한화(韓貨)의 보조 화폐화에의 과정은 여기에 본격화하였다고 볼 수 있다. 기간에 「그래샴」 법칙의 운동49)과 일본자본의 한전에 대한 투기의 격화를 보게 되었던 동학란 직전의 정황이다.

---

44) 〈동상(同上)논문〉 56
45) 〈동상(同上)논문〉 57
46) 류자후(柳子厚), 《전게서(前揭書)》 553
47) 《동(同)상서》 529
48) 화폐 「교환서」는 다음 업무를 수행한 것으로 되어 있다. 즉 (1) 신식(新式)화폐제도의 의정의 건 (2) 신식화폐주조 참간(參幹)의 건 (3) 신화폐 및 태환권 발행의 건 (4) 신구 화폐 교환의 건 (5) 구전화(舊錢貨) 조지(調止)의 건 (6) 교환서 사무간당봉행(事務幹當奉行)의 건 등이 일본인에게 부여한 권한이었다. 그러나 한일인 간의 대립, 한인 간의 내분, 외국(청)의 개입으로 일본인은 사거(辭去)하였다. 《동(同)상서》 600~601
49) 김윤식(金允植), 《전게서(前揭書)》 〈전게논문(前揭論文)〉 「동가이 편중칙 수긍사경이 휴중재 필체이불행 유입타국

Ⅳ. 금매상운동(金買上運動)과 「인플레이션」 기구(機構)

> 「금은은 본래의 성질상 화폐는 아니나 화폐는 본래의 성질상 금은이다.」

그러므로 일찍이

> 「수호(修好)조약을 체결한 후에 ……일본정부는 일본의 통화를 조선에 유통시켜서 조선산금을 매수하려는
> 기도를 갖고 있었다.」50)

는 사실이 분명하다. 그리하여 제일은행은 개항 직후 한국산금의 확보에 혈안이 된 바 있었다.
즉 제일은행 측의 기록에 의하면,

> 「한국은 금광 및 사금이 풍부하고 년년의 산금액 불소(不少)한 즉 그 여분을 구입하여 아(我)부족을 보충하
> 고 유무상통하는 길을 강구함은 피차의 이익을 증진하는 소이(所以)이므로 본행(제일은행)은 한국에 지점을
> 설치한 이래 일찍이 이에 주목하여 명치 13년(1880년) 2월에 동국(同國) 지금은(地金銀)의 구입을 위하여
> 분석자 1명 및 기계 대여를 대장성(大藏省)에 청원하였다. 운운(云云)」51)

한 예이다.

그러나 일본자본의 산금(産金) 수매는 제일은행에 비롯된 것은 아니다. 일찍이 개항 전부터 그들의
소행임에 틀림이 없으며 개항 직후 5개년(1877년7월~1882년 6월)의 총 수출액은 근 100만 엔52)에
달해 있었고, 그 후 1887년에는 1,388,269불53)에 달했다는 공식적 기록이다. 이는 물론 일본
만에 한정된 것은 아니고, 청국이나 노국에도 수출되었음이 분명하며, 각국간 대소량을 구분할
수 없게 되어 있다.54) 다만 제일은행의 금 수매는 일본자본의 독점적 활동의 본격화를 의미하며,
조직적으로 수행되었다는 점에서 하나의 획기적 표징으로 지목될 뿐이다.

그런데 외국자본에 대한 한국산금의 거래는 처음부터 철저히 부등가적이었음이 분명하다. 특히
부등가적으로 무세(無稅)수출되고 있었다는 점이 금 수출에 있어서 특징적이며, 더욱 이 점이 무역의
실태를 포착할 수 없게 한 가중적 난점이다. 즉 이때에

> 「수출자는 통계조정을 위하여 세관리에 현품을 제시할 의무를 진다 할지라도 그 검사의 절차가 늦어서 시
> 간이 걸리고 또한 한편에 용량이 적고 은닉이 간편함과 다른 한편에 관리의 무세품에 대한 감독이 엄하지
> 않은 탓으로 청인(淸人) 및 일본인은 관리의 눈을 피하여 이를 수출하는 것이 많으므로 관세의 보고서에 게
> 재된 것은 실로 일소부분에 불과하다.」55)

그밖에 산금의 부등가적 수출경위 또한 다음과 같은 기록에서 역연하다.

> 「청인은 항상 한인이 시가를 알지 못한 점을 기화(奇貨)로 삼아 칭량(秤量)을 위작하여고, 또는 가격 지불도

혹위간민도주지자 기폐역난방의(同價而 偏重則 誰肯捨輕而 携重哉 必滯而不行 流入他國 或爲奸民盜鑄之資 其弊亦難防矣)」
50) 류자후(柳子厚), 《전게서(前揭書)》 666
51) 《삽택영일(澁澤榮一)박기자료(博記資料)》 16, 16
52) 노서아대장성(露西亞大藏省), 《전게서(前揭書)》 116
53) 《동(同)상서》 153; 더욱 시야건태랑(矢野健太朗), 1966. 《日韓倂合小史》 110~11
54) 《동(同)상서》 154. "금은 지나(支那) 및 일본에 수출하되 그 수량은 지나에 많을 때가 있고, 일본에 많을 때가 있다.
     하지만 실지로 지나는 육로를 이용하고 수출하고 또한 서해안에 밀상(密商)을 영위(營爲)하는 「쟝크」에 의하여 수
     입함으로 일본에 들어가는 것 보다 차국(此國)에 들어간 것이 많다는 설은 믿을만 하다."
55) 노서아대장성(露西亞大藏省), 《전게서(前揭書)》 152~53

1개월 또는 2개월 연기하며 또는 백분의 1반 내지 백분의 3의 할인을 해서 이를 탐한다……. 일본상인 또한 전기 청인과 동일한 방법으로써 금을 구입한다. 운운(云云)」[56]

사실 한국산금의 공표된 대외수출량(다음표 참조)은 그 실량의 반액에 미달하였다. 이 점은 자료에서도 어느 정도 실증되는 것이니 즉 1887년의 「조선총세무사(인천)묵현리 (墨賢理)(Marill, Henry N.)보고문에 의하며,

「조선출양지금 합이계지 매년년불하 삼백만(원)(朝鮮出洋之金 合而計之 每年年不下 三百萬(元))」[57]

인데 대하여, 동 년의 금 수출에 관한 세관집계는 하표에서 보는 바와 같이 불과 1,388천여원(元) 의 기록인 까닭이다.

대청일 금 및 양곡 수출 동태

(단위: 불, 弗)(원,圓)

	청	일	계	양곡(미두, 米豆)
1886	218,743	911,745	1,130,488	63,800
1887	210,294	1,177,975	1,338,269	425,400
1888	348,564	1,025,401	1,373,965	493,900
1889	373,677	608,414	982,091	722,900
1890	474,600	275,099	749,699	3,042,900
1891	415,790	273,288	689,078	2,785,444
1892	485,791	366,960	852,751	1,635,524
1893	493,651	425,008	918,659	834,753

자료: 《조선통상구안삼관무역책(朝鮮通商口岸三關貿易冊)》(단 《삽택영일(澁澤榮一)박기(博記)》16, 38에는 단위가 엔으로 표시되어 있음). 묵은 1원(元)(불)과 일본화 1원(圓)은 같이 통용된 것으로 보아 짐. 단 1891년 이후의 양곡에 관한 수출액은 필자에 있어서 별도 hdrP(British Consular Report Table, 한우근(韓㳝劤), 《전게서(前揭書)》276)에 의하여 「파운드」를 불화로 환산 게재함. 더욱 시야건태랑(矢野健太朗), 《전게서(前揭書)》에는 1886년 이전의 통계도 보임.

---

56) 《동(同)상서》 154. 더욱 이때에 청상은 한인을 「완우민(頑愚民)」이라 부르기도 하였다 한다.
57) 1887 《조선통상구안삼관무역책(朝鮮通商口岸三關貿易冊)》 〈통상구안무역정형론(通商口岸貿易情形論)〉 참조

더욱 부등가 수출의 경위는 개항지의 수출 금가와 일본 내의 시장 금가를 개항 직후(1877~8년) 일본 제 신문에 보도된 예로 비교할 때 한층 구체화한다. 즉 당시 부산항 금 수출 가격은 10문(匁)에 대하여 평균 10관문 정도에 불과하였으니, 이것과 일본 오사카 시장의 가격을 비교할 때, 대략 16~20엔 대 30~31엔이란 엄청난 괴리이다.58) 그런데 이것이 부산항 수출 가격이 되어 있고, 현지 생산자의 방매가격이 아니라는 점에 더구나 부등가적 교역 관계는 반증된다 할 수 밖에 없다. 사실 《한국지》도 지적한 바와 같이, 이때에 금가는 산지에 따라서 고하(高下)가 심하였고, 상인은 사술(詐術)이나 위압의 방법을 자행하되,

> 「실지 매입하는 경우에는 사금의 품질과 순분(純分)을 고려하여 그 가격을 감한다」 59)

는 것이 관례로 되어 있다는 실정이다.

지금 산금이 급격한 부등가적 대량 유출이 국내 화폐의 신용력에 미치는 역효과가 어떠하리라는 것은 길게 설명을 요할 것 같지 않다. 우선 대외 결제(決濟)력의 종국적 감퇴, 재정의 곤궁을 가져오리라는 것, 또한 금은이 본질적으로 세계적으로 화폐라는 점에서 국세의 타락(墮落)이다. 이 점 역시 한말의 국내 식자(識者)간에 인식이 결여된 문제는 아니었던 모양이어서, 《운양집(雲養集)》〈전폐론(錢幣論)〉은 우리에게

> 「각국개중금은 최기류출타경 약아국용금은전이 무정법이한지칙(각국칙 다이토산급제조품출구이 불다매타국지화 고금은불출) 수유금은 필불위국인지소용의(各國皆重金銀 最忌流出他境 若我國用金銀錢而 無政法以限之則(各國則 多以土産及製造品出口而 不多買他國之貨 故金銀不出) 雖有金銀 必不爲國人之所用矣」 60)

와 같은 경구(警句)를 남겨 놓고 있다. 즉 금은이 매우 중요하여 외국에 유출하는 것이 가장 기(忌)하는 일이라는 것, 더욱 한걸음 나아가서 다만 금은전을 사용하되 적의(適宜)한 한계를 규정하지 않는다면 비록 금은이 있다 하더라도 국가인민의 소용이 되지 않는다는 실질적 화폐위주론의 제언이다.

그럼에도 개항 이후 산금의 급격한 수출 증세는 도저히 막을 길이 없어서 개항기의 공식적 기록만을 본다 하더라도 무역상 큰 비중을 차지한다. 우선 개항 직후(1877~1882년)의 실적만도 그 비중이 전체의 약 18%로서 미곡의 28%에 다음가는 높은 수준이었다.61) 그 가운데 특히 일본정부는 1884년 2월에 제일은행에 전도금 30만 엔이란 막대한 금액을 대여함으로써 한국산 사금의 매상운동에 박차를 가하였다고 알려져 있다. 그리하여 1886년 5월부터 1889년 8월에 이르기까지 동 은행이 일본은행(중앙은행)에 납부한 지금은(地金銀)은 실로 260만 엔에 달했다62)는 경익(驚異)적 수자이다.

그러나 외국자본은 단순히 산금의 시장매상만을 기도한 것이 아니고, 점차 침범하여

---

58) 강덕상(姜德相), 〈전게논문(前揭論文)〉
59) 노서아대장성(露西亞大藏省), 《전게서(前揭書)》 154
60) 김윤식(金允植), 《전게서(前揭書)》 〈전게논문(前揭論文)〉
61) 노서아대장성(露西亞大藏省), 《전게서(前揭書)》 115~16에서 산출
62) 《삽택영일(澁澤榮一)박기자료(博記資料)》 16, 22

채광사업에 까지 손을 뻗혔던 것이 분명하다. 원래 채광은 공공연히 허용된 사업은 아니었음에도 불구하고, 한말정부의 재정난은 결국 비교적 수액의 세부담을 을 조건으로 사채(私採)를 허가할 수밖에 없었던 형편이다. 따라서 비록 외인 그들이 직접 채광을 하지 않는다 하더라도 적어도 그들의 치열한 산금매상운동이 국내의 남광(濫鑛)과 관기(官紀)의 부패를 조장하게 되었음은 다시 말할 것도 없다. 우선 일지방(一地方) 예를 참고로 들고 보면,

> 「영흥(永興). 이 금갱은 광물 풍부하고 그 종업원은 1885년에 약 2천인, 1890년대 초에는 약 4천명에 달하였다 ……. 1890년에는 광주(鑛主)간의 분쟁이 있어서 일시 채굴을 금지하고, 1890년 5월에 다시 개방함. 차지(此地)의 광산은 이와 같이 풍부함에도 불구하고 종업원은 모두 빈궁한 것이니 그 이유는 이익의 대부분이 관리의 낭중으로 들어가기 때문이며, 이들 관리는 금광을 득하여 원산(元山)에 수송해서 일본인에 판매한다. 운운(云云)」[63]

함과 같다. 그리고 더욱 금광업이 가져온 민폐의 예를 여기에 추가하여 본다면 일찍이 다음과 같다. 즉,

> 「근문설광 수불지기처 이간민모리배 범언모지당산금 자의개설 륵역농민 경작돈폐 우고배인지분묘 몰인전지 토색전재 이실기낭탁 이광사경귀허망 어국기무리익 어민불시해손이기 북관민요 미상불유어차(近聞設礦 雖不知幾處 而奸民牟利某輩리 泛言某地當産金 恣意開設 勒役農民 畊作頓廢 又故坏人之墳墓 沒人田地 討索錢財 以實其囊橐 而鑛事竟歸虛妄 於國旣無利益 於民不啻害損而己 北關民擾 未嘗不由於此)」[64]

국내 산금의 위 같은 남채(濫採)적 수출은 필경 국내 화폐가치의 저락에 이중적 압박의 조건을 부가할 수밖에 없다. 그 첫째는 현실적 금 가격의 격변이 가져 온 대외 결제에 대한 불안이며, 다른 하나는 외국 자본의 금매상(金買上) 자금 방출이 「인플레이션」의 지역적 또는 전반적 기세를 날카롭게 올린 점이다. 전자는 주로 대외 신용에 관한 제약으로서 앞에서도 우리가 본 바이지만, 후자는 화폐의 유간벽지(由間僻地(광산지대))에 대한 침투, 농촌 노동의 산금화 운동, 외래 교역상품(금과의 교환용)의 지방 보급이란 개발 경제적 시장효과를 스스로 부수(附隨)한다. 농촌 유휴노동(임시 광부)에 대한 구매력 부여라는 지방 산금 정책 역시 화폐화 과정과 물가고(物價高) 현상의 유인(誘因)으로서 크게 지목되는 국면임은 물론이다.

그밖에 국내의 금상품화 그 자체 장식품이나 사치품에 대한 가격상승을 통하여 공가(貢價)앙등을 가져온다는 점 또한 문제시되고, 산금의 대일 수출이 일본화폐에 대한 일반적 가치의 안정과 그 대외 결제력의 강화에 기여한 반면에 한국 화폐의 상대적 가치 저락을 가져온다는 반사적 기능의 효과를 주시하지 않을 수 없다. 더욱, 일본정부는 한국산금의 부등가적 수입에 의하여 금본위제(金本位制)의 기초를 닦는데 점하여, 한말저부는 일본으로부터 화폐자료(동)을 고가로 수입함으로써 조화(粗貨)를 주행(鑄行)할 수밖에 없게 되었던 모순된 입장이 따른 것이다. 만약 개항 당초의 한말정부가 그 스스로 산금의 수출 조절에 각별히 유의하여 일찍이 본위 화폐로서 금화를 책정하고,

---

63) 노서아대장성(露西亞大藏省), 《전게서(前揭書)》 49
64) 《승정원일기(承政院日記)》 고종 25년 8월 26일 김병시(金炳始) 상달(上達)

그를 비치함에 게을리 아니 하였더라면 적어도 폐제(幣制)의 안정을 보았을 것은 틀림이 없다. 전게한 《운양집(雲養集)》의 문면에도 그러한 가능적 시사는 비쳐 있는 것이나, 그럼에도 불구하고 당시의 부패 정권은 그를 감행할 만한 역량이나 성의를 갖추지 못할 실정이다. 그러한 가운데 그는 오히려 당오전이나 사전(私錢)인 조화(粗貨)로서 허위술을 꾀하였고, 산금 수매자인 외국자본의 지원을 스스로 받고 있었던 제2의 모순상을 빚어낸다. 더욱 그러한 가운데 염가로 금을 팔아서 고가로 동을 사들이는 결말을 가져왔다는 점, 실로 웃지 못할 자가당착(自家撞着)의 폐제일 뿐이다.

그러나 그동안 한국산금의 대일 수출에도 양적 기복은 없지 않았다. 개항 초기에는 눈부신 매상 운동이 전개되었으나 1890년대에 들어섬으로써 수출 실적의 하락 기세를 보인 것이 일본자본의 산금배상동향이다. 즉 기록에서 본 바와 같이 개항 후 1887~8년까지는 청국을 크게 누르고 압도적인 수자를 보인 것이나 그 후 급격한 후퇴를 보여주고 있다. 그리하여 청(淸)의 꾸준한 증세에 오히려 따르지 못한 채, 동학란에 이르고 있다는 것이 매우 대조적 상황이다. (전게, 산금수출표 참조) 이는 결과적으로 금에 대한 중요성이 고조되어 가고 있음에도 불구하고, 1890년 이후 수년간 경제계의 일시적 정체를 보게 된 일본의 역경과 그에 겹친 일대 흉작이 주로 일본자본으로 하여금 그 활동방향을 전화하지 않을 수 없게 한 동인이라 할 수 있다. 즉 일본자본은 초기의 금 수매로부터 탈피하여 우선 급박한 무곡(貿穀)에 크게 골몰할 수밖에 없었던 소이(所以)이다.

그밖에 국내적으로 말한다면, 위의 산금수출의 정체 현상인 즉 국내의 금광 남취에 또한 관련되어 있음을 지적할 수 있다. 채광기술의 한계성에 유래한 결과라고 볼 수도 있는 문제이다. 그보다 한걸음 나아가서 1890년대 초의 국제금시장 가격의 저조65)는 틀림없는 유력한 산금제약의 직접적 동인이 아닐 수 없다. 이점 1890년의 외인(外人) 보고는 저간(這間)의 사정을 다음과 같이 전해주는 실정이다. 즉,

> 「금은본년출구 금사금괴가치 비상년 약감육만칠천여원 기고유이 일칙 인본항부근 사착금사지인 견조계공자 앙귀 군사각착금지사 내항작공 이칙 착금지인 인본년금가심천 금일량근태동전십사천문(상년태동전십팔천문) 전가대앙 본국토인 전뢰동전(金銀本年出口 金砂金塊價値 比上年 約減六萬七千餘元 其故有二 一則 因本港附近 私搾金砂之人 見租界工資昻貴 群舍却搾金之事 來港作工 二則 搾金之人 因本年金價甚賤   金一兩僅兌銅錢十四千文(上年兌銅錢十八千文) 錢價大昻 本國土人 專賴銅錢)」66)

모름지기 우리는 금가의 저락이 당장 「전가대앙 본국토인전뢰동전(錢價大昻 本國土人 專賴銅錢)」을 가져 왔다는 말에 그대로 따를 수 없으나 적어도 금 수출의 대일 후퇴에 관한 한, 1889년 이래 나타난 무곡량의 격증과 그에 따른 상품교역관계의 급진적 확대에 표리적 관계성을 가지고 있음에 주목한다. 그 가운데 특히 1890년 및 1891년에는 한국이 비상한 풍작을 맞이한데 대하여 일본에 흉황을 보이었으므로67) 한국 무역액이 약 2배의 증가를 보이었다는 실태이다. 이

---

65) 금가의 변동을 자세히 밝히기 어려우나 위의 본문에는 1890년에 금 1냥의 환가가 동전(엽전)으로 14,000문인데 대하여 전년의 그것은 18,000문이었다는 예이다.
66) 1890.1890.《조선통상구안삼관무역책(朝鮮通商口岸三關貿易冊)》〈부산항구조선무역정형논략(釜山港口朝鮮貿易情形論略)〉

점 일본자본이 산금수출보다는 무곡에 보다 유리성을 발견하였다고 보는 것이 당연하며, 더욱 거기에 필경 일본국내의 급박한 식량 사태가 전제로 되었으리라는 것은 의심할 여지가 없다. 과연 이때에 일본은 격심한 흉작과 더불어 곡가폭등[68]을 불면(不免)하였으며, 그에 따라서 「외국산미의 대용(代用)시장」이 1890년을 기하여 실시되었고, 더욱 동년의 궁민(窮民)폭동에 있어서 익년의 농민봉기와 미곡의 매점·매석 운동의 대성행을 보였다는 것이 알려져 있는 일본 내의 위기적 반증이다.

V. 결어

개항 이래 동학란에 이르는 한말 경제사회의 위기적 조건이 「인플레이션」에 직결되어 있음을 인식한 우리는 당연한 논리로서 우선 외래통화의 국내 침입과 그 활동 기구(機構)를 중점적으로 살펴 보았다. 그것은 곧 개항기 「인플레이션」이 전단계의 조화남발(粗貨濫發)과 본질적으로 구분되는 독립적 의의를 발견하는 길이었으며, 동시에 개항기의 폐정문란 (幣政紊亂)이 보여 준 제 모순을 보다 깊은 원천에서 밝혀보는 수단이기도 하였다. 거기에 필경 우리는 일본의 화폐금융자본이 개항기 한반도의 시장경제를 어떻게 주름잡았는지를 추구하게 되고, 한전 매매나 산금매입운동으로 나타난 원시적 축적과정이 한화의 가치체계를 어떻게 지배하였는가를 구조적으로 보게 된 것이다. 그 가운데 우리에게 특징적으로 확인된 문제의 요점을 들어 보면 대체로 다음과 같다.

(i) 외국화폐의 무제한적 국내 통용은 그 자신 국가 폐제의 자율적 규제를 마비시키는 계기로서, 폐제의 문란과 침체를 가져오고, 토착경제의 예속(隸屬)화를 초래할 수 있다.

(ii) 일본화폐의 국내 통용량은 한전 「어음」의 발행과 더불어 일찍이 개항기 한반도의 시장경제에 있어서 한전을 능가한 비중에 있었다.

(iii) 한전매매와 산금배상은 표면상의 거래 효과를 훨씬 넘어서 국내 화폐가치의 동요와 「인플레이션」의 기반 형성을 조장시켰다.

(iv) 개항 직전에 일단 수속(收束)된 전기(前期)적 「인플레이션」은 개항과 더불어 새로운 충격을 받게 되고, 1880년대에 들어서자 조화(粗貨)의 신주(新鑄), 대일 차관론의 대두를 보게 되는 단계에 이르렀다.

(v) 전환국(典圜局)의 정비나 그 운영 또한 자주적 상궤(常軌)를 얻지 못하였고, 외래자본과 외국 기술의 지원 하에 외국 폐제에 대한 모방적 출발을 보게 되었다.

(vi) 국제적 동가(銅價)에 따라서 한전(등 전, 等錢)은 마치 일반 상품과 같은 거래 대상으로 전락되고, 「그레샴」의 법칙 하에 점감(漸減) 상태를 지속하였다.

(vii) 일본은 한국산금의 부등가적 수매로 원시적 자본축적과 금본위제의 확립을 기한데 대하여 한말 재정은 일본으로부터 주화 원료인 동을 고가로 구입함으로써 조화를 발행

---

67) 노서아대장성(露西亞大藏省), 《전게서(前揭書)》 139
68) 중택변차랑(中澤辨次郎, 《日本米價變動史》 각 해당년 기(記) 참조. 더욱 1889년의 동경정미시장 평균 미가는 석당 6.05엔이었는데 1890년의 그것은 8.94엔, 1891년은 7.06엔이 되어 있다.

하여 화폐가치의 상대적 저락, 국제 수지의 손실을 자초한 모순을 벗어나지 못하였다.

(ⅷ) 일본자본은 1890년대 이전에는 산금매상에 보다 역점을 두었고, 1890년 이후로는 무곡에 역점의 급격한 전환을 보임으로써 「인플레이션」의 앙진, 토착경제의 례속(隸屬)적 교란을 가져왔다.

(ⅸ) 동학란기(東學亂期)에 접근함에 따라서 드디어 한화(韓貨)는 일본화폐를 본위화폐로 삼고, 그에 대한 보조적 기능을 맡게 됨과 같은 주객전도의 폐제에 도달하였다.

요컨대 우리는 개항기의 외래(일본) 화폐자본이 단순한 「인플레이션」의 동인이었을 뿐이 아니라 한말 토착경제에 대한 전체적 위기의 선도적 조건이었음을 확인한다. 그 밖에 우리는 외래 자본에 대한 대일 무곡의 문제라든가, 그와 대조적 현상인 농업공황의 조건에 관하여 여기에 깊이 언급하지 않았던 것이나69), 만약 이들의 효능을 아울러 종합적으로 보게 된다면 실로 개항기의 경제사적 의의는 한층 우리 앞에 구체화할 것이 틀림없는 전망이다.

---

69) 개항기의 농업공황의 조건에 관하여서는 필자 스스로 별도로 발표할 준비를 갖추고 있다.

개항기(開港期) 무곡(貿穀)문제의 전개기구

김 준 보[1]

Joon Bo Kim; A Study on the Problems and Impacts of Rice Exports to Japan during the Period of 1876-1894

(1972. 8. 14. 수리(受理))

목차

ABSTRACT

This study aimed to investigate the impacts of Japanese commercial capitalism upon the Korean economy of the late nineteenth century through the trade relationships of Korean rice. The opening of Korean ports to Japan in accordance with the "Kangwha-Do". Treaty in 1876 facilitated the infiltration of Japanese colonialism into the rice export business and the money economy, and thereby causing a serious inflation in the Korean peninsular. Main emphases were placed to appraise the price formation process of the Korean rice both domestic and abroad in relation to the use of Japanese money(Yen) in the Chosun (Lee Dynasty) economy.

Also, the study attempted to reveal the politico-economic effects of the opening of the Korean ports to Japan. The fundamental causes of the "Tonghak" Rebellion (The peasant revolts) were empirically re-examined in light of the politico-economic effects. Consequently the study made a new interpretation to the economic-historical significance of the forced modernization of Korean economy by the foreign power.

---

1) 고려대학교 교수(Dean of Political Economics Korea University)

Ⅰ. 개항기(開港期) 무곡(貿穀)과 「인플레이션」의 실태

1876년의 개항2)에 의한 이조봉건국가의 반식민지적 근대화과정은 그후 점차 자연경제의 구곡(舊穀)을 뚫고 진행하는 가운데 무엇보다 격렬한 「인플레이션」의 물결을 한반도의 시장경제에 일게 하였다. 재빠른 일본자본의 침투와 더불어 대일무곡(貿穀)의 성행을 보게 됨으로써 곡가(穀價)를 주축으로 한 물가의 앙승(昂勝)기세는 막을 길이 없었고, 이에 병행하여 외래통화에 의한 국내통화조작이 자행(恣行)됨으로써 화폐가치의 기저적(基底的) 저락(低落)은 필지의 사실로 된 것이다. 그것은 단적으로 일본자본에 대하여 원시적 축적을 위한 절호의 기회를 뜻한 것이지만 한말정권의 입장에서 볼 때 재정의 궁핍과 민생의 곤고(困苦)를 심각화하는 국면이외에 다른 것이 아니다. 1890년대에 들어서자 「인플레이션」은 광승을 보게 됨으로써 이조봉건체제는 그의 전반적 위기를 1894년의 동학난(東學亂)에 고하지 않을 수 없게 된 것이 이른바 개항기(開港期)의 전말(顚末)이다.

그러면 무곡(貿穀)에 기초를 둔 이와 같은 파국적 위세의 조건은 우선 물가면에 있어서 어떠한 양태(樣態)를 보인 것인가? 지금 개항기(開港期)를 전후한 물가를 전통적으로 볼 수 있는 실증자료는 당장 우리 앞에 나타나 있지 않다. 틀림없이 일반 물가를 주도하였다고 보아지는 개항기(開港期)의 미가시세마저 신빙성을 둘만한 근거는 찾기에 어려운 형편이다. 그럼에도 불구하고 우리는 「인플레이션」이 틀림없이 개항에 의하여 폭발적으로 가중된 획기적 문제의 조건이었음을 알고 있다. 우리는 비록 개항이전의 대원군치하(大院君治下)에 있어서도 혹기(酷基)한 재정난과 더불어 이른바 당백전(當百錢) 「인플레이션」을 경험한바 없지 않았다 할지라도 그들은 일단 개항에 앞서서 수속(收束)을 보았던 내재적 관부 「인플레이션」에 지나지 않았을 뿐이다.

과연 우리의 눈에 띄는 사실로서 개항직후 고종(高宗) 17년(1880년)의 기록에 의하면

> 「물가배사(物價倍徙) 부비우다(浮費尤多) 전지탕재지경(轉至蕩財之境)3)」

이라 하였으며, 그밖에 개항에 따른 재정의 팽대(膨大)와 다시 그를 토대로 이루어진 물가(物價)고(高)의 요인은 일일이 헤아릴 수 없을만큼 많다. 한말에 내방한 일본인 평론가 역시 다음과 같이 이 점을 지적하고 있음을 본다. 즉

> 「당백전(當百錢)의 회수후 10여년간은 소강상태를 얻었으나 기간에 일본과의 통상제약이 체결됨으로써 주전(鑄錢)을 제주하는 패반(覊絆)이 해지됨과 아울러 국내일반의 사정에 급격한 변혁이 생기기 시작하여 사리(射利)의 도(徒)가 기간에 나타났으므로 당국 전폐(錢幣)의 란난(亂難)은 여기에 시작되었다. 운운(云云)4)」

지금 만약 한걸음 구체적으로 그 후의 물가동태를 찾아본다면 무엇보다 미가의 앙승(昂勝)이

---

2) 이하 우리는 개항기(開港期)를 구태여 동학난(東學亂)에 이르기까지로 한정한다. 거기에 시대구분상의 이론적 근거는 없지 않다.
3) 승정원(承政院)일기; 고종 17년 7월 21일
4) 망용일(岡庸一); 최신한국사정, 1904, 제314면

현저함을 볼 수 있다. 예컨대 「한성순보(漢城旬報)」에 의한 조선개국 492년(1883년) 10월 1일(음력)의 미가는 상미 1승(升) 5전5분, 중미 1승 5전, 하미 4전9분이었던 것이 바로 3년 후인 1886년 9월 13일자 「한성주보(漢城週報)」에 의하면 상중미 1승 각각 2냥3전, 1냥9전, 1냥7전이란 대개 4배의 수준이다. 그 후 1890년대에 들어서자 물가는 더욱 광승함으로써

「금지물가준십년전(今之物價準十年前) 혹유과십배자(或有過十倍者) 혹유과백배자(或有過百倍者) 명수당오(名雖當五) 실불급전일업전반문지용(實不及前日業錢半文之用5))」함을 보여준다. 그 가운데 미가의 앙승은 격기(激基)하여 1890년에 미가 1담(擔) 120냥하던 것이 1892년에는 350냥이 되었다는 기록6)을 볼 수 있을 만큼 급템포를 보여준 것이 저간(這間)의 실상이다.

총체적으로 말하여

「조선에 있어서 모든 물가는 개항이래 그 주변의 시장물가에 비등(比等)하게 되는 경향을 띠고 있으며, 그것은 생활필수품의 가격이 앙승하는 결과를 초래하고, 또 식량가격이 특히 앙승하였다7).」

고 볼 수 있다. 즉 국내물가는 틀림 없이 곡가를 주축으로 하여 「인플레이션」의 와중에 들어섰다는 것이 개항기(開港期)를 가름하는 특징이나, 이 역시 세계시장에 대한 개방이 가져온 해외세력의 침투를 반영한다. 이 점의 새로운 형세적 전개 없이 곡가의 급격한 앙승을 그렇게 볼 수 없는 까닭이다.

물론 양곡의 수출 그것만을 본다면 개항이전에도 전연 없었던 일은 아니다. 그것은 오히려 역사적 문제의 조건이 되어있어서 실은 개항직전년(고종12년)의 문면(文面)만 보더라도

「금년이 풍년이면서도 곡물이 귀한 것은 잠상배(潛商輩)가 곡물로 외국물화(物貨)를 환무(換貿)하는 까닭이므로 무릇 외국화물은 일체 통금(通禁)할 것. 운운(云云)8)」

한 과정을 볼 수 있다. 즉 풍년가운데 곡가의 앙승이 있을 수 있고, 따라서 「인플레이션」의 발생이 엿보인다는 개항전후의 실정이다. 그러나 우리는 개항이 가져온 문제의 획기적 전개기구를 우선 무곡(貿穀)을 주축으로 한 개항전후의 대일 수출관계에서 즉시 실증할 수 없지 않다. (다음표 참조) 즉 다음표에서 보는 바와 같이 1876년(개항당년)을 기준으로 하여 전후무역을 살펴볼 때 4년 후인 1880년에 나타난 대일수출 실적은 벌써 16배 이상에 달해 있는 계수이다9).

---

5) 김윤식(金允植); 운양집(雲養集), 제7권, 제2 전폐론(錢幣論).

6) British Consular Report, Foreign Office Annual Series, No. 1088, pp. 4~5(Seoul, April 20, 1892)

7) G.N. Curzon; Problems of the Far East, London, 1894 pp.188~189(한국개항기(開港期)의 상업연구; 1970, 제279면)

8) 승정원(承政院)일기; 고종 12년 3월 10일

9) 노서아대장성간(露西亞大藏省刊)의 「한국지(韓國誌)」, 1905에 의할 때 개항직후 5주년(1877.7~1882.6년)의 품목별 수출액가운데 미곡은 1,529,637원으로서 전체의 29.0%, 두류는 11.9%로서 도합 40%가 대일곡무수출의 비중이 되어 있다. (「한국지(韓國誌)」, 제115면 참조)

개항전후 대일무역 동태

연차	수출		수입	
	금액(円)	%	금액(円)	%
1873	52,382	63.4	59,664	73.8
1874	55,935	67.7	57,522	70.7
1875	59,787	72.4	68,980	84.7
1876	82,572	100.0	81,374	100.0
1877.7 1878.6	119,538	144.8	228,554	305.4
1878.7~1878.12	154,707	187.4	142,618	175.3
1879	677,061	820.0	566,953	696.7
1980	1,373,671	1,663.6	978,013	1,201.9
1881	1,882,657	2,280.0	1,944,731	2,389.9
1882.1 1882.6	897,225	1,093.5	742,562	912.5

자료: 「한국지(韓國誌)」, 제110면~113면(「일본인조사」로 되어 있음)에서 작성한 것.

그러면 개항이후의 대일무곡(貿穀)실태는 좀 더 자세히 보아서 어떠한 것인가?

물론 개항초기(1870년대)의 무곡(貿穀)량은 공식집계에 관한 한, 연중 수만석에 불과하리라고 추산된다. 「한국지(韓國誌)」에 나타난 1877년 7월~1882년 6월간의 양곡수출금액 (미곡 1,529,636원, 두곡(豆穀) 557,057원)과 일본정미시장에서의 미가를 대조하여 볼 때 미곡의 공식적 수출량의 하한선(연평균 약 3만8천석)만큼은 알만한 숫자이다[10]. 그러나 이들에 필경 밀무미(密貿米)는 포함되지 않았을 뿐 아니라 일본정미시장가격이 과연 한국미가를 어느 정도 반영할는지 나타난 실수에는 상당한 감안이 필요하다. 두말할 것 없이 일본인 무역상은 국내미곡의 수매에 있어서 통상적으로 불등가방식(不等價方式)[11]을 취하였을 뿐이 아니라 일본 미곡시장에 임하여 반드시 정미시장가격으로 처분하지는 않았다고 보아야 하기 때문이다.

1880년대에 들어서자 대일무곡(貿穀)은 일본의 불황과도 관련하여 초기에는 다소간 저조의 기복을 보이였으나 후반기에 들어서자 증가추세를 보이었다. 1885년 이후의 미곡·두류에 관한 전게(前揭)수출집계는 기간의 사정을 어느 정도 밝혀주는 가운데 아직 무역의 과소평가 경향이 엿보인다. 이 점은 다음의 인용문에도 나와 있지만 예컨대 1885년의 미곡수출액은 별도 조사 자료에 의한바, 38만원이란 기록에 비추어서도 어느 정도 반증된다. 그리고 만약 후자를 취하여 역시 일본미곡시장가격으로써 실물량을 추산하여 본다면 6만석이 훨씬 넘는 수치로서

---

10) 1878~1881년의 오사카(大阪)당도시장가격은 석당 평균 7.50원이므로 전게(前揭) 미곡당해수출액 1,529천여원을 이로써 환산하면 약 20만석이 된다. 따라서 연평균 수출량은 대략 7만석의 계산이나 물론 정확한 근거는 될 수 없다. (자료: 中澤辨次郎; 일본미곡변동사, 1933에 한함)

11) 미곡의 불등가수매(不等價收買)에 관하여는 더욱 다음에 볼 수 있으나 우선 극단적인 예를 보면 조선미를 1석에 40錢 ~45錢에 사서 일본오사카시장에서 6원~8원에 팔았다는 개항직후의 예를 들 수 있다. (자료: 강덕상(姜德相); 이씨조선개항직후 조일무역의 전개(李氏朝鮮開港直後に於ける朝日貿易の展開), 역사학연구, 266호)

전게(前揭)「3관무역책(3關貿易冊)」의 수출총량(9,800여담(擔)과는 엄청난 격차이다.

개항전 미(米)두(豆) 대일 수출추이(1885~90)

연차	미곡		두류	
	수량(擔)	가액(價額)(원)	수량(擔)	가액(價額)(원)
1885	9,800	15,600	28,000	28,800
1886	8,400	12,100	46,900	51,700
1887	67,500	90,800	304,500	335,400
1888	16,600	21,800	443,500	471,500
1889	34,500	77,500	447,300	645,400
1890	874,600	2,037,800	659,500	1,005,100

자료: 조선통상구안삼관무역책(朝鮮通商口岸三關貿易冊), 광서(光緒)16년도, 「무역정형논(貿易情形論)」(1擔은 약 4여斗)

그 후 1890년에 들어섬으로써 전연도(前年度)의 사상 미증유(未曾有)란 대흉작과 더불어 한반도의 대일무곡(貿穀)은 급증을 보이었다. (전게(前揭)표 참조) 그간에 일본투기업자의 매점운동(買占運動) 또한 볼만하였던 기세이다. 이점 일본측 기록에 의하면 1889년 초에 흉작의 징후도 보이었으나 오사카의 거상에 의한 미곡 매점(買占)이 현실화함으로써 6월이후 시장은 활기를 보이었다고 하는 것인데 그 투기적 매점(買占)의 근거라고 볼만한 경제적 요인을 들어보면 대강 다음과 같다. 즉 (1) 작년(1888년)의 미실수(米實收)가 그 전년에 비하여 1,789,998석이 감수(減收)한 것, (2) 한국의 불작(不作)으로 방곡령(防穀令)에 의한 수출금지와 수입미 관세의 면제조치에 따른 외미(外米)의 수입증대, (3) 청국(淸國) 산동성(山東省) 지방의 대기근(大飢饉), (4) 그리고 기후조건의 불순(한발위제(旱魃威薺))등[12] 이다. 그리하여 한국미의 대일수출은 이후 급진적 상승을 보인 것이니 당시의 내한 일본인도 지적하듯이 곧

「8년전(1885년)의 미수출고(米輸出高)는 겨우 38만원으로서 그 후 년년(年年) 증가되어 왔다지만 아직 볼만 한 액에 달하지 못하였다. 그러나 명치(明治) 23년(1890년)에 이르러 조선에서는 미작이 풍년이었으나 일본에 있어서는 불작이었으므로 동국으로부터 본방(本邦)에 다량의 미곡을 수출하였다…… 금일(1893년)조선의 총 수출액 가운데 미곡은 5할5분을 차지하고, 다음은 대두로서 총수출액의 2할7분을 차지한다. 운운(云云)[13]」

사실, 1890년에 이르자 이미 일본의 일부 미곡거래소(예, 하관(下關))에는 한국미의 상장을 보게 될 만큼 양국의 미곡시장은 긴밀화하였다. 그것은 곧 교역의 발달이 점차 일본의 양곡시장을 한반도에 확대시킨 것과 다름없는 진전이다. 이 때에 한국미가의 일본미가에 대한 의존성은 강화될 수밖에 없고, 더욱 그에 따라서 한국미의 투기적 대상화는 노골화하였다. 예컨대 총미산출량은 7~8백만석

---

12) 中澤辨次郎; 전게서(前揭書), 제341면.
13) 中川恒次郎; 조선의 외국무역(朝鮮の外國貿易) (조선집보(朝鮮集報), 1893, 11월), 제277면.

가운데 「적어도 연 40~50만석의 수출은 용이하다14).」는 일본상인측의 견해를 보기에 이른 것이 이 시기의 상황이다.

더욱 1889년 이후 1893년(동학란(東學亂)직전)에 이르는 동태에 관하여 지금 구태여 「한국지(韓國誌)」에 따라서 그 내용을 좀더 구체적으로 밝혀보면 다음과 같다. 즉

> 「1890년 및 1891년은 한국에 비상(非常)한 풍작을 보았으나 일본에는 흉황(凶荒)을 봄으로써 한국의 무역액을 약 2배로 증가시켰지만 다음 2년간에 있어서 그 사정은 변화하였다. 즉 1892년 및 1893년에는 풍우(風雨)로 인하여 한국은 흉작이었고, 특히 지미비옥(地味肥沃)한 남부지방에 피해는 많았기 때문에 정부는 1892년 11월 방곡령(防穀令)을 공포할 수밖에 없게 되었다. 그런데 이때에 일본은 풍작이어서 한산(韓産)의 수요를 감하였고, 이어서 동학당(東學黨)의 봉기(蜂起), 관사(官史)의 폭행 등은 크게 한국내지의 질서를 변란(變亂)시켰기 때문에 현저히 이 기간의 상역(商易)을 해치었다. 운운(云云)15)」

그럼에도 불구하고, 1890연대의 대일 무곡(貿穀)수준이 그 이전단계에 견줄만큼 후진한 것은 물론 아니다. 다음의 영국총영사보고로서 제시된 자료는 그간의 동태를 좀더 계수적으로 밝혀주는 근거이다.

개항기(開港期) 미(米)두(豆) 대일 수출추이(1887~1895)

연차	미곡(£)	두류(£)
1887	15,012	55,902
1888	3,454	74,660
1889	11,627	97,194
1890	339,645	197,526
1891	303,387	152,123
1892	147,778	119,683
1893	566,28	79,881
1894	121,015	51,531
1895	111,371	101,793

자료: British Consular Reports, Annual Reports의 부록(한소근(韓沼劤); 전게서(前揭書), 제276면에서 전재)

그러나 위에 나타난 대일 무곡(貿穀)의 계수적 자료는 세관집계나 그밖에 관변(官邊)의 공식적 발표에 의거한 것이고, 반드시 무곡(貿穀)의 실적을 빠짐없이 전하고 있지 않다. 시장경제의 확장, 일본선박의 연해(沿海)활동이 국내 부패 관헌(官憲)의 횡행(橫行)과 더불어 밀무(密貿)를 감행하였으리라는 것은 너무나 분명한 귀추(歸趨)이다. 그것은 물론 외국상품의 밀수입과도 표리(表裏)의 관계를 갖는 국면이며, 지방별 방곡령(防穀令)의 실질적 동인(動因)이었다고도 볼만하다. 우리는 다만 그러한 잠무양곡(潛貿糧穀)의 수량적 비중을 일일이 밝혀낼 수 없을 뿐이다.

---

14) 中川恒次郞; 동상
15) 「한국지(韓國誌)」; 제139면

　개항기(開港期) 대일 무곡(貿穀)의 실태가 대게 이상과 같다하더라도, 생각건대 개항은 대일무곡(貿穀)만을 통하여 「인플레이션」을 격성(激成)한 것은 아니다. 무곡(貿穀)이 물량적 결핍의 동인(動因)이었다고 한다면 한편 외재자본의 화폐금융적 활동을 통한 작위적(作爲的) 「인플레이션」 운동 또한 경시할 수 없는 인과적 조건이다. 즉 결과는 무곡(貿穀)뿐이 아니라 산금수매(産金收買)에서 문제를 크게 발생하는 근거를 갖게 되어있고, 더구나 일본상인이나 금융기관(「제일은행」)의 한전에 대한 투기적 매매조작에서 새로운 기저적(基底的) 「인플레이션」 과정은 형성된다. 개항은 바로 일본통화의 국내통용을 공인함으로써 한전의 가치적 기반 교란에 박차를 가한 까닭이다.

　물론 개항기(開港期) 「인플레이션」 역시 좀 더 보면 외래적 요인 만에 관련되어 있지 않고, 흔히 지적되는 바와 같이 국내재정의 재란(紊亂)이나 주화(鑄貨)의 남발, 또는 인구 증세나 흉작과 같은 내재적 충격에 관련된 바 없지 않다. 예컨대 1822년의 은표(銀標)의 주행(鑄行)을 비롯하여 특히 1883년 이후의 당 5錢의 발행, 그 밖에 세수목적에 따라서 용인된 조화(粗貨)의 사주(私鑄) 그것이 국내물가를 자극하였음에 틀림없는 사실이다. 그러나 좀더 따져볼때 이들은 기저적(基底的)으로 전자의 외래자본의 무곡(貿穀)활동이나 그 밖의 대외투기행위에 연유(緣由)한 2차적 결과로서 보여 지고, 그 자신 독립적 「인플레이션」의 동인(動因)이라 할 수 없다. 이점, 분명히 전통적 개항론에 있어서 흔히 간과되어 있는 문제의 본질적 인식에 대한 결함이다.

　그런데 개항 「인플레이션」의 기운이 일단 조성되자 무곡(貿穀)이나 외래자본의 국내활동이나 국내 조화(粗貨)의 주행(鑄行) 등은 토착경제면(土着經濟面)의 내외요인을 상호 유기적으로 결합함으로써 더욱 심각한 조건을 형성한다. 그 가운데 일본화폐의 국내통용은 본래 대일 무곡(貿穀)의 수단으로서 가장 예리하게 기능하였거니와 그것은 당장 한말폐정(韓末弊政)에 대하여 자주적 조절의 관리력을 상실케 함으로써 토착화폐에 결정적 타격을 가한 것이 알려진 인과(因果)이다. 그 뿐인가, 일본화 그 자신, 통화증발의 실효(實效)를 가져오고, 토착경제의 시장화과정을 왜곡된 형태로서 조장(助長)함으로써 「인플레이션」에 대한 또 하나의 기동력을 추가한다. 여기에 필경 「구레샴」의 법칙은 통용되고, 악화(惡貨)의 팽대(膨大)에 따른 「인플레이션」의 악순환은 전개되기 마련이다16).

　바야흐로 확고한 신용력의 배경 없는 국내화폐는 견고한 토대 없이 거래상 외래화폐에 의하여 자의(恣意)로 농락(弄絡)될 뿐, 가치의 혼란, 그것의 전반적 저락(低落)을 가져올 수밖에 없다. 사실 국내의 재정권이나 조화(粗貨)의 남주(濫鑄)에서 뿐이 아니라 안정된 외국화폐에 직면할 때 배경이 취약한 국내화폐의 가치는 마치 일종의 상품과 같이 매매되고, 반출되고, 처분되는 가운데 하락의 과정을 밟을 뿐이다. 즉 일찌기 일본인 학자 역시 지적한 바와 같이

　　「당시(개항기(開港期))의 조선통화는 형식상 착잡하였을 뿐이 아니라 그 통용가치에 있어서 또한 그러하였
　　는데 그것은 안정된 화폐표준인 외국화폐의 도래(渡來)에 부딪쳐 이것과 비교됨으로써 한층 명백히 반영된
　　다. 왜냐하면 당시의 조선과 같이 정부의 재정상 신용이 전무한 나라에 있어서 또한 그 화폐 역시 반드시 국

---

16) 개항기(開港期)의 외래통화와 「인플레이션」 기구에 대하여서는 「한국사연구」 제7집, 1972. 7. 《졸고(拙稿)》 참조.

가의 조출물(造出物)이 아닌, 그리고 하물며 그것이 엄정(嚴正)한 감독을 받지도 않는 나라에 있어서 화폐라 할지라도 궁극에서는 일종의 상품으로서 그 실질가치에 따라서 평가될 수밖에 없기 때문이다17).」

어찌 문제는 일본화폐에 한정하리야, 더욱 일본상인이나 제일은행에 의하여 발행되고, 무곡(貿穀)에 사용되어 널리 보급되었던 한전「어음」또한 통화량의 직접적 증대요인이었음은 다시 말할 것도 없다. 그것의 원천적 동기 역시

「1884년에 일본제일은행이 한국정부의 위탁으로 세관업무를 맡게 됨으로써 더욱 통용하였다18).」

는 사시로서 각별히 주목된다. 이는 곧 한말정권의 자주성과 신용력의 부족을 말해주는 증거이며, 한전의 통용제약성을 시사하는 지표이다.

어쨌든 내외무역의 발전, 특히 한일무곡(貿穀)의 성행에 따라서 한전「어음」의 유통액은 증대된 가운데 1890년대의 실적은 곧 「1도(道)의 유통고(流通高) 평균 10만관(貫)19)으로서 전국 유통고는 80만관으로 보면 크게 오진(誤診)은 없을 것20)」이라 하였다. 한편 이 때에 한전자체로 말하면 총액 약 400만 관으로서 실지 유통고는 그 1할인 40만 관 정도라고 알려졌던 형편이니21), 위작(僞作)의 성행과 더불어 유통구조에 있어서 전자의 「어음」이 차지하는 비중은 오히려 현실적 한전을 능가하는 놀랄만한 양적 수준이다.

총체적 결과는 대일무곡(貿穀)의 성행과 더불어 일본화폐와 한전「어음」의 국내유통이 증대되고 그에 병행하여 한전가치의 점락(漸落)을 본 가운데 예컨대 1890년에 이르러서는 부산항에 있어서 다음과 같이 각종 한전시세의 격락을 보았던 실정이다. 즉

「당5전(當五錢)·당1전(當1錢) 가치유장락(價値有長落), 무일정의(無一定矣), 당5전1원(當五錢一元)가환자(可換者) 다자2천2백문(多者二千二百文) 소자1천4백여문(少者一千四百餘文) 당1전(當一錢) 다자7백50문(多者七百五十文) 소자1천4백전문(少者一千四百錢文) 수시기질(隨時起跌)22)」

---

17) 사방박(四方博); 전게(前揭)논문, 제47~48면.
18) 유자후(柳子厚); 조선화폐고, 1940, 제666면.
19) 1관(貫)文은 표준으로 천매(枚)로 보아짐. (지방에 따라서 다름)
20) 망용일(岡庸一); 최신한국사정, 1904, 제355면
21) 동상. 더욱 동서에 의하면 부산항 무역상중에는 1,2만관물(대략1~2만원)의 「어음」을 발행한자 없지 않고, 동항 시장에 관하여는 10만관문에 도달한다 하였다. (단, 이 시기는 불분명. 동서 제381면)
22) 조선통상구안삼관무역책(朝鮮通商口岸三關貿易冊)(광서(光緒)16년도, 1890년) 부산항구, 「조선무역정형논(朝鮮貿易情形論)」

II. 대일무곡(貿穀)의 논리

우리는 전단에서 개항기(開港期) 「인플레이션」의 주도적 동인을 무곡(貿穀)에 두었고, 외래자본의 국내활동에서 그 실증적 면목을 본 바 있었다. 그러나 결말은 물론 미비하다. 여기에 적어도 대일무곡(貿穀)의 인과성을 좀더 깊이 분석하는 작업이 우리의 논리적 과제이다. 그럼에 있어서 우리는 어찌하여 대일무곡(貿穀)의 형세에 접하지 않으면 아니 되었던 것인가를 묻게 되는 것이나, 대답은 곧 개항강요의 동인에 직결되어 있음에 틀림이 없다. 필경 일본 군국주의(軍國主義) 그것의 구현이 바로 한반도에서 추구할 수 있는 식량과 공업원료에 깊이 관련되어 있었던 소이(所以)이다. 그리하여 바로 강화수교조약 (江華修交條約)은 다음과 같이 이를 보장하고 있다. 즉,

> 「사후 조선국 제(諸)항구에 유주(留住)하는 일본인은 양미(糧米) 및 잡곡을 수출입할 수 있다. 운운(云云)」

이후 국내의 일본상인은 한국산 양곡을 불합리한 수탈(收奪)적 가격에 의하여 독점적으로 확보할 수 있게 되고, 자의(恣意)로 자국에 반출할 수 있게 되었음은 다시 말할 것도 없다. 이때에 일본상인에 의하여 수집된 양곡이 반드시 자국거류민(自國居留民)의 계량을 위한 양에 그쳐 있을 뿐이 아니라 투기적 이득의 대상이 되었음은 물론이다.

사실인즉 투기적 일본상인에 있어서 반드시 한국미의 수입수출만이 목표일 수 없고, 그 이득에 따라서 일본미의 한국수입 또한 때때로 취해진 행동의 범주이다. 그러므로 우리는 다음과 같은 「한국지(韓國誌)」의 문면에 접할 수 없지 않다. 즉,

> 「한국은 풍작으로서 곡류의 다량을 수출하는 해에도 세관의 보고에 의하면 더욱 곡류의 수입이 기재된 것을 보면 일견괴상(一見怪常)한 것 같지만 이것은 일본인상인이 되도록 민속히 한국의 곡류를 입모(立毛) 그대로 매점(買占)하여 이를 수출하기 때문에 국내에는 풍년이라 할지라도 동말(冬末)에 이르자 이미 그 부족을 호조하게 이르러 가끔 외국산의 수입을 바랄 수 밖에 없기 때문이다. 운운(云云)23)」

그 뿐인가,

> 「한국내에는 정미 그 밖에 곡물제조의 완전한 방법이 불비(不備)하므로 일본인은 특히 개항초기에 있어서 미곡을 정백하고, 매분을 제조하는 등의 수단을 써서 다시 이를 한국에 역수입하는 것이 유리하다고 보았으므로 한국곡류를 매점(買占)한 것이다. 운운(云云)24)」

그런데 개항초기에 관한 한, 일본인의 상행위는 거의 폭력적 위엄 하에 이루어진 것이 분명하다. 내외 문헌이 이를 뒷받침 하고 있거니와 1880년에 원산 주재 일본총영사의 자국 거류민에 대한 지시문이란 예만 보아도 그들의 수탈적 강매는 널리 횡행되었음이 인정된다. 즉,

> 「우리(日本) 인민이 원산진(元山津)의 시점(市店)에 이르러 물품을 구매하는 경우에 대하여서는 금년(1880년) 8월에 지시한 바 있지만 지금은 피(韓國) 인민도 다소 우리 사정에 익숙하여 원산진 개시장에도 매출하여 무방한 형편이라 하나, … … 이직 피인민(彼人民)가운데 간혹 이해하지 못한 자가 있는 모양으로서 금번

---

23) 한국지(韓國誌)」 ; 제170면.
24) 한국지(韓國誌)」 ; 제170면.

> 재차 당국에 조회(照會)해 두었으나 당분간 취결(取結)을 위하여 원산진 개시일에는 경관 약간 명을 출장시
> 켜 두었으니 만약 그들에 있어서 물품매도를 거부하거나 또는 소폭(疎暴)의 학동(學動)이 있을지라도 되도록
> 손을 대지 말고, 조용히 상대방을 붙들어서 즉시 경관에게 인도하도록 할 것 운운(云云)25)」

이것이 개항 초에 불등가교환(不等價交換)에 의하여 대일무곡(貿穀)이 지속적으로 가능하였던
근인(根因)이며, 그 원시적 자본축적의 기반이었음은 물론이다.

우리는 지금 개항기(開港期)에 일본의 식량사정이 어떠하였던가를 길게 따져볼만한 여유를 갖고
있지 않다. 다만 「맬더스」적 식량문제는 이미 그에 있어서 만성화하였다고 보아지는 조건이다.
그러한 가운데 있어서도 1872년의 「제1차 농업공황」을 맞이하여 일본정부는 오히려 미곡의
수출개방을 꾀한 바 있었다고 알려있다26). 그리하여 일본은 적어도 1890년대에 이르기까지 매년
수십만석 또는 경우에 따라서 백만석을 넘는 미곡의 수출초과를 보이기도 한 것이 나타난
계수(計數)이나, 그러나 실태를 좀 더 구체적으로 살펴볼 때 그가 자국산미를 수출하는 동시에
외국산미의 수입을 년년 계속한 흔적이 농후하다. 그 주도적 수입상대국이 곧 한국이었음에 틀림이
없는 상황이다. 요컨대 일본은 그동안 자국산미를 되도록 유리한 조건으로 외국에 판매하는 동시에
저렴한 한국산미를 거의 수탈적 가격에 의하여 수입함과 같은 경위를 남겨놓고 있다. 그것은
개항기(開港期)를 통하여 일본측 시장이 보여준 미가변동이 내외 제 자료에 비추어 분명하며, 한국의
불작이나 정변(예, 임오군란(壬午軍亂), 갑신정변(甲申政變) 또한 밀접한 인과성이 인정된 국면이다.

물론 엄격히 따져보면 일본의 곡가가 한국미가에 미친 영향력과 한국의 작황이나 정변이 일본미가에
미치는 효과에 반드시 가역성(可逆性)은 성립될 수 없다. 성질상 전자의 영향력은 매우 강하였지만
후자의 효과는 언제나 동일방향의 반응을 일본미가에 가져온 것이 아닌 소이(所以)이다. 그럼으로써
개항기(開港期)에 있어서 국내외 곡가의 동향을 좀 더 따져보면 일본 미가의 추세는 장기적으로
그다지 큰 변동을 보이지 않은 반면에 국내미가의 등세(騰勢)는 매우 급진적이었다는 사실이 새삼
눈에 띈다. 이는 두말할 것 없이 한국산미의 일방적 대일기여도를 말해주고 있거니와 그 또한 한국산미의
일본상인에 의한 만성적 불등가수매(不等價收買)의 기구적 약점을 반영한 징표이다. 그와 동시에
그것은

> 「한국농산의 중요한 수요지인 일본군도에서의 근소(僅少)한 불작도 한국산미의 다량의 수출을 요구하게 된
> 다27).」

는 이면(裏面)의 논리이다.

그러면 개항기(開港期)에 임한 한반도의 식량사정은 어떠하였던가?

개항당시의 격기(激基)한 흉작으로 시작된 개항기(開港期) 한반도의 식량자급도는 일본에 반하여

---

25) 사방박(四方博); 전게(前揭)논문, 제169면 주(註) 참조.
26) 中澤辨次郎; 전게서(前揭書), 제313면, 321면 등 참조.
27) 한국지(韓國誌)」; 제139면.

총체적으로 위태로운 역경에 놓여 있었다. 구래(舊來)의 침체된 생산조건하에 인구의 압력과 거듭되는 흉작이 절대적 공급량의 증가를 간단히 가져올 수 없게 하였던 점 또한 틀림없는 상황이다.

그리하여 한국자본주의의 존립기반으로서 기대되었던 이조의 농업사회는 그 생산력에 있어서 극단한 취약상태에 놓여 있었다. 단위면적당 수확량은 보잘 것이 없었을 뿐 아니라 그를 올리려는 물적지원이나 인적 의욕조차 결여(缺如)된 것이 이때의 실태이다. 그러므로 우리는 개항이 제한된 지역에 일시적 자재(刺載)을 준 경위를 무시하지 않지만 그것의 실효성이 어느 정도인 것인지 객관적 근거를 찾기에 곤란하다. 오히려 봉건국권이나 봉건관료의 혹기(酷基)한 수탈 하에 소농영낙(小農零落)의 위협은 가중하고 있었을 뿐이며, 근대 시장의 물결이 크게 미쳐 있었다 하나 실지 농업생산의 기술적 수준은 아직 일본이나 중국의 그것에 훨씬 미달하였다고 보는 것이 타당하다. 즉

> 「한국에 있어서 경작의 성질은 이를 농업이라 하기보다는 원예(園藝)라고 부르는 것이 적당한 상태이며, 일본 및 중국에 있어서 저명한 소규모의 농업법과 비교하면 한인의 농업법은 실지 현저하게 소략(疎略)하다. 운운(云云)28)」

하는 실정이다.

그 밖에 개항기(開港期)의 토지제도를 여기에 길게 따질 필요는 없는 것이나 우위적으로 봉건적 소작제도하에 압도적 소농생산에 의존하였음은 다시 말할 것도 없다. 이점을 좀 더 밝힌다면, 즉

> 「한국의 농업자는 주로 세민(細民)으로서, 그 가운데 대지주도 없지 않지만, 이들은 대개 관사(官史)의 신분에 있는 자들로서 대부분 불소(不少)한 지불을 받고서 경지를 세민에 대여하거나 또는 수탈의 반분취득(半分取得)을 약속(約束)함으로써 종자를 대여하는 수도 있다.……그리하여 경지 면적이 많지 않은 것은 농민의 다수가 다만 자가공급(自家供給)을 위한 것만을 경작하기 때문이며 한편 여분의 수탈을 양식결핍한 지방에 운수(運輸)한 양호한 교통로가 부족한 점 역시 그 원인을 조장(助長)한다29).」

그럼에도 불구하고, 개항기(開港期)에 이미 대일무곡(貿穀)과 더불어 교역면은 확대 일로(一路)에 있었던 것이 분명하다. 그렇다면 무곡(貿穀) 또한 내재적 추진력의 동인이 틀림없이 있었다고 보아야 할 것이니 그것이 무엇이냐 하면 세계시장의 연결이 가져온 화폐경제의 발달, 즉 농민으로 하여금 취득양곡을 환금방매(換金放賣)케 하지 않을 수 없게 만드는 형세를 들지 않을 수 없다. 이때에 대지주나 대농에서도 그러하거니와 소농일반에 있어서 궁박판매(窮迫販賣)란 불가피한 생산적 조건이며 더욱 토착상인 역시 반드시 타산적 입장에서 거래하는 여유를 갖고 있지 않으므로 이러한 약점에 편승(便乘)하여 오히려 일본인 고리대자본의 활동이 크게 기능하였음을 다시 말할 것도 없다. 즉 예컨대

> 「일본인은 더욱 한민(韓民)의 농업을 장모(奬募)할 목적으로써 경작착수 전에 스스로 농업지방을 순회하거나 또는 대리자인 한인을 순회시켜서 흔히 수탈의 열반(列半)을 분득(分得)하는 조건으로써 농민에 자금을 대여하고, 가을에 이르면 다시 계약지방을 순회하여 농산수확을 분득(分得)하여 이를 무역항에 송치(送致)한다30).」

---

28) 한국지(韓國誌)」; 제5면.
29) 한국지(韓國誌)」; 제4면.

는 요령이다. 따라서 일본상인은 이로써 수출대상 곡(穀)을 어느 정도 확보할 수 있었을 뿐 아니라 「풍년에는 막대한 이익을 보고, 흉년에도 손실을 본 바 적었다31)」고 알려져 있다. 대여금의 이율은 처음부터 이 점을 예상한 수준으로 되어있었기 때문이다.

사실, 전기적 고리대자금과 전기적 상업자본은 의례(依例)히 쌍두적(雙頭的) 기능자로서, 형영상반(形影相伴)한다. 고리로써 대여하고, 염가로써 취득하는 것이 그들의 상탈(常奪)적 수법이다. 이들 세력적 자본가에 대하여 한인빈농이 자율적 타산을 시도할 수 없음을 너무나 당연하다. 오직 일방적 계약조항에 의하여 입도선매(立稻先賣)를 하거나 기아변상(飢餓辨償)을 수행할 따름이다. 이것이 「인플레이션」 하에도 불구하고 대일 무곡(貿穀)을 추진하는 결정적 추진력이 되었음은 다시 말할 것도 없다. 교역 관계의 확대는 다시 이러한 경향을 조성하는 계기로 될 뿐이다.

물론, 일본상업자본이나 고리대자본은 토착농민에 대하여 현금대여만을 꾀하지 아니한다. 우선 도입제품과의 양곡교환, 전자에 의한 양곡 연불(延拂)의 계약으로부터 시작하여 그 생산에 관여한다. 이들은 두말할 것 없이 외래자본에 대하여 국내시장의 개척방식이 되는 동시에 대일 무곡(貿穀)을 보다 유리하게 확보케 하는 수단이다.

그러한 가운데 외래상품의 도입이 이에 관련된다. 곧 문제의 기동성(起動性)은 그것이 농촌수공업을 파괴함으로써 화폐경제를 강요하여 농민의 방곡(放穀)을 촉진하는 기세에서 뚜렷이 찾아진다. 사실, 전통적으로 자가(自家)생산의 면포나 염료에 의존하였던 한말(韓末)농민은 개항과 더불어 외국 면직물이나 외래 염료에 크게 매혹되는 과정에 놓여 있었다. 이에 대응하여 그들은 무엇보다 식량의 자급도(自給度)를 위협 하는 가운데 이들의 입수(入手)에 분망하기 시작하였던 국면이다.

한편 개항이 가져온 재정의 팽대(膨大)와 국고의 궁핍(窮逼) 역시 토지의 집붕현상과 더불어 대일무곡(貿穀)의 간접적인 촉진 요소로서 기능하였다. 그들은 필경, 국내생산곡의 집중현상을 초래하거니와 이렇게 될 때 방곡(放穀)의 유지량(維持量)은 증가될 수밖에 없는 소치(所致)이다.

그 밖에 따져보면 한말의 취약정권을 표징하는 부패간사(腐敗奸史)의 농민수탈(收奪) 역시 대일무곡(貿穀)을 시키는 기능의 조건을 형성하였음에 틀림이 없다. 가장 빈번히는 세곡(稅穀)을 다루는 관사(官史)에 있어서 그러한 행패의 간극(間隙)이 적극적으로 마련되었던 당시의 실태이다. 즉,

> 「개항전에 있어서 주민은 국내의 많은 수요가 없으므로 자가용(自家用) 이상의 농산물은 산출할 필요가 없을 뿐이 아니라 만약 잉여가 생기면 관사의 강요를 빈번하게 하는 매개물이 될 뿐이다.32)」

하는 정황이다. 즉 외국자본과 결탁하거나 국내 상인과 부동(附同)한 탐관유사(貪官汚史)가 만약 곡가변동(穀價變動)에 따른 사익을 극대화 하려면 그들에게 대일밀무곡(貿穀)을 감행할 길이 목전에

---

30) 한국지(韓國誌)」; 제141면.
31) 한국지(韓國誌)」; 제141면.
32) 한국지(韓國誌)」; 제141면.

있었다고 보아진다. 아니나 다를까, 우리는 다음과 같은 사례의 문면(文面)에 부딪친다. 즉

> 「한국관사는 상업에 간여하여 이를 영위(營爲)하는 풍습이 있어서 곡물수출을 금지하는 동안 대리자로 하여금 농민의 잉여를 저가(低價)를 매점(買占)시켜 자기의 창고에 저축시켜 두었다가 금령해제(禁令解除)를 기다려서 대리(大利)를 얻고 이를 판매한다. 운운(云云)[33]」

이는 곧 방곡령(防穀令)하에 간사의 탐리(貪利)를 말한 내용이지만 그 밖에

> 「상납세미(上納稅米)의 농간(弄奸)이 심하여 관사는 본색을 장선(裝船)케 하고, 선주는 고가로써 집전(執錢)하여 곡이 천(賤)하면 곡무의 리(利)가 사(私)에 돌아가고, 곡이 귀하면 건납(愆納)의 해(害)가 공(公)에 미치는 두류(逗留)의 폐(弊)나 건몰(乾沒)의 환(患)을 가져왔다.[34]」

는 것이 또한 문제의 동인(動因)이 아닐 수 없다. 그리하여 「한국관사가 사권을 남용하여 내외상업에 백종(百種)의 장애를 부여(附與)할 때는 한편 외국인은 물론 증회(贈賄)하여 이를 관사의 간섭을 이용함으로써 조약(條約)이외의 특별한 이익을 향유하는 편리를 갖는다.[35] 」는 것이 바로 방곡(防穀)의 전말(顛末)이다.

III. 무곡(貿穀)문제의 위기적 전개

대일무곡(貿穀)의 성행은 개항기(開港期) 「인플레이션」의 주도적 동인이 되었을 뿐 아니라, 그것은 점차 이조봉건국권에 대한 위기적 환경을 조성하였다. 그에 대응한 외세의 경쟁적 시장침투 또한 토착인민의 반발을 사기에 충분한 사태이다. 그것은 모름지기 무곡(貿穀)문제만에 기인한 것이 아니라 하겠으나 무곡(貿穀)을 위속(圍續)한 농업공황과 「인플레이션」의 압력은 이때에 가장 심각한 관계조건이었음에 틀림이 없다. 개항기(開港期)의 이른바 위정척사론(衛正斥邪論)이라 하여도 그것은 대체로 교역의 불리를 전제로 한 외화배격론(外貨排擊論)의 성격이다. 그 밖에 이른바 방곡령(防穀令) 역시 반드시 관권의 경제적 자위수단만이 아닌 배타적 항거의식에 연유(緣由)한 바 크다. 이점은 일본과의 분쟁을 일으킨 1889년의 함경도(咸鏡道) 방곡령(防穀令)의 경위에서도 나타난 문제이다. 이리하여 타율적(他律的) 곡가의 앙승이 점차 난제를 누적하였음은 틀림이 없는 것이니, 개항과 더불어

> 「민중사이의 불평, 그들이 관계되는 한에 있어서 외국과의 통교결과(通交結果)는 모든 생활필수품의 가격을 높이고 있다는 불평이 널리 퍼져있다. 불평은 부당한 것이 아니다. 이 나라는 산물의 출국(판로)이 없었고, 수요공급은 다소간 일정한 비율을 유지하고 있었으니 최근에 특히 곡가가 인접국의 시장가격과 비등(比等)하여지고 있다. 그리고 곡가의 상승은 그 비례를 다른 모든 물가를 앙승케 하였다. 수세기동안 자급자족적 생활을 영위(營爲)하여 온 조선인과 같은 미발달한 국민은 어떠한 변화도 달갑게 생각할 수가 없다. 즉 그들이 생존을 위하여 보다 더 격렬한 경쟁을 하여야 하고, 지탱하기가 어려웠던 그러한 변화를 달갑게 생각할 수는 없다. 운운(云云)[36]」

---

33) 한국지(韓國誌)」; 제130면.
34) 승정원일기(承政院日記); 고종(高宗)15년2월17일.
35) 한국지(韓國誌)」; 제310면.
36) British Consular Reports; Foreign Office, Annual Series, No.1088, Corea, Report for the Year 1891. Mr. Hiller

한 것은 1890년대 초에 있었던 영국총영사의 보고내용이다. 그것은 두말할 것 없이 개항에 따른 곡가등귀(穀價騰貴)가 결코 일반 농민에 대한 복음이 아니었다는 사실을 전해주고 있다. 시장미가의 앙승이 반드시 농가 방곡(放穀)의 가격을 반영하지 않았던 것이며, 오히려 소농에 대한 식량난의 격화를 뜻하는 문제로 되었기 때문이다. 그러므로 1894년의 동학당조목(東學堂條目)에 있어서도 「타국잠상지준가무미(他國潛商之峻價貿米)」 라는 것이 높이 표방되었다는 것인데 이는 분명히 무곡(貿穀)문제의 귀추(歸趨)를 말해주는 농민대중의 절규(絶叫)이다.

물론 위와 같은 정세 하에 한말정부는 외국인의 탈법적 무곡(貿穀)이나 국내 간사(奸史)의 부동행위에 대하여 추수방관(抽手傍觀)만을 일삼은 것은 아니다. 무곡(貿穀)에 대하여 준엄한 처벌을 가한 것이 사실이다. 개항당초부터 방곡(防穀)의 유보규정을 조약상 조치하였고, 그 밖에 누차 일본관헌과의 충돌을 일으킬 만큼 무곡(貿穀)억제에 유념한 기록을 남긴 것이다. 그럼에도 불구하고, 「원근모리지배(遠近牟利之輩) 전상교역(轉相交易) 심지유빙적공무(甚至有憑籍公貿)[37]」 의 형편이었으며, 더구나 강력한 일본군국주의에 부딪치게 될 때 형세를 만회할 수 없었음은 말할 것도 없다. 위에 언급한 1889년의 함경도 감사에 의한 방곡조치에 관하여서는 사소한 법규저촉을 내세운 일본 측의 항의에 부딪쳐 국제담판까지 일으킨 끝에 그에게 10만여 달러의 손해배상까지 부득이할 수밖에 없었던 처지이다.

알고 보면 개항초기에 발발(勃發)한 임오군란(壬午軍亂) 역시 대외무곡(貿穀)에 기인한 국내식량의 결핍에 직접 관계된 사건인 것이며, 외세와 무능정권에 분개한 병사들의 반항적 궐기(蹶起)이었음에 틀림이 없다. 거기에 국난을 고하는 위기의 징표는 이미 뚜렷한 과정이니, 아니나 다를까, 한말정부의 임오군란에 앞서서 개항3년이 채 경과하지 못하여 다음과 같은 소진(疏陳)을 볼 수 있었던 정도이다. 즉,

> 「요즘 국세가 창름(倉廩)이 오탕(杇蕩)하여 박관의 반녹(頒祿)에 지속되기 어려우며, 군병방료(軍兵放料)도 치다(闕多)하고 공인(貢人)의 수가미급(受價未給), 원역(員役)의 삭하미급(朔下未給)으로 황급한 상황이 조석(朝夕)을 보지(保持)할 것 같지 않다. 이 때 교구(矯捄)방법은 오직 사치를 억제하고, 재용(財用)을 절약하여 기강(紀綱)을 세우는데 있다. 그 중에서도 중국·일본·서양으로부터 기완(奇玩) 무용물의 수입은 감화(感貨)의 큰 것으로 사치보다 더 큰 요인이다. 운운(云云)[38]」

얼른 생각할 때 「인플레이션」을 주도하는 곡가의 앙승은 적어도 생산농민에 관한 한, 유리한 교역조건을 형성할 것 같기도 하다.

> 「개발과 동시에 외국인의 냉방한 자 있어서 주행(舟行)의 편(便)이 있는 하천 및 해안부근의 주민은 비로소 잉여의 판로를 발견함으로 경작량을 증가함에 이르렀다. 운운(云云)[39]」

함은 단적으로 이점을 지원함과 같은 시사이다. 그러나 이러한 경향 역시 농촌경제의 지역적

---

to Marguis of Salisbury, April 20. 1892. pp.4〜5.

37) 한소근(韓沼劤); 전게서(前揭書), 제280면.

38) 사헌부(司憲府), 이종록(李鍾祿) 소진(疏陣)(승정일기(承政日記); 고종(高宗)16년1월24일).

39) 한국지(韓國誌)」; 제141면.

화폐화 과정을 말하고 있을 뿐, 즉시 농가소득의 실질적 상승을 뜻한다고 볼 수 없다. 영세농가의 수지는 반드시 시장곡가에만 지배되는 것이 아니라는 사정에서 분명한 결론이다. 오히려 우리는 이때에 농업공황의 양성(釀成)조건을 그 가운데 발견한다. 생산농민은 선택된 시기에 언제나 생산양곡을 처분할 수 있는 것이 아니며, 개항이 가져온 그들이 핍박과정은 「인플레이션」하에 저곡가라는 모순을 빚어낼 수 있는 까닭이다.

　더욱 나아가서 우리는 시중 곡가의 앙승이 농민일반에 대한 이른바 「쉐레」현상을 모면할 수 있게 할 것으로 간단히 속단(速斷)할 수 없다. 농민의 궁박(窮迫)판매가격이나 독점상품의 구입가격을 실지에 밝혀내기는 어느 때나 어려운 작업이다. 지금 만약 개항기(開港期)의 산견(散見)자료에 의하여 가령(假令), 시중 곡가와 양목(洋木)가격의 변천을 대조한다 하여도 당장 결론을 말할 수 없다. 예컨대 「한성순보(漢城旬報)」나 「한성주보(漢城周報)」에 타나난 「시직탐보(市直探報)」의 이들 가격관계는 분명히 역「쉐레」를 보이는 점도 없지 않지만40) 불등가교환(不等價交換)의 일반적 실질을 무시할 수 없음은 근대시장기구하 소농경제의 통폐(通弊)인 까닭이다.

　물론 농산품이나 농민구입품의 불등가교환(不等價交換)이라 하여도 개항직후의 일본상권독점 시대와 그후 단계의 거래조건을 같은 기준에서 볼 수는 없다. 우선 처음에는 분명히 일본상인에 의한 반수탈적 상행위가 자행(恣行)되기도 하였으므로 그 후의 일반적 교역관계를 상호대비하기에 어려운 처지이다. 확실히 도입상품의 종목에 따라서는 점차 국내 가격의 상대적 저락(低落)을 본 것이 없지 않았겠으나 그 또한 당장 농민경제에 대한 수지개선을 의미하고 있지 않다. 불등가(不等價)적 방곡(放穀)도 늘었거니와 외래상품을 구입량 또한 확대를 보았기 때문이다. 여기에 우리는 전게(前揭)한 「동학당조목(東學堂條目)」의 「타국잠상지준가무미(他國潛商之峻價貿米)」와 더불어

　　「각국인상매(各國人商買) 재각항구매매(在各港口賣買) 물입도성설시(勿入都城設市) 물출각처임의행상사(勿出各處任意行商事)」

　와 같은 표방을 충분히 이해할 만 하다. 그것은 단순한 「왜양수척(倭洋遂斥)」이 아니라, 외상(外商)의 방자(放恣)한 불등가교환(不等價交換)을 막아달라는 절실한 항변일 뿐이다.

　그렇다하여 한편 대일무곡(貿穀)에 대한 관권(官權)의 방곡조치(防穀措置)가 언제나 생산농민에 대한 편익의 방책이었느냐 하면 반드시 그렇지도 않다. 방곡령(防穀令)의 실시시기에 따라서 그것은 오히려 공황의 원인으로서 기능한다. 곡가의 돌발적 저락(低落)을 보게 되기 때문이나, 문제의 본질로 말하면 단순한 풍년에 의한 저곡가를 뜻하지 아니하고, 시장경제의 세계화에 대응한 곡가의 폭락이란 성격이 중요하다. 거기에 비록 간사(奸史)의 농락(弄絡)이 전연 없다 하더라도 바로 대일무곡(貿穀)에

---

40)「한성순보(漢城旬報)」의 1883년 10월 1일자 「시직탐보(市直探報)」에 의하면 양목상품가격이 척(尺)당 6전이었던 것이 1886년 10월 6일에는 1냥1전으로 되어 있다. 이에 대하여 같은 시기의 미가변동은 전자의 경우 상미 1승에 5전5분이었고, 후자의 경우(한성주보(漢城周報) 9월 13일자) 2냥3전으로 되어 있다.

관련하여 일시적이나마 상대적 과잉생산(공황)의 전형적 성립을 볼 수밖에 없었다는 것이 개항기(開港期)의 과도적 국면이다.

물론 근대적 농업공황이라 하지마는 실지에 있어서 만성화(慢性化)한 봉건농민의 침체상황과 이를 시기적으로 명확히 판별하기는 지극히 곤란(困難)하다. 하물며 농업공황이 방곡령(防穀令)과 언제나 관련되어 있으리라는 법도 없는 것이 한말의 현실이다. 그럼에도 불구하고 우리는 여기에 방곡에 관련된 근대적 위기의 또 하나의 조건을 보는데 각별한 이유가 없지 않다. 원래 제국주의세력에 대응한 피지배국권의 발동이란 그 결과에 있어서 국민일부에 대한 희생을 필경, 타일부에 전가시키는 기구일 수밖에 없다는 명제(命題)를 확인케 하기 때문이다.

과연 우리는 방곡령(防穀令)의 결과, 급박한 세궁민(細窮民)의 식량사정이 일시적으로 완화되는 반면에 화폐화를 서두는 일부 생산농민의 궁색(窮塞)이 가중될 수밖에 없다는 조건에 상도(想到)한다. 여기에 오사(汚史)의 농간(弄奸)이 개재된다 함은 이미 논급한 바 있거니와 다시 이들의 수탈을 피하여 판매하고자 하는 양곡을 「몰래 또는 소인수(小人數)로써 일본인의 창고에 송치(送致) 공급한다」 41)는 농민의 정경을 생각할 때 그것은 바로 이조봉건국권의 파배상(破坏相)을 반영하는 국면 이외에 다른 것이 아니다. 여기에 우리는 농업공황과 「인플레이션」이 병존하는 피지배적 토착경제의 위기화 과정을 볼 뿐이다.

지금 한결음 깊이 들어가서 만약 무곡(貿穀)과 실질적 교역대상을 이룬 외래상품의 국내보급과 그에 수반하는 농촌수공업의 제약관계를 살펴본다면 농업공황 내지 농촌의 위기성은 좀 더 구체화한다. 그것은 한 말로 말하여 무곡(貿穀)을 촉진시키고, 다시 시장경제기구를 확장시키는 가운데 「인플레이션」과 농업공황을 조성하는 악순환적 조건으로 화(化)하였기 때문이다.

본래 개항기(開港期)에 있어서 농촌수공업의 내재적 비중이 저열(低劣)한 단계에 놓여있으리라는 것은 많은 자료를 요구하지 않는 한국의 실정이라 할 수 있다. 「천조(天造)의 것이 많고, 제작(製作)의 것은 모두 지극히 조분졸열(租笨拙劣)하여 일본의 용(用)에 충족되지 않는다42)」는 평에 과장은 없으리라. 그것은 필경 양곡이나 산금(産金)이외에 대일수출의 상품은 별로 없고, 많은 공업제품을 일본으로부터 수입할 것이 요구된다는 표현이다. 이에 의할 때 농촌수공업만이 제약된 가운데 과잉노동력의 내재적 흡수능력은 없다는 결론이 나올 수밖에 없다. 이것이 개항기(開港期)의 실태이며, 이것이 농업공황의 또 하나의 조건임은 물론이다.

특히 무곡(貿穀)과 교역관계의 유대를 이루고 있는 면직물에 관하여 살펴 볼 때 개항이전의 한반도농촌이 그것의 자급자세에 있었음은 다시 말할 것도 없다. 개항기(開港期)의 얼마 후에도 면화의 대일수출은 상당량에 달해있었던 형편이다. 그러던 것이 점차 외제면포(外製綿布)의

---

41) 한국지(韓國誌)」; 제112면.
42) 한국지(韓國誌)」; 제148면.

도입증대로 말미암아 그 자급도는 크게 떨어지고 말았다. 그중 1890년을 고비로 하여 일제면포의 우위수입을 보게 됨으로써 사태의 완전역전을 보게 된 것이 이 방면의 귀추(歸趨)이다. 그것은 한편에 있어서 화폐경제의 진행과 더불어 일본제품의 가격저락에도 다소의 관련성을 갖고 있었다. 곧 때때로 일본상인은 한국농촌기구(機構)를 마비시킬 정도로 덤핑가격43)에 의한 시장개척을 꾀하였던 까닭이다.

끝으로 우리는 무곡(貿穀)에 따르는 「인플레이션」과 그에 따른 재정난, 그리고 다시 국고의 곤궁(困窮)이 가져온 농민의 희생적 부담증가에 유의하지 않으면 아니 된다. 예컨대

> 「전년의 대흉(大凶)으로 인민의 유리(遊離)가 우심(尤甚)하여 경작력이 부족할 뿐 아니라, 세곡(稅穀)의 숙결
> 신포(宿缺新逋)를 유재민(留在民)으로부터 산징(散徵) 운운(云云)」

한 것은 바로 개항 직후(고종15년 1월)에 눈에 띈 사실이다. 그 밖에 우리는 개항후 농민부담의 불합리한 증가과정을 일일이 밝힐 수 없다. 토지집중이 가져온 일반 소작료의 고율화 경향 역시 이에 준한 문제의 조건이다.

알고 보면 1883년으로 시작된 조화(粗貨)의 람주(濫鑄)나 사주(私鑄)의 횡행 역시 불등가적 대외무곡(貿穀)과 관련된바 아니라 할 수 없다. 그 또한 적자재정의 보전(補塡), 세수의 증대에 기본목표를 두었던 소행(所行)이다.

재정난은 및 기타 외채의 요구, 즉 차관(借款)의 국론(國論)을 자아냈으니 조화(粗貨)의 람주(濫鑄)보다는 외국차관에 의존한 것이 유리하다는 일부의 주장을 보게 된 것이 바로 1883년의 일이었다44). 그 가운데 최초의 대일교섭이 구체화한 것은 동년의 「통리교섭통상사무아문(統理交涉通商事務衙門)」을 통한 십만원 차입의 일이었다 하는데 이것의 경위인즉 한말의 역사상 명기할 만하다. 그것은 곧 한말정부의 재정적 위기를 노출하였을 뿐 아니라 정치적 발언권의 제약을 스스로 감수할 수밖에 없는 결과를 가져왔기 때문이다.

무엇보다 개항기(開港期)의 정치차관이 판제(辦濟)될 가능성에 있어서 희박하였다는 점은 당사 국가간 피차에 있어서 알만한 상황이었다. 그럼에도 불구하고, 그것이 현실적 논의의 대상이 된 것이니 이는 「인플레이션」 하에 일시적 곤궁(困窮)을 모면하기 위한 이조정권의 입장과 보다 큰 정치적 지배권을 노리는 일본 측의 기대가 그에 대한 상호 흥정의 동기를 이루고 있었을 뿐이다.

사태의 위와 같은 진행은 필경, 봉건재정의 일시적 곤궁(困窮)을 넘어서 봉건체제의 기저적(基底的)위기를 자초(自招)할 수밖에 없다. 여기에 외래자본의 침입에 대한 국내대중의 반발이 고조됨은 이미 막을 수 없는 물결이다. 그러나 문제는 당장 봉건적 생산력의 내재적 발전에 연유(緣由)한

---

43) 1890년부터 한국시장에 일본면제품은 나타나기 시작하였고, 「일본품의 성공(性功)은 세평(世評)에 의하면 그 품질은 만체스터 제품에 떨어지지만 다만 가격이 저렴하기 때문에 이긴 것이다」 한국지(韓國誌) ; 제157면.

44) 동위문(同衙門)의 정병하(鄭秉夏), 일본의 공사(公使) 竹添進一郞의 소개장을 가지고 일본에 내도(來到)하여 일금 십만원 차관을 교섭하였다. (涉澤榮一 전기기록 제16권 제85면)

변천이 아니라, 무곡(貿穀)을 비롯한 시장경제의 확대에 관련된 외래적 계기라는데 심각성이 가중된다. 여기에 바로 한말의 개항기(開港期)에 있어서 우리가 봉건체제의 피압적(被壓的) 해체과정과 근대적 지배조건의 중첩적 진행을 보게 되는 소이(所以)이다. 물론 이때에 전후양자의 위기적 요인 그 자체 또한 상호보완적으로 진행한다. 그 가운데 사태는 접종(接踵)한 대중적 반발과 민란(民亂)으로서 전개되었다는 것이 개항기(開港期)의 역사적 과정인 것이나, 결과는 드디어 1894년의 동학란(東學亂)으로 집약되고 말았다는 점, 우리의 처음부터 모색해온 문제의 전말(顚末)일 뿐이다.

개항기(開港期) 농업공황의 양성(釀成)과정

김 준 보[1]

목차

머리말

공황(crisis)이란 잘 알려져 있는 바와 같이 원래 자본주의 경제의 진행과정이 자동적 조절의 제한점을 갖게 됨으로써 필연적으로 발생하는 현실체제와 모순적 현상이며, 이른바 경기의 파괴적 국면이다. 그러나 그것의 성장 기반은 반드시 자본주의의 생산체계에 한정되어 있지 않다. 비록 전 자본제형(資本制型)의 농업 생산양식이라 할지라도 그것이 일단 자본주의의 발전적 지배 하에 놓여 있게 될 때 스스로 거기에 특유한 농업공황은 실현될 수 있는 문제이다.

물론 농업 공황이 자본주의의 고유한 생산 기구 자체 내에서 발발되는 경우와, 다만 그것이 종속되어 있는 전기적 생산기반 위에 성장의 기반을 두고 있는 경우에 따라서 나타나는 심도 등 구체적 양태(樣態)는 구구하게 달라질 수 있다. 그 중 화폐자본의 발전이 충분하지 못한 소농 생산양식에

---

[1] 고려대학교·정경대학·교수

있어서 당연히 공황은 가중적으로 전가된 의미를 갖는 동시에, 한편 본래의 파괴적 병세로 하여금 급성적인 것이 아니라 오히려 만성적 효과를 보임과 같은 예이다.

그렇다 하여 우리는 농업 공황이 위에 말한 시대적 전후의 생산관계에 따라서 자신의 본질이나 그 성장 원인을 근본적으로 달리한다고 볼 수 없다. 모름지기 공황은 처음부터 자본주의체제내의 구구한 생산 기구를 포함한 속성을 갖는 것이며, 자본주의 경제의 일반적 비계획성에 고착되어 있는 기능이 되어 있기 때문이다.

그렇다면 여기에 우리는 당면한 과제인 한국의 농업공황에는 처음부터 몇 가지 복잡한 역사적 요인이 개입됨을 알 수 있다. 적어도 농업공황의 전개과정을 체계적으로 보고자 함에 있어서 우리는 농업사회의 고유한 피지배조건을 응당 구체화하여야 하고, 그에 앞서서 한국 자본주의의 성장에 관하여 그 기점이 어디에 있는가를 당장 정립하여야 하기 때문이다.

그러나 우리는 지금 한국 농업 공황의 역사적 기점을 문제시한다 하되, 의논의 외연(外延)을 넓혀서 공황 일반에 관한 추상적 조건에까지 지나치게 집착할 수 없다. 그렇게 될 때 우리는 한국 자본주의의 전체를 들어서 물어야 하고, 필경, 한국 농업의 전체적 생산기구에 관한 분석을 요구하는 우원(迂遠)한 지경에 도달한다. 그러므로 우리는 이들을 어느 한도까지 원리론의 대상으로서 전제시하거나 그렇지 않다면 대상의 실증화 과정에서 해답하는 순서를 취할 수밖에 없다. 따라서 예컨대 부질없이 태양의 특점이나 흉작에 관한 원리론으로부터 시작하여 경기변동에 관한 고전적 제 학설까지를 일일이 들추어 낼 필요는 없다고 보는 것이 당면한 우리의 입장이다.

사실 알고 보면 공황론에서와 같이 경제학 이론의 다양한 분기(分岐)를 본 분야도 많지 않다. 더구나 농업 공황론에 이르러서는 그 발생 조건이 착잡할 뿐 아니라, 우선 그것의 발전에 관한 인과성이 얽혀져서 실로 그 자신 방대한 역사적 논쟁의 체계를 이룰 만한 내용이다. 그뿐 아니라 전통적 공황론에는 현실적으로 혼교(混交)할만한 문헌학적 근거가 없지 않고, 더욱 각국의 역사적 공황이 보여준 구구한 양태는 바로 이 점을 실증한다 할 만하다. 다만 이들 전모(全貌)를 여기에 전개할 수 없는 우리는 최소한 여기에 다음과 같은 몇 가지 명제를 논의의 기점으로 삼을 수밖에 없을 뿐이다. 즉 농업 공황이 일반 공황에서와 마찬가지로 자본주의 경제 기구란 공통적 성장 기반을 전제로 취한다는 점은 제1차적으로 명기되어야 할 기본 명제이거니와, 그럼에도 불구하고 그가 농업 생산 양식에 대응하여 특수한 양태를 반영할 수 있다는 점과 아울러 그것이 흉작이나 풍작과 같은 자연적 변이 그 자체의 성장을 맡기고 있지 않다는 점2)은 중요하다. 그 밖에 우리는 농업 공황이 화폐경제의 발전을 기초로 한다 하되 일국의 농업에서 자연경제의 완전 불식(拂拭)을 요구하지 않는다는 점, 즉 파괴성과 더불어 시대적 융통성을 아울러 갖는다는 속성 등을 주시하지 않을 수

---

2) 그러나 흉작이 「세계시장의 폭풍우」에 겹쳐서 일어나게 될 때 농업 공황의 그것이 가중 조건으로서 기능하게 됨을 우리는 부인할 수 없다.

없다. 그리고 더욱 공황 일반이 본래 세계 시장의 토대를 갖는다는 사실에 비추어 자본주의 세계 경제의 지배적 변동과 더불어 일국내부에 있어서 독립적인 농업공황이나 공업공황의 발생을 점차 볼 수 있게 되리라는 점 역시 당연히 예상되는 문제의 중요한 입각점이다.

그러나 공업 공황이나 농업 공황의 성장 기반을 보는데 있어서 자본주의 경제의 진행이 언제나 자유적 시장기구만을 존속시키지 않는다는 조건은 명기할 만하다. 즉 시대는 초기 상업 자본주의로부터 고도 독점자본주의에 이르기까지 몇 단계의 변질적 과정을 거치는 만큼 이에 대응한 공업 공황이나 농업 공황의 양태 또한 구구한 변동성을 갖는다. 그러한 속성 가운데 각국의 농업공황에 관한 한 역사적 경험에 비추어 그것이 독점자본주의 시대에 이르러 비로소 본격화하는 기동력을 일반적으로 갖는다고 널리 알려져 있다. 사실, 각국의 자본주의 경제는 독점적 시장조건의 형성단계에 이르러 일반적으로 농산물에 대한 수요의 감퇴가 현저화할 뿐 아니라 농공상품(農工商品)간의 「쉐레」 현상이 눈에 띄게 되기 때문이다.

물론 농업 공황이 언제나 또는 어떠한 국가사회에 있어서도 독점자본주의라는 지배조건을 요구할 것인가에 대하여는 당장 판정하기에 곤란하다. 엄격히 따져 본다면 나라에 따라서 오히려 산업 자본주의 단계에 있어서도 일시적, 부분적으로 농업공황의 폭발적 기동성이 주어질 수 있다고 보는 것이 무난한 관찰일 것 같기도 하다. 사실 나타난 현상만으로써 이를 본다면 농산물 가격의 저락(低落)이나 농업 생산의 위축과 같은 불황적 동태는 봉건사회에서도 흔히 보아지는 과정임에 틀림이 없다. 더구나 누적된 빈농의 사회에 있어서 그러한 절박성은 거의 초시대적 문제의 조건이다. 따라서 농업 공황을 독점자본주의의 고유한 산물이라고 판정하기는 어려우나, 물론 봉건농업에 관한 한 응당 기업적 생산의 발전이 가져온 필연적 형세의 계기가 주어져 있지 않고, 더구나 거기에는 「세계시장의 폭풍우」로서 인정될 만한 생산의 전반적 파괴현상이 보여지지 않고 있다. 그 밖에 초기 농업 자본주의의 단계에 있어서 역시 농산물 수요의 증대나 노임의 황금시대를 보이는 것이 각국의 일반적 실례이므로 결국 농업 공황인즉 독점자본주의 단계를 기다려서 확인할 수밖에 없다는 지배적 성격이 나타날 분이다. 그렇다면 한국에 있어서 과연 이와 같은 본성을 갖는 농업 공황의 시대적 기점은 어디에 있는 것인가?

자본주의사상 최대의 공황으로 인정되는 1930년대의 세계적 대공황이 한국 농업에 미친 바 자못 심각한 대공황이었음에는 틀림이 없다. 만약 거기에 이론(異論)을 제기한다면 그것은 곧 한국 자본주의의 존립적 기반을 무시하는 소견이 될 뿐이다. 그러나 이때의 기록적 공황 역시 그 이전의 만성적 공황에 연계된 하나의 폭발적 불황현상에 불과하고, 결코 돌발적인 것이라 할 수 없다. 그리하여 그것은 적어도 1920년대의 세계적 불황과 일본경제의 그러한 동태에 크게 관계된 장기적 국면이다. 따라서 우리의 분석은 응당 역사적으로 문제의 조건을 깊이 찾아보는 데서 시작되어야 하나, 결과는 사태의 진전을 1876년의 개항에까지 추구케 하는 방향이 되지 않을 수 없다. 왜냐하면 한국농업이 자본주의의 지배조건 하에 들어선 것은 바로 개항 후의 일이며, 화폐경제의 발전적 지표를 넘어서 무엇보다 외래 자본의 침입을 통하여 「세계시장의 폭풍우」에 접할 수 있게 된 것 역시 이때의 일인 까닭이다. 그런데 「세계시장의 폭풍우」란 곧 독점자본의 압력에 의한 경기현상의 급격한 파급효과를 의미한다. 공황의 전가성이 당연히 이에 따르기 마련이며, 농업공황 또한 본격적으로 전개되기 마련이다. 그러므로 시대는 비록 독점 자본주의의 형성을 국내경제에 보지 못한 단계에 머물러 있었다 할지라도 문제의 지배조건에 관한 한, 개항기(開港期)3)에 있어서 일단의 충족을 본 것이 틀림이 없다. 다만 이에 대응한 피지배적 농업의 발전단계는 전근대적 생산관계와 생산력의 침체성을 면치 못한 제약적 기반에 놓여 있었을 따름이다. 그러므로 결론적으로 말하여 우리는 개항 이후 동학란(1894년)에 이르는 외래자본의 초기적 지배단계에 있어서 당장 농업 공황의 본격적 발생을 널리 보았다고 단정하지 않지만 문제의 태동만은 충분히 엿볼 수 있게 된다. 비록 역사적 미숙 과정이라 할지라도 필경 거기에 시장경제의 기복현상은 개항의 충격과 더불어 전개되었다고 보아지기 때문이다.

　물론 시장공황의 양태는 앞에서도 거듭 본 바와 같이 처음부터 만성적인 것으로 일련의 기대적 조건이 개항기(開港期)의 과정에서 뚜렷하게 실증될 수 있을는지 그 점에 의문은 없지 않다. 그러므로 문제의 객관적 평가에 관한 한 틀림없이 난관은 예상되는 것이나, 그럼에도 불구하고 이때에 우리에게는 농업 공황의 존재성을 인증케 하는 각별한 실질적 계기가 없지 않다. 그것이 무엇이냐 하면 것은 곧 개항기(開港期)의 진행에 따른 인플레이션의 위기적 전개과정 그것이다.

　우리의 보는 바, 인플레이션과 공황은 자본주의 생산기구에서 볼 수 있는 하나의 필연적 반동현상이며, 전자가 고경기에 따르는 현상이라 한다면 후자는 바로 불황의 격화를 뜻하는 대상관계이다. 그런데 우리는 개항기(開港期)에 있어서 틀림없이 격심한 인플레이션에 접한 것이 입증되어 있다. 그도 단순한 내재적 동인에 의한 조화(粗貨) 인플레이션이 아니라 원천적으로 외래자본의 기동적 소산4)이었음이 분명한 역사이다. 그렇다면 우리는 거기에 응당 이의 대척적(對蹠的) 국면으로서 공황의 존립성, 특히 농업공황의 현실화를 자연스럽게 예상할 수 있다고 보아진다. 이 점, 본론이 농업공황의 양성(釀成)과정을 개항과 더불어 묻고자 하는 적극적 동기이다.

---

3) 우리는 여기에 개항기(開港期)를 1876년으로부터 시작하여 1894년의 동학란(東學亂)에 이르기까지로 지목한다.
4) 개항기(開港期) 인플레이션에 관하여서는 별도 필자에 있어서 다소간 체계적으로 추구한 바 없지 않다(한국사학회, 「한국사연구」, 제7편 1972년 7월)

Ⅰ. 한국농업공황의 태동 기구

1. 개항과 농업 공황의 형성조건

우리는 지금 농업공황을 한말(韓末)의 개항과 더불어 살펴본다 하되, 전자를 구태여 깊이 그 이전에 소급(遡及)하여 묻지 아니한다. 비록 근대 자본주의의 맹아적 기반이 개항이전에 배태된 바 있다 할지라도 공황의 본성이 요구하는 「세계적 시장성」을 찾게 될 때 거기에 스스로 시대적 한계성이 주어지는 논리이다. 그리하여 이미 본 봐와 같이 한국 공황사는 농업 공황의 시발적 동인을 일본군국주의에 의한 개항과 더불어 추구할 수 밖에 없다. 여기에 일본 자본의 침투노동 그것이 당장 독점 자본주의의 성숙된 과정의 소상이 아니었음에도 불구하고, 일본의 군국주의는 적어도 그에 준한 배타적 지배력을 한반도에서 발휘한 것이 분명한 소치(所致)이다.

우선 농업 공황이 공업 공황이나 금융공황 그 밖의 일반적 공황에 따르지 않는 독점적 발전단계를 요구한다는 기구적 특성은 매우 중요하다. 그것은 무엇보다 자본주의 열국의 공황사에 거의 남김없이 입증된 역연(歷然)한 사실이다. 따져 보면 세계 자본주의가 이른바 독점 단계에 진입하기 이전의 시대에 있어서 농업 공황에 준한 농촌경제의 파괴적 불황과정이 전연 없었던 것은 아니며, 그것은 오히려 빈번한 과정이었다고 볼 수도 있다. 그러나 좀더 살펴 볼 때 비록 독점자본주의 이전의 단계에 있어서 농산물가의 폭락과 같은 이변이 있었다 할지라도 그것은 문제의 동인이나 위기성에 있어서 우발적이 아니면 지극히 제한된 시대적 속성일 뿐이다. 따라서 지금 이를테면 일부의 견해에 따라서 막연히 「자본주의 초기, 즉 19세기의 초두부터 대전 후의 시기에 이르기까지 첨예한 형태로서 나타난 농업의 공황은 1820년대, 1840년대, 1887~1896년 및 1921~22년의 몇 개를 셀 수 있을 뿐이다」5)하고 주장한다면 그것은 분명히 역사적(봉건적) 공황을 「자본주의적」(근대적) 공황과 혼동하였다고 보아지는 비과학적 시대관이 아닐 수 없다. 그 중 적어도, 1820년대의 불황으로 말하면 당시 영국이나 중구(中歐)에 있어서 농산물의 상대적 과잉생산과는 아무런 관계없이, 순수한 농업기술의 개선이 구래(舊來)의 생산방식에 고착되어 있는 소농민의 몰락을 가져온 형식으로 나탄 것뿐이다.

그 밖에 우리는 후진사회의 농업생산에서 흔히 보는 대흉작과 같은 자연적 재해를 본래의 뜻하는 농업 공황으로 보지 않을 뿐 아니라, 그 자연성에 오히려 자본주의 하의 공황과 전 자본주의 하의 그것을 판별하는 계기를 발견하다. 무릇 봉건적 토지제도 하에서 전개되는 농민 수탈방식의 격성 또한 비록 자본주의 하의 농업 위기에 일치되는 소농 몰락의 사회적 현상을 가져온다 할지라도 거기에 공황의 필연적 특성은 분명히 결여되어 있는 만큼 그 역시 우리의 본격적 대상으로 삼을

---

5) 라시첸코 「농업경제학」 하(직병우부, 일역), 1938, 제322면, 한편 라시첸코는 스스로 1820년대의 농업 공황이 「자본 주의의 공황」이 아님을 인식하고 있다(동상(同上), 344면)

수 없는 전기적 농업 문제의 속성이다.

그러면 근대적 농업 공황의 발생이 이렇게 독점자본주의와 불가분의 연관성을 가졌다고 보는 근거는 무엇인가? 이 점 대체로 다음과 같이 지적할 수 있게 된다. 즉 첫째로 세계 자본주의가 독점단계에 진입한 1870년대 이후에 있어서는 교통, 통신 등의 미발달로 말미암아 사실상 교역 시장이 제약되어 있어서 농업생산의 세계적 피지배성이 적었다는 것, 더욱 그 때에는 각국의 농업이 상품생산율에 있어서 아직 저위에 머물러 있었다는 것, 그와 반면에 농업 노동자의 산업면에 대한 흡수 운동이 비교적 활발한 동시에 산업경제의 농업원료에 대한 의존도는 높은 수준을 지향하고 있다는 것, 따라서 보다 적극적 국면에서 이를 본다면 이미 지적한 바와 같이 독점자본주의의 단계에 이르러 비로소 독점 가격의 형성을 비롯한 시장 지배력이 능히 농촌경제를 크게 좌우하는 동시에 특히 농공(農工)상품 간에 「쉐레 현상」을 야기시킨다는 결론이다. 그리고 이와 관련하여 식민지·반식민지의 개전이 본국의 농업 공황을 촉진시키거나 또는 그것의 심도를 높이는 반사적 진행을 볼 수 있게 된다는 점 또한 중요하다. 그 밖에 한편 농업생산의 화폐적 비탄력성이 보여준 자기조절력의 결여에 겸하여, 특히 소농의 취약성이 독점자본에 의한 피지배적 농락(弄絡)을 만성화시키고, 공황을 생존의 조건으로 삼을 수밖에 없게 되어 있다는 경제적 필연성이 이때에 간과할 수 없는 문제의 실증적 요인이다.

다만 문제를 한반도의 역사에 옮겨서 살펴볼 때 개항 이후 한일 합병에 이르기까지 이조정권이 존속한 가운데 봉건유제(遺制) 하 자연경제의 우위성은 뚜렷하였고, 농업의 화폐화 과정이 그다지 크게 진전을 보지 못한 점이 주목된다. 그 가운데 농업생산관계의 전래적 침체성이 뇌고(牢固)하여 농업 공황의 여건이 아직 잠재적인 것으로 보아지는 점 또한 틀림없는 실황이다. 그러나 우리는 개항 후 도입된 일본자본이 독점 팽창의 속성을 가졌던 점과 세계 시장과의 접촉면을 널리 가졌던 점을 아울러 보지 않으면 아니 된다. 이는 곧 문제의 피지배성을 넘어서 그 적극적 성장의 조건을 객관적으로 검토하는 태도인 것이며, 한편 후자의 구체적 전개과정에 더하여 피지배경제의 대응 관계를 보다 철저히 보는 요령이다.

개항 당시의 일본 자본주의는 주지하는 바와 같이 아직 성숙된 단계에 이르지 못하였다. 더구나 그가 해외시장에 산업자본을 여유 있게 투하할 만큼 저축을 이루지 못한 것이 1870~80년대의 실태이다. 따라서 잠깐 그의 군국주의적 배경을 제외하고 경제의 활동규모만을 분리시켜 본다면 개항 후 한반도에 개입된 배타적 자본은 그다지 큰 것이 되지 못하였다. 그럼에도 불구하고 사태를 종합적으로 관찰할 때 일본의 야심적 대륙진출은 처음부터 경시할 수 없는 것이니, 그것은 곧 그가 제국주의의 독점성을 발휘하기에 부족함이 없었던 정치적 개병을 보유한 까닭이다.

원래 일본자본주의의 성립과정으로 말하면 군수공업의 국가적 배양으로부터 개발 육성된 기반을 갖고 있다. 그럼으로써 그가 직접적 군사공업부문에 최대의 중점을 두었던 경한(經韓)는 유신정권이 매우 일찍부터 산업 육성의 과제를 근린 약소민족에 대한 침략기도와 결부시킨 점에 연관하여 지극히 특징적이다6). 사실, 그는 한국의 개항을 강요함에 앞서서 이른바, 「정한논쟁(征韓论争)」 (1873)을 자체 내에 불등케 하였으며, 개항이 되자마자 일본 국립의 「제1은행」 이란 금융자본의 진출을 이 땅에 의욕적으로 실현케 한 야심을 보여주고 있다. 후자는 표면상의 설립 목적에 있어서 자국인 상업자본의 편익을 위한 환업무나 환거래·예금·대부활동에 한정된 사업을 방조한다 하였으나, 사업이 점차 확대함에 따라서 오히려 「상품의 수출로부터 자본의 수출」 이 아니라 상품과 자본의 동시적 수출이란 반식민지적 지배세력을 이 땅에 부식한 첨병적 기계화가 아니겠는가.

더구나 일본 자본주의는 처음부터 한반도에 대하여 자신을 위한 문호개방을 요구함에 그친 것이 아니라 토착경제로 하여금 세계 공황에의 접촉면을 확대시켰다는 점에 있어서 큰 의미는 부각된다. 개항이란 원래 특정국 자본의 활동을 통하거나 그렇지 않거나 간에, 근대적 충격적 사태를 강요하였다는 점에서 틀림없이 위기적 속성인 까닭이다. 이 점을 「한국지(韓國誌)」 는 피상적으로 관찰하여 우선 이 땅의 외국무역을 들어서 말하되 그것이 「1876년의 조약에 의하여 크게 진보하였다」 7)고 지적한 바 있고, 다시 그 이유를 「이때부터 일본인을 개하여 구주인(歐洲人)을 알게 되고, 연후에 외국수출의 신현상이 상업 면에 나타나기 시작하였기 때문」 8)이라 함과 같다. 이 점, 당장 농업공황의 성립과정을 말한 것은 아니나 그것의 태동적 획기성을 시준함에 충분한 전망이다.

지금 개항 전후의 일본사정을 좀 더 살펴보면 주지하는 바와 같이 동국 스스로 세계 제국주의의 침입에 의하여 근대화의 신생면을 개척하였다. 즉 1854년에 미국선(흑선)의 내항으로 개항을 강요하였고, 1868년의 「명치유신」 으로 출범의 기반을 구축한 것이다. 그리하여 그후 후진 일본 자본주의는 선진열국을 쫓아서 철저한 중앙집권적 보호주의를 취한 가운데 농민대중과 노동계급을 유례없이 착취하였다. 그럼으로써 산업개발과 자본축적에 급속한 성과를 보인 것이 그의 초기적 단계이다. 그러한 체제하에 거기에는 군사력의 근대화를 쫓아서 포병공장·조선소·철도사업·통신 사업 등이 관권(官權)과 관영(官營)의 시설로서 이루어졌고, 금·은·철광산의 개발 또한 명치정권에 의하여 강력히 추진되었다. 그와 전후하여 중소가내공업(中小家內工業)의 보급과 육성이 없지 않았던 것이나 얼마 아니 가서 일본의 산업화 과정을 상품시장의 협익성과 원료 확보 난에 부딪치고 말았다. 이에 농촌과잉인구의 압박이 가담하였으므로 식량의 불안 또한 급박화함을 보게 된 것이 1870년대 한반도 개항 직전의 상황이다.

그 후 일본자본주의 하의 농업은 만성적 피압과정 하에 놓이게 되었거니와 특히 1872년에 이르러 「제1차 농업공황」 9)에 부딪쳤다. 이때에 농촌의 불황은 극도에 달하였고, 각처에 민란의 봉기를

---

6)　정상청환(井上晴丸), 「일본자본주의의 발전과 농업 및 농정」, 1957, 제72면
7)　「한국지(韓國誌)」 제112면
8)　동상(同上)
9)　1872년의 일본 미가(米價)하각은 수년전부터의 풍작에 겸하여 신정부에 있어서 폐번직현제의 실시 이후, 구번의 저장미나 구량미를 불하(拂下)한데 그 원인을 둔 특수한 국면이었다. 따라서 이를 명치유신 후의 「제1차 농업공황」 이라

봄에 이르렀다. 여기에 이른바 「정한론(征韓論)」은 오히려 힘을 얻게 되고, 개항의 관철을 보게 된 것이니 이 점, 한말(韓末) 역사의 외세적 배경이다.

> 지금 구태여 개항 직전(1875년)의 일본 경제를 길게 따질 여유는 없지만 요컨대 때는 바야흐로 금융핍박·재계불안사회불안이 병래하였고, 정부는 앞서 국립은행을 설립하여 지폐 발행을 허함으로써 불환지폐의 정리에 임하였으나 재계의 문란을 구할 수 없었으며, 이러한 제정세 하에 미가(米價)는 하락하여 지방에 따라서는 석당(石當) 2원대로 폭락함으로써 금내조세의 부담마저 견딜 수 없게 된 자, 불소하였다[10]고 알려져 있다. 이는 곧 그에 있어서 위기의 타개가 급박화 하였음을 전하는 적신호일 뿐이다. 」

그렇다면 우리는 한(韓)농업공황이 한반도의 입장에 다시 돌아가서 볼 때 단순한 국내시장의 변동이 아니라 외래적 위기의 소산이며, 침략적 압력의 충격임을 재확인할 수 있다. 일본 자본주의는 처음부터 식량문제의 해결을 한반도에 기대하였거니와 산금(産金)수매나 공업원료의 확보 또한 그의 야심적 대상이었음은 물론이다. 따라서 그에 의한 한반도의 반식민지화란 조금도 과장이 없는 절실한 욕구이었으며, 그 스스로 농업공황의 지배적 조건으로 전개하리라는 것은 의심의 여지가 없다. 적어도 인플레이션과 더불어 농업공황의 초기적 양성(釀成)이 그 가운데 진행될 수 있다는 관계는 농업공황의 본성에서 얻어진 필연적 논리이다. 이 점은 대일무곡(貿穀)의 성행이나 일본화폐의 국내 통용에 병행하여 일본 사업 및 고리대업의 농촌침투에서 구체화할 것이 예상되는 동태라 하겠으나 다만 현실에 있어서 개항 그것이 즉시 한반도에 전면적인 농업 공황을 야기시켰던 것인가, 이 점에 관한 한 보다 종합적으로 실증화하여야 할 문제로서 남게 된다. 사실 개항 초기의 국내 농촌사정으로 말하면 아직 봉건적 지배체제하에 물물교환에 의한 자연경제가 지배적이었고, 농산물의 상품화율은 일반적으로 10%를 크게 넘지 못하였다고 보이는 미숙성이 우선 눈에 띄는 국면의 과정인 까닭이다.

원래 공황은 화폐경제의 속성이므로 개항기(開港期)에 있어서 그 기동력이 처음부터 제약을 면치 못하리라고 보는 것은 당연하다. 그럼에도 불구하고, 우리는 개항이 보여준 우세한 시장지배력의 형성이 점차 화폐경제의 압력을 파급시킨 조건이라 함에 주목하지 않을 수 없다. 대외무곡(對外貿穀)만 하여도 시기적으로 국내공급에 다르지 않을 뿐만 아니라 일시적 중단을 보게 될 때(방곡령(防穀令)을 보라), 국내 곡가에 충격적 저락을 보게 되리라는 점 또한 분명한 귀추이다. 따라서 사태는 비록 전면적 농업공황이 아니라 할지라도 적어도 그것의 지역적 양성(釀成) 과정이 개항과 더불어 짙어지고, 구체적 동인이 스스로 조성되었다고 보아서 틀림이 없다. 더욱 일본의 농업 공황이 한반도 이 땅에 미치는 전가적 효과를 아울러 생각할 때 문제의 위기성은 더욱 실감되는 결론이다.

이상에 의하여 우리는 적어도 병자개항(丙子開港)과 더불어 한반도에 있어서 농업공황의 성립배경이 그 지배조건에 관한 한 기본적으로 일단 주어졌다는 사실과 더불어 정치적 피지배지역에

고 보는 사람(중택변차랑, 다음 참조)도 있으나, 필경 그것을 일본 자본주의의 독점단계에 도달하기 이전의 「전기적」인 것으로 다루는 견해(대내력(大內力), 전게서,제110면 참조)로 볼 수도 있다.
10) 중역변차랑(中澤辨次郎) 「일본미가(米價)변동사」 1933, 제 290면

있어서 농업 공황은 반드시 자본주의의 독점단계를 형식적으로 요구하지 않는다는 새로운 명제에 도달한다. 이는 곧 독점주의에 미달한 토착경제사회에 있어서도 본질적으로 현대적 농업공황이 발생할 수 있다는 시준이다. 물론 자본주의의 기초조건에 관한 한, 사실인즉 개항기(開港期)전에 있어서도 전혀 한반도 이 땅에 근대화의 맹아를 찾아 볼 수 없지 않았고, 외래자본의 침입현상 역시 그 때에 없지 않았다. 개항에 앞서서 일찍이 봉건적 토지제도의 해이와 더불어 국내 상업자본의 경쟁적 대두는 필경 봉건적 독점세력을 위협하는 과정을 형성한 바 있었고, 그와 병행하여 소규모의 매뉴팩처나 쇠퇴된 귀족양반계급의 공공연한 도매행위를 본 바도 있었던 정황이다. 육의전(六矣廛)이나 공인의 활동분야에 대한 근대적 제약, 난전의 보급 등 역시 이에 관련하여 보아지고, 경강상인·개성상인 등을 대표로 한 전기적 토착상인(객주(客主)·여각(旅閣)보부상(褓負商) 등) 등의 국내외에 걸친 상역행위 또한 이때에 볼 만한 국면이 아닐 수 없다. 그 중 특히 이들 사상(私商)도매에 의한 잠(밀)무역은 바야흐로 이 땅에 양화(洋貨)배척의 소동을 일으킬 만큼 이미 진전되어 있었던 개항 이전의 폐습이며, 그것은 단순히 「척사위정(斥邪衛正)」의 사상적 충격을 주었을 뿐 아니라 무곡(貿穀)이나 금은의 유출을 촉구하였다는 경제적 역효과로서 크게 볼 만하다. 거기에 우리는 적어도 단순한 봉건적 위기성만이 아닌 근대적 위기성의 배태를 지목할 수 있는 정도이다. 외화에 관한 다음과 같은 호소는 바로 이간의 동태를 좀 더 여실히 우리에게 전해 준다. 즉,

> 「우리나라 포백(布帛)은 아름다워서 원래 다른 것을 구할 필요가 없다. 그런데도 서로는 연경에 이르고, 남으로는 왜(倭)에 이르러 이미 유무를 무천9貿遷)하고 있다. 이 밖의 완호물(玩好物)이란 모두 국재를 소모하고, 민지를 상실케 하는 데 지나지 않는 것뿐이다. 근일에 양화(洋貨)가 거의 전국에 편만(遍滿)하여 이미 식자의 우탄하는 바 된지 오래다. 운운(云云))」 11) (일성록(日省錄), 고종 3년 7월 30일)

하는 척양화론(斥洋貨論)은 바로 대중적 항의를 대표함에 틀림이 없다. 그리고

> 「지금(至今) 풍년인데도 곡물이 귀함은 반드시 영국병지류(靈國病之類)가 있어 유한한 곡물을 잠루(潛漏)하여 무한지화를 환래하기 때문일 것이니 무릇 이국화물에 관계되는 것은 일체 병금하여 국재를 넉넉히 해야 한다.」 12) (일성록(日省錄), 고종 11년 5월 5일)

한 점 또한 개항 직전에 볼 수 있었던 위기적 징표이다.

그러나 인플레이션이나 농업공황의 본격적 양성(釀成)화 과정이 개항과 더불어 시작된 것은 이미 본 논리에 의하여 틀림이 없다. 무곡(貿穀)을 비롯한 무역의 확대는 바로 그것의 선구적 조건일 뿐이다.

사실 개항 전에 일찍이 북변의 2, 3 지방이나 남방의 왜관(倭館)에는 지정된 시일과 제한된

---

11) 개항 전 국내 상업 자본의 동태에 관하여서는 근래 많은 논작이 발표되어 있다. 이 가운데 일반적 자료를 정리하였다고 보아지는 것은 예컨대 - 한우근(韓佑劤) 「개항기(開港期)의 경제 상태」(한국 개항기(開港期)의 상업 연구, 1970, 저론) 참조
12) 일성록(日省錄), 고종 11년 5월 5일

품목수량으로써 무역을 위한 개시(開市)가 전연 없지 않았다. 그러므로 개항 전에 보이는 국내 소재의 외국상품이 빠짐없이 밀수에 속한다고 볼 수는 없는 이치이다. 그러나 그것도 대개는 국가간 의례적인 것이 아니면 공용이나 특권계급을 위한 거래의 소산에 불과하였다. 이 땅의 쇄국주의는 전통적으로 엄격하여 「1876년 까지만도 한국정부는 외국선의 입항을 금지하고 다만 청국(淸國) 및 일본의 「쟝크」만은 해삼위를 위하여 평안도해안에, 비어를 위하여 황해도 근해에 접근할 것이 허용되었을 뿐, 해위에 있어서 한국 어자와 통상할 수는 없었다」13)는 것, 다만 「전기의 엄금에도 불구하고, 밀상거래는 국내에 성행되고, 매년 청국(淸國)「쟝크」의 연해관사의 눈을 피하여 한국 근해에 내도하는 수, 약 2~34척에 이르고, 그 밀상자는 군도의 감시가 미치지 못한 곳을 찾아서 태연히 널리 거래를 하며, 관사 또한 가끔 불법거래에 의하여 취리(取利)하는 수도 있었다」14)는 정도이다.

우리는 지금 개항 전에 놓여진 국내 상업 자본의 경제적 비중이 어느 정도이고, 외래상품의 도입량이 어느 정도이며, 더욱 무곡(貿穀)의 실태가 어떠한 것인가를 계수적으로 파악할 만한 자료에 접하고 있지 않다. 기껏해야 공인된 무역 개시(開市)에 나타난 상품의 종목15)이나, 국내 특산품의 분포 관계 이외에는 일본인 조상에 의한 한국무역 추산서16)(1773~1876년)나 거래 주요 품목과 같은 단편적 문헌을 볼 수 있을 뿐이다. 개항 전 일찍이 「일본인은 부산에 3백~4백 명의 위수병을 상치하고, 상인도 거기에 거주하였던 것이나, 일본인은 국내 주민과 상업 관계를 갖도록 허가되지 않고, 다만 매월 2~3회씩 토지의 주민과 일정한 시기에 상거래를 영위할 수 있을 뿐이었다. 이러한 사정하에 양국의 상역(商易)은 매우 미미한 것으로 일본인으로부터 수입된 물품은 금포(錦布)·약용 감피(柑皮)·양료수본(梁料樹本)(1885년 양분(梁粉) 때문에 제압됨) 및 도기(陶器)이었고 한국으로부터 수출하는 물품은 금포(錦布)·미 및 두류이었다」17)

하나 물론 밀무역 일반에 관한 한 내용은 의연 자세하지 않은 상황이다.

그러나 개항에 앞서서 농업공황은 기본적 성립조건을 명확히 구비할 수 없음은 분명하다. 시대는 상품의 교역 면을 통한 제약성에서 뿐만 아니라, 자본적 지배세력이나 피지배적 토착생산 기반에 있어서 당연히 미숙함을 면할 수 없었던 단계이다. 이하 우리는 당연히 문제의 조건을 개항이 가져온 교역면의 변천에 제1차적으로 찾아야 할 많은 특별한 이유를 갖고 있다. 무엇보다 농업공황은 이미 본 바와 같이 처음부터 독점적 세력을 수반하는 「세계 시장의 폭풍우」를 요구하는 까닭이다.

그러나 개항 이후에 나타난 농업공황의 징표 역시 결코 고정적인 것이라 할 수 없다. 그 또한

---

13) 「한국지(韓國誌)」 제107면
14) 동상(同上), 제107~108면
15) 「한국지(韓國誌)」는 붕문(棚門), 청원(淸源) 양 개시(開市)에서의 한청 교역품목과 왜관(倭館)에서의 한일간 교역 상
     품의 종목을 나열하고 있다(동지, 제108~110면)
16) 동상(同上), 제110면
17) 동상(同上), 동면

있을 수 있는 내외경제의 소장에 대응하여 스스로 변천이 기대되는 역사적 점주이다. 이 점은 모르지기 자본주의의 발전 단계나 독점적 시장경제의 진행과정이 필경 공업 공황의 형태나 농업공황의 심도에 구구한 변이를 가져올 수 있다는 필연성[18]을 그대로 반영한다. 예컨대 농업 공황은 만성적인 특질을 갖는 가운데 특히 자본주의의 독점적 발전단계에 있어서 구체화함이 일반이다.

지금, 개항 초기에 눈에 띄는 한반도 토착 농업의 타율적 지배조건에 한정하여 우리의 문제를 설정한다 할지라도 우리는 세계 경제의 일반적 위기와 일본 군국주의의 압력에 대응하여 그 양태는 결코 단순하지 않다. 때는 바야흐로 전래적 봉건체제의 질곡(桎梏)이 우선 독특한 토지제도를 유지한 가운데 그것마저 문란된 변천과정을 걷고 있었던 시대이다. 그럼에도 불구하고 한반도 경제가 일단 개항 직후 약 5~6년에 걸친 일본 상권 독점시대에 들어서자 새로운 근대화의 물결에 접한 것은 분명하며, 그 후 1882년의 한미통상조약 및 「한청 상민 수륙(水陸) 무역 장정(章程)」 계기로 한 개방화 과정 또한 우리의 각별한 관심을 자아내기에 충분하다. 다만 전자의 단계는 대외무역수준에서 한정된 일상(日商)의 시장화를 뜻하고 있다는 점에서 미급(未及)하다. 한편 후자는 일본 군국주의의 일방적 규제 단계로부터 청일을 비롯한 구미 각국 자본의 국제적 경쟁적 무대의 확장을 보았다는 점에서 성숙된 면목이다. 그러므로 여기에 비록 이 땅의 피지배적 조건이 침체적이라 할진대 개항기(開港期)의 진행에 따라서 인플레이션과 농업 공황의 양성화(陽性化)를 보게 됨은 오히려 당연하다 할 수 있다. 다만 전자의 지배력에 비하여 후자의 피지배적 조건은 처음부터 내재적 본성인 반면에 고정적임을 우리 앞에 제시하고 있을 따름이다.

2. 교역시장의 확대과정

개항 직후는 일본 상권의 독점시대라 하지만 개항 그것이 개별적 일본 상업 자본에 대하여 처음부터 안정된 수익을 최대한으로 보장한 것은 아니었다. 때론 오히려 일본 군국주의에 대응한 토착경제의 시장성이 대외상업 자본의 활동 영역으로서 너무나 협애(狹隘)한 과정이다. 「한국지(韓國誌)」는 이 점을 다음과 같이 지적한다. 즉

> 「한국 시장에 일본 상업의 경쟁자인 외국 상인이 출현할 염려가 있으므로 전기 조약이 체결되자 일본 상인은 용이하고 신속하게 이익을 획득할 희망으로써 즉시 이 당에 내도하였다. 그러나 결과는 예상에 반하여 개항 장에 있어서 항상 탄격(歎擊)이 불절(不絶)하였고, 1881년부터 1883년간에는 상점을 폐쇄하고 본국에 귀환할 수밖에 없게 된 자 불소하였다. 운운(云云)」 [19]

물론, 한말(韓末) 정부 역시 처음부터 외세의 위협을 무릅쓰고 일본에 의한 부산 개항 이후에 있어서도 원산·인천 등의 개항에 대하여 연인(延引)책을 꾀하였음은 널리 아는 바와 같다. 즉

---

18) 공황이 독점자본주의 단계에 도달함으로써 생기는 형태적 변화는 흔히 종래의 명확한 주기변동으로부터 만연화한다는 것이고, 그것의 기본 원인은 교통수단의 거대한 확장, 경쟁적 공업국의 출현, 개발지역의 세계적 확대, 국내경쟁의 퇴조, 보호관세 정책 등에 있는 것으로 알려져 있다.

19) 「한국지(韓國誌)」 제 111면

> 「교묘한 구실을 붙여서 압제로써 주어진 조약의 실시를 되도록 연인(延引)할 것을 꾀하였다. 운운
> (云云)」[20]

하였던 실정이다.

그럼에도 불구하고, 우리는 개항이 무역의 절대량에 있어서 획기적 진전을 가져왔음에 틀림이
없다는 증거를 갖고 있다. 우선 전게「한국지(韓國誌)」에 의하여 공식적 무역 동태만을 비교하여
본다 하더라도 후자 수년간에 당장 배를 넘는 급격한 증세임이 분명하다. 더욱 1876년을 기준으로
한 1882년까지의 한국무역지수(이하 참조)는 실로 수출에 있어서 10배, 수입에 있어서 9배를 넘는
놀랄만한 템포이니 이는 물론 물가변동에 따른 명목상 확대도 있겠으나, 이 점을 참작(參酌)한다
하더라도 결론은 다름없는 기세이다.

개항전 한일무역

(단위 : 円)

연차	수출		수입		합계
	금액	지수	금액	지수	금액
1873	52,382	63.4	59,664	73.3	112,046
1874	55,935	67.7	57,522	70.7	113,357
1875	59,787	72.4	68,930	84.7	128,717
1876	82,572	100.0	81,374	100.0	163,846

자료:「한국지(韓國誌)」제110면 (「일본인 조사」로 되어 있음)에서 작성
　　　단, 수출, 수입은 한국의 입장에서 본 것.

개항 직후 한일 무역

(단위 : 円)

연차	수출		수입		합계
	금액	지수	금액	지수	금액
1877.7					
1878.6	119,538	144.8	228,554	280.9	348,092
1878.7					
1878.12	154,707	187.4	142,618	175.3	297,325
1879	677,061	818.9	566,953	696.7	1,244,814
1880	1,373,671	1,673.6	978,013	1,201.9	2,351,684
1881	1,882,657	2,280.0	1,944,731	2,388.9	3,827,388
1882.1					
1882.6	897,225	1,086.6	742,562	913.5	1,639,787
합계	5,104,859		4,603,431		9,709,090

자료: 동상(同上), 제 112~113면에서 작성

---

20)「한국지(韓國誌)」제 111면

한편 위의 표에 주어진 무역상황은 세관(稅關)을 통한 일반 상품의 공식적인 계수(計數)에 한정되어 있을 뿐, 개항 후 각별히 촉진되었으리라고 보여지는 산금(産金)수출이나 양곡의 밀무역 등의 거래 실적은 나타나 있지 않다. 따라서 만약 이 결함을 더욱 고려에 넣고 본다면 개항 후 5~6년의 단시일 내에 수출액은 실로 20배를 훨씬 초과하리라는 우리의 추산이다. 하물며 무역 시장 면에 보여주는 이와 같은 동태에 있어서 개항 전후의 한국 수출 상품이 그 대종(大宗)을 양곡(미곡(米穀)과 대두)에 두고 있었다는 사실은 농업 공황의 국내적 태동성을 강력히 반영한다(다음표 참조). 교역은 두말 할 것 없이 단순히 흉작과 같은 자연적 조건이나 조세의 납입과 같은 봉건적 지배 요인을 떠나서 근대적 시장 조건의 충격적 변동을 농촌경제에 파급시키는 보편적 소인(素因)을 마련한 까닭이다.

그 뿐인가, 대일 무곡(貿穀)의 획기적 진전은 당연히 한국의 농업 공황이 공업 공황과 독립적으로 발생할 수 있고, 또한 전자가 후자에 선행할 수 있다는 경기변동의 국제 기구적 특수성을 여지없이 제시한다. 이 점 단적으로 말하여, 외래 자본의 침입을 계기로 한 반식민지적 피지배성이 보여준 특색이며, 따라서 한국의 농업 공황이 공업 공황에 선행될 수 있고, 그가 일본의 농업 공황에 앞서서 보다 깊은 위기성을 발로(發露)시킬 수 있다는 사실을 인식케 하는 중요한 계기이다.

개항 직후(동상(同上) 표) 수출 상품별 비중

품목	금액		품목	금액		품목	금액		품목	금액	
	円	%		円	%		円	%		円	%
미(米)	1,529,636	29.0	건어	86,620	1.7	첨동	7,356	0.1	모포	67,175	1.3
두류	557,057	11.9	곤포(崑布)	178,018	3.5	피혁	829,132	16.2	마직물	43,342	0.9
인삼	60,202	1.2	포(鮑)	19,298	0.4	골(骨)	67,132	1.3	주(綢)	62,463	1.2
생사	174,019	3.4	금	972,242	18.0	두조(豆糟)	9,395	0.2	약품	48,805	1.0
해삼	171,382	3.4	은	87,056	2.7	모발	4,432	0.1	잡품	130,098	2.5

자료: 동상(同上), 제115~116면에서 작성

그러나 농업 공황에 관련된 교역적 기반은 국내 생산품의 수출 면에서 뿐 아니라 외화의 수입 면에서 더욱 볼 만하다. 무엇보다 「종교하고 사치스러운」 각종 구미 상품의 급격한 유입 동향이 후진 농촌공업에 중대한 위협의 자료로서 받아들이지 않을 수 없게 되었다는 점에서 부각된 문제이다. 이 또한 흔히 이른바 「쉐레」 현상이며, 만성적 공황의 심화를 준비하는 과정으로서 확인될 수 없지 않고, 그 자신 화폐경제의 확대와 더불어 방곡(放穀)의 촉진을 가져온다. 그럼으로써 봉건체제하의 자급 태세에서 볼 수 없었던 새로운 파괴적 국면은 전개되기 마련이다.

우선 여기에 전제한 무역표에 의하여 수입의 확대과정을 보라. 동시에 더욱 1877.7~1882.6의 수입 총액 4,603,431 원에 관하여 일본 상품과 구주(歐洲)상품의 종목이 어떠한 것이며 그들의 분포비중이 어떻게 되어 있는가를 살펴보자. 그러면 시장의 세계성은 뚜렷하다21)(다음표). 다만

---

21) 「한국지(韓國誌)」 제114~115면

개항 직후의 이른바 일본 독점 무역 시대에 관한 한 아직 일본상품과 구주(歐洲)상품은 수입 금액으로 대비할 때 11.7%(537,846원)대 88.3%(4,065,591원)로서 오히려 일본 수입상의 중개적 활동이 압도적으로 우세함을 가리키는 시대상일 뿐이다.

개항 직후(동상(同上)표) 중요 수입 품목별 비중

품목	금액(円)	비중(%)
직물·피복(被服)·염료	3,918,149	85.1
금속 및 동제품	367,767	8.0
식료품	45,447	1.0
잡품	272,074	5.9
계	4,603,437	100.0

자료: 「한국지(韓國誌)」 제 115면

그런데 개항기(開港期)를 통하여 수입 상품의 지배적 비중이 직물·피복(被服)·염료 등에 있었다는 사실은 이미 지목한바 농업 문제의 심각한 기점을 제기한다. 그것들은 바로 농촌의 필수품이며, 동시에 전래적 농촌 수공업품에 속해 있다는 데서 농가 소득과 농업 생산에 큰 제약을 뜻하는 상품이기 때문이다. 다만 문제의 귀추와 좀 더 자세한 기구적 내막은 본론이 다음에 다시 보고자하는 부문이지만 이는 분명히 화폐화 과정의 확대와 더불어 국내 소비시장의 대외의존도를 가리키는 표징이 아닐 수 없다. 기간에 농업 공황의 기반은 형성되고, 외래 상품 자본이나 고리대부 자본에 의한 농민의 피압 현상 또한 가중적으로 노출되기 마련이다.

지금 일본 상권 독점시대를 지나서 다시 1882년 이후의 한국 무역동태를 보면 교역 의존시장의 지역적 확대 관계는 더욱 뚜렷하다. 아직 일상(日商)이 쇠퇴된 것은 아니나 청국의 진출과 구미 각국의 참가 또한 서둘렀던 시대이다. 즉 우리는 일찍이 1882년 5월에 한미통상조약의 체결을 보게 되었고, 그 후 5개월 뒤에 이른바 「중조상민수륙 (中朝商民水陸)무역 장정(章程)」 의 성립을 보게 되었으며, 계속하여 각 열국과의 통상조약이 경쟁적으로 체결되었던 형편이다. 이 점만을 좀 더 자세히 볼 때 일본의 독점 상권에 자극을 받은 청국은 1882년 임오군란(壬午軍亂)을 계기로 하여 한반도에 대한 상병(商兵)정책의 기록을 열게 되었거니와, 한편 한말(韓末) 정부는 1883년 11월에 영·독의 통상요구를 받아들였고, 그 후 1884년 6월에는 이태리와 정식 통교(通交)하였다. 다시 동년 7월에는 로서아(露西亞)와의 사이에, 그리고 1886년 6월에는 불란서, 1892년 6월에는 오스트리아와의 사이에 각각 통상 조약의 체결을 보게 되었던 것이다. 여기에 한반도는 세계 제국주의에

일본상품 : 동·잡품·라스트링·경지제품·주(酒)·미(米)·인촌(燐寸)·방직물·칠기(漆器)·철공품·도자기·석(錫)·경(鏡)·마스린·문장(蚊張) (금액순)
구주(歐洲)상품 : 싸쓰지(메리야스)·세마포·염료·TEP면포·각종 면포·잡품석·우사(羽紗)·면사·강화(鋼貨)·니켈·생면·육두(肉荳)· 관제품 및 약품·견지(絹地)·아연·유리·총기(銃器)(동상(同上))

대하여 거의 완전히 문호를 개항하게 됨으로써 일단 세계 시장의 일환을 형성한 셈이나 다만 구미 각국과의 교역 실적은 아직 부진하였던 단계일 뿐이다. 그 중 일본에 대하여는 부산(1876년)에 이어 원산(1879년)의 개항이 있었고, 그 이외에 1883년에는 인천의 개항을 보게 되었거니와, 이에 이어서 양화진(1883년), 경성(1882년), 경여(1888년) 등의 개항이나 개시(開市)를 보게 되었다.[22] 그리고 그에 따라서 1883년 11월을 기하여 인천·부산 및 원산의 3창에 청일 양국민을 비롯한 구미 각국인의 내왕이 빈번한 상황 하에 한국 세관이 열리게 되고, 한편 동년을 전후하여 각 항시(港市)의 주류민(居留民)은 크게 늘었다는 것이며, 그 가운데 2,469명을 헤아릴 수 있었다 한다. 청국인(淸國人)이 이에 뒤따랐으며, 동년 6월에는 영국의 3개 상사가 제물포(인천)에 개설되었다는 기록[23]을 보게 되었던 진전 상이다. 더욱 이러한 시장의 확대과정은 1884년의 갑신정변을 계기로 하여 청일 양국민의 한반도 이입이 다투어 촉진되는 과정으로 특징화하였고, 청일간 상권의 각축(角逐)시대를 보게 하였다는 점은 주지하는 바와 같다. 이는 분명히 시장경제의 새로운 확대를 뜻하는 것이나, 참고로 1895년의 부산을 비롯한 인천 및 원산에 거류하는 일본인은 도합 호수 1,674에 인구 8,452명, 청상인의 호수 또한 1234호에 달한 가운데[24] 토착 상업 자본의 피압현상이 점차 눈에 띄게 되었던 경위이다.

그러나 1880년대 초기에 관한 한, 통상 지역의 확대에도 불구하고, 당장 한반도 무역에 실질적 상승을 크게 본 것 같지는 않다. 1882~1884년의 일본 경기의 불황[25]과 곡가의 하락은 일시 한국 미(米)의 대일 수출에 제약을 주었거니와, 한국의 흉작이나 정정(政情) 또한 분명히 이에 소극적으로 관련되어 있다. 그럼에도 1882년의 임오군란을 계기로 한 양정(糧政)의 파정은 잊을 수 없고, 1884년의 갑신정변 또한 이에 가담하였다고 보아야 한다. 여기에 우리는 틀림없이 「세계 시장의 폭풍우」에 의한 농업 공황의 전형적 일대 지배조건을 구체적으로 확인한 셈이다.

지금 1880년대 초기의 대일 양곡 수출에 관한 한, 이를 계수(計數)적으로 밝혀주는 체계적 자료에 접하기는 힘드나, 사태는 다만 상기한 내외 정황에 비추어 오히려 공황적 저조를 보인 것만이 대체로 용인되는 경향으로 보아진다. 이 점 다음 장에서 좀 더 우리가 밝혀보는 내용이지만 어쨌든 우리는 여기에 일본의 경기 동향이나 양화(洋貨)의 수입이 당장 한국 미가(米價)에 직결적으로 영향을 주는 단계에 이르렀다는 시대적 변천에 새로운 인식을 가다듬지 않을 수 없다. 일본 측 문헌에 비추어 보아도 이 점의 문제성은 뚜렷한 내용이다. 이를 테면

---

22) 목포(1898년 개항), 진남포(동상(同上)), 성진(1899년)·마산(동상(同上))·군산(동상(同上))·평양(동상(同上)) 등이 이에 뒤 따랐다.

23) british consular report (1882~1883) commercial reports by her majesty's consul greneral in korea, 1885(한 우근; 「한국개항 기의 상업 연구」 1970 제57면 등 참조)

24) 총리기문아문일기(總理機務衙門日記), 고종 32년 3월 18일, 24일, 25일(동상(同上) 참조)

25) 「명치 14년(1881) 정권에서 지폐 정리에 착수함에 이르러 지폐의 가격이 점차 회복되고, 물가도 또한 하락하여 경제 계는 반동기에 들어섬으로써 불경기의 소리는 도처에 들리게 되고, 명치 16년경에는 각은행의 임시 휴업 혹은 파산 에 함입(陷入)한 자 속출하였다. 운운(云云)」(장곡정천대송; 「제1은행 50주년 소사(小史)」, 1925, 제42~48면)

금년(1882년) 완전히 인플레이션으로 디플레이션 시대로 들어갔다. 3월부터 4월에 걸쳐서 전국 도처에 불경기의 소리는 충만 되고 매우기를 맞이하여 일제히 저락된 인기도 7월 하순에 이르러 조선 사변(임오군란)이 보도됨으로써 의연 활기를 띠게 되었으나 그것도 9월 2일 사변 낙착과 더불어 불꽃과 같이 사라졌다. 운운(云云)26)

함을 보라. 이는 물론 임오군란이 일본 미가(米價)에 영향을 주었다는 내용이지만 그 자체 국내 경제의 불황 관계를 표시하며 분명히 한국미가(米價)의 대일 의존성을 보다 강력히 반영하는 징표 이외의 것이 아니다.

그 후 「한국 세관의 통계는 동국(同國)에 있어서 외국 무역이 비상한 속도로 발달함을 입증하고 있는데 그 무역액은 1884년에 있어서 묵은(墨銀) 1,425,333불로부터 점증하여 1889년에는 4,611,656불에 달하였다」.27) 이때에 수출입 함께 청일 양국이 지배적 거래 상대국임은 물론이다(다음표 참조). 그 가운데 상품 수입 면에 있어서는 점차 일본의 우세한 지위가 떨어져 가는 경향에 있었으나 그 수출 면에 관한 한, 대일 수출이 끝까지 압도적임을 보여준다(다음 수출입액 비율표 참조). 그것은 두말 할 것 없이 양곡의 수출이 꾸준히 늘어가는 양상이며, 경기 변동의 조장을 뜻하고 있을 뿐이다.

3개항의 대 청·일 수출입액 동태

단위: 불

연차	수입				수출			
	청	일	계	지수	청	일	계	지수
1885	313,342	1,377,392	1,690,734	100.0	9,479	377,775	385,254	100.0
1886	455,015	2,064,353	2,519,368	148.0	15,977	488,041	503,818	131.8
1887	742,661	2,080,787	2,823,448	167.0	18,873	783,752	507,014	131.6
1888	860,328	2,196,115	3,056,443	180.8	71,946	785,233	857,084	222.5
1889	1,101,585	2,299,118	3,400,703	201.1	109,798	1,122,276	1,232,074	318.8
1890	1,659,542	3,086,897	4,746,439	280.7	70,922	3,475,098	3,540,020	918.9
1891	2,148,294	3,226,468	5,374,762	317.9	136,464	3,219,887	3,356,3512	872.2
1892	2,055,555	2,555,675	4,611,230	272.9	149,861	2,271,928	2,421,789	628.6

자료: 감천 태랑, 「조선통상사정」 1895에서 작성. 단 부산, 인천, 원산 3항에서의 세관 보고에 의함

---

26) 중택변차랑(中澤辨次郎) 「일본 미가(米價) 변동사」 1933, 제313면
27) 「한국지(韓國誌)」 제 138면

3개항의 대 청·일 수출입액 비율

연차	수입		수출	
	청(%)	일(%)	청(%)	일(%)
1885	18.5	81.5	2.4	97.6
1886	18.1	81.9	3.2	96.8
1887	26.3	73.7	2.4	97.6
1888	28.1	71.9	8.4	91.6
1889	32.4	67.6	8.9	91.1
1890	35.0	65.0	2.0	98.0
1891	40.0	60.0	4.1	95.9
1892	44.6	55.4	6.2	93.8

자료: 동상(同上)

　물론 청·일 양국이 점차 개항기(開港期)의 주종(主宗)적 무역대상이 되었다 할지라도 실지 수출입 상품의 원산지를 따져본다면 1890년대에 들어서도 아직 영국 제품의 우위(54%)는 불변하였고, 그것의 반액 미만(24%)이 일본제품이며, 그 밖에 청국산(淸國産)은 실지에 13% 정도에 불과하였다(다음표 참조).28) 따라서 개항기(開港期)의 진행이 비록 일본의 대한 무역액을 청국에 비하여 상대적으로 저하시킨바 사실이라 할지라도29) 한반도 토착경제에 미친 공황 전가의 위치는 시종 무너지지 않았다고 보아야 한다. 특히 위의 표에서 이미 본 바와 같이 무곡(貿穀)을 기축으로 한 대일 수출의 상승 과정은 1880년대 말에 이르러 실로 놀랄 만하다. 그리하여 1890년은 대일 의존사상 하나의 획기적 이정표를 세운 지점이다. 그러므로 「한국지(韓國誌)」 역시

　　「1890년 및 1891년의 비상한 풍작은 무역액을 한층 증가시켜서 전년에는 8,278,317불, 후년에는 8,622,812 불의 다액에 달하였다. 운운(云云)」30)

　하지만 이는 단순히 한국의 풍작이 가져온 소산만은 아니다. 그동안 일본 자본의 축적과 일본경기의 호전에 관련된바 크다는 것이 뚜렷한 역사의 배경이다. 31)

---

28)　「한국의 무역에 대하여 외국이 관여한 정도에 대하여서는 1890년에 인천에 수입한 외국품의 개수를 궁지(窮知)함에
　　족한 동항(同港)세관사의 조사가 있는데 그것은 다음과 같다. 즉
　　　영국산　　　　　　　　　　54%
　　　일본산　　　　　　　　　　24%
　　　청국(淸國)산　　　　　　　18%
　　　독국(獨國)산　　　　　　　6%
　　　미국산　　　　　　　　　　2%
　　　노불(露佛)산　　　　　　　1% (「한국지(韓國誌)」 제137면)
　　여기에 우리는 무엇보다 개항 직후의 일본 독점 시대에 있어서 일본산 상품 비중이 불과 11.7%였던 것이 인천만 한
　　정한다 하더라도 24%로 늘었다는 점이 주목된다.
29)　서방 박(西方 博) : 「조선에 관한 근대 자본주의의 성립 과정」(경성제대 법문학회, 조선사회경제사 연구, 1933, 제
　　172면 이하)
30)　「한국지(韓國誌)」 제139면
31)　제1은행 50년 소사(小史)(전게), 제43면, 중택변차랑(中澤辨次郞); 일본미곡(米穀)변동사, 1933, 제341면 등 참조

총체적으로 말하여 개항기(開港期)의 한국 무역은 대일 의존성을 끝까지 벗어나지 못한 가운데 양곡을 비롯한 농산품과 산금(産金)의 대일 수출로서 특징화할 수 있다. 일본측의 입장에서 따져 볼 때 역시 한반도의 개항은 상품 시장화의 목적보다는 산미(産米)의 수입이나 산금(産金)의 확보에 큰 의미를 가졌던 교역관계이다. 이는 단적으로 원시적 생산품의 수탈적 과정을 통한 공황의 원시적 형식을 뜻하며, 그에 앞서서 상업 자본의 개입을 적극화한 운동이었다고 볼 수 있다. 그리하여 청일전쟁은 이러한 과정의 진행이 어렵게 된 데 대한 일본군국주의의 의식적 충돌일 뿐이다.

3. 무곡(貿穀)·방곡(防穀)의 공황적 전개

개항과 더불어 즉시 체결된 「일본인민무역규칙」(1876년 7월 6일 의정)에 의하면

> 자후 조선국 제(諸)항구에 거류하는 일본인은 양미(糧米) 및 잡곡을 수출입 할 수 있다(동 제6조)

라고 되어 있다. 이후, 무곡(貿穀)의 대외수출입은 일단 공인된 가운데 일본 자본주의는 무엇보다 안정된 식량 급원(給源)을 확보한 셈이다.

물론 양곡(糧穀)의 대일 수출이 개항과 더불어 비롯된 것은 아니고, 또한 오랜 역사적 거래의 대상이었다. 개항은 이에 배차를 가하되, 특히 밀무곡(密貿穀)은 일찍이 국난의 고질적인 문제이었음에 틀림이 없다. 그러한 가운데 한말(韓末)의 식량 사정은 만성적으로 핍박하여 관에 의한 방곡(防穀)의 조치는 빈번하였음을 볼 수 있다. 그 점에 관련하여 1881년의 한일 양국관회의(兩國官會議)에서 정정을 시도하였던 「통상신약」에서 한국측은 미맥(米麥)대두의 수출을 일체 금지한다는 정책안을 제시한 바 있었던 정도이다. 즉,

> 미맥(米麥)대두 계는 수출 원금(遠禁) 제 항구 양미(糧米) 엄방출양(嚴防出洋) 감유사판출양자(敢有私販出洋者) 해곡사나입관(該谷査拏入官) 징벌여본개지수(懲罰如本价之數)[32]

그럼에도 불구하고 사태는 개항과 더불어 「원근모이지배(遠近牟利之輩) 전상교역(轉相交易) 심지유빙적공무(甚至有憑藉公貿)[33]라는 상황의 진행이었으니 문제의 심각화 과정은 분명하다. 즉 내외 상인이나 관사는 사리를 위하여 밀무곡(密貿穀)을 감행한다는 보고이다. 우선 해관을 통한 공식적 양곡 수출액으로서 초기의 실적을 찾아보면 1877.7~1882.6년의 5개년 합계로 미(米) 1,529,636원(일화 日貨), 두류 557,057원이라는 내용임을 볼 수 있다(전게 통계표 참조). 이들의 실물량이 어느 정도로 될는지 분명하지 않지만 미곡(米穀) 수출액이 연평균 적어도 4~5만석은 넘으리란 우리의 추산이다.[34]

더구나 사적 밀무곡(密貿穀)이 개항에 힘입어 한층 보편화하였다고 보아서 틀림이 없으나, 그

---

32) 통상신약(신이신행시(辛己信行時), 동년 12월 24일), 규장각 도서 (한우근, 전게서, 제266면에서 전기)

33) 일성록(日省錄); 고종 15년(1878) 5월 26일

34) 1877~1881년의 평균 정미(正米)(大阪시장)석당 가격 (7.50원)에 의하여 위의 1,529,636원을 제해 본 결과 20만석을 얻었다. 따라서 한국 미가(米價)로 이를 환산하면 거기에 이윤 분을 고려에 넣게 되므로 연평균 4~5만석이 된 셈이다 (일본 미가(米價)에 관하여는 중택변차랑, 「일본미가(米價)변동사」 1933에 의함)

자체 농업 공황을 반증한다. 고종 15년 (1878)에 제시된 암행어사의 보고에 따르면 이미

> 근래 피인(왜인) 무상 출입 우상상속왕래 기기교 현목지소교역 전이환취아물위주 아물며미곡·우척·피초·철정
> 이용후생지자 풍가이아유용역피무익후(近来彼人 无常出入 我商相属往来 其技巧 眩眼之所交易 专以換取我物
> 为主 我物则 米谷牛隻·皮草· 鐵鼎 利用厚生之资 丰可以我有用易彼无益乎)35)

란 문면을 볼 수 있을 정도이다. 사실 개항 직후의 잠무(潛貿)에 관하여 특히 일본 선박의 압도적
우위와 지정항구 아닌 안구(岸口)에 그들 선박의 기항(寄港)이 공인되었다는 점은 중요하다. 그들에
의한 세미(稅米)운송이 빈번하게 되었다는 점 또한 저곡가의 형성을 틈탔으리라는 것은 집착하고도
남음이 있다. 하물며 일본의 흉작이나 그로 인한 미가(米價) 앙등(昂騰)이 심하였던 시기(예,
1879~1881년)에 있어서 한국 산미의 밀수출 없이 그들의 식량난 수습이 가능하였다고 보아지지
않는 일본 측의 정황에 있어서랴.

그러나 성행된 대일 무곡(貿穀)은 당연히 도시의 곡가를 자극하여 인플레이션을 격화하였다.
곡가 앙등(昂騰)은 이미 개항 전부터의 사태이지만 1876년(개항 당년)을 고비로 하여 국내 식량
사정은 이미 걷잡을 수 없는 급박한 지경에 도달한 것이 숨김없는 실태이다. 앞에서도 본 바와
같이 개항 후

> 조선으로부터 일본에 대한 수출은 8할(割)이 미곡(米穀)으로서 그 때문에 서울의 미가(米價)가 2~3배 정도
> 올랐다는 것은 일본 정부 측의 보고에도 나왔다.36)

그리고 나중에도 보는 바와 같이 바로 1880년(고종 17년) 한국 측 기록(승정원 기로)에선 「물가
배사(倍徙) 부비우다(浮費尤多) 전지탕패지경(轉至蕩敗之境)」 37) 이란 문면을 보게 될 정도이다.
따라서 1882년의 임오군란이란 알고 보면 이러한 미가(米價)나 물가의 앙등(昂騰)을 기반으로 하여
폭발된 위기이며, 그것이 반일폭동으로 전개된 충격 역시 일본 측의 부등가적 양곡 취거(取去)에
대응한 민중의 반항 의식이 크게 작용하였음에 틀림이 없다. 즉 처음부터

> 일본이 인천 개항의 교섭을 조선정부와 더불어 시작할 때 조선의 정부가 개항에 반대한 것도 인천을 개항하
> 면 첫째로 유출할 것이 미곡(米穀)이고, 그 때문에 서울의 미가(米價)는 폭등하여 세민(細民)의 폭동이 일어
> 날 우려가 있기 때문이다. 임오군란이 단순한 군란으로부터 반일폭동으로 전개한 것은 이러한 사회적 배경이
> 있어다는 것을 잊을 수 없다.38)

그러나 1882년 이후 수년간의 무곡(貿穀)에 관한 실적은 더욱 볼 만하다. 일본의 불황과
국내사변(임오군란, 갑신정변), 일본의 풍작, 한국의 흉작(1888년) 등으로 대일 수출의 침체내지
후퇴 현상이 엿보인다. 이 점은 다음의 「미두(米豆)수출동태」 에 관한 표가 가리키는 개항 직후의
추세이다.

더욱 그 후의 시정으로서 흔히 인용되는 1893년의 기록에 의하면 다음과 같다. 즉

---

35) 일성록(日省錄), 고종 15년 5월 26일
36) 산변건태랑; 「한일병합소사」 (암파신서) 1966, 제49면
37) 승정원 일기 ; 고종 17년 7월 21일
38) 산변건태랑 「전게서」 제50면

8년전(1885년)의 수출고(미곡(米穀))는 겨우 38만원39)으로서, 그 후 연년 증가되어 왔다. 하지만 아직 볼 만한 액에 달하지 못하였다. 거란 명치 23년(1890년)에 이르러 조선에서는 미작(米作)이 충분하였으나 본방(일본)에 있어서는 불작이었기 때문에 동국(同國)으로부터 본방(일본)에로 다량의 미곡(米穀)을 수출하였다. 금일 조선의 총수출가액중 미곡(米穀)은 5할(割)5분(分)을 차지하고, 다음은 대두로서 총수출가액의 2할(割) 7분(分)을 차지한다. 운운(云云)40).

그 밖에 우리는 같은 기록에 의하여 동년(1890년)에 일본의 일부 미곡(米穀) 거래시장 (예하관)에서는 한국 미(米)의 상장을 보게 되었다는 점이 주목된다. 그리고 그 때 일본의 부산 소재 상업회의소의 조사에 의하면 한국의 미곡(米穀)산출량은 대개 7백~8백만 석으로 추산된다는 것, 「적어도 연 40만~50만석의 수출은 용이하다」는 진전된 실태를 엿볼 수 있다. 이는 분명히 저곡가의 전망이나, 다만 우리는 이들이 공식적으로 발표된 세관보고(조선통상구안 3관무역책)와 반드시 일치되지 않음을 간과할 수 없을 뿐이다. 지금 1885~1890년의 미곡(米穀)·대두 수출액을 공식적 기록으로써 보면 다음표와 같다.

미(米) · 두(豆) 수출 동태

연차	미곡(米穀)		두류		비중(금액)	
	수량	금액	수량	금액	미가(米價)	
	여담(餘擔)	여원	여담(餘擔)	여원	(%)	(%)
1885	9,800	15,600	28,000	28,800	35.1	64.9
1886	8,400	12,100	46,900	51,700	19.0	81.0
1887	67,500	90,000	304,500	335,400	21.2	78.8
1888	16,000	21,800	443,500	471,500	4.4	95.6
1889	34,500	77,500	447,300	645,400	10.7	89.3
1890	874,600	2,037,800	659,500	1,005,100	67.0	33.0

자료: 조선통상안구 3관무역책, 광서(光緒) 16년도, 무역정형총론
　　단, 금액은 묵은(墨銀)단위 (단, 1담(擔)을 4~5두(斗) 추산됨)

과연 1890년(고종 27)을 계기로 하여 미곡(米穀)수출이 급격히 확대됨으로써 적어도 이 땅의 수출 무역은 본격화한 느낌을 주고 있다. 이 점은 두류에 비하여 미곡(米穀)의 비중이 높아져 가는 추이와 더불어 농촌 저미가(米價)의 반증으로 주목되는 변천의 하나이다. 「한국지(韓國誌)」는 이러한 사태를 부연하여 미곡(米穀)의 대일 수출은 한국의 풍흉에만 좌우되는 것이 아니라 일본 농작의 경황(景況) 또한 강대한 영향을 가져온다고 지적하는 동시에, 이는 곧 「한국 농산의 중요한 수요지인 일본군도에서의 근소한 불작도 한산미(韓産米)의 다량인 수출을 요구하기 때문」41)이라고 하였다. 이러한 관례로 말미암아 1890년 및 1891년은 한국에 비상한 풍작을 본 반면에 일본에

---

39) 당년의 일본 동경 정미(正米) 시장가격(당년 평균 6.53원)으로 환산하여 보면 약 6천석에 해당한다.
40) 중천항차랑 「조선의 대외무역」(조선소보, 1893년 11월 발행, 제277면)
41) 「한국지(韓國誌)」 제139면

흉황(凶荒)을 보았으므로 한국무역액을 약 2배 증가시켰다는 것, 그러나 다음 2년간에 있어서 이 사정은 변경되어서 「1892년 및 1893년에는 폭우 때문에 한국의 흉작을 보게 되고, 특히 지미(地味)비옥한 남부지방의 피해는 많았으므로 정부는 1892년 11월에 방곡령(防穀令)을 공포하지 않을 수 없었던 것」42)이 기간의 경위이다.

3관(부산·원산·인천) 미·두 수출 동태

연차	미곡(米穀)		두류	
		(£)	(톤)	(£)
1889	(14,217석) 2,031톤	11,636	26,455	97,194
1890	(383,467석) 54,781	339,645	41,209	167,526
1891	(386,666석) 55,238	303,387	35,550	152,323
	(picles)		(picles)	
1892	630,580	197,396	545,248	120,554

자료: 전게, 조선과보, 1893년 (중택변차랑(中澤辨次郞)술, 「조선의 외국무역」)에 의하여 작성함 ()내는
 미곡(米穀)(톤)을 석으로 환산한 것, 단 1ton= 7석으로 봄

물론 한국은 그 동안 언제나 미곡(米穀)의 대일 수출지역으로 일관된 것은 아니고, 개항 후 일본산미의 수입을 본 예도 없지 않다. 1889년에 나타난 무역 동태는 볼 만한 그러한 자료이다. 즉 1888년에는 3남 지방의 대한재(大旱災)로 말미암아 한반도의 식량부족이 격심한 데 더하여 익(翌)1889년 봄 역시 흉작의 징조로 3~4월 이래 미가(米價)는 폭등기세였다. 그러므로 일본인 무역업자에 의하여 약 10만석의 일본미(日本米)를 수입한 바 있었다. 43) 는 것이 알려진 변천이다. 다만 당년 6월 말경부터 강우와 더불어 전도 풍작이 예상된 반면에 일본에는 미(米)소동과 더불어 미가(米價)의 폭등을 보게 되었다. 그럼으로써 인천의 무역상은 다시 한국미(韓國米)의 상당량을 일본에 역수출하였던 것이며, 이후 한미(韓米)의 대일 수출은 항구화 한 것이다(통계표 참조).

그러나 우리는 1880년대 초기에 보아 온 불황이 대일 무곡(貿穀)에 일시적 제동 요인이 되고 있다는 사실과 더불어 1890년의 획기적 수출증대 역시 반드시 풍흉의 소산이 아님에 각별히 유념한다. 사실 한일 간의 미가(米價)수준 차는 우선 중요하거니와 그것이 결정적으로 양국 측의 절대양적 생산 관계에만 의존한 결과가 아님은 뚜렷한 동태이다. 1890년에 기록된 한국 미(米) 수출의 비약적 현상과 전년의 일본 측 미곡(米穀) 수출입 관계의 역전(수출 초과로부터 수입 초과)에는 제반 사정이 얽혀 있는 일본 미가(米價)의 미증유(未曾有)의 폭등44)이란 조건이 개입하나, 그 가운데 유력한

---

42) 동 상
43) 수야수웅 「조선 미 수출입 소장(消長)과 미곡(米穀)검사의 발달」 (조선미비일보, 1937년 12월 5일, 7일)(조선 농회, 「조선농업발달사」 발달편 1944, 제 376~378면)

연차	미재배면적	미산액	수입미	수출미
1887	2,637천정보(町步)	39,999천석	26.6천석	365.4천석
1888	2,686	38,646	8.2	1,187.3

일본 측의 원인인즉 전년(1889) 5~6월 이래 성행된 투기업자의 매점이 자극한바 컸었다는 기록이다. 그 밖에 수반적으로는 일본 내에 재해로 인한 정미품(正米品)의 불작설이 유포됨으로써 외국산미(한국미(韓國米) 포함)의 대용 상장을 보게 되었다는 특수한 시장 조건을 발견한다. 지금 참고삼아서 일본 측에 나타난 1889년의 투기발동의 「경제적 기초」 는 열거 항목을 본다면 다음과 같다. 즉

① 전년(1888)의 미실수(米實收)가 그 전년에 비하여 1,781,998석의 감수라는 것

② 한국의 불작 때문에 방곡령(防穀令)에 의한 수출 금지와 수입미에 대한 관세 면제 등에 의하여 일본으로 부터의 대한 수출미가(米價) 격증하였다는 것

③ 청국 산동성 지방의 대기근, 아사자(餓死者)가 수만에 달했다는 보고

④ 춘계의 다우매우시에도 매우를 보지 못하여 한발(旱魃)의 염려가 있었고, 따라서 미작 불숙의 우려가 있었다는 것45) 등이다.

요컨대 개항기(開港期)에 있어서 한국 산미의 수출은 지배적으로 일본의 경제 사정에 의하여 피동적으로 움직였다는 대세를 감출 수 없고, 따라서 거기에 공황의 문제는 대두되며 그밖에 경기(예 농업 공황)의 조건을 크게 좌우하였다고 보여지는 국제무역의 원칙은 관철된다. 그 가운데 한국미(韓國米)의 대일 수출이 일본의 곡가에 영향을 준 점이 사실이라 하겠으나, 그것이 크게 일본 미가(米價)에 의하여 끌려간 인과적 관계를 경시할 수 없다. 말하자면 한국의 작황이나 곡가가 일본의 미곡(米穀)시장에 영향력을 가하기도 하였지만 일본의 식량사정이 한국의 시장조건을 규제하였다는 것이 훨씬 우세한 관계이다. 그뿐인가, 한국미(韓國米)의 대일 공급은 반드시 한국의 작황에 의존하지 아니하였고, 우위적으로 한국에 침입한 일본 자본의 미곡(米穀)수집활동에 더욱 크게 지배되었다는 점이 우리에게 주목된다. 따라서 비록 국내 식량 사정이 어느 정도 급박한 불황 하에 있다 할지라도 일본의 곡가가 어느 수준을 지키면 한국 내에 보다 큰 수익의 대상물이 없는 한에 있어서 한국미(韓國米)의 대일 수출은 증대될 수 있었던 것이 사태의 전말(顚末)이다.

물론 한국내의 이와 같은 피동적 무곡(貿穀)동태는 언제나 한말(韓末) 정부의 입장에서 수수방관의 대상만은 아니었다. 이른바 방곡령(防穀令)을 공포하여 무곡(貿穀)의 대외수출을 막는 방안이 통상 조약에도 그들에게 유보되었던 권한이다. 구태여 「한국지(韓國誌)」 에 의하여 이 점을 좀 더 부연하면

미곡(米穀) 수출량은 한국 내의 풍흉에 관계될 뿐 아니라 그 주요 수요자인 일본의 수용 여하에 관계된다. 그런데 한국에 있어서 미곡(米穀)수매자금의 선부 습관에 의하여 미곡(米穀)의 다량은 비록 흉년이라 할지라도 일본인의 수중에 들어가고, 주민의 손실에 귀한다. 그러므로 한정부는 임시로 방곡령(防穀令) 공포의 필요성을 느낀다. 곡물수출 금지는 한정부의 조약에 의하여 유보된 권리에 속하여 1888년 원산항에 이를 시행하

| 1889 | 2,727 | 32,008 | 13.7 | 1,626.4 |
| 1890 | 2,748 | 43,038 | 1,821.1 | 103.7 |

44) 1889년의 동경 정미(正米)시장 평균 미가(米價)는 석당 6월 5전이고, 연중 최고 월 가격은 9원 52전(9월)이었는데 1890년의 전자는 8원 94전이고, 후자는 11원 53전(6월)으로서 미증유의 기록이다(중택변차랑(中澤辨次郎), 「일본미가(米價) 변동사」 1933, 각 연도별)일본산미 수출입 미 동태
  자료: 전게 중택, 「일본미가(米價)변동사」
45) 전게; 중역변차랑(中澤辨次郎) 「일본미가(米價)변동사」 제341면

였고, 1893년 12월 19일부터 1894년 3월 15일까지 모든 무역항에 적용하였다. 운운(云云)[46]

그러나 방곡령(防穀令)은 전국적 또는 지방별로 임시로 발동된 가운데 그것이 결코 완벽한 방곡(防穀)의 방책이 되지 못하였다. 그뿐 아니라 때에 따라서 그 자신 새로운 문제의 동인이 되었던 조치이다. 즉 방곡령(防穀令)이 곡가 앙등(昂騰)을 막는 효과가 있다는 점은 시인한다 하더라도 그것이 종종 농민 도매 곡가의 지역적 하락을 초래하거나 계절적으로 「쉐레」 현상을 격화할 수 없지 않다. 그럼으로써 생산자의 손실을 가져올 수 있다는 점이 간과될 수 없는 문제이다.

물론, 개항기(開港期)의 방곡령(防穀令)은 반드시 곡가의 앙등(昂騰)에 대한 대항수단으로 쓰이기만 한 것은 아니었다. 미곡(米穀)의 대일 수출에 대한 의식적 반발의 표징이기도 하였다. 1888~1889년에 황해·함경도에 공포된 방곡령(防穀令)은 바로 그러한 의미를 갖는 대표적 조치라고 볼 수 있다. 다만, 그 결과는 국제 재판에까지 파급하여 한말(韓末)정부로 하여금 일본인 상인에게 손해 배상(약 10만불)을 지불케 하는 모순의 결말을 보게 한 유명한 사실(史實)일 뿐이다.

사실, 개항에 빙적한 일본자본의 국내활동은 일찍이 방약무인(旁若无人)한 점이 없지 않았고, 더구나 그 고리대적 산미매점의 활동은 농촌 경제를 크게 동요시킨 장본인이었다. 고리의 조건 하에 입도(立稻)매매의 방식을 자행할 뿐 아니라 부등가적 수법에 의하여 수매하고, 신속히 불법 반출하는 방편의 이기(利器)를 보유한 자, 또한 그들이었다. 구태여 지금 1888년 9월의 일례를 든다면 다음과 같다. 즉,

> 부항연해 경상·전라지불통상구안 구유일본선지래왕무易 자거부산세무사함칭 근래선지 교다어전 래칙운미 왕칙 우피등건 토지사행운출운운(云云)(釜港沿海 庆尚·全罗之不通商口岸 旧有日本船只来往贸易 妓据釜山税务司函称 近来船只 较多於前 来则运米 往则 牛皮等件 土地私行运出云云)[47]

그밖에 1894년 4월의 영국 총영사의 보고문으로서 외상의 다음과 같은 상황은 실로 주권 국민의 불안을 사지 않을 수 없는 개항 초의 침략적 행세이다. 즉,

> 청국행상인은 일본인의 수출을 위한 미곡(米穀) 매상인(買上人)과 더불어 전국의 어디에서나 만날 수 있다. 그들의 활동은 대단히 빨리 확대되어 가고 있으므로 조선 사람들은 이 두 식민자들에 의하여 국가 산업이 점점 흡수되어 가는 것을 자각하기 시작하였다. 운운(云云)[48]

그럼에도 불구하고, 사태를 피상적으로 보는 일부의 논객은 방곡령(防穀令)을 항상 백안시(白眼視) 하였거니와 「한국지(韓國誌)」 역시 이를 다음과 같이 오히려 비난하고 있음을 본다. 즉

> 이와 같은 한국 지방 관사의 비행(방곡령(防穀令))은 거의 모두 사리의 동기에서 나온 것으로 전기한 바와 같이 한국 관사는 상업에 간여함으로써 리(利)를 영위하는 풍습이 있어서 곡물 수출을 금지하는 동안 대리자로 하여금 농민의 잉여를 저가로 매점시켜 자기의 창고에 저장해 놓은 뒤에 금령(禁令) 해제를 기다려 대리를 얻어서 이를 판매하는 것이 진상이다. 운운(云云)[49]

---

46)　「한국지(韓國誌)」　제144면
47)　총리총무아문일기; 고종 25년 9월 30일
48)　british consular report; foreign office 1892, annual series, no 1088, corea report of r the year 1891
49)　「한국지(韓國誌)」　제130면

요는 이 시기의 방곡령(防穀令)이 원칙적으로 곡가의 하락효과를 생산 농민의 부담으로 귀착시킬 수 있다는 점에 우리는 주목한다. 비록 간헐(間歇)적이라 하더라도 이와 같은 시장 제약적 조치는 농업 공황을 유발하는 구체적 계기로 될 수 있는 문제이다. 그것은 개항 후의 경제 동태에 비추어 뚜렷한 인과이며, 그 자신 분명히 근대적 성격을 보유한다. 필경 외래적 「세계시장의 폭풍우」 에 대응한 자기 방위의 소산임에 틀림없는 까닭이다.

물론 방곡령(防穀令)은 국내 식량의 결핍에서 발동하는 것이 일반이므로 그것은 처음부터 인플레이션을 전제시한다고 보아진다. 따라서 방곡(防穀)은 바로 인플레이션과 병발적 성립의 조건이라 할 만하다. 그것이 특히 추수기에 시행된다거나 마치 전황기(錢荒期)에 공포를 보게 될 소농민의 「쉐레」 적 부담은 때때로 막중하다 할 수 있다. 다만 전래적 농촌사회의 만성적 곤궁상황은 보는 사람으로 하여금 사태의 새로운 충격적 동인을 흔히 간과시키고 있을 뿐이다. 바로 이 점을 반영시켜 「한국지(韓國誌)」 는 다음과 같이 방곡(防穀)의 결과를 지적한 바 있다. 즉,

> 방곡령(防穀令)은 그 목적인 미가(米價) 그 밖의 농산물가의 하락을 보지 못한 가운데 헛되이 농민의 손실에 의하여 관사의 사복을 비대케 할 뿐이다. 운운(云云)50)

이는 바꾸어 말할 때 방곡령(防穀令)이 곡가 하락의 효과를 틀림없이 가져오고 있었다는 것으로 해석되고, 더욱 그것을 계기로 새로운 문제의 대두 가능성을 말해준다. 즉 우선 간리(奸吏)의 무곡(貿穀)개입이 있게 됨으로써 사태의 심각성이 가중될 수 있다는 논리의 전개이다.

개항이 가져온 무곡(貿穀)의 성행은 국내 인플레이션을 자아내고, 방곡령(防穀令)의 발동을 봄에 그치는 것이 아니라 그로 말미암은 파생적 역효과 또한 불소하다. 적어도 세농(細農)의 궁핍이 가중된 점 또한 우리의 다음에 보는 내용이다. 다만 그러한 가운데 있어서도 미곡(米穀)의 상품비율은 높아졌고, 일부 지역의 미작이 타산적 자극을 받은 바 없지 않다. 즉 도시 근교나 교통 편이한 농지의 가격 상승을 보았다는 기록에 접하기도 한 것이나 아직 침체된 전반적 생산력을 높일 만큼 발전된 과정에 놓여 있지 못하였을 뿐이다. 즉

> 개항과 동시에 외국인의 내방(來邦)으로 주행(舟行)의 편이 있는 하천 및 해안 부근의 주민은 비로소 잉여의 판로를 발견함으로써 경작량을 증가시킴에 이르렀다. 그러나 전기한 사정은 그저 편리한 토지에 한정되고, 상항(商港)과 교통 곤란한 지방에 있어서는 그 경작량은 그 지방의 수요액을 초과할 수 없다. 따라서 상항(商港)에 가까운 지방에 있어서도 근근 15로리(露里)(약 4리)를 격하면 지가는 2배 이상의 감소를 나타낸다.51)

바로 이 교통 편리한 지역이야말로 인플레이션과 더불어 당장 농업 공황에 봉착할 수 있는 조건을 필경 갖추었다고 볼 수 있다. 거기에 외래자본의 침투는 활발하고, 세계시장의 영향은 직결적으로 파급된다고 보아지기 때문이다.

---

50) 「한국지(韓國誌)」 제130면
51) 「한국지(韓國誌)」 제 141~142면

4. 상업·대부자본의 농촌침투

개항 후 화폐경제의 진행에 따라서 공황적 지배조건을 적극화한 기구적 동인은 두말할 것 없이 외래 상품 자본이나 고리대 자본의 국내 활동이라 할 수 있다. 더욱 그들의 배경에 시장경제를 주름잡는 일본 금융자본의 고차적 압력이 기세를 발휘하고 있었음은 물론이다. 이때에 객관·여객·보부상(褓負商) 과 같은 토착상인이 이들 외래 자본에 예속되고, 그에 의하여 쇠퇴된 상황을 여기에 길게 논의할 여유를 갖고 있지 않다. 다만 「한국지(韓國誌)」의 해설에 기탁하여 개항 전기의 한국 상인의 입장을 개관한다면 곧 다음과 같은 실태이다. 즉 그들은

> 경제상 여력이 없고, 신용도 없는 것이며, 절대로 일본인과 경쟁할 수 없다. 개항 후 불과 2년을 경한 마당에 수출입업은 거의 모두 일본인의 수중에 들어가고, 한상(韓商)은 일본인이 곡물 등을 매점할 때 그 중매자에 불과하다.52)

그러나 물론

> 한국에는 각종 계급으로 나누어진 토착 중개업자가 많아서 이들은 토지의 상습관을 숙지하고, 외국인에 비하면 내지 상업 상 훨씬 편의한 위치에 놓여 있다. 그러므로 현금 외국품의 공급 및 국내 물산의 구매는 거의 전부 이들 영업자의 손을 거쳐서 행해지고, 국내의 수요자 및 생산자와 외국인과의 거래는 거의 모두 거주지 부근의 범위에 한정된다. 그리하여 개항지에 거주한 외상은 그 법정 지구 내에 있어서 처분되지 않은 상품은 이를 대변업자, 특히 토착의 대변업자에 위탁할 수밖에 없다. 이들 대변자는 혹은 육로에 의하여 상품을 내지에 운반하고 혹은 토지의 선박에 실어서 부근의 비개항에 운송하되, 다시 이를 주즙(舟楫)으로 하천을 소상하여 또한 마지막 육로를 거쳐서 멀리 내지에 운반함으로써 이를 내지 산물과 교환하고, 외상에 공급한다.53)

개항 후 시일이 경과됨에 따라서 외래 상품은 점차 국내 상업 자본과 국내 화폐(한전(韓錢))를 매개로 하여 농촌시장을 석권하였다. 이때에 각종의 수입 상품 그것이 「요화(妖貨)」로 일컬어지거나 「기물(奇物)」이라 보여지거나 수요자는 이미 특수 귀족 계층만이 아니었으며, 한편 이들 상품을 매개로 하여 한전(韓錢) 또한 일종의 상품과도 같이 교환 취득되는 대상물이었던 형편이다. 그런데 앞에서도 본 바와 같이 이들 수입 상품 가운데 대종적(大宗的)인 지위를 차지한 것은 시종 면제품이었다. 그도 처음에는 대체로 서구 제품이 우위에 있었으나 나중에는 일제품이 차차 우세를 보임으로써 일본 자본의 한국 농촌시장에 대한 지배력은 꾸준히 강화된 것이 개항 기를 통한 추세이다. 그러한 가운데 1890년 초에는 많은 일반 직물 이외에 영국제 및 일본제의 샤쓰지, 각종 화학염료·일본 권연, 피낭(皮囊), 일본제의 성냥 등 일일이 헤아릴 수 없는 일용품이 한국 농촌 시장에 범람하였다고 보아서 무방하다.54) 그 밖에 모직물이나 각종 금속품 등도 일찍이 수입되어 있었을 뿐 아니라, 석유 역시 1886년에 10만 여 갈론의 수입을 보았던 기록이다. 다만 이때에 촌락이나 소도읍에 점포는 아직 보기 드물었던 것 같고,55) 농촌 시장에서의 상품거래는 오히려 물물교환에 정체되어

---

52) 「한국지(韓國誌)」 제134면
53) 동상(同上) 제127면
54) 「한국지(韓國誌)」 제98~99면 L. B. Bishop, Korea and Her Neighbours, 1897, Ⅱ, p.105

있었을 뿐이다. 즉,

> 농민은 그 물산, 즉 주로 닭의 롱(籠)에 넣어 있는 것, 돈짚신·엽모 및 목시(木匙) 등 판매 또한 교환용으로
> 운입하는 자 줄을 잇고, 한편 대도에는 상인 또는 정확히 말하면 행상자의 무거운 짐을 진 자 또는 담부(擔
> 夫) 차마(車馬) 등으로써 운반하는 자 밀집 속행한다.56)

는 실태이다.

원래 외국상업 자본의 국내활동은 통상 개항 조약이 보장하는 바라 하겠으나, 한일 통상조약57)은
이미 본 바와 같이 군국주의의 배경 하에 일본 자본의 편익을 일방적으로 도모한 불평등성을 보여준다.
그것은 특히 수입 상품의 면세 특권에서 노골화하였거니와 양곡 수출입의 자유 보장에서 처음부터
농업 공황을 약속(約束)하였다고 볼 만한 조건이다. 그 가운데 일본 화폐의 국내 통상권은 일본
상업 자본의 기능에 대한 결정적 지원의 방편이 되는 동시에 한말(韓末) 정권에 대한 치명적 주체성의
제약이 아닐 수 없었다. 이 점, 인플레이션과 더불어 「쉐레」 현상이나 그 밖의 유통경제를 통하여
농업 공황을 한걸음 구체화하는 기본적 동인의 성장과정이며, 국권의 쇠퇴를 가져온 전반적 기세이다.
과연 「강화수호조약 부록」은 무곡(貿穀)의 자유를 보장하였을 뿐 아니라, 일본 화폐의 국내 통용에
관하여 다음과 같이 규정하고 있음을 본다. 즉

> 일본 국민은 본국에서 현행되는 제 화폐로 조선국인민이 소유하고 있는 물자와 교환할 수 있고, 조선국인민
> 은 그 교환된 일본의 제 화폐로써 일본국토산의 제 화물을 매득할 수 있으며, 이로써 조선국이 지정한 제 항
> 구에 있어서 인민들은 상호 통용할 수 있다. 운운(云云)58)

두말 할 것 없이 외국 화폐의 국내 통용은 유통계의 자기 조절력을 상실한 국내시장으로 하여금
외국 자본에 대한 예속을 가능케 하고, 국내 통화량의 증대를 가져온다. 외래 상업 자본이나 고리대
자본의 투기적 침투 또한 그로 말미암아 격성을 보였던 국면이다. 처음에는 이들 외래 화폐의 통용이
그 범위를 일정한 거류지 항내에 제한된 형식으로, 용인된 것이지만 그것의 유통 지역은 점차 확대되고
유통량 또한 점증하여 얼마 후 한전(韓錢) 어음과 더불어 한전(韓錢)의 총통용량을 넘어서 국내
교역 시장을 석권함에 이르렀다. 사실 일본 화폐는 일찍이 조계를 넘어서 불법적으로 잠상(潛商)행위의
수단이 되었거니와, 그것이 양곡이나 산금(産金)의 수매 또는 한전(韓錢)의 매매에 임하게 될 때
그는 모름지기 수탈적 부등가 방식의 매개자이다. 그리하여 그것의 극단적 폐단은 필경, 일본 상품의
불매 운동이나 한화(韓貨)의 매도 기피운동을 자아내기도 하였으나 물론 사태의 진행은 도착 민중의
무력을 폭로함에 그치고 말았다. 아니나 다를까, 당시의 일본 측 관변(官邊)문헌상 우리는 원산
개항의 직후 일본인 총영사가 자국 상인에게 통고하되, 「행상도 불원지장(不遠支障)이 없을
것이므로」 당분간만 강매 행위를 참아 달라는 공개적 자료에 접하는 형편이다. 즉

---

55) 「한국지(韓國誌)」 제99면
56) 「한국지(韓國誌)」 제 99~100면
57) 일본 내외 각국과의 조약과 한일간의 조약의 비교검토는 하나의 여미(與味) 있는 문제이다.
58) 한일 「수호 조규(條規) 부록」 제7항(1876년 7월 6일 의정)

> 근래 거류민 가운데 화물을 원산리(元山里)에 가지고 가서 매매하고 있는 자 있고, 스스로 한인의 가거(家居)
> 에 들어감으로써 흔히 갈등을 일으키어, 피측(한국)관부(官府)로부터 인정이 아직 익숙지 않으므로 동소(同
> 所)에 화물을 휴대하여 매매하는 일은 당분간 말아달라는 조회가 있음. 당지는 개항 후 근1주년이지만 이미
> 구다(舊多)부터 원산 개시장에는 자유로 물품이 갖추어질 만큼 되어서 부산항에 비하여 인심의 접근이 천양
> 지차(天壤之差)가 있고, 행상도 불원지장((不遠支障)이 없을 것이므로 차제(此際)에 사소한 물품을 매각하려
> 하여 도리어 일반의 상로를 방객하면 매우 좋지 않으니 추후 시달(示達)이 있을 때까지 물품을 원산리에 반
> 출하여 매매하지 않도록. 운운(云云)[59]

일본화폐의 국내 통용이 자행되고, 토착 시장의 그에 의한 지배관계가 형성될 때 일본 자본의
활동을 실효적으로 막는 길은 없었다. 그나마 1883년의 한·영간의 통상조약 이후 외국인에 대한
국내 내왕이 개방되자 일본인의 상업 및 고리대부자본의 농촌 침투는 문자 그대로 쌍두적 기능을
여지없이 발휘한 것이다. 이때에 무엇보다 무곡(貿穀)이 이들에 의하여 강압적으로 촉진되었다
함은 이미 본 바와 같다. 「한국지(韓國誌)」는 이 점을 다음과 같이 전해주고 있다. 즉

> 일본인은 더욱더욱 한인의 농업을 장려할 목적으로 경작 착수 전에 스스로 농업 지방을 순회하고, 또는 대리
> 인인 한인을 순회시켜, 보통 수확의 반을 분득(分得)하여 이것을 무역항에 송치한다. 그 대여한 금액은 미곡
> (米穀)의 매매시세보다 훨씬 저위(低位)에 있으므로 풍년에는 막대한 이익을 보고, 흉년에도 손실을 보지 않
> 는다. 운운(云云)[60]

물론 개항 후 일본인이 농민에게 자금을 대여하는 진실한 동기로 말하면 결코 「농업을 장려할
목적」이 아니라, 여분의 농산수확을 분득(分得)할 목적에 있다. 한편 농민이 자급자족의 경작규모를
넘어서 상업적 농업에 일보를 내딛는 동기 역시 일본 자본의 활동에 따른 화폐경제의 압력에 의존하는
결과일 뿐이다. 여기에 바로 외래상업자본과 고리대자본이 토착 농민을 수탈하는 기구적 기반은
형성되기 마련이나 이러한 사태는 곧 일본의 금융자본을 통하여 세계시장에 연결된다. 따라서 이
또한 농업 공황의 기구적 현실성이 급박화함을 알려주는 징표이다.

우리는 개항기(開港期)의 한국 농업을 일본 자본과의 연결 하에 생각함에 있어서 후자의 공황적
요인이 전자에게 전가되는 문제를 소홀히 넘길 수 없다. 바야흐로 곡가의 자율적 조절력을 갖출
수 없게 된 토착 생산 농민에 있어서 일상(日商)에 대한 부등가적 방곡(放穀)은 만성화하기 마련이다.
사실 군국주의 하, 독점적 수요자인 일본 상업 자본이나 고리대 자본이 한반도의 피지배적
생산농민으로부터 양곡을 수매하는 요령을 살핀다면 그 자체 「강요된 농업 공황」의 유형이 아닐
수 없었다. 그럼으로써 우리는 예컨대 개항 직후 한국 미(米) 1석에 40~45전에 구입한 일본상인이
이를 대판시장에서 6~8원에 매각함으로써 폭리를 얻었다는 기록[61]에 접할 수 있는 형편이다.
이 점, 필경 정치적 위기를 도발하는 동인이 될 수 있는 동시에 바로 개항 초 일본인 관사(官史)(총영사)
스스로 여실히 그것은 인정(지시)한 문제점에 상통한다. 즉,

---

59)　고미신우아문(高尾新右衛門), 「원산발전사」 제30면 1882년 7월 23일자, 일본 총영사 논달(論達)(사방 박, 전게논문,
　　　제170면에 의함)
60)　「한국지(韓國誌)」 제141~142면
61)　강덕상 「이지 조선 개항 직후에 관한 한일 무역의 전개」 (역사학연구 제 266호)

곡물 매매는 원래 한인이 혐기(嫌忌)한 바로서 아국민(일본인)의 자용 식료를 제외하고는 개시(開市)일에 다수
의 곡물을 일시에 매집함과 같은 일은 오히려 장래에 좋지 않은 문제를 양성할 것이다. 62) 따라서 개시일(開
市日)에는 순찰(경찰)를 수3명 파견하여 두었으니 만약 한인이 물품 매도를 거부하거나 또는 횡폭한 거동으로
나오더라도 되도록 아측(일본 측)에서 손을 대지 말고, 조용히 상대방을 붙잡아서 순찰에 인도하라. 운운(云
云)63)

본래 자본의 대소규모에 관한 한, 일본의 「제일은행」이라 할지라도 당초는 반드시 풍부한
자기자금을 보유한 금융기관은 아니었다. 64) 그를 일본제국주의의 대륙경영을 위한 선봉적
금융자본으로 볼 때 오히려 빈약한 주체이었음이 드러난 사실이다. 그러나 위에서도 본 바와 같이
그는 일반 은행 업무 이외에 크게 한전(韓錢) 매매를 자행하였고, 일본 통화를 원천적으로 공급하였으며,
그 스스로 무역업자로 행세하기도 하였다. 그러므로 그의 실질적 지배력에 관한 한 처음부터 볼
만하였던 위세이다. 더구나 그가 일본 관청이나 보험회사의 출자금고로 기능하는 동시에 1883년에
이래 한국 해관 은행으로서 3관(부산, 원산, 인천)의 수출입세·톤세(噸稅)를 징수하는 특권을
위탁받았음을 보아올 때 이미 독점 자본의 대표성을 갖추었다고 볼 만하다. 그는 처음부터
일본제국주의를 대표하는 금융기관인 것이며, 한말(韓末) 정부의 대행적 권능을 전유하게 된 세력자인
것이다.

그런데 제1은행의 위와 같은 기동적 업무는 일본 상인에 대하여 막대한 편익의 조건을 제시하게
되는 동시에 일본 화폐의 가치를 올리는 결과를 초래하였다. 글에 따라서 한전(韓錢)의 신용력을
반사적으로 떨어뜨린 점, 또한 볼 만한 귀추이다. 무엇보다 개항 얼마 후부터 관세 징수가 일본
화폐나 묵은(墨銀 멕시코 은화)이 아니면 한전(韓錢) 어음에 한정되어 있었고, 한전(韓錢)의 수납을
용인하지 않았던 점이 이를 입증한다. 이 점, 실로 한말(韓末)정부 스스로 자기 권한은 포기한 위국의
동태일 뿐이다.

총체적으로 개항과 더불어 한전(韓錢)의 신용력이 저락을 면치 못하게 된 것은 흔히 말한 바와
같은 국내 조화(粗貨)의 주행이나 흥작에 근원을 갖는 것은 아니다. 인플레이션은 모름지기 대일
무곡(貿穀)을 비롯한 외래적 소산이었던 것이며, 더구나 취약한 한전(韓錢)이 일본 화폐에 부딪치게
될 때 그 명목을 유지할 수 없었음은 시세의 당연한 논리이다. 이 점, 악순환하여 농업 공황과
더불어 일본 상업 자본이나 고리대자본의 편익의 조건이 되리라는 점 또한 불가피한 동태라 할

---

62) 고미신우아문(高尾新右衞門) 「원산발달사」 제19면의 1882년 12월 17일, 총영사 지시문(사방박, 전게 논문, 제170면에
　　의한 전재)그밖에 동종의 지시문으로서 「근래곡물을 구입하려 할 때 흔히 규분(糾紛)를 발기하므로 자유무역의 추지
　　에 어긋나지 않도록 피방(한국 측)에 조회하였다. 운운(云云)」한 문면이 나와 있음을 본다. (상게서(上揭書), 제28면)
63) 동상(同上)
64) 일본은행의 정식 진출에 앞서서 1876년에 부산에 사은행(대창 삽택 공동 출자)이 당초 자본금 5만원으로 설립하였고,
　　이것이 1878년에 일본은행 부산지점으로 전환된 것이나 일본 정부의 특별한 지원을 받았음은 말할 것도 없다. 즉 이
　　를 테면 「제1은행 반계(半季) 실제 고찰표」(제14면, 1880년 7월)의 예에 의하면 「대장성에 신첩(申牒)하여 조선 무
　　역사를 개진(開陣)하고, 신동화(新銅貨) 3만원을 배차(拜借)하여 한전(韓錢)의 결핍을 보조해 주도록 청하였던 바, 이미
　　부산포지점에 10만원의 배차를 윤허(允許)한 바 있음으로써 운운(云云)」한 바와 같다. 그후 금매상(金買上)을 위하여
　　일본 정부는 제일은행에 막대한 자금을 공급하였던 기록을 볼 수 있다.(전게, 삽택 영전기 자료)

만하다. 토착 농민이 인플레이션과 공황에 신음하는 가운데 일본인 자본가는 오로지 투기적 한전(韓錢) 매매로써 커다란 수익을 누릴 수 있었던 정황이다.

사실인즉 제1은행65) 뿐이 아니라, 일본 자본으로서 개항 초기에 내도한 상인이 반드시 대자본가는 아니었다. 오히려 일획천금을 꿈꾸는 적수공권(赤手空拳)의 내도자가 많았던 당초의 실정이다.66) 그럼에도 불구하고, 앞에서도 본 바와 같이 그들은 각종의 특권을 배경 하에 원시적 축적을 이루었고, 특히 자국 금융기관(제18은행, 제58은행)의 지원하에 식민지적 고역활동을 일삼았던 독점적 상인으로 보아서 무방하다. 67) 이 점 토착 상인의 불우한 정치적 배경과 대척(對蹠)적이라 하겠으니 일찍이 우리는 일본인 관찰자의 다음과 같은 실토를 보았던 정도이다. 즉,

목하 조선에는 각항마다 은행지점이 있다 하여도 그 업무는 오로지 일본과 조선간의 상업에 있고, 조선 국내의 상업에까지 업무를 확장하지 않고 있다. 따라서 일본을 위하여서는 유리한 바 있으나 조선상을 위하여서는 추호도 편리를 개발한바 없다. 운운(云云)68)

굳이 말한다면 개항기(開港期) 토착상인에 대하여 금융지원의 방편이 전연 없는 것은 아니었다. 각 도읍에는 객주(客主)·여각(旅閣) 등이 있어서 전기적 상업자본과 대부자본의 일체적 기구로서 활동하였던 실적은 볼만하다. 그 밖에 전통적 계(契)의 조직 또한 도려(都鄙)를 막론하고 널리 보급되어 있었으며, 전문적 금전대부업자 또한 불소하였다고 알려져 있다. 개항 직후 일본인에 의하여 개설된 전당포나 대옥(貸屋)은 바로 후자의 대표 예69)인 것이나, 다만 그들은 다같이 전근대적 고리대로써 토착민중을 아낌없이 착취해 온 「채귀(債鬼)」이었을 뿐이다.

지금 개항 당시의 수리수준이 어느 정도이었던가, 그에 관한 자세한 자료는 구하기 곤란하다. 다만 「한국지(韓國誌)」에 의하면 1890년대에 있어서 계(契)나 대금업자의 금리가 최저년(10개월) 2할(割)로부터 최고 10할을 넘는 경우를 본다70)하였으나, 실지 대농민의 이식(利息)은 이보다 더욱 높은 예가 되어 있었음이 분명하고, 개항초기의 그것 역시 더욱 높았으리라고 보아진다. 실로 당시의 문헌이 일본인 상인마저 이식(利息)이 고율이기 때문에 은행 융자를 받기 어려웠다고 하니71) 하물며 토착 상인이나 농민이 고리의 희생이 된 것만은 틀림이 없으리라. 사실인즉 여기에 조화(粗貨)의 난발이 있을 수 잇는 계기는 숨어 있고, 인플레이션 가운데 정권의 부패조성이 뒤따랐던 소이(所以)이다.

그럼에도 불구하고, 일본 상인이 처음부터 그들 금융기구의 지원 하에 양곡 수출을 독점하고, 그 밖에 자본적 활동을 수행하였다는 사실은 토착농민의 희생을 입증한다. 한상(韓商)의 피압관계72)

---

65) 동상(同上)
66) 조선소보(팔), 1892, 중천항차랑 설
67) 제1은행의 「1897년 2월 13일까지 대방(貸方) 63만 8천원으로서 그 대부분은 한국 수출입 상품을 담보로 한 일본인에 대한 전대(前貸)이다」(「한국지(韓國誌)」 제 90면)
68) 감천태일랑 「조선통상사정」 1895(사방박, 전게논문 제88면)
69) 금촌鞆 「조선풍속집」 제274면 (사방박, 전게논문 제83면)
70) 「한국지(韓國誌)」 제 92면
71) 동상(同上), 제129면, 제131면
72) 구체적 예로서는 일본인 상인에 의하여 1890년 부산, 인천 두항에 설치하였던 25개소의 객주(客主)가 일본 공사의

또한 볼만한 이 때의 정경이다. 그러한 가운데 있어서도 일본 은행 측이 그들의 수입상보다는 수출상(미곡(米穀) 수집상)에 대하여 적극적으로 자금을 지원한 행적은 틀림없이 자본침투의 역점을 밝혀주고 있는 것도 같다. 73) 거기에 일본 상인의 시기를 잃지 않는 무곡(貿穀)이 왕성화하고, 그들에 의한 배타적 수곡 활동이 문제되었던 소이(所以)이다. 이 점 분명히 인플레이션과 더불어 농업 공황의 조건 형성을 강화하는 계기라 아니 할 수 없다. 처음부터 이때에 소농민의 궁박 판매는 따르기 마련인 까닭이다.

　일본인 상인이 한국 농민으로부터 양곡을 수매한 방식 또한 발전한다. 그것은 개항 초기의 수탈적인 것으로부터 점차 사취(詐取)적 거래방식에 이르는 구구한 내용이다. 그 중 개항기(開港期)의 고래대적 침투 예는 농업 문제의 기반으로서 여실하다. 즉

> 일본인은 더욱 한민(韓民)의 농업을 장려할 목적으로써 경작착수 전에 스스로 농업 지방을 순회하고 또는 대리인 한인을 순회시키되 수확의 반을 분득(分得)하는 조건 하에 농민에 자금을 대여하여 수확기에 이르면 다시 계약 지방을 순회하여 농산수확을 분득(得)하여 이를 무역항에 송치한다. 그가 대한 분은 미곡(米穀)의 매매시세보다는 훨씬 저위인 것이므로 풍년의 경우는 막대한 이익을 보고, 흉년에 있어서도 손실을 본 바 적다. 그런데 한인 측에 있어서는 풍흉에 관계없이 (여하튼 생산이 증가되었으므로?) 별로 힘을 들이지 않고 여분의 소(少)수입을 얻는 것으로 모두 만족한다. 운운(云云)74)

　물론 일본 자본은 무곡(貿穀)이나 상품 수입이나 한전(韓錢) 매매나 고리대적 활동만에 의하여 토착 경제를 지배한 것은 아니다. 산금(産金)의 매상, 채광권의 실질적 확보 등 또한 통상적인 것으로 볼 만한 국제자본의 침략적 유형이다. 그 중 산금(産金)의 수매는 화폐 경제의 농촌 침투에 기여하였다고 볼 만하다. 그 밖에 부등가적 금 유출의 결말이 한말(韓末)경제로 하여금 스스로 국제 결제력의 약화를 가져오고 국내 인플레이션의 기반 형성을 초래하였다는 사실을 감안할 때, 이에 따른 부담 전가의 반사효과 또한 농업 공황과 전연 무관하다 할 수 없다. 광업(鑛業)과 농업이 미분화 상태에 놓여 있었던 개항 초기에 있어서 부등가적 산금(産金) 수매 활동이 국내 경제에 위기적 영향을 미친 인과성은 오히려 당연한 관계이다.75)

　지금 개항 기에 취해진 각국 자본의 산금(産金)수출방식이나 그것의 수출량액에 관하여 여기에 깊게 논의할 필요는 없다(다음표 참조). 그것에 관한 정확한 자료 또한 미비상태에 있고, 공식적 수출이 아닌 밀무역은 오히려 많았던 비중이다. 그 가운데 특히 일본 정부에 의한 한국 산금(産金)의 수매는 처음부터 무곡(貿穀)과 더불어 경제위기의 원천적 쌍벽(雙璧)을 이루었다고 보아진다. 일찍이 1884년 2월에 사금(砂金)매상을 위하여 제1은행에 전도금 30만원을 대부함으로써 이에 역점을 크게 두었다는 것은 바로 기간의 경위를 말해주는 자료이다. 76) 일본 측은 그 후 청국과의 치열한

　　항의로 철폐된 것(구 한국외교 문서, 제2권 일안, 1707호, 고종 27년 5월 23일), 그 밖에 개항기(開港期)에 있어서 청일 상인이 육의전(六矣廛) 독단하였음은 널리 알려진 바와 같다.

73)　대판상의 「한국산업시찰보고서」(사방박, 전게 논문, 제175면)

74)　「한국지(韓國誌)」 제142면

75)　졸고(拙稿), 전게 논문 참조

경쟁에도 불구하고, 1886년 5월부터 1889년 8월까지 제1은행을 통하여 실로 260만원77)이란 기록적 지금(地金)을 납부시켰다 한다. 따라서 우리는 1880년대 후반기에 들어서서 대일 수출액(금은제외분)의 상대적(대 청국(淸國)) 침체현상을 봄에 있어서도 양국간 금은 수출을 더욱 고려에 넣고 볼 만한 이유를 갖고 있는 것이나, 이때의 결론은 요컨대 토착 경제의 위기성을 끝까지 반증하는 역사 일뿐이다.

<h2 style="text-align:center">개항기(開港期) 청일 금 수출 동태</h2>

(단위 : 양원(洋元))

연도	청	일	계
1886	21,8743	911,745	1,130,488
1887	210,294	1,177,975	1,388,269
1888	348,564	1,025,401	1,373,965
1889	373,677	608,414	982,091
1890	474,600	275,099	749,699
1891	415,790	273,288	689,078
1892	485,791	366,960	852,751
1893	493,651	425,008	918,659

자료: 조선통상구안 3관 무역책 (한우근 전게서, 제299면)
　　　(더욱 개항 초기의 대일 수출 자료는 상계의 산변건태랑, 「일한소사」 참조)

　한편 일본 자본 이오에 청국의 상업 자본 또한 1882년의 한청 무역협정을 계기로 크게 내침하여 일본 자본과의 경쟁 과정에 들었다는 점, 이미 앞에서 본 바와 같다. 다만 청상(淸商)은 주로 제한된 수입품을 통하여 이 땅의 농촌 시장을 개척하고 있었을 뿐, 금융자본의 적극적 지원을 받지 못하였다는 점에서, 문제의 시대성은 그만큼 제약된다. 그리고 그가 자기 선박과 같은 운송수단의 편익에 있어서 훨씬 낙후된 정황 하에 있었다는 점에서 무역액의 상대적 증세에도 불구하고, 전체적 비중에 있어서 시종 일본에 비하여 열세를 불면하였던 정황이다.

　원래 한반도의 미곡(米穀) 수출이 시종 일본 상인에 의하여 독점된 구체적 사유로 말하면 일본의 만성적 식량 부족에 겸하여 그들이 부산을 비롯한 항만 시설을 이용할 수 있었다는 점과 자기 선박의 풍부한 조건, 정미(精米)에 대한 기술적 발전 등이 이에 크게 기여하였다(그러나 청국이나 기타 외국인의 미곡(米穀) 수매 반출의 기록도 적지 않다. 미국인 예, 고종 윤 27년 2월 1일). 금융의 지원관계78) 또한 청국 자본에 대한 그들의 중요한 득점의 하나이었음은 물론이다.

---

76)　「한국지(韓國誌)」 제152면, 산변건태랑 「일한병합소사」 1966, 제110~111면
77)　삽택영일 전기 자료; 전게서 제19~21면
78)　일본 측에 있어서 「수입상에 대한 금융의 편의는 수출상에 대한 주도함을 가질 수 없었다.」 (사방박, 전게논문 제175면)

2. 개항기(開港期) 인플레이션과 농업 공황

1. 인플레이션의 진행과 농민경제

일반적으로 공황은 인플레이션과 더불어 대척(對蹠)적 의미를 갖는 것이지만 독점자본주의 하 그 위기적 국면에 이르러 양자는 공통성을 나타낸다. 이때에 그들은 경제의 전반적 취약성과 더불어 상호 보완적으로 심화하는 가운데 흔히 만성적 진행을 보인다는 것이 알려진 특징이다. 그 가운데 특히 농업 공황에 있어서 인플레이션과의 공동보조는 뚜렷하다 할 수 있고, 「쉐레」 현상 또한 이에 관련하여 볼 만하다. 좀 더 살펴보면, 농산물가의 앙등(昂騰)이 농업 공황과 언제나 배반된 사태이냐 하면 그렇지도 않은 것이 소농경제의 현실이다. 더구나 개항 초에 있어서 인플레이션이 무엇보다 곡가의 앙등(昂騰)을 기축으로 하여 전개된 동태라는 사실과 그것이 주로 일본 자본에 의한 무곡(貿穀)에 큰 동인을 둔 바 있었다는 점에 농업 문제와의 관련성이 주목된다. 이때의 충격 사건은 제1차적으로 일본 자본에 의한 무곡(貿穀)의 불등가적 강행의 소산 이외에 다른 것이 아니기 때문이다.

그 밖에 방곡령(防穀令)의 반사적 효과나 농촌 수공업의 제약 등 또한 무곡(貿穀)과 관련됨이 크다고 보아야 한다. 이 점에 있어서 개항기(開港期)의 농업 공황은 인플레이션과 공통적 원인 위에 서 있는 대응적 표현일 뿐이다.

두말할 것 없이 개항이 가져온 교역 경제의 급진적 전개는 인플레이션의 소지를 마련하였다. 그리고 외래 화폐의 국내 통용과 한전(韓錢) 어음의 발행이 이 땅에 통화 증발(增發)의 효과를 가져왔다 함은 이미 언급한 논점이다. 외국에 대한 산금(産金) 수출 또한 인플레이션의 중요한 계기의 하나이겠으나79) 흉작이나 전래적 재정난 또한 농민의 궁핍과 물가앙등을 촉진한다. 이때에 인플레이션은 자율적 규제력을 넘어서 확장하는 가운데 농업공황의 실질이 병행하고, 가중하는 기회는 점증하기 마련이다.

우선 개항 인플레이션은 당장 이조 재정을 압박하였으니 고종 17년 (1880)에 이미

「물가 배사(倍徙) 부비우다(浮費尤多) 전지탕패지경(轉至蕩敗之境)」 80)이라 하였다. 사실 , 「조선에 있어서 모든 물가는 개항 이래로 그 주위 시장의 그것에 비등하게 되는 경향이었는데 그것은 생활필수품의 가격이 등귀하는 결과를 가져오고 특히 식량 가격의 앙등(昂騰)을 가져왔다. 운운(云云)」 81)

함과 같다. 이것의 원인은 다기(多岐)하지만 그 중 가장 주도적인 것은 곧 대일 무곡(貿穀)에 연유한 식량 부족의 사태이며, 문제는 단순한 인플레이션을 넘어서 심각화한 국면이다. 그러므로 우선 개항의 획기성은

---

79) 졸고 「개항기(開港期) 외래 통화와 인플레이션 기구」 한국사연구, 제7집, 1972. 7
80) 승정원 일기; 고종 17년 7월 21일
81) G.N. Carzon; Problems of the Far East, London 1894, pp.188~189

당백전(當百錢)의 회수(고종 6년) 후 10여년 간은 소강(少康) 상태를 얻었으나 기간에 일본과의 통상 조약이 체결됨으로써 금전을 체주(掣肘)하는 패반(覇絆)이 해이됨과 아울러 국내 일반의 사정에 급격한 변혁이 생기기 시작하여 사리(射利)의 도(徒)가 기간에 나타났으므로 당국 전폐(錢幣)의 난잡은 여기에 시작되었다. 운운(云云)[82]

함을 보아서도 분명하다. 사실 대원군 치하(治下)의 당백전(當百錢) 인플레이션이나 청전(淸錢) 인플레이션은 개항에 앞서서 일단 수속(收束)을 보았던 까닭이다.

우리는 개항 후 물가 앙등이 구체적으로 어느 정도인가를 숫자적으로 밝히기는 쉽지 않다. 우선 한성순보(漢城旬報)(1883년 10월 초1일)에 나타난 시장 미가(米價)와 한성주보(1886년 9월 13일)의 그것만을 대조하면 대략 다음과 같은 양상이다. 즉

상미(上米)(1부)	중미(中米)	하미(下米)
5전 5분	5전	4전 9분 (1883.10
2량(兩) 3전	1량 9전	1량 7전 (1886.9)

거기에는 개항 당년(1876)의 격심한 흉작의 영향도 없지 않겠으나 역시 대세는 개항이 몰고 온 외래적 조건에 기인함이 분명하다. 더욱 1890년대에 들어서자 물가는 광등(狂騰)하였다고 보아져서

금지물가준10년전 혹유과10배자 혹유과백배자, 명수당오 실부급전일엽전반문지용

(今之物价准十年前 或有过十倍者 或有过百倍者 名雖当五 实不及前日叶钱半文之用)[83]

이라 함을 볼 수 있다. 한편 외국 문헌에 의할 때 1890년에 미곡(米穀) 1담(擔) 120량(兩)하던 것이 1892년에는 350량이 되었다는 등세이니 후자는 1년 동안에 3배의 앙등을 보아온 셈이다. [84] 이는 1890년에 한반도의 미작이 대풍이었음에도 불구하고 일어난 사실이니 문제의 근원이 내재적이 아님을 알 수 있다. 하물며 이것이 단순한 람폐(濫幣)주조의 소산만으로 보기 어려움은 당장 알만한 역사적 개병이다.

물론 우리는 1880년대 초부터 주조하기 시작한 국내 조화(粗貨) 그것이 인플레이션과 직접적으로 관련된 요인임을 알 수 있고, 더구나 그것이 토착농민 경제와 관련성을 갖지 않는다고 말할 수 없다. 오히려 내외 상업자본, 특히 일본 자본의 투기적 화폐 매매 또한 이와 관련된 행세이다. 그러나 이때에 한전(韓錢)의 매매는 큰 지주적 구실을 하였고, 그와 더불어 토착 농민의 희생과 부담이 컸음을 알아야 한다. 따라서 문제는 화폐 제도상의 흠함(欠陷)으로만 볼 수 없었던 관계이며, 그 밖에 국내 간리(奸吏) 역시 조화(粗貨)의 매매, 세곡의 납입을 통하여 그들의 불로소득을 농민의 손실로써 보충하였다고 볼 만하다. 그러므로 이때에 우리는 비록 간단히 「만근(挽近) 도하(都下)에 곡가가 상귀(翔貴)하고, 당오전(當五錢)의 유통이 부진하다.」[85]하는 문명에 접하기도 하지만

---

82)　강강일(岡康一)「최신한국사정」1904, 제314면

83)　김윤식;「운양집」, 제7권, 제2전폐론

84)　british Consular report Foreign Office Annual Series, No 1088, pp.4~5

85)　「고종실록」; 고종 21년(1884년)9월 20일

모름지기 사태는 단순히 조하(粗貨)의 유통문제로서만 다룰 수 없는 전반적 위기의 국면이다.

더구나 1883년의 당오전(當五錢) 발행 직후에 취한 일본 측 제1은행 책임자(택택영일)의 다음과 같은 논평은 여기에 볼 만하다. 즉

> 조선 화폐는 지금가지 구일리전(舊壹厘錢) 5리전(厘錢) 및 은전, 즉 일전(壹錢), 이전, 삼전의 3종을 발행하였으므로 물품의 시세가 크게 변동하였다고 사료함. 당장 구일리전(舊壹厘錢)의 시세, 일시는 삼십할[86]까지 상승하였던 것이 오늘 경성에서 이십사할가지 인하된 것은 일증이다. 더욱 저락될 것은 틀림이 없다. 운운(云云)[87]

바로 여기에 우리는 외국 자본의 한전(韓錢) 매매를 통한 투기성과 아울러 그들을 통한 농업 공황의 가능성을 넉넉히 짐작할 수 있게 된다. 과연 국내의 인플레이션은 농민의 경제면에 큰 압력으로 반영되었던 까닭이다. 그 후 1890년대에 들어서자 한전(韓錢) 가치는 곧 다음과 같은 혼란상을 빚어냈으니, 즉,

> 당오전, 당일전 가치시유장락 무일정의당오전일원가환자 다자 이천이백장 소자 일천사백여장 당일전 다자 칠백오십장 소자 사백오십장 수시기질
>
> (當五錢, 當一錢 價値時有長落 无一定矣当五钱一元可换者 多者 二千二百丈 小者 一千四百余丈 当一钱 多者 七百五十丈 小者 四百五十丈 隨时起趺)[88]

더욱 이 무렵에 한전(韓錢) 매매를 통한 외국 상업자본의 투기적 무곡(貿穀) 활동은 볼 만하다. 즉,

> 한전(韓錢)에는 소위 화폐의 탄력이란 것이 없어서 그 필요에 응하여 화폐자신에 출입자재한 힘을 가지고 있지 않다. 따라서 그것이 지방의 수요 점을 조절할 기능을 흠여(欠如)하여 지방에 따라서도 그것의 침체(집적) 또는 흠핍(欠乏)을 보게 될 염려가 없지 않다. 그러므로 한전(韓錢) 부족을 고하되 타로부터 수출의 편이 없는 지방에는 혹 유력자가 있어서 한전(韓錢)을 매점할 때는 교묘히 시가를 조종함으로써 일이 소수에 있어서 폭리를 취득하기에 어렵지 않다. 이에 반하여 혹 어떤 지방에는 현전(現錢)이 침체하여 가격이 비상히 저락함으로써 어떤 무역상은 육속 이를 매입하여 두었다가 한전(韓錢) 등귀할 때에 미두(米豆) 그 밖의 화물의 자금에 공한다. 운운(云云)[89]

그런데 일본상인은 한전(韓錢) 시세의 변동을 미리 알 수 있는 정도이므로 그들의 투기는 거의 한정이 없다. 사실인즉 여기에 인플레이션과 농업 공황의 원천적 동인이 숨어 있는 소이(所以)이다. 즉,

> 거류지 상인(일본 상인)은 이를 한인 일반에 비하여 관내에 있어서 한전(韓錢) 잔고(殘高)·수요 다과(多寡) 그 밖의 한전(韓錢) 시세의 변화를 일으킨 각종 재료를 목격할 편리를 물론 가지고 있다. 그러므로 한전(韓錢)거래상 얼마만큼 기선(機先)을 제하는 이점이 있을 뿐 아니라, 그 시세는 거류지에 있어서 평정되는 것이므로 거류지의 상인은 그 이외의 한인보다 정확히 그 시세를 탐지할 권리를 갖는다. 운운(云云)[90]

---

86) 여기에 30할이라 함은 일본 화폐(원)와 한전(韓錢)간의 환산율로서 엽전 1천장에 대하여 일본 화폐 3원을 가리키고, 24할이라 함은 엽전 1천장에 대하여 일본 화폐 2원 40전을 가리키는 한전(韓錢) 기준의 환가(換價)임
87) 섭택영일 서한, 1883년 8월 8일부(섭택영일 전기 자료, 제16권, 1957년, 제24면) 더욱 섭택은 당시 일본 제1은행장임
88) 조선통상구안 3관 무역책(광서 16년도 1890년) 부산항구, 조선무역정형 논략(論略)
89) 강강일(岡康一), 전게서, 제393면
90) 강강일(岡康一), 전게서, 제 393면

그러나 몇 번 본 바와 같이 개항기(開港期) 경기의 보다 일반적 동인은 대일 무곡(貿穀)에서 찾아지는 동시에 국내의 물가변동이 일본 경기의 영향을 결정적으로 받지 않을 수 없었다는 관계는 각별히 주목된다. 이 점, 우리가 이미 본 바이지만 개항기(開港期)의 진행에 따라서 그러한 경향은 점차 노골화한 기세이다. 결과는 두말할 것 없이 일본에서의 인플레이션이나 농업 공황이 가격기구를 통하여 한반도에 전가된 징표가 아닐 수 없다. 이는 바꾸어 말할 때 한반도의 인플레이션이나 농업 공황이 이미 독립적이 아닌 동시에 타율적으로 주어지는 과정에 들어섰다는 틀림없는 증거이다.

물론 우리는 한반도의 풍흉이나 민란(사변)이 일찍이 일본 미가(米價)의 투기적 대상이 된 몇 가지 기록을 볼 수 있다. 1882년의 임오군란이나 1884년의 갑신정변이 일본의 미가(米價) 앙등을 초래한 큰 계기라는 것은 자료의 명기한 사실이다. 그러나 보다 크게 보아서 일본의 곡가 조절에 대한 한국산미의 기여는 국내의 풍흉이나 곡가 등락을 거의 묻지 않고, 일방적으로 수행되었다고 볼 만한 근거를 갖고 있다. 다만 시기에 따라서 방곡(防穀)과 같은 일시적 자기 조절책이 이에 따랐을 뿐이다. 그러므로 개항기(開港期)의 무곡(貿穀) 관계를 이점에서 평가할 때 개항 직후부터 대체로 1882년 정도까지는 일본자본의 독점적 부등가 무곡(貿穀)의 시대로 보아지고, 1883년 이후의 80년대는 일본의 불황(미가(米價) 저락)이 무곡(貿穀)을 어느 정도 제약한 시대로 보아지며 1890년에 들어서서 무곡(貿穀)이 크게 약진하였다 함은 이미 본 바와 같다. 다만 이들은 다같이 일본의 흉작이나 곡가변동뿐이 아니라 국내 일본 자본의 교역활동이 보여준 기복의 반영이다. 사실, 한국산미의 수집은 거의 일본 상인의 투기적 독점 행위에 속해 있었으므로 그도 일본 미가(米價)의 변동만에 의하여 한국미(韓國米)의 대일 수출이 수행된 것은 아니다. 그러므로 그 가운데 비록 한반도의 심각한 한재로 인한 시장 미가(米價)의 일시적 폭등이 일본미(日本米)의 수입에 의하여 완화를 보게 되고, 일본미(日本米)에 의하여 한국미가(米價)의 조절을 본 바도 없지 않다 할지라도 개항 이후 대일 무곡(貿穀)과 더불어 국내 곡가의 타율적 변동은 꾸준히 고조된 현상이다.

과연 일본미(日本米)의 역수입을 보았던 1889년의 경우에 있어서도 예컨대 우리는 필경, 당년중에 재개된 대일 무곡(貿穀)을 보고 말았다. 즉,

> 당시 일본에서의 미곡(米穀)은 비전미(肥前米)로서 석당 4원이었으므로 이를 장기경유(長崎經由)로 인천에 수입하면 현미(玄米) 1석당 약 5원이 되고, 백미로는 약 6원의 원가가 되는 것이나 이때에 인천에 있어서는 미가(米價)는 현미로 7원, 백미로 8원 내외였으므로 석당 2원 내외의 이익을 얻어짐을 알 수 있다. 당시 일본으로부터의 수입미는 물론 무세 수입으로서 10만석의 일본미가(米價) 수입되었다 한다. 91)

그리고 다시 사태는 역전하여 동년 하반기부터

> 전도(全道) 농작을 찬양하게 되었으나 일본은 반대로 회유한 흉작에 부딪쳐 미가(米價)는 폭등하여 6월에는 현미 1석 11원 80전의 시세를 나타냈다. 그러므로 무역상은 반대로 선미(鮮米)를 일본에 수출하여 대판시장에서 호평을 박하였다. 운운(云云)92)

---

91) 수야수웅; 전게논문(조선농회, 전게서, 제376~377면)

　요컨대 우리는 개항기(開港期)의 국내 미가(米價)가 자동적 조절의 기구를 잃고 말았다는 점에서 농업 공황의 가능성을 발견하는 동시에 한편 미가(米價)를 선두로 한 인플레이션 앙진(昂進)이 토착 농민의 이익과 직결된 것으로 보는 것은 중대한 착각임을 알 수 있다. 지주주의적 토지제도 하에 있어서 곡가 등귀는 생산 농민의 수탈을 강화하는 계기로 전환되고 쉽고, 그들의 소비경제를 파괴할 수 있다는 점만을 보아서도 알 수 있는 문제이다. 더욱 이 때 앙등(昂騰)된 곡가라는 것이 반드시 농촌 현지에서의 매도가격을 뜻하지 않는다는 점은 부등가적 수요 독점의 조건과 아울러 우리의 상식이라 할 수 있다. 그 밖에 내외 상업 자본의 고리대적 활동이나 투기적 무곡(貿穀)이 인플레이션을 편승하여 농업 공황의 실질을 가져올 수 있다는 것, 그들은 흉작에도 이미 계약된 수량의 양곡을 확보할 수 있다는 것, 흉년에 임하여 곡가의 앙등이 크게 예상됨에도 불구하고, 그들은 방곡령(防穀令)을 기회삼아 쉐레의 상대적 격화를 촉진시킬 수 있다는 것, 적어도 계절적으로 그러한 가능성이 크다는 점은 인플레이션이 몰고 온 농촌 경제의 화폐화나 한전(韓錢) 매매와도 관련하여 농업 공황에 직결된 동향으로서 우리의 이미 보아 온 명제들이다.

　무엇보다 우리는 이때의 인플레이션이 곤궁한 계층을 더욱 곤란한 처지에 몰아넣게 되었다는 실증적 자료를 개항기(開港期) 영국 총영사의 실태보고(1892년)에서 들어 볼 수 있다. 즉 곡가의 앙등으로 영세민은 비명을 올렸다는 것이다. 지금 생산민(生産民)이 완전 자급자족의 상태에 있지 않는 한, 그들이 화폐경제를 벗어날 수 없는 입장에 있어서 곡가의 앙등에 따르는 일용품가의 압력을 면할 수 없다는 사실은 분명하다. 더욱 이와 같은 변동이 외래적인 것이라 함에 문제의 심각성은 가중될 따름이다. 필경, 문제는 사회적 위기를 조성할 수밖에 없는 것이니, 즉

> 민중 사이의 불평, 그들이 관계되는 한에 있어서, 외국과의 통교의 결과는 모든 생산 필수품의 가격을 높이고 있다는 불평이 널리 퍼져 있다. 불평은 부당한 것은 아니다. 이 나라의 산물의 출구가 없었던 위의 수요 공급은 다소간에 일정한 비율을 유지하고 있으나, 그러나 최근에 특히 곡가의 인접국의 시장의 그것과 점점 비등하여져 가고 있다. 그리고 곡가의 상승은 그 비례로 다른 모든 곡가를 앙등케 하였다. 수세기 동안 자급 자족적 생활을 영위하여 온 조선인과 같은 미발달한 국민은 어떠한 변화도 달갑게 생각할 수 없다. 즉 그들이 생존을 위하여 보다 더 격렬한 투쟁을 하여야 하고, 지탱하기가 어려웠던 그러한 변화를 달갑게 생각할 수 없다. 서울의 집값은 12개월 전보다 2배로 올랐고, 외국과 통교하게 된 초기에 비하면 5배나 올랐다. 93)

　그렇다면 우리는 1890년 전후를 기하여 대일 무곡(貿穀)의 성행과 그에 따른 급격한 미가(米價) 앙등이 농촌 경제를 파탄에 몰아넣은 경위를 가히 짐작할 수 있다. 그것은 곧 소농 일반에 퍼진 식량 결핍에서 뿐이 아니라 인플레이션과 더불어 부담 전가를 가져온 소치(所致)인 것이니, 이때에 외상에 의한 밀무곡(貿穀)(密貿穀)이 점차 위기적 문제화하였음은 당연하다. 따라서 1894년의 동학란(東學亂)에 있어서 동학군 측의 가장 큰 표방이 다름 아닌 각 포구에 미곡(米穀) 사무(私貿)를

---

92) 동상(同上)
93) british Consular reports, Foreign Office Annual Series, No, 1088, Sceul, April 20, 1892, pp4~5(전게서, 역서인
　　용 동상(同上))

엄금하고 외상의 미곡(米穀)준가(米穀峻價) 매입을 방지해 달라는데 있었다 함은 결코 우연한 일이 아니며, 「타국잠상지준가무미야(他国潜商之峻价貿也)」라든가, 「각포구사무미엄금사 (各浦口私貿米嚴禁事)」94) 등은 바로 이 점을 가리키는 민중의 절규이었을 뿐이다.

그러나 따져보면 농촌 계층 가운데 있어서도 대농이나 지주의 입장과 소농 계층의 입장에 따라서 문제의 효과에 차이는 면할 수 없다. 전자는 타산적 여유를 갖는 경제주체인 데 대하여, 후자의 피지배적 속성은 결정적인 것이 되어 있기 때문이다. 따라서 곡물의 처분에 있어서도 전자는 양곡의 통상적 판매자로서 흔히 상업자본과 결탁하여 어느 정도 시장 경제의 변동에 탄력적 적응성을 보이는 예이나 후자는 항상 궁핍적 거래를 강요당할 수밖에 없다. 다만 전자라 하더라도 대외자본에 관한 한 수익자로서 언제나 보장될 수 있는 처지는 아니고, 농업 공황의 위협 하에 재정부담의 증가. 그리고 외래화폐 자본의 공세에 의한 일반적 압력을 간단히 면할 수 없었던 것이 개항기(開港期)의 실태이다.

더욱 대지주나 대농은 토지제도 상의 우위적 지위를 이용하여 소농에게 자기 부담을 전가시킬 수 없지 않다. 소작료의 인상, 고리대적 매곡 활동 등은 흔히 그러한 방식의 표현이다. 사실인즉 많은 경우에 지주 계층은 스스로 무곡의 중간적 매개자이기도 하였다. 다만 그들 역시 무곡을 통하여, 일본 상인자본에 예속되지 않았을진대 대부분 근대적 시장 경제에 대하여 궁박적 공급자의 지위에 머물러 있었을 뿐이다.

2. 농업 생산 기구의 동요(動搖)

개항에 뒤따른 무곡의 성행이나 외래 상품의 도입은 필경 전기적 농업 생산 기구에 새로운 충격을 가하지 않을 수 없다. 「한국지(韓國誌)」에 이른바 무곡이 일부 지역의 농업 생산을 자극함으로써 자급 식량을 넘는 상품생산을 영위한 예를 보았다는 논평95)은 우선 생산면에 나타난 국소적(局所的) 징표의 하나이다. 그런 사태를 전반적으로 통관(通觀)할 때 한말(韓末)의 농업생산력이 개항과 더불어 뚜렷이 증진되었다고 믿을 만한 근거는 찾아볼 수 없다. 하물며 전래적 소농 기구에 어떠한 근본적 변질을 가져왔다고 볼 만한 계기는 뚜렷하게 발견되지 않는 상황이다. 오히려 구래의 침체된 농업 생산 기구는 온존된 가운데 시장 경제의 유통 면에 한하여 새로운 확대과정을 보여주고 있는 느낌을 주고 있다. 말하자면 생산면의 개신(改新) 없이 외래 상업 자본의 침투를 보았다는 것이 개항기(開港期) 한반도 농촌의 외형적 인상이다.

그러면 개항은 본질적으로 구래의 농업 생산 기구에 하등의 변질적 영향을 미치지 아니한 것인가?

---

94) 이들 조목에 관한 좀 더 자세한 고증(考證)은 예컨대 한우근 「동학군의 폐정개혁안검토」 (역사학보, 제23집, 1964) 등 참조
95) 「한국지(韓國誌)」 제141~142면

문제는 한말(韓末)의 개항이 일본 군국주의의 배경 하에 근대 자본주의의 세례를 베풀었던 만큼 간단히 부인할 수 없다. 따져보면 외세는 경제의 실질 면에 있어서 어떠한 충격을 주었을 것이 기대되는 까닭이다. 따라서 비록 무곡이나 곡가변동이 당장 봉건체제에 격변을 가져오리라고 보이지는 않지만 적어도 격심한 인플레이션이나 농업 공황이 봉건적 토지제도에 내면적으로 변용의 계기를 마련하였으리라고 보는 것은 결코 망상이 아니다. 결론적으로 말하여 우리는 개항에 의한 전기적 농업 생산기구의 전면적 개변의 흔적을 인정하지 않고 있다. 그러나 만약 이 점을 끝까지 문제시하지 않을진대 실로 개항의 경제사적 의의는 격하될 수밖에 없을 뿐 아니라, 앞에서 보아 온 농업 공황의 위기성 역시 예상할 수 없는 가정이 될 뿐이다.

과연 개항 전후에 진행된 한말(韓末)농업사회에 관한 한 생산력에 있어서 당장 생산 과계에 근본적 변혁을 크게 보일 만큼 진전되지 못하였다고 보아서 틀림이 없다. 구래의 침체된 생산력의 지속은 말할 것도 없거니와 외래적 지배자본의 세력적 활동 역시 이 방면에 관한 한 적극적 태도를 보이지 않았던 것이 개항기의 실태이다. 오히려 알고 보면 봉건적 소농 생산 그것이 지배 자본에 있어서 자신의 편익을 위하여 어느 정도 바람직한 존속형태이었다고 보아진다. 왜냐하면 원래 제국주의적 지배력의 발휘한 독점화에 제1차적 목적이 있고, 생산 기구의 변동에 반드시 적극적 관심을 갖는 속성이 아닌 까닭이다.

그럼에도 불구하고, 우리는 개항이 한말(韓末)의 농업 생산 기구에 체제적 변질의 조건을 가져왔다고 보는 뚜렷한 내재적 근거를 간과할 수 없다. 본래 체제변질의 문제는 성질상 경제의 지배조건뿐이 아니라 역사적 생산관계에 걸쳐서 깊은 동찰(洞察)의 대상이 아닐 수 없는 소이(所以)이다.

지금 한말(韓末) 개항기(開港期)의 봉건적 토지제도로서, 해이과정에 놓여 있었던 이른바 토지공유제나 그 밖에 토지 분배 및 이용에 관한 유산이 어떠한 것인가를 자세히 밝혀주는 체계적 작업은 아직 우리에게 이룩되어 있지 않다. 이에 관련하여 필수적으로 요구되는 경제사학적 자료 또한 매우 한정적이다. 그러나 크게 보아서 개항기(開港期)의 토지 제도는 거의 사유화한 일반 민유지(民有地)와 각릉원위결(各陵園位結)·궁장토(宮庄土)· 아문전(衙門田) 등 왕족이나 관청의 수세지(收稅地)로 이분된 가운데 민유지(民有地)(민전)가 경지의 9할 이상이 되어 있고, 토지의 매매·양여(讓與)·배분 등이 공인되어 있었다고 보아서 무방하다. 그리고 이들 민유지(民有地)의 반 이상이 소작지로서 전부(佃夫)의 납세 경작지로 보아지는 구분이나, 우선 이들 내용은 다음과 같다.

즉 1894년에 발표된 「갑오팔도오도전결총치(甲午八道五都田結總致)」라는 것을 참고로 살펴보면 토지 대장(臺帳)에 기록된 총면적인 1,435,916결(結), 그 중 시기(현재 기경지(既耕地))가 817,915결(結)인데, 물론 민전(民田)이 압도적으로 되어 있다. 그 밖에 각릉위결(各陵位結 2,082), 각궁방토(各宮房土 24,757), 각아문전(各衙門田 44,742), 각양잡위결(各樣雜位結 117,535) 등이 나와 있는데 대개 소작지이은 말할 것도 없고, 한편 실지(實地)는 민전(民田)이면서도 납세포탈

(納稅逋脫)을 위한 은결이나 투탁지(投託地) 등이 많았다는 것이 토지 소유 분포의 대강이다. 필경, 개항기(開港期)를 전후한 한국의 농업자는 주로 세민(細民)이고, 대지주도 전연 없지 않지만 이들은 대개 관리의 상태에 있는 자인 바, 그들 대부분은 적지 않은 지불을 받고 경지를 세민(細民)에게 대여하거나 때로는 수확의 반분(半分)취득을 약속함으로써 종자를 대여하기로 한다96)는 소작관계에서 특징화 지을 수 있을 것이 분명하다. 그 가운데 소작료(조)의 지불 방식은 구구하여 혹은 정액제인 도지(賭只)도 없지 않았지만 수확 반분(半分)의 분익제가 보다 널리 관행된 것으로 보아진다.

한편 참고로 1830년의 일지방(고부-古阜)의 량안(量案)에 나타난 수례(數例)에 의하면 일반 민전(民田) 가운데 소작지는 40.8~64.6%, 소작인 호수 37.9~44.4%(그 중 순소작 20.1~25.7)라는 기록을 볼 수 있다. 97) 이로 보면 자작농지나 자작농가의 비중도 상당히 높은 것으로 나타나 있으나, 비록 지역에 따라서 그러한 사례가 없지 않았겠지만 그들은 실지에 있어서 신규 개간지에 집결되는 경향이었고, 비옥한 평야지대는 대지주의 토착 겸병과 더불어 소작지가 보편화한 것이다. 그도 개항의 진행이 토착 소유의 집중화를 높여왔다고 보아지므로 인구의 압력과 더불어 소작관계의 확대는 필지(必至)의 경향이 되었을 뿐이다.

물론 신규 개간지에 관한 한, 3년간 무세 경작이고, 제4년부터 조세를 납부하는 관례로 되어 있었으므로 토지 대장(臺帳)(납세대장)에 기록되지 않았던 자작지는 더욱 많았을 것으로 보아진다. 그러나 한편 숙전(熟田)이 된 연후에 있어서 그들 소유권이 확고히 지속된다는 보장은 주어져 있지 않고, 경제적 또는 경제외적 조건에 의하여 그들의 소유권은 권세가의 수세 대상을 귀착된다는 것, 흔히 고율 조세나 고리대적 거래의 희생적 대가로서 처분되는 운명에 놓여 있었다는 것이 개항 전후기의 실태이다.

지금 한말(韓末)의 토지제도에 수반한 지대의 지불관계를 좀 더 살펴보면 표견(表見)상 토지소유자인 지주(田主)에 의하여 국가에 납부하는 세(稅)와 지주 스스로 소작인으로부터 취득하는 조(租)의 구분이 성립될 수 없지 않다. 말하자면 국고의 직접수입으로서의 세(稅)와 수세권자의 토지 대여에 대한 대가로서의 조(租)(소작료)가 우선 눈에 띄는 구분이다. 그러나 더욱 생각하면 이들 조(租)와 세(稅)는 다같이 전기적 지대의 범주에 속해 있고, 근대적 토지제도 하에서 분리되는 지대(소작료)의 세(稅)의 개념이 아니라는 데 우리의 주의는 필요하다. 우리는 보는 바, 조(租)와 세(稅)의 분화에 봉건적 농업과 자본주의 농업이 판별되는 본질적 계기는 찾아지기 마련이다.

개항기(開港期)의 봉건적 지대는 우위적으로 현물공급이 일반이라 할지라도 도전대납(賭錢代納)의 형식도 전연 없지 않았다. 여기에 수세관리나 궁방토(宮房土)・아문전(衙門田)의 관리인에 있어서

---

96)「한국지(韓國誌)」 세4면
97) 김용섭「조선후기 농업사연구」1970, 제288면, 이하

중간 취리(取利)의 여지가 많았다 함은 주지의 폐단이다. 그 밖에 부역(賦役) 등 노동 지대의 형식도 남아 있었거니와 「세 아닌 세」로서의 농민 부담 또한 지대의 범주임은 말할 것도 없다. 다만 국고에 직접 납부하는 세는 오히려 그 부담이 상대적으로 적은 반면에98) 조나 부역 등은 보다 불합리를 극한 역사적 조건이었다는 점을 우리는 지적할 따름이다.

그런데 삼정문란(三政紊亂)의 적폐(積弊)와 가감주구(苛斂誅求)의 사례를 구태여 길게 들어 볼 필요도 없이, 때는 바야흐로

> 만근(挽近)에 긴감지신(緊斂之臣)이 가결작전(加結作錢)하는 유례를 자행하여, 일결(一結)의 결가(結價)로 삼 사십량까지 남징(濫徵)하는가 하면 진주(晉洲)서는 백여량이나 되어 가장 심한 학정(虐政)이며, 운운(云云)99)

하는 시대이었다. 따라서 봉건적 생산체제는 위기화한 셈이다.

요컨대 개항이 가져온 「세계 시장의 폭풍우」와 인플레이션의 물결은 필경 노고한 봉건체제 하에 있어서도 우선 소농민의 생산 기반을 분명히 흔들어 놓았다. 그 가운데 무엇보다 토지로부터 생산 농민을 분리시키는 전개과정이 바로 문제의 결정적 동인이다. 그것은 생산농민에게 전래적 수준을 넘는 새로운 경제적 압박을 첨가함으로써 촉구하였을 뿐 아니라 토착 지주의 부담을 소작농민에게 전가시킴으로써 문제를 격화시켰다. 거기에 일본의 불황이 한반도의 농민 일반에게 옮겨지는 운동과 더불어 농민 몰락의 과정은 보편화하였을 뿐이다. 따라서 국면은 적어도 봉건적 소작 조건의 악화에 배차를 가하게 됨과 아울러 토지의 집적 현상이 나타날 수밖에 없다. 그것은 신여(新興) 농업 자본이나 고리대 자본에 귀속될 수도 있겠으나, 봉건적 체제의 해이와 관기(官紀)의 문란이 토착 간리(奸吏)의 겸병을 조장하였다고 볼만도 하다. 외래적 개화 의식이 토착 생산에 대한 근대적 욕구를 촉발시켰다고 볼 만한 요인 또한 그 가운데 없지 않은 동태이다.

한편 일반 민전 이외에 관궁토(官宮土)나 아무전(衙門田) 등의 소유관계 역시 시대의 변천에 초연할 수 없었다. 그들은 근대화의 물결에 혹은 민전화(民田化)할 수 없지 않았고, 혹은 경작 농민의 이탈을 촉구하기도 하였던 존재이다. 그 가운데 면세를 위한 투탁(投託)의 격증이 엿보이고, 감관(監官)·도장(導掌) 등의 중간 수취 또한 새로운 문제의 조건을 형성한다. 다만 이들의 실지 운영에 관한 제도적 양태는 전반적으로 봉건적 수취관계를 심화함과 같은 방향이 되어 있었을 뿐이다.

사실인 즉 자본제의 점진적 지배 기구 하에 봉건적 토지제도의 안고(安固)를 보는 것은 기생적 지주로 하여금 보다 유리한 입장을 취할 수 있는 지주적 요인이 될 수도 있었다. 예컨대 이때에 지주는 그 스스로 흉작과 같은 위험의 부담을 담당할 필요도 없는 반면에, 고율 소작료를 견고히 확보할 수 있고, 그 밖에 간단한 방법으로써 자기 부담을 소작농에게 전가시킬 수 있었기 때문이다. 그러나 이때에 반농민적 봉건적 특권 의식은 스스로 조장될 수밖에 없고, 여기에 필경, 소작농민의 몰락, 토지로부터의 이탈현상을 가속화한다. 그에 따라서 전체 체제의 동요를 보게 되기 마련이다.

---

98) 한국정부 도지부 사세국 「한국세제고(稅制考)」1909, 제20~21면
99) 「일성록」고종 17년(1880년) 11월 11일

농지 가격 추이(예)

매매율	가격(냥)
1768	950
1788	1,500
1805	1,500
1822	1,700
1848	1,800
1876	2,700
1893	18,500

자료: 나주지방 10개면에 산재한 14결(結) 42부(負) 2속(束)(18석 14두 8 승낙(升落)) 에 달한 토지 (내수사 전라도
　　장토문속(庄土文續)에서 작성한 것)
　　(김용섭, 조선후기 농업사연구, 1970, 제273면)

　지금 토지 자체의 평가에 있어서 어느 정도의 중요성을 두어야 할 것인지 문제를 이 방면에서 좀 더 보면 토지 가격의 등귀현상 또한 토지 제도의 내면적 변질과 무관하다 할 수 없다(앞면 표 참조). 개항 후 이것이 곡가 상승의 반영임에는 틀림이 없으며, 토지 기근이 아니면 토지 겸병의 성행을 가리키는 징표 그것이다.

　그 밖에 개항기(開港期)의 소작문제에는 응당 인구 증가[100]의 요인 또한 적지 않게 기여하였다. 자세한 내용은 불명이지만 농민의 증가는 필경 기경농지의 축소를 불가피하게 함으로써 맬더스적 인구 현상을 보인 것이 분명한 개항기(開港期)의 실태이다. 그것은 두말할 것 없이 소작 농민의 소작조건을 더욱 불리하게 유도하는 직접적 동인이 될 것이며, 농업생산력을 압박하는 방향이라 아니할 수 없다. 지가의 앙등은 우선 농업 생산력에 대한 질곡(桎梏)의 조건이 되기 마련인 까닭이다.

---

100) 「승정원 일기」 고종 23년 12월 4일

개항 전후 인구 변동

연차	인구(만호)	인구(만인)
1804	168.0	750
1852	160.4	686
1861	147.7	675
1883	235.0	1,052

자료: 「한국지(韓國誌)」 제278면

　　더욱 농지 가격의 급등은 폭압적 노도가(勞道家)에 대하여 불법적 토지 늑탈(勒奪)의 충동을 조성한 바 있었다. 이 점 분명히 봉건제의 해이를 입증하는 단적인 증상(症狀)이다. 그리하여 문제의 폐풍(弊風)은 드디어 고종 23년(1886)에 관령에 의하여

　　　　「향호(鄕豪)의 전토륵탈(田土勒奪)의 폐를 엄금」 101)

한다고 경고함에 이르렀다. 이전 또한 대일 농업공황과 무관한 동향이 아니었음은 물론이다.

　　그 밖에 개항과 더불어 전개된 외국인의 토지 점거 또한 한말(韓末)의 특수한 토지 겸병의 내막을 반영한다. 거기에 필시 경제 관계를 넘는 정치력의 개입이 예상되며, 무엇보다 반봉건 체제적 위기성이 한층 노골화하는 징표이다. 주지하는 바이지만 원래 개항 초의 거류지 시대에는 외국인의 치외법권적(治外法權的) 점거지적(占據地積)이 그다지 큰 것은 아니었다. 그러나 조약상의 규제에도 불구하고, 일본인이나 청국인의 불법적 거류지 확대 운동은 치열한 바 있었고, 특히 1883년의 한영 조약을 계기로 하여 토지의 조계외사점(租界外私占)은 외국인에 대하여 거의 공인된 사태로 되고 말았다. 그리하여 이들 조계지의 확장 운동은 그 후 1891년에 일본인이 이미 고양에 삼포일천간 (蔘圃一千間) (가 2만량)을 매수하였다는 기록102)을 볼 수 있을 정도에 달하였고, 그에 앞서서 1884년에는 청국인이 용산간지에 채소 종식지를 매득103)하였다고 알려져 있다. 사실 외국 화폐의 국내 통용이 용인되고, 외국인 고리대의 성행을 보는 가운데 토지에 관한 불가침의 실효를 거두기는 어려웠던 개항기(開港期)의 대세이다.

　　물론 개항이 가져온 농업 생산 관계의 변용은 좀더 살펴볼 때 반드시 토지제도의 그것에 한정되지 않았다. 우선 외래 상품의 도입과 외래 상품 자본의 활동을 계기로 한 토착 농촌 수공업의 제약이 전체 생산 기구에 미칠 변질 효과 또한 볼 만한 과정이다. 사실 농촌 수공업 그것은 소농 생산 기구에 관한 한, 생산적 일익(一翼)을 담당하고 있을 뿐 아니라 그것의 소장은 상품 경제에 직결적으로 관련된다. 더욱 그것이 전체적 생산규모에 적극적 의미를 갖는 조건임은 물론이다.

　　지금 개항 전후의 농촌 수공업이 어느 정도의 경제적 비중을 차지하고 있었던 가를 명확히 밝히기는

---

101) 동상(同上)
102) 총리기무아문 일기, 제30책, 고종 28년 11월 3일
103) 동상(同上), 제4책, 고종 21년 12월 29일

곤란하나, 다만 그 발전수준에 관한 한 이미 본 바와 같이

> 한국의 산물에 이르러서는 대개 천조(天造)의 것이 많고, 제작의 것이 모두 지극히 조분졸렬(粗笨拙劣)하여 일본의 용에 충족되지 않는다.[104]

는 견해에 틀림이 없으리라. 그럼에도 불구하고 우리는 개항이 가져온 이 방면의 파괴적 내지는 제압적 효과에 대하여 결코 가벼운 평가를 내릴 수 없다. 더욱 그에 따른 생산력의 후퇴나 생산 기구의 가중적 침체화를 무시할 수 없는 처지이다. 재래산(在來産) 면직물이나 염료의 구축이 농가의 생산 규모를 축소시키고 그들의 수입을 격퇴시킬 것은 당연하며, 그로 말미암아 농가의 상품생산을 위한 내재적 촉구와 화폐적 지출의 증대를 부득이하게 된다는 점 또한 필연적 귀결이 아닐 수 없다. 그와 더불어 유휴 노동의 배출, 농촌 취업에 대한 압박이 경종 방식에 대한 변형을 가져올 수 있다는 점, 역시 상상하기에 어렵지 않은 문제이다. 그것은 분명히 단순히 봉건적 침체를 뜻함이 아니라 오히려 농업 공황의 적극적 조건을 반영한다. 따라서 이 또한 농업 생산기구의 동요 요인이 될 뿐이다.

　사실 이 지점에 이르러 우리에게 다음과 같은 지적은 각별히 볼 만하다. 즉,

> 이조 말의 공업이 상술한 상태에 있었다는 것은 한편 그가 제조할 수 없는 상품 및 제조하여도 생산 기술, 생산 능률이 다 같이 우위한 상품의 출입으로 새시대의 국내 수요에 대응할 수 없었을 뿐 아니라 또한 종래 잉여생산을 하고 있었던 수공업일지라도 그 생산을 지속함이 곤란할 지경에 도달하였다. 후자의 경우 현저한 예로서는 제직(製織)·염색·도자기·금속기 제조 등의 분야에 있어서 특히 나타났다. 그러나 다른 한편에는 아직 신공업 발여(勃興)의 형세도 존재하였다. 운운(云云)[105]

　무엇보다 우리 면직물의 수입에 관한 한 그것이 무곡과 상호 대응되는 유수한 교역대상이었다는 점을 잊어서 아니된다. 그것은 바로 농촌의 방곡(放穀)을 촉진하는 계기가 되었을 뿐 아니라, 점차 국내 면작(綿作)에 결정적 타격을 가함으로써 한반도에 있을 수 있는 초기적 민족공업의 맹아를 유조(蹂躪)한 셈이다. 이 점, 좀 더 자세히 보면 원래 면화는 일찍이 전라·경상 양도(兩道)에 널리 재식(栽植)되어 있었고, 개항기(開港期)를 통하여 일본에 수출되고 있어서 수출량이 많았던 1890년에는 대풍작 하에 6,794만 곤(梱)(27,541불)에 달했던 정도였다. 그러던 것이 점차 쇠퇴일로의 과정을 밟게 된 형편이었던 것인데, 이는 물론 「외국의 면제품이 속속 수입되었기 때문」[106]이다. 그 가운데 더욱 「1890년에는 한국 시장에 일본 면제품이 나타나기 시작하여 단기간에 영국품을 압도할 정도로 발달하였다」[107]고 알려져 있다. 따라서 우리는 개항이 가져온 농촌 생산 기구의 내면적 변질 과정을 좀더 널리 볼 수 있는 동시에 일본 자본에 대한 한반도의 반식민지적 기여관계를

---

104)　사방박, 전게 논문, 제199~200면
105)　동상(同上)
106)　「한국지(韓國誌)」　제148면
107)　동상(同上) 제156면
　　여기에 우리는 「1886년부터 1898년에 이르기까지의 조사에 의하면 면제품은 전수입액의 반에 달했다」는 사실을 볼 수 있고, 더욱 영제품은 주로 청국상인을 통하여 수입되고, 기타는 일본 상인을 통했다는 문면을 볼 수 있다.

한걸음 깊이 보게 되는 입장이다.

이상에 의하여 개항기(開港期)에 들어서서 전기적 농업 생산 기구의 동요는 감출 길이 없었음을 우리는 확인하였다. 총체적으로 생산 농민의 생산 수단으로부터의 분리는 토지에서 뿐이 아니라, 전래적 수공업 용구(用具)에서 또한 그러하였다는 것이 주어진 역사이다. 비록 도시 산업이 아직 발달되지 못하였던 개항기(開港期)의 단계라 할지라도 외세는 필경 토착 경제에 대한 압박과 모순의 조건으로 화(化)한다는 점을 우리는 새삼 간과할 수 없다. 그것은 한말(韓末)의 농촌이 오직 위기의 길을 닦고 있었다는 역사적 배경을 한층 부각하는 논리일 뿐이다.

3. 개항과 봉건재정의 문란(紊亂)

이조 봉건사회는 개항과 더불어 비로소 체제적 동요를 본 것은 아니다. 개항에 앞서서 봉건 국권의 쇠퇴와 봉건체제의 해이과정에 들어섰던 것이 틀림없는 역사이다. 그 가운데 지배층의 오랜 당쟁과 비정(秕政)의 적폐(積弊)는 사직(社稷)의 기둥을 근본으로부터 뒤흔들어 놓았다고 보아야 한다. 더욱 관리의 부패와 재정의 궁핍이 악순환을 거듭하여 민란을 여기저기에 보게 하였음은 널리 알려진 사실이다. 특히 19세기 중엽의 유명한 사건으로서 대원군(大院君)의 당백전(當百錢) 인플레이션은 청전(淸錢)의 병용과 더불어 재정 문란의 극점을 이루었다. 그에 앞서서 더욱 삼정(三政)의 문란이 격화 상태에 있었고, 드디어 외세의 침투기세를 본 것이 개항 전에 있었던 봉건적 위기의 양상이다.

그러나 개항은 문제의 심각도를 양적으로 높였을 뿐 아니라 질적으로 발전시켰다고 보아야 한다. 그것은 곧 전(前) 단계의 봉건적 위기에 대하여 근대적 위기의 조건을 가중한 것이다. 사실인즉 개항에 맞이함에 앞서서 전기적 전폐(錢幣) 인플레이션이 빚은 심각한 폐제(幣制)문제는 일단 수속(收束)을 보았다는 점이 주목된다. 이에 대하여 개항은 우선 새로운 재정난의 압력적 계기를 스스로 마련한 셈이다. 거기에 흉작도 없지 않았으나 난국의 근원이 개항 그 자체에서 배태된바 결정적이었다 함은 앞에서 이미 확인한 바와 같다. 삼정(三政)의 문란, 관리의 부패로 세원(稅源)은 축소되는 가운데 세수는 무곡과 더불어 고갈하였고 재정 인플레이션의 격화를 보았다는 것이 개항 직후의 사태이다. 일례로서 개항 직후(고종 15년) 삼정거폐(三政巨弊)의 왕문(王問)에 대하여 황해도 관찰사(이해수)는 다음과 같이 복명하고 있다. 즉 각 읍의 폐단이 이미 일정의 갱장(更張)을 어렵게 만들고 있으며, 그 중 심한 예는 임오(壬午) 개량 후 평산의 허결원징(虛結寃徵)이 일천사백 여결, 장련(長連)의 유래허결(流來虛結)이 이백사십여결로 인민의 호원(呼冤)이 있다108)는 형편이다.

세정관리의 부패상 또한 일일이 말할 수 없으나 역시 개항 직후(고종 15년)의 문면으로서 다음과

---

108) 승정원일기: 고종 15년 1월 24일

같은 예를 우리는 보게 된다. 즉,

> 정부상세(正賦常稅)는 미곡(米穀) 전포를 물론하고, 수륙 전운은 월령(月令)에 당한하도록 정식이 되어 있는 바, 근래에 법강(法綱)이 해이하여 도신(道臣)이 수령을 지휘하나 수행치 않아 폐단이 되어 세부정(稅賦政)이 해탄(駭嘆)의 극에 이르렀다. 운운(云云)[109]

물론 이때에 인플레이션의 물결이 재정지출을 늘리게 하고, 각영방비(各營防備)에 관한 비용과 각사운영(各司運營)에 관한 수요액 또한 높아질 수밖에 없게 되었으니 문제는 모름지기 심각하다 할 수밖에 없다. 개항 직후의 제기록은 이 점을 각방 면에서 밝혀주고 있거니와, 예컨대 1879년(고종 16) 1월에 사헌부집의(司憲府執義)(권종록 權鍾祿)의 경고를 그대로 옮겨 보면 위기성은 여실하다. 즉,

> 요즈음 국세가 창름(倉廩)이 고탕(枯蕩)하여 백관의 반록(頒祿)이 계속하기 어려우며 군병 방료(放料)도 역다(闃多)하고, 귀인의 수가미급(受價未給), 원역(員役)의 삭하미급(朔下未給)하여 변급(邊及)한 상황이 조석(朝夕)을 유지할 것 같지 않다. 이때 왜구(矮捄)방법은 오직 사치를 억제하며 재용(財用)을 절약하여 기강을 세우는 데 있다. 운운(云云)[110]

물론 봉건적 재정난이나 간리의 횡행으로 말하면 개항 이전에 없었던 일은 아니다. 그러나 개항 후 재정 규모의 확대, 무곡의 성행은 고사하고, 외래 신상품의 도입에 따른 매가(買價)의 증가, 사치의 유행은 문제의 새로운 국면이 아닐 수 없었다. 그러므로 때때로 세인으로 하여금 개항기(開港期)에 있어서

> 중국·일본·서양으로부터 기완물(奇玩物)의 수입은 감화(減貨)의 큰 것으로 사치보다 더 큰 요인이다. 운운(云云)[111]

한 척소론(斥邪論)의 소진(疏陳)을 볼 수 있게 하였다. 그러나 이 방면의 문제는 반드시 외래적만 아니고, 무곡에 따른 간리의 중간 농간 역시 개항에 수반된 가중된 내재적 행패로서 다음과 같이 지적된다. 즉,

> 상납 세미(稅米)의 농간이 심하여 관리는 본색을 장선(裝船)케 하고, 선주는 고가로써 집전(執錢)하여 곡이 천(賤)하면 헐곡(歇穀)의 이(利)가 사(私)에 돌아가고, 곡이 귀하면 건납의 해가 공에 미치는 두류(逗留)의 폐나 건몰(乾沒)의 환[112]

이라든가

> 부산 개항 이후 미곡(米穀) 잠매(潛賣)의 법금(法禁)을 기화(奇貨)로 하여 곤사수령(梱師守令) 등이 이를 조종 수뢰(受賂)하거나 암수(暗輸)하는 일이 있으므로 해도도신(該道道臣)에게 엄칙하여 운운(云云)[113]

함과 같은 예이다.

지금 봉건 국가의 재정난 그 자체를 보면 그것의 심각도는 일찍이 1877년(고종 14)에

---

109) 동상(同上); 고종 15년 10월 12일
110) 동상(同上); 고종 16년 1월 24일
111) 동상(同上); 고종 16년 1월 24일
112) 동상(同上), 고종 15년 2월 17일
113) 동상(同上); 고종 17년 9월 8일

> 「경기·영남의 재해 과다로 각해영관수의 팔분지일, 각양가(各樣價)의 사분지일을 감분케 한다. 운운
> (云云)」114)

할 정도였고, 1880년(고종 17)에 이르자 「각영군졸(各營軍卒) 사료의 불급이 이미 루삭(屢朔)에 이르렀다.」115)는 곤경을 가리키고 있다. 따라서 봉건왕실이나 귀족계급의 경비지출에도 제약이 가해지게 되었음은 당연한 결과이나, 그 중 궁장토(宮庄土)의 확장이 획책되고, 수세(收稅)·수조(收租)의 경제 외적 강제의 강화를 보게 되었다함은 앞에서도 시준한 국면이다.

그럼에도 불구하고 궁중부중(府中)의 사치성은 당장 시정될 리 없어서 개항 초기에 이미 「진배(進排)는 배번(倍繁)한데 수가(受價)는 무기(無期)」116) 라든가 「수십연래로 물가가 상귀(翔貴) 하고, 진배(進排)는 활번하여 공사(公私) 부채가 십여만량이요, 귀인자변(貴人自辨)한 것이 67만량에 이르러 경가탕산(傾家蕩産)하게 되어 진배(進排)를 계속할 아무런 방책이 없다」117)는 탄격(嘆擊)을 듣게 되었다. 여기에 우리는 곧 봉건 재정의 파탄에 따른 지배층의 타락을 볼 따름이다.

그런데 일찍이 허물어져 가는 봉건 특권 계급이 농민 수탈을 강화해 가는 방향과 농업 공황의 그것이 일치되어 있음을 우리는 본 바 없지 않다. 전자의 구체적인 것으로서 1878년에 각도(各道) 어사의 복명으로 알려져 있는 다음과 같은 논평은 우선 볼 만하다. 즉

> 도내 원장부(元帳付) 전답 총결중 시기 집세(執稅)는 46,500여결에 불과하고, 간사(奸史)들이 은닉을 전사(專事)로 하여 천민을 무사책세(無士責稅)하니, 근정(謹正)할 것 (경기도)
> 전답 총5만 6천여결인데 판적(版籍)이 불분명하여 세(稅)는 일축(日縮)하고 민부(民賦)는 일중(日重)하는 바, 이는 경계의 부정에서도 오는 결과이니 균일한 제령(制令)을 발하여 운운(云云)(동상(同上))
> 허결원징(虛結寃徵)은 가장 고치기 어려운 일이며, 은결(隱結)은 리뢰(吏賴)에 들어간 것이 과다하여 전관찰사 때 사출가지 하였다. 허결원징(虛結寃徵)은 정사(精査)하여 면세하되 이미 조사한 은결(隱結)로 대충하고, 면세는 정부(正賦)를 하면서 공사에 보하도록 운운(云云)(경기도)
> 강진 등 연해 8읍 어전(漁箭)·감분(監盆)의 사설 람세(濫稅)를 많이 속혁(屬革)하였는데 금춘에 다시 내수사(內需司)와 혜훈부(惠勳府)에서 신설 수세(收稅)하고 있는바. 균청(均廳)에 비하여 원액의 3배가 되어 민폐가 자심(滋甚)하니 중세(重稅)를 철하게 하고 그 밖의 각관 각영에 무명 신세를 영혁(永革)케 할 것(전라도)
> 연해 각포구에는 감영백일세(監營百一稅)란 것이 있는데 소용이 오침(汚浸)하고, 민원(民怨)이 랑적하니 도신(道臣)에게 관칙하여 혁롱(革籠)할 것, 이미 혁롱(革籠)한 세금은 다시 사치치 못하도록 행관(行關)하고 , 금지 후에는 형지(形止)를 계문케 할 것. 운운(云云), (경상도)

사실 필자의 직접 조사에 의한 개항기(開港期) 전후의 「수원부수조성책(水原府收租 成冊)」118)에 비추어 볼 때 광서 2년(1876) 12월~광서 19년(1893)12월에 이르기까지, 즉 개항기(開港期)를 통하여, 원장(元帳)기입의 전답 면적은 불변상태에 놓여 있고, 수세액 또한 거의 변동이 없었던 것으로 되어 있다. 즉 원장(元帳)의 전답 면적은 합계 약 11,821결로 되어 있고, 수조세액은 태(太)

---

114) 승정원일기 ; 고종 14년 1월 9일
115) 동상(同上); 고종 17년 9월 8일
116) 비변사등록; 고종 15년 5월 3일(영의치, 이최응 계언
117) 동상(同上); 고종 19년 1월 8일(장여고 귀인호소)
118) 규장각도서(수원부수조성책(水原府收租成冊))

610여석, 미 900여석, 단, 1876년에 한하여 43석여로 기록되어 있었던 실정이다. 그 가운데 무세전이 대개 1할(900여결)로 기상되어 있거니와 한편 실전 또한 매년 거의 불변의 숫자인 2,390여결로 주어져 있다. 그렇다면 이것만에 의하여 우리는 곧 수세제도의 문란상이 당시에 어떠하였던가를 대체로 알 수 있거니와, 그것은 한편 만성적 농업 공황을 가히 추측케 할 만한 정경이다.

　　물론 봉건국가의 침체상은 처음부터 인위적 요인에 관련될 뿐 아니라 흉작에 기인한 바 또한 불소하다. 개항 당년의 대흉작이나 그후 누차의 불작은 개항기(開港期)에 있어서 틀림없이 농촌 불황의 동반자이다. 사실 이 때에 국고는 세입(歲入)의 감퇴뿐이 아니라 오히려 구황곡(救荒穀)의 방출을 기도하지 않으면 아니되었고, 더욱 인플레이션에 대처하여 세출을 늘리지 않으면 아니되었다. 다만 문제를 본질적으로 생각할 때 사태는 필경 봉건적 지배관계를 넘어서 그 근원을 두고 있지 않을 뿐이며, 단순한 물량적 문제가 아니다. 그 점은 실로 「전년의 대흉으로 인민의 유리(遊離)가 우심하여 경작력이 부족할 뿐 아니라 세곡(稅穀)의 숙결신포(宿缺新逋)를 유재민(留在民)으로부터 산징하였다. 　비록　기수(己收)한　것이라도　종중작간(從中作奸)과　선주　사격배(沙格輩)의 투농(偸弄)하는 폐가 많았으며, 각사(各司)에 상납하는 전과 목포(木布)는 당해읍리(當該邑吏)의 중로모리(中路牟利)와 환전의 폐해가 있어서 납세가 운정(運庭)된다」[119] 는 실태이다. 그리하여 결론은 바로 1879년(고종 14, 개항 익년)에 재상 이최응(李最應)이 계언한 바 그대로 다음과 같다. 즉,

> 목하(目下)의 재용궁박(財用窮迫)은 비단 년황(年荒)에 따른 세액의 감소뿐이 아니라, 경외의 리속(吏屬)·선한 배(船漢輩)의 투농(偸弄)·건몰(乾沒)에도 연유하는 것이다. 운운(云云)[120]

　　원래 봉건적 위기가 박두하여 봉건 국권의 지위가 흔들리면 흔들릴수록 지배계급의 농민 수탈이 강화된다는 사실은 매우 뚜렷하다. 조세의 고율화는 당장 위협이거니와 조화(粗貨)의 남발을 통한 인플레이션 정책 또한 그러한 환경의 소산이다. 애덤 스미스는 고금 동서양을 막론하고 「파산국가」 는 절박한 재정난을 모면하기 위하여 화폐의 명목 가치를 인상하거나 조화(粗貨)를 발행한다고 말하였다.[121] 과연 개항 후 얼마 아니 가서 고종 19년(1882)에 이조는 은표·동전의 주조를 꾀하였고, 그 익년(1883)에 전환국 (典圜局)을 설치하여 당오전(當五錢)을 발행하였다 함은 주지하는 사실이다. 때마침 한말(韓末)정부는 일본 측 은행에 대하여 차관(借款)교섭[122]을 시작하였다는 점 역시 급박한 재정난을 반영함과 아울러 체제적 위기를 가리킨다. 더욱 제1은행을 비롯한 일본 측 은행이 자국 상업 자본의 침략적 활동에 대하여 매개적 기반을 제공함으로써 발생하는 인플레이션 또한 필연적 동태이다.

---

119) 승정원일기; 고종 15년 1월 26일
120) 동상(同上), 고종 14년 1월 9일
121) A. Smith; Wealth of Nation , 1776(국가론, 제3편, 공채론)
122) 한말(韓末)정부와 일본의 제1은행에 차관 교섭을 시작한 것은 1883년이었다 한다(십믹영일박기자료, 전게, 제16권 85면)

그후 사태의 진행은 드디어 이조 봉건 국가로 하여금 개항 얼마 후 수출입 관세를 일본측 제1은행의 소관으로 위탁하게(1884년) 만들었다. 자주적 세수의 능력이 이미 한계에 달한 셈이다. 그러한 간격을 타서 외국 상인의 탈세는 자행되고 더욱 국내 농민의 부담은 가중되었다. 1884년의 갑신정변의 개혁 항목이 바로 「전국의 지조법(地租法)을 개혁하여 리간(吏奸)을 막고 민곤(民困)을 구하며 겸하여 국용을 유족케 할 것」이란, 이러한 재정적 위국의 단적인 폭로였을 뿐이다.

4. 농촌위기의 중각(重覺)기구(機構)

역사는 이미 인플레이션뿐이 아니라 농업 공황의 징표에 의하여 개항기(開港期)를 특징화하였다. 따라서 개항으로부터 동학란에 이르는 경제 사회의 변동 조건은 처음부터 단순하지 않은 기구(機構)이다. 적어도 이조 봉건체제는 개항기(開港期)에 이르러 그 모순의 성숙과 더불어 농업공황과 인플레이션의 물결을 뒤집어썼다. 이들은 곧 지배 체제를 전후 양측면에서 동요시켰다고 보아지는 국면이다.

물론, 우리는 그에 앞서 토지제도를 비롯하여 삼정(三政)의 문란이나 관기(官紀)의 해이에 관하여 본 바 있다. 그는 곧 개항이 가져온 새로운 충격과 더불어 농촌의 급격화를 촉구하는 봉건적 기반이다. 지금 이에 관련하여 개항 익년인 고종 14년 1월의 세정만 보면 다음과 같다. 즉

> 영의정(領議政) 이최응 계하여 근래 외품에서 조기(調飢)를 칭탁(稱託), 가전(價錢)을 지급하지 않고, 곡물을 륵집(勒執)한다고 들리는 이와 같은 수령(守令)은 마땅히 감률한 것임을 제도(諸道)에 반칙할 것을 청하다.123)

하였던 예이다. 이는 두말 할 것 없이 이조 간리의 약탈적 행동이 바야흐로 극단화하였음을 반영한다. 더욱 격심한 부파상이 「각사(各司)·각영(各營)의 정비과람(情費過濫)을 금칙케 하였다」124)는 것과 「연구저채(年久邸債)의 미수엄금(微收嚴禁)하였다」125)란 예를 봄과 같다. 하물며 사태는 개항 당면의 흉작이 여기에 겹쳤으니 「흉작에 따른 절발(竊發)·겁략의 성행으로 포도응(捕盜應) 및 각 진여에 엄칙하여 착력포착(着力捕捉)케 하였다」126)는 정도이다.

사실인즉 우리는 한말(韓末) 개항에 앞서서 일찍이 봉건체제의 해이를 촉구하는 위기적 요인이 보급화한 증거를 갖고 있다. 접종(接踵)한 민란이 바로 그것이다. 예컨대 철종 13년(1862) 2월부터 동년 11월 9개월간만 하여도 대소농민 봉기는 무려 21회에 달하였고, 고종 원년 (1864) 1일부터 동년 31년 5월까지의 그것은 실로 55회에 달했다는127) 기록이다. 더욱 우리가 이조 말기의 국내 정세를 세밀히 따져본다면 민란은 말할 것도 없거니와 이에 준한 농민의 대량적 유망(流亡)이나

---

123) 승정원일기; 고종 14년 1월 25일
124) 동상(同上)
125) 동상(同上)
126) 동상(同上); 2월 30일
127) 이북만; 「이조사회경제사연구」 1948, 제234~240면

저세(抵稅)운동 등은 임진왜란 이후 격화일로에 있었던 사회 현상이었다고 볼 만하다. 춘향전128)에 이른바

　　금준미주천인혈,　옥성가만성고 (金樽美酒千人血,　玉声佳万姓膏)
　　촉루락시민루락 가성고려원성고 (燭淚落時民淚落 歌声高虑怨声高)

란 이조 말 봉건사회의 가감주구(苛歛誅求)를 상징하는 명구인 것이나, 개항기(開港期)의 부패적 사회상과 급박한 위국을 표명하기에 그것은 아직 충분치 못한 내용이다.

　그럼에 불구하고, 일부의 견해에 있어 이조 말 한국 농촌에는 민란으로 규정할 만한 반항운동이 없다고 보는 편이 없지 않다. 즉 「이조시대의 농민」은

　　① 너무나 학정(虐政)에 시달려서 쇠약하여 있었다는 것
　　② 운명적으로 체념하고 있었다는 것
　　③ 향토의 단결심이 부족하였다는 것
　　④ 계급 자각의 의식이 없었다는 것

　등을 들어서 지배 계급에 대하여 감히 동란을 일으킬 수 없었다는 주장을 봄과 같다. 만약 그것이 사실이라면 적어도 개항 전후에 있어서 봉건사회의 위기를 구체화시키는 결정적 계기는 결여되어 있었다고 볼 수도 있다. 그러나 좀 더 생각건대, 비록 현실이 그 규모에 있어서 또는 그 체제적 반항 의식에 있어서 노고한 지배 체제에 도전할 만한 수준에 달해 있지 못하였다 하더라도 극심한 시대적 모순은 민중으로 하여금 체제적 문란과 해이를 틈타서 봉기하지 않을 수 없게 하였다는 것이 진실한 개항기(開港期)의 역사이다.129)

　과연 개항 이후 고종 31년(1894)의 동학란에 이르기까지 크게 기록된 대소 민란을 들어보면 거의 30건에 달해 있다. 즉,

예	장련(고종 17년)	동영(동 20년)	성주(동상)	귀산(동 22년)
	려주(동 22년)	원주(동상)	초산(동 25년)	영여(동상)
	정선(동 26년)	광양(동상)	수원(동상)	성창(동 27년)
	제주(동 28년)	고성(동상)	함여(동 29년)	덕원(동상)
	랑천(동상)	예천(동상)	회녕(동상)	함종(동 30년)
	철도(황해도, 동상)	개성(동상)	황간(동상)	철원(동상)
	중화(동상)	합덕(동상)	익산(동상)	

　물론 개별적 민란의 구체적 동기를 따져보면 실로 구구하여 이들을 일률적으로 평가할 수 없다. 그 가운데는 반체제를 직접적으로 표방하였다느니 보다 그저 작당(作黨)하여 탐관오리를 응징하거나 영아(營衙)에 방화난입함에 그친 것도 불소한 실태이다. 그럼에 있어서도 객관적으로 종합하여

---

128) 춘향전은 약 250년 전의 작품(저자 주상)으로 알려져 있음
129) 금촌鞆「조선동란의 역사적 사회적 고찰」제28~29면(구간건일「조선농업의 근대적 양상」1935, 제61닌 참조

볼 때, 문제의 동기와 근원은 그 어느 것이나 지배 체제의 모순적 계기에 발단하였다고 보아서 무방하다. 그리고 그들은 모름지기 전후 규합(糾合)하여 동학란에 집결되었다고 보아지는 점에서 다같이 근대적 농민봉기의 선구를 이루는 시대적 발로(發露)이다.

우리는 여기에 개항기(開港期) 민란 일전형으로서 동학란 직전년(1893)에 일어났던 이른바 합덕제(合德堤) 농민요(農民擾)를 구태여 상기해 본다. 이는 바로 이조 말 농촌의 봉건적 부패상을 폭로하고 있을 뿐이 아니라, 동학란에 직결된 근대성을 가졌던 봉기였다는 점에서 우리의 여미(興味)를 높이는 민란이다. 그것의 발발 동기는 곧 빈학(貧虐)한 한 양반(이조규)의 가감주구(苛斂誅求)에 있었고, 보다 구체적으로는 이 양반(兩班)의 합덕지(合德池) 주변 농민에 대한 수세(水稅) 강요와 지상개벽에 대한 부역에 있었다. 그리하여 참다못한 우저수지(右貯水池) 주변 농민은 작당(作黨) 궐기하여 잔혹한 양반(兩班)을 축출한 것이 운동의 결말이다. 그런데 1930년에 이를 자세히 현지 조사한 일본인 소작관(小作官)은 우선 그 「양반(兩班)」의 빈학상(貧虐相)을 다음과 같이 전언하고 있다. 즉,

> 양반(兩班) 이모(이연규)는 거주를 합덕리에 정하자 광대한 저택을 세우고 부근의 상민(常民)을 심히 가감주구(苛斂誅求)한 가운데 조금이라도 재실(財實)를 가졌다고 인정될 자는 잡아와서 여러 가지 방법으로써 참혹한 처지를 가하고, 재산을 몰수하였다. 그러므로 그에 의하여 재(財)를 실하고 궁핍에 함입(陷入)한 농민은 기수(其數)를 부지할 정도며, 깊이 일반 주민으로부터 원한의 대상이 되었다. 어느 한 농민은 그에 의하여 재산이 몰수되고 그 때문에 생계의 길이 막혀 버렸으므로 참다못해 재(財)의 반환을 간청하기 위하여 그의 낚시터(조장 釣場)에까지 가서 수일 동안 재산을 반환해 주도록 애원하였다. 그러나 완고히 불청(不聽)하므로 드디어 그와 함께 껴안고 심연(深淵)에 투신자살하려고 결심하였다. 그리하여 어느 날 이의 낚시터에 갔으나 여의치 못하여 원통한 나머지 자기만이 투신자살하였다고 한다.130)

우리는 여기에 이조 말 모순된 사회상의 일단면을 새삼 볼 수 있거니와 동학란의 동인을 확인할 수도 있게 된다. 근대적 농민봉기의 필연성을 그 가운데 확인할 수 있는 까닭이다.

그런데 이른바 농민 봉기라 하더라도 개항 전후에 따라서 그 동기나 운동 색채에 있어서 각자 다른 특징이 스스로 발견된다. 개항 전의 그것이 전적으로 봉건 체제에 대한 반항의 기치를 내세운 데 대하여 개항 후의 농민 봉기에는 음양으로 외세 침투에 대한 반발이란 근대성이 엿보인다. 따라서 후자의 기동적 배경은 전자에 대하여 복합적인 것이며, 또한 중첩적(重疊的) 기구(機構)라고 볼 수도 있다. 그것은 단적으로 말하여 봉건적 위기와 근대적 위기를 종합한 국면의 양상이다. 지금 이와 같은 중첩적 의미를 갖는 대표적 동란의 예를 개항 초기에 지적한다면 우리는 1882년의 임오군란을 들 수 있다. 그것은 순수한 농민 봉기는 아니지만 개항이 가져온 외래의 정치적 및 경제적 위협에 대한 대중적 반발이며 이른바 왜척(倭斥)의 기세가 강한 운동이라는 것, 이 운동의 근원이 대일 무곡과 관련되어 있다는 점은 앞에서도 지목함과 같은 경위이다. 즉,

---

130) 구간건일 「조선농업의 근대적 양상」 1935, 제3편(합덕백성 일규의 연구) 제61~77면

대원군(大院君)의 집권시대에는 그런 일이 없었다. 아마 쌀(米)을 속일 필요도 없었을 것이다. 그런데 개국(항)이후는 사정이 달라졌다. 그것은 일본과의 무역이 왕성해졌기 때문이다.131)

일본이 인천개항의 교섭을 조선 정부와 시작하였을 때 조선정부가 개항에 반대한 것도 인천을 개항하면 제1로 유출할 것은 미곡(米穀)으로서, 그 때문에 서울의 미가(米價)는 폭등하여 세민(細民)의 폭동을 일으킬 우려가 있다. 임오군란은 단순한 군란으로부터 반일폭동으로 발전한 것으로 이와 같은 사회적 배경이 있다는 점을 잊어서 아니된다.132)

물론 임오군란에 앞서서 우리는 빈발하는 한일인간의 충돌사건에 접한 바 없지 않고,133) 척사아정(斥邪衙政)의 주체적 표방을 본 바 없지 않다. 고종 18년(1881)에는 이미 「거의벌왜(擧義伐倭)」라는 방목(榜目)을 민란 가운데 볼 수 있었던 정도이다.134) 그 밖에 개항 후에 보게 된 배일(排日)적 방곡령(防穀令) 역시 반체제적 항거 의식이 숨어 있었다는 점은 이미 본 바와 같다. 이들은 다같이 우리의 당면 과제인 농업공황과 직결된 사태로서 다룰 수 있는 문제의 대상이다.

우리는 근대적 위기 그것이 모름지기 공황이나 농업공황의 범주와 일치된다고 보는 것은 아니나 적어도 한말(韓末) 개항기(開港期)의 농업 공황이 틀림없이 봉건체제에 대하여 위기적이었음을 시인하지 않을 수 없다. 다시 말하면 개항기(開港期)의 농업 공황은 필경, 체제적 위기를 수반하는 농촌 경제의 변질적 국면 또한 그러한 소지를 갖추었던 조건이다. 다만 이때의 농업 공황이 즉시 1930년대 초의 그것과 같이 농산물가의 폭락과 농민의 몰락을 획연한 증세로서 나타내기에는 토착경제의 시장성이 아직 제약되어 있었다는 시대적 미숙성을 부인할 수 없다. 동학군(東學軍)의 표방이 곡가의 보장문제보다 외상에 의한 준가무미(峻價貿米)를 크게 내세운 점135) 역시 토착 사회의 경제적 후진성을 반영한 것뿐이다. 그러므로 우리의 논제는 개항기(開港期)에 있어서 전형적 농업 공황의 전개를 보았다는 것이 아니라, 그 양성과정에 들어섰다는 제한을 면할 수 없다. 그럼에도 불구하고, 한말(韓末)의 식민지사적 특성을 고려에 넣고 본다면 동학란(東學亂)의 위기적 개병이 이와 연결되었음에는 틀림이 없는 사실이다.

---

131) 산변건태랑, 전게서, 제49~50면
132) 동상(同上)
133) 충동의 사례는 너무 많다(예, 한우근, 전게서 제105~120면)
134) 일성록; 고종 18년 11월 6일
135) 동학군의 표방이 곡가보장을 적극적으로 내세운 바는 없지만 외상이나 탐관오리(貪官汚吏)나 보부상(褓負商)의 침해 등에 관심을 크게 표방한 가운데는 당연한 농업 공황적 모순에 대한 항의를 내포한다고 보아야 한다.

한말(韓末) 봉건지대(封建地代)의 근대적 분화(分化)과정

김 준 보[1]

목차

서설(序說)

한국의 근대화 과정을 전체적 기반위에서 다루어야 할 것인가, 그 이론적 체계화에 관한 작업은 우리 앞에 반드시 뚜렷하게 나와 있지 않다. 솔직히 말하여 한국자본주의의 역사적 기점은 고사하고, 그에 선행된 봉건체제에 관하여서도 분명한 성격규정을 보고 있지 못한 것이 한국사학의 현실적 국면이다.

물론 한국자본주의의 근대적 성립에 관하여서는 일찍이 지배자본의 측면에서 개괄적 업적이 없지는 않고 특히 근자에 이르러 한말(韓末)의 심체적 농업생산관계나 전기적 제자본의 활동에 관한 실증적 자료의 새로운 전개를 본 바 없지 않다. 그 가운데는 한국의 근대화를 들어서 이를

---

1) 고려대학교 정경대학 교수(農博), 경제학

전적으로 일본의 개항(1876년)이 가져온 외래적 소산이라는 견해가 있는가 하면 한국에는 본래 봉건체제라는 것이 전혀 존립하지 아니하였으므로 근대화의 소지(素地)를 스스로 갖지 못하였다는 독단적2) 논평도 보이는 실정이다.

　모름지기 자본주의경제의 성립은 두말할 것 없이 봉건적 생산관계의 개선을 요구한다. 그러한 생산체제의 변질의 계기 없이 자본주의의 본질적 개화(開化)는 도저히 기(期)할 수 없는 관계이다. 그런데 누구나 아는 바와 같이 이조(李朝)말의 생산력은 총체적으로 말하여 자신이 존립하는 봉건적 생산관계를 스스로 파괴할만한 배양된 역량을 갖지 못하였다. 분업(分業)과 협업(協業)의 원시성(原始性)이 농후하였을 뿐 아니라, 생산용구(生産用具)의 사용이 유치(幼稚)하여 원시적 노동수단에 머물러 있었던 정체성은 이미 각 방면에서 예증(例證)된 역사적 결론이다. 그리하여 한말(韓末)농업의 기술적 수준은 틀림없이 일본이나 중국에 미급(未及)하였던 방식이나 이를테면,

<blockquote>「중국수차지제(中國水車之制)　위마균시창지(魏馬均始創之)　최유익어관전(最有益於灌田)　가이통행천하(可以通行天下)　경자(頃者)　양만세(揚萬世)　왕일본득기제이래극시편리(往日本得其制而來極是便利)　이아국인성졸(而我國人性拙)　부긍습용(不肯習用)　가석(可惜)」3)</blockquote>

이라 함과 같다. 적어도 개항이전의 봉건적 생산관계는 총체적으로 「자신을 파괴하는 힘과 정열」의 태동을 기대하기 어려웠던 한반도 농촌사회의 실태이다.

　그러면 개항전의 한반도에 있어서 자본주의경제의 자생적(自生的) 동인(動因)은 전연 없었던 것인가?

　비록 강인한 쇄국주의(鎖國主義) 하에 침체적(沈滯的) 생산과정을 걷고 있었던 이조(李朝) 말 봉건사회에 있어서도 스스로 그것을 흔들만한 내재적 발동의 기운을 배태(胚胎)한 바 있었다는 사실을 우리는 지목하지 않을 수 없다. 적어도 개항 전에 이미 당백전(當百錢)의 「인플레이션」이 사회 문제화할 만큼 화폐경제의 진행이 엿보였던 실태이거니와 무엇보다 산업과 지방의 부분적 국면이나마 「매뉴팩처」의 형성4)을 보았던 실례에 비추어 그 점은 역연(歷然)히 확인되는 관계이다. 그 뿐 아니라, 비록 노고(牢固)하였던 전기적 농업생산관계 그것이라 할지라도 따져보면 신시대를 지향하는 지표적(指標的) 징조는 그 가운데 엿보였다. 더구나 「토지의 화폐(貨幣)화」는 말할 것도 없거니와 그것의 급속한 사적 집적운동(集積運動) 역시 그것의 반증적(反證的) 실례라 할만하다. 물론 토지의 사적 겸병이 당장 봉건체제의 해체를 의미한 것은 아니라 하더라도 적어도 거기에 대지주의 자본가적 전환을 위한 자본축적의 동인(動因)은 마련될 수 있다고 보아지는 까닭이다.

　그밖에 개항기(開港期)전에 훨씬 앞서서 봉건적 계급관계의 해이(解弛)를 보였던 농촌사회의 변천 또한 하나의 내재적 발전성을 시사함에 충분하다. 즉 전통적 계급구성이 보여준

---

2)　福田德三, 경제학전집 제 4 집, 1925(「韓国の經濟組織と經濟單位」 1903-1904)

3)　이벽광(李晬光), 지봉류설(芝峰類說), 제 69, 기용(器用)

4)　「립진인배(立辰人輩) 부동장인(附同匠人) 국중소산상사(國中所産常絲) 일병도취(一幷都聚) 의방당물(依倣唐物) 암지직출(暗地織出) 랑적행매(狼籍行賣)」 (비변사(備邊司)등록: --29년 2월 1일)

「양반(兩班)=전주(佃主)」에　대응하여　「상민(常民)·천민(賤民)=전작(佃作)」이라는　주종 관계는 반드시 그대로 고수되지 않고, 양반으로서 상민·천민의 토지를 경작하게 된 역현상은 점차 보편화한 것이다. 이는 곧 농촌내부에 부의 원시적 축적이 어느 정도 진행되고 있다는 관계를 실증하는 의미심장한 역사적 표징이나, 그렇다 하여, 물론 수세한 봉건체제의 질곡(桎梏)이 당장 해소될 리(理) 없었다. 더구나 전기적 소농생산양식에 근본적 동요를 볼 수는 없었던 근대이전의 시대단계이었던 것이니, 그러면 도시 이조(李朝)봉건체제는 어느 때 어찌하여 완전히 근대화의 징표를 보이었던 것인가?

　문제는 일의적(一義的) 해답이 우리에게 반드시 간단하지 않다. 그 관건은 필경 농업의 생산관계에서 찾아질 수밖에 없는 바, 우리의 결론은 곧 다음과 같다. 즉 농업에 관한 한, 제일차적으로 지목되는 근대화　내지　자본주의화의　징표는 지대(地代) 즉 지주의 본래적 소득이외에 이윤의 형태적 분화발생이란 것이다. 바꾸어 말할 때 지대만이 수조권자(收租權者)에 대한 잉여가치의 전부가 되어 있는 한에 있어서 봉건체제는 의연(依然) 존속한다. 거기에는 필경 근대적 생산관계의 활동영역이 결코 주어지지 않는다고 보아지기 때문이다. 따라서 비록 도시 시장 면에 화폐화(貨幣化) 과정이나 「매뉴팩처」의 초기 유형이 배태(胚胎)된 바 있었다 하더라도 압도적 생산관계인 농업 생산 면에 있어서 의연(依然) 자본축적의 본질적 계기가 주어지지 않았던 개발이전의 단계라면 거기에 자본주의의 진행은 결정적으로 제약될 수밖에 없다. 전반적 사태는 필경 봉건적 침체성(沈滯性)을 면할 수 없는 것이며, 경제의 부분적 국면에 한하여 자본주의의 맹아적 배태로 인한 과도적 양상이 눈에 띌 따름이다. 그러므로 개항이전의 한반도 경제사회는 바로 이러한 의미에 있어서 과도적 시대단계에 놓여 있었다고 볼 수밖에 없다. 여기에 지대의 경제사적 지표성은 우리에게 유난히 부각되는 대상이 될 뿐이다.

　이하, 우리는 한말(韓末)의 근대화과정이 지대의 이윤화과정과 더불어 진행하는 양상(樣相)을 대응시켜 보고자 한다. 다시 말하여 봉건지대는 어느 때 어떠한 계기에 의하여 근대화한 것인가, 이 점을 한말(韓末)의 농업생산에서 체계적, 실증적으로 밝히는 것이 필경 우리에게 요구된 시급한 과제이다.

I. 개항과 봉건적 지대구조

1. 개항과 봉건적 토지소유제

1876년의 개항으로부터 시작된 외래자본의 침투에도 불구하고 적어도 개항초기에는 아직 이조(李朝)국권의 뇌고(牢固)한 봉건체제에 급격한 변혁의 조건은 당장 마련되지 못하였다. 임오군란(壬午軍亂, 1882년)이나 갑신정변(甲申政變, 1884년) 역시 새로운 체제를 가져온 충격의 동인이 되지못한 채 근대적 위기의 단초적(端初的) 표현이 되어 있을 뿐이다. 따라서 기본적으로 말하면 전기이래의 봉건적 토지소유제와 그를 토대로 한 소농생산양식이 의연 개항기(開港期)의 지배적 생산관계로서 인정될 수밖에 없다. 토지의 사적 소유제도 역시 아직 봉건적 규제를 완전히 벗어났다고 볼 수 없는 가운데 다만 개항을 계기로 한 시장경제의 급진한 확대과정과 더불어 토지의 집적(集積)현상이 더욱 짙어졌을 뿐이다.

그러면 개항이 지대의 형성 면에 가져온 특징적 조건은 무엇인가?

우리는 문제에 대한 해답에 앞서서 일단 개항당시의 봉건적 토지제도를 기구적으로 살펴볼 만한 이유를 갖고 있다. 우리의 당면한 과업이 필경, 봉건지대로부터 근대적 이윤이 어떻게 분화 발생하는가를 밝히는데 기본목적이 있는 만큼 우선 봉건체제의 기반을 형성하는 토지제도를 내면적으로 보는 것은 당연한 논리이다.

그런데 원래 한반도의 중세기적 토지제도로 말하면 「보천지하(普天之下), 막비왕토 (莫非王土)」 로서 토지공유제의 명목을 지켜왔다. 그것이 이조(李朝) 초부터 사전의 부분적 공인이 불가피하였거니와, 그 후 더욱 삼정(三政)의 문란과 더불어 토지의 사적겸병(私的兼倂)은 사실상 보편화하고만 시대상이다. 그러나 그러한 사적 겸병이 당장 봉건제도의 해체를 뜻하는 것은 아니라 함은 이미 본 바와 같고 , 보기에 따라서 그것은 오히려 토지의 사적 소유자인 수조권자(收租權者)에 의한 전부의 예속적 지배, 전자에 의한 후자의 가혹한 수취를 강화한 계기로 될 수 있었다. 그리하여 봉건적 시폐(時弊)의 극심한 모순상이 드디어 반계(磻溪)의 균전론(均田論)이나 다산(茶山)의 창전론(閭田論) 등으로 발노(發露)되었다고 볼 수도 있는 것이며, 일찍이 정조조(正祖朝)(1799년)에는

「국조본무전무정제(國朝本無田畝定制) 자경화거실이지향곡부호(自京華巨室以至鄕曲富豪) 무부겸병 (無不兼倂) 양전미토(良田美土) 솔자귀어기권(率自歸於其圈) 이치궁민무산업지경(以致窮民無産業之境)」[5]

이란 문면(文面)을 볼 수 있을 정도이다. 따라서 전주(田主)와 전부(佃夫)사이의 봉건적 소작관계로 말하면 한말(韓末) 토지제도의 기간을 형성하게 하였음이 분명한 것이니 그 후 사태는 급기야

「민지호리(民之好利) 심어선(甚於善) 이부자연천맥(而富者連阡陌) 빈자무립추(貧者無立錐)」[6]

---

5) 「일생록(日省錄)」, 정조(正祖) 23년 3월 22일
6) 유길준(兪吉濬), 「지제의(地制議)」, 1891(유길준전집, 정치경제편, p.142, 일조각간. 1971)

로 전개되었다고 보아진다. 이는 두말할 것 없이 소작제의 확대강화와 더불어 봉건적 지주주의의 팽배(膨湃)를 뜻하는 표현일 뿐이다.

물론 지방의 산간벽지에 따라서는 기간에 신규 개간한 자작지(自作地)와 자작농(自作農)의 형성이 간혹 불소(不少)하였다고 보아지고 그 가운데 「토지의 화폐화(貨幣化)」7)과정과 더불어 봉건적 토지제도에 한층 내생적 변질을 초래할 수 있는 동인은 성숙되었다고 보아진다. 여기에 적어도 지대이외에 이윤의 타산(打算)을 하는 대지주나 자작농의 보급을 보지 않을 수 없다는 점 또한 당연히 기대되는 진전이다.

물론 개항전 전정(田政)의 극단적 문란 하에 있어서도 수조권(收租權)의 세습적 소유와 토지의 매수·이양은 어느 정도 질서를 찾아서 이루어져 왔다고 보아지고 진전의 개간에 의한 경지의 원시적 점유와 그것의 자작 또한 적지는 않았다고 보아진다. 특별히 제도상 진전기간(陳田起墾)자에게 소유권을 인정하되 정조(正祖) 조이래 신가간지는 삼년간 면세조치를 취하는 것이 관행이었음은 주지(周知)하는 사실이다. 경국대전 (經國大典)이나 속대전(續大典)에도

「과삼년진전(過三年陳田) 허인고경(許人告耕)」

함을 볼 수 있고 다시 대전통편(大典通編)이나 대전회통(大典會通)에도

「진전기경자(陳田起耕者) 허민고관경종(許民告官耕種) 삼년후시령납세(三年後始令納稅) 운운(云云)」

함을 불 수 있다. 이들이 당장 그대로 봉건적 토지제도에 대한 적극적 이반(離反)의 조건으로 볼 수 없으나 적어도 토지의 개인적 소유를 허용케 하는 관행이 되었음은 물론이다.

그러나 총체적으로 이때의 자작농 역시 알고 보면 지대의 거의 완전한 피수취자(被收取者)란 입장임에 있어서 아직 일반 납조자(納租者)인 봉건적 소작농과 본질적으로 다름이 없었다. 따라서 개항기(開港期)의 토지제도인즉 우위적으로 봉건적이었음에 틀림이 없으나, 다만 개항기(開港期)의 진행에 따라 교역의 급격한 확대, 그에 따른 「인플레이션」이나 농업공황의 압력과 더불어 곧 봉건적 토지소유관계나 봉건적 생산관계, 따라서 봉건적 지대의 형성관계에 새로운 충격적 조건이 부가되었음을 부인할 수 없을 뿐이다.

물론 개항 후에 있어서도 토지겸병이 토지의 화폐화(貨幣化)에 의한 소산(所産)이 아니라 특권층의 폭력에 의하여 늑탈(勒奪)된 사례는 허다(許多)하였다. 후자의 경우는 무엇보다 봉건적 지배성을 단적으로 반영한 「경제외적 강제」의 표본이다. 지금 우리는 이들 토지 늑탈의 실례를 여기에 일일이 들어 발할 수 없으나, 그것은 오히려 지방수령이나 호족의 상투적 행패이었다고 보아 무방하다. 그러므로 고종23년 (1886년)에 정부는 각읍(各邑) 방곡(坊曲)에 경고하여

「여유늑탈지전답자(如有勒奪之田畓者) 칙수기상소(則隨其狀訴) 일일추환(一一推還) 」 8)하였던 역사이다.9)

---

7) 「금계호남지민대약백호(今計湖南之民大約百戶) 칙수인전(則授人田), 이수기조자(而收其租者)　부과오호(不過五戶) 기자경기전자(其自耕其田者) 이십유오(二十有五) 기경인전(其耕人田) 수지조자칠십(輸之租者七十)」(정다산(丁茶山), 목민심서(牧民心書), 호전(戶典) 세법(稅法))

한편 개항기(開港期)의 토지 사유제에 관련하여 양안(量案)의 불비(不備)로 인한 전정(田政)의 문란과 그에 따른 시대적 제약성 또한 볼만하다. 비록 토지에 대한 실질적 사유권이 공인되어 있다 하더라도 그 소유권의 질량(質量)적 한계가 불분명하다면 「토지의 화폐화(貨幣化)」나 이윤의 타산성(打算性)은 제약되기 마련이다. 그런데 당시의 실정은 우선 지적의 계측자료에 있어서 불비(不備)하였을 뿐 아니라, 그것이 이른바 결부제(結負制)10)를 채택한 바 있었던 형편이므로 거기에 조사(租史)의 작간(作奸)이 개재(介在)될 여지는 허다하였다. 그밖에 소유 이전 등의 지적(地籍)이 미비한 상태에 있었음은 물론이다. 개화논자(開化論者) 유길준(兪吉濬)은 그 폐단을 일찍이 지적한바 다음과 같다. 즉,

> 「세종이십육년소정전제야 전분육등 매등전척각이 개이척방십위일부 백부위일결 ……기의합출어각등동과정결, 이편세법 연전정지폐괴 미상부유어결부지불균 기고하야 자고문이지이출세 미문이세이정지의 량척지장단불일 지면지광협수이참차 관현어회계지번 이민불능주지 리이농간이막지찰야 (世宗二十六年所定田制也 田分六等 每等田尺各異 皆以尺方十爲一負 百負爲一結 ……其意蓋出於各等同科定結, 以便稅法 然田政之廢壞 未嘗不由於結負之不均 其故何也 自古聞以地而出稅 未聞以稅而定地矣 量尺之長短不一 地面之廣狹隨以參差 官眩於會計之繁 而民不能周知 吏易弄奸而莫之察也)」11)

그러나 이때에 전정문란의 근본적 동인인즉 결부제(結負制)에 있었던 것은 물론 아니고, 또한 문제의 폐단이 사료(史僚)의 작간으로 시종(始終)된 것도 아니다. 그 근원인즉 역시 봉건체제의 가혹한 수탈에 있다고 보아야 하고, 이 또한 토지제도의 봉건성에 기저(基底)를 두고 있다. 다만 이 수조(收租)나 수세(收稅)가 혹심할수록 납세자의 투탁(投託)과 은결(隱結)12)이나 불작(不作)은 심하여질 수밖에 없었던 것이니 이에 대비한 재정의 확보책이 결부제(結負制)를 편익의 양전(量田)법으로서 지속시켰을 뿐이다.

그런데 알려진 바에 의하면 선조 임진란(壬辰亂, 1592년)전의 팔도 전결수(田結數)는 1,515,500여결(餘結)이었던 것이 란(亂) 후는 674,309결로 급감되었고, 그 후 개항기(開港期)의 임오년(1882년)에 이르러 관변(官邊)통계는 1,348,243 결로 나타나 있다. 이것은 대체로 개간(開墾) 대신에 진전(陣田)이 늘었다는 사정을 반영한 것 같기도 하지만 가렴주구(苛斂誅求)에 따른 은결(隱結)이 그 지배적 원인이다. 이 점, 1891년에 전국경지를 대체로 추산하여 (사등지(四等地)로 보고) 2,500,000결은 되리라는 것, 따라서 현금의 단위로 417만 정보(町步)에 달하는 계산13)이고 보니 문제의 보편성을 능히 알만하다. 은결(隱結) 그것은 곧 개항 전에 일찍이 지적된 적폐(積弊)의

---

8) 승정원일기(承政院日記) 고종(高宗) 23년 12월 4일

9) 1893년에 유명한 합덕지(合德池) 사건 참조(구간건일(九間健一) 조선농업의 근대적 양상, 1935, p.67)

10) 당시의 결부제(結負制)에 관하여서는 각종 교재 참조

11) 유길준(兪吉濬), 전게서(前揭書), p.138

12) 각읍은결(各邑隱結) 수경임수경오양차자수(雖經壬戌庚午兩次自首) 역다은루(亦多隱漏) 위칭천반(胃稱川反) 도면세납(圖免稅納)(비변사(備邊司)등록: 고종(高宗) 20년 9월 23일)

13) 유길준(兪吉濬), 동상, p.143. 더욱 1918년의 토지조사사업이 완료되던 해의 총경지면적은 4,342천여 정보(町步)로 알려져 있다.

대표적인 것이었을 뿐이다. 곧 정다산(丁茶山)에 의한 바,

「은결(隱結) 여결(餘結)은 세증월연(歲增月衍)하고, 궁결(宮結) 둔결(屯結) 또한 세증월연한다. 그리하여 원전(原田)의 공(公)에 세납한 것은 세감월축(歲減月縮)하니 장차 이를 어찌할 것인가, 중앙의 관인은 은결(隱結)이란 심산궁곡의 여기 저기 개간된 것을 말한 것 같이 보고 있을 뿐, 누구나 원총외(原總外)에 일수(溢數)한 것이 은결(隱結)임을 알지 못한다. 즉 고채황폐의 전, 수료붕태(水潦崩汰)의 전(田), 유리엽손(流離葉損)의 전(田)이 원액(原額)에 충당되고, 도리어 고유충실한 비옥전이 모두 은결(隱結)이 된다. 일읍의 비옥한 전이 우선 은결(隱結)로 충당되고, 황잡한 곳이 왕세(王稅)에 귀하여 그 습관이 수백년래 불괴(不怪)히 통용된다. 만약 현령으로서 이 일을 구설한다면 어떠한 원망을 살지 알 수 없을 지경이다」.14)

은결(隱結)의 성행은 당연히 봉건적 토지제도나 계급구조에 깊이 관련되어 있으나 결과적으로 그것은 곧 경제체제에 대한 질곡의 조건이 될 수 없지 않다. 무엇보다 그로 말미암아 왕조국고나 수조권자(收租權者)의 지대수납이 제약되는 반면에 궁장토(宮庄土)의 관리자(도장(導掌), 사음(舍音)등)나 지방 관리의 사적 횡취만은 조장되기 마련인 까닭이다.

한편 봉건적 토지제도의 문란에 대응하여 기속적 계급관계의 해이과정 또한 볼만하다. 개항이 즉시 양반상민 등 계급구조에 결정적 변동을 가져온 것은 아니나, 점증된 「토지의 화폐화(貨幣化)」와 더불어 그들의 주종관계에 새로운 균열의 조건을 첨가하였음은 틀림없는 동태이다. 더구나 개항 후 외래상업·고리대자본이나 토종사업자본이 농촌에 침투발호한 세태는 당연히 봉건적 계급관계에 위협을 가중한 것이 틀림이 없다. 개항이 가져온 재정의 일반적 궁핍 또한 봉건계급의 특권적 위지(位地)를 고수하기에 어려웠던 문제의 하나이다.

그러나 봉건적 토지제도에 결정적 충격을 준 것은 외래 자본에 의한 무곡(貿穀)의 성행이라 할 수 있다. 그에 따른 생산력의 지역적 자극은 나중에도 보는 바와 같이 상업적 농업의 맹아적(萌芽的) 대두를 이 땅에 보게 하였던 동인이다. 다만 이때에 농업생산력이 실지로 어느 정도 상승하였던가는 문제이며, 그로 인한 화폐적 소득을 생산농민이 어느 정도 증진시켰던가 더욱 의문이 아닐 수 없다. 무곡(貿穀)의 직접적 대상이 된 지역은 아직 개항주변이다 주행(舟行)이 편리한 하천연안에 한정되었으며 그도 곡가(穀價)는 주로 외래상인의 조작에 크게 의존한 바 되어 있었던 까닭이다.

한편 개항기(開港期)의 상업적 농업과는 대탁(對蹠)적으로 궁장토(宮庄土)나 역둔토(驛屯土) 등의 특유한 봉건적 토지관계는 또한 간과할 수 없다. 그 가운데 원래 궁장토(宮庄土)는 진전(陣田)을 배당하여 개간시킴으로써 특권계층의 경제지원을 꾀하는 취지를 취한 것이나 실지 숙전(熟田)의 매점(買占)이나 투탁(投託) 그리고 늑탈(勒奪)에 의한 토지집적이 묵인된 비중은 오히려 컸다. 이 점 토지공유제의 유산이라 하겠으나, 개항 후 궁가(宮家)의 재정난이나 국고의 궁핍이 궁장토(宮庄土)의 동요와 지대의 고율화를 가져왔던 것이며 도장(導掌)등 중간기구의 농민수탈 또한 강화하는 동향을 보이었다. 여기에 예하농민(隸下農民)의 비명과 더불어 봉건적 위기는 이 방면에서 격화함을 보이었던 그 후의 실태이다.

---

14) 정다산(丁茶山), 목민심서(牧民心書), 호전(호전(戶典))육조, 전정(田政)

2. 개항기(開港期)의 지대형태

봉건적 토지소유관계의 제일차적 조건은 다시 말할 것 없이 토지소유자(수조권자 (收租權者))에 의한 지대의 남김 없는 강제적 수취관계로서 특징화한다. 지대는 곧 봉건체제를 유지하는 물적 기반 그것이다. 그런데 한말(韓末)의 일반 수조권자(收租權者)는 스스로 지대의 수취자인 동시에 상급토지소유자인 국권에 대한 지세의 납부자이기도 하였다. 따라서 결과적으로 이때에 전부(소작농민)가 부담하는 지대는 기본적으로 수조권자(收租權者)에 대한 조(租)와 국권에 대한 세(稅)의 양자를 내포한 구성이다. 그 중 후자는 외형상 전주(田主)부담의 명목이 되어 있지만 그 실질적 원천이 조의 일부로서 소작농의 납부에 의존하였음은 다시 말할 것도 없다. 지대이외에 국권이 취득하는 세의 근원은 있을 수 없다는 시대의 제약성이 바로 봉건체제의 기본적 성립조건인 까닭이다.

그럼에도 불구하고, 봉건지대의 개념파악이 불분명한 일부의 견해에 있어서 봉건국권에 대한 세를 당장 지대로부터 분리시키려는 의도를 볼 수 없지 않다. 15) 이에 준하여 토지 국유제에 한하여 지대와 조세의 일치를 인정할 수 있다는 통속적 논지(論旨)16) 역시 우리가 뜻하는 지대의 개념이 아님은 물론이다.

원래 세와 조는 봉건지대의 구체적 귀속형태에 불과하다. 그리하여 그들 각칭(各稱)이 여하튼 간에 지대이외에 봉건 지배계급이 수취하는 가치적 실질은 없는 것이 원칙이다. 그러므로 지대의 수수(收受)주체가 명확히 분리되어 있는 경우일지라도 분배관계는 자동적으로 조절된다. 즉

「병작지규(竝作之規) 수확후균분기반(收穫後均分其半) 전주납기세(田主納其稅) 작자무소여(作者無所與)」17)

「기종자세미 북방개전주출지 남방개전부출지 소이연자 타도지법(賭只法)기수 우기화한 북방주객균분 남방전객전탄 고세여시야 연흉작 기세전객진식기화 전주체수관독 자납기세(其種子稅米 北方皆田主出之 南方皆佃夫出之 所以然者 打稻之法旣殊 又其禾旱 北方主客均分 南方佃客全吞 故稅如是也 然凶作 饑歲佃客盡食其禾 田主替受官督 自納其稅)」18)

알고 보면 세와 조가 위와 같이 분리되어 있지 않는 상황은 이미 본 바와 같이 봉건적 국면의 특징적 조건이며 무엇보다 곧 지대와 이윤이 분리되어 있지 않은 사실에 대응한다. 자본주의 경제에 들어서게 되면 필연적으로 지대이외에 이윤소득이 일반화하므로 조와 세의 원천이 반드시 일의적으로 명확히 주어진다 할 수 없게 되고, 따라서 양자의 분리는 현실화하는 이치(理致)이다. 특별히 독점자본주의하의 소작관계에 있어서 토지자본가의 특성은 지대를 이윤시하는 경향을 보여 준다. 그들이 바로 근대적 대지주로 되어 있을 때 그가 납부하는 지세 그것이 반드시 개별적 소작농으로부터 수득하는 지대에 한정된다 할 수 없는 것이다, 다만 개항기(開港期)의 실정은 그 과정에 미달한

---

15) 旗田巍, 조선중세사회사의 연구(朝鮮中世社會史の硏究), 1972
16) 김삼수(金三守), 한국사회경제사, 1964
17) 비변사(備邊司)등록: 영조(英祖) 16월(1740) 윤 6월 25일
18) 정다산(丁茶山), 목민심서(牧民心書), 호전세법(戶典稅法)

것으로 인정될 수 있을 뿐이다.[19]

물론, 봉건체제를 특징화한 위와 같은 조세의 미분화 조건은 비단 소작관계에서뿐이 아니라 현실적 자작농에 있어서 그대로 타당하다. 이론상 그들은 사급토지소유자인 국가에게 세를 직접 납부함으로써 분리를 기한다 하겠으나 그 원천인즉 전적으로 지대이외에 있지 않다. 현실적으로 그들의 생산력은 매우 저열한데 대하여 그나마 지방수령이나 호족에 의하여 「세 아닌 세」 또는 「조 아닌 조」로서 상납을 부득이하게 된다. 따라서 그들 역시 지대의 남김 없는 피수취객(被收取客)인 신세이다.

그러나 봉건지대의 특징은 또한 그 지불형식이나 지불형태에서도 나타날 수 있다. 「경제외의 강제」에 의한다는 것이 기조(基調)로 되어 있다는 것, 그리고 당연히 화폐적 평가에 의하여 지불되는 것이 아니라, 지주의 일방적 요구에 의하여 그 형태에 변천이 보여진다는 것, 처음에는 노동지대가 지배적인 것이 점차 현물 지대화 하고, 발전된 관정에 이르러 금납(金納)지대화 한다 함은 일반적 원칙이라 할 수 이다. 물론 이들의 상호 혼합 형태를 구구히 볼 수도 있는 것이 역사적 현실이다.

한반도의 개항기(開港期)에 있어서 토착(土着)지대는 현물이 압도적인 가운데 노동지대도 잔존한 바 없지 않고 금납(金納)지대 또한 불소(不少)하였다. 다만 금납(金納)지대의 실례로서 흔히 세납확보를 위한 현물의 대납적인 지불형식이 많았다고 보아지는 가운데 조에 관하여서는 특별한 경우에 한정되어 있었을 뿐이다. 구태에 개항기(開港期)의 실례를 찾아 보건데 고종 28년(1891년)의 대금납(金納) 예로서,

> 「경상도 관찰사 이헌영(李憲永)이 상계(狀啓)하여 면농(綿農)의 참겸(慘歉)을 비진(備陣)하고, 도내 각 읍의 각 영, 각 아문의 소납군포(所納軍布) 및 낙소보포(樂小保布)를 순전(純錢)으로 대납하고, 친군영 납포보포(納砲保布)는 5분의 4를 대납할 것을 청하였으므로 병조 및 각 영은 3분의 1을 각사(各司)는 순전으로 대납할 것을 허락하다 운운(云云)」[20]

함을 볼 수 있고, 한편 「응세지노(應稅之勞)」라 하여 우리는 노동대납의 형태를 도처에 찾아 볼 수 없지 않다. 예컨대,

> 「답주염피응세지노(畓主厭避應稅之勞) 추수시(秋收時) 예급결복조어작인처(預給結卜租於作人處) 사지담당비납(使之擔當備納)」[21]

이라 함과 같은 것이다. 다만 조세의 대납의 경우 역시 직접납부자가 누구던 간에 그 부담원천이 현물지대에 귀속한다 함은 다시 말할 것도 없다. 필경 모든 공과는 지대의 내용이며 경작농민의 고한의 대가일 뿐이다.

더욱 궁장토(宮庄土)나 아문전, 역둔토(驛屯土)에 대하여서는 현물과 병행하여 이른바 도전(賭錢)이 흔히 수납된 것 같다. 이 또한 그 경위여하에 불구하고, 현물지대의 발전적 변형임은 물론이다.

우선 참고 삼아 알려진 개항초기 및 갑오동란 직전후의 지세수입과 형태별 항목의 내용을 들어

---

19) 이 문제에 관하여는 3.1운동 전후기에 이르러 좀 더 실증적으로 우리의 논의의 대상이 된다.
20) 승정원일기(承政院日記): 고종(高宗) 28년 10월 24일. (국사편전위원회, 고종시대사3, 1969,p.252)
21) 조선민정자료: 목민편(牧民篇), p.279

보면 다음과 같다.

한말(韓末) 봉건지세 수입 추이

세목		1796년	1807년	1893~1895년 평균
전세(田稅)	미(米)(석)	10,841	109,873	63,647
	속(粟)(석)	36,598	47,947	26
	태(太)(석)	104,313	105,200	33,070
	목(木)(필)	1,981	2,042	42,938
	포(布)(필)	–	–	3,911
	전(錢)(냥)	–	–	756,329
삼수(三手)	미(米)(석)	49,418	49,231	30,547
	속(粟)(석)	10,334	17,552	1,744
	목(木)(필)	–	–	14,061
	포(布)(필)	–	–	2,722
	전(錢)(냥)	–	–	69,922
대동(大同)	미(米)(석)	515,779	146,167	176,266
	속(粟)(석)	–	1,988	1,394
	태(太)(석)	–	11,291	10,616
	두(豆)(석)	–	195	211
	목(木)(필)	123,600	117,775	118,776
	포(布)(필)	6,884	8,366	6,706
	전(錢)(냥)	334,273	340,463	1,039,008
결작(結作)	미(米)(석)	–	–	16,699
	전(錢)(냥)	372,045	369,317	205,821
포량(砲粮)	미(米)(석)	–	–	9,669
	목(木)(필)	–	–	301
	전(錢)(냥)	–	–	1,658
합계	미(米)(석)	825,283	489,445	343,889
	포목(필)	132,485	128,123	189,415
	전(錢)(냥)	766,318	709,780	2,072,738

자료: 한국정부 도지부 사세국, 한국세제고, 隆熙 3년(1909년)

　　한편 우리는 지세에 준하여 봉건지대의 보다 큰 지배적 요인인 조에 관한 지불형태에 주목하지 않을 수 없다. 그것은 곧 개항기(開港期)에 있어서 소작료가 어떠한 형식으로서 지불되었던가, 그리고 그것은 어떠한 변천의 과정을 밟아온 것인가를 보는 요령이다. 그럼에 있어서도 우리는 그에 앞서서 이때의 수조권자(收租權者)라는 것이 소작농으로부터 소작료의 수납을 위하여 종국적으로 경제외적 강제력을 발동할 수 있는 지위에 놓여 있었다는 주종적 배경을 중요한 조건으로 인정한다. 그럼으로써 조의 형태나 지불양식 또한 지주의 편익에 따라서 가변성을 갖는다는 것, 다만 지주는 소작농을 당장 몰락시킬 만큼 수취하는 것이 목적이 아니므로 지세와의 관련 하에 일정한 한도는 주어진다는 것이 기본적 성격이다.

　　그러나 한편 전통적 인습(因襲)의 준수라는 것이 또한 봉건사회의 특성이므로 소작관계나 소작료의 지불양태에 일정한 통용적 유형은 없지 않다. 그 가운데 이를테면 소작료의 지불방식인즉 보통

소작에 관한 한, 일종의 분익제인 타조(打租)와 더불어 정조(定租)로서 이른 바 도지(賭只, 賭租)라는 것이 쌍벽을 이루는 기본적 방식이다. 소작료는 이미 본바와 같이 현물임이 고래로 압도적임을 볼 수 있거니와 노동소작이나 금납(金納)소작료의 형태 또한 없지는 않았다. 그밖에 타조(打租)(병작분익제)는 답작에 많이 시행되고 도지 전작에 관행되었으며, 북방에 도지법(賭只法)이 많이 시행된데 대하여 남방에 타조법(打租法)이 널리 시행되었다 하나[22] 물론 시대와 지역에 따라서 일율적이 아닌 양상이다. 구태여 말하자면 우선 세납을 누가 부담하느냐에 따라서 전주인 경우는 타조법이 시행되고 전부(소작인)인 경우는 도지법(賭只法)이 시행되었던 원칙으로서, 곧 「병작지규(並作之規) 수확후(收穫後) 위분기반(爲分基半) 전주납기세(田主納其稅) 작자무소위(作者無所爲)」[23] 라 함은 바로 이 점을 가리키고 있다. 다만 그도 일반적 관행일 뿐, 우선 개항후 소작농민의 타조부담은 확연히 반분(半分)에 그쳐 있었던 것인지 반드시 단정적이 아닐 뿐이다.

물론 타조와 도지의 당사자 간에 미치는 이해득실은 단순하지 않아서 전자는 위험부담의 문제가 적은 반면에 흔히 소작농에 대한 지주의 지배력을 강화한다. 이에 반하여 후자의 도지법(賭只法)은 지주에 있어서 정량의 조를 확보할 수 있고 감농의 불편이 없다는 점에 있어서 근대성은 엿보이는 관계이다. 그리하여 조의 수납형식은 타조법으로부터 도지법(賭只法)으로 이행해 온 것 같기도 하지만 봉건초기의 관행은 반드시 그와 같지 않다. 오히려 도지법(賭只法)이 점차 타조법(打租法)화한 것 같이 보여진다는 점, 영조조(英祖朝)에 「근래도지역절(近來賭地亦絶) 무비병작(無非並作)」이란 문면(文面)을 보아서도 알만한 사실이다.

물론 지방이나 개인에 따라서 타조법(打租法)이나 도지법(賭只法)에도 조의 구구한 수납형식이 따르기 마련이나, 한말(韓末)을 통하여 대체로 전자는 반분제가 일반이고, 후자는 작인이 세를 부담하는 조건하에 3분의 2양을 취득한다. 그것은 필경, 소농적 도작에 있어서 그 수확고의 5할이 그 필요노동의 한계로 보아지는 데서 유래한 조절의 결과이다. 그럼에 있어서도 이 5할이란 수량은 흉년이 아닌 평년작 이상을 예상한 것이고, 소작농이 자가노동을 완전히 경작에 투입할 때(그러한 면적의 토지를 병작한다고 가정할 때) 그 투입 노동력을 최소한도 보전시킬 수 있는 그러한 한계적 기대 수준임을 요구한다. 그러므로 이때에 그들 노동의 완전투입이 불가능할만큼 경작면적이 협소하거나 흉작에 봉착할 때 사태는 분명하여, 지금 소작농 그들이 완전히 몰락하지 않고 경작을 지속할 수 있는 방도란 오직 봉건적 지주의 「온정(溫情)」에 의지할 수밖에 없는 사정이다.

그런데 지주의 온정주의에도 한계는 없지 않다. 그것은 결국 장래의 수탈을 위한 수단으로서 베풀어질 뿐, 소작농이 완전 몰락할진대 지주에 있어서 소기하는 지대의 영속적 확보란 불가능시되는 이치이다.

---

22) 전제(前提), 정다산(丁茶山), 「목민심서(牧民心書)」 등 참조
23) 비변사(備邊司)등록: 영조(英祖) 16년(1740) 윤 6월 25일

그러한 가운데 있어서도 개항이후 조의 고율화(高率化)는 진행되고, 한편 대지주와 소작인간에 개재하는 각종 중간적 수취자의 행패는 우심하였다. 궁장토(宮庄土)의 도장(導掌)과 같은 것은 이의 대표적 기능자로서 보아질 뿐이다. 어쨌든 개항이후 토지의 겸병이 진행됨에 따라서 문제는 이 방면에 있어서 한층 심각화한 양상이나, 그러나 개항기(開港期)에 임하여 국내 소작농에 가중된 피지배적 조건은 봉건적 수취간계에 한정되어 있지 않았다. 실로 개항이 가져온 세계시장의 확대 그것이 총체적으로 「인플레이션」과 농업공황의 원인이 되고, 다시 그들이 토착(土着)소작농을 포함한 소농일반에 대한 압력의 조건이 된 점, 심각한 문제이다. 알고 보면 개항기(開港期)의 곡가 앙등(昂騰) 역시 결코 이 땅의 소농민이 입장에 대하여 유리한 결과를 가져오지 아니하였다는 점은 볼만하다.24) 오히려 빈곤한 그들에 있어서 식량난의 격화를 가져오고, 그것이 물가를 자극하여 그들로 하여금 「쉐레」적 손실을 확대하였을 따름이다. 그렇다면 우리는 1894년의 동학란(東學亂)에 있어서 동학군이 표방하였던 전정개혁요구조항25)이 결코 범연하지 않음을 알 수 있다. 즉

     （ⅰ）국결불위가(國結不爲加) 전세의전사(田稅依前事)
     （ⅱ）각읍진부결(各邑陳浮結) 영위돈하사(永爲頓下事) 백지징세(白地徵稅) 사전기진야(私田起陳也)
     （ⅲ）균전관지거폐(均田官之去弊) 생폐야(生弊也)
     （ⅳ）각관방륜회결(各官房輪回結) 일병혁파사(一倂革罷事) 궁답물시사(宮畓勿施事)
     （ⅴ）보세물시사(洑稅勿施事) 물논모처(勿論某處) 축보수세혁파사(築洑收稅革罷事)

이상은 보편적 수조(收租)관계를 들어 본 것일 뿐이다. 한편 개항기(開港期)의 지역적 특수조(收租)건이나 특권층의 편익에 따라서 발생한 변이적(變異的) 지대의 수납관례 역시 불만한 것이 없지 않다. 여기에 다기한 그들의 유형을 일일이 말할 수 없으나 그중 특히 지목되는 것으로서 몇가지를 들어보면 우선 전적인 노동지대의 형태를 갖춘 평안도지방의 협막인(狹幕人)소작26)관계는 특이하고, 한편 일종의 영소작(永小作)에 해당한 것으로서 이른바 화리(禾利(전주지방)), 원도지(原賭地(평북 의주·용천 등)), 중도지(中賭地(황해도)) 등은 유명하다. 그밖에 궁장토(宮庄土)나 역둔토(驛屯土)의 지대형태 역시 본론이 다음에 좀 더 자세히 보고자 하는 특이한 문제의 대상이다.

3. 봉건지대의 특수형태

일반의 민전(民田)에 비하여 궁장토(宮庄土)나 아문전, 역둔토(驛屯土) 등 왕족이나 관아에서 직접 소관하는 토지는 그 소유관계의 차이에 불구하고 면세의 특권이 부여되어 있는 동시에, 그를 경작하는 전부와 더불어 봉건관계의 기속적(羈束的) 계기는 유난히 뇌고(牢固)하였다. 예컨대 역둔토(驛屯土)로 지정된 토지는 임의로 그 용도의 변경이 용인되지 않는 것이며 경작권의 양도

---

24) 김준보, 「개항기(開港期) 농업공황의 양성과정」 「사회과학」 제1권, 고려대학교 정경대학문집 1972
25) 한우근(韓佑劤), 「동학란(東學亂) 기인(起因)에 관한 연구」, 1971, p.87
26) 협막인(狹幕人)에는 막간인(幕間人), 사청인(舍廳人), 막금인(幕金人), 협방인(狹房人), 협실인(狹室人), 방작인(旁作人) 등 구구한 명칭이 부여되어 있다.

또한 자의적이 아니다. 한편 이를 토지의 수조율(收租率)이 반드시 높은 것은 아니나, 관권의 개입이 거기에 농후하다는 점은 곧 경제외적 강제성의 특징을 반영한다. 그밖에 중간수조(收租)자의 간섭과 농간이 심하다는 점 또한 나중에도 자세히 보는 이 방면의 보편적 관행이다.

물론 궁장토(宮庄土)나 역둔토(驛屯土) 등 특권적 토지소유관계는 한말(韓末)에 비롯된 것은 아니다. 특히 궁장토(宮庄土)에 해당한 것으로서 일찍이 고려 중기부터 이조(李朝)전기에 특권층의 수탈적 토지집적으로 나타난 이른바 「농장」27)은 유명하고, 그것은 궁장토(宮庄土)의 근원이라 할 수 있는 토지이다. 다만 여조의 농장과 이조(李朝)의 궁장토(宮庄土)의 구별을 따져 본다면 전자는 사궁(司宮)이외의 사원(寺院)이나 특권중신(特權重臣)에 널리 소유되고 있었다는 점과 경작자가 단순한 전호(佃戶, 소작농)가 아니라, 노비의 경우가 많았다는 특색이 눈에 띄게 된다. 그밖에 농장에는 고리대적 자취와 경제외적 강제성이 혹독한 점 분명하다 하겠으나, 그것은 필경 상대적 성격을 나타내고 있을 뿐이다.

한말(韓末)에 이르러 궁장토(宮庄土)를 수취한 궁(왕실의 일부)으로서는 수진(壽進), 명예(明禮), 어의(於義) 및 용동(龍棟)이 있었고 왕족으로서는 육상(毓祥), 의희(宜禧), 경우(景祐) 등이 있었으며, 넓은 의미에서 내수사(內需司)의 소관전토(所管田土) 또한 이에 속하였다. 이들 궁장토(宮庄土)의 설정에 관하여서는 앞에서도 언급한 바이나 그도 일대 한이 원칙이었다. 그러나 그 가운데는 기 궁전토의 세습폐단이 자생됨과 더불어 역대의 남설(濫設)이 있었던 반면에 법외의 부역(賦役)이나 가렴(苛斂)28)을 모면하기 위한 민전의 투탁(投託)으로 그 소장은 구구한 바 있다. 그리하여 개항후 감퇴되었다는 기록도 볼 수 있으나, 다만 그것의 정확한 수치는 불명일 뿐이다. 29)

그런데 궁장토(宮庄土)는 크게 나누어서 각궁에 대하여 토지의 사유처분권을 설정한 「유토면세지(有土免稅地)」(영작궁둔(永作宮屯))와 수조(收租)권만을 설정한 「무토(無土)」 방식이 행하여졌다. 전자는 처음부터 바로 봉건적 토지소유권을 설정하는 방식이며, 그것은 주로 황무지의 개간, 죄인으로부터 몰적(沒籍)한 토지, 후손 없는 노비 등의 토지를 충당하거나 명관 아문지(衙門地)의 이관에 의하였던 존재이다. 그러나 궁장토(宮庄土)의 설정은 점차 그 원천의 고갈로 말미암아 민전의 매수에 의하여 충당할 수밖에 없게 되었다. 그리고 후자는 이른바 「무토면세지(無土免稅地)」(원결면세(元結免稅))로서 일정지역을 정하여 궁에게 수조(收租)권30) 만을 인정하되, 그 가운데는 일정 연한(3년 또는 10년)을 정하여 수조(收租)지역을 이동지정시키는 전(田)(윤회결(輪回結))도 없지 아니하였던 예이다. 다만 이들 토지에 있어서 소유권은 의연 국가에

---

27) 周騰吉之, 「麗末, 鮮初に於ける 農莊に 就て」(靑岳學叢 7. 1934), 旗田巍, 전게서(前揭書), 제4장
28) 궁장토(宮庄土) 스스로 가렴(苛斂)하는 것 또한 항례라 할 수 있다.
29) 고종(高宗) 14년에 지배적이었던 전라도내의 궁장토(宮庄土) 면세결은 956결(비변사(備邊司)등록, 제258책, 고종 14년 1월 25일)이라는 예를 볼 수 있다. 한편 전기한 갑오「전결총고」에는 전체가 24,757결로 되어 있다.
30) 이는 수조(收租)권이라 할 수도 있으나, 사실인즉 호조(戶曹)에서 국유지로서 수세한 것을 궁에 환납하는 것이 원칙이다.

유보되어 있으므로 일단 정부(호조(戶曹))에 의하여 수세된 다음에 이를 각궁에 급여하는 방식을 취하는 것이 원칙이었다. 이러한 조치는 다시 말할 것도 없이 토지공유제의 유산으로 볼만한 제도이다.

더욱 각궁에 대한 궁장토(宮庄土)의 사여(賜與)규모는 왕족의 서열에 따라서 1,000결, 800결, 500결, 250결 등 구구하였다. 원결불족(元結不足)일 때는 전장매득전(田庄買得錢) (대가)을 주어서 스스로 매득(買得)케 하여 「유토」를 삼게 하였다는 점, 이미 본 바이다. 그리고 각 궁장토(宮庄土)는 일정한 지역에 집단화되어 있는 경우도 있지만 대개는 각처에 산재된 가운데 삼남지방이 압도적이었다. 그 가운데 이동식의 윤희결(輪回結)도 있거니와 유토·무토의 각종 혼교적 분포를 보이고 있었다는 기록이다.

원래 궁장토(宮庄土)(유토)의 대표적 수조(收租)관리자는 도장(導掌)이었다.31) 그는 사궁에 대하여 수조(收租)책임을 맡아서 궁장토(宮庄土)를 관리하는 제1차적 보조기관이며, 흔히 일정액의 수조(收租)물 또는 금액을 사궁에 납부하고 소작인으로부터 일정한 역가를 받거나 또는 나머지 수조(收租)분을 자기수익으로 삼았던 중간자취인이다. 그러므로 결과적으로 볼 때 그는 사궁에 세를 납부하고, 스스로 수조(收租)를 하는 지주와 다름이 없다. 그의 수조(收租)권은 매매의 대상이 되기도 하였던 것이며, 한편 사궁 스스로 도장(導掌)권을 매출하기도 하였던 관례이다.

그런데 궁장토(宮庄土)의 주간자취인은 위의 도장(導掌)에 한정되지 아니하였다. 우선 그의 도장(導掌)권이 민간을 이양될 때 그 민간인은 사음(舍音)이 되거나, 또는 감관(監官)이란 특별한 명칭으로서 같은 기능을 갖게 된다. 따라서 한 사궁의 장토에는 중앙에 거주하거나 또는 중앙과 직접 연결하는 수인 또는 수십 인의 도장(導掌)이 속해 있었고 더욱 많은 수의 감관, 사음(舍音) 등이 수조(收租)관리자로서 지방에 개재하였다고 보아야 한다.32) 그들이 다 같이 생산 농민(전부)의 지대에 기식(寄食)하는 중간수취자임은 물론이다.

지금 우리는 각장토의 설정과 중간수조(收租)자의 가렴적(苛斂的) 행패에 관하여 실례를 일일이 들어 말할 수 없다. 그 폐단은 전국 도처에 퍼져 있었고, 도서지방에 이르러 그것은 극심하였던 것으로 알려져 있다. 그리하여 영조조(英祖朝)에는 곧

> 「제상사각궁방해양절수(諸上司恪宮房海洋折受) 근래범람(近來汎濫) 무소정한(無所定限) 차인도장배(差人導掌輩) 람징기세(濫徵其稅) 위해민지폐(爲海民之弊) 罔有來極 성가민의(罔有來極 誠可悶矣)」33)

문면(文面)을 볼 수 있을 정도에 달했었다. 그 후 개항기(開港期)에 들어오자 차인도장(差人導掌) 등의 농간은 필시 우심하여 고가로서 권한을 분매하는가 하면 감관이나 사음(舍音) 등은 다시 주어진

---

31) 도장(導掌)은 처음에는 사관의 인도인(사령)으로서 노예가 아니면 이에 준한 노비의 만자와 같은 족속이었다. 숙종(肅宗) 7년(1681년)에 부교리 박태원의 상소에 비로소 「내사도장(導掌)」이란 용어가 나타난다고 보는 사람(和田一郞, 조선토지제도 및 지세제도 조사보고서, 1920. 제157면)도 있으나 물론 그러한 직분은 훨씬 그 이전에 소급하여야 한다. 그 후 차차 일반 시민이나 농민 가운데서 위촉받기도 하였고 그 스스로 매매되기도 한다.

32) 중앙에는 도장(導掌)이외에 직접사궁의 차인으로서 궁차(인)가 있는가 하면 지방에는 다시 감관(監官), 사음(舍音) 등을 문배하는 도감관(都監官), 집강(執綱) 등의 직분도 존재하였다.

33) 비변사(備邊司)등록, 영조 25년(1749년) 12월 6일

사료이외의 농민 수탈을 자행하였던 것으로 알려져 있다. 그 가운데 이들의 규제적 예로서 이조(李朝)말의 명예궁장토(宮庄土)에 다음과 같은 기록을 볼 수 있다. 즉,

「증유음사팔명(曾有音舍八名) 이각생기욕(而各生己欲) 공갈작인(恐喝作人) 중만궁차(中瞞宮差) 수확지제(收穫之際) 환농조종지습(幻弄操從之習) 실유차배(實由此輩) 永爲革減 지존일명(永爲革減 只存一名) 여감관동의(與監官同儀) 범간등사(凡干等事) 품보집강(稟報執綱) 거행위제(擧行爲齊)」34)

라는 것이다.

그밖에 사음(舍音)이나 감관은 그들 스스로 농민을 수탈할 뿐 아니라, 더욱 도장(導掌)이나 차관, 집강 등 그들의 감독자를 위하여 중간자취의 편리를 제공한다. 그리고 그들은 단순한 수조(收租)뿐이 아니라 각종의 부역을 작인에게 요구하였던 것이 통례이다. 다만 그러한 가운데 있어서도 궁장토(宮庄土)의 전호나 사음(舍音)에는 지방관서의 잡역(雜役)이 면제되고, 지방관리의 남세(濫稅)를 면할 수 있었으며 일반민전보다는 소작료가 높지 않다는 특전의 수혜가 없지 않았다. 그밖에 거기에는 타조보다 도조(賭作, 정액소작) 또는 도전이 일반적이라는 것, 그리고 투탁(投託)의 대상이 된바 심하였다는 등 몇 가지 경작농민의 관심을 끌만한 조건이 없지 않았던 예이다.

궁장토(宮庄土)의 설정은 시대적으로 소장(消長)을 보아왔고, 더구나 국고재정의 곤궁이 필경 궁장토(宮庄土)의 남설(濫設)운동과 악순환하기도 하였다. 그 가운데 경작농민을 일으켜서 항조운동을 자아내게도 하였다는 점, 더욱 주목된 대상이나, 이 또한 근대화의식의 일반적 앙진과 더불어 동학란(東學亂)과 직결된 위국적 표시임에 틀림이 없다. 동학당목(東學黨目)은 나중에도 보는 바와 같이 궁장토(宮庄土)·역둔토(驛屯土) 등에 관련하여 많은 주장을 내세웠던 까닭이다.

한편 아문전(衙門田)·역둔토(驛屯土) 또한 특유한 이조(李朝)말의 지대형태를 구성한다. 후자에 역시 완전 국유지인 경우와 관아에서 징세권만이 보유되어 있는 경우가 갈려 있었다. 그에 대응하여 소작농인 전부는 각각 세를 포함한 조를 납부하는 수도 있거니와 세만을 공납하는 경우도 많았던 관례이다. 그 가운데 조세의 형태와 그 납부수준은 구구하되 조에 관한 개항초기의 예로서 매답 1 두락에, 10두, 매전 10부(負)에 15두로 정한 예를 볼 수 있었고 세부담의 경우 전답매부에 미 4승(升)으로부터, 심하면 정조(正租) 1두를 징수한 예를 볼 수도 있었다.35) 따라서 심한 경우라면 1결(結)당 100두에 해당한 공납(貢納)이나 일반의 소작료에 비하여 결코 가볍다고 볼 수 없는 수준36)이나 다만 개간 등에 관한 「유토」의 경우 당초 일반의 소작지보다 부담률이 낮았을 뿐이다.

물론 그러한 가운데 있어서도 개항과 더불어 이들 특권적 토지에 점차 보통 소작 예에 준한 소작율의 고율화 경향이 생겼다 함은 능히 짐작되는 바와 같다. 그리하여 경우에 따라서 「무토」마저 「유토」 정도의 중과를 보았던 것이나, 이는 요컨대 봉건지대의 전형적 수취강화 가운데 체제적

---

34) 명례궁절목(明禮宮節目)(김용섭(金容燮), 전제서, p.300에서 인용)

35) 조선농회, 「조선의 소작관행(시대와 관습)」, 1930, p.169

36) 1894년의 금납(金納)지세제 창설직전에는 1결당 물납액을 평균하여 미 1석 4두 6승 2합이었다 한다. (조선총독부, 「조선토지조사 수(殊), 지대 설정, 관세 설명서」, 1917, p.8

문란을 말해 주는 징표이다.

　문헌상 우리는 특히 개항이후, 특권적 수조(收租)지의 조세징수에 관하여 관헌의 농간협잡이 때때로 소요(騷擾)를 일으킬 만큼 자심하였던 예를 볼 수 있다. 이를테면 고종 20년(1883년)에 「팔도도신」에게 도내의 폐단을 열거하여 교구의 방법을 성책하여 「상송」하도록 하였던 바, 그 도착 문면에는 주로 궁장토(宮庄土)·역둔토(驛屯土) 등에 관한 관폐의 예가 각별히 많이 지적되었던 형편이다. 지금 그 중 눈에 띄는 몇 가지를 들어 보면 다음과 같다.37)

　(i) 경기도에서는 도합 11건의 불합리한 침탈행위의 시정책이 지적된 가운데 이를테면

　　　「가평 현내의 각 릉과 각 궁방시장수세(宮房柴场收稅)를 요즘 각 릉과 각 궁에서 감관 집세하므로 해민(害民)됨을 짐작하여 종전처럼 본 읍에서 수납케 할 것」

　　　「본도육역(本道六驛)의 공행남기(公行濫騎) 폐단과 위토사상매매(位土私相)폐단　　　등을 금단케 할 것」 등

　(ii) 충청도에서는 2건으로서

　　　「직산현 소재의 전훈국둔토(前訓局屯土)의 수세(收稅)는 이후부터 대전 70냥으로서 양향청(糧餉廳)에 상납케 할 것」

　　　「각 궁방 세미(稅米)상납 시에 궁예선탈(宮隸先奪)의 폐와 강주인 토색(討索)의 습(習)을 일절 금단케 할 것」

　(iii) 전라도에서는 4건 가운데

　　　「임릉현 금아영둔토세(禁衙營屯土稅) 전수세(錢收稅)의 과람(過濫)으로 인한 폐단을 혁파(革罷)케 할 것」

　(iv) 경상도 9건 가운데

　　　「칠원현소의 옛 임해군(臨海君)절수전(折受田)25결의 출세(出稅)를 경인사봉(京人私捧)함을 엄식(嚴飾)할 것」

　　　「각역위토잠매를 엄금할 것」 등

　(v) 황해도 3건 가운데

　　　「재녕군 양향청(糧餉廳) 소속의 양탄(良灘)·입석(立石) 양둔과 금위영(禁衛營) 소속 각산둔의 둔토는 해민(該民)에게 환속키켜 수세(收稅)상납게 하며 정철가 무명색(正鐵加貿名色)은 엄단할 것 」

　(vi) 평안도 4건 가운데

　　　「양서역로의 남기(濫騎)와 위토사매(位土私賣)의 폐단을 금단 할 것」 등

---

37) 승정원일기(承政院日記): 고종(高宗) 20년 1월 19일(국사편찬위원회, 고종시대사(2), 1968, pp.417-418에 의함)

4. 근대적 지대형태의 맹아와 봉건체제

개항에 뒤따른 외래자본의 침투와 무곡(貿穀)의 성행이 봉건적 농업생산기구에 결정적 충격을 가한 바 있다 함은 이미 본 바와 같다. 적어도 1880년대 초까지의 농촌 사태에 관한 한, 거기에 아직 우세한 봉건성의 지배하에 전반적 개화는 보이지 않지만 「세계시장의 폭풍우」와 「인플레이션」의 물결이 차츰 토착(土着) 소농생산이나 지대사적 조건에 중대한 변혁의 동인으로 대두한 셈이다. 우선 「한국지」에 의하면 개항이 가져온 무곡(貿穀)의 성행이 일부 연안지역에 상업적 농업을 다음 과 같이 전개시킴으로써 봉건체제에 동요를 가했다고 전해 준다. 즉

> 「개항전에 있어서는 주민은 국내에 많은 수요가 없으므로 자가용 이상의 농산물을 산출할 필요가 없을 뿐 아니라, 만약 잉여가 있으면 흔히 관리의 강구를 빈번케 하는 매개물이 될 뿐이므로 농업의 진보는 매우 지지(遲遲)하며, 또한 각호의 경지는 매우 적었던 것이나, 개항과 동시에 외국이 내방하게 되어 주행의 편이 있는 하천 및 해안부근의 주민은 비로소 잉여의 판로를 발견하게 됨으로써 경작량을 증가함에 이르러 이로써 얻은 수익은 한인(韓人)으로 하여금 수출을 목적으로 하여 경작함이 유리함을 깨닫게 하였다」.[38]

는 평이다. 바로 여기에 틈타서 일본인 측 고리대자본의 횡행은 더욱 볼만하다. 즉

> 「여기에 있어서 일본인은 더욱 한인이 농업을 장려할 목적으로써 경작 착수 전에 스스로 농업 지방을 순회하고 또는 대리자인 한인을 순회시켜 보통 수확의 절반을 분득(分得)할 조건으로 농민에게 자금을 대여하고 추수기에 이르면 다시 계약 지방을 순회하여 농산물을 분득(分得)하고, 이를 무역항에 송치(送致)하되, 그 대여한 바는 미곡의 매매시세 보다 훨씬 저렴하므로 풍년에는 막대한 이익을 보고 흉년에도 손실한 바가 적다. 그러나 한인에 있어서는 풍흉에 관계없이 심한 노고를 하지 않고 어쨌든 여분의 소금(小金)을 얻게 되므로 모두 만족한다」.[39]

그러면 이때에 상업적 영농을 하게 된 토착(土着)농민에 있어서 지대와 이윤의 형성분배관계는 어떠한 것인가?

만약 개항기(開港期)의 생산농민이 대일무곡(貿穀)의 성행에 자극을 받아서 생산의 확대를 도모하고, 고용노동을 증가시켜서 상업적 잉여생산을 틀림없이 수행하였다면 분명히 거기에는 소농생산가운데 극대농업의 대두는 전망된다. 그에 따라서 지대와 이윤의 분리성이 인정됨과 아울러 봉건체제의 근대화 현상이 전개될 수 있는 기구는 조성되기 마련이다.

물론 전반적 실태는 불분명하여 이때에 소작농은 말할 것도 없거니와 토착(土着) 자작농인 경우 역시 전근대적 생산양식은 그대로 고수한 바 되어 있다. 아직 자가노동이 압도적인 가운데 자급체제의 자연경제를 따른 것이 일반이다. 그 가운데 반자급적 단순 상품관계에 놓여 있는 농민을 본다 하더라도 그 상품적 비중은 매우 제약되어 있다. 그 뿐 아니라 국권이나 관헌의 수탈이 과연 지대이외에 이윤의 형성여지를 남겨 놓을는지 이 점 일반적으로 기대하기 어려웠던 생산관계의 전모(全貌)이다.

더구나 토착(土着) 영농자에 있어서 아직 시장변동에 대한 적응능력은 매우 유치(幼稚)하다고

---

38) 한국지(러시아대장성간 일역) 1905, pp.141-142
39) 동상, p.142

보아야 하고, 개항과 더불어 외세의 폭력적 시장개입마저 생산품의 잉여를 자의로 시장에 판매한다 하더라도 「여분의 소금(小金)」을 과연 이윤의 실체로 볼 것인지 의문은 개재한다. 분명히 초과적 이윤이 형성된 바 있다 하더라도 그 또한 지극히 한정적이라 함은 바로 상업적 농업의 지역이 무엇보다 「편리한 토지에 한정되고, 교통 곤란한 지방에 있어서는 그 경작 량은 그 지방의 수요를 초과하지 못하였다」 40)는 점에서 그러하고, 더욱

> 「상항(商港)에 가까운 지방이라 할지라도 겨우 15노리(露里)41)를 수(遂)하면 지가(地價)는 1/2이상으로 떨어진다」 42)

는 사실에서 그러하다. 따라서 지대이외에 이윤의 분리형성이 있다 하더라도 그것은 농업 근대화의 맹아를 나타낸 데 그쳐 있을 뿐이다.

다만 상업적 농업의 실현은 그에 앞서서 내외시장의 발달과 더불어 어느 정도 토지소유의 근대적 집적(集積)을 예상케 한다. 취약한 소작농이나 영세 자작농에 있어서 상업적 농업은 처음부터 논의할 수 없는 까닭이다. 그런데 여기에 상업적 농업의 진행가능성이 개항과 더불어 조성되기 시작하였고, 적어도 동학란(東學亂) 이전에 분명히 그 맹아를 볼 수 있었다 함은 봉건체제에 대한 기저적(基底的) 위협의 실현이 아니라 할 수 없다. 그도 농업면의 직접적 동인(動因) 그것은 1890년대 이후 무곡(貿穀)의 성행이 급격화간 소산(所産)으로 보아질 뿐이다.

사실인즉 개항기(開港期)를 맞이하여 외래자본의 침투기구 하에 봉건적 토지제도의 안고(安固)를 본다는 것은 기생적 지주의 입장에서 보는 한 오히려 유리한 경제적 기반의 확보로 진정될 수 있었다. 그들은 스스로 당장 상업적 농업을 자영(自營)하느니보다 흉작의 불작(不作)이 위험을 부담할 필요 없이 고율적(高率的) 소작료를 확고히 추구할 수 있었던 소이(所以)이다. 그러나 객관적 정세는 그러한 반농민적 특권의식이 조장됨에 병행하여 위에서와 같이 봉건체제의 전반적 동요를 격성시킬 수밖에 없게 되었다. 농산물에 대한 수요가 크면 클수록 외래자본의 농촌침투는 심도를 높이었고, 그에 따라서 농촌의 위기는 격성될 수밖에 없었던 까닭이다.

그 뿐인가 일반의 민전(民田)이외에 궁장토(宮庄土)나 아문전(衙門田) 등의 특수한 수조(收租)관계 역시 언제까지나 봉건적 기율은 자신의 것으로서 관철한다 할 수 없다. 사실 근대화의 물결은 그들에 마저 은연(隱然)중 민전화의 기세를 불가피하게 한 점, 무엇보다 항조운동의 치열함이 그것을 입증하는 동태이다. 그 가운데 봉건적 수탈은 강화하였거니와 그에 따라서 토지의 투탁(投託) 또한 사회적 폐풍(弊風)으로서 확대되었다 함은 이미 본 바와 같다. 따라서 근대화의 징표는 개항기(開港期) 토착(土着)농촌의 전 국면에 걸쳐서 숨길 수 없었던 기동적(起動的) 태세이다.

때마침 개항과 더불어 전개된 외국인의 토지점거 또한 한말(韓末)의 봉건적 위기의 조건을

---

40) 한국지(러시아대장성간 일역) 1905, p.142
41) 1로리(露里)는 약 9정(町) 4간(間)으로서 약 1/4리(里)
42) 한국지, p.142

추가하였다. 그들이 즉시 토지제도에 변혁을 가져온 것은 아니라 하더라도 그와 더불어 봉건국권이 제약을 받게 된 것을 뚜렷한 사실이다. 더구나 이때에 외국인의 토지침범이 거류지의 확장에 그치지 않고, 주변의 농업생산에 미치게 될 때43) 거기에는 필경 자본가적 경영의 도입이 실현될 수밖에 없다. 그와 아울러 지대의 근대적 현상이 우리 앞에 부각되기 마련이다. 그리하여 그들의 토지에 관한 한 곧 차익(差益)지대 뿐이 아니라 독점지대나 독점이윤의 형성을 보게 될 수 없지 않다. 그들의 타산적 활동이 더욱 지대와 이윤의 분리를 한층 예민하게 하였던 것은 물론이다.

그렇다 하여 우리는 동학란(東學亂) 이전의 단계에 있어서 개항기(開港期) 한말(韓末)의 봉건체제가 결정적 변혁의 길에 올라섰다고 보고 있지 않다. 외국인의 토지투자는 아직 제한된 흔적일 뿐, 표견상(表見上) 대농적 상품생산 역시 문자 그대로 단초적 예로 보였을 뿐이다. 그러므로 봉건적 토지제도는 아직 우위적 기반을 보유하고 있으며, 표견상(表見上) 대농이라 할지라도 반드시 기업농으로만 볼 수도 없다. 예컨대 궁장토(宮庄土)의 도장(導掌)이 많은 타인노동을 써서 탐리(貪利)적 차경(借耕)에 직접 참여한다 하더라도 시대적 배경에 비추어 그것의 실질인즉 오히려 중세기 독일의 「구쓰헤루샤프트」(Gutsherrschaft)에 준한 경영방식에 지나지 않는다. 그것을 당장 기업농으로 판단할 수 없거니와 그밖에 노비노동이나 「머슴」을 당장 근대적 고용노동과 같은 범주에서 논할 수도 없는 것이 개항초기의 일반적 사태이다.

그럼에도 불구하고, 지대의 이윤화는 그 맹아를 이미 보게 된 만큼 봉건적 위기는 본질적인 것이 되지 않을 수 없게 되었다. 그것은 단순한 농업의 발전을 뜻하는 것이 아니라, 보다 기저적(基底的) 조건의 변질로서 체제적 전환의 국면을 반영하는 까닭이다.

Ⅱ. 동학란(東學亂)과 지대의 분화

1. 토지제도와 토지문제의 신전개

한말(韓末)의 봉건적 생산관계는 위에서 본 바와 같이 생산력의 발전을 근간으로 하여 근대화의 공식적 길을 자율화함에 앞서서 외세에 의한 타율적 충격의 압력에 크게 지배되었다. 동학란(東學亂)은 바로 내생적 가렴(苛斂)의 모순에 대한 배전(排戰)인 동시에 그들 외세의 규제에 대한 반박이었음은 주지하는 바이다. 이조(李朝) 봉건체제는 여기에 새로운 내생적 위기의 동인(動因)을 얻게 된 것이나, 그로 말미암은 지대의 분화과정 또한 볼만하다. 봉건계급의 수탈적 토지겸병44)은 오히려 촉진되고,

---

43) 1883년의 한영조약을 계기로 토지의 조계(租界)외 사점(私占)은 외국인에 대한 거의 공인된 사태로 된 것이며, 1884년에는 청인(淸人)이 용산(龍山)간지(間地)에 채소 종식지(種植地)를 매득(買得)하였다 하고(통리기무아문 일기) 1891년에는 일인(日人)이 고양(高揚)에 삼포 일천간(가(價)2만냥)을 매수하였다 한다. (동상, 고종(高宗)28년 11월 3일) 고종(高宗)21년 12월 29일
44) 승정원(承政院日記): 고종(高宗) 32년 3월 25일 정모2소

외국인의 토지소유에 대한 투자의 유발을 본 바 있었으며, 무엇보다 지세의 금납(金納)화에서 발전적 의미는 보다 뚜렷이 발견될 수 있는 까닭이다.

  그중 동학란(東學亂) 이후 외국자본에 의한 토지겸병인즉 봉건국권에 대한 큰 위협으로서 재인식되지 않으면 아니 된다. 그것은 두말할 것 없이 봉건체제에 대한 가장 충격적 배전의 징표이다. 그러므로 1894년 8월의 란(亂)중에도 불구하고, 왕은 군국기무처로 하여금 국내의 토지, 산림 및 광산이 외국인에 의한 점유·매매의 금지를 의결시켰다고 알려져 있다.45) 더욱 그 후 1901년에 이르러 지계아문(地契衙門)이 지계(토지증명서)를 발급함에 즈음하여 왕명(王命)은 다시

> 「대한제국 인민 외는 전답의 소유주인 권리가 없으므로 제국인민으로의 명의를 외국인에 대여하거나 외국인과 더불어 내밀(內密)히 매매하거나, 혹은 전당(典當)양여(讓與)한 자는 사형에 처한다.」 46)

고 경고하였던 실정이다.

  원래 토지의 사유화 과정은 이미 본 바와 같이 이조(李朝)중엽이후에 공공연한 사태이었다. 그리하여 각 시대에 따라서 토지사유에 상응한 증명문기의 제도를 구체적으로 볼 수 있고 따라서, 동학란(東學亂)에 앞서서 토지사유권은 어느 정도 제도적 보장을 받아온 것이 사실이다. 그러나 주의할 것은 그들 사유권이 아직 본질적으로 봉건적 수조(收租)관계에 놓여 있었고 근대적인 성격이 될 수 없었다는 점이라 할 수 있다. 다만 개항직후 토지소유권은 이미 본 바와 같이 맹아적으로 근대화의 징표를 뵈기도 한 것이나 실로 동학란(東學亂)은 한 걸음 봉건체제의 전면에 걸쳐서 심각한 충격적 동요를 가져오게 하는 동시에 극대화를 일반적으로 촉진함으로써 획기적 의미를 부가하였던 계기이다.

  물론 동학란(東學亂)이나 갑오경장(甲午更張)이 봉건적 토지제도에 어떠한 명사적 변혁을 직결적으로 가져온 바는 없다. 전기적 토지제도의 우위성은 그 후 의연 지속될 수 있었던 사실이다. 그러나 그로 말미암은 근대화의 일반적 추세는 여러 면에서 숨길 수 없는 것이며 나중에 말하는 궁장토(宮庄土)의 정리작업과 같은 구체적 근대화처치 역시 그 가운데 찾아볼 수 없지 않다. 광무(光武)년간에 실시를 본 신량안(新量案)47)의 작성운동 또한 토지제도의 개화적 정리에 목표를 두었음은 물론이다.

  그밖에 곡가의 앙등(昻騰), 화폐경제의 발달, 교역시장의 확대, 농촌인구의 증가 등이 토지소유제에 근대적 기반설정을 추구하였음은 다시 말할 것도 없다. 그리고 무엇보다 일본인의 공연한 이주, 각국 철도자본의 각축에 따른 「토지의 화폐화(貨幣化)」 운동 또한 사태를 반증하는 구체적 징표이다. 거기에 토지병탄은 필연시되는 가운데 그가 스스로 시장적 경제의 발전적 의미를 추가한다. 1900년대 초의 예로서 다음과 같은 문면은 어느 정도 그 점을 시사하는 내용이다. 즉

---

45) 승정원(承政院日記): 고종(高宗) 31년 8월 26일
46) 和田一郎: 「토지제도, 지세제도조사보고서」, 1920, pp.190-191
47) 김용섭(金容燮): 「광무 양안(量案)에 관한 연구」 아시아연구, 1963, 제31호 참조

「원래 토지의 가격은 저렴하였던 것인데 농산물의 수출이 배증하여 그 가격 또한 싸지 않다. 그에 따라서 재산가의 토지겸병은 더욱 증가하고 있다. 그리고 소지주는 각지에 산재하나 대지주에 이르러서는 많이 경성에 거주하여 다른 소작인 가운데 신용 있는 자를 뽑아서 감독시킨다. 이를 사음(舍音)이라 한다. 운운(云云)」48)

그러면 여기에 봉건적 토지소유권에 대응한 근대적 토지소유권이란 좀 더 자세히 보아서 무엇인가?

앞에서 우리는 근대화의 제1차적 특징의 조건을 지대와 이윤의 분화상태 즉 이윤의 발생을 전제로 하는 사회적 기구에서 찾을 수 있다고 보아왔다. 그것은 곧 자본축적을 가능케 하는 생산양식 즉 영리적 생산양식의 전제적 조건을 말함이다.

그러나 현실적으로 근대적 토지소유관계란 언제나 지주이외에 기업농의 존재를 필요조건으로 요구한다고 단정할 수 없다. 모름지기 소농사회에 있어서 당장 기업농의 전형형태는 기대할 수 없는 것이 일반이다. 그런데 소농생산양식 하에 있어서도 근대적 토지소유관계(비봉건적 소유관계)가 분명히 있는 것이 사실이라면, 설령 기업농이 실현되어 있지 않더라도 이윤의 독특한 발생여지가 주어지지 않으면 아니 된다. 즉 영농자에 대하여 지대이외에 이윤의 원천이 보장되어야 한다는 것이다. 그러면 동학란(東學亂)이후 그러한 조건은 어떻게 갖추어진 것인가?

첫째로 동학란(東學亂)이후 한반도에는 개항과 더불어 전개된 상업적 농업의 영리적 활동이 계속된 바 있었다고 보아도 무방하다. 적어도 소수 나마 일본인 농장경영이나 토지투기는 반드시 지대만을 목적으로 삼지 않았던 것이 틀림없으며, 토착(土着)지주 역시 무곡(貿穀)의 성행, 곡가의 앙등(昻騰)과 더불어 타산성을 점차 예민케 함으로서 적어도 대지주로 하여금 지대와 이윤을 판별시킬 만한 단계에 도달하였다고 보아지는 정경이다. 다만 그 이윤의 원천이 어디에 있었느냐고 묻는다면 일률적으로 간단히 대답할 수 없다. 대농의 경우는 독점이윤도 획득이 기대된 바 없지 않겠으나 그것은 일반적으로 기대하기 어렵고, 기본적으로 말한다면 필경 고용노동의 가혹한 수탈로서 충족될 수밖에 없었다고 우리에게는 보아질 따름이다. 따라서 이때에 소작료의 고율화란 반드시 지대(차익지대, 절대지대 및 독점지대)의 수취만을 뜻하는 것이 아니라, 이윤의 범주에 해당한 새로운 가치형태의 성분을 내포시키는 동작이라고 보아야 한다. 이윤이 전연 기대될 수 없을 때 토지투자란 있을 수 없고, 외래적 지주의 타산성은 제대로 설 수 없게 되는 까닭이다.

물론 기생적 소토지소유자에 관한 한, 순지주이건 자작농이건 일반적 이윤의 독립적 확보란 반드시 용이하지 않다. 대부분의 경우 관행지대를 확보하면 족하고, 절대지대나 차익지대에 해당한 가치적 평가조차 제대로 수행하지 못한 것이 전세기말의 현실이다. 더구나 그들이 비록 소작농을 가혹하게 수취한다 하더라도 농산물 가격 면에 있어서 유리한 지보를 점할 수 없는 한차익지대 이외에 그들에게 얻어지는 여분의 가치는 일반작으로 실현될 수 없다. 다만 그럼에도 불구하고 그들은 모든 수단방법을 써서 그러한 이득의 독자적 확보에 노력하는 것이나, 원칙상 그러한 목적 달성의 가능성이 보장되어

---

48) 加藤末郎: 한국농업론, 1904, p.154

있지 않다는 것이 곧 동학란(東學亂)후의 과도적 토지제도의 특징일 뿐이다.

한편 토지의 개인적 집적은 당연히 소작농의 증가, 조작문제의 격화를 가져온다. 근대적 토지소유권이 완전히 정립된 것은 아니나 근대화의 성격이 농후한 동학란(東學亂)후의 반식민지적 단계에 이르러 토지집적이 가져온 문제의 심각도는 가중하기 마련이다. 더구나 소농이 압도적이었던 당시의 토지관계인지라,49) 동학란(東學亂) 이후의 개화과정이 군소자작농의 몰락을 촉진하였으리라고 보는 것은 오히려 망연하다. 따라서 토지소유제의 근대화과정이 성숙되어 가고 있음에도 불구하고, 사회적 위기는 급박하였던 것이 틀림없는 세태(世態)이며, 무엇보다 소작농의 구성 비율은 당시에 실로 80%를 넘고 있었음은 「광무양전(光武量田)」의 결과에 비추어서 분명하다. 1900년 초에 한말(韓末)농촌실태를 조사한 일본인의 기록에서도 그 점은 뚜렷이 확인되는 예이며, 북한지방에는 5할 정도에 머물러 있으나 남한지방에는 7-8할이 소작농이었다는 것, 특히 전라도·경상도 등에 있어서 심하면 「전촌(全村) 개소작(皆小作)」이란 예50)이다.

그러나 문제는 소작농의 구성비가 높다는데 한정되는 것이 아니라 농촌인구의 증대와 더불어 경작규모의 영세화를 면할 수 없게 되었다는 것, 따라서 생산력이 심체성(沈滯性)을 가중하는 가운데 소작조건의 필연적 악화를 가져올 수밖에 없다는 것이 더욱 심각성을 표명한다. 더구나 이때의 소작농민인즉 바야흐로 근대화의 과정에 들어서 있는 지주주의하의 존재인지라 그들은 흔히 타산적 지주의 희생이 되어 토지로부터 이탈되는 불안정조건을 간단히 면할 수 없다. 그러므로 이 점, 봉건적 수탈상과 체제적 모순상이 가중되는 외양(外樣)이다.

물론, 이때에 고율소작료의 수준이 어느 정도의 것이었던가를 계수적으로 밝히기는 당장 곤란하다. 전게(前揭) 일본인 조사 예에서는 1반보(反步)당 현미로서 상작(上作) 1석(石)-1.2석, 중작(中作) 7두(斗)-1석, 하작(下作) 7두 이하라는 것으로 나타나 있다. 그렇다면 추측되는 당시의 생산고에 비추어 그것이 결코 절반 이내의 수준이 아님은 너무나 분명하다. 그나마 이는 필경 지주 측의 수취분을 표현하는 조사보고일 뿐, 소작농의 실지 지불되는 조의 전량을 나타낸 것이 아니라는 것, 사음(舍音)이 유무와 그들의 농간에 따라서 크게 달라질 수밖에 없다는 것, 더구나 점진되는 토지의 집적이 사음(舍音)의 보편화를 가져오고 있었다는 사정을 최소한 감안하지 않으면 아니 된다. 사실, 대지주의 경우 100명에 달하는 사음(舍音)을 둔 예도 있었다는 당시의 조사 실태51)인 까닭이다.

한편 외국인의 토지소유문제 또한 동학란(東學亂)이 가져온 위기성의 진전이 아닐 수 없다. 우선 그 실태를 정확히 알 길은 없으나 전남·북 지방이나 경사남도의 각 항구 주변에 점차 대토지 점유자를 보았다는 기록은 중요한 시사이다. 과연 「광무양전(光武量田)」에 나타난 실례로서 전북지방에

---

49) 정다산(丁茶山): 목민심서(牧民心書), 호전 세법 등 참조
50) 일본 상무성: 한국토지농산보고, 1904-5
51) 加藤末郎: 한국농업론, 1904, p.154

있어서는 광무 8년 (1904년) 6월 현재로 11개 군에 걸쳐서 일본인 41명의 불법적 토지매수자를 보았던 사실이고, 부산 영도에 있어서는 그 바로 1년 전에 이미 60명의 일본인 토지매수자를 보게끔 되어 있었다고 알려져 있다. 그 뿐인가 적어도 1899년의 군산개항에 뒤이어서 전북평야에는 100정보의 일본인 대토지소유자의 농업경영을 볼 수 있게 되었다는 사실52)에 비추어 볼 때 우리는 토지문제의 외래적 조건이 새삼 급박함을 놀랄 뿐이다.

그러나 동학란(東學亂) 직후의 단계에 있어서 일본인의 토지침투가 당장 토착(土着) 소작관계에 전반적 변동을 가져올 수는 없었다. 이때에 일본인은 수조(收租)에 앞서서 토지의 투기가 제1차 목적이었다고 보아지는 반면에 뇌고한 봉건적 소작관행은 오히려 그들에게 유리한 조건을 마련한 동인(動因)이다. 즉 동학란(東學亂) 당시의 소작관계는 물론 지주의 주도적 제의에 따른 소작인의 합의로 이루어지는 것이 일반적 관행이었으므로 일본인 지주의 이득은 각별히 보장될 수밖에 없다. 다만 곳에 따라 당사자의 계약관계로 발전적 전환을 보이기도 한 것이다. 필경 지주의 온정주의는 후퇴하는 가운데 주종의식이 점차 이해대립관계로 옮겨지는 형세이었음은 감출 수 없었던 동향이다.

2. 지세의 금납(金納)화와 농민부담

동학란(東學亂)을 계기로 하여 봉건적 토지소유제는 비록 적극적 변혁을 보지 못하였다 하더라도 근대화의 일반적 조건이 성숙되어 가고 있었다 함은 위에서 본 바와 같다. 그 가운데 지세의 금납(金納)화는 무엇보다 시대를 가름하는 획기적 진전이다. 이른바 갑오경장의 이름은 그와 더불어 표징하는 발전적 처치이며, 그에 따라서 당연히 전통적 현물 지대제에 커다란 변모를 가져오게 되고 봉건지대의 최종적 지불형태는 여기에 제도적 실현을 보았다고 할 수 있다. 다만 이때의 변혁 그것은 지대의 전체에 걸쳐서 단행된 것이 아니라, 지세에 한하여 취해졌다는 점에서 명확한 한계성이 주어져 있을 뿐이다.

물론 동학란(東學亂) 이전의 단계에 있어서도 지세의 금전대납은 지배계급에 의한 사실항의 요구나 당사자 간의 합의하에 흔히 시행을 보아온 현상이었다. 그 뿐 아니라 노동지대의 현물화와 더불어 지대의 화폐화(貨幣化) 과정은 화폐경제의 발달과 더불어 서서히 이루어졌던 관행임에 틀림이 없다고 보아야 한다. 그러나 우리가 보는 바, 갑오경장(甲午更張)은 적어도 지대 가운데 지세부분에 관한 한, 제도적으로 금납(金納)화를 정립하였다는 점에 있어서 근대사적 의의와 더불어 경제사적 공적이 진정되어야 한다. 비록 그것이 일본세력의 개입에 의하여 타율적으로 성취되었다 하더라도 거기에 시대적 발전의 배경은 무시할 수 없는 지대사적 태동이다.

물론 지세의 금납(金納)화는 갑오경장(甲午更張)에 앞서서 일찍이 국내에 적극적 주장이 없지

---

52) 김용섭(金容燮): 전게(前揭)논문, pp.112-116

아니하였다. 특히 김옥균(金玉均), 유길준(兪吉濬) 등의 개화파에 있어서 그것은 오히려 정치목적을 수행하기 위한 하나의 시위적 표방이기도 하였다.53) 그 중 유길준의 논고로서 이른바 「세제의(稅制議)」(1891년)에 의하면 곧 「범일절세과지입순용전수가야 (凡一切稅課之入純用錢收可也)」라 하는 것인데 그와 동시에 그들은 당시의 논객인 최이환(崔理煥)이 내세웠던 「대전봉상(代錢捧上)」의 편익론에 따라서 스스로 조세의 금납(金納)화가 민폐를 없애고 국리를 도모함에 유익하고 편리함을 다음과 같이 역설하였던 형편이다. 즉,

> 「범백세과(凡百稅課) 허이전봉(許以錢奉) 위리어민국(爲利於民國) 개부천선(槪不淺鮮) 이차기수재지이(而且其輸裁之易) 수납지편(收納之便) 기가여미약포목동일이어호(豈可與米若布木同日而語乎)」54)

두말할 것 없이 지세의 금납(金納)화란 화폐경제의 발달을 전제로 한다. 국가재정의 지변이 크게 화폐의 지불기능에 의존하고 있다는 사정에 대응한 처치임은 물론이다. 그러나 현실적으로 자연경제의 비중이 압도적이고, 국내화폐제도의 근대적 확립을 보지 못한 과정에 놓여 있었던 동학란(東學亂) 전후의 농촌경제에 있어서 지세의 금납(金納)화 그것은 필경 사회적 마찰의 동인(動因)될 수도 없지 않았다. 특히 외래화폐의 침투공략이 심한 당시의 국내사정에 비추어 확실히 토착경제(土着經濟)의 혼란 위에 외국자본의 발호(跋扈)를 조장케 하고, 국내간리의 농민수탈을 편승시키는 사태로 조장된다는 점 틀림없이 예견되었던 문제이다. 그러한 가운데 물가의 속등을 보게 되었으므로 그러한 문제는 점차 노골화 하였으니 얼마 후 고종 40년(1903년)에 상소한 강홍대(康洪大)의 이른바 「미전겸용론(米錢兼用論)」은 저간의 고충을 다음과 같이 전해 주고 있다. 즉,

> 「갑오경장(甲午更張)이후로 외우(外憂)와 내홍(內訌)이 세가월증(歲加月增)하여서 금일의 급업지추(岌業之秋)에 이르렀는데 우선 첫째로 세(稅)가 실의(失宜)하여 국민이 곤심(困瘁)함이 우심(尤甚)하옵니다……갑오경장에 있어서 의제(議提)가 곡세(穀稅)보다 전세(錢稅)로 대납함이 옳다하여 민국의 편으로 시용하였으나 이는 일시의 권의에서 나온 것이요, 결코 영세(永世)의 장책(長策)이라고 볼 수는 없습니다. 그때에 미 1두의 가치가 고작 엽 1냥을 지나지 못하였으므로 매경에 미 2석 대전이 30냥으로 계법하여 결전을 마련하여 정한하였사온데 이 법에 고저신축(高低伸縮)이 없고 미가는 정한이 없이 해마다 등용하오니 세전과 곡미가 상저(相抵)치 못함이 벌써 오래입니다. 원래 세전은 이 곡가의 저양에 의하여 역시 고하(高下)하여야 세법정신에 부합될 것이오나 세무장부가 미달기의(未達其意)하여 세전수(稅錢數)는 저위로 상정 교착되어 왔고, 미곡가는 고위로 앙무소정(仰無所定)하오니 기년(幾年)사이에 국계의 손해가 몇 천만 원인지 알 수 없나이다. 운운(云云)」55)

---

53) 1884년의 갑신정변(甲申政變)에 있어서 김옥균 등의 친일정권이 발표한 13개 항목의 정강(政綱) 가운데 이미 지조법(地租法) 개정이 표방되어 있는데 이에는 곧 지세 금납(金納)화의 제도적 개선을 내포하고 있는 것이 엿보인다. 김옥균: 「갑신일록(甲申日錄)」
54) 유길준: 전게서(前揭書), p.186
55) 류자후(柳子厚): 조선화폐고, 1940, p.803-805

각 도별 결가(結價)표(1894년)

(단위 1냥 즉 10전)(물납(物納)액)석(石), 두(斗), 승(升)

경 기	30	25	20	17.5	12	10	1.2.5
충 북	30	25	20	10	8.33	5	1.4.9
충 남	30	25	–	–	–		1.4.9
전 북	30	25	10	–	–		1.4.6
전 남	30	–	–	–	–	–	–
경 북	30	25	20	17.5	15	12.5	10	–
경 남	30	25	20	12	5	–	–	–
황 해	30	25	6	3.5	2.5	–	–	1.6.2
평 남	15	12	–	–	–	–	–	–
평 북	15	14	12	8	5	–	–	–
강 원	25	20	15	12	5	–	–	–
함 남	16	5	2	1	–	–	–	–
함 북	12	10	5	4	2.5	–	–	–

자료: 조선총독부, 「조선토지조사수(朝鮮土地調査殊) 지가설정(地價設定), 관세설명서(關スル說明書)」 1917 제9면.
단, 최종란은 1결당 표준 물납미량이다. 그 총평균 1석4두6승2합에 해당하여 이는 전세·삼수미·대동·경작 및 포량(砲糧)을 포함한 집계이다. 그리고 여기에서는 15두를 1석으로 취하였다 한다. 전게(前揭)서, 제8면

그러면 지세의 「갑오금납(金納)제」란 구체적 내용은 어떠한 것인가?

신규 지세로서 1894년에 책정된 내용은 간단하다. 종래의 전세이외에 각종 주세(酒稅)(예, 삼수(三手)·대동(大同)·결작(結作)·포량(砲糧)등)와 부가세를 단순히 지세라는 명목으로 통합하되 이후 금납(金納)을 원칙으로 삼았다. 그리하여 결가(結價), 즉 1결당 부과액은 각도별로 교통의 편리여부와 종래의 부담 등을 감안한 다음에 전답을 전게 표와 같이 3-7등급으로 나누어 표준화한 요령이다.

그러나 당처의 기준결가가 그대로 길게 지켜질 이는 없다. 그 후 지세에 대한 각도의 결가는 의의 3-7등급에서 다시 건양(建陽)원년(1896년)부터 13등급으로 세분되었고, 1900년에는 전체적으로 2/3만큼 증가 책정되었다고 알려져있다. 그 후 1902년에는 다시 3/5만큼 상승되는 가운데 20여 등급으로 나누기도 하였던 것이 그 표준액의 추이이다.

물론 일부 대지주나 상업적 영농자나 외국인 토지점유자에 관한 한, 위와 같은 지세율의 앙등(昻騰)이 반드시 큰 통양은 아니었다. 그들은 궁박 판매자는 아니었으며, 대부분의 경우 곡가앙등(昻騰)의 실익으로써 세율의 변동효과를 능히 극복할 수 있었던 입장이다. 더구나 지세부과의 내막은 교묘한 수단에 의하여 그들의 부담을 토착(土着)소작농민이나 소농에게 전가시키는 길을 터 놓았다. 우선 세납의 시기는 소농의 궁박 판매의 시기와 일치되어 있는 것이 상례이다.

지세의 금납(金納)화는 앞에서도 본 바와 같이 그 자신 지대의 형태적 발전을 뜻하는 동시에 봉건사회로부터 자본주의사회로의 과도적 진행과정을 표징한다. 화폐경제의 일반적 발전도를 반영함은 물론이다. 그 가운데 우리는 현물지대로서 남아 있는 조의 성격이 반사적으로 더욱 분명해짐을

알 수 있으나 그렇다하여 이때에 지세 그것이 완전히 조와 독립된 개념이라 할 수 없음은 다시 말할 것도 없다. 그 실질은 의연 지대의 일부를 지주가 충납한다고 보아서 무방하며 일반의 소작관계인 경우 중앙 집권자는 수조(收租)권을 지주에게 부여한 대가로서 일정한 지대를 수납함에 그쳐 있는 형식이다. 반면에 지세의 금납(金納)화가 한말(韓末)의 농촌경제에 화폐화(貨幣化)를 촉진시킨 공적은 매우 크다고 보아야 하는 만큼 몇 번 본 바와 같이 이 땅의 근대화과정에 기여한 그 역사적 의의는 적지 않다. 지세를 납부하기 위하여 농민이나 지주는 현곡을 판매하여야 하고, 그럼으로써 유통시장의 근대적 확대를 가져올 수 있었던 까닭이다. 즉

「일청전쟁(日淸戰爭)시에 지조(地租)의 곡납(穀納)제도를 폐지하고 금납(金納)으로 하였기 때문에 종래 경성에 송치(送致)하여 관고에 보관하였던 막대한 미곡을 현금은 잉여로 되어서 거의 전부를 수출하므로 수출무역은 한층 활기를 띄게 되었다.」 56)

는 것인데 이는 두 말 할 것 없이 지세를 납부하기 위한 농민의 증대된 방곡(放穀)을 반영한다. 이로 말미암아 곡가(穀價)의 계절적 폭락이나 심각한 기아의 조건을 가중케 하였음은 불가피한 귀추(歸趨)이다.

동학란(東學亂) 전후의 외국 수출

(단위: 불)

연차	총수출	미곡수출
1890	3,550,478	2,037,868
1893	1,698,116	367,165
1895	2,481,806	738,830
1896	4,728,700	2,509,843
1897	8,973,895	5,556,764
1898	5,709,489	2,754,000

자료: 한국지; pp.142-144

물론 그러한 가운데 지세의 금납(金納)화가 대일무곡(貿穀)의 촉진과 병행하여 농산물의 궁박적(窮迫的) 방출을 촉진시킴으로서 농촌공황을 유발시킨 경위는 볼만하다. 궁박 판매란 바로 이때부터 본격화한 농업문제의 유형이며, 당장 지세금납(金納)화의 대표적 역효과이다. 그러므로 전게한 강홍대는 지세금납(金納)제를 더욱 다음과 같이 비난하고 있다. 즉

「경농(耕農)은 불감(不減)하옵고 전야는 유개(猶開)하여도 백성이 능히 계식(繼食)치 못함은 이것이 무슨 까닭이옵니까, 이것이 다른 연고가 아닙니다. 농민의 1전2전이 다 곡을 종(從)하여 출하는 이외에 아무 수입이 없습니다. 그런데 근래에 세전(稅錢)독책(督責)이 매양(每樣) 추말(秋末)에 있어 행하옵니다. 그 다수한 결전(結錢)을 환납하려면 방곡(放穀)이외에 무슨 도리가 있겠습니까. 이 기미(氣味)를 아는 외국의 무역상들이 각항각시에 편재(遍在)주립(周立)하여 이지(以紙) 이전으로 무곡(貿穀)무수에 내진방지(乃盡防止)」 57)

---

56) 한국지: p.142

한다는 것이다.

총체적으로 말하여 지세의 금납(金納)화를 통한 화폐경제의 발전이 농업공황의 양성화와 내적 인과성을 깊이 맺고 있다는 관계는 경제사상 중요하다. 기간에 재정난의 가중을 보게 되었음은 앞에서 이른 바, 「미전겸용론(米錢兼用論)」이 이미 지적한 문제이다. 우리는 이들 문제의 동인(動因)이 오로지 지세제도의 변혁에만 있었다거나 지세금납(金納)화의 소산(所産)이라고 보고 있지 않지만 그것은 고유한 봉건체제에 대한 충격적 위협의 조건임에 틀림이 없다. 더구나 그것이 내외 토지매점가에 대하여 타산성을 예리하게 촉구하였다는 점에서 그는 곧 근대화의 통문(通門)을 구축한 셈이다.

한편 지세의 금납(金納)화는 한말(韓末) 정부로 하여금 근대적 재정집행과도 관련하여 수세(收稅)의 확실성을 보장케 하는 합리적 수단이 될 수도 있었다. 수세(收稅)관리의 전통적 폐습(弊習)을 제어하는 방편적 효과도 없지 않았던 반면에 세수의 객관적 평가에 기여할 수 있게 하였던 기능자이란 점 적극적 측면이다. 그러나 화폐제도의 불비(不備)는 당장 새로운 문제를 제기하였으니 그것은 곧 이 땅의 수세간리(收稅奸吏)로 하여금 부당한 취리(取利)를 하게한 결과를 자아냈다. 즉 그들 수세리(收稅吏)는 농민으로 하여금 실질가치의 비교적 안정된 엽전을 납입케 하되, 명목과 실질의 가치의 차가 큰 백동화 등을 국고에 대납함으로서 거대한 불로이득을 꾀할 수 있었던 예이다. 그러므로 1900~1904년에 한국을 내방하였다는 일본인의 기행문은

> 「세금을 모두 백동화(白銅貨)로 납부하는 규정이지만 실지는 엽전이 귀하고, 백동화는 천하므로 징세자, 즉 군수는 반드시 엽전으로써 납부시키고, 기간의 차를 이득한다.」58)

하였던 것이나, 그 점은 한 걸음 나아가서 1897년(광무원년) 8월 12일의 고종유고 (高宗諭告)에 이른 바,

> 「불정과세의 강제징수와 더불어 많은 관공리(官公吏)에 의하여 비합법적으로 각종 구실하에 무력한 민중이 주구(誅求)되어 있으므로 금후 지방 관리는 현재 징수되고 있는 제종(諸種) 비합법적 과세를 감사(監査)하여 이를 전폐하라」59)

는 문면(文面)으로서 확인되는 실태이다. 이 유명한 비숍(Bishop) 여사의 견문기 역시 다음과 같이 당시의 세태(世態)를 묘사한다. 즉

> 「국정의 개혁이 있었다 하더라도 한국 국민은 의연 자취자(搾取者)와 피자취자(被搾取者)의 두 계급으로 되어 있다. 즉 양반으로부터 보직된 관리계급은 국가의 감찰을 갖는 흡혈귀이고 국민의 4분의 3에 해당하는 나머지는 상민(常民)이라 하여 하층민을 뜻하는 것이나 그들의 존재이유를 묻는다면 그것은 흡혈귀의 흡수하는 혈액을 공급함에 있을 뿐이다. 운운(云云)」60)

---

57) 류자후(柳子厚): 전게서(前揭書), p.805
58) 加藤末郎: 한국농업론, 1904, p.165
59) L.B. Bishop; Korea and Her Neighbours, 1898, II, pp. 284-285
60) Ibid. p. 281

Ⅲ. 일본자본의 침투와 지대의 이윤화

1. 일본인 토지겸병의 본격화

동학란(東學亂) 이후 1904~5년의 한반도 정세는 봉건체제에 대하여 정치적 시련의 조건을 크게 부과하였다. 즉 일로전쟁(日露戰爭)과 더불어 한일간에 체결된 이른 바 제1차 한일협약을 계기로 하여 이조(李朝) 봉건국권은 결정적 위국(危局)을 맞이한 셈이다. 그에 따라서 봉건적 경제제도의 변혁이 급진화하고 그 가운데 토지제도는 심각한 도전의 대상으로 부각하였다. 무엇보다 동양제패의 여세를 몰고 들어온 일본제국주의는 한반도의 식민지에 앞서서 토지에 대한 투기적 집적운동(集積運動)을 본격화 하였던 까닭이다.

물론 일본 자본의 본격적 내침에 앞서서 이 땅에 이미 토지의 사적 겸병은 촉진되었거니와 농촌의 계급적 분해과정 또한 상당한 진전을 보이었다. 더욱 지세의 금납(金納)화에 뒤따른 농촌시장의 화폐화(貨幣化) 경향은 불만하였으며 일본인의 토지점유나 농장경영이 막중한 토지사적 의미를 추가하였다 함은 이미 본 바이다. 그럼에도 불구하고 1904년 이전의 사태는 이 땅의 봉건적 토지제도에 관한 한 아직 결정적 변질을 가져오지는 못하였다. 지대이외에 이윤의 맹아적 형성이나 이윤의 분리조건의 성숙화를 볼 수 있었을 뿐, 토착(土着)농촌의 전반적 생산관계는 의연 봉건성을 뇌고(牢固)하게 지속시키고 있었던 예이다. 그러므로 동학란(東學亂) 직후의 토지사정은 복잡하나, 다만 우리는 같은 소작형태에 있어서도 내면적 발전의 흔적을 한층 인식할 수 있게 된다. 무엇보다 외래금융자본이나 상업자본의 도전적 팽창현상이나 근대적 각종 제도의 도입에 발맞추어 일본인의 급격한 토지겸병의 기세는 대농적 경영의 보편화와 더불어 토착(土着)농민의 전반적 기반을 흔들어 놓았기 때문이다.

1904년 이전에 있어서 일본인의 토지점거(占據)로 말하면 국제정세의 유동적 배경 하에 주저(躊躇)와 준순(逡巡)의 태도가 엿보였었다. 그들의 토지매점은 아직 불법적인 것으로 인정된 가운데 그들은 소자본으로서 소극적 투기활동에 머물러 있었던 실태이다. 그러나 그 후 정치정세의 위와 같은 변천은 그들로 하여금 반수탈적 토지병탄(土地倂呑)을 이 땅에서 자행(恣行)케 하였다고 보아서 무방하다. 그럼으로써 그들의 영농적 투자활동 또한 확대될 수밖에 없게 되었고 이와 병행하여 그들의 농업이민 또한 한반도에 대한 식민지적 기반을 구축코자 강행하였던 획기적 조치이다. 구태여 당시의 농업이민에 관한 일본제국주의의 정책적 목적을 열거하여 보면 다음과 같다. 즉

  ⅰ) 산업시설이나 사업경영의 장소를 확보하려는 것.
  ⅱ) 수출식량 또는 공업원료로서의 토착(土着)농산물을 장악하려는 것.
  ⅲ) 현지의 저렴한 토지생산력을 발전시켜서 농업수익률의 급속한 증대를 꾀하고, 한편 지가(地價)의 앙등(昂騰)을 기다려서 토지 투기의 목적을 달하려는 것.
  ⅳ) 화폐자본(고리대) 운용의 기연(機緣)을 마련하려는 것 등[61]

그러면 이때에 일본자본의 토지겸병은 어떻게 이루어진 것인가?

우선 당시에 국내전답의 지가는 일본소재의 그것에 비하여 1할 정도에 불과하였다. 그러므로 그들 사업자본이나 고리대자본은

「정식으로 토지를 매입하여도 물론 의외로 안가(安價)하게 점령할 수 있었음이 틀림없으나 조선에서는 이보다 더 편리하고, 한층 안가하게 점령하는 방법이 있다. 그것은 어떻게 하느냐 하면 저당유실(抵當流失)이라는 것이다. 저당(抵當)사업은 질옥(質屋)사업과 함께 조선에서는 가장 유력한 사업이며, 그 유리한데 대해 위험도 극히 적으므로 다소 자본의 여유가 있는 사람은 이 방법에 의하여 점거(占據)의 목적을 달성하는 것이 편리하다.」[62]

는 실정이다. 그러나 그들의 방법이 어찌 그에 그쳐 있으랴, 간지(奸智)와 위협은 반드시 그들에게 따랐던 것이니 실로 그들의 토지병탄(土地倂呑)은 왕성하여, 그 식민지적 개척활동은 금세기초에 이미 유례없는 수준에 달하였다고 보아진다. 예컨대

「태본군(態本君)은……명치(明治) 37년(1904년) 일로전쟁 중에 현금 3원을 회중에 넣고, 군산에 도래한 것이 조선생활의 일보로서……조선의 재계(財界)도 세계적 팽창의 추세에 자극되어 호전되자, 그에 승세하여 신(晨)에는 동교(東郊)에 천묘의 토지를 병하고, 석(夕)에는 서변(西邊)에 만경의 수전을 겸하는 세(勢)가 있어 순시(瞬時)로 3,200정보(町步)라는 대지주가 되었다.」

는 식이다.

더욱 참고로 한말(韓末)(1908년 말)의 일본인 투자액별 영농자(개인과 회사)의 분포관계를 보면 다음표와 같고, 그에 뒷따른 1909년 말 일본인 농업경영자 총수는 750명, 총 소유(경영)면적 62,268.3정보이었다고[63] 알려져 있다. 더욱 그 가운데 100정보(町步) 이상의 대농장경영자만 하여도(단, 1910년말 현재) 70개소에 달해 있었다는[64] 진전상이고 보니 문제의 심각도를 알만하다.

일본인 토지 투자상황 (1908년 말)

자본/영농자	소유 면적
10만원 이상 / 18인	20,924.5 정
5만원 이상 / 32	8,694.4
2만원 이상 / 84	16,666.4
0.5만원 이상 / 72	2,829.9
0.2~0.5만원 이상 / 94	1,613.1
0.2만 원 이상 / 402	1,707.9

자료: 통간부; 제3차 통계연보 1909

---

61) 더욱 사방(四方) 박(博): 전게(前揭)논문, p.28
62) 조선 기업안내: 「실업의 조선」, 1904, p.70
63) 통감부 통계연보
64) 조선농회: 조선농회보, 제7권, 제1호, 1912년

물론 일본 측의 토지침투는 개인자본의 사적 활동에 한정될 리 없고 정부의 직접개입 또한 불만하였다. 1904년에 일본정부는 스스로 황무지 개척권을 한국에 요구[65]한 일이 있었는데 그에 실패하자 그 후 1908년에 동양척식회사(東洋拓殖會社)의 설립에 의한 개척 사업을 국책으로서 강행함으로써 식민지의 본격화에 나섰던 예이다. 즉 전자는 황무지 개척에 대한 요구만은 민중의 반발로 일시 좌절을 보게 된 것이나 결국은 다른 방도로서 나타나게 되었다는 것, 얼마 아니 가서 그들의 대량적 이민과 더불어 토지겸병은 삼남(三南)의 옥토에 다투어서 이루어지고, 동양척식화사의 설립을 보았다는 점, 주목되는 역정(歷程)이다.[66]

그런데 이때에 우리는 위와 같은 토지침투에 발맞추어 이른바 「토지가옥증명규칙(土地家屋證明規則)」(1906년)의 공포란 새로운 제도적 보강처치가 지배당국(통감부)에 의하여 취하여졌다는 사실에 주목한다. 그럼으로써 내외인에 의한 토지소유는 이후 법적으로 공인되는 동시에 일본의 이 땅에 대한 식민지적 토지정책에 획기적 발전의 기반이 구축된 셈이다. 이 점, 당국의 경위보고를 들어보면 다음과 같다. 즉

> 「한국은 조약상 거주지 및 그 주위 1리 이내가 아니면 종래외인(從來外人)에게 토지소유를 허용하지 않았던 것이나 통감각하(統監閣下)는 그와 같은 일이 한국개발을 위하여 한국국민의 복리를 증진시킴에 매우 부득책(不得策)인 것으로 보고 우선 이를 배제할 필요가 있다고 인정하여 비상한 노력으로써 한국정부에 교도훈시(敎導訓示)한 결과, 드디어 한국인 정부로 하여금 그 폐지개방(閉地開放)의 이익 됨을 알게 하여 한국내 어느 곳에든지 토지를 가질 수 있을 것을 용인(容認)함에 이르렀다. 그리하여 여기에 한국 정부로 하여금 토지가옥증명규칙을 발포시켜서 이에 의하여 한국내 어느 곳이든지 토지를 소유하고, 또한 그 공증을 정부에게 요구할 수 있는 길을 열었다. 운운(云云)」[67]

과연 일본인 대자본의 토지침투는 위의 제도적 조치와 더불어 더욱 본격화한 양상을 보이었다. 그리고 그들의 기업적 농장경영은 국내에 급속히 보급하였다. 1908년 설립의 동양척식회사는 바로 일본의 침략적 독점금용자본을 대표한 그것이거니와 그밖에 1906년 이후 설립된 일본인 토지회사만도 1906년말 현재로 20여개에 달하였다.[68] 그 가운데 동양척식회사에 관하여 살펴보면 그것은 당초 14만원(20만주)의 자본금으로 창립 되었는데 일본정부는 명목상 그 중 1/5, 즉 6만주를 한국정부의 소유로 인정하는 형식을 취하였다. 그럼으로써 표면상 합작기구의 탈을 쓰게 한가운데 한반도의 식민지적 토지병탄에 제1차적 목표를 두었음은 물론이다. 그리하여 이 식민지적 개발회사에 참가대가로서 한국정부는 1/4불입(拂込)으로서

---

65) 이병경(李炳庚): 일본인의 황무지 개척권 요구에 대하여(역사학보, 제22집 1964년 참조)
66) 1904년 3월에 일본인에 의하여 추계된 한말(韓末)의 경지면적내용(이병경(李炳庚): 전게(前揭)논문, p. 34)
　　　토지 총면적　　　21,413,000정보
　　　총 가경지　　　4,282,600 정보(町步) (총토지의 약 2할)
　　　용이 가경지　　　3,212,000 정보(町步) (동상의 약 1.5할)
　　　현 경지　　　1,800,000 정보(町步) (총가경지의 4.2할)
　　　말 경지　　　1,410,000 정보(町步)
67) 부동산조사회: 「토지건물증명규칙요지」(조선농회: 조선농업발달사, 발달편, p.16
68) 조선농회: 조선농업발달사, 발달편, pp.588-589

3,700정보의 역둔토(驛屯土)를 출자하는 형식을 취하기도 한 것이나[69] 이들은 다 같이 회사기능에 대한 사업협력과 책임분담을 획책한 요령이라 할 수 밖에 없다. 당시는 아직 한일 합병을 보지 아니하였던 단계인 까닭이다.

그런데 동양척식회사는 이미 본바와 같이 단순히 토지확보만을 꾀한 것이 아니라, 일본농민의 개척적 이식사업에 큰 역점을 두었다. 동시에 그는 토지신용사업을 추진함으로써 식민지 개척 목적을 더욱 원활히 수행코자 시도한 것이다. 다만 내외정세는 적어도 1910년의 한일 합병에 이르기까지 그의 개척적 활동을 충분히 발휘하도록 허용하지 아니하였다. 따라서 그에 의하여 이식(移植)된 일본인 농민세대는 118호에 불과하였고, 그가 보유한 토지 역시 11,035정보(町步)[70] 에 그쳤을 뿐이다.

2. 지대부담의 위기적 강화

일본자본의 본격적 토지병탄에 봉착한 한반도 토착(土着)농촌은 바야흐로 제국주의하에 새로운 근대적 위기의 과정을 걷게 되었다. 토지 상실자와 더불어 일본인 지주에 대한 토착(土着)농민의 예속적 경작관계는 그것의 구체적 표징이다. 때마침 가중된 토착(土着)농민의 피압조건 가운데 특히 지대적 부담은 실로 현저(顯著)한 바가 있었다. 영세적 토지소유자는 점차 안정을 얻기 어려웠던 정황이니 단적으로 이를 전게(前揭)한 일본인의 조사예(1900-1904년)에 의하면 다음과 같다. 즉

> 「일찌기 한국인이 토지를 매도하려고 구입을 요청하였길래 그 이유를 들었더니 토지를 보유하면 지조(地租) 외에 각종의 세를 징수당하기 때문에 곤란하여 빨리 방매(放賣)하고자 한다. 군수 뿐이 아니라 청부(請負)수 세자가 있어서 각종 명목 하에 주구(誅求)하기 때문이다. 운운(云云)」[71]

지금 당시에 구체적으로 진행된 지세의 부담관계를 보면 다음과 같다. 즉,

> 「현시는 경지를 25등으로 나누어서 징세하므로 심히 복잡함을 면할 수 없다. 또한 징세의 비용이 특히 중앙정부로부터 교부되지 않음으로, 경지소유의 상납세액은 실지 중앙정부의 소정율보다 많다……나의 실사에 의하면 지조액(地租額) 및 기타 일절의 납금은 원야목장과 같은 곳은 별도로 하고, 경숙된 농지로서 현재 경작되고 있는 전답은 1두락(斗落)에 대하여 30문 내지 560문으로서 즉 아(我)1단보(段步)에 대하여 아(일본)화폐 23전 내지 1원 10전이다. 그리하여 경지 1단보에 대하여 납세액 50-60전의 토지가 가장 많다. 운운(云云)」[72]

앞에서도 본바와 같이 지세의 부과 표준 결가(結價)는 1894년의 갑오경장(甲午更張) 이후 거듭 상승되어 온 것이나 더욱 1908년에 이르자 다음과 같이 13등급의 표준가(단위는 원)를 보게 되었다.

---

69) 동양척식회사: 속척십년사, 1918년
70) 1910년말 현재로 전 2,300.6정, 답 8,643.8정, 기타 91.1정보로 되어 있다.
71) 일본농상무성: 전게서(前揭書), 전라도, 경상도, 1905, p.277
72) 加藤末郎: 동상, p.165

즉,

8, 6.6, 5.3, 4.2, 4.0, 3.7, 3.2, 2.6, 2.1, 1.3, 1.0, 0.5, 0.2

지금 이와 같은 개정이 농민에 대하여 어느 정도의 부담을 가져 왔는가는 우선 화폐 단위의 명칭변경이 잦아서 계산이 용이하지 않다. 다만 실험삼아서 가장 보편적 결가(結價)인 8원 수준을 실물로 환산하여 전후 비교하여 본다면, 1910년의 정조(正租) 석당 시세 4.2원이란 것이 알려져 있으므로 본세만도 대체로 1.9석에 해당한다. 따라서 1894년의 결가(結價) 30냥의 기초실물인 평균 1석4여두에 비하면(구한말(韓末) 단위로) 결당 적어도 5두 정도는 부담증가로 된 추산이다.

한편 얻어진 자료73)에 의하여 1902~1904년의 한말(韓末)정부의 지세수입을 본다 하더라도 전체적으로 세수는 증세에 있었음이 분명하다.

1902년	4,488,235원
1903년	7,603,020원
1904년	9,703,591원74)

더욱 참고삼아 1904년의 정부예산세액을 보면 1등 1결에 16원이었고, 25등(말등) 1결에는 53전 4리로 나타나 있으며, 그밖에 지세부담의 압력적 증가는 의연 계속된 그 후의 동태이다.

물론 지세부담의 상승은 그동안 과세표준의 변동 만에 연유한 것은 아니었다. 경작면적의 증대도 있었거니와 은결(隱結)의 적발,75) 감면세조치의 제한 등 또한 중요한 내면적 지배요인이다. 필경 1907년의 집계로서 공표된 지세(호세병계(戶稅倂計))만 보더라도 그 내용은 분명하다. 즉 1894년의 당초 결가(전게표 참조)에 비할 수 없는 엄청난 고율(高率)이다.

지세·호세 실적

총결수(結數)	총지세액	지세(地稅)		호세(戶稅)	
		호당	결당	호당	결당
999.33결	8,402,455원	3,591원	8.40원	0.200원	0.047원

자료: 제1회 도지부통계연보, 1907

더구나 지세의 부담관계는 전후동태를 금액표시만으로써 정확히 판단할 수 없거니와 특히 격성된 「인프레션」에 의한 화폐의 명목과 실질의 차이 또한 중요한 문제를 제기한다. 즉 동학란(東學亂) 이후 백동화(白銅貨)와 엽전 그리고 일본화폐로서 국내통용을 보게 된 것 사이에 반드시 명목과

---

73) 조선총독부: 조선토지조사서 지가(地價)조사에 관한 설명서 전게(前揭), p. 41
74) 전게(前揭)표의 내용과 다른 사유는 불분명.
75) 예컨대 1907년(륭희원년)의 은결(隱結)총면적은 알려진 것만도 1,5160결(세액 117,136원)에 달해 있었다. (제1회 도지부 통계연보, 1907)

실질이 일치되어 있지 않았던 까닭이다.

이후, 일본 측의 개입으로 국내 백동화(白銅貨)의 정리사업(1905년)을 하게 됨에 이르러 토착경제(土着經濟)에 전황(錢慌)을 보게 되었다는 이변적(異變的) 사태도 문제의 일환이거나와 그에 앞서서 징수관(군수)의 농간착복(弄奸着服)에 따른 지세의 중과(重課), 예산제도의 신설에 따른 할당적 중과의 폐단, 그밖에 이른바 「외획(外劃)」 제도, 「차인(差人)」 제도 등 역시 농민 과세의 증가원인이 되었다고 보아야 한다. 더욱 지세는 제도상 지주의 납부 책임임에도 불구하고 실지 소작인이 부담하는 관례로 되어 있다는 점에 비추어 세율의 앙등(昂騰)이 필경 소작농의 부담을 가중시킨다는 점은 간과할 수 없는 중요한 조건이다.

물론 이때에 소작농민의 지대 부담은 지세 면에서 뿐이 아니라 소작료(조)에서 더욱 뚜렷이 중과된 경향에 있었다. 구태여 이 점을 문헌에서 인용하여 본다면

> 「각 지방의 소작제도는 수백 년 전부터 행하여 왔고, 현금에 이르기까지 때때로 어느 정도의 변천을 보았건만……지주를 위하여 수리가 적은 도지법(賭只法)은 근년 감소하는 경향에 있다. 소작료 역시 40~50년 전까지는 매우 근소한 것 같으나 근년 물가의 등귀(騰貴)와 더불어 점차 증가하여 일로전쟁(日露戰爭, 1903~4년) 전후부터 금일과 같은 다액(多額)으로 상승하였다. 운운(云云)」[76]

그러나 소작료의 앙등(昂騰)은 표면상의 계약조항에서 보다 흉작의 위험부담, 가사·농사노동의 제공 등 「조(租) 아닌 조(租)」의 납부에서 얼마든지 가중된다. 곡가앙등(昂騰)하의 현물제는 지주에 대하여 부당이득을 안겨주는 반면에 소작인이 손실을 가져오기 쉽고, 일본인 토지투자의 성행 역시 중간착취를 강화하는 조건이 되기 마련이다. 더구나 이른바, 온정주의(溫情主義)는 점차 사라지고 냉혹한 타산적 지주주의의 대두를 크게 보게 됨에 있어서 소작료의 감면은 일반적으로 기대하기 어려운 경향성을 갖게 된다. 그 가운데 지주의 소작인에 대한 고리대적 활동이나 고리대자본의 농촌침범이 소작인의 억압착취를 가져오리라는 경제적 기구는 간단히 예상될 수 있는 문제의 시대적 국면일 뿐이다.

각도 소작농 호당 경지

도(道)	답(畓)	전(田)	계(計)	도(道)	답(畓)	전(田)	계(計)
충 북	2.2반	5.0반	7.2반	경 남	3.5반	5.0반	8.5반
충 남	5.0	3.0	8.0	강 원	2.0	8.0	10.0
전 북	2.0	4.0	6.0	함 남	–	–	8.2
전 남	3.0	1.0	4.0	함 북	–	–	21.6
경 북	3.0	4.0	7.0				

자료: 조선농회;조선 농업발달사, 발달편, p. 562(각도의 수개 군에 관한 소작관행조사의 평균수치)
　　　단, 경기도는 조사결(調査缺))

---

76) 조선농회: 「조선의 소작관행」, p. 71

그러나 한말(韓末) 농민문제의 위기적 조건은 농민에 대한 조나 지세의 고율화에만 달려 있는 것은 아니었다. 일본자본의 토지집적과 농업이민의 위협에 관하여서는 이미 본 바 있거니와 실로 그들에 의한 토착(土着)농민의 토지 상실은 일본인 스스로 통탄을 일으켰던 심각한 대상이다. 즉 그들 일본인으로서 당시

> 「농업경영자란 미명하(美名下)에 오히려 고리(高利)라 할 수 있는 대부업을 하고 있는 자는 매우 많다. 경지를 저당하고 고리영업을 하는 자는 조선에 있어서 아마 가장 안전하고, 또한 유익한 상법일 것이다」[77]

그런데 이들 일본인 고리대업자는 대개 금융적 특권을 이용하여 「팔도 도처에 그 세력을 부식(扶植)」[78]하였고, 위혁(威嚇)과 간교(奸巧)의 수단으로써 토착(土着)농민을 수취하였음이 분명하다. 그들은 또한 상업 자본가이거나 토지 투기자로서 소농의 지대를 아낌없이 수탈하였을 뿐 아니라, 더욱 영농자로서 토착(土着)소작농의 고혈(膏血)을 짜내게 하였던 주인공이다. 그리하여 이 점을 일본인 스스로 보고(1904-5년)하듯이 이로 말미암아

> 「한인 특히 농민은 오히려 연년(年年) 부채의 연(淵)에 잠겨 있는 것으로 개관(槪觀)하여 실태에 적합하다. 운운(云云)」[79]

하였던 실상이다. 이 점 구태여 1910년의 조사 예(황해도 농민경제상황)에 나타난 농가의 수지상황을 들어 보면 사태는 좀 더 구체화한다. 즉 답 5반(자작 2반과 소작 3반), 전 1정 5반(자작)으로서 계 2정보를 경작하는 농가에 있어서 다음과 같은 내막이다.

```
답작(畓作): 총생산량(정조(正租))      9석 1두(반(反)당 1.8석)
           소 작 료(정조(正租))        2석 7두 3승
           잔     여(정조(正租))        6석 3두 7승
           총 수 입  합계              24원 20전(조석(粗石)당 3원 80전)
전작(田作): 총수입(부업포함)           166원 5전
           총 수 입 합계               190원 70전
           세부담 답자작(畓自作)      1원3전,전2원40전,택지(宅地, 200평)90전,
                                       지세부가세5/100,호세(戶稅)30전
              계                        4원 85전, 면동제비(面洞諸費) 50전
           생 계 비                    112원 02전
           기     타                   95원 45전
              계                        207원 47전
           수지차(부족)                16원 77전
```

우리는 위에서 2정보(자작 1정 7반, 소작 3반)을 경작하는 자작 겸 소작 농민의 공과부담이 총 수입의 28%를 넘는다는 데 주목한다. 그리고 소작료는 반분수량이 되어 있으나 수지(收支) 실태는 무엇보다 적자라는 것이 감출 수 없는 위기적 조건이다.

---

77) 岡崎遠光: 조선금융 및 산업정책, 1909, pp. 237-238
78) 동상
79) 일본농상무성: 한국 농산 토지 조사 보고서(전라도, 경상도), p. 279

3. 각종 지대의 근대화 구조

제국주의의 지원 하에 전개된 일본인의 본격적 토지 병탄운동은 당연히 토지투기열과 더불어 대농장의 보급이란 식민 수탈적 추진력으로써 토착농촌에 위기를 조성하였다. 이때에 일본인 농장 그것은 토착한인 소작농에 의존하는 생산형태이기는 하지만 그 본질이 식민지적 기업농이라 함은 당장 알만한 구조이다. 두말할 것 없이 이때에 일본인 대농장주로 말하면 단순한 기생적 지주가 아니라 투자가의 성격을 겸유(兼有)한다. 그들은 결코 봉건적 방식에 의하여 지대를 추구하려 함에 그칠 뿐 아니라, 근대적 지대만을 목적으로 삼고 있지도 않다. 그들의 종국적 지표는 당장 투하자본에 대한 최대한 이윤이 되어 있으며 반드시 고유한 지대만을 대상으로 삼지 않는다는 점이 뚜렷한 입장이다.

모름지기 식민지의 지배자본인 독점적 토지자본의 입장에서 본다면 토착농촌의 궁핍한 소농인즉 대체로 농업노동자의 군상(群像)으로서 지목된다. 특별히 영세농에 있어서 그 성격인즉 농업노동계급의 범주이며, 반드시 지대만을 제공하는 봉건적 농노(農奴)와 같은 것이 아니다. 더구나 토착농민이 빈곤하고, 그들의 경제력이 취약하며, 생산력이 저열(低劣)하면 저열할수록 그들 소작농민의 노동자적 성격은 한층 객관화할 수밖에 없다. 그에 대응하여 일본인 대농장의 기업농적 조건은 스스로 부각될 수밖에 없는 것이나, 바로 이러한 외래 기업농의 정력적 보급에 따른 지대의 타율적 이윤화 구조야말로 바로 우리에게 지목되는 한일 합병직전의 농촌이 보여준 특징적 국면이다. 이 점은 과연 일본인 스스로 다음과 같이 논평한 바에 의하여서도 그대로 반증된다. 즉 그들 농장은

「그 규모나 경영방법은 같지 않지만 그 어느 것이나 농업경영의 효과를 확대하고 농업이윤의 증대를 시도 하는 점에 있어서는 규(規)를 같이하여, 그들은 그 당시 각종 조사나 여러 조선농업시찰단 등이 일본으로부 터 가져온 농업계산의 예에 따라서 타산함으로써 혹은 자본이나 노동을 제공하여온 자로서, 스스로 조선농업 계에 현대적 의미의 경영경제를 주입한 것이다 」[80]

기업농이란 다시 말할 것 없이 지대이외에 이윤의 발생을 전제로 한 영농형태이며, 곧 타산적 지주와 더불어 농업자본가와 농업노동자의 대립적 정립을 요구한다. 단순한 상업적 영농의 형태가 아님은 물론이다. 우리는 일본인 대농장에 있어서 당장 이러한 형태의 전형을 본 것은 아니나 지주와 농업자본가의 일체적 구성이나 농업노동자 대신에 한인소작농이란 의제적(擬制的) 대립관계는 볼 수 있다. 따라서 지대의 이윤화 현상을 틀림없이 보게 되었던 것이 한일 합병 직전의 동태이다.

그렇다면 우리는 개항이후 동학란(東學亂)을 겪은 가운데 전개된 지대의 분화과정이 그 후 봉건적 제약성을 다분히 갖는 가운데 점차 근대화의 구체적 징표를 보편화하고 있다는 점에 착안하지 않을 수 없다. 그동안 대토지자본이 본격적으로 도입되기 이전의 시점까지는 비록 근대화의 기반이 조성된 가운데 근대적 토지제도의 맹아적 경영방식, 즉 지대 외에 이윤의 형성 가능성이 충분히

---

80) 조선농회: 조건농업 발달사

엿보인 바 있었다 하더라도 위와 같이 지대의 본격적 이윤화 현상이 당장 현실화한 것은 획기적임에 틀림없는 합병직전의 역사이다.

그런데 이때에 일본인 토지자본가의 위와 같은 기업적 경영방식은 결코 그들 대농장에 한정될 리 없다. 그것은 점차 그들 군소지주(群小地主)에게 파급될 성질의 것이며, 나아가서 적어도 한인 대지주의 전통적 소작농지배방식에 동요를 초래할 것은 분명한 기세이다. 여기에 시장경제의 발달, 근대화의 일반적 조건성숙이 가세하여 토착(土着)농민의 의식구조에 미치는 요인 또한 점차 무시할 수 없게 된다. 그것은 바로 반식민지적 정치체제하에 지대의 분화 및 이윤화 과정이 본격적으로 전개하는 역사적 운동의 징표이다.

지금 구태여 1904~5년경의 일본인 측 대지주의 소작계약에 관한 구체적 예를 들어서 사태의 피지배적 진전상을 보면 다음과 같다. (그들은 지대이외에 최대한 이윤을 확보하고자 소작료의 인상 그밖에 각종 방법을 농(弄)하게 된다.)

(1) 동양척식회사의 예(1909년 제정)

ⅰ) 소작인은 회사의 규칙을 확실히 준수해야 한다.

ⅱ) 소작료는 소작인이 소작지로부터 수확한 것, 또는 회사가 지정한 것을 회사의 지휘에 따라서 회사가 지정한 날까지 지정 장소에 지체 없이 납입할 것.

ⅲ) 소작료는 회사의 지정에 의하여 두량(斗量) 또는 근량(斤量)으로 납입할 것. 단 회사에 있어서 품질(品質)·정선(精選)·건조(乾燥) 등이 불충분하다고 인정될 때는 가두량(加斗量)을 지정할 수 있고, 이 경우 소작인은 이의 없이 그 요구에 응할 것.

ⅳ) 다음의 경우는 회사는 이 계약을 해제함. 이 경우 소작인은 즉시 그 요구에 응하고, 이의를 진술할 수 없음.
소작료 불납, 소작지 전대(轉貸), 소작지 황폐, 소작지 변경, 회사의 규칙위반, 회사의 필요성 등.

ⅴ) 전(前) 각항의 경우(단, 마지막의 「회사의 필요성」은 제외), 회사가 손해를 입었을 때는 소작인은 현상회복 또는 손해배상의 책임을 진다.

ⅵ) 보증인은 연대책임으로써 본 계약의 의무를 이행할 이임(履任)을 진다.

(2) 일본인 기타 지주의 예

ⅰ) 소작인은 지주의 지휘를 확실히 준수할 것.

ⅱ) 소작료는 지주의 지정한 기일까지 지정한 장소에 납입할 것. 만약 기일까지 납입하지 않을 때는 즉시 연대 보증인이 이를 납입할 것. 단 운반거리는 3리 이내로 한다.

ⅲ) 소작료는 현품(現品)으로써 하고, 사실 소작지로부터 수확한 물건을 정선(精選)납입할 것.

ⅳ) 좌의 경우는 소작계약을 해약한다. (생략: 대개 전게 동양척식회사의 경우와 같음)81)

무엇보다 우리는 일본인 대농장의 보급이 지대형태의 발전에 있어서 단순히 지대와 이윤의 분화를 가져 왔을 뿐이 아니라, 지대의 일반적 이윤화 현상을 가져왔다는 점에 주목하지 않을 수 없다. 즉 독점적 토지자본은 단순히 지대를 지대로서 수취하는 것이 아니라 투하자본에 대한 이윤으로서 평가 수취하는 것이며, 그들에 있어서 지대의 독립적 의의는 점차 줄어진다. 따라서 지대는 있으나 이윤일반의 범주적 개념이 우세해진다는 성격, 이 점이 바로 1904년 이후의 지대사적 국면을 특징화한 커다란 발전적 조건이다.

몰론 일본인 토지자본의 침투가 매우 왕성(旺盛)하고 그들의 정치적 배경 또한 세력적이었다 하더라도 한일합병(1910년) 이전의 토착(土着)농촌은 생산관계 일반이 아직 근대성을 전면적으로 구체화하였다고 볼 수는 없다. 토지의 소유계층 여하에 불구하고, 봉건적 소작관계로 보아지는 양상은 아직 지배적이었고, 빈농은 확대되었던 정경이다. 그러나 이미 본 바와 같이 외세(外勢)의 본격적 충격은 한반도의 기저적(基底的) 국면인 토지제도에 한걸음 새로운 변질의 조건을 보편화하였던 만큼 봉건체제는 이미 돌아갈 수 없는 피안(彼岸)의 영역이 되고 말았다. 당장 토착(土着)농업 면에 근대화한 생산관계의 전형적 형성을 본 것은 아니나, 제국주의의 일반적 압력에 대응하여 지대의 이윤화 현상이 나타났고, 다시 이에 대응하여 토착(土着)기생지주에 점차 자본가적 의식이 부여되었으며, 그들로 하여금 근대적 타산성을 강화케 한 것이 분명한 동태(動態)이다. 이 점 바로 다음과 같은 문면(文面)에서 반증된다. 즉

> 「원래 토지의 가격은 저렴하였던 것이나 농산물의 수출이 배증(倍增)하고, 가격 또한 석일(昔日)과 같이 낮지 아니하니 토지의 수익이 올라감에 따라서 부호의 토지겸병은 더욱 증가의 경향에 있다」[82]

그리고 동시에

> 「지주의 수익은 종래 자본에 대하여 1할 내지 1할 7-8분을 칭하였던 것이나 근시(近時) 생산물의 가격은 등귀(騰貴)하는 반면에 지가(地價)는 그만큼 등귀하지 않았으므로 대개 2할 이상의 이익을 얻는다. 실지 한인 지주로서 대구 및 경산지방에 경지를 많이 소유한 자의 실험담(實驗談)은 작36년(1903년)에는 미가(米價)의 등귀 때문에 지주의 수익이 3할 내지 4할의 금리에 해당한다. 운운(云云)」[83]

물론, 이때에 봉건적 소작형태 또한 언제나 그대로 머물러 있을 수 없는 것이니, 알려진 1910년경의 소작계약은 이미 소작인의 신분적 독립과 근대적 대립체계의 보급을 반영한다. 즉

> 「종전에는 모두 구두계약이었으나 근시(近時) 문권(文券)으로써 소작 용인(容認)의 증(證)을 교부함에 이르렀다」[84]

는 것이며, 당사자의 관계 역시 종전과 달라서

---

81) 조선농회: 「조선의 소작관행」, pp. 304-305
82) 加藤末郎: 「한국농업론」
83) 동상
84) 조선농회: 조선의 소작관행(천안지방), p. 91

「소작계약이외에 하등의 관계없고, 대등한 지위에 있으며, 때때로 주종과 같은 관계를 갖는 자가 있어서 지주의 요구에 응하여 무보수로 노역(勞役)에 복무하는 경우도 있지만 그 수는 매우 근소(僅少)하다」85)

는 논평을 받을 만큼 봉건적 주종관계의 해치는 불가피하였던 과정이다. 더욱 부재지주(不在地主)의 경우 오히려 당시의 일본 내 소작관계 보다 주체성이 인정되었던 면이 스스로 엿보이는 예이니

「지주와 소작인의 관계는 일본에서와 같이 밀접하지 않다. 이들은 소작권매매의 관습이 존재하기 때문이다. 운운(云云)」86)

함과 같고, 더욱 이에 관련하여

「지주는 소정(所定)의 소작료를 얻는 것만이 희망이고, 소작인은 노고를 적게 하고 많은 것을 취득하는 것이 희망일 뿐, 특이할 것이 없다.」87)

는 보고문의 내용이다.

한편 소작료의 지불형식 역시 점차 근대화의 조건을 갖추게 되었다고 보아진다. 타조법(打租法)에 비하여 도조법(賭租法)이 늘어가는 경향도 볼 수 있으나 그에 앞서서 근대적 지주주의의 타산성이 지배력을 크게 발휘한 점은 더욱 크다. 즉 1910년경의 조사 예(원산지방)로서

「당지방의 소작제도는 수백년 전부터 행하여 왔고, 현금에 이르기까지 때때로 어느 정도의 변천을 보았건만 문기(文記)의 의거할 바 없어서 그 연혁을 알 수 없는데 지주를 위하여 수리가 적은 도조법은 근년 감소하는 경향에 있다. 소작료 역시 40-50년 전까지는 매우 근소한 것 같으나 근년 물가의 등귀(騰貴)와 아울러 점차 증가하여 일로전쟁(日露戰爭) 전후부터 오늘과 같은 다액(多額)으로 상승하였다. 운운(云云)」88)

함을 보게 되는 실정이다. 이는 분명히 근대적 지주주의의 형성과 소작료의 고율화와 더불어 그것의 수납형식이 지주의 편익에 맡겨진 사실을 부각하는 동태이며, 이 또한 제국주의의 일반적 압력의 소산(所産)으로 보아서 무방하다. 따라서 이는 결코 소작조건의 봉건화현상이 아니라 근대적 타산성에 촉발된 수익률의 관철이 초래한 결과라는 점에 각별한 주의는 필요할 따름이다.

그밖에 외세의 지배력이 특권적 수조(收租)형태인 궁장토(宮庄土), 역둔토(驛屯土) 등 뇌고(牢固)한 봉건적 토지관계에 변질적 조건을 추가한 점 또한 주목된다. 그것은 역사적 봉건지대의 근대화 과정을 특이한 국면에서 한걸음 뚜렷이 확인케 하는 구체적 계기이기도 하다. 무엇보다 이들의 국유화조치는 단순히 지대의 전면적 지세화를 뜻함에 그치는 것이 아니라 세와 조를 종합한 지대의 전반적 이윤화운동이라 함이 타당하다. 이것이 봉건지대의 수취관계가 아니라 함은 분명하며, 오히려 제국주의 지배세력과 피비배적 소농과의 새로운 연결, 즉 독점자본주의와 농업노동자의 관계에 준한 특유한 소작관계의 형성을 가져온 차원의 변모(變貌)로 보아지가 때문이다.

원래 1사(司) 7궁(宮)의 토지는 이른바 갑오경장(甲午更張)의 일환으로서 일단 궁내부의 소관으로 귀하였다가 다시 1907년(융희(隆熙)원년)을 기(期)하여 잠시 제실재산관리국 (帝室財産管理局)의

---

85) 전게서(前揭書)(원산지방), p. 106
86) 동상(전주지방), p. 103
87) 전게서(前揭書)(경기지방), p. 104
88) 동상, p. 71

소관으로 옮겨진 다음, 1908년에 역둔토(驛屯土)와 더불어 도지부소관으로 귀(歸)하였다. 그럼으로써 전래(傳來)의 특수한 봉건적 토지소유관계는 여기에 실질적으로 국유화한 셈이며, 그에 따라서 궁장토(宮庄土)에 있어서는 도장(導掌)의 폐지마저 수반한 것이다. 그리하여 이후 구궁장토(舊宮庄土)나 역둔토(驛屯土)는 그들의 명목만을 남긴 채 국유지로 편입된 동시에, 관의 직접적 수조(收租)대상이 되고 말았다. 그와 아울러 소작기간의 책정(5년 원칙)이나 소작료의 금납(金納)화(정액제)원칙89)이 세워졌음은 역시 이들에 대한 근대화 운동의 표현일 뿐이다.

그런데 당시에 국유화한 이들 역둔토(驛屯土, 궁장토(宮庄土) 포함)의 조사결과에 의하면 그 총 면적은 118,947정보(町步)이며, 그밖에 동양척식회사에 출자한 2,436정보와 동사에 대부한 7,485정보(따라서 합계126,432정보) 또한 일찍이 그 범주이었으므로 그 면적은 상당하다. 당시의 국내 농경지의 총 면적이 약 250만정보로 추산된데 비하면 실로 1/25에 달하는 높은 수준이며, 한편 이를 경작한 소작농수90) 역시 30여 만에 달해 있었던 것이 틀림이 없으므로 이의 지대사적 의의 또한 간단히 간과할 수 없는 문제의 대상이다.

나아가서 우리는 또 하나의 특수한 봉건지대의 변질관계로서 이른바 중도지(中賭地)나 원도지(原賭地) 또는 화리(禾利)와 같은 영소작권(永小作權)에 관한 변동에 논급하지 않을 수 없다. 이들 또한 크게 보아서 외세의 일반적 압력에 의한 봉건적 경작관계의 해체로 보아진 징표적 유제(遺制)이다. 그 가운데 우리는 우선 황해도지방에 분포되었던 중도지를 보면 그것은 원래 역둔토(驛屯土)·궁장토(宮庄土) 등을 개간 개량한 농토가 원주(原主)에 대하여 보유하였던 특수한 영소작권으로서, 토지의 영속적 경작 뿐이 아니라 전대(轉貸)나 매매 처분을 할 수도 있었다. 그리하여 이때에 영소작권자가 그 토지를 전대(轉貸)하였다면 그 토지는 중도지(中賭地)가 되고 경작자는 중답주(中畓主)로 된다는 관례이다. 그런데 이 중도지(中賭地)는 1909년(융희(隆熙)3년)의 토지정리로 말미암아 대개 동양척식회사에 이관91)되고 말았으므로 이후 이른바 많은 영소작권자인 중답주(中畓主)는 제거되고 따라서 중도지(中賭地)는 일단 소멸되었다. 그럼으로써 한일합병 이후로는 동양척식회사와 소농민과의 근대적 소작관계 되었을 뿐이다.

다음에 의주지방에 발생한 원도지(原賭地)란 영소작권자(永小作權者)와 지주 간에 병작(並作, 반분(半分))으로써 존속(存續)한 관례이었다. 물론 소작기간은 없고 그밖에 소작권의 전대매매(轉貸賣買) 또한 소작인의 자의(恣意)에 속해 있었음이 그 특징이다. 그러나 이 또한 대개 지주 소작인 간의 금전대차관계에 연유(緣由)하여 지주의 토지소유권에 대한 제약으로서 발생한 것이므로 그것의 근대적 지속성은 대체로 희박하다. 그는 근대화의 물결에 접하게 되자 토지 소유관계의

---

89) 궁장토(宮庄土)나 역둔토(驛屯土)에 대한 금납(金納)도전의 예는 이전에 있어서도 허다한 관례이었다.
90) 1912년에 밝혀진 역둔토(驛屯土)의 소작인수는 331,748인이라 한다. 경성제대 법문학회: 조선 사회경제사 연구, 1933 p. 552 참조
91) 조선농회: 조선의 소작관행, p. 52

정상화와 더불어 자연 소멸되고 말았던 관행이다.

끝으로 전주지방의 화리(禾利)라는 것92)은 원래 지세납부제도의 문란, 부재지주(不在地主) 또는 소지주의 지세 결납(缺納)에 기인한 영소작권(永小作權)으로 알려져 있다. 그러므로 지주에 있어서 그 소유권을 완전히 주장하려면 화리(禾利)를 매입함으로 족하여, 그를 매입할 때 소작권은 근대적으로 정상화할 따름이다.

그밖에 특수한 지대발생의 예로서 우리는 여기에 1907년 7월에 공포된 국유미간지이용법(國有未墾地利用法)에 각별히 주목하지 않을 수 없다. 이는 곧 국유미간지의 대부(貸付)·불하(拂下) 등을 통한 토지의 근대적 소유 및 이용의 제도적 지원에 의거인 것이나, 필경 이것이 일본자본의 원시적 축적을 가져 온 개발 시책의 소산(所産)이었음은 물론이다. 이 점은 본래 지대의 발생이 없었던 국유지로서 원야(原野)·황무지(荒蕪地)·초지(草地)·소택지(沼澤地)·간사지(干瀉地) 등에 근대적 지대를 누적케 함으로써 지대의 한계선을 넓힌 조치로 해석되나 그와 동시에 이는 필경, 동양척식회사를 비롯한 일본인 토지투자가에 대하여 특혜를 부여하는 조치이외에 다른 것이 아니다.

IV. 결언

한말(韓末)의 봉건지대는 농업사회의 심각한 심체(沈滯)과정에도 불구하고, 근대자본주의의 생성과 더불어 서서히 내면적 변질의 조건을 갖추어 왔다. 적어도 1876년의 개항을 고비로 하여 한일합병에 이르기까지 몇 단계의 획기적 분화형태를 보임으로써 그 자신 시대적 특징을 밝혀보는 지표로서의 구실을 다해 온 셈이다.

물론 개항이전의 지배적 봉건농업사회에 있어서도 「토지의 화폐화(貨幣化)」와 그것의 집적(集積)과정이 역사적 토지공유제를 타파하고 있었던 만큼 근대적 지대의 형성동인(動因)을 그 가운데 전혀 찾아볼 수 없지는 아니 하였다. 이미 도시산업면에 「매뉴팩처」의 대두를 틀림없이 보게 된 개항전의 한말(韓末)에 있어서 타산적 대지주나 상업적 영농의 특례를 보는 것은 그 점의 반증이다. 그러나 좀 더 적극적 의미로써 일반의 농업부문에 지대만이 아닌 이윤의 형성이 실현되기에는 적어도 생산력의 발전이 다음 단계를 기다리지 않으면 안 되었던 것이 개항전의 실태라 할 수 있다. 사실 우리는 개항후 무곡(貿穀)의 성행과 더불어 일부 연안지역에 한하여 소수 대농의 상업적 생산 활동이 가져온 지대와 이윤의 분리현상, 즉 근대적 토지소유제를 약속하는 상업적 농업의 획기적 맹아를 구체적으로 확인할 수 있게 되었던 까닭이다.

그 후 동학란(東學亂)과 더불어 한반도의 전통적 토지제도는 다시 근대화를 촉구하는 내생적 충격에 접하게 되었으니 그것은 두 말할 것 없이 현물지세의 금납(金納)화 조치를 비롯하여

---

92) 동상, p. 141

궁장토(宮庄土)·역둔토(驛屯土) 등 특권적 토지의 정리, 「광무양전(光武量田)」 등의 움직임을 들 수 있다. 여기에 갑오경장(甲午更張)의 역사적 의의는 부각되는 동시에 신시대의 물적 기반은 급속히 성숙화한 셈이다. 다만 이때에 지세의 금납(金納)화 그 자체는 아직 봉건지대의 형태적 발전을 가리키고 있을 뿐, 즉시 농업생산관계의 전면적 근대화로 지목될 수 없다. 따라서 시대는 아직 봉건적 토지제도(수조(收租)제도)에 결정적 변모(變貌)를 본 것은 아니었던 단계이다, 그럼에도 불구하고, 동학란(東學亂)이후 시장경제의 확장과 타산적 지주주의의 일반적 발달, 소작형태의 내면적 변질 등은 불가피한 가운데 탐욕적 일본인의 토지투기 또한 없지 아니하였다. 그에 따라서 필경 대지주의 근대적 타산성은 점차 예민화 하였다고 보아지고, 특히 일본인 토지자본가나 토착(土着)대지주에 있어서 자본축적의 일반적 가능성이 농업 면에 있어서 기대될 수 있었음은 주목되는 진전이다.

그러나 사태는 동학란(東學亂) 직후 아직 지대와 이윤의 타산적 분리의 가능성만이 보장되었을 뿐, 그것의 구체적 실현인즉 오직 외래적 부분적인 것으로 한정되었던 시대적 제약성을 우리는 부인할 수 없다. 따라서 자본축적의 실현성을 좀 더 밝혀주는 근대적 지대사(地代史)는 필경, 다음 단계를 기다리고 있었던 것이 난후(亂後)의 실정이다.

때마침 1904년의 한일 협약을 계기로 하여 일본제국주의는 노골적으로 한반도를 지배하게 되고, 그에 의한 한반도의 토지경영이 본격적 진행을 봄으로써 사태는 크게 진전되었다. 바야흐로 이 땅의 토지제도는 지대와 이윤의 분리현상에 그쳐 있는 것이 아니라 지대의 이윤화 운동이 현실화화였다는 것이 우리에게 명기되는 한일합병 직전의 사태인 까닭이다.

사실, 한말(韓末)의 근대화를 기구적으로 살펴봄에 있어서 우리는 일본제국주의의 세력적 개입을 도저히 간과할 수 없다. 토지제도의 근대화, 즉 봉건지대의 해체를 의미하는 조건으로서의 지대와 이윤의 분리, 또는 지대의 이윤화운동 역시 그와 더불어 비로소 구체적으로 명백히 밝혀지는 것이 우리에게 주어지는 식민지 한반도의 역사적 특징이다.

요컨대 한말(韓末)의 봉건적 토지제도, 따라서 봉건체제를 근대적으로 이끄는 지표로서의 지대형태는, 우리의 분석에 의한바 단순한 봉건적인 것으로부터 일찌기 근대적 맹아를 배태한 이래(개항기(開港期)), 제도적 지원의 단계(동학란(東學亂)이후)를 거쳐서 일본제국주의의 본격적 토지침투와 더불어 이윤화운동의 구체화과정(1904년 이후)에 도달하였다고 보아진다. 그 가운데 봉건체제의 동요, 일반적 위기의 격성(激成)이 병행되었다는 것, 그것이 일반적 농업생산 관계에서 뿐이 아니라 궁장토(宮庄土)나 역둔토(驛屯土)와 같은 봉건적 특권의 토지관계나 영소작권(永小作權)에 있어서도 내면적 변질로서 실증되었다는 것이 우리에게 얻어진 당면한 성과이다.

그럼에 있어서도 본고는 우리의 지대사적 관찰이 결코 한말(韓末) 봉건지대의 분화발전의 양태(樣態)를 규정함에 한정되어 있다고 보고 있지 않다. 나아가서 한일 합병 이후의 토지조사사업이나 다시 그 후의 식민사적 전개과정을 체계적으로 보는데 그가 기초적 분석의 조건을 제기할 수 있다고 보는 것이 본고의 취지이다. 그 가운데 특히 일제하 이 땅의 토지제도가 일부에서 주장하는 바와 같이 결코 봉건적 심화과정을 걸어 온 것이 아니라(그것은 외양(外樣)일 뿐), 한말(韓末) 이래 몇 단계의 시대를 거쳐서 근대화의 과정을 개척하고 있었다는 것, 그것이 봉건지대의 분화변질로써 실증된 셈이라는 것, 이 점이 더욱 본론에 관련하여 명기되는 중요한 명제임을 내 세운다. 이러한 규정 없이 단순한 역사적 서술이란 우리에게 의미를 갖지 않는 까닭이다.

The Dissolution Process of Feudal Ground-rent at the End of the Yi Dynasty

Despite of the severe stagnation phenomenon of the agricultural society, the feudal ground-rent system of the Yi-dynasty was little by little possessed with conditions needed for internal change along with the growth of modern capitalism. From the Open Door in 1876 to the Japanese annexation of the country, the ground-rent system underwent several stages of dissolution processes.

The motive for establishing a new ground-rent system was not far from visible even in the dominant feudalistic agricultural society before the Open Door, because 'the monetization of land' and its accumulation phenomenon were gradually destroying the traditional land co-owner system. This claim may be disproved by the fact that there appeared big mercenary landlords and special cases of commercial farming at the end of the Yi dynasty before the Open Door, along with the rise of 'manufactures' in the field of municipal industry. In view of the more positive side, however, it seems that the progress in productivity had to wait for the next stage in order to secure ground-rend as well as profit from agriculture in general. In fact, we can clearly see a separation phenomenon of ground-rend from profit resulted from the transaction of cereals and commercial activities by some big farms in some limited coastal areas after the Open Door; it marked the beginning of commercial agriculturing, which promised a modern land system.

After that, the traditional land system was troubled with its internal impacts promoting the rapid modernization of the system along with Dong-Hak Rebellion; the impacts include, needless to say, the conversion of spot land tax system to monetary tax system, the disposal of privileged lands such as royal land and official land (Yukdoon-To), and Kwang-Moo Land Surveying Here, Kabo Reformation(1884) came to bear a greater historical significance, and at the same time the material basis for the new age was rapidly matured. However, the monetization of land tax itself merely meant a formal change of the traditional feudalistic ground-rent, far from indication an over-all modernization phenomenon of agricultural production. Accordingly, the feudal land system (that is, tenancy system) would not be said to have undergone fundamental changes at all. Nevertheless, the expansion of market economy, the development of mercenary land-ownerism, and the internal change in the tenancy system were inevitable after Dong-Hak Rebellion, and furthermore the greedy Japanese land speculation was not negligible. Thus, big land-owners became acute to their self-interest, and in particular Japanese land capitalists as well as big native landowners were generally expected to have a possibility of capital accumulation in agriculture.

However, we should not deny the facts that Dong-Hak Rebellion guaranteed only the possibility of separating ground-rent from profit, but that there were obstacles in its actual realization. Therefore, it is clear that the actual capital accumulation after the Rebellion was possible only on the later stage in the history of modern ground-rent system.

After the 1904 Agreement between Korean and Japan, Japanese imperialism began to openly dominate the Korean Peninsula, and the introduction of land management into the Peninsula caused a rapid change of the situation. Here, we have to pay our attention to the fact that, just before the Japanese annexation of the country, there occurred a phenomenon of separating ground-rent from profit and profit-making movement with ground-rent. In fact, the intervention of Japanese imperialism should not be overlooked in the institutional inquiry of the modernization process of the system at the end of the Yi dynasty. It was a historical characteristic in the colonized Korean Peninsula that the modernization of its land system was materialized together with the separation of ground-rent grom profit and profit-making movement with ground-rent, both of which caused the collapse of feudal ground-rent system.

In summary, in the present analysis the from of ground-rent, viewed as an index marking the steps of the modernization process of feudal land system(i. e. the feudal system in general) during the closing days of the Yi dynasty is considered to hove undergone the following three steps of changes: it became equipped by the institution (after Dong-Hak Rebellion); it was confronted with the profit-making movement pervading after the infiltration of Japanese imperialism (after 1904). The immediate outcome was that there occurred tumult as well as crisis in the feudal system it self which consequently resulted in the internal transformation of not only the feudalistic privilege given to royal and official lands but also the tenancy right.

The present investigation is no limited to the definition of the from of dissolution process in the ground-rent system at the end of the Yi dynasty, rather, it aims to provide a basis for the systematic analysis of the land surveying projects and their historical development after the Annexation. In particular, the writer would like to emphasize that the land system did not undergo the feudalization as claimed by some scholars; since the end of the Yi dynasty the land system was taking several steps of modernization processes: the modernization was materialized as a dissolution phenomenon of traditional feudal ground-rent. Without these points in mind, a simple historical description of the subject had no meaning at all.

식민지 개발과 지대의 이윤화(利潤化) 기구

- 3.1운동이후의 지대사의 발전상 -

김 준 보[1]

목차

Ⅰ. 3.1운동의 지대사적 배경

　일제하에 식민지 한반도의 개발이 과연 경제적 실질에서 토착사회에 무엇을 가져온 것인가, 그 식민지적 국면의 특징은 - 많은 논의에도 불구하고 - 아직 우리에게 체계화 되어 있는 것 같지 않다. 그 중 다만 농업 분야의 피지배적 생산관계에 관하여서는 기왕에 적지 않은 분석의 업적을 보이는 것이나, 그 역시 의연 그 후 전개된 현실적 농업 문제나 토착적 사회문제를 평가함에 이론적 기초의 정립을 남겨놓고 있는 것이 분명한 이 방면의 결함이다.

　물론 식민지 한반도의 개발문제라 한다면 그것은 적어도 개항이후 한국 자본주의의 생성과정 전체를 들어서 보아야 하고, 그동안 일본 자본의 지배력에 대응한 토착경제의 피지배조건을 빠짐없이 살펴볼 것을 우리에게 요구한다. 사실 개항이후 동학란(東學亂)을 거치고 한일 합병을 통하여 일본의 식민지 개발 정책이 이 땅에서 전개된 과정으로 말하면 마땅히 인과적으로 재검토가 있어야 할 만한 연결된 과제이다. 그럼에 있어서도 우리의 대상은 그 구성이 너무나 방대하므로 그 가운데 우리는 문제의 본격적 단계를 한정하여 그 초기적 단계로부터 추상(抽象)하여 볼 수밖에 없다. 이때에 식민지 개발의 경제사적 의의는 우리 앞에 여실히 부각될 것이 기대되기 때문이다.

　필경, 우리는 여기에 1919년의 3.1운동을 고비로 하여 본격화한 이 땅의 개발실책이 토착경제의 생산 관계에 어떠한 변모를 가져온 것인가, 그 기구의 조건을 분명히 밝히는데 힘을 집주(集注)할 수밖에 없다. 그도 단지 문제의 대상을 표면에서가 아니라 기저(基底)적 요인을 포착하여 그 본성에

---

1) 교수고려대학교 정경대학장

들어가서 살펴보아야 한다는 것, 곧 개발의 내면 관계를 본다는 것이 제1차적 과업이나, 그것은 단적으로 말하여 우리들로 하여금 일제하의 이 땅의 지대사적 국면을 특징화 하는데 귀착된다고 우리에게는 보여 진다. 두말할 것 없이 농업지대 그것인즉 곧 이 땅의 개발에서 시도한 자본의 목표물이 아닐 수 없었을 뿐 아니라, 지대 그것이야말로 이론상 자본주의사회와 전(前)자본주의사회를 연결시키는 물질적 요인이라 하겠으며, 특히 피지배적 토착 농업 사회에 있어서 그것의 변화는 근대적 위기를 반영함에 가장 기저적이며 공통적인 지표로서의 성능을 갖는 까닭이다.

모름지기 우리는 봉건체제로부터 자본주의 체제에의 이행을 객관적 국면에서 파악하려 할 진대 지대의 분화(分化)과정을 떠나서 이를 도저히 개념화 할 수 없다. 곧 지대의 이윤화 과정, 이것이야말로 나중에도 보는 바와 같이 전체적 생산관계의 근대화를 가리키는 제1차 징표이다. 그럼에도 불구하고, 한국의 근대적 농업문제나 토지제도를 다루는 각종의 문헌에 비추어 보건대 그 점은 흔히 잊어버린 대상이 아닐진대 매우 등한시 되어 있는 과제에 머물러 있다. 여기에 구태여 본론이 3.1운동 직후의 지대사적 동태를 들어서 식민지 개발의 문제를 한걸음 이론적 체계적으로 제시하고자 시도하는 소이(所以)이다.

사실, 개항이후 줄곧 침체적 생산관계를 그대로 지속하여 온 한반도의 농업 사회라 할지라도 따져보면 그 가운데 몇 단계의 지대사적 고비를 겪어 온 것이 틀림없다. 개항에 의한 상업적 농업의 지역적 대두나 동학란에 뒤따른 금납(金納)지세제의 실시, 그리고 토지 조사사업과 병행된 일본 토지 자본의 확대된 침투 등 다 같이 이 방면의 획기적 계기이다. 그중 무엇보다 1919년의 3.1운동을 기점으로 한 지대의 전면적 이윤화 과정이야 말로 한국자본주의사상 신기원을 구획한다. 그것인즉 우리의 보는 바, 가장 역사적 의미를 뚜렷이 보여준 커다란 변천의 동인인 까닭이다.

그러면 무엇이 3.1운동으로 하여금 그와 같은 신세대의 경제사적 변질을 이 땅에 가져오게 한 것인가?

우리는 한국경제의 근대화 과정을 총괄적으로 살펴봄에 있어서 우선 3.1운동이 보여준 경제사적 기동성과 그 획기성에 주목하지 않을 수 없다.[2] 이 운동이 바로 일본의 통치방식으로 하여금 전단계의 독단적 폭압주의를 지양케 하고, 이른바 「문화정치」의 표방 하에 식민지 개발에 적극적 진행을 보게 한 지배적 계기였다는 점 이미 주지하는 역사이다. 그리하여 이후 일본자본의 도입이 각 방면에서 진전을 보이는 가운데 무엇보다 산미증식계획(産米增殖計劃)을 주축으로 한 농업면의 개발이 즉시 이 땅의 전 농민을 들어서 일본 자본에 직결 시키는 구실을 하게 되었다. 일본 이민(移民)의 압력적 투입, 재정·금융 및 상업적 기구의 확대 정비와 더불어 토착 민중에 대한 통치적 지배력이 경제개발의 식민지주의를 노골화하기 시작한 기점 또한 바로 이때에 형성된 것이다. 때마침 1921년에 당국에 의하여 설치된 산업조사 위원회란 것이 「조선 산업에 관한 일반 방침」 이라 하여 답신한 취지를

---

2) 졸작: 한국자본주의사연구(1).1970,제2장 참조

보면 우리는 3.1운동이 가져온 식민지 경영의 방향을 좀 더 구체적으로 포착할 수 있게 된다. 즉

조선에 있어서의 산업상의 계획은 제국 산업 정책의 방침에 순응할 것을 기하고, 내외정세 특히 일본·중국 및 노령(露領)아시아 등 인접지방의 경제사정을 고찰하여 이에 대책을 강구할 필요가 있다. 조선의 산업은 시정(始政) 이래 진보의 발자취가 현저하다 할지라도, 그 진보는 필경 초창의 초기에 속하여 기초가 박약하고, 전도 발전의 요건이 결여된 것이 불소하다. 따라서 앞으로 더욱 지식과 기능의 향상발전을 촉진시키고, 근면협동의 관습을 조장하여　산업제반의 조직 및 교통통신의 기관을 정비하여 자력의 충실 및 금융의 소통을 도모하여 내선(한일)인 및 한일 관계 연락을 한층 긴밀하게 이루는 방법을 강구하여 조선 경제력의 진보와 한일 공동의 복리 증진을 기하지 아니하면 아니 된다. 조선산업(朝鮮産業)에 관한, 제반시책을 실행함에 있어서는 미리 일본 및 인접지와의 관계, 조선 내부의 사정 및 재정상의 관계 등을 고려하여 그 규모를 정하고 경중을 교량(較量)하여 환급을 안배함이 요구된다.

그런데 더욱 이 방침에 따라서 우선 압도적 비중을 차지하는 한반도 농업생산에 관하여 추진이 요망되는 계획상황이란 것을 적기하면 다음과 같다. 즉

1. 조선의 실력을 증진하고 또한 제국의 양식충실에 공헌하기 위하여 산미의 개량증식을 도모할 것.
2. 양식의 충실을 위하여 미곡이외의 식량작물의 개량증식을 도모할 것.
3. 수이출(輸移出)에 적합한 농산물의 개량증식을 도모할 것.
4. 조선내 공업의 소지(素地)를 배양하기 위하여 공업원료에 적합한 농산물의 개량증식을 도모할 것.
5. 농업의 부업으로서 잠업의 장려보급을 도모할 것.
6. 농업 노력(勞力)을 충족시키고, 또한 식육(食肉)의 충실에 자(資)하기 위하여 축우의 개량증식을 도모할 것.
7. 조선에 적응한 말 및 면양의 종류 시험을 행할 것.
8. 농업의 건실한 발전을 기하기 위하여 소작관행을 개선하고, 그밖에 소농보호의 시설을 할 것.[3]

〈표 1〉 민족별 회사설립추이(3.1운동 전후)

(자본액 단위: 천원)

연도	구분	한 인		일 인		한 일 합 동		내 외 합 동		합 계	
		실 수	구성 %	실 수	구성 %	실 수	구성 %	실 수	구성 %	실 수	구성 %
1918	사수자본	39 12,104	14.7 9.2	280 157,225	76.5 78.4	18 13,386	6.8 10.7	1 2,000	0.4 1.6	266 125,623	100.0 100.0
1920	사수자본	99 45,276	18.2 10.8	414 330,763	76.1 78.8	29 41,445	5.3 9.9	2 2,150	0.4 0.5	544 419,634	100.010 0.0
1922	사수자본	107 57,065	14.1 11.5	598 276,365	78.8 55.8	51 159,875	6.7 32.3	1 2,000	-- 0.4	759 495,554	100.0 100.0

자료: 조선 총독부 통계연보
　　단, 회사는 합명 합자 주식회사로서 본점재한의 것에 한하고, 자본은 공칭액.

그러나 결과는, 1920년대 초에 이르러 압도적 비중의 산업 금융시설은 말할 것도 없거니와 (표1참조) 이미 전 국부의 5할 이상이 일본인의 소유에 속해 버렸던 것이 틀림이 없다.[4] 그보다 앞서서 「상품의

---

3) 조선농회, 조선농업발달사 정책편 제368~369면

수출로부터 자본의 수출」이란 자본주의의 본래적 특징이 무엇보다 한일간 투자면을 통하여 여실히 밝혀진 관계로서 즉, 사태는 우선 대일 수출입 관계(표2)에서 표시된 바와 같이 1918년을 기점으로 하여 무역면의 입초(入超)과정을 출초(出超)과정으로 역전을 보기 시작한 동시에 무역규모의 급격한 확대를 보여주기 시작하였다. 이는 분명히 일본의 한반도 발전에 따른 시장 확대와 양곡의 대일 수출 증대를 반영하는 것이나, 그것은 요컨대 3.1운동에 뒤따른 일본 토지 자본의 획기적 투입, 산업증식계획의 추진(1920),일본인 무역상(상업자본)의 대규모 활동에 대응하며, 동시에 무엇보다 식민지 이 땅에 있어서의 상업적 농업의 확충된 전개를 뜻하게 된다.5) 그것은 구태여 전생산품의 상품화를 뜻하고 있지 않는 가운데 농업생산의 화폐적 타산성을 가중케 한 동태로서 개발자본의 세력적 팽창이 토착시장의 전면적 개방을 강요하고, 이미 지대의 화폐적 평가를 가능케 하는 단계에 도달한 징표이다.

〈표2〉 대 일 무 역 추 이(1910∼1929)

연차	수출액 (천원)	수입액 (천원)	입출초 (천원)
1910	15,378	25,248	△9,970
1911	13,340	34,058	△20,718
1912	15,369	40,756	△25,387
1913	25,313	40,429	△15,116
1914	28,587	39,046	△10,459
1915	40,900	41,535	△635
1916	42,964	52,459	△9,495
1917	64,725	72,696	△7,971
1918	137,204	117,273	19,931
1919	199,848	184,917	14,931
1920	169,380	143,111	26,269
1921	197,392	156,482	40,910
1922	197,914	160,247	37,667
1923	241,262	167,452	73,810
1924	306,660	211,817	94,843
1925	317,288	234,623	82,665
1926	338,175	248,235	89,940
1927	330,791	269,473	61,318
1928	333,829	295,839	37,989
1929	309,891	315,325	△5,434

자료: 조선총독부; 「조선무역연표」 (단, △는 입초)

---

4) 조선은행: 「韓國に於ける內地資本流出入に就て」 1993,제26면
5) 임병윤(林炳潤) 殖民地に於ける商業的農業の展開, 1971 참조

식민지 한반도의 이와 같은 개발동향은 당연히 토착경제로 하여금 일본경제에 대한 예속화를 부득이하게 하고, 이 땅의 노동자·농민으로 하여금 일본자본에 대한 기여도를 철저히 올리게 한다. 민족기업 역시 생산 및 유통의 전면에 걸쳐서 대일 종속성을 확고히 할 수밖에 없게 된 것이니, 이후 한반도 경제는 그 전체를 들어서 식민지적 태세를 본격화 한 것이 틀림이 없다. 그럼으로써 당시의 일본인 학자의 표현을 빌린다면 이 단계의 시대적 특징은 곧 다음과 같다. 즉

> 1920년에 시작된 제 3기에 있어서 내선 블록 경제는 진실한 확립을 보게 되고, ……일본에의 공업원료 내지 식료품 공급시장으로서의 조선, 일본 공업제품의 판매시장으로서의 조선 및 이러한 경제적 관계 위에 선 일본 자본수출시장으로서의 조선(주로 토지투자와 같은)의 자세 ……일언으로 말하면 전형적 공식적인 모국 대 식민지 경제관계가 여기서 보여 진다. 운운 6)

더욱 같은 입장의 구체적 견해를 산미(産米)관계에서 빌어본다면 사태는 분명하다. (표3참조) 즉 이 단계에 있어서 이조(李朝) 이래 원시산업지역으로서 일응 국민경제단위를 형성하였던 반도경제가 전적으로 해체되고, 일본 이출(移出)을 목적으로 한 미곡중심의 단종 경작형 산업구조를 확립함에 이르렀다. ……이것은 기왕의 반도산업구조를 근본적으로 개변하지 않을 수 없게 하였다. ……같은 의미로서 일본 이출을 위하여 상품화한 미곡을 통하여 반도경제는 완전히 내선을 통한 유통 경제 속에 편입되고, 전 산업의 독립성은 여기에 완전 해체되고 말았다.7)

〈표 3〉 수리조합 사업 (기채(起債))추이(3.1운동전후)

연말	인가액 (천원)	연말	인가액
1915	1,472	1923	37,003
1917	4,460	1925	55,706
1919	5,158	1927	64,255
1921	18,228	1929	86,811

자료: 조선 총독부 통계연보

물론 이와 같은 개발적 투자운동이 모름지기 3.1운동을 직접 동기로 둔 위기대응책으로만 볼 수는 없다. 그 배경에는 우선 일본 자본의 독점적 성숙이 스스로 시장경제의 확대운동을 초래한 바 있거니와 전후의 반동적 공황을 식민지 이 땅에 전가하려는 그들의 심산 또한 당연히 기능하였던 큰 동인이다. 그 가운데 특히 3.1운동 직전에 전개된 일본의 식량난(미소동)이 한반도의 농업 증산시책과 직결된 파국적 동인이었다 함은 널리 아는 바와 같다. 더욱 1918년에 일단 완결을 보게 된 이 땅의 토지 조사사업 역시 3.1운동에 앞서서 식민지 개발투자를 추진함에 적이 안정적 토대를 제공하였다고 볼 만한 획기적 조치이다.

그럼에도 불구하고 우리는 여기에 구태여 제1차 세계대전이나 토지조사 사업을 즉시 지대사적

---

6) 전국경제조사연합회 조선지부: 조선경제연보, 소하 14년도 판, 제36면
7) 鈴木武雄: 朝鮮の経済, 1942, 제87~88면

기점의 독립적 계기로 보지 않고, 그 후의 3.1운동 그것에 결정적 기동성을 부여하는 데는 상당한 이유가 없지 않다. 그것은 되풀이 할 필요 없이 그 후 본격적 개발시책과 더불어 한반도의 농업 생산관계 그것이 지대 면에서 변질하는 기구적 조건을 체계적으로 볼 수 있게 된 소치(所致)이다. 물론, 만약 우리의 시야를 그저 토착농업의 생산 실태 만에 국한하여 미시적으로 살펴본다면 거기에는 봉건적 소농생산양식의 역사적 계승형태 이외에 아무런 특이한 변화를 표면상 찾아 볼 수 없다. 오직 근대적 토지제도의 명목 하에 한없이 침체된 소농의 생산성만이 크게 눈에 띌 뿐이다. 그러나 지금 한걸음 나아가서 우리의 안목이 3.1운동이 가져온 식민사적 지배력의 획기적 강화와 그에 대응한 토착민중의 일반적 피지배성에 착안하게 될 때, 필경 우리는 문제의 대상이 새로운 의미를 객관적으로 부각함을 볼 수 있다. 모름지기 그 형식이 다 같은 소농생산 양식이라 할지라도 봉건체제하의 그것과 초기 자본주의하의 그것, 그리고 독점자본주의 하의 그것이 결코 역사적 의미를 같이 한다고 볼 수 없고, 더구나 봉건성의 심화과정만을 언제까지나 밟는다고 단정할 수 없다는 것이 체제상 기대되는 이 방면의 본성이다. 필경 3.1운동이 가져온 지대의 전면적 이윤화 현상이야 말로 확실히 소농적 변질을 규정하는 동인이 아닐 수 없다. 다만 토지로부터 발생한 지대가 어찌하여 자본의 이윤으로서 변화를 일으키는 것인가, 이 점은 틀림없이 근대화 이론의 정립을 요구하는 문제의 골자이다. 그것은 두말할 것 없이 지배 자본의 본격적 개발운동에 기인한다는 것, 한편 농업 지대를 수수하는 경제적 주체(우선 지주와 소작농)의 내면 변질과 더불어 상호 대응하여 우리에게 포착된다는 것, 이 점을 우리는 우선 인정하지 않을 수 없다. 그렇지 않고서 토지에 고착하여 미시적으로 살펴볼 때 차익(差益)지대의 형태이건 절대지대나 그 밖에 어떠한 특수 지대의 형태이건 본질적으로 근대적 이윤이 될 수는 없기 때문이다.

그럼에도 불구하고 식민지 지배 자본은 그 본격적 개발과정에 있어서 분명히 소농생산 관계에 요소적 변형을 적극적으로 가져오지 않은 가운데 지대의 흡수 운동을 전개하였다고 우리에게는 보여진다. 다만 비록 그가 처음부터 기도하지 않는다 하더라도 거기에 기구적 변질을 보지 않을 수 없다는 것이 일반적으로 보여 지는 식민지 농업사회의 피지배적 동태일 뿐이다.

사실, 한반도 지배당국은 토지조사사업을 통하여 또는 동 사업 이후의 실책에 있어서 구태여 전래(傳來)적   소농생산양식에   의식적   변혁을   기도하지   아니하였다.   영세규모의   소농적 고율(高率)소작제를 그대로 존속 시키는 것이 그들에게 오히려 유리한 조건을 확보하는 방편이 되어 있었던 예이다. 그럼에도 불구하고, 그가 유례없는 강압적 기반위에 최대한 이윤을 이 땅에서 추구한다 할 때 소농적 생산관계는 분명히 동요를 면할 수 없다. 그렇지 않을진대 지배자본의 위력은 하등의 역사적 의미를 새롭게 갖지 못할 것이며 식민지의 특성은 감춰질 수밖에 없는 까닭이다.

Ⅱ. 지대의 발전적 흡수 기구

식민지 개발의 진전에 근인(根因)을 두고 있는 지대의 이윤화 운동은 위와 같이 결정적으로 지배 자본에 의한 지대의 수취운동을 기점으로 하고 있다. 그러므로 우리는 후자의 전개 과정을 구체적으로 밝혀 보는 것이 필요하며, 우선 소농지대가 어떠한 동인에 의하여 어떻게 수취되고 마는 것인가, 그 점의 기구를 실증적으로 밝혀 보는 것이 우리에게 주어진 시급한 과제이다. 그러나 이러한 기구적 조건의 전모를 밝히려면 우리는 적어도 일제하의 농업문제 전체를 들어서 분석의 메스를 가하여야만 한다는 엄청난 작업에 부딪치게 된다. 따라서 우리는 여기에 부득이 대상을 1920년대에 강화된 문제의 발전적 조건에 한정하되 그 기구를 달관(達觀)할 수밖에 없는 것이 당면한 처지이다.

3.1운동을 계기로 하여 지배자본의 강압에 부딪친 토착지주는 당연히 스스로 취득한 지대의 전부 또는 그 일부를 전자에 의하여 수취당한다는 운명에 놓이게 된다. 처음에는 그 일부에 한정된다 하겠으나, 시대의 진행에 따라서 그것이 전면화하는 동태로 바꾸어 질 수 있다는 것이 기구적 상식이다. 전반적 사태는 필경 토착 지주로 하여금 자기에 대한 지배 자본의 압력을 소작농에 전가시키는 태도로 나오게 할 수밖에 없다. 따라서 지대의 전면적 수취과정이 형성되기 마련이며, 드디어 소작농의 노임(勞賃)부분마저 수취되는 지경에 도달하고 만 것이 거기에 실증된 귀추(歸趨)이다.

그런데 이때에 타산적 토착지주는 적어도 산업이윤에 해당하는 이윤만은 확보하고자 획책함으로써 드디어 소자본가적 입장을 스스로 취하게 된다. 그리하여 기생적 지주로 언제까지나 머물러 있을 수 없다는 것이 시대적 환경이 빚어내는 객관적 조건이다. 바로 이에 대응하여 토착소작농 또한 필연코 농업 노동자화 될 수밖에 없다. 그럼으로써 이때에 우리는 시대의 근대적 분화와 동시에 시대의 이윤화 과정이 한층 뚜렷한 기구로서 진행됨을 볼 수 있었던 실정이다. 사실인즉 이왕에 동양척식회사(東洋拓植會社)를 비롯한 일본인 대 토지자본가에 있어서 직접적으로 한인 소작농을 지배하는 영농 형태는 얼마든지 볼 수 있고, 이들 회사농장이 단순한 지대 수취자가 아니라는 점 또한 분명하다. 그 밖에 이들 농장에 예속되어 있는 영세적 소작농의 지위 역시 처음부터 분명하며, 그들은 결코 전기적 농노의 신분이 아닌 농업노동계급의 속성일 뿐이다.

한편 지배자본의 입장에 돌아가서 볼 때 그들이 목적하는 직접적 대상인즉 본래의 지대부분이건 이자부분이건 논의할 바 아니며 자본에 대한 최대한 수익률의 확보만이 종국적 지표라 할 수 있다. 토착지주 역시 재촌자(在村者)이건 부재지주이건 생리적으로 일반적 이윤으로서 소작료를 평가하는 예이며, 봉건적 기생지주로서 소작농을 직접적으로 지배하려는 입장이 아님은 물론이다. 그밖에 우리는 자본주의 경제의 발전이 본래적 지대의 소득(所得)적 비중을 일반적으로 떨어뜨리는 경향성을 보여준다는 점에 유의하지 않으면 아니 된다. 그것은 곧 토지의 주도적 생산성이 자본에 의하여 대치되어 가고 있다는 것, 말하자면 「토지 자본화」 과정이 진행되고 있다는 역사적 변천의 반영이다. 그러므로 예컨대 「나는 진보하는 경제적 요인으로서 수확 체감(遞減)의 법칙을 제거할 것을 제안한다.」[8] 는 견해는 역시 결과적으로 지대(차익지대)의 이윤화 과정을 말한다고 볼 수 있고, 경제의 일반적 발전 또한 그러한 시대성을 나타낼 수밖에 없는 동태이다.

물론 자본주의 경제의 타산적 입장에서 평가할 때 지대와 이윤의 범주는 명백하며, 지주는 적어도 차익지대를 넘는 초과이윤을 획득하고자 급급하다. 그 또한 농산물 가격이 충분히 보장되는 조건하에 있어서는 차익지대 이외에 절대지대나 그 이상의 초과이윤마저 형성을 관념(觀念) 할 수 없지 않는 기구이다. 그러나 거듭 본 바와 같이 식민지 경제의 피지배적 소농관계에 있어서 후자의 실현은 일반적으로 기대할 수 없다. 예외적인 경우에 있어서 차익지대를 넘는 초과이윤의 수득이 거대지주나 특수한 상업적 영농자에 한하여 보장될 뿐이다.

사실인즉 제국주의의 개발정책이 강화됨에 따라서 기생적 지주 일반에 있어서 절대지대는 고사하고, 차익지대의 확보마저 통상적으로 어렵게 된다. 그에 따라서 토지 수익률은 그 자체 떨어지기 마련이다. 물론 그럼에 있어서도 지주가 지배자본의 분기(分岐)가 되어 있을 때 또는 기생지주가 소작농을 일반 이상으로 가혹하게 수취하였을 때에 사실상 토지 수익률은 일반의 평균 이윤율을 초과하여 확보된다. 3.1운동이후 오리려 후자의 경향성은 뚜렷하였다고 보여 지며(표4 참조), 그러한 한도에서 지대수익율의 독점적 자본이윤율에 대한 비중은 급격한 변동을 면하였던 기록이다.

〈표4〉 토지(답) 수익률 변천

연 차	수 익 률	(정기예금이율)
1916	0.105	(0.060)
1918	0.135	(0.059)
1920	0.200	(0.072)
1922	0.145	(0.072)
1924	0.130	(0.073)

자료: 조선농회 : 조선농업발달사, 발달편, 제 594면
  주: 괄호 내는 1년 이상의 정기예금이율

어쨌든 우리의 위와 같은 현실은 식민지 경제의 피지배적 발전이 가져온 농업생산 관계의 총체적 변질 결과를 표명한 것뿐이고, 처음부터 지대의 범주적 존립을 배제하지 않는다. 일본인 거대농장주건 또는 토착 기생지주이건 주체적으로 추구하는 원천적 토지용역, 그 대가란 지대임에 틀림없는 사실이다. 더구나 개별적 자작농이나 소작농의 입장에서 볼 때 지대 그것이 언제나 독점자본에 대한 이윤이나 통치당국의 재원(지세 등의 공과(公課)적 부담)으로서 배당되는 것은 아니며, 또한 모든 지주가 스스로 언제나 기업가의 타산성을 발휘하는 것도 아니다. 경우에 따라서 그들은 독점자본과의 거래관계를 맺지 않을 수도 있거니와 공과부담의 실질적 면제를 보는 수도 없지 않다. 더욱 소작관계의 형식에 있어서 전통적 요인이 완전 불식(拂拭)되지 못한 국면조차 남아있었던

---

8) R.F. Harred; Towards a Dynamic Economic, 1948, p.20

형편이나, 그럼에도 불구하고 전반적 사태는 3.1운동 이후 위와 같은 변질 과정이야말로 객관적인 것으로 볼 수밖에 없다. 우리는 이 점을 다음에 좀 더 실증적으로 밝혀 놓지 않으면 아니 되는 것이나, 실로 여기에 3.1운동의 역사적 의의는 한결음 뚜렷이 부각되는 성질이다. 요컨대 3.1운동 이후 식민지개발의 진행에 따라서 기생지주제와 소작생산관계는 지대의 전면적 이윤화 과정에 따른 주체적 변질을 부득이하였다는 것,9) 그에 따라서 계급적 양극화운동을 보게 되었다는 것, 그럼으로써 일부의 농업이론이 흔히 주장하는 바와 같이 지배세력의 정치적 압력이 「구래(舊來)의 봉건적=반농노적 수취제 관계」를 확대 심화시켰다고 보는 것은 표면적 현상에 집착한 결과로 볼 수밖에 없다는 것, 사태의 기구적 내면성을 냉철히 통찰할 때 결과는 필경 지대의 변질로서 얻어진다고 보는 것이 바로 우리의 현실에 적응한 명제이다.

사실, 기생지주나 거대농장지주의 가혹한 농민 수탈상만을 본다면 일제하의 한반도 농촌사회는 봉건적 수취관계에 흡사하다. 그럼으로써 예컨대

> 유통과정에 있어서는 상품=가치=화폐제 관계에 종속포괄되었음에도 불구하고, 한편 가장 본질적 생산과정에 있어서는 봉건적=농노적인 농촌관계10)

를 확대 강화시켰다든가 또는

> 50~90%의 고율인 봉건적 지대=소작료의 수취 토양으로서 봉건적=반농노적 제관계를 답습 강화한 것은 본질적으로 자본축적의 욕구에 한층 순응시킬 수 있었기 때문이다.11)

라고 보는 데는 분명히 시대적 착각의 요인이 잠재되어 있다. 이러한 논자는 적어도 3.1운동이 가져온 역사적 지배조건의 기구적 개입을 무시하고 있을 뿐 아니라, 토지조사사업이나 그에 앞서서 전개된 토지소유의 근대화과정을 또한 무시하는 태도이다. 무엇보다 이러한 「봉건적 심화론」은 3.1운동 이후에 전개된 근대적 소작쟁의의 계급 운동적 성격을 정당히 파악할 수 없게 하고, 더욱 나아가서 해방이후의 농지개혁이나 그 이후의 농업문제를 해명함에 수미(首尾)일관된 이론의 전개를 볼 수 없게 한다. 필경, 그들이 소농생산양식의 정체적 현상론으로 고착될 수밖에 없게 된다는 것은 간단히 우리에게 수긍되는 당연한 논리이다.

그럼에 있어서도 우리는 우선 독점적 지배 자본에 의한 지대의 흡수운동 이란 것이 지배적으로 화폐경제를 통하여 이루어졌다는 사실에 주목하지 않을 수 없다. 비록 지주 일반이 취득하는 소작료 그것이 압도적으로 현물형태이었음이 틀림이 없다 하더라도 화폐적 타산성은 이미 예리하게 취해진 거래적 조건이다. 그것은 두말할 것 없이 봉건사회의 경제외의 강제수단에 의한 지대의 수익운동이 아니라, 일단 근대적 계약 조건과 시장경제의 기구를 통한 영리적 수단이었다함을 우리에게 알려준다. 다만 그 실질이 계급간에 평등과 합리성이 지켜진 것은 아니고, 탐욕한 지배세력과 취약한 지주나

---

9) 이 점은 지주가 소작료를 자본으로써 축적하게 되었다는 사실에 그쳐 있지 않다.
10) 인정식(印貞植): 朝鮮の農業機構分析, 1937, 제233
11) 동상

소작농의 왜곡된 대립관계로서 특징화할 수 있었다고 보아질 뿐이다.

　　지금 3.1운동직후, 1920년대의 한반도 농촌사회가 어느 정도 화폐경제화 하였던가, 이 점을 세밀히 밝혀주는 자료는 우리에게 없거니와 그것을 또한 구태여 깊이 따져 보아야 할 절대적 의미도 있는 것 같지 않다. 다만 대체로 보아서 산미의 대일 수출이 강화됨에 따라서 주곡(主穀)의 상품화율이 30~40% 정도로 올라가 있었던 것은 틀림이 없는 것 같고, 1930년대 초의 「농가 경제조사」에 의한 농가 지출의 현금(현물)구성비를 본다 하더라도 그와 같은 사태이다.

〈표5 〉 농가 지출중의 현금 비율 (%)

구분		자작농	자소작	소작농	평균
농업경영비	경상남도	61.02	38.88	20.37	39.43
	전라남도	43.87	--	--	--
	평안남도	34.21	24.43	12.06	20.98
가계비	경상남도	50.80	39.40	40.43	45.21
	전라남도	29.30	26.28	23.88	25.55
	평안남도	27.05	30.40	26.41	26.09

자료: 조선농회: 「농가 경제 조사」 (경상남도, 1931년: 전라남도, 1932년: 평안남도, 1933)

　　물론 지배 자본에 의한 이윤의 확보방식은 직접적으로 농업경영에 의할 수 없지 않거니와, 독점적 노력 하, 시장 기구를 통하여, 또는 인플레이션이나 공황을 통하여 간접적으로 이루어질 수 없지 않다. 이에 준하여 국권에 의한 지세나 공과의 부과, 그 자체 다름 아닌 식민지 농업지대의 흡수운동을 대표한 사례이다. 그러한 가운데 있어서도 시일의 진행에 따라서 토착농민에 대한 정치적 압력이 가중하여 가고 있었다는 점과 토착 지대의 기구적 이윤화운동이 점차 그 범위를 유기적으로 확대하여 갔다는 점을 우리는 잊을 수 없다. 다만 그들의 생동(生動)하는 역사적 기능의 전모를 여기에 여실히 밝힐 수 없는 우리는 이하, 그 가운데 눈에 띈 기간적 조건을 항목별로 들어서 그 골자를 확인함에 그칠 뿐이다.

　　(1) 첫째로 우리는 3.1운동 이후 토착소작농에 대한 소작료의 고율화 경향이 시종 문제의 발전적 기점을 형성하고 있었음에 주목한다. 그것이 이미 봉건적 지배조건(경제 외적 강제)의 소산이 아니라, 일제 식민지개발운동의 압력이 가져온 결과라는 점에 거듭 주의는 필요한 관계이다. 그렇다하여 우리는 여기에 단순히 소작료의 명목적 수량이나 또는 도지(賭只)·타조(打租)·집조(執粗) 등 소작료의 납부방식이나 그들에 관한 분배율만을 볼 것이 아니라 실물의 운반비, 포장비 등의 부수적 지출이나, 그밖에 강요된 지대적 부담을 빠짐없이 보아야 한다. 예컨대 소작인의 가사 노역(勞役), 토지개량비, 공과부담 등 다 같이 아울러 묻지 않을 수 없는 조건이다. 지금 일률적으로 소작료라 하지만 지주의 실지 수납하는 현물 또는 현금에는 소작료 이외에 위의 부수적 제 부담이 소작인에

대하여 부과되는 예는 허다하다. 그중 무엇보다 지주의 토지 겸병이 진행됨에 따라서 사음(舍音) 등 중간 착취자의 수취관계 또한 가중적으로 보편화 하였던 문제의 악례이다. 더욱 3.1운동이후 우선 소작료율이 크게 상승하고 있었음은 틀림이 없는 사실이며, 바로 동 운동 이후 「소작 관행의 변화를 가져온 주 요인」 으로서 당국이 조사한 바, 「공리적 지주의 출현에 의하여 소작료는 고등하여지고 있다」 12) (경기도)는 문면을 우리는 바로 1922년경의 보고에서 찾아볼 수 있다. 적확(適確)한 계수적 자료를 구해조기 어려우나 다음의 조사 예만도 틀림없이 이 점을 반영하는 지표이다.

<표6> 답 소작료와 곡가 대비(전라북도)

| 연차 | 소작료 | | 정조가격(부당, 不當) | | 소작료 실등율 |
	금액 (원)	지수	가격	지수	(實騰率)
1912	4.00	100	4.00	100	100
1917	6.50	163	5.00	125	130
1919	14.00	350	9.00	225	157
1922	24.00	600	16.00	400	150

자료: 조선농회 : 朝鮮の 小作慣行, 1930, 제15면

더욱 일일이 들어 말할 수 없으나, 1922년 1월6일자의 신문지상에 실려 있는 다음과 같은 논술은 여기에 참고로 인용할 만하다. 즉,

> 소작관례는 차를 도조·타조·집조의 삼종으로 별(別)함을 득하며, 소작료의 표준에 대하여는 하자(何者)든지 반분(半分)의 표준이 보통이 되며, ……현하의 실제는 소작료의 실수가 수확의 반분 이상이 되며, 또 소작인 이 소작료 이외에도 기다의 이중 부담을 면치 못하나니 일례를 거하면, 즉 지세부담, 지주를 위하는 부역, 소위 「말목」, 지주·사음에게 여(與)하는 회물(賄物) 등 실로 매거(枚擧)하기 난하도다.13)
>
> 한편 1930년도의 조사에 의하면 각 도별로 정리된 지불방식(정조(正租)·타조·집조)별의 소작료에 관한 최고, 보통, 최저율은 각기 다음표와 같은 숫자를 전해준다. 우리는 엄청난 그 고율성에 놀랄 뿐이다.

<표 7> 소작료율 비교

| 구분 | 답 | | | 전 | | |
	최고	보통	최저	최고	보통	최저
정조(定租)	90%	51%	39%	80%	50%	47%
타조(打租)	79	60	44	65	69	43
집조(執租)	80	55	50	75	55	50

자료: 조선 총독부 농림국, 朝鮮に於ける 小作に關する參考事項摘要, 1933

---

12) 조선농회: 朝鮮の 小作慣行
13) 동아일보, 1922년 1월 6일(「만성생(晩性生)」 논문)

그런데 같은 고율소작제라 하더라도 동양척식(東洋拓植)주식회사와 같은 일본인계 대지주에 대한 소작농의 부담과 토착 소지주 대 소작농 간의 대한 그것에서 빚어진 지대분화의 의미에는 상당한 차이가 없지 않다. 단적으로 말하여 전자의 구조형은 직접적으로 지대의 이윤화 과정을 표명하는 방식이며, 지대의 일방적 수취관계인 데 대하여 후자에서의 지대의 변질은 지배자본의 일반적 압력을 통하여 이윤화한다는 점, 다음에 좀 더 자세히 확인되는 기구적 특성이다.

(2) 둘째로 우리는 지세를 비롯한 재정의 직접적 부담을 마땅히 식민지 지대의 수취로서 우선적으로 보아야만 한다. 일찍이 3.1운동의 전(前)단계부터 토지조사 사업에 병행하여 「재정 독립 계획」하에 지세율은 일로(一路)상승의 템포를 걸어 왔던 것이나, 그 후 재정지출의 정치적 팽창과 더불어 토착농민의 부담은 스스로 가중되기 마련이었다. 그리하여 1922년에는 지세율이 13/1,000으로부터 17/1,000로 올랐고, 다시 1922년 7월에는 「조선도지방비령(朝鮮道地方費令)」에 따른 농촌적 공과가 이에 추가되었음이 주목된다. 그럼으로써 구태여 따져보면 결국 3.1운동전 1918년의 「각종 직접세·지방세·학교비 등」 부담액(군도부(群島部))은 호당 5.24원이던 것이 그 후 1920년에 이르러 10.58원으로 급등하였고, 1922년에는 다시 3할의 등세로써 13.59원에 도달한 실적이다.

그 후 직접세적 부담에 관한 한, 표면상은 1926년을 고비로 일단 고개를 숙인 것도 같으나 그 대신 대중적 간접세의 획기적 부담 증가를 이때에 간과할 수 없다. 그것은 두말할 것 없이 토착소농에 있어서 그 전가(轉嫁)적 지대흡수의 강화를 뜻하는 내용인 까닭이다.

〈표8〉 각종 직접세·지방세·학교비 등 부담액(군도)

연 차	세 액		한인 부담	
	총 액 (천원)	호 당(원)	총 액 (천원)	호 당(원)
1916	13,477	4,431	–	–
1918	16,260	5,240	–	–
1920	33,713	10,579	–	–
1922	43,550	13,593	39,291	12,514
1924	44,468	13,657	39,743	12,454
1926	45,746	13,380	40,555	12,107
1927	47,542	14,033	–	12,417
1928	47,047	13,767	40,612	12,141

자료: 조선 총독부 통계 연보, 1930년도, 제731~732면

〈표9〉 농가 호당 지세 및 제 공과 부담액 (1927년도)

종 별	금 액 (원)	비	고
국세 지세	5,448	농가 호당 경지 면적(답 5반; 전 1정)을 평균 지세 반당 부과액(답 64전; 전 16전)에 승하여 계산함.	
지방세지세부가세	1,634	지세액의 100분의 30	
동호세 부가세	1,500	-	
면부과금 지방 할(割)	2,451	지세액의 100분의 45	
동(同)호별 할	1,670	-	
학교비 부과금	2,000	1927년도의 농가 호당 부담액(단, 약간의 부 학교비 포함)	
농회비	.588	1927년도의 농회비 총액을 농가 총호수로 제한 것.	
계	15,283	-	

자료: 조선 총독부: 朝鮮の農業, 1927년 판(임병윤(林炳潤): 植民地に於ける商業的農業の展開, 1971, 제14면 인용)

무엇보다 우리는 세제에 관련하여 3.1운동 후에 전개된 각종 관영 전매 사업의 동태에 새삼 주목하지 않을 수 없다. 즉 1921년 4월부터 확대 실시된 연초·염·인삼·아편 등에 관한 전매 제도화는 그에 앞서서(1916년) 일찍이 사금(私禁)된 주류 양조와 더불어 더욱 농민수취를 촉구한 시책의 표본이다. 실로 이를 계기로 하여 식민지 한반도의 「간접 국세 범칙자」는 급증한 것이니 참고로 1918년에 2,854건[14]이던 그것이 3.1운동 직후 1922년에 이르자 9,611건으로 올라갔으며, 1923년 이후로는 1만 건을 훨씬 넘게 되었다. 이 점 기간적으로 식민지 농촌의 위기를 반영하는 국권(國權)적 지대수취의 징표임은 물론이다.

물론 지세를 비롯한 각 공과로 말하면 토착 기생지주나 한인농민만이 납부하는 것은 아니고 일본인 토지소유자나 농업경영자 또한 당연히 그의 일익(一翼)을 담당한다. 그동안 그들의 부담액이 총체적 비중에서 증가된 점 오히려 부인할 수 없는 경향이다. 그것을 그들의 토지겸병과 자본적 침입이 보여준 당연한 추세라 할 수 있으며, 결과는 병탄된 재산이나 수익에 대응한 현상에 불과하다. 다만 이때에 한일인 간의 공과부담에 있어서 과연 공평한 세무행정이 이루어진 것인지 우리는 적어도 토착농민의 파행(跛行)적 중과(重課)를 숨길 수 없는 사실로서 지목할 따름이다.

(3) 셋째로 역둔(驛屯)상의 대부료(貸付料) 또한 볼 만하다. 즉 3.1운동 당시 약 12만 정보(町步)에 달하는 역둔(驛屯)토[15]의 대부료가 1919년 3월의 소작기간 만료와 더불어 평균 2할 8분 4리만큼 증액됨으로써 연고(緣故) 소작인의 부담을 증가시켰다는 점은 순수한 한인 소작농에 관한 것으로서 중요한 문제이다. 이때에 대부료를 바로 봉건적 현물지대의 전환형태로 보는[16] 논자도 있으나, 또한 식민지 지배 국권에 의한 근대적 수취형태로서 근대적 지세의 범주임은 물론이다.

원래 역둔(驛屯)토(구 궁방토 포함)는 1908년부터 국고로 귀속된 것이며, 1910년에 일단 실태의

---

14) 조선 총독부 통계 연보, 1930
15) 1920년의 지번(地番)수 543,884, 그리고 연고 소작인원수는 252,138명으로 나와 있다(상게 통계연보).
16) 박문규(朴文圭): 農村社會分化の起點とて土地調査事業に就て(경성제대법문학회: 조선 사회경제사 연구, 1933, 제552면)

조사 완료와 더불어 대부료의 책정을 보았다. 그 후 1911년부터 이를 징수하는 동시에 종래의 부분적 물납제를 전면적 금납제로 바꾸어 놓았던 것이나 지금 그 조정방식을 보면 1906~1908년의 3개 년 평균곡가에 민간관례의 소작료를 승(乘)한 금액으로부터 1할 만큼 저렴한 금액으로써 각(상 중 하) 대부료의 기준으로 삼았다고 알려져 있고, 이때에 소작기간은 우선 5년으로 약정하되 필요에 따라서 대부료를 증액 수납할 수도 있었음이 주목된다. 이의 대부료는 그 후 다시 1914년도에 이르러 전국 일제히 4할 만큼 증액되었고, 3.1운동 당년인 1919년에 위와 같이 재증액을 보게 됨으로서 토착농민의 지세(地稅)적 부담을 가중한 셈이다.

(4) 넷째로 우리는 당연히 토착지주에 대한 수세(水稅)부담의 증세(增勢)를 묻지 않을 수 없다. 이는 곧 산미증식계획에 따른 수리 조합의 증설에 유래한 결과이며, 이 또한 간과할 수 없었던 대농인의 보편적 압력의 조건이다(표10 참조). 그 점은 바로 수리사업이 적극화(19만 5천 정보의 관개 개선 목표)함에 따라서 토지 겸병의 성행을 보았다는 사실에서 즉시 알 수 있다. 결과는 곧 「한 번 수리조합이 설립되면 구역 내의 소토지소유자는 그 부담의 중압 때문에 즉시 몰락의 심연에 서게 된다.」17)는 정황이었던 까닭이다.

〈표10〉 수리(水利) 조합 설립 진행

	1911년 이전	1912~'19	1920~'25	계
남 선 7 도	4	7	3	45
북 선 6 도	–	2	17	19
계	4	9	5	64

자료: 조선 총독부; 토지개량사업요람, 1932

〈표11〉 수리 조합 부과금(조합비)

연 차	금 액	지수	연 차	금 액	지수
1913	79,875원	100	1923	2,128,516원	100
1915	196,980		1925	3,878,865	
1917	304,935		1927	5,979,777	
1919	510,127		1929	7,987,533	
1921	1,074,765		–	–	

자료: 조선 총독부 통계연보, 1930, 제755~756면

---

17) 久間健一: 조선 농업의 근대적 양상, 1935, 제22면

좀 더 자세히 일제하의 수리조합을 보면 그는 원래 1906년에 이른바 「수리조합조례」의 시행과 더불어 출발하여 일본인 토지 개량자본의 농촌침투에 기여함을 목표로 삼아 왔다. 그리하여 그 시설은 거대한 재정지원 하에 일본인 대지주에 의하여 추진되어 왔거니와 결과는 당장 토지투기뿐이 아니라 토지개량자본의 식민지 형성을 상징화하였다고 볼 만한 진행상이었다. 그러나 그 또한 3.1운동과 더불어 본격화한 사업이니 동 운동의 직전인 1918년 10월 1일 현재로 대소(大小) 13~14개소에 불과하였던 수리조합은 1920년의 산미증식계획과 더불어 크게 진척을 보이어서 전게 표에서 본 바와 같이 수배의 증세를 나타내게 되었다. 그럼으로써 사태는 구역 내 토착농민으로 하여금 일본 자본과 직결시키는 기반을 마련하게 되는 동시에 산미의 대일 수출을 촉진한 점 또한 볼 만한 동태이다. 그 기구는 거의 분명하다. 일단 설정된 수리조합의 구역 내의 토지를 갖는 농민은 수리의 편부(便否) 여하에 상관없이 강제적으로 조합에 가입할 수밖에 없고, 그럼으로써 그들 조합원은 주도적 일본인 대지주의 조종에 의거하여 과분의 조합비(수세)를 또한 강제적으로 부담할 수밖에 없는 까닭이다. 그렇다면 이 땅의 소농에 있어서 일제하의 수리조합은 결코 이른 바와 같은 복음이 아니라 원망의 표적이 되었다고 보아서 무방하다. 사태는 필경, 조합비의 새로운 압력이 그들에게 부하됨으로써 그들은 드디어 토지의 상실을 가져왔던 것이니 그러한 사유의 기구를 구태여 당시의 신문에서 취하여 본다면 다음과 같다. 즉,

> 전례로 보건대 수리조합이 생기는 곳에는 반드시 겸병이 행해진다. 그것은 소농이 현재의 조합비 부담을 감당치 못하는 것과 대자본가가 장래의 이익을 예견하고, 시가 이상으로 토지를 흡수하는 소치(所致)이다. 조선총독부의 소위 산미증식계획으로 전토(全土)에 수리조합은 점점 보급될 것이요, 그에 따라서 토지겸병은 점점 성행하므로 소자본인 자작농은 일시 기천(幾千)원의 현금을 탐하여 영원한 소작인이 되고 말 것이니 산미는 증식될 것이나 그에 따라 소작인 또한 증식될 것은 불가피한 일이다. 운운[18]

물론 우리는 수리시설의 확장이 미곡생산의 안정성과 수확량의 증대를 가져올 수 있다는

(5) 그러나 알고 보면 식민지개발에 따른 독점 지배자본의 지대 흡수운동은 위와 같은 지세나 수세나 소작료(小作料)를 통하여서 뿐이 아니라, 금융자본의 침입활동에서 새로운 획기적 국면을 마련한다. 그러므로 이를테면 일찍이 랴시첸코는 바로 그의 「농업 경제학」에서 다음과 같은 문언을 우리에게 남겨놓고 있다. 즉,

> 최근의 은행자본 및 금융자본의 형태를 취하는 자본은 토지소유를 그 수중에 집중시킴으로써 토지의 매수(買收) 및 저당에 의하여 지대를 자본화하고, 이를 초과이윤으로서 전부 점유하여……그러나 이 경우 자본주의적 농업으로부터 얻어진 지대는 독점적 은행자본의 초과이윤으로 전화한다 하여 그 발생의 경제적 원천은 의연 변함이 없다. 운운[19]

곧 이때에 기본적 대상은 농업지대라는 것이며, 여기에 지대의 이윤화 현상은 분명하다. 어쨌든 식민지의 금융자본은 최대의 편익을 최대한 이윤의 확보조건으로서 확보하는 주인공이니, 아니나

---

18) 1926년 11월 22일자 동아일보 사설
19) 랴시첸코: 「농업경제학」(일역(日譯)) 1932, 제458면

다를까, 제1차 세계대전과 더불어 자본축적을 크게 본 일본 재계는 대륙진출의 야망을 한반도에 대한 본격적 상륙으로써 뚜렷이 구체화하였다. 조선은행의 대륙진출, 동양척식회사나 식산(殖産)은행(농공은행)의 확장이 우선 눈에 띄는 금융면의 동태이며, 더구나 이 땅에 있어서 1918년의 금융조합령 개정이 3.1운동과 더불어 농촌침투의 실효를 크게 올렸다는 점은 대(對)소농의 대부활동으로서 뚜렷하다. 그리하여 몇몇 민족은행의 대두와 더불어 근대적 금융기구는 일단 이 땅에 정비를 본 셈이나, 이들이 모름지기 지대의 수취에 존립기반을 두었음은 물론이다.

우리는 지금 당시에 이 땅의 토착경제를 주름잡고 있었던 각종 금융기관의 소장을 여기에 일일이 들어 볼 수 없으나[20] 우선 조선식산은행이 식민지 한반도의 개발에 참여한 동태는 특히 볼 만하다. 그는 바로 일본인 대토지자본가나 산업자본가의 투자지원을 목적하였을 뿐이 아니라 금융조합을 비롯한 각종 농어민조합의 원천적 신용공급자이었던 존재이다. 따라서 단적으로 그는 일본인 개척가에 대한 부동산 신용의 공급을 주 업무로 하였으며 산미증식계획에 따른 수리 개척자금의 조달기관이었던 것이므로 1920~1930년대에 걸친 이 은행의 식민사적 의의는 이 땅에서 실로 현저하다. 특히 조선은행과 동양척식회사가 한반도를 넘어서 만주(滿洲)지방에까지 걸쳐 한정된 토지금융을 담당한 데 대하여 식산은행이야말로 보다 집약적으로 한반도 농촌에 철저히 침투력을 발휘한 지배적 금융자본의 속성이다.

원래 식민지 금융기관의 설립 목적은 경제적 의미에 한정된 것은 아니나 그 역시 기본적으로 최대한이윤 추구라는 경제적 토대 위에 서 있다고 보아야 한다. 그럼에 있어서도 우리는 지금 그들의 대부활동을 봄에 있어서 그들에 의한 신용의 양적 수준만을 들어서 평가를 다할 수 없다. 모름지기, 비록 그 대부형식에 있어서 표면상 모든 주체자간에 차이가 없다 하더라도 그 내용면에 있어서 본국 영농인에 대한 지원의 의미는 큰 데 반하여 토착 농민에 관한 한, 수취적 기능을 다하게 된다는 민족적 편파성이 눈에 띄는 조건이다. 더구나 토착소농의 경제적 취약성에 겸하여 자가 노작(勞作)적 비영리성에 착안할 때 그 점은 더욱 역연히 나타난다 할 수 있다. 여기에 개발자본(식산은행)이 지방 금융조합의 형태로서 분화하기도 한 것이나, 이때에 식민지 소농지대의 독점적 흡수운동은 더욱 노골화할 뿐이다.

지금 공식적 통계로써 구태여 따져 볼 때(표12 참조) 3.1운동 이후 산업자금의 대부액은 급증하여 있고, 특히 농업금융의 명목에 있어서 이 점은 현저하다. 형식상 소농신용의 주축을 이루었다고 보아지는 금융조합의 예에 있어서 1918년 말의 대출 잔고는 7백만 원 수준에 미달하였던 것이 1920년 말에 이르러 31백만 원을 넘어서 3.5배에 달하였던 놀랄 만한 추세이다. 그 중 산업신용 가운데 특히 식산(농공)은행과 동양척식회사의 대부금에는 당연히 농업자금만이 아닌 산업자금의 장기대부를 포함한 것이나, 그도 적어도 70% 이상은 농업자금으로 보아진다.[21] 따라서

---

20) 자세히는 예컨대 고승제(高承濟): 植民地金融政策の史的分析, 1972 참조

금융조합계통의 부분은 대부분이 농업자금으로 보아서 무방하며, 한편 연합회란 각 도(道)에 설치된 금융조합의 조직체 역시 이때에 농업자금의 독립적 공급자이다.

<표12> 주요 금융기관별 산업자금 대출 추이

연 말	식은(농공은행)	동양척식회사	금융조합연합회	금융조합	계
1910	1,088	595	-	779	2,462
1912	2,105	3,473	-	1,703	7,281
1914	3,883	7,751	-	2,147	13,781
1916	3,175	6,939	-	2,819	12,933
1918	8,117	17,662	1,519	6,931	34,289
1920	48,139	44,155	18,829	31,382	142,555
1922	98,929	54,095	28,543	51,346	232,913
1924	123,544	54,732	30,274	58,220	266,770
1926	150,435	53,598	33,898	76,083	314,001
1928	186,824	66,073	40,201	91,382	384,480

자료: 조선 총독부 통계연보, 1930년도(단, 각 연말 잔고)

더욱 참고로 금융조합계통의 연혁을 살펴보면 그 진전(進展)상은 대체로 놀랄 만하다. 이는 당초 1907년의 「통감부」 시대에 농공은행의 하부조직으로서 창설되어 1군(郡) 또는 수군(數郡) 1조합(1907년 사업개시 10조합)으로 출발한 것이 그 후 일제당국의 지원으로 급격히 각 지방에 보급을 보았다. 그리하여 1907년에는 조합원수에 있어서 불과 5,616호이던 것이 1910년에는 조합수 120, 조합원수 39,015호로 증가하였고, 3.1운동 당년(1919년)에는 393조합, 218,607호의 팽창을 보였던 실태이다. 그 가운데는 이른바 촌락금융조합 이외에, 도시상공업자의 조합이 약간 포함되어 있으나 후자는 1918년에 12개 조합으로부터 시작하여 1919년에는 33조합, 1925년에는 59조합과 같이 각처에 침투를 보인 것으로 알려져 있다. 이들 조합의 확대는 도시와 농촌을 가릴 것 없이 꾸준하였던 추세이나 다만 그것이 위의 표에 나타난 대부금의 확대율을 따르지 못하였을 뿐이다. 그밖에 1918년 12월부터 각 도에 금융조합연합회의 설립을 보게 되었거니와 한편 식산은행으로 하여금 바로 이 연합회의 중앙금고와 같은 기능을 담당케 한 발전상을 보이었다.[22] 이는 두말할 것 없이 독점금융자본의 농촌침투를 체계화하려는 조치인 것이며, 3.1운동을 계기로 하여 크게

---

21) 알려진 1934년도의 예로서 식은(殖銀)대출고 가운데 67.48%는 농업자금이었고, 동양척식회사의 그것은 81.43%로서 도합 71.14%이었다 한다. (九間健一; 전게서(前揭書), 제7면 참조)

22) 각도 금융도합연합회는 당초 금융조합 이외에 각종 동업조합·동연합회·수산조합·각종 「산업조합」 등을 회원으로 포함시키고, 이들에 대한 주로 수여신(受與信)업무를 영위하였다.

팽대된 점, 위에서 이미 지목된 사실이다.

〈표13〉 식산(殖産)은행의 대 금융조합연합회 융자

연 말	융 자 금 액 (원)	연 말	융 자 금 액
1918	597,075	1923	20,983,049
1919	10,472,487	1924	18,070,691
1920	15,617,994	1925	14,905,086
1921	16,963,860	1926	10,355,334
1922	21,534,246	1927	16,931,867

자료: 조선금융조합협회; 조선금융조합사, 1929, 제182면

한편 1928년 3월 말 현재로 촌락금융조합의 대부 실태를 자금 용도를 쫓아서 살펴보면 다음표와 같다. 그 중 토지구입자금이 60%를 넘는 지배적 수준이며, 다음이 축산자금이 되어 있어서 이 역시 대부 상대자의 주체적 한계성을 가리킨다 할 만하다. 실지 금융의 혜택은 중농층 이상에게 중점이 놓여 있었다고 보아지는 것이나 그것은 금융자본의 입장에서 볼 때 오히려 당연하다. 모름지기 영세농의 입장인즉 실지에 이미 농업노동자의 범주에 속해 있었기 때문이다.

〈표14〉 촌락 금융조합 농업자금 용도(1928년 3월 말)

	토지 구입	토지 개량	농용 우말	농용건 물영선	비료	농용인 부임	농용종 묘종자	기타	계
금액	29,766	3,430	10,913	957	1,059	998	218	362	47,703
비율(%)	62.4	7.19	22.9	2.0	2.2	2.1	0.5	0.8	100.0

자료: 전게; 조선금융조합사, 제210면

〈표15〉 각종 대부금리 및 답 수익율 동태

연 차	조합금리 (평균월리)	대출업자	답수익율	연 차	조합금리	대금업자금리 (평균 월리)	답수익율
1917	0.095~0.10	0.30(0.30)	0.135	1924	0.15이하	0.32(0.32)	0.130
1918	0.095~0.10	0.28(0.28)	0.135	1925	0.135이하	0.31(0.31)	0.150
1919	0.095~0.12	0.30(0.30)	0.110	1926	0.125이하	0.30(0.30)	0.115
1920	0.14~0.15	0.32(0.33)	0.200	1927	0.125이하	0.31(0.29)	0.147
1921	0.14~0.15	0.32(0.33)	0.135	1928	0.11이하	0.30(0.30)	0.133
1922	0.14~0.15	0.34(0.33)	0.145	1929	0.105~0.11	0.30(0.29)	0.101
1923	0.14~0.15	0.31(0.31)	0.140	1930	0.105이하	0.28(0.28)	0.150

자료: 조선 총독부 통계연보, 1930, 제164~265면(금리) 및 전게, 조선농업발달사, 제594면(수익율)
  단, 대부 월리(月利)는 한인(韓人)간 대부이나 그 가운데 괄호 내는 한인(韓人)과 일인(日人) 간의
  대부관계이다.

우리는 여기에 당연한 순서로서 금융조합에 관한 대부 금리의 동태를 토지수익율과 비교하여 보지 않으면 아니 된다. 결과는 곧 토지구입에 의한 영농이 점차 금리 면에서 비타산적임을 규지(窺知)할 수 있게 하는 장면이다.(표15 참조)

(6) 필경, 금융자본과 표리적 관계를 갖고 있는 외래의 독점적 상업자본의 발전적 기능 또한 이때에 볼 만하다. 그들은 단적으로 말하여 부등가적 상품교역을 통한 토착농민의 첨예한 수취자인 까닭이다.

지금, 우선 3.1운동과 더불어 특별히 눈에 띄는 상업자본의 거래 대상이며, 농업생산재의 대표자이었던 금비(金肥)의 보급상황을 보면 문제의 성격은 여실하다. 무엇보다 그 이전에 일본인 농장에 한하여 주로 시용되고 있었던 금비는 식민지 개발정책과 더불어 이 땅에 투용(投用)이 크게 발전된 문제의 자재(資材)이다. 즉,

> 1919~1920년경부터 판매 비료의 시용이 점차 성행되어 이후 축년(逐年) 증세를 보이어서…농가의 호당 소비액이 1910년에는 자급비료만으로서 그 추산액이 2원 84전에 그쳤던 것이, 판매 비료가 통계 면에 나타난 1916년에는 자급비료의 시용(施用) 추산액 5원 49전이 증가된 외에 판매 비료가액 12전이 추가되어서 5원 61전으로 되고, 이후 비료 시용량의 급증 정세가 더욱 가중하여 특히 판매 비료에서 그것이 현저함으로써23)

농민의 화폐적 지출, 특히 그것의 부등가적 지출을 촉구한 형적이 농후하다. 여기에 바로 독점적 상업 자본에 의한 지대=이윤의 흡수 현상은 여실한 관계이다.

〈표16〉 비료 소비고 추세

연 차	자급비료(천관)	판매 비료						
		동물질(천관)	식물질(천관)	광물질				
				류안(천관)	과석(천관)	기타(천관)	계(천관)	
1910	–	–	–	–	–	–	–	
1912	701	–	–	–	–	–	–	
1914	4,893	–	–	–	–	–	–	
1916	715,786	212	3,013	16	113	13	142	
1918	1,372,870	499	8,464	16	250	139	405	
1920	1,409,919	624	13,613	22	243	197	463	
1922	1,221,903	579	15,714	162	660	354	1,177	
1924	2,927,331	1,119	26,399	1,726	1,558	148	3,432	
1926	3,729,671	2,676	39,278	6,569	3,007	155	5,731	
1928	4,421,578	2,201	43,948	17,389	6,471	2,011	25,871	

자료: 전게; 조선농업발달사, 발달편 부록

알고 보면 이른바 산미증식계획이란 수리사업의 추진과 금비의 증시(增施), 그리고 무엇보다 식민지 농민의 자가노동 혹사(酷使)를 기축으로 한 관(官)의 계획이며, 독려운동을 토대로 삼았던 증산책이었다. 그것이 현지농민의 경제적 자리심(自利心)에 의한 생산효과를 구태여 기대하지 않았던

---

23) 조선농업발달사, 발달편, 제321면

점에서 비합리적 수취시책이었음은 물론이다. 그러므로 당시에 결과는 다소간 토지생산성에 증가를 보였다 하더라도 노동생산성의 상승은커녕 토착농민을 공황과 빈궁에 몰아넣은 가운데 그들로 하여금 토지상실의 난경을 마련할 수밖에 없었다는 사실이 우리에게 주목된다. 곡가는 점락(漸落)하는 가운데 금비의 시용량과 그것의 구매 액만이 늘어가는 모순된 상태이니 증산의 박차는 생산농민을 이중으로 압추(壓迫)하였던 형편이다(다음표 참조). 다만 우리는 이때에 농가 호당의 비료소비 동태가 어떠하였고, 그를 통한 수지 동태의 내용이 어떠한 것인가를 밝힐 만한 충분한 자료를 갖고 있지 못하다. 필경, 사태는 이미 본 바에 의하여 일본 독점자본이 위와 같은 독려(督勵)적 산미증식운동을 통하여 자기공황의 식민지전가를 꾀하였고, 금비의 소비시장을 확대코자 기도하는 등, 기리(奇利)만을 노렸음이 분명한 정황이다.

〈표17〉 비료 소비액 추세(농가 호당)

연 차	총 소 비 액		판 매 비 료		농 산 액		판매비료
	금액(원)	지수	금액(원)	지수	금액(원)	지수	대농산액
1916	5.16	100	0.12	100	174	100	100
1920	12.74	227	2.24	1,867	487	280	667
1925	28.52	508	3.34	2,783	438	252	1,106

자료: 조선농업발달사, 발달편, 제565면

그런데 농민의 금비증시(金肥增施)는 당연히 그들의 생산 수지면에 제약을 주었을 뿐 아리라 그를 통하여 금융자본의 농촌침투를 촉구하였다는 점이 주목된다. 즉,

> 금비에 대하여는 군(郡)농회가 제일선을 맡아서 그 시용의 적극적 권장 하에 저리자금의 알선(斡旋)을 하고, 금융조합 또한 이를 원조하며, 한편 수리조합에 있어서 그 조합원에게 저리자금을 공급하되, 위정(爲政)당국 에서도 이들 단체에 대하여 되도록 모아서 구입할 것을 주선하고 있어서 자작농 및 소지주 간에는 상당히 널리 공동구입하여 그 이익을 향유한 호수도 불소(不少)하지만 수리조합 구역 내에 있어서는 일부 조사로서 1929년의 실정을 보면 공동 구입액은 아직 임의 구입액의 약 1할에 불과한 상황이다.24)

하였다. 그리고 지주·소작인 간에 관하여서는 지주로 하여금 소작농에 대한 경제적 지배를 강화케 한 방편이 되기도 하였으나 그 기구는 다음과 같다. 즉,

> 지주가 금비를 구입하여 현물을 소작인에게 급여하는 것이 통례이고, 4~5월경부터 7월경까지 필요에 따라 현물을 배급하되 추수기에 임하여 현금 또는 정조(正租)로써 대금을 회수하되, 드물게는 배급 시에 2할 정도 의 대금을 내금(內金)으로 징수한 자도 있다. 어쨌든 회수기에 이르러 이들에 대하여 무이자로 하는 독지(篤 志)가도 있으나 대개는 대금에 대하여 이자가 가산되며 그것은 월 2분 내지 3분이라는 고율인 것도 있으나 보통은 연 1할 3분 내외이다. 운운25)

(7) 모름지기 우리는 「감시와 명령」 하에 독려된 농업증산계획이 일시적으로 토지생산력은

---

24) 전게: 조선농업발달사, 발달편, 제457면
25) 전게서, 제458면

올릴지언정 도저히 길게 토착농업의 발달을 가져올 수 없는 배경을 알고 있다. 그 역시 총체적으로
지배 자본에 의한 지대＝이윤의 흡수운동 이외에 다른 것이 아니며, 더욱 결과는 필요 노동의 흡수운동에
미치기도 하였던 예이다. 그것은 시대의 발전이 곡가의 공황적 저락에 겸하여 지배 자본에 의한
부등가적 수곡(收穀)운동이나 공판(共販)제의 실시를 보았다는 데서 당연하며, 요컨대 지배 자본에
의한 압박과 부담 전가의 소산일 뿐이다. 그 가운데 우선 1920년대의 농업공황이 이 땅에 가져온
정경을 3.1운동 얼마 후 1921년 3월 17일자 신문은 다음과 같이 보도한다. 즉,

> 조선 인구의 8할 5분의 생업은 미두(米豆)잡곡 등의 생산 판매에 재(在)한 바인데 기(其)시세는 점차 저락하
> 여 작년 3월의 조선 개량 현미는 49원50전이던 바, 금년에는 20원을 창(唱)하여 실로 6할의 폭락을 시(示)
> 하였고, 대두는 6할5분의 폭락을 정(呈)하였으니 농민의 곤고(困苦)는 불언가지일지라. 기 영향으로 지가는
> 폭락하여 전답은 물론이거니와 택지의 시세도 대 파란(波瀾)을 생하여 작년 3월 시세에 비하면 태(殆)히 반
> 가를 정하였다. 운운26)

더욱 그 후의 사정으로서 우리는 독점지배 자본이나 소상업 자본에 의한 농민의 부등가적 방곡(放穀)
현상을 점차 뚜렷이 엿볼 수 있게 되고, 따라서 농업공황과 더불어 지대의 그들에 의한 수취과정을
좀 더 널리 추측할 수 있게 된다. 즉,

> 근래 자본주의의 발흥이 조선농촌에까지 침입하여 농민의 전 재원(財源)인 곡가의 변동이 격심차속(激甚且
> 速)하고, 소상인의 농락이 우심(尤甚)하여 곡물 출산기에는 여하(如何)한 원인 이유를 불구하고, 농민은 반드
> 시 그 곡물을 방매 처분치 아니치 못하므로 명춘(明春)에 필연으로 고등이 있음을 안다 하고도 최염가에 매
> 각하여야 할 경우이다. 운운27)

물론 곡가의 변동은 풍흉이나 계절에 따라서도 상하의 진폭을 크게 보이는 것이나, 그것의 등귀가
반드시 소농의 이익을 가져온다고 말할 수도 없다. 식량난이 궁민을 한층 억압하는 동인은 비록
흉년이 아니더라도 분명한 관계이다. 어쨌든 3.1운동에 이어서 토착경제의 예속적 발전과 더불어
소농공황의 실질이 강화된 것만은 부인할 수 없는 특징적 경향이다. 이 점을 좀 더 자세히 살펴보면
우선 제1차 세계대전 말기(1917년 후반기)부터 회복하기 시작한 미가는 3.1운동을 거쳐서 1920년
3월까지 견조(堅調)를 지속하던 것이 동년 4월부터 반락하기 시작하여 동년 9월의 추수기에 임하자
대폭락의 기세를 보인 데서 문제는 노골화하였다. 즉 1920년 3월에 전국 주요 도시를 통하여
정주(상품(上品)) 100근당 평균23.45원이었던 것이 1년 후(1921년 3월)에는 8.96원이란 기록적
하락세를 보였던 실태이다. 그 후 시세는 다소간 회복되었고, 곡가의 기복(起伏)이 진행되었으나,
1925년을 고비로 만성적 공황의 심화 과정을 밟았음은 널리 알려 있는 이 방면의 기록이다.

그런데 농업공황의 위와 같은 진행 과정 하에 미곡의 대일 수출이 계속 왕성화하여가는 3.1운동
이후의 동태는 확실히 식민지 농민 수취의 전형적 정경이 아닐 수 없었다. 실로 이때의 토착농민인즉
위와 같은 부등가적 저(低)미가에도 불구하고, 일본 무역 상인에 의하여 생산미의 기아(飢餓)적

---

26) 동아일보: 1921년 3월 17일
27) 동아일보: 1927년 4월 3일

수출을 감내할 수밖에 없었던 주인공이며, 이 땅의 대부분의 토착지주 역시 일방적 지정가격에 의하여 소작미를 방매할 수밖에 없었던 계층이다.

우리는 우선 다음 두 표에서 농산물의 생산액을 넘어서 동 수출액이 급진적 상승을 보인 점과 교역의 일반적 증세 가운데 있어서도 미곡이 보여준 보다 큰 수출 속도에 특히 주목하지 않을 수 없다. 이 점은 다름 아닌 기아수출(飢餓輸出)[28]을 그대로 반영하는 기세이며, 특히 지대미곡을 기간(基幹)으로 한 식민지의 일본자본에 대한 커다란 기여 현상을 표시하는 국면일 뿐이다.

<표18> 농산물 생산액·수출 동태

연 차	생 산 액(천원)	지 수	수 출 액(천원)	지 수
1910	221,099	100.0	15,256	100.0
1915	374,323	169.3	26,410	173.1
1920	1,323,989	598.8	116,793	765.6
1925	1,202,659	543.9	234.658	1,551.2

자료: 조선농업발달사, 발달편 부록에 의함

<표19> 미곡 생산·수출의 지위 동태

연 차	총수출액 (A)(천원)	농산물수출액 (B)(천원)	미곡수출액 (C)(천원)	(A) 지수	(B) 지수	(C) 지수	B/A (%)	C/B (%)	C/A (%)
1910~'13	22,749	17,164	8,395	100	100	100	75.4	48.9	36.9
1914~'18	76,787	46,335	29,986	338	270	357	60.3	64.7	39.1
1919~'22	213,162	139,266	93,984	937	811	1,120	67.5	67.5	43.9
1923~'25	310,779	211,155	150,517	1,366	1,230	1,793	70.8	70.8	44.1

자료: 동상 및 조선 총독부 통계연보에 의하여 작성함

(8) 지배 자본에 의한 농산물의 부등가적 수매는 좀 더 이른바 그것의 공동 판매제에서 전형적으로 표징화한다. 그 가운데 특히 면화와 잠견(蠶繭)의 공판제는 유명한 역사적 사례이나, 단적으로 말하여 그것은 일본 산업자본에 의한 식민지산 공업원료의 수탈적 확보방식이었다. 그 내용은 항상 생산물의 판매를 염가로써 강요함에 그쳐 있지 않고, 더욱 품질 규격을 일방적으로 지시 평가하고, 근량(斤量)을 또한 조작하는 수법으로써 감행되었으며, 더구나 이들 농산물의 생산은 유난히 가혹한 관(官)의 감시독려 하에 수행됐다는 점에 있어서 사태의 모순상은 형언하기 어려웠던 문제의 조건이다.

두말할 것 없이 면화와 잠견의 생산은 가장 노동력의 집약적 투하를 요구하는 대상인 반면에 토착농가의 필수적 의류원료이기도 하다. 그럼에도 그것은 3.1운동과 더불어 지배 당국에 의하여 본격적 증산에 박차를 가하게 되고, 그 중 면화는 바로 1919년 이후 10개년 간에 총 2억5천만 관(貫)을 생산한다는 목표 하에 반 강제적 농민동원을 보게 된 형편이다. 그리하여 생산된 현물은

---

28) 미곡의 기아수출의 통계적 표시는 「미곡의 수급관계·부속(附粟)수입량」 (졸작; 한국자본주의사 연구(1), 제148면 참조)

일방적으로 지정된 가격에 의한 강제적 판매를 요구당하고 보니 때마침 산미증식계획의 추진과 더불어 생산농민의 노동적 희생이란 이때에 능히 알 만하다. 토착 농촌 수공업의 제약 또한 그와 더불어 불가피하였던 역조(逆調)의 형세이다.

지금 우리는 일본 독점자본과 결부된 식민지 당국이 위의 공판제를 실시함에 취해 온 방안에 대하여 일일이 말할 수 없으나, 이른바 면작조합(棉作組合)의 결성과 그의 의한 사업의 추진상황은 특히 볼 만하다. 즉 면작조합이란 우선

> 당국의 취지를 받들어 군도(群島) 당국의 지휘와 원조 하에 육지면(綿)의 재배장려와 재배면적의 확장, 종자의 채취와 보존, 면작(棉作)에 관한 강습 강화 및 품평회의 개최, 면화의 공동판매[29]

를 목적으로 한 강제적 조직이었다. 그리하여 면화의 공동판매에 관여한 방식은 대체로 다음과 같다. 즉,

> (1) 면작조합은 면화의 공동판매에 관한 일절의 권한을 도(道)장관에게 일임하고, 도장관은 이에 의하여 각 지정 매수인의 매수에 종사한 판매장소 및 판매기일(期日)을 정할 것.
> (2) 면화의 지정 매수인은 도내에 조면(繰綿)공장을 소유하는 자에 한할 것.
> (3) 각 매수인에게 대하여는 매수지역을 지정하고, 상호 침범치 않도록 할 것.
> (4) 조합원이 생산한 판매 면화는 육지면·재래면을 불문하고, 전부를 공동판매에 붙일 것.
> (5) 매수인이 매수하는 면화의 가격은 도장관이 정할 것 등.

물론 면화나 잠견의 공판제 실시에 관하여 발생하는 비난은 다만 부등가적 강매나 근량조작, 등급 협잡 등에 한정되어 있지 않고, 이에 겸하여 판매농민에 대한 「대우까지 불친절히 한다고 생산자의 불평 일고(日高)」[30]의 현상이 되어 있었다. 구태여 여기에 「면화 부정 매수」의 사례를 적기해 보면 다음과 같다. 즉,

> 전남 구례(求禮)공동판매소에서는 면화 매수인 등정(藤井)이라는 자가 복전(福田)이라는 저울질 잘 하는 자를 사용하여 면화를 매수하는 중이라는데 1~2등 면화를 자의로 3~4등으로 결정하는 것과 근수는 저울눈도 알지 못하는 촌민을 속이어 자의로 근수를 정하므로 구례 8면 농민들은 원성과 불평이 심하다 하며, 면화를 억울하게 팔고 나서 방성대곡(放聲大哭)하는 자도 부지기수라는데……27근을 17근으로, 113근을 85근, 29근을 19근……으로 운운[31]

더욱 당시에 면화와 잠견의 공동 판매한 실적을 연도별로 보면 다음표와 같다.

<hr>

29) 문정창(文定昌); 한국농촌단체사, 1961, 제18면
30) 동아일보, 1927년 6월 24일자(잠견 공판제에 관한 예)
31) 동아일보, 1923년 12월 8일자

〈표20〉 면화·잠견 생산량 및 공판 실적 추이(3.1운동 전후)

연 차	면	화			잠	견		
	생산량(A)	공판량(B)	가 액	B/A	생산량(A)	공판량(B)	가 액	B/A
	천 근	천 근	천 원		천 석	천 석	천 원	
1917	72,255	27,720	5,812	0.3836	97	32	1,976	0.3298
1919	97,359	16,681	5,704	0.1713	122	47	4,301	0.3852
1921	95,446	6,904	853	0.0723	133	41	2,110	0.3082
1923	127,598	32,063	7,999	0.2512	208	103	7,528	0.4951
1925	140,184	30,035	5,984	0.2142	285	156	11482	0.5473
1927	152,036	26,577	4,699	0.1748	355	212	8,751	0.5971
1929	158,239	46,661	6,539	0.2948	485	311	14,454	0.6412

자료: 조선농회; 조선농업발달사, 발달편, 부록

Ⅲ. 농촌 계급의 변질 유형

우리는 위에서 한반도 농업지대의 이윤화 과정이 3.1운동 이후 피지배적 개발운동과 더불어 본격적으로 진행된 역사적 사실을 재확인하였다. 그것은 필경, 기생지주의 자본가적 타산성과 소작농의 노동자화 과정을 내면적으로 축구한 기구적 운동이었다는 점, 이미 앞에서 지적한 체제적 골격이다.

물론 그러한 가운데 있어서도 구체적인 경우에 봉건적 생산관계의 잔재를 토착사회에서 찾아볼 수 없다는 결론이 나올 수 없으며, 한편 기생지주=자본가가 스스로 몰락하여 노동자화하거나 소작농=노동자가 토지소유자로 전변하는 사례 또한 얼마든지 있을 수 있었다. 그러나 사태는 다만 전반적 경향에 있어서 3.1운동 후의 식민지적 개발의 본격화 운동이 그러한 체제적 변질을 가져왔다는 것, 그럼으로써 시대적 동태의 본성은 결코 봉건체제의 심화가 아니라, 말하자면 계급적 양극화 현상이 점차 부각하는 데서 그 특징을 찾을 수밖에 없다는 것이 우리의 기본명제이다. 즉

> 조선에 있어서의 사회의 변천을 살피건대 조선인은 근대 벌족(閥族)계급의 몰락에 대하여 자산계급의 발흥을 보게 되고, ……지금 자산계급은 사회의 중간적 지위를 점함에 이르렀다. 그리하여 세민(細民)은 자산계급에 의하여 지도되고, 사회는 자산계급에 의하여 지지되고, 시국과 민심은 자산계급의 자각에 의하여 안정된다. 농업 이외에 타 산업이 부진한 금일(今日)에 있어서 차등 자산계급은 지주나 대농급의 자로서 지금 이 계급은 발달도상에 있는 것은 물론이다.32)

사실 개별적 지주의 현실적 입장은 구구하여 그가 단순한 지주가 아니라 부분적으로 자작 또는 소작을 겸한 존재이기도 하고, 토지 이외에 소득의 원천을 크게 갖는 경우 또한 없지 않다. 한편 지주 그 자신 스스로 봉건적 기생지주의 관념을 끝까지 버리지 않는 태도를 취할 수 있는 반면에 소작농으로 몰락하거나 농업노동자에 준한 빈농의 주인공으로 머물러 있을 수 있었던 계층이다.

---

32) 전게, 조선의 소작관행, 제333면

그러나 전체적 비중에서 그가 토지소유자의 법주를 벗어나지 않는 한에 있어서 그 객관적 성격을 기구적으로 규정한다면 영리적 경향성을 갖는다는 위의 명제는 일단 타당하다. 그리하여 많은 그들이 비록 과도적이고, 영세적이며, 기생성을 면치 못한 바 있었다 하더라도 그는 압력적 지배조건에 대응하여 근대 자본가적 변질을 강요당하는 본성을 지녔던 주인공이다.

그 가운데 특히 동양척식회사와 같은 지배적 독점 금융자본의 직접적 영농방식은 구태여 말할 것도 없거니와 일본인계 농장 일반에 있어서 그들의 기업농적 주체성은 처음부터 분명하다. 다만 그들은 토착 소작농을 전래(傳來)적 생산형태로서 묶어놓고, 자기 이윤의 최대한 획득을 기도하였던 점에 있어서 소작농에 대한 지배력이 토착 지주 일반에 비하여 한층 강한 일면을 나타내고 있었을 뿐이다. 그리하여 흔히 이 점을 가리켜서 그들의 활동이 식민지의 농사 발전에 크게 기여하였다고 보고 있기도 하는 예이다. 이 점 지극히 피상적 견해임은 말할 것도 없다. 즉

> 조선에 있어서의 지주, 특히 일본계 지주가 농사의 발달에 중대한 기능을 연출한 것은 사실이다. 그러나 그 것은 결코 공동 경영의 형태가 아니고, 이른바와 같이 다대(多大)한 희생을 지불하고 행한 것으로 생각할 수 없다. 오히려 반대로 자력 없는 농민에 대하여 지주주의적인 가혹한 소작 조건 밑에 경제적 강제에 의한 소작료 이외의 자취(榨取) 조직을 확정시키고, 투자 자본가로서의 이익을 반대로 농민의 다대한 희생 하에 확보 강제한 것이 아니겠는가.33)

사실, 토지조사사업이 완료된 3.1운동 이후 일본인 대자본의 토지 겸병은 급격화하였고(표21 참조), 토지개량사업 또한 각별한 진전을 보였다. 이때에 신규로 내도(來到)한 토지 투자가도 적지 않지만 현지의 어용(御用)상인이나 산업자본가로서 자신의 기간자본의 안전을 꾀하는 보완책으로서 토지 매입에 진출한 예도 불소(不少)하였다. 그러한 가운데 그들의 토지 겸병은 전통적 방식으로서 일반 한인지주의 경제적 약점에 편승하기도 하였거니와, 개간 간척지의 특혜적 불하(拂下)에 의존한 사례 또한 빈번하였고, 산미증식(産米增殖) 계획에 따른 수리시설이 흔히 일본인 대지주에 의한 토지 겸병의 촉진제로 볼 만한 조건이었음은 이미 본 바와 같다. 이는 단적으로 말하여 「수리 조합비의 과중 부담과 미가 저락의 협공을 받아서 경제력이 빈약한 조선인의 중소 토지소유자은 토지를 상실하고 몰락하였다」34)는 논평을 봄과 같다. 바로 이러한 과정에 토착 지주의 자본가적 타산성은 촉구되니 일본인 대지주의 증세(다음표22 참조)는 이 땅의 개발 정책의 진도를 반영하는 동시에 계급적 분화 과정을 촉구하는 징표 이외에 다른 것이 아니다.

---

33) 久間健一: 朝鮮農業の近代的 樣相, 1933, 제53면
34) 淺田 喬: 日本帝國主義と舊植民地地主制, 1968, 제104~105면

〈표21〉 3.1운동 직후의 민족별 대지주 동태

연 차	50정보 이상		70정보 이상		120정보 이상		150정보 이상		200정보 이상	
	한 인	일 인	한 인	일 인	한 인	일 인	한 인	일 인	한 인	일 인
1921	1,087	273	563	246	266	213	94	108	66	169
1922	911	271	450	258	189	199	76	105	62	176
1923	927	308	456	286	217	220	72	113	67	178
1924	1,007	318	500	296	237	228	71	126	48	167
1925	950	360	557	299	270	230	74	130	45	170
1926	1,109	376	580	300	229	245	96	121	66	177
1927	1,091	385	526	298	210	239	80	122	45	192

자료: 일본농업연보, 제2집, 1932, 제422~423(임병윤(林炳潤), 전게서, 제2554면)

〈표22〉 일본인 거대 지주(地主) 동태

연차	30~100정보	100~200정보	200정보 이상	계
1909	30인	31인	54인	115인
1918	951	355	144	1,450
1925	1,765	530	170	2,365

자료: 졸작; 한국 자본주의사 연구(1) 1970, 제100면 참조

물론 계급제도의 근대화에 따라서 대소 지주의 토지에 대한 관심도는 적이 높아진다. 그 가운데 우리는 3.1운동 이후의 단계에 있어서 대체로 소작농의 지배력이 강한 일본인계 지주를 제1형이라 하고, 토착 한인 지주를 제2형이라 하여 양자를 확연히 구분하는 견해를 일찍이 본 바 없지 않다. 즉,

제1의 형은 이를 농장식 쪼는 합리적 경영의 양식이라고 칭할 수 있는 것으로서 개인명의 또는 회사조직 하에 다수의 사무 또는 기술의 직원을 고용하여 수십 정보(町步) 내지 수천 정보의 경지를 소작에 부(附)하고, 가장 진보된 조직화와 기술화를 행하여 합리적으로 기업화한 체형이다. 차종(此種)의 경영주는 그 수 200여로서 경영 면적은 55만 정보에 달한다. 그리하여 경영의 주체는 일본인에 많고, 조선인에 적다. 농장식 경영의 특질(特質)은 다수 소작인에 대하여 경영상의 자금을 대부하고, 소작인의 생계를 보증하고, 경지의 이용증진(利用增進)상 토지 개량사업을 촉진하고, 따라서 토지의 생산력을 급격히 증진시키고, 공익사업에 대하여 각종의 공헌을 하는 등 조선 농업은 물론, 문화의 개발촉진상 기여한 바, 실로 적지 않다. 조선 미작 지대의 농업이 이들 기업적 농업의 투자와 견실하고 합리적인 경영의 결과로서 놀랄 만한 진보 발달을 보기에 이른 과거의 실적을 돌아보아 관찰하면 분명하다.
제2형에 속한 지주는 조선인 측에 비교적 많고, 스스로 도시에 거주하여 경지의 소재 지방에는 대리인, 사음(舍音)을 두고, 소작 자체는 자작으로 생산에 종사시키며, 따라서 분배량도 구태(舊態) 의연함과 같은 경영이다. 즉 제1형에 비하여 구식이고, 불합리한 경영이다. 운운35)

그리하여 후자의 이른바 제2형의 지주를 바로 봉건지주로 보는 논자도 없지 않지만 본성은 결코 그와 같지 않다. 그들이 이미 근대적 토지소유자임에 틀림이 없을 뿐이 아니라 그들 역시

---

35) 鈴木武雄: 조선의 경제, 1942, 제262~263면(山本壽己 기사 논술)

지대와 이윤을 명백히 타산한다. 더욱 그뿐이 아니라, 그들은 스스로 지배자본의 발전적 지대 흡수운동에 대응하여 자본가적 입장으로 객관화한다는 점, 앞에서 본 바와 같다. 그러므로 비록 토착 지주로서 이른바 제2형의 지주라 할지라도

> 근래 동양척식회사 그 밖의 일본인 지주의 영향을 받아서 점차 기한을 정한 사상(事象)이 조선에 나타나게 되었다. 운운36)

함에 정당한 이유는 없지 않으며, 그밖에 소작계약 면에 나타난 타율적 근대화의 동향을 무시할 수 없다. 원래 농장식 경영의 지주(제1형)만이 근대적이고, 부재(不在)지주37)라면 비근대적 또는 전근대적이라 단정한다 할 때 그것은 시대 규정의 본질을 파악하지 못한 소견일 뿐이다.

〈표23〉 지주 ·자소작농(自小作農) 구성

구별	지 주		자 작 농		자작겸소작		소 작 농		궁 민		계	
	호수	%	호수	%	호수	%	호수	%	호수	%	호수	%
대	6,866	5.6	94,453	17.0	98,628	10.8	88,226	9.1	–	–	–	–
중	22,994	18.8	179,016	32.3	263,747	28.8	233,029	23.9	–	–	–	–
소	39,455	32.4	172,390	31.2	329,431	35.8	354,399	36.4	–	–	–	–
세	52,670	43.2	107,819	19.5	225,605	24.6	298,084	30.6	–	–	–	–
계	121,985	100.0	553,678	100.0	917,311	100.0	973,738	100.0	162,209	–	2,728,921	100.0

자료: 조선 총독부 내무국 사회과; 「농가경제조사자료」 1925년 9월
비고: 1. 지주 대는 20정보 이상, 중은 동 미만, 소는 5정보 미만, 세는 1정보 미만
　　　 2. 자작농 대는 3정보 이상, 중인 동 미만, 소는 1정보 미만, 세는 3반보 미만
　　　 3. 자작겸소작농 및 소작농은 자작농에 준함
　　　 4. 궁민은 농가 중 노역으로써 겨우 생계를 유지하는 자
　　　 5. 대체로 대지주가 「제1형」에 속한 것으로 보아짐

한편 3.1운동 후 식민지 개발이 가져온 지배자본의 발전적 압력이 토착 지주 일반에 대하여 자본가적 타산성을 촉구할 뿐 아니라 그와 동시에 소작농의 노동자화 과정 역시 대도적, 반사적으로 지주의 자본가화 과정을 촉진하다. 그러므로 후자를 보지 않고 흔히 이른바 1920년대의 토착 대지주의 보수적 성격만을 들어서 일본인계 대지주의 생산체제와 판별하려는 기도는 아직 사태의 본질적 파악에 이르지 못한 태도이다.38) 다만 일본인 대지주에 있어서 자본 축적의 가능성은 더욱 크게 주어진 조건이었으며, 그들에 있어서 축적 활동의 기반과 그 주체적 성격은 흔히 다음과 같이 규정되기도 한다. 즉 그들은

> 미곡의 생산에 그치지 않고, 많이 수집소작료로서 대량적으로 가공하는 단계에까지 관장하며, 그 중에는 소비지에서의 소매 판매 업무까지 겸영(兼營)하는 자도 볼 수 있다는 것은 주목할 만하다. 이 점에 있어서 조선의 농장기업은 Cottage industry 또는 Putting system에 매우 유사하다. 그리프스는 이들 종류의 경영을

---

36) 이벽타(李碧朶): 조선 소작 문제(잡지, 「조선농민」, 제3권, 제11호, 제238면
37) 제2형의 지주 가운데 「약 4분의 1에 해당한 3만 3천여 호는 스스로 경작하지 않는 부재지주라 한다」(鈴木武雄: 전게서 제263면)
38) 강정택(姜鋌澤): 「朝鮮農業に於ける生産システムの分化」(일본농업경제학회, 농업경제연구, 제15권 제3호, 제89면)참조

Plantation의 일(一)유형으로 들고 있으나 확실히 농민 생산의 지반(地盤) 뒤에 발생한 지주와 기업자의 미분리(未分離)한 특수의 조직이라 할 수 있을 것이다.[39]

물론 이른바, 위의 제1형 지주 가운데 있어서도 완전히 기업농적 유형으로 규정될 수 있는 것이 있고, 명칭만이 농장일 뿐, 생산이 전적으로 소작농에게 일임되어 있는 실례는 얼마든지 있었다. 그와 반면에 얼른 보아서 제2형에 속한 가운데 있어서도 대소 여러 가지의 유형이 있는 가운데 혹은 특수한 형태로서 봉건적 색채가 강하게 남아 있는 소작관계가 있는가 하면 자작농 소지주로서 영농에 직접 참여한 계층 또한 볼 수 있었던 3.1운동 전후의 정황이다. 그러나 그러한 가운데 있어서도 우리의 기본적 지표는 의연(依然) 지대와 이윤의 분화적 기구에 존재하며, 특별히 미작의 강요된 이윤화 과정이 3.1운동 후의 생산기구적 특징이었다 함은 이미 앞에서 거듭 지목한 바와 같다. 그것의 전형적 유형이 위에서 이른바 제1형의 지주와 소작농간에 이루어진 소작관계에서 구현되는 것은 사실이라 할지라도 토착지주에 있어서 역시 지대 이외에 이윤의 타산성은 일반화하여 가고 있었다는 것, 더욱 강압된 지배 조건과 더불어 그가 취득한 지대 부분의 이윤적 피수취(被收取)를 계기로 하여 그에 없어서 생산의 이기적 타산성 또한 점차 예민화하였던 것이 진실한 내면적 실태이다. 하기야 토착 소지주 가운데는 현실적으로 이윤의 타산을 보이지 않고, 그저 전통적 지대의 수납만으로써 만족하는 구태의연한 생산관계의 지속된 사실이 이 땅에 없지 아니하였다. 그러나 그 역시 지배자본의 일반적 압력을 벗어날 수 없는 한도에 있어서 곧 과도적 범주가 아니라면 일시적 작위의 현상에 불과하고, 그를 봉건적 생산양식으로서 객관화할 수 없다는 것이 우리의 결론이다.

한편 대상 토지에는 역둔(驛屯)토와 같이 통치국권이 스스로 지주가 되어 있는 특수한 생산관계도 이때에 없지 않거니와 자기 토지의 자작농 또한 불소하였음은 위의 표에서 보는 바와 같다. 그 중 전자에 관해서는 이미 논급한 바와 같고, 순수한 자작농에 관하여서는 그가 토지소유자란 점에서 이론상 지주의 성격과 더불어 농업노동자의 성격을 겸유(兼有)하는 중간적 소농층의 범주이나, 그 가운데 흔히 지역적으로 상업적 영농자로서 자처하고, 엄격히 따져서 소자본가적 객관성을 갖고 있는 예는 없지 않다. 그렇게 될 때 그는 분명히 생산수단(토지)의 소유자로서 지대를 스스로 취득하는 동시에 상업적 이윤을 노리는 근대적 유산계급의 속성이다. 사실인즉 흔히 일컬어져 있는 바와 같이 순수한 자작농이 아니라

소농은 자본주의하에 있어서는 그가 원하든 그렇지 않든 간에 상품생산자화한다. 그리하여 그 변화 가운데 문제의 전본질(全本質)이 있다. 일단 이 변질을 받자 그는 아직 임금 노동자를 자취(榨取)하지 않는 경우라 할지라도 프롤레타리아의 적대자이며, 소 부르조아이다.

그러나 3.1운동 후 분명히 자작농 일반은 타산적 농업생산자로서 본질적으로 근대성을 보유한 가운데 노동자의 일면을 보유한다. 즉 전제한 식민지적 제 지배조건 하에 있어서, 더욱 「조세와 흉작과 상속재산의 분할과 고리대」의 만성적 역압을 받는 상황 하에 존재하는 한, 그들 스스로

---

39) 강정택(姜鋌澤): 동상, 제87면 이하

농업노동자로 전락하는 개연성은 이때에 매우 컸다고 보아질 뿐이다.

　사실, 일제하 자작농의 대부분인즉 그들이 비록 현실적으로 토지를 비롯하여 다소의 생산수단을 보유한다 하더라도 객관적 타산성이 실현되기에 사실상 수지 동태는 너무나 취약하였다(표24 참조). 그들은 부단히 자가 노동을 혹사하되 노동의 대가조차 얻기 어려운 피지배적 계급이었다는 점에서 꾸준한 「근대적 노동 지대(地代)」의 제공자일 뿐이다.

〈표24〉 지주·각 계층 농가 평균 수지 상황(1925년)

구분	지　　주				자　작　농				자　작　겸　소　작				소　작　농				궁민	호당평균
	대	중	소	세	대	중	소	세	대	중	소	세	대	중	소	세		
수입	10,712	2,236	954	467	1,237	732	441	314	1,015	595	381	231	824	591	332	215	102	510
지출	5,220	1,531	714	420	1,004	635	401	297	924	551	374	242	808	596	353	227	106	463
차	5,582	704	240	47	233	97	40	17	91	44	7	-1	16	-5	-19	-12	-4	47

자료: 조선 총독부 내무국 사회과; 전제, 1925년 9월, 「農家經濟に關する資料」
비고: 1. 대중소세의 규모는 전게 표에 준함
　　　2. 수입에는 수확수입, 부업수입, 기타잡수입을 포함함
　　　3. 지출에는 생활비, 경작비, 제 공과, 소작료, 잡지출을 포함함.

　그러면 3.1운동 이후의 소작농의 입장은 좀 더 자세히 보아서 어떻게 변질된 것인가? 모름지기 제국주의의 지배조건을 떠나서 평면적으로 사태를 관찰할 때 소작농 역시

> 일편(一片)의 토지를 개(介)하여 토지소유자인 지주와 직접 상대하는 점에서 분명히 소작자본가 밑에서 할하는 임금(賃金) 노동자와 같지 않다.40)

　그러나 3.1운동에 뒤따른 사태의 진전은 필경 이에 대하여 다음과 같은 성격규정의 평론을 국내에 일으켰던 실정이다. 즉,

> 원래 소작인이 노동자냐, 노동자가 아니냐? 하는 점에 대하여 학자 간에 논쟁이 불무(不無)하고, 일본에서는 그를 법률상으로 보면 비 노동자로 취급하나니 형식상으로 보면 일언으로 판단하기 난하다. 연(然)이나 그 실질상으로 논하면 각인(各人)은 현대노동자와 소작인 간에 특별한 차이가 없음을 시인하노라.41)
>
> 일찍이 논한 바와 같이 기업자의 지위를 겸유(兼有)하고 있는 소작인과 임은(賃銀)제도 하에 노예시되고, 상품시되어 있는 상공업 농동자와는 최초부터 동일치 아니한 것은 물론이다. 그러나 경(更)히 차양자(此兩者)의 지위와 경우를 각각 그 수입과 생활 실제 상태로부터 관찰 비교하면 거의 동일시하여 무방할 것 같다. 운운42)

　문제는 국내에 한정될 리 없어서 일찍이 19세기 서구사회에서 역시 영세적 소작농의 입장을 바로 농업 노동자로 규정한 문헌을 우리는 볼 수 있다.43) 그밖에 일제하의 일본인 학자 또한 약간 다른 각도에서 한국의 소작농을 가리키되

> 소작농 가운데 대다수를 점하는 3정보 미만의 소작농은 순수한 농업 노동 계급에 들어가는 것이 유리하

---

40) N. Lenin, 농업에 있어서의 자본주의의 발전 법칙에 관한 신 자료(일역), 1917
41) 동아일보: 1923년 4월 7일자 사설
42) 동아일보: 1923년 9월 22일자 논문
43) A. Buchenberger; Agrarwesen und Agrarpolitik, Bd. I, 1892, Bd. II, 1893

다.44)

고 하였거니와 제2차 세계대전 전의 일본 내 소작농에 대한 다음과 같은 외인의 논평 또한 우리에게 볼 만하다. 즉,

> 일본의 소작농은 자본가적 차지인(借地人)(기업 위험을 부담함)과 프롤레타리아(지주가 고율지대 때문에 기업 이윤의 대부분을 취득하는 한에 있어서)라는 이중적 성격을 나타내고 있다. ……일본 농민은 그 사화관계에 있어서 쌍두신(雙頭神)으로 볼 수 있다. 운운45)

〈표25〉 지주·자 소작 계층 동태

(단위: 천호)

연차	총계	지주	자작 (自作)	자소작 (自小作)	소작 (小作)	비율			
						지주	자작	자소작	소작
1913	2,573	81	586	834	1,072	3.1	22.8	32.4	41.7
1918	2,652	82	523	1,044	1,004	3.1	19.7	39.4	37.7
1919~'22	2,701	93	529	1,020	1,059	3.4	19.5	37.8	39.3
1923~'25	2,718	102	533	944	1,139	3.8	19.6	34.7	41.9

자료: 조선농회; 조선 농업 발달사, 발달편, 부록 제3표에 의함

참고로 지금 3.1운동 전후의 농촌 계급구성을 보면 무엇보다 영세농의 절대적 증세에 겸하여 소작농의 비중 또한 올라가고 있음을 볼 수 있다. 자소작 및 소작농의 합계로서 나타난 총체적 비율은 실로 76~77%라는 놀라운 압도적 우세의 숫자이다.(표25 참조)

그러나 우리는 여기에 간단히 지주·자소작 관계의 대비만으로써 농촌의 계급구성을 보기에 아직 부족하다. 일일이 들지 않지만 우선 이때에 우리에게는 상당한 농업노동계층이 있었거니와 한편 이 땅에는 더욱 많은 화전농민의 배출을 보고 있었기 때문이다.

Ⅳ. 소작문제의 위기적 신전개

3.1운동 이후 지배자본의 압력을 주축으로 진행된 기생지주의 자본가화 과정과 소작농의 노동자화 과정은 농업문제, 특히 소작문제에서 그 기구적 정체를 반영한다. 소작문제 그것은 실로 전단계(前段階)에서 볼 수 없었던 획기적 양상의 동태이었으며, 우리는 이를 계기로 하여 농촌계급의 총체적 변질을 확인할 수 있었을 뿐이 아니라, 돌아가서 지대의 이윤화 과정을 입증할 수 있었던 것이 이 단계의 특징이다. 무엇보다 3.1운동 이후의 소작쟁의(小作爭議)란 적어도 다음의 두 가지 점에 있어서 봉건제하의 농민 항조(抗租) 운동이나 그 밖에 대중의 저항운동과 그 생성의 본질을 달리하고 있다. 그것의 첫째는 한말의 봉건적 토지제도 그것이 그동안 고율 소작제의

---

44) 津曲藏之丞: 전게 논문, 1929, 제347면
45) E. H. Norman; Japane's Emergence as a Modern State, 1940(大窪역; 近代日本國家の成立, 1953, 제212면)

진행을 보게 된 가운데 이른바 토지조사사업으로 말미암아 토지 사유제도의 확정을 보게 된 데 대하여 3.1운동 이후의 조작문제는 이러한 토대 위에 개발된 계급적 의식을 갖는 국민이라는 것, 즉 3.1운동 이후의 새로운 소작문제는 문제의 조건이나 소작농 및 지주의 단결 형식 등에 있어서 계급적 대립운동으로서의 발전성을 여러 모로 보이고 있다는 것, 그리고 사태는 다시 위의 문제성에 관련하여 당연히 근대적 노동운동과 더불어 연결된 성격의 것이며, 사회적으로 자각된 주체적 의사를 표방하고 있었다는 점이 발전된 양상이다. 따라서 따져 본다면 전자는 3.1운동 후 소작쟁의의 객관적 성격인 데 대하여 후자의 그것은 그 주체적 조건인 것이나, 다만 이들 양자는 유기적으로 종합하여 구구한 형태로서 우리 앞에 전개됨을 볼 뿐이다. 그러나 사태의 실질적 변동은 스스로 그 형태에 나타나기 쉽고, 그 점 3.1운동 이후의 소작관행에 소작계약의 명문화, 소작기간의 구체화, 정액소작제의 보급 등에 있어서 분명하다. 그는 곧 근대적 색채를 짙게 하였다는 사실에서 확인되는 관계이나, 지금 1922년경에 당국이 지방별로 조사한 「조작관행의 변화를 가져온 주원인」 46)이란 것을 보면 기간의 동태는 우리에게 거의 뚜렷하다. 우선 눈에 띄는 것을 추려 보면 다음과 같은 진전이 주목된다. 즉,

(1) 공리(功利)적 지주의 출현에 의하여 소작료는 고등하여지고 있다.(경기도)

(2) 농사회사의 출현, 수리사업의 보급에 의한 변화의 경향은 없음. 그러나 소작인의 궁핍이 심하므로 장차 일대 변화는 나타날것이다.(충청북도)

(3) 집조(執租)(간평(看坪))나 타조(打租)를 도지(賭只)(정액제)로 변경한 것이 있다. 그 이유 동상.
소작증서가 보급되어 가고 있다. 이는 관(官)공유지, 회사농장, 일본인지주를 모방하고 또한 당국의 장려에 의거한 듯하다.(충청남도)

(4) 10년 전에는 소작권을 반(反)당 4~15원 정도로 소작인이 매매하였던 것이나, 지주의 금제(禁制)로 폐지되었다. 지주의 사음(舍音)감독이 엄중하여 소작권의 이동이 감소하였다.
소작계약에는 소작증서를 사용하고, 보증인을 4~5인 붙이는 수도 있다. 그 이유는 소작료의 태납(怠納)을 방지함이다.(전라북도)

(5) 일본인 영농자의 제 시설에 의한 서면계약, 소작료액, 소작인 조합설치, 사음폐지, 비료 대부 등의 진보된 시설개선을 보게 되었다.
사상의 변화에 견제되어 제 종(種)의 개선 및 개악(改惡)이 일어나고 있다.
법규의 정비에 의하여 공과의 지주부담, 계량법, 소작계약형식 그 밖의 변화가 오고 있다.
언론기관의 발달에 의하여 지주·소작인의 양자를 자극하여 관행의 개선변화가 일어나고 있다.
민중운동의 발흥에 의하여 단체력으로써 개선을 획책하는 자가 성해졌다.
관의 지도 시설에 의하여 불량관행의 개선을 촉진하고 있다.
수리시설의 개선에 의하여 수량(收量)이 안정되고, 정조(定租) 증가되고 있다.(전라남도)

(6) 집조(執租)법을 도지(賭只)법으로 고치고 있다.
소작계약서를 작성하고, 소작기간을 정하기도 한다.(경상북도)

(7) 일반 한인 지주에는 변화가 인정되지 않으나, 수리(水利)조합 지역에 있어서는 정조(定租)로 고쳐지고 있다.(경상남도)

(8) 수십년전까지는 거의 타조(打租)이고, 도지(賭只)는 매우 적었으나 지주입회, 소작료징수의 불편으로 도지(賭只)로 고치게 되고, 부재지주의 전부가 이에 의하게 되었다.(평안도)

---

46) 조선농회: 조선의 소작관행, 전게서

<표26> 전답별 소작료 지불 방식 (1922년순)

도 별	답			전		
	정조(定租)	타조(打租)	집조(執租)	정조(定租)	타조(打租)	집조(執租)
경 기	3.00	6.60	0.40	6.00	4.00	-
충 북	7.40	2.20	0.40	9.40	0.60	-
충 남	3.20	4.50	2.30	8.90	1.10	-
전 북	0.73	0.07	9.20	9.00	0.40	0.60
전 남	1.70	0.70	7.60	5.70	4.20	0.10
경 북	1.40	2.60	6.00	6.20	3.00	0.80
경 남	3.10	2.50	4.40	7.00	2.00	1.00
황 해	2.57	7.03	0.40	3.63	6.13	0.24
평 남	1.80	8.00	0.20	2.00	7.90	0.10
평 북	0.20	9.80	-	0.20	9.80	-
강 원	4.20	5.50	0.30	5.20	4.50	0.30
함 남	2.10	7.60	0.30	3.00	6.80	0.20
함 북	-	0.50	-	-	0.50 (9.50)	-
평 균	2.42	5.08	2.50	5.09	4.64	0.27

자료: 「전게, 朝鮮の小作慣行」 제341면. 「함북」 의 0.50은 계량법, 9.50은 미분법으로 나누어져 있음.

<표27> 각 도 소작료의 현물·현금납제(1922년경)

구 분	답		전	
	평 균	최 고	평 균	최 고
현 물	92.8%	100.0%(경북)	75.3%	100.0%(함북)
현 금	5.4	11.0(경남)	5.4	14.5(경북)
대 물	1.8	15.0(강원)	19.3	59.0(충남)

자료: 朝鮮の小作慣行, 제408~409면(단, 최고 100%란 조사 불충분이 분명한 표시이다.)

그 밖에 이른바 역둔(驛屯)토는 말할 것도 없거니와 일반의 경작지 역시 3.1운동 이후 소작료(대부료)에 금납제로서의 전환 예는 적지 않았고(약5% 정도, 표27 참조), 한편 지세의 지주에 의한 납부 이행이 늘어난 경향에 있다는 점47) 역시 근대화의 방향을 우리에게 시사한다. 다만 역둔(驛屯)토에 있어서의 대부료에 관한 한, 그것이 이미 본 바와 같이 지세에 준한 토지용역가(土地用役價)로 인정되며, 모름지기 이때의 지세란 봉건지대의 분신이 아니라, 근대적 지대 또는 그것과 결부된 이윤의 혼합적 구성분으로서 지배국권(支配國權)에 의하여 수취된 토지소유자의 부담이란 점에 우리의 주의는 필요할 따름이다. 그런데 우리는 물납지대의 존속 그것이 당장 봉건체제 입증요인이라 할 수 없고, 자본제하에 물납지대 역시 「중세적 가장(假裝)된 표현」 으로서 존재한다는 점을 알아야 한다. 따라서 지대의 물납형태에 당면한 문제의 본질을 추구할 수 없다고 보는 것이 우리의 결론이다.

그러나 소작문제의 지대사적 발전 과정은 무엇보다 3.1운동 후의 소작쟁의에서 나타난 위기적 대립기세에서 더욱 뚜렷이 엿볼 수 있다. 이때에 소작운동은 점증하는 농업공황의 본격화와 더불어 투쟁적 양상을 전면화하였으며 당시에 당국자 스스로 지목하였듯이 근대적 사회운동의 성격을 여실히 노출하였던 까닭이다. 즉,

> 한일합병 후 지주·소작인의 관계는 시세의 추이와 경제사정의 변천과 아울러 점차 변천하며 소작권의 이동, 소작조건의 유지 안정 등의 문제를 중심으로 가끔 소작쟁의의 야기를 봄에 이르렀던 것이나, 대정(大正) 9년 (1920)경부터는 구주대전(歐洲大戰) 후 일반 사회사상의 변천 영향도 있어서 드디어 그는 농촌사회에 있어서 항상(恒常)적 현상이 되었다.48)

한편, 그 가운데 소작쟁의의 발동인즉,

> 종래에는 사회 사상가의 지도에 의한 쟁의가 다대수를 점하였던 것이나, 오늘 날은 거의 소작인 자신에 의한 쟁의에 전화하고 있는 경향을 우리는 간과하기 어려운 일이다. 운운49)

이는 곧 발전적 소작문제의 위기성을 시사함에 충분한 문면이다.

사실, 극도에 달한 소작농의 경제적 취약성에도 불구하고, 3.1운동 이후에 전개된 이 땅의 소작쟁의로 말하면 전(前)단계에 있었던 소작농의 지주에 대한 소극적 호소나 진정(陳情)과는 달리 분명히 투쟁적 단결력을 과시한 바 있었다. 그것은 약소 계급의 반항이란 색채를 농후하게 갖는 근대적 속성이며, 결코 봉건시대에 볼 수 있는 농민 소요(騷擾) 그것이 아니다.

구태여 1923년의 격심하였던 소작쟁의(다음표30 참조) 가운데 뚜렷한 일례를 참고삼아 보건대 동년 10월 21일 경상북도 영주군 풍기의 소작 조합에서는 다음과 같은 동태를 보인 점이 주목된다. 즉,

---

47) 「대정(大正) 2년(1913)에 이르러서는 거의 전부 옛 습관을 개신(改新)할 수 있게 되었다」 (조선 총독부 시정연보, 1926, 제87면)
48) 조선 총독부 농림국; 조선농지연보, 제1집, 1940, 제5면
49) 전게: 津曲藏之丞, 논문(1925년), 「朝鮮經濟の研究」, 1929

풍기 노동공제회관에 임시총회를 개최하고, 좌기사항을 결의하였는데 일반 회중(會衆)은 극도로 긴장하여 금추(今秋)에는 기어이 목적을 관철하도록 분투노력하고자 더욱 단결을 공고히 하기로 맹세하였다 한다.[50]

는 것으로서 그 결의내용인즉 (1) 지세는 전부 소작료 5할 이상은 절대 부응할 사, (2) 지주가 우선 무리하게 소작권을 이동할 시는 일반 소작인은 결속하여 소작권 옹호를 주장하고, 어떠한 소작인이든지 경작치 말 것 등의 강경한 태도이다.

우리는 바야흐로 이러한 기세로 전개된 1920년대 초기의 소작쟁의에 관한 한 단순히 지주에 대한 소작조건 개선을 위한 투쟁이 아니라 대개는 대중적 또는 민족적 반제 운동의 성격을 가졌다는 점에 주목하지 않을 수 없다. 3.1운동과 더불어 본격화한 소작쟁의가 1926년의 6.10만세사건을 고비로 격화일로(激化一路)에 있었던 사실로서 능히 반증되는 진전상(進展相)이다. 그 후 1929년에 나타난 보도에 의하면 바로 「소작쟁의는 축년(逐年)증가, 반년 간에 근 400건, 전북이 제1위를 점령하여 운운」[51] 함에 있어서 이 점은 더욱 시사적이라 할 수 있다. 사실, 전북지방이야말로 일본인 거대 농장(500정 이상)이 가장 많이 집결된 지역이었으며, 가장 그들 소작지의 비중이 높은 지역이 되어 있었기 때문이다.

<표28> 전북 지방 한일인 지주 분포

구분	30~50정 미만	50~100정	100~500정	500~1000정	1000정 이상	지주수	소유면적 (정)
한인	119	134	82	4 (32)	2 (10)	341 (4,162)	29,482
일인	31	38	45	9 (27)	10 (37)	134 (870)	43,154

자료: 잡지 「개조」 1935년 11월호, (白頭山人; 「朝鮮經濟の問答」에서)
　　　단, 괄호 내의 숫자는 전한(全韓) 지주(地主)수

<표29> 전북도 5개 수리조합 지구내의 민족별 소유관계

연차	한 인		일 인		기 타		계	
	인수	면 적(정) %	인수	면 적(정)%	인수	면 적(정)%	인수	면 적(정)%
1920	3,141	4,181(39.6)	417	3,674(34.8)	25	2,694(25.6)	3,593	10,549(100.0)
1925	3,263	3,968(28.0)	687	7.011(49.5)	32	3,164(22.5)	3,987	14,143(100.0)

자료: 임병윤(林炳潤); 전게서, 제255면

---

50) 동아일보, 1923년 10월 21일자
51) 동상, 1929년 5월 17일자

그런데 소작쟁의의 위기화는 그것이 노동쟁의와 연결될 때 그 극점에 도달한다. 3.1운동 이후의 개발정책이 이에 대하여 또한 도발(挑發)적 계기이었음은 물론이다. 아니나 다를까, 1920년 4월에 조직된 「조선 노동 공제(共濟)회」라는 것을 본다 하더라도 그것은 반드시 노동계층만의 공제적 단체가 아니라, 소농민을 직접 참가시킨 투쟁적 조직이었다. 그리고 이 단체 스스로 1922년 9월에 개최한 「소작 노동자 대회」란52) 바로 한국 근대사상 특기할 만한 최초의 조직적 농민대회이기도 한 것이다. 그에 준하여 1924년 초에는 이른바 「남조선 노농(勞農) 동맹」이 조직되어 노농 양자의 연휴(連携)를 공고히 하였다는 점 또한 지대사상 볼 만하다. 즉 당시의 신문기사에 의하면 여기에는 곧

> 40여 개 단체의 참가로 경성에 노농대회가 열리게 되며, 또 40여 개 단체의 가맹으로 진주에 남조선노농동맹이 조직케 된다. …… 오늘날 조선의 노동문제는 대부분 농업 노동문제, 다시 말하면 지주 대 소작인 간의 분쟁을 해결치 않으면 아니 될 것이 목하(目下)의 중요한 부문인 것이다. 운운53)

요컨대 1920년 이후 위와 같은 근대적 소작쟁의는 빈발하기 시작하여 처음에는 경상도·전라도의 일부 지역으로부터 점차 전국에 만연하였고, 그 내용 또한 점차 위기성을 가중하였던 추세이나, 그 원인별 동태는 다음과 같다.

〈표30〉 소작쟁의 원인별 동태

연 차	소작권의 이동반대	소작료의 저감요구	지세공과 부담문제	소작권의 반환소송	불당소작료 반환요구	운반료관계	기 타	계
1920	1	6	3	–	1	1	3	15
1921	4	9	2	–	1	–	11	27
1922	8	5	2	1	–	–	8	24
1923	117	30	11	–	1	2	15	176
1924	126	22	5	–	2	–	9	164
1925	1	5	–	–	–	–	5	11
1926	4	4	1	–	–	–	8	17
1927	11	1	2	–	1	1	6	22

자료: 조선 총독부; 朝鮮の小作慣習, 1929, 제60면

3.1운동 후 소작쟁의는 위와 같이하여 점차 노동쟁의에 준한 위기성을 보인 가운데 한편 지주의 단결력을 유발하였음이 분명하다. 그와 동시에 그것이 소작농으로 하여금 대(對)지주의 관계에 있어서 한층 노동쟁의(勞動爭議)와의 연결성을 강화시켰다는 점 또한 경시할 수 없는 동향이다. 전자는 당장 지주세력의 규합, 소작농의 소작지로부터의 구축(驅逐), 소작농의 몰락을 촉진케 한

---

52) 1922년 9월 11일자 동아일보에는 「소작 노동자 대회」「조선에서 처음으로 진주에서 개최」라 하여 사실을 보도하고 있다.
53) 동아일보; 1924년 1월 20일 사설

사태에서 분명하거니와 특수한 사례로서 우리는 일부 지주계층이 소작쟁의의 회피를 위하여 소작계약의 형식을 교묘하게 조작한 예를 들어볼 수도 있다. 즉, 전북 김제지방을 중심으로 있었던 일본인 지주와 한인 소작인 간의 특례로서 지주 측은 처음부터 소작계약을 민법상의 임대차 계약으로 하지 않고, 지우의 관리 하에 소작인이 노무를 제공하는 형식, 즉 지주의 토지를 그의 지배하에 소작인이 경작하는 위탁계약이나 또는 노동 청부(請負)와 같이 변조하는 요령이다.54) 이 점은 두말할 것 없이 일본인 지주의 탈법 행위에 불과한 것이지만 이렇게 될 때 사태는 결과적으로 기업적 지우에 대한 소작농의 노동자화란 실질을 한걸음 구체화한 것으로 인정할 수밖에 없다. 이는 명실 공히 소작농이 근대적 고용노동자로서 처우되는 발전적 관계이며 지대의 보다 노골적 이윤화 방식이다.

Ⅴ. 결언

일제하 식민지 이 땅의 개발이 본격화한 것은 바로 3.1운도에 뒤따른 일본자본의 대규모 진출을 계기로 한 것이나 그것이 가져온 한반도의 경제사적 획기성이 뜻하는 바는 심각하다. 첫째로 지대의 이윤화 과정에서 그 동인을 찾아볼 수밖에 없다고 보고 있는 우리는 바로 역사적 소농생산양식의 근대적 변질, 기생지주의 자본가화 경향과 소작농의 노동자화 과정으로 특징화하는 기구적 운동에 대응하여, 소작쟁의의 근대화, 농업공황의 현재(顯在)화를 사태의 발전적 징표로 본 것이다. 이 점 특히 전통적 「봉건제 지속론」에 대하여 본론이 이모저모에서 그것의 오류를 반증하는 내용이기도 한 것이나, 우리의 목적은 물론 그에 한정되어 있지 않다. 사실 발전된 제국주의 하의 소농적 생산관계를 규정하는 이와 같은 방법론의 대립에 관한 한 일찍이 1930년대 초에 국내외 학계에서 어느 정도 - 불충분한 형식으로나마 - 처리된 바 있었던 과제임에 틀림없는 반면에 관련된 현실적 문제는 보다 급박한 까닭이다.

그럼에도 불구하고 이 방면의 제 논자에 의하여 규정된 역사적 견해인즉 한반도의 피지배적 개발에 따른 지대사적 의의를 구체적으로 포착할 수 없었을 뿐 아니라, 무엇보다 그를 현실적 소농생산양식의 주체적 변질과 더불어 유기적으로 대응 관찰한 바 있지 아니하였다고 우리에게는 보여진다. 더구나 문제의 소농생산관계를 한국 자본주의의 생성 발전과 더불어 논리적으로 관철시키지 못함으로써 해방 후의 농지개혁이나 그 후에 전개된 토지문제에 임하여 명확한 태도로써 대처할 수 없게 되었다는 것이 그들에 대한 솔직한 우리의 비판이다.

본고 역시 여기에 당장 1930년대의 대공황이나 해방 후의 지대사적 특징을 구체적으로 밝힌 바 없는 것이나,55) 그 가운데 적어도 그에 관한 준비과정으로서의 방법론의 기초만은 하나의 일관된

---

54) 이러한 방식은 처음 김제군 하의 모 일본인 농장에서 개시된 것이나 1930년 이후 전북일대의 수도작 경영의 일본인 농장에 많이 실시를 본 예이다.

55) 필자 자신 별도 이에 관한 2~3의 논고를 간단히 발표한 바 없지 않다. (졸고; 「금융자본주의 하의 영세농의 성격」 (서울대학교 논문집, 인문사회과학, 제5집 1957년 4월): 동; 농업경제학 서설(序說), 1966, 제3장(고대출판부)

입장에서 어느 정도 정리된 바 있다고 믿어진다. 따라서 전면적 체계화에 관한 추가적 분석의 작업이 우리에게 틀림없이 남아 있음에도 불구하고, 본고의 의의가 1920년대의 개발문제를 넘어서 현실적 의미를 갖는다는 점만은 당연히 주어지는 결론이다.

백동화(白銅貨) 「인플레이션」과 농업공황 기구

김 준 보[1]

목차

Ⅰ. 서설-문제의 시대성

한국 자본주의는 그 역사적 기점을 반드시 1876년의 개항에 둔 것은 아니지만, 근대적 의미에 있어서 이 땅의 「인플레이션」이 우선 개항과 더불어 진행된 사실임에는 틀림이 없다. 그것이 1894년의 동학란(東學亂)에 마주치자 하나의 확대 재생산의 계기를 마련한 것이니 이른 바 백동화(白銅貨) 「인플레이션」이 곧 그것이다.

물론 백동화「인플레이션」에 앞서서 한반도에 「인플레이션」을 본 바 없었던 것은 아니다. 대원군(大院君)의 당백전(當百錢) 「인플레이션」은 고사하고, 개항 직후 1880년대의 당오전(當五錢) 「인플레이션」만 하여도 진즉 이 땅을 석권하였던 문제의 역사적 사건이다. 그도 내용은 그 어느 것이나 다 같이 이조(李朝) 봉건체제에 대한 파괴적 중압의 조건이었다는 점에서 일면의 공통성을 보여 주고 있다. 다만 그들 상호간에 있어서 따져 보면 역시 전후 시대성을 각기 달리하고 있음을 볼 뿐이다. 그런데 사실인즉 개항 초기의 「인플레이션」에 관한 한, 필자 스스로 일찍이 그 주도적 원인을 시대적 배경과 더불어 어느 정도 살펴본 바 없지 않다.[2] 그리하여 전자의 결론은 그 근원이 압도적으로 외래적이라는 것이었으며, 후자의 귀추인즉 다름 아닌 단초적 공황의 발견 과정이란 그것이었다. 그들이 다 같이 일본제국주의의 한반도 침입의 소산임은 물론이나 문제의 중요성은 그들이 서로 얽혀 있다는 속성이다.

---

1) 고려대학교 통계학과 교수
2) 졸고(拙稿): 「개항기 외래통화와 인플레이션 기구」 1972, (「한국사연구」 제7집)

모름지기 우리는 강요된 타율적 개항과 더불어 전개된 일본자본의 침입 공세를 떠나서 개항기 「인플레이션」을 상상할 수 없다. 그리고 그와 더불어 전개된 「세계시장의 폭풍우」와 농업공황의 양성 과정을 종합적으로 보지 않을 수 없다.(이 점은 이미 본 바이다3)). 그럼으로써 한반도의 근대적 「인플레이션」과 농업공황은 각기 그 경기(景氣)적 국면을 정반대로 표현하는 가운데 공통적 위기성을 시발의 토대로 삼고 있다는 점에 주목하지 않을 수 없다. 이것이 곧 우리에게 부각되는 당면한 문제의 제1차적 인식의 조건이다.

사태를 더욱 따져 보면 개항 후 한반도의 「인플레이션」은 줄곧 고물가 현상으로 그 위력을 발휘함에 그쳤던 것은 아니다. 적어도 그가 이른바 「쉐레」 현상과 더불어 소농생산을 위축시키고, 소농부담을 가중시켰으며, 영세민의 생계를 위협하여 마지아니하였다는 점에서 그는 흔히 농업공황의 동반자이었다. 따라서 이들 양자인즉 전후 상련(相連)하였을 뿐 아니라 「인플레이션」이 바로 농업공황의 원인이 될 수 있고, 농업공황이 「인플레이션」을 촉구하기도 하였다는 사실이 무엇보다 크게 주목된다. 그 가운데 문제의 대상을 토착 소농층에 접근하여 관찰할수록, 그리고 「인플레이션」이 강할수록, 그와 같은 배리(背理)적 조건이 가중된 양태로서 주어진다는 것이 실로 양자에게 주어진 문제의 특징적 성격이다.

그렇다면 동학란 후 전개된 백동화「인플레이션」과 농업공황이란 그저 공통적 시대성을 배경으로 가졌을 뿐 아니라, 상호 긴밀히 연결되어 있음을 알 수 있다. 이 또한 알고 보면 군국주의 내지 제국주의의 오래전 지배력에 원유한 타율적 동작이며, 어떠한 내재적 자생의 결과는 아니었던 국면이다. 다만 그 가운데 있어서도 우리는 개항 초기와 동학란 이후의 사태진전을 고려에 넣고 문제의 협동과정을 살펴보지 않으면 아니 된다. 백동화「인플레이션」인즉 마치 동학란이란 커다란 위기적 시대단계를 거쳐서 군국주의 일본의 지배세력이 한층 강화된 과정에 대응된 만큼, 공황의 피압적 사회상이 보다 부각화하리라는 것은 너무나 당연한 까닭이다.

그럼에도 불구하고, 전통적 개항론에 있어서 우리는 「인플레이션」에 대한 시대성의 의식이 결여되어 있는 예를 흔히 보게 될 뿐 아니라 더구나 그것과 농업공황과의 연결성을 깊이 묻고 있지 않는 예를 너무나 많이 볼 수 있다. 오히려 그들은 대개 이조(李朝)말 「인플레이션」의 관폐(官弊)를 극구 논란함에 그쳐 있을 뿐, 그것의 한국 배(背)과정이나 토착경제의 피지배적 조건을 아울러 묻지 않은 피상 소견이 일반이다.

솔직히 말하여, 한국 개항 과정이나 자본주의 성립사를 논하는 식자(識者)의 견해에 있어서 우리는 비록 그들이 「인플레이션」의 시대적 배경을 밝힌 바 있다 하더라도, 적어도 「인플레이션」과 소농생산을 상호관련 하에 깊이 묻고 있는 체계적 이론을 아직 보고 있지 못하다. 대체로 오늘의 개항론에 관한 한, 동학란 전후의 「인플레이션」인즉 그 개념 파악이 미분화 상태에 머물러 있을

---

3) 졸고: 「개항기 농업공황의 양성과정」 1972, 고려 정경대, 사회과학논집, 제1집.

뿐이 아니라, 소농생산과는 별개의 대립적 개념이 아니라면, 농업공황은 처음부터 인식되어 있지 않는 피안(彼岸)의 문제로 남아 있을 뿐이다.

물론 내외 학자 중에서는 개항 이래 지배 자본에 의한 화폐제도의 자기 본위적 조종이나 일본인의 사주(私鑄), 밀주(密鑄) 행위 등을 아낌없이 공박한 예를 많이 볼 수 있다. 사실 이 점은 일찍이 개항 초기부터 일반의 식자(識者) 간에 깊이 인식되고 있었던 외래적 행패이다.4) 그러나, 총체적으로 보아서 개항기 악화(惡貨) 난발의 진실한 배경을 근원적으로 밝히고, 근대적 「인플레이션」의 특성이나 그것과 소농과의 관계, 특히 「인플레이션」에 발맞추어 나아가는 농업공황의 전개 과정을 체계적으로 실증화한 작업은 우리에게 의연 남아 있는 과제임에 틀림이 없다. 설령 조화(粗貨)난발의 시대적 배경이 밝혀지고 일본화폐의 국내 통용이 문제로서 제기된 바 있다 하더라도, 그들이 토착 농업과의 관련 밑에 조직적으로 파악되지 않는 한, 적극적 의미는 과학적으로 주어지지 않는 성질이다.

지금 대원군의 당백전(當百錢) 난발이나 청전(淸錢)의 사용이 일시적 「인플레이션」의 동인이 되었다거나 그 후의 당오전「인플레이션」이나 동학란에 뒤따른 백동화「인플레이션」이 외래적 지배세력 하에 외래 화폐와 관련된 사실임을 인식하지 못한 개항론은 물론 없다. 그러나 거듭 본 바와 같이 그들 견해 가운데 우리는 아직 전후 「인플레이션」이 배태된 근원의 조건을 시대적 배경의 차이에서 특징적으로 밝힌 체계적 성과를 아직 보고 있지 못한 형편이다. 적어도 「인플레이션」과 농업공황의 필연적 연결성을 적극적으로 묻지 않는 오늘에 있어서 그들 이론은 공허할 뿐이 아니겠는가.

돌이켜 생각컨대 우선 개항전의 당백전이나 청전의 사용에 따른 「인플레이션」인즉, 주지하는 바와 같이 아직 봉건국권의 지배하에 지역적으로 전개된 토착경제의 억압 현상이었으며, 국고의 수탈행위로 보아서 무방하다. 따라서 결과는 직접·간접으로 봉건지대의 농민부담을 가중하였을 뿐, 그것이 자본의 축적이나 자본과 노동과의 대립, 그 밖에 자율적으로 규제되는 경기(景氣) 변동적 배경을 가진 것은 물론 아니다. 그러므로 그 양태 또한 소박하고 단조로운 반면에 처음부터 강제성을 면하기 어려운 성질을 가지고 있다. 더구나 그것이 외생적 전가(轉嫁)의 것이 아님은 물론이다.

개항후의 「인플레이션」인즉 전자에 반하여 일본의 지배세력 하에 전개된 타율적 속성인 것이며, 봉건적 체제를 넘어서 근대적 범주에 속해 있다. 그 속성에 비추어 생산계급 간에 효과를 크게 달리하는 「인플레이션」인 동시에 봉건국권의 자율력을 넘어 있었던 존재라는 것, 그리고 외국자본에 의하여 일게 된 「세계시장의 폭풍우」를 토대로 하여 전개되고 있다는 것, 따라서 그것은 세계사적 의미를 가지는 「경기(景氣)적 국면」이라는 것이 그 특색이다. 그러므로 개항 당시의 사정에

---

4) 일일이 들 수 없으나 사방 박(四方博): 「朝鮮に於ける 近代資本主義の 成立過程」(경성 제대 법문학회) 「조선사회 경제사 연구」(1933) 역시 간접적으로 시인한 바 있고, 그밖에 국내 학자의 논문은 불소하다. 예: 김광진(金洸鎭): 「李朝 末葉に於ける 朝鮮の 貨幣問題」(보전론집, 제1집 1934) 고승제: 「이조(李朝) 말엽 화폐위기의 분석」(서울대학논문집 제2집, 1955)

정통하였다고 보아진 일본인의 다음과 같은 기록은 당장 이 점을 반증함에 유력하다. 즉

> 「당백전의 회수 후 십여 년간은 소강상태를 얻었으나 기간에 일본과의 통상조약이 체결됨으로써 주전(鑄錢)을 제주(制肘)하는 기반이 해이(解弛)됨과 아울러 국내 일반의 사정에 급격한 변혁이 생기기 시작하여 사리(射利)의 도(徒)가 기간에 나타났으므로 당국 전폐의 란잡은 여기에 시작되었다. 운운 」5)

그 「급격한 변혁」이란 다름 아닌 개항 그것임은 물론이다.

그러면 개항은 구체적으로 「인플레이션」에 어떠한 새로운 조건을 가져온 것인가?

개항 그것이 당장 토착경제의 극대화를 가져온 것은 물론 아니다. 따라서 「인플레이션」이 토착경제에 전형적 파급을 보기에는 아직 시기상조이었던 단계이다. 그러나 일본 군국주의의 지배세력이 몰고 온 「세계시장의 폭풍우」는 수개 개항지역을 중심으로 하여 새로운 시장기반을 전국에 전개하였음이 분명하다. 결과는 토착경제의 안고(安固) 위에 이루어진 것이 아니라 그것의 동요를 통한 통화의 팽창이며, 자연경제의 구각(舊殼)을 뚫고 들어가는 제국주의 생리기능의 일환적 운동이란 것이 눈에 띄는 그 본성이다.

물론 개항 초기 이래 일본자본이 보여 준 침입활동의 양태는 매우 구구하다. 이른바 무곡이나 지금(地金)의 매상이나 한전의 매매는 바로 「인플레이션」과 직결된 대표적 취리활동에 지나지 않을 뿐이다. 그 가운데 우리는 외래화폐의 국내통용이 무엇보다 한전의 가치를 저락시켰다고 보아서 무방하다. 이에 가담하여 금융자본(제일은행)의 진주(進駐)는 실로 개항기의 특징적 국면을 마련하는 지주적 조건이 된 셈이다.

그러나, 전기적 「인플레이션」에 비하여 개항기 이후의 그것이 보여 준 보다 뚜렷한 징표인즉, 그 힘이 무엇보다 농업공황의 실질을 수반하였다는 데 놓여 있다. 물론 모든 근대적 「인플레이션」이 농업공황을 동시에 병발(倂發)시킨다고 볼 수는 없지만, 적어도 강력한 지배자본의 침투 밑에 전개된 「인플레이션」에 관한 한 그가 비록 전기적 소농사회의 생산체제에 대응한다 할지라도 때를 같이하여 공황을 일으킬 수 있다고 우리는 보고 있다. 다만 그것이 단순히 지대부담의 증가를 가져오는 것이 아니라, 근대적 유통기구를 통한 격렬한 생산적 제약이란 점에 근대적 의미는 확연 될 따름이다.6)

동학란 후 얼마 아니 가서 1898년에 보여 준 「독립신문」의 다음과 같은 문면은 확실이 우리에게 물적 시사를 주고 있다. 이를 좀 더 내면적으로 살펴볼 때, 우리는 봉건적 거래양태 가운데 근대적 경제동태의 실질적 진행 관계를 여실이 볼 수 있는 관계이다. 즉,

> 「청국(淸國)서 쌀 오만 석이 대한·서울로 오는데 우선 얼마가 서울에 당도하더니 서울 인민들이 이제는 쾌히들 살아날 터라. 각군 군수와 어사며, 사찰관들이며, ……공전(公錢) 잡아 무곡하여 경간으로 올려다 감추어 두고 곡가 올리려 하던 것들은 이제는 곡가가 떨어져 큰 낭패가 장치 될 듯하므로 도로 밤으로 빼돌려 시골 각 포구(浦口)로 가만히 보낸다더라」7)

---

5) 강 용일(岡庸一): 「최신 한국 사정」. 1904, 제314면
6) 졸고: 「개항기 농업공황의 양성과정」, 전게서
7) 「독립신문」 광무(光武)2년(1898년) 4월 16일자

그렇다면 동학란 후 백동화 「인플레이션」의 주도적 동인은 고사하고, 그것과 농업공황과의 관련성은 거의 외래 자본에 의한 기구적 조건이라 볼 수 있다. 따라서 지금은 전후 양자에 관한 문제의 내용을 그저 실증적으로 확인하는 데 분석이 한정될 수 없다고 보겠으나, 물론 그도 쉬운 일은 아니다. 우리는 문제를 단순히 피상적으로 관망하거나 하나의 독립된 역사적 계기로서 분석함에 그칠 수 없고, 적어도 지대사(地代史)적 발전 관계와 더불어 양자의 결합조건을 체계적으로 파악하여야만 하기 때문이다.

II. 동학란 전후의 물가와 미가

「인플레이션」은 두 말할 것 없이 물가고로서 대중을 압박하며, 농업공황 또한 주지하는 바와 같이 그와 표리관계를 형성하는 반농민적 속성이다. 그러면 동학혁명(란)을 전후한 물가나 미가의 움직임은 어떠한 것인가?

지금 동학란 전후의 물가동태에 관하여 정확히 알려 주는 체계적 자료는 우리에게 갖추어 있지 않다. 우리는 기껏 하여 「한성주보」나 「한성순보」 또는 「독립신문」 등에 개별적 상품에 대한 단편적 시가자료를 산견(散見)할 수 있고, 그밖에 외국 측 문헌 가운데 약간의 참고기록을 찾아볼 수 있을 뿐이다. 그나마 그들 역시 따지고 보면 대개는 불확실한 단위표시들이 많고, 흔히 추상적 용어로써 사태를 호도함에 그치고 만다. 이를테면

> 「금지물가준십년전 혹유과십배자 혹유과백배자 명수당오 실불급엽전미반문지용(今之物價準十年前 或有過十倍者 或有過百倍者 名雖當五 實不及葉錢未半文之用)」8)

한다든지, 구체적으로 말한다 해도 외국화폐에 대한 한적의 방매가격을 들어서 물가상승을 표현함을 보는 형편이다. 이에 관한 동학란 직전의 청국 측 문헌의 예를 구태여 들어 본다 하더라도

> 「당오전·당일전 가치유장락 무일정의 당오전 일원가환자 다자이천이백문 소자일천사백전문 당일전 다자칠백오십문 소자사백오십문 수시기질(當五錢·當一錢 價値有長落 無一定矣 當五錢 一元可換者 多者二千二百文 小者一千四百錢文 當一錢 多者七百五十文 小者四百五十文 隨時起跌)」9)

함과 같다. 더욱 동학란 후의 일본인 기록을 보아도 그와 같다. 예컨대

> 「한전의 고저승하(昇下)는 물가의 고저승하로 되고 한전 높으면 물가는 안정되나 한전 낮으면 물가는 앙등한다. 즉, 한전의 일고일저는 물가의 일고일저와 상반하며, 물가의 일고일저는 한전의 일고일저에 따르게 된다. 운운」10)

물론 한전이 제도상 통화의 기축이 되어 있는 당시의 이 땅에 있어서 물가의 변동을 한전의 가치(구매력)와 대결시켜 보는 것은 일단 타당하다. 더구나 당초, 경기지방에는 한전의

---

8) 김윤식(金允植): 「운양집(雲養集)」1890년대 초, 제7권 제2 전폐론
9) 조선 통상구 삼관 무역책(광서(光緖)16년도 1890년) 부산항구 조선 무역 정형논략
10) 강 용일(岡 庸一): 전게 제747면

종목으로서 보조화폐인 백동화만이 압도적 양으로 통용된 바 있었던 동학란 후이었으므로, 그 점은 오히려 불가피한 표시방법인 것 같기도 하다. ──과연 결론은 전적으로 옳은 것인가?

그러나 일정 화폐의 구매력을 당장 물가의 반영으로서 보는 위와 같은 논리의 배경에는 화폐의 통용이 자유적이라는 것 (거래상 거부되거나 그밖에 강제를 받지 않는다는 것), 상품경제의 발달이 상당 수준에 달해 있다는 것, 무엇보다 화폐의 구매력이 국내 상품가나 용역가의 변동을 여실히 반영하고 있다는 것, 그리고 또한 반대로 화폐의 수량적 변동이 당장 국내 상품이나 용역의 가치, 즉 물가에 예민한 반응을 보이고 있다는 등의 조건을 전제로 요구한다. 따라서 한전 그 자체의 통용이 아직 여러 모로 제약되어 있는 가운데, 오히려 투기의 대상으로서 주어져 있었던 동학란 전후의 과정에 있어서 과연 그것이 정확한 물가수준의 지표로서 기능했다고 볼 수 있을 것인지 의문의 여지는 많은 실정이다. 그나마 한전의 가치적 등락을 분명히 나타낼 만한 기준을 가지지 못한 상황에 있어서 위와 같은 논리는 물론 그대로 성립할 수 없다. 따라서 그것은 필경 하나의 순환론이 될 수밖에 없는 것이니, 필경 다음과 같은 표현이 따를 수밖에 없는 문제이다. 즉,

> 「한인은 오로지 한전으로써 상업을 영위하기 때문에 한전 값이 높으면 동일물품도 안가(安價)하게 입수되어서, 가령 한 개 1원의 상품으로서 한전 500문을 내야 할 것을, 만약 한전이 1할 높아지면 400문 내지 350문으로써 동일상품을 구할 수 있다. 운운」 11)

물론 시장의 상품목이 매우 한정되어 있고, 만약 시장을 주도하는 어떠한 상품이 있기만 한다면 우리는 그것이 가격변동을 잡아서 어느 정도 물가의 기준으로 잡을 수는 있다. 그도 물론 시장이 국내적인 것에 한정된 때 가능할 뿐, 국제관계를 고려할 때 그러한 공통적 상품을 구하기는 어려운 성질이다.

그러면 동학란 전후에 있어서 위와 같은 주도적 상품으로서 혹시 국제적 공통적인 것은 우리에게 없었던 것인가?

국내시장의 국면에 관하여 문제를 살펴볼 때 흔히 취하는 미곡은 일단 대표적 대상이라 하여도 무방하다. 즉, 미가를 보는 것이 크게 보아서 일단 물가를 보는 것과 거의 다름없이 여겨 왔다. 다만 국제적 관계에 관한 한, 미곡의 특수성은 역시 뚜렷하며, 한편 동학란 전후의 미가는 반드시 국내적 조건에만 의존한 바 있지 않다. 국내미가는 점차 일본 내의 미가에 의하여 크게 지배받는 과정에 놓여 있었던 것이 주목되는 과정이다. 따라서 편의상 미곡을 즉시 우리의 대상 상품으로 택한다 하여도 국제적 제약조건은 결코 면할 수 없고, 당장 미가 그것이 국내 화폐가치나 물가수준을 대표하기에 어렵다는 논리이며, 그밖에 미곡에는 처음부터 경제적 조건 이외에 기술적 곤란성도 적지 않다. 그 중 가격의 지역적 변이성은 크고, 도량형 단위의 불통일 또한 문제이며, 더구나 이 상품의 질적 정조(精粗)나 시장 거래의 유형에 따라서 있을 수 있는 가격수준의 차이에 관하여

---

11) 강 용일(岡 庸一): 전게 제748면

역사적 자료는 너무나 한정되어 있는 형편이다.

그럼에도 불구하고, 동학란 전후의 내외지배시장이 대체로 미곡에 의하여 형성되고, 또한 미가의 등락을 마치 화폐가치의 변동을 대표하는 것으로 보아 온 습성은 뇌고(牢固)하다. 그리고 미곡 이외에 특별한 상품을 찾아볼 수 없다는 점 또한 틀림없는 현실이다. 그러므로 우리는 역설적이나마 미가의 동태를 부득이 묻지 않을 수 없거니와, 그것이 「인플레이션」 을 평가함에 상당한 사회적 의의를 보여 준다고 볼 수도 있다. 여기에 우리의 물가분석이 미가의 동태를 보는 데 어느 정도 치중하는 소이(所以)이다.

그러면, 여기에 구체적 하나의 국내자료에 의하여 동학란 전후의 미가를 살펴보기로 하자. 이 때 우리는 첫째 1883년 10월의 서울 시세(한성순보)[1]로 상미(上米) 백미 1승(升)이 5전(돈) 5분(푼)이었던 것이 3년 후인 1886년 9월(한성주보)[2]에는 2냥3전으로 폭등한 사실을 주목한다. 그리고 동학란 직후 1896년 4월(독립신문)[3]에는 그것이 3냥4전5분 수준에 달해 있었고, 중미(中米) 및 하미(下米)의 가격 또한 크게 올라가서 별표와 같은 변동추세이었음은 볼 만하다.

동학란 전후의 미가 동태

(단위: 백미 승(升))

년　월　일	상　미	중　미	하　미	참고(일본미가)(석당)
1883. 10. 1	5전5분	5전	4전9분	4.원 89전
1886. 9. 13	2냥3전	1냥5전	1냥7전	5.　33
1896. 4. 7	3냥4전5분	3냥2전	3냥	9.　01

자료: 상게 각 신문. 단, 1냥은 일본 화폐 단위로써 20전으로 불려 왔고, 여기에서 전(돈)은 일본의　2전에 분(푼)은 그것의 2리에 해당함.
　　　일본 미가는 中澤辨次郎, 「일본미가변동사」 1933에 의함. 단, 대판당도(堂島)정기미 평균시세

우리는 위의 자료에 의하여 어느 정도 물가 시세를 짐작할 수는 있으나, 물론 난 후의 국내미가가 위와 같이 계속하여 앙등한 것만은 아니다. 이른바 백동화 「인플레이션」 의 영향을 크게 받았으리라고 보는 것은 당연하며, 때때로 저락상을 보일 수 있었던 것 또한 틀림없는 사실이다. 이를테면, 1898년 10월 1일자 황성신문의 논설을 일부 빌어 보면

　　　「본래 5월 이래로 금은화의 가치가 등용(騰踊)하여 매 백 원의 가계(加計)(주 「프리미엄」)가 40여 원 지 (止)함에 백물이 칭시(稱是)하여 상황(商況)이 조잔하고 민산이 곤박하더니, 근일 가계는 20여 원이 저락하므 로 목하(目下) 급난이 잠서(暫紓)한지라 운운」 [12]

함을 볼 수도 있다. 다만 난 후 「인플레이션」 의 추세는 틀림이 없어서 위의 「가계(premium)」 의 일반적 추이 또한 대체로 계속 올라가 있었음이 분명하다. 그리하여 1902~3년에 이르자 그것은 급등세를 보여서 거의 100%에 육박한 실정에 이르렀다. 즉 당시의 일본화 백 원이 한화(백동화)

---

12) 여기서 화폐단위로서 원(元)은 일본의 원(圓) 또는 미불(달러)와 같이 보면 된다.

185원에 환산된다 함은 다음표에서 보는 바와 같거니와, 그 후 1905~6년에는 실로 백 원을 넘는 가계이었던 형편이다. 13)

한화 가계(加計) 추이(推移)

년 월	가 계	년 월	가 계
1901. 10	45전 8리(厘)	1902. 1	75전 3리(厘)
11	56전 1리(厘)	2	84전 2리(厘)
12	67전 3리(厘)	3	85전 4리(厘)

사방 박(四方博): 경성제대 법문(法文)학회: 「조선사회 경제사 연구」 중 논문, 제64면에 의함.
단, 이는 당시 일본인 인천 상업회의소의 조사 자료임.

그러나 우리는 위와 같은 가계만으로써 당장 미가의 구체적 내용을 파악하였다고 안심할 수 없다. 위의 실세로 환가되는 일본화폐나 본위화폐에 의한 미가의 수준이 어떠하고, 더욱 가계의 시행범위가 어느 정도에 달한 것인지 실태는 아직 분명하지 않기 때문이다. 그러므로 따져 보면 문제는 점차 복잡성을 면하기 어려우나, 우선 대세를 파악하기 위하여 당시 한국과 일본간의 수출입 미곡의 거래가를 알아보는 순서를 구태여 밟아 본다. 그도 자료가 반드시 완비되어 있지는 않는 형편이지만, 다음과 같은 문면과 아울러 어느 정도의 계수는 볼 만하다(다음표 참조). 즉, 우선 흉작이었던 1889년의 일로서

> 「당시 일본에서의 미곡은 비전미(肥前米)로서 석당 4원이었음으로, 이를 나가사끼(長崎)경유로 인천에 수입하면 현미 1석당 약 5원이 되고, 백미로서 약 6원이 원가가 되는 것이나, 이때에 인천에 있어서의 미가는 현미로 7원, 백미로 8원 내외이었으므로 석당 2원 내외의 이익이 얻어질 수 있다. 운운」 14)

더욱이, 동학란 전후의 미가추세는 다음표와 같이 수출미에 관한 단가를 계산해 봄으로써 좀 더 구체화시켜 볼 수도 있다. 우리는 그 중 특히 단가지수에 있어서 거의 백동화가치에 대한 가계(「프레미엄」)에 가까운 수출미가의 앙등세를 확인하는 것이 중요하다.

---

13) 1905년 1월 5일자 황성신문에 의하면 가계 1백 4원50전의 예를 볼 수 있다.
14) 조선농회 「조선농업발달사」 발달편, 1944, 제376~378면(水野秀雄 논문, 「미비(米肥)일보」 1937년 12월 5일, 7일자)

수출미가 추이

	수출수량 담(擔)	수출가액 (원)	단가(담(擔)당)(원)	단가 지수
1893	170,077	367,165	2,159	100.0
1894	376,239	979,292	2,503	115.9
1895	305,196	738,830	2,421	112.1
1896	906,585	2,509,343	2,768	128.2
1897	1,738,331	5,556,700	3,197	148.1
1898	652,402	2,759,046	4,229	195.9
1899	472,321	1,417,842	3,002	139.0
1900	1,145,805	3,625,629	3,164	146.5
1901	1,384,247	4,187,353	3,025	140.1
1902	948,008	3,524,619	3,718	172.2
1903	1,037,362	4,177,557	4,027	186.5

자료: 1902년까지는 加藤末郎; 한국농업론, 1904, 제20~22면
　　　1903년은 조선농회; 「조선농업발달사」, 발달편, 1944, 제378면

그러나 위의 수출미가 표에 나타난 단가는 말하자면 일본화폐 단가(원(圓))에 의한 국제적 거래가격에 불과하고, 반드시 국내 일반의 시세를 말한다 할 수 없다. 따라서 형식상 이것을 엽전이나 백동화와 같은 한전으로 환산한다면 때에 따라서 구구하고, 백동화 「인플레이션」 과 더불어 그 간에 훨씬 높은 단가수준이 예상된다는 것은 당연한 관계이다.

그밖에 가계의 환산을 정밀히 꾀한다 하여도 곧 생산농민의 방곡(放穀)가격이 반드시 이에 평행적인 것으로 간단히 추측할 수 없다. 오히려 일본상인은 경인지방에서 크게 저락된 백동화를 다량으로 구입하여 그것이 별로 유통되지 않는 지역을 찾아서 액면을 내세워 미곡을 강매입하였다고 보아지는 것이 일반인 까닭이다. 따라서 결과는 분명하다. 고미가의 이익은 주로 일본인 무미상(貿米商)의 취득한바 되어 있을 뿐 토착 농민의 것이 아니었다고 보아지고, 일본의 압력에 못 이긴 한(韓)정부 또한 백동화의 유통을 각 지방에 강요하고 있었던 환경 밑에서 더욱 그러한 가능성은 짙다는 것이 우리의 상식이다.

그러면, 참고로 동학란 전후 각기 10년을 놓고 볼 때, 전후 양단계의 「인플레이션」 속도를 나타낸다고 보아지는 미가상승율의 진행은 어떠한 것인가?

미가의 상승속도는 대체로 동학란을 고비로 비약적이었다고 볼 수 있지만, 그도 1901년에 이르기까지는 그다지 큰 격차는 아니었다. 그러던 것이 그 후 백동화 증발(增發)이 계속되고, 흉작(1901~2년)이 겹쳤으며, 무엇보다 무역규모의 확대, 특히 식량수출의 앙진 등 상업적 외래자본의 활동이 성행됨으로써 미가앙등의 요인은 좀 더 체계화하였다. 그에 따라서 「인플레이션」 의 선풍(旋風)을 보게 되었음은 당연하고, 백동화 「인플레이션」 의 고유한 이름은 바로 여기에 붙여진다. 다만 이 역시 농촌사회의 현물경제를 아직은 쉽사리 타파할 수 없었던 국면일 뿐이다.

지금 전 수개 표로써 표시한 미가의 실태 이외에 더욱 전(前)단계에 비할 만한 추가 자료를 살펴보는

것은 우리에게 유익하다. 이를테면, 1901년의 일본인조사의 예로서 경인지방의 백미 1승 가격이 평균하여 상 15전5리, 중 12전5리, 하 11전5리라는 것을 보는 것과 같은 예이다.15) 그러나 이때의 용량단위가 과연 전후 단계에 걸쳐서 일치되어 있는 것인지, 아마 전자는 한국의 시장 승(升)으로서 일본의 3.3승을 뜻한 것이리라.16) 따라서, 여기 1901년의 예는 한국 승으로 환산할 때 상 51전2리, 중 41전3리, 하 38전 정도에 해당한다. 그리고 결과는 물론 일본화폐단위의 표시이므로 이것을 만약 앞에서 본 「동학란 전후의 미가동태」에 비교해 보려면 화폐가치는 평가를 조절함이 요구된다. 그리하여 일본화폐와의 환산을 꾀해 볼 때 1901년의 평균 가계로서 대개 50~60%는 되었을 것이 추산되므로, 위의 상미는 적어도 76전8리, 즉 3냥8전(돈)4분(푼) 정도이다.

그러나 위의 추가 자료의 미가 역시 일본인이 비교적 많았던 경인지방의 것으로써 지배자본의 영향을 직접 받은 형성 예에 불과하다. 그것이 결코 토착농촌의 미가를 가리키고 있지 않음은 물론이며, 도시와 농촌 사이의 미가에 엄청난 차이가 있으리라는 것은 틀림없는 사실이다. 구태여 참고로 19011년경의 강경(江鏡)시장(은진(恩津)군 강경시장)에서의 조사 예17)를 보면 중등 품 현미 1석(일본 승(升))이 42냥이란 것을 볼 수 있다. 따라서 이것을 종래의 토착 시장 승으로 환산한다면 1승에 1.38냥에 해당하고, 다시 이것에 50% 가계를 더한 한화로 표시한다 하여도 2냥에 약간 미달한 가격수준이다. 이것이 결코 사태를 정확히 반영한 조사 예라고 우리는 보지 않지만 어느 정도의 경향을 나타낸 것으로 보아서 무방하며, 이 점 농업공황의 일 조건을 말해 주는 국면일 뿐이다.

Ⅲ. 백동화 「인플레이션」의 본원

동학란 이후 1900년대 초에 걸친 한말의 「인플레이션」을 총괄하여 흔히 백동화 「인플레이션」이라한다. 그것은 주지하는 바와 같이 「신식화폐 발행 장정」(1894년 8월)에 의하여 주행된 백동화의 지역적 집적에 연유한 물가고 현상을 가리키는 개념이다.

원래 백동화는 2전5분의 명목으로 구화(엽전) 25매에 해당한 규정이었으나, 그 실질 가치는 훨씬 그에 미달한 것이었다. 그러므로 처음부터 「인플레이션」을 곧 예상한 화폐이었다. 그럼에도 불구하고, 당초에는(적어도 1900년에 이르기까지) 통용화폐의 가계가 4할 정도(한정된 지역)로서 그쳤다는 점이 주목할 만하다. 그것은 일본화폐의 유통증대를 반증하는 일면으로 보아지는 사실이다.

그 후 백동화의 증발(增發)에 겸하여 사주(私鑄)와 밀주(密鑄)의 성행으로 위의 가계에 큰 등귀를 보았다 함은 이미 본 바와 같다. 더욱 정부는 점차 명목가치와 실질가치의 차이를 세입(歲入)의 큰 부문으로서 책정할 정도에 이르렀고,18) 그간에 횡재를 꾀한 관료의 개입을 보게 된 점 또한

---

15) 岡 庸一: 전게서, 제719면
16) 동상, 제967면
17) 동상, 전게서, 제76면
18) 건양(建陽)원년(1893년)의 재정세입에는 「주조비 수입」이 예산상 1,282.450원으로서 거의 지세수입에 접근하였다

숨길 수 없는 지표이다. 그러므로 일본인의 다음과 같은 논평을 보게 되었음은 표면상 당연하다.
즉

> 「근시(近時) 한정(韓廷)은 정화(正貨)를 주조하지 않고, 보조화인 백동화의 주조남발이 심하다. 왜냐 하면,
> 백동화는 그 재료실질이 10분의1 정도의 가치밖에 되지 않음으로서 한정은 이 차를 이득하기 때문이다. 근
> 시 아방(일본) 통화의 10전은 백동화의 18전 내지 20전에 해당한다. 운운」19)

그러나 좀 더 생각건대 백동화의 남발에는 이미 본 바와 같이 보다 근본적 동인이 숨어 있다.
흔히 왕실의 재정 곤궁이 백동화의 증발을 요구하였다고 하지만, 그것이 「인플레이션」의 결정적
동인이 되었던 것인지 우선 수량적으로 보아서 문제가 있다. 이때의 물가동향이 백동화의 가치저락과
어느 정도 상응되어 있다는 점은 앞에서도 본 사실이지만 백동화「인플레이션」의 주도적 파괴성을
마련한 것은 곧 이조(李朝)관부(官府)가 아니라는 것, 그 근원이 반드시 내재적이었다고 볼 수 없는
점, 차차 입증되는 한말의 국세(國勢)적 내막이다.

「신식 화폐 발행 장정」에 의한 신화폐

종목	호칭	상당 일본화폐	대 엽전 수량
은 화(본위화)	5냥	1월	500매
은 화(銀貨)	1냥	20전	100
백 동 화(白銅貨)	2돈(전)5푼(분)	5전	25
적 동 화(赤銅貨)	5푼(분)	1전	5
황 동 화(黃銅貨)	1푼(분)	2리	1

자료: 사방 박(四方 博); 전게서, 제60면

무엇보다 우리는 먼저 백동화의 유통지역이 경기지방에 편재(遍在)되어 있었고, 그가 북한지방의
도읍에도 보급되기는 하였으나 반드시 보편적인 것은 아니었다는 점에 주목한다. 더구나 남한 일대의
농민에 관한 한 그것의 수수(收受)가 끝까지 거부되었던 사실에 더욱 주목하지 않을 수 없다. 그러므로
「인플레이션」의 영향이 컸다고는 하나 백동화만이 화폐의 구실을 다한 것은 물론 아니다. 엽전
또한 전국적인 것으로 통용되고 있었고, 그밖에 일본화폐를 비롯하여 각종의 주화(鑄貨)나 지폐
등이 지역적으로 보급되어 있었던 실정이며, 백동화를 넘어서 일본화폐의 통용이 거의 주요도읍을
석권(席捲)하였던 것이 폐제(幣制)의 국면이다.

(더욱 후기재정관계 참조)
19) 加藤末郎: 「한국농업론」, 1904, 제48면

전환국(典圜局) 화폐 주조고(鑄造高)

(단위: 원(圓))

연차	5냥 은화	반원(半圓) 은화	1냥 은화	백동안화 (贋貨)	백동화	적동화	황동화
1892	19,923.00	–	70,402.20	–	51,853.00	91,678.00	889.42
1894	–	–	–	–	–	35,609.00	–
1895	–	–	–	–	160,869.35	179,476.86	4,220.63
1896	–	–	–	–	34,640.20	284,354.28	
1897	–	–	–	–	17,332.80	28,409.00	–
1898	–	–	35,788.60	–	348,994.50	248,305.45	
1899	–	–	62,991.60	–	1,281,637.95	34,202.00	
1900	–	–	–	–	2,030,463.10	–	
1901	–	209,744.50	–	–	2,873,829.95	–	
1902	–	705,593.00	–	87,297.50	2,885,903.85	14,752.00	
1903	–	–	–	34,115.00	3,610,189.50	57,639.00	–
계	19,923.00	915,337.50	169,182.40	121,412.50	13,295,714.20	971,429.27	5,101.05

자료: 김광진(金洸鎭); 「李朝末葉に於ける 朝鮮の 貨幣問題」(보전(普專)학회논집) 제1집 1934

그러나 위와 같은 지역적 제한 이외에 백동화 이외의 「신식 화폐」는 거의 유통된 바 없이 퇴장(退藏)되어 있었다. 그러므로 일본화폐의 통용은 날이 갈수록 위세를 발휘하였던 정황이다. 즉,

> 「본방(일본) 통화는 개항지는 물론, 그밖에 통용구역이 매우 넓다. 특히 원은과 같은 것은 널리 내지에 통용되고 더욱 제일은행권도 널리 통용되었으며, 근자에는 경부철도회사가 발행한 철도권으로서 50문권 100문권 등이 철도 연선에 쓰여 지고, 회사에서 각처에 그 교환소를 두어서 한전과 교환하고 있다. 그리고 이 통행권 또는 백동화를 안조(贋造)사주(私鑄)하는 자가 있음을 흔히 듣는 바이다. 운운 」[20]

그밖에 문란된 관기(官紀)를 틈타서 비록 백동화의 관부나 특권층에 의한 관주(官鑄)나 사주나 특(허)주나 묵주(黙鑄)와 같은 것이 있었다 하더라도, 거기에 아무런 제도적 규제가 없었던 것은 아니다. 국내 민간인에 관한 한, 국법으로 엄히 다스렸던 것이 사실이다. 더구나 관사주(官私鑄)를 막론하고, 지금(地金)인 백동 원료인즉 국내에서 용이하게 구할 수 없었고, 따라서 그것은 주로 일본에 의존할 수밖에 없었던 사정이므로 국내 사주에 관한 한, 큰 규제가 아닐 수 없었다. 백동화 「인플레이션」이 이른바 특주(特鑄)나 국내의 사주나 위폐의 성행에 관련되지 않았다고 볼 수 없는 반면에 보다 깊은 원인이 주로 외국인 측 자본의 작폐(作弊)에 의한다고 보는 것은 오히려 자연스러운 소견이다. 여기에 구태여 일본인 학자의 기록을 빌려 보면 다음과 같다. 즉,

> 「특주에 있어서 외국인이 이것을 일종의 이권으로 간주하여 책동을 하였음은 저명한 사실이다. ……사주에 이르러서는 적어도 이에 기민하고 수동 각인(刻印)기를 비장(秘藏)할 만한 자력을 가진 자로서, 이에 종사하지 않는 자는 우자(愚者)라고까지 일컬어 왔다. 특히 체류 외국인은 그 치외법권이 있으므로 한층 편리하여

---

20) 加藤末郎: 「한국농업론」, 1904, 제49면

흔히 한인과 제휴하여 이에 종사한다. 더욱 외국에 있어서 각인하여 밀수입하는 자 또한 적지 않다. 특히 일본 내지는 그 지리상 및 밀수의 편의상 중심 책원지인 관이 있다. 운운」21)

사실 외국인 유력자의 백동화밀주는 날이 갈수록 공공연한 행패로서 성행을 보였다. 예컨대,

「평안도 운산 금광 내에서는 대규모로 백동화를 사주하고 있다. 특히 전환국(典圜局)의 정주(停鑄) 이래 한층 활발하게 주조하고 있다. 그리하여 감리는 이것을 알면서도 왠일인지 묵과하고 있다. 운운」22)

한 보도도 있었다 하고, 그밖에 외국인 성당이나 교회 내에 시설을 차려 놓고 그 위조를 일삼고 있었다 한다.23) 그 가운데 밀수입의 주요 근원지로 되어 있는 것은 일본의 대판(大阪)지방으로서, 당시의 일본 측 기록을 찾아보면 다음과 같다. 즉,

「작금(昨今) 대판(大阪)지방의 제강회사 가운데 백동화를 안조하여 완제품으로서 1개 1전5리 내지 2전의 가격으로 대거 밀수입을 시도하는 자가 있으며, 이제 인천 기타 각지 상인은 거의 이 일에 관계치 않는 자가 없는 형편이다. 운운」24)

그밖에 국내에 엄연한 감시제가 없지는 않았으나,

「당시 탐욕배들이 백동화 주조의 난맥에 승하여 별도로 위조, 악화(惡貨)의 수입을 개시하였고, 혹은 이를 죽간이나 탄표(炭俵) 가운데 은닉하거나 또는 된장 통이나 귤 상자 속에 혼입하여 교묘하게 세관리의 눈을 속여서 한국 내에 사용하였다. 운운」25)

함을 볼 수 있다. 그리하여 「인천부사」에 의하면, 인천항에 유통하는 백동화는 거의 사주의 것이었다고 하는 정도이다.26) 따라서 앞에 제시한 백동화의 「전환국(典圜局) 주조고(鑄造高)」 통계는 반드시 그 실태를 가리키고 있지 않는 것이 분명하다. 거기에는 바로 토착경제의 주체성을 기저 면에서 파괴하는 위와 같은 밀사주의 엄청난 분량이 포함되어 있지 않기 때문이다.

그런데 백동화 가치의 저락을 가져온 사주나 위폐의 위와 같은 난맥(亂脈)상은 당연히 국내 물가고를 가져오는 동시에 일본화폐의 상대적 지위향상을 가져왔다. 「그레샴」의 법칙에 따라서 국내의 기타 화폐나 일본화폐(원은,圓銀)의 퇴장과 국외수출을 보게 됨도 또한 필연적 논리이다. 더구나 「신식 화폐 발행 장정」에 의하여 일본화폐는 사실상 무제한 국내통용이 공인되어 있었던 만큼27) 그것은 처음부터 예상되었던 사태라 할 수 있었다. 이에 의한 지역적 물가고는 매우 컸으며, 그 중 경인지방에서 일본인 상업회의소에 의한 백동화 대 일본화폐의 환가(가계) 시세는 이미 표로써 나타낸 바와 같이, 날로 올라가고 있어서 노일전쟁에 임박해서는 200원을 넘었던 실정이다. 그러므로 일본무역상은 밀수입한 백동화를 염가로 취득하거나 일본 화폐로써 거의 반가인 백동화를 구입하여

---

21) 사방 박(四方 博): 전게서, 제62면
22) 강 용일(岡 庸一): 전게서 제416면
23) 동상, 제417면
24) 「은행 통신록」1902년 6월호 제34권 제205호
25) 加藤攷 之助: 「한국경제」1965, 제65면
26) 고승제(高承濟): 전게논문. (서울대학교 논문집 인문 제2집, 제245면)
27) 「신식 화폐 발행 장정」제7조: 신식화폐다액주조지선 득잠혼용외국화폐 단여본국화폐동질동량동가자허통행(新式貨幣多額鑄造之先 得暫混用外國貨幣 但與本國貨幣同質同量同價者許通行)

유리한 그것의 유통지역을 찾아서 미곡이나 그 밖의 토착산물을 수매하여 막대한 이득을 점하고 있었다. 그것은 엽전을 구입하느니 보다 훨씬 그들에게 유리한 거래방식이었던 것이니, 이 점을 당시의 국내 신문은 일본상인의 활동과 백동화의 이동관계에 관련하여 다음과 같은 관심을 나타내고 있다. 즉, 이를테면 1902년의 예로서

> 「일본상민이 무미(貿米) 차(次)로 백동화 10만7천원을 증남포(甑南浦)로 수출하였다는 사난 본보에 이기(已記)하였더니, 금문(今聞)한즉 작일(昨日)에 미 3천2백포와 재작일(再昨日) 미 8천 백 포가 증남포로부터 인천항에 수입하였더라. 운운」 28)

그렇다면, 백동화를 실지에 영리적으로 이용한 편은 일본상민이며, 그들의 거래량 또한 그 시세를 좌우할 만큼 막대한 것이 보통이었다고 볼 만하다. 여기에 백동화의 발행은 촉진되었을 뿐 아니라, 「인플레이션」의 속도 역시 가증(加增)되었던 것이 틀림없는 사실이다.

한편, 미가의 동태를 위에 따라서 보건대 그 또한 일본무역상의 내외화(貨) 방출량에 크게 지배되고 있었음을 부인할 수 없다. 그도 일본화폐의 국내통용이 백동화 가치를 절대적 및 상대적으로 저락시키는 동시에 그 유통속도를 촉진시킴으로써 중첩적 역효과를 이 땅에 초래한 것이다. 그리하여 필경 우리는 백동화 가치의 등락이 일본인 무미를 계기로 한 내외 상인 간의 그와 같은 화폐적 조작에 있었다는 점, 구체적 예를 한말의 보도에서 간단히 찾아볼 수 있게 된다. 즉,

> 「본래 5월 이내로 금은화의 가치가 등용(騰踊)하여 매 백 원의 가계가 40전원에 지(至)함에 백물이 칭시(稱是)하여 상황(商況)이 조잔하고 민산이 곤박하더니, 근일 가계는 20전원이 저락하므로 목하 태난(怠難)이 잠서(暫紓)한지라, 기 원인의 여하를 추구하건대 군수 관객과 경향사리배(京鄕射利輩)가 각 군 공전(公錢)을 야획(挪劃)하여 각 포구에 곡물을 무치(貿置)하고, 시세만 관망하다가 도지(度支)에다 해(該)공전(公錢) 독납함이 심 급하매 반동운서(搬東運西)하고 발하탱상(拔下撑上)하므로 국고에 소입한 동화가 기(幾)십만 원에 지(至)하니 도하(都下)에 보조화(백동화)의 현행 액이 감소한즉 기 가계 저락한 유일야(由一也)오……금추(今秋)에 일상(日商)들이 매곡에 주력하기로 기취(己聚)한 금은화를 발산하여 엽동(葉銅)을 교환하매 본위화의 현액이 점자(漸滋)하니 기 가계 저락한 유삼야(由三也)라 운운」 29)

그러나 백동화 가치의 급속한 저락은 드디어 일본상인에 대하여 또한 타격이 아닐 수 없었다. 일반 민중이 그것의 수취를 주저함으로써 거래의 제약이 불가피하게 되었던 소치이다.

사실, 백동화의 가치저락이 어느 수준 이하에 끼치게 되자 그것의 유통은 정부의 강요에도 불구하고 점차 거래의 제약조건이 되었다. 사주의 이득마저 줄어진 반면에 그 통용이 점차 어려워졌기 때문이다. 그럼에도 불구하고, 경제규모의 확대는 양화(良貨)증발이 불가결의 요청이 있었으므로 1902년 초에 이르러 백동화 가치의 격락을 계기로 하여 일본정부 당국 스스로 화폐개혁 단행을 요구함에 이르렀다.30) 즉 그는 상인 일부의 반대를 무릅쓰고 외국 사신까지 움직여서 「사신회의」의 이름으로 한(韓) 정부에게 백동화 주조(鑄造)의 정지, 특주(特鑄)의 폐지, 지동(地銅)의 수입 금지 등의 건의를

---

28) 황성신문: 광무(光武) 6년(1902년) 3월 28일자
29) 황성신문, 광무(光武) 3년(1899년) 10월 10일자
30) 일부 상인은 아직 「그 극도의 저락이 점차 활로를 발견하는 소이로 보아서 의견의 일치를 보지 않았다.」 사방 박(四方 博): 전게서, 제69면

감행하고 강압함과 동시에 스스로 자국 측의 위조 밀수를 또한 엄금함에 이르렀던 것이니 일본 당국은

> 「위의 정주(停鑄)의 약속 실행을 감시함과 아울러 일본 내지(內地), 특히 대판(大阪) 부근을 중심으로 하여 백동화 또는 동지병(同地餅)의 밀조 밀수가 많았으므로 국제 정의상 동년 11월 7일의 칙령으로써 한국 통화의 위조 및 수출을 금지하였다.」31)

고 알려져 있다. 그리하여 그 일본 측 칙령(3조)의 주 내용을 간단히 보면 다음과 같다.

> 제1조 한국통용의 백동화는 이를 위조 또는 변조할 수 없다.
> 제2조 위조 또는 변조한 한국통용의 백동화는 이를 제국으로부터 수출하거나 또는 한국에 수입하며, 또는 이를 행사하거나 또는 행사의 목적으로써 수득할 수 없다.32)

결과는 분명히 그 동안 일본 측의 밀조·밀수가 자행되어 있었다는 사실을 반증하는 것이나, 그들 자성은 없었다. 그들은 그 후 의연 한정(韓廷)의 폐정(幣政)만을 논란하여 마지않았고, 당시의 한국 정계나 국내의 일반 식자 또한 이에 동조하고 있는 처지이다.

물론 위의 건의 역시 일본 측의 입장에서 나온 소행이지만, 당시의 국내 여론이나 지방민의 백동화에 대한 불신과 무언의 배척 운동이 치열하였음은 틀림이 없다. 그에 따라서 시급한 폐제(幣制)의 개혁이 논의의 대상이 된 점 또한 불가피한 사실이다. 이를테면 황성신문은 1898년 10월 1일자의 논설에 이르되 다음과 같이 기(記)한다. 즉

> 「금(今)에 외국인들은 박론을 호발(互發)하여 백동화를 정행(停行)도 하고, 한정(韓廷)에 권고하기로 건의도 하는데 유아(唯我) 정부 제공(諸公)들은 국민의 호기를 이연막성(怡然莫省)하니 애재(哀哉)로다. 운운」

한편, 한말 정부 또한 외국인 밀수에 의한 폐정의 문란에 무관심하였던 것은 아니다. 위의 「사신회의」의 건의에 따라서 외무대신의 명의로 외국인 총 세무 「브라운」에 대하여 다음과 같이 지시한 바 있었다. 즉,

> 「금일 외국인이 백동화의 지금(地金)을 수입하여 사주(私鑄)의 폐가 점차 치열함으로써 각 상항(商港)에 있는 해관의 취체(取締)를 엄행하여 외국으로부터 수입해 온 물품은 일물의 빠짐없이 궤자 및 포낭 중의 것일지라도 일일이 상사(詳査)하되, 만약 백동지(白銅地), 그밖에 사조(私造) 기계가 있으면 이것을 압수하여 보고할 것」33)

과 각 항의 감리에 훈칙(訓飭)하여

> 「만약 내외국인으로서 백동지금(白銅地金)을 은밀히 수입하는 것을 발견할 때에는 즉시 당해 영사관에 이조(移照)하되 현물을 몰수하여 그 외인의 퇴한(退韓) 처분을 청구할 것」34)

을 명령함과 같다. 그에 앞서 1901년에는 「칙령 제4호」로써 「러시아」 재정 고문(顧問) 「알렉세프」로 하여금 독자적 「화폐조례」를 작성케 하기도 하였다. 그러나 다만 그 어느 것이나

---

31) 사방 박(四方 博): 전게서, 제69면
32) 일본 칙령 제256호(1902년 11월 15일 시행)
33) 강 용일(岡 庸一): 전게서 제28면
34) 동상

실효를 거두지 못한 채 근본적 사태 변경을 1905년의 일본인에 의한 화폐 정리 사업에 넘겨주고 말았을 뿐이다. 문제는 앞에서 일본 당국이 백동화의 정주를 요구한 내심이 반드시 한국 화폐 제도의 독자적 개신이 아니라 백동화의 제거로 말미암아 일본화폐의 한국 통용이 전면화 되기를 기대하는 데 있었다. 적어도 일본 화폐제도에 준한 제도의 도입을 기도한 바 있었음은 틀림없는 사실이다. 그 점은 일본 측이 스스로 권장한 「신식 화폐 발행 장정」의 공포에 앞서서 자국 본위화폐제도의 한국 연장을 꾀한 바에 의하여 분명하거니와, 그 후 국제 정세의 미묘한 전개는 그로 하여금 그 필요성을 강조하기에 이르렀고, 일부 일본 상인층에 이르러서는 백동화의 가치저락을 그대로 방치하여 자국 화폐의 자연 유통을 꾀함이 옳다고까지 주장한 바 있었다.35) 그리하여 시기를 기다렸던 일본은 1897년에 금화(金貨)본위제도로 전환함에 따라서 한국 화폐의 조종 관리에 자신을 가지게 되자, 이 땅에 새로운 자국 본위의 폐제수립을 요구하게 되었으나, 이것이 이 땅의 폐정에 대한 일본 측의 건의나 간섭으로 나타난 배경이다.36)

   두 말할 것 없이 일본 화폐의 국내 통용이나 일본 폐제의 한반도 이식은 일본 자본에 대한 편익외 조건일 뿐 아니라 국내 경제의 대일 의존도를 철저히 높여 준다. 자주적 통화 관리력이 여기에 종말을 고하기 마련이다. 그럼으로써 「인플레이션」과 공황 또한 스스로 규제할 수 없이 오히려 식민지적 경제기구를 기저적으로 흔들어 놓게 된다. 일화의 배타적 지배력이 결정적으로 확대됨은 물론이다. 그 가운데 일본에 경쟁적인 각국은 이때에 일본의 백동화 정주용구에 표면상 동조하면서도 내심 은근히 반대하고 있었다. 단합되어 있는 일본 상민들만이 개별적 이해를 넘어서 유난히 백동화 배척운동을 치열히 전개하고, 각종의 자국에 유리한 조건의 관철방법을 내세우고 있었던 것이 실정이다. 그 증거로서 위의 「합의」에 참가하였던 「러시아」 공사(公使) 「바프로우」는 고종(高宗)왕을 배알한 자리에서 자신이 한국의 폐정에 직접 개입할 의사가 없음을 말함으로써 은근히 일본의 태도에 반대하는 입장을 취하였다고 알려져 있다.37) 국내의 식자층도 점차 일본의 계략을 알기에 이르렀으나 이미 대세는 기울어져 있었으므로, 독자적 해결을 보지 못한 채 1904년의 노일전쟁을 맞이하였던 것이 그간의 경위이다.

   그러면 동학란 후 백동화의 유통이 한창일 때 일본화폐의 국내 통용량은 어느 정도에 이르렀던가?

   「신식 화폐 발행 장정」에 의한 백동화의 발행은 전환국(典圜局)의 주조분(鑄造分)의 관한 한, 1897~8년까지는 앞에서 본 바와 같이 수십만 단위에 불과하였다. 따라서 국내통화로는 엽전이 압도적이었고, 경인지방이나 각 개항구에 있어서는 오히려 일본화폐의 유통이 주도적인 것이었다. 그 중에도 엽전은 이미 주조가 중단된 상태였고, 그나마 퇴장(退藏)이나 수출되는 기세에 있었으므로 일본화폐의 통용량은 점차 우세한 실력 수준에 있었다고 보아진다. 그리하여 난 직전의

---

35) 황성신문, 광무(光武) 6년 11월 25일자(인천, 일본인 상업회의소 결의문)
36) 자세히는 최호진(崔虎鎭): 「한국화폐 소사(小史)」 1974 등 참조
37) 사방 박(四方 博): 전게서, 제68면

위조(僞鑄)단계에 있어서 엽전의 전국 유통량은 약 800~1000만 원으로 추산된 데 대하여, 난 직후 1897년 하계의 조사라 하여 알려진 일본통화량은 놀랄 만큼 300~350만 원에 달하였다 한다. 거기에는 물론 일반 화폐만을 말하고 있으므로 신용화폐를 넣고 보았을 때 일본통화의 양적 수준은 훨씬 올라가는 추산이다.

물론 1897년 10월에 이르러 일본의 금화본위제 채택으로 말미암아 일시 한국 내 일본화폐의 수속(收束)을 보았다는 사실을 우리는 알고 있다. 그러나 그 사후 대책은 재빨리 일본에 의하여 취해졌다. 알고 보면 1897년 이후 매년 백만 내지 2백만 단위를 넘은 백동화 주조 등의 증대를 보게 된 지배적 동기 역시 이미 대량유통을 보게 된 일본은화의 일시적 수속에 있었고, 그것에 대비한 조치였다고 보아서 틀림이 없다. 즉, 일본의 폐제전환으로 말미암아 국내 화폐의 충족이 요구되었으므로 그것이 곧 백동화의 남발을 촉구한 계기로 된 것이다. 실은 그밖에 「러시아」 재정고문 「알렉세프」에 의한 일본화폐 배척운동이 일시 일본화폐의 통용을 감축시킨 일도 없지 않았으나, 지금 그러한 과정에 있었던 1902년의 「믿을 만한 조사」라 하여 일본인에 의한 일본 은행권 및 일본 은화의 지방별 유통고는 대체로 다음과 같다. 이 또한 100만 단위를 훨씬 넘는 거액의 표시이다.

일본화폐의 지역별 유통고 (1902년)

유통 지역	지　　폐	구　은　화	계
경기·충남	550(천원)	150(천원)	700
평안·황해	100	300	400
전라·경상	150	50	200
강원·함경	70	30	100
총　　　　계	870	530	1,400

자료: 「조선협회회보」 1902년 7월호, 제3면

그러나 무엇보다 여기 통계에는 바로 1902년 5월부터 발행하기 시작한 일본의 제일은행권이 포함되어 있지 않음에 우리는 각별히 주의한다. 일본의 화폐본위제 변경에 따른 국내은화의 수속(收束)에 대비하여 일본 측은 제일은행으로 하여금 은행권의 국내통용을 크게 꾀한 까닭이다.[38]

제일은행권의 발행은 「신식 화폐 발행 장정」에도 없는 일이며, 일본 금융자본의 노골적인 횡폭(橫暴)를 뜻하는 조치임에 틀림이 없다. 따라서 당시 국내의 식자 간에 반론이 비등(沸騰)하였고,[39] 국내 관리 또한 이를 제지하기도 하였던 문제이나, 이때에 일본 측은 자기본위의 각종 구실을 내세워서 강압적으로 은행권 발행을 증대시켜 나아갔다. 그것이 백동화의 증발과 때를 같이 하여 동일 지역에 집중적으로 경합을 보게 되었으므로 「인플레이션」이 격성(激成)된 것은 불가피한 추세이다. 여기에

---

38) 「제일은행 50년사」 1926, 제88면
39) 예, 1903년 2월 20일자 황성신문 참조

이른바 백동화 「인플레이션」 의 근원이 반드시 내재적인 것이 아니라는 것은 분명하고, 일본 자본의
활동기구를 좀 더 널리 살펴보아야만 하는 동기는 자못 뚜렷하다. 그들의 통화량이 지배적으로
토착경제를 뒤흔드는 가운데 일본의 식민지 작업은 이 땅에서 착실한 진행을 보이고 있었기 때문이다.

Ⅳ. 난후 경제와 일본자본

우리는 위에서 동학란 직후의 백동화 「인플레이션」 이 이를 화폐 양적 측면에서만 본다 하더라도
이른바와 같이 한말 관부나 왕권의 낭비나 취리(取利)행동에서 유발된 것이 아니라 외래적인 것임을
확인할 수 있었다. 그밖에 정치적 배경은 고사하고, 총체적으로 일본자본의 침략적 활동에 문제의
근원이 있었음은 거의 입증된 사실이다. 알고 보면 백동화 「인플레이션」 압력이 비록 토착경제의
안정을 해친 바 큰 구실을 겸하였다 하더라도 백동화 그것이 단독적으로 동학란 후의 한반도 지위에
위기를 가져온 동인은 아니었다. 군국주의의 배경은 가진 일본자본의 침투가 점차 노골화함으로써
취약한 토착경제의 기저적 동요를 불가피하게 한 것이 주어진 조건이다. 바로 그 동요의 집약적
계기라는 것이 「인플레이션」 과 농업공황이었음은 이 땅에 있어서 당연하다. 우리는 다만 이들의
공통적 연결성이 이때에 유난히 부각됨을 볼 뿐이다.

우선 일본 자본의 침입에 관련하여 동학란의 획기성을 가장 기본적으로 표시하는 것은 곧 조세의
금납제에 따른 지대의 화폐화 과정이라 할 수 있다. 금납인즉, 일본자본의 활동 무대를 이 땅에
설정하였던 실효적 동인이었으며, 「인플레이션」 과 농업공황의 발견을 매개한 조건 그것이다.
다만 우리는 지금 지세 금납제로 말미암아 이 땅에 화폐 경제가 어느 정도의 진전을 보게 된 것인지
이 점에 대한 구체적 분석에 접해 있지 못하다. 설령 금납화 조치로 말미암은 화폐화 과정이 어느
정도 추산될 수 있다 하더라도, 그 비중을 들어서 당장 전체 경제를 평가하는 것은 아직 시기상조이다.
따라서 우리는 그것의 절대 액을 부질없이 따질 것이 아니라 문제의 실효성에 보다 관찰을 깊이
가하여야 한다. 요는 지세 금납화로 인하여 농민의 궁박 요인은 크게 가중하였다는 것, 그로 말미암아
세리(稅吏)에 의한 세납상의 작간을 면하기 어렵게 하였다는 것, 필경 납세기에 임하여 농민의
일시적 현곡 방출을 보게 된다는 것, 곡가 변동의 부담을 농민이 떠맡기 쉽다는 것 등이 당장 눈에
띄는 변동 조건이다. 이에 따라서 일본인 상업자본의 활동은 말할 것도 없거니와 고리대자본의
횡폭은 한층 막기 어렵게 되었다. 소농의 화폐 요구도(要求度)는 높아 가고, 자급 체제는 점차 이완되고
마는 까닭이다.

지금 참고로 건양(建陽)원년(1896년)의 금납 조세 수입의 예산내용과 그 후 수 개 년의 지세를
보면 다음과 같다.(표의 내용은 예산액이므로 실수(實數)는 절반이하로 보아서 무방하다.)

조세 수입(예산) 항목　(1896년)

종별	금액 (원(元))	비율(%)
지세(地稅)	1,477,681	60.9
호포전(戶布錢)	221,338	9.12
잡세(雜稅)	9,132	0.4
인삼세(人蔘稅)	150,000	6.2
사금세(砂金稅)	10,000	0.4
항세(港稅)	429,882	17.7
기왕년도수입	130,000	5.3
계	2,428,033	100.0

자료: 경성제대법문학회 「朝鮮經濟の硏究」, 1929, 제561면

한말 지세 수입 추이

연　　차	세　수　액 (원(元))
1900	2,981,318
1902	4,488,235
1903	7,603,020
1904	9,703,591

자료: 전게서 및 「대한제국관보」, 조선 총독부; 조선토조사=지가설정=21설명서 1917,제41면

　　주지(周知)하는 바와 같이 1894년의 통제개혁에 있어서 각종 명목의 지세(전세(田稅)·대동(大同)·삼수미(三水米)·결작(結作)·포량(砲糧)·화전세(火田稅) 및 노세(蘆稅) 등)는 금납지세로 총괄되었다. 그와 동시에 당초 1결(結)에 대한 세액은 표준적으로 30냥이 되었고 실지로 이것은 당년의 현물기준(27두(斗) 4승(升))의 표준가액이었다. 따라서 그 자체 결코 과분한 것은 아니었으나40) 그 후 점차 세율이 올라갔다는 사실은 고사하고, 의연 세 아닌 잡세 부담이 늘었다는 점을 간단히 잊을 수 없다.41) 그것은 두 말할 것 없이 농업부담의 가중을 뜻하는 동시에 화폐경제의 촉진상황을 말해주고 있으며, 무엇보다 생산농민의 계절적 궁박 판매를 자아내는 동인이 되었던 까닭이다.

　　조세의 금납화에 병행하여 국고 회계제도의 개혁 또한 화폐경제의 발전에 기여하였음은 다시 말할 것도 없다. 요는 화폐로써 국고재정이 편성되는 동시에 경제개발의 진행에 따른 화폐지출의 양적 확대를 스스로 보게 되는 소이(所以)이다. 여기에 자연경제의 파괴를 보는 가운데 자본침입의 동인은 스스로 강화한다. 우선 무엇보다 화폐수입을 떠나서 이윤의 타산은 어렵게 되거니와, 지금

---

40) 1900년에는 매 결(結)당 50냥으로 되었다.
41) 「잡세 혁파에 관한 논의」 (일성록: 건양(建陽)원년 7월 3일조)

참고로 난후 수년에 걸친 세입세출 예산 표를 게기하면 다음과 같다. 이 또한 반드시 그대로 시행된 것은 아니며, 그동안 화폐가치의 변동이 있었다는 점을 아울러 보아야 하나 전체적 화폐화 진행은 어느 정도 감출 수 없는 사태이다.

동학란 후의 세입세출(歲入歲出) 추이

연 도	세 출			세 입	국 채
	경 상	임 시	합 계		
	(원)	(원)	(원)	(원)	(원)
1895	–	–	3,844,910	4,468,587	508,805
1896	5,944,531	372,300	6,316,831	4,809,410	497,381
1897	3,977,647	222,780	4,190,427	4,191,192	520,626
1898	4,419,432	106,098	4,525,530	4,527,476	412,690
1899	6,428,229	42,903	6,471,132	6,473,222	1,393,491
1900	6,058,972	102,899	6,161,871	6,162,796	133,955

자료: 전게 제서

그러나 우리는 동학란 후 일본상업자본의 독점적 활동 강화로 이 땅의 화폐화 과정이 촉진된 사실에 더욱 주목하지 않으면 아니 된다. 난후 수년에 거의 배증(倍增)한 무역동태만을 본다 하더라도 그것이 전적으로 일본인에 의하여 영위되어 있었던 만큼 저간(這間)의 사정은 거의 분명한 관계이다(다음표 참조)

동학란 전후 무역 동태

연	수 입	수 출	입 초
1889	3,409	1,256	2,143
1890	4,753	3,576	1,177
1891	5,285	3,395	1,890
1892	4,622	2,468	2,154
1893	3,905	1,723	2,182
1894	5,923	2,403	3,520
1895	8,339	2,733	5,606
1896	6,669	4,866	1,802
1897	10,179	9,085	1,093
1898	11,921	5,813	6,108

자료: 「조선무역사」, 1943, 제55~56면

사실, 개항 초기에 있어서도 일본인의 상권 지배는 이 땅에 압도적이었다. 비록 청국이 경쟁자로 대립하여 있었다 하나 대세는 기울어져 있었던 실정이다. 그리하여

1882년 오로지 한국의 부속국적 상태에 있음을 이용하였지마는 조약의 정결(訂結)상 자국 신민(臣民)의 이익이 될 만한 특권을 배득(配得)할 수 없이 그 후도 한국시장에서 일본상품과 경쟁함에 유력한 특권을 향유할 수 없었다.42)

그밖에 「러시아」를 비롯한 서유럽 각국의 침입 기세를 각 방면에 본 바 있었으나 일본을 꺾지 못하였고, 대체로 청일전쟁을 기다릴 필요 없이 그들은 불원간(不遠間) 퇴진의 운명에 놓여 있었다. 그뿐인가, 일본의 배타적 무역 실적은 올라가기만 한 가운데 동학란 후 1898년 1월까지 유력한 일본상역의 지원 단체인 「일한 무역 연구 장려회」에 가입한 일본인 상인 수는 이미 440인에 달하였고, 1899년 1월 1일 현재로 부산항만 하더라도 다음과 같은 일본상인들을 보게 되었다. 그에 따라 그들은 거류지의 확장을 요구함에 이르렀던 정도이다.

일본인 상업자 (부산)

중개업	110(명)	금속품소매상	131(명)
무역상	84	약종상	15
도매상	18	잡화상	491
직물소매상	10		

자료: 「한국지」, 제134~135면

그밖에 동학란 직후 인천에는 같은 유형의 일본상인이 800인을 산(算)하고, 원산에는 133이었다고 한다. 그리고 1896~1897년의 이들 각 항(港)에 산재한 각국 상사의 수적 분포를 대조해볼 때 역시 일본자본의 우세는 여실한 태세이다(다음표).

각국 상사 분포 (1896~1897)

각 국	부 산	인 천	원 산
일 본	132	26	52
청	14	16	12
독 일	-	2	-
미 국	-	2	-
영 국	-	1	-
프 랑 스	-	1	-

자료: 「한국지」 제136~137면

그런데 이때에 일본상인은 개항 도시에만 집거한 것이 아니라 이미 농산촌에 깊숙이 침입하기 시작하였으나 「한국지」는 이 점을 다음과 같이 전해주고 있다. 즉

---

42) 노서아대장성(露西亞大藏省): 「한국지」, 1905, 제132면

> 「일본 잡화상의 대부분은 무역항에서의 영업에 만족하지 않고, 비상한 곤란을 겪으면서 내지에 깊숙이 들어
> 가되 그 상화(商貨)는 모두 이를 일종의 이륜차에 싣고 하주(荷主) 스스로 이를 운전하는 것이나, 그 중에는
> 무엇이든지 수요에 응할 만한 다종의 상품이 실려 있다. 이 상업의 특질은 반드시 일본산이라는 것, 그리고
> 상인은 귀도(歸途) 현금을 가지고 오지 않고, 차상(車上)에 미곡을 만재하되, 포겟에는 인삼 및 사금(砂金)을
> 충만시키고 돌아옴에 있다.」 43)

물론 일본인은 무역상이나 행상에 그쳐 있지 않고 또한 고유한 상업에만 종사한 것이 아니었다. 그들은 거의 예외 없이 고리대의 겸업자이었음은 누구나 아는 사실이다. 이 점은 실로 개항 초기부터의 통폐에 속해 있거니와, 이들 상인의 배후에 제일은행을 비롯한 일본 측 금융기관(오십팔은행, 제십팔은행 등)이 도사리고 있었다는 점 또한 주목된다. 물론 이때에 토착 은행이나 토착 상인이나 각국 상사나 각국 은행이 없었던 것은 아니다, 그들은 일본 측에 밀려 있었던 빈약한 존재이었을 뿐이다.

그 가운데 특별히 일본의 제일은행으로 말하면 은행권을 발행할 만큼 컸었고 노일전쟁에 앞서서 실질상 이 땅의 중앙은행으로서의 구실을 하게 되었다는 점 이미 언급한 바와 같다. 동 은행의 업무내용은 다기(多岐)하나, 그 실적인즉 모름지기 「인플레이션」 이나 공황의 조건과 관계되지 않음이 없었다고 보아진다. 요컨대 그는 일본 금융자본의 선봉으로서 한말 경제의 중추를 일찍이 지배하였고, 일본 산업자본을 지원하여 그들 세력을 이 땅에 부식(扶植)하였으므로 타율적 화폐화 과정이 그를 통해 촉진된 것은 당연하다. 지금 이 은행의 몇 가지 활동항목을 좀 더 자세히 나누어 보면 다음과 같다.

1) 첫째로 1902년 제일은행에 의한 은행권의 발행은 즉시 「인플레이션」 의 원인으로서 손꼽지 않으면 아니 된다. 그것은 단순히 「인플레이션」 에 관련될 뿐 아니라, 직접적으로 토착경제를 제압하고 수탈하는 수단으로 쓰이기도 한 것이다. 따라서 아무리 자주권한이 억압된 과정에 있었던 한말 관부라 할지라도 그 은행권 발행에 대하여 호감을 표시할 리 없고, 국내 식자 간에 반론이 비등한 점 오히려 당연하다.44) 그럼에도 불구하고 제일은행 측은 거래의 불편을 구실삼아 발권을 지속할 뿐이었으니, 그는 말하되

> 「한국시장에 있어서 거래의 매개물로서 우리(일본) 1원(圓) 은화 및 일본 은행권의 유통은 오래 된 일이지
> 만 1897년 이후 1원 은화가 폐지되고, 신각인부(新刻印付) 1원 은화가 이에 대신하여 쓰여졌으나, 그 후 발
> 행되지 않았으므로 유통고는 스스로 감소하여 북청사변(北淸事變)에 이르러 모두 유출됨으로써 흔적을 감추
> 고 말았으며, 더구나 일본 은행 태환권도 점차 회수됨으로써 1900년경에는 청상(淸商)이 발행한 전표(錢票),
> 아 상인이 발행한 한전 예치어음, 관주·사주의 백동화 등이 시장에 넘쳐서 거래의 위험이 말할 수 없었고,
> 한국 해관에서는 원은(圓銀), 「멕시코」 은, 일본 화폐로써 해관세를 징수하는 규정이므로 특히 심한 불편을
> 느꼈다. 운운」 45)

---

43) 「한국지」 제135~6면
44) 예: 황성신문; 1902년 3월 21일자
45) 「제일은행 50년사」 (전게), 제87~88면

그밖에 일본 당국이 내세울 바, 「무역시장에서 장애와 해관세 수수상의 불편을 제거하고, 금융의 소통을 꾀한다.」는 명분 밑에 제일은행권의 발행은 속행되었으니 그 년 차별 발행고는 다음과 같다.

제일은행권 발행고 추이

연　차	금　　액(원)	연　차	금　　액(원)
1902	707,358	1906	9,224,400
1903	870,126	1907	12,805,300
1904	3,371,817	1908	10,385,900
1905	8,125,267	1909	11,833,117

자료: 「제일은행 50년사」, 제22면

제일은행권 유통고 (1902년 말)

부산	20만 원 내외	진남포	2천 원 내외
마산	5천 원 내외	성진	1천 원 내외
원산	5만 원 내외	인천	12만 원 내외
목포	6만2천 원 내외	경성	14만5천 원 내외
군산	5천 원 내외	평양	5천 원 내외
		기타	5천 원 내외

　제일은행권은 처음 1원 권을 발행하여 부산항부터 유통을 시도하였다. 그러나 그 후 1902년 말 각 도항(都港)별 유통액은 대체로 별표와 같이 퍼지게 되었다.46) 그런데 이와 같은 제일은행권의 엄청난 국내 통용에 대하여 한말 정부는 1902년 9월에 외부대신의 명의로 각항의 감리에 명하여 동 은행권의 수수(授受)를 금지시켰던 것이나, 일본공사의 항의로 익년 1월에 이 금령을 취소한 바 있었고, 2월에 재차 이러한 사건이 반복된 바 있었다. 이는 곧 국권의 결정적 제약을 뜻하는 가장 구체적 국면의 표시일 뿐이다.

　우리는 위의 표에서 노일전쟁(1904년)을 계기로 급격히 늘어난 제일은행권의 발행 속도에 특히 놀라지 않을 수 없거니와 그 이전부터 내려온 백동화의 가치저락 과정을 아울러 고려할 때 동 은행권의 지배력이 크다는 의의(意義)는 새삼 부각된다. 우선 그것의 발행이 타율적인 가운데 유통 속도가 상대적으로 높았던 것이 틀림이 없으므로 「인플레이션」에 기여한 동 은행권의 역량은 가히 짐작되고, 더욱 묻는 바, 농업공황 또한 이와 직결된 필연적 동태이다. 물론 제일은행권의 신용보장에는 일본정부의 지원이 있었고, 명목상 발행한도(500만 원)에 그들 나름의 제한이 서 있어서 일청한 금은화 및 일본 은행권의 보증준비를 규정한 예로 되었었다.47) 그러나 이것은 동

---

46) 강 용일(岡 庸一): 전게서, 제459~460면

은행권의 신용력 보전을 위한 원칙적 규정에 불과할 뿐, 필요에 따라서 그것은 거의 무제한 발행할 수 있는 길이 허용되어 있었다. 이 점 무엇보다 그동안의 발행 실적에서 입증되는 뚜렷한 사실이다.

2) 둘째로 제일은행에 의하여 행해진 한국산 지금은(地金銀)의 매입실적이 난후 촉진된 과정을 우리는 경시할 수 없다. 그것은 단적으로 청일전쟁이 가져온 전리(戰利)적 성과이며, 이른바 중상주의적 사무활동의 대표적 발로 그것이다. 특히 1897년 일본의 금화본위제 수립을 계기로 하여 제일은행의 산금(産金) 수매는 더욱 적극화하였다. 이 점 이미 본 바와 같거니와, 그 후 1900년에는 한국 내에 금 분석소를 설치하는 동시에 산금 매입에 열을 올리었다. 그리하여 실적은 난전의 연 매입 액의 3~4배에 달한 것이니 염가로써 취득하여 일본에 송부한 제일은행의 활동은 현저하다. 이에 의한 「인플레이션」의 기동적 효과는 고사하고, 그와 더불어 주어진 국가적 손실 또한 역연(歷然)한 사실이다.

제일은행 지금(地金) 매상 실적

연 차	중 량 관인(貫刃)	금 액 원(圓)	비 고
1900	2,450.60	9,378.62	11월과 12월 한
1901	640,998.45	2,764,033.51	
1902	824,885.10	3,519,267.70	
1903	855,995.10	3,791,867.67	
1904	821,171.21	3,664,581.25	

자료: 「제일은행50년사」 제77면

무릇 지금은의 매입운동은 식민지 또는 반식민지에 있어서 제국주의의 역사적 수법이었다고 불만하다. 지금은의 상실과 토착경제의 「인플레이션」과의 관계는 여러 각도에서 검토될 수 있으나 우선 그 매상액만큼 당장 통화의 증발은 본 것은 틀림이 없다. 이러한 통화는 동학란 후 재정금융의 활동에 비추어 볼 때 당시의 백동화나, 그 밖에 화폐와의 비교에 있어서 실로 놀랄 만한 비중에 달하고 있다. 더구나 이것이 일본화폐(제일은행권 포함)에 의한 자본도입을 뜻한다는 것, 매상(買上) 산금이 일본의 금화본위제도의 확립에 기여하는 반면에 한화의 가치저락을 초래한다는 점에서 문제의 가중효과는 지극히 큰 내용이다.

지금의 매상이라 하지마는 반수탈적 매입의 경우는 많다. 일찍이 이 땅에 있어서 청상이나 일상이 서로 경쟁적으로 산금을 매입하되 흔히

> 「한인이 시가를 모르는 것을 기화(奇貨)로 삼아 칭량을 속이고, 또한 대가의 지불도 1개월 또는 2개월 연기 하며, 더욱 100분의 1.5 내지 100분의 3의 할인을 하여 이를 탐한다.」[48]

함이 상투적 거래의 방식이다. 일반적으로 말하면 원래 지금의 산출이 언제나 「인플레이션」만을

---

47) 1903년 은행권 발행에 앞서서 일본정부의 「제일은행권 발행규칙」이란 것이 제정되었다.
48) 「한국지」 1905, 제154면

야기시키는 것은 아니고, 오히려 대외결제의 수단으로서 이용될 수 있는 만큼 수속(收束)적인 점을 우리는 알고 있다. 그러나 그것은 화폐제도나 외환제도의 정상적 관계에서 주어진 이론에 불과하고, 개항 후 한반도의 현실에 비추어 이것을 그대로 적용할 수 없다. 피지배적 입장인 이 땅에 관한 한, 지금의 수출은 국부의 상실이었으며, 「인플레이션」 의 동인이었음에 틀림이 없다. 오히려 그것은 「인플레이션」 의 영속화를 촉구한 대표적 운동의 하나이다.

3) 셋째로 제일은행이 한국 정부에 제공한 차관(借款) 또는 문제이며, 스스로 재정 「인플레이션」 의 조건을 조장한 바 크다. 이것이 더욱 토착경제의 대일 의존도를 노골적으로 높이게 하였음은 물론이다.

제일은행의 대한 차관은 크게 보아서 1884년 이래 전후 6회(종)에 걸쳐 있었는데, 그 규모와 빈도의 성장은 다음과 같이 동학란 이후 각별히 눈에 띄는 사실이다.

제1회: 1884년 2월에 해관세를 담보로 「멕시코」 은화 2만4천불을 대부함. 이후 제일은행은 한국의 해관세를 스스로 수수(收受)하게 됨.
제2회: 란 직후 1895년 1월에 25만원(圓)을 해관세 담보로 대부함.
제3회: 1900년 3월에 관삼(官蔘)을 담보로 30만원을 궁내부에 대부함. 이는 곧 왕실의 홍삼 판매 수익금을 담보로 하여 그의 출비를 보급(補給)한 차관임.
제4회: 1901년 9월부터 1904년 4월에 이르기까지 전후 계속하여 군기도입을 목적으로 한국 도지부(度支部)에 총액 12만 전원을 대부하였음, 담보는 조세수입이 되어 있다.
제5회: 이른바 평식원(平式院)차관으로서 1902년 9월부터 1903년 3월에 이르기까지 도합 25만원에 달한 것. 이는 주로 도량형의 개정실시를 위한 목적이었다.
제6회: 이는 노일전쟁 후 1905년의 화폐정리자금의로서 300만원의 대부를 한 것임. 이것은 바로 백동화를 수속하고, 일본화폐를 통용시키기 위한 것으로 볼 만한 차관임.

4) 끝으로 제일은행은 일본정부의 대행자로서의 구실을 맡아 하였을 뿐 아니라 당연히 자국의 대소자본을 위하여 일반적 지원업무에 종사하였다. 그에 따라서 각종 신용화폐의 창조를 이 땅에 보게 되었음은 「인플레이션」 의 추가적 동인으로서 우리에게 볼 만하다. 사실 제일은행은 광범한 영역에 걸쳐서 스스로 활동하는 동시에 대부자본의 대표자로서 자국인 상업자본이나 고리대자본을 지원함에 자기사명을 다하였다. 그 가운데 특히 궁박한 토착농민으로부터 다량의 양곡을 염가로 매상하여 수출하는 무역면의 업적은 이중적 문제의 조건이다. 그에 따라서 실로 「인플레이션」 과 농업공황의 기반은 폭압성을 구체화하고, 시장경제는 이 땅에 급속히 확대되었다. 양곡의 수출인즉 필경 토착경제의 심부(深部)에 「세계시장의 폭풍우」 를 몰아넣은 까닭이다. 그것은 그 자체 국내 생활필수품의 타율적 지배를 뜻하는 것이므로 당장 사회적 위기를 일으키는 동인으로서 파급하지 않을 수 없다. 이 점에 관련된 예로서 다시 구태여 「러시아」 인이 기록한 「한국지」 의 문면을 빌어 보면 다음과 같다. 즉,

「미곡수출량은 국내의 풍흉에 관계될 뿐 아니라, 그 주요 수요자인 일본의 수요 여하에 따른다. 한국에 있어서 미곡출하 자금대여의 습관에 따라서 미곡은 다량이 비록 흉년이라 하더라도 일본인의 손에 들어가고, 주민의 손실에 돌아간다. 그러므로 정부는 때때로 방곡(防穀)령을 공포할 필요를 느끼게 된다. 운운」 49)

원래, 방곡(防穀)령은 한국의 중앙 및 지방 관부에 있어서 국내의 흉황을 막기 위한 비상대책이었다. 그리하여 개항 전부터 그것은 수시로 시행된 바 있었고, 개항의 조약문에도 필요에 따라서 일정한 절차에 의하여 양곡의 출국금지령을 내릴 수 있도록 중요시되었던 유보방안이다. 그러던 것이 그 후 일본자본의 항거와 압력 앞에 한말 정부는 도저히 자기 목적의 관철이 어려운 형편에 놓이게 되었고, 어느덧 동학란 전부터 방곡문제는 한일 간에 분쟁의 동기로 되어 있었다. 그 후 동학란 발발의 연도 초에 한(韓) 정부는 일단 취해진 방곡령을 일본 측의 강요로 부득이 해제하여 부산, 인천 및 원산항의 상민으로 하여금 무미(貿米)를 자유롭게 하는 동시에 운미(運米)출국세를 징수케 하였던 실태이다. 그간에 곡가의 조절을 맡았던 지방관의 고충(苦衷)은 컸던 사실을 우리는 안타깝게 바라볼 수밖에 없다. 예컨대,

> 「청주 목사(牧使)의 보고가 외부에 왔는데 해지(該地)가 벽재(僻在) 남명천리지외(南溟千里之外)하여 무천유무지책(貿遷有無之策)이 극난한 고(故)로 자고(自古)로 주곡수출을 금지하더니 금년에 지(至)하야난 민우지여(民擾之餘) 수확이 여전치 못하고, 낭비도 허다하여 토산의 곡(穀)으로 거민의 계량이 필난(必難)하겠는데 일본 상민이 풍범(風帆)을 지래(持來)하여 태미(太米)를 무재(貿載)하는 고(故)로 자관(自官) 금매(禁賣)한즉 일인(日人)의 언내에 해국(該國) 공관에서 아(我)외부에 공문을 왕복하여 허가를 득하였노라 하니 설혹 일사(日使)의 공문이 유(有)할지라도 설법(設法) 금단(禁斷)하여 달라 하였다더라. 운운」 50)

물론 작황과 경우에 따라서 방곡령이 오히려 곡가 면이나 수출 면에서 역효과를 빚어내기도 하였다. 즉, 1902년의 예로서 일본인 목격자의 말을 빈다면

> 「총황(總況)에 있어서 이미 본 바와 같이 이 해는 한발(旱魃)로 인한 방곡령의 실시 등이 있어서 수출의 감소를 보게 될 것인데, 오히려 증가를 보게 된 것은 상반기와 7~8월에 있어서 미가 앙등 때문에 퇴적(堆積)품의 시급한 수출에 기인한 것이고, 또한 방곡이 실시될 것을 알고서 당업자는 이 기회에 수출해 놓지 않으면 그 실시기를 예기할 수 없는 형편, 장래 거래상 어떠한 곤란을 볼지 모르겠다 하여 다투어서 수출을 꾀함으로써 실시기의 전 1~2일은 철저히 선적(船積)을 함에 이르러 금년의 수출 증가를 본 소이이다. 운운」 51)

사실, 1902년에는 대 한재(旱災)로 7월에 방곡령이 공포되었던 것이나, 이 역시 일본 측의 강경한 철회 요구와 국내의 일부 여론 또한 이에 동조한 바 있어서 동년 11월에 부득이 해제된 바 있었다. 이에 전후하여 일본자본은 교역 이권의 확보를 위하여 무미활동에 각별한 점을 보였던 것이니, 동학난 후 매년의 미곡수출액이 백만 원 내외로부터 1900년대 초에는 3백만~4백만 원에 이르렀다는 점은 이미 게재된 표에서 본 바와 같다. 그것이 전적으로 일본자본에만 연유한 결과는 아니나, 그들의 무미활동이 압도적이었던 것은 난 후의 일반 정세에 비추어 분명하다. 이 점에 관련하여 더욱 동학란 전후의 주요 농산물 수출실적을 계수(計數)적으로 분석해 보는 것은 매우 중요하거니와, 그 중 1893년을 기준(100)으로 한 농산품 수출액의 지수는 농산물 상품화의 진도를 어느 정도 반영한 역사적 자료이다(다음표 참조).

---

49) 「한국지」 제144면
50) 황성신문, 광무(光武) 2년(1898년) 9월 7일자
51) 岡 庸一: 전게서, 제560면

한국 농산품 수출 관계

연 차	수 출 액			미 · 대두 · 기타 비중		
	금 액	비 중	지 수	미	대 두	기 타
	(천원)	(%)		(%)	(%)	(%)
1893	1,502	88	100	242	41	36
1894	2,119	91	141	46	23	31
1895	2,316	93	154	31	39	30
1896	4,533	95	302	55	28	17
1897	8,713	97	580	63	19	18
1898	5,428	95	362	50	20	30
1899	4,509	90	301	31	43	26
1900	8,697	92	579	41	27	32
1901	7,687	90	512	54	24	22
1902	7,849	94	523	44	23	33

자료: 조선농회, 「조선농업발달사」 발달편, 제354면. 단, 「비중」 은 총 수출액에 대한 농산물 수 출액

V. 「인플레이션」 하의 소농공황

우리는 앞에서 개항이 가져온 「세계시장의 폭풍우」 에 의하여 필경 피지배적 토착사회에 「인플레이션」 과 농업공황의 파동이 동시에 전개될 수 있다는 점을 지적한 바 있다. 그것은 비록 그 토착사회가 봉건적 소농사회라 하더라도 외래 지배자본의 강력한 경제적 침투에 부딪히게 될 때 전기적 생산양식을 근대적 기능자로 변질시키고 마는 데서 얻어지는 논리적 귀결이다.

물론 봉건적 소농사회의 자연경제 그것이 고립적으로 존재하는 한, 물가의 폭등은 고사하고 국내 농산물가격의 격변 역시 크게 문제로 될 수는 없다. 국권의 가렴(苛斂)으로 생산이 위축되거나 또는 소농이 곤궁을 극(極)한다 하더라도 그 자체 당장 근대적 의미로서의 공황은 아닌 성질이다. 우리의 뜻하는 농업공황인즉 반드시 화폐경제의 기반을 전제로 하며, 무엇보다 자본주의 생산기구의 활동을 전제로 한다. 다만 소농 그 자신 처음부터 자본주의 생산양식(기업농)이 될 필요는 없고, 세력적 자본에 의하여 크게 지배되는 위치에 놓여 있게 됨으로써 문제는 주어지는 속성이다.

「독립신문」 의 다음과 같은 문면은 확실히 동학란 후의 「인플레이션」 과 더불어 농업공황의 가능성을 우리에게 전해 준다. 즉,

> 「삼남(三南)서 올라온 친구들의 말을 들은 즉 곡식 값이 서울서 비싸진 까닭이 삼남 각 군에서도 쌀값이 높아졌는지라, 그 까닭에 농민들에게는 크게 유조함이 되어 농사를 올해는 작년보다 모두 더 할 생각들이 있어 건답(乾畓)이라도 이왕에는 버리던 땅을 올해는 돈을 들여 아무쪼록 물을 대어 벼를 심으려 하는데 이왕에는 돈을 이렇게 들이고, 벼를 심어 놓으면 값이 싼 까닭에 이(利)가 없어 이런 일을 아니 하더니 지금은 넉넉히 돈을 들이고 이런 땅은 논을 만들어 애를 써 가면서 벼를 길러도 쌀값이 비싼 까닭에 농사하는 사람에게 이가 되는지라, 이왕에 쌀 한 되에 십오 전(15錢) 받던 것을 지금은 이십사 전(24錢)을 받으니 그 농민들이 그 돈을 가지고 금년 농사도 더 크게 하여 하며 각색 물건도 사는 고로 상무(商務)에도 대단히 유조하다더라. 운운」 [52]

그러나, 위의 「독립신문」은 아직 농업공황의 구체적 실현조건을 충분히 밝혀 주고 있지는 않다. 다음과 같은 「한국지」의 문면에 접하게 될 때 우리는 좀 더 문제의 국면을 여실히 살펴볼 수 있게 된다. 즉,

> 「일본인은 더욱더욱 한민(韓民)의 농업을 장려할 목적으로 경작 착수 전에 스스로 농업지방을 순시하고, 또는 대리자인 한인을 순시시켜 보통 수확의 절반을 분득(分得)할 조건으로써 농민에 자금을 대여하여 가을에 이르면 다시 계약지방을 순시하여 농업수확을 분득하고, 이를 무역항에 송지(送至)한다. 운운」53)

바로 이때에 일본인 상인자본은 막심한 고리를 목표로 대여하는 것이므로

> 「그가 대여하는 바는 미곡의 매매시세보다는 훨씬 저렴함으로써 풍년에 있어서는 막대한 이익을 볼 수 있고, 흉년에도 손실을 보는 바 없다. 그러나 한인의 편은 풍흉에 관계없이 심한 노고에 대하여 어쨌든 여분의 소금(小金)을 얻는 것이므로 이로써 다 만족한다.」54)

는 관계이다.

그렇다면 동학란 후 일본의 배타적 지배세력이 확대되고, 조세의 금납화를 주축으로한 화폐화 과정이 크게 진행됨에 따라서 「인플레이션」의 외래적 침투, 농업공황의 적극적 구현을 보게 되었음은 오히려 당연하다. 「한국지」에 이른바

> 「일청전쟁의 시에 지조(地租)의 곡납(穀納)제도를 폐하고 금납을 하였기 때문에 종래 경성에 송지(送至)하여 관고에 넣어 두었던 막대한 미곡은 지금에 있어서 잉여가 되고, 거의 모두 수출됨으로써 수출무역이 한층 활기를 띄기에 이르렀다.」53)

든지,

> 「한인의 구매력은 그 생산의 판매액과 비례하므로 수입은 수출과 밀접한 관계에 있다. 1892~3년과 같은 흉년에는 수출의 애운(哀運)과 더불어 수입 또한 감소하였다. 그러나 수입은 대개 그 발전이 신속하여 1886년에 2,474,185불로부터 1898년(동학란 후)에는 18,825,267불로 되어서, 곧 13년간에 4배반으로 증가하였다.」55)

는 실정이다. 그밖에 미곡수출에 관하여서는 다음과 같다.56)

---

52) 「독립신문」, 광무(光武) 2년(1898년) 4월 16일자
53) 전게, 「한국지」 제143~144면
54) 「한국지」 제142면
55) 「한국지」 제156면
56) 「한국지」 제144면

동학란 전후 미곡 수출액

년도	단위(불)
1887(년)	90,071(불)
1888	21,810
1890	2,037,867
1893	367,165
1895	738,830
1896	2,509,843
1897	5,556,764
1898	2,754,000

우리는 여기에 제국주의 일본자본의 왕성한 무곡이 도시 「인플레이션」 을 일으킬 수 있는 동시에 그것의 일방적 고가조절(억압)로써 농촌공황의 병발을 충분히 예상할 수 있다. 「쉐레」 현상의 진행 또한 무곡을 대종(大宗)으로 당장 무역규모의 확대를 통하여 반드시 뒤따른 문제의 조건이다.

그런데 동학란 후 위와 같은 공황 과정에 관련하여 일본상업자본의 정미(精米)업 겸영(兼營)은 스스로 새로운 문제의 조건을 우리 앞에 부각한다. 이 점 「한국지」 도 구체적으로 지적한 바 있거나와,57) 요컨대 일본자본은 이때에 국산미곡을 대량으로 한꺼번에 수집하여 이를 도정(搗精)함으로써 자국을 비롯한 각국의 현미 또는 정미의 수요에 신속히 응함으로써 곡가의 지배력을 스스로 강화한 까닭이다. 그뿐인가, 일본인 무역상은 흔히 정미업을 독점하는 동시에 미곡 수집(蒐集)상으로서, 또는 고리대업자로서 한인 지주나 일반 농민과 거래하였음이 주목된다. 그 간에 그들이 국내 곡가를 농간하고 중간이득을 횡취하였음은 물론, 「인플레이션」 을 조장하고, 토착농민의 궁박 판매를 강요하였던 사실이 널리 알려진 국면이다.

두 말할 것 없이 미곡의 수출은 개항 이래 한일 교역의 중추을 이룬 것이며, 한일간 무역의 전체적 성쇠를 지배하는 기동요인이었다. 이를테면 1896년의 풍작은 일본의 곡가앙등에 힘입어 1897~8년의 한일 무역액을 크게 증대시켰으며, 그에 대응하여 한 때 국내 구매력은 해외상품의 국내 수요를 늘리는 구실을 한 것으로 알려져 있다. 이에 반하여, 1898년의 수해로 인한 흉작과 때마침 야기된 일본 내 곡가저락이 합세하여 1899~1900년의 수출억제를 가져온 동인이 되었다는 점 또한 유명한 사실이다.56) 그러므로 일찍이 한반도를 여행한 「비숍」 부인 역시

「쌀에 관한 한, 조선은 일본의 창고로서 1890년에는 27만1천 방(磅)에 달한 수출을 하고 있다. 운운」 58)

함을 볼 수 있고, 점차 교역의 증대는 그 원인을 일본시장의 요구에 의존하게 된 것이 뚜렷한 정황이다.

그 후 내외 시장은 연결 조절되기 시작하였고, 부산·인천·원산 등 초기 개항구 이외에

---

57) 강 용일(岡 庸一): 「최신 한국 사정」 제 513~514면
58) L. B. Bishop: Korea and Her Neighbours, 1898, Vol Ⅱ, p.213

목포·군산·진남포 등이 미곡의 대일(對日) 수출구로서 번영하였다. 당장 이를 중심으로 미곡의 집산은 활발한 가운데 소농경제의 피압적 조건은 가중하여진 것이 틀림없는 사실이다. 때마침 위의 백동화 「인플레이션」이 화폐화 과정의 적극적 조건으로서 기능하였다 함은 볼 만하거니와, 그것에 의한 곡가의 앙등이 일부 지주나 대농을 이(利)한 반면에 소농의 곤궁을 가중시킨 사정은 고래(古來)로 별반 다름이 없다. 더구나 지배자본의 강압이 「인플레이션」의 실효를 생산농민의 손실로써 구체화시키는 동시에 공황의 전가(轉嫁)를 꾀하는 예 또한 흔히 보는 사태이다. 이 점, 이를테면

> 「미곡의 수출량은 국내의 풍흉에 관계될 뿐 아니라, 그 주요 수요자인 일본의 수요 여하에 의하여 (또는) 한국에 있어서의 미곡 거래당 자금의 대여습관에 의하여 미곡의 대량은 흉년이라 할지라도 일본인의 수중에 들어가서 주민의 손실에 돌아간다.」 59)

로 표시될 수 있다. 다만 외래 자본의 활동기구는 여기에 밝혀지고 있지 않을 뿐이다. 물론 사태를 제국주의의 세력적 지배를 떠나서 본다면 농민의 궁박적 거래 일반인즉, 다름 아닌 전 근대적 의미를 가지는 빈곤의 소산이며, 그 반영에 불과하다. 시장곡가의 급격한 폭락, 생산의 전면적 위축, 실업군의 속출과 같은 파괴적 국면이 규칙적 순환으로 나타나지 않는 한, 그들은 전기적 양상을 노정(露呈)함에 다름이 없는 동태이다. 그러나 이러한 현상을 외래자본의 지배조건과 아울러 보게 될 때 거기에 반드시 새로운 조건이 부가된다. 그 외양이 비록 역사적인 것과 같다 하더라도 근대자본의 지배력에 대응될 때 대상의 입장은 본질적으로 달라지고, 생산체의 모순은 내면적으로 드러나기 마련이다. 우선 소농 그들은 농산물 가격의 등락 여하에 불구하고 자급적 과정에 머물러 있을 수 없이 궁박 판매에 응할 수밖에 없으며, 생산을 자의적으로 포기할 수도 없다. 조세의 금납화 그것이 당장 농업공황의 요건은 아니나, 외래자본의 강력한 침투를 맞이하게 될 때 그것이 당장 심각한 문제의 가중 조건이 될 뿐이라는 점 거듭 본 바이다. 그러므로 동학란 직후 조세 금납제를 반영한 일론객(강홍대, 康洪大)의 다음과 같은 건의는 어느 정도 볼 만하다. 그것은 결과에 있어서 우리의 문제의식을 대변(代辯)하는 까닭이다. 즉

> 「경농은 불감하옵고 전야(田野)는 유벽(猶闢)하여도 백성이 능히 계식(繼食)치 못함은 이것이 무슨 까닭이옵 닛까. 이것이 다른 연고가 아닙니다. 농민의 1전 2전이 다 곡을 종(從)하여 출(出)하는 이외에 아무 수입이 없습니다. 그런데 근래에 세전(稅錢) 독책(督責)이 매양 추말에 있어 행하옵니다. 그 다수한 결전(結錢)을 환납하려면 방곡이외에 무슨 도리가 있겠읍니까. 이 기미를 아는 외국의 무역상들이 각항 각시에 편재(偏在) 주립(周立)하여 이지이전(以紙以錢)으로 무곡 무수(無數)에 내진방지(乃盡防止) 운운」 60)

이러한 점에 있어서도 우리는 곡가의 반수탈적 피지배상을 「인플레이션」과 더불어 충분히 알 만하다. 동학군의 표방 가운데 「타국(他國) 잠상(潛商)지(之) 준가무미(峻價貿米)」 61)란 것이 없지 않아서, 얼른 보아 전후 명제를 달리한 것 같기도 하나 후자 역시 농민의 방곡(防穀)가를

---

59) 「한국지」, 제143면
60) 류자후(柳子厚): 「조선화폐고」 1940, 제805면
61) 한우근(韓㳓劤): 「동학군의 폐정개혁안 검토」 (역사학보, 제23집, 1904)

그대로 말한 것은 아니다. 그는 다만 외래자본의 왕성한 침입관계를 반항적으로 표명한 견해일 뿐이다.

그밖에 생산농민의 방곡(防穀)가를 떠나서 도시 미가를 본다 하더라도, 동학란 후 일본 미가의 영향 밑에 국내 미가의 계절적 변동은 상당히 컸다고 보아야 한다(다음 예표 참조). 우리는 그간에 더욱 독점적 일본무곡상의 비대 과정을 보는 것이나, 사실인즉 일본상인은 한국산미를 일본에 수출할 뿐 아니라, 때로는 일본산미를 한국의 항도에 수입하는 수도 없지 않았다. 그도 그 어느 경우에 있어서나 차차 일본의 곡가사정이 무곡의 주도적 동인이 되어 있었고, 따라서 한국의 풍흉이나 방곡시책과 같은 제약요인인즉 부차적 의미를 보여 주었을 뿐이다.

국내 월별 미가 변동 예 (1902년)(석당)

월	최 고	최 저	일본 대판(大阪, 평균)
1	7.88(원(圓))	7.20(원)	10.45(원)
2	7.70	7.20	10.75
3	7.75	7.25	10.84
4	7.45	6.70	10.71
5	7.60	6.50	11.65
6	8.40	6.07	12.54
7	8.35	7.60	13.23
8	10.40	9.10	13.38
9	9.80	8.00	13.07
10	9.00	8.00	13.11
11	10.60	9.70	13.26
12	9.30	7.55	13.26
평균	8.96	7.57	12.19

자료: 강 용일(岡 庸一): 전게서, 제693면, (단, 일본 대판(大阪) 미가는 中澤辨次郞: 「일본 미가 변동사」, 1933, 해당 연분) 단 국내 미는 현미 중품임.

물론 1902년의 한 자료는 충분히 동학란 후의 계절적 미가 변동상을 규정할 수 없으나 당년의 견문기를 구태여 전해 보면 대체로 다음과 같다. 내용은 요컨대 일본 상장의 조건 변동이 문제의 주원인이란 점을 말해 줄 뿐이나, 첫째로, 1월~5월경까지의 저락상황은 출하기에 겹쳐서 음력 정월의 농가 현금지출의 필요성에 기인한 것이며, 그도 일본 대판·병고(大阪·兵庫(神戶)) 시장의 영향을 받아서 급격한 변동은 보지 못하였다는 것, 둘째로, 6월에 이르러 대판(大阪) 시세의 급등으로 1할 정도의 상승을 국내에서 보게 되었다는 것, 다음의 7~8월 역시 단경기(端境期)의 영향과 지방 관리의 방곡조치가 있어서 출회(出廻)량 감퇴와 미가의 고수준이 지속되었다는 것, 더욱 9월 초순에 이르자 일본 미의 국내 수출, 한국 정부의 안남미(安南米) 수입이 미가 안정을 보게 하였다는 것, 그러나 연말에 이르러 재고 증가와 일본상인의 투기가 가중하여 7원 55전이란 놀라운 격락을 가져왔다는 것이다.

한편, 방곡령 역시 그 본래의 취지와 동기 여하에 불구하고, 동학란 후 양곡의 상품화율이 높아짐에 따라서 농업공황의 형성조건을 강화한 점이 주목된다. 그것이 「인플레이션」의 대비책으로 발동된 예였음에도 불구하고, 외국자본의 무곡에 관한 한 실효를 거두기 어려웠을 뿐 아니라, 농민의 손실에 의하여 관리의 사복(私腹)을 채우는 역효과를 오히려 촉구했던 형편이다. 이 점, 「한국지」에 따라서 좀 더 구체화하여 보면 실태는 다음과 같다. 즉,

> 「한(韓)정부는 때때로 조약상의 권리를 행사하여 미곡의 수출을 금하고, 때로는 충분한 이유 없이 관리의 남용을 한다.……한국 관리는 상업에 간여하여 이(利)를 영(營)하는 풍습이 있어서 곡물수출을 금할 동안 대리인을 시켜 농민의 잉여를 저가로 매점하여 자기의 창고에 저장해 두었다가 해제를 기다려서 대리(大利)를 얻고 이를 판매한다. 이와 같이 함으로써 방곡령은 그 목적인 미가나 그 밖의 농업물가의 하락을 보지 못한 채 헛되어 농민의 손실에 의하여 관리의 사복(私腹)을 비하게 할 뿐이다.」 62)

물론 방곡의 실행 동기와 결과가 일률적으로 위와 같다고 말할 수 없고, 모든 방곡조치가 당장 농업공황의 원인이 되었다고 볼 수는 없다. 다만 방곡이 구역 내의 식량난을 조절함에 효과적 방법이 될 수 없다거나, 매우 한정적이라면 문제는 심각한 가운데 당장 방곡이 대상지역내의 곡가를 일시적으로 저락시킴으로써 공황의 조건이 될 수 있다. 따라서 재해흉작에 따른 「인플레이션」 역시 농업공황과 병행한다 할 수 있고, 이 점 앞에서 거듭 언급한 명제이지만, 특히 일반적 경향으로 물가상승의 지대를 올리게 되고, 그것이 다시 농업생산을 제약할 수 있는 성격은 뚜렷한 관계이다. 사실 한말의 소작료는 흔히 물가고와 더불어 올랐던 예인 것이니, 곧 기록에 의하면

> 「소작료 역시 40~50년까지는 매우 근소한 것 같았으나 근년 물가의 등귀와 더불어 점차 증가하여 일로전쟁(1903~4년) 전후부터 금일(今日)과 같은 다액(多額)으로 상승하였다. 운운」 63)

함과 같다. 이 점 「인플레이션」이 농업공황에 연결되어 있는 국면의 반증이나, 그밖에 곡가의 앙등경향에도 불구하고 지가의 하락, 그것의 방매현상을 소지주에서 보게 되었다는 점 역시 동학란 후의 피지배상을 반영하는 동태로 보아진다. 그것의 원인 역시 여러 가지로 나누어지겠으나, 조세부담(지대)의 과중이 그 중 가장 큰 요인의 하나이다. 이를테면, 1900~1904년에 한국을 방문하여 실정을 조사한 일본인의 다음과 같은 기록에 수긍되는 점이 없지 않다. 즉

> 「일찍기 한국인이 토지를 매도하려고 구입을 요청하였길래 그 이유를 물었더니 토지를 보유하면 지조 외에 각종의 세를 징수당하기 때문에 곤란하여 방매하고자 한다. 운운」 64)

모름지기 당시의 지가는 동종의 일본 내 지가에 비하여 10분의 1~30분의 1 정도였음이 분명하다.65) 이것은 바로 농업공황의 단적인 반영이며 그 파괴적 결산의 표현일 뿐이다.

물론 가렴주구(苛斂誅求)는 동학란 전후에 한정된 행태가 아니고 지대의 중과는 오랜 역사적 조건임에 틀림이 없다. 그러나 동학란 이후의 공과인즉, 주로 조세 금납화에 겸하여 일본자본의

---

62) 「한국지」 전게서, 제130면
63) 조선농회: 「朝鮮の小作慣行」,1903, 제71면
64) 일본 농상무성: 「조선 토지 농산 보고서」, 1904~5, 전라·경상, 제277면
65) 加藤末郎: 「한국농업론」, 전게서, 제258면

개입에 그 근원을 두고 있다는 점에 한 걸음 근대적 의미가 부여된다. 바야흐로 경작용 토지라는 생산수단의 상실이 위와 같은 조건 밑에 보편적 현상으로 주어진다면 거기에 농업공황의 진행은 우리에게 너무나 뚜렷하다. 다만 그것의 전형적 격발(激發)성이 아직 제약된 상황에 머물러 있음은 토착경제의 화폐화 과정이 성숙되지 못한 데 주요인이 주어져 있을 뿐이다.

　원리적으로 말하면, 공황의 파괴상은 흔히 앙진된 고경기(高景氣) 국면이 스스로 불황의 과정으로 급전(急轉)하는 데서 찾아진다. 따라서 본래의 농업공황의 특유한 성격을 말한다면 그것은 오히려 농산물가격의 폭락으로 대표시킬 수 있는 속성이나 가운데 특히 농업공황의 특유한 성격을 말한다면 그것은 오히려 농산물 가격과 농가필수품 가격, 따라서 공산품 가격간의 「쉐레」 현상에서 찾아진다. 즉 장기적 안목에서 볼 때 산업의 국면 여하에 불구하고 농산물가의 공산물가에 대한 저락상이 심각하다는 것이다. 이것은 독점자본주의단계나 제국주의 지배 하 농업공황의 양상으로서 식민지경제의 특징이라 볼 수도 있다. 식민지 경제란 대체로 후진농업에 의존하여 있기 때문이다.

　그러나, 문제의 「쉐레」 현상이 전형적으로 발휘되려면 거기에는 처음부터 몇 가지 조건이 전제(前提)시 된다. 그것은 첫째로, 농업생산의 화폐화 과정이 상당한 수준에 달해 있다는 것, 둘째로 상품가격의 형성에 관한 시장조절의 기구가 전후 타율적 변동을 보이지 않았다는 것, 셋째로 화폐제도의 안정이 주어져 있어야 한다는 것 등이다. 그러므로 동학란 전후의 한반도 농업사회에 관한 한 형식적 「쉐레」 현상의 순수한 관철은 시대적 제약을 면치 못한다 할 수 있으나, 그 중 「세계시장의 폭풍우」는 이들 내재적 제약조건을 어느 정도 극복하여 진행한다. 이 점 우리의 중요한 안목이나, 물론 거기에는 세밀한 「쉐레」적 분석을 수행하기에 우선 가격변동의 자료를 충분히 얻을 수 없고, 문제의 실효성이 농민일반에 관하여 언제나 동일형태로 나타난다 할 수도 없다. 그럼에도 불구하고, 전체적 국면에 있어서 농촌경제의 피압적 양상은 가격 기구 면에 여실히 반영되는 것이 틀림없는 사실이다.

면포(綿布)·석유 수입 가격 추이

연 차	면				포			석			유
	수 입 량	가 액	단 가	지 수	수 입 량	가 액	단 가	지 수			
	(반(反))	(원(圓))	(원)		(개(個))	(원)	(원)				
1896	257,599	283,171	1.099	100.0	42,204	112,890	2.675	100.0			
1897	227,652	262,024	1.151	104.7	72,449	167,532	2.312	85.4			
1898	195,195	214,041	1.097	99.8	67,242	158,549	2.358	88.1			
1899	279,679	268,370	0.960	87.3	67,768	177,811	2.624	98.1			
1900	325,545	318,043	0.977	88.2	55,450	191,259	3.449	128.9			
1901	(173,796)	(231,728)	(1.333)	–	116,694	323,743	2.774	103.7			

자료: 岡 庸一: 전게서, 제581, 589면 참조
　다만, 1901년의 면포(綿布) 수량(　)은 단위가 필(疋)임.

418   김준보 교수 논문선집 Ⅰ

우선 참고로 기간(基幹)상품인 미곡의 수출단가에 대비할 수 있는 면포와 석유의 수입가격의 동태를 얻어진 자료로써 표시하면 다음과 같다(물론 자료의 질이나 가격에 통계적 결함은 많다). 동학난 후 상대적 가격 변동상(相)을 지수화하여 보고자 하는 취지이다.

위의 두 공업수입품에 관한 가격동태는 대체로 보아서 전게한 수출미가에 따르지 못한 추세를 보여 준다. 따라서 이것만으로 보면 결과는 오히려 역「쉐레」의 현상인 것 같기도 한다. 즉, 1901년에 이르기까지 곡가는 다소의 기복을 보인 가운데 착실한 상승세66)을 보인데 대하여 면포가는 오히려 저락세를 보인다. 석유가 역시 전자의 수준을 따르지 못한 양태이다.

그러면 동학난 후 문제의 「쉐레」현상은 부인되는 것인가?

결론은 간단히 긍정적이 아니며, 우리는 상품의 수출입가격 그것이 토착농민의 구입가격이나 판매가격이 아님을 알고 있다. 바로 여기에 문제의 관건이 있는 소이(所以)이다.

물론 농촌의 생산자 가격이 언제나 수출입가격과 무관하다는 것, 상호 반응된 바 없다는 것은 아니다. 수출미가의 상승이 농촌미가의 상승을 어느 정도 가져온다는 점 역시 부인할 수 없는 인과이다. 그럼에도 불구하고 시장의 지배자본이 결코 길게 역 「쉐레」를 용인한다고 볼 수 없다. 그들은 당연히 최대한 이윤의 확보를 위하여 부등가교환을 꾀하고, 독점가격을 강요하여 마지않기 때문이다.

정확한 표현은 아니지만 다음과 같은 문면 역시 문제의 귀추를 우리에게 어느 정도 알려주고 있다. 즉,

> 「명치(明治) 29년(1896년)이 있어서 반도의 물가는 우리나라(일본)보다 고가였으나 일용품가격은 오히려 우리나라 보다 저렴에 이르렀다. 반도에 있어서 고가인 것은 신(薪), 탄(炭), 식염, 석유, 직물(織物), 기타 제조품이며, 미(米), 맥(麥), 잡화, 야채, 과일, 해초, 육류, 계란, 주(酒), 장유(醬油), 된장, 식초, 등은 대개 저렴하다. 운운」67)

사실 우리는 이때에 상품별 수출입가격표를 대조한다 하더라도 가격표시 그것이 그 어느 것이나 일본화폐단위에 의한 것이라는 것, 따라서 반드시 한전단위와 같지 않다는 점에 유의하여야한다. 그리고 이에 겸하여 우리는 내외미곡가격과 수입일용품가격 사이에 연관성을 가지고 있어서 양자 독립적으로 평가하기에 어려운 점이 있다는 사실 또한 볼 만한 조건이다. 이를테면 1899년과 1900년의 대일무역이 일시 그 전2년(1897~1898년)에 비하여 부진한 이유로서 한말의 일본인 관찰자는 다음의 3개항을 들고 있다, 즉,

> (1) 일본의 미가가 하락하여 수출미곡(무역)이 부진한 것.
> (2) 수출무역 부진의 결과 한화(韓貨)의 수요는 감소하였는데 백동화의 남발은 계속 가중하였으므로 한화가격은 더욱 하락한 것.
> (3) 한화하락으로 수입품의 가격은 앙등하고, 따라서 판로의 제약, 수입의 상대적 열세를 가져왔다는 것68)

---

66) 면포와 석유의 가격이 이에 준하여 상승하였다는 기록은 없다.
67) 강 용일(岡 庸一): 전게서, 제69면
68) 강 용일(岡 庸一): 전게서, 제512면

그러므로 지금 가령 어떠한 이유에 의하여(사실, 그러한 가능성은 큰 것이나)69) 토착농민이 미곡을 그저 국내 화폐단위로 팔고, 수입공산품을 일본화폐시세의 한전에 가계(프레미엄)한 것으로써 구입하였다면 위의 경우 역시 분명히 「쉐레」 현상을 보게 된다. 이를테면 1901년의 경우 위의 일본화폐 단위가격에 40%를 가산하여야 하기 때문이다.

그런데, 한말정부는 백동화의 수취를 지방민에 강요한 바 있었으므로 흔히 그들의 방곡가격이 백동화로 평가될 수 있는데 대하여 지불은 대체로 엽전으로서 행해졌다고 볼 수 있다. 설령 백동화의 수취를 그들이 거부한다 하더라도 물가시세나 환전시세에 어두운 당시의 개별적 농민이 외래 상인의 농간 밑에 상품거래상 정당한 가격조건의 확보를 기할 수 있었을는지 의문은 큰 예이다.

원래 소농사회의 농업공황인즉 반드시 산업물가의 등락이나 「쉐레」 현상으로써만 표현될 수 없고, 더구나 후진적 생산양식에 있어 보다 넓은 배경의 국면을 보아야 한다는 점 이미 본 바와 같다. 그렇다면 적어도 생산의 위축이나 농촌수공업의 파괴를 그 대표적 징표로서 보아야 하는 것이니, 이 점 자세한 기록은 나와 있지 않으나 동학난 후 우선 면작・잠업의 타격은 컸다고 보아야 한다. 이를 테면 동학란 전에 국산 면(綿)은 일본에 수출하여 남음이 있어서, 실로

「1890년에는 비상한 풍년이어서 수출액이 6,794곤(梱), 27,541불(弗)에 달하였었다. 그러던 것이 근년은 이 수출액이 점차 감소되어서 1897년에는 아주 단절되어 버렸다. 이점 외국의 면제품이 속속 수입됨으로써 한국의 면작이 쇠퇴에 귀(歸)한 까닭이다.」70)

더욱 잠업에 있어서도 그것이 열악한 수준이나마 동학란 전부터 생사(生糸)는 다소 외국수출을 볼 수 있었다. 그러던 것이 역시 그 후 파괴적 정지를 보게 된 것이니 이 실태는 다음과 같았다. 즉,

「1888년에는 16,767불, 1889에는 17,424불에 달했다. 그러던 것이 근년에는 심히 수출이 감소하여 1892년에는 겨우 2곤, 463불을 산(算)할 뿐이며, 1892년, 1893년 및 1894년에는 다시 다소의 경기를 가(加)한 반 있었으나 이는 일시적인 일이었고, 1897년이 이르러 생사는 한국수출표 중에서 그 명목을 찾아볼 수 없게 되었다.」71)

면화생산이나 생사의 수출 감퇴가 당장 이 땅의 농촌수공업을 파괴한 것은 아니겠으나, 외국품 수입이 자급체제를 풀고, 토착경제의 발전에 대한 억압적 조건이 될 수 있다는 점은 명백하다. 그간에 농촌유휴노동의 증대를 가져오리라는 점 또한 쉽게 알 수 있는 전망이다. 이와 같은 일련의 사태발전은 바로 내재산업의 경쟁이 가져온 소산(所産)이라 하겠으나, 이들 역시 대부분 가격기구를 통하여 이루어진다는 점은 부인할 수 없다. 그 점에 있어서도 식민지경제의 피지배조건은 자유시장의 생리적 기능을 넘어서 공황의 전가(轉嫁) 등 특유한 불리(不利)점을 토착농업에 안겨 줄 뿐이다.

그 밖에 일일이 따져보면 한이 없겠으나, 우리는 동학란 후의 농업공황을 무역면이나 생산이나

---

69) 수출미곡은 이미 농민으로부터 매상한 항구가격이며 수입품은 앞으로 농민에게 판매할 가격이란 점에 유의할 것.
70) 「한국지」 제148면
71) 「한국지」 제148~149면

유통기구의 전형적 분석만을 일삼아 볼 수 없다. 그도 소농의 생활상 일반을 아울러 보는 것이 타당하며, 「인플레」 국면 또한 마땅히 분석해 보아야 한다. 바야흐로 외래자본의 압력이 날로 가중되어 가는 동학난후 과정에 있어서 토착소농의 빈곤을 가져온 근본적 조건이 어찌 역사적 유산으로만 규정될 수 있다 하겠는가. 1900년 초기의 농촌궁핍상을 당시의 신문은 다음과 같이 전해 준 바 있다. 이는 오히려 만성적 농업공황의 결산(決算)적 국면을 반영하고 있는 한 관찰기이다. 즉,

> 「대저 객년(주 1901년) 겸황이 비지 광무 오년(1900년) 이며, 기우임자난 절소하는 천심자는 거다하니 양년 년형을 평균관지면 직위지겸황지세…궁부지중독이 비전익혹뿐더러 무곡지범장이 주집어각항각진하여 백동악화가 충일이산출칙 미곡지가는 축일혈등어시장하고... 피맹호관리나 독쇄공납이 여화여성하되 적토백징을 호소무지하고...천만불자의에 삼십양가결지훈이 우변하어금년하여 관령지습이 첩여경조하나 어시언민 개경심렬등(大抵 客年(주 1901年) 歉荒이 比之 光武 五年(1900年) 이며, 其優稔者난 絶少하는 荐甚者는 巨多하니 兩年 年形을 平均觀之면 織謂之歉荒之歲…窮蔀之中毒이 比前益酷뿐더러 貿穀之帆檣이 湊集於各港各津하여 百銅惡貨가 充溢而散出則 米穀之價는 逐日子騰於市場하고... 彼猛虎官吏나 督刷公納이 如火如星하되 赤土白徵을 呼訴無地하고...千萬不自意에 三十兩加結之訓이 又邊下於今年하여 官令之習이 捷如驚鳥하나 於是焉 民 皆驚心裂騰 운운」[72]

한편 일본인 측의 경기(景氣) 동태에 관한 기록을 참고로 첨가하면 다음과 같다. 즉,

> 「삼십년(1897년)은 물론 삼십일년(1898년)도 역시 한국무역으로서는 심상치 않은 돌연한 진보이었고 의외의 팽창이었다. 즉, 이십구년(1896년)의 곡작(穀作)무비(無比)의 풍념을 고하고 전국이 고복격괴(鼓腹擊壞)일 때 마침 미곡 수출의 시계(時季)로부터 점차 일본미가의 상내에 호기를 가하여 익년에 이르러서는 근년(近年) 무비의 폭등을 하였으므로 상황이 비상히 활발하여져서 다투어서 수출을 꾀하였고, 한편 한민은 전열기(前列記)의 이유 때문에 회이온난(懷裡溫暖)을 가하여 스스로 수입 잡화 구매하기에 쉬워졌기 때문에 중류이상은 사치품까지 매입하는 상황이었으나... 이에 반하여 삼십이(1900년), 삼십삼(1901년)의 양년은 삼십일(1899년)에 있어서 한국 대우(大雨) 연습(連襲)하고, 계류의 분석(奔潟)은 황패를 가져와서 미곡의 산지인 경상도와 같은 전포를 해친 바 심하고, 거의 결식을 고함에 이르렀음에도 일본에서의 미가는 빈번히 저락하였으므로 한국 측에서는 쉽게 매방(賣放)하지 않고, 재등을 기다린 상태였기 때문에 수출무역은 거듭 부진에 빠졌고 , 따라서 수입품의 처분도 점차 쇠미(衰微)에 이르렀다 운운」[73]

이는 묻지 않고 전형적 소농공황을 전해 주는 표현이다.

VI. 결론

우리는 위에서 동학난 후 10여년의 과정에 있어서 한반도에 침입한 지배자본이 「인플레이션」 과 농업공황을 어떻게 전개하고, 그를 통하여 어떻게 자기 목적을 관철하는가를 실증화하려고 시도하였다. 그러한 가운데 우리는 무엇보다 「인플레이션」 과 농업공황이 공통적 배경을 가지고 있을 뿐이 아니라, 상호 내면적 연결성을 가지고 있다는 사실을 확인할 수 있게 되었다. 백동화 「인플레이션」 은 결코 당시의 소농경제와 독립적이 아니라는 것, 오히려 「쉐레」 현상이나 그 밖에 화폐적 기구를

---

72) 황성견문(皇城見聞): 광무(光武) 7년 1월 15일자
73) 강 용일(岡 庸一): 전게서, 제513~514면

통하여 소농의 생산적 기반을 제약한 바 컸었다는 시대성을 파악할 수 있게 되었다. 이때의 「인플레이션」과 농업공황이 우선 전기(前期)적인 것이 아니라 근대적 의미를 뚜렷이 가지는 범주라는 데 우리의 분석은 체제적 발전성을 요구하는 성격이다.

물론 개항초기의 「인플레이션」이 그 파급규모에 있어서 제약된 성격의 것이라든지, 동학란 후의 유통계라 할지라도 아직 전면적 화폐경제에 이르지 못한 전기(前期)성이 남아 있다는 점은 처음부터 우리에게 분명하다. 그리고 농업공황 역시 전자에 있어서 아직 맹아적. 단초(端初)적 양성과정으로 보아 질 뿐만 아니라 후자에 있어서 그 전형적인 양태를 보이지는 못하였다는 점 또한 부인할 수 없는 사실이다. 여기에 동학혁명이 가져온 시대의 제약성은 아직 뚜렷한 배경이다. 그러나 우리는 「인플레이션」의 근대적 필연성과 그것이 공황과 반드시 대응적으로만 진행되는 것이 아니라는 점을 동학란 후의 백동화 「인플레이션」에 있어서 처음 명시적으로 인식하였다고 볼 수도 있다. 그것은 조세금납화(租稅金納化)에 의한 화폐화과정의 획기적인 진행과 더불어 일본자본의 배타적 세력이 한 걸음 강화됨을 보인 까닭이다.

그렇다면 우리는 이른바 백동화 「인플레이션」의 본성이 반농민적이라는 것, 더욱 그 근본을 내재적 화폐 남발에만 돌릴 수 없다는 것, 보다 지배적 동인을 일본자본의 활동에 두고 있었다는 점을 좀 더 뚜렷이 알 수 있다. 이 점은 동학란 이전의 당오전(當五錢) 「인플레이션」에서도 본 바 있지만 역시 백동화의 남발이나 그것이 위조나 밀주(密鑄) 등이 주로 외래적으로 이루어졌고, 동시에 농민공황이 한 층 보편화한 것이 자못 특징적으로 주목된다. 더욱 따져보면 백동화 「인플레이션」그것을 들어서 동학란 후의 「인플레이션」을 대표시키는 명칭으로서 쓰기에 처음부터 난점은 없지 않다. 왜냐하면, 이미 본 바와 같이 일본자본에 의한 산금(産金), 산미(産米)의 매상(買上)에 따른 자금의 방출효과는 개항 직후부터의 사례이거니와, 제일은행(第一銀行)에 의한 막대한 차관과 무엇보다 방만한 제일은행권의 발행이야말로 보다 큰 「인플레이션」의 독립적 기동요인으로 기능한 것이 틀림없는 까닭이다.

그 밖에 일본 경화(硬貨)나 제일은행권의 총체적 유통속도는 적어도 항도(港都)지역에 있어서 한전(韓錢)의 그것에 비할 수 없을 만큼 세력적이었다는 점 또한 주목되고, 일본상인간의 신용화폐 또한 큰 구실을 이 땅에서 영위하였다고 보아야 한다. 더욱 백동화나 엽전이 일본 측 화폐에 대하여 사실상 보조적 구실을 하였다고 볼 수 있는 데 반하여, 일본화폐의 본위화폐적 면목은 거의 뚜렷하였다는 것이 동학란 후 비자립적 폐정(幣政)을 말해 주는 표현이다.

다음에, 우리는 동학란 후의 화폐경제화 진행이 「인플레이션」과 농업공황에 직결된 요인임을 확인함과 아울러, 「인플레이션」하의 농업공황이 이때에 빈곤 그 자체를 포괄하는 넓은 개념임을 인식하게 되었다. 그에 앞서서 전기적 소농생산양식에 있어서 근대적 공황의 전개 과정을 좀 더 실증함에 이르렀다는 점, 일본 제국주의에 의하여 드러난 결론이다.

거듭 본 바와 같이 백동화 「인플레이션」 인즉 그것이 그 근원을 외래적, 타율적인 세력에 두고 있기 때문에, 단순한 물가고를 넘어서 전체경제의 위기를 조성할 만큼 그 침투력을 강화하였다. 그리고 그 자체 소농공황의 가중조건이 되었을 뿐 아니라 화폐조작에 의한 손실의 전가(轉嫁)를 흔히 토착경제에 강요한 점 또한 볼 만하였던 국면이다. 이 후자는 노일전쟁(露日戰爭) 후 일본당국에 의한 화폐정리 사업을 통하여 좀 더 분명히 되는 사실이지만, 어쨌든 우리는 이러한 기구적 조건의 내면적 분석 없이 백동화 「인플레이션」 의 본성을 파악했다 할 수 없다. 단순이 한말 폐정의 문란만을 강조한다 하여도 시태는 본성이나 정체를 밝혀 주지 않을 뿐 아니라, 진실한 역사학적 의미를 우리에게 넘겨주지 않은 까닭이다.

한말(韓末)의 「화폐정리(貨弊整理) 」와 농업공황(農業恐慌) 기구

김 준 보

목차

서설(序說)

　1904년 노일전쟁(露日戰爭)의 발발(勃發)에 뒤이어 동년 8월의 제일한일협정(韓日協定)의 체결로 이조정권(李朝政權)의 외교·군사(外交軍事) 및 재정권(財政權)이 일본(日本)에 이양(移讓)되자 한반도(韓半島)는 일본제국주의의 실질적 통치권하에 들어서게 되었다. 그것은 경제사적 국면에서 이를 볼 때 무엇보다 점증(漸增)하는 화폐경제의 팽창과 더불어 「인플레이션」 과 농업공황을 이 땅에 격성(激成)하는 조건이 아닐 수 없었다. 물론 「인플레이션」 이나 농업공황의 생성이 나라에 있어서 노일전쟁(露日戰爭) 이후에 비롯된 것은 아니다. 그에 앞서서 개항 이래 이들 국면은 이미 현실화한 가운데, 특별히 동학혁명(東學革命)의 위기를 거쳐서 확대재생산의 과정을 밟아 온 것이 틀림없는 사실이다. 그러나 한일협정 이전의 단계에 관하여 보면 이조봉건국가(李朝封建國家)는 아직 정치적(政治的) 주도권이 보전되어 있었던 시대인 만큼 「인플레이션」 이나 공황에 대하여 자기조절의 능력이 어느 정도 보류되어 있었다고 보아진다. 그러던 것이 그 후의 단계에 이르자 국권(國權)의 주체적 역량이 말살(抹殺)되었을 뿐이 아니라, 일본의 제국주 또한 한층 실력을 갖춘 것이 큰 진전이다. 당장 일본은 재정 고문(顧問)이란 이름으로 한말정부(韓末政府)를 제압하고, 자국자본의 배타(排他)적 침입(侵入)를 위한 공고한 토대를 이 땅에 구축하지 시작한 것이니 「화폐정리사업(貨幣整理事業)」은 그 대표적 선구자라 할 수 있다. 그와 아울러 국고예산제의 근대적 편성이 이루어 졌으며, 금융기구의 이식(移植)이 적극화한 것들이 그밖에 중요한 시책이다. 여기에 이조봉건체제 (李朝封建體制)는 중추적 기반을 잃고, 결정적 붕괴의 단계에 서게 되었으며, 이에 대응하여 일본의 상업·금융 및 토지자본은 이제 놀랄 만큼 성급한 침투태세를 갖추었다. 제일은행(第一銀行)의 활동과 동양척식회사(東洋拓殖會社)의 개설은 그 가운데 뚜렷한 침략주의 상징일 뿐이다.

　물론 일본자본의 침입활동 그것은 개항이후 이 땅에 꾸준히 성장하여 왔고, 특히 동학혁명 (東學革命)을 고비로 하여 그의 지배세력은 내정의 각 방면에 깊숙이 파고 들었다. 그러나 이때를 기한 지세의 금납화(金納化)는 그에 관련돼 커다란 획기적 진전이다. 그러나 좀 더 생각할 때 동학혁명(東學革命) 후 토착경제(土着經濟)의 화폐화는 크게 신장(伸張)을 보았다 하더라도 이것이 당장 봉건체제의 해체를 뜻하는 것은 아니었다.[1] 지대와 이윤의 분리를 구체적으로 보게 되고, 따라서 근대화의 본질적 조건을 갖추기에 이른 단계는 바로 일본 각종자본의 본격적 이식(移植)을 보게 된 노일전쟁(露日戰爭)이후, 적어도 「화폐정리사업(貨幣整理事業)」과 병행된 사실임에 틀림없는 역사이다. 그러므로 우리는 개항말기(한말)(韓末)를 구획하는 식민사적 신단계는 여기에 이루어졌음을 확인할 수 있고, 그것을 특징화함에 있어서 이른바 「화폐정리사업(貨幣整理事業)」 또한 결코 간과할 수 없다. 알고 보면 그것은 더욱 우리의 가장 큰 문제인 「인플레이션」과 농업공황에 대하여 직결된 기구적 의미를 갖는 것이 분명한 사실이다.

　사실, 우리는 「인플레이션」과 농업공황의 문제를 떠나서 한국자본주의의 지배조건을 분명히 밝힐 수 없거니와 토착경제(土着經濟)의 피지배성 역시 그들과 아울러 비로소 기저적(基底的)으로 밝혀질 수 있는 속성을 갖고 있다. 따라서 이 점에도 관련하여 한말(韓末)의 「화폐정리사업 (貨幣整理事業)」이 전후결말을 보되 그것을 「인플레이션」이나 농업공황과의 관련 밑에 평가하는 것은 너무나 당연하다. 더구나 후자(농업공황)와의 관련성에 집약하여 문제를 보는 것은 필경 한말(韓末)의 토착경제(土着經濟)를 가장 보편적 측면에서 기저적(基底的)으로 다루는 것과 다름없는 까닭이다.

　그럼에도 불구하고, 전통적 「화폐정리(貨幣整理)」론에 의하면 대개는 동사업이 실시됨으로써 백동화(白銅貨) 「인플레이션」이 수속(收束)되었다는 것, 그로 말미암아 도시상민(商民) 사이에 「전황(錢荒)」이 일어났다는 것, 일본상인에 비하여 토착상인(土着商人)이 불리와 불편을 겪게 되었다는 사상(事象)을 지적함에 그쳐 있다고 보아진다. 그밖에 일본화폐의 유통이나 재정차관의

---

1) 김준보, 1975. 《한국자본주의사연구》(Ⅱ)

문제점이 흔히 논의의 대상이 되기도 하지만 적어도 그들 논자에 있어서 농업공황과의 인식하에 있어서 보다 넓은 시야를 갖추지는 못하였다는 것이 과문(寡聞)의 필자에게 주어지는 것이 일반이다.

요컨대 우리는 여기서 한말(韓末)의 성숙된 일본제국주의 침입을 배경으로 이른바 백동화 (白銅貨) 「인플레이션」 이 어떻게 수속(收束)되고, 그것이 무엇을 가져왔는가를 토착경제(土着經濟)의 가장 보편적 생산기구와의 관련 밑에 살펴보지 않으면 아니 된다. 문제의 해답은 거의 자명한 것이지만 그것의 기구적 조건, 즉 농업공황과 「인플레이션」 이나 전황(錢荒)과의 관계, 더욱 봉건적 내재조건이나 외래의 공황과의 관련성, 더구나 농업공황이 몰고 온 사회적 위기의 형성 등에 관한 제반 요인의 상호작용은 우리의 현실적 경제문제나 정치문제에도 충분히 옮겨서 찾아볼 수 있는 간절한 과학적 과제의 성격임에 틀림없는 까닭이다.

Ⅰ. 「화폐정리사업(貨幣整理事業)」 의 모순성

1905년初(1月) 일본인재정고문(日本人財政顧問)(목하전(目賀田) 종태랑(種太郎))에 의하여 착수된 「화폐정리사업(貨幣整理事業)」 은 곧 백동화(白銅貨) 「인플레이션」 은 수속(收束)한다는 취지 하에 구한화의 환수(還收)와 신화(新貨)의 발행으로 나선 것이다. 그것은 처음부터 경제적 이해(利害)를 넘는 정치적 의도의 소산(所産)이었다. 경제적 측면에서 평가한다 하더라도 그것의 모순성은 각 방면에 뚜렷이 나타난 일련의 동태이다.

첫째로, 「화폐정리사업(貨幣整理事業)」 은 「인플레이션」 을 막는다는 표방 밑에 새로운 자기 본위(自己本位)의 「인플레이션」 을 확대시킨 죄과(罪過)를 범하였다. 더구나 이 사업이 시도되자 그것이 개시되기도 전에 물가는 폭등하였던 것이 당시의 실태이어서, 즉 동년(同年) 5월중순경의 정황으로서 알려진 바에 의하면,

> 「근일에 연문각지방래인지전설(連聞各地方來人之傳說)하니 외방인민은 인신구(因新舊)화폐교환시기지(之) 불원(不遠)하여 생일대의구(生一大疑懼)라 하니 진기소유(盡其所由)는 원래 백동화(白銅貨)행용(行用) 이래(以來)로 기사주악화지다수수입자(其私鑄惡貨之多數輸入者)를 거개양양유일어지방각처(擧皆洋洋流溢於地方各處)하여 범부항장시지간(凡府港場市之間)에 교통화폐난 순전악화(純全惡貨)이이(而已) ……… 향견평남관찰사이중하씨보고(向見平南觀察使李重夏氏報告)즉 당지인심(當地人心)이 인차소와(因此騷訛)하여 물가조등(物價勹騰)하고 빈부난지(貧富難支)라 하니 절상중외물정(竊想中外物情)이 거다여시의(擧多如是矣)라」[2]

하는 신문기사를 볼 수 있다. 필경 악화(惡貨)가 범람하였고, 사태가 강렬한 가운데 물가의 폭등을 보았다는 사원(事緣)이다.

그러나 「화폐정리사업(貨幣整理事業)」 의 보다 큰 문제는 그것의 착수이후에 발생하였다. 우선 화폐교환의 첫 단계를 일본화폐인 제일은행(第一銀行)권으로 충당하였다는 것이 큰 근원의 하나이다. 즉 구백동화(舊白銅貨)를 수속하는 대신에 주로 제일은행권 (第一銀行券)을 시중에 방출한 것이니

---

2) 《황성신문(皇城新聞)》 광무 9년 5월 19일자

여기에 이 땅의 폐정(弊政)은 명실공히 일본화폐를 법화(法貨)로 세웠다고 보아도 무방하다. 즉 이조봉건국가(李朝封建國家)는 이후 완전히 폐정의 자주성을 잃게 되고, 「인플레이션」을 자기조절할 기능을 상실하고 말았을 뿐이다.

물론 일본화폐의 한반도 침투나 일본화폐의 본위화폐화(本位貨幣化)운동에 대하여 「화폐정리사업(貨幣整理事業)」은 전주(前奏)의 수단의 성격에 불과하다. 이점은 주한 일본공사(日本公使)의 보고문면에 비추어 보아서도 다음과 같이 역연한 내막이다.

> 「한국의 화폐제도개혁을 용이하게 하기 위하여는 일본화폐의 유통구역을 확정할 필요가 있기에 과일(過日) 한국 외무대신과의 협정안중에도 일본화폐를 한국화폐와 병행유통시키는 규정을 넣어 두었거니와, 나의 비견(鄙見)에 동의한다면 금일의 시기를 이용하여 가급적 일본화폐를 한국내지에 사용하도록 힘쓰겠다. 운운(云云) 」3)

과연 그 후 일본인재정고문(日本人財政顧問))에 의한 「화폐정리사업(貨幣整理事業)」의 내용이 어떠하였던가를 보면 저간(這間)의 사정은 더욱 뚜렷하다. 즉 그가 내세웠던 계획을 항목별로 보면 (1)한국의 화폐제도를 일본이 그것에 직결시킬 것, (2)일본의 화폐를 한국에 무제한 통용시킬 것, (3)백동화(白銅貨)를 일정한 요령으로써 주로 일본화폐에 의하여 일본측 금융기관으로 하여금 교환수속(收束)시킬 것, (4) 엽전은 서서히 회수할 것, (5)신화폐를 일본화폐의 명목과 실질로써 일본에서 주조할 것, (6)교환에 요구된 화폐에 대하여 대일차관(對日借款)을 준비할 것 등이다. 그리하여 이러한 방침 밑에 우선 일본의 금화본위(金貨本位) 화폐제도에 준하여 광무(光武) 5년 (1901년)에 제정된 바 있었던 「신화폐조례(新貨幣條例)」를 광무(光武) 9년(1905년) 1월에 그대로 공포하였고, 동년 6월 1일자로 이를 시행하였다. 다만, 백동화(白銅貨)의 환수명령은 동년 6월 20일자로 내리되, 동 7월 1일부터 착수한 것이 이 사업의 골자일 뿐이다.

일본화폐제도의 도입을 넘어서 일본화폐의 철저한 국내통용이란 처음부터 한국주권의 상실일 뿐 아니라, 국내화폐의 상품화, 토착민중의 예속화를 촉구하는 조치 이외에 다른 것이 아니다. 더욱 그것은 일본제국의 국제적 배타력을 강화하는 동시에 이 땅에 일본공황의 전가를 손쉽게 가능케 하는 기초 공작(工作)이라 하여서 무방하다. 위의 「화폐정리사업 (貨幣整理事業)」이 실시되리라는 풍문(風聞)에 따라 백동화(白銅貨)가격이 폭락, 물가의 폭등을 보게 되었음은 오히려 당연하고, 「그레셤」의 법칙이 그 가운데 폭발을 보게 된 것이 입증된 정황이다. 즉,

> 「당시의 상황을 보건데 불신의 정령(政令)에 대하여 쓰라린 경험을 많이 갖고 있는 한인들은 백동화의 교환에 대하여 그에 상당한 대금을 받을 수 있을까 의심하고, 불려(不慮)의 손실을 받게 될가 두려워해서 축적된 백동화는 되도록 빨리 토지 또는 그 밖에 물품과 바꾸어서 두려는 경향이 발생함으로써 백동화의 가격은 하락하였고, 그 가격의 하락은 더욱 인심에 불안을 주었다. 또한 한편 일청(日淸)의 상인은 이 기회를 이용하여 백동화의 매점(買占)을 하여 기리(奇利)를 취하려고 하였다. 운운(云云)」4)

---

3) 국사편찬위원회, 《고종시대사 · 6》 〈주한일본공사관 기록〉 광무 8년 11월23일자
4) 澁澤榮一, 1909. 《한국화폐정리보고서》 70

우리는 이때 백동화(白銅貨)로 거리를 확보하는 구체적 방법을 일일이 들 수 없으나, 화폐정리
계획을 가장 먼저 알 수 있었던 일본인 상업자본이 취했으리라 보여지는 투기적 활동방향은 대체로
자명(自明)하다. 그들은 필경 사태에 어두운 토착농민들로부터 스스로 매수한 백동화(白銅貨)를
이용하여 막대한 면적의 토지를 매수하거나 또는 시세 저락(低落)되 백동화(白銅貨)를 염가로
매점(買占)하되 그 중 저질화(低質化)를 골라서 처분하고, 양질인 그것을 수출(輸出)하는 것은 바로
유통계에 횡행되었던 방법이다. 어쨌든 결과는 토착인민, 특히 농민일반의 손실 위에 제국주의
목적이 관철된 것이니 이 사업이 모순은 또 타율적 조건을 추가한 셈이다.

사실, 「화폐정리사업(貨幣整理事業)」의 실시내용에 관하여 한인(韓人)일반에 있어서 재빨리
알 수는 없었다. 이 점은 당시에 한인조직인 「경성상업회의소(京城商業會議所)」의 정부당국에
청원(請願)한 문면(文面)의 일부에 비추어 보아서도 여실한 실정이니. 즉,

> 「정부는 구백동화교환규칙(舊白銅貨交換規則)을 6월24일 부령(部令)을 6월29일 관보(官報)에 등재(登載) 공
> 포하여 등 7월 1일부터 실시하니…… 정부가 민을 기만(欺瞞)한 사실이 분명하니 위정(爲政)의 근본을 전실
> (全失)함은 천하의 공론(公論)이 자재(自在)한지라, 시(是)는 정부가 인민을 불식의혹(不識疑惑) 중에 실(實)하
> 여 경제계를 혼란케 하여 상매(商買)로 하여금 파산하는 감지(減池)에 침몰케 함이나 시(是)는 맹인을 기만하
> 여 열탕(熱湯)을 탄(呑)케 함과 여함이니. 운운(云云)」5)

지금 당시의 국내통화사정을 개관컨대, 노일전쟁(露日戰爭)으로 촉구된 관사주(官私鑄)의
백동화(白銅貨)는 이미 수천만원에 달하여 경기지방을 넘어서 각지역(전라, 경상지역 제외)에 보급된
실정이었다. 그에 따라서 국내화폐의 일본화폐에 대한 교환가치는 날로 떨어져서 본래의 반가 이하로
거래되었고, 더욱 그 간에 많은 위폐의 혼용을 보게 됨으로써 그것의 량목(量目) 또한 구구하였던
형편이다. 그 가운데 「화폐정리사업 (貨幣整理事業)」이 진행된 것이나, 이때에
「화폐정리사업(貨幣整理事業)」의 시기와 방법을 재빨리 알고 있었던 일본인 지배자본은
폭리를 거두었음이 분명하다. 일찍이 그들은 한국정부에 압력을 가하여 백동화(白銅貨) 유통의
강행을 촉구하였고, 그로 인한 교역활동은 말할 것도 없거니와 전비(戰備)의 조달을 꾀할 수 있었던
정도이다. 그러므로 「화폐정리사업 (貨幣整理事業)」이전의 혼란이라 하여도 알고 보면. 그
기동(起動)의 근원이 대부분 외래적인 것임에 틀림이 없다. 내용인즉 「그레샴」 법칙의 타율적
조장(助長)형식 그것일 뿐이다.

그러면 「화폐정리사업(貨幣整理事業)」의 실시결과는 어떠하였던가? 지금 문제의 국면을
명백히 하기 위하여 구태여 「화폐정리사업(貨幣整理事業)」의 실시과정을 살펴 보건대 거기에
모순점 또한 역연하였다. 동인(動因)은 이미 본 바와 같이 백동화(白銅貨)의 수속(收束), 일본화폐
제일은행(第一銀行)권의 증발로 시작된 것이다, 더욱 그 집행기관을 일본금융기관인
제일은행(第一銀行)이 맡게 되었다는 것, 더군다나 제일은행(第一銀行)이 선정한 일본인 감정인에

---

5) 《황성신문(皇城新聞)》 광무 9년 11월 13일자

의하여 환수(還收)화폐의 교환, 공납(公納) 및 매수(買收)의 세 가지 방법을 축행(逐行)한 것이 또한 큰 문제의 불씨이었음은 물론이다.

첫째로, 화폐의 교환이란 곧 「화폐조례(貨幣條例)」에 의하여 구백동화(舊白銅貨)를 주조된 신화폐나 또는 제일은행(第一銀行)권, 또는 일본화폐의 동등가치의 것으로 바꾸어 준다는 것이나 당초 제일은행(第一銀行)권이 주역을 맡았다 함은 이미 본 바와 같다. 그도 더욱 문제는 그 절차에서 또한 찾아 볼 수 있는 것이니 백동화(白銅貨)는 당장 전량을 바꾸어 주는 것이 아니라 그것의 형질(形質)을 선별하되 시간을 두고 서서히 교환하는 방식을 취한 것이다. 요는 백동화(白銅貨)의 품위·량목(量目)·인상·형태를 보아서 정화(正貨)에 준한 것이면 관사주(官私鑄)의 구분 없이 매개 2전(錢)5리(厘)로서 교환하되, 그렇지 못한 것은 매개 1전으로 대충된다는 요령이며, 따라서 본래의 반가 이하로 그것이 평가될 수 있다는 것, 여기에 토착민에 대한 큰 손실이 엿보이었고 그중 농민의 피해가 막심하리라는 것은 자명(自明)한 사실이다.

둘째로, 공납(公納)이라는 것은 납세로서 백동화(白銅貨)를 받는다는 것이나 그 방법은 매개 2전5리에 해당한 정상적인 것만을 받아들인다는 것을 가리킨다. 그리고 셋째로 매수란 곧 백동화(白銅貨) 소지인의 의사에 따라서 적당한 가격으로 지정상인이 매상(買上)하는 것으로서 이는 교환이나 공납(公納)에 의한 수속(收束)이 대체로 끝난 륭희(隆熙) 2년(1908) 5월 말후에 일본인은행이나 유력한 일본상인으로 하여금 영위(營爲)하도록 하였던 조치이다. 따라서 첫째의 「교환」 방식이 사업의 주축이 될 것은 물론이나 여타 방법에 있어서도 동종의 모순은 지적된다. 우선 토착민중의 원성(怨聲)은 이들 각 방식의 추진과정에 있어서 자자하였던 보도이다.

사실, 「화폐정리사업(貨幣整理事業)」이 필경 일본인측의 편익의 조건을 마련하는 반면에 상착인민(上着人民)에 불편과 불리를 가져오리라는 것은 당시의 국내 식자(識者) 역시 예측하고 있었던 것이 분명하다. 무엇보다 구폐(舊幣)소유자인 토착인민의 손실에 반하여 일본상인에 대한 신화집중(新貨集中)을 보리라는 우려 또한 응당 예상되었던 문제의 조건이다. 즉,

> 「원래 아상민(我商民)은   수(雖)선량화폐(善良貨幣)라도 미상유정적이저축자(未嘗有停積而儲蓄者)하고 지이 (祗以)어험수형지류(魚驗手形之類)로 호상흥수어교역지양(互相興受於交易之揚)뿐더러 황기각종물품(況其各種 物品)이 개종외국수입고(皆從外國輸入故)로 전국지금동화폐(全國之金銅貨幣)가 개주어외상지점(皆注於外商之 店)하여 화폐지권(貨幣之權)이   실귀기장악(悉歸其掌握)하니 「금어신구교환지제(今於新舊交換之際)에 소유구 화(所有舊貨)가 실경외상수중(悉經外商手中)하여 몰입금고(沒入金庫)하고 기환출지(其換出之) 략(약)간신화(略 (若)干新貨)난 역귀어외상지수이류체언(亦歸於外商之手而留滯焉)하며. 운운(云云)」[6]

더구나 위와 같은 「화폐정리사업(貨幣整理事業)」의 자금으로서 일본측이 한말정부에 대하여 제일은행(第一銀行)로부터 300만원의 거액을 차입케 하였다는 점 또한 큰 배리(背理)가 아닐 수 없다. 이는 말하자면 자국민의 편익을 위한 사업을 타국의 부담으로써 스스로 강행한다는 것이다.

---

6) 《황성신문(皇城新聞)》 광무 9년 10월 26일자

실로 재정권의 지배를 넘는 행패라 하겠으며, 그나마 바로 사업의 집행 당사자인 제일은행(第一銀行)의 차권(借券)을 얻게 하였다는 점, 실로 의구심(疑懼心)을 자아내지 않을 수 없게 하였다. 문제는 나아가서 그 밖에 위의 구화(舊貨)환수 방법에 관련하여 제일은행(第一銀行)권이 실질적 본위화폐화(本位貨幣化)한데 대하여 국내 신화(新貨)는 보조적 기능조차 어렵게 된 경위 또한 볼만하다. 즉,

> 「신경화(新硬貨)는 앞에서 본 바와 같이 대판조폐국(大阪造幣局)에 위탁하여 우선 신보조 화(新補助貨)를 제조한 것이나, 다시 다액의 보조금을 내서 구백동화(舊白銅貨)와 같이 보조화 통용의 제한을 잃게 하지 않게 하기 위하여 우선 본위대용(本位代用)인 은행권으로써 구화의 대부분을 환수하고 보조화(補助貨)는 필요에 따라서 산포(散布)할 방침으로써 발행한 것이다. 운운(云云)」[7]

요컨대 이때에 제일은행(第一銀行)의 지배력은 크게 강화하여, 우선 자기차권(自己借券)의 담보로 잡은 한국관세를 스스로 조종하게 되고, 국내신화폐(國內新貨幣)는 기껏 하여 제일은행(第一銀行)권의 보조화폐(補助貨幣)로 전락(轉落)하였거니와 그나마 새로이 발행(發行)된 국내화폐는 추후(追後) 미곡매상자금(米穀買上資金)의 방출(放出)라든가 각 금융기관에 대한 대부(貸付)를 통하여 서서히 보급(普及)을 보게 한 것이 이때의 요령이다.

그 가운데 있어서 이른바 정상적 교환의 대상이 되지 못한 백동화(白銅貨)의 운명은 또한 새로운 문제를 추가한다. 이들 액수가 어느 정도에 달했을는지 자세히 알 길은 없지만 적어도 수백만원을 넘으리라는 것은 당시의 내외문헌[8]에 비추어 분명하다. 따라서 그 대부분은 보상되지 않은 폐전(廢錢)으로서 토착인민의 손실을 반영한 것이 틀림없는 사실이며, 더구나 백동화(白銅貨)의 유통이 1909년 말로서 금지를 보게 된 사정에 있어서 이러한 모순성은 뚜렷할 뿐이다. 그 밖에 환수지연이 가져온 토착민중의 곤란은 나중에 보는 바이거니와 더욱 부수적으로 문제시 되는 점은 더욱 많다. 예컨대 교환대상 화(貨)의 감정(鑑定)이 일본인측의 재량(裁量)에 맡겨둔 체 정상적 백동화(白銅貨)만을 납세로 받아들임으로써 토착민중의 불편을 주게 된 점 또한 적지 않았음이 당시의 신문논조이다.

백동화(白銅貨) 환수는 대체로 위와 같은 과정으로써 1909년에 일단 종결을 보게 된 것이나 지금 참고로 여기에 동년말까지의 환수실적을 보면 다음과 같다. (이들 통계에 어느 정도 신빙을 둘 수 있을는지, 특히 상인 매상분에는 의심되는 점이 없지 않다).

---

7) 전게(前揭), 《조선산업지》 하 15-16
8) 황성신문을 보면 「수천만원」이라는 문구가 여기저기에서 언급되고 있다.

백동화(白銅貨)) 환수 실적

방법	매수(枚數)	대금(원)	평균단가(전리(錢厘))
교환	169,286,780	4,205,202.34	2.42
납세	56,611,253	1,325,544.27	2.34
매수(買收)	135,416,003	3,321,006.35	2.31
세관인계	4,161,601		
도지부(度支部)	23,056,963	576,694.08	2.5
계	388,541,600	9,428,402.02	

자료: 산구정, 1991. <조선산업지(朝鮮産業誌)>하, 10에서 작성

한편 백동화(白銅貨) 이외에 양질의 엽전에 관한 한, 재정고문이 그 환수를 서서히 추진한 바 있었다. 이 점, 또한 문제를 자아낼 수 있었던 것이니 그것은 곧 일본인 상인들로 하여금 이들을 염가로 매상케 하여 자국으로 수출시키는 시간적 여유를 마련케 한 까닭이다. 이때에 엽전은 우선 납세로써 자연환수된 것 이외(以外)에는 백동화(白銅貨)의 환수 후 매수하는 방책을 쓴 것이나 이 점의 내용을 보면 곧

> 「1906년 이후(이후) 한 때 해외 동가(銅價)의 등귀(騰貴)는 지금으로서 엽전의 수출을 촉진하여 그 후 동가 하락함에 이르기까지 수출액 160여만원에 미처서 엽전 환수상 우연히 불소(不少)한 효과를 거두었다」 9)

물론 엽전시세의 동요는 당연히 각종 화폐 사이에 평가차의 변동을 가져오게 했다. 그럼으로써 그간에 일본자본의 취리(取利) 활동뿐이 아니라 국내 간리(奸吏)의 세납 과정상 불정의 행위를 조장(助長) 하게 마련이다.10) 그 역시 따져보면. 토착농민 대한 민폐의 실질 이외에 다른 것이 아니다. 대부분의 농민인 즉 시세의 변동에 대하여 어두운 것이 일반이기 때문이다.

원래 신「화막조례(貨幕條例)」에 의하면 구화(舊貨) 2원은 신화(新貨) 1원의 명목으로 되어 있었고, 이에 따라서 엽전 1매(枚) 역시 1리(厘)로 계산될 수밖에 없었다. 그렇다면 엽전의 소재(素材)가치에 비추어 볼 때 그것은 도저히 실가에 미치지 못한 명목규정이다. 그러므로 여기에 큰 평가차는 생기게 되고, 1908년 6월에 엽전 1매를 2리로 공정하기 까지 수세관리(收稅官吏)의 이득은 불소(不少)하였다. 그사이에 간리(奸吏)로 하여금 흔히 악화(惡貨)로써 국고에 대납하는 대신에 양화(良貨)인 엽전을 스스로의 이득을 횡취(橫取)하는 불정(不正)을 조장케 하였다고 보아지기 때문이다.

지금 참고로 엽전의 환수 및 수출된 계수를 들어보면 다음과 같다.

---

9) 전게(前揭), 《조선산업지》 하 11
10) 동상

엽전 환수급 수출고 누년(累年)표

(금액단위, 리)

방법		1905년	1906년	1907년	1908년	1909년	누계
납세	매수	1,627,236	21,246,635	2,368,811	—	—	25,242,682
	금액	1,607,014	21,246,635	2,368,811	—	—	25,222,460
매수	매수	—	47,792	86,726,336	151,122,524	948,818,244	1,180,714,896
	금액	—	47,792	170,567,231	302,235,526	1,885,636,488	2,358,487,037
계	—	1,627,236	21,294,427	89,095,147	151,122,524	948,818,244	1,205,957,578
	—	1,607,014	21,254,427	172,936,042	302,235,526	1,885,636,488	2,383,709,497
수출액	—	91,789,000	549,153,000	962,932,000	—	—	1,603,874,000
총기액	—	93,396,014	57,447,427,	1,135,868,042	302,235,526	1,885,636,488	3,987,583,497

자료: 澁澤榮一 〈한국화폐정리보고서(韓國貨幣整理報告書)〉 (사방박(四方博), 〈전게론문서(前揭論文書)〉 17) 단,
　　　1905년 8 월 이후 분, 1909년 11월말까지의 분임.

　　더욱 일반의 엽전과 아울러 구적동화(舊赤銅貨)(5분적동화)로서 신화 5리(厘)로 교환되는 것이
약간 있었고, 구은화(舊銀貨) 및 황동화(黃銅貨) 또한 환수대상이 되었다. 이들 역시 세납 또는
매수형식으로 서서히 환수되었던 것이나 그중 볼만 한 것은 적동화(赤銅貨)로서 알려진 실적은
다음과 같다. (다음 면의 표)

　　그 밖에 흔히 간과되는 배리(背理)로서 환수된 구화(舊貨)의 처분문제를 들 수 있다. 폐화(廢貨)는
당초 신화(新貨) 주조자료에 충당할 예정이었으나, 부적당하다는 이유로 이를 일본인 재정고문의
지배하에 절단 처분하였다고 알려져 있다. 그리고 절단된 백동화(白銅貨) 지금(地金)은 각국 상인에
공매되어 유럽으로 수출된 반면에 은화 및 엽전 지금(地金)은 일본으로 수출되었다고 전해 있다.
그나마 그 구체적 내막은 알 길이 없고 이들의 전후 실적을 평가해 볼 때 엄청난 염가처분이란
인상은 버릴 수 없다.

적동화(赤銅貨) 환수분 (1909년말)

방법	매수	대금
납세	2,596,713	12,983,565
매수	14,185,735	70,928,675
계	16,782,448	83,912,240

자료: 《조선산업지》 하, 12

　　백동화(白銅貨)만 본다 하더라도 근천만원의 환수분(전표)에 대하여 115만원 정도의
지금대가(地金代價)(다음표) 밖에 얻어진 바 없었기 때문이다.

환수 구화지금(舊貨地金) 처분 내용 (1909년말)

종목	중량 (문(匁))	대금(원)
백동화(白銅貨)	462,966,307.30	1,147,543.58
적동화	39,135,890.00	39,505.59
엽전	420,794,099.00	506,650.86
계	922,896,296.30	1,693,700.02

자료: 동상, 제14면, 단 1문(匁)은 3.75g

한말의 「화폐정리사업(貨幣整理事業)」이 가져온 모순성는 더욱 나아가서 편향적「전황(錢荒)」으로써 확대된다. 그것은 곧 구화(舊貨)의 수속(收束)에 따라지 못한 신화의 유통적 불균(不均) 현상의 문제이다. 사실 이때의 「전황(錢荒)」은 당시에도 이미 식자(識者) 간에 지목된 바 있었던 유명한 사실이지만 그 원인과 결과에 대하여 논의상 뉘앙스는 면할 수 없다. 지금 당시의 일본인측 기록11)을 원용하고 보면 다음과 같은 것이 주목된다. 즉,

> 「최초로 교환가 시작된 경성에 있어서 한상(韓商)들은 처음 그 교환에 신용을 두지 않고, 더구나 일청상인(日清商人)들은 유언(流言)을 퍼뜨려서 그 백동화((白銅貨)) 가격을 하락시키고 매점를 책동하였으며 여기에 한상들의 백동화방매가 급히 일어났고, 한편 어음을 남발하여 물건으로 바꾸는 등을 한 결과 일단 현금계산에 부딪치자 지불할 현금이 없어서 이로 인하여 특히 경성에서는 금융경새(金融梗塞)으로 공황상태에 빠졌고, 종로상인(鐘路商人)은 점포를 닫고서 정부에 구제를 호소함에 이르렀다. 운운(云云)」12)

그러나 이것이 전황(錢荒)의 근본원인이 아님은 한말의 당연한 정세이다.

물론, 「화폐정리사업(貨幣整理事業)」이 개시되자마자 전황(錢荒)은 우선 토착상인에 파급하였다. 그중 종로상인(鐘路商人)들의 철시소동(撤市騒動)은 눈에 띈 사실로서 당시의 황성신문(皇城新聞)은 「논종로철시(論鍾路撤市)이 선후책(善後策)」이란 제목 밑에 다음과 같이 지목하고 있다. 즉,

> 「전국에 악화가 범람하고, 시장에 물가가 앙등(昂騰)하여 일반경제계의 위미참상(萎靡惨狀)은 실로 목불인도(目不忍睹)하여 필야불원간(必也不遠間)에 전국 상업의 일대파산(一大破産)이 유(有)할 줄로 예측하였더니 오호통재(嗚呼痛哉)라. 광무 9년 7월 31일 즉, 전국상업의 추요지(樞要地)되는 종로백각전(鐘路百各廛)이 제일 두파산의 참화를 수(受)한 일이니 시(是)난 소위 화폐교환의 명령이 하(下)하매 약간 유통의 화폐가 차(此)교환소로 불입(不入)하면 피소봉가(彼素封家)의 양저(襄底)에 고폐(錮閉)하여 수백만의 재산을 지유(持有)한 자라도 가히 기천기만(幾千幾萬)의 전정(錢政)을 순환할 도리가 무하여 일일지간(一日之間)에 백반상점(百般商店)이 불기자폐(不其自廢)함에 지(至)하였으니 운운(云云)」13)

그러나 당시의 전황(錢荒)은 도시의 「실업계(實業界)」 뿐이 아니라 향촌의 민생에 달한 점에 우리는 각별히 주목한다. 우선

---

11) 《한국재정정리보고》 제1회 2의 46 이하.
12) 四方博, 1933. 〈조선에 있어서의 자본주의의 성립과정(朝鮮に 於ける 資本主義の 成立過程)〉(경성대학 법문학회) 《조선사회경제사연구》 115
13) 《황성신문(皇城新聞)》 광무 9년 8월 30일자

> 「근일생민지액(近日生民之厄)이 내자경성(內自京城)으로 외지향읍(外至鄕邑)이 범식록지가(凡食祿之家)와 영업지인(營業之人)이 모론(母論) 토농상(土農商)의 하등생계(何等生界)하고 졸생일대공황(猝生一大恐慌)하여 거개위구목창황(擧皆危懼目怊況)에 약장함어도산탕업지참경(若將陷於倒産蕩業之慘境)하니 운운(云云)」14)

하였거니와, 그 가운데 세궁민의 곤고(困苦)는 우심(尤甚)하였다. 즉

> 「근일 도시신문이 당차전황시절(當此錢荒時節)하여 피빈한(彼貧寒)한 인민은 전형(錢形)을 난견(難見)이라 타인에게 추대(推貸)도 두절하고, 자업(資業)도 원무(元無)하니 계옥(桂玉)이 난어상천(難於上天)하여 조석(朝夕)을 막계(莫繼)한 즉 개구학지급(皆溝壑之急)한지라 운운(云云)」15)

함에 있어서 더욱 분명하다. 그리고 이것이 소농에 관한 한, 토지상실에 미치게 될 것은 오히려 당연한 관계이다. 즉,

> 부상대매각장주(富商大賣各廛主)도 일조일석거판(一朝一夕擧板)하고, 전답문서(田畓文書), 가옥문권(家屋文券) 있는 대로 외인에게 전당(典當)하고, 고변중채(高邊重債) 출용(出用)하다가 자가문권(家居文券) 부족하면 친구(親舊)에게 차권(借券)하여 전채(典債)기 분분하니 목금(目今)상황이 성내성외(城內城外)를 막론하고 가거전토문권(家居田土文券)마다 있는 대로 개외인(皆外人)의 수중에 전집(典執)하였으니 필경은 전토가옥이 다 외인 물건되겠다고 항설(巷說)이 분분하여 토지가옥 없어지면 인민은 무엇을 영업하고 살겠는가, 일언폐왈(一言蔽曰) 전국인민이 다 망할 수밖에 없다 하니 오호(嗚呼)라 참 망하고 말는지 운운(云云)」16)

그럼에도 불구하고 전통적 「전황(錢荒)」론이 시야를 깊이 농업공황에 까지 미치지 못하였음은 안타까운 일이 아닐 수 없다. 그 점 역시 문제의 원인의 식민지의 피지배적 토대에서 깊이 살피지 아니하였던 소행일 뿐이다.

물론 공황의 근원은 매우 깊다 하겠으나 우선 전황(錢荒)의 직접적 원인을 말한다면 그 것은 역시 수속(收束)된 화폐에 대한 대충량이 부족하였을 뿐 아니라 신화의 교환이 정책적으로 지연된데 있었다고 보아야 한다. 그리고 더욱 토착경제의 취약성 그것이 추가적 원인이었음은 물론이다.

사실, 일본인재정고문은 앞에서도 본바와 같이 「화폐정리사업(貨幣整理事業)」을 추진하되 반드시 국내 신화폐를 보급시킴에 목적을 두고 있지 않았다. 되도록이면 제일은행(第一銀行)권이나 그밖에 일본화폐를 통용시키고자 의도한 것이며, 더구나 후자 역시 일시에 다액의 조달은 쉽지 않은 반면에 제일은행(第一銀行) 또한 그것을 서두를 이유가 없었다. 더욱 제일은행(第一銀行)권이 국내에 통용된 액면의 크기는 토착민중 일반에 대하여 불편을 면치 못한 높은 것이었다. 그러므로 제일은행권(第一銀行券)에 의한 백동화(白銅貨)의 수속(收束)은 토착민중에게 전황(錢荒)을 자아낼 수밖에 없고, 특히 소액 거래의 소시민이나 소농의 곤고(困苦)는 오히려 상민의 처지라 할 만한 것이다.

그런데 전황(錢荒)의 비명은 우선 도시 상인측에서 높이 울리었다. 경성의 거상들은 결속하여 유통자금 300만원의 방출을 재빨리 청원한 바 있었던 것이며, 이에 대하여 한국 당국자 간에 다소의

---

14) 《황성신문(皇城新聞)》 광무 9년 7월 11일자
15) 《황성신문(皇城新聞)》 광무 9년 11월 17일자
16) 《황성신문(皇城新聞)》 광무 9년 11월 17일자

알력(軋轢)을 보기도 하였던 형편이다. 당시의 신문에 비추어 보건데, 즉,

> 「금차(今次) 교환의 방법이 완전치 못하여 시장에 유통하던 화폐난 점차 교환소로 주입하고, 기대(其代)의 환출한 신화는 극히 완만하여 왈(曰) 금일 청구한 자는 내(乃)일개월이나 이삼개월후가 아니면 기(其)교환의 순차를 계속치 못한다 하여 입자는 적여구릉(積如丘陵)하고, 출자는 홍로점설(洪爐點雪)하여 전정(錢政)이 질색(窒塞)하고 상업이 전도(顚倒)하여 심히 폐시(廢市)하고 참황(慘況)에 지(至)하였으니 시(是)를 어찌 재정고문의 일부책임이 무하다 위하여, 차이(且以)삼백만원 대하사(貸下事)로 논할지라도 혹은 도대(度大)가 제의한 것을 재정고문이 반대불성하였다 하며 혹은 도대가 당초에 차등사건(此等事件)으로 인하여 재정고문과 협상한 사(事)가 무하다 하여 홀지분경(忽地紛更)이 개발하여 필경 도대의 체질(替迭)에 지(至)하였으니 운운(云云)」 17)

함과 같다. 더욱 나아가서 문제는 위기를 자아내고, 드디어 왕실이 내노금(內奴金)(35만원) 방출을 보기도 하였다 한다. 즉,

> 「금일 차졸변(此猝變)의 폭동이 개시(皆是) 교환방법의 불선불미(不善不美)한 결과로 출한 바니 약혹금일(若或今日)에라도 기(其)교환의 제도를 극히 확장하여 신속환출할진대 금일차구구(今日此苟苟)의 청원이 무할 것이오 시장을 철폐할 이유도 불생(不生)할 것이니 시역(是亦) 재정고문의 일대심사(一大深思)할 사(事)라 위(胃)할지오 황차(況且) 재작일(再昨日)에 성지(圣旨)를 특강하사(特降下司) 위선(爲先) 거관(巨款)이 금액을 하사하시고 기(其)삼백만원의 청원(請願)은 마땅히 정부로 하(下)하여 신속판급(迅速辦給)게 하리라 하옵셨으니 금일 정부제공(政府諸公)은 상(上)으로 성지(圣旨)를 봉대(奉戴)하고, 하(下)로 재정고문과 선량타협(善良妥協)하여 해(該)청원(請願)의 금액을 조속 판하(辦下)하여 여사학철(如斯涸轍)의 민정을 서완(紓緩)케 하며 운운」 18)

그러나 당시의 국내 지도층의 문제의식이 아직 사태의 근원을 추구할 만큼 되어있지 못하였음은 거의 분명하다. 그들은 전황(錢荒)의 모순성을 깊이 따져보지 못한데, 그저 허물어져 가는 이조정권(李朝政權)을 책함에 급급하였을 뿐이다. 예컨대

> 「부백동화(夫白銅貨) 람발 지폐와 사주화(私鑄貨)·밀수입지해(密輸入之害)는 개정부지소묵인자(皆政府之所黙認者)즉(則) 기(其)손해도 의정부지부담(宜政府之負擔)이거늘 금어(今於)교환지제(交換之際)에 이기무궁지손해(以其無窮之損害)로 직접귀지어무죄인민(直接歸之於無罪人民)하고 정부는 호무책임지부담(豪無責任之負擔)하니 결비문명지공리(決非文明之公理)요 즉시(卽是)폭악지정략야(暴惡之政略也)라 운운(云云)」 19)

Ⅱ. 일본화폐의 팽창과 「인플레이션」

일본인 재정고문에 의하여 구상된 「화폐정리사업(貨幣整理事業)」의 목표와 방법의 모순성이 대체로 위와 같은 것이라 할진대 우리는 구태여 한국 신화의 발행에 관하여 깊이 따져 볼 필요는 없다. 따라서 여기의 문제는 일본화폐의 팽창에 있다 하겠으나 다만, 이들을 서로 비교하는 뜻에서 전자를 아울려 보는 것 역시 전연 의미가 없지는 않을 뿐이다.

우선 일본인 고문의 지배하에 이루어진 국내 신화폐의 발행은 위에서 본바와 같이 광무5년 2월의

---

17) 《황성신문(皇城新聞)》 광무 11년 8월 30일자
18) 《황성신문(皇城新聞)》 전문 계속
19) 《황성신문(皇城新聞)》 광무 9년 10월 25일자

일본식 「화폐조례(貨幣條例)」를 그대로 취하였고, 그에 의하여 동 9년 10월의 칙령(勅令)에 의하여 다음과 같은 9종의 것이 나오게 되었다. 이 일본화폐와 다른 것은 후자의 단위가 원인데 대하여 전자의 명칭이 원으로부터 환으로 된 데 있을 뿐, 그밖에는 다음과 같이 양자의 명실이 같은 내용이다. 즉,

  (1)금화 20환(20원), 10환(10원), 5환(5원)
  (2)은화 반환(50전), 20전, 10전
  (3)백동화(白銅貨) 5전
  (4)적동화 1전, 5리

  위에서 (1)은 곧 명목상의 본위화폐(本位貨幣)로서 매년 소액의 주조(鑄造)를 하였으나 실지로 유통한 것 같지는 않다. 다음표에서 보는 바와 같이 1906년 말에 95,500원, 1907년 말에 95,500원, 1908년 말에 95,000원, 1909년 말에 1,450,000원의 발행에 불과하며, 그도 고액(高額)주조(鑄造)화 (20환)가 압도적이다. 그밖에 은화는 금화의 약 배액이 매년 발행을 보았으나 그것 역시 퇴장된 것이 많았다. 따라서 국내에서 전개된 한화와 일화 사이의 팽창도를 비교하는 것은 자못 어려운 추측이다.

  어쨌든 한말의 신주화(新鑄貨)는 일본의 대판조폐국(大阪造幣局)이 맡아서 주조하되 당초 보조화폐를 먼저 만들기로 하고, 그도 우선 일본의 제일은행(第一銀行)권에 의하여 대용하기로 하였다. 이점은 제일은행이 구화(舊貨)의 지금(地金)을 이용할 수 있다는 심산(心算)도 있었거니와 무엇보다 일본인의 편익을 위하여 제일은행권의 유통을 획책(劃策)하였기 때문이다. 사실, 일본의 제일은행은 그동안 한말의 실질적 중앙은행이라 하여 무방한 것이며, 특별히 「화폐정리사업 (貨幣整理事業)」을 계기로 하여 문자 그대로 중앙은행적 기능을 발휘하였다. 제일은행권의 급진적 증가도 있었거니와 각종의 국고활동을 대행한 점 역시 그의 일면이다.

신화발행고 추이

(단위: 원)

년차	금화	은화	백동화(白銅貨)	적동화	계
1905		249,400	28,260		367,680
1906	95,500	1,071,367	952,600	18,075	2,137,542
1907	95,500	2,250,000	1,510,500	204,175	4,100,175
1908	950,000	2,031,500	981,250	195,755	4,158,525
1909	1,450,000	3,955,350	736,900	342,545	6,124,445

자료: 전게(前揭) 《조선산업지》 하 17에 의함

그러나 거듭 본바와 같이 「화폐정리(貨幣整理)」를 당당한 당국측은 신보조화폐를 신속히 보급시킴에 주저한 반면에 제일은행권의 통용을 시도함에 좋은 구실을 갖고 있었다. 그 것은 곧 그러한 조치가 오로지 신주화에 대한 신용저락의 위험성에 있다고 내세운 것이다. 우선 이점에 관한 일본이 학자의 논평을 빌자면

> 「당사자인 제일은행는 어디까지나 종래의 백동화(白銅貨)·엽전의 가치(價値)의 불안정으로써 보조화과잉(補助貨過剩)(「인플레이션」−주) 의 견해를 고수함과 같고, 따라서 신기한 화폐를, 인민이 관용신용하지 않는데도 「강제할 수 없다는 이유와 더 불어 신보조화폐의 발행에 관하여는 극히 소극적 태도를 취하여 겨우 희망자관청 등에 공포함에 고쳤다.」20)

물론 화폐정리(貨幣整理)의 초기에는 아직 구백동화(舊白銅貨)의 유통량이 불소(不少)한 상태에 있었으므로 동종의 신화폐를 유통시킨다면 구화폐 수속(收束)의 효과를 감퇴시킬 수 있을 것이 예상된다. 사실 이점을 유난히 강조한 제일은행은 스스로 1905년 8월에 다음과 같은 내용의 담신서(答申書)를 일본인 재정고문에 제출한 것으로 알려져 있다. 즉

> 「 (1) 신화의 보조화(補助貨)는 필요액을 넘을 수 없을 뿐 아니라 유통이 원활하지 못 할 때는 즉시 발행을 정지하나 또는 환수할 것
> (2) 구화(舊貨)의 환수가 아직 부진하고, 특히 엽전 유통地方에 있어서는 보조화의 과잉상태에 있으므로 그 부족에 이르기까지 다액의 발행을 막을 것.
> (3) 소액의 신화를 실험삼아 (예, 관리의 봉급지불등) 유통시키는 것이 필요함
> (4) 신화가 신용을 득(得)한 후에도 소액은행권과 병행될 때는 그 발행에 주의할 것.
> (5) 신화가 일반에게 무난히 유통될 때까지 제일은행은 무제한 이를 은행권 등으로 교환해 줌.
> (6) 은화(銀貨)를 앞서서 발행하고, 백동화(白銅貨)는 뒤로 미룰 방침이다. 운운(云云))」 21)

위의 견해(見解는 깊이 따져볼 필요도 없이 제일은행권의 유통확대를 꾀하는 방향으로 볼 수밖에 없다. 구태여 「인플레이션」의 배제를 꾀하고 있지 않는 심산임은 물론이다.

만약 이른 바와 같이 백동화(白銅貨)「인플레이션」의 요인이 조화람발(粗貨濫發)에 있다면 제일은행권의 남발(濫發) 역시 문제가 아닐 수 없다. 태환(兌換)의 보장이 뚜렷하지 않은 당시의 제일은행(第一銀行)권에 대하여 토착민중의 신용력이 백동화(白銅貨)의상으로 높다고 보장할만한 근거는 뚜렷하지 않은 형편이다. 사실 백동화(白銅貨) 가치의 저평가 역시 알고 보면 정상적(正常的) 양목(量目)에 미치지 못한 소재(素材)에 주어진 것이고 반드시 화폐의 발행고 그것에 있었다고 볼 수 없다. 그러므로 「화폐정리사업(貨幣整理事業)」이 정상적 가치의 보조화폐를 발행하는 한, 처음부터 그것의 신용력이 제일은행(第一銀行)권에 미치지 못하리라고 보는 것은 속단이다. 그리므로 일본인 학자 역시

> 「화폐수급(貨幣需給)의 점에 관하여서는 백동화(白銅貨) 또는 엽전을 회수하여 대용으로 원(圓)은행권을 교부하는 것과 반환(半圜)은화를 교부하는 것 사이에 큰 차이가 있을 것 같이 생각되지 않는다」 22)

---

20) 四方博, 《전게(前揭)논문서》120
21) 《한국화폐정리사업보고서》210 이하
22) 四方博, 《전게(前揭)논문서》121 주

하였다. 더욱 은화와 동등가식(同等價值)의 백동화(白銅貨)를 교부하는 것 사이에 또한 같은 원리만이 서게 될 것은 물론이다.

더구나 「화폐정리사업(貨幣整理事業)」 그것이 직접 일본측 당국에 의하여 축행(逐行)되고, 이후의 재정권 또한 그에 속해 있다는 점을 감안할 때 제일은행권의 신용력은 유지되는 반면에 국내의 보조화폐 가치는 당장 떨어지리라고 보는 것은 논리상 모순을 내포한다. 모름지기 악화(惡貨)와 양화(良貨)를 구별하지 못할 만큼 당시의 한국인민이 우매하지는 않았던 것이니 요는 당국에 있어서 제일은행권의 급속한 통용에 주목적이 있었을 뿐이다. 이점, 우리의 당면한 바로는 「화폐정리사업(貨幣整理事業)」의 착수에 앞서서 오히려 국내 여론이 일본화폐나 제일은행권의 가치저락(低落)을 염려하였던 경위에서도 스스로 입증된다. 즉

> 「개(蓋) 한일화폐는 균일형태 양목(量目)인 고로 현금(現今) 일본화폐가 유통어한국내지(流通於韓國內)地) 하여 지폐여은행권(紙幣與銀行券)이 구위여수상(俱爲與受上) 신용이로되 차(此)는 불과위무역편리이이(不過爲貿易便利而已)오..... 차(且) 일본이 현당전사방장지추(現當戰事方張之秋)하여 재정전도(財政前途)를 미가예료측(未可豫料側)……혹 준비지금(準備之金)은 교환이진(交換已盡)하고, 단주가식지지편(但鑄價植之紙片)이면 이 시해독(伊時害毒)은 반유심어금일악화시대의(反有甚於今日惡貨時代矣)리니 운운(云云)」23)

그러면 신구화폐의 교환과정에 있어서 한화와 일본화폐의 양적 비중은 어느 정도이었던가?

각종 화폐 유통액추이

단위: 원

년말	한화(韓貨)		
	신경화(新硬貨)	구화	계
1905	367,680	8,061,270	8,428,950
1906	2,137,542	7,970,502	10,108,044
1907	3,954,380	6,137,613	10,091,993
1908	3,121,422	4,338,313	7,459,735
1909	3,163,779	2,384,384	5,548,163

년말	일화(日貨)			총계
	제일은행권	기타 일화	계	
1905	8,125,267	1,300,000	9,425,267	17,854,217
1906	9,224,400	924,000	10,148,400	20,256,444
1907	11,615,835	637,747	12,253,582	22,354,575
1908	9,210,600	394,270	9,615,330	17,075,065
1909	9,374,515	506,997	9,882,512	15,429,675

자료: 《한국금융사항참고서(韓國金融事項參考書)》 및 《조선총독부통계년보(朝鮮總督府統計年報)》

우리는 여기에 참고로 1905년부터 1909년에 이르는 매년말의 내외 각종 화폐의 유통 추산액을 당국의 보고에 따라서 살펴본다. 이들 추산이 어느 정도 신빙성을 갖는 것인가, 의문의 여지는

---

23) 《황성신문(皇城新聞)》 광무 9년 1월 26일자

많지만 우선 이들이 반드시 발행고와 일치되지는 않는다는 데 주의는 필요한 계수이다.

위의 「각종 화폐유통액」을 개관(槪觀)하여 보건데 한화와 일본화폐사이에 그동안 큰 차는 없는 것 같으나 양자의 기능적 세력은 반드시 그렇지 않다. 첫째로 한화 가운데 구화(백동화(白銅貨)) 및 엽전은 환수과정에 있는 화폐(특히 백동화(白銅貨))인 만큼 유과의 제약성이 큰 반면에 가식의 저락(低落)세를 크게 면치 못하고 있었다는 것, 둘째로 일본화폐는 도시에 유통이 집중적인데 대하여 한폐(韓幣)는 보다 광범한 분포지역을 갖고 있었다는 것, 셋째로 화폐의 유통속도는 뛰어나게 일화에 있어서 높았다는 것, 넷째로 일화 가운데에서도 제일은행권의 발행비중이 매우 크다는 사실을 들지 않을 수 없다. 따라서 이때에 만약「인플레이션」을 주도하는 통화를 찾는다면 그것은 곧 제일은행(第一銀行)권이라고 보아서 무방하며, 수량상「화폐정리사업(貨幣整理事業)」의 모순성은 확인된 관계이다.

우선 노일전쟁(露日戰爭) 전후를 통한 제일은행권의 발행액을 계수적으로 다져 보면 다음과 같이 전쟁과 더불어 폭발적임을 보게 된다. 이는 반드시 군수조달을 위한 통화증발만이 아닌 일본자본의 침입 동향을 반증한 표이다.

제일은행권 발행액추이

(단위: 원)

년말	금액	증감
1902	703,358	
1903	870,126	
1904	3,371,817	기준
1905	8,125,267	4,753,450(+)
1906	9,224,400	723133(+)
1907	12,805,300	3580900(+)
1908	10,385,900	2419420(−)
1909	11,833,117	1447217(+)

자료: 제일은행간. 1926. 《제일은행오십년소사(第一銀行五十年小史)》 92

물론, 「화폐정리사업(貨幣整理事業)」과 더불어 제일은행(第一銀行)권의 유통은 본격화 하였거니와 바로 1904년을 기준으로 보았을 때 1907~8년의 불황기에 있어서도 그 증세는 볼 만하다. 오히려 곧 전전수준의 수배에 달하는 팽창속도로서 한말경제의 화폐화과정을 반응하는 징표 것일 뿐이다.

제일은행(第一銀行)권의 위와 같은 팽창과정은 그것의 유통이 결코 일본인거류지에 국한되지 않았고 점차 토착경제의 각 분야에 널리 침투하게 된 점, 또한 볼만하다. 우선 1908년의 예로서 알려진 바로는 다음과 같다. 즉

> 「제일은행권의 유통구역이 일본인거류지내와 일본인이 왕래하는 지에만 다수히 유통되고, 일인(日人)이
> 희소한 지에는 기(其)수효(數爻)가 점차 감소하더니 근년 해주(海州) 등지에서 태환권의 수용이 점차 증가하
> 여 1원에 1원2전의 가계(加計)로 거래하는데, 기(其) 원인을 문(聞)한즉 작년 이래로 지방이 소우(騷扰)하여
> 양민(良民)이 재산을 피탈한가 공(恐)하여 의도(義徒)가 래습할 시에는 동은화는 휴대에 비편(非便)하고, 태
> 환권은 은닉(隱匿)함에 대하여 편이한 고로 기(其)수용(需用)이 증가한 소이(所以)이다. 운운(云云) 」24)

그러나 제일은행(第一銀行)권의 보급원인이 어찌 은닉상이 편이여부에만 한정되랴 일본자본의
가는 곳에 곧 동 은행권의 유통을 보게 마련이다. 따라서 한화(백동화(白銅貨))의 급격한 환수에도
불구하고, 제일은행(第一銀行)권의 위와 같은 팽창추세는 분명히 일본측 전후공황(1907)이 한반도
전가(轉嫁)를 가리킨다. 나중에도 보는 바와 같이 일본자본의 침략적 활동을 위하여 토착경제의
화폐화과정이 그로 말미암아 획기적 진행을 보이었던 까닭이다.

사실인즉 당시의 통화량을 꾸며 있는 화폐란 한국경화나 일본발행권이나 일본주화에 그쳐 있지
않았다. 어음 (수형). 수표 등의 신용화폐 또한 점차 유통범위를 확대하고 있었던 중요한 통화이다.
더구나 전황(錢荒)의 심각도가 크게 높아짐에 따라서 1905년 9월에 재정고문은 「약속수형조례
(約束手形條例)」 및 「수형조합조례(手形組合條例)」를 공포하여 어음의 유통을 촉진시킨바 크다.
그리하여 이로써 화폐부족의 현상은 모면하고자 획책(劃策)한 것이니 이때에 일본인 재정고문은
이른바「공동창고조례 (共同倉庫條例)」를 공포하되 1905년 12월에 한정의 대하금 150만원으로써
한성공동창고주식회사 설립하였고, 동산, 미곡, 부동산 등의 담보제도를 마련함과 같은 예이다.
그밖에 신용화폐의 발행과 그 유통의 질을 확장시킨 예 또한 재정금융기구의 근대적 정비와 더
불어 한말의 각 방면에서 찾아 볼 수 있다. 이들이 다같이 「인플레이션」과 농업공황의 기초적
조건으로 기능하였음은 물론이다.

그 밖에 예상된 일로서 우리는 「貨幣整理(화폐정리)」가 거의 끝난 단계에 이르러 역시 외국인에
의한 위폐(僞幣)의 도입이 성행된 사실을 새삼 주목하지 않을 수 없다. 이 또한 한화가치 저락(低落)의
큰 원인이었음은 물론이나 이점의 실례로서 우리는 1908년의 기록예로서 다음과 같은 것을 볼
수 있다. 즉,

> 「조선일일신문을 거(據)한즉 아국(我國)내에 유통하는 화폐중에는 위조폐가 파다함은 온지(穩知)하는 바이
> 어니나 선시에 한국위조화폐수출에 대하여 일본 각 세관에서도 기(其) 엄중히 감사한 고로 일시 침식된 모양
> 이러니 작금(昨今)에 지(至)하여 신의주(新義州), 철산(鐵山) 급(及) 안동현(安東縣) 방면에 2.3.4인이 한국미
> 를 수입할 시에 중가(重價)를 급(給)하고, 위조화폐를 사용한 형적(形迹)이 유(有)할 뿐 아니라 근자 인천에
> 위조화 5만여원을 비밀수입하였다 하더라 운운(云云)」25)

요컨대 그동안의 통화팽창과 화폐경제의 진행이 국내의 물가등귀를 가져 왔거니와 「화폐정리과정
(貨幣整理過程)」에서의 한전의 이례적 가치저락(低落)나 위폐(僞幣)의 성행이 또한 「인플레이션」

---

24) 《황성신문(皇城新聞)》 륭희 2년 3월 28일자
25) 《황성신문(皇城新聞)》 륭희 2년 4월 24일자

의 격화 동인이 되었음은 다시 말할 것도 없나. 1904~5년의 노일전쟁(露日戰爭)下에 있어서 사태는 극점을 이룬 것이 분명한 동태이다.

우리는 노일전쟁하(露日戰爭)하의 물가가 상품별로 어느 정도 등귀하였는가, 그리고 그 후의 기복이 어떠한가를 자세히 밝힐만한 충분한 자료를 갖고 있지 않다. 설령 단편적 근거에 접한다 하더라도 그것의 신빙성은 매우 희박한 것이 사실이다. 그러나 수출 미곡 의 단가와 같은 것을 전후비교 하여 본다 할 때 「인플레이션」의 전반적 진행상은 결코 감출 수 없다. 이를테면 동학혁명(東學革命)당년 (1904년)의 동단가(담당)는 2,503원하던 것이 1904년에는 4,502원이 되었고, 1905년에는 4,072원, 1906년에는 4,502원이란 엄청난 고수준에 달했던 기록인 까닭이다.[26]

물론 식민지내지 반식민지하의 「인플레이션」은 단순히 상품의 가격면에서 만 그 진상이 포착된다 할 수 없다. 우리는 토착경제에 미치는 영향을 그와 더불어 좀더 내면적, 기구적으로 살펴볼만한 이유를 갖고 있다. 그것을 특히 농업공황과 아울러 보아야 한다는 것은 피압적 소농사회의 생태에 비추어 오히려 당연하다. 본론이 이하에 보고자 하는 중요한 과제의 하나이다.

Ⅲ. 식민지적 농업공황의 배경

1. 재정금융기구의 확대

한말(韓末)경제의 동태에 관한 우리의 분석은 위의 화폐적 측면뿐 아니라 물량적 측면을 경하여 세밀한 관찰이 요구된다. 더우나 묻고자 하는 우리의 국면이 농업공황이란 점에 있어서 근대적 지배자본의 활동을 포함하여 기구적 분석의 범주는 광범한 속성이다.

우리는 문제의 지배자본에 관한 활동기구로서 우선 한말의 재정. 금융의 국면을 여기에 살펴본다. 그것은 노일전쟁(露日戰爭)후 이들 양대 부문이야 말로 농업공황뿐이 아니라 우선 「인플레이션」을 크게 조성한 결정적 요인으로서 기여한 것이 틀림없는 까닭이다.

물론 재정금융기구의 제국주의 정비작업인즉 일찍이 동학혁명(東學革命)전후에 있어서도 전혀 볼 수 없지 않다. 특히 제일은행(第一銀行)의 활동은 개항이래의 유명한 사실이다. 그 밖에 재정면을 본다 하더라도 물납조세이 금납화, 근대적 예산회계제도의 도입, 세납기구의 정비 등 역시 노일전쟁(露日戰爭) 이전의 단계에 속한 제도적 조치라 할 수 있다. 다말 그것의 실천력에 관한 한, 반드시 체계적이 되어 있지 못하였고, 더구나 뢰고(牢固)한 봉건체제의 기반이 아직 외래자본의 침입활동을 제약하기도 하였던 사정이다. 따라서 노일전쟁(露日戰爭)을 계기로 제1차 한일협약(1904년)이 체결됨으로써 식민지화과정을 본격화하였다 함은 앞에서 본 바와 같다 이후

---

26) 졸고(拙稿), <백동화(白銅貨) 「인프레션」 과 농업공황기구>《고대정경대 사회과학논집》제4집 1975. 기타 본고 후면 참조

재정금융기구의 확대와 정비는 획기적 진행을 보기 시작한 것이다.

 지금 우리는 한말재정의 제도의 동태를 구체화하여 볼만한 이유를 갖고 있다. 이점 두 말할 것 없이 다음의 금융기구와 더불어 「인플레이션」과 농업공황의 기초조건을 형성(형성)하는 기본요인임에 틀림없는 까닭이다.

 (1) 첫째로 1905년의 일본인(日本人) 재정고문에 의한 「화폐정리사업(貨幣整 理事 業)」과 더불어 징세기관은 정비되고, 예산제도 도한 비로소 실효를 거둘 만큼 강화(强化)되었다. 그에 따라서 예산규모의 누진적 확대현상 또한 필지의 경향으로 나타났음은 주목할 만하다. 따라서 더욱 동학혁명(東學革命) 직후의 수년과 노일전쟁(露日戰爭)후 수년에 걸친 한말재정규모의 추이를 보면 상표와 같다 (표에서 1895년은 비로소 근대적 「會計法(회계법)」 제정을 본 해이다)

한말 재정예산 추이

(단위: 원)

년차	세입	세출
1895	4,977,392	3,844,510
1896	5,306,791	6,316,831
1897	4,711,818	4,190,427
1898	4,940,156	4,525,530
1899	7,855,713	6,471,132
1900	6,296,751	6,161,871
1905	7,480,287	9,556,836
1906	7,484,744	7,967,388
1907	16,458,760	17,375,388
1908	23,273,236	23,352,857
1909	29,228,011	29,227,549

자료: 信夫淳平, 1901, 《한반도》, 荒井賢太郎, 1910 《한국재정시설강요》 鈴木武雄, <이조말기에 있어서의 한국재정(李朝末期に 於ける 朝鮮の 財政)> 경성제대법문학회간(京城帝大法文學會刊) 《한국경제사의 연구(朝鮮經濟史の 研究)》 1929 참조

 위의 표에서 우리는 특별히 1907년 이후의 급격한 재정팽창을 보게 되거니와 거기에 무론 특기할만한 요인은 내재(內在)한다. 그것은 무엇보다 때마침 의병의 봉기로 말미암아 그에 대비하려는 지방경찰비의 큰 증액과 국채의 상환, 병영시설의 획기적 확충 등이 가져온 세출조달의 필요성이다. 그리하여 이에 대한 세입면의 확대[27] 또한 당연 하거니와 그것은 곧 조세의 증수와 더불어 년 수백만원에 달한 신규 국채액에 의존할 수밖에 없다. 따라서 전체적으로 식민지적 개척시대를 반응하는 팽창재정이란 면모는 뚜렷한 인상이다.

 더욱 국가예산은 반드시 위의 일반회계에 그쳐있지 않고, 당시에 이미 몇몇 특별회계(자혜원(慈惠院)

---

27) 荒井賢太郎, 1910 《한국재정시설강요》 등 참조

· 인쇄소 · 련와(煉瓦)제조소 · 평양광업소 · 도량형(度量衡)제조검정소 · 면화재배소)의 설립을 보게 되었다. 따라서 재정규모의 실질적 팽창은 좀더 이들과 더 불어 관련적으로 보아야만 가능하다. 그 가운데 있어서도 이때의 세출팽창이 물적 생산에 기여할 수없는 「인플레이션」적이란 점에 우리는 주목한다. 그러므로 그 결과는 토착경제의 부담하에 일본 통치력의 강화를 꾀하였다고 보아지는 위기적 성격인 것이다.

한편 재정팽창의 일부 재원이 일본차관에 의존한 사실을 우리는 각별히 주시한다. 그 것은 이조말의 실정에 비추어 도저히 상환할 수 없는 타율적 채무라는데서 그러한 결론이다. 이점, 필경 정치적 문제의 조건에 관련되겠으나, 사실인즉 일본인재정고문은 그 취임 이래 일본정부를 대표하여 계획적으로 대한차관을 꾀하였다는 흔적이 엿보인다. 그리하여 곧 1905년 (광무9년)부터 시작하여 1909년(륭희3년)에 이르기까지 정부의 재원부족을 구지 일본 차관으로써 충족시켰던 경위이다. 그리하여 그것을 이른바 일본의 한국경영비라는 명목으로서28) 1907년 이래 누계 약 1,600여 만원 달하여 있다. 이것이 곧 이조국권에 직결된 정치적 부담이었음은 물론이다.

특별차관 이외에 일반국채 또한 한말의 적자재정을 말해준다. 그것이 발행에 관한 내용은 복잡한 것이다. 우선 광무9년(1905) 6월에 임시경비충당(臨時經費充當)을 위하여 단기국채 200만원을 제일은행으로 하여금 인수케 함으로써 출발한 것이다. 그리고 다시 동년 9월에는 이미 언급한 바와 같이 화폐정리자금으로서 같은 은행으로부터 300만원을 차입하였고, 이어서 동년 12월에는 「전황(錢荒)」에 대처한 금융자금으로서 150만원을 일본정부로부터 직접 차입한 것으로 알려져 있다. 이들이 다 같이 당시의 토착경제에 「인플레이션」과 농업공황의 조건을 성숙시키는 동시에 일본(日本)자본의 활동을 촉진한 동인이 되었음은 물론이다, 사실 전게(前揭) 전황(錢荒)에 대비한 150만원의 금액이 1909년 5월말에 이르기까지 어떻게 구체적으로 배당된 것인가를 다음표에서 본다 하더라도 저간(這間)의 사정을 알 수 있다. 그것은 곧 일본측 자본활동의 편익을 위한 금융기구의 확대정비에 주 목적이 놓여 있었음은 너무나 명백한 계수일 뿐이다.

---

28) 伊藤博文은 일본수상에 대한 보고에서 이 차입금이 「보호목적을 달하는데 부득이한 것」으로 대차의 형식을 취했지만 「교부금」에 불과하다고 하였다 한다. (조선총독부, 《조선보호 및 병합》 250)

한말대일본정부차관

년도	금액
1907	1,769,503
1908	5,259,580
1909	4,653,540
1910	2,600,000
계	16,882,623

자료: 전게(前揭), 《한국재정시설강요(韓國財政施設綱要)》29 (더욱 전게(前揭) 鈴木武雄, 647참조)

전황(錢荒)국채(150만원)용도별 명세

한성(漢城)은행	100,000	지방금융회사	460,000
천일(天一)은행	194,909	정부금고자금	80,660
공동창고회사	130,000	건축비(지방금고 등)	166,503
평양수형조합 (平壤手形組合)	32,000	예금(잔금)	54,588
수형조합자금	313,300	계(이자포함)	1,563,962

자료: 도지부편, 1909 《한국재정개요》 27-28

더욱 한말정부는 1906년 3월에 제1차 개발(기업)자금이란 명목으로 일본흥업은행으로부터 500만원을 차입하였으므로 이후 국채는 천만원 수준을 훨씬 넘게 되었다. 따라서 한말 재정적 파탄은 지배자 일본에 의하여 정략적으로 이미 꾸며진 사실 이외에 다른 것이 아니다. 그렇다면 다시 일부 국내 식자(識者)에 의하여 주장된 「국채일천삼백만원보상취지서 (國債一千三百萬圓報償趣旨書)」 29)와 같은 것을 우리는 다만 비장한 자학(自虐)의 서(書)로서 볼 수밖에 없을 뿐이니 즉,

> 「금유국채일천삼백만원(今有國債一千三百萬圓) 즉아한존망지관계야보칙국존(卽我韓存亡之關係也報則國存) 불보이국망(不報而國亡) 세소필지(勢所必至)」 라 하였거니와 그 대책으로서 기껏하여
> 「취장(就仗) 이천만인(二千萬人) 중한삼개월(衆限三個月) 폐지남초흡연이기대금(廢止南草吸煙以其代金) 매삭 이십전식(每朔二十錢式) 징수(徵收)」

함을 내세우고 있음을 볼 수 있다. 그 기개야말로 장하다 하겠으나 국채의 발행(부담 그것이 무릇 주체적으로 이루어진 것이 아니라 함을 근원적으로 알아야 할 것이 선행적 조건이다.

그 후 이른바 국채는 일노루가(一路累加)하여 1908년 12월에는 일본 대장성예금부로부터 100만원을 차입하였고, 더욱 일본흥업은행으로부터 제2차 개발자금의 이름으로 무빙(無憑) 1,000만원을 넘는 거액을 차입하였다. 따라서 이후 한일합병에 이르기까지 대일차관을 포함한 국채의 총액은 3천여만원에 이르게 된 것이나 그것의 명세를 구태여 살펴보면 대체로 다음표와 같다.

---

29) 《대한매일신보(大韓每日新報)》 광무 11년(1907년) 2월 21일자 소재

한말국채명세

(륭희 2년12월말)

명칭	발행 및 차입년월일	이율	거치년한	상환연한	담보물	발행 및 차입액
1.국고증권	광무9년6월	7분	3개년	륭희4년6월	국고수입	2,000,000
2.화폐정리자금채	동년6월	6분	6개년	동9년9월	관세	3,000,000
3.금융자금채	동년12월	무리자		동6년12월	—	1,500,000
4.제1기업(起業)자금채	동년10년3월	6분5리	5개년	동10년3월	관세	5,000,000
5.제2기업(起業)자금채	륭희2년12월	6분5리	10개년	동27년12월	동	10,934,560
6.기업(起業)공채	동년12월	6분	5개년	동7년13월	—	1,000,000
7.일본정부차입액	동년5월-11월	무리자	—	—	—	7,029,083
8.화폐정리자금차월	—	6분	—	—	—	6,277,799
계						36,741,442

자료:《제3차 통감부 통계연보(第3次統監府統計年報)》 603

(2) 재정에 이어서 금융기구의 확대과정을 살펴보건데 우리는 우선 금융자본을 대표하는 제일은행(第一銀行)을 비롯하여 수개 일본민간은행의 동태에 주목하지 않을 수 없다. 그리고 이에 겸하여 이른바 농업은행 및 동양척식회사(東洋拓植會社)의 신설이 식민지적 금융자본의 활동과 더불어 볼만한 이유를 갖고 있다.

원래 제일은행(第一銀行)은 노일전쟁(露日戰爭)에 앞서서 일찍이 부산 (1878년) 이외에 원산(元山)(1882년), 인천(仁川) (1883년), 경성(京城)(1885년), 목포(木浦)(1898년), 진남포(鎭南浦)((1903년), 군산(群山)(1903년)등에 지점을 설치한 바 있었거니와 그 후 거의 전국적 도시로 지점망을 확대하였다. 그리하여 1905년 1월부터는 한국정부를 위한 국고출납업무를 전담하게 되었고, 동년8월에는 문자 그대로 한국중앙은행(中央銀行) 으로서 제일은행(第一銀行)권의 무제한적 발행을 보유하게 되었다는 것 더욱 「화폐정리사업 (貨幣整理事業)」은 물론이요, 일본상권의 지원, 일본의 각종 이식(移植)은행이나 토착은행(土着銀行)(한성. 천일은행(漢城. 天一銀行)등등)을 통하여 각종의 금융활동을 본격적으로 축행(逐行)하였음은 거듭 본 바이다.

다만 제일 은행은 1909년 11월에 이르러 일본 측 당국의 정치적 의도하에 이땅에 별도로 설립된 중앙은행(中央銀行)으로서의 한국은행에 의하여 대치되었다. 말하자면 제일은행(第一銀行)은 여기에 일단 중앙은행(中央銀行)인 사명을 다하고, 그 업무를 한국은행에 이양한 것이나 그것은 곧 식민지정책의 진행에 따른 필연적 동태일 뿐이다.

한편 제일은행(第一銀行) 이외에 일본측 보통은행으로서 일찍부터 이른바 제십팔은행, 제백삼십(오십팔)은행, 주방은행(周防銀行), 일본흥업은행(日本興業銀行)등의 국내(國內)진출이 있었고, 소규모나마 국내거주의 일본인 설립(1807년)한 밀양은행(密陽銀行)이 있었다.

일본인 은행활동 상황

(단위: 원)

년말	예금	차입금	대출금
1905	10,073,609	30,000	6,915,803
1906	13,939,161	136,520	10,288,019
1907	13,230,318	118,616	21,597,814
1908	12,911,719		21,793,552
1909	8,112,405	25,700	11,058,547

자료: 《조선산업지(朝鮮産業誌)》하 96-98 (전게(前揭)6개 은행합산분)

일본인 각은행 영업총괄 (1909년말)

(단위: 원)

	불입	각지점(支店)출장소		하반기	지점(支店)
	자본금 국내	입금	출금	리익금 (국내)	출장소
제일은행	3,000,000	253,594,152	256,946,878	334,432	2
백삼십은행	700,000	84,917,536	84,941,810	21,643	5
십팔은행	1,150,000	109,805,991	109,828,614	54,918	1
주방은행	124,563	1,650,249	1,621,147	384	
밀양은행	50,000	146,154	146,357	(7,559)	(1)
일본흥업은행	(16,250,000)	1,169,852	1,169,792	14,177	1
계		451,317,904	484,654,698	433,113	17 (1)

자료: 동상, 제96면. 일본흥업은행은 일본내불입자본금, 기타는 국내 원금 밀양은행은 본점(1) 이 국내에 있는 유일한 일본측 은행임.

지금 구태여 한일합병 직전에 제일은행을 포함한 일본인측 제일은행에 의한 신용활동 상황을 보면 앞의 두 표와 같다. 노일전쟁(露日戰爭)후의 급격한 금융팽대과정이 여실한 국면이다.

표 중 일본인측 은행의 1909년도 활동이 부진한 것 같은 양상이나, 그것은 오로지 제일은행의 업무가 한국(조선)은행에 이관과정에 있었다는 사정에 기인한다. 오히려 1908년에 동양척식회사(東洋拓植會社)의 설립30)을 본 것은 일본금융자본의 획기적 발전을 반영하는 실질일 뿐이다.

더욱 1909년 7월에 설립되고, 동년 11월의 제일은행 측 이관으로 일반 대부업무(貸付業務)외에 은행권발행, 국고출납, 화폐정리 등 중앙은행(中央銀行)업무를 맡게된 한국은행은 당초 4개 지점(支店) (인천, 평양, 대구, 원산)과 10개의 출장소로 출발하였다. 그는 일찍이 자본금 1천만엔으로 주식(계 69,600주)의 일반 공모를 표방한 것이나 실지는 한일 양 황실이 각1천주를 매입한 외에

---

30) 1909년 하반기의 한국은행대부잔고는 916,982원으로 알려져 있다. 《조선은행5년지(朝鮮銀行五年誌)》 1915.

일본자본의 응모에 의하여 설립을 보게 된 것이다. 여기에 식민지 한반도의 중추적 금융체계는
다음의 농업은행등과 더불어 한일합병(韓日合倂)에 앞서서 일단 정비를 본 셈이다

농공은행(農工銀行)은 이른 바 「농공업(農工業)의 개량발달(改良發達)을 위하여」 1906년 6월
이후 경성을 비롯한 전국 주요 도시에 설립을 보았다. 그 설립자금은 당초 일본흥업은행에 기대하였으나
여의치 않아 한국내의 민간출자에 의존할 수 밖에 없게 되었다. 이는 부동산신용은행으로서 공장시설,
토지개량 등의 자금수요를 지원하는 목적을 갖고, 당초 토착기업의 성장을 기대한 깃이나 실지에
그것의 주된 이용자는 일본인 상업자본가였다는 경위를 남겨놓고 있다. 이 점은 당시의 일본인
금융실무자 역시 다음과 같이 지적함에 있어서 분명하다. 즉

> 「정부의 지도에 의하여 농공은행(農工銀行)이 되었으나 아직 조선인은 농업을 개량하기 위하여 그 자금을
> 대여하려는 자는 적고, 대게 일본인이 수리조합 등의 명의로 빌릴 정도로서 대부분 상업자금에 쓰여진다. 농
> 공은행(農工銀行)은 6개 있고, 그 지점(支店)은 각처에 있다, 이 은행은 주로 조선인을 위하여 금융을 꾀하려
> 한 것이나 위에 본 바와 같이 예금도 대출도 많이 일본인이 하고 있다」[31]

농공은행(農工銀行)의 자본금은 당초 한성농공은행(農工銀行)이 20만엔, 기타가 10만엔씩이었다.
무엇보다 농공채권에 의한 자금조달의 길이 특권적으로 부여되어 있었다. 정부대하금(政府貸下金)
또한 상당한 비중(比重)을 차지하였던 것이니 그 영업 실적은 양적면에서도 부진한 편이었다.

전국농업은행영업실적 (1909년말현재)

자본금(원)	불입금	정부대하금	적립금	예금	대출금	하반기이익
1,200,00	555,250	1,34,680	114,339	165,119	4,116,949	50,949

자료: 《조선산업지(朝鮮産業誌)》 하 47

우리는 우선 농공은행(農工銀行)의 활동실적이 앞에서 본 일본인 각종 보통은행의 그것에 훨씬
미달한 부진상(不振相)에 주목하지 않으면 아니 된다. 그것은 처음부터 빈약한 자본규모의 소치라
하겠으나 그 본래적 성격이 농업을 주축으로 한 부동산신용기구라는 데서 오리려 당연한 제약이기도
하다. 그렇다 할지라도 농공은행(農工銀行) 또한 토지의 화폐화를 촉진함과 아울러 한말의
「인플레이션」 과 농업공황에 적극적 기능자로서 일익을 담당하였음에는 틀림이 없다. 다만 그것이
예기에 반하여 토착은행(土着銀行)으로서의 금융활동을 제대로 못한테 소수 일본인의 지원자로서
존속하였을 뿐이다.

농공은행(農工銀行)의 위와 같은 금융적 제약성에 비추어 지배당국은 1907년에 토착적 소농신용의
기구로서 지방금융조합(地方金融組合)의 설립을 기도하였다. 그것은 흔히 전통적 사회환미제도

---

31) 市原盛宏, <조선의 경제상태에 따른 화폐제도(상)(朝鮮の經濟情態並に貨幣制度(上))> 《동경경제잡지》 제1587호, (1911
    년 3월호)

(社會還米制度)와 계(契)나 객주(客主)의 장점을 뽑아서 종합한 것으로 알려져 있으나 물론 일본자본과 토착농촌을 연결시키고자 시도한 정치적 개발목적이 내포되어 있음은 일반이다. 그 실질이 협동조합이 아닐 뿐이 아니라 일본점에서 그러한 특성은 뚜렷하다. 오히려 금융지배자본의 반관료적(半官僚的) 하부조직이란 면목(面目)이 짙은 식민지적 금융기구라는 것이 합당하다.

물론 지방금융조합의 조합원은 주로 토착농민이라 하겠고, 농사자금의 대부, 농업자재의 공동구매, 농산물이 공판 등을 업무로 삼는다고 일컬어 왔다. 그러나 토착소농 일반이 조합원이 되기란 사실상 어려웠고, 그들의 신용력이 조합의 정상적 대부상대로 되기에 너무나 빈약하였다. 따라서 시정당국이 이에 대한 대부자원(1만원)을 농공은행(農工銀行)이나 동양척식회사(東洋拓植會社)를 통하여 주선하고, 이 조합을 마치 농민의 복음인양 구가하였음에도 불고하고, 그 성과는 매우 부진한 실적이었다. 적어도 한일합병 (韓日合倂)에 이르기까지 조합원수는 가입상공업자(加入商工業者)를 포함하여 대상 총농가호수의 2%에 미달하였고, 대부금총액 또한 70-80만원에 불과한 수준으로서 전게 각종금융기관의 활동상황에 비할 수 없이 저조한 그것이다.

지방금융조합(地方金融組合) 운영실적

년	조합수	조합원수	조합원수-총호수	대부금(원)	예금	이익금 (손(損))
1907	10	5,616		16,267		766
1908	42	16,128	0.83	213,555	160,016	17,605
1909	97	30,297	1.25	489,160	391,422	42,133
1910	120	39,051	1.67	779,284	481,073	101,055

자료: 전게(前揭)《금융조합사 (金融組合史)》48-120

그럼에도 불구하고 당시의 지방금융조합(地方金融組合)이 농촌경제의 화폐화운동에 기여한 점만은 결코 경시할 수 없다. 농산물의 상품화율만 본다 하더라도 그것은 단지 금융활동의 양적 규모로만 따져 볼 수 없고, 경제활동의 다변적 접촉을 통하여 예상외로 상승하는 경향이 틀림없이 있는 까닭이다. 더구나 앞에서 본 일본인계의 각종 은행이나 농공은행(農工銀行)의 실적이 우위적으로 도시에 편중된데 대하여 농촌에 널리 세워진 신용체계이었던만큼 지배당국 역시 일찍부터 경영적 행정업무에 이를 이용한 부분이 적지 않다. 예컨대 「화폐정리사업(貨幣整理事業)」에서 이 조직을 통하여 신화(新貨)의 유통을 꾀함과 같은 처사이다.

다음에 지방금융조합과도 연결하여 일본개척자본의 침략성을 좀더 뚜렷이 발휘한 당시의 금융기구는 동양척식회사(금융부)(東洋拓植會社(金融部))라 할 수 있다. 그는 처음 일본농민의 한반도이식(移植)을 촉진시키고, 그들에 대한 토지획득자금을 공급함에 주목적을 두었으나, 한인에 대한 부동산금융 또한 없지 않았다. 다만 그것의 설립은 1908년에 비롯된다. 그것은 자본금

1천만원으로써 일본정부에 의하여 창립을 보았고, 한말정부의 토지출자 또한 정책적 의미에서 그 일익을 담당한 바 있었으나, 그 초기「자본대부법(資本貸付法)」을 우선 추려서 개관(槪觀)하면 대체로 다음과 같다. 즉

  (1) 일본이주민에 대하여 25년 이내의 연부상환(年賦償還)의 방법에 의한 이민비를 대부함

  (2) 이주민 및 조선농업자에 대하여 15년 이내의 연부상환(年賦償還)의 방법에 의한 부동산담보대부를 실시함

  (3) 이주민 및 조선농업자에 대하 5년 또는 3년 이내의 정기상환(定期償還)의 방법에 의한 부동산답보대부를 실시함

  (4) 동상의 농산물담보대부를 겸함

  (5) 동사의 20인 이상 연대책임(連帶責任)에 의한 무담보대부도 실시함

동양척식회사 대부상황 (1909년말)

한국인	51,000원
일본인	151,000
계	202,000

자료: 전게(前揭) 《한국산업지》 하 100

그러나 동사회의 실적은 일본인 이민을 위한 농민확보 국유지의 불하(拂下)취득, 그 밖에 농지의 반수탈적 획득, 소작지경영 등 개발사업이 주가 되어있고, 토착농민에 대한 지원이란 당연히 부수적 명목에 불과하였다. 우선 그에 대한 1909년말의 한일인별 주요 대부금수준을 비교해 보면 바로 1대 3의 큰 편차를 보여 주는 실황이다.

동양척식회사(東洋拓植會社)의 일본인에 대한 대부활동 토지취득에 주목적이 있었던 반면에 한국인에 대한 그것이 대부분 토지상실과 직결된 동인(動因)의 성격이었다는 점에 우리의 관심은 각별하다. 따라서 동양척식회사(東洋拓植會社)의 설립이란 토지공황의 기반을 이 땅에 조성한 점이 뚜렷한 국면이다.

물론 토지공황 그것이 동양척식회사(東洋拓植會社)의 활동에만 기이한 것은 아니다. 부동산신용에 관한 한, 토착은행(土着銀行) 또한 그 일익을 담당한 중요한 기구이다. 다만 토착은행의 활동상황을 간단히 살펴보면 우선 그 자력에 있어서 일본측은행에 비하여 열세임이 눈에 띈다. 자본금에 있어서나 대출금액에 있어서나 5대 1 내지 10대 1의 저열한 수준이다. 그들의 활동이 토착자본의 지원에 주목적을 두었다 하겠으나 고리대적 성격과 반농민적 성격은 전자의 외래은행이나 각종 금융기구와 다름이 없다. 다만 그간에 민족적 대입의식이 그들을 통하여 조성된 바 적었다고 볼 수 있을 뿐이다.

사실, 토착은행으로서 1904년 이전의 이 땅에는 이미 조선은행(朝鮮銀行)(1896년), 한성은행

(漢城銀行)(1897년), 천일은행(天一銀行)(1889) 및 중앙은행(中央銀行) (1903년)이 있었으나 그들의 실적은 보잘 것이 없었다. 그 후 천일은행(天一銀行)과 (신)한성은행만이 일본측 제일은행(第一銀行)의 지원을 받아서 존명하였고, 대개 곧 소산되었다고 알려 있다. 이들은 일종의 귀족은행이었으므로 경영면의 미숙에 더하여 일본금융, 「화폐정리사업(貨幣整理事業)」에 인한 전황(錢荒), 그리고 일본자본의 침공에 도저히 자립을 지킬 수 없었다고 보아진다. 따라서 일본재정고문시대에 이르자 천일, 한성은행과 1906년에 신설된 한일은행의 3자만이 남게 되었거니와 이후1906년 3월의 「은행조례(銀行條例)」에 의한 신규제를 받게 됨으로써 영업활동상 한계성을 더욱 짙게 강요 된 것이 분명하다. 그들은 시일의 경과의 더불어 각기 식민지지배자의 보조기관으로 타락하여 여명을 보전할 수 있었을 뿐이다.32)

한인측 보통은행영업상황

(단위: 원)

연말	자본금	불입자본금	정부대금	적립금	예금	대출	이익금
1907	600,000	164,000	340,000	58,959	784,793	1,156,000	41,936
1908	950,000	251,000	340,000	90,338		1,299,640	44,247
1909	1,300,000	325,000	180,000	147,218	1,584,790	1,778,316	58,309

자료: 전게(前揭) 《한국산업지(韓國産業誌)》하 80

전후 금융일반에 관한 활동주체를 더욱 찾아본다면 위의 근대적 기관이외에 전기적 대부업자로서 객주(客主)·여각(旅閣) 등을 들 수 있고, 계(契) 또한 토착적인 것으로 유명하다. 그밖에 내외인에 의한 전당포, 대옥(貸玉) 등의 가계적인 것 역시 이에 가담하여 있고, 전기적 상업자본 일반이 고리대적(高利貸的) 활동을 경영한 사실은 동서고금을 통한 공통적 현상이다. 그 가운데 1904년의 제1차한일협정(韓日協定) 이 체결된 후, 특히 일본인의 지주나 상업자본이 고리대적(高利貸的) 토지투기를 자행하였음은 중요한 동태이다.

끝으로 한말의 「인플레이션」이나 전황(錢荒)과 깊이 관련된 특수한 도시금융시설로서 우리는 이른 바 수형(手形)(어음)조합과 한성공동창고주식회사(漢城共同倉庫株式會社)를 빼놓을 수 없다. 이들 역시 유통기구를 통하여 금융활동을 폈었고, 한편 토착농업공황과도 결코 무관하다 할 수 없는 신용기구의 일부이다.

첫째로 수형(手形)조합은 당국의 지원하에 1906년에 전황(錢荒)에 대처할 목적으로 전국주요도시(한성, 평양, 대구, 전주, 진주)에 설립을 한 상호기관이나33) 그것은 어음제도의 근대적 정비와 아울러 조합원의 신용조사를 통하여 어음유통의 원활화를 가한 것으로 알려있다. 이때에

---

32) 자세히는 예: 고승제(高承濟), 1972.《식민지금융정책의 사적분석(植民地金融政策の史的分析)》참조
33) 한일합병직후(1912년)에 농공은행으로 병합되었다.

이 조합이 보증하는 어음이란 약속어음이나 환어음뿐이 아니라, 수표도 대상이 되어 있었던 만큼 곧이는 문자 그대로 신용활동의 조직적 대표자이다.

한말 수형(手形)조합 활동상황

년말	조합원 (인)	기본금 (원)	적립금 (원)	보증액 (원)	지불액 (원)
1906	201	250,000	5,550	1,363,319	823,729
1907	433	340,000	18,920	3,733,289	3,245,069
1908	536	330,000	41,420	3,857,430	3,991,300
1909	580	313,000	51,683	3,572,614	3,572,614

자료: 《제3차 통감부 통계년보(第三次統監府統計年報)》 및 전게(前揭) 《한국산업지》 하 62-63 . 단 「지불액」이란 연내조합 지불된 금액

한성공동창고주식회사(漢城公同倉庫株式會社) 또한 위의 수형(手形)조합의 설립에 대응하여 전황(錢荒)의 구제책으로, 관무 9년 9월에 이른 바 「공동창고회사장성 (共同倉庫會社章程)」에 의하여 설립을 보았다. 자기자금 15만엔과 정부보조금 28만엔으로 출발하였는데 수년간 계속하여 정부보조를 받았던 것으로 알려져 있다. 처음에 한성에 한하여 설치되어 미곡을 비롯한 화물의 기탁, 보관물에 대한 어음할인을 주무로 영위하였으나 부동산담보에 의한 대부도 겸영한 바 있었다. 그 후 광무(光武) 10년에는 인천, 강경에, 그리고 륭희원년 평택에 출장소를 두어서 미곡창고 및 동 담보융자에 힘을 기우린 실적을 보여준바 있다.[34] 따라서 이 기관은 점차 도시로부터 농촌에 접근한 변천을 보인 것이 하나의 특색이다.

한성공동창고회사 영업상황

연차	자본금	불입자본금	정부보조	적립금	대출금	순익
1907	150,000	59,550	280,000	20,000	328,799	12,747
1908	150,000	59,550	280,000	27,213	219,645	8,670
1909	150,000	59,550	280,000	43,000	220,312	14,463

자료: 《제3차 통감부 통계연보(第三次統監府統計年報)》 전게(前揭) 《한국산업지》 하 67

---

34) 한일합병직후(1912년)에 대한천일은행에 병합되었다.

2. 상업자본의 공황적 침입

　「인플레이션」과 농업공황은 두 말할 것 없이　유통기구에서 기본적으로 발견된 만큼 금융활동의 조직과 아울러 우리는 상업자본의 진출과정을 묻지 않을 수 없다. 그것은 일차적으로 교역관계의 발전을 보는 것이 되겠으나. 그와 병행된 고리대자본의 운동 또한 당연히 볼만하다. 다만 1900년대 초에 관한 한, 그들 자본형태에 있어 아직 전기적인 것이 우세한 것 같기도 하나 한말의 식민지적 피지배조건은 전후 양자의 결합적 침투를 근대적으로 확대시킨 바 있다. 따라서 그들에 의한 토착소농의 공황조건은 실질적으로 가중하였을 따름이다.

　원래　제국주의는 식민지의　상품시장화에　초기적　침투작전을 꾸미거니와, 일본자본　또한 한반도상륙에 있어서 그러한 원칙을 대체로 관철하였다고 보아진다. 이른바 개항직후(開港直後)의 일본독점시대라는 것이 바로 그것이라 하겠으나 좀더 구체적으로 살펴 볼 때 일본의 상업자본이 이때에 제일은행이란 금융자본의 지원을 받았다는 사실을 우리는 간과할 수 없다. 다만 금융자본이라 할지라도 아직 산업자본을 수반하지는 못하였고, 개항 후 한일합병의 초기에 이르기까지 총체적으로 「상품으로부터 자본의 수출」이란 개발과정이 이 땅에 실현되지는 못하였던 것이 이때의 단계이다.

　일본인 상업자본의 한반도진출은 1876년의 개항이후의 사실이지만 1904년의 제일차 한일협정을 계기로 한, 그들 상권의 배타적 팽대 과정은 놀랄만한 것이었다. 그것은 개항지를 넘어서 전국적으로 확대하였고, 불등가교역의 성행을 통하여 토착농촌의 심부에 우세를 발휘한 것이 사실이다. 아직은 이렇다할 상업사회를 볼 수 없었던 예이나 그렇다하여 물론 이들에 관한 조직적 활동체를 전혀 보지 못한 것은 아니다. 구태여 1906-1908년말의 통계에 의하여 일본인 설립의 각종 사회 · 조합의 수적 추이를 보면 다음과 같다.

한말　일본인설립(設立)회사.조합

연말	농업	상업	공업	기타	계	조합	통계
1906	11	58	10	2	90	32	122
1907	15	56	10	10	149	44	193
1908	25	92	13	11	162	46	208

자료: 농상공부(農商工部). 1910. 《한국통감(韓國通覽)》86 제삼차통감부통계년보(第三次統監府統計年報)》(이 표의 상업에는 은행이 포함되어 있음)

　우선 여기에 1900년대초의 한반도에 있어서 외국무역상황을 크게 보면 전쟁을 겪은 가운데 있어서도 배증의 신장을 보인 사실이 주목된다. 특히 상품 수입면은 오히려 전쟁과 더불어 격증된 동태이며, (다음표 참조), 「인플레이션」의 앙진과 더불어 국내시장의 확대와 일본자본의 왕성한 침입을 반응하는 국면이다. 이리하여 세계시장의 국내확대를 크게 보게 됨으로써 이　땅의 식민지화운동은 박차를 가한 셈이나 그 가운데 「인플레이션」 과 농업공황이 그 동시적 진행성향을 한결음 노출시킨 사실이 주목된다. 거기에 봉건적 요인이 남아있지 않는 것은 아니다. 피지배적 근대화의 양상은 뚜렷이 나타나게 되었던 까닭이다.

한말 무역동태

(단위: 원)

연차	수출	수입	계	수입초과
1901	8,542,713	14,777,234	23,319,947	6,234,521
1902	8,468,503	13,692,842	22,161,345	5,224,339
1903	9,669,131	18,410,711	28,079,842	8,741,580
1904	7,530,715	27,402,591	34,933,306	19,871,876
1905	7,916,571	32,971,852	40,888,423	25,055,281
1906	8,902,387	30,291,445	39,139,832	21,389,058
1907	16,973,574	41,387,549	58,361,114	24,413,966
1908	14,113,310	41,025,523	55,138,833	26,912,213
1909	16,249,000	36,648,770	52,897,770	20,399,770

자료: 1910, 《한국산업지》 중 612-614

지금 문제의 전후 동태를 부각시키기 위하여 1901-1909년의 10년간을 3구분하여 무역의 규모를 3년별로 평균하여 비교하면 대체로 다음과 같다.

노일전쟁(露日戰爭)전후 무역동태 비교

(단위: 원)

년(평균)	수출	수입	계
1901-1903	8,893,449	15,626,930	24,520,379
1904-1906	8,116,558	30,221,962	38,338,520
1907-1909	15,778,628	39,687,281	55,465,909

자료: 동상

한말을 전후한 수출무역을 상품별로 보면 기간적인 것은 물론 미곡을 주축으로 한 농산물이었고, 그 수출대상지는 일본이 압도적이었다. 다만 미곡이 상대적 비중이 노일전쟁(露日戰爭)후 약간 떨어진 경향이 엿보이는 가운데 절대액은 의연 크게 늘어난 상황이다. 이점은 두 말한 것 없이 농산물 상품화율의 진행을 반영하는 동시에 일본상업자본의 확대된 농촌침투를 시사함에 충분한다. 바야흐로 전승의 일본자본주의는 독점단계에 진입하였으므로 그들의 침투력 또한 강화할 것이 틀림없는 까닭이다.

농산물수출액 및 수출비중(比重) 추이

연차	농산물수출액(1) 천원	농산물수출액(2) 천원	비율(%) (1)/(2)
1901	7,687	8,542	89.9
1902	7,849	8,468	92.5
1903	8,441	9,669	87.3
1904	6,198	7,530	92.3
1905	5,739	7,916	72.5
1906-1909	―	―	―
1910	15,256	19,913	76.6

자료: 加藤末郎, 《한국농업론(韓國農業論)》 17-19, 中村彦, 1907. 《한국에의
  농업경영(韓國於ケル農業經營)》 75-76 및 조선농회 1944.《朝鮮農業發達史(조선농업발달사)》(발달편)
  356-360(농산물수출액의 1906-1909년 통계는 불명임).

지금 구태여 한말의 미곡수출에 관하여 좀 더 집약적으로 살펴보면 맨 먼저 그것의 불등가적
상품화과정이 농업공황과 직결되어 있다는 기구적 조건에 접하게 된다. 농산품 수출량이 증대되면
증대될수록 토착소농에 미치는 공황의 압력은 필연적으로 강화될 뿐이다. 더구나 미곡은 독점적으로
대일수출이 되어 있다는 점에서35) 그러한 가능성이 컸다고 보아진다. 그러므로 이 점에 있어서
우리는 공황기인 1907년을 고비로한 급격한 미곡수출량의 증세를 각별한 관심사로서 보고 있는
처지이다.

전(戰)전후 미곡(米穀)수출량·액 비교

년 (평균)	수출량 (담(擔))		수출액 (원(圓))	
1901-1903	1,123,206	100	3,963,176	100
1904-1906	295,95	26.3	1,264,570	31.9
1907-1909	1,631,615	145.3	6,524,631	164.6

자료: 加藤末郎, 《한국농업론(韓國農業論)》 및 1910 《제삼차(第三次) 통감부(統監府) 통계연보》에 의하여 작성함

위의 표에서 1901-3년을 기준으로 한 수출량이 수출액에 따르지 못한 증세는 그 만큼
미곡수출가격의 등귀를 가리키는 것이라 하겠으나 물론 그것은 주로 일본미가를 반영한다. 국내
미곡사정이 이때에 지배적 동인이 되지 못함은 당연한 기구적 내막이다. 그러한 가운데 있어서도
구체적 수출가격인 즉 일본인 수출상조합이나 이른바 일본인조직의 「곡물협회(穀物協會)」에
의하면 거의 일방적으로 책정되었다는 사실이 우리에게 중요하다. 요는 미곡판매자인 토착지주나
생산농민의 발언권은 인정되지 아니하였고, 그리고 한인중개상인이나 객주 등 역시 중간상인으로서

---

35) 1908년 통계에 의하면 현미는 98.146%(3,392,388원)가 대일수출이며, 정미가 44.828%(1,305,828원), 기타가
  96.020%(110,812원)만큼 대일 수출이 되어 있다. 따라서 74% 여(餘)가 된다.

약간의 수수료 취득하였을 뿐, 거래미가의 결정에는 직접 참여하지 못한 가격형성기구란 것이 알려진 사실이다. 즉

> 「일상(日商)은 교묘히 은행 및 창고를 이용함에 반하여 한중매인(韓中買人)은 화물을 당항(當港)에 회조 (回漕)하고, 대개는 즉시 이것을 방매(放賣)함으로써 구태여 창고에 저장하여 은행을 이용할 대세를 생각하거나 상기를 찰(察)하여 상략(商略)을 쓰지 않은 것 같다. 과연 그렇다면 수출무역의 상권은 장래 또한 일상의 장악한 바일 것이다. 운운(云云)」 [36]

물론 알고 보면 한인중매인(韓人仲買人)이 미곡거래에 의한 수익의 수단방법을 취하지 아니한 탓은 아니다. 그들에게는 일상에 비견한 만한 편익의 조건이 주어져있지 않았을 뿐이다. 더구나 일본인「곡물협회 (穀物協會)」라는 것이 있어서 1895년경부터 발족하여 정치적 배경 하에 객주 거간 등의 한인중매인(韓人仲買人)을 지배하여 각종의 농간(弄奸)을 부렸다. 불등가적 거래를 자행하였으며 또는 한인지주나 생산농민의 자의적 미곡방매를 방해한 사실이 뚜렷한 예이다. 그들은 한인중매인(韓人仲買人)이나 그 단체를 통하여 판매하되[37] 이들 중매인의 조직(한인「권업사」)을 일본상인 스스로 보조 육성함으로써 자기이익의 확보를 꾀한 깃이 특히 주목된다. 따라서

> 「화물을 받은 객주(客主)는 이를 권업사원(勸業社員)에게 위탁하는 것을 예로 하는데 권업사원은 항상 곡물협회에 출입함으로써 한일상인간의 상거래매개를 업으로 하는 것으로서 견본을 곡물협회에 지참하여 일상과 상담을 꾀하여 판매에 노력한다. 운운(云云)」 [38]

당시의 미곡수출(輸出)량에 비추어 수출대상의 대부분이 대지주의 소작수납미(小作收納米)로 충당될 수 있었고, 특히 일본인 대농의 생산미가 이를 주도하였음은 분명하다. 그러나 소농경제가 이에 관련되어 있지 않았다고 볼 수 없음은 당연하며, 한편 무역상의 수출미 선택권은 배타적이며 독점적이었던 행위이다.

그러한 가운데 있어서도 많은 일본인 농장주는 스스로 금융업자나 미곡 수집업자가 아니면 수출업자나 그와 직결된 자산가로 되어 있었다. 그중 정미업자로서 무역업을 겸한 일본인 대지주를 흔히 보게 된 것이 실정이다. 이렇게 될 때 그들은 가혹한 조건으로써 고율소작미(高率小作米)를 수취한 위에 다시 정미와 수출의 이차를 겸유했다고 보아진다. 따라서 그들의 수익률은 다중화할 따름이다. 더욱 이때에 일본인 정미업자로 인한 토착농촌의 가내공업은 제약되고 후자의 전자에 대한 예속적 의존성은 그에 따라서 강화한다. 하물며 전자가 고리대(高利代)를 겸하였던 예인만큼 국면이 공황적이 될 것은 새삼 재언을 요하지 않은 논리이다.

지금 한말당시의 수출미곡이 어떠한 과정을 거쳐서 어떻게 처리되는가를 구태여 도식으로 표시하여 보면 다음과 같아. 이 또한 필경 일본인 상업자본의 농촌침입와 그 팽대의 과정에 대응한 토착소농의 피지배성을 전해주는 기구적 시사일 뿐이다.

---

36) 조선잡지사, 1910. 《최근조선요람》 106
37) 「농업자로서 이를 회송판매함을 겸한 자는 절대로 없다. 운운」 《최근조선요람》 102
38) 전게(前揭), 《최근조선요람》 106

한말(韓末) 수출상품에는 미곡 이외에 두류나 맥류 또한 이에 준하여 중요한 것이 있다. 그리고 생우·우피·면화 등 역시 당시의 중요한 대일 수출물들이다. 그 어느 것이나 다같이 전시중에도 큰 변동 없이 꾸준히 규모의 증대를 보이었던 것이며 불등가적 교역의 대상물이었음에 틀림이 없다. 일본자본의 세력이 우선 이점을 통하여 토착농촌에 공황에 조건을 마련하리라는 것은 다시 말할 것도 없는 사정이다.

```
대지주생산농민＼    지방한인중매인 →  객주  →  권업사→ 일본인곡물협회
(大地主生産農民)／  (地方韓人仲買人)   (客主)     (勸業社)  (日本人穀物協會)

        →    일본인수출상 →  수출(일본인수출상)
             (日本人輸出商)   輸出(日本人輸出商)
```

두류 수출량 · 액추이

(단위: 단 원)

	1904	1905	1906	1907	1908
수량	782,006	840,684	1,212,344	1,198,880	1,330,866
금액	1,515,467	2,695,683	3,602,703	3,935,652	3,494,026

자료: 《제3차 통감부(統監府) 통계연보》 413

그 밖에 상품별로 수출동태를 일일이 밝히자면 한이 없으나 필경 그들의 점진적 다양화는 볼만하다. 대상지역 또한 그 비중이 차차 대일무역 일변도에서 청(淸)·노(露)를 비롯한 영(英)·미(美) 등으로 다변화한 것이 한말의 진전이다. (다음표 참조). 그러나 이때에 수출의 절대량에 있어서 일본은 언제나 압도적이었고, 거래의 주도권 또한 39)일본인에 집중되어 가고 있었던 것만은 변함이 없다. 이는 말하자면 한말경제의 세계시장과와 아울러 일본식민지화를 강력히 시사하는 동태이다.

---

37) 「농업자로서 이를 회송판매을 겸한 자는 절대로 없다 운운 」 《최근한국요람》 102
38) 전게, 《최근한국요람》 102
39) 전게, 《조선한업지》 중 677-678
40) 1908, 《제삼차 통감부통계년보》 (수입주용품가액국별표)

대일무역 의존도 추이

연차	수출액		수입액	
	연평균(원)	비중(比重)(%)	연평균	비중(比重)(%)
1901-1903	7,182,795	80.80	9,765,357	62.50
1904-1906	6,001,378	73.9	21,827,780	72.2
1907-1909	11,923,835	75.6	27,739,476	69.9

자료: 《조선산업지(朝鮮産業誌)》 중 676

노일전쟁(露日戰爭)전후 각국별 무역의존도

연차	일본		청국		러시아(露西亞)		영국		미국		기타	
	수출	수입	수출	수입	수출	수입	수출	수입	수출	수입	수출	수입
1901-1903년(평균)	80.8	62.5	14.6	33.7	3	0.4		1.7		0.8		
1904	82.2	70.9	17.8	18.9		0.3		2.9		6.8		0.2
1905	78.1	73.7	21.8	18.6	0.1	0.3		1.2		6.2		
1906	85.1	77.3	8.6	13.8	6.1	0.2	0.2	0.1		8.6		
1907	76.7	66	19.3	10.8	4			13.3		7.9		2
1908	77.8	58.6	15.9	11.9	5.4	0.1		16.5	0.6	10.2	0.3	2.7
1909	74.2	59.6	19.7	12.2	4.8	0.1	0.3	17.1	0.4	6.6	0.4	3.8

자료: 《제3차 통감부(統監府) 통계연보》 및 《조선 총독부(總督府) 통계연보》

　물론 한말기 수입무역의 대일의존도는 절대적 수준에서 뿐이 아니라 상대적(비중)으로 또한 올라가고 있었다. 일본에 대한 수출은 전전(戰前)에 비하여 1.6배여, 수입은 2.8배여에 달한 속도이어서, 이 땅의 상품시장화는 급격히 진행된 것이 눈에 띄는 추세이다. 다만, 표견(表見)상 1908~1909년의 대일수출입액에 관한 한, 약간 떨어져 있는 경향이다 이것은 주요 통계기술상의 변동에 기인한다. 종래는 중간항(中間港)이 일본인 경우는 최종 수출입지가 타국인 경우에도 일본으로 계상하였던 것을 1908년부터 이들 최종 항(港)국으로 분명히 통일하였으며40), 조사방식도 보다 정밀함을 꾀한 까닭이다.

　한편 한말의 중용한 대상국별 수입품으로서 큰 것은 일본으로부터 면사(綿絲), 직물(織物), 석탄(石炭), 목재(木材), 연초(煙草), 청주(淸酒), 사당(砂糖), 타면(打綿), 도자기(陶磁器), 기타 잡화 등이 들어왔고, 청국으로부터는 견사(絹紗), 목재(木材), 식염(食鹽), 연초(煙草) 등을 들게 된다. 그리고 영국제의 수입품으로서는 각종 직물(織物), 강철물(鋼鐵物), 연초(煙草) 등이 주로 되어 있고, 미국에 관하여서는 석유(石油), 철도용품(鐵道用品), 소맥분(小麥粉), 강철물(鋼鐵物), 연초(煙草) 등이 중요한 수입품목으로 들어지는 상품들이다.41)

---

40) 전게(前揭), 《조선산업지》 중 677-678

금은지금.   각종 경화(경화(硬貨)) 수출입추이

(단위: 원)

연차	수출			수입			금화·금지금 수출초과령
	금화 금지금	은화 은지금	엽전 동전	금화 금지금	은화 은지금	엽전 동전	
1901	4,993	479	154	2	904	602	4,991
1902	5,064	201	128	—	96	195	5,064
1903	5,456	547	125	100	280	418	5,356
1904	5,009	156	36	356	413	112	4,653
1905	5,206	66	116	—	1,151	908	5,206
1906	4,666	309	200	100	1,229	340	4,566
1907	4,617	1,391	1,166	9	1,982	708	4,608
1908	4,771	929	9	856	2,291	276	3,915
1909	6,112	245	115	500	421	372	5,612

자료: 《한국산업지》 중 665

지금 만약 우리의 과제를 「인플레이션」과 연결시켜 살펴본다면 일반의 상품을 넘어서 금지금(金地金)이나 화폐의 수출입관계 또한 모두 중용하다. 그 것은 결국 무역결손을 보충하는 구실을 맡아 하겠으나 당시의 사정에 있어서 그들의 수출은 필경 「인플레이션」의 격성을 뜻하는 것으로 주어지는 행적이다. 특히 이 때에 금광산으로 말하면 이미 대부분 외국인의 수중에 들어가 버렸으며, 지금(地金)의 채취와 그를 위한 자금의 방출이 통화팽창의 요인이 되리라는 점 또한 자명하다. 더구나 보장지금의 감퇴현상이 국제신용력의 저락(低落), 악화(惡貨) 발행의 근원으로 된다는 것은 모름지기 세계적 공통현상의 하나이다.

한말의 일본상업자본은 이미 일반상품이나 지금은(地金銀)의 무역분야에서 독점적 위세를 발휘하였을 뿐이 아니라 그들 대소자본은 점차 토착농촌에 깊숙이 들어가서 수탈적 상행위를 일삼아 왔다. 그중 그들 소자본의 경영하는 잡화점만 보더라도 점차 소도시의 중심가나 전통적 시장주변의 요지를 점령함에 이른 것이다. 이때에 그들은 단순한 소매상이 아니라 이른바 쌍두적(雙頭的) 고리대업자(高利貸業者)이었으며, 그 활동은 토착소농의 토지를 횡취(橫取)한다. 따라서 그들은 얼마 아니 가서 스스로 지주인 동시에 상업자본가이며, 또한 대부가로서 토착농촌을 지배하고, 군림하는 것이나 그들의 상업적 수익성만을 본다 하더라도 곧 다음과 같은 실정에 있었다. 즉

「그 매상고는 지방에 따라서 고하(高下)가 있음은 물론이나 가격300원을 가진 상품이면 1개월에 100원 내지 200원의 매상을 얻는 것이 보통이었고, 때로는 1,000원의 상품으로서 1개월에 1,000원의 매상을 올리는 자도 적지 않다……이러한 상품은 교통이 불편한 조선내지에서 조선인을 상대로 하는 영업이므로 이를 주요 도시에서 모국 일본인을 고객으로 경쟁하는 상매에 비교하면 그 이익이 막대하며, 만약 영구적 지반(地盤)밑에 신중과 근면으로서 경영하면 5년,7년 내에 5배, 10배의 자금을 마련할 수 있다. 운운(云云)」42)

---

41) 1908. 《제3차 통감부(統監府) 통계연보》〈수입주요품가액국별표(輸入主要品價額國別表)〉
42) 梶川半三郎, 1911. 《실업지조선(實業之朝鮮)》526

3. 상품화율의 진전 요인

동학혁명(東學革命)이 가져온 조세금납화(租稅金納化)에 뒤따라 토착농촌의 상품화과정은 획기적 진전을 보이었고, 그 후 일본 자본의 발전적 침투로 말미암아 새로운 국면을 맞이하였다 함은 거듭 본 바와 같다. 무엇보다 일본 화폐의 급격한 팽창이 「인플레이션 」을 추진하기에 이르렀다는 점, 또한 이에 기여한 적극적 조건이었음은 물론이나. 그러면 총괄적로 1904-5년 이후(以後) 한일합병(韓日合倂)(1910)에 이르기까지 이 땅의 농산물에 관한 상품화는 어느 정도의 수준에 달한 것인가?

우리는 소농경제의 특성에 비추어 한말의 농산물에 관한 상품화율을 정확히 파악할만한 뚜렷한 자료를 갖지 못한다. 미곡만을 들어서 본다 하더라도 우선 총생산량이 크게 변동적이고, 불확실한 상황에 있어서43) 상품화율은 도저히 명시할 수 없는 문제이다. 그 가운데 우리는 때때로 단편적 개산(槪算)의 실례를 보기도 하는 것이나 그들의 신빙성은 의연 희박하다. 따라서 우리는 다음과 같은 통계를 당면한 우리의 참고자료로서 취하고 있을 뿐이다

주요농산물 수출고 대 생산고 비(1910)

	미	대두	면화	우피
개액	6.80%	40.3	-	53.1
수량	7.4	25.5	12.1	93.5

자료: 조선농회. 1944 《조선농업발달사》 (발달편) 367 기타

농산물 거래액

(1910) (단위:천원)

지방시장	단체판매	수출	계	총 농산액 비
27,111	43	15,256	42,410	19.20%

자료: 상표 주와 같음, 단 제425면

---

43) 한말(1905-9년)의 농산품생산량에 대한 체계적 공표자료는 거의 볼 수 없다. 단, 1907년의 주요농산물수확표 《조선산업지(貞)》상, 538. 《관보(官報)》(륭희 3년 6월 29일자)에 실린 예로서 륭희 2년(1908년)말에 미(米)수확고 7,986,538석이란 것이 있다. 더욱 1909년말 현재의 「중요농산물자료」는 한국사료연구소, 1970. 《조선통치사료(朝鮮統治史料)》제3권, 282 참조.

구태여 위의 통계에 비추어 보건데 한말당시의 농산물상품화률은 대체로 금액으로 따져서 20%정도라는 것을 짐작할 수 있다. 그러나 그렇다하여 우리는 나머지 80%가 농촌내부에서 자급자족의 대상이 된 것으로 볼 수는 분명히 없다. 우선 막대한 현물소작료를 비롯하여 이미 금융의 담보물로서 농촌을 떠나 도시민의 소비나 거래의 대상으로 이동하는 물량 또한 결코 직지 않은 까닭이다.

사실인즉 노일전쟁(露日戰爭)후 한반도의 화폐화과정이 상당한 진행을 본 것은 상품의 교역관계뿐이 아니라 농촌수공업의 소장에도 직접적으로 관련된다. 그도 자급적 수공업의 해체운동이나 그에 따른 농업노동력이 이촌현상(離村現象)이 그것의 동인이 되리라는 것은 명백한 이치이다. 그밖에 전업농가에 대하여 겸업농가가 늘어난다거나, 공예작물이나 과수 등의 환금작물이 증가되고, 잠업 등이 발전되는 사정 역시 같은 효력을 발휘한다. 각 지방의 특산품이 특수지역의 상품화율을 높이는 일도 없지 않은 사정이며, 다음과 같은 지방별 특산제품 등은 일찍이 너무나 유명하다. 그 밖에 우피(牛皮), 우골(牛骨), 인삼(人蔘), 연초(연초), 칠(漆), 저(楮), 죽(竹), 과실(果實) 등이 한말 각지의 상품성을 다분히 올리었던 주요농산품이 되어 있었고, 교통의 발달은 이러한 상품의 다양화와 그들의 거래(去來)량증대를 가져온 사실 점차 눈에 띄게 되었던 추세이다.

한말 도별 주요 제작물

경기	도기(陶器), 자기(磁器), 사(絲), 화구(花蓙), 동기(銅器), 지(紙)
충청	지(紙), 묵(墨), 연(硯,) 도기(陶器), 자기(磁器), 주(紬), 동기(銅器)
전라	단선(團扇), 선자(扇子), 염(簾), 지(紙), 자기(磁器), 전죽(箭竹), 칠기(漆器), 면포(綿布), 오구(吳蓙)
경상	단선(團扇), 선자(扇子), 인석(茵席),화구(花蓙), 면포(綿布), 지(紙), 연관(煙管)
황해	여(絽), 주(紬), 화구(花蓙), 묵(墨), 자기(磁器)
평안	여(絽), 주(紬), 국(麴), 사(繡), 사(絲), 유(油)
강원	사(絲), 주(紬), 포(布), 밀납(蜜蠟)
함경	면포(綿布), 주(紬), 연초분(煙草盆), 지(紙)

자료: 통감부(統監府), 1906. 《한국요람》

물론 그들 토산(土産)의 제품이 언제나 발전만을 하는 것은 아니다. 오히려

「그 어느 것이나 일본제 식기(食器) 잡기(雜器)의 수입됨에 이르러 눈에 띄게 압박을 받게 되었다.」[44]

그밖에 새로이 개발된 농촌가공품이라 하더라도 점차 일본인공업제품의 타도대상(打倒對象)으로 쇠퇴의 길을 걷고만 것은 허다한 실정이었다. 그러한 가운데 있어서도 면작이나 양잠이 지배당국에 의하여 크게 장려되었고, 더욱 농산물의 증산과 품질의 개량 등이 시도되었다 함은 토착농업(土着農業)의 상품화를 촉구하였던 수단이외에 다른 것이 아니다. 그 것 역시 일본산업의 성장을 위한 원료의 확보나 식량의 급원보장에 있었다 하더라도 결과는 상품화를 촉구하는 동인일 뿐이다.

총체적으로 일본인 공장시설의 국내이식이 토착경제(土着經濟)의 자급체제를 파괴하는 가운데

---

44) 四方博, 《전게(前揭)논문서》196

상품화율을 높였던 사정은 더욱 분명하되, 그중 특별히 우리는 일본인 정미공장의 보급이 미곡의 상품화율 향상에 기여한 사실은 각별히 주목한다. 그 것은 가장 보편적으로 농촌의 자급체제를 제약하였을 뿐 아니라 스스로 농촌인구의 도시흡수, 조곡(粗穀)이나 정곡의 빈번한 국내이동이나 대일무미(對日貿米)의 증대를 가져옴에 큰 자극이 되었던 까닭이다.

일본인 근대적 공장상황

(1908년말)

종 별	공장수	자본금	직공수	생산품액
정미	25	774,500엔	867	1,976,707엔
련화(煉火).석회	15	198,900	559	252,740
철공장	12	85,300	168	212,212
식료품	10	339,800	143	121,661
연초	4	910,850	593	137,800
기타	13	678,000	915	605,565
계	79	2,107,350	3,245	3,306,685

자료: 《제3차 통감부(統監府) 통계연보》

Ⅳ 농업공황의 전개기구

1. 내외 공황요인의 중첩

한말의 토착농업공황이 일본자본의 침투활동에 직결되어 있다는 점은 새삼 말할 것도 없거나와, 그중 특수한 원인의 하나로서 우리는 「화폐정리사업(貨幣整理事業)」이 가져온 이른바 「전황(錢荒)」을 이에 관련하여 묻지 않을 수 없다. 농업공황 그것이 당장 전황(錢荒)이 소산(所産)이라 할 수는 없으나 전황(錢荒)이 농업공황의 키다란 요인이 되어있음에 틀림없는 까닭이다.

지금 전황(錢荒)이 가져온 화폐부족이 농업생산을 제약하는 국면은 단순하지 않다. 그것은 농업물의 유통을 저해하여 농산물가의 하락을 가져올 뿐 아니라 곧 농민의 화폐부족이 농산물의 염가방출을 촉진할 수도 있는 조건이다. 후자는 바로 궁박판매의 유형이라 하겠으나 곤궁한 소농에 대하여 이 점의 효과는 이중적 압박으로 나타날 수밖에 없다. 전황(錢荒)이 상당기간 장기화하였다는 점에서 후자의 진연성은 또한 큰 문제이다.

물론 이때 전황(錢荒)이 당장 농민의 부담을 가중하고. 농촌내외의 고용을 감축시킬 수 있다는 점을 우리는 간과할 수 없다. 금이의 앙등(昻騰)을 가져오리라는 점 또한 응당 예상되는 국면이다.

한편 도시의 전황(錢荒)이 농촌에 파급하는 효과 또한 경시할 수 없는 문제라 할 수 있다. 농업물의 유통제약은 위에서 본 바이거니와 그밖에 신용의 두절, 공과부담의 가중 전가(轉嫁) 등이 응당 예상되는 문제이다. 더구나 백동화(白銅貨)의 유통금지, 한화의 불신풍조에 변승(便乘)하여 간리나 도시자본의 농민에 대한 불등가적 거래행위는 자행될 수 있었고, 고리대의 발호(跋扈)를 보기에 어렵지 않았다. 이 점이 반드시 도시물가의 저락(低落)과 병행되지 아니하는「인플레이션」과정과 겹치게 되어있는 사정에 있어서 농민의 불황적 입장은 심각한 따름이다.

사실, 당시의 일반적 동태에 있어서는

「한인 특히 농민은 오히려 년년 부채의 심원(深淵)에 잠겨있는 것으로 관찰함이 실태에 적합하다」45)

는 조건하에 전황(錢荒)의 토착소농에 미치는 공황적결과는 능히 알만하다. 여기에 바로 일본인 군소자본가의 토지투기는 성행되었으니 이것이 곧 토지공황의 가중조건이 될 것은 물론이다. 즉,

「농업경영자란 미명하(美名下)에 오히려 고리(高利)라 할 수 있는 대부(貸付) 등을 하고 있는 자 매우 많다. 경지를 저당하고, 고리영업을 하는 자는 조선에 있어서 아마 가장 안전하고 또한 유익한 상법이다. 운운(云云)」46)

알고보면 노일전쟁(露日戰爭)을 지난후 일본당국은 스스로 내한상민의 고리대활동을 은근히 종용(慫慂)하거나 기대하였다는 흔적이 엿보인다. 실지로 1905년경의 일부지방의 예이지만 우리는 고리적 전대(前貸)방식을 공적으로 권장한 실태를 보기도한 것이다. 즉

「조선농민의 대다수는 매년 마친 면화파종기 전후를 당하여 전년 추수의 미곡이 기진(旣盡)하고, 본년의 맥포(麥圃)의 수확이 상월여(尙月餘)함을 기다릴 수 없어 여기에 그들은 식량의 기진 결핍을 고(告)하고, 생활 곤란에 빠진 자가 많음은 매년의 정례(定例)이다. 그러므로 이 곤란을 이길 방편(方便)으로서 추수하려는 전포(田圃)의 작물을 담보로 하여 타로부터 차재(借財)하려는 습관이 있다.」47)

그러나 이때에

「이 대부는 신용 없는 빈농민을 상대로 하는 대인적인 것이므로 저간(這間)의 사정을 아는 일본인들은 위험 천만의 것으로 보고, 적극적으로 대부를 하려하지 아니 하였다. 그런데 명치(明治) 38년 (1905)경 당시의 한국재정고문광주지부에서 그 징세(徵稅) 성적을 양호하게 하는 방편(方便)으로서 면포(棉圃)에 대한 전대금(前貸金)을 일본인에게 종용(慫慂)하였다. 이리하여 일본인들은 이에 응하여 그 대부를 하는 동시에 대출금은 추수한 면화를 시가로 추산하여 이로써 반제(返濟)받는 방법을 취하였다. 운운」48)

물론 이러한 사례는 면포재배에 한한다 할 수 없거니와 이때의 대부가 언제가 고리라는 데 문제의 심각성은 가중된다. 「그 이율(利率)은 구관(舊慣)에 의하여 월 3~4분으로 정하므로 운운」 한 것은 오히려 공과적 저이율을 표시하고 있을 뿐이다.

우리는 지금 한말의 「화폐정리사업(貨幣整理事業)」에 관련된 전황(錢荒)과 그에 직결된 고리대활동 만을 들어서 본 것이지만 물론 전황(錢荒)이나 농업공황의 가중적 요인을 일일이 든다면 한이 없다. 그중 여기에 특기할만한 것은 1907년부터 시작된 일본공황의 국내파급효과라 할 것이다.

---

45) 일본농상무성, 1905. 《한국농산토지조사보고서》 279
46) 岡崎遠光, 1908. 《조선금융 및 산업정책》 237-238
47) 육지 면재배 10주년 기념회, 1917. 《육지 면재배 연혁사》 109-110
48) 동상 계속

그 역시 국내 전황(錢荒)이 완전한 해소를 보지 못한 단계에 일어난 현상이므로 문제의 심각도는 가중될 수밖에 없었다. 저구나 일본자본의 침투화 정략화가 일본화폐의 팽창을 주축으로 화폐경제의 급속한 확대를 보게 된 과정에 있어서 사태의 전망은 역연한 관계이다.

　주지하는 바와 같이 일본자본주의는 노일전쟁(露日戰爭)(1904~5년)을 고비로 하여 독점단계에 들어서게 되었다. 그의 자본축적은 산업에 따라서 어느 정도 선진각국과의 경쟁수준에 미치게 되고, 자본수출을 꾀할만한 과정에 도달한 셈이다. 여기에 일본제국주의는 외향적 실력을 보유하게 된 반면에 당장 1907년에 부딪친 공황은 그에 있어서 심각하였다. 더구나 이 공황은 즉시 회복을 보지 않은 채 1914년의 제일차세계대전을 맞이하게 되었으므로 이는 만성적 진행의 것이 되고 말았다. 그러므로 우리는 1908년에 다음과 같은 기록 예를 볼 수 있다 즉,

> 「작년 (1907년)말의 공황이 금년에 이르러 2월 이래로 각종 사업회사의 파탄한 것이 적지 않고, 통화수축, 금리앙등……바야호로 장년기(壯年期)에 들어간 자본주의 일본 일말(一抹)의 암운(暗雲)이 돌았다. 운운(云云)」49)

　그렇다면 지배자 일본의 전후 공황이 한반도 토착농업에 새로운 조건의 부여하리란 것은 당연하다. 그것은 한말로 말하여 공황의 식민지적 전가(轉嫁) 그것이다. 그 실효는 각 방면에 걸쳐서 역연하나, 무역면의 쇠퇴는 그 중 뚜렷한 하나이다. 즉,

> 「조선의 수입무역은 1893년 이전에는 겨우 200만원 내지 500만원에 불과하던 것이 1895년에 이르러 일약(一躍) 800만원을 나타내고, 이후 점차 증진하여 1903년 이르러 1,800여 만원을 산(算)하였다. 1904년 이후 2-3년간은 가장 급격한 발달을 함으로써 1907년의 4,130여 만원으로써 극점에 달하고. 이에 대하여 1908년에 30여 만원을 감(減)하고, 1909년에는 약 470만원을 감퇴(減退)시켰다. 」50)

　그 가운데 농촌구매력을 반영한다고 보아지는 면직물의 수입감퇴를 지적한 문면을 찾아보면 다음과 같다. 즉,

> 「본품의 수입선(輸入先)은 일본이 대부분을 점하되, 1909년의 수입액은 1,285,014원으로서 전년에 비하여 73만천여원을 감소하고 있다. 이는 조선에 있어서 농민구매력의 감퇴한 점과, 금건(金巾) 등 면포류가 비교적 저렴하여 지목면(地木棉)의 시가도 저락(低落))함으로써 직포자(織布者)가 줄었고, 따라서 본품의 매행(賣行)이 심히 불황한데 반하여 운운(云云)」51)

　그밖에 이른바 「시칭」(면직물의 일종)의 수입 역시 입증한 것이니, 즉,

> 「본품은 주로 일본의 수입에 의한 것으로서 주로 오사카(大阪), 미에(三重), 오카야마(岡山), 동경 지방의 산(産)인 것이나 가격은 비교적 저렴하고, 내구력에 부하여 조선인의 기호에 적합하되 특히 중류이하의 사회에 있어서는 의복의 재료로서 크게 수요 되기 때문에 근년수입이 저증(著增)하여 1907년에 농산물의 수출호황한 점과 전시에 산포된 군자금이 아직 조선인의 부중에 잔존하는 등의 사유로 매행(賣行)이 호황이어서 그 수입액이 300만원에 달라던 것이 1908년부터 농산물의 가격이 저락(低落)한 것과 군자금도 점차 소진됨으로써 구매력이 감퇴하였을 뿐 아니라 금융이 핍박하여 경제계는 불황에 빠져 외상대금의 회수가 곤란하게 되고, ...,1909년에 더욱 한층 불황에 빠져 구매력이 더욱 더욱 감소하여 거래는 한결 원활을 결(缺)함으로써

---

49) 동상
50) 山口精, 《조선산업지》 중 616
51) 전게(前揭), 《조선산업지》 중 647

　　　드디어 그 수입액은 2,425천여원으로써 전년에 비하여 547,000여원의 감소를 보임에 이르렀다.」[52]

는 논평이다.

　한편 수출무역을 보더라도 그 대중인 미곡 역시 1907년을 정점(頂點)으로 하여1908년에 들어서자 다소의 감퇴를 보이었다. 그리고 1909년에 약간의 회복세를 보이기도 한 것이다. 1908년의 수준에는 미달한 실적이었다. 다만 전전(戰前)에 비하여 일반적으로 수출확대를 보게된 것은 사실이니 이는 곧 농촌의 화폐화과정에 대응한 현상이라 할 수 있다. 전황(錢荒)이 농민으로 하여금 궁박판매(窮迫販賣)를 강요한 점 특히 잊을 수 없는 사실이 거니와, 급박한 농촌의 위기(의병봉기 포함)가 방곡(放穀)을 촉진시킨 동인이 되기도 하였던 형편이다. 이 점, 1908년의 예로써 한 일본인은 당년의 수출(輸出)미에 관하여 다음과 같이 지적함을 볼 수 있다. 즉,

　　　「반도각지(半島各地)에 폭도(暴徒)가 일어나 농가는 약탈(掠奪)을 두려워하여 방매 많고, 수출촉진 되다.　운운(云云)」[53]

　어쨌든 노일전쟁직후의 총체적 무역감퇴는 일본의 불황을 반영한 것이나 그 가운데 있어서도 곡가(穀價)의 기복은 볼만하다. 더욱 한국산미가의 일본미가에 대한 상대적 가격차는 점차 벌어지는 과정에 놓여 있었던 것이니 이점, 일본공황의 한국농업에 대한 전가를 반영한 전형예(典型例)라하여 무방하다. 이들 경위를 일본인의 기록 《조선산업지(朝鮮産業誌)》는 다음과 같이 표현하고 있다. 즉,

　　　「1909년에 있어서의 미곡수출은 수량에 있어서 겨우 876담(擔)의 감소에 불과하지만 가액(價額)에 있어서는 954,274원의 대감소를 나타냈다. 이것은 본품 주요수출선인 일본에 있어서 전년의 풍작에 따른 춘래(春來)의 가격하향에 겸하여 1909년은 미증유(未曾有)의 대풍작으로 더욱 더욱 하락하고 조선에 있어서도 그 영향을 받아서 가격이 하락하였기 때문이란 것은 좌기(左記) 오사카(大阪) 및 병고(兵庫)에 있어서 부산미의 시세표에 비추어 보아서도 분명하다. 운운(云云)」[54]

---

52) 동상 647-648
53) 水野秀雄, 〈조선미 수출입 소장과 미곡검사의 발달(朝鮮米輸移入消長と 米穀檢査の 發達)〉《조선미비일보(朝鮮米肥日報)》 1937년 12월 5-7일자
54) 전게(前揭), 《조선산업지》 중 618

〈표 〉 부산 월별 현미시세 (1908–1909년)

(원/석)

년＼월		1	2	3	4	5	6	7	8	9	10	11	12	평균
1908	최저	8.55	9.1	8.6	9.2	8.55	8.55	8.15	9.3	8.83	9	8.9	7.8	8.71
	최고	11.3	10.62	11	10.97	10.8	10.8	11.45	11.25	10.88	11.15	10.4	9.86	10.87
1909	최저	7.98	7.7	7.4	7.3	8.6	8.3	8.55	9.2	8	6.6	7	6.8	7.72
	최고	9.65	9.4	9.27	9.75	10	10	10	11.85	9.32	9.32	8.7	8.8	9.79
오사카 월별 현미시세 (동상)														
1908		13.65	13.5	13.4	13.5	13.6	13.6	13.6	13.5	13.5	12.9	12.5	11.85	13.25
1909		11.23	11.21	10.77	10.98	11.73	11.6	11.6	11.6	11.53	10.14	10.02	9.74	11.03

자료: 《한국산업지》 중 제619면

우리는 위의 표에서 1907년을 고비로 한 일본 (오사카)미가 역시 대체로 국내미가를 지배하였던 동태를 알 수 있는 동시에 한일합병 직전에 있어서 내외미가의 공황적 저락(低落)상을 엿볼 수 있다. 1909년의 미가는 최저의 기록으로서 그 전년에 비하여 각기 1할을 훨씬 넘는 저락수준의 예이다. 더욱 참고로 일본내에 있어서 1905-1910년의 일본미와 한국수출미(현미)의 시세(市勢)를 대비하여 보면 다음과 같다. 이것 역시 당시에 화폐경제의 급격한 확대와 수출량의 증세 하에 이루어진 것이므로 문제의 농업공황에 미친 파급효과에는 불소(不少)함을 전해주는 지표이다.

더욱 앞에서의 한국 「미곡수출량 및 동가액」 표에 의하여 우리는 평균 수출미가격을 구태여 다음과 같이 산출하여 볼 수 있다. 이것이 대체로 국내도시미가를 반영하는 자료임은 물론이다.

일본내 한국미가와 일본미가

(1905-1910) (원/석)

구분＼년	1905	1906	1907	1908	1909	1910
(1)한국미	10.95	12.04	13.43	12.91	10.79	11.32
(2)일본미	45.57	14.09	15.55	15.25	12.75	12.67
비율(1)/(2) %	87.30	85.6	86.5	84.7	84.7	89.5

자료: 大內力, 1958 《농업공황》 324. (농상무성 농무국, 1915. 《쌀에 관한 조사(米に關する調査)》) 단, 한국미는 개량미로서 오사카시장의 현미도매가격

수출미 가격추이

(단위 : 원/단)

연차	평균 가격	3개년 평균	지수
1901	3,025		
1902	3,718	3,590	100
1903	4,027		
1904	4,151		
1905	4,072	4,242	119.2
1906	4,502		
1907	4,164		
1908	4,210	3,989	111.1
1909	3,593		

자료: 전게(前揭), 《미곡수출량 몇 동가액 표》 에 의함

주요 수출 농산물 수출수량 · 단가추이

	1904	1905	1906	1907	1908	1909	단위
미	313,388 (4.15)	218,365 (4.07)	356,232 (4.5)	1,815,142 (4.15)	1,540,289 (4.21)	1,539,413 (3.59)	담 (원)
소맥	217 (4.25)	824 (3.73)	78,958 (2.48)	146,481 (2.6)	42,190 (2.56)	243,872 (2.74)	담 (원)
두류	782,006 (3.21)	840,684 (3.2)	1,212,344 (2.97)	1,198,880 (3.28)	1,330,866 (2.52)	1,588,311 (2.14)	담 (원)
생면·조면 (繰綿)	81,628 (2.4)	10,701 (5.7)	11,666 (7.73)	6,124 (10.36)	7,800 (3.21)	32,236 (8.4)	담 (원)
생피	3,566,700 (0.3)	1,704,900 (0.409)	1,657,000 (0.397)	1,817,719 (0.372)	1,979,028 (0.262)	3,380,984 (0.241)	근 (원)

자료: 《제3차 통감부(統監府) 통계연보》 413 , 단 1909년분은 《조선산업지》 중, 616-617에 의함.

한편 미곡과 더불어 소맥·두류·면·모피 등 중요 농산물 몇가지를 들어서 1904-1909년의 수출량과 수출단가의 동태를 살펴볼 때 전후(戰後)의 공통적 불황상황은 우리에게 좀더 구체화 한다. 다만 상품의 종목에 따라서 그간에 다소의 진폭차를 보여줄 따름이다.

물론 한미의 농업공황을 지배하는 요인은 이사의 전황(錢荒)이나 일본의 수탈적 활동이나, 일본공황에 따른 교역의 감퇴 등에 한정되어 있지 않다. 일본제국주의가 몰고 온 지배요인만을 든다 하더라도 특히 우리는 「인플레이션」 의 문제를 농업공황과 연결시켜서 보지 않으면 아니된다. 그것은 소농사회에 있어서 필연적으로 발생하는 동태임에 있어서 당연한 명제이다. 좀 더 그 내용을 본다면 피압적 소농생산에 있어서 「인플레이션」 과 공황은 반드시 상호대차적으로 출현하는 것이 아니라 오히려 상호보완적으로 진행하는 예는 많다. 「쉬레」 현상과 같은 것은 너무나 뚜렷한 사례이거니와 미가의 일방적 앙등이라 하더라도 그에 따른 부작용은 많은 예이니 적어도 영세농 대중에 관한한 커다란 식량난의 위협이 될 것은 자명한 결론이다.

그 밖에 물가고(物價高)나 미가고(米價高)가 지가(地價)를 올리고 다시 돌아가서 그 이상의 지대 (소작료)를 올리는 과정을 보게 하는 예는 뚜렷하다. 아니나 다를까, 우리는 당시의 물가와 소작료에 관하여 바로 다음과 같은 문면에 접하는 실정이다.

> 「각 지방의 소작제도는 수백년전부터 행해져왔고, 현금에 이르기까지 때때로 어느 정도의 변천을 보았건만…… 지주를 위해 수리(水利)가 적은 도지법(賭地法)은 근년 감소하는 경향이 있다. 소작료 역시 40-50년전까지는 매우 근소(僅少)한 것 같으나 근년 물가의 등귀(騰貴)와 더불어 점차 증가하여 노일전쟁(露日戰爭) (1904-5년)전후부터 오늘날과 같이 다액으로 상승하였다. 운운(云云)」 55)

그러나 좀 더 생각할 때 사태는 우리의 당면과제인 한말의 농업공황을 위의 외래적 지배요인과의 관료하에서만 다루어서 충분하다 할 수 없다. 봉건적, 내재적 지배요인 또한 응당 아울려 보아야할 문제의 조건이다. 때마침 봉건지대는 점차 해체되는 과정에 있었다 하더라고 그것의 잔재는 충분히 문제의 대상으로 남아 있었음이 분명하다. 그 밖에 봉건적 피수취의 조건을 일일이 든다면 한이 없는 실정이다.

요컨대 한말의 토착농업공황인즉 만성적 국면위에 「화폐정리사업(貨幣整理事業)」 을 계기로 한 새로운 외래적 근대적 지배요인이 압력화하여 가중한다. 거기에 더욱 내재적, 봉건적 지배요인의 중첩을 보게 되었다고 보아서 틀림이 없다. 더구나 바야흐로 식민지 소농사회의 공황이「화폐정리(貨幣整理)」 란 특수한 계기를 맞이하여 한층 심각화한 국면에 접어들었다는 점이 중요하다. 전반적 사태는 농업공황을 여실이 반증하는 양태(樣態) 이외에 다른 것이 아니다.

---

55) 조선농회, 1930. 《조선의 소작관행(朝鮮の小作慣行)》 71

2. 농업공황의 위기화

한말의 토착농업을 억압한 공황은 필경 소농의 몰락을 촉구함으로써 농촌의 전면적 위기를 조성하였음이 분명하다. 그 가운데 농업생산의 적자, 소작농의 누적, 소농의 토지상실이 우선 크게 눈에 띄는 동태이다.

소농의 부채와 토지상실과 그에 따른 소작농군(小作農郡)의 누가현상(累加現象)은 두말할 것 없이 그들의 기본적 생산수단으로 부터의 이탈일 뿐 아니라 생존의 기반을 잃게 하는 몰락이 아닐 수 없다. 실로 「노동자가 그의 생산수단을 사유하는 것은 소경영이 기초이며. 그 소경영은 사회적 생산과 그 노동자, 자신의 자유적 개성을 발전시킴에 필요한 조건」 임에 틀림없는 까닭이다.

토착농촌의 부채나 소농의 적자경영56)은 이미 만성화한 현상이거니와 무엇보다 그것이 토지상실에 직결된 점에서 근대적 위기성은 뚜렷하다. 때마침 각종의 국권회복운동의 전개를 널리 본만큼 사회적 의식수준이 높아져 있는 과정에 있어서 어떠한 체제적 동요를 이 땅에 보리라는 것은 당연한 전망이다.

지금 한말의 토착농민이 자기 토지를 잃게 되는 구체적 동인을 새삼 말할 것도 없으나 어쨌든 그것이 「인플레이션」 과 농업공황과 연결되어 있음에는 틀림이 없다. 총체적으로 일본자본의 침탈과 그에 의하여 강화된 식민지 수취의 종합적 결과라 하여 무방한 실태이다.

따져보면 한말농민의 토지상실로 인한 「촌내개소작(村內皆小作)」57)이란 사태 그것이 전적으로 일본자본의 고리대적 침탈이나 봉건적 토지겸병의 소산(所産)으로만 단정할 수 없다. 우선 자연적 재해는 말할 것도 없거니와 국공유지의 불하(拂下)나 새로운 수조권의 설정에 의한 소작관계 또한 있을 수도 있는 문제이다. 그러나 결과는 한말에 이르러 소농몰락의 조건의 가중한 것만은 틀림이 없고 문제의 사회성이 근대화한 점, 역시 간관할 수 없다 . 비록 봉건적 생산형태는 불변이라 하더라도 외세에 의한 타율적 근대화의 압력을 그대로 모면할 수 없었던 것이 피지배 토착소농의 놓여진 입장인 까닭이다.

알고 보면 이들 토착소농이나 소작농인즉 단순한 봉건적 이농이라 할 수 없다. 근대적 타산적은 점차 그들의 의식을 지배하였던 과정이다. 그 뿐인가 지금 이들이 거대한 외세의 압력하에 농업공황의 대상이 된 경우를 상정한 때 그 실질에 있어서 그들은 농업노동자의 지위에 타락할 수밖에 없다. 특별히 그들이 일본인 농장의 소작농이 되어 있을 때 그러한 사회적 성격은 유난히 뚜렷함을 볼 수 있을 뿐이다. 그렇다면 두말 할 것 없이 농업공황의 심각화에 따라서 농촌의 위기는 격성(激成)할 수 밖에 없다. 그것은 반드시 봉건적 위기의 속성이 아니라 우위적으로 근대적 위기의 범주 그것이다.

더구나 농업공황이 소농의 토지상실을 일반화할만큼 심각화할 때 문제의 위기는 폭발점에 분명히 접근한다. 이른바 한말의 의병운동과 같은 것은 이에 직결되어 있는 속성인 동시에 어느 뜻에 있어서

---

56) 김준보, 1974. 《한국자본주의사 연구(Ⅱ)》 69 (자료)
57) 조선총독부 취조국(取調局), 1910. 《소작농민에 관한 조사(小作農民に 關にする 調査)》(2) 33-39

이러한 경제적 사회적 우기를 정치적으로 변질완화시켰다고 볼 수도 있는 동인이다.

원래 생산농민의 토지상실은 봉건시대의 재해나 가감주구의 결과로서도 볼 수 있었던 역사적 범주이지만 일반적 농민의 전기적 토지이탈이란 개별적으로 볼 때 우연적 현상에 불과하다. 그것은 지배자의 「온정」을 떠나는 과정이면, 따라서 이 점, 시장기구나 생산량적 요인에 직접적 관련이 없을 뿐이 아니라, 토지 그것이 완전히 상품으로서 거래되는 대상이 되지도 아니하였다. 개항초기까지, 늦어도 동학(東學)난 전후까지는 외인의 토지소유는 금지되어 있었을 뿐 아니라 토착농민의 경작권 행사 역시 각 방면에서 제약을 받았던 단계이다.

그러나 1904~5년의 식민지적 개척시대에 들어서자 사태는 크게 진전하였다. 토지에 대한 근대적 소유권은 거의 공인된 바 있었고, 「토지의 화폐화」와 화폐경제의 발달이 토지문제를 공황과 직결시키는 단계에 제도화하고 만 것이 이때의 특징이다.

결과적으로 우리는

> 「근래 국제관계의 접근으로 문화의 침입을 촉(促)하고, 제반상황이 다소간 구래(舊來)의 면목을 경신(更新)함과 아울려 인민의 생활정도가 점차 증진의 경향에 있는 것 같으나 오직 소작농민에 이르러서는 이와 진보를 같이한 바 없고, 지극히 저도(低度)의 생활상태에 있다. 운운(云云)」 58)

하는 일본인 관찰기(觀察記)를 범연(凡然)히 넘길 수 없다. 사태인즉 일견 봉건사회에서 흔히 보는 농민의 궁상을 그대로 표현하고 있는 가운데 외세의 지배하에 전개된 근대적 토지공황, 특히 그것의 식민지적 양상을 단적으로 반영함과 같은 국면이다, 더구나 이때에 동양척식회사의 개발사업이나 일본인 대소토지 투기업자의 적극진출을 아울려 살펴 볼 때 토착농민의 피지배성은 더욱 같다. 그러므로 일본자본의 대변자는 다음과 같은 문면을 남겨 놓고 있는 실정이다. 즉

> 「토지가 일찍이 개척되고, 인구 많으며, 더욱 토지의 가격이 저렴하여 토지투자에 대한 수익률이 좋고, 또한 타에 적당한 투자대상물이 없다는 사정 밑에서 자본을 가진 외래자가 지대의 수익률 계산을 기조(基調)로 하여 지주적 위치를 획득하려 하는 것은 지극히 당연한 경향일 수밖에 없다…… 이러한 견해에 의하여 한국말기경의 일본인의 농업자라 하는 것을 보면 그의 경영여부에 불구하고, 많은 자는 지주의 별명이었다 할 수 있는 상태이었다는 것은 자명한 이치이나 그 가운데는 지주의 미명하에 고리와 같은 대금업(貸金業)을 영위(營爲)하는 자도 적지 않다. 운운(云云)」 59)

구태여 토지위기를 좀 더 살펴보건대 당시에 있어서 동양척식회사의 설립에 의한 것과 같은 공공연한 침탈은 여기에 재론(再論)을 피한다 하더라도 고리대적 일본인의 개인적 소농자취나 토지갈취의 예 또한 비일비재하였음은 다시 말한 것도 없다 그렇지 않고서야 어찌

> 「웅본군(熊本君)은……명치37년 (1904)일노전쟁 중에 현금 3천원을 회중(懷中)에 넣고, 군산에 내도(來到)한 것이 조선생활의 일보로서……신(晨)에는 동교(東郊)에 천무의 토지를 병(倂)하고, 석에는 서변에 만경(萬頃)의 수전을 겸하는 세(勢)가 있어 순시(瞬視)로 3,200정보(町步)라는 대지주가 되었다」 60)

---

58) 山口精, 1910. 《조선산업지》 상 362
59) 조선농회, 1944. 《조선농업발달사, 발달편》 555
60) 久間健一, 1935. 《조선농업의 근대적 양상》 5

는 사태를 볼 수 있겠는지? 이에 대하여 국내간리의 불법적 토지처분 또한 자행(恣行)된 것이니 이 방면의 문제는 가중된다. 통례(通例) 이외에 곧 륭희원년(1907년) 경남(慶南) 영산군(靈山郡)의 리료(吏僚)는 15동민(洞民)의 공유지 수백만평을 황무지(荒蕪地)로서 일본인에 도매(盜賣)하여 그로 하여금 소작료의 수납을 강행케 함과 같은 예이다.61)

그밖에 일본인 투기가(投機家) 일반인즉

> 「정식으로 토지를 매입하여도 물론 의외로 안가(安價)하게 점령할 수 있었음이 틀림없으나 조선에서는 이 보다 더 편이하고 한층 안가(安價)하게 점령하는 방법이 있다. 그것은 어떻게 하느냐 하면 저당유실이라는 것이다. 저당사업은 식산사업(殖産事業)과 함께 가장 유리한 사업이며, 운운(云云)」62)

함을 볼 수 있다. 더욱 이에 관련하여 1900-1904년의 일본인 조사예로서

> 「일찌기 한국인이 토지를 매도하려고 구입을 요청하였으므로 그 이유를 물었더니 토지를 보유하면 지조이외에 각종의 세(稅)를 징수당한다. 운운(云云)」63)

함을 볼 수 있다. 따라서 이후 조세부담이 가중현상만을 본다 하더라도 문제의 조건이 더욱 심각화하리라는 것은 자명한 귀추(歸趨)이다.

그러면 당시의 국내 지가(地價)는 어느 정도의 수준이었던 것인가?

실정은 물론 장소별로 구구하겠으나 어쨌든 일본인의 토지소유욕(土地所有慾)을 유발시킬 만큼 지가는 저렴하였음이 틀림이 없다. 1906~7년 경의 조사로 보아지는 반당 매매가격은 대략 일본지가의 10분 지(之) 1에 미달하였다고 알려진 다음과 같은 수준이다.

한말 주요도별 농지가격 조사

(반당)

도	답(畓) (원)			전(田) (원)		
	상	중	하	상	중	하
경기	16.36-94.34	27.00-60.00	7.14-30.00	6.00-80.00	4.40-16.67	1.67-10.00
황해	28.57	16.45	3.57	2.38-11.90	3.96-7.93	1.19-1.58
충청	13.99-47.50	10.49-30.33	3.74-20.00	8.26-60.00	5.71-40.0	3.57-20.00
전라	24.00-48.00	18.00-30.00	12.00-21.00	1.43-7.10		

자료: 德永勳美, 1907 《한국총람》, 472. 조선농회, 1944. 《조선농업발전사》 <발달편> 556

사실인즉 위의 지가(地價)라는 것 역시 토착농민의 궁박적 방매가(放賣價)를 반영할 뿐, 지대수익을 정확히 환산한 것이 아니다. 사태는 오히려 이러한 농촌지가에도 불구하고,

> 「소작료 역시 40-50년 전까지는 매우 근소(僅少).한 것 같으나 근년 물가의 등귀(騰貴)와 더불어 점차 증가하여 일노전쟁 전후부터 오늘 날과 같은 다액으로 상승하였다. 운운(云云)」64)

---

61) 《황성신문(皇城新聞)》 륭희원년 12월 10일자
62) 조선기업안내, 1904. 《실업의 조선》 70
63) 일본농상부성, 1904-5 《한국토지조사보고서》 전라도 ,경상도〉 277

함에 논리적 모순은 있지 않은 사정이다. 그러나 우리의 문제는 토지형유형태 (土地形有形態)나 지가의 구구한 변모에 있는 것이 아니라 외래 제국주의 팽창된 위압에 있는 것이 분명하다. 비록 한말의 일본인 소유토지가 아직 비율적으로 미미한 면적에 있다거나 그들이 토착소작농민을 그대로 자기농장에 예속시키고 있다거나 비록 나아가서 선진된 농업기술을 토착농민에게 전습시키고 있다 하더라고 전반적 불안과 모순의 조건은 역시 정치적 압력과 더불어 격성(激成)되었음에 틀림이 없다. 이 점은 실로 동양척식회사의 설립과 더불어 절정에 달한 것이 분명하다. 일본의 어용논자 역시 문제의 위기성을 어느 정도 자인(自認)하고 있기도 하는 것이니. 즉

> 「물론, 특히 동양척식회사가 설립되고, 일본농민의 이민이 확실히 공시된 이래, 일본농민의 래왕에 대하여 조선농민이 어느 정도 반감을 갖은 다는 것은 불가피한 일로서, 거기에는 조선이의 경지를 수취(收取)하고, 그 결과 그들 생활에 위협을 느끼게 하는 것 이외에 더 한층 뿌리 깊은 요인이 있었던 것은 틀림이 없다. 더구나 그러한 감정을 한층 도발시킨 것은 조선농민의 무지와 무자력(無資力)과 그 사행심(射倖心)을 교묘히 이용하여 일찍부터 고리대적 방법 그밖에 악랄한 수단을 농(弄)하여 토지를 매득하고 더욱 기리(奇利)를 취할 것을 목적으로 하여 진실한 농업을 영위할 것을 전혀 의도하지 않은 부박(浮薄)한 무리도 다수 도래한 일본인 중에는 적지 않았다. 운운(云云)」 65)

물론 사태는 토지문제의 객관적 진행에만 달려 있다 할 수 없고. 여기에 토착민중의 주체적 의식의 발동 또한 병존하였음이 볼만하다. 이른바 의병운동은 바로 이의 대표자이다. 그것은 다분히 동학혁명(東學革命)의 연장운동이기도 하였으나 그 후 전반적 국면의 진전에 자극된 바 또한 컸다고 보아진다. 따라서 이론바 한국군대의 해산과 같은 것은 오히려 하나의 도화선에 불과할 뿐, 이는 외래제국주의에 대한 자각민족의 필연적 저항운동의 표시 그것이다. 우선 1907-8년의 국내신문을 뒤져보면 거의 매일같이 지방소요(地方騷擾)를 전하고 있거니와 그 가운데는 농민의 곤액(困厄)을 든 나머지 오히려 의병운동을 원망하는 언동도 엿보인다 예컨대 황성신문은 1907년 10월8일자 사설에서 「생령화액 (生靈禍厄)」이란 표제 밑에

> 「아국의 생령이 근일에 참혹한 액운에 라(羅)하여 도탄(塗炭)에 함(陷)하였도다……의도(義徒)의 환난(患難)을 피하고자 하면 외병(外兵)에게 치의(致疑)하여 분탕(焚蕩)이 화(禍)가 입지하고, 외병의 화환(禍患)을 면(免)코자 하면 의도(義徒)에게 수곤(受困)하여 문책(問責)의 환(患)이 역급(亦及)하니 가위(可謂) 진퇴유곡(進退維谷)이오 생사양관(生死兩觀)이라」

하였거니와 더욱 1908년 6월7일의 동사설(同社說)에서는 「생활계의 대곤란」 이제하(題下)에 다음과 같이 논술하고 있다. 즉

> 「오호(嗚呼)라 금일 아한민족(我韓民族)에 대하여 최가비적(最可悲吊)하여 최가공황자(最可恐慌者)는 생활계의 곤란이로되 대저 오인(吾人)의 생활명맥(生活命脈) 일칙(一則) 산풍성(産豊盛)이오, 일칙(一則) 재정융통이나 만약 농산이 결핍하고. 재정이 고갈(枯渴)하는 경우이면 즉시 생활명맥(生活命脈) 단절하는 추(秋)가 아닌가. 최근 농업계의 정황으로 언(言)하면 지방소요(地方騷擾)로 인하여 일반 인민이 안도(安堵)를 불득하고, 유리(流離) 환산(渙散)하매 병경지저(瓶罄之底)에 농량(農粮)이 사경(已罄)하고, 경작이 실시(失時)하니 래두유추

---

64) 조선농회, 1930 《조선소작의 관행(朝鮮小作の 慣行)》71
65) 조선농회, 《조선농업발달사》16

(來頭有秋)가 원무가망(原貿可望). 운운(云云)」

　우리는 기간에 농업공황의 심각상과 아울러 그것의 중첩화와 사회적 위기의 상상을 여실히 볼 수도 잇다. 그 근원이 다 같이 외래 제국주의의 소산(所産)임은 물론이다. 「화폐정리(貨幣整理)」 사업이란 바로 그것의 획기성을 가져온 큰 계기임을 확인하는 것이 당면한 우리의 목적이다.

한일합병(韓日合倂) 초기의 「인플레이션」 과 농업공황(農業恐慌)

김 준 보

목차

머리말

1910년 8월에 이르는 한반도의 정치적 위기는 드디어 이조의 왕권을 일본제국주의의 제물로 화(化)하였고, 그에 따라서 이 땅이 명실 공히 일본의 식민지로 전락하였음은 주지하는 바와 같다. 그것은 두말할 것 없이 이조봉건국권의 삭감(消感)을 뜻하는 동시에 토착민중의 외래자본에 의한 폭압적 착취를 격화시킨 계기 이외에 다른 것이 아니다. 이러한 결과는 필경 1904년의 한일협약이후 촉진된 사실이며, 더욱 따져 보면 1986년에 일본으로부터 강요된 개항으로부터 약속된 사태임에 틀림이 없다. 따라서 한일합병이란 모름지기 약소국이 나라에 있어서 역사의 필연적 운명의 과정이었을 뿐이다.

실로 일본에 의한 한반도의 무단적(武斷的) 병합(倂合)은, 즉시 토착민주의 근대적 피압(被壓)과 원시적 파탈(被奪)을 뜻하는 것이었으나, 그것은 무엇보다 「인플레이션」 과 농업공황의 타율적 강화로써 구체화 할 수밖에 없다. 일본제국주의는 이들을 통하여 본원적 수취행위를 감행할 수 있은 동시에, 자기자본에 축적방식을 자의로 꾀할 수 있는 발판을 세운 것이 분명하다. 그 가운데 독점세력은 한반도를 넘어서 대륙진출이란 원대한 정치적 포부를 실천에 옮길 수도 있게 되었거니와, 바야흐로 과잉인구(過剩人口)와 시장협애 (市場狹隘)에 허덕이고 있었던 당시의 일본재계는 때마침 노일전쟁이 가져온 심각한 불황을 맞이함에 식민지 한반도의 개발을 「인플레이션」 과 농업공황을 떠나서 생각할 수 없게 되었다. 그것이 다름 아닌 문제의 타개적(打開的) 방편(方便)이 아닐 수 없었던 것이니, 여기에 일본제국주의 배리적(背理的) 식민지경영은 일단궤도에 올라선 셈이다.

물론, 일본자본의 식민사적 한반도경영은 한일합병에 비롯된 것이 아니면, 「인플레이션」 과 농업공황을 통하여 수탈과정을 과시(誇示)한 지도 이미 오래된 사실이었다. 한전(韓錢)이 매매, 산금(産金)과 산미(産米)의 강매, 자국화폐의 한국 통용(通用), 은행권의 자의적 발생, 곡가의 조절, 농촌수공업의 제약 등 일일이 헤아릴 수 없는 것이 그들 발동(發動)의 국면이나, 동학혁명 전후부터 본격화하여 노일전쟁으로써   극점에   달한   일련의   「인플레이션」과 농업공황의 병진운동(倂進運動)은, 곧 봉건체제의 위기를 조성함에 충분하였다. 알고 보면, 동학혁명이나 의병운동 역시 이들에 주도적 근원을 두고 있었음이 역연하며1), 특별히 한말의 「화폐정리사업」 을 통한 일본화폐자본의 적극적 침투와 토착재정의 피압적(被壓的) 궁핍은 바로 한일합병을 그들과 더불어 직결시킨 동인(動因)의 대표자일 뿐이다.

그러면, 한일합병은 식민지 한반도에 「인플레이션」 과 더불어 농업공황의 조건을 어떻게 마련한 것인가? --우리는 이를 화폐적 발전과정에서부터 시작하여 물가나 미가(米價)의 제동태(諸動態)와 더불어 추찰(追察) 할 수밖에 없다. 「인플레이션」 이나 농업공황이란 두말할 것 없이 이들 국면을 통하여 제1차적 위세를 발휘하던 것이 틀림없는 까닭이다.

I. 합병직후의 「인플레이션」 기판

1. 개척적 재정· 금융 동태

「인플레이션」 을 몰고 온 근대적 화폐제도는 개항과 더불어 논의되기 시작하여 대체로 1894년의, 이른바 갑오경장의 이름 밑에 「신식화폐발행장정」 으로 본격화 하였다고 볼 수 있다. 따져 보면, 그에 앞서 1891년에 「신식화폐조례」 의 제정을 보기도 하였으나2) 이는 정식공포(正式公布)를 보지 못한 가운데 소량(약234천(千)환)3)의 한전이 주조됨에 그쳤을 뿐이다. 요는, 그 어느 것이나 그들의 공통점이 일본인이나 한국정부의 적극적 개입에 의한 개화작업의 일환이란 데 특징이 놓여 있었다. 따라서, 그들의 다 같이 일본화폐제도의 이식(利殖)이 아니라면 그와의 연결을 복선(伏線)으로 갖는 제도적 병폐(病弊)이었던 동태이다.

---

1) 졸고(拙稿) : 「개항기 외래통화와 인플레이션 기구」 ,1972 「한국사연구」 제7집
　　　　　 : 「백동화 인플레이션과 농업공황기구」 , 1975, 「사회과학논집」 제 4집
　　　　　 : 「한말 화폐정리사업과 농업공황기구」 , 1976, 「한국사연구」 제 7집
2) 통용 1냥은화를 본위(本位)화(원화)로 삼는 은(銀)본위제(本位制)이었다. 그리고 따로 5냥 은화를 주조하여 대외결제용
　 으로 쓰게 하였다.
3) 최호진: 한국화폐소사, 1974, 제 18면

그 가운데 발발된 청일전쟁과 조세금납화(租稅金納化) 조치에 뒤따른 백동화(白銅貨) 「인플레이션」이야말로 일본자본에 의하여 조장된 가운데 일본자본의 침투범위를 한반도의 토착경제(土着經濟)에 정착시킨 통로이었음에 틀림없다. 내외의 속론(俗論)은, 흔히 이조 왕실의 재정과 국고의 궁핍이 바로 백동화 「인플레이션」의 동인이었다고 하지만, 알고 보면 그것은 피상적 소견에 불과할 뿐, 그 배경에는 일본자본의 지배활동이 결정적 구실을 하였음이 뚜렷이 입증된 사실이다4).

노일전쟁 직후 이조의 정치권이 일본에 이양(移讓)되자 1905년부터 일본당국은 백동화 「인플레이션」의 수속(收束)이란 명목 밑에 이른 바「화폐조례」5)에 따른 구화(舊貨)의 정리, 일본화폐와 일본 제일은행권의 적극적 통용(通用)을 보게 하였다는 점과 이로 말미암아 토착사회(土着社會)에 심각한 전황(錢荒)을 보게 된 경위는 주지하는 바와 같다. 그 가운데 신주(新鑄)의 국내 보조화폐와 구엽전(舊葉錢), 그리고 일본화폐와 제일은행권의 혼용시대를 보기도 한 것이나 압도적으로 우세한 제일은행권은 한일합병전후에 이르기까지 바로 본위(本位)화폐로서 이땅의 유통계에 군림(君臨)하였던 존재이다.

제일은행권이 본위화폐(本位貨幣)화란 다시 말할 것도 없이, 일본제일은행의 중앙은행화를 뜻하는 동시에 금화(金貨)에 대용(代用)6)된 지폐의 무제한 강제통용(强制通用)을 의미한다. 사실, 일본의 사설은행인 제일은행은 적어도 노일전쟁 이후 1909년 11월10일에 이르러, 이른 바 「한국은행」의 독립적 설립을 보기까지 중앙은행으로서 기능이 공인(公認)되어 있었으며, 그동안 발행된 제일은행권은 그후 1910년 12월에 한국은행권의 발행을 보기 시작한 이후에 있어서도 막대한 유통을 보았고, 그것이 한국은행권으로서 간주되었던 주도적 통화이었음에 틀림이 없다. 그리고, 1911년 3월에 한국은행이 조선은행으로 개칭된 후, 「조선은행권」의 발행을 상당량 기다렸던 형편이다.

지금 1910년 말 현재로 작성된 다음의 화폐유통고(貨幣流通高) 표에서 우리는 한일합병 당시의 국내통화사정을 대체로 엿볼 수 있다. 우선 7할 이상이 제일은행권이었다는 한일합병 당시의 국내 실태(實態)임에 놀라지 않을 수 없는 정황이다.

---

4) 졸고(拙稿): 「백동화 인플레이션과 농업공황기구」, 1975 「소회과학논집」(제4집, 고려대학교 정경대학교)
5) 화폐조례는 이미 1910년 (공무 5년)에 이조에 의하여 일본화폐제도에 따라서 제정된 금보위제의 규정하였다. 즉 본위화폐는 금화이다.
6) 본위화폐로서의 금화의 주조는 1909년 11월이 「한국은행」 설립에 이르기까지 불과 145만원 정도에 그쳐 있었다.

각종 화폐유통고

(1910년말)(단위: 천원)

한말신경화	구화(엽전등)	제일은행권	일본화폐	계
6,272	976	19.522	520	27.29
22.9	3.5	71.5	1.9	100

자료: 경성상업회의소, 「조선경제년감」 1917,제103면 천원미만 절사 수자

한일합병이 되자 재빨리 구한화(舊韓貨)의 주조(鑄造)는 정지되고 일본화폐와 제일은행권, 그리고 식민지통화로서 조선은행권의 시대는 시작되었다. 그와 아울러 구한화의 회수작업도 재빨리 진행을 보게 되었던 것이다. 그것은 무론 토착인민(土着人民)의 손실(損失)위에 「인플레이션」이 조장되는 과정을 반영한다. 따라서 우선, 여기에 한일합병 후 제1차 세계대전의 종식(終熄)에 이르기까지 내외화폐의 소장(消長)관계를 숫자적으로 보면 다음과 같다. 이 또한 단적으로 팽창과정 그것일 뿐이다.7)

물론 위의 표를 조금 더 따져보면, 우리는 우선 전시 「인플레이션」이란 1915~6년 이후의 사실이란 것, 그리고 대체로 통화량의 측면에서 그 이후와 이전이 양분된다는 것, 그 가운데 있어서도 구체적으로는 한일합병직후의 약3~4년(1910-1913년)의 팽창기와 1914년의 수축기를 구분하여 볼 수 있다는 구분을 지을 수는 있다. 그러나 1915년의 일시적 통화수출을 제외하고, 전반적 확대현상은 뚜렷하며, 특히 전후의 「인플레이션」 기세는 놀랄만한 과정이다.8)

한일합병 초기 통화종목 추이

(단위: 천원)

년말	금화	보조화·소액지폐	구 한·화	조선은행권	일본은행권	계
1910	15	262	9,187	20,163	275	29,904
1911	6	3,202	7,016	25,006	310	35,543
1912	3	4,391	5,590	25,550	141	35,677
1913	4	4,322	4,168	25,693	119	34,307
1914	5	4,844	3,179	21,850	106	2,929,986
1915	6	5,361	2,720	34,687	88	42,565
1916	5	5,352	2,524	46,627	132	54,641
1917	3	5,848	2,502	66,910	366	69,631
1918	3	8,247	5,384	93,175	160	104,987

자료: 「한국총독부 통계년보, 1921년도」

---

8) 참고로 1919년 말의 통화량은 134,603천원으로서 일시적 극점을 이루었다.

통화량의 위와 같은 추이는 당연히 물가면에 반영될 것이나, 이점을 우리는 다음표에 어느 정도 구체화하였다고 볼 수 있다. 이 표는, 곧 국내물가의 앙등률(昻騰率)이 조선은행권의 발생속도에는 크게 따르지 못하였다는 국면의 시사이며, 거기에 당연히 「인플레이션」하(下) 토착생산자의 피압적 과정이 추상되기도 하는 것이나, 이 점을 우리는 다음에서 조금 더 살펴보아야만 한다. 내용은 물적(物的) 생산면(生産面)과 아울러 보아야 하기 때문이다.

한일합병초기 물가와 통화량

년차	물가지수	통화량지수	조선 은행권 지수
1910	102.86	100	100
1911	111.66	118.8	124
1912	118.88	119.3	126.7
1913	118.98	114.7	127.4
1914	110.38	100.2	108.3
1915	108.52	142.3	170.5
1916	139.43	182.7	231.2
1917	172.76	232.8	331.8
1918	235.06	351	462.1

자료: 물가지수는 조선은행조사에 의한 것 (조선농회, 조선농업발달사, 발달편, 1944년, 부록에 의함) 통화량과
　　　조선은행권의 지수는 전계표에 의함.

그러면, 우선 위와 같은 「인플레이션」적 경기변동의 주도적 지배요인, 다시 말하면 한일합병 초기의 통화량과 물가를 위와 같이 진행시킨 기본적 동인(動因)은 조금 더 따져 보아서 무엇인가?

문제를 화폐적 측면에 다시 집약하여 볼 때, 결과는 단적으로 촉진된 조선은행의 권발행(券發行) 동인(動因)을 구체적으로 봄에 놓여 있다. 즉, 위의 표에 비추어 한일합병 직후의 3년간에 2할7분의 수준까지 증발(增發)을 보이었던 조선은행권이 제1차 세계대전 발발당년인 1914년에 일시적 수축기를 거쳐서, 그 후 급진적 증세를 보인 기동적(起動的) 조건이 무엇이냐 하는 것이다. 그것은 결국 우리들로 하여금 반제운동의 진압·개척적 침략단계를 특징화한 원시적(原始的) 축적과 전시경기 내지는 비상적(非常的) 「인플레이션」 과정을 좀더 분석적으로 따져 보게 하는 것이라 할 수 있다. 사실 그 간에 우리는 적어도 제1차 세계대전이 가져온 식민지 「인플레이션」의 특징적 양태와 더불어 그에 병행된 토착경제(土着經濟)의 피압적(被壓的) 불황의 국면을 조금 더 구체적으로 밝혀 볼 수 있을 것이 기대되는 전망이다.

첫째로, 우리의 주목을 끄는 것은 한일합병 직후의 화폐팽창이 당장 일본인 민간자본의 도입에 힘을 입고 있지 않다는 점이라 할 수 있다. 「인플레이션」 과정의 중추를 이룬 것은 곧 식민지 이 땅의 초기적 진압과 개척을 위한 정초공작비(定礎工作費) 로서의 「지원적」 재정지출 그것이다. 따라서

그 가운데는 철도·통신실 설비와 같은 간접자본의 투입도 있거니와 군사비를 비롯한 직접적
통치행정비(統治行政費)라는 것이 주도적 구실을 하였다고 보아서 틀림이 없다. 이 점은 바로
다음표에서 보는 바와 같이 명목상 일본정부의 통치지원비(統治支援費)라는 것이 1910년 이후
점감(漸減)상태에 있는 데 대응하여 「조선 내 통치비」가 팽창하는 이면(裏面)에서 능히 엿볼 수
있게 된다. 뿐만 아니라, 재정지출 일반이 결코 물적 생산을 따르지 않는 단순한 소비적 지출이란
점에 있어서 이들이 가져온 「인플레이션」의 위압(威壓)은 처음부터 컸던 것이 분명한 국면이다.
다만, 일본정부의 직접 「지원자금」이 전적으로 조선은행권의 증발(增發)로만 나타났다고 볼 수는
없다. 물량의 지원도 포함되어 있었을 것이며, 그 밖에 화폐를 이용한 지원방식도 생각할 수 있기
때문이다.

한일합병 직후의 재정지변(財政支辨) 규모

(단위: 천원)

년 구분	1910	1911	1912	1913	비고
일본지원	25,836	22,002	21,334	18,233	
	2,885	12,350	10,000	9,000	괄호내는 일본보총비 (결산액)
조선지출	18,257	46,172	51,781	53,454	
계	41,209	55,824	63,115	62,687	
지수	100	135.4	153.1	152,1	

자료: 「조선경제년감」(전게(前揭)), 132-133, 제415면 단 1910년도의 「조선지출」은 동년 10월1일 이후 분에
　　한함

　지금 한일합병 전후 수개 년의 재정지출을 항목별로 본다 할 때, 식민지 진압 개척기의 특징은
좀 더 구체화한다. 우선, 다음표에서 합병이 가져온 경찰비의 팽대(膨大)는 무엇보다 뚜렷하고, 일반
행정비나 과업비의 증가 내용 역시 볼만 하다. 통치기관의 유지비 이외에 식민지 기초공작비로소의
토지조사비, 토목·교통·통신실 설비 등이 주가 되어 있고, 산업비나 교육비, 그 밖의 복지적 지출이란
보잘 것이 없었던 실태이다(다음표 참조).
　더욱 재정규모의 배증상황(倍增狀況)에 병행하여 국채발행액의 증세 또한 볼만하다. 이는 한일합병
전후부터 꾸준한 추이이며, 「인플레이션」의 단적인 표징(表徵)일 뿐이다.
　물론, 합병당초의 통화팽창은 재정 면에서 뿐만 아니라, 금융 면에서 또한 구체적 요인이 찾아
진다. 매년의 대출규모 역시 재정지출에 필적(匹敵)한 내용이다. 그 가운데 일본인의 개척의 활동이
큰 구실은 하였음은 다시 말할 것도 없거니와, 우선 조선(한국)은행이나 그밖에 각종은행, 금융조합
및 동양척식회사의 금융부를 통한 행정자금이나 민간기업 및 개인에게 융자된 실적개황을
한일합병직후의 수년에 걸쳐서 보면 다음과 같다. 이 역시 재정규모에 준한 팽창과정의 표시이나,

다만 1914~5년의 불황기에 다소의 정체상(停滯相)을 보일 따름이다.

한일합병전후 주요 지출 항목 비교

년 항목	1908 금액	%	1909 금액	%	1911 금액	%	1914 금액	%
경찰비	1,955	8.5	2,181	7.5	6,550	13.4	6,716	11.3
토목비	2,072	8.5	1,929	6.6	13,326	27.3	4,291	7.2
관업비	10,853	46.5	13,177	45.1	10,068	20.7	22,683	38.2
산업비	1,186	5.1	1,320	4.5	2,439	5.1	2,778	4.7
국채비	2,071	8.9	4,322	14.8	1,733	3.5	5,222	8.8
교육비	383	1.6	628	2.1	825	1.7	1,237	2.1
행정비	4,833	20.5	5,617	19.4	13.77	28.3	16,505	27.7
계	23,353	100	29,288	100	48,711	100	59,421	100

자료: 조선총독부, 「조선금융사항참고서」,1925년분 및 「시정년보」, 1940, 단 「행정비」는 기타항목을 포함한
　　것이고, 합병전 「관업비」란 「재무비」의 명목인 것.

한일합병 직후 국채발행액

(단위: 천원)

년말	금액	지수
1910	21,175	100
1911	31,175	147.2
1912	46,011	217.2
1913	56,546	267

자료: 조선총독부, 「조선금융사항참고서」,(전게(前揭)) 제206면

한일합병 직후 주요금융대출 총액

(단위: 천원)

년차	정부대출	농공척식자금	제대출금	계 금액	지수
1910	10,329	1,467	24,826	36,622	100
1911	4,594	3,419	30,253	38,266	104.4
1912	10,094	4,830	42,601	57,525	157
1913	7,500	8,667	45,512	61,689	168.4
1914	7,500	11,748	43,268	62,516	170
1915	7,500	12,197	43,092	62,787	171.4

자료: 동상 「조선경제년감」 제48혈

　　물론, 초기의 진압개척기(鎭壓開拓期)라 하지만, 금융대출을 통하여 특히 주목되는 현상은 장기적
산업(농공·척식)투자에 비하여 단기대출이 압도적인 점이라 할 수 있다. 이 또한 가중적(加重的)으로,

통화(通貨)의 팽창속도를 늘려서 「인플레이션」을 촉진시키는 일면의 조건이다.

그러나, 통화의 유통속도를 좀 더 여실히 나타낸다고 보아지는 지표는 다음의 어음 교환고(交換高)라 할 수 있다. 이는 실로 놀랄 만큼 급격한 증세이었으나, 다만 1914~5년의 일시적 불황은 감출 수 없었던 동태일 뿐이다.

한일합병 직후 교환고(交換高)

(단위: 천원)

년차	매수	금액	지수(금액)
1910	59,416	20,489	100
1911	247,924	72,555	354.1
1912	331,939	98,400	480.6
1913	7,426	101,280	494.3
1914	434,198	490,833	443.3
1915	468,655	98,634	481.3

자료: 동상「조선경제년감」,제116혈

그러면, 재정지원에 병행된 일본인의 금융적 우위도는 어느 정도의 것이었던가?

문제의 적확(適確)한 평가는 단순하지 않고, 대출금만을 보더라도 년 중시기에 따라서 또는 년차적으로 구구한 실태이나 국인별(國人別)로 본 은행융자 개황과 같은 것은 저간(這間)의 사정을 알려준다. 인구비율 이에 곁들어 볼 때, 더욱 여실한 내용이다.

각 은행 대출금 국인별(國人別) 개황(槪況) (1911년)

	상반기말		하반기말	
	금액	%	금액	%
한인	6,599	28.2	9,297	30.3
일인	16,213	69.2	21,101	68.7
외인	622	2.6	292	1
계	23,434	100	30,690	100

자료: 조선총독부 통계년보, 1911년도, 제25표

물론, 문제의 동향을 금융면에 국한하여 본다면, 절대다수의 한인이 극소수의 일본인에 비하여 반에 미달한 은행신용의 대상이었다는 데 수긍할만한 이유는 없지 않다. 토착경제(土着經濟)의 상대적 침체상과 피압적(被壓的) 낙후성이 바로 그 점이다. 위의 표는 때마침 1911년의 계수에 불과하며, 실상은 더욱 그 후의 진행을 보아야 하겠으나, 결론에 차이는 있지 않다. 실태는 더욱 위의 우열도(優劣度)를 심각하여 나아갔던 경위이며, 실로 토착한인의 희생 밑에 일본인으로 하여금 「인플레이션」의 이득을 얻게 하는 동태일 뿐이다.

그 가운데 지금 시험 삼아서 조선은행권의 발행동태를 전후기별로나 월별로 좀 더 자세히 살펴보면, 우리를 다음표에서 보는 바와 같이 대체로 후기에 비하여 전기, 춘하기에 비하여 추동기의 발행총액이 높은 수준을 나타내고 있다는 사실이 주목된다. 이점, 필경 계절적 지배요인의 개입을 시사하거니와, 내용은 요약컨대 토착농민이 추곡(秋穀)이나 면화(棉花)의 방출을 꾀하는데 대응하여 상인자본의 발호(跋扈), 즉 화폐거래의 왕성화(旺盛化)를 가져온 사실의 반영이다. 사실, 우리는 여기에 토착경제(土着經濟)를 위협하는 「인플레이션」의 일대(一大) 동인(動因)이 놓여 있는 동시에 농업공황의 심각한 발전적 계기를 발견한다. 두말할 것 없이 추곡이나 면화의 식민지적 거래의 확장은 모름지기 토착농민의 곤박판매(困迫販賣)를 전제로 한 불등가교환(不等價交換)의 소산 이외에 다른 것이 아닌 까닭이다.

조선은행권 전후기별 발행고 (총액)

1910		1911		1912		1913	
전	후	전	후	전	후	전	후
21,069	26,623	37,028	40,597	45,766	43,891	33,930	45,076

자료: 전게(前揭), 「조선경제년감」, 제64~65면

동상 4분기별 발행고 (평균)

(단위: 천원)

년말	1-3월	4-6월	7-9월	10-12월
1910	13,388	13,213	14,768	19,004
1911	16,913	21,501	24,193	25,619
1912	25,530	23,802	26,252	26,446
1912	21,564	21,564	19,835	23,847

자료: 「조선총독부 통계년보」, 1921년도

2. 일본상업자본의 활동기구

한일합병 후의 피압적 「인플레이션」은 위와 같이 타율적 재정·금융의 지배활동을 통하여 전개된 사실이지만, 물가를 비롯한 경기의 단기적 기능은 주로 일본의 상업자본을 비롯한 내외 각종자본의 충격(衝擊)임에 틀림이 없다. 위에서 본 통화량의 계절적 변동 역시 우선 일본인 무역업자를 통한 교역활동에 중추적 동인이 주어져 있을 뿐이다.

사실, 개항 후 미곡을 비롯한 농산물의 수출로 인한 토착경제(土着經濟)의 화폐화과정은 뚜렷한 것이며, 또한 그를 담당한 일본무역상의 곡가조절, 따라서 미가(米價)에 의한 토착경제(土着經濟)의 지배력은 막강한 것이 아닐 수 없었다. 하물며 합병이 되고 보니, 이러한 기구적 운운이 철저하리라는 것은 지금 「인플레이션」과 농업공황을 묻는 우리의 입장에 있어서 제1차적으로 지목할만한 조건 그것이다.

지금 참고삼아 한일합병 직후의 무역규모가 어떻게 되어 갔으며, 그것을 주도한 미곡수출의 양적 기복이 또한 어떠하였던가를 계수적(計數的)으로 살펴보자. 그 양상이 어떻든 간에 문제는 그것의 운동을 지배한 세력적 배경과 인과를 추구하는 데 놓여 있을 뿐이다.

한일합병 직후 무역

(단위: 천원)

년차	총수입액		총수출액		무역총액		미곡수술액	
	금액	지수	금액	지수	금액	지수	금액	지수
1910	39,782	100	19,913	100	59,695	100	6,279	100
							(770)	
1911	54,087	135.9	18,856	94.6	72,944	122.1	5,284	94.1
							(567)	
1912	67,115	168.7	20,985	105.3	88,101	147.5	(7,525)	120
							(1,198)	
1913	71.58	179.9	30,878	155	102,459	171.6	14,494	231
							(1,967)	

자료: 「조선총독부 통계년보」, 1921년도, 단, 「미곡수출액」 가운데 괄호 내의 숫자는 미곡수출수량(천석 단위)을 가리킴

구태여 동태를 따져보면, 상품의 수입액이 아직 그것의 수출액을 넘고 있다는 것, 따라서 식민지 한반도의 일본상품에 의한 시장화 과정이 짙다는 것, 그러나 그러한 역조나마 총수출액의 약3분의1을 차지하는 미곡으로써 대처(對處)하고 있다는 것, 여기에 종주국(宗主國)과 식민지의 교역상이 특징적으로 표현되어 있음이 역연(歷然)하다. 더욱, 이들이 초기적 개척기의 교역조건을 이 땅에 불리한 방향으로 가담(加擔)하리라는 것은 분명한 사실이다.

물론, 교역의 역조를 막기 위하여 한편 한반도로부터 금은지금(金銀地金)의 수출초과가 꾸준히 진행되었다는 내막을 우리는 간과할 수 없다. 그도 후자의 불등가적교역 (不等價的交易)은 뚜렷한 것이다, 다만 그가 미치는 심각도(深刻度)에 있어서 미곡에 비하여 상대적으로 제한되어 있음을 볼 뿐이다.

금은화·금은지금 수출입관계

(단위: 천원)

년차	수출액	수입액	수출초과
1910	9,199	1,876	7,323
1911	12,857	4,739	8,116
1912	10,124	1,427	8,625
1913	10,944	202	10,742

자료: 전게(前揭)(前揭), 「조선총독부 통계년보」

　모름지기 이 땅의 미곡(米穀)에 있어서 수출대상지가 전적으로 일본이란 것, 따라서 일본 내 곡가에 의하여 미가(米價)의 변동이 크게 좌우되었던 경위를 우리는 주목하지 않을 수 없다. 사실, 위의 표에서도 본 바와 같이, 1911년의 미곡수출이 일시 정돈된 사례 역시 알고 보면, 주로 일본의 미곡 개세인상(開稅引上)에 기인한 동태이다. 즉, 일본정부는 동년에 일본미가의 폭락을 막기 위하여 외미(外米)의 수입세를 백근(百斤)당 0.64원에서 100원으로 인상하였다. 그럼으로써 석(石)당 약 2원28전의 수입자부담을 요구하게 된 것이 위의 결과를 가져온[9] 주인(主因)이다. 이와 아울러 일본정부는 동년 8월부터 조선미 및 대만미에 대하여 일본 투기시장(미곡청산거래소)에서의 일본미 대용물로 상장시킬 수 있는 길은 터놓게 된 후 식민지 미곡의 대일수출은 투기적으로 추진된 것이 분명하다. 아니나 다를까, 이른바 조선미는 한때 지배적 상장미로서 일본시장을 주름잡았던 정도이다.

　우리는 교역면의 위와 같은 확대를 통하여 식민지경제의 예속성(隸屬性)을 새삼 실감하는 것이나, 알고 보면 1914년의 국내통화수축이나 1914~15년의 물가 면이나 미가 면에서 보여준 일시적 불황 역시 일본의 경기심체에 직결된 사실임이 명백하다. 즉, 노일전쟁(1904년)후 일어난 일본공황이 1910~13에 일단 회복기에 들어섬에 따라서, 그동안 내외 미가의 폭등(석당20원수준)을 보기도 하였으나, 1914년에 이르러 다시 후퇴하여 물가와 미가의 급락을 보게 된 것이 저간(這間)의 실황이다. 그리하여 후자의 침체과정을 좀 더 보면, 무엇보다 1914년의 일본은행 물가지수(1900년 기준)는 전년(1913년)의 132.32에서 126.31로 크게 하락한 것이 눈에 띄며, 미가 또한 15원 수준으로 격락세(激落勢)를 보인 것이 사실이다. 그에 따라서 「조선미」의 일본 내(오사카(大阪)시장) 평균가격은 13원 수준이 되었고, 미곡의 대일수출량 또한 감퇴를 불가피하였으며, 국내미가 또한 이에 따랐다. 즉, 전년의 현미 석(石)당(상품(上品))16.05원 평균에서 11원68전이란 기록적인 하락을 보였던 정도이다. 따라서 한일합병후 일본 내의 불황은 이후 즉각적으로 한반도에 전가(轉嫁)하는 과정을 밟게 된 것이니, 특히 이곳의 미가는 실로 일본미와의 격차를 넘는 격락(激落)을 가져왔음이 주목된다. 나중의 표에서 보는 바와 같이, 이미 1914년에 있어서 정조가격(正租價格)만 보더라도

---

9) 조선미에 대한 이 관세는 1913년 7월에 폐지되었다.

국내외에 전례 없이 저조하여 실로 전년도 4원20전의 6할8분을 기록하였을 뿐이다.

물론, 공황적 국면은 미곡의 대일수출에 한정된다 할 수 없고, 수입면이나 그 밖에 국내 상역(商易)을 통한 일본자본의 활동에서 또한 조건이 지목된다. 구태여 경기의 기복(起伏)만을 들어 본다면, 그 추세는 전후표로써 대체로 파악되는 바와 같이 1914~15년의 저조(低潮)는 공통적인 과정이다.

그러나, 우리는 수입의 감퇴, 통화량의 수축, 물가·미가의 저락이 일본인 상업자본에 관한 한, 반드시 공황을 뜻하는 것으로 속단할 수 없다. 따져 보면, 수입의 일시적 불조(不調)에도 불구하고, 수출은 계속 신장을 보이었으며, 그 밖에 그들 일본인의 상업활동에 관한 한, 교역조건의 불리(不利)란 거의 예상할 수 없었던 환경이었음이 분명한 까닭이다. 즉, 그들 거래란 반드시 정상적 교환경제를 뜻하는 것이 아니며, 독점적 상행위는 아울러 토착인민에 대한 폭력적 위압, 불등가적(不等價的) 매매의 강요, 고리대적(高利貸的) 수취는 자행(恣行)되었다. 스스로 지주로서 소작료의 고율화 책동, 조세 공과(公課)의 부담전가 (負擔轉嫁) 등 불황을 전가시키고, 자기의 손실을 모면한 길은 얼마든지 열려 있었던 것이 그들 입장이었을 뿐이다. 이 점은 무엇보다 문제의 불황기(1914~5년)에 있어서도 일본인의 설립 회사 수는 한국인 설립의 정체상태에 대비하여 증가일로를 진행, 그 가운데 특히 사업적 회사의 설립은 제 1~2차 산업 그것에 비하여 매우 큰 비율로 증설된 사실을 보여 주고 있다. 따라서 투자액 역시 같은 경향을 보여 주었던 것이 숨김없는 당시의 실태이다.

한일합병 직후 국인별 사회추이

년말	한인		일인		합동		계	
	수	불입(拂込)자금	수	불입(拂込)자금	수	불입(拂込)자금	수	불입(拂込)자금
1911	27	2,724	109	5,063	10	8,104	152	15,909
1912	34	4,448	117	6,047	20	18,780	171	29,275
1913	39	4,906	132	7,046	23	21,792	194	33,744
1914	39	5,134	142	8,379	30	25,001	211	38,514
1915	39	5,006	147	8,806	30	25,375	216	39,247

자료: 전게(前揭), 「조선경제년감」, 제135면, 「합동」 에는 1913년 이후 일본인과 외국인의 합동회사가 1개씩 포함되어 있음, 본점이 외지에 있는 것은 제외함. 단, 외국에 본점을 둔 회사의 진출 역시 1910년의 27개에서 계속 등가하여 1915년에는 50개에 달하였다.

더구나 사회의 설립이 한일합병 초(初) 1910년부터 허가제로 규제되어 있었던 형편에 비추어 토착민족자본의 활동제약은 이중적이라 할 수 밖에 없다. 토지겸병(土地兼併)의 규제 역시 그 배경을 알고 보면, 거대자본의 일방적 활동조장(活動助長)을 위한 토착민족지주의 제약이 시도되었던 복안(腹案)이다. 따라서 형식적 사회의 수나 자본액의 다과(多寡)에도 불구하고, 실질적으로 일본인자본의 지배력은 압도적이었으며, 특히 한일인 합동회사란, 곧 일본인자본의 편익적(便益的)

경영방식을 표현함에 불과하다. 이리하여 불황의 문제란 적어도 식민지 이 땅의 경제주체에 관한 한, 필경 토착민족적이란 것이 더욱이 명기되는 시대적 명제이다.

한일합병 직후 업종별 회사 수 추이

년말	농림업	상업	공업	수산	광업	금융	운수	전기	기타	계
1911	11	60	27	1	1	10	19	7	1	152
1912	14	71	33	1	2	21	19	9	1	171
1913	16	83	37	1	3	23	19	11	1	194
1914	21	88	32	2	3	23	21	11	10	211
1915	21	86	32	2	3	23	25	11	10	216

자료: 동상,동면, 본 표 회사 수는 국내설립분에 한함

국인별(國人別) 업종별(業種別) 회사 수(1913년말)

	농림업	공업	상업	임업	광업	척식	금융	운수	전기	계
한인	1	8	17				11	2	3	39
일인	12	25	61	2	1		8	14	8	132
한·일인	1	4	5	1		1	4	3		22
미·일인						1				1
계	14	37	83	3	2	1	23	19	11	194

자료:「조선총독부 통계년보」(단,국내본점의 회사)

그 밖에 한일합병직후의 회사령(會社令)과 더불어 쌍벽을 이루고 있는 개세정책 (開稅政策)을 본다 하더라도 그 역시 일본상업자본의 배타적 세력을 꺾는 것은 물론 아니었다. 당국은, 곧 향후 10년 동안 구한국시대의 세율을 그대로 내외에 적용한다고 공표함으로써 외국자본이나 외국상품에 대하여 구태여 장벽을 쌓지는 아니하였지만, 그동안 일본상품의 수입에 대한 수입세 면제의 범위를 점차 확대한 것이 틀림이 없다[10]. 따라서 그 후의 실적이 입증한 바 그대로 이러한 관세거치책(關稅据置策)은 다만 제외국에 의한 한일합병의 수난을 무마함에 필요한 조치로서 구실하였을 뿐, 일본자본의 개척적(開拓的) 활동에 아무런 지장을 준 바 없었다. 오히려 그들의 적극적 침투에 대하여 대외적 구실을 제공함에 그쳤을 뿐이다.

물론, 식민지에 군림한 상업자본으로서의 화폐경제적 기능은 회사조직 이외에 개인이나 동업조합(同業組合)으로서 발휘된바 또한 결코 적지 많다. 특히, 일본인 동업조합이나 상공회의소의 시장조절력은 막강한 것이어서 토착 경제권을 좌우하였던 것이 처음부터 주어진 실태이었다. 따라서

---

10) 자세히는 한국 관세협회; 「한국관세사」, 1969,제 129면 이후 참조

수적으로 보면, 1913년말의 한일인별(韓日人別) 동업조합 가운데 한인조합이 18개, 일인조합이 64개, 한일인합동(韓日人合同)이 7개의 분포를 보였으며, 조합원수는 한인 17,874, 일인 1,831, 그리고 한·일합동조합원이 207명으로 되어있으나 그것은 물론 실체를 말해 주고 있지 많다. 무엇보다 무역을 비롯하여 석탄, 철물, 포목(布木), 시계, 정미, 양조, 주류상(酒類商), 연초제조 등 비교적 근대성을 띠고 있는 상거래에 관한 조합은 그나마 일본상인의 독점이 되어 있었고, 미곡 상의 예를 보더라도 동년말에 한인의 동업조합은 불과 1개로서 조합원수 230인데 대하여 일본인의 조합 수는 6개이며, 조합원수 297(기타, 한일인 합동조합이 1개소, 조합원수26인)의 분포상황이었던 예이다.

상업자본이외에 산업자본이나 토지자본 역시 한일합병후의 식민지전개에 독립적 구실을 담당한 것이 분명하다. 「인플레이션」과 농업공황의 문제에 관한 한, 그들은 항상 상업자본과의 동반자이었다. 그중 당시를 대표한 일본인 대지주가 소작조건을 통하여 예하(隷下)농민에게 「인플레이션」이나 공황을 전가시킨 독특한 기능은 특별히 간과할 수 없는 우리의 당면과제이다.

3. 전시경기와 「인플레이션」

1914년에 발발한 제1차세계대전은 일본경기의 회복과 일본자본의 한반도진출에 하나의 획기적 계기를 마련하였다. 그와 아울러 전시 「인플레이션」의 앙진(昂進)을 보게 되었음은 필연적 사태이나. 그것은 결코 부분적 상품의 가격등귀(價格騰貴)를 가져온 제한된 물가고(物價高)가 아니다. 화폐경제의 급격한 확대를 통한 성장과정의 표현이었다는 것, 일본인의 토지투자와 침투력(浸透力)을 강화한 반면에, 토착경제(土着經濟)의 피압적 시장화를 촉진한 점에서 특기할 만하다. 여기에 식민경제의 대일뉴대(對日紐大)는 한층 조여진 가운데 일본제국주의는 획기적 실력을 갖추게 된 것이 그간의 실태이다.

첫째로, 제1차 세계대전이 발발되자 전쟁경기의 전망은 그 익년(1915)부터 당장 일본을 휩쓴 공황에 대하여 회복의 승세(乘勢) 돋구어 주었다. 우선 통화량의 팽창은 놀랄 만큼 템포를 높여서 전표(前表)에서 본 바와 같이 1914년에 3천만원미만 수준이던 것이 1915년에는 4천2백여만원으로 급등하였고, 그 후 종전기(終戰期)까지는 억대에 육박하였으니 일반물가의 상승경향 또한 배증(倍增)의 징조를 보인 것이 사실이다. 다만 내외미가(米價)에 관한 한, 전후년(戰後年)에 이르기까지, 일본은 풍작과 더불어 오히려 하락을 보이었고, 국내미가 또한 이에 추종(追從)하였음이 주목된다. 따라서 「쉐레」 현상의 격화를 보게 되었음은 필연적 과정이다.

합병 후 한일간 물가 미가 추이

년차	물가		일	미가		한(정조)	일(대판)
	한			한(현미)			
1910	102.86		100	9.35			13.03
1911	111.66		124.7	12.47			16.71
1912	118.83		132.07	15.66			19.85
1913	118.98		132.32	16.05			18.91
1914	110.38		126.31	11.68		4.2	15.02
1915	108.52		127.76	9.56		2.85	13.21
1916	129.43		125.57	11.56		3.35	14.22
1917	172.76		194.5	16.68		4.67	19.83
1918	235.06		254.77	26.32		7.5	31.23

자료: 한국물가지수 1910년7월을 100으로 한 것. 미가 현미상품은 석당 가격, 정조는 100근당
가격(조선농업: 「조선농업발달사, 발달편, 1944년, 부록」에 의함). 일본물가지수는 1910년10월기준의
일본은행조사에 의한 것, 미가는 대판당도정미시다의 현미 평균석당가격(중태변차량: 일본미가변동사, 1933년에
의함.

그러나, 전쟁 「인플레이션」의 앙진(昂進)에 힘입어 그 후 내외미가(內外米價) 역시 점차로 회복세를
보이기 시작하였다, 그리하여 경기의 징후(徵候)는 이 방면에서도 볼 수 있었던 것이 틀림 없는
사실이다. 이것은 한걸음 넘어서 식량위기를 자아낸 것이 종전기(終戰期)의 사태이다. 즉, 우선
일본미가는 1916년을 고비로 계속 상승의 템포를 높이어서 1917년에 이르자 평균 미가는 석당10원대에
이르렀고, 특히 동년 7월의 기미(期米)는 폭등하여 선한 24원을 넘어섰다. 1918년에 그것은 30원을
넘게 됨으로써 비명(悲鳴)은 도시의 각처에 듣게 되었다. 그리하여 동년 8월에는 유명한
「미소동(米騷動)」을 일본전국적으로 일게 하였음은 주지하는 역사이다. 이에 뒤따라서 국내의
시장미가 또한 치솟기 시작하였으니 그 동태는 전게(前揭)한 바와 같다. 이것이 일본인 토지투자를
더욱 촉구하였음은 말할 것도 없거니와, 토착대중의 식량난을 격성한 동인이 있었음은 뚜렷한 국면이다.

전시무역규모·농산물 수출상

(단위: 천원)

년차	총수출		총수입		농산물수출		미수출		
	금액	지수	금액	지수	금액	지수	금액	지수	수량
1914	34,388	100	63,231	100	24,295	100	17,099	100	1,322천석
1915	49,492	143.9	59,199	93.6	26,410	108.7	24,519	143.3	2,498
1916	56,801	165.1	74,456	117.7	35,379	145.6	19,357	113.2	1,652
1917	83,775	243.6	102,889	162.7	52,488	216	27,416	160.3	1,638
1918	154,189	448.3	158,309	250	93,105	383.2	61,542	359.9	2,250

자료: 「조선총독부 통계년보」 조선농회, 조선농업발달사, 발달편. 부록(단 미곡은 현미)

물론, 전시경기에 따른 물가나 미가의 앙등(昂騰)은 무역면에 즉각 반영되어 일본의 국제수지는 크게 개선되었고, 한반도의 무역규모 또한 신장(伸長)의 템포를 높이 하였다. 특히, 수출의 증세는 볼만한 것이어서 제1차 세계대전의 발발전 (1914년)을 기준으로 할 때, 전쟁종말의 1918년의 수출액 등가는 무려 4.48배에 달했고, 수입액 또[11]한 2.5배를 기록하였던 형편이다(무역규모표 참조). 그 가운데 수출상품의 대중인 미곡, 역시 그 수량에 있어서 1.7배여, 금액에 있어서 3.6배로서 농산물 수출 비중을 리드하였다. 이 또한 일본이 토지투기열과 아울러 토착농업생산에 박차를 가하는 동인이 되었음은 물론이다.

총체적으로 제1차 세계대전이 일본의 공업화 진전을 가져오는 도시에 식민지한반도에 일본국민의 식량과 공업원료의 확보를 요구한바 컸다는 것, 특히 전쟁후반기에 일어나 일본미가의 폭등이 이 땅의 식량작물생산에 관권적(官權的) 지배력을 동원한 경위는 볼만하다. 그것이, 농산물 수출증세와 표리적(表裏的) 관계를 형성한 배경인 것이며, 사태는 필경 토착생산농민의 고한을 자아내는 결과로 돌아갔던 것이나, 이에 발맞추어 수리시설과 같은 토지(토지개량)자본이 「인플레이션」 과 농민부담의 조건하에 성행(盛行)을 보게 된 사실은 각별하다. 그 가운데 실로 지배적 대자본에 의한 수탈적 토지겸병이 자행되기도 하였던 역사이다.

사실, 제1차 세계대전에의 참전으로 의한 외화수입의 증대는 일본 독점자본의 축적력(蓄積力)을 재빨리 성장시킴으로써 한반도에 불의의 기업열(企業熱)을 일으켰다. 그것은 현지자본의 독자적 기구를 보았을 뿐 아니라, 일본 내 산업회사의 한반도 도입을 촉진케 한 것이 이때부터이다. 지금 구태여 한일합병직후와 제1차 세계대전의 시종(始終)년에 보여준 회사설립 상황을 비교해 보면 다음과 같다. ---이는 오직 일본자본축적의 왕성화(旺盛化)를 반영하는 지표 이외에 다른 것이 아니다.

---

11) 「보충비는」 1917년으로 일단 중료를 오이었다.

전시 사회설립 추이

(단위: 천원)

년말	설립	합명		합자		주식		총계	
		사	자본금	사	자본금	사	자본금	사	자본금
1911	한인	3	22	5	190	19	2,520	27	2,741
	일인	14	825	37	968	58	3,269	109	5,062
	합동	1	5	7	100	8	7,998	16	8,103
	계	18	852	43	1,958	85	1,716	152	15,906
1914	한인	6	148	10	320	23	4,665	39	5,133
	일인	21	636	51	1,798	70	5,943	142	8,379
	합동			5	146	25	24,854	30	25,000
	계	27	784	66	2,264	118	35,462	211	38,512
1918	한인	3	454	8	361	28	6,500	39	7,315
	일인	27	1,697	62	2,083	119	50,881	208	54,661
	합동			2	60	17	7,831	19	7,891
	계	30	2,151	72	2,504	164	65,212	266	69,867

자료:「조선총독부 통계년보」(1921년도,) 단, 「자본금」 은 불입(拂込)분을 표시함

　물론, 전시경기의 양상은 생산면이다 교역면에서 뿐만 아니라, 재정면이나 금융면의 진전에서 더욱 뚜렷하다. 그도, 정치성의 개입도는 후자에 있어서 한층 높아지기 마련이다. 이른바 「재정독립계획(財政獨立計劃)」 에 따라서 일본의 직접지원(보충금)이 축감(逐減)[12]됨에 대비하여 세수의 증대를 꾀한 바 있었다함은 그러한 반증에 불과하다. 전시하(戰時下) 그 밖에 세입·세출의 내용이나 금융지원의 방향을 따져보면, 세력적 작위성은 큰 것이 이들 국면의 양상이다. 이를테면, 전시중의 조세수입을 본다 하더라도 다음표에서와 같이 「인플레이션」 의 제어에 직결되어 있는 직접세의 증수(增收)는 거의 없는데 반하여 그와 역행적인 간접세의 증수(增收)가 뚜렷함을 볼 수 있다. 특히, 미가의 앙등(昂騰)에도 불구하고, 지세는 별로 올라가지 않은데 대하여 관세를 비롯한 주세(酒稅)나 연초세(煙草稅)의 상대적 급등을 보았던 까닭이다.

　그 밖에 전시 중 재정규모의 전반적 팽창은 우리에게 발상되는 바와 같거니와 그것이 거의 전적으로「인플레이션」 을 뜻한다는 것은 고사하고 군사비와 더불어 국채발행의 증세 또한 볼만하다 (다음표 참표). 일견, 그동안 세출이 세입에 미급(未及)한 긴축재정인 것 같기도 하나. 적자재정임에는 틀림이 없다. 사실 일본정부예산의 이른바 조선재정에 대한 「직접지원비」 가운데 일반행정 보충비는 축감(逐減)되었지만, 그 주축을 이루는 군사비는 전시 중 증가를 보였다는 것, 그리고 미년도말 구채 잔액은 세입총액을 넘는 수준이었다는 것이 볼만한 동태이다.

---

12) [보충비]는 1917년으로 일단 수료를 보이었다.

전전·전시 조세수입 상황

(단위: 천원)

년 세목	1911 금액	%	1914 금액	%	1917 금액	%
소득세					404	1.8
호(戶)세	699	5.6	781	4.6	815	3.6
지(地)세	6,648	53.4	10,100	60.5	10,255	48.1
광(鑛)세	190	1.5	36.5	2.2	849	3.7
주(酒)세	260	2.1	477	2.9	1,472	6.5
연초(煙草)세	292	2.4	740	4.6	1,208	5.3
관세	4,061	32.7	3,893	23.3	7,295	32.2
기타	291	2.3	329	1.9	411	1.8
계	12,441	100	26,683	100	22,679	100

자료: 「조선금융사항참고서」 (전게(前揭))

전시조선재정규모

(단위: 천원)

년차	세입 계	지수	세출 계	지수	국채 계	지수
1914	62,047	100	55,099	100	62,657	100
1915	64,722	101	56,869	103.2	19,102	110.2
1916	68,202	109	87,562	104.4	78,687	125.5
1917	74,903	670.7	51,171	92.2	93,687	149.5
1918	100,111	1671.3	64,062	116.2	104,922	167.4

자료: 「조선총독부 통계년보」 (전게(前揭)), 「조선금융사항참고서」 (단, 국채는 년말잔액) 결산액표시

전시 일본정부 직접지원액

(단위: 천원)

년차	일반회계보충비	군사비	계
1914	9,000	7,069	16,069
1915	8,000	6,971	14,971
1916	7,000	8,737	15,737
1917	5,000	10,536	15,536
1918	3,000	11,189	14,189

자료: 「조선금융사항참고서」 (전게(前揭))

　　더욱 따져 보면 재정이란 언제나 중앙기관의 그것에 한정될 수 없고, 지방재정 또한 중요하다. 다만, 한일합병 후 알려진 사실은 중앙재정의 규모에 비하여 지방재정은 대체로 20분의 1미만의 수준이란 것이다. 그럼에도 지방재정이란 대체로 토착민주의 부담이나 지방산업의 소장과는 보다 직접적 관계가 깊다. 실질면(實質面)을 그대로 간과할 수 없다. 따라서, 우리는 중앙재정의 규모에 마땅히 지방비의 세입출을 가합(加合)하여야 하겠으나, 실지 지방재정은 대체로 중앙재정을 반영하고 있다는 것, 사실인즉 학교시설비나 수리조합비(水利組合費) 등 전시 지방재정부담의 산정(算定)에 관하여는 기술적 복잡성이 개재(介在)한다는 사정으로 말미암아 스스로 세밀한 분석이 제지(制止)되고 있을 뿐이다.

　　우리는 재정 「인플레이션」 문제에 그대로 머물러 있을 수 없이 사태의 진전상(進展相)을 이제 금융면에서 찾지 않으면 아니 된다. 그것은, 곧 중앙은행을 비롯한 각종 은행의 전시 중 여수신액과 더불어 어음교환고의 추이 등을 지표로 살펴 봄으로써 대체의 목적은 달할 수 있는 성질이다.

전시 각종 은행 여수신(與受信) 및 어음 교환액

	년	대출액	예금액	교환	
				매수	금액
1914	총	383,997		434,198	90,833
	년말	61,134	32,320		
1915	총	343,831		468,01	98,748
	년말	60,554	35,626		
1916	총	405,053		589,034	132,927
	년말	69,364	43,716		
1917	총	650,708		690,937	202,905
	년말	96,188	53,912		
1918	총	1,146,176		996,232	412,673
	년말	140,338	84,649		

자료: 「조선총독부 통계년보」 (동상) 단, 정부자금을 포함하지 않음

　　원래, 식민지금융의 동태는 제국주의 특징을 여실히 나타내는 제1차적 국면이거니와 자본침투에 앞장선 이 땅의 금융기구는 그것을 대변한다. 한일합병 당시에는 전기한 중앙은행을 포함하여 11개 (지점 43개)의 설립을 보았었으나, 그후 1914년에는 18개 (지점 62개)로 늘어 났고 제1차 세계대전의 종식을 본 1918년 말에는 17개(지점 86개)로 되어 있었다. 따라서, 은행 수로 보면 6~7할이 증세에 불과하나 그것은 물론 진실한 사태의 진전을 말하고 있지 않다. 그들 자본금의 투입상황 만보더라도 놀랄만한 팽창이며, 수익금은 합병 후 10년 미만에 10배를 넘는 경이적 사태(다음표) 이다.

　　그 가운데, 특히 중앙은행으로서의 조선은행의 사세(社勢)를 들어 보면, 연말 1970년에 국가지점망이 불과 2개밖에 없었던 것이 1914년 말에는 6개로 늘어났고, 무엇보다 1918년에는 만주에까지 진출을

보게 되었다.13) 그리하여 1918년 말에는 22개 지점을 갖추면서 일체의 대륙경영에 기초적 구실을 크게 축행(逐行)한 것이다. 그밖에 눈에 띈 사실로서, 우리는 1918년 6월을 기하여 종래의 민간적 농공은행이 폐지된 대신에, 보다 적극적 자본진출을 뜻하는 개발은행으로서 조선식한은행의 설립을 보게 된 점을 잊을 수 없다. 이후 일본독점자본의 본격적 지배단계는 구획(區劃)되었거나와 그에 대응한 「인플레이션」 의 템포 또한 볼만하다. 1918년 10월의 2천만원을 이르는 조선은행권의 제한가 발행인가(發行認可)와 같은 것은 바로 이때를 가름하는 「인플레이션」 의 뚜렷한 진전일 뿐이다.

한일합병기에 진출한 일본 금융자본은 일찍이 은행에 그치지 않았다. 동양척식회사 (금융부)는 너무나 유명하며, 그 밖에 군소신용기구를 들 수 있다. 그중 동양척식회사는 1908년 설립이래, 이민척식자금(移民拓植資金)의 대부(貸付)로서 문자 그대로 식민지의 개척금융을 담당한 대표자이나, 그 후 1917년 7월에 그는 척식(拓植)사업을 목적으로 한 주식·채권의 인수업무와 정기예금이 수신업무를 겸언(兼言)할 수 있게 되었다. 그럼으로써 일본의 금융기능으로 강화하였던 것이나 어디까지나, 토지신용이 그의 주목적이었음은 물론이다.

각종 은행 영리활동 추이

년말	불입(拂込)자본금		순익금	
	금액	지수	금액	지수
1910	3,430	100	160	100
1914	14,784	431	600	375
1918	34,966	1,019.40	2,072	1,295

자료: 「조선금융사항 참고서」 (전게(前揭))

한편, 1907년에 소농금융기관으로서 설립된 농촌 금융조합 또한 그동안 일본금융자본의 첨병(尖兵)적 기능을 맡아서 업무확장의 제도적 진전을 보게 되었다. 지금 전후 두 기관이 금융활동상황을 살펴보면, 다음과 같은 내용이나 그것은 또한 토착농촌의 화폐화과정을 말해 주는 동시에 「인플레이션」 의 전면적 진행을 가리키는 동태이기도 하다. 그동안, 경제적 표면적 양상만을 본다면, 과연 이른 바와 같이 호황이라 할 수도 있을 것이나, 그것은 물론 토착민주의 실상을 말해 주고 있지 않다.

---

13) 당시 만주의 봉천(奉天), 대련(大連) 및 장춘(長春)에 지점을 설치하였다.

동척(東拓) · 금융조(金融組) 합대부(合貸付)활동 추이

년말	동척		금융조합		
	대부액	지수	대부액	지수	조합수
1910	379	100	799	100	130
1914	7,509	198.1	2,147	275.6	230
1918	15,689	413.9	6,930	889.6	338

자료: 동상

> 조선산업은 거의 융성한 기운을 향하여……상공업은 발전의 상황이 현저하며, 특히 공업에 있어서는 대규모의 시설을 하는 자 속출함에 이른지라, 이에 따라서 무역이 은성하고, 1917년도의 총액 약 2억원을 산하며, 수출입의 권형이 또한 적순에 추하니라, 운운(云云)[14]

이라하지만 당국자의 말을 그대로 빌린다 하더라도, 곧

> 만근(輓近) 각종 농산물의 가격이 등귀(騰貴)하여 부업의 수입 또한 이에 따라 증가함으로써 지방농민의 생활이 현저히 향상하여 사치낭비(奢侈浪費)의 경향이 불무(不無)하니 이는 한층 물가의 폭등을 조장하는 원인이 된지라, 여기에 전시 중 미맥(米麥) 등의 수출을 제한하여 물가의 조절을 꾀하였으니 각위(도장관)는 일반민중을 지도하여 사치낭비를 계하고, 일상필수품 가운데 특히 미의 낭비를 방지하는 동시에 물가조절에 자하는 바 유(有)함을 망(望)하노라. 운운(云云)[15]

함을 볼 수 있다. 그리하여 「인플레이션」과 농촌공황은 드디어 당국자로 하여금 스스로 불안을 자아내게 하였던 것이니, 얼마 아니 가서 다음과 같은 고식적(姑息的) 빈민구제책이란 것이 당국에 의하여 발표되었던 정도이다. 즉,

> 최근 일본미가가 폭등하매 조선에서도 역시 그 영향을 받아 곡가가 등귀하고, 고중의 고통이 점차 심할지경인 즉, 이제 그 구제방법을 강구하여 일반생활상의 불안을 제거함은 극히 긴요한 일인 바, 이때에 조선각지의 부호(富豪)와 독지가(篤志家)가 솔선하여 금곡을 갹출(醵出)하고 시여(施與)하며 염매(廉賣)하는 방법을 설행(設行)함으로써 초미지급(焦眉之急)을 응한다 하니 본총독(本總督)이 매우 만족하거니와 본총독부 역시 이에 대하여 적의한 조치를 강구함으로써 그 기의(機宜)를 제(制)하기를 기하고. 차후에 각도장관(各道長官)에 보관하난 흉음구제자금(凶歛救濟資金)을 활용하여 궁민(窮民)을 구(救)함이 급무(急務)임을 인정하고. 운운(云云)[16]

이 문면(文面)의 표현은 고사하고, 이른바 전쟁경기와 더불어 전개된 토착사회의 위기를 시사하는 내용임은 뚜렷한 사실이다.

---

14) 조선총독부관보. 1918년 4월24일 [총독훈시(總督訓示)]
15) 전게(前揭), 관보, 1918년 4월24일자
16) 조선총독부[관보], 1918년 8월31일자

Ⅱ.농촌공황의 시대적 심화기구

1. 식민지경제의 시장화 진전

한일합병직후와 그 후 제1차 세계대전의 종식에 이르기까지 전후의 기복은 있었으나 식민지 한반도의 토착경제(土着經濟)가 「인플레이션」의 중압(重壓) 하에 있었다는 것은 대체로 밝혀진 바와 같다. 그것은 주도한 재정 ·금융이 개척적 활동에 관하여 또한 우리는 실태를 보아 온 것이다. 시대는 요약컨대, 일본제국주의 원시적 침투세력이 때마침 일어나 세계대전을 맞이하여 근대적지배성을 강화한 과정에 대응한다 하겠으나, 그것은 물론 당면한 우리의 입장에 있어서 식민지경제의 지배조건을 추려 동인(動因)에 불과하다. 지금은 그와 더불어 전개된 토착경제(土着經濟)의 피지배조건으로서의 농촌공황을 한걸음 깊이 묻는 것이 참신한 우리의 과제이나, 그럼에도 식민지경제의 소농적(小農的) 공황을 보는 데 있어서는 「인플레이션」의 압력을 봄으로써 충분하다 할 수 없다. 토지조사사업이 가져 온 생산면이 기초적 동요(動搖) 또한 빼놓을 수 없는 큰 요인의 하나이다. 구태여 여기에 이 점에 언급하여 본다면, 문제는 더욱 복잡하다. 우선 소농, 그들이 당장 기업적 양태를 분명히 나타내지 않은 것이 사실이므로 현물경제의 주도성과 더불어 전근대적 경제기반의 존속(存續)은 불가피한 까닭이다.

사실, 경제의 전면적 화폐화 없이 이른바 토지소유의 근대화란 도저히 있을 수 없다. 소유의 근대화는 거기에 반드시 이용의 근대화, 따라서 토지용역(土地用役)(지대) 이외에 분화된 자본적 이윤의 형성을 내면적으로 요구하게 마련이다. 한일합병에 뒤따른 일본제국주의의 강화과정을 살펴 볼 때, 토지조사사업의 의미는 뚜렷하다. 우선 주어진 고율적 현무 소작료제의 본성을 살펴 볼 때, 그것이 봉건적 수조대상물과 그 실질이 일치되지 않는다는 것은 분명하여 지대의 내면적 이윤화 과정은, 필경 토지이윤의 근대화를 뜻하고 마는 이치이다.

물론 위와 같은 타율적 근대화의 진행 가운데 있어서도 아직 토착농촌사회의 자급체제는 우위적인 것이므로 「인플레이션」과 더불어 농촌공황의 전면화를 묻는 것은 일전 시기상조인 것 같기도 하다. 우선 농산물의 상품화과정을 전제하지 않고서 농촌공황을 물을 수 없는 것이 일반인 까닭이다

그런데, 우리는 당시의 특별한 자료를 제외하고 농가의 현금수지나 농산품의 상품화률 등 토착경제(土着經濟)의 시장화수준을 정확히 알 수는 없다. 적어도 태반(殆半)이 현물경제라는 것은 틀림없는 사실이다. 비록 농산물의 수출량비중이나 국내시장의 출회량(出廻量)을 추정한다 하더라도 아직 후진성은 뚜렷하다. 다만, 제1차 세계대전과 더불어 일반의 시장화과정이 추진된 것만은 부인할 수 없는 사실일 뿐이다.

그러나, 농촌경제의 시장화과정이라 하더라도 생산지역적으로나 연차적 ·계절적으로 반드시 일률적일 수 없다. 영세소작농의 집단적 부락에 있어서 의외로 화폐경제의 높은 보급을 보이기도

하는 예이다. 그 밖에 상품경제를 부업이나 겸업의 발달과 밀접한 관련에 놓여 있고, 농촌수공업이 발전이 오히려 자급경제의 지속, 따라서 화폐경제의 후퇴를 뜻할 수 없지 않다. 경기의 호황에 따른 농산물수출입의 기복(起伏) 역시 농촌의 시장화운동에 다양성을 크게 가져온다는 점 또한 옛날이나 지금이나 다름 없는 실태이다. 따라서 소농경제에 대한 「인플레이션」이나 공황은 반드시 전면적 상품화시장을 요구하는 것이 아니라 함에 우리의 주의는 필요하다. 전면적 시장화운동하에 있음으로써 문제의 소지(素地)는 주어지기 마련이다.

총체적으로, 한일합병이후 한반도 농촌이 화폐화과정이 한일합병 전에 비하여 크게 진전을 보이었고, 다시 제1차 세계대전에 병행한 일본의 급격한 도입태세에 발맞추어 그 방향에 전면적으로 움직이고 있었음에는 틀림없다, 그에 따라서 현물지대의 이윤적 타산성을 보게 되고, 자급적 생산품의 시장적 평가를 관행적으로 보게 되리라도 것은 또한 분명한 사실이다.

무엇보다 일본인 토지투기나 토지투자의 왕성화과정이 농촌의 시장화 내지는 농산물의 상품운동에 충격적 기능을 보이는 점은 크다. 일본인의 영농방식이 기업적 이란 것, 역시 토착소작농을 노동자화하는 성격이나 농산물의 시장출회(市場出廻)를 촉진하는 양상에 있어서 상품화운동을 전면화하는 큰 동인의 하나이다.

그 밖에 단순히 양적으로 체제(體制)를 판정한다 하더라도 제국주의 하 자작농에 비한 소작농의 증대경향, 즉 소작료의 절대적 증가 또한 상품화율을 높이는 데 분명히 기여한다. 사실 소농사회의 기생적 지주제도 하에 있어서 시장상품의 기간(基幹)을 이루는 농산물인즉, 지주에 의하여 취득된 현물소작료일 수밖에 없고, 계량(計糧)을 잃게 된 영세소작농의 생활수단이 노임(勞賃)수입에 의존할 수밖에 없는 비중 또한 높아지기 마련인 까닭이다.

그렇다 하여 현실적 상품경제의 중요성을 언제나 무시할 수 없다. 따라서 한일합병 후에 전개된 토착농촌의 산물(産物)이 어느 정도 시장성을 구체화하였는가, 이모저모에서 그 실태를 추구할만한 이유는 충분히 우리에게 있는 터이다.

당시의 실정을 따져 보건대, 농산물은 크게 나누어서 시장기구를 통한 것과 농촌 내 개인 간의 거래에 의존한 것으로 나누어진다. 후자 또한 중요한 의미를 갖는 것이나 그를 계수적(計數的)으로 확인하는 것은 여간 어려운 일이 아니다. 그러므로 우선 저자에 국한하여 살펴보면 대체로 다음과 같다. 그 가운데 우리는 첫째로 지방의 전통적 정기시장을 통한 농산물의 거래를 들 수 있는데. 그 또한 점차 발전된 과정에 있었음은 틀림없는 사실이다(다음표 참조).

재래시장 거래 동태

(단위: 천원)

년차	시장수	농산물	수산물	직물	축류	기타	계	실질계
1913	1,097	21,445	4,852	7,319	10,088	8,804	52,510	44,133
1914	1,228	14,933	5,912	6,016	9,554	6,999	43,416	39,333
1915	1,221	15,164	5,625	5,934	9,777	7,064	43,566	40,145
1916	1,210	16,462	6,527	6,428	13,735	7,634	50,788	39,236
1917	1,222	22,030	7,060	7,534	16,863	8,962	62,451	36,148
1918	1,220	44,574	9,817	12,038	28,619	13,069	108,109	45,992

자료: (전게(前揭))「조선금융사항참고서」(1925년분), 제 264-265면. (단, 계의 끝 수가 다른 것은 모두
천원미만을 절사한 것 때문)「실질계」란 계를 전게(前揭)한 물가지수 (조선은해조사분)로 표준화해 본 것.

　　재래시장 이외에 둘째로 우리는 금융조합이나 면작조합(棉作組合) 등 단체를 통한 농산물유통을
들 수 있거니와 끝으로는 주로 일본인 거상이나 그 밖에 도시상업자본과의 직접거래에 의한 것을
들 수 있다. 그러나 이들 삼자는 언제나 독립적은 아니고, 사실상 상호합류(相互合流)되기도 하는
것이 또한 그들 특징이다. 그리하여 재래시장의 거래분은 주로 국내소비로 충족되는 것인데 반하여
단체나 거상을 통한 그것은 수출분으로 거래되는 많은 양을 포함한다. 다만, 이 또한 때에 따라서
구체적 유통액을 구구히 달리하고 있었을 뿐이다.

한일합병초 농산물류통액 추산

(단위: 천원)

년차	지방시장	각충궤관	수출액	계	농산액
1910	27,111	42	15,256	42,410	19,2
1915	24,942	2,952	37,410	65,305	19,8

자료: 전게(前揭),「조선농업발달사, 발달편」, 1944, 제425면

　　지금 얻어진 자료 (상표)에 의하면, 조잡한 내용이지만 우리는 대체로 한일합병 초기에 농산물의
상품화율이 20%는 되어 있었다는 것을 추측할 수 있다. 그리고 지방시장 거래량보다 도시출하나
수출량이 늘고 있었다는 것 또한 당연히 확인되는 사실이다. 이점, 구태여 구구한 자료에 의존함이
없이 타방면에서도 간단히 확인될 수 있는 실태이다.

　　지금 유통국면을 좀 더 구체화하기 위하여, 우선 한일합병 전후의 주요 수출농산물인 미곡, 대두
및 면화의 산출량에 대한 수출량의 비중을 보건대 다음표와 같다. 이들은 1910년에 각각 7.3(미곡),
29.1(대두), 그리고 7.2(면화)%이었던 것이 1918년에는 13.8, 19.6, 그리고 11.6%로 되어 있음을
볼 수 있고, 한편 산출량 통계에 어느 정도 신뢰도를 들 수 있을 것인지 여기에 문제는 있지만,
각 생산의 수출비중 또한 높아지고 있음이 틀림없는 경향이다.

주요농산물 수출량 비중

	미			대두			면화		
	생산량	수출량	비(%)	생산량	수출량	비(%)	생산량	수출량	비(%)
1910	10,406	770	7.3	2,746	801	29.1	21,079	1,536	7.2
1914	14,131	1,367	9.6	3,624	537	14.8	39,471	4,329	10.9
1915	12,846	2,559	19.9	4,017	1,010	25.1	47,787	4,099	8.5
1918	15,294	2,120	13.8	4,868	958	9.6	77,904	9,069	11.6

자료: 전게(前揭), 「조선농업발달사, 발달편」 부록. 구태여 1914년분을 첨가한 것은 제일세계대전중의 계동을 보기 위함과 전초에 불황기를 보기 위한 것.

주요 농산물의 수출비중에 대응하여 비료 · 농구(農具) 등 농업자료의 수입상황 또한 농촌의 상품경제와 직결된 뜻을 가지고 있다. 따라서 이 점을 전표(前表)에 준하여 보면 다음과 같다.

주요농산물 자재수입 상황

(단위: 천원)

년차	곡물종자	동물	묘목·묘	농구	사료	비료	계	(지수)
1910	84	16	41	49		7	198	100
1914	67	15	166	135		165	548	276.7
1915	109	24	93	137		113	477	240.9
1918	427	37	489	293	39	424	1,708	862.6

자료:동상,부록

한편, 위의 농산물 수출관계에 대응하여 농가의 현금수입을 추정함에 좀 더 구체화한 지표로서 면화 및 채견(蠶繭)의 판매수량을 보는 것이 우리에게 중요하다. 이 또한 필경 한정적인 것이며, 더구나 정확성을 기하기 어려운 자료이므로 단순한 참고에 기여할 따름이다.

면(棉) · 견(繭) 판매상황

년차	면화		채견(蠶繭)	
	수량	가격	수량	가격
1910				5
1914	8,690	747	13	490
1915	18,519	2,111	24	626
1918	15,802	4,170	80	5,605

자료:동상,부록 (단, 면화는 공동판매분, 채견은 개인거래분을 포함한 듯함)

2. 토지조사사업과 농촌공황

한일합병으로부터 지배당국에 의하여 본각화한 근대화작업으로서의 토지조사사업이란 것이 토착농촌의 피지배조건으로서 어떠한 공황적 의미를 갖는 것인가에 대하여 우리는 아직 구체적으로 논급(論及)하지 아니하였다. 그도 토지조사사업의 성격에 관하여 일찍이 논의가 거듭되어 있는 가운데 적어도 농촌공황과의 관련성에 깊이 결론이 미쳐 있지 못한 느낌이다

물론, 토지조사의 기술적 결과에 관하여서는 자세한 보고서가 당로자(當路者)에 의하여 이미 제시되어 있는 실정에 있고, 그가 가져온 모순성 또한 널리 아는 바와 같다. 다만 문제의 「인플레이션」이나 농촌공황과의 관련에 있어서, 특히 본사업의 토착농촌의 유통경제에 어떠한 공황적 조건을 부여(附與) 하였는가에 대하여 별반 체계적으로 논의된 바가 없다는 것이 새삼 우리의 주의를 끄는 과제일 뿐이다.

원래, 토자조사사업에 의한 토지소유제의 근대적 확립은 당연히 토착 소농, 특히 영세적 소작농에 대하여 근대적 노동자화를 약속하는 조건이라 할 수 있다. 더구나 그것이 가압적 일본제국주의에 의하여 일본인 토지자본의 왕성한 침입 하에 이루어진 사실이고 보니, 토착소지주나 소작농의 입장이란 마치 풍전의 등화와 같은 존재이다. 바야흐로 토착지주의 토지상실, 소작농의 몰락에 앞서서 화폐경제의 폭풍우에 접할 것은 틀림이 없다. 궁박판매(窮迫販賣), 불등가교환(不等價交換)은 항상 그들에 따르기 마련인 까닭이다.

사실인즉, 토지소유제의 근대적 확립을 보지 못한 시대적 전 단계에 있어서도 이 땅에 농촌공황은 있을 수 있었다. 적어도 1896년의 개항에까지 소급(遡及)하여 우리는 그 양조(釀造)과정을 분명히 확인할 수 있는 문제이다17). 사실 제국주의의 우세한 지배력은 비록 지배권내의 전자본제적 (前資本制的) 소농이라 하더라도 공황의 물결 속에 이끌어 넣는 힘을 발휘한다. 다만, 문제는 토착경제(土着經濟)의 화폐화과정이 어느 정도 진보되어 있는가가 실효를 좌우할 따름이다.

그 밖에 봉건적 토지하유제가 아직 지배적으로 머물러 있는 과정(이조말)에 있어서는 소농의 본건지주에 대한 예속성(隷屬性)이나 공동생활의식의 존속(存續)으로 말미암아 그들의 취약성은 어느 정도 구제된다. 이른바 온정주의(溫情主義)라는 것이 이것이며, 상호부조(相互扶助)란 것이 이것이나, 이들의 해체가 바로 근대화의 과정일 뿐이다.

물론, 토지조사사업이 근대적 소유권을 확립하였다고는 하나, 모든 소농이 당장 노동자화하지 않는 초기적 단계에 있어서 봉건적 유제(遺制) 일반이 일시에 불식된 다고 볼 수는 없다, 강화된 지주의 입장에 있어서 온정주의의 가식을 베풀 수도 있는 것이 사실이다. 그러나 이들은 지속적일 수 없고 또한 일반적일 수 없다. 그 간에 예리한 타산성(打算性)과 무자비한 수취력(收取力)이 배양되어

---

17) 졸고(拙稿) : 「개항기 농업공황의 양성과정」

나아간 까닭이다.

　그러나 이상은 아직 분제의 부수적 운인이 아니라면 추상적 논리에 불과하다. 토지조사사업이 진행에 따른 공황적 요인의 고유한 지배력은 역시 우리에 있어서 한일합병이 가져온 외세의 본격적 침투와 더불어 토지조사사업 그것의 실효방식에서 찾아진다. 「인플레이션」 또한 이들과 깊이 관련된 지배조건임은 물론이다.

　되풀이되는 서술이지만, 첫째로 우리는 토지조사사업에 의한 근대적 토지소유제의 확립이 일본자본의 토지침투를 촉구하고, 토착지주의 근대적 타산성(打算性)을 강화시킨 양태(樣態)에 주목하지 않을 수 없다. 그것은 농민에 대해여 토지소유욕을 자극하는 반면에 토지에 의한 부담이 가중됨에 따라서 격성(激成)하는 조건이다. 더구나 때마침 일본개척농민의 본격적 이식운동이 전개되는 과정에 있어서 소지주에 대한 토지상실의 위협은 절박한 것이었음에 틀림이 없다. 여기에 「인플레이션」이 이른바 「쉐레」 현상을 가져오게 되었으니 소작료의 고율화와 더불어 농촌공황의 조건은 필연적 동태(動態)로 나타날 뿐이다.

　토지조사사업에 따른 일본인의 토지부자 또한 농촌공황과 직결된다. 지금 구태여 한일합병초기에 있어서 일본인의 영농 및 토지소유관계를 계수적으로 살펴보면, 대체로 다음과 같거니와 그것은 곧 사업사본과 금융자본침투를 확고히 하는 가운데 일본농업공황의 토착적(土着的) 전가를 손쉽게 축행(逐行)시키는 동인을 형성하였다고 볼 수 있는 조건이다.

일본인　농영자(農營者) 토지소유 추이

년말	경영자 (1)	총농가(2)	비 (1)/(2)	소유지(4)	총농지(3)	비 (3)/(4)
1910	2,254	2,336	0.1	86,952	2,485	3.5
1915	6,969	2,629	0.27	205,538	3,171	6.48
1918	10,000	2,652	0.37	236,586	4,419	5.35

자료: 전계(前揭), 「조선농업발달사, 발달편」 제529면 부록표(1918년 경영자)에 의함, 단, 1918년 말의
　　　토지소유면적은 1919년 11월27일자 관보에 의함.

　단순히 수적으로만 본다면, 제1차 세계대전 말까지 일본인 농업경영자는 전체농가의 0.37%에 불과하고, 소유토지 역시 전 농토의 5.35%에 그쳐있다 하겠으나 이것이 반드시 경제적 실질을 말한다 할 수 없다. 일본인의 경농규모는 한인(韓人) 일반에 비하여 대체로 크다는 것, 그들의 소유토지는 대개 기후토양조건이나 수리안전도(水利安全度)에 있어서 유리한 지역에 집중적으로 분포되어 있었다는 것, 그들은 무엇보다 흔히 당국의 절대적 비호 밑에 대토지를 불하(拂下) 받았고, 편파적 지원을 각방면으로 누리고 있었다는 것, 따라서 그들의 자본축적이 보장되어 있는 반면에 토착농민에 있어서 물심양면(物心兩面)에 걸쳐서 피압적(被壓的) 불안(不安)은 날로 조성되리라는 것이 처음부터 뚜렷한 정황이다. 그러므로 일본인 토지자본에 의한 보건농촌의 경제적 수탈농산물가(收奪農産物價)의

조종(操縱)을 통한 공황의 전가란 당연히 주어진 동태라 할 수 있고, 그들의 토지집적이 커지면 커질수록 문제의 조건은 심각함을 면할 수 없다. 일본인에 의한 수리시설이 토착소농에 대한 토지상실을 가져오게 된 사태, 역시 토지조사사업이 가져 온 중요한 폐단의 하나임은 물론이다.

지금 한일합병을 전후하여 1920년에 이르기까지 100정보 이상의 일본인 대농장 수를 알려진 자료에 의하여 표시하면 다음과 같다.18)(다음표)

토지조사사업에 의한 토지소유제의 근대화가 토착소작농이나 영세소농에 대하여 생활수단을 얻기에 한층 구출(救出)되기 어려운 시련을 요구하고, 압박의 조건을 부가하는 반면에 내외지주로 하여금 이들 생산자에 대한 자취(搾取)방식을 합리화시켰음이 분명하다. 영농방법에 적극 관여하는 동시에 노동을 강요하고 봉건지대의 수준을 넘을 이윤의 획득을 시도함으로써 생산의 절대량주의를 요구하는 것이 그의 일면이다. 곡가(穀價)의 앙등(昂騰)을 빙자(憑藉)하여 지가를 높이 평가하고, 나아가서 지가상승을 이유로 하여 소작료의 증수(增收)를 꾀하는 악순환이 전개된다. 여기에 이른바 지대의 고정성에 의한 농촌공황의 지속성이 아니라, 경작자의 압박에 의한 그것의 심화를 가져오는 정황이 입증되게 마련이다.

일본인 대농장 추이

(100정보(町步) 이상)

구분	1905년	1905-1910	1910-1915	1915-1920
남한·도	18	38	52	49
북한·도		1	17	25
계	118	39	69	74

자료: 구간건일(久間健一); 조선농업의 근대적 양상, 1935, 제4면

지금, 한일합병 초기의 소작료 수준에 대하여 적확한 판단자료 찾기에 어려우나, 전자가 상승과정을 걷고 있었다는 것은 공인된 사실로 되어 있다. 단순히 양적 상승을 보았을 뿐 아니라, 질적으로 압박방식을 무자비화하였다는 점, 또한 주지하는 역사이다.

---

18) 별도의 자료에 의하면 1911년에 일본인 100정보이상의 경영자는 74라 하였다. 전제 「조선농업발달사, 발달편」, 제 592면

답(畓)소작료·곡가(穀價)대비(전라북도)[19]

	소작료	정조가(正租價)(石당)	실질(石수)
1912	4	4	1
1917	6.5	5	3

자료: 한국농회, 「조선の소작료관행」,1930, 제15면

한편, 토지조사사업은 본래 지세등수를 확보한다는 정책목표 위에 서 있는 만큼 그로 말미암은 공과적(公課的) 부담문제 또한 농촌공황과 연결된다. 더구나 그것이 토착소작농에 전가되는 것이 상례(常例)인 과정에 있어서 결과는 분명한 사실이다. 구태여 부담전가의 방식을 들을 필요는 없는 것이나, 직접적 위압(威壓)도 허다하였거니와 당시의 실정이 한일인간 부과액에 있어서 공평을 기하였다고 보기 어렵다. 소작료의 인상은 말할 것도 없거니와 각종 공과(수세)의 전가적(轉嫁的) 책정과 같은 것이 지배자본이나 대지주에 의하여 흔히 취하였던 까닭이다.

지금 토지조사사업에 따른 지세증수(地稅增收)의 경위에 대하여 자세히 논술할 여유를 갖지 못한 우리는, 여기에 간단히 계수적 결과만을 종합적으로 표시하여 볼 때, 문제는 크다. 이 예로서 「1914년의 지세령공포(地稅令公布)에 따른 신세율(新稅率)의 적용으로 종래에 비하여 약4할의 지세증수로 되었다」 는 보고이다.[20]

한일합병 초기지세추이

(단위: 천원)

년	1911	1914	1918
세액	6,648	10,000	11,569
지수	100	159.7	173.9

자료: (전게(前揭))「조선금융사항참고서」

그 밖에 토지소유권의 확립에 따라서 발단된 부동산금액의 성행 또한 토지상실과 아울러 농촌공황과 직결된 조건이 아닐 수 없었다, 담보토지에 대한 소농의 무정견(無定見)한 고평가나 흉작· 질병· 관혼상제 등의 출비과다(出費過多)는 흔히 이에 따르기 마련이며, 이 때에 필경 고리부채(高利負債)에 의한 궁박판매(窮迫販賣)는 부득이하게 되고 , 그 밖에 「쉐레」적 지출 또한 막을 수 없었던 정경(情景)이다.

더욱 상대적으로 말하면, 일본인이나 토착대지주 등에 대한 토지금융의 편익성은 흔히 소농에 대한 그들의 지배력을 강화한다. 화폐나 상품에 관한 시장조작의 방편이 그들에게 주어지고, 「인플레이션」이 이익을 향유케 하는 동시에 공황이 전가력(轉嫁力)을 배양시킬 수 있다는 것이,

---

19) 전라북도는 일제하에 일본인 대농장이 가장 일찍부터 집결된 지역이며, 소작농의 비율이 가장 많은 지역이었다.
20) 조선농회: 「한국농업발달사, 정책편. 1944 제 339-340면」

곧 그 이유의 하나이다.

한일합병전후 금융궤관 농업자금대출액

(단위: 천원)

년차	조선은행	농공은행(식산)	보통은행	동척은행	금융조합	계(지수)
1907		142			16	158(7.4)
1910	2	673	67	588	779	2109(100)
1915	30	2,950	362	3,274	2,116	8732(414)
1918	6,834	6,546	514	9,668	5,867	24579(1,165,4)

자료: 전게(前揭), 「조선농업발달사, 발달편」 부록표

그러나 한일합병이 가져 온 토지조사사업의 가장 특유한 공황발생의 직접조건을 말한다면, 공동소유지로부터의 농민의 분리에 겸하여 신고주의(申告主義)에 의한 토지상실의 효과라 할 수 있다. 그것은 비단 농민몰락의 원인이 되었을 뿐 아니라, 토지이용의 제한으로 인한 자급체제의 파배를 가져 올 수밖에 없었던 까닭이다.

3. 「쉐레」 현상의 특징적 양태(樣態)

한일합병에 뒤따른 일본자본의 지배력강화의 제1차 세계대전에 원유한 전쟁「인플레이션」이 농공상품간의 「쉐레」적 현상을 가져온 사실은 앞에서도 종종 지적한 바와 같다, 그것은 궁박한 토착소농의 경제적 입장에서 오히려 당연한 국면의 전망이다. 따라서 결론은 명백한 것이나, 다만 나타난 당시의 실태를 좀 더 구체적으로 정리할 이유는 없지 않다. 그것은 한편에 있어서 토지조사사업에 수반된 농촌공황과 같은 특수조건을 넘어서 일반적 유통계의 반소농적 모순상(矛盾相)을 특징화하는 방식이 될 수도 있는 까닭이다.

물론, 토지조사사업의 결과이건 유통계의 모순상이든 간에 그것이 일제의 압력이나 지배자본의 활동기구를 떠나서 논의될 수는 없다. 이 점에 있어서 공황의 배경은 전적으로 공통적인 것이다. 다만 구태여 말한다면 전자의 조건이 깊이 토지제도의 근대화에 깊이 관련된 문제인데 대하여 당면한 「쉐레」 과정이 직접적으로 유통시장의 가격구조를 묻는 데 차이는 지목될 수 없지 않다. 원래, 한일합병기에 있어서 식민지 한반도 농업에 대한 일본제국주의의 추구하는 대목표는 요약컨대 대일수출을 위한 증산의 기초설정에 있었던 까닭이다. 즉

    (1) 식량의 생산을 증식할 것.

    (2) 수입농산물에 대하여서는 가급적 자급을 꾀할 것

    (3) 일본 및 인접국에 수출가망이 있는 농산물의 생산은 개량증식을 꾀하고, 한편 조선 내 소비를 절약하여 수출을 증진할 것.

그러므로 토지조사사업에 병행하여 당국은 적극 농업생산의 독려(督勵)를 일삼게 되었다.

일본자본을 동원하여 필경 농산물의 유통량을 크게 증대시킨 점. 또한 틀림없는 사실이다 (다음표 참조).

그러나 문제의 발단은 우선 그 증산촉진의 방식에 놓여 있었다. 그것은 대지주, 특히 일본이 지주를 통하여 투자적 지원, 기술적 보급을 일방적으로 꾀한 점이다. 이들 지주계급 또한 처음부터 그것이 자신에게 유리한 방도임을 알고 있으므로 이에 적극 합세할 것은 틀림이 없다. 그들 당국의 정책에 편승(便乘)하여 소농이나 소작농의 노동을 착취만 하면 되는 것으로 보았을 뿐이다.

주요농산물증가

년(평균)	미	맥	두류	률(栗)	채(蔬)	면
1910-1914	1,182	765	446	388	3	3,235
1915-1919	1,369	899	537	477	9	6,858
	(115)	(117)	(120)	(123)	(300)	(212)

자료: 「조선총독부 통계년보 농업통계년보」 1919-1919년 란중 괄호 내 숫자는 1910~1914를 100으로 한 지수.

물론, 시장을 통하여 증산된 농산물이 상품화할 때, 당국이 당장 지주계급에 대하여 생산비를 보상한 것은 아니다. 그러나 그들에 있어서 수지타산(收支打算)은 맞추어지게 되어 있었던 것이 제도의 내막(內幕)이다. 이에 대하여 토착소농에 관한 한, 특별한 가격 보장의 시설은 갖추어 있지 않았다. 따라서 전후양자간의 입장은 실로 천양지차이(天壤之差異)이다, 사실 당국은 이때에 흔히 지방금융조합의 창고보관사업(倉庫保管事業)이나 위탁사업을 말하기도 하지만, 그것은 대지주나 대농에 적용되는 편익의 수단일 뿐, 소농이 급박한 사정을 간과한 공론적(空論的) 시설에 불과하였다. 이른바 궁박판매(窮迫販賣)는 소농 그들에 있어서 실로 증산(增産)여부에 관계없이 날로 보편화하는 경향이었을 뿐이다.

한편, 합병 후 그동안에 어떠한 상품이 어느 정도 수입되고, 어느 정도 수출되었는가를 일일이 밝힐 수 없다. 우선 수입품을 보면 그 주축(主軸)이 면포를 비롯한 각종 생활용 가공품 그 밖에 공업제품이었음에는 틀림이 없다. 그리고 그 수입액의 항상 (1921년에 이르기까지) 수출액을 초과한 점은 이미 본 바와 같다. 그 중심의 대일무역에 있었다는 점, 또한 새삼 거론의 여지가 없는 사실이다.

그런데, 외래공업제품의 위와 같은 주도적 수입은 당연히 토착적 농촌수공업의 파배(破壞) 없이 진행된다 할 수 없다. 소농의 화폐적 지출이 그와 더불어 높아지고, 겸업이나 부업의 수입범위는 축감(縮減)되게 마련이다. 바로 직물(織物)을 비롯하여 염류, 설탕, 주류, 잡화 등이 뚜렷이 반영한 역사라 할 수 있다. 그리하여 그 결과는 나아가서 그들 소농의 현금수입원을 줄였을 뿐 아니라, 점차 농촌노동력이 유휴(遊休)를 가져 왔던 것이니 자급체제의 파배와 아울러 농촌공황 소지(素地)는 점차 견고해질 뿐이다.

대일무역동태

(단위: 천원)

년차	수출	수입	입출초
1910	15,378	25,348	9,970(입)
1913	25,313	40,429	15,106(입)
1915	40,900	41,535	635(입)
1917	64,725	72,696	7,971(입)
1918	137,204	117,273	19,931(출)

자료: 「조선금융사항참고서」 (전게(前揭))

그러나 만약 도입된 외래공업품 가격이 저렴하다면 또한 문제는 그만큼 완화 된다. 그런데 실태는 이와 정반대인 것이니 일본이 수입상인은 정치세력의 비호(庇護) 밑에 상품이 수입을 독점할 뿐 아니라, 본래적 대가이상의 수익성을 자체기구를 통하여 누릴 수 있게 된 것이 당시의 국면인 까닭이다.

물론 문제는 무역의 수입면에 한해 있지 않고, 농산물의 수출면에 있어서 또한 심각하다. 사실 일반적으로 일상(日商)은 토착상인의 경제적 약점을 기화(奇貨)로 시장을 독점하기도하고, 그들 단체를 조직하여 위세를 발휘하며, 또는 교통의 요지를 점거하여 상권을 지배하기도 한다. 그 밖에, 그들은 대개 고리대업을 겸영하는 가운데 토착소농의 곤경을 역용하여 외상판매, 현물교환판매 등을 일삼았다. 이것이 처음부터 식민지 이 땅의 상품시장이 보여준 조류이다.

그럼에도 불구하고, 지배당국은 마치 토착농민이 시장조건에 관한 지식이 부족하여 정상적 거래에서 손실을 보고 있는 양 다음과 같은 난매모호(曖昧模糊)한 문면(文面)을 남겨 놓고 있다. 즉, 1913년 12월에 , 이른바 「미곡의 판매시기에 관하여」 라 표제하(表題下)에 논하되[21]

> 복잡한 시정 밑에 고저불상(高低不常)한 물가를 예상하여 매매(賣買)하는 것은 상인의 일에 속하고 농가는 건실한 방법에 의하여 수확 후 점차 수확물을 매각하되 적의(適宜)의 시기까지 예기(豫期)한 수량을 매진(賣盡)한 것이 가장 안전한 방법이다. 미곡을 매각 함에 있어서 일본시세를 고려하여 함부로 매석(賣惜)함으로써 예기치 못한 손실을 보거나 또는 시가(時價)가 조금 높다하여 이에 승(乘)하여 일시에 방매(放賣)함으로서 타일(他日) 후회함을 가끔 보는 바이다. 운운(云云)

그러나, 지금 「쉐레」 과정을 정확히 표현하는 방법은 아직 우리에게 주어 있지 않다. 필경 만성적(慢性的) 및 계절적 농업공황의 조건과 더불어 일본적 경기의 변동을 이에 대조하되 물가동태를 이모저모에서 따져볼 수밖에 없는 입장이다. 물론, 그 가운데 이른바 「패리티」 (parity)비율[22]과 같은 지표를 생각할 수 있겠으나, 그것이 구체적 자료를 얻기란 결코 쉬운 일은 아니다. 실지 얻을 수 있는 농산물가와 같은 것은 도시시장가격의 것이 일반이고, 반드시 소농의 판매가격(특히, 궁박판매의 실가)을 나타내고 있지 않고 소농의 판매가격 또한 연중 구구할 것이 틀림없는 까닭이다.

그럼에도 불구하고, 빈궁이 누적되어 있고, 불등가교환(不等價交換)이 자행되고 있었던 한일합병

---

21) 1913년12월 「도농업기술자회의에 있어서의 조선총도부 지시」 (조선농회. 「조선농업발달사, 정책편, 1944, 제 192면」)
22) 「패리티」 지수 = 농가의 판매물가 지수/농가의 구매물가 지수

초기에 있어서 「쉐레」 현상을 부인할 여지는 없다. 전시 「인플레이션」 하에 있어서 또한 마찬가지다. 여기에 구태여 시장 미가와 물가지수의 변동을 대비하여 본다 하더라고 그 양상은 뚜렷하다. 하물며 농촌 미가(米價)를 자료로 삼고 볼 때 결과는 너무나 분명한 사실일 뿐이다.

미가(米價)와 물가의 대비

년차	정조가격	미가지수	물가지수	미가율(米價率)
1912	7.42	100	118.8	6.24
1913	6.81	91.7	118.98	5.72
1914	4.2	56.6	110.38	3.81
1915	2.85	38.4	108.52	2.63
1916	2.35	45.1	129.43	2.59
1917	4.67	62.9	172.76	2.7
1918	7.5	101	235.06	3.19

자료: 전게(前揭), 「조선농업발달사, 발달편」 부록표 물가지수 1910년 7월 기준(100)으로 한 조선은행조사에 의한 것, 미가는 정조 백근(百斤)당 가격

그 밖에 내외 미가의 동태를 좀 더 따져 볼 때 첫째로 당시는 노일전쟁후의 일본공황의 회복되어 가고 있는 과정이었으나, 1909년 이래의 일본미가는 1910년의 가을까지 저락(低落)을 보이었다. 따라서 국내미가의 저락은 여전한 예이다. 그 후 이 역시 회복세를 보이가 시작하여 1912년의 고수준에 이른 것이 눈에 띄는 추이이나 이러한 동향은 한반도 미가에 거의 그대로 반영되었던 것이다. 이 점 다음의 논평을 봄과 같다. 즉.

> 1912년 및 1913년의 양년(兩年)에 있어서 조선의 경제계는 대체로 활기를 띠어서 특히 일본에 있어서 본 1911년 내외 미가분등(米價奔騰)의 태세(態勢)는 미곡의 일본이출(日本移出)을 촉진하고, 그 때문에 미곡(米穀)으로써 대중(大衆)을 삼는 조선의 수이출(輸移出)무역은 1913년에 있어서는 수이입(輸移入)초과의 역조(逆調)를 크게 저지(沮止)시킬 정도이었다.23)

그런데, 그 후 1914년에 들어서자 일반경제의 불황이 일본미가의 저락(低落)을 가져오게 함으로써 이 땅의 미가 또한 4~5월경부터 낙조(落潮)를 보이기 시작하였다. 그에 따라서 농촌구매력의 감퇴, 농촌공황이 눈에 띄게 되었으나, 더욱 때마침 일어난 제1세계대전과 더불어 농촌불황의 사태는 가세한 것이다. 즉, 일본의 참전이 일시적 수입두절(輸入杜絶)의 예견(豫見)을 가져오게 함으로써 식료품이 가격폭등을 보기도 한 반면에 , 미작의 풍년으로 말미암아 「쉐레」 현상은 격화하였다. 이것이 바로 문제 그것이다.

그 후, 1915년을 넘기지 않고, 전시를 맞이한 일반경제계는 호황을 보이기 시작하였으나 연초 이래 일본미가의 저조, 한미의 대일수출 부진으로 국내미가의 낙세는 오히려 심각해졌다. 그에

---

23) 조선농회: 「조선농업발달사」, 정책편, 제 173-174면.

따라서 「쉐레」 현상은 앙진할 뿐이다. 즉,

> 조선미의 일본수출은 진보되지 않고, 겨우 지나(支那) 만주방면(滿洲方面)에 판로가 다소 확장 되었다는 것과, 변질기(變質期)에 있어서 다소의 화물이동(貨物移動)이 있었을 뿐, 지극히 둔조(鈍調)를 표시하고, 또한 수이품(輸移品)의 가격은 한층 앙등보조(昂騰步調)를 걷고 있었으므로 상반(相伴)하여 지방이 구매력을 더욱 위축시키게 되어서 일반상품의 이동도 스스로 적어지고 상황(商況)은 침체하였으며, 그에 따라서 유자(遊資)의 소화(消化)는 더욱 곤란해져서 드디어 예금이자(預金利子)의 인하(引下)를 행(行)하기에 이르렀으나 금융계는 하등(何等)의 반향을 일으키지 않을 정도의 둔조(鈍調)를 보이었다.24)

그러나 위의 정황은 대체로 토착경제(土着經濟)의 입장에 있어서 대농이나 지주계층을 중심으로 본 동태에 불과하고, 반드시 소농대주의 처지를 반영하고 있지 않다. 「인플레이션」이나 곡가앙등이 반드시 식민지 토착소농에 대하여 호황을 가져오지 않는다는 점은, 거듭 우리에게 입증되는 역사적 조건이다. 사실 자기식량을 충족시키기 어려운 대부분의 소농이 지금 다소의 여유농산물을 갖는다 하더라도 궁박판매에 의거할 수밖에 없다. 소농일반25)에 있어서 격심한 「인플레이션」이 무슨 이득을 초래할 것인가, 오히려 식량난이 아니면 실질소득의 저감을 가져올 것이 뚜렷한 사태이다.

그럼으로써 그들 대중에 관한 한, 「인플레이션」인즉 만성적 공황을 급격화 시키는 중첩적(重疊的) 요인이 될 수밖에 없다. 이점 일본인 토지투기와 토지조사사업에 따른 새로운 부담증가와 결부된 조건임을 알게 될 때 우리는 3·1운동에 의하여 폭발된 거족적(擧族的) 기동력의 요인을 좀 더 기저면(基底面)에서 파악할 수도 있게 되는 입장이다.

---

24) 조선농회: 「조선농업발달사」, 정책편, 제 174면
25) 토지조사사업전후의 소작관계나 농업규모에 대한 제통계는 골고, 「한국자본주의사연구」 I, II 등 참조

김준보 교수 논문선집 Ⅱ

[논문선집 Ⅱ] – 농업경제편

[논문선집 Ⅱ] – 경제이론편

[논문선집 Ⅱ] – 통계학편

금융자본주의하의 영세농의 성격

- 일제하의 영세소작제를 중심으로-

김 준 보

목차

Ⅰ. 서론

「봉건적토지소유의 해체로부터 발생한 제(諸)형태로서 발견된」[1]영세농의 성격적 문제는 자본적후진사회의 일반적인 문제인 동시에 한국사회의 가장 심각한 역사적인 문제이며 또한 현실적인 현안의 문제(농지개혁후의 현실태를 생각하라)이기도 하다.

그러면 영세농은 자본주의사회의 발전과 더불어 어떠한 범주적 성격을 갖는 것인가? 이에 대한 전통적인 소론(所論)은 다음에 말한 바와 같이 지극히 논쟁적인 것이나 그 어느 것이나 우선 다음과 같은 현상적 형태를 시인하는 전제에서 출발하지 않음이 없다. 즉 「한편에 있어서 영세농민이 소자본가인 한, 그의 착취의 한계가 되는 것은 자본의 평균이윤이 아니고, 다른 한편에 있어서 그가 토자소유자인 한, 그의 착취의 한계가 되는 것은 지대의 필요가 아니다. 소자본가로서의 그에 대하여 절대적한계로서 나타나는 것은 엄밀한 의미에 있어서의 제비용을 공제한 나머지로서 그가 그 자신에 지불하는 노임이외의 것이 아니다.…」[2] 그리고, 또한 「영세농경영이 소작지에 있어서 행하여질 경우에 있어서도 소작료는 다른 어떠한 경우에 있어서 보다 훨씬 현저히 이윤의 부분을 포함하며, 심지어는 노임으로부터의 공제부분을 포함한다. 이러한 경우에 소작료는 명목적인 지대에 불과하고, 노임 및 이윤에

---

1) K Max;Das Kabital, Dd(제6편,제47장(5))
2) K Max;Das Kabital, Dd(제6편,제47장(5))

대립된 하나의 특수범주로서의 지대가 아니다.…」 3) 그리하여 「이러한 농민은 점점 깊이 몰락하여 간다. 세금, 흉작, 유산분할, 소송은 계속 농민을 고리대에 몰아넣고, 부채는 점점 일반화하며, 또한 각 개인에 있어서 더욱 심각해진다. -요컨대 우리들의 소농은 과거의 생산방법의 일체를 유물과 마찬가지로 구출할 수 없이 몰락하여 간다. … 그들은 장래의 프롤레타리아이다. …」 4)

자본주의사회에서 보는 영세농의 일반적 현상형태가 이와 같은 것에 틀림이 없다 할지라도 이를테면 일제하의 우리의 영세농, 특히 그의 영세소작농이 어떠한 법주적 성격을 가졌으며 그가 어떠한 형태적진화의 과정을 밟고 있었던가는 구체적인 입장에서 새로운 검토를 요하는 것이다.

원래, 농업생산의 근대화가 전형적으로 성립되려면 적어도 농업자본가와 농업노동자의 대립적 계급양상, 즉 자본가적 생산양식이 지배적인 형태로 되어야만 할 것이나 일제하의 우리의 사정에 의하면 토지의 겸병, 즉 대지주의 발생과 자작농의 몰락, 영세소작농의 누적이 진행되었음에도 불구하고, 농업의 자본가적 생산양식 그대로의 형태는 볼 수 없었다고 보는 것이 일반적 견해이다. 그럼으로써 다만 우리 농촌사회는 당시 「소작농민과 대지주의 2대 계급에 속하고, 자기의 경지를 스스로 경작하는 자작농은 극히 적으며 소위 농촌사회조직의 중견을 흠거(欠除)하고」 5) 있다는 사실이 크게 지적되었던 것이다.

여기에 더욱 일제하 우리 농업에 있어서 본 바 영세소작농의 확대재생산 상태를 구체적으로 표시하면 다음과 같다.

농민의 소작농화 경향

각 5개년 평균	자작농		자작 겸 소작농		소작농		합계	
	호수 (천호)	백분비 (%)	호수 (천호)	백분비 (%)	호수 (천호)	백분비 (%)	호수 (천호)	백분비 (%)
1913-1917	555	21.8	991	38.8	1,008	39.4	2,554	100
1918-1922	529	20.4	1,015	390	1,098	40.6	2,602	100
1923-1927	529	20.2	920	35.1	1,172	44.7	2,621	100
1928-1932	497	18.4	853	31.4	1,362	50.2	2,712	100
1933-1937	547	19.2	732	25.6	1,577	55.2	2,856	100
1939	539	19.0	719	25.3	1,583	55.7	2,841	100

---

3) K Max;Das Kabital, Dd(제6편,제47장(5))
4) F Engels; Die Banerfrage, 1895. S. 295
5) 구간건일(久間健一) : 조선농업의 근대적양상, 1935, P. 22
　조선 총독부; 조선의 농업, 1933, P. 2,

농지의 소작지화 경향

- 답(畓) -

각 5개년 평균	자작지 (천정(千町))	소작지(A)	계(B)	A/B (%)
1913-1917	431	827	1,258	66
1918-1922	551	993	1,544	64
1923-1927	551	1,017	1,568	65
1928-1932	549	1,093	1,642	67
1933-1937	548	1,159	1,707	68
1939년	564	1,198	1,762	68

- 전(田) -

각 5개년 평균	자작지 (천정(千町))	소작지(A)	계(B)	A/B (%)
1913-1917	1,172	966	2,138	45
1918-1922	1,592	1,189	2,781	43
1923-1927	1,582	1,214	2,796	43
1928-1932	1,489	1,378	2,817	49
1933-1937	1,383	1,411	2,794	51
1939년	1,341	1,422	2,763	51

- 합계 -

각 5개년 평균	자작지 (천정(千町))	소작지(A)	계(B)	A/B (%)
1913-1917	1,603	1,793	3,396	53
1918-1922	2,143	2,188	4,325	50
1923-1927	2,133	2,231	4,364	51
1928-1932	1,988	2,471	4,459	55
1933-1937	1,931	2,570	4,501	57
1939년	1,905	2,620	4,525	58

경작면적별 농가호수

규모별	자작농		자작겸 소작농		소작농		합계	
0.3정(町) 이하	72 천호	13%	116 천호	14%	301 천호	20%	489 천호	17%
0.3-0.5	92	17	168	21	353	23	613	21
0.5-1	114	21	209	26	390	26	713	25
소계	278	51	493	61	1,044	69	1,815	63
1-2	115	21	179	22	272	18	566	20
2-3	87	16	94	12	132	9	313	11
3-5	47	9	38	5	51	3	136	5
5정(町) 이상	17	3	10	0	13	1	40	1
합계	544	100	814	100	1,512	100	2,870	100

자료: 鈴木武雄, 조선경제, 1942. 제13장에서

즉 일제하의 한국농촌사회는 영세적 소작농민과 지주계급의 2대 계급으로써 특징지워져 있는 가운데 영세적소작농민의 비율은 증대의 일로(一路)를 걷고 있었던 것이나, 더욱 그들의 빈궁화(貧窮化)는 극도에 달해 있고, 한편 아직 봉건사회에서 본 바 그대로의 현물소작제는 거기에 지배적으로 준행(遵行)되고 있었으므로 이들 영세소작농에 대하여서는 앞에서의 전통적, 공식적인 견해(영세농의 몰락→농업노동자화→자본가적 생산양식의 형성)에 대립하여 오히려 영세농의 「봉건화」 내지는 그의 봉건적인 침체성의 심화만 특수한 이해가 우리에 있어서 더욱 현실적 의미를 갖는 인상을 주게끔 되어 있었다. 이리하여 영세농의 성격은 우리에 있어서 하나의 아포리아로서 제기되었으나, 요컨대 그것은 일제하 한국(조선)의 영세농이 공업의 발전상과 더불어 자본주의의 전형적 과정을 그대로 밟아 나아가느냐 그렇지 않고 오히려 봉건적인 후진성을 더욱 심화하느냐를 규정하는 문제이다. 그리하여 지금 편의상 전자를 「공식화」의 견해라 한다면 후자는 「봉건화」의 견해라고 말할 수 있는 것이다.

영세농의 성격에 관한 이들 양견해의 대립적인 논의는 우리나라에 있어서 일찍이 1930년대의 농업공황을 계기로 하여 일부 식자(識者)간에 전개를 보기 시작하였다. 그러나 그것은 또한 그 당시 일본에서 전개된 동형의 논쟁, 소위 「노농파(勞農派)」와 「강좌파(講座派)」 (또는 봉건파)의 「일본자본주의논쟁」에 그대로 조응(照應)되어 있기도 하는 것이다.6)

문제의 세부적 내용은 이들 문헌에 접함으로써 자세히 이해되는 것이나 어쨌든 문제의 근본적 경향은 위에 언급한 바에 요점이 어긋나 있지 않는 것이다.

잠깐 참고삼아서 일제하의 우리나라 영세농을 대상으로 한 위의 양대립견해를 적기(摘記)하여 보기로 하되 우선 「봉건화」의 견해에 의하면 다음과 같다.

「이상을 요약컨대 조선의 농촌사회는 외래자본주의와의 불가피적 접촉에 의하여 자본제적 융통 및 축적의 구도내부에 급격히 그리고 긴밀히 종속=편입되어 그의 봉건성 해체를 위한 자극과 행동을 부단히 받아 왔음에도 불구하고, 본질적으로는 금일에 이르기 까지 의연 봉건적=반농권적인 수취관계의 제(諸)특징을 확보 지속하여 나아감으로써 오로지 비자본주의적 외위(外圍)로서의 역사적과제에 충실을 다 하고 있는 것이다.

일본자본주의는 특히 20세기초 이래 독점자본주의의 신단계에 돌입하고 있었다. 그것은 우리 조선에 있어서의 구래(舊來)의 봉건적=반농권적 제관계를 근본적으로 소탕하지 않을 뿐 아니라 오히려

---

6) 우리나라에 있어서의 이 방면의 의식적인 주저(主著)
　　인정식(印貞植), 「조선의 농업기구분석, 1937」은 「봉건화」를 주장하고 있는 동시에 상대적견해의 대표자로서 주로 박문병(朴文秉); 「자연경제」(논문)를 인용하고 있다.
　　일본에서 이 방면의 의식적 주저(主著)는
　　山田盛太郎; 일본자본주의 분석,1934<봉건파>
　　向坂逸郎;일본자본주의의 제(諸)문제 1957<노농파>

후자의 확대와 심화를 물질적 기반으로서 조선을 재편성하였던 것이다. 이리하여 구래의 봉건적=반농권적 제관계는 일본자본주의의 완전한 통제하에 종속 엄호(掩護) 결합됨에 이르렀다.」7)

그리고 동 견해에 의하면 일본자본주의가 우리 농촌사회를 상품시장과 원료원천으로 재편성함에 따라서 농촌생활은 점차 화폐=상품관계에 의존하는 경향을 발전시키고 구래(舊來)의 봉건적제관계의 해체의 과정도 이에 따라서 촉진되었던 것이다. 단 이 해체의 과정은 우리 사회내부에 있어서의 사회적 생산력의 미발달로 말미암아 기형적 발전을 하게 되었다는 것이다. 즉 농촌경제의 자본제적 진행은 유통과정에 있어서는 그대로 진행되었으나 본질적인 생산관계에 있어서는 「봉건적=영세농적 생산양식」이 구태의연(舊態依然)하게 존속되고, 토지집중의 진전과 더불어 일층(一層) 이 경향은 확대 심화되었다고 보는 것이다.

이러한 「봉건화」의 견해에 대립하여 원리적인 「공식화」의 견해(논문 「자연경제」)는 무엇보다 먼저 봉건적 자연경제가 일찍이 해체되었음을 역설(力說)하고, 또한 특히 현존한 현물소작료에 대하여서는 그가 이미 자본사회의 「화폐」 소작료(지대)의 가장된 형태에 불과하다고 보는 것이나 지금 그 본문을 그대로 인용하여 보면 다음과 같다.

「…이러한 전형적인 봉건제도를 갖지 아니한 조선에 있어서는 이미 순수한 봉건제도의 발파제인 자연경제의 성랑(城廓)은 이미 오래 전부터 해체되어 있다.

오늘날 구태의연(舊態依然)한 소작료형태로서의 물납(物納) 및 노동지대의 소박적형태의 잔존은 이를 볼 수 있다 할지라도 그러나 이는 금일의 사회의 모든 기준으로서의 「금전」 즉 화폐경제의 중세기적 가장에 불과하고, 그는 이미 화폐를 관념화하여 자기표장으로 삼고 있음으로써 오늘날 자연경제의 화폐로서의 전화, 또는 전화과정에 있다고 말하여 하등(何等) 의문의 여지가 없다. 운운(云云)」 그리고 「공식화」의 견해는 더욱 나아가서 주장하되 「봉건적 경제제도에 있어서는 생산자에 대한 토지의 분여(分與)가 기초가 되고 자본가적 경제제도에 있어서는 직접적 생산자의 토지로부터의 분리가 전제가 된다. 왜 그러냐 하면…… 후자에 있어서는 그를 토지로부터 분리시킴으로써만이 노동력을 상품화하여 산업예비군으로서 부단히 축적할 수 있기 때문이다.」「우리들은 이러한 점에 있어서 압도적 다수의 농민이 토지로부터 분리되어 있고, ……이미 조선은 봉건적 범주의 전제로부터 유리(遊離)하여 자본주의의 해상을 항해(航海)하고 있다. 운운(云云)」8)

---

7) 인정식(印貞植), 전개서(前揭書) P. 232)
8) 전개서(前揭書) P. 215)

Ⅱ. 문제의 재검토

일제하 우리나라에서 본바 「공식화」 주의와 「봉건화」 주의의 이상과 같은 대립된 양견해는 곧 일본에서의 「일본자본주의논쟁」에서 본바 대립된 견해에 그대로 조응(照應)되어 있는 것이나 그는 말하자면 「일본에 있어서 경지의 거의 반이 소작지였고 자소작농까지를 포함시킨다면 일본농민의 거의 3분의 2가 다소간(多少間)의 소작관계를 가지고 있었다.」는 사실에 조응(照應)되는 것이다. 그리하여 우리는 「일본의 토지소유를 봉건적토지소유로서 생각함은 완전한 오진(誤診)이지마는 이 지주의 소작농이 토지이용을 통하여 결합되어 있는 관계가 어떠한 성질의 것인가에 관하여서는 일본의 학계에 있어서도 가장 견해의 분지가 되어있는 점이다. 그리하여 많은 사람들은 이 관계를 봉건적 내지 반봉건적이라고 부르고 있다.」[9]는 말을 듣게 되는 것이다.

우리나라에 있어서나 일본에 있어서 각파의 주장에는 다소간의 뉘앙스가 없지 않다 할지라도 「봉건화」의 논거(論據)가 대체로 소작인의 사회적, 현실적 지위의 열위성과 소작료의 고율, 현물, 감면제적 형태의 지속에 있는 것이 분명한데 대하여 이의 비판적 제견해의 취하는 논거(論據)를 살펴보면 그들이 주로 농산물의 상품화경향의 발전을 중시하는 점에 공통성을 갖는 것이다.

논쟁의 중심에 관한 우리나라의 양대립견해는 앞에서 일견(一見)하였으므로 참고로 일본에서의 공식적, 비판적 견해를 들어 보면 다음과 같다.

즉 「농산물은 벌써 상품인 것이고, 농민의 경제는 전사회의 상품생산관계가운데 잇는 것이며 …… 소경영은 자급자족의 성질을 피탈(被奪)하고 있다. 이를 취탈(取奪)한 것은 생산물의 상품화인 것이다. 상품화는 소경영이 가진 봉건적 성질을 파괴하여 버렸다. 오늘에 있어서는 「자유」적인 상품생산자로서 사유제적 조건위에 있는 것이고 농권적(農權的), 신분적 종속 하에 있는 것이 아니다.」[10]

더욱 나아가서 비판적 견해는 이러한 소작관계가 일견 봉건적으로 보이기는 하지마는 「자본주의는 농촌의 봉건적 문제를 해체하고, 농민을 토지로부터 분리시킴으로써 프롤레타리아화하지 않으면 성립할 수 없다는 것」, 따라서 이러한 소작관계가 봉건적으로 보인다하여 본질적으로 봉건제도가 잔존한다고 간단히 말할 수는 없다고 주장하는 것이며 오히려 「자본주의가 농촌을 이와 같이

---

9) 대내방(大內方); 농업문제,1951. P.194,196
　　더욱 본서에도 지적된 바와 같이 일본이 소작관계를 봉건적 내지 반봉건적이라고 규정한 대표적 문헌으로서 전게(前揭)한 〈일본자본주의분석〉 이외에
　　野呂榮太郎: 일본자본주의 발전사,1935
　　平野義太郎: 일본자본주의사회의 기구,1934
　　近藤康男: 농업경제론, 1957
　　신산(神山), 호전(戶田): 일본자본주의와 일본농업의 발전,1947.
　　을 들 수 있다.
10) 向坂逸郎; 일본자본주의의 제문제 P. 293.

변질시키면서도 어찌하여 봉건적으로까지 보이는 제관계를 존속시키고 있느냐를 명백히 하지 않으면 안된다」고 지적함에 그치는 편11)도 없지 않는 것이다.

위의 최후의 논조에서도 살펴볼 수 있는 바와 같이 일본에 있어서 농업에 관한 자본주의논쟁의 주류적 경향은 어느 정도 타협적(妥協的)인 과정을 취하고 있는 점이 없지는 않다. 이를테면 말하되 「전자의 견해를 취하는 자(노동파라고 불리워짐)는 소작료가 엄연(儼然)한 봉건지대라는 것을 인정하지 않으려는 생각과 결부되어, 스스로 앞에서의 원리원칙의 발견에 대한 봉건지대의 배동을 간과하고 있다는 점에서 과오(過誤)이나 「이에 반하여 후자의 견해를 취하는 자(강좌파라고 부름)는 봉건지대의 강조와 결합하여 봉건지대의 지배하에 있어서는 위의 원리원칙이 완전히 봉살(封殺)되어서 움직이지 않는 것으로 생각하는 자가 많다. - 나 자신도 그러하였다. 그러나 이 견해는 봉건지대의 압력을 정확히 평가한 점에서는 정당한 것이었으나 지금 생각하면 그 압력 하에 아직 움직이고 있는 것, 발전하고 있는 것을 고정적으로 생각하였다는 경향을 부인할 수는 없다. 운운(云云)」12)

우리나라에 있어서도 일찍이 전술한 대립적, 의식적인 견해이외에 타협성을 갖는 불투명한 견해가 없지는 않다. 즉 자본제상품생산을 위한 과도적 형태로서 영세농을 이해하되 일면 그의 반봉건적인 모순성을 시인하는 견해가 없지 않는 것이니 이를테면 「농촌사회의 새로운 계급분화의 시점으로서의 토지사유제도의 확립, 토지조사사업의 특질(特質)=농민의 전통적소유의 식부(植付), 분리된 농민의 반봉건적 영세소작농에의 재편성, 및 반봉건적인 영세토지소유의 식부(植付), 총괄하여 토지영유의 근대성질과 봉건사회로부터 그대로 답습(踏襲)한 영세농적 생산양식과의 본질적 모순의 기초위에 선 반봉건적인 영세농 및 소작관계의 성립 운운(云云)」13)의 표현이라든지 또는 「-토지영유(領有)의 근대적 성질과 봉건사회로부터 그대로 답습한 영세농적 생산양식의 모순의 기초위에 진행된 자본일반의 압력 -」14)과 같은 복잡한 견해의 표시를 보는 것이다.

그 밖에 동종의 견해로서 「조선에 있어서 농민의 토지상실은 전술한 바와 같이 급격한 그의 자본주의화에 의하여 가속도적으로 시행되었다. 그리하여 이들 토지로부터 이탈된 극히 일소부분은 도시에 있어서의 노동자가 되고, 혹은 농업노동자가 되었지마는 그 대다수는 봉건사회로부터 이행한 영세농적 생산양식하에 순연(純然)한 소작농으로서 재편성됨으로써 현재 보는 바와 같은 반봉건적인 소작관계를 재확장 생산하였다.」「따라서 조선의 소작제도에는 아직 현저히 봉건적 잔재(殘滓)가 교착(膠着)되어 있는 동시에 일면에 있어서 신분으로부터 계약(契約)에의 근대화전화에

---

11) 대내력(大內力): 전게서(前揭書) P. 214-205
   그리고 이와 같이 「봉건화」에 대한 비판적 입장을 취한 일본학자로서 전기(前記)한 향판(向坂) 「일본자본주의의 제 문제」 이외에 柳田民臟: 농업문제, 1930土屋喬雄: 일본자본주의사논집, 1947. 을 들 수 있다.
12) 井上晴丸, 농업문제입문, 1953. P. 51.
13) 박문규(朴文圭), 농촌사회분화의 기점으로서의 토지조사사에 대해(農村社會分化の 起點としての 土地調査に 就て), P. 32-33. (조선사회경제사연구, 1933.중)
14) 박문규(朴文圭), 농촌사회분화의 기점으로서의 토지조사사에 대해(農村社會分化の 起點としての 土地調査に 就て), P. 32-33. (조선사회경제사연구, 1933.중)

의하여 2중의 제압을 받는 특수한 착취부문을 형성한다.」15)등등

그러나 그보다 앞서서 우리나라 농업에 관한 보다 「공식화」한 견해도 없지 아니하였으니, 즉「다시 말하면 왕시(往時)의 귀족계급은 자산계급에 전화되고, 자산계급의 자유발달의 조장(助長)은 타방(他方)에 또한 무산(無産)농민의 계급을 파생하였으며, 타산업이 부여되지 아니한 금일에 있어서는 자산계급은 결국 지주 기타의 대농경영자가 되고, 궁민은 스스로 육과 혈의 판매자인 일고(日雇)노동자가 된다는 것이고, 소작인은 이미 말한바와 같이 하나의 소자본가인 것이고, 또한 소기업가인 것이나 과소농민 – 그가 자영농민이건 소작농민이건 ……, 그들의 입장은 과연 어떠한 계급에 귀속하게 될 것인가」를 반문함으로써 자본가 대 노동자의 대립관계의 분화를 암시하는 소견16)도 없지 않는 것이다.

이상과 같이 영세농, 특히 영세소작농에 대한 성격적 규정에는 제2차대전 종식(終熄)까지 일본이나 우리나라에 있어서 농업이론가 사이에 의식적, 논쟁적으로 분기된 의론(議論)의 전개를 본바 있었던 것이나, 요컨대 그들은 그 어느 것이나 본론 벽두(劈頭)의 「전통적」인 소농이론을 전제로 하되, 그를 어떻게 현실적인 농촌사회구조에 합리적으로 통용시킬 것인가, 그 방도를 추구함에 전력을 경주(傾注)하였다. 그리하여 당시 실사회(實社會)의 영세농은 봉건화를 지향한다는 것과 그렇지 않고, 프롤레타리아화한다는 대립적견해로부터, 나아가서 영세농민은 프롤레타리아화하여 나아가지마는 특수성을 불가피하게 하고 있다는 것, 즉 그것은 한국 또는 일본이 가진 자본주의발전의 필연적인 소산(所産)이라는 것, 다시 말하면 이들 자본주의는 그들 소농의 궁박(窮迫)을 기반으로 하여 그들의 부담으로써 존속발전함으로써 그들을 완전한 감망(減亡)상태에 빠트리지 않을 정도에 있어서 유지한다는 모순상태를 지적하는 견해에 이르고 있는 가운데 문제의 결정적인 해결을 보지 못하고 있었던 것이 사실이다.

지금 우리는 이들 낡은 농업이론을 재검토함에 있어서 다음과 같은 몇 가지 근본조건이 전통적인 의론(議論)의 전개에 있어서 의식적인 요소로서 도입되어 있지 아니한 사실을 지적하지 않을 수 없다. 즉 우리는 전자의 각종 의론(議論)이 사회적, 현실형태를 이론에 적합시킴에 있어서 그들이 충실성을 보이고 있다는 사실을 충분히 인정하는 동시에 우리는 그들이 문제를 보다 근본적인 기반에서 파악하지 못하였다는 것, 그리고 문제를 보다 광범한 시야에서 역사적 운동과정 하에 관찰하지 못하였다는 것, 따라서 문제에 내포된 보다 근본적인 조건을 충분히 인식하지 아니 하였다는 것, 그럼으로써 문제에 대한 결정적인 해명이 없이 결국 논쟁의 대립으로부터 그의 「타협」의 운명에 빠지게 말게 되었다는 점을 지적하는 것이다.

사실, 당면한 사회적 현상형태에 있어서 영세농의 생산양식 그것을 그대로 관찰한다면 일견(一見)은

---

15) 구간건일(久間健一), 전게서(前揭書) 1935. P23, 37.
16) 津曲藏之丞, 조선 소작문제의 발전과정(朝鮮に於ける小作問題の發展過程), (조선경제의 연구 1929. P. 425)

봉건사회의 유제(遺制)를 그대로 간직하고 있음이 분명하다. 뿐만 아니라 오히려 봉건적인 제압이 영세농의 경제면에 가중하여 나아감으로써 농촌경제의 봉건적 심화가 촉진되어 있는 것도 같다. 그러나 일면 생각하면 그러한 외래적 제압 현상자체가 다름이 아닌 자본가적 생산양식을 위하여 영세농으로 하여금 프롤레타리아화의 과정을 밟게 하는 요인이라고 볼 수 있는 것도 또한 사실이다.

그리하여 전자의 「봉건화」 의 견해는 자기주장의 주요근거를 지대의 형태 - 즉 봉건적지대 - 에 두는 것이나 이에 대하여 공식적인 명제에 충실한 후자의 비판적인 제견해는 공식적으로 영세농의 몰락을 인정하되 과도적인 "모순상태"로서 영세농을 관찰하고 있다 함은 앞에서 거듭 살펴 본바와 같은 것이다.

그러면 묻건대 우리는 문제의 보다 근본적인 조건을 어떻게 탐구하여야 할 것인가, 그럼에 있어서 우리는 공식적인 명제를 포기하여야 할 것인가, 그에 어디까지나 종속하여야 할 것인가, 일제하의 우리 농촌에서 본바 영세소작농 또는 제2차대전이후의 한국농촌에서 본바 영세농이란 어떠한 「범주적」 계급적인 존재인가, 일본에서 본바 영세농의 성격과 우리에서의 그것은 동유형의 것이라고 말할 수 있는 것인가, 나아가서 도대체 이와 같이 성격적인 유형을 이론적으로 확립함으로써 우리는 어떠한 실익을 얻을 수 있다 할 것인가, 혹시 이러한 이론은 관념의 유희(遊戱)에 지나지 않는 것이 아닌가.

문제는 우리가 더욱 파고 들어가야 한다는 것, 단순히 이론적으로 파고 들어갈 뿐 아니라 현실의 토대위에서 파고 들어가야 한다는 것이 우리의 당면한 과제인 것도 같다. 그럼으로써 우리는 보다 일반적 문제의 기저(基底)에 도달할 수 있을 것이고, 따라서 더욱 많은 특수문제를 해결하는 실익을 얻을 수 있을 것이다. 다시 말하여 우리는 영세농의 성격구형(性格構型)에 관한 논쟁을 계기로 하여 농업이론에 대한 새로운 보다 근본적인 조건의 탐구, 즉 보다 일반적인 원리의 확립이 있기를 기하여 노력하지 않으면 안된다.

Ⅲ. 상품경제의 발전과 영세농

우리는 문제의 근본조건에 접근하기 위하여 냉철한 사고력을 가다듬고 먼저 전통적, 공식적인 농업이론과 우리의 현실(일제하의 영세민)을 대조하여 보기로 하자. 그러면 우리는 첫째 전자가 그의 논거를 산업자본 부흥시대의 서구 농업사회에 두고 있다는 사실에 대하여 우리의 대응된 현실이 더욱 발전된 제국주의=금융자본시대에 놓여 있는 한국농업에 두고 있다는 사실이 눈에 띠우게 되는 것이다.

물론 전통적인 공식론은 금융자본주의시대를 분명히 예상하였다. 그리하여 그는 또한 자본주의의 발달과 더불어 몰락하는 영세농의 운명을 예언하고 있는 것도 사실이다. 그럼에도 불구하고 금융자본주의하의 영세농의 몰락상태가 구체적으로 어떠한 형식으로써 진행되며 특히 식민지에 있어서 그것이 어떠한 특징으로서 규정된다는 것을 논결(論結)하매 전통적인 이론의 확립의 시대적 배경은 아직 성숙된 단계에 도달해 있지 아니하였던 것이다. 17)

그런데 금융(독점)자본주의하의 영세농 또는 영세소작농의 몰락과정은 앞에서 본바 그대로 그의 현상형태를 공식적, 일방향으로 규정할 수는 없는 현상형태로서 우리 앞에 나타난다. 서구(西歐)각국 또는 일본이 그러하였거니와 일본제국주의 따라서 일본금융자본의 침투하에 놓여 있던 우리의 영세농의 운명이 또한 이 범주를 벗어 나지 아니한 것이다. 다만 「조선농업의 자본지배는 그가 국권적 의식하에 시행되기 때문에 극히 농후 또는 심각한 것」 18)이 되어 있었지마는.

그러므로 우리는 문제를 단순히 「자본주의에 있어서의 영세민」 으로 국한할 것이 아니라 발전되어 있는 자본주의 더욱 자세히 말하여 부단히 발전되어 나아가는 독점 금융자본주의하에 있어서의 영세농의 운명을 조준하여야 하는 것이다.

생각건대 전통적인 봉건화의 주장이나 공식화의 주장에는 이러한 기본적 조건의 변천에 대한 확연한 인식이 부족하였다. 그들은 다만 막연히 자본주의를 조건으로 하였기나 비록 금융자본주의를 조건으로 하였다 할지라도 그를 산업자본과의 명확한 의식적인 대조하에 문제를 역사적, 동태적으로 파악함에 충분한 역량을 보이지는 아니하였던 것이다.

그러면 금융자본주의하에 있어서의 영세농에 대한 조건은 산업자본주의하에 있어서의 그것과 어떻게 달라지는 것인가?

원래 금융자본이라 함은 「실지로 산업자본가에 전화하여 있는 은행자본, 즉 화폐형태의 자본」 19)이라 할 수 있거니와 이와 같이 정의되는 금융자본이 산업자본을 융합하는 시대에는 생산과 자본이 독점적으로 집중하는 것이므로 자본주의는 독점적 단계에 도달하게 되고, 이러한 독점단계에 이르게 되면 자본주의는 어느 정도 기능적 변화를 하게 된다.

여기에 「경쟁은 독점으로 전화」 한다. 그리고 「자유경쟁이 완전히 지배하고 있던 자본주의시대에 있어서는, 상품의 전출이 전형적이었으나 독점이 지배되어있는 단계에 도달하게 되면 자본의 전출이 특징적이 된다. 그것은 물론 발달된 자본국가에 있어서 과잉된 독점자본은 이윤이 보다 높고, 자본이

---

17) 사실, [마르크스]는 영세적 토지소유형태의 성립발전에 관하여 영국의 [오만], 스웨덴의 소농계급, 프랑스 및 서부독일의 농민을 봉건적토지소유의 해체로부터 발생한 제형태의 하나로서 규정하되 「여기에서는 식민지에 관하여 말하고 있는 것이 아니라 식민지의 독립농민은 오히려 별개의 제조건 하에 발전되는 것이다」 하였다. (혹시 일제하의 한국과 같은 조건이 아닌지 모르겠으나). (자본론, 제6권 47장중)

18) 久間健一, 전게서(前揭書), P. 8.
더욱 본면의 직전에 「조선농업에 있어서의 내지(일본)자본의 지배는 극히 강권적으로 실시되었다는 것은 이론(異論)이 없으나 이를 자본형태의 발전으로부터 말하면 그의 자본은 그의 단초적(端初的) 형태에 있어서 거의 상업자본에 의한 전자본주의 형태이었으나, …… 자본의 활동형태는 발전하여 농업기구의 내부에 깊이 침입하여 …… 자본은 상업자본의 발전형태를 보이게 되었다. 이러한 자본의 발전에 가하여 국가적 배경을 가진 내지은행자본의 침입은 자본의 집중 집적과정에 있어서 결적적 실력을 가지게 되므로 산업자본은 이에 의하여 공급되고 원조되고 그리고 지배됨에 이르러 자본은 드디어 금융자본의 발전형태를 취함에 이르렀다는 것은 마치 대만(臺灣)에 있어서의 내지(일본)자본형태의 발전과 하등(何等) 다름이 없다」 는 문면은 참고가 된다.

19) Hilferding, Das Finanzkapital, 1910. S. 283.

빈곤하며 지가가 저렴하고 임금과 원료도 저렴한 후진국을 향하기 때문이다.」[20]

「자본을 전출한 제국(諸國)은 세계를 비유적인 의미에 있어서 자기들 사이에 분할하였다. 동시에 금융자본은 또한 직접적으로 세계분할을 위한 최대의 독점주들의 제국주의적 경쟁의 연속의 일환을 형성할 뿐인 것이다.」 (op.cit.S.65), 그리하여 「……정복된 국가 및 민족의 정치적 독립의 상실과 결부되어 있는 그러한 정복은 당연히 금융자본에 대하여 최대의 「편의(便宜)」와 최대의 이익을 제공한다.」 (op.cit.,S.74)는 것이 분명하거니와 그것이 바로 일제하의 우리의 입장, 따라서 또한 우리의 영세농의 존립조건 그것이었던 것이다. [21]

과연 금융자본주의의 진행과정 하에 놓여 있는 영세농, 즉 금융자본에 대하여 최대의 「편익」과 최대의 이익을 제공하지 않으면 아니 되는 조건하의 영세소작농을 인정할 때 우리는 비로소 문제의 관건(關鍵)에 접근할 수 있게 된다. 즉 어찌하여 전체적 자본주의의 진행에도 불구하고, 표견(表見)상 봉건적인 현상 그것으로 보이는 경제관계가 거기에 형성되어 있었던가를.

개별적인 상업자본은 그의 이윤을 생산과정에서 포착하는 것이 분명하나, 독점적인 금융자본은 그의 이윤의 확보를 유통과정을 포함한 독점적인 경제활동일반에서 추구한다.

따라서 자본주의가 독점단계에 도달하게 되면 앞에서 본바「상품의 전출보다는 자본의 전출」이 주가 되고, 독점자본은 대량의 원료를 저렴한 가격으로써 독점구입하는 동시에 광대한 상품시장을 독점적으로 개척함에 전력을 경주(傾注)하지 않을 수 없게 되는 것이다. 그러므로 여기에 일파의 학자[22]에 있어서 자본제생산이 그의 권외(圈外)에 소재한 소시민이나 소농민이나 또는 비자본주의국가에 판로를 얻지 못하는 한「자본론」상의 자본축적은 완전하지 못함을 증명하려하는 의도에 이유가 없지 않다고도 생각되는 것이다.

이러한 논거에 조응(照應)하여 후진국가 농업에 있어서의 상품화운동은 은연(隱然)중 스스로 촉진된다. 그러나 그것은 당연히 산업자본제적인 상품생산의 과정을 밟을 필요 없이 단순상품생산으로서 농업생산은 독점자본의 세력에 의하여 촉진된다는 점에 주의하여야 하는 것이다.

즉, 독점자본은 구태여 스스로의 이윤을 새로이 대두되는 농업(산업)자본[23]에 분할양도할 필요는 없다. 지금은 자본가적 생산이 목적이 아니고, 독점적 이윤과 보다 높은 금리의 확보만이 목적인

---

20) N. Lenin, Der Imperialismus 민 jimgste Etappe des 1 apitalismus, 1917. s. 89.
21) 전게(前揭) 「조선사회경제사연구」는 한국이 일본자본주의의 세례를 받은 것은 1876년 강화수교조약을 계기로 한다하고 「먼저 중국의 다음에 일본에 부딪쳐온 근대자본주의의 대파(大波)는 지금 새로운 제자의 일인인 「신일본」의 손을 통하여 반도조선의 견각(堅殼)내에 침투하였다. 운운(云云)」하며 그것은 동양에 있어서의 개국운동의 최후의 성취이며 또한 근대자본주의의 세계적 정복의 연속에 일환을 가한 것이라 하였다. (동 서설 P.5)
    이리하여 한국자본주의는 세계금융자본주의의 일환을 형성하게 된 것이 분명하다.
    더욱 일제하 한국에 있어서의 금융자본의 형성과정, 내지 일본금융자본의 지배관계에 관하여서는 예로서 식은조사월보(殖銀調査月報)(1947년 제2권 제1호) 소재 「조선의 보통은행발달사」(최홍기(崔弘基) 기타각은행 및 동양척식회사(東洋拓植會社)에 관한 사료(史料) 등 참조.
22) R. Luxemlug, Die Akkumulstion des kapitals, 1913. S. 338.
23) 새로이 대두되는 농업자본이 있다면 후진국일반에 있어서 그는 주로 토착 민족자본이 될 것으로 생각된다.

까닭이다. 독점자본=금융자본은 지주(토지자본가), 때로는 농업자본가를 통하여 그의 금리를 확보하는 동시에 금리를 통하여 이들을 경제적으로 조종할 수 있게 되고, 원칙상 산업자본의 새로운 대두는 그 이익을 위하여 제약하는 것이다. (이 점에 관한 농업사회의 피지배관계에 대하여서는 더욱 다음에 논급하려 한다.)

어쨌든 자본주의의 발전은 농산물의 상품화를 촉진시키는 동시에 독점자본은 그의 독점적인 세력하에 농산물가격을 상대적으로 억압한다. 그리하여 그럼으로써 「쉐레」는 만성화하고 그의 결과는 공황의 위험을 후진국경제 특히 후진농업에 전가하는 경향을 취하게 되는 것이나, 이 점은 역사적 사실이 가리킨바 세계적으로 독점자본주의의 성립기(1890년대)와 농업공황이 거의 그의 때를 같이 하고 있다는 사실에 또한 조응되어 있기도 하다. 24)

「공황이라는 것은 무엇인가 – 그것은 과잉생산이고, 실현되지 않는 상품, 수요를 충족시킬 수 없는 상품의 생산인 것이다.」

따라서 농업공황은 농산물의 흉년을 말하는 것이 아니고, 풍작을 말하는 것도 아니며, 상품으로서의 농산물에 대한 수요부족, 따라서 농산물가의 격락을 말하는 것이다. 그렇다면 독점자본주의하에 있어서의 농업, 특히 식민지농업은 만성적인 농업공황상태에 놓여 있는 것이라고 볼 수도 있을 것이나, 물론, 1930년대의 예와도 같이 전형적인 농업공황을 보는 수도 없지는 않는 것이다.

일본제국주의하에 놓여있던 한국농업이 이러한 피지배적인 범주를 떠날 수 없었다는 것은 명백하거니와 우선 이때에 한국농산물의 상품화경향을 알기 위하여 2, 3종의 통계를 제시하면 다음과 같다.

---

24) 「다시첸코」 (直井武夫譯), 농업경제학 1938. (하권중)
　　大內力, 농업공황, 1954. P. 110.

농산물 전이출(轉移出) 증가경향 (대농업 총생산액 백분비)

1910년	8.2%	1920년	12.4	1931	29.5	(자료:조선농회편,조선농업발달
1915	13.3	1925	26.5	1936	38.3	사(발달편 P.418)

농산물 지방시장 거래액 증가 백분비

1910년	100%	1920	198	1931	296	자료: 동상, P.421
1915	92	1925	284	1936	641	

농산물거래 총액(대농 생산액 백분비)

1910년	19.2%	1920	13.1	1931	37.5	자료: 동상, P.425
1915	19.8	1925	27.7	1936	46.3	

검사미 수량 (대 생산고(生産高) 백분비)

1928년	49.0%	1931	48.7	1934	자료: 동상, P.433
1929	48.7	1932	52.3	1935	
1930	44.5	1933	55.9	1936	

　이들 통계제표에 의하여 우리는 농산물의 상품화경향을 충분히 감지할 수 있으므로 다음 순서로서 일견(一見) 농산물가격의 연변동추세를 물가지수와 대비하여 살펴볼 때 우리는 곧 농민경제의 성쇠(盛衰)를 반증할 수 있을 것도 같다. 그러나 그는 실질적인 방법이 되지는 아니한다.[25]

　일제하 우리 농업에 있어서 농산물을 상품으로서 현실화하는 것은 대부분이 지주인 것이고, 경작자인 농민에 이를 구한다면 중농이상에 한하여 어느 정도 가능할 뿐 영세농, 특히 영세소작농에 있어서는 실질적으로 상품화 할 만한 생산품을 가지고 있지 않는 것이다. 따라서 농산물의 상품화경향이라 하여도 그는 곧 농산물의 지주적 또는 대농적 집중화경향을 의미한다는 실질을 알아야 하는 것이나, 그렇다하여 영세농의 경제가 당시에 형성된 농산물의 가격수준과 관계를 갖지 아니 하였다는 것은 아니다. 지금 첫째로 농산물가격이 등귀(騰貴)하면 지주를 위시(爲始)한 일부 대농에 대한 경제적이익은 그만큼 증대됨이 틀림이 없다 하겠으나 영세농에 대하여서는 오히려 조건이 반대적으로 화한다는 점에 있어서 의미가 없지 않다. 왜냐하면 묻지 않고 영세농의 생산품 보유량은 본래 미소(微小)한

---

25) 전게(前揭), 「조선농업발달사」 (발달편 P. 461이하)에서는 이러한 표를 제시하고 있지만 거의 무의미한 것이다. (이유
　는 다음 참조)

까닭인 것이나, 실지 농산물가격이 등귀(騰貴)의 경우라 하며는 대부분이 흉작의 경우이므로 결국 영세농은 그들의 계량을 오히려 고가로 구입함으로써 스스로 충족시키지 않으면 아니 되는 까닭이라 하겠으며, 비록 흉년이 아니라 할지라도 우리의 대부분의 소농은 소위 춘궁(春窮)농민인 것이므로 사태의 귀추(歸趨)는 결국 마찬가지인 까닭이다.

한편 농산물가격이 저락될 때는 어떠한가. 이때에는 관념상 위와 반대의 결과가 형성될 것 같기도 하는 것이나 「궁박(窮迫)판매」의 입장에 놓여있는 소농의 경제에 대하여 어떠한 이익을 기대함은 또한 공상에 불과하다. 왜냐하면 「풍년기근(豊年饑饉)」, 즉 농업생산의 절대적증가가 영세농민의 실질소득에 기여한바 있지 아니함은 누구나 잘 아는 사실이기 때문이다.

농산물상품화 과정에서 본바 이와 같은 현상은 일시적인 현상이 아니라 우리에 있어서 그대로 만성화하였다는 점에 문제의 중요성이 인정된다. 이리하여 누년(累年)자작농의 소작화, 소작농의 영세화, 농민의 이촌(離村), 토지의 겸병, 농촌부채의 증가, 소농경제의 빈곤화 등의 일련의 현상이 우리 앞에 가속적으로 전개되었던 것이니 일제하의 모든 농촌 통계자료는 이를 우리에게 명시하고 있거니와 우리는 구태여 일일이 여기에 전재(轉載)하지 않을 뿐인 것이다.

이상은 영세농의 경제에 미치는 농산물가격의 일반적 등락(騰落)의 영향을 본 것이나, 농산물 「상품화」 문제의 보다 구체적 내용은 농산물가격의 일반적 등락(騰落)에 있다느니 보다는 그의 계절적인 가격변동에 있다고 보는 것이 타당하다. 사실 우리에 있어서 상품의 대중이 되어 있는 미곡(米穀)의 가격에 관한 계절변동은 (일제하 그의 계절변동에 대하여서는 예, 久間, 전게서(前揭書)중, 조선미의 가격 및 이출량의 계절적변화 등. 참조) 고래(古來)로 극기(極基)한 바 있거니와 그가 생산기에 폭락하고 단경기(端境期)에 격등한다는 것은 누구나 아는 바와 같은 것이다.

농산물가격변동의 이와 같은 사정은 물론 생산(공급)의 조절이 곤란한 사회경제적 요인에 기인한 것이라 하겠으나, 어쨌든 이러한 급격한 변동을 이기적으로 이용할 수 있는 계층은 독점자본을 위시(爲始)한 지주, 대농층에 한해 있고, 이를 계기로 하여 언제나 「궁박판매(窮迫販賣)」의 입장에 놓여있게 되는 것은 소농 내지 영세농임은 물론이다. 사실인즉 지주가 이와 같은 가격변동의 이익을 향유할 수 있다는 조건이 곧 소작료의 현물제가 지속되는 실질적인 이유인 것이며, 한편 소작농이 이와 같이 궁박된 입장에 놓여 있다는 조건에 있어서 또한 우리는 소작료의 현물제가 지속되는 이유를 발견할 수도 있는 것이다.

여기에 있어서 일제하의 소작제에서 본바 현물소작료는 일찍이 「봉건화」의 견해 그대로 범주적인 봉건지대가 아님은 물론, 그렇다하여 단순한 「화폐경제의 중세기적 가장」으로 생각할 없다는 점이 충분히 이해된다. 왜냐하면 현물소작제 그것은 첫째로 지주의 이익, 나아가서는 독점자본의 이익의 확보를 위하여 「편의(便宜)」한 제도이었기 때문이며, 한편에 있어서 그것은 또한 자본주의적 가격기구하에 특별한 이익을 향유할 수 없는 소작농의 입장에 비추어 「무방(無妨)」한 제도라고 인정되었던 까닭이다.

그렇다면 소작료는 어찌하여 그와 같이 고율제(高率制)를 지속하였던가? 첫째로 일제하의 고율소작제가 봉건적 지대에서 본바 역사적 유제(遺制)와 더불어 관련성을 갖지 않는다고 말할 수는 없다. 그러나 봉건소작제 그것은 우리에 있어서 일제초기의 토지조사사업을 기점으로 한 근대적 소작제도의 확립을 계기로 하여 해소되고 고율제(高率制)의 실질은 그 후 독점금융자본의 지배하 지주에 대한 부담의 전가가 가져온 필연적인 결과라고 보는 것이 보다 타당한 견해일 것이다.

지금 소작제의 고율제(高率制)를 묻는 것은 마치 어찌하여 노임이 저렴한가를 묻는 것과 다름이 없다. 그러나 우리에 있어서 독점자본=금융자본의 고리(高利)정책이 지주(토지자본가)로 하여금 그의 수취지대(소작료)를 높이 유지시킬 수밖에 없게 한다는 점을 명기한다면 문제는 스스로 해득되는 것이다. 이점에 관하여서는 다음에 좀더 내용적으로 살펴보기로 하자.26)

나아가서 이와 같이 하여 영세농 특히 영세소작농이 독점자본주의하에 있어서 부단히 몰락과정을 밟을 수밖에 없다는 사실이 분명할진대 그는 또한 어찌하여 일시에 완전히 몰락하여 "프롤레타리아"화 하지 않고, 봉건적 피지배의 형태를 나타내고 있는 것인가? 생각건대 문제는 독점자본이 영세농의 완전 "룸펜"화로써 최대이윤(저렴한 원료의 공급과 노동력의 급원(給源)에 겸하여 상품시장)을 획득할 수 없다는 사실을 밝힘으로써 충분하다. 사실, 일정의 진행 하에 있어서 한국영세농의 일반적, 극단적인 몰락상태는 바야흐로 독점자본의 보다 큰 발전을 위하여 반드시 이익이 아님을 독점자본 스스로 크게 자각한때가 없지 아니하였으니 1934년에 제정된 소작법(농지령)은 뚜렷한 그의 일례(一例)라 할 수 있을 것이다. 이러한 소작입법(小作立法) 조치를 위요(圍繞)하고 독점자본의 대변관헌(代辯官憲)과 일부 지주간에 전개된 정치적알력(政治的軋轢)27)은 그간의 미묘한 이해관계를 표명한 사실인 것이며, 어쨌든 그는 한국근대경제사상 하나의 기관이 아닐 수 없었던 것이나, 이와 같은 사회적 입법이나 그밖에 자작농창설사업(自作農創設事業)28) 등이 무엇을 지향하였던가는 독점자본의 입장에서 살펴볼 때 누설(累說)을 요하지 않는 자명한 조치인 것이다.

Ⅳ. 금융자본의 지주지배

금융자본=독점자본의 최후의 목적이 최대이윤=최대금리인 것은 다시 말할 필요가 없다. 자본의 한계효율이 이자율과 같다는 「케인스」적 명제도 이를 반응함에 불과한 것이나, 말하자면 독점자본주의하에 있어서는 모든 경제활동이 금리에 일단의 기준을 갖는다고 말할 수 있게 된다. 「금리도 못된다.」든지 「최소한 금리는 보장하여야 한다.」느니 하는 속어(俗語)에서 우리는 능히

---

26) 이점에 대하여서는 우선 전게(前揭), 조선사회경제사연구. 1933. 및 조선경제의 연구, 1929년 등 참조.

27) 전게(前揭), 久間 저중(箸中), 「조선소작회를 둘러싼 제운동의 전개(朝鮮小作會を 繞る 諸運動の 展開)」 참조

28) 전게(前揭), 조선농회편, 「조선농업발달사」, 조선총독부발행(연간), 「조선의 농업」 등 참조.
　대체로 "열성적"인 창설사업에 비하여 효과가 올바르지 못하였음은 공인된 사실.

이 사회의 본질을 이해할 수 있는 것이 아니겠는가.

금융자본=은행은 산업자본을 통하여 금리를 취득하고, 금리를 통하여 산업자본을 조종한다 함은 이미 우리의 본 바이거니와 여기에 특히 주의를 요함은 금융자본이 산업자본뿐만 아니라 토지(소유)자본(지주)을 역시 금리를 통하여 조종한다는 뚜렷한 사실이다. 금리를 통하여 조종하느니보다 금융자본은 오히려 피조종체와 더불어 어느 정도 융합되어 있고, 그럼으로써 그는 스스로 토지자본적 임무를 감당하고 있다는 것이 정확한 표현일지도 모른다. 그리고 자본사회의 진행과 더불어 그의 "융합"과 산업적인 임무수행의 경향은 격화하는 것이 보통이다. 어쨌든 금융자본은 극대이윤=최대금리를 추구함에 있어서 「바야흐로 산업의 창립자 발기자이고 장차 산업의 지배자가 된다. 이리하여 마치 이전의 대금업이 이자의 형식으로서 농민의 노동수익이거나 지주의 지대를 탈취한 것과 마찬가지로 지금 이 화폐자본은 금융자본으로서 산업의 이윤을 탈취한다.」 29)

이와 같이 금융자본은 산업자본에 깊숙이 들어가서 그를 지배하는 동시에 토지자본(지주)에 또한 깊숙이 들어가서 이를 지배함으로써 그의 기능을 다 한다. 그러므로 일찍이 「그의 본성으로 보아서나 또는 역사적으로 보아서 자본은 근대적 토지소유의 지대의 창조자이다. 그러므로 자본의 작용이 낡은 토지소유형태의 분해에서 나타난바와 마찬가지로, 새로운 토지소유는 묵은 형태에 대한 자본의 작용을 통하여 발생한다.」 30)는 소론(所論)에 대하여 우리는 한걸음 진행된 과정을 살펴볼 필요가 있는 것이다. 사실 이때에 적기(摘記)된 "자본"은 토지소유 자본이 아니라 산업자본으로서의 토지자본 즉 농업자본을 가리키는 것이고, 이 농업자본의 새로운 주입(작용)에 의하여 근대적 지대취득자로서의 근대적 토지소유자는 분화한다는 의미임에 틀림이 없을 것이나 우리는 지금 다시 그러한 "자본"을 지배하는 시대 즉 금융자본주의시대를 직접대상으로 삼고 있는 것이다.

지금 발달된 금융자본하, 특히 식민지의 독점자본주의의 지배하에 있어서 많은 토지자본이 곧 독점자본에 결부되고, 또는 그에 예속 지배되고 있다는 관계를 상정(想定)하기는 어렵지 않다. 단적인 예를 들어서 지금 하나의 토지회사가 형식상 독점적 토지취득을 위하여 토지담보로써 금융을 얻고, 또한 스스로 토지개량을 위하여 금융을 얻는다 하되, 그 토지회사의 지불적 지주가 바로 은행이 되어 있는 경우는 얼마든지 볼 수 있는 사실인 것이다.

물론, 금융자본은 단순히 토지자본에 침투함으로써 만족하는 것이 아니다. 그는 반드시 그에 침투하는 동시에 이론적 지대를 토지자본을 통하여 지주로부터 이윤=이자의 형태로서 수탈하고야 만다. 31) 그는 한편에 있어서 마치 그가 전형적인 산업자본으로부터 이윤을 이자로서 수취하는 그것과 다름이 없는 것이다. (상게(上揭), 주보진(猪保津)저 참조)

---

29) 개조사판(改造社版), 경제학진집 제26권 P. 308 (저보진(猪保津), 금융자본과 제국주의)
30) K.Marx, J fiefe uber Zur kritik, 1858. S 205.
　　大內力, 농업공황, P. 27.
31) 상게(上揭), 저보진(猪保津)저 참조

독점자본주의하에 놓여 있는 후진사회의 이자율이 고율이라는 것과 거기에 있어서 농산물가격이 실질적으로 억압되어 있다는 관계는 이때에 필연적인 요인으로서 나타난다. 과연 이를테면 일제하의 「초기의 농업자금획득난」과 따라서 「금리의 고율」은 일반시중 금리는 고사하고, 「농공은행(農工銀行)의 농업자금에 융통한 금리도 「대개 월보이리(月步二厘) 내지 일보오리(一步五厘)」 사이에 있고, 근래 동양척식회사(東洋拓植會社) 금융부에 있어서 장기의 농업자금을 대출할 때에도 그의 이율은 년 1할2분을 표준으로 한다 하고, 동회사의 대출에는 조사료 및 수수료를 요하므로 1할45분에 해당함을 면치 못한다는 것」 32) 그리고 「금리의 고율인 것도 어느 정도 한편 내지(일본)로부터 자본유입을 생기(生起)시키는 동인(動因)」33)이 되었다는 것, 이리하여 「이는 조선에 있어서의 공급자금의 구성을 현물자금 이외에 더욱 다액의 내지(일본)자금에 의존하지 않으면 안되는 실정이므로 문제는 더욱 중요한 것이 되는 것이다.」34)

이와 같이하여 일제하의 금융자본은 본래의 지대를 이자의 형태로서 지주로부터 수취하는 것이지만 물론 그간에 지주에도 각종의 유형이 없지는 않다. 즉 금융자본과 직접적으로 결부되어 있는 지주(나중에 말하는 제1형의 지주)와 그와 간접적으로 결부되어 있는 지주(나중에 말하는 제2형의 지주)가 이것이다. 그리하여 전자에 대하여서는 의심할 바 없이 위의 이자수취의 이론이 적용되는 것이나 후자에 한하여서는 일견 본래의 지대가 그대로 존속하는 것 같기도 하다. 그러나 후자에 있어서 또한 독점금융자본의 전경이 되어 있는 지배국가의 조세정책과 농산물가격조절의 정책, 즉 독점자본의 일반적인 경제정책에 의하여 지대는 용이(容易)히 수취되고 마는 것이 일반이며, 이때에 소지주는 지대를 수취당할 뿐 아니라 금융자본의 "압력"에 인하여 토지자체를 상실당하고 말기도 하는 것이다.

만약 이러한 사실을 우리가 솔직히 시인한다면 전통적인 어떠한 농업이론에도 불구하고 우리는 새로운 중대한 결과에 도달하게 된다. 즉 독점적 금융자본주의하의 후진지배지역에 있어서의 지주는 산업자본가 또는 노동자와 대립된 제3계급으로서의 지주가 아니라 본래의 지대를 독점금융자본에 의하여 이자의 형태로서 직접적 또는 간접적으로 수취당하고 나머지 이윤(소작료─본래의 지대)을 소작농, 즉 영세소작농으로부터 수득(收得)하는 산업자본가의 범주에 성격변환을 한다는 것, 취중(就中) 제1형의 지주에 있어서 그러한 성격에 뚜렷이 근접한다는 사실이다.35) 그것은 또한 금융자본주의하에

---

32) 전게(前揭), 조선농업발달사 「발달편」, P. 604.
33) 전게(前揭), 조선농업발달사 「발달편」, P. 604.
34) 전게(前揭), 鈴木 「조선의 경제」 P. 268, 더욱 동서(P. 271)에 의한바 은행대부 금리비교 (1940년경)

	동경		경성(서울)	
	최고	최저	최고	최저
지불금	20厘	9.3厘	23	12
당좌대월(當座貸越)	23	9.0	24	12
어음할인	18	9.2	23	12

35) 중소지주는 독립자영농과 마찬가지로 금융자본주의하에 있어서 금융자본에 의하여 그의 소유토지를 저당에 부하는 경우가 많다 함은 누구나 아는 바와 같다. 그리하여 「저당에 의한 차금(借金)의 이자가 모든 지대를 잠식(蠶食)하게 된다는

있어서 모든 생산수단이 자본화하는 경향, 토지 또는 그러한 성질을 농후(濃厚)히 갖지 않을 수 없다는 사실에 대응되는 것이다.

지주를 범주적으로 산업자본가 시(視)함에 대하여서는 혹시 어떠한 비판론이 없지 않을 것도 같다. 첫째로 예상되는 그것은 그렇게 지주를 관념함으로써 경제학상의 지대, 즉 본래의 지대인 절대지대와 차익지대를 무시하는 처사가 되지 않느냐는 비판일 것이다. 그러나 우리는 절대지대와 차익지대를 물론 무시하지 않는다. 다만 우리의 시인하는 본래의 지대는 산업자본주의하, 산업자본가와 지주와의 분화상태하에 명확한 형태로서 나타나는 초과이윤인 것이고, 이에 대하여 독점(금융)자본지배하에 있어서의 지대는 관념상 형성된다 할지라도 즉시 그 자신을 금융자본의 이자형태로서 보편화시켜버리는 경향을 취하는 것이라고 보는 것이다.

이리하여 우리의 이론은 지주를 금융자본에 지배융합된 산업자본가시하는 경향의 입장에서 출발하는 것이지만 그렇다면 이때에 산업자본가화한 지주, 즉 토지자본가들의 이윤율의 내용은 어떻게 형성될 것인가?

지대가 완전히 이자화하지 아니한 금융자본의 초기적 단계에 있어서는 토지자본에 대한 이윤율이 일반산업이윤 또는 평균 이윤율을 넘는 상태를 예상할 수가 있다. 과연 1937년의 조사에 의한바 우리에 있어서 그의 경향적인 상수준이 유지된 예를 볼 수 있는 것이다. 그러나 고도자본주의의 진행은 그러한 경향을 언제까지 그대로 지속 시키지는 않을 것이 분명하다. 그의 이유는 일면에 있어서 금융자본이 부단히 유통상의 이윤을 독점하는 사실에 조응(照應)하는 것이고, 다른 일면에 있어서 금융자본이 영세농 유지의 이기적 목적을 위하여 소작입법(小作立法)을 시도하는 사실이 조응(照應)되기 때문이다. 이리하여 일제하 조사 당초에 있어서 토지에 대한 투자이윤율은 일본과의 대비에 있어서 하표와 같은 것이었다.[36]

조선	답(畓)	8.0(%)	일본	답(畓)	5.5(%)
	전(田)	8.5		전(田)	4.9
	주식(株式)	6.1		주식(株式)	5.3

그러나 그 후 우리에 있어서 이윤율은 조하(潮下)하여 1940년에 이르러 답(畓)에 대한 이윤율이 7.4%로 저하되어 있다는 것, 그리고 한편 우리보다 한걸음 발전된 일본에 있어서 그의 이윤율을 살펴 볼 때 그는 일반주식의 이윤율과 거의 같은 수준이 되어 있다는 것이 우리의 주목을 끄는 사실이다.[37]

일제하의 소작제도에 있어서 지주가 상업자본가화하는 경향을 취한다는 위와 같은 입론은 전통적인

것을 입증할 필요가 없다함은 마치 실지의 소작료가 지대와 일치됨을 실증할 필요가 없다는 것과 조금도 다름이 없다.」(「데닌」, 농업문제, 대산역(大山譯), 1 32, P. 17)

36) 鈴木武雄, 조선의 경제, 1942, P. 266.

37) 동서(同書), P. 267 「농지수익률의 이와 같은 고수준이 있음으로써 금리도 주식수익률도 이에 색인(索引)되어서 일본보다 어느 정도 고보를 필요하지 않을 수 없다. 운운(云云)」

농업이론에 있어서나 그 밖의 농업이론38)에 비추어 혹시 하나의 이색적인 결론일지도 모른다.

그러나 금융자본의 발달은 그러한 「이색적」인 사실을 입증하였고, 또한 일반지주는 스스로 그러한 행동을 자각적으로 취하여 왔다는 것이 객관적인 사실이다. (적어도 그러한 경향을 점차 농후히 취하고 있었던 것이 분명하다)

사실, 일제하에 있어서 일인간(日人間)에는 흔히 한국소재의 지주를 두 가지 유형으로 분별한바 없지 아니 하였다. 그리하여 「제1형은 이를 농장식 또는 합영적 경영의 양식이라고 일컫는 것으로서 개인명의 또는 회사조직하에 다수의 사무 또는 기술의 직원을 옹(擁)하고, 수십 정보(數十町步) 내지 수천정보(數千町步)의 경지를 소작에 부하여 가장 진보적 조직화와 기술화를 행하여 합리적으로 기업화한 체형(體型)의 것이다. 차종(此種)의 경영지주는 그의 수, 2백여로서 경영면적은 55만 정보(町步)에 달한다. 그리하여 경영의 주체는 내지인(일본인)이 많고, 조선인은 적다. 농장식 경영의 특질은 다수 소작인에 대하여 경영상의 자금을 대부(貸付)하고, 소작인의 생계를 보증하고 경지의 이용 증진(增進)상 토지개량을 촉진하고 따라서 토지의 생산력을 급진적으로 증진하고, ……제2형에 속한 지주는 조선인 측에 비교적 많고, 스스로 도시에 거주하여 경지의 소재 지방에는 대리인, 사음(舍音)을 두고 소작인 자체로 하여금 자연적으로 생산에 종사시키며 따라서 분배량도 또한 구태의연(舊態依然)한 것과 같은 경영이다. 즉 제1형에 대하여 구식(舊式)이고, 불합리한 경영이다. 운운(云云)」39)

동양척식회사(東洋拓植會社)를 비롯한 일본 독점자본의 직접적인 예속형태는 물론이거니와 그 밖의 제1형의 지주로서 수많은 "농장"은 그의 형식에서 볼 때 비록 전형적인 농기업형태 즉 자본가적 생산양식이 아니라 할지라도 그의 실질에 있어서 금융자본을 배경으로 산업자본가의 의식 하에 자본적 이윤을 추구하는 업체임이 분명한 것이니 만약 그들을 단순한 지주로서 인정하고, 지대만의 고정적 소득자로서 관찰한다면 너무나 사실을 형식적으로 판단하는 폐가 되는 것이다. 확실히 이들 지주=산업자본가는 금융자본과의 융합된 기업가로서 농업 그 밖의 각종 산업에 투자를 자행(恣行)하되 농장 경영의 상대적 유리성이 인정되지 아니 할 때는 즉시로 자본의 이전을 감행(敢行)하는 것이 사례이다. 따라서 이러한 농업회사 또는 농장주를 끝끝내 단순히 자본가에 대립된 전통적인 관념의 지주 계급으로서 고정적으로 생각한다면 그는 역사적 운동법칙을 충분히 이해하지 않는 소지라고 말할 수도 있을 것이다.40) 거듭 말하거니와 이때에 지주는 본래의 지주가 아니라 토지자본가로서의

---

38) 흔히 학자는 일제하의 우리의 토지제도를 「아일랜드」의 토지소유제에 관련시켜서 말한다. 그리하여 「자본가생산양식 그것이 실재하지 않고, 즉 소작인 자신이 산업자본가가 아니고, 다시 말하면 그의 경영의 양식이 자본가적 양식이 아니고, 지대-자본제생산양식에 조응(照應)한 토지소유양식 - 가 형식적으로 실존함과 같은 제관계」(자본론)라고 서술한바 있으나 이 지대라는 것이 지금 우리의 문제이다.

39) 鈴木, 전게서(前揭書), P. 262의 인용문을 재인용.

40) 「전술한 바와 같이 조선의 농가계급구성 및 농지의 배분상태는 지주층의 농지 지배력을 압도적으로 만들고 있는 것이나, 지주는 경작 농민인 소작농에 비하여 토지에 대한 집착심이 희박함으로써 이가 토지의 상품화 경향을 조선에 있어서 특히 심하게 하고 있다. 운운(云云)」(전게(前揭), 鈴木, 조선의 경제 P. 265)

지주인 것이니 따라서 독점자본의 진행사회에 있어서 지주의 범주는 스스로 질적으로 변화하고 따라서 더욱 양적으로 제액되어 나아간다고 볼 수 있는 것이다.

독점자본주의의 진행은 위와 같이 소위 제1형의 지주를 산업자본가로 변질할 뿐 아니라 나아가서 제2형의 지주41)를 지대=금리 취득자로 화(化)한다. 그러나 여기에 금리의 내용인즉 기본적으로는 산업이윤의 실질을 갖게 되는 방향을 취한다는 점에 있어서 제1형의 경우와 본질적으로 다름이 없는 것이다.

물론 개별적지주가 단순한 토지소유자로서 머물러 있다고 의식하거나 또는 경제적 사정으로서 소작농으로 몰락한다는 것은 여기에 문제가 아니다. 그러한 것은 있을 수 있는 일임에 틀림이 없고, 사실 많은 영세지주가 소작화하고, 반대로 또한 소작농이 지주화하는 것을 우리는 능히 실증할 수 있는 것이지만 그것은 독점자본주의가 지주를 산업자본가화하고 또는 금리취득자= 대부자본가화 →산업자본가화라는 일반적인 명제의 성립에 아무런 지장을 주는 것이 아니다.

독점자본이 지주를 기본적으로 산업자본가화 한다는 것은 (명확한 자본가적 생산양식이 되어 있지 아니한) 구지 가설이라고 하면 하나의 가설이라고도 말할 수 있을 것이나 만약 이 가설을 전제로 할 때 우리는 또한 어떠한 사실이 증명되는 것인가? 여기에 하나의 중대한 문제에 대한 관건이 발견되는 것이니 그것은 봉건지대로서 지목하던 소작료의 관념(觀念)이 근본적으로 해체된다는 결론이다. 우리는 전통적인 농업이론에 있어서 영세농의 소작료가 "봉건적" 혹은 "반봉건적"이라는 용어로서 표장(表章)되었음을 잘 알고 있다. 그리하여 일파(一派)는 그를 본질적으로 봉건적인 것이 아니라 "과도기적"이라든가 또는 "부득이(不得已)"한 "정책적"일 것으로 인정함에 그쳐 있었던 것이다.

그러나 이와 같은 "봉건적인 지대"로서의 관념이 자본사회의 진행에도 불구하고 그대로 존속될 리는 만무하다. 그의 정체는 바야흐로 지주가 산업자본가화함으로써 현실적인 해명을 보게 된 것이다. 즉 다시 말할 것도 없이 금융자본주의하에 있어서의 고율적 소작료=봉건적지대는 이미 지대 그것이 아니라 금융자본을 위한 이윤으로 변질하였다는 것이 정곡(正鵠)을 얻는 해석이다. 여기에 하나의 아포리아는 해결되고, 「농업논쟁」은 해결의 서광을 얻게 되었다고 말할 수 있을 것이다. 사실 우리는 소작료를 어디까지나 전형적 지대의 범주로서만 고수하였기 때문에 문제의 해결을 보지 못하였던 것이고, 그의 변질을 이해하지 못하였기 때문에 문제를 미로(迷路)에 고착시키고 말았었던 이론적 역사를 갖는 것으로 생각되는 것이다.

---

41) 제2형의 지주에는 봉건시대의 유산(遺産)인 토지의 소유자가 많다. 이러한 사실에 구니(拘泥)한 결과는 이들 지주와 소작농의 관계로 하여금 봉건적 관계와 조금도 다름이 없다는 관념을 갖기 쉽다. 그러나 설령 지주와 소작인의 인적 관계가 그대로 자본사회에 이행되었다 할지라도 시대의 단계적 변동은 본래의 사회관계를 변질시키고야 말 것이다. 그리고 농업생산에 적극적으로 참여하지 않는 「제2형」의 지주에 있어서는 일제초기의 단계에 있어서 거의 예외 없이 고리대 금업자가 되어 있었던 것이나, 그가 지주로서는 대부분 제1형의 그와 본질적으로 달라있지 아니하였던 것이다.

Ⅴ. 금융자본의 영세농지배

우리는 앞에서 금융자본의 지배적 성격으로부터 출발하여 지주의 산업자본가화(또는 대부자본가화) 따라서 전통적인 지대의 이윤화(또는 이자화)운동을 관찰하였으나 이번에는 방향을 정반대로 하여 피지배적 영세농의 성격으로부터 출발하여 그의 이윤화과정을 반대방향으로부터 재확인하려 한다. 그러나 여기에 말하는 운동 그것은 하나의 통일적인 사회적 기구 즉 금융자본주의의 전체적 기구 하에 형성된바 동일한 현상의 표리(表裏)에 불과하므로 우리의 사유의 방향을 달리하였다 하여 결론이 달라질 리 가 없으리라함은 처음부터 명백한 것이다.

이리하여 만약 여기에 성립된 이론 그대로 지주가 종국적으로 산업자본가화 한다하면 영세소작농은 당연히 지주=산업자본가로 하여금 능히 평균이윤의 취득을 가능하게 하는 농업생산자화한다. 그런데 이때에 이 생산계급은 자가노동에 의한 영세경영을 통하여 관념상 평균이윤+ 절대지대+ 차익지대=(총이윤)의 실질이 되는 현물을 소작료의 형식으로써 지주=산업자본가에게 제공하는 것이므로 지주=산업자본가는 결국, 금융자본가에 대한 절대지대+ 차익지대=이자부담을 소작농에 전가시킨 셈이 되는 것이나, 이러한 가운데 금융자본의 지주에 대한 지배력은 강화되고, 한편 농산물의 상품화경향은 촉진되며, 「쉐레」 는 커지는 경향에 있어서(전술), 영세소작농의 지대적 부담은 가중하여 나아가고, 그의 빈곤상은 심각화하는 것이며, 그는 완전히 몰락하여 노동자화하거나 유랑의 길을 취하게 되는 것이다.

그런데 이때에 영세소작농이 비록 빈곤의 극도에 달해있다 할지라도 그가 다소간의 생산수단(괭이, 낫 등)을 보유하는 이상 완전한 프롤레타리아가 아니라는 관념이 설수는 있다. 실로 프롤레타리아와 룬쎈·프롤레타리아와의 차이(差異)는 생활정도의 고저에 있는 것이 아니라 생산수단의 보유여부에 있기 때문이니 즉, 「근대적 프롤레타리아의 특징적 징표는 결코 그의 빈곤이 아니다…… 근대적 프롤레타리아의 하나의 특징은 그의 근대적 생산과정에 있어서 연출하는 중대한 역할인 것이다.」 그리고, 「근대적 대금(貸金) 프롤레타리아를 특징 지우고 있는 무소유라는 것은 단순히 생산수단의 결여(缺如)인 것이다. ……근대적 임금노동자는 그가 생산수단을 소유하고 있지 않는 한 프롤레타리아」 라고 말할 수 있기 때문이다. 42)

그러면 일제하 제압과 빈곤 하에 놓여있던 한국 영세소작농은 어떠한 범주적성격의 보유자이었던가? 만약 그의 보유하는 [괭이], [낫] 또는 약간의 가축이 완전한 생산수단이라고 한다면 해답은 복잡하다. 그러나 문제를 실질적으로 살펴본다면 첫째 토지없이 영세농이 보유한 그러한 소도구가 완전한 생산을 이룰 수 없다는 점에 있어서, 둘째 생산수단인 토지에 비하여 너무나 미약한 생산수단이랑 점에 있어서, 셋째 그들이 겸하여 생산수단으로써 사용된다는 점에 있어서, 그리고 넷째로 그들

---

42) Kautsky, Agrarfrage, 1899, 일역(日譯), 向坂逸郎), 농업경제, P. 495. 496.

미약한 도구들이나마 대부분 지주=산업자본가에 대한 부채의 대상이 되어있다는 점에 있어서, (즉 그들은 사실상 지주의 대여물이 되어있는 경우가 많다는 점에 있어서) 다섯째 반대로 그만한 생산수단이라면 전형적인 도시대금 프롤레타리아에서도 능히 찾아볼 수 있다는 내용에 있어서 영세소작농은 생산수단의 완전한 소유자가 아니다. 따라서 단순히 생산수단의 실질적 내용에 의하여 일제하의 영세소작농은 노동자로 인정하여 무방하기도 하는 것이나, 그러나 영세소작농을 보다 결정적으로 프롤레타리아화하는 요인은 그들이 최저의 생활수단(생존물) 이외에 일체의 잉여노동의 산물을 토지소유자인 지주에게 제공하도록 그의 노동력을 간접 강제적으로 혹사(酷使)한다는 점에 있는 것이다.

영세소작농이 고율소작료의 지불을 위하여 그의 노동을 간접적으로 강요당하는 형식은 마치 봉건사회의 농권(農權)이 봉건지대를 경제외적 강제력에 의하여 강요당하는 형식에 유사하나, 그러나 독점자본주의하에 있어서 노동의 간접적인 강요는 경제외적 강요가 아니라 경제적 독점력에 의한, 말하자면 경제내적 강요인 점에 있어서 분명히 양자 구별되는 관점이다. 영세소작농은 이때에 있어서 소작계약을 스스로 해소하고, 이농할 수 있는 것이며, 따라서 전농할 자유를 갖는 것이고, 또는 유랑방황의 자유를 갖기도 하는 것이나, 다만 그들은 생명의 보전을 위하여 끝까지 토지에 매달려 생존비(임금해당액)의 확보를 목적으로 그의 노동력을 혹사(酷使)할 수밖에 없을 따름이다.

한편 생각하면 영세소작농을 경향적으로 농업노동자시하는 견해에 대하여서도 일견(一見) 의견이 설 수 있는 두 가지 계기가 없지 않다. 그의 하나는 일제하의 우리에서 본바 영세소작농은 일반노동자와 달리 화폐가 아니라 현물43)을 분익적(分益的)으로 취득하는 형태이었다는 점, 즉 분익(分益)소작이 일반적 소작형태였다는 것이고, 다른 하나는 영세 소작농이 농업노동자시될 때 「머슴」이나 완전한 농업노동자의 범주가 무엇이 되겠느냐 하는 점일 것이다.

분익소작제(分益小作制) 그것은 「본래의 지대형태로부터 자본제지주에의 하나의 과도형태라고 볼 수 있다.」는 것, 그리고 「그것은 사실상 소작농업자의 전잉여노동을 흡수할 수 있기도 하고, 또는 그의 여잉(餘剩)노동에 대한 대소(大小)배당분을 그들 위하여 남겨놓을 수도 있으나 본질적인 점은 이때에 지대는 이미 여잉가치(餘剩價値) 일반의 유례(類例)의 형태로서 나타나지는 않는다는 것이다.」(자본론)

그러나 우리에게 중요한 사실은 독점금융자본제하에 있어서 이와 같은 분익(分益) 소작료를 제공하는 영세소작농이 어느 때 자본제적 농업을 경영하게 되고, 어느 때 분익 소작료를 자본제 지대로 변천시킬 것인가 하는 점에 있고, 또한 어찌하여 소작료의 형태가 소작농의 편익이나 지주소작인 상호의 자유의사에 의하여 결정된다느니 보다 지주의 단독적인 계산과 편익에 의하여 임시로 결정되는가하는

---

43) 「그것은 화폐지대의 중세적(中世的)으로 가장한 표현이외에 아무것도 아니고, 아무것도 아닐 수밖에 없었다.」(자본론, 고부(高富)역, 455)

문제인 것이다. 일제하의 사실에 의하면 경우에 따라서 소작료는 분익제(分益制)(타조(打租))를 취하는 수도 있고, 정액제(정조(定租))를 취하는 수도 있으며, 검견제(檢見制)(집조(執租))를 취하는 예도 없지 아니하였으니 그는 마치 임금제에 있어서 정액제를 취하는 수도 있고 도급제(都給制)를 취하는 수도 있는 것과 마찬가지다. 따라서 분익제(分益制) 그것으로써 소작 관계의 봉건성을 주장하고 또는 그것으로써 영세소작농의 임금 노동자적 성격을 부인할 적극적인 근거로 삼을 수는 없다는 결론이 되는 것이다.

다음에 농촌에 실존하는 일반적 임노동자(賃勞動者)이외에 「머슴」에 관하여서도 그는 일종의 가족적 임노동(賃勞動)의 보충형태에 불과하므로 그도 또한 여기에 문제가 아닌 것이다.44)

물론 일제하의 소작형식에 우리는 많은 봉건적 유제(遺制)를 발견할 수 있다. 그러나 자본주의의 독점적 진행에 따라서 그것은 그의 형식을 유지한 채 내용적으로 변질되고, 혹은 그의 형식을 보유한 그대로 독점자본에 의하면 궁극적으로 이용된다는 점을 우리는 결코 간과하여서 안되는 것이다. 지금 구체적인 영세소작농이 어떠한 호기(好機)를 얻어서 농업자본가가 되는 것은 여기의 문제가 아니다. 여기에 중요한 것은 전체적인 운동의 경향과 실질이 어디에 있는가를 보는 것이니, 요컨대 영세소작농은 결코 어떠한 이윤을 추구하려 하지 않고, 다만 그의 생존비에 해당한 노동의 대가를 취득하고자 영농에 종사하되, 독점자본의 세력적 조절에 의하여 간접강제적인 피지배의 운명을 갖는 것이다.

이리하여 영세소작농은 비단(非但) 「미래의 프롤레타리아」일뿐 아니라 잠재적, 현실적인 임금 노동자가 되어있는 것이나, 어쨌든 이와 같이 소작농의 농업노동자화하는 노동과 지주의 산업자본가화하는 운동은 상호보완적으로 작용하여 독점자본주의하의 농업사회에 있어서 2대기본계급의 분화운동을 은연중(隱然中) 서서히 또는 급진적으로 촉진한다. 즉 농촌사회에 있어서 지주의 형태가 변질하고, 영세소작농이 노동자로 분화할 뿐 아니라 자작농이 영세농화하고, 후자가 다시 영세소작농화하는 과정은 필연적으로 진행되는 것이다.

---

44) 「일본농업에 있어서의 임노동(賃勞動)의 성질을 간단히 자본가적 경영에 사용된 임노동(賃勞動)과 동일시하는것은 의문이다. 가족노동의 보충으로서, 일체 소농경영에 고입(雇入)되면 가족노동화하는 소농적 임노동(賃勞動)의 성질……」(大島淸, 농업문제서설, 1953, P. 63)

Ⅵ. 결론 – 지대의 발전형태고찰

우리는 전통적인 명제에 기점을 갖는 농업의 기본문제 – 단적으로 말하면 영세농이 「봉건화」 하느냐 「공식적」인 자본화의 과정을 밟느냐의 문제 –를 일제하의 우리 농업을 중심으로 하여 재검토하였다. 그리하여 금융자본의 독점적 본성이 농업사회에 미치는 세력적 영향을 적극적으로 도입시킴으로써 하나의 성과를 기대하게끔 되었다. 그의 성과는 결론적으로 말하여 전통적인 소농논쟁에 있어서의 「봉건화」의 시인이 아닐 뿐 아니라 또한 「공식화」의 견해 그것도 아니며, 그것은 말하자면 금융자본주의가 가져온 농촌계급의 변질적 과정과 그에 따르는 양극적 분화운동의 파악이라 할 수 있을 것이다.

지금 지주의 산업자본가화운동과 영세소작농의 농업노동자화운동의 과정을 여기에 되풀이할 필요는 없다. 그러나 이러한 역사적, 실증적인 사실이 아직 간과됨으로써 무용의 논쟁이 거듭되었고, 오히려 농업문제 일반이 점차 미궁에 진입하는 감을 주게 되었음은 불행한 사실이라 아니할 수 없는 것이다. 사실 논자에 있어서 영세소작농은 농업자본가로 가정되기도 하였고, 때로는 그가 봉건적 혹은 반봉건적인 농권(農權)의 지속적 범주 그것으로서 인정되기도 하였다. 그러나 그들 이론은 현실적이 아니며 스스로 사실과의 당착(撞着)을 가져올 수밖에 없었던 것이다.

물론 전통적인 의론(議論)이 확고한 결론을 얻지 못한 사유에 있어서는 보다 기저적(基底的) 요인이 없지 않다. 그러나 어쨌든 전통적인 농업이론이 공식적인 명제에 구니(拘泥)되어 있음으로써 문제를 현실적인 기반에서 달관(達觀)하지 아니 하였다는 사정에 결코 잊어서는 아니 되는 것이니, 첫째 그렇게 구니(拘泥)함으로써 논자는 단순한 산업자본시대의 상정(想定)을 발전된 금융자본시대에 그대로 옮겨놓은 결과를 가져오게 되고, 근본적으로는 지대의 형태적 발전(변질)에 착안하지 못한 체 이론과 현실의 타협에 「타락(墮落)」한 결과를 가져왔던 것이다.

사실, 영세소작농이 프롤레타리아화하는 동시에 지주가 금융자본주의의 진행하에 질적으로 산업자본가화한다는 이해가 성립될 때 비로소 우리는 소농문제의 논점에 관한 순조로운 해명이 가능할 뿐 아니라 그렇게 됨으로써 우리의 시야는 새로운 전망을 얻을 수 있게 된다는 점이 무엇보다 우리에게 중요한 것이다.

우선 지대문제를 회고(回顧)한다 할지라도 이론상 지대는 자본주의사회의 발전과 더불어 이윤과 상관되는 범주적 관념(觀念)이다. 그리하여 자본주의에 앞서서 지대는 유일한 여잉가치(餘剩價値)로서 노동 또는 현물형태가 일반이었으나, 그는 점차 현물 또는 현금화하는 변질과정을 밟아오는 과정에 있어서 이윤과 분리된 것이다. 이리하여 자본주의농업에 있어서 일반 형태로서의 현금지대는 다시 차익지대와 절대지대의 분화된 내용을 갖게 되고, 그는 그 밖에 특수부분에 있어서 독점지대의 형태를 갖게 되었다 함은 주지하는 바이다.

그러면 자본적 독점적으로 지배하는 시대적 계층에 이르러 특히 경제적 정치적 피지배지역에 있어서 영세소작농에 대한 지주의 본래의 지대는 어떠한 형태로서 진화한다 할 것인가? 그는 다시 말할 필요도 없이 금융자본을 위하여 이자의 형태로 변질하고 지주를 위하여(기타의 소작료부분은) 이윤(또는 이자)의 형태로 변질함으로써 스스로 그의 형태를 감추는 방향을 취하게 된다는 이해되는 것이며, 이때에 볼 수 있는 현물지대의 존속의 요청은 또한 봉건사회의 유제(遺制)적 요청으로부터 금융자본주의의 "편익(便益)"의 요청으로 화(化)한다고 볼 수 있는 것이다.

나아가서 시대의 변천이 가져온 이와 같은 필연적 귀추(歸趨)는 경제의 전체적 파악에 있어서 지대관념에 대한 이론적 중요도를 경감시키고, 따라서 토지의 중요도를 저락시키게 되는 것이나 이점을 반영한 일론(一論)을 소개하여보면 다음과 같다. 즉 「리카도」는 그의 시대적 환경을 대변하여 농지에 중요한 역할을 부여하였다………(그러나)「하톳드」에 있어서는 그가 1948년 그의 저(著) "동태경제론"을 위하여 경제적변수를 선택함에 있어서 토지를 완전히 도외시함을 적당하다고 보았음은 장책(長策)이었다. 운운(云云)」45)

이리하여 수확체감(收穫遞減)의 법칙과 아울러 토지요인의 관념이 도외시되었다는 것은 우리의 성과에 대하여 커다란 사사를 주는 것이 아니고 무엇이겠는가.

지대문제 이외에 추가적 성과로서 우리는 지주를 포함한 3대기본 계급으로부터 2대 기본계급의 구성적 진화의 확인, 따라서 농업사회와 비농업사회의 이원적 파악의 제거를 들 수 있으며, 끝으로 농업이론상 최대의 문제로서 미해결상태에 놓여 있는 농업경영규모의 대소 우열론(優劣論)의 고찰에 대하여 새로운 하나의 현실적인 계기를 지시를 하였다는 사실(이점은 물론 추가적인 고찰이 더욱 필요하다)을 말할 수도 있는 것이다.

이상은 물론 일본제국주의=독점금융자본이 우리의 농업구조에 초래한 변질적과정의 - 방향을 실증적으로 추구한 시도인 것이나 부언(附言)하여 본 이론이 현하(現下) 국가적 독점자본주의하의 농업구조에서 본바 동태적경향에 어느 정도 적용성을 갖는 것인가 - 이것은 장차 우리의 중요한 과제라고 볼 수 있는 것이고, 더욱 정밀한 고찰은 실증적으로 요구하는 기본적인 이론의 과제이기도 하는 것이다. (1957. 2.)

---

45) T. W. Schnltz, The Economic Organization of Agriculture, 1953, P. 25.
　　과연 R. F. Harrod는 그의 "Foward a Dynamic Economic" 1948. P. 20에서 다음과 같이 말하고 있다.
　　"I propose to discard the law of diminishing returns from the land as a primary determinant in a progressive economy…… I discard it only becouse in our particular context, it appear that its influence may be quantitativoly unimportant."

농업경제학의 현대적 과제

김 준 보

I

농업경제학(Agricultural Economics)은 농업이란 특수한 농업의 성격에 비추어 그의 고유한 과학적기능이 논의되는 수가 없지 않다. 그러면 농업경제학은 경제학의 과학적 기능과도 다른 어떠한 특유한 성격을 갖는 것인가? 지금 막연히 농업경제학이라 할 때 많은 견해는 흔히 자본주의 일반경제학에 대한 자본주의 농업에 관한 경제학을 가리키는 것이라고 지적한다. 그리하여 전자(前者)의 일반경제학이 자본주의 경제의 전분야(全分野))에 관하여 그의 전형적 운동법칙을 밝힘으로써 그의 기능을 다한데 대하여 후자(後者)의 농업경제학이 자본주의 하의 농업분야에 관한 구성적 분석으로서 문제를 국한하는 것이라고 이해하는 것이다.

만약 오늘의 우리나라 농업, 즉 우리의 경제적 해결은 촉구(促求)하는 현재의 농업이 그의 성격에 있어서 문자 그대로 자본주의 농업이라 한다면 위의 이론은 그대로 타당하다 할 수 있다. 즉 농업경제학은 응당 자본주의 농업에 관한 경제학으로서 그의 내용을 충실화시킬 수 있을 것이고, 그럼으로써 그는 일반 경제학의 일특수분과(一特殊分科)로서의 지위, 다시 말하여 일반경제학의 응용과학으로서의 지위를 차지하게 될 것이다.

그러나 누구나 아는바와 같이 우리의 현실적 농업은 첫째 그의 생산양식에 있어서 결코 전형적인 자본주의 농업이 되어 있지 않다. 그는 물론 총체적 기반에 있어서 자본주의의 지배조건을 떠나 있는 것이 아니라 할지라도 그가 그의 형식에 있어서 자본주의 농업생산양식을 구현화(具現化)하여 있지 못한 것이 사실이다. 여기에 있어서 우리는 응당 우리의 농업경제학이 곧 자본주의 농업만을 대상으로 하는 경제학으로서 자처(自處)할 수 없게 됨을 알게 된다. 그 반면에 현실적 농업면에서 본바 후진적 제요소(諸要素)에 관하여 그의 기본적 동태를 분석하는 사명을 오히려 크게 느끼게 되는 것이다.

물론 우리는 하나의 순수한 관념에서 방황할 때 일반경제학의 응용적 분과(分科)로서 오로지 자본주의 농업이론만을 그의 내용으로 삼는 경제학의 존립(存立)성을 인정할 수 있게 된다. 과연 우리는 자본주의 지대(地代)이론만을 중심으로 하는 농업경제학을 보는 수 없지 않고, 국민소득의 분석이론이나, 심지어 「일반균형론」의 미시적(微視的) 분석만을 농업면에 응용하려 하는 경제학이 있음을 흔히 보는 것이다. 그러나 우리나라의 현실적 농업에 있어서 그를 그대로 따를 수 없다는 것은 너무나 명백하다. 사실 "마르크스"의 가격론이나 "케인즈"나 "슘피터"의 원(原)이론은 공식적으로 우리에게 응용한다 할지라도 그는 경제학의 현실성의 요구에 적합(適合)된 충실한 결론을 얻을 수 없는 것이다.

이러한 의미에 있어서 우리의 농업경제학은 우선 자본주의 원이론만이 그대로 관철(貫徹)할 수 없는 고유한 기반을 갖는다고 말할 수 있다. 그러나 그렇다할지라도 오늘의 농업경제학은 결코 일반경제학의 원용(援用)없이 이루어지는 것이 아니다. 그것은 무엇보다 우리의 현실적 경제사회의 후진(後進)성이 자본주의를 지향하는 가운데 자본주의와 관련되어 있는 「자본적」인 그것이라 볼 수 있는 까닭이며, 적어도 자본주의의 운동법칙이 경제의 유통면에 있어서 농촌경제의 주력을 거의 지배하고 있는 까닭이다.

바야흐로 농촌경제는 상품과 화폐의 유통방면에 있어서 자본주의의 지배하에 놓여 있을 뿐이 아니라 생산적 구조면에 있어서 양자의 요인(要因)은 차차 관련(關聯)성을 깊이하고 있다. 예컨대 후진(後進)농촌의 잠재실업(의장(擬裝)실업)의 양태(樣態)그가 비록 역사적 조건에 깊이 연유(緣由)하다 할지라도 오늘날 그는 자본주의의 구조적 실업과 더불어 밀접히 관련되어 있는 것이다.

더욱이 자본주의의 발전 그것이 후진적 농업요인을 변질(變質)화하는 영향력에 상도(想倒)할 때 우리는 응당 자본주의 농업이론의 실질적 적응성을 무시할 수 없게 된다. 후진적 영세농(零細農)의 사회적 지위는 기간(其間)의 사정(事情)을 우리에게 여실히 알려주고 있는 것이니 예컨대 일제(日帝)하의 우리나라 소작농은 그를 공식적인 관념에서 규정할 때 혹은 소기업농으로서 말할 수 있었고, 또는 봉건적 예농(隷農)으로서 규정할 수 없지 아니 하였던 것이나, 그를 동태적 실질에서 내용적으로 살펴볼 때 우리는 그가 점차 농업노동자화하는 경향1)을 엿볼 수 있었던 것이다.

Ⅱ

그러나 우리는 후진농업의 성격이나 그에 적응하는 농업경제학의 성격을 규정함으로써 그대로 만족할 수는 없다. 우리는 마땅히 그러한 침체적 산업으로서의 농업, 특별히 우리의 목적하는 한국농업의 내부에 한걸음 들어서서 그의 후진적인 양상(樣相)의 구체적인 조건을 밝혀보지 않으면 안된다. 그리하여 우리는 문제의 요소의 다기(多岐)한 가운데 있어서도 무엇이 특징적인 요인인가를 발견함에 노력하지 않으면 안된다. 물론 이때에 바로 우리의 눈에 뜨이는 하나의 커다란 요인이 없지 않다. 그것은 단적(端的)으로 말하여 한국농촌은 무엇 때문에 이와 같이도 빈곤한 것인가—이것이라 할 수 있는 것이다.

그런데 이러한 문제는 물론 우리에 있어서 단순한 사정(事情)에 그쳐있지 않다. 그는 또한 한국경제의 경제사적 조건에 깊이 관련되어 있으며 한편 오늘의 국제적인 지배조건을 떠나서 말할 수도 없는 것이다. 그는 오히려 후진농촌의 고유한 문제라기보다는 후진사회일반에 관련된 문제라고 볼 수 없지 않다. 그러나 어쨌든 우리는 문제를 한국농촌에 깊이 구해보되 그가 가진 빈곤의 특질(特質)을

---

1) 이러한 점의 좀 더 깊은 논의는 서울대학교 논문집 인문 · 사회* 제5집 중 졸고(拙稿) 참조

규정하지 않으면 안된다. 그리고 그럼에 있어서 우리는 우선 빈곤의 척도(尺度)를 거기에서 규정하지 않으면 안되는 것이나 이러한 규정의 방식과 수단이 또한 농업경제학의 기대되는 과학적인 대상이라고 말할 수 있는 것이다.

오늘날 발전된 자본주의분석의 이론을 쫓는 많은 사람은 흔히 빈곤의 내용을 규정함에 있어서 즉시 국민소득의 지표(指標)를 그대로 옮겨놓고 있다. 혹은 경우에 따라 "엥겔"계수(係數)와 같은 통계적 수단을 그대로 거기에 원용(援用)하려는 경향을 또한 우리는 보는 것이다.

빈곤의 내용이 과연 그러한 형태적인 개념 만에 의하여 손쉽게 파악될 수 있는 것이라면 우리의 개념은 아직 현실에 접근되어 있는 현실적인 그것이 아니다. 왜냐하면 첫째로 국민소득이란 개념 그것은 하나의「추상적인 상징」(abstract symbolism)에 불과하며, 따라서 그는 후진사회의 복지에 관련된 어떠한 생활면의 실질을 표장(表章)하는 척도가 아니기 때문이다. 더욱이 후진사회의 구조적 변화(Structural changing)의 과정을 내용적으로 밝혀볼 때 그의 느낌은 절실하다 할 수 있다. 그런데 우리의 문제는 처음부터 사회의 구조적 요인에 깊이 관련되어 있는 것이다.

사실 총체적인 국민소득이나 일인당 국민소득의 계수(計數)적측정은 사회적 구조면에 있어서 본바 실질적 변동의 양상을 그대로 표현함에 무력하여 있다. 다만 그는 발달된 기업경제를 전제로 하는 일종의 화폐적인 생산의 형태적인 표장(表章)에 불과한 것이며 특히 후진농업사회에 적응하여 어떠한 경제적 변화를 구체적으로 표현하는 수단이 되어 있지 않는 것이다. 따라서 우리는 다음과 같은 예를 들 수 있다. 즉 하나의 경제적 발전이 영세농(零細農)을 농업 노동자로 전락시키는 사태를 초래할 때 비록 그가 농민의 화폐소득을 일시적으로 증가시키는 형식이 되어있다 할지라도 그가 농민의 생활면의 실질적 토대에 있어서 안정성을 가져왔다고 말할 수는 도저히 없는 것이다.2)

더욱이 국민소득이 농민의 생계면의 부족(부채(負債))을 나타냄에 무력하고 그가 빈궁농촌의 만성적(慢性的)인 절양(絶糧)상태를 표장(表章)할 수 없는 성격에 있어서 그에 관한 근대적 경제이론의 제약성은 우리에 있어서 오히려 자명(自明)하다 할 수 있다. 그 뿐인가 이농(離農)의 현상이나 재해의 문제 등에 있어서 우리는 소득적 분석만에 크게 기대할 수 없게 되고, 그 이상 새로운 구조적 원리의 건립을 의욕(意慾)하게 되는 것이다.

---

2) 서구(西歐)학자에 있어서는 후진국의 경제적 역량(力量)이라든가 경제적 후진성을 해석함에 있어서 대체로 대립된 두 가지 경향을 보여주고 있다. 이를 테면 「일인당 실질 국민소득이 선진제국의 그러한 소득에 비하여 낮은 나라를 저개발국 (低開發國)이라고 정의한 국제연합 경제전문가의 보고서, 즉 United Nations, Department of Economic Affairs; Measures for the Economic Development of Under-Developed Countries, 1951」라든지 「후진지역」이란 그네들의 인구와 천연자원에 대한 자본의 부족형태에 있는 것으로 정의한 **Nurkse; Problems of Capital Formation in Under Developed Countries, 1953 와 같은 것에 대립하여 S.H. Frankel ; The Economic Impact on Under-Developed Societies; Essays on International Investment and Social Change, Harvard Univ. Press에서와 같이 후진사회의 경제발전을 사회적 경제의 재편성에 관련된 「구조적 변화」의 문제로서 보다 사회학적으로 이해하는 경향이 있는 것이다.

참고자료

1. 물론 불충분한 계수(計數)이지만 이를테면 우리는 절양(絶糧)농가(農家)의 일단 (一端)을 다음의
부락(部落)조사에서 규지(窺知)할 수 있다. (「재정」지 1957년 6월호, 필자「최근의
농촌생태」에서)

식 량 사 정

종별 계층	A			B		
	농가수	절량호수(絶糧戶數)		농가수	절량호수(絶糧戶數)	
		1957년5월	1956년6월		1957	1956
0~0.5	15	14	7	9	6	5
0.5~1.0	14	9	15	16	7	23
1.0~2.0	33	13	46	16	5	15
2.0 이상	15	–	13	–	2	–
계	77	36	81	41	20	43

식 량 사 정

종별 계층	C			삼(三)부락(部落)계		
	농가수	절량농가		농가수	절량농가	
		1957	1956		1957	1956
0~0.5(정)	16	15	5	38	35	19
0.5~1.0	36	23	18	65	39	57
1.0~2.0	42	22	22	121	40	53
2.0 이상	6	1	3	34	3	3
계	100	61	48	256	117	132

A: 경기도 시흥(始興)군 수암면 논곡리
B: 경기도 평택군 평택읍 지천리
C: 경기도 용인군 내서면 주북리

2. 위와 대조하기 위한 일제하 가정 심각한 공황기(1930)에 있어서의 전선춘궁(全鮮春窮) 농민의
조사(조선농회간(朝鮮農會刊)「조선농업발달사」1944)

	자작농	자작 겸 소작농	소작농	계
호수	92.302	32,340	837,511	1,235,285
%	18.4	37.5	68.1	48.3

3. 부락(部落)부채 조사(전게(前揭)「재정」지(誌) 1957년 6월 호)

　용도별 현금부채 (경기도시여군 수암면 논곡리)

부채총액	호당평균	교육	순생계	관혼/상제	의료	경영지출	구채(舊債)상환	재산구입
1,831,000환	23,779	22.2%	43.5%	6.1%	1.645	7.32%	7.64%	12.01%

4. 전국적 부채조사(농은(農銀)조사, 1956. 10. 동(同)조사월보(月報)1957. 9월호)조사 농가 23,262호 내(內), 부채농가 20,168호

농업자금

	시설	운영	계	식양대금	가사(家事)	구채(舊債)상환	기타	계
비율	15.6	31.3	46.9	20.6	14.0	9.8	8.7	100
추계(推計)			천환					천환
(총 농가)			41,540,276					88,572,017
조사 부채농가 일호당 부채액 = 953,260천환/23,262=47,266								

　그러나 우리는 후진농촌의 빈곤의 양상을 절양상태나 부채현상에서 살펴본다하되 단순히 그들을 평면적으로 계측(計測)함에 그침으로써 우리의 농업경제학의 과제로 삼을 수는 없다. 반드시 우리는 그를 역사적 구조면에서 동태적으로 파악하여야 할 것이며, 따라서 그를 역사적 변천(變遷)의 과정과 자본사회와의 교류의 과정에서 다각도로 분석하는 성의를 베풀어야 할 것이다.

　사실 단순상품 생산농민이 기아의 선상(線上)을 방황하는 현실에 있어서 의연 생산을 지속해 나아가는 농촌경제의 이론적 분석이 우리에게 요구될 때 "번영"의 척도로서의 국민소득이나 그의 성장이론을 무기로 하는 근대적 이론 경제학이 얼마나 유리(遊離)된 그것인가, 그리고 「초근목피(草根木皮)」에 그의 생명을 의탁하는 생계수준의 이해에 있어서 "엥겔"계수(係數)3)와 같은 개념이 얼마나 무의미한 것인가를 우리는 손쉽게 알 수 있는 것이다.

Ⅲ

　물론 우리 농업경제학의 현실적 과제는 농촌의 빈곤의 양상(樣相)을 양조(樣造)적으로 밝힘으로써 그쳐있지 않다. 그의 조건을 철저히 추구(追究)하는 사명을 다하여야 하는 것이나, 그럼에 있어서 우리는 적극적으로 나아가서 오늘날 후진 농촌의 자본형성이 어떻게 가능할 것인가, 즉 농업의 자본화 조건을 묻지 않으면 안된다. 실로 그렇게 물어볼 수 있다는 점에 있어서 우리는 오늘의 빈곤의 문제를

---

3) 한국농민의 "엥겔"계수는 수원농업기술원 조사(1955)에 의한바, 약 76%로 되어있다. 초근목피를 만약 계산에 산입(算入) 한다면 "엥겔"계수는 오히려 줄어서 표시될 것이다.

전(前) 자본주의사회의 그것과 분리시킬 수 있는 계기를 엿볼 수 있는 것이다. 사실 오늘의 후진농촌의 빈곤이 후진사회의 자본형성과 더불어 적극적 또는 소극적인 양면에 있어서 상호 관련되어 있음은 누구나 아는 바와 같다. 그러므로 전자(前者)의 조건을 살펴보되 우리는 우선 그를 후자의 조건과 더불어 고찰하는 이유를 갖는 것이다.

후진사회의 자본형태의 조건에 관하여서는 일찍이 외국원조의 기대로부터 주부(主婦)의 절미(節米)에 이르기 까지 수다(數多)한 논의가 거듭되어 있는 사실을 잘 알고 있다. 그러나 그의 결론은 우리에게 있어서 반드시 명쾌하다고 말할 수 없는 가운데 우리의 주목을 끄는 하나의 견해로서 흔히 후진사회를 지배하는 「인간성」에 기대를 걸고 있는 그것을 보는 것이다. 그리하여 그러한 견해는 경제개발의 문제를 단순한 「물적(物的) 생산공학」(Physical Production Engineering)이라고 볼 수 없다는 것, 그리고 후진사회의 발달의 요인인즉 순수한 경제 조건만에 의존하여 있는 것이 아니라 더욱, 인간적, 사회적인 조건에 크게 의존하여 있다는 시사(示唆)를 우리에게 보여주는 것이다.

Stanley; The Future of Under-developed Countries: Political Implications of Economic Development,. 1954.

과연 후진사회의 경제적 발전이 그러한 인간적, 사회적인 조건에 크게 의존하는 사실은 곧 후진된 경향이라고 말할 수 있다. 그러나 그럼에 있어서도 우리는 그러한 경향이 종국적으로 경제적 조건과 깊이 관련되어 있다는 사실을 무시하여서는 안되고, 또한 그러한 사정과 더불어 후진사회의 경제적 발전이 한편 자연적 제조건에도 큰 영향을 받는다는 사실을 잊어서는 안되는 것이다.

어쨌든 우리의 농업경제학은 곧 이와 같은 사회적, 자연적 제(諸)조건의 복합적 지배 밑에 놓여있는 후진농업을 그의 대상으로 삼고 있는 것이 분명하다. 그러므로 우리의 과학적 과업(課業)은 심히 복잡한 분석의 노력을 우리에게 수요하는 것이나 그럼에도 불구하고 여기에 우리의 명심하여야할 중요한 명제(命題)가 없지 않다. 그것은 곧 문제의 조건을 구하되 그를 농업생산이나 농촌경제의 내부에서만 구하지 말라는 것 이것이다.

사람들은 흔히 농촌의 문제를 오늘날 농촌내부에 국한하여 처리하려 하고 있다. 사실 자본주의 초창기의 생산적 단계에 있어서는 자본의 형성 또한 그 사회의 내부적 조건만에 능히 의존할 수 있었던 것이다. 따라서 후진농촌의 자본화의 가능성은 오직 「절약과 근면」의 미덕에만 의존하는 것으로 볼 수 없지 아니하였던 것이다. 그러나 한걸음 발전된 자본주의 오늘의 단계에 있어서 문제의 자본형성의 가능성을 농촌적 조건만에 기대함은 환상이다. 물론 그는 한층 외국의 제약조건에 크게 의존하여 있는 까닭이며, 따라서 오늘의 빈곤의 문제 또한 그의 해결의 열쇠를 반드시 농촌에서만 구해볼 수 없는 까닭이다. 그러므로 우리는 오늘의 후진농촌의 경제적 조건을 살펴보되 더욱 확대된 범위에서 살펴보지 않으면 안된다. 이것이 또한 농촌경제학의 발전된 현대의 과제의 하나인 것이다.

농촌경제의 불황분석
― 최근 수년의 실태 ―
Analysis of Rural Recent Depression

김 준 보

Joon-bo Kim

Ⅰ. 서설(序說)

(1)최근 수년의 동향에 있어서 한국농촌의 수지(收支)면에서 본 바 「쉐레」(Schere)현상은 격화되어 있다. 그에 따라서 농가소득은 저락되고, 그의 부채는 누적하였다. 바야흐로 농촌과 도시의 현격(懸隔)한 소득차는 도시인구의 급격한 팽대(膨大)현상을 나타내고 있다. 농업생산층은 지금 소득의 증대를 의욕하는 과정에 있지 않고 그들의 생활수준은 압박(壓迫)되어가고 있다.

농업의 자본화는 물론 여기에 기대할 수 없고. 오히려 토지생산력의 증대만 크게 촉구(促求)되어 있다. 전통적인 수리(水利)사업은 의연 계속을 보고 있고, 다비(多肥)주의는 그침 없이 진행을 보고 있는 것이다. 농업소득의 저락이 금비(金肥)를 다용하는 이유가 무엇이냐 하면 그것은 개별적 농민이 곡가의 저락(低落)을 증산(增産)으로써 보충하거나 자급식량의 확보를 위하여 토지생산력을 올리려는데 기본적 원인이 있다. 사실 그 동안 자연조건의 호조(好調)와 더불어 식량의 절대량은 다소의 증대를 보고 있으나 그것이 농업소득을 올리지 못하고 있다는 모순을 나타내고 있는 것이다.

영세(零細)농민은 그러한 가운데 점차 몰락하고 많은 그들은 드디어 토지를 떠나서 방황한다. 처음에는 가족의 일부가 일시적으로 이농(離農)하고 나아가서 그의 전체가 완전히 이촌(離村)함을 볼 수 있다. 이에 앞서서 토지의 농촌 내 겸병(兼倂)이 이루어지고 농업소득의 출타(出他)소득(품팔이, 식모사리 등)에 의한 보충부면(部面)이 커가고 있기도 한다. 지금 우리는 이러한 유기적 유동적인 현상을 정태적인 통계조사로써 정확히 포착함에 지극히 곤란하다. 다만 각종의 자료로써 그의 경향을 대체로 알 수 있을 뿐이다.

(2) 한국농촌의 이와 같은 불황현상은 크게 나누어 그의 원인을 다음의 세 가지 범주(範疇)에 두고 있다.

우선 그의 첫째는 국내 「인플레이션」 의 만성(慢性)적인 위협이 흔히 곡가의 조절로써 막아지는 전통적인 정책적 경향이라 할 수 있다. 그리고 그의 둘째는 미(美)잉여농산물의 막대한 도입이 농업생산 일반에 미친바 저압적인 영향을 들 수 있다. (이는 전자(前者)에 대하여 말하자면 순수한 외래적 요인이라 할 수 있을 것이다.) 끝으로 그의 제삼의 범주인 즉 농촌경제의 현실적 빈곤성 그 자체에서 구할 수 있다고 볼 수 있다. 그리하여 영세(零細)적 소농경제의 궁박(窮迫)적 요인과 농업생산의 비수익적 성격이 그 가운데 지적 될 수 있음은 물론이다. 지금 이들을 좀 더 분설(分說)하면 다음과 같다.

첫째로 한국의 통화팽창도(度)는 의연히 누진(累進)하여 지금 다음 그림(제1~2도(圖))에서 본바와 같다. 그는 불과 수년 동안에 3배에 접근하여 있다. (1959년 이후 상승이 머물러 있는 이유의 일부는 통화성 예금이 정착성 예금으로서 처리되어 있는 사유에 의한다.) 이에 대하여 일반 물가지수 (신규도매물가지수—제1도(圖))는 아직 170(1955년 평균=100에 대한 1960년 현재)의 수준에 머물러 있음이 주목된다. 그의 원인은 무엇인가? 그의 원인은 물론 다기(多岐)하나 그 가운데 가장 큰 것을 따져보면 그는 곡물가격의 상대적 저락현상 그 것이라 할 수 있다. 원래 곡가가 후진국의 일반 곡물체계에 미치는 영향은 지대하거니와 최근의 한국에 있어서 그는 만성적으로 생산비이하에서 저회(低徊)하는 정치적 습성이 되어 있는 것이다.

(일반물가지수의 현실적 작성에 있어서 곡물의 가중치는 30에 가까운바 있다.)

물론 연도별 물가지수 그것만으로써 우리는 간단히 문제의 「쉐레」 현상을 밝힐 수는 없다. 그러나 다음 지수(指數)표에서 우리는 1957년 이래 급격화한 그의 현상을 대체로 살펴볼 수 없지 않는 것이다.

제1표 물가동태

	신규도매가격지수		곡물지수		곡물제외지수	
1955	100.0	–	100.0	–	100.0	–
1956	131.6	–	159.5	–	122.4	–
1957	152.9	100.0	183.2	100.0	142.9	100.0
1958	143.4	93.8	150.0	81.9	141.3	98.9
1959	147.2	96.3	131.4	71.7	152.5	106.7

물론 「인플레이션」 의 잠재세력을 막기 위한 농촌의 지원은 곡가의 저락(低落)만에 의존함이 아니다. 현물세(現物稅)도 거기에 크게 기여하거니와 그 밖에 막대한 인적(人的)부담을 들 수 없지 않는 것이다. 이리하여 재정과 금융면이 가져온 「인플레이션」 을 농촌 경제 그것이 부담하는 모순을 자아낸다. 거기에는 전가(轉嫁)적인 부담도 없지 않거니와 직접적인 부담도 적지 않은 것이다.

둘째로 미(美)잉여농산물의 도입이 한국 농촌경제에 미친바 침체적 요인임은 너무나 명백하다. 그것은 단순히 농산물가를 억압함에 그쳐있지 않고 국내농업생산의 자주적 계획성을 교란(攪亂)하는 것이다. 그 가운데 우리는 흔히 경제구조에 커다란 변동을 살펴 볼 수 없지 않다. 예컨대 막대한 원면(原綿)의 도입은 한국 농민의 의료(衣料)의 자급(自給)도를 축감하는 반면에 의료의 독점적 기업가를 배출하는 것이다.

끝으로 영세농(零細農)의 곤궁(困窮)이란 제삼의 요인을 살펴본다. 이 때 우리는 그가 농업의 탄력성을 제약하여 불리한 시장조건 하에 소농을 몰아넣는 사실을 볼 수 있다. 문제인 「쉐레」 현상의 계절적 격화요인인즉 주로 이 점에 달려 있는 것이다. 곡가의 진폭이 계절적으로 소농에게 불리하고 비료가격의 그것이 또한 계절적으로 그러한 사실이 틀림없이 이점을 반영한 농민은 사실 궁박(窮迫)적으로 싸게 팔고 또한 궁박적으로 비싸게 살 수밖에 없는 것이다.

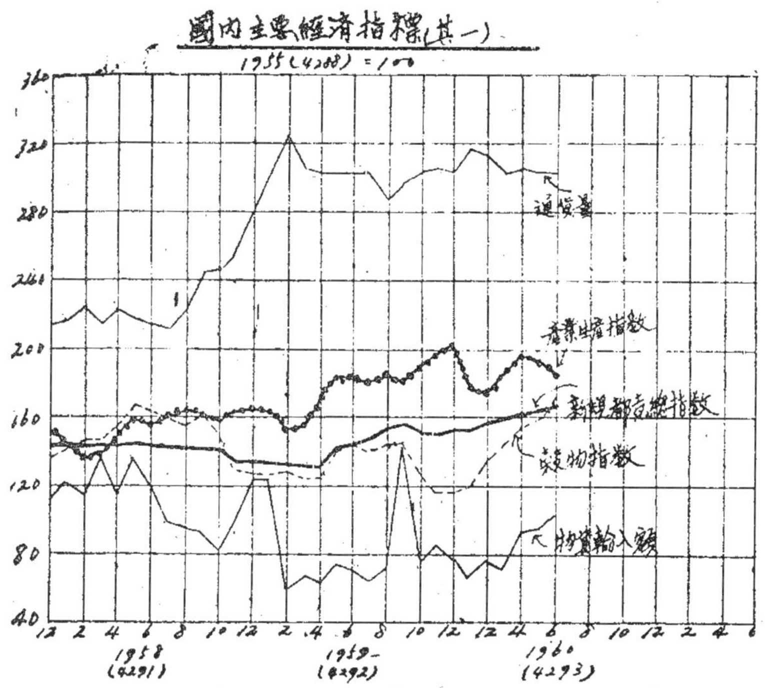

(3) 농촌경제의 이와 같은 불황요인은 점차 농민을 부채에 몰아넣는 요인이 될 수 있다. 그 가운데 부채는 또한 부채를 자아내는 사실을 볼 수 있다. 그런데 물론 부채 그것은 소득의 증대와 재산의 감소로써 상살(相殺)될 수 있으므로 명목상 그가 언제나 누증(累增)만이 되는 것은 아니다. 그러나 근자(近者)의 통계는 그의 명목과 실질의 양면에 걸쳐서 누증의 경향을 여실히 나타내는 것이다.

우리의 특별한 주의를 끄는 점은 근자의 한국농민이 지난바 고리대부채의 원인이 기본적으로 생산소득의 부족에 있고, 그 밖의 우발적 사태에 있지는 않다는 사실이다. 재해나 도박이나 관혼상제(冠婚喪祭)나 병역과 교육의 문제에도 그의 원인은 있겠지만 농업적으로 수지(收支)불균형이 그의 기본적인 요인임에 틀림이 없으리라. 이러한 사실인즉 특히 최근의 생계비조사에서 어느 정도 입증되어 있기도 하다. 지금 생계비의 지출은 기왕 3년의 통계에 의한바 놀랄 만큼 실질적으로 감퇴되어 있다는 중대한 사실을 보이는 것이다.

부채의 누적과 생산비의 저락현상은 무엇보다 단적(端的)인 빈곤의 표징이다, 이리하여 한국경제의 구조적 모순은 확대하여가고, 농촌의 낙후성은 그 가운데 진행하는 것이다.

(5) 총체적으로 말하여 한국농촌의 근자의 불황현상은 그의 원인을 주로 내부적 조건에 갖는 것이 아니라 크게 외부적 요인에 의존하여 있다. 그러므로 오늘날 농촌문제의 결정점을 농촌내부에서 추구함은 우매(愚昧)하다 할 수밖에 없는 것이다. 사람들은 농업경영의 합리화를 부르짖고 있지마는 거기에는 물론 유통기구의 조절이 선행되어야 하고, 농민의 자주적인 생산계획의 가능성이 실질적으로 확보되어야 한다. 뿐만 아니라 설영 생산물에 관한 가격보상이 되어있다 할지라도 「인플레이션」의 끊임없는 진행은 농촌의 일반적 생활수준을 압박하는 것이다.

이하 농가의 수지(收支)동태를 비롯하여 농가소득의 쇠퇴현상, 농가의 부채 및 농가생활의 불안정상(相)을 표시하는 몇 가지 계수(計數)적인 자료를 구태여 여기에 제시한다. 물론 그는 망라(網羅)적인 것이 될 수 없는 것이다.

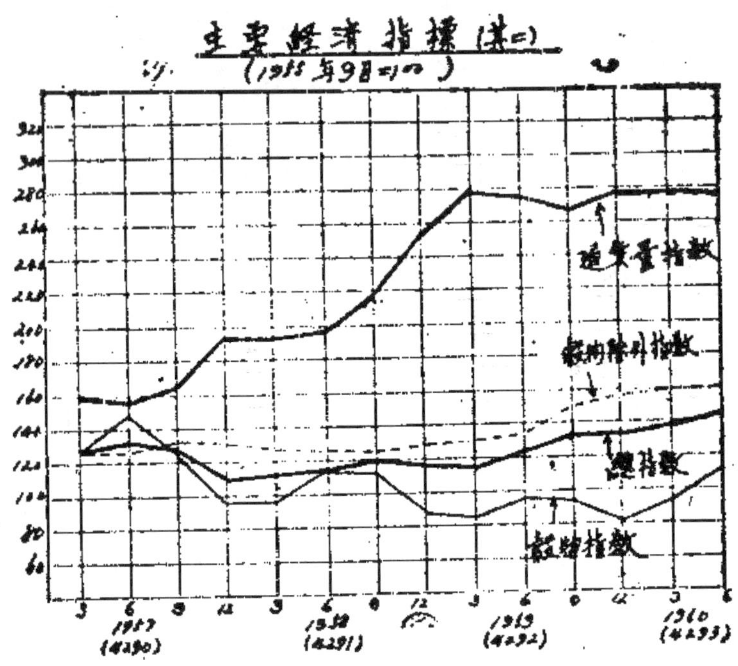

II. 농가의 수지(收支)동태

우선 전국 평균 농가의 경제수지(收支)동태를 살펴본다.

제2표 전국 평균 농가 수지

단위: 원(圓)

	경상 총수입	경상 총지출	수지 과(過)부족	실질 총수입	실질 총지출	실지 과부족
1955	350,146	350,349	-203	350,146	350,349	-203
1956	544,956	555,324	-10,368	414,100	421,989	-7,889
1957	598,652	611,977	-13,325	391,531	400,247	-8,715
1958	570,879	605,577	-34,698	398,103	422,299	-24,196
1959	545,443	559,215	-13,722	370,546	379,901	-8,355

비고 1) 자료는 한국은행에서 전국적으로 선정한 60개 부락의 약 600호 표본농가의 추계(推計)자료에 의거함
　　　　(경제통계연보. 1960)이하 마찬가지.
　　2) 실질수지액은 경상적 총수지액을 1955년을 기준으로 한 일반물가 지수로써 「데프레드」한 것,
　　　　　　참고　일반물가지수(신규도매물가)
　　　　　　　　1955　　100.0
　　　　　　　　1956　　131.6
　　　　　　　　1957　　152.9
　　　　　　　　1958　　143.4
　　　　　　　　1959　　147.2
　　3) 여기서 말한 경상적 수지액에는 재산의 증감에 의한 수지는 제외된다.

우리는 위의 제2표에 의하여 다음과 같은 몇 가지 사실을 알 수 있다.

1. 전국평균농가의 경상적 수지지출의 규모는 것이 년 50만원을 넘지 못한 저수준에 정체(停滯)되어 있다는 것,

2. 수개년(數個年)의 경향에 비추어 오히려 수지지출이 실질적으로 저감(低減)되고 있다는 것,

3. 매년 상당액의 수지부족을 나타내고 있다는 것, 따라서 이때에 수지부족은 「소득부족=부채」를 가리키는 동시에 농업면에 있어서 경제성장이 후퇴되어있다는 사실을 가리킨다는 것,

이를 경지(耕地)규모에 따라 좀 더 내용으로 살펴보면 다음과 같다. (제3표 참조)

제3표 경지(耕地)규모별 농가수지

단위: 원

	0.5정(町) 미만		0.5~1.0정(町)		1.0~
	총수입	과부족	총수입	과부족	총수입
1957	435,542	-13,941	548,622	-19,639	*733,862
1958	380,028	-26,655	541,866	-29,093	650,828
1959	359,895	-8,877	520,547	-16.026	696,221

	1.5정(町)	1.5~2.0정(町)		2.0정(町) 이상	
	과부족	총수입	과부족	총수입	과부족
1957	-2,092	*733,862	-2,092	1,227,505	-39,301
1958	-49,688	934,955	-5,701	1,218,949	-111,670
1959	-688	818,155	-42,750	1,221,980	-30,268

<table>
<tr><td>(참고)</td><td align="center">규모별 농가호수(戶數) 및 비율</td><td align="right">(1959)</td></tr>
</table>

3반(反)미만		3~5반		5반~1,0정	
호수	%	호수	%	호수	%
430,132	19.0	528.038	23.3	688,303	30.3

1.0~2.0정(町)		2.0~3.0정(町)		3.0정(町) 이상		계
호수	%	호수	%	호수	%	호수
474,247	20.9	139,810	6.2	6,889	0.3	22,277,419

1) 자료: 농업은행 발행 「농업연감」(4293)에 의함.
2) 총수입은 경상적인 것 (「데프레드」 하지 않은 것,)
3) *란(欄)의 총수입 및 과부족은 원래 1.0~2.0정보(町步)에 관한 조사통계임

우리는 위의 제3표에 의하여 경작규모에 따라서 증가되어가는 (예외는 있으나) 농업의 수지부족이 현저(顯著)함이 주목을 끄는 것이다.

그러면 농가의 소득적(비재산적) 전체 경제수지를 떠나서 그의 지배적인 농업생산면에 한(限)한 수지상태를 보면 어떠할까? (제4표참조)

제4표 전국평균농가의 농업수지

(단위: 원)

	경상적 총수입	경상적 총지출	농업 수입	실질적 총수입	실질적 총지출	농업 수익	수익 년차대비
1955	370,766	43,034	327,732	370,766	43,034	327,732	100
1956	459,805	64,817	394,988	288,268	40,637	217,641	75.6
1957	484,867	66,096	418,771	264,665	36,079	228,556	69.7
1958	428,564	122,371	305,193	285,699	81,681	201,128	62.3
1959	411,645	131,353	280,292	313,276	99,961	213,712	65.1

참고 1) 여기 농업수입은 그의 대종(大宗)인 「농작물수입」과 「농작물 이외의 수입」으로 되어 있다. 이 양(兩)수입에
　　　관하여 1955~1959년의 5개년 평균비는1:0.068이니 농업수입의 대부분이 농작물수입임을 알 수 있다.
　　2) 「농작물이외」란 양잠(養蠶), 축산, 농작물가공, 양봉, 농업잡수입을 포함한다. 그리고 총수입에 대한
　　　농작물수입은 약 75%(5년평균)이다.
　　3) 여기 실질적 수지는 성질(性質)상 한국은행조사의 곡물지수에 의하여 「테프레드」한 것임, (곡물지수는
　　　전게(前揭)한 바 있음)
　　4) 농업지출항목에는 종묘(種苗), 비료, 소농구(小農具), 가축, 농약, 고용노임(雇傭勞賃), 사료, 임차(賃借),
　　　광열(光熱), 재료, 기타잡비 등이 포함된다. 조공과(租公課)는 제외되어 있다.

여기에 주목되는 사실인 즉 농업수입은 점감(漸減)한데 대하여 농업지출은 점증(漸增)하는
경향을 볼 수 있다. 따라서 농업수익(농업소득) 또한 명백히 점감(漸減)하는 것하며, 지금
1955년에 대비하여 농업수익의 실질적 감퇴는 2년간에 3할(割)이상으로되어있는 것이다.
　(제3도(圖)참조)

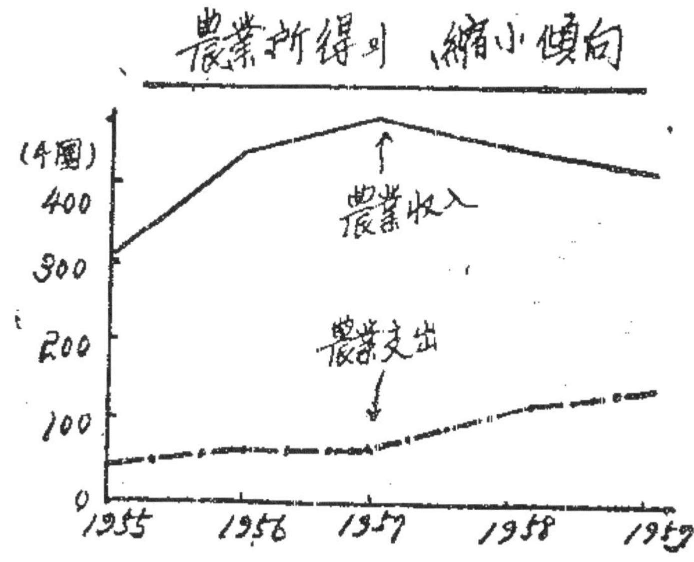

더욱 참고로 농업수익률의 규모별 동태가 어떠한가를 여기에 살펴보자.

제5표 규모별 농업수익률의 동태

(%)

	전국평균	0.5정미만	0.5~1.0정	1.0~1.5정	1.5~2.0정	2.0정이상
1957	0.864	0.888	*0.874	0.874	0.859	0.808
1958	0.715	0.749	0.709	0.701	0.718	0.676
1959	0.681	0.696	0.688	0.672	0.674	0.656
평균	0.747	0.778	0.757	0.749	0.751	0.731

참조: 1) 자료는 의연(依然) 한국은행 「경제통계연보」(1960)에 의하여 작성함
    2) 수익률 = (총수입 - 총지출) ÷ 총수입
    3) 계산은 경상가격을 그대로 사용함
    4) 단, 0.5~1.0정보(町步)와 1.0~1.5정보는 1957년 계산치 *0.874는 원래 1.0~2.0정보에 관한
       조사자료를 그대로 사용한 것임.

위의 제5표의 가리킨바 각 규모에 따라서 농업수익률에는 별반의 차이가 있지 않다. 그리하여 연평균수익만 보면 그것은 7할(割)이상에 달해있으므로 상당한 수준이라 할 수 있다. 그러나 물론 여기에 기초로 된 농업지출에는 자가노동의 대가와 조세공과(租稅公課)부담이 포함되어 있지 않다. 그러므로 좀 더 자세히 조세공과부담(제6표참조)을 공제한 순수익률을 산출(算出)하여 보면 다음과 같은 것이다. 제7표는 이를 가리키고 있다. 즉 동표(同表)에서 본바 조세부담률은 약간이나마 증대경향에 있음을 볼 수 있고, 농업의 순수익률 또한 그에 따라서 약간의 감소경향을 나타냄을 볼 수 있다. 그리하여 1957~1959년의 3개년평균에 의하면 농업 순수익률은 약 7할 전후(前後)임을 가리키는 것이다.

제6표 농업수입에 대한 농가 조세 부담률

		전국평균		0.5정보 이하		0.5~1.0정보	
		농업수입	조세공과	농업수입	조세공과	농업수입	조세공과
1957	환	484,857	14,468	321,203	6,391	437,784	13,704
	%	100	2.98	104	1.3	100	3.13
1958	환	428,561	17,385	255,688	8,710	396,555	15,566
	%	100	4.06	140	3.34	100	2.93
1959	환	411,645	17,585	242,020	8,614	377,018	17,662
	%	100	4.27	100	3.56	100	4.64
평균	%	100	3.77	100	2.98	100	3.56

		1.0~1.5정보		1.5~2.0정보		2.0정보 이상	
		농업수입	조세공과	농업수입	조세공과	농업수입	조세공과
1957	환	625,959	22,705	625,595	22,705	1,085,029	33,736
	%	100	3.36	100	13.62	100	3.11
1958	환	516,715	24,584	794,064	31,048	952,473	41,914
	%	100	4.75	100	2.91	100	4.4
1959	환	575,239	24,360	681,576	33,036	1,013,658	47,073
	%	100	4.23	100	4.48	100	4.64
평균	%	100	4.20	100	3.79	100	4.05

제7표 규모별 농업순수익률의 동태

		전국평균	0.5정보이하	0.5~1.0정보	1.00~1.5정보	1.5~2.0정보	2.0정보이상
1957	농업조수익률	0.864	0.888	0.874	0.847	0.859	0.806
	농가조세부담률	0.030	0.020	0.022	0.036	0.036	0.755
	농업순수익률	0.834	0.868	0.868	0.811	0.823	0.031
1958	농업조수익률	0.715	0.749	0.749	0.701	0.719	0.676
	농가조세부담률	0.041	0.034	0.034	0.048	0.029	0.04
	농업순수익률	0.674	0.715	0.030	0.653	0.690	0.636
1959	농업조수익률	0.681	0.696	0.679	0.672	0.674	0.636
	농가조세부담률	0.043	0.036	0.688	0.043	0.048	0.656
	농업순수익률	0.634	0.66	0.163	0.630	0.626	0.046
평균	농업조수익률	0.747	0.778	0.602	0.751	0.721	0.610
	농가조세부담률	0.038	0.030	0.757	0.038	0.042	0.713
	농업순수익률	0.709	0.748	0.721	0.613	0.7070	0.672

그러면 위의 농업순수익률이 의미하는 바는 무엇인가? 그것은 다름 아니라 농업자의 노동적 소득이 총수입상에 점유하는 비중을 말하는 것이다. 농업의 순수익(농업소득)이라 하지마는 소농에 있어서 그것은 사실인즉 농업자의 자가노임(自家勞賃)의 일부에 해당한 성질(性質)이 일반이다. 따라서 바꾸어 말하여 우리는 농업생산물의 총가격의 7할이 농업자의 자실(自實)노동에 의존하는 사실을 알 수 있고, 7할의 순수익률이란 수익의 높이를 반영한다느니 보다 한국에 있어서 오히려 농업의 후진적 영세(零細)성을 반영하는 것이다.

물론 농가수입은 농업에만 의존하지 않고 농업이외의 겸업(兼業)수입에 의존함이 분명하다. 그리하여 우리는 그 것을 일반적으로 겸업수입이라 할 수 있을 것이다. 그러면 한국 민(民)의 농(農)외 수입상태는 어떠할까?

제8표는 경작규모별로 농업수입에 대비(對比)된 농외수입을 가리키고 있다.

제8표 규모별 농업 및 농외수입의 동태

		전국평균		0.5정보 이하		0.5~1.0정보	
		농업수입	농외수입	농업수입	농외수입	농업수입	농외수입
1957	환	484,857	113,785	321,203	144,339	437,781	110,837
	%	80.9	13.1	73.8	26.2	79.7	20.7
1958	환	428,564	142,317	255,688	124,343	396,555	145,335
	%	75.1	24.9	67.3	32.7	73.2	26.8
1959	환	411,645	134,798	242,020	117,873	377,018	143,619
	%	75.5	24.5	67.4	32.6	74.2	27.6
평균	%	77.2	22.8	69.5	30.5	75.1	24.9

		1.0~1.5정보		1.5~2.0정보		2.0정보이상	
		농업수입	농외수입	농업수입	농외수입	농업수입	농외수입
1957	환	625,959	107,903	625,595	107,903	1,085,029	142,576
	%	85.2	14.8	85.2	14.82	88.4	11.6
1958	환	516,715	134,109	794,064	140,888	952,473	226,262
	%	79.4	20.6	84.8	15.2	78.1	21.9
1959	환	575,239	120,983	681,576	136,537	1,013,658	208,321
	%	82.6	17.4	83.3	16.7	83.0	17.0
평균	%	82.4	17.6	83.5	15.6	83.2	16.8

그리고 그 가운데 우리는 농외수입의 빈약성과 아울러 농가의 경작규모가 줄어짐에 따라서 그의 농외수입에 대한 의존도는 높아짐을 볼 수 있는 것이다.

Ⅲ. 농가소득과 생계의 불안상

전반(全般)에서 우리는 한국 농가의 수지(收支)일반을 개략(槪略)적으로 살펴보았다. 그 가운데 우리는 농가소득의 내용과 규모를 어느 정도 파악할 수 있었던 것이다. 그러나 이번에는 약간 각도를 달리하여 농가소득의 분석 면에 중점을 두되 우선 그의 지출면의 동향을 내용적으로 살펴본다. 즉 우선 「전국평균농가」에 관한 1955~1959년의 연차별 현금 및 현물(現物)별 소득의 경향을 다음과 같이 보는 것이다.

제9표 평균농가지출소득

년	부채이자(利子)		조세공과		생계(生計)
	현금	현물	현금	현물	현금
1955	2,119	13,119	2,768	15,437	95,719
1956	2,930	1,548	4,714	15,331	136,745
1957	2,708	1,079	3,744	10,724	151,924
1958	5,467	421	4,618	12,767	171,551
1959	6,880	1,031	4,836	12,749	153,580

년	지출	지출과부족		계	
	현물	현금	현물	현금	현물
1955	189,614	-8,007	7,804	92,599	225,974
1956	328,187	-15,417	5,049	128,972	345,066
1957	375,435	-13,787	463	144,589	387,701
1958	282,966	-25,055	-9,462	156,581	286,692
1959	242,850	-13,929	157	151,367	256,787

더욱 위의 연도별 지출소득을 실질적으로 대비하기 위하여 현금소득의 지출항목계(計)를 「곡물제외지수」(제1표 참조)에 의하여 「데프레드」 하고 항목별 현물소득의 계를 곡물지수에 의하여 「데프레드」 하여 보기로 하자. 다음이 제9표가 이를 가리키는 것이다.

제10표 농가실질소득

	실질현금 소득	실질현물 소득	계	%
1955	92,599	225,974	318,573	99.0
1956	105,369	216,311	321,711	100
1957	101,182	211,627	312,809	97.2
1958	110,815	191,128	301,943	93.9
1959	99,257	195,423	291,680	91.6

참고: 「한국은행조사 월보」 에 의함

지금 위에 두 표에서 알 수 있는 사실은 무엇인가?

(1) 농가의 실질소득이 감소경향에 있다는 것.

(2) 일농가(一農家)의 연지출이라는 것 30만원이내(더욱 자세히는 다음 제11표 참조)로 평가되고, 그 가운데 현금지출은 1/3정도라는 것.

(3) 연연 지출부족(따라서 부채)를 보게 된다는 것 따라서 저축이란 있을 수 없다는 것.

(4) 부채이자는 증가경향에 있고, 조세공과면의 부담 또는 1957년 이래 증가경향을 보이는데 대하여 생계지출의 압박도는 증대되고 있다는 것이다.

여기에 있어서 우리는 사태의 지극히 중대함을 알 수 있다. 그런데 지금 농가의 이러한 압박된 생계현상(빈곤)을 더욱 자세히 살펴봄에 앞에서 농가의 경지규모소득규모를 좀 더 밝혀보면 다음과 같다. (단, 1959년에 한(限)함)

제11표 규모별 농가소득

	농업 소득	농외사업 소득	피증(被贈)보조등 수입	노임지대 이자 등	계
0.5정미만	172,200	38,994	35,185	37,874	284,253
0.5~1.0	302,916	38,672	46,010	39,338	426,936
1.0~1.5	410,584	46,382	38,619	22,827	518,412
1.5~2.0	524,389	42,717	48,870	26,461	642,437
2.0	702,883	79,418	62,267	35,569	880,137

참고: 1) 한국은행발행 「경제통계연보」 1960에 의함
     2) 전자(前者)의 전국평균농가에 관한 지출소득산출자료와 동일의 것이나, 실지(實地) 본표의 평균과 전자와는 소액의 차가 나타나있음(이유 불명).

우리는 더욱 위와 같은 영세적인 농가소득의 동태를 도시 근로층의 소득과 대비하여 살펴본다. 그럼에 있어서 우선 우리는 「서울」의 봉급(俸給)자 및 노무자의 연수입을 다음에 보기로 하는 것이다.

제12표 서울 근로층 수입동태

년	봉급자		노동자		봉급자		노동자		물가지 수일반
	경상 수입	%	경상 수입	%	실질 수입	%	실질 수입	%	
1955	462,828	67.8	427,188	84.2	462,828	89.3	427.887	110.8	100.0
1956	682,332	100.0	506.7664	100.0	518,897	100	385,765	100.0	131.9
1957	818,772	124.5	586,065	115.5	555,115	107.9	383,313	99.9	152.9
1958	9311,188	136.5	623,724	123.7	579,543	111.8	434,951	112.9	143.4
1959	1,462,821	214.0	780,588	154.7	993,766	191.8	530,876	137.9	147.2

참고: 1) 자료는 「한국은행조사월보」 에 의함. 동(同)은행의 대략 다음과 같은 표본(標本)규모에 의한 조사 자료에서
　　　산출된 것임 (자세히는 「한국은행 조사 월보」 (14권제1호 참조)

조사표본 규모 (조사호수)

년	봉급자	노무자
1955	56	52
1956	81	77
1957	77	63
1958	70	60
1959	188	134

　　2) 실질수입(실질소득)은 경상가격을 일반물가 지수로 「데프레드」 한 것임. 제12표에 명백한바 비록 도시의
　　　노동층이라 할지라도 농촌의 소농일반에 비하여 훨씬 우위적(優位的)인 소득을 얻고 있다.
　　　(향도이촌(向都離村)의 이유)뿐만 아니라 수년 이래 도시소득은 점진적 증가 경향을 나타내고 있는 것이다.
　　　이리하여 도시근로소득과 농촌소득의 격차는 점차 커가고 있음을 볼 수 있다. (제4도(圖) 참조)

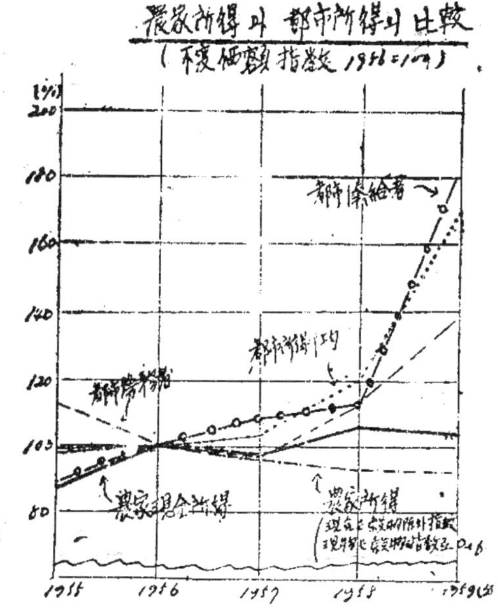

그러면 앞에서 본바 농가의 생계면의 압박현상은 어떠한 것인가? 사실인즉 농가의 생계를 그 실질 면에서 깊이 다루는데 있어서 우리는 화폐액의 대소를 비교함에 그칠 수는 없다. 또한 「엥겔」 계수와 같은 통계적 지표로써 간단히 그를 평가할 수 없음은 물론이다. 그것은 우선 한국의 소농경제일반(一般)이 충분히 화폐경제의 단계에 도달하지 못한데 기인(基因)하거니와 그 밖에 농민의 사회적 생활인습(因習)에 관련되어 있는 점도 적지는 않다. 사실 한국의 농민생활은 아직 순수한 계산적 토대위에 영위되어 있지 않다. 오히려 부락협동(部落協同)인 면도 없지 않거니와 또한 의타적(依他的), 봉건적인 요인을 흔히 갖고 있는 것이다. 그러므로 이하의 몇 가지 지표는 오히려 화폐적, 피상적(皮相的)인 자료에 불과하다. 다만 우리는 그 가운데 어느 정도 문제의 중핵(中核)에 접근할 수 있을 뿐이다.

원래 평균적 농가의 생계지출이 근년에 저락(低落)의 경향에 있다는 사실인즉 제9표로서 볼 수 있거니와 여기에 우리는 단적으로 농가의 식생활을 묻지 않으면 안된다. 여기에 있어서 우리는 사태의 구체적인 내용을 노골적으로 알 수 있기 때문이다. (제13표 참조)

제13표 평균농가의 월별실질(實質)음식비 동태

	1957		1958		1959	
	실질지출	엥겔 계수	실질지출	엥겔 계수	실질지출	엥겔 계수
1월	27,579	70.9	18,066	55.1	14,941	51.3
2	15,274	65.3	16,165	52.8	15,107	54.5
3	19,041	69.89	17,045	58.6	14,140	54.9
4	18,229	66.3	15,643	59.0	11.459	56.9
5	18.15	82.8	15,882	62.8	12,416	54.8
6	17,167	66.8	13,442	69.4	10.038	50.9
7	13,789	73.8	12.272	67.4	9,989	54.8
8	13,728	71.1	11,432	55.7	10,765	60.9
9	15,164	66.2	11,543	56.7	12,373	56.8
10	16,954	69.3	15,45	63.0	11,801	59.9
11	16,895	67.4	21.371	62.8	18,565	55.3
12	21,216	66.0	19.035	53.2	18,876	60.2
평균		69.4		59.7		55.5

참고 1) 총체자료는 「한국은행」 조사의 상기 제례(諸禮)와 가음
  2) 「실질」 지출이라 함은 매년별 음식비를 동월(同月)의 「음식품 지수」 로써 「데프레트」 한 것 (음식품 지수는 「한국은행경제연감」 참조)
  3) 실질 「엥겔」 계수는 매월별 실질생계비로써 실질음식비를 제(除)한 백분비를 말하는 것이나, 그 「실질」 생계비계산은 다음과 같다. 즉 그는 매월별 생계비의 현금을 동월의 「곡물제외지수」 로 「데프레드」 하고 동(同)현물지출을 동월의 「곡물지수」 로써 「데프레드」 한 것을 합한 것이다.

　제13표는 곧 1958년 이래 농가의 음식비 또한 실질적으로 저락되어 있다는 사실을 가리킨다. 다시 말하여 그는 곡가의 저락관계를 고려(考慮)에 넣는다 할지라도 농가의 식생활 수준이 떨어지고 있다는 사실을 가리키는 것이다. 그런데 동표(同表)에 의하여 우리는 「엥겔」 계수 또한 실질적으로 떨어지고 있다는 사실을 알게 된다. 그러므로 결과에 있어서 그것은 실질적 음식비지출의 절대적 저락을 반영하는 것으로 보는 것이다. 원래 「엥겔」 계수의 저락은 생활수준의 향상(向上)을 반영하는 것으로 알려져 있다. 그러나 지금 한국 농촌의 수개년(數個年)의 불황이 그 생활수준의 향상을 가져왔다고 도저히 생각할 수 없으므로 우리는 오히려 생계비지출의 감소정도를 넘어서 지금 음식지출의 절대적 감소가 있다고 보아서 무리가 아니다. 사태를 이렇게 볼 때 문제는 물론 중대한 것이다. (다음 제14조표 참조)

제14표　실질생계지출과 실액식비(實額食費)의 연평균 대65(%)

	실질생계지출	실질음식비	「엥겔」 계수
1957	100.0	100.0	100.0
1958	98.8	84.9	86.0
1959	91.3	73.4	80.0

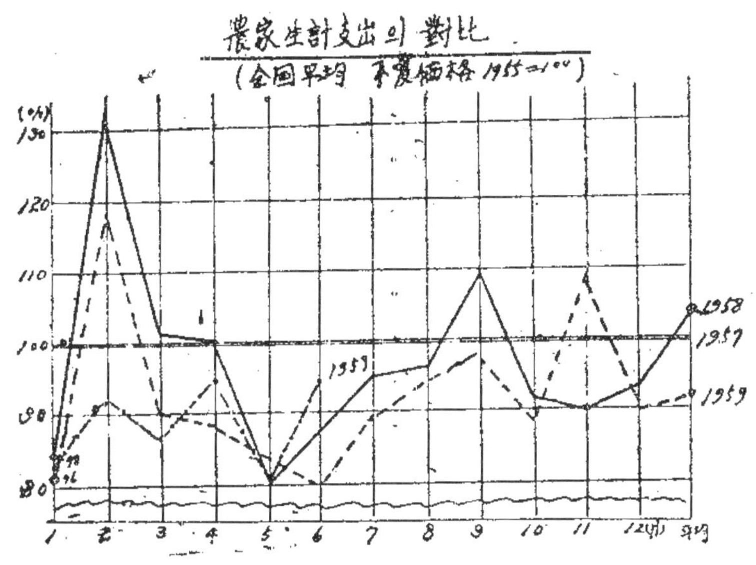

Ⅳ. 농가의 부채분석

나아가서 우리는 농가의 빈곤상을 그려 그의 소득적 분석에 그칠 수 없다. 소득의 부조기 어떻게 충족되는 것인가, 이점이 또한 우리에게 중요하다. 소득의 부족은 특별한 증여(贈與)가 없다면 물론 부채나 재산의 감소(매각)로써 나타날 수밖에 없다. 그러므로 우리는 농가의 부채를 살펴보되 그의 재산의 증감과 더불어 살펴보지 않으면 안되는 것이다. 다만 농가의 부채 그것만을 뽑아 볼 때 당초(當初)는 부득이 그의 정태(靜態)조사에 의존할 수밖에 없다. 그리하여 임의의 시점에 있어서 부채의 규모는 일단 이루어진 최근의 정태(靜態)조사결과에 소득의 과부족을 감안하는 형식이 되는 것이다.

그러면 오늘날 한국 농가의 부채의 규모는 어떠한가? 우선 총체적으로 계산된 호당 평균 농가에 관하여 그의 동태를 일람(一覽)하면 다음과 같다.

제15표 호당 평균 부채액

1957 연말	43.482
1958 연말	40.652
1959 연말	39.933
1960 연말	54.629

참고: 1) 「한국은행」 표본조사에 의한 추산(推算)액
　　　2) 1957년 1959년말의 추산액은 각(各)연말의 정태조사의 결과이고, 1960년 6월 현재의 금액은 1959년말의 결과에 「소득부족액」 14,696환을 가산(加算)한 것임.

그리고 시험 삼아서 만약 같은 형식에 의하여 추산된 경작규모별 부채총액의 현황을 살펴보면 다음 제16표와 같은 것이다.

제16표 규모별 농가부채 (1960년 6월 현재)

	호당부채	농가호수	총계
2정 이상	128,50환	144,000호	18,576백만환
2~1	86,252	463,000	39,818
1~0.5	63.183	674,000	42,464
0.5 이하	27,961	937,000	40,291
전국평균	54,629	2,218,000	121,167

참고: 1) 전국 부채액(총계)가운데 121,167=54,629×2,218,000과 각 규모별 「총계」를 합계한 127,100(백만환이 차이가 있음은 전국평균호당부채액 54,629환이라는 것이 원래 총체(總體)농가의 단순한 평균치임에 기인 (起因)(?)한 것. (즉 규모별 평균의 가중평균형식이 아닌 까닭) 따라서 보다 정확한 전국평균치는 127,100백만환÷2,218,000=57,304(환)이 될 것 같음.
　　　2) 「농가호수」는 1958년 말 현재의 것, ― 농림부자료,

제16표의 호당부채액에 비추어 보건데 우리는 경작규모에 따라서 부채액이 거의 직선적으로 증대되는 사실을 볼 수 있다. 그러나 우리에게 더욱 중요한 우리의 목적인 즉 이들 부채의 절대액(決對額)이 아니라 오히려 그의 성질을 밝히는데 없지 않다. 즉 어떠한 목적에 의하여 어디서 어떠한 조건으로 부채를 갖고 있었느냐 하는 것이 우리에게 중요한 것이다. 원래 농가의 부채가 소득의 부족에 이유한 그 점은 일반이라 할지라도 농가에 따라서 부채의 동기는 오로지 생계의 부족에만 있는 것이 아니다. 그는 직접적으로 자본의 지출에 기인(起因)하고 또는 재산적 지출(재산구입)에 영향되는 예를 볼 수 있는 까닭이다. 그러므로 우리는 부채의 이러한 직접적, 목적적인 원인을 밝혀야만 하는 것이나 그들에 관한 최근의 조사 자료는 우리에게 갖추어 있지 않다. 우리는 다만 소규모농가일수록 그의 직접적 원인이 생계부족에 달려있고, 농사(農事)규모가 커짐에 따라서 자본적 또는 재산적 원인의 비중이 커질 것으로 추측할 따름이다.

(농업은행의 기존 조사나 그밖에 각처(各處)의 농가조사의 내용을 찾아보면 이점의 분석이 불가능한 것은 아니나. 본 논문에 있어서는 이 점에 깊이 들어가지 아니 한다.)

그럼에 있어서도 지금 천이백여억 원으로 추산되는 한국 농촌부채의 현규모는 그것이 일견(一見), 농촌내부에서 이루어질 때 농가 간(間)에 상살(相殺)될 것 같기도 하다. (흔히 그렇게 보는 사람도 있다) 그러나 표본(標本)조사 방법에 큰 오차가 있지 않고 그밖에 계산상에 특별한 모순이 없는 한 제15~16표는 그대로 의미를 갖는 것이다. 다만 이때에 역시 우리에게는 농가재산에 대한 부채의 부담률이 어떠하고 또는 부채이자의 고저(高低)가 어떠한가를 보는 것이 중요하다. 부채의 절대액에 앞서서 일반적으로 그의 부담률이 중요하며, 또한 원래 부채의 이자수준은 크게 부채의 내용을 규정하기 때문이다.

그러나 생각하면 농가의 부채적 요인(소득부족)인 즉 시점에 따라서 부단히 변동하는 것이며 흔히 그는 연초로부터 나타나되 연말경(10~12월)에 감소하는 사실을 우리는 볼 수 있다. 그러므로 부채부담률이나 이자율의 구분 역시 시간적인 가변성(可變性)을 갖는 것이나. 지금 그의 연평균치를 보면 대체로 다음과 같은 것이다.

제17표 부채부담률과 사채율   (일호당(一戶當): 환)

	자산총액(A)	부채총액(B)	사채총액(C)	B/A×100	C/B×100
1957	1,500,104	43,842	18,707	2.90%	43.02%
1958	1,417,098	40,625	18.318	2.87%	45.06%
1959	1,456,437	39,399	18.341	2.74%	45.93%
평균				2.84	44.74

자료: 「한국은행 조사부」

    현하(現下) 한국 농촌사정의 불황적 조건에 비추어 지금 부채의 재산적 부담률이 평균 2.84%로 나타남에 불과함은 (제17표) 오히려 농가신용력(信用力)의 빈약성을 나타낸다 할 수 있다. 그와 아울러 사채율(고리채(高利債)율)이 엄청난 수준에 그나마 미등(微騰)의 경향을 보이고 있음은 물론 우리의 주목을 끄는 바이다.

기업농과 협동농의 생산성 평가
―농업구조개선책에 붙임―

김 준 보

Ⅰ. 서설(序說)

　한국경제의 자본주의체제는 노동시장으로서의 영세농(零細農)의 누적을 유리한 자본축적[1](또는 경제성장)의 조건으로서의 간직하는 동시에 그로 말미암은 농업생산력의 침체성을 경제발전의 커다란 제약조건으로서 간직한다. 다시 말할 것도 없이 이 땅에 있어서 국민경제의 근대적 발전은 기본적으로 소농 내지(乃至) 영세농을 농업노동자화하는 과정에서 찾아볼 수 있거니와 그와 아울러 농촌경제의 낙후현상은 스스로 국내의 상품시장을 협애(狹隘)화하고 전체경제의 위기를 가운데 조성하는 가능성도 엿보인다.

　필경 여기에 노동시장으로서의 농업회사의 안정성을 온존(溫存)하는 동시에 상품시장으로서의 그의 제약조건을 극복하려는 정책적 수단이 모색(摸索)될 수 없지 않고, 그에 따라서 영세농을 중심삼아 전체 농업구조의 변혁에 이르는 정책적 구상이 세워질 수 없지 않다. 물론 이때에 구상된 각종의 개조안인즉 그 어느 것이나 자본주의 경제체제를 크게 벗어나서 그 한계성을 규정할 수 없는 것이며, 다만 현존기구의 용인(容認)하는 한도에 있어서 그 실천의 방식이 수립될 수 있을 뿐이다.

　농기업화의 과제로 말하면 바로 그러한 구상의 하나라 하겠거니와 그는 곧 위에 말한 바 노동시장으로서의 영세농의 변질을 자본축적의 기반으로 보전(保全)하는 동시에 농업생산력의 발전책을 자본확대 면에서 찾아보고자 한다. 이때에 그것은 물론 소농 내지(乃至) 영세농을 반드시 근대적 생산양식(기업)하에 빠짐없이 투입시킴을 의미하지 않으나 어쨌든 그가 근대산업의 효율적인 경제성을 농업사회에 배양코자 의욕함에 다름없는 것이다. 그렇다면 근자(近者) 듣는 바 관변(官邊)에서 논의되는 농업구조개혁[2]에 관한 일논점(一論点) 농기업의 보급에서 하나의 이상적이상형을 모색하는 이유 또한 여기에 없지 않다. 그러나 문제는 바로 그러한 이상형의 전개 가능성에 달려있을 것이며, 현실적 조건의 유지 하에 그의 경제적 효과를 지금 어떻게 올리느냐 하는데 달려 있는 내용이다.

　그러면 과연 소농일반을 통하여 기업화는 현실적으로 가능한 것인가?

　생각건대 만약 소농생산의 통합적(統合的)[3] 기업형성이 순조롭게 가능하다면 농업의 합리적

---

[1] 노동시장으로서의 영세농의 유리한 축적조건이란 간단히 영세농의 가족노동이 저렴한 노동시장의 원천이란 점에 그쳐있지 않고, 자본주의 발전과정이 영세농을 농촌내부에 머물러 놓은 채 산업자본의 축적이나 금융자본의 팽대(膨大)에 기여시킬 수 있는 기구적 가능성을 포함하는 내용이다.

[2] 농림부는 금하(今夏)에 이른바 농업구조심의위원회를 조직하여 한국 농업의 구조적 유형의 개혁적 설정에 힘을 보여주고 있다.

경영화는 스스로 추진되고, 낫이거나 괭이의 원시적 노동수단에 대치(代置) 「트랙터」나 「콤바인」이 이 땅에 등장하게 될 것 같다. 그리하여 농업생산력의 획기적 발전이 스스로 실현될 수 있게 되고, 일견(一見) 농업소득의 급진적인 상승을 우리에게 기(期)할 것도 같은 것이다. 그러나 현실농촌의 거시적 동향을 말한다면 일반농민이 기업화의 과정을 밟고 있지 않는 것이 분명하고, 오히려 쇠퇴와 영락(零落)의 구조적 변동이 그들에게 주어진 운명의 길인 것 같기도 하다. 그뿐 아니라 인습적(因習的)인 이 땅의 많은 농민이 장차 그의 소유토지나 제(諸)생산수단을 들어서 하나의 기업에 투입시킬 「용기」를 갖는 것인지 이 점에도 질문은 없지 않는 것이다.

자본주의 외생(外生)적 조건이 성숙되어 있음에도 불구하고 이 땅의 농촌사회에 기업의 성립(成立)발전을 보지 못한 실질적 원인은 다기(多岐)하다. 실태를 농촌내분에 국한하여 보는 사람은 아마 농업기술의 후진성이나 농지규모의 영세성(零細性), 농지개혁법상의 제약면적4)같은 것을 지적할지 모른다. 그러나 그들은 아직 부분적 또는 형식적인 원인이 될지언정 일반적 또는 실질적인 그것이라 할 수는 없다. 원래 자본화(기업화)의 가능성을 기약(期約)하는 일반적 조건은 본질적으로 자본적 요인 그것에 있는 까닭이다. 따라서 지금 만약 농기업의 성립발전에 대하여 일반적 제약의 조건을 묻는다면 농촌내부의 자본의 결핍과 동시에 농촌외부로부터의 자본의 지배력을 들 수 있다. 다만 후자의 발전적 집중형태는 국민경제의 유통면에 구구한 기능을 발휘할 뿐이다.

농기업의 형성이 위와 같은 조건하에 놓여 있다 할 때 우리는 농업구조개선의 방안을 다른 유형에서 구해보지 않으면 안된다. 예컨대 협동조합의 일종으로서 생산협동농과 같은 것이다. 그밖에 우리는 농지의 신탁제(信託制)를 특수한 소작형태를 생각할 수 없지 않고, 특수농지의 일시적 국영제(國營制)를 구상할 수 없지 않다. 그러나 협동농을 제외하고 그들은 당면한 우리에 있어서 일반적인 논의의 대상이 될 수 없을 만큼 지극히 국한된 성질인 것이다. 물론 협동농이라 할지라도 자본주의 시장구조 하에 존립(存立)의 제약성을 갖는 것이며, 농촌내부적인 그의 한계성을 스스로 면치 못한 것이나 이하 우리는 기업농과 더불어 이들의 성격을 좀더 비교 평가할 따름이다.

---

3) 농업기업화의 방식에는 크게 나누어서 두 가지가 있을 수 있다. 그의 하나는 농촌에 재주(在住)하는 농민은 각기(各己) 생산수단을 자본으로서 거출(據出)하여 하나의 기업을 구성하는 경우이고, 다른 하나는 도시의 외래산업자본이 농지를 구매하고, 생산수단과 농업노동자를 고용하여 기업적 경영을 영위(營爲)하는 경우이다. 물론 우리는 후자에서 의욕적 적 극성을 찾아 볼 수 있다.

4) 사람들은 흔히 현행 농지개혁법에 규정된 3정보의 면적제한이 곧 농기업을 제약하는 최대의 원인인양 말한다. 그러나 3 정보의 경지는 거기에 상당한 자본을 구비한 때 결코 적지 않은 규모인 것이며, 한편 농지개혁법은 개간지(開墾地)나 과 수(果樹), 상묘(桑苗)와 같은 영년(永年)작물의 재배에 면적의 제한을 두고 있지 않다.

Ⅱ. 기업농의 한계성

후진농기업의 존립에 대한 외래적 자본의 제약성은 어느 정도 본질적인 것이라 할지라도 물론 외래적, 독점적 산업자본이나 거대한 상업자본 그 밖에 금융자본은 언제나 그러한 제압만을 일삼지 아니한다. 그는 자기(自己)시장의 개척을 위하여 경우에 따라서 보호와 조장(助長)의 계기를 마련하는 예이다. 그렇다 하여 그들이 기업의 존속(存續)과 발전을 농업사회에 일반화시킬 만큼 이윤율의 확보를 간단히 농업생산에 용인할 것으로 기대하기 곤란하다. 화폐경제의 침투와 유통면의 확장은 이러한 곤란성(困難性)을 가중할 것이다.

지금 어떠한 우연적인 조건하에 소수의 농기업이 상당기간 존속하는 것은 여기의 문제가 아니다. 그들의 실질을 말한다면 그들은 일시적 요행(僥倖)소산이 아니라면 대부분 외형상 기업의 형태를 갖춘 가운데 가족적 노동의 혹사에 의존하는 영세적 노동의 경영주제5)에 머물러 있을 뿐이다.

만약 이 때에 농기업 일반에 있어서 존속의 보장조건이 있다면 그는 그 스스로 독점자본의 일익(一翼)이 되어버리거나 그렇지 않을진대 기업에 참가한 농업노동면에 대하여 억압의 수단으로써 대처하는 길이 취해질 수 있다. 이러한 대처의 방식이야말로 실로 기업 일반에 볼 수 있는 필연적 과정이라 할 만한 까닭이다. 다만 이러한 방편(方便)의 수단이 어느 한도를 넘어서 길게 지속될 수 있을 것인지 거기에는 스스로 상품시장을 위한 경제적 한계선이 그려진다. 그밖에 그가 가져온 사회문제의 심각성은 또한 우리의 현실이 요구한 반정치적6) 우위(優位)성의 확보조건에도 깊이 관련되는 사정이다.

원래 농업문제나 노동문제를 가릴 것 없이 문제의 사회적 반향(反響)은 반드시 그 문제의 객관적 긴박도(緊迫度) 그것에만 의존하지 않는다. 설령 농민 일반이나 노동계층의 절대적 생활수준이 비록 상당한 수준을 유지하고 있다 할지라도 그들 사회의 주체적 각오도(覺悟度)에 있어서 상대적 높은 수준을 보유한다 하면 사태는 이외의 확대를 볼 수 있는 까닭이다. 한편 생각컨대 하나의 발전된 생활양식은 또한 그 사회에 발전된 사회의식을 조장(助長)시킬 것이 분명하다. 따라서 기업정책의 진행은 영세농으로 하여금 기업화과정에 있어서 심각한 사회문제의 와중에 함입(陷入)케 할 수 있는 요인이 되며 이 땅의 농촌사회에 농업노동문제를 스스로 촉구시키는 계기로 화(化)하는 것이다.

다만 기업농의 형성이 소수 농가단위의 결합(투자)에 의한 노동적(가족적)유형이라 한다면 농업노동문제에 대한 한계성은 그만큼 완화될 수 없지 않다. 그것은 각 기업에 참가한 개별적 농민의 이해타산이 그다지 예민하지 않게 되고 농민 스스로 농업노동자인 동시에 농기업주의 성격을 보존하기

---

5) 흔히 일본에서 실행되는 법인체 농장경영 또는 기업농장이라는 것은 결국 소수세대(小數世帶)의 규합(糾合)에 의한 소규모의 회사농이 되어 있는 것 같다. 이러한 특수경영과 본론이 지목하는 기업농과의 사이에 그 구조상 어떠한 본질적 차이는 없을 것이다.

6) 현실적 정치조건 가운데 우리에게 물어지는 가장 큰 요인은 남북한으로 양단(兩斷)된 한국의 현실에 있어서 북한에 대한 남한농민의 생활수준을 묻는데서 찾아볼 수 있고 그 밖에 농민의 수적(數的) 비중이 크다는 것도 물론 전체사회의 안정과 관련하여 큰 정치적 의미를 갖고 있다.

때문이다. 그러나 필경 이러한 경우 역시 생산물의 지배방식을 중심삼아 사회적 알력(軋轢)과 분규(紛糾)의 사태를 전개할 가능성은 여기에 없지 않다. 사실 농민의 이기심이 고도로 발휘될 때 농가적 결합에 의한 기업 형태의 존속 역시 결합체내부의 모든 이해(利害)대립성이 극복됨을 전제로 하는 것이다.

그뿐 아니라 농가적 결합에 의한 농기업의 형성에 있어서 무엇보다 중요한 요인은 자본의 획득이라 할 수 있다. 소규모의 농지를 유일한 생산수단으로 갖는 전래적(傳來的)농민에 있어서 기업의 형성이란 결국 공허한 토지기업의 형성을 의미할 뿐인 까닭이다. 물론 이때에 우리는 국가적 재정자금이나 금융부면의 보급을 예상할 수 있지마는 그 스스로 한계성과 제약성을 면치 못함은 처음부터 명백하다. 그리하여 결국 크게 기대할 수 있는 농기업의 발전적인 계기는 도시산업자본에 의존할 수밖에 없는 형편이다. 여기에 필경 토지의 겸병(兼倂)문제와 아울러 소작(小作)문제 또는 농업노동문제의 대두(擡頭)를 보게 됨은 당연한 귀결이라 할 수 있다. 농업의 수익성이 제약되면 제약될수록 이러한 제(諸)문제는 요인은 그의 심각도를 가해질 뿐이다.

물론 토지문제를 중심으로 한 일제의 재판(再版)을 이 땅에 막기 위하여 국가적 조정을 베풀 수 없지 않고, 한편 농가의 결합기업의 해체를 막기 위하여 특별한 행정적 조치를 취할 수 없지 않다. 그러나 이때에 상정(想定)되는 농기업인 즉 필경 사유와 자유의 원리를 떠나서 본래의 성격을 잃게 될 것은 자명하고, 그럼으로써 문제의 해결에 앞서 투자의 제약성이란 새로운 문제를 야기할 것만 같은 것이다.

반면에 기업농이 이른바 투자의 자유성7)을 충분히 갖는다 할지라도 그로써 그들이 무제한적으로 농업규모를 확대할 수 있다고 생각함은 현실적으로 무리이다. 토지소존권(所存權)의 장애는 우선 경작규모에 제약을 가할 것이 분명하며, 그의 원유(圓有)한 극복이란 국가의 힘을 빌려서도 사실상 곤란한 성질이다. 그렇다하여 우리는 국유산지나 개간(開墾)개척지의 집단적 경작규모의 형성을 전연(全然) 망상이라고 단정하지 않는다. 그럼에도 불구하고 후자에 있어서 농업의 토지단위당 수익성은 당연히 저열(低劣)하므로, 그의 영농목적은 농업생산력의 발전 그것에 있다기보다 오히려 실업의 대책이나 구빈책(救貧策)을 위한 토지이용의 사회적 시책(施策)으로서 그의 효과성이 공인될 뿐이다.

---

7) 여기에 말하는 투자의 자유성이란 곧 현행 농지개혁법에 의한 일정면적을 넘는 토지매수(買收)의 제한규정에 대한 제거 조치를 의미한다. 사실 농업기업화나 근대적 농장제경영을 주장하는 일부 인사(人士)에 있어서는 우선 이러한 법적 장애 가 철폐됨으로써 토지겸병의 자유성이 확보되고 그럼으로써 토지투기나 지가앙등(地價昂騰)에 의한 영농흠손(營農欠損)의 보충이 가능할 것을 내심 의도하는 예이다.

Ⅲ. 농업생산력과 기업농

소농기업화의 과정이 우리에 있어서 위와 같이 험준한 것임에도 불구하고, 농기업화의 주장은 학계나 실사회에 걸쳐서 이외로 강인하다. 구래(舊來)의 후진 농업형태를 하루 바삐 탈피하고 참신한 근대농업을 이 땅에 세우고자 일반이 염원(念願)하는 까닭이다. 그러나 우리의 의욕과 의욕의 실현 가능성과는 물론 별도의 범주이다. 농업생산력이 기업화의 형식에 의하여 어느 정도의 효율성을 얻을 수 있을 것인지 이점도 문제려니와 나아가서 기업농에 의한 농업생산력의 제고, 그것이 무엇을 의미하는 가는 더욱 심각한 검토를 우리에게 촉구하는 성질이다.

농업생산력과 농업생산양식과의 관계, 다시 말하면 어떠한 생산양식이 생산력을 보다 효율적으로 올리느냐 하는 「테마」 는 자본주의 생산양식(기업)과 기타양식의 그것 사이에 논란이 거듭되는 역사적인 과제이다. 그리하여 그의 근본적 분기점은 오히려 대립된 「이데올로기」 에 깊이 뿌리박고 있거니와 그 밖에 문제를 자본주의 생산양식에 국한하여 본다 할지라도 농업에 관한 한, 대소경영의 우열(優劣)논쟁조차 아직 종식(終熄)을 보지 못한 형편이다. 다만 그 어느 쪽이냐 하면 개인의 이욕(利慾)의 충족과 처음부터 직결되어 있는 기업적 생산이 항상 대규모경영의 유리(有利)성을 합리적으로 발휘함은 누구나 예상되는 유형이라 할 수 있다. 그리하여 농기업론의 주장이 처음부터 이점에 치중하고 있다는 사실만은 공인된 뚜렷한 내용이다.

그러나 분별을 요(要)한 점은 농기업에 있어서 그가 보이는 효율적 생산성과 그에 의하여 제고된 생산력(소득)분배의 합리성은 또한 별도의 범주라는 것이다. 농기업으로 말하면 그의 추진력의 동기 그것이 어디까지나 영리(營利)에 있는 만큼 생산의 성과는 오로지 기업농이 취득하는 이윤소득의 대소에 의존한데 대하여 우리는 지금 (벽두(劈頭)에서 본 바와 같이)이윤소득의 증대만을 목표하는 것이 아니라 국민소득 수준의 균형적 제고를 의욕하는 까닭이다. 사실 후자의 목적달성이 없을 진대 상품(소비)시장으로서의 자본주의 발전의 조건은 여기에 충족되지 못한다. 따라서 이점이야말로 농업생산력의 발전에 관련하여 농업기업에 부과된 본질적인 제약의 조건이 되는 것이다.

물론 현실적 농업생산면에 있어서 부업과 겸업의 기회는 많지 않고, 유체(遊体)노동력의 소화(消化)장소 또한 제약적이다. 따라서 과잉노동은 만성화(慢性化)하여 있고, 스스로 생활수단을 정상적 수준위에 확보하는 농민의 수적(數的)비율은 오히려 미미(微微)한 실정이다. 적어도 노동의 의미와 노동의 역량(力量)을 보유하되 노동의 기회를 얻지 못한 이들 농민에 대하여 만약 기업농 그것이 노동의 기회를 충분히 제공할 수 있다면 그는 틀림없이 사회복지를 위한 생산의 양식이라 할 수 있다. 그는 이때에 확실히 그 자신의 이윤소득 이외에 농민의 노동소득을 올리는 계기로서 기여하게 되는 까닭이다. 그러나 지금 좀 더 깊이 생각할 때 농민일반에 대하여 그의 과잉노동력 소화(消化)장소를 제공하는 기능으로 말하면 농기업양식에 고유한 그것은 아니다. 자급적 또는 단순상품의 생산양식 하에 있어서 또한 국가의 시책(施策)에 의하여 농민이 그의 노동기회를 확대시킬 수 있는 계기는 얼마든지 구해볼 수 있고, 협동조합이나 단순한 공동작업에 의하여 농민이 그 자율적인 소득 개척방식을 얻을 수 있는 기회 또한 마련되지 않겠는가.

엄격히 따지면 농기업화의 고도 합리적인 진행 그것인즉 항상 농민일반에 대하여 노동기회의 확대만을 가져오지 아니한다. 오히려 그는 노동절약의 방향에 병행하여 농업사회에 구조적 실업률을 높일 수 있는 성질이다.

만약 도시산업이 급「템포」로 발달하여 다행히 농촌인구의 증가분(增價分)을 넘어서 노동의 흡수기능이 적극화한다면 사태는 물론 역전될 수 있게 되고, 기업의 발전 또한 합리적으로 진행될 수 있게 된다. 더욱이 영세농이나 농업노동자 일반이 그들이 생산수단을 농기업에 투입함으로써 그 스스로 자본가의 지위를 보유한다면 소득분배상 일어나는 난점은 어느 정도 해소될 수 있는 예이다. 그러나 전자의 현실성인즉 우리의 현실에 있어서 단순한 전망의 과제에 불과하고, 후자의 경우 역시 반드시 낙관적은 아니다. 왜냐하면 기업형성의 기술적 내용이 전적으로 개별적 농민에 관하여 그들의 동등액(同等額)투자에 의존하지 않는 한, 소득 분배면이 보이는 이해(利害)대립성은 의연 조절을 요한 까닭이다.

원래 소농기업농이 주장하는 농업생산력의 발전형성을 그린다면 우선 그는 집단적 토지위에 이룩된 기계화 농장형태라 할 수 있다. 그럼으로써 그는 투하(投下)노동력을 합리적으로 이용하는 장면을 연상하는 동시에 그 스스로 소농일반이 단독적으로 거둘 수 없는 자본적 특별이윤8)을 그 가운데 예상하는 내용이다. 그러나 이러한 구상은 농산물가의 확보와 저임금(低賃金)수준의 지속을 전제로 할 때 비로소 그의 실현성이 가능하다. 문제는 반드시 기술적 요인(要因)만에 관련되어 있지 않고, 근본적으로 사회경제적 개선책에 관련되어 있다 함은 다시 말할 필요도 없는 바이다.

그러나 한편 소농기업화의 방식이 농민의 생산수단을 거출((據出)투입)한9) 농촌내부적인 유형이 아니라 농촌외부로부터의 자본투입에 의거한 세력적인 것이라면 소농민의 이탈(이농, 동시진출)은 그만큼 촉진되는 반면에 생산력 발전의 제약조건은 그만큼 해소될 수 없지 않다. 그럼에도 불구하고 후자의 경우 역시 수익률을 비롯하여 그 밖의 문제점은 없지 않는 것이니 그것은 곧 신(新)지주 (地主)제의 대두와 더불어 그에 따르는 지대(地代)=소작료의 새로운 형성이 자본 내지 이윤의 제약=농업생산력의 제약의 조건으로 우리 앞에 나타날 수 있는 까닭이다.

---

8) 농기계화의 중요성은 『단지 그것이 노동력을 절약한다는 사유에서 뿐이 아니라 그것은 인간의 노동력보다 훨씬 신속히 작업할 수 있는 까닭』(K. Kautsky; Agrarflage, 1899)이며 또한 인력으로 불가능한 작업을 능히 할 수 있는데 있다. 예, 답(畓)의 심경(深耕)은 어느 한도 이상 기계경전기(機械耕轉機)에 의존할 때 경제적으로 유리하다. 그것이 또한 토지 생산력의 제고에 기여함이 주목된다.

9) 토지 그 밖의 생산수단의 거출에 의한 농기업화의 방식은 상당히 복잡한 내용을 형성하게 될 것이나 그것이 농업협동조 합과 다르다는 점은 후자의 조합에 있어서 원래 조합원이 자신의 생산수단을 그래도 보유한 채 조합을 통해서 그의 노동 적 수익(노임소득)을 올리는데 대하여 전자는 어디까지나 영리목적을 갖는 것이므로 소득의 분배는 투자의 다과(多寡)에 의존하는 내용이다.

Ⅳ. 기업농과 협동농

농업생산력의 발전도상에서 예상되는 위의 소농기업화의 제약성이 절대적인 것이 아니라 할지라도 만약 농업구조의 개선책이 생산이 협업(協業)형태를 여기에 대조적으로 구상한다면 그는 그의 성격을 더욱 명백히 하는 소지이다. 생산협동조합의 양식인즉 이때에 바로 그의 대표적인 조직이라 할 것이나 그밖에 5~10호의 농가단위나 자연부락의 단위로 형성되는 단순한 공동작업의 생산조직을 생각한다 하여도 무방하다. 다만 그 어느 것이나 그의 구성원(構成員)인즉 실질적 농업노동자로서의 생산농민에 국한되어 있고, 그들은 각자 노동면에서 협공하되 생산수단을 그대로 보유한 채 생산조직에 참여하는 성격을 특징적으로 가질 뿐이다.

그러나 협동조합일반에 있어서 협동의 유대(紐帶)는 다시 말할 것도 없이 이윤의 획득에 있지 않고, 노동소득의 증대에 있는 만큼 확대된 규모의 형식이 비록 같다 할지라도 그는 기업농의 목적과 스스로 첨예(尖銳)하게 대립되는 내용이다. 사실인즉 협동조합은 그 자체의 노동소득(노동의 수익)을 올리기 위하여 오히려 기업일반의 이윤을 배제하는 조직이므로 그러한 노동적 조직에 의하여 제고(提高)된 농업생산력의 실질은 농기업에서 볼 수 없이 전적으로 상품시장조건으로서의 소농발전의 계기를 마련한다. 이는 묻지 않고, 농업생산력의 실질이 이때에 전액 노동소득이라는데서 유래하는 것이며, 그는 그대로 농촌내부에 주어진 소득의 실질이 되는 까닭이다.

자본주의의 발달이 기업이윤의 형성과정을 점차 생산면으로부터 유통면에 옮겨놓고 있는 것은 뚜렷한 사실이다. 그러므로 이 점만 본다면 농민의 협동조직이 노동적 생산면에 머물러 있을 수 없다 함도 당연하다 할 수 있다. 그러나 영세농의 경제적 협동조직이 오늘의 한국과 같이 주로 유통면에 관련되어 있다 할 때 동점자본의 세력 하에 자기방어의 목적을 달하기는 처음부터 곤란하다. 생산의 협동을 통하여 방어진을 이중으로 굳건히 하여야만 할 사회적 의의를 갖는 것이다.

그 밖에 생산의 협동조직 그것은 후진농업사회의 생산력발전을 위하여 어떠한 기능적 난점을 갖는 것인가?

다시 말할 것도 없이 협동조합에 있어서 그의 구성인인 농민은 각자 생산수단을 보유한 채 그대로 조합에 참가한다. 그러므로 우선 기업농에 비하여 그의 조직에 대한 편의성은 간과할 수 없게 된다. 그와 반면에 각 협동조합에 있어서 조합원 각자의 경제적 주체성은 뚜렷하고 그것이 곧 생산규모의 단선적(單線的) 확대에 제약의 조건으로 화할 수 없지 않다. 그의 구성원이 자본력이 빈약하면 빈약할수록 이러한 제약성은 짙어질 뿐이다.

더욱이 협동조합의 본성이 갖는바 조합원이 자유적 참여권을 인정할 때 일단 형성된 조합조직이 언제나 동일규모를 지속하리라는 보장은 우리에게 있지 않다. 이것이 조합원 자신의 구구한 경제력과 더불어 농업생산력을 단선적으로 올릴 수 없는 제2의 조건이 될 수 있는 것이다.

물론 생산조합, 경지정리, 공동경작 등의 강화를 의미하나, 한편에 있어서 공동노동에 대한 개인적 평가10)에 대하여 복잡한 계산의 기술문제를 우리에게 제공한다. 그러나 그가 완전히 생산수단을 공용(共用)하지 않는다는 점에 있어서 그 스스로 「집단농장」이라 할 수 없고, 또한 조합원의 조합에 대한 가입과 탈퇴의 자유성을 보류하는 본래의 성격에 있어서 그는 본질적으로 자유적 구성(構成)성을 보유하는 성질이다.

그럼에도 불구하고 생산협동조합에 있어서 있을 수 있는 현실적 난점을 첨가(添加)한다면 개별적 농민의 전래적(傳來的) 보수성과 더불어 조합의 유리성을 적극적으로 추진시킬만한 유능한 추진자를 얻기에 어렵다는 사실이다. 원래 협동조합은 국한된 지역의 단체라 할지라도 자유성의 제약은 무시할 수 없게 되고 스스로 경제적 이윤을 배격(排擊)하되 항상 소극적 요인을 내포하는 본성인 까닭이다. 후진국 협동조합이 흔히 발전의 기반을 가짐에도 불구하고 자발적 실현을 보지 못하거나 수면상태를 지속하는 대부분의 원인 또한 여기에 없지 않다. 그 밖에 현존 협동조합에 있어서 통상적(通常的)으로 보게 되는 유통자금의 제약과 같은 것도 부차적(副次的)인 요인이라 할 만한 것이다. 따라서 이러한 가운데 국가적 간섭의 시책(施策)이 협동조합에 가해짐을 우리는 막을 길이 없다. 다만 여기에 우리는 그러한 간섭이 협동조합의 「형성」을 위하여 불가피한 요인이 될 수 있을지언정 그가 그의 「발전」을 위하여 항상 적극적인 요인이 될 수 없음을 말해 둘 뿐이다.

Ⅴ. 결언(結言)

논의되는 농기업화의 전정(前程)에는 크게 두 가지의 난점이 지시된다. 현대의 독점자본주의는 자체 이윤의 확보를 위하여 우선 소농기업의 존립(存立)자체를 간단히 용인하고 있지 않다. 그리고 한편 농업생산력의 발전이 가져온 소득분배의 사회적 의의에 문제점이 개재(介在)한다. 전자는 바로 자본주의 발전과 후진생산간의 동태적 문제라 할 수 있거니와 후자는 영세농 내지 소농이 농업노동화하였을 때 (농기업이 가져온) 농업생산력의 발전(소득증대)에 대한 분배문제를 싸고 도는 제약성 그것이라 할 수 있다. 다시 말할 것도 없이 국내의 산업경제는 농촌의 구매력 상승에 의한 국내시장의 개척을 크게 촉구하고 있다. 그러나 농업생산력의 증대 그것이 직결(直結)적으로 농민 일반의 소득증대로 전화(轉化)하지 아니할 때 상품시장으로서의 의미는 그만큼 제한되는 까닭이다.

만약 농기업화의 운동에 비하여 생산 협동조합적 농민결합을 예상한다면 위와 같은 농업구조개선을 위한 「존립가능성」의 난점은 어느 정도 완화되고 농촌사회의 안정을 목표하는 한 그는 보다 효과적인 정책이 될 수 있다. 다만 농업규모의 확대나 농업기계화에 의한 생산성앙양(昂揚)의 시책면(施策面)에서 본다면 전자(기업농양식)에 비하여 일반적 우위(優位)성을 반드시 말할 수는 없게 되고 자본주의

---

10) 노동의 평가방식에 관련하여 생산협동조합의 단결이 해이(解弛)되는 예를 볼 수 있다. ―금년 9월 10일경 일본의 매일 신문 연재 『일본농촌』참조. 특히 노동의 질적 차이를 어떻게 공통적으로 평가할 것인가는 그가 사실상 불가능하다 할 수 없을지라도 당사자 간에 미리 충분한 협약(協約)이 있지 않고서는 사업연영(事業連營)의 원만한 진행을 보기 어려울 것이다.

독점적 발전은 전후자의 대비에 있어서 어느 쪽이냐 하면 전자(기업농) 있어서보다 직접적인 제약의 요인을 증대할 뿐이다.

나아가서 지금 「농업구조개선」의 방책(方策)을 생산력면에 국한하여 본다 할지라도 우리는 문제를 농업규모의 확대와 농업기술의 획기적 개량(기계화)만에 국한 할 수 없게 되고 광범히 관련된 제요인에 넓혀서 살펴봄이 중요하다. 농업구성의 개선이 농업생산력을 떠나서 생각할 수 없는 것과 마찬가지로 농업생산력의 발전이란 반드시 농업규모의 외형적 확대나 기계화만으로서 이룩되는 것은 아닌 까닭이다. 예컨대 노동의 생산력=농업생산력은 농사의 기술적 개량에 의한 토지생산력의 상승과도 표리(表裏)의 관계에 있는 것이며, 농가의 경영구조나 농산물 가격수준과 또한 밀접히 관련되어 있다. 실로 농업노동생산력과 아울러 농업토지생산력을 다 같이 올릴 수는 없는 것인가, 이러한 「테마」는 여기에 또한 기본적인 대상으로 나타나는 것이다.

정책적 입장에서 말한다면, 현실적 시책의 추진은 모름지기 개별적 지역적 특수성을 무시할 수 없으므로 어떠한 생산양식을 전적으로 부정하고 타(他)를 배타적으로 취택(取擇)할 「권리」는 우리에게 있지 않다. 우리는 자본적 기업농의 자유적 도입을 구태여 배제하지 않는 동시에 생산협동조합의 일반적 보급과 그의 강화를 일반의 유통적 협동조직의 기구(機構)하에 병행적으로 시도할 수 없지 않는 것이다.

※ 일반의 협동조합은 필연적으로 유통면에 있어서 본래의 기능을 발휘할 수 없지 않다. 그러나 지금 현행의 농업협동조합기구 가운데 집약적인 생산협동조직을 두는 것은 가능한 것이며 필요한 시책이 될 수 있을 것이다. 따라서 이것은 실현된다 할 때 소농민 가운데는 생산협동조합에 의하여 생산면의 협동화를 기(期)하는 동시에 유통면의 활동을 일반협동조합의 활동에 의존할 수 있게 된다. 그리하여 농민경제의 생산성은 그만큼 높아질 수 있는 것이다.

해방전후의 농업생산력 비교분석

- 1930년대와 1960년대를 중심으로 -

김 준 보

Joon Bo Kim

I. 비교기준의 설정

　1945년 일제로부터 해방된 한국농민의 경제적 조건이나 한국농업의 전후 양태(樣態)를 객관적으로 관찰함에 있어서 우리는 그의 지표를 일단 농업생산력의 소장에 집약하여 물어 볼 수 없지 않다. 특히 해방직후(1949년) 농지개혁의 실시를 보게 된 이 땅에 있어서 그의 정책적 효과를 평가하고, 그 밖에 경제적 발전력을 종합적으로 구현함에 있어서 농업생산력의 성장도를 묻는 것은 우리에게 기대된 당연한 과학적 과업이다. 그럼에 있어서 우리는 모름지기 일제지배하의 전기간과 해방후의 전과정을 동태적 연관 하에 유기적으로 검토 분석함이 소망하다 하겠으나 그러한 벅찬 작업을 잠깐 회피하여 우선 해방전후의 대표적, 역사적 단면을 정태적으로 들어서 비교분석하는 요령 또한 하나의 방법이 아닐 수 없다. 이하 우리는 구태여 1930~1964년을 대응적 시점으로 선정하여 양단계에 있어서 표징된 농업생산력의 수준을 중점적으로 형량(衡量)하고자 시도하는 소이(所以)이다.

　물론 우리에 있어서 지금 여기에 1930년대와 1960년대를 국한함에 있어서는 상당한 근거가 없지 않다. 얼른 생각하여 1930~1934년으로 말하면 마치 공황의 격성기(激成期)로서 해방전의 농업생산수준을 총괄적으로 표방함에 평형성이 결여된 것 같기도 하지마는 좀더 생각할 때 그의 대표성은 오히려 뚜렷하다. 때는 바야흐로 일제의 식민정책이 가장 노골적, 집약적으로 농업면에 발휘된 단계이며(그것이 이 땅에 관한 한, 바로 불황의 근본요인이라 할 수도 있다) 예컨대 그의 일환 사업인 산미(産米) 증식(增殖)은 이때에 일단 그의 결실기를 맞이하였다고 볼 수 있고, 이른바 농촌 진흥운동 또한 이때를 가름하는 획기적 시책의 하나이다. 그 밖에 「토지조사사업」 이래 소작제(小作制)[1]의 폐단이 그의 극점에 달한 것은 바로 이때의 일이며 심각한 소작문제에 대처하는

---

[1] 자작농의 소작농화경향, 자작지의 소작지화경향은 일제초기 이래 꾸준히 진행된 사태이었거니와(다음 표 참조) 소작쟁의(小作爭議) 또한 1910년이래 발생하여 그 후 다소의 기복을 보이면서 이 년대에 이르러 격증(激增)한 숫자로서 나타나 있음을 볼 수 있다. 그리하여 당국은 1932년 조선소작 조정령(調停令)을 공포하고, 1934년에는 부득이 조선농지령(朝鮮農地令)이란 본격적 소작법의 제정시행을 보지 않을 수 없게 되었다. 이후 소작관계는 어느 정도 완화된 신국면을 맞이한 사실이다.

<표 1> 농민의 소작화 경향(%)

년평균	자작	자작 겸 소작	소작	합
1903~1907	20.4	38.8	39.4	100.0

하나의 체계적 소작입법을 보게 된 것 또한 하나의 극한적 농업문제의 반영이다. 더구나 우리는 이 이전에 아직 농업에 관한 통계적 조사의 이렇다 할 자료를 얻기에 매우 곤란하다. 사실 불충분한 표본조사통계나마 「농가경제조사」의 종합적 실시와 미곡생산비에 관한 제도적 조사사업을 시작한 연도[2] 또한 1930년대의 초기에 속한 그것이다.

한편 우리에 있어서 구태여 1960년~1964년을 해방후의 대표적 비교연도로서 취한 이유를 말한다면 첫째 농지개혁사업의 실질적 과정이 여기에 종결을 보았고, 그의 전면적 실적을 물어볼만한 단계에 충분히 도달하였다는 것, 더구나 1961년에 농업 「센서스」의 실시를 보았고, 동년이래 농업면에 있어서 이른바 과학적 표본조사의 시행을 보게 되었다는 것, 그 밖에 사변이후의 혼란기를 경과하여 일단 「안정기」에 도달한 가운데 선행된 제농업시책이 대체로 그 종합적 효과를 일단 이 시기에 반영한다고 보아지는 점 등을 들 수 있다. 더욱 나아가서 우리는 1964년이후 공표된 제통계자료에 접한바 없지 않으나 해방전후를 통일적으로 관찰함에 농업생산통계에 관한 한, 아직 정리작업의 진행과정으로 보아지는 기술적 난점(難點)[3]이 개재한다는 제약 역시 대상연도를 동년에 한정하는 이유의 하나이다.

그러면 우선 위의 대조시기인 1930년대와 1960년대에 있어서 특별한 재해적 변이(變異)는 없는 것인가? 만약 이들 양기간이 한수재 어느 쪽이나 어떠한 이례적(異例的) 흉작의 조건에 크게 지배된 바 있었다하면 우리는 필경 양자의 농업생산력에 관한 한, 그의 경제적 대비를 구체화할 수 없게 되고, 우리의 본래의 작업은 스스로 무의미하게 될 수밖에 없다. 특히 수리시설이 미비한 일제하의 사정에 있어서 그러한 천후(天候)적 위험성을 생각함은 당연한 것이다. 이점, 또한 우리의 기준시점을 선정함에 크게 물어지는 요인의 하나이다. 그런데 우리는 여기에 하나의 미숙한 방법이나마 그러한 조건에 대비한 바 없지 않다. 그것은 우선 미작을 대표로 삼되 일제하 연년(連年)의 직선적 생산량 추세치와 해방후 추세치를 계산하고, 그를 각각 한정된 위의 해당 각 연도의 실수(實收) 반당량(反當量)과 피차 대조하는 과정을 밟아 보는 요령이다. 그러한 결과는 다음 표에서 본 바와 같이 1930년-1934년의

1908~1912	20.2	39.0	40.6	100.0
1913~1927	18.4	35.1	44.7	100.0
1928~1932	18.8	31.4	50.2	100.0
1930~1934	18.8	28.9	53.3	100.0

자료: 조선총독부 총계연보

2) 일제 초기에도 단편적으로 농가경제조사라는 것이 없지는 아니하였으나, 신뢰할만한 것이 되지 못한다. 그 후 어느 정도 과학적, 조직적인 것은 조선농회에 의하여 1930년대 이후 수개년에 걸쳐서 수개도(道)의 대표적 농촌에 관하여 행하여진 사례를 효시(嚆矢)로 한다. 그 밖에 내포한 의미는 약간 다르나 참고로 1930년은 제1차 국제적 농업 「센서스」의 연도 이었으며, 1960년은 바로 한국을 포함한 그의 제2차적 연도에 해당한다.

3) 방금(方今) 관변(官邊)에서는 1965년 이래 재래의 관료보고식 집계방법을 지양하고, 표본조사에 의한 미맥(米麥) 생산통계를 작성하되 전후의 통계마저 수정하는 방식을 취하고 있다. 그에 의하면 예컨대 미곡생산량은 재래식 집계에 비하여 132.48%로 늘어간다. 그리고 대백 190.74%, 나맥(裸麥) 183.05%, 소맥 184.61%, 호맥(胡麥) 175.65% 등의 계산 예이다.

5개년 실수평균량(전국통계) 1,030석에 대하여 해방전의 동 추세치의 평균량은 1,110석으로서 약 7.7%의 흉작경향으로 실적은 나타났다. 한편 1960~1964년의 실수(實收)평균(남한통계) 1,543석에 대한 해방후 자료에 의한 동 추세치평균(A)은 1,465석에 달함으로써 약 5%의 풍작 실태이다. 단, 해방전후를 통한(1918~1964년) 추세치(B)에 대비한 1960년대의 실수(實收)는 1.5% 미만의 풍작 경향임을 보여준다.

〈표 2〉 미(米)작황반수(反收) 추세대비

	실적		추세(A)		추세(B)	
	수량(收量)(석)	%	평균(석)	%	평균(석)	%
1930~1934	1,030	100.0	1,110	107.7	1,091	105.9
1960~1964	1,543	100.0	1,465	94.9	1,522	98.7

자료: 전게(前揭), 통계연보(해방전자료) 및 농업연감 1965(농업협동조합중앙회)에 의함.
　단, 1930년대의 추세(A)는 1918~1944년의 추세선에 관한 것이고, 동(B)는 1918~1964의 그에 관한 것임.
　참고로 전후양자의 추세선식(실험식)은 각 아래와 같음.

$$Y = 0.8354 + 0.0195\ t$$
$$Y = 1.2469 + 0.0128\ t$$

　따라서 년(t) 증가율은 후자의 것이 약간저위에 놓여 있다.
주의: 일제하의 통계에 있어서 구태여 1918년에 기점을 둔 것은 당년이 마치 「토지조사사업」의 완결을 보았던 해라는 것, 때는 일본의 대한(對韓) 식민정책이 제1차세계대전후 본격적 과정에 들어섰던 단계라는 것, 그리고 그 이전의 통계자료에 신빙성이 유난히 박약(薄弱)하다는 사실로서 어느 정도 수긍된다. 한편 해방전의 한국전역에 관한 통계와 해방후의 남한통계에 관한 문제는 다음 참조

　더욱 시험 삼아서 1930~1934년의 5개년 미곡 평균생산량을 1918~1944년의 27년간 평균량에 대조하건대 전자의 반당(反當) 생산량은 위에서와 같이 1,030석(100%)인데 대하여 후자의 그는 1,089석(106%)으로서 전자의 대표성은 그런대로 인정되는 것 같고[4], 다시 미곡의 연총생산고는 보아서 전자의 평균량 17,261천석(100%)에 대하여 후자의 그는 17,841석(103%)으로써 더욱 우리의 심증은 굳어진다. 그러므로 우리는 이하 농작황의 풍흉(豊凶)조건을 이와 같은 함축하에 일단 사상(捨象)할 수 있다고 생각하고, 해방후의 농업생산력을 대체로 경제적 기반에서 독립적으로 비교함이 가능하다고 수긍되며 위의 양(兩)연한(年限)을 취하여 무리는 없는 것으로 보아지는 것이다.

---

4) 1930-1934년의 평균 미(米)수량(收量)이 공황기임에도 불구하고 이외로 추세적 수준에 미달한 내용은 1930년의 풍장(총생산고 19,181천석, 반수(反收) 1,154천석)에 이어서 1931년의 대흉(총생산고 15,873천석, 반수(反收) 0.948석)에 연유(緣由)한다.

Ⅱ. 남한 농업생산성의 총체적 변동

위리는 위와 같은 경위로써 여기에 역사적 양단면에 관하여 구체적으로 전개된 농업생산력의 본래적 대비, 즉 농업노동생산력의 물량적 지정작업에 단도직입할 수 있는 것이나 그에 앞서서 우선 그의 기초적 조건인 농업형태의 일반적 변질, 다시 말하면 전래적(傳來的) 토지생산성의 진행관계를 일단 종합적으로 묻지 않을 수 없다. 이점 요컨대 우리의 목표대상인 농업생산력의 존립의 배경과 그의 물리적 방향을 기반에 들어서서 묻는 요령이다. 그럼에 있어서 우리는 예컨대 경종(耕種)과 양축(養畜)의 비중, 토지이용방식이나 토지 이용도의 추이상황 등을 피차 대비하는 작업에 들어가는 것이나 사실인즉 이들을 계량화함에 있어서 해방전의 통계자료는 우리에게 너무나 빈약하다. 뿐만 아니라 당시의 기초통계로 말하면 남북한을 통한 전체규모의 것이 일반이고, 농가호수나 경지면적, 작물별 생산수량 등 일부 자료에 한하여 겨우 도별구분의 것을 볼 수 있는 정도이니 그들을 해방후의 남한지역에 직접대응시킴에 정밀성의 확보는 거의 불가능한 형편이다.5) 그러므로 우리의 수법은 처음부터 해방전후에 관한 이상의 기초적 특성치에 관하여 일일이 배처(配處)를 하지 않을 수 없고, 대부분의 경우 비율적 대비로써 만족할 수밖에 없는 예상이나 그럼에 있어서도 전후 비교분석의 여건(與件)과 여지(餘地)는 우리에게 불모(不毛)의 경지로서 개척을 촉구한 바 없지 않다. 실로 침체된 일반적 동향에도 불구하고 그동안 이 땅의 농업이 이룬 특징적 변천상은 생각건대 우리의 힘에 의하여 어느 정도는 추출(抽出)이 가능할 뿐 아니라 마땅히 추출하여야 할 절실한 조건인 까닭이다.

오늘의 일반적 경제발전은 응당 농업생산의 산업적 비중을 점차 경감시켰음이 분명하고 농업인구 또한 그의 상대적 수준을 축년(逐年)저하시킨 동향을 보이었다.6) 그리고 농업내부에 들어가서 경종과

---

5) 해방후 남북한의 분단은 주지하는 바와 같이 처음에는 북위38도선에 의하였던 것이 1954년 휴전이래 새로운 분계선을 갖게 되어 현재 경기도의 일부와 강원도 일부는 북한으로 편입되어 있다. 경기도 및 강원도를 포함한 해방전 남한의 경지면적과 해방후 남한의 경지면적을 대조하면 대체로 다음과 같다.

<표 3> 해방 전후 남한경지 면적 대비

	1930~1934	1960~1964	후/전
답(畓)	1,288.5천정(千町) (52.24%)	1,236.2 (59.1%)	0.96
전(田)	1,178.2 (47.36%)	855.3 (40.9%)	0.73
계	2,466.7	2,0914	0.85

자료: 동상, 단 1930~1934년 평균통계는 강원도, 경기도의 전역 포함.

6) <표 4> 농업생산액 및 농업인구비중(%)

구분	1930~1934	1960~1964
생산액	55.2	38.5
인구	78.3	56.7

자료: 1930~1934년의 평균통계는 조선농회간, 조선농업발달사 발달편 1944, 부록에 의한 것이고, 1960-1964년의 그의 전게 (前揭) 농업연감, 1885년에 의한 것, 단 해방전 통계는 전국적인 것이므로 거기에 그러한 격차는 불가피하다.
　　한편 「농업생산액」의 개념 또한 해방전후의 통계에서 의미를 같이하고 있지 않다. 해방전은 총생산물가액이며, 해방후 는 부가가치의 개념이다. 그리고 한편 이의 정확한 관찰에는 당시의 부분별 상품가격을 아울러 대조하지 않으면 안된다.

양축(養畜)의 구성비7)를 우선 본다면 의외로 후자의 감퇴로서 나타나 있다. 이에 구체적 원인을 일일이 따질 수 없으나 후자는 간단히 말하여 농가호수의 점증경향8)과 아울러 토지이용의 집약화를 반영하는 현상이다.

　경종농업의 비중이 위와 같이 적어도 80% 이상을 차지하고 있는 가운데 당장 경감된 시세를 보이지 않는 침체성은 뚜렷한 바 이에는 과수채소부문의 급속한 팽창도(膨脹度)에도 불구하고, 역시 높은 「엥겔」계수하 식량확보를 위한 미맥(米麥), 특히 미곡 생산주의의 추진력이 간단히 줄어있지 않는데 연유(緣由)한다. 그간의 경위를 좀더 구체화하기 위하여 우리는 다음의 표를 준비한다.

7)

<표 5> 농업부문별 생산액 비중

	경종	양축(養畜)-양잠(養蠶)	농산가공	기타	계
1930~1934	79.4	6.1	2.8	11.7	100.0
(1935)	93.2	4.2	1.8	0.8	100.0
1960~1964	86.4	2.8	0.6	10.2	100.0

자료: 동상. 단, 1930~1934편에서 「기타」는 자급비료이고, 1960~1964년의 그것은 농가경제조사 항목에서 가산한 것. 그리고 전자의 통계는 여전(如前) 전국적인 것이나 다만 한편 1935년 농가 조사에 의한 남한만의 일예(一例)에 의하면 괄호내와 같다.

한편 해방후의 자료에 한하여 우리는 다음과 같은 것을 참고로 볼 수 있다.

<표 6> 농·축임별 부가가치

단위: 10억원

구분	재배	축산업	농가부업	농가부대 서비스	임업
1962	98.48	11.27	0.03	2.18	5.72
1963	163.99	11.09	0.27	2.69	7.60
1964	61.43	15.63	0.22	3.82	11.89
평균	87.7	6.79	0.07	1.53	292.99

자료: 농협중앙회, 농협조사울보, 1967년 6월호. P. 24. 단, 평균은 비중만에 관한 것.

8) 농가호수의 절대치는 몇 년 약간의 증가경향임은 농촌인구의 증대현상과 아울러 해방전후를 통한 특징이거니와 지금 이의 절대치를 그대로 대비함은 별의미가 없으므로 호당 경지면적으로서 대비하여 보면 다음과 같다. 이는 단적으로 노동의 집약화경향을 말해주는 징표이다.

<표 7> 농가호당 경지면적 대비

년차	답(畓)	전(田)	계	대비(%)
1930~1934	0.627(1,288.千町5)	0.573(1,178.千町2)	1.170(2,466.千町7)	100.0
1960~1964	0.515(1,236.1)	0.356(855.8)	0.871(2,091)	75.0

자료: 동상, 단 해방전통계는 경기, 강원 양도 전역을 포함함. (1930~1934년의 평균 농가호수는 205만여이고, 1960~1964년의 그것은 240만에 달한다.

<표 8> 경종중 미곡생산액 비중(%)

1930~1934	(1935)	1960~1964
38.6	(70.3)	50.9

자료: 동상 기타 조선총독부 통계연보, 단, 1930~1934년 평균치가 비교적 저위에 있음은 바로 미가 공항기의 특색을
　　 나타내고 있는 것이며, 더욱 위의 통계자료가 답(畓)보다 전(田)을 비교적 많이 차지하는 경지도 이북 및 강원도
　　 전역을 포함한데 연유(緣由)한다.
　　 한편 1935년 통계는 전표에서와 같은 것으로서 1935년 조선농회의 17개 부락(남한 11개)의
　　 「우량농가조사」에 의한 분.

<표 9> 전답(田畓)별 증가기세

	답(畓) (정(町))	전(田)	계
1930~1934	981,563.0	730,764.7	1,712,327.7
1964	1,080,692.6	795,731.3	1,876,423.9
비(%)	110.1	108.9	109.6

자료: 조선총독부 통계연보 및 농예(農藝)연감.
　　 단, 해방전후통계 다 같이 경기(서울 포함)및 강원의 양도를 제외한것, 따라서 이는 전답별 증가실태를
　　 구체적으로 대비할 수 있게 한다. 그리고 이는 미루어서 남한전면적에 적용시킬 수 없지 않다. 즉 개략적으로
　　 말하여 지난 30년간에 경지는 약 9.6% 그중 답(畓)은 1할, 전은 9분정도 증가를 보인 것이다.

　우리는 하표에서 대체로 미맥(米麥)중심의 토지이용동태를 확인할 수 있는 것이나 한걸음 나아가서
우리는 채소과수를 포함한 경종양식 일반의 동태를 가급적이면 수량적으로 상징화하고자 의욕한다.
그럼에 있어서 하나의 기교적 방법을 고찰하여 전표의 각 작물별 토지이용면적비중에 작물별 수요의
소득탄성치를 승합(乘合)함으로써 전체적 경종의 「품위적(品位的)」 발전도(상대적 생산성의 향상)
즉 생필품으로부터 사치품에로의 이전도를 본다고 하면 어떠할까? 이때에 우리에게는 역시 자료의
미비는 고사하고, 해방전후 생산품의 질적변이, 소득탄성치의 비적응성향(수입품등) 등으로 계수표상
분명한 결과를 간단히 기대할 수 없다. 따라서 이점 다소의 경향성이 주어지기만 한다하여도 그것은
하나의 성과라 할 수 밖에 없는 지표이다.

〈표 10〉 작물별 경지이용 동태

작물	1930~1934 %, 천정(千町)	1960~1964 %, 천정(千町)	비고
미곡	37.0(1,285.7)	38.0(1,157.3)	육도(陸稻)(면적경미)포함.
맥류	29.6(1,026.7)	33.7(1,026.3)	답(畓) 2모작포함
(소맥)	(4.0)(140.0)	(4.4)(133.9)	(특별대조)
두류	15.5(536.5)	11.0(335.8)	
서류	4.6(159.2)	4.4(132.4)	
잡곡	7.0(242.9)	5.1(154.1)	
특작	4.5(156.0)	2.2(67.3)	연초·면·대마·저마(苧麻)의 계
(면화)	-(125.7)	-(39.9)	(특별대조)
채소	0.4(13.0)	4.1(126.2)	해방전은 무·배추·참외의 계
과수	-(13.0)	-(24.5)	해방전 과수는 본수통계
상(桑)	1.5(51.3)	1.5(45.6)	
계	100.0(3,471.3)	100.0(3,069.5)	(3,045.0) 과수외

자료: 동상. 단, 해방전은 경기·강원 전도 포함.

〈표 11〉 주요 농작물 품위도(品位度)의 변동대비

품목	1930~1934			1960~1964		
	비중	소득탄성치	승적(乘積)	비중	소득탄성치	승적(乘積)
미곡	37.0	0.331	12.25	38.0	0.331	12.58
맥류	29.6	-0.926	-27.40	33.7	-0.926	-31.20
(소맥)	(4.0)	(-0.618)	(-2.47)	(4.4)	-0.618	-2.72
두류	15.5	1.031	15.98	11.0	1.031	11.34
서류	4.6	0.148	0.68	4.4	0.148	0.65
잡곡	7.0	-1.648	-11.47	5.1	-1.648	-8.35
채소	0.4	0.617	0.23	4.1	0.617	0.91
소계			-9.73			-14.07

자료: 동상. 단, 탄성치는 근년의 농협중앙회조사. 자료. 해방전의 작물 비중에 해방후의 소득탄성치를 그대로 사용할 수 없음은 너무나 명백하나 가령 해방후의 「품위도(品位度)」로써 측정하면 어떠한가를 평가하였다고 볼 수는 있다.

　전표는 수요농작물에 관한 「품위도(品位度)」의 대조이나 아직 특용작물이나 과수 등에 빠져있으므로 우리의 결론은 잠정적일 수밖에 없다. 위의 소계에 의한바 해방후의 「품위도(品位度)」가 오히려 저락한 것도 같은 것이나 여기에 우선 몇 가지 과수만을 첨가하여 본다 할 때 결과는 역전할 것(+5.04)이 분명한 사실이다. (이때에 우리는 과수 자료로서 생산량을 쓸 수밖에 없다.)

<표 12> 과실생산량 및 품위도(品位度) 대비

품목	1930~1934				1960~1964				생산량대비
	생산량(t)	비중	탄성치	승적(乘積)	생산량(t)	비중	탄성치	승적(乘積)	
사과	7,711	1.0	0.928	0.93	106.791	13.85	0.928	12.85	13.85
배	9,885	1.0	0.999	1.00	27.181	2.75	0.999	2.75	2.75
포도	1,380	1.0	1.403	1.40	6.819	4.94	1.403	7.11	4.94
				3.33				22.71	

자료: 동상. 단, 해방후 생산통계에는 도(桃)(21,438t)를 비롯하여 더욱 많은 종목의 과물(果物)이 나와 있음.

해방 이후, 특히 근자(近者)에 있어서 서울 근교를 비롯한 도시주변에 과수채소재배의 성행은 바로 위와 같은 사실에 대응한 큰 변모라 할 수 있다. 이는 말하자면 노동 및 자본의 「튜넨」적 입지권을 형성하는 과정이며 해방전, 1930년대에 명확히 구획(區劃)될 수 없었던 뚜렷한 신영농적 동태이다. 그것은 무엇보다 상업적 농업의 전개이니 기업적 성격이 전통적 자급체제 위에 부각되었다는 점에서 하나의 역사적 의미를 부여한다. 이들의 생산성이 일반적으로 크게 올라있다는 것은 그 가운데 약속(約束)된 조건이다.

우리의 당면한 분석은 토지이용의 다각적 분화성(分化性)과 토지이용율의 변천을 측정함에 있는 것이나 이의 계량적 분석은 결코 단순하지 않다. 우선 형식만을 따라서 지금 이른바9) 다각도지수(Diversity Index)를 앞에서의 작물경지 분포표(10)를 이용하여 계산하여 보면 해방전의 그것은 3.9이고, 해방후의 그것은 3.8로서 비등한 결과이다. 그러나 동자료표는 우리에게 너무나 간단하므로 당장 의문은 거기에 없지 않다. 물론 진실한 경영의 다각성은 경종이외의 양축(養畜)이나 농산물가공 일반을 포괄해서 내면적으로 물어야 만 얻어지는 본성이나, 그러나 이러한 작업 또한 당면한 우리의 힘을 넘는 조건에 관련되는 것이므로 우리는 그저 해방이후 농법의 다양적 분화란 사실만을 일단 인정하되 돌아가서 토지이용률만을 대비하면 다음(표 13)과 같다. 그것은 곧 10% 정도의 집약적 표시이다.

<표 13> 토지이용율 대비(%)

1930~1934	1960~1964
140.7	150.8

자료: 해방전의 것은 앞에 나온 제10표로써 작성하고, 해방후의 것은 그의 내용이 너무나 불충실하므로 농업연감, 1965에 의존함.

---

9) D.I 지수는 각 작물별 작부면적 백분비를 자승(自乘)하되 그들 합계를 내서 그의 역수로서 이를 대비한다. (c.c. Gray, Introduction to Agri. Economics, p.62)

　그런데 토지이용방식에 관한 우리의 대비작업은 즉시 나아가서 이른바10) 토지 생산성에 미치지 않을 수 없다. 지금 해방전후에 걸쳐 주요농작물의 토지생산성을 대비하여 보면 표14와 같다.

〈표 14〉 주요농작물 토지생산성 대비

(반수(反收)·정곡(精穀))

	1930~1934 kg　　　석	1960~1964 kg　　　석	후/전(%)
미곡	149.1　　(1.036)	224.2　　(1.547)	150.4
(수도)	151.0　　(1.041)	225.0　　(1.553)	(149.0)
맥류	119.4	85.0	71.2
(소맥)	(78.9)	(81.7)	(1.04)
대두	74.0	54.3	73.4
밤	71.7	48.0	67.0
촉서(蜀黍)	82.8	47.5	57.4
고구마	648.7	713.0	109.9
감자	832.5	915.0	109.9
연초	112.2	151.8	135.3
면화	54.8	49.0	89.5
대마	82.5	78.0	94.5
저마(苧麻)	36.7	55.7	151.8

자료: 동상. 단, 해방전은 경기·강원도 포함. 미곡은 농업연감, 1966 생산비조사란에 의하고, 1석당 144kg로 계산함. 실지 작물의 종목은 물론 본표의 내용에 한정되어 있지 않다.

　우선 우리는 미곡(米穀)의 토지생산성이 그동안 5할정도 상승을 보이게 된데 주목한다. 생각건대 그의 결정요인은 다기(多岐)하다 할지라도 주된 그것은 생산조직이나 경작기술의 개신이 아니라11)

---

10) 사실인즉 생산성의 개념으로서 우리는 노동생산력 이외에 토지생산성을 본질적인 것으로 보고 있지는 않다.

11)

〈표 15〉 수리안전도 대비

	관개답(畓)		천수답(%)
	안전답(%)	불안전답(%)	
1960~64	56.0%	24.6%	19.4%
1930~34	65.7%		34.3%

자료: 동상

여기에서 수리안전답의 수확고는 대비하면 다음과 같다.

〈표 16〉 수리안전답 반수(反收) 대비

1932~1934 (석(石))	1960~1964 (석(石))	차(差) (석(石))
1.554 (1.036)	1.732 (1.553)	0.217

자료: 해방전 자료는 조선총독부 농림국, 조선토지개량사업요람, 1932~34년에 의함. 해방후는 농업연감, 1965년. 단, 괄호내의 숫자는 전게(前揭)(14표)한 전체적 반수(反收), 형식상 본표중 차 0.217석은 수리이외의 요인에 의한 해방후의 증수(增收)분으로 해석될 수 있다.

수리시설의 확장이 아니면 나아가서 금비증시(金肥贈施)의 소산임이 분명하다. 그 수요도에 있어서 상당한 차이(差異)를 보인가운데 맥류의 침체적 생산성이 어느 정도 이 점을 우리에게 반증하고 있는 것도 같다. 물론 이들에 대한 가격정책이나 외국 잉여농산물의 직접적 제압관계는 간과할 수 없는 지배적 조건이나, 후자의 경우는 특히 면화에 있어서 폭로되어 있음을 볼 수 있다. 그는 곧 그동안 생산성에 있어서 10%, 식촌(植村) 면적에 있어서 실로 1930년대의 3할에 미달한 쇠퇴상이다. (제10표 참조)

맥류(麥類)의 토지생산성은 비록 침체상태에 있다 할지라도[12] 답이작(畓裏作)의 배증(倍增)과 더불어 그의 식부면적만은 앞에서 본 바와 같이 (제10표) 그런대로 상당히 증가를 보이고 있다. 이는 곧 해방전에 비하여 토지이용도를 높이고 있는 큰 동향의 하나이거니와 그의 내용은 또한 이 땅의 농촌에 불변적인 식량의 궁핍도(窮乏度)를 말해주는 징표이다.

더욱 맥류(麥類)가운데 소맥만을 뽑아서 본다면 1930년대에 비하여 작부면적뿐 아니라 반당(反當)

<표 17> 비료 시용(施用)량 대비

		1930~1934		1960~1964	1962~1964
		경종(耕種)	수도(水稻)	경종(耕種)	수도(水稻)
구 입	N	0.66	3.37	5.32	6.35
	P	0.84	2.84	2.94	3.06
	K	0.40	0.12	0.62	0.78
자 급	녹비	24.2	76.5	25.7	30.6
	퇴비	36.9	511.5	69.7	271.4

반당(反當):kg
자료: 1930~1934년중 경종은 전국적 추계(推計)(전게(前揭), 조선농업발달사, 발달편 부록), 수도(水稻)는 1932년 조선농회의 선출(選出)농가조사자료에 의한 것. (경남 울산군 삼산(三山)·언양(彦陽)·하상(下廂)지역 − 일본학술진흥회, 미곡경제연구, 岩片磯雄 발표논문중). 1960~1964년은 농업연감, 1965에 의함.
주의: 경종에는 총 식부면적에서 과수제외, 상전(桑田) 포함임.

12) <표 18> 맥류(麥類) 답이작(畓裏作) 면적대비

1930~1934		1960~1964	
대맥작(對麥作)	대답(對畓)	대맥작(對麥作)	대답(對畓)
26.2%	21.7%	56.1%	46.6%

자료: 동상 및 농림부, 농림통계연보 1965.
참고로 여기에 맥류(麥類)의 답이작(畓裏作) 평균 수량(收量)을 전작과 대비하여 본다.

<표 19> 맥류(麥類) 답이작(畓裏作) 반수량(反收量)

단위: kg

춘 파(春 播)		추 파(秋 播)	
전(田)	답(畓)	전(田)	답(畓)
59.2	57.8	77.4	77.6

자료: 전게(前揭)「농림통계연보」
주의: 춘파는 일반적으로 답작(畓作)이 우세적이고, 추파는 전작(田作)이 우세하다. 그리고 해방전후를 통하여 춘추별로 전답작(田畓作)의 생산성에 큰 차이(差異)가 없다.

수량(收量)에 있어서 미소나마 증가된 경향(제14표)을 보이는 사실이 주목된다. 그 「품위도(品位度)」에 있어서 맥류(麥類) 일반보다 상당히 높다는 사실로서 (제11표 참조), 이 방면에 있어서의 그의 생산성적 기여도를 약간이나마 내부적으로 인정할 수 있는 대상이다.

한편 과수채소에 관하여 앞에서도 언급한 바와 같이 근자(近者) 각기(各其) 생산수량의 증대뿐이 아니라 품질의 개신(改新), 재배방식의 근대적 변모는 분명히 지적된다. 이의 확장상태에 비하여13) 가축의 발전도는 어느쪽이냐 하면 유우(乳牛)부문을 제외하고 볼 때 이에 뒤따르지 못한 실정이고, 양잠은 오히려 반감(半減)된 실적을 보여 주는 후퇴상이다.

양잠은 근래 수출산업의 총아(寵兒)로서 정책적 지원을 크게 받고 있는 실정이나 전도(前途)에 의연 난관은 불소(不少)하다. 제사공정(製絲工程)은 이미 1930년대의 농업부업형을 완전히 지척(止揚)하여 근대화하였거니와 양잠작업의 기술적 침체상태와 제반 후진적 양상은 옛날이나 지금이나 다름이 없다. (하표의 최하단락 참조). 더욱 식량작물과의 경합으로 상전(桑田)의 확장이 어려움은 오늘날 도를 가중하는 기세에 놓여 있을 뿐이다.

---

13) 다음 표에서 보는 바와 같이 유우(乳牛)·계(鷄)·면양(綿羊)·산양(山羊) 등의 수는 수배로 크게 증가되어 있으나 한우(韓牛)는 30% 미만의 증가율이다.

<표 20> 가축수 대비

단위: 천두

	한우	유우(乳牛)	돈(豚)	면양	산양	계(鷄)	말
1930~1934	974	(1.16)	775	0.42	27.60	3,879	33.07
1960~1964	1,215	(5.20)	1,418	1.17	230.60	11,697	23.92
비(%)	124.7	-	183.0	276.4	835.4	301.5	72.3

자료: 1930~1934년은 조선총독부통계연보에 의한 경기·강원 양도를 포함한 남한평균. 단, 유우(乳牛)는 1928년의 전국통계임. 한편 1960~1964년 평균은 농업연감, 1965년에 의한바 그중 유우(乳牛)만은 1965년 통계를 그대로 게재(揭載)한 것. 묻고자 한 가축명은 표 이외에 더욱 많고, 그중 토(兎)는 해방후 크게 늘어난 것의 하나이다.

<표 21> 농가 호당 한우(韓牛)수 대비

1930~1935	1960~1964	후/전(%)
0.462	0.506	119

자료: 동상. 단, 해방전(경기·강원포함) 농가수량 205만, 해방후의 그것을 240만으로 계산.
　　해방후 약 2할쯤 역우(役牛) 기근(饑饉)이 완화(緩和)된 것으로 나타나 있다.

〈표 21〉 양잠동태

	1930~1934			1960~1964			비고
	춘잠	추잠	평균	춘잠	추잠	평균	
(1)양잠호수비	27.0	22.4	26.2	16.0	11.8	13.9	총농가대비(%)
(2)호당소잠(掃蠶)량	0.83	0.80	0.82	0.44	0.39	0.42	상(箱) 단위
(3)호당잠견(蠶繭)량	16.3	12.8	14.6	9.6	6.1	7.4	kg 단위
(4)잠견량대소잠량	19.5	15.9	17.7	21.7	15.5	18.6	kg 단위

자료: 「통계연보」 (해방전) 및 농업연감, 1965.

Ⅲ. 농업노동생산력의 미시적 동태

농업노동생산력을 구체적으로 표징함에 있어서 우선 통계적 조사자료, 특히 해방이전의 문헌적 결핍을 메꿀 수 없는 우리는 부득이 단편적(斷片的)농가조사결과에 의하여 문제를 미시적으로 다룰 수밖에 없다. 그도 앞에서 언급한 바와 같이 1930년 이래 소규모의 표본농가에 관한 지극히 한정된 통계이고 보니 정상적 추정방식이란 어려운 사정이다. 하물며 해방전후를 대비한 어떠한 생산함수(production function)와 같은 것을 추출(抽出)하는 정밀작업은 당면한 조건하에 무모한 행동이라 할 수 밖에 없다. 그것은 자료의 결핍에 앞서서 우선 해방전의 농작에 대한[14) 천후(天候)적 조건의 절대적 지배성(현재도 그의 도는 높지 마는)이 생산계수나 그 밖의 「파라미터」를 안정화시킬 수는 도저히 없는 까닭이다. 그러므로 우리는 이하 주로 미곡생산을 중심삼아 평균 노동생산력을 평가하고, 그럼으로써 해방전후의 생산력수준을 미루어 봄에 만족할 수밖에 없다. 사실 한국농업의 몇 가지 부수적 부문별 생산성을 경시할 수 없다 할지라도 미작에 관한 그것을 물었을 때 우리는 적어도 경종의 80%는 물은 셈이며, 농업전반에 관하여 이를 본다 할지라도 그의 태반(殆半)은 규정되었다고 볼 수 있는 무거운 비중이다. (제4, 5, 6표 참조)

그러나 우리는 노동생산력의 일반적 제약조건으로서 토지경작규모의 영세성을 묻지 않을 수 없고 또한 전자의 직접적 기여수단으로서 농기구의 발전도를 우선 보지 않으면 안된다. 이점, 결론적으로 말하여 경지규모는 하표에서와 같이 점차 축소화하여 있고, 농기구는 그의 수량 및 성능에 있어서 부분적으로 상당한 증율(增率)을 보여 준 실태이다.

---

14) 미 생산에 있어서 해방전의 흉작은 주로 한해(旱害)에 기인하였다. 그 작부 불능(不能) 면적은 기복이 매우 심하여 1930~1934년간만 보더라도 최소 6,973정보(町步)(1931년)로부터 19,245정보(町步)(1932년)이란 숫자로 나타나 있음을 알 수 있다. (전게(前揭), 조선농업발달사, 발달편, p.99)이 「불능(不能)」이란 의미가 불분명하므로 당장 1960년대와 대비할 수 없으나 근년에 와서는 천수답(天水沓)이 훨씬 감소되어 있는 관계로 한해(旱害)의 피해도보다는 풍수해, 병충해의 피해율이 상대적으로 증가된 기세이다.

<표 22> 경지규모별 농가호수 비(比)

규모	1938 (%)	1960~1964 (%)
0.3 정(町) 미만	17	19.5
0.3~0.5	21	21.7
0.5~1.0	25	31.6
소계	63	72.8
1.0~2.0	20	20.9
2.0~3.0	11	5.9
3.0정(町) 이상	6	0.4
	100	100.0

자료: 1938년의 자료는 영목무웅(鈴木武雄), 조선의 경제, 1941(구간건일(久間健一)작성),1960~1964년 통계는 농업연감, 1965에 의함.

표에서 본바 해방후의 영세화 경향은 뚜렷하다. 이는 말하자면 자가노동을 충분히 소화시키기에 어려운 농민이 해방전 60% 선으로부터 해방후 70% 선으로 상승하여 그만큼 전체의 노동생산성을 억압시킬 수 있다는 표시이다.

다음 표(23)는 이 사정을 좀더 구체화하여 있거니와 1인당 노동시간에서 본바와 같이 예컨대 0.5정(町)미만의 세농(細農)은 1.5-2.0정보(町步) 이상의 영농가족에 비하여 1/2 정도의 여유노동을 경종이외에서 소화시켜야 하는 계산이다.

<표 23> 농업종사자 1인당 경지면적과 노동시간

호당 평균

구분	영농종사자 (인)	연투하노농시간(시)	1인당노동시간(시)	1인당경지면적(평)
0.5정(町) 미만	2.62	1,106.83	422.45	376.49
0.5~1.0	3.06	1,878.90	614.02	706.72
1.0~1.5	3.81	2,758.50	724.02	988.20
1.5~2.0	4.20	3,301.84	786.15	1,218.54
2.0정(町) 이상	4.54	4,252.76	936.73	1,618.37
평균	3.27	2,116.49	647.24	834.25

자료: 농업연감, 1965, P. 1-19(1964년 농림부 농가경제조사통계) 해방전에 이에 해당한 자료는 얻기 어려움.

〈표 24〉 주요농기구 보급상황 대비

명칭	1930~1934 (대)	1960~1964 (대)	후/전 (배)
원동기(原動機)	4,1609	23,838	5.17
탈곡기 A	157	8,161	51.98
B	99,893	696,571	6.97
현미기 A	1,142	17,543	15.39
B	59,391	–	–
정미기 A	3,390	33,350	9.84
풍구(風具) A	1,074	5,590	5.20
B	5,565	122,399	21.99
양수기(揚水機) A	897	12,150	13.55
B	12,330	72,847	5.91
경운기 A	–	291	–
B	106,350	752,185	7.07
파종기	–	475	–
제초기	238,761	294,296	1.23
분무기 A	–	52,182	–
B	6,397	1,872	0.29
살분기(撒粉機)	–	25,802	–
제승기(製繩機)	4,0992	46,295	1.15
제팔기(製叭機)	–	803,43	–

자료: 해방전은 1930년과 1934년의 조사평균치로서 경기·강원포함.

식은(殖銀)조사월보, 1940년 12월호(瀨野周次 작성)에 의함.

해방후는 농업연감, 1965. 표중 A는 동력기 B는 인력기의 표시이며, 더욱 여기에 게기(揭記)하지 않는 농기구도 몇가지 있음.

위의 농기구표를 보건데 일견(一見) 그는 보급속도에 있어서 높은 것 같지만 항목별 내용인즉 주로 조제용기구에 치중되어 있어서 농민의 직접이용에 속하지 않는 기업적 용구(用具)는 개중(個中)에 많다. 그리고 경운기, 제초기 등의 증가율은 그다지 높지 못한 과정에 놓여 있으며, 예컨대 개량세(改良犂)(경운기 B) 이외에 기계 「트랙터」는 미미한 숫자로서 아직 시범적인 전시수단에 불과한 형편이다. 그러므로15) 미맥작에 관하여 그의 노동력 절감의 적극적 보조수단은 아직 크게 보급을 보지 못한 단계에 놓여 있음을 알 수 있다. 따라서 상표에 게기(揭記)되어 있지 않은 재래식 농구(農具)에 대한 의존도는 일반영농자에 있어서 지배적으로 유용한 노동수단임을 반증하고 있는

---

15) 노동수단의 사용률을 추찰하기 위하여 우리는 다음과 같은 작업별 노동 시간의 배정비중을 이용할 수 없지 않다.

〈표 25〉 작업별 노동시간 비중

	미곡	맥류	잡곡	두류	서류	채소	기타경종	기타작업	계
총시간비중	812.49	383.01	82.08	103.38	94.96	110.26	98.73	431.5	2,116,49
(%)	38.4	18.1	3.8	4.9	4.5	5.2	4.7	20.4	100.0

자료: 농업연감, 1965, P. 1-1(농림부 조사)

가운데 비능률적 재래식 쟁기, 장군, 매통 같은 것은 많이 감퇴되었다 할지라도 쇠스랑 괭이(鍬), 가래, 쓰레, 두레, 호미, 낫, 갈키, 기(箕), 지게 등은 아직 축우(畜牛)와 더불어 이 땅의 생산양식을 특징화하는 기본적 생산 요구(要具)이다.

　그러면 우리의 지목한 바 미작에 관한 노동생산력은 어느 정도인가? 앞에서 본 바이지만 해방전 1930년 이후 수년에 걸쳐 조선농회에 의하면 실시된 몇몇 지구의 농가경제조사로서 경남 울산군 3부락, 경기·수원 군하(郡下) 10부락, 황해·해주에서의 3부락에 관한 1932년도 산미(産米) 생산비산정 자료와 당시의 당국(척무성(拓務省)) 발표에 의거한 정리된 내용으로서 우리의 얻어 본 바를 우선 여기에 옮겨보면 다음 제26표와 같다. 그리고 더욱 나아가서 당시의 조사당국(조선농회)이 스스로 인정하듯이 위의 조사중 표본농가는 반드시 전국적 지역에 걸친 당시의 영세적 소농전반을 포괄한 모체에서 얻어진 것이 아니므로 스스로 상편향성(上偏向性)은 거기에 뚜렷하나 우선 남한(경남울산, 경기수원)에 속한 평균적 자료를 다시 꾸며 보면 다음 제27표와 같다.

〈표 26〉 미곡생산과 노동량 (1932)

지구	반당 노동력 (인)	반당 수량(收量) (석(石))	석당 노동력 (인)	일인당 생산량 (석(石))
경남 울산	15.8	3.22	4.9	0.209
경기 수원	15.0(16.1)	2.47	6.1	0.165
황해 해주	14.5(16.5)	2.10	7.0	0.143
척무성 발표	17.0	3.30	5.2	0.192
일본본주(本州)	19.4	4.82	4.0	0.25
북해도(北海道)	9.4	1.90	5.0	0.20

자료: 전출(前出) 「미곡경제의 연구」 중 岩片磯雄, 「조선미 생산비에 관한
　　조사(朝鮮米生産費に關する調査)」 발표문에 게재(揭載)된 표를 약간 가공한 것. - 본래의 표에서 석당
　　노력(勞力)에 괄호내의 숫자로 되어있고, 설명에는 괄호외 숫자로서 추정함이 가하다고 보고 있다.
　　일인당 생산량(필자작성)은 석당 노력(勞力)의 역수. 표중 한국자료는 1932년도 산미(産米)에 관한 조곡
　　계산이고, 일본자료는 1933년에 관한 그것임. 한편 여기에는 수도·육도(陸稻)의 구분이 불분명하나
　　실질적으로 전체를 수도로 보아서 지장은 없다.

〈표 27〉 해방전 미작생산성 (1930～1932)

	반당 노동력 (인)	반당 수량(收量) (석(石))	석당 노동력 (인)	일인당 생산량 (석(石))
울산수원	15.4 (15.4)	2.85 (2.08)	5.5 (7.4)	0.187 (0.135)

자료: 동상, 괄호내 숫자는 이미 전국적으로 계산된 반수(反收)(표14)를 기초로 반당(反當) 노력(勞力)을 위의 평균치 15.4인 그대로 보고, 석당(石當) 노력(勞力)을 추정해본 것. - 15.4인을 그대로 취한 것은 전표중 전국에 관한 척무성(拓務省)발표보다는 적지만 별도 상기문헌중 1910년 이래 1931년까지 단편적(斷片的)으로 나와 있는 조사자료 (남한 몇몇 지역의 표본조사) 18개의 평균치 15.31인에 비추어 보아서 그다지 무리한 숫자는 아닌 듯 하고 사실 상기 서중 1931년에 전라남도에서의 미 생산비조사에서도 평균치 15.3인을 얻은 바로 되어 있다.

한편 해방후(1960-1964) 표본농가조사에 의한 농가의 평균적 생산성은 다음 (제28표)와 같이 발표된 바 없지 않다. 단기적이나마 5개년간 노동생산성은 토지생산성과 더불어 미약한 템포로써 늘어가는 표시이다.

〈표 28〉 해방후 미작생산성(1960～1964)

호당 평균

연도	투하 노동량 (시간)	산출량(조(粗)) (석(石))	시간당생산량 (승(升))	지수	반당 수량(收量)(조(粗)) (석(石))
1960	855.0	1,865.0	2.17	100.0	2.820
1961	856.0	1,988.0	2.32	107.0	3.530
1962	818.1	1,686.9	3.06	94.9	3.076
1963	631.7	2,073.5	3.28	151.1	4.104
1964	812.5	2,069.9	2.55	117.5	3.986
평균	794.7	1,936.7	2.44		3.503

자료: 농업연감 1965, P. 1-20. (1963년 이전은 한국생산성본부, 1964년은 농림부 작성자료)
단, 반당(反當) 수량(收量)만은 전부 농림부 미곡생산비 조사결과(농업연감, 1965)

우리는 나아가서 다소의 난점을 무릅쓰고, 전2표(27, 28)를 즉시 대조할 수 없지 않다. 노동시간을 노동일수로 간단히[16) 환산하면 가능한 요령이다.

<표 29> 미작 생산성 대비

	반당 노력(勞力) (인)	반당 수량(收量) (조(粗)) (석(石))	석당 노력(勞力) (인)	일인당 생산량 (석(石))	동(정곡) (석(石))
1930년대	15.4 (15.4)	2.85 (2.08)	5.5 (7.4)	0.187 (0.135)	0.094 (0.073)
1960~1964	14.4 (14.4)	3.50 (3.09)	4.1 (4.7)	0.244 (0.213)	0.122 (0.107)
비	0.94	1.23 (1.50)	0.75 (0.64)	1.31 (1.58)	1.31 (1.58)

자료: 동상, 해방후의 노동시간을 1일 10시간으로 환산함(다음 노동분포표 참조). 단, 괄호내는 표본농가 아닌
　　　각전국적 계산자료(표14참조)

우리는 위의 생산성대비표(29)에서 1930년대 이래 30연간에 노동생산력이 미작에 관하여 3할 내지 6할(31%~58%) 정도 상승하였음을 볼 수 있다. 한편 토지생산성으로 말하면 이미 본 바이지만 2할 내지 5할(23%~50%)의 증가된 계산이다. 이를 계수의 정확성에 처음부터 약점은 없지 않지만 그럼에도 불구하고 그것은 대체의 경향을 우리에게 전해준다. 다만 결과적으로 미작의 노동생산력이 연평균 1%~2% 정도 오르기는 하였으나 그는 주로 토지생산성의 추이에 연유(緣由)할 뿐, 고유한 노동조건의 개선적 결과로 볼 수 있는 부분은 적은 느낌이다. 그것은 제29표에서 본바 해방후

---

16) 해방전(1930년)의 전게(前揭)조사자료(조선농회)에 의하면 계절적 일당(日當)노동시간은 평균 다음과 같이 되어 있다.

<표 30> 노동시간 월별 분포

월	3~5	9~11	6~8	1~22
시간	10	10	11	7

자료: 조선농회보, 1933. 7권 3호
　　　더욱 미곡에 대한 매월의 노동투하량 비는 다음 표에서와 같이 스스로 다룰 것이므로 정확히는 이를 가중치로 삼아야
　　　하는것이나 원래 12-2월은 미곡(米穀)에 대한 노동이 사실상 조제(調製)작업으로서 1%에 훨씬 미달하므로 위와 같이
　　　1일을 10시간으로 환산하는 방법은 무방하다고 인정된다.

<표 31> 미작 노동 월별 배당분포(1964)

월별	1	2	3	4	5	6
시간	0.75	0.43	13.37	44.35	89.65	201.04
비(%)	0.09	0.05	1.66	5.50	11.11	24.91

월별	7	8	9	10	11	12	계
시간	141.96	48.23	28.41	163.85	70.58	4.31	806.93
비(%)	17.59	5.98	3.52	20.3	8.75	0.54	100.0

자료: 농업연감, 1965

반당(反當)노동절약이 1인(6%)에 불과17)함으로써 추출되는 사실이다. 물론 같은 노동시간이라 할지라도 그 질적 내용(강도, 안역도(安易度) 등)인 즉 반드시 옛날과 오늘이 같을 리 없다. 그러므로 결론은 단정적이 아니나 구태여 토지생산성을 관념적(觀念的)으로 분리시키다 할 때 그러한 평가는 일단 가능한 성질이다.

  그러면 위의 평균적 생산성의 대비 결과는 농가경영규모의 차이에 따라서 어떻게 유지되는 것인가? 해방전의 자료는 구할 길이 없으므로 해방후에 한하여 이를 보되 우선 1963년 및 1964년의 수도작 자료만 (농림부 표본농가 생산비조사)을 여기에 추가하면 다음과 같다. 이때에 노동의 질(자가고용, 남자, 여자) 또한 간과할 수 없는 요인임은 물론이다.

<표 32> 수도 경영 규모별 생산성 (1963~1964년)

규모	반당 노동 (시간)	반당 수량(收量)(粗) (t)	석(石) 환산 (석)	석당 노력(勞力) (시간)	시간당 생산량 (석(石))
0.5町 미만	155.5	721.5	3.999	38.89	0.0257
0.5~1.0	145.8	712.5	3.949	36.92	0.0271
1.0~1.5	131.9	723.0	4.008	32.91	0.0304
1.5~2.0	129.4	738.5	4.094	31.61	0.0317
2.0町 이상	128.8	727.5	4.033	31.94	0.0313
평균	138.3	724.6	4.00166	34.45	0.02924

자료: 「농업연감, 1964, 1965」에서 1963, 1964 양년의 반당(反當)노동시간과 반당(反當)수량(收量)의 각 평균치를 게재(揭載)함.

  우리는 전표에서 노동이나 생산품에 관한 질적 요인을 깊이 따지지 않는 조건하에 경영규모에 따라서 노동생산력이 올라가고 있다는 당연한 명제를 일단 확인한다. 내용은 반면에 있어서 영세농에 관한 노동의 낭비성을 말해주는 것이며, 그 점은 동시에 노동의 한계생산력이 후자에 있어서 한계점에 접근하였다는 사실을 반영하는 지표이다. 이러한 경향성이 한편 1930년대에 어느 정도의 강도로서 나타나 있었던가, 우리에게 당장 명시된 자료는 발견되지 않지만18) 사태의 진행이 보다 심각하였으리라는 것은 추측하기에 어렵지 않은 관계이다. 이러한 사정에 관련하여 우리는 실질적으로 경영규모의 영세화를 초래하는 소작제를 여기에 상기한다. 그것은 다름 아닌 노동생산력의 중압적 제약의 조건임에 틀림없는 까닭이다.

  그러나 영세적 영농규모에 있어서 노동생산력이 떨어진다는 사실, 또는 대경영에 있어서 상대적으로

---

17) 노동절약의 직접적 계기로서 우리는 수리노동의 절감, 경운기와 제초기, 조제기 등의 발달을 상기하는 것이나 한편 이와 반대적 방향으로서 시비, 병충해제거 등의 추가적 노동 등이 고려된다.
18) 1928년 일본농가경제조사의 결과는 이를 명시한 바 있다. (東浦庄治, 「일본농업개론」, 1933, 김준보, 농업경제학서설, 1966, P. 127)

노동생산력이 올라간다는 관계는 토지생산성의 방향과 언제나 역행적이라고 말 할 수 없다. 소경영에 있어서 자가노동의 남투(濫投)가 토지생산성을 어느 정도 올릴 수 있다고 보는 것은 당연하며 한편 대경영의 자본적 방식이 즉시 토지생산성을 상대적으로 상승시키는 경우 또한 예상하기에 어렵지 않은 이치이다. 그러므로 형식상 우리는 여기에 노동생산력이 토지생산력과 병행하는 관계를 소망스러운 동태로서 기대하게 되는 것이나 그가 낙관적이라 할 수 없을지라도 1960년대의 미작 생산성을 표시하는 위의 제28표에 관한 한, 불충분하나마 그러한 진보성을 암시하고 있는 것도 같다. 그것은 미약하나마 노동생산력(시간당 생산량)과 토지생산력(반당(反當)수량(收量))과의 병행된 자세를 보이는 까닭이다.

그러면 돌아가서 해방이전의 사정은 이에 대하여 어떠한 것인가? 이 방면의 자료입수는 더욱 곤란한 형편이지만 가혹한 일반적 소작조건하 위의 진보성을 기대한다는 것은 처음부터 무리라 할 수 밖에 없다.[19] 따라서 농지개혁의 공과(功果)를 이점에서 평가할 수 있다고 구태여 말하자면 말할 수 있는 시사(示唆)임에도 우리에게 주어진 물적 자료는 아직 결론을 내리기에 너무나 빈약하다. 하물며 농업소득의 실질이 다음에도 본 바와 같이 아직 명확한 실적을 보이지 않는 조건하에 있어서 안타까운 느낌은 클 뿐이다.

이상은 미작에 관한 우리의 관견(管見)에 불과하므로 생산력의 보다 광범한 종합적 지표를 얻으려면 우리는 부득이 생산물의 가액(價額)에 의한 농업소득을 평가하지 않으면 안된다. 여기에 드문 해방전 선정농가조사 자료로서 이 방면의 것을 게재(揭載)하고, 1960년대의 조사농가 평균수준과 대조하여

---

19) 적당한 자료는 아니나 참고로 여기에 해방전에 발표된 단편적(斷片的) 생산비조사자료의 모집표를 살펴보기로 한다. 이 는 장구(長久) 연도에 걸쳐 미작(米作) 반당(反當) 노력(勞力) 투하가 미약한 경향으로 늘어감에 따라서 반당(反當) 수량 (收量) 또한 늘어간 예이지만 일인당 수량(收量)은 거의 침체적인 표시이며 더구나 추세변동을 고려에 넣고 볼 때 오히 려 감퇴적 결과이다.

<표 33> 미작 생산성 동태

년차	반당 노력(勞力) (인)	반당 수량(收量) (석(石))	1인당 수량(收量) (석(石))	비고
1911	14.00	3.00	0.21	자작(自作)(경기)
	10.10	2.80	0.28	자작(경기)
	11.40	2.50	0.22	자작(경기)
	15.00	4.00	0.27	소작(경기)
	14.40	2.50	0.17	소작(小作)(경기)
	16.00	2.80	0.18	소작(경기)
1913	22.20	4.00	0.18	자작(경남)
	22.48	4.52	0.20	소작(경남)
	23.50	2.50	0.11	불명(전남)
1931	18.40	4.10	0.22	자작(전남)
	14.54	3.30	0.23	자작(전남)
	14.60	2.20	0.15	소작(전남)
	15.60	2.90	0.19	조자작(전남)

자료; 전게(前揭), 岩片磯雄, 「조선미의 생산비에 관한 조사(朝鮮米生産費に關する調査)」에서 뽑음.

보면 아래와 같다.

<표 33> 농업소득 대비

호당평균

	1930~1931(1935) (원)	1960~1964 (원)
총수입 경영지출 농업소득	688.14(1,069.98) 223.86(431.33) 357.28(638.65)	82,581 17,568 65,013
1인당소득	111.65(199.58)	25,484
농업 소득률(所得率)	% 51.9(59.7)	% 78.9

자료: 조선농회보, 1933, 7권, 3호 (괄호내는 1935년말 통계로서 조선농업발달사 발달편, P.581) 농업연감, 1965, P. 1-171) 1인당 소득은 가족노동을 3.2인(해방전) 및 3.21인(해방후)으로 보고 계산한 것.

상표에서 우리는 농업소득의 실질을 직접대비할 수 없으나 위에서 그 소득률에 의하여 기술적 생산성만은 어느 정도 계측(計測)할 수 있게 된다. 즉 이 결과에 비추어 경영의 합리화 경향을 엿볼 수 있다 하겠으나 그것 역시 알고 보면 수입이나 경영비의 평가방법에 크게 의존하는 지표로서 오직 상대적 의미를 가졌을 뿐이다. 지금 위의 전후 양 소득수준을 간접적으로 대비하기 위하여 각 시점에서 농업 소득으로써 구입할 수 있는 당해연도의 미곡수량 즉 미곡구매력을 환산하여 보건데 결과는 대체로 다음과 같다.

〈표 34〉 미곡 구매력 대비 (일인당소득)

1930~1931(1935)년 (석(石))	1960~1964년 (석(石))	대비 (%)
5.007(6.648)	6.331	126.4(95.2)

자료: 동상, 단, 정미계산. 단, 괄호내는 1935년 대비

해방전(1930~1931년)의 화폐소득이 가진 미곡의 구매력이 그 후의 결과에 비하여 26% 정도 약한 것 같으나 그중 1935년의 대비에서 추찰(推察)된 바와도 같이 그들의 실질적 관계는 그렇게 결코 간단하지 않다. 무엇보다 1930년과 그 역년은 특별히[20] 미가 폭락의 연차이었으므로 우선 그 점을 감안하지 않을 수 없는 소지이다. 어쨌든 대체로 미가수준으로 판단하여 해방후의 농업소득은 해방전의 실질을 크게 벗어나지 못한 가운데 그가 쌓아놓은 농업노동생산력마저 충분히 반영하고 있지 못한 경향이 분명하다. 이점 농업발전에 미치는 중대한 역조의 표시이다.[21]

결론을 요약컨대 전래적 경종위주 미맥(米麥)중심의 농업생산은 이 땅에서 꾸준히 지속되는 가운데 농지개혁에도 불구하고, 미작을 중심으로 본 농업생산력은 그동안 지지(遲遲)한 템포를 보여주고 있다. 이는 국내 공업생산의 성장이나 선진농업국의 생산성진도에 비추어 더욱 뚜렷이 인식되는 사실이다. 그러므로 우리의 지목한 농지개혁의 성과는 1960년 초기에 관한 한, 아직 「유의적(有意的)」인 것이라 보기에 곤란하며, 더구나 실질소득의 생산적보장이 되어있지 못한 불투명한 조건과 그 후 전개된 소작제의 일반적 재현(再現)현상[22]은 더욱 그러한 소극적 국면의 징표이다. 다만 부분적으로 본다면 맥작(麥作)이나 특히 면작(棉作)의 피압 양태를 넘어서

---

20) 참고로 해방전의 미가와 물가지수를 게재(揭載)한다.

<표 35> 미가와 물가

연차(年次)	정미 100kg 가격 (원)	물가지수
1928	20.87	214.43(1908년기준)
1929	21.30	207.24
1930	18.58	179.60
1931	12.47	145.26
1932	15.41	144.45
1933	15.77	160.09
1934	17.25	162.32
1935	20.72	179.57
1936	21.95	190.62

자료: 전게(前揭), 조선농업발달사, 발달편, 부록.

21) 물론 우리는 농업소득과 아울러 농가의 농업외 소득을 감안하지 않으면 안된다. 그러나 해방전, 1930년대의 이 방면의 자료 또한 매우 빈약하다. 다음 표는 해방후 비농업소득의 비중이 해방전보다 반드시 높지 못하다는 관계를 시사한다.

<표 36> 농가 수입 구성

	1930 (원, %)	1960~1964 (원, %)
농업수입	680,805(80.0%)	82,581원(83.5%)
기타수입	166,935(20.0)	16,367(16.5)
계	847,740(100)	98,948(100)

자료: 경기수원 농가조사부락 평균(조선농회보, 1933 제7권 3호)

22) 1963년 3월말, 농협중앙회의 표본농가 1,180호에 관한 조사에 의하면 17%인 200호의 농가가 부분 또는 완전 소작이 었다. 하나 그의 비율은 급속히 증대되어 가는 현실이다. (농업연감, 1965, P. 1-251)

과수채소부문이나 일부 축산면에서 생산성의 근대적 고양(高揚)을 볼 수 없지 않으나 그들로써 전체농업 생산성에 기여하는 비중은 아직 미약한 단계이다.

과수채소부문이나 일부 축산면에서 생산성의 근대적 고양(高揚)을 볼 수 없지 않으나 그들로써 전체농업 생산성에 기여하는 비중은 아직 미약한 단계이다.

CONVERSION OF FARMING INTO ENTERPRISE AND COOPERATIVE FORMS FOR AGRICULTURAL MODERNIZATION

By Kim Jun-bo[1]

INTRODUCTION

The Korean economy maintains a capitalistic production structure and its dual structural system hinges greatly on a conventional small-farming pattern, which is of a subjacent nature. From the beginning, the dual structural system has contained within itself painfully backward aspects. its stagnation today is serious . obviously, it is up against a crisis which may not easily be arrested. The country underwent a lad reform as early as 1949. The violent explosion of population has been formidable in urban areas in recent years. Meanwhile, the revival of tenant-farming has been vigorous. All this tells of nothing but an overall drawback in the agricultural society. The presence of a huge army of hard-pressed farmers in agricultural districts is pretty real. They toil an moil, falling heavily back on submarginal farming. The lands they till are mere patches. It is difficult for them to preserve enough grain to feed their own mouths. Some fundamental steps will have to be taken to improve agricultural productivity, and aggressively. This is a matter of good sense that we must exercise. Indeed, it is an utter illusion to imagine that some conventional relief programs for petty farmers, which have invariably turned out to be of a temporizing nature, or some simple technical projects designed to improve farming methods, would possibly produce significant effects. Recent years have seen the government make, although belatedly, such policy moves as call for the establishment of demonstrative pioneering cooperative farms[2], the fostering of stabilized farm-households[3], and the enactment of a basic agricultural

---

1) KIM JUN-BO is Professor of Agricultural Economics at Korea University, Seoul, and a member of the Korean Academy of Sciences. He was formerly the President of the Chonnam National University.

2) Since March 1963, when the government launched a series of projects designed to improve the country's agricultural structure, five government-assisted demonstrative cooperative farms have been sey up to study the feasibility of exploiting mountainous districts. Mention will be made further of this subject. Refer to the Ministry of Agriculture and Forestry, Report on Cooperative Farms (1965).

3) Self-supporting stabilized farms are designed " to help farm-households stabilize their living with incomes

law.[4] The government's scheme to convert farming into enterprise and cooperative forms has particularly drawn attention from many people. It seems that the dominant objective of the government policy is to improve agricultural productivity by promoting enterprise-farming and cooperative-farming under the name of agricultural modernization, thereby cover coming grievances arising from the submarginal scale of management. Will it be possible to translate the scheme into reality?

In terms of policy, the need for converting small-farming into enterprise and cooperative forms has been widely acknowledged. Nevertheless, no practical methods to meet that necessity have been formulated. Nor are the prospects of the venture definitely bright. We are still groping in the dark Frankly speaking, the basic concepts of enterprise-farming and cooperative-farming have not been definitively formed as yet. This is the reality that we are facing. We are eager to work out a set of guidelines. This is a job beyond the writer's ability. Problems involved therein are complex. The reason is that they are broadly connected with the general and historical economic system, on the one hand, and, on the other, they essentially hinge on technical conditions inherent in realistic small-farm production.

---

accruing from economic activities." (Ministry of Agriculture and Forestry , Guidelines Governing Projects Designed to Give Rise to Self-Supporting Stabilized Farm-Households). Since 1965, the government has been extending social assistance to partially self-supporting sample farm-households in exploiting idle lands, improving arable lands and raising farming funds. This is intended to rectify serious demerits inherent in the nations agricultural structure by fostering farm-households of medium standing in economic terms.

4) The Basic Agricultural Law (Draft)- an embodiment of the government's basic agricultural policies- is aimed at improving Korea's agricultural structure. augmenting farm incomes and maintaining the prices of farm produce at reasonable levels. It is modeled after its Japanese counterpart. The law bill was laid before the National Assembly's Agriculture-Forestry Committee in 1966. Highlights of the bill follow: Article 1(Purpose)- This law is designed to modernize farm management by rectifying natural, economic and social discrepancies inherent in agriculture, to boost the production of grain and other types of farm produce by augmenting farm productivity , to increase farm-households incomes by improving the production, pricing and marketing structures of farm produce and to elevate the standards of farm life and culture by realizing a happy equilibrium between the incomes of farmers and those of industrial workers. Article 17 (Fostering of Self - Supporting Family Farms) - In order to improve managerial efficiency and to make family required for the fostering of self-supporting family farms. Article 18(promotion of Enterprise-Farming and Cooperative-Farming)-(1) In order to increase the production of such farm produce as are exportable and useful as industrial raw materials and (2) improve the productivity of submarginal farmers, the government shall take measures conducive to the promotion of cooperative farm management, including the support of agricultural corporations.

Ⅰ. THE STRUCTURAL WEAKNESS OF KOREAN AGRICULTURE

The pattern of realistic small-farm production, if observed as a small-scale family-type labor, can hardly be considered to be typically Korean. It was adopted by farmers who played a main-stay role in the feudalistic Western European society several centuries ago, especially Britain's yeomen. This type of small-farming definitely comes under the historically well-known Parzellen Eigentum category. Needless to say, the uniqueness of small-farming in Korea gradually looms up as the country's capitalist economy- a ruling condition - enters its unique development stage. In fact, without the backing of the capitalist economy, the small-farm production pattern is bound to become a premodern relic void of significant meanings.[5]
To some extent, our abstract thinking makes it possible to remove the above-cited ruling condition from a ruled condition , that is, the small-farm production pattern. By doing so, we may be able to grasp independently what the ruled condition is. The ruled condition has the following characteristics:

(1) Under the existing Korean system, main-stay farmers are submarginal landowners.[6] Following the land reform, the general tenant-farming system was abolished. only independent farming or independent ploughing is the legally acknowledged farming practice. Nevertheless, tenant relations exist, overtly and covertly, all over the country. The three-chongbo limit of landownership is not being faithfully observed(1,000 chongbo equals 2,450 acres).All this

---

5) Small-scale farm production patterns may survive the impact of the capitalist economy, but they cannot perfectly constitute a part of capitalist production patterns. The former is strictly independent on the latter. our views are that the small-scale farm procution pattern keeps its own behavioral principles.

6)-A :

The Number of Farm-Households (By Arable-land Area)

As of the end of 1964

Scale	Number of Farm-Households	Composition (%)
Less Than 3 tanbo	466,098	19.0
3-5	512,689	20.9
5-10	782,499	31.9
10-20	525,672	21.5
20-30	147,835	6.1
Over 30	15,515	0.6

Source : National Agricultural Cooperative Federation, Agricultural Yearbook 1965.

5.-B : Statistics are not necessarily correct , but according to the Agriculture-Forestry Ministry's "1964 Farm Economy Census," about 13 percent of Korea's arable lands have been converted into tenant-farms. In a strict sense, tenant-farmers are minor in number, but it is presumed that the number of farmers who till others' lands is none too negligible. Recent reports are that they amount to more than 20 percent.

implies that the original intention behind the land reform has not been effectively translated into reality. All statistical data compiled by the government are more optimistic than substantial.

(2) Typical Korean small-farmers have a few other production means, besides land. However, they are mainly premodern labor tools and draft cattle. The backwardness of such labor means vividly reflects the stagnation of agricultural productivity, which accounts for only one fourth or one fifth of the nation's industrial productivity.[7]

It is, in fact, a difficult job to compare agricultural labor productivity between nations. If the comparison is made in terms of agricultural income, Korean farmers' average income level constitutes only one twentieth of that of U.S. farmers, and one fourth or one fifth of that of Japanese farmers. However, it is obvious that Japan's agricultural productivity is not necessarily in proportion to agricultural incomes. This is because Japan's agricultural management still is labor-intensive, in great measure. It must be taken into account, at the same time, that Japanese farmers' side- incomes are none too negligible.

(3) It is generally known that Korea's grain production is labor-intensive.[8] So far as the productivity of land is concerned, grain production lists records. This is because Korean farmers rely heavily on their own labor and sweat in the production of rice, barley and other types of grain. In general, the pains they take do not pay off as profusely as they should. The harder they work, the lower their gains go down, even becoming losses.

Small-farmers in this country are financially so hard pressed that they are forced to fall heavily back on their own labor and sweat. They badly need provisions to feed their own mouths. They cannot meet this necessity properly, because they lack some steady side-income sources.

The government's traditional agricultural policy lays emphasis on augmenting the productivity of land hinged on small-farming. Needless to say, the government's agricultural guidance and investment projects and programs have thus far been worked out along this line, in most instances. In the drafting of year-to-year grain supply-and-demand programs, the

---

7) According to Agriculture-Forestry Ministry statistics, the average korean farm-household income stood at more than 125,000 won in 1964. Of the total, 103,000 won was agricultural earnings, the remaining portion accruing from other activities. The per-capita productivity in Korea runs at 1 in the primary industry, 4.2 in the secondary industry and 3.4 in the tertiary industry. This is based on 1960 tabulations compiled by the Research Department of the Bank of Korea ; refer to Korea's National Income, 1965, p.11.
8) According to 1964 statistics, the nationwide per-household average farm income stood at 110,000 won, of which 91 percent came from farm produce. The weight of income from grain was about 60 percent.

government as all along placed accent on the production of rice and barley. The interest of farmers has been less intensively heeded.[9]This is no exaggeration. As a result, grain production has risen. Nevertheless, it appears that agricultural incomes have failed to increase as substantially as they should have. On the contrary, it seems that farmers' debts have been accumulating.

(4) Korea's small farming has not yet entered the realm of commodity economy. It is half- independent. It still is in the spgere of simple commodity production. The majority of Korean farm-households remain in a barter economy. The percentage of conversion of rice produced into commodities has not yet exceeded the 50-percent level. [10]This vividly tells of the submarginal charater of Korean agriculture. Further, it bespeaks that Korean agriculture still depends on monoculture accentuated by rice production. It also implies thar Korean agriculture has thus far failed to develop such vital points as technology and division of labor. A fact that cannot be lightly ignored in this respect is that Korean farmers are not in a position to convert grain they have produced into commodities at the right prices.

(5) Korea's typical small-farm production depends greatly on family labor Hired labor contains some specific aspects within itself. They are of a temporary nature. Outstanding among them are those which are seasonal, historical and conventional.

---

9)   The government annually purchases rice produced by Korean farmers. The prices of rice purchased are usually fixed by the government unilaterally. The average production costs are not compensated. The governmental pricing of rice has been based on submarginal farmers' wages and interest rates on lands. Therefore, government-fixed prices have all along been low. it appears that the government-fixed prices of chemical fertilizers have not been realistically adjusted.

10)

Conversion of Rice Into Commodity

Year	%	Year	%
1928	49.0	1956	54.3
1932	52.3	1964	36.2

Source: Korea Agricultural Association, The History of Korean Agriculture; Agricultural Yearbooks, 1958 and 1964.

Conversion of Farm Produce Into Commodities (1957)

Classification	%	Classification	%
Rice	26.1	Vegetables	22.5
Barley	11.8	Handicrafts	75.9
Other Types of Grain	26.8	Cocoons	99.4
Beans	44.4	Livestock	30.0
Potatoes	90.0		

Source : Agricultural Yearbook, 1958

In simply statistical terms, the dependence of Korean farm management on hired labor (servants and others) exceeds 20 percent. A Korean farm-household which tills more than two chongbo of land depends more heavily on hired labor, including casual laborers. In this case, the percentage averages 50 percent.[11] It is, therefore, obvious that Korea's farm production is not dependent entirely on family labor. But there exists a qualitative gap between conventional hired farm labor and industrial labor. The dominancy of a barter economy and its critical seasonal fluidity, conventional labor prctices and the social status of those who run farms, to say nothing of exchange labor (casual laborers), are characteristics of hired farm labor in this country.[12]

---

11)

Working Hours (%) (1964)

Classification	Family labor	Hired Labor	Temporary Labor	Total
Less than 0.5	84.1	11.5	4.4	100.0
0.5–1.0	80.1	13.2	6.7	100.0
1.0–1.5	71.3	20.5	8.2	100.0
1.5–2.0	62.5	27.1	10.4	100.0
Over 2.0	41.8	47.6	10.6	100.0
Average	71.0	21.2	7.8	100.0

Source : Agricultural Yearbook, 1965.

12) Farm operator's social standing as compared with thar of hired farm labor is not as favorable as that of industrial entrepreneurs as compared with that of industrial workers.

II. THE BASIC CATEGORIES OF ENTERPRISE–FARMING AND COOPERATIVE–FARMING

1. The Basic Concept of Enterprise–Farming

of industrial capital. In a nutshell, it is rational organization of profit–making commodity production which hinges on others' labor. Its ultimate aim is to make profits. It hires labor to produce commodities. Theoretically, therefore, the sources of profits in general, apart from monopolistic profits, originate, as a principle, in the process of production by hired labor. In other words, enterprise–farming in its intrinsic sense must be provided with two formative conditions, that is, the use of hired labor and the production of commodities. Enterprise–farming is, from time to time, interpreted as commercial–farming. This tendency of interpretation is not uncommon. For instance, some are inclined to include those who produce commodities depending on their own manual labor in the sphere of enterprise–farming.

Our opinion, however, is that simple commercial–farming comes under the category of independent individual farming. This is not enterprise–farming in its true sense. It is theoretically impossible to secure, continuously, profits in general, so long as hired labor is lacking. It is possible however, that commercial–farming,, as it develops, may reach a point where it can hire labor. In this case, commercial–farming can come under the category of enter–prise–farming, for it can then absorb latent idle farm–labor forces.

At any rate, in adopting policies concerning enterprise–farming it must be made clear whether they are directed at commercial–farming or enterprise farming in its genuine sense, or both.[13] The term "enterprise–farming" to be used in the rest of this article refers to the unique form of the former.

An exception, in this respect, is the presence of pseudo–enterprise–farming in its intrinsic sense. This is the reality facing Korean agriculture. Under an advanced monopolistic capitalist system, many submarginal farmers landowners in this context are essentially included in the sphere of enterprise–farming.[14] The presence of those veiled farm–operators who are

---

13) Korean farms are operated on a non–commercial basis, and yet they hire labor. However, they do not come under the category of enterprise–farming, of course.

14) A.Buchenberger, Agrarwesen und Agrarpolitik, Bd. I (1892), Bd II(1893); Kim Jun–bo, "The Nature of Submarginal Farming Under Financial Capitalism," Seoul University Journal (Social Science Series), Vol. 5 (April 1957)

bent only on speculative activities known as " pastime farm management" are rampant in the vicinities of cities.

2. Conditions for Enterprise—Farming

Enterprise is essentially symbolic of the capitalist economic structure. It is a modern and representative form of production. It is free from feudalistic production relations. It is of a highly productive nature. High hopes, therefore, can be place on its productivity. This is only natural. Needless to say, the formation of enterprise requires a set of functional principles, which are absolutely necessary. The principles are private ownership, freedom (competition), and profit. It is unnecessary for us now to inquire into the first two principles, so far as their functions are concerned. In light of realities facing the agricultural society, the securing of profits is, however, a problem that allows no hasty conclusion. The reality that the propagation of enterprise-farming as a unique worldwide agricultural form has been slow is good proof of this. This is especially true of Korea. Had Korea been given opportunities to exploit the third principle (profit) , she could have profusely developed enterprise-farming. This is a matter of common sense. As a matter of course, the formation of enterprise-farming requires the raising of capital before anything else is done. It also requires liberal conditions concerning the procurement of land. The problem of securing land in particular has been widely argued about as a " monopolistic impediment" to landownership. However, it may be safely said that the elevation of agricultural technical levels today is resulting in a shift of emphasis from land to capital.[15] During the Japanese rule over Korea, when there was no law limiting the scope of landownership, the form of enterprise-farming was not widely propagated. This is good proof that the key to the problem does not lie in the limit of landownership. Therefore, the three-chongbo limit of restrictive condition.[16]A boundless monopolizaiton of land is liable to give rise to abusive speculations. This danger must be intensively heeded. The limited landownership, far from being conducive to converting farming into enterprise, tends to bring about such evil effects as the imposition of relative restrictions on agricultural

---

15) This indicates the tendency of economists of modern times not to acknowledge the characteristic features of capital in the form of lands. Refer to R. Harrod, Toward a Dynamic Economics (1948) ; T.W. Schaltz, Economic Organization of Agriculture (1956).

16) The land reform law effected in Korea cails for limiting the private ownership only of rice and corn fields to three chongbo. The ownership of orchards mulberry plantations of landownership be lifted, it still would be difficult to set up large-scale farms in existing farming districts in case there should be no collective buyers.

productivity augmentation efforts, a by-product of the presence of tenant-farming practices. This danger must be no less intensively heeded. In this respect, the need for proper regulation of policies is great.

Realities facing Korean agriculture are such that it may be difficult to keep profits at proper levels. To do this will not be an overnight job. nonetheless, it cannot be lightly said that there are present no indications at all that tell of the feasibility of giving birth to one form of enterprise of another. Land speculators ben on kicking land prices up may do this, at least in terms of formality. It also can be broadly imagined that speculative activities in the procurement of land may assume much vigor. However, this does not amount to what we call enterprise. Further, agricultural entrepreneurs, when they fail to secure profits on a continuing basis, are bound to pull down the wage levels of farm laborers. This is why he problem of farm labor commands intensive attention.

3. Types of Enterprise-Farming

The reality is that the main body of enterprise-farming today is bound to be formed of big-time landowners or urban capitalists. In some specific instances, however, farmers may be able to pool funds to run farms in the form of enterprise (corporation).[17] In this case, too, they will have to engage in horticulture, fruit-culture, dairy farming, animal husbandry and handicraft to seek monopolistic profits. Few people may engage exclusively in grain production. This is all too obvious. We also may think of the emergence of simple enterprises, those enterprises which are of a subsidiary nature, individual enterprise-farming, incorporated enterprise-farming, etc. Any of them requires average profits to continue to exist. No question about it. However, we many think of some specific instances, such as temporary agricultural investment activities by land speculators or monopolistic big-time entrepreneurs.

4. The Basic Concept of Cooperative-Farming

This is the principle governing cooperatives as Karl Marx advocates. Cooperative-farming is nothing but a form that calls for utilization of production means and labor in line with

---

17) Enterprise-farming directly participated by farmers themselves can play the role of laborers. Some sort of cooperative-farming, such as the "San Farm" in South Kyongsang Province, are of an exceptional joint-partnership type, which hires regular laborers.

this principle. However, on restrictive condition must be attached to the cooperative-farming system that we hope to have. This condition calls for promoting such cooperative as are developed under the prevailing capitalist system. In this connection, the objective subordination of cooperative-farming cannot be denied. At the same time, the will of farmers (laborers) to participate actively in cooperative movements in which they are supposed to play a leading part must not be ignored. From time to time, we may come across challenges directed at the overall economic system. But we do not have any ground on which we may interpret the overall cooperative system as being essentially up against capitalism. Division of labor is required before anything else. The system is but a form of capitalist factory production that requires joint labor by a mass of workers. Institutional problems arise only when the joint ownership of land as the basic production means is concerned.

The cooperative-farming system that we expect to have in our farming districts is of a partial and non-compulsory nature. This is true even when we think of the problem, separating the system from the general capitalist economic structure. Only the outer aspects of the system are similar to those inherent in collective farms in socialist countries.

At any rate, it is enough to enable cooperative farms to jointly utilize part or the whole of production means. In this respect, many small-time farmers must be encouraged to take part actively in cooperative farm activities. The need for encouraging profit-making endeavors is not great. Nor is the need for stimulating the farmers' awareness of social status. Cooperative-farming is essentially different frem enterprise-farming, in that the former's basic aim does not lie in the production of commodities. Nonetheless, it its extremely optimistic to presume that cooperative farms can prosper without heeding the need for augmenting labor benefits on the ground that it is essentially aimed at improving, institutionally, agricultural productivity. The promotion of cooperative-farming requires at least the following conditions;

(a) The formation of cooperative-farming requires one form of group or individual unity. In actuality, it is of a heteronomous nature ; it is prompted by semi-compulsory or tacitly compulsory momentums. all the same, it is an imperative condition.

(b) Cooperative-farming must be insured of material benefits more profusely than individual labor. Without this condition being met, cooperative-farming cannot prosper.

(c) A joint contribution of production means and labor must be made.

(d) It is necessary to set up a leading organization in each cooperative farm, which may be formed by technicians, craftsmen and other able people singled out from among cooperative members. Without them or some other form of consultative body, it is impossible to promote joint labor effectively.

5. Types of Cooperative Farms

Cooperative farms are generally classified, according to their formative intensity, into three different categories : (1) The Agricultural Commune(Kommune), (2) the Agricultural Artel and (3) the Joint Farming Union. The classification may be further ramified according to the composition of leadership and the objectives pursued. The Agricultural Commune (1) is designed for not only joint ownership but also communization of consumption. This system may be put into effect in the early phase of cooperative-farming. But realities facing Korea are such that it is impossible to promote the system widely in this country. The Agricultural Artel (2) calls for only joint land ownership. It is more universal than the Agricultural Commune. nevertheless, it lacks such ingredients as are conducive to perpetuating its existence and prosperity, whereas the Join Farming Cooperative, (3), which is aimed at pooling labor by jointly utilizing production means, has some. In Korea, systems (1) and (2) are often practised in resettlement and reclamation schemes. System (3) is the only one that is suited to realities facing small-time farmers in this country.

In proportion as the cooperative intensity weakens it becomes difficult for individual coopera-tive members to display their ability as best they can. At the same time, the formative difficulty, in light of overall prevailing conditions, increases. it is difficult to achieve an automatic realization of systems (1) and (2) as far as small-farming is concerned. The impediment is submarginal farmers' common desire for landownership. The realization of the systems requires some fresh and specific trappings of capital. Some undesirable conflicts may arise over the sharing of joint mess halls, machine lockers, office buildings, etc.

Moreover, faulty approaches to the organizational fortification of cooperative farms which are concerned only with agriculture under the capitalist economic system are liable to provide monopolistic interests with opportunities for join exploitation. Some tangible approaches are needed in this respect. Otherwise, efforts to help cooperative-farm members improve their economic lot may fail. Another knotty problem inherent in systems (1) and (2) is how to coordinate responsibilities concerning joint losses.

Cooperative-farming needs some reciprocal marketing channels, just as cooperatives do. It is difficult to protect the interests of productive cooperative farms without the help of cooperatives to serve as federated or subsidiary setups for individual cooperative farms.

Ⅲ. THE SOCIAL STANDINGS OF ENTERPRISE-FARMING AND COOPERATIVE-FARMING

Under the capitalist economic system, what are the social standings of enterprise-farming and cooperative-farming? Their basic features have thus far been discussed. Now, we shall elaborate on these points.

(1) Both enterprise-farming and cooperative-farming are placed under the authority of the state. Realities facing Korea are such that some institutional initiative will have to be taken to promote cooperative-farming.(Refer to the Basic Agricultural Law). Nevertheless, attention will have to be given to the danger that such governmental assistance or intervention as this may impede self-disciplinary development of cooperative-farming. This is especially true of enterprise-farming. Financial and other forms of governmental assistance tend to result in an irregular distribution of privileges.

(2) Both enterprise-farming and cooperative-farming will have to guard themselves against assaults of capital that may be made by monopolistic big-time entrepreneurs or banking institutions. Monopolistic big-time entrepreneurs may engage in enterprise-farming for some wholesome purposes. This is an exceptional case. Essentially, enterprise-farming comes under the categories of medium and small enterprises. On the other hand, cooperative-farming is a sort of a labor-intensive agricultural organization.

(3) Enterprise-farming is a purely capitalist structure, whereas cooperative-farming largely depends on labor. The former directly reflects agricultural modernization. It separates itself from labor's production means. The latter, on the other hand, links submarginal farmers straight to large-scale land owners. It is, therefore, obvious that the interests of the two are conflicting. But then they can maintain reciprocal relations, too. They compete with each other in production and marketing. But cooperative-farming can essentially contribute much to enterprise-farming in the supply of laborers and in the easing of labor impasses.

(4) Cooperative-farming is apt to give the impression that it is drifting toward socialism as it fortifies its system and steps up its cooperative unity. It has been pointed out, however,

that under present circumstances, cooperative-farming in this country has not yet developed to a point where it can be subject to that interpretation.

(5) The reality is that the danger of disintegration of existing cooperative farms and redistribution of jointly owned lands is always present in this country. It is also possible that their businesses may run to seed and that excessive competition may lead them to internal feuds or deadly stagnation. Should this happen, they would perhaps degenerate into such primitive groupings as Marx[18]'s Kommune and Mir.

(6) The fortificaion of cooperative-farming in terms of organization and cooperative spirit may constitute an economic threat to capital as a whole. But then, cooperative farms, as pointed out previously, may concern themselves exclusively with their own businesses.

Ⅳ. EVALUATION OF THE PRODUCTIVITY OF ENTERPRISE-FARMING AND OF COOPERATIVE-FARMING

The productivity of both enterprise-farming and cooperative-farming is greater than that of submarginal farming. Arguments over this theory are, ultimately, reduced to the proposition that large-scale management can have greater advantages over small-scale management. This theme was the object of heated controversies among Western European agricultural theorists toward the close of the 19th century and after. The controversies were centered around the merits of large-scale management and those of small- scale management. Especially, arguments between Kautsky[19] and David[20] are historically famous. The former supported the theory of large-scale farming, which does not acknowledge any essential difference between agriculture and industry. The latter, on the other hand, advocated the superiority of small-scale farming, with major emphasis placed on some organic features of agricultural production. This is a well-known fact.

We have no room for a full-scale discussion of large-and small-scale agricultural management theories, however. Let us make brief conclusions. It is true that traditional theories on large-and small-scale management, as we see, are well founded in their own ways. It is obvious, however, that none of them has cast a keen eye on the characteristic features of the changes which

---

18) K.Marx. Das Kapital, Ⅰ. Kapt. Ⅱ(Cooperative).
19) K. Kautsky Die Agrarfrage (1809), S. 93-103.
20) E. David Sozialismus und Landwirtschaft, (2 Auf. 1922), S. 45-51.

the capitalist economy has undergone. Speaking more specifically, the impact of advanced monopolistic capitalism on farm economy is not in the least of a permanent nature; advanced monopolistic capitalism can deprive agricultural production of a continued presence of those advantages which are inherent in large-scale farming. It can even create conditions detrimental to agricultural production. Theorists have failed to see this relationship between advanced monopolistic capitalism and farm economy. Small- scale farmers can coprosper with large-scale farmers. Further, self-supporting medium-scale farmers, too, can thrive hand in hand with them. This is exactly what is happening in advanced capitalist countries. In a nutshell, much is ultimately up to the overall control power of the capitalist economy. This is no time for only digging into the economic merits of large-and small-scale management. This is our view concerning agricultural society of today. We realize that our evaluation of productivity of various types of farming cannot necessarily be made strictly on the basis of formula and set rules. Nevertheless, we may, to some extent, be able to make some objective evaluation of the productivity of enterprise-farming and of cooperative-farming on that premise.

(1) As a matter of formality, enterprise-farming calls, from the beginning, for the securing of average profits. Therefore, its productivity may be higher than that of cooperative-farming which does not seek such profits. This is a natural conclusion that can be generally drawn, so long as the proposition that wages are decided by labor's marginal-productivity is accepted. However, realities facing Korea are such that it is not easy to arrive at the quick conclusion that the productivity of enterprise-farming can indicate wage levels of agricultural laborers. This is all too obvious a fact acknowledged by today's agricultural society which is devoid of proper working conditions. Moreover, we may presume to say that the greater part of profits and incomes accruing from enterprise-farming are liable to flow into cities, instead of being either saved or spent within farm districts. It is at this juncture that there arises a gap between enterprise-farming and cooperative-farming. This is what amounts to an impediment to the spreading of spillover effects of enterprise-farming over the farm economy as a whole.

(2) So far as grain production is concerned, the promotion of enterprise-farming is difficult venture. This is not true of cooperative-farming. It is provided with greater oppor-tunities to elevate its productivity in this respect. Under some specific circumstances, such as geographical environments, the presence of able leaders and governmental

assistance, cooperative-farming may be able to augment its productivity more efficiently than enterprise-farming.

(3) Generally, the land productivity of cooperative-farming is higher than tht of enterprise-farming.

(4) It is acknowledged that enterprise-farming can induce industrial capital for farm mechanization and acquire exportable farm products more efficiently than cooperative-farming.

(5) However, enterprise-farming is always subject to a sense of instability caused by economic conditions without. On the other hand, cooperative-farming is incessantly harried by uneasy feelings caused by sloppy internal unity.

(6) Cooperative-farming is not free from complex conditions in the distribution of products turned out and in the sharing of responsibilities. This constitutes an impediment to its productivity.

(7) The impact of low productivity caused by labor disputes and of discrepancies concerning the sharing of responsibilities for losses caused by bad crops are exclusively or overwhelmingly felt by enterprise-farming.

Ⅴ. A POSITIVE STUDY OF COOPERATIVE- FARMING

The type of cooperative-farming vary. They include Russia's kolkbos and sovkbos, collective farms in socialist countries, Marx's Kommune and Mir. However, they are not fit for Korea.[21] Let us cite a few examples of cooperative-farming in capitalist countries and look into their characteristic features briefly.[22]In doing so, we will have to take into account different economic realities facing the countries concerned. Realities facing Korea necessitate this. Outstanding among cooperative farms in Wester Europe are those in Israel and Italy. Let us review them.

(1) Kibbutz (Israel)

Following the 1905 Russian revolution, Jews in Russia moved to Palestine. They formed Kibbutz there, in Israel, In 1910. They were thorough in repulsing the immorality of employing

---

21) Reference materials are as follows:
    Emile de Leveleye, Das Urgeigentum, (German translation, 1874) ; Milian Wlainatz, Die Agrar-rechtlichen Verhaltnisse des mittelalterlichen Serviens, (1908); ( ) Iwao Kuromasa, ( ) The History of the Communist System of Agriculture, (1920).
22) FAO, Cooperative and Land Use, Prepared by Margaret Digby, 1957- This article is based mainly on this.

labor. They were firmly determined to stand on their own feet. An FAO (U.N. Food and Agriculture Organization) document reads, in part : "Fundamental to these convictions- strong socialist convictions-was a belief in the immorality of employing labor."

By 1950 the number of Kibbutz farms increased to 213 across the country. No less than 19,000 people participated in the Kibbutz movement. The total acreage of farmlands in the possession of the Kibbutz farms stood at 160,000 ha. Kibbutz was a thorough communist system. It was, both literally and figuratively, an agricultural commune. The lands in the possession of the Kibbutz farms were taken on lease from the Jewish National Fund, which was founded in 1901. They were systematically utilized. Their management is subjected to the Kibbutz national convention and committees. Plans are drafted by the latter. Freedom to join and leave Kibbutz farm is guaranteed.

An exchange economy is the last thing that can be adopted within Kibbutz. It is enough for each Kibbutz member to work to the best of his responsibility, take as many shares as he needs and receive a small amount of money when he is on special leave. When he leaves his farm he is given no shares of his own. Kibbutz profits are utilized in reinvestment projects and programs. Such features of group life as these are worth attention.

(2) Moshav Ovdim (Israel)

Moshav Ovdim was founded in 1921. It is a sort of Divided Cooperative. Each member is given on lease 1.5 to 1.6ha. of lands to till. A type of collective farming, Moshav Ovdim is participated in by 80 to 100 villagers. They are paid in proportion to the labor they render. Therefore, Moshav Ovdim is a type of cooperative-farming freer than Kibbutz in terms of composition. They are similar in that both are bolstered by technical support from able leaders. Most of Moshav Ovdim farms were formed by postwar immigrants. Only a small number of then were formed voluntarily by farmers. The number of Moshav Ovdim farmers. The number of Moshav Ovdim farms equaled that of Kibbutz farms in 1950. The former is more rapidly increasing than the latter in recent years.

(3) Mohav Shitufi (Israel)

Mohav Shitufi stands in between Kibbutz and Moshav Ovdim. It is a sort of converted form of the two. In other words, it is of an Agricultural Artel type. Save for a small acreage of privately owned lands, all lands are collectivized. However, each member's way of living is liberal. If need be, he is given production materials (not in pay for his labor) and distribution coupons.

The above-cited three different types of collective farms in Israel have commen features. First, their members are not traditional farmers. Second most of them are spiritually united in their pursuit of national rehabilitaion. Third, their educational standards are substantially high. Education is one of the major undertakings on which they lay emphasis. Fourth, their farms share a common fate in the defense of their nation. Therefore, positive state assistance is given to them. What is particularly noteworthy is the fact that they are closely linked to each other through a sales-and-purchase cooperative medium.23)

(4) "Undivided" Cooperative Farm (Italy)

What makes Italy's cooperative-farming movement historically famous is the fact that they were initiated by laborers. " Undivided" Cooperative Farm was founded by a production association of laborers in 1886. It thrived until after the end of World War Ⅰ. It was deadlocked by the Fascists' suppression. This continued until the end of World War Ⅱ. Since the war it has been working hard to rehabilitate itself. It is of an Agricultural Artel type, which rejects individual landownership. The greater part of production activities are funded by its members. Each member can take his shares and is free to join and leave the farm.

Not only laborers but also tenant-farmers and submarginal farmers can join in the movement. The membership of individual "Undivided" Cooperative farm varies. It ranges from a low of nine persons to a high of several hundreds. Each member can engage in external trade on a limited responsibility basis. However, an "Undivided" Cooperative farm itself is not primarily in pursuit of profits. The greater part of the lands in its possession are composed of those formerly vested in the government and those donated by social relief and welfare organizations. Some part of the lands were purchased with the farm's own funds. The raising of funds has all along been a knotty problem. This is because the project is a joint labor scheme initiated by penniless laborers.

Farm management methods vary. Each member is paid (in wages) for the labor he renders. Labor is employed when it is needed. In times of financial difficulties wages are cut down. "Undivided" Cooperative farms are organized district by district and are engaged in large-scale projects and cultural and education schemes.

---

23) Neither Kibbutz nor Moshav are self-sufficient organizations. Therefore, they purchase necessities and sell their products through cooperatives.

(5) "Divided" Cooperative farm (Italy)

The total acreage of cooperative-farming lands in italy amounted to approximately 70,000ha. shortly before the 1949 land reform. No more than 20 percent of the land (about 4,000 ha) are Artel-type farms; 70 percent, "Divided" Cooperative farms; and the remaining 10 percent, collective farms – mixtures of the first two. "Divided" Cooperative farmlands are tilled by agricultural laborers and submarginal tenant-farmers. Each member can own his portion of lands on lease. In some instances, lands are jointly reclaimed and then apportioned among the participants in the reclamation scheme for private ownership. in other words, "Divided" Cooperative farm takes a form of pivotal farming.

The apportioning of farmlands is made according to the size of family and the ability of labor. It is regulated according to changes in population. The term of tenant-farming is three to nine years. A family can till four to five hectares. Farm-rent contracted on the basis of payment-in-kinds is actually paid in cash. Some members jointly run livestock farms. They also maintain marketing channels jointly. It is as difficult for them to raise operating funds from banking institutions as it is for the members of "Undivided" Cooperative farms. positive government assistance has been given to "Divided" Cooperative farms since the land reform. This makes them vulnerable to political machinations.

Moreover, "Divided" Cooperative farms are, unlike "Undivided" Cooperative farms, situated mainly in densely populated districts. This enables them to make the labor they render pay off relatively well. Management methods adopted by them are not uniform. Their managerial efficiency heavily depends on the leadership of technicians.

Realities Facing Cooperative Farms in Korea

(1) Following the establishment of the military government in May 1961, Korea's cooperative-farming system began to draw governmental attention. In 1963 the government launched a series of projects designed to improve the country's farm structure. As a result, cooperative farms were set up in five different districts on a demonstrative basis. Both cooperative-farming and joint farming are time-honored systems in this country. The scales of the above-cited five cooperative farms set up in 1963 under positive government assistance are as follows:

TABLE 1

COOPERATIVE FARMS (SCALES)

Name	Total Area (chongbo)	Arable Area (chongbo)	Assets (won)	Personnel
Kwangju Farm (Kyonggi Province)	150	11.3	3,595,107	7
Unchang Farm (North Cholla)	188	14.0	4,514,666	9
Baekun Farm (South Cholla)	232	48.0	10,928,360	22
Paktal Farm (North Kyonsang)	145	13.2	4,545,022	11
Daeri Farm (South Kyonsang)	79	17.5	3,434,818	7

Sources : Table 1 is based on statistics as of the end of 1965. Refer to Ministry of Agriculture and Forestry, Reports on Cooperative Farms (1966) ; National Agricultural Cooperative Federation, Nonhyup Chosa Wolbo (Monthly Statistical Review), August 1966. Statistics carried in the monthly review are in conflict with those in the Ministry reports.

The cooperative farms are designed to reclaim idle lands and to improve their members' economic positions through a systematic utilization of the lands reclaimed. Further, they are intended to contribute toward improving and modernizing the nation's overall agricultural structure. It is noteworthy that they are located in hilly districts, whose gradient is 10 to 15 degrees on the average. In terms of personnel they are large-scale farms. Ordinary Korean farms cannot be compared with them. A vast area of forests, arable lands and pastures are being cultivated. Major stress seems to be placed on the cultivation of mountainous districts. They are demonstrative farms, loosely linked to endeavors to improve the present agricultural structure.[24] The managerial methods being applied to these farms can be used in the operation of cooperative farms as a whole. This is all too obvious. They are so devised

---

24) Save for mountainous districts as a whole and pastures, the per-capita labor area in arable districts, as cited in Table 1, far exceeds one chongbo. This compares with the nationwide average of 2-to-3 tanbo. In other words, the former is more than five times greater than the latter. Therefore, it is difficult to compare one with the other.

as to promote a full-scale cooperative-farming system.[25]Emphasis is primarily laid on excellent human relations, frugality, diligence, education and other spiritual values. No less emphasis is, as a matter of course, given to the overcoming of natural impasses, the promotion of a multilateral management system, a maximum utilization of mountainous districts and to technical problems. All this may greatly contribute toward improving farm life.

Three years have passed since the cooperative farms were set up. What they have done during the three-year period indicates that it is not easy to promote cooperative-farming not only in ordinary farming districts but also in mountainous areas. Governmental assistance extended to them has been tremendous, but they have thus far failed to make both ends meet on their ledger. According to managerial analyses made in 1965, not only the land productivity are much lower than those of ordinary farm-households.[26]

The discrepancy may be due to the fact that the farms are organized by volunteers picked up by selected farm leaders. Once government assistance is cut off, they are prone to collapse. Therefore, all that can give them some social significance is the resettlement of displaced people and an effective utilization of mountainous districts.

(2) Besides the above-cited demonstrative farms, cooperative farms designed to resettle

---

25) Full-scale cooperative farms differ from one another according to realities facing them. The living on such farms as are manned by married people is bound to be family type. An outstanding example of this is the Paktal Farm in North Kyongsang Province. In such a case, farm management and distribution methods become complex. And such farm-households are apt to exploit side-income sources- a phenomenon of partial disintegration.

26)

Cooperative farms and Ordinary Farms : Comparison of Productivity

Classificaition	Gross Earning	Operating Expense	Farm Income	Per-capita Income	Labor Productivity	Land
Farms:						
Kwngju	163,510	48,140	115,300	23,074	10	1,021
Unchangsan	835,153	631,214	203,939	22,659	9	1,457
Baekunsan	673,063	452,994	220,019	10,000	10	3,143
Paktal	370,486	337,306	33,180	3,318	0.7	138
Sanni	362,283	407,891	45,608	6,515	3	365
Farm-Households:						
0.5 chongbo or less	59,219	9,653	49,556	18918	45	15,066
0.5-1.0	106,380	17,660	88,720	28,712	47	12,506
1.0-1.5	161,434	31,327	130,107	34,415	47	10,367
1.5-2.0	226,026	45,794	180,232	42,912	55	10,565
2.0 or more	321,855	76,186	245,670	54,112	58	10,031

source: Agriculture-Forestry Ministry Reports on Cooperative Farms, cited previously. However, figures concerning farms are based on 1965 statistics and those concerning farm-households on 1964 statistics.

war-refugees and some other farms have been set up under government assistance programs. Some of them have been set up on private initiative, on a self-supporting basis. They amounted to only less than 20 in all in 1964. In 1965, the Kangwon Province branch of the National Agricultural Cooperative Federation began to encourage joint farming among villagers under its care. This served to augment the number of cooperative farms.

More than 200 such farms are organized on an independent family basis.

TABLE 2

COOPERATIVE FARM (BY OBJECTIVE)

Objective	Number of Farms
Accommodation of Lepers	2
Resettlement of Displaced People	5
Reclamation	5
General	17
Ri and Dong Projects	207
Total	236

Source: National Agricultural Cooperative Federation, Nonhyup Chosa Wolbo (Monthly Statistical Review), August 1966.

TABLE 3

COOPERATIVE FARM (YEAR-TO-YEAR)

Year	Number of Farms	Year	Number of Farms
1952	1	1963	6
1955	2	1964	1
1959	3	1965	210
1961	1	1966	9
1962	2		
		Total	236

Source: National Agricultural Cooperative Federation, Nonhyup Chosa Wolbo (Monthly Statistical Review), August 1966.

Therefore, they are of a partial cooperative-farming type. Some are collective farms whose members, in the initial phases, live and eat together. The average area of lands they till is less than five chongbo.[27] This is especially true of the partial cooperative farms. Only full-scale cooperative farms till more than five chonbo of lands each.

Private cooperative farms are superior to the rest of their counterparts in terms of productivity. Some farms are operated as part of ri and dong cooperative reclaim nearby idle lands. Their undertakings are closely linked to National Agricultural Cooperative Federation projects and programs. Therefore, their future is relatively bright. Success in such partial joint-farming ventures will serve to accelerate, automatically, the conversion of existing farms into cooperative farms. In other words, they may provide an excellent momentum for the spreading of cooperative-farming. It also must not be overlooked that such cooperative farms as are run by the federation can win economic and technical support from ri and dong cooperatives. This will help them cement their material foundation. Thus, the social significance they bear is tremendous. What is important in this connection is the federation's loyalty to its primary mission to serve farmers to the best of its ability. Without a full-scale exercise of its ability, no such cooperative-farming schemes will turn out to evaluate what cooperative farms run by the federation have done. Agricultural cooperatives under the aegis of the federation are in no position to extend positive assistance to the cooperative farms. The need for campaigns for extended farm production with major accent placed on the policy side greater now than ever before.

Private cooperative farms, in most cases, lay emphasis on land reclamation and charity purposes. Few are in pursuit of purely economic gains.[28] The majority of them utilize riverside

---

27)

Analysis of Farms By Managerial Scale (1966)

Scale	Number of Farms	Full-Scale Cooperative Farms
Less than 5 chongbo	220	3
5-10	3	–
10-50	5	4
50-100	4	2
Over 100	4	3

28) According to National Agricultural Cooperative Federation surveys, private cooperative farms are, in terms of motives, divided into two different categories. " Some private cooperative farms were organized by volunteers eager to provide submarginal farmers with opportunities to stand on their own feet through cooperative-farming. In other words, philanthrophical notions prompted them to set up the farms. Other

lands or mountainous districts. Only several cooperative farms which utilize existing arable lands are operating in this country. They include those at Sangju and Ulchin-gun. However, some farms are operating on an enterprise-farming basis. This has been point-out previously.[29]Others are in no position to keep thriving unless they heed economic gains. This is a key point that must be taken into account in the promotion of cooperative-farming in this country.

Private cooperative farms' financial stipulations and managerial methods cannot be discussed in detail in this article. The lands are jointly owned.[30] The members make their living together. In some instances, lands are reclaimed jointly and then distributed among individual participants for future private ownership.[31] An average private cooperative farm is composed of less than 20 families. One of the most important problems facing such farms is good human relations. According to sample surveys conducted by the National Agricultural Cooperative Federation in early 1966, the composition of four of the cooperative farms surveyed is as follows:

---

private cooperative farms assume aspects unique to enterprise-farming. They place emphasis on managerial improvements. Both Chongpa and Chongson Farms con under the farmer category, and Sukang and San Farms under the latter (Nonhyup Chosa Wolbo, Aug., 1966).

29) It is thought that a substantial area of arable lands has been converted into cooperative farms across the country.

30) "The San Farm is run on a joint-partnership basis. The responsibility for the overall management of the farm is taken by the farm members on a weekly rotation basis. Labor is procured within the farm. The farm keeps regular laborers. This farms is designed for the members to lead a stabilized life in their declining days. It is distinct from farms whose members run them on an individual basis. All the farms profits are supposed to be used in reinvestment projects and programs.. . ." (Nonhyup Chosa Wolbo, Aug., 1966).The San Farm is located at a point near the national highway, 32 kilometers from Pusan. It stands 400 meters above sea level. It prospers on the cultivation of specific vegetables.

31) "Chongsong, Chonpa and Sukang FArms will continue to operate on the present cooperative-farming basis for the time being. In due course of time, however, their lands are supposed to be distributed among the members for private ownership."(Nonhyup Chosa Wolbo, Aug., 1966).

TABLE 4

GENERAL (SAMPLE) COOPERATIVE FARMS

(As of April 1966)

Name of Farms	Total Area (chongbo)	Arable area (ea.)	Number of Households (ea.)	Above-Sea Height (meter)	Gradient	Traffic (Location)
Chongsong	76	24.0	20	350	11-15	To Chongju, 31km
Chongpa	57	45.0	12	350	6-15	To Myongchon, 8km
Sukang	80	9.5	7	280	0-10	To Sulimup, 600km
San	33	13.0	9	400	8-10	To Pusan, 32km

Source: National Agricultural Cooperative Federation, Nonhyup Chosa Wolbo (Monthly Statistical Review), August 1966.

What are the financial situations of private cooperative farms?

It is difficult to compare them with ordinary Korean farms, because those surveyed are sample farm-households and they are of a unique nature in terms of natural, human and economic conditions. The surveys indicate that private cooperative farms were better off in 1956 than ordinary farms. Their incomes and gains were higher than those of government-funded demonstrative farms, It must be quickly added that some statistical data appear so dubious that it is difficult to grasp the exact picture of the situation.[32] However, it may be safely said that private cooperative farms are, relatively speaking, in a more favorable position. Our attention is drawn to the continuity of their existence.

---

32) Chongpa Farm's gross earnings and incomes are exceptionally high. Operating expenses are relatively low. It appears that the methods applied in the evaluation of this farm are not thoroughly authentic.

TABLE 5

COOPERATIVE FARMS : HOUSEHOLD GAINS (COMPARATIVE) IN 1965

Farm/Households	Gross Gains	Expenses	Income
Chongsong	13.6	8.3	5.9
Chongpa	1,039.9	11.4	1,028.5
Sukang	716.1	115.4	600.7
San	166.6	33.2	133.3
National Average	128.0	24.3	103.7

Source: National Agricultural Cooperative Federation, Nonhyup Chosa Wolbo (Monthly Statistical Review),
August 1966.
Note : Comparison is made on a household basis.

VI. POLICY SUGGESTIONS

An Agricultural Structure Policy Council[33] set up within the Ministry of Agriculture and Forestry in 1962 made a set of proposals concerning the augmentation of productivity on December 22, the same tear. The proposals called for "augmenting agricultural productivity and improving farm economy by accelerating the modernization of agriculture." In the proposals, the council made suggestions is that "It will perhaps be difficult for the time being to extend the area of arable lands rapidly and to shift population from agriculture to other industries." It was further suggested that "submarginal farming be overcome through the practice of cooperative management." As for the former, the council pointed to the need of promoting both individual and cooperative-type enterprises, provided that individual enterprises should lay emphasis on exports and production of farm produce fit for some specific purposes and that corporation-type enterprises should place stress on "land reclamation." The council also called for separately fixing the limits of individual arable-land ownership. Concerning cooperative management, that is, cooperative-farming, the council suggested that farmers

---

33) It is presumed that the Agricultural Structure Policy Council was founded as an advisory body for the Ministry of Agriculture and Forestry for studies of the feasibility of exploiting mountainous districts. It played a leading part in establishing the cited cooperative farm and working out a set of plans designed to expedite sound development of the farm. The council is composed of university professors, Ministry officials and heads of agencies under the age of the Ministry. For further information on the above-cited council proposals, refer to Agriculture-Forestry Ministry, Reports on Cooperative Farms, 1965.

be encouraged to set up partial or full-scale production cooperatives on their own initiative.

Our opinions are that enterprise-farming is of such a nature that it is meaningless " to promote it." It is a wrong proposition to try to promote enterprise-farming. It has been pointed out over and again that the basic condition for the formation of enterprise is the securing of average profits. Attempts to promote enterprise-farming is tantamount only to extending privileges designed for temporary survival.

The council's proposals indicate no clear-cut intentions behind the promotion of coopera-tive-farming. It is, however, obvious that they call for encouraging partial or a full-scale cooperative management. They also call for encouraging farmers freely to choose the types of cooperative they want. Should these suggestions be translated into reality, the consequences would be disastrous. Realities facing Korea are such that no amount of efforts for the promotion of cooperative-farming will pay off as sufficiently as they should.

Then, what must we do to cope with the situation properly? In terms of policy, we are of the opinion that the need for positive assistance to enterprise- farming is not great. The council's suggestions are, in this respect, not to the point. We understand that it is difficult to maintain the prices of farm produce at reasonable levels by augmenting agricultural productivity on a continuous basis and improving the existing agricultural structure in terms of production. These conditions are essentials to the promotion of enter-prise-farming. This is equally true of cooperative-farming. Without these conditions being met, it is difficult to promote the latter as vigorously as it should be. In the promotion of cooperative-farming, a maximum display of ability on the part of agricultural cooperatives is imperative. At the same time, emphasis will have to be laid on the formulation of some scientific policies and related programs for the promotion of both enterprise-farming and cooperative-farming, with due considerations paid to the characteristic features inherent in them.[34] The need for some effective and positive policies is great in this respect. For one thing, policies and programs will have to be so devised as to enlarge the scope of coopera-tive-farming by subjecting idle mountainous districts to reclamation. Agricultural coopera-tive movements will have to be launched vigorously, in this connection, under programs

---

34) It may be rash to place emphasis on rice farming in the promotion of enterprise-farming. It may be equally rash to lay stress on horticulture or animal husbandry, which requires highly advanced techniques, in the promotion of cooperative-farming. It will be no less rash to try to thoroughly convert existing arable lands into cooperative farm overnight, ignoring the farmers' desire to have lands of their own. This scheme will have to be carried out a demonstrative and gradual basis.

designed to provide cooperative farms with positive financial and technical assistance as well as well-trained leaders. In this respect, it is important to enable farmers to participate in cooperative-farming schemes on their own initiative. They will have to be encouraged to take part actively in production to the best of their ability. All this is what fundamentally underscores democratic policies. This necessity must be met faithfully.

농업 근대화 방안으로서의 기업화와 협업화의 문제

김 준 보

차례

서언

Ⅰ. 한국 농업 구조의 취약성

Ⅱ. 기업농(企業農)과 협업농(協業農)의 기초 범주

Ⅲ. 기업농(企業農)과 협업농(協業農)의 사회적 지위

Ⅳ. 기업농(企業農)과 협업농(協業農)의 생산성 평가

Ⅴ. 협업농(協業農)의 실증적 고찰

Ⅵ. 정책적 제언

서언

자본주의 생산 구조적 구래적(舊來的) 소농 양식의 피지배적 기반을 큰 비중으로 간직하는 한국 경제의 2중적 구조 체제는, 농업 생산력의 파행적 낙후성을 처음부터 그 가운데 제약한 바 있다 하겠으나, 오늘날 그의 심각한 침체성은 거의 걷잡을 수 없는 위국에 직면하고 있는 양태임이 분명하다. 비록 농지 개혁이 일찍이(1949) 이 땅에 단행된 바 있다 할지라도, 근자 도시 인구의 급격한 팽대와 소작농의 왕성한 재생 기세는 농업 사회의 전면적 쇠퇴를 가리키는 징표 이외에 다른 것이 아니다. 더욱 한걸음 농촌 내부에 들어서서 바야흐로 묘액과 같은 소토지 위에 자가 노동을 혹사하되, 자가 식량조차 확보하기 어려운 방대한 빈농의 군상(群像)을 봄에 있어서도 농업 생산력의 향상을 위한 어떠한 근본적 개선책이 과감히 구현되어야 할 것을 기대함은 우리의 당연한 양식이라 할 수 있다. 실로 전래적 소량 구호의 고식책이나 영농 방법의 단순한 기술적 개량책과 같은 것이 어떠한 유의적 효과를 우리에게 가져 올 수 있다고 보는 것은 한낱 망상일 뿐이다. 여기에 뒤늦게나마 우리는 시범 개척 협농(協農) 농장1)의 설치니 안정 농가2)의 조성이니, 또는 농업 기본법3)의 제정이니 하는 정책적

---

1) 시범 개척 협농(協農) 농장이란, 곧 1963년 3월 이래 '농업 구조개선 사업의 일환으로서' 전국 5개 지구에 산지 개발의 가능성을 검토하기 위하여 협농(協農)을 정부 지원 하에 설치한 것이다. 이에 관하여서는 나중에 좀더 언급함(농림부 협농(協農) 개척 농장 사업 보고서, 1965)

2) 자립 안정 농가란 "경제적 활동에 의해 얻어진 소득으로 안정된 생활을 영위할 수 있는 농가"(농림부 자립 안정 농가 조성 사업 요령)를 말하는 것으로서, 1965년 이래 정부는 반자립적 표본 농가를 추출하여 (1965년은 1만호), 개간경지 정리·영농 자금의 주선과 지원을 집약적으로 시행하고 있다. 그는 말하자면 농촌 사회의 경제적 중견층을 구축함으로써 농

움직임을 근자에 보게 되었거니와, 그 가운데 특히 농업의 기업화와 협농화의 테마는 많은 사람의 주목을 끄는 구상이라 할 만하다. 그리하여 우리의 보는 바 농업 근대화의 이름 밑에 기업농(企業農)과 협업농(協業農)을 설정하여 경영 규모의 영세성을 극복함으로써 그의 생산성을 개선코자 하는 것이 당면한 정책의 지배적 목표인 양 느끼는 것이나, 과연 그의 실현성은 어떠한 것인가?

그러나 소농의 기업화와 협업화에 관하여 그의 정책적 필요성은 널리 인정된 바 있다 할지라도 오늘날 그의 실천적 방법이나 그의 효과적 전망에 관한 한, 우리의 주변에 있어서 아직 안중 탐색의 과정임이 분명하다. 솔직히 말하여 오히려 그들의 기본적 개념조차 아직 확고한 정립을 보고 있지 못한 목전의 형편이다. 여기에 있어서 우리는 하나의 지표적 윤곽을 설정코자 의욕하는 것이나, 물론 그것은 당면한 필자의 역량을 넘는 벅찬 과업이 될 수밖에 없다. 본래 문제의 성격인즉 자못 착잡하여 그는 한편에 있어서 경제의 일반적 역사적 체제에 광범히 관련되어 있는 동시에, 다른 한편에 있어서 실현적 소농 생산의 기술적 조건에 깊이 뿌리박고 있는 본질이 되어 있는 까닭이다.

Ⅰ. 한국 농업 구조의 취약성

한국의 실현적 소농 생산 양식을 단순히 소규모의 가족적 노동 형태로서 관찰함에 그친다면 우리는 결코 그를 이 땅의 고유한 생산 유형이라 볼 수 없다. 그러한 소농 형태야말로 우리의 일찍이 수세기전, 서구 봉건 사회에서 볼 수 있던 기간적 농민층이며, 특히 영국의 요만(yeoman)이나, 그 밖에 대륙 각국의 분할지 농업(Parzellen Eigentum)의 이름으로서 역사상 알려 있는 뚜렷한 범주이다. 그러나, 되새길 필요 없이 한국의 이들 소농으로 말하면 그 지배 조건 = 자본주의 경제가 독특한 발전 단계에 놓여 있는 사정에 있어서 그의 고유성은 점차 나타난다. 사실 후자를 떠나서 전자의 생산 양식은 특징적 의미를 갖지 않은 전근대적 유산이 되어 있는 까닭이다4). 다만 우리의 추상적 사고력은

업 구조의 심각한 결함을 방비하려 함에 목적이 있는 것 같다.

3) 농업 기본법(안)은 농업 구조 개선과 농가 소득 향상, 농산물 가격 유지 등의 농업 기본 정책을 성문법화한 것으로 보인다. 이는 주로 일본의 동법에 의거하여 작성되어 있되 현재 국회 농림 위원회안(1966년)으로 성립을 보고 있다. 그의 주요 참고 조항을 보면 다음과 같다.

　제1조 (목적) 이 법은 농업이 지니고 있는 자연적·경제적·사회적 제약을 보정하여 농업 경영을 근대화하고 농업 생산력을 발전시키어 식량 및 기타 농산물의 증산을 기하고, 농산물의 생산가격·유통 구조의 개선으로 농가 소득을 증진시켜, 타 업종 종사자와의 소득 균형을 실현하여 농촌 생활 및 문화 수준을 향상시키고자, 이에 관한 정부의 기본 시책은 대강을 규정함을 목적으로 한다.

　제17조 (자립 가족농의 육성) 정부는 경영 능률의 향상과 가족 경영의 정상적인 노동 보수가 실현될 수 있도록 자립 가족농을 육성함에 필요한 시책을 강구하여야 한다.

　제18조 (기업농(企業農)·협업농(協業農)의 조장)

　　① 정부는 수출 및 농업 원료 농산물의 증산을 기하기 위하여 기업농(企業農)을 조장함에 필요한 시책을 강구하여야 한다.

　　② 정부는 영세 농가의 생산성 향상을 위하여 농업 법인의 지원 등 농업 경영의 협업화의 조장에 필요한 시책을 강구하여야 한다.

4) 우리는 소농 생산 양식이 자본주의 경제의 지배 하에 존속한다고 하나, 그가 완전히 자본주의 생산 양식의 일환을 형성한다고 보고 있지 않다. 전자는 엄정(嚴定)히 후자와 독립적인 것이며, 스스로의 활동 원리를 보유한다고 보는 것이 우리의 입장이다.

이 때에 어느 정도까지는 위의 지배 조건을 피지배 조건 = 소농 생산 양식으로부터 배제함이 가능하다. 그럼으로써 우리는 그를 독립적으로 파악하는 것이니, 이하 얻어진 문제의 피지배 조건을 간단히 정리하면 다음과 같은 성격이다.

(1) 우선 한국의 현행 제도 하 기간적 소농은 영세적 토지의 소유자5)라 할 수 있다. 농지 개혁의 실시 이후 일반적 소작제는 폐지되고, 자영 또는 자경(自耕)만이 용인된 영농 형태임이 일반이다. 그럼에도 불구하고 소작 관계는 공공연히 또는 내밀히 도처에 배출되어 있고, 경지 소유의 한도(3정보(町步))를 넘는 토지 겸병의 현상은 이미 보편화하여 있는 현실이다. 따라서 농지 개혁의 본래의 체제적 목적은 실현적으로 허구화하는 과정에 놓여 있으므로, 관변에서 작성되는 이 방면이 제통계(諸統計) 자료와 같은 것은 그의 현실을 표명함에 대체로 낙관적인 계수이다.

(2) 한국의 전형적 소농은 토지 이외에 다소의 생산 수단을 보유한다. 그도 현근대적 유치한 노동 요구, 그 밖에 역축 등이 그 중요한 대상으로서 쓰여질 뿐이다. 이리하여 이러한 노동 수단의 낙후성은 침체적인 그의 생산력을 여실히 반영한다. 오늘날 국내 공업 생산에 대비한 그의 생산성은 대체로 4~5분의 1의 수준의 것이다6).

농업 노동 생산성의 국가간 대비란 사실상 곤란한 과업이냐, 농업 소득으로써 이를 평가한다면 한국 농민의 그것이, 예컨대 미국 농민에 대비하여 20분의 1 정도로 낙후되어 있는 반면에, 일본 농민에 비하여 또한 4~5분의 1정도이다. 다만 일본의 농업 생산성이 반드시 소득에 비례적으로 나타난다고 볼 수 없음은 분명하니, 후자는 아직 크게 노동 집약적 경영이 되어 있는 동시에 겸농 소득 또한 불소한 까닭이다.

(3) 한국 농업에 있어서 노동 집약적 경종 생산이 지배적임은 자지하는 바와 같다7).따라서 그의

---

5) (ㄱ) 경지규모별농가 (1964년 말)

규모	농가호수	구성비(%)
3반미만	466.098	19.0
3~5	512.689	20.9
5~10	782.499	31.9
10~20	525.672	21.5
20~30	147.835	6.1
30이상	15.515	0.6
계	2,450.308	100.0

농협 중앙회 간, 농업 연감 1995

(ㄴ) 물론 정확한 통계일 수 없으나, '1964년 농가경제조사'(농림부)에 의하면 한국 농경지의 13% 정도는 이미 소작지대하에 있다. 한편 순수한 소작농은 적다할지라도 다소간 타인의 토지를 소작하는 농민의 비중은 이미 상당한 수준에 달할 것이 예상되며, 근자의 보도는 20%를 넘는다고 전해진다.

6) 농림부 조사에 의하면 한국의 평균 농가 소득(1964년)은 12만 5천여 원이고, 그 중 농업 소득은 10만 3천여원이고, 나머지는 사업 및 기타 소득이다. 한국에 있어서 제1차 산업, 제2차 산업 및 제3대 산업의 종사자 1인당 생산성이 1:4.2:3.4라는 통계를 얻은 바 있다(1960년 통계, 한은 통계부, '한국의 국민소득', 1965년. p. 11)

7) 1964년의 조사 예에 의하면 전국 호당 평균 농산물 수입은 약 11만원인데 그 중 농작물 수입이 91%이고, 미곡 수입의 비중은 약 60%이다.

토지 생산성에 관한 한, 상대적으로 높은 기록이다. 그는 자가 노동을 혹사하여 미맥(米麥)의 생산에 고한(苦汗)을 흘리기 때문인 것이나. 그의 대가는 대체로 보상되어 있지 않고 있다. 그가 노동을 혹사하면 혹사할수록 오히려 수익률은 떨어지고, 또는 손실률은 높아질 따름이다.

그럼에도 불구하고 소농의 빈곤은 농가 노동의 혹사를 강요한다. 자가 식량의 확보는 그에 있어서 긴절(緊切)한 요청이나, 경종 이외에 특별한 수입의 원천은 그에게 주어져 있지 않은 까닭이다.

한편 소농적 생산의 이와 같은 토지 생산성 주의(主義)는 전통적 농업 정책의 기조이기도 하다. 농업에 관한 지도 요령이나 투자의 정책 방향이 대체로 이의 노선을 따르고 있음은 다시 말할 것도 없다. 연연(年年) 국가적 식량 수급의 계획 하 정부는 농민의 수익성을 반드시 묻지 않고,8)미곡 생산에 배차를 가하고 있다 하여 무방한 현실이다. 그리하여 식량 생산의 절대량은 늘어 가는 반면에 농가 소득은 실질적으로 올라가 있는 것 같지 않다. 오히려 부채의 누적을 그 가운데 보이는 형편이다.

(5) 한국의 소농은 아직 상품 경제에 충분히 들어가 있지 못하는 반자급적 단순상품생상이 일반이다. 아직 농가의 태반이 현물 경제에 머물러 있고, 생산 미곡의 상품화율9)을 본다 할지라도 50%를 충분히 넘고 있지 못한 형편이다. 이 점 또한 단적으로 농업의 영세성을 가리키는 것이며, 미작 중심의 단순 경영(mono-culture)이라는 것, 기술적 분업의 과정이 발달되어 있지 않다는 사정을 반영한다. 더욱 그들 상품화 방안이 궁박(窮迫)적 부등가(不等價) 교환의 실질임을 무시할 수 없는 문제의 현실적 조건이다.

(6) 전형적 소농 생산은 대부분 가족노동에 의존하며, 고용 노동은 일시적 특수한 의미를 가지고 있다. 노동력의 투하에 있어서 계절적인 것, 그리고 역사적 유제적(遺制的)인 것이 그 가운데 특별히 눈에 띄는 요인이다.

단순히 계수적으로 따져 볼 때 한국 농가 경영이 고용 노동(머슴, 기타)에 의존하는 비중은 20%를 넘고 있다. 더욱 경지 규모 2정보(町步)를 넘는 농가에 있어서 그는 평균 50% (품앗이 포함)를 실정이다10). 그러므로 한국 농업 생산이 전적으로 가족적 생산이라 할 수 없음은 명백하나, 그럼에도

---

8) 정부는 매년 농가의 산업을 매상하는 예이나, 그 외 매상 가격은 대체로 일방적이어서 평균 생산비를 보상하지 못하고 있다. 예년의 정부에 의한 미곡 생산비의 계산 예를 보면 흔히 소농의 자가 노임이나 토지 자본 이자 등은 저평가되어 있고, 비료 구입비 또한 실현을 적확(適確)히 반영하고 있는 것 같지 않다.

9)　　　미곡 상품화 동향

연	%	연	%
1928	49.0	1956	54.3
1932	52.3	1964	36.2

조건 농회 편, 조선 농업 발달사 발달편 및 농업 연감. 1958, 1964에 의함.

농산물 상품화율(1957)

종목	%	종목	%
미곡	26.1	채소	22.5
맥류	11.8	공예작물	75.9
잡곡	26.8	□ 난	99.4
두류	44.4	양축	30.0
서류	90.0		

농업 연감, 1958

불구하고 전래적 농촌 고용노동과 산업 노동사이의 질적 차이는 없지 않다. 예컨대 교환 노동(품앗이)은 고사하고, 현물 경제의 우위성과 그 급박한 계절성, 구래(舊來)의 노동 관습, 농업 경영자의 사회적 지위11) 등이 이때에 물어지는 농촌 고용 노동의 고유된 특질이다.

Ⅱ. 기업농(企業農)과 협업농(協業農)의 기초 범주

(1) 기업농(企業農)의 기본 개념

기업농(企業農)의 본래의 개념은 산업 자본의 일유형(一類型)에 불과하다. 간단히 말하면 그는 타인 노동에 의한 영리적 상품 생산의 합리적 조직이다. 그의 목적은 어디까지나 영리에 있으며, 타인 노동을 고용함으로써 상품 생산을 기도한다. 따라서 이론상 독점적 이윤 이외에 이윤 일반의 원천은 그에 있어서 고용 노동에 의한 생산 과정에 소재함이 원칙이다. 그러므로 기업농(企業農)이란 엄격히 말할 때 고용 노동의 사용과 상품 생산이란 두 가지 형태적 요건이 구비됨을 요구하는 것이다. 때때로 기업농(企業農)을 곧 상업적 농업(commercial farming)으로 확대 해석하는 경향은 적지 않다. 요컨대 자가 노동에 의한 상품 생산자를 들어서 또한 기업농(企業農)에 포함시키는 예이다.

그러나 우리의 보는 바에 의하면 단순한 상업적 농업은 독립적 자영농에 속할 뿐, 즉시 기업농(企業農) 그것이라 할 수 없다. 그에 있어서 고용 노동이 결여되어 있는 한, 이윤 일반의 지속적 확보란 이론상 불가능한 성질인 까닭이다. 다만 상업적 농업이 어느 정도 발달됨에 따라서 거기에 스스로 고용 노동이 수반함을 우리는 예기할 수 없지 않다. 그리하여 이 때에 비로소 그는 농촌 잠재 실업의 흡수자로서 우리의 기대하는 본질적 기업농(企業農)의 범주에 속할 수 있을 뿐이다.

어쨌든 하나의 정책에 있어서 농업의 기업화를 지향한다 할 때 그가 그저 상업적 농업을 말함인가, 본래적 기업화를 뜻함인가, 또는 이들 양자를 동시에 가리키는 것인가, 이 점은 분명히 규정하지 않으면 아니 된다12). 이하 본론은 기업농(企業農)을 말할 때 전자의 그의 고유한 형태를 지목하는 입장이다.

---

10) 경지 규모 노동 시간 (%)   (1964)

구분	가족노동	고용노동	품앗이	계
0.5정미만	84.1	11.5	4.4	100.0
0.5~1.0	80.1	13.2	6.7	100.0
1.0~1.5	71.3	20.5	8.2	100.0
1.5~2.0	62.5	27.1	10.4	100.0
2.0 이상	41.8	47.6	10.6	100.0
평균	71.0	21.2	7.8	100.0

11) 농업 경영자의 사회적 지위는 일반적으로 그 고용 분야에 대하여 기업가의 산업 노동자에 대한 입장과 같은 대립적 또는 위세적인 것이 되지 못한다.

12) 한편 한국 농촌의 현실에는 비상품적 농업이면서 거의 전적으로 고용 노동에 의존한 경영 형태는 없지 않다. 이 또한 기업농(企業農)이 아님은 다시 말할 것도 없다.

그런데, 하나의 특례(特例)로서 우리의 현실에는 본래의 기업농(企業農) 이외에 기생 지주의 외형을 지속한 가운데 스스로 기업적 영농을 일삼는 유형을 볼 수 없지 않다. 그 밖에 크게 본다면, 발달된 독점 자본주의하 많은 영세 소작농은 기생 지주에 대하여 거의 농업 노동자의 지위를 벗어나지 못한 입장이며, 기생 지주란 이 때에 실질적으로 하나의 기업농(企業農)이라 할 만하다. 한편 우리는 그 외양에 있어서 기업적 형태를 갖춘 가운데 단순히 토지 투기만을 의도하는 사이비적(似而非的) 영농자를 또한 볼 수 없지 않다. 도시 근교에 '취미의 농장 경영'으로서 이러한 것들이 흔히 만연되는 현상이다.

(2) 기업농(企業農)의 성립 조건

기업이란 원래 자본주의 경제 구조의 표징이며, 그는 봉건적 생산 관계를 극복한 가운데 최고도의 생산성을 발휘하는 근대적·현대적·대표적 생산 양식이다. 따라서 그에게 높은 생산성이 기대됨은 당연하다 할 수 있으나, 그의 성립에는 두말할 것 없이 절대 불가결의 기능적 원칙이 전제된다. 이른바 사유·자유(경쟁)·영리의 3원칙이 이것이다. 그런데, 지금 우리에 있어서 전자 2의 기능에 관한 한, 구태여 물을 필요도 없는 원칙이라 하겠으나, 마지막 영리성의 확보 여부에 관하여서는 농업 사회의 현실적 조건에 비추어 속단(速斷)을 불허(不許)하는 문제라 할 수 있다. 무엇보다 세계적 일반의 농업 형태에 있어서 고유한 기업농(企業農)의 보급을 그다지 널리 보지 못한 현실이 이를 입증한 사실이나, 특히 한국에 있어서 그러한 조건은 뚜렷하다. 만약 일찍이 그러한 영리성이 쉽사리 주어져 있기만 하였다면, 이 땅에 기업농(企業農)의 발달을 널리 보았으리라고 보는 것은 누구나의 상식인 까닭이다. 물론 기업농(企業農)의 형성에는 그 밖에 자본의 조달이 선행되어야 하고, 토지의 구득(購得)에 관한 자유로운 조건을 요구한다. 특히 토지의 확보 문제는 종래 토지 소유의 '독점적 장애'로서 일반적으로 크게 논의된 제약의 하나임에 틀림이 없다. 그러나, 더욱 생각건대 오늘의 발전된 농업의 기술적 수준에 비추어 토지의 비중은 점차 자본의 그것에 이양(移讓)된다 하여 무방하다13). 사실 토지 소유 한도의 제한이 없었던 일제하에 있어서, 기업농(企業農)의 형식이 크게 보급되지 않았던 사정은 문제의 관건적 요인이 결코 토지의 소유 한도 여부에 달려 있지 않음을 말해 주는 하나의 생생한 증거이다. 따라서 우리의 보는 바 농지 개혁법에 규제된 일반 경지의 소유 한도 3정보(町步)14)라는 것은 아직 결정적 제약 조건이라 할 수 없고, 오히려 토지의 무제한 독점성이 그의 투기성을 조장하고, 농업의 기업화가 아니라, 전래적 소작제의 형식으로 인한 농업 생산력의

---

13) 근대 경제학자 가운데 토지의 자본에 대한 특유성을 인정하는 않으려는 경향은 여기저기에서 볼 수 있다. (R. Harrod; Toward a dynamic Economics, 1948.T.W. Schaltz; Economic Organization of Agriculture, 1956 등 참조).

14) 한국 농지 개혁법은 수전 소유에 한하여 3정보(町步) 제한을 두고 있으나 ʒ, 과수·상목·묘목 등에는 제한이 없고, 개간간 척에 대하여서는 또한 소유 제한이 처음부터 있지 않다.
　　그런데, 이러한 토지 소유 제한이 철폐된다 할지라도 토지의 집단적 원매자(願賣者)가 없다면 개경 농지에 대기업 농장을 설치하기에 곤란성이 예상된다.

상대적 제약이란 역효과를 가져올 수 있다는 위험성에 우리는 유념한다. 이 점이 이 방면의 정책적 시절(諟節)이 심중함을 요청하는 소이(所以)이다.

물론 현실적으로 본다면 당장에 평균 이윤율의 확보가 영농상 곤란하다 할지라도 기업적 형태의 성립이 전연 없다고 볼 수 없다. 우선 지가의 등귀를 목적하는 토지 투기업자에 있어서 그것은 형식상 있을 수 있고, 그 밖에 토지의 확보 그 자체를 의욕하는 투기 활동은 널리 예상될 수 있는 현상이다. 그러나 그러한 경우의 의미하는 본래의 기업이라 할 수 없을 뿐 아니라, 한편 일반의 기업농(企業農)이 길게 존속함에 이윤의 확보가 어려운 경우 그들은 필경 농업 노동자의 임금 수준을 억압함으로써 존립할 수밖에 없다. 여기에 농업 노동 문제의 격성(激成)이 촉구될 것은 물론이다.

(3) 기업농(企業農)의 제(諸)유형

현실적 기업농(企業農)의 주체로 말하면 오늘날 대지주나 도시 자본가에 기대할 수밖에 없으나, 특별한 경우에 한하여 농민이 출자한 집합에 의한 기업적(법인체적)영농15)을 볼 수 있을 것도 같다. 그 점에 있어서도 기들 기업농(企業農)은 그 독점적 이윤의 추구를 위하여 특수한 원예·과수낙농·양축(養畜)·공예작물 등의 생산에 종사할 것이고, 일반의 경종 기업이란 드물 것이 분명하다. 그 밖에 단순 기업과 겸농적 기업농(企業農), 개인 기업농(企業農)과 사회 기업농(企業農) 등 구구한 형태가 우리에게 예상되는 것이나, 그 어떠한 것이든지 평균 이윤이 일반적 성립과 존속의 조건임에 다름이 없다. 다만 토지 투기가나 독점적 대기업의 일시적 농업 투자 등의 특례를 그 가운데 볼 수 있을 뿐이다.

(4) 협업농(協業農)의 기본 개념

"기병 1개 중대의 공세(攻勢)력 또는 보병 1개 연대의 수세(守勢)력은, 각 한 사람의 기병 또는 보병에 의하여 개별적으로 전개된 공세(攻勢)력 또는 수세(守勢)력의 총합계와 본질적으로 다른 것과 마찬가지로 개별적 노동자의 발휘하는 기계적 힘의 총합계는, 많은 노동자의 동일한 불분할 작업에 있어서 동시에 공동 노동하는 경우에 전개된 사회적 역량과 다르다. 16) 이것이 바로 협업(協業)의 원리이며, 협업농(協業農) 또한 이의 원리에 입각한 생산 수단과 노동력의 공동 이용 형태 이외에 다른 것이 아니다. 그러나 여기에 하나의 특유한 제약 조건이 우리의 기대하는 협업농(協業農)에 부가된다. 그것은 다름 아닌 자본주의의 일반적 지배 구조 하에 전개된 협업이라 하는 것이다. 그럼에 있어서 협업농(協業農)의 객관적 피지배성은 부인할 수 없거니와, 한편 협업의 주체인 농민(노동자)의 활동 의식 또한 그러한 지배 조건을 떠날 수 없는 것이 분명하다. 그리하여 때때로 우리는 경제의 전체 체제에 대한 도전의 움직임을 그 가운데 보일 수 있을 것도 같으나, 협업 형태 일반이 본질적으로

---

15) 농민의 직속 참가에 의한 기업적 영농은 농민 스스로 그의 노동자로 될 수 있다는 점에 있어서 본질적으로 우리의 다음
   에 말하는 협업농(協業農)의 유형이나, 그 가운데는 고정 인부를 사용한 특수 합자사회적인 것이 없지 않다(경남 소재의
   '산 농장')
16) K. Marx; Das Kapital, I. Kapt. Ⅱ(협업).

반자본제적 형식이라고 볼 만한 근거는 우리에게 있지 않다. 오히려 그것은 분업을 전제로 하며, 다수 노동자의 공동 노동을 전제로 하는 자본주의 공장 생산의 일 특징적 표상이며, 다만 기본적 생산 수단 토지의 공동 소유에 이르게 될 때 체제적 문제는 제기될 수 있는 성질이다.

지금 설령 오늘의 협업농(協業農)이 자본주의 체제하의 일반적 지배권내에 조속하는 위치를 떠나서 본다 할지라도 한국 농촌에 예상된 협업농(協業農)으로 말하면 그가 필경 일부적, 비강제적 형태에 그치는 점에 있어서 그는 순수한 사회주의 체제의 일환을 형성한다 할 수 없다. 다만 그 외양을 흔히 사회주의 국가에 형성된, 집단 농장과 같이 하고 있음을 볼 뿐이다.

어쨌든 협업농(協業農)은 다수 소농의 직속적 참여하에 생산 수단의 일부 또는 전부의 공동적 이용 형태로서 족하고, 거기에 영리적 목적이나 사회적 계급의식의 개재(介在)를 요구하고 있지 않다. 따라서 상품 생산이 그 본래적 목적이 아님에 있어서 기업농(企業農)과 근본적으로 다른 성격의 것이다. 그러나 협업농(協業農)이 농업 생산력의 체제적 향상에 역점을 두고 있는 만큼 노동적 수익의 증대를 떠나서 길게 존속할 수 있다고 보는 것은 너무나 낙관적이라 할 수 있다. 적어도 그의 성립에는 다음의 제(諸) 조건이 요구되는 성질이다.

(1) 협업농(協業農)의 편성에는 어떠한 단체적 또는 개인적인 결합 의식이 없을 수 없다. 그것은 현실에 있어서 반강제적 또는 간접 강제적 계기에 의한 타율적인 것이라 할지라도 그러한 조건은 불가결하다.

(2) 협업인즉 개별적 노동보다는 유리하다는 물적 보장, 이것 없이는 존속할 수 없다.

(3) 생산 수단 또는 노동력의 공동 출연.

(4) 지도 기구의 존립. 이는 선출된 유능한 기술자를 비롯하여 그 밖의 개인이든 합의 기관이든 어떠한 지도적 존재 없이 공동 노동이란 있을 수 없다.

(5) 협업농(協業農)의 제(諸)유형

협업농(協業農)은 본래 그 공동 형태의 강도에 따라서 농업 '코뮌', 농업 '알텔' 및 공동 경작 조합의 3단계로 구분함이 일반적이나, 우리는 다시 그의 구성 주체자나 목적 내용에 따라서 여러 가지로 분류할 수 없지 않다. 우선 (1) 토지의 공동 소유 뿐이 아니라 소비 생활의 공동화에 이르는 농업 코뮌(kommune)은 초기적 개척 단계에서 볼 수 있을 뿐 한국의 현실에 있어서 물론 그의 일반화를 기대할 수 없고, (2) 토지의 공동 소유만을 전제하는 농업 알텔(Artel)의 형식은 그 보다 훨씬 보편성을 가지고 있다. 그러나 이 또한 (3) 생산 수단의 공동 이용에 의한 노동의 공동 투하를 목적하는 공동 경작 조합에 비하면 영속성과 실현성이 크게 제약된다. 사실 한국의 경험에 있어서 (1), (2)는 난민 정착, 개간·간척지의 국내 식민 등에서 흔히 볼 수 있고, 현실적 객관 조건하 (3)의 유형만이 우선 일반 소농에게 기대할 수 있는 조직이다.

물론 협업화의 강도가 높아짐에 따라서 그에 의한 개별적 구성원의 공동 역량 발휘는 제약된다 하겠으나, 전체적 지배 조건에 비추어 그의 성상의 난점 또한 명백히 지목된다. (1), (2)의 형태는 일반의 소농에 관한 한, 아무리 영세농리라 할지라도 토지 소유욕의 장애로 인하여 자율적 실현을 보기 어려울 뿐 아니라, 그의 실현을 위하여서는 그들에게는 특유한 새로운 자본적 장비의 부담이 요구되고, (공동 취사장(炊事場), 공동 기계 보관소, 공동 사무소 등) 분배 문제에 불필요한 마찰을 누가(累加)할 수도 있는 까닭이다.

그뿐 아니라, 자본주의 경제 체제하 농업에 국한된 협업 조직의 비탄력적인 강화 조치는 자기 이익의 경제적 향상에 앞서서 독점 자본에 의한 공동적 피 수탈에 편이한 길만을 제공할 수 없지 않다. 공동의 손실에 대한 책임의 문제 또한 (1), (2)의 형태에서 크게 제기되는 난점의 하나이다.

그러나 협업농(協業農) 일반에 있어서 협동 조직과 같은 유통적 상호 기구는 필수적으로 요구된다. 생산적 협업의 이익을 수호 보장하기 위하여 개별적 협업농(協業農)의 연합적 조직으로서, 또는 그의 겸업적 지원체로서 협동조합 없이 본래의 목적을 달할 수 있으리라고 보기에는 어려운 전망이다.

Ⅲ. 기업농(企業農)과 협업농(協業農)의 사회적 지위

자본주의 경제 체제하 기업농(企業農)과 협업농(協業農)은 어떠한 객관적 지위를 차지하는 것인가? 우리는 이미 그들의 기본적 성격을 밝힌 바 없지 않지만 이들을 좀더 정리하여 요약하면 다음과 같다.

(1) 기업농(企業農)과 협업농(協業農)은 우선 국가적 권력의 일반적 지배 하에 존립한다. 적어도 협업농(協業農)에 있어서 그의 성립을 위하여 제도적 '이니시어티브'는 불가피한 한국의 현실이다. (농업 기본법 참조) 그러나, 이러한 지원이나 간섭은 흔히 그의 자율적 발전에 대하여 제약적 요인으로 화할 수 있음을 우리는 주의한다. 특히 기업농(企業農)에 대한 재정적 지원과 같은 것은 이른바 특혜적 폐단의 색채를 농후히 할 뿐이다.

(2) 기업농(企業農)과 협업농(協業農)은 다 같이 독점적 대기업이나 금융 기관의 자본적 공세에 스스로 대처하지 않으면 아니 된다. 독점적 대기업이 어떠한 목적을 위하여 기업적 농업을 영위하는 경우를 제외하고, 기업농(企業農)은 본질적으로 중소기업적 성격이며, 한편 협업농(協業農)은 일종의 농업 노동자적 조직체이다.

(3) 기업농(企業農)은 순수한 자본적 기구이나 협업농(協業農)은 지배적으로 노동자적 범주라는 데 주목한다. 그리하여 전자는 농업의 근대화를 직접적으로 반영하는 동시에 스스로 농업 노동자의 생산 수단으로부터의 분리를 예상케 하나, 후자는 많은 영세적 농민으로 하여금 대토지에의 직접적 접근을 촉구한다. 여기에 있어서 양자의 병존은 상호 대립적 관계와 보완적 관계를 형성함이 분명하다 할 수 있다. 그들은 생간과 생산품의 유통 면에 있어서 경쟁적인 반면에 노동자의 보급, 노동 문제의 완화에 있어서 협업농(協業農)의 기업농(企業農)에 대한한 기여는 본질적인 것이다.

(4) 협업농(協業農)이 그의 공동 체계를 강화하고, 더욱이 협동조합적 단결의 구조를 자체에 구비할 때 그가 사회주의 체제의 지향이란 인상을 줄 수 없지 않다. 그러나 앞에서도 본 바와 같이 한국의 현실 조건하에 있어서 그의 실질은 아직 그렇게 규정할 만한 단계에 놓여 있지 아니하다.

(5) 현실에 있어서 기존 협업농(協業農)의 분해, 공동 소유 토지의 분할 분배를 촉구하는 위협은 항상 예상되고, 경영의 부진, 경쟁에 의한 패북(敗北)의 문책이 내분이나 수면 상태로 확대되는 경우를 추측할 수 없지 않다. 실지 그렇게 될 때 비록 거기에 형해(形骸)만이 존속한다 할지라도 그의 침체 상태는 마치 일종의 원시 공동체 – 마르크스(Marks)공동체나 미루(Mir)와 같은 상태 – 로서 퇴화함을 볼 수 있을 뿐이다.

(6) 협업농(協業農)의 강화된 협동 의식과 그의 협동 조직은 자본 일반에 대한 경제적 위협이 될 수 있으나 한편 앞에서도 본 바와 같이 오히려 그들의 편익적 기구로서 기능할 수 없지 않다.

Ⅳ. 기업농(企業農)과 협업농(協業農)의 생산성 평가

기업농(企業農)이나 협업농(協業農)에 기대되는 생산성은 소농 생산에 비하여 대경영의 유리성의 명제로서 요약된다. 그것은 바로 19세기 말엽 이래 서구 농업 이론가 사이에 대소 경영의 우열(優劣)론으로서 치열한 논쟁의 대상이 되었던 테마이다. 그 가운데 카우쓰기[17]의 대농 우위론에 대하여 다비드[18]의 소농 론의 대립은 역사상 너무나 유명하며 전자가 농업과 공업 간에 본질적 차이를 인정하지 않은 대농 론인데 대하여 후자가 농업 생산의 유기적 특성을 강조하는 소농적 주장이었음은 또한 주지(周知)하는 바와 같다.

그러나 우리는 지금 농업의 대소 경영론을 여기에 길게 다룰 만한 여유는 있지 않고, 우리의 결론만을 요약하면 다음과 같다. 즉 우리의 보는 바, 전통적 대소 경영론은 각기 고유한 근거를 보이는 가운데 아직 자본주의 경제의 시대적 변이의 특성에 착안하지 못한 험을 갖는 것이 분명하다. 구체적으로 말할 때 발전된 독점 자본주의는 농업 경제에 미치는 영향력에 있어서 결코 고유적이 아니고, 농업 생산으로 하여금 흔히 대농의 본래적 유리성을 지속시킬 수 없게 하거나 때로는 그로 하여금 오히려 불리적 조건을 형성시킬 수 있다는 관계를 이들 제이론은 보지 못한 것이다. 그러므로 대농 가운데 소농이 존속할 수 있고, 또한 오히려 자영적 중농이 비대하는 현상을 그 가운데 보는 것이나 이것은 바로 발전된 자본주의 각국의 실태라 할 수 있다. 요컨대 구체적 결과는 자본주의 경제의 전체적 지배력에 달려 있고, 임대소경영 그 자체의 경제성만을 들을 수 있는 단계가 아니라는 것이 오늘의 농업 사회에 대한 우리의 견해이다. 그렇다면 오늘날 각종 농업 형태에 관한 우리의 생산성 평가 또한 반드시 공식적, 법칙적일 수 없음을 우리는 아는 것이나 그럼에도 불구하고, 이러한 전제 조건하

---

17) K. Kautsky; Die Agrarfrage, 1809, S.93~103
18) E, David, Sozialismus und Landwirtschaftschaft, 2 Auf, 1922, S. 45~51

기업농(企業農)과 협업농(協業農)의 생산성의 객관적 평가는 어느 정도 우리에게 가능하다. 이하 우리는 간단히 이를 보는 것이다.

(1) 형식상 기업농(企業農)은 처음부터 평균 이윤의 확보를 요구하는 것이므로 반드시 그러한 수익성을 요구하지 않는 협업농(協業農)에 비하여 노동 생산성은 높을 것이 예상된다. 노임이 바로 노동의 한계 생산력에 의하여 결정된다는 명제를 그대로 받아드리는 한, 그것은 당연한 일반적 결론이다. 그러나 현실 사정에 비추어 보건데 기업농(企業農)의 생산성이 즉시 농업 노동자의 임금 수전을 표시할 것으로 속단하기 어려운 점은 없지 않다. 노동 조건의 보장이 되어 있지 않는 오늘의 농촌 사회에 있어서 그것은 오히려 자명한 사리이다. 그뿐 아니라 우리는 기업농(企業農)의 이윤 소득이 당장 농촌 내에서 축적되거나 처분되지 않고, 태반 도시를 향하여 유출할 것을 예상한다. 이 점 기업농(企業農)의 활동이 협업농(協業農)의 경우와 구분되는 농촌 경제에 미치는 파급 효과의 제약이다.

(2) 일반의 경종 농업에 관한 한, 기업농(企業農)의 성립은 곤란하고, 협업농(協業農)에 있어서 그 생산성을 올릴 수 있는 기회는 이 분야에 있어서 상대적으로 높다. 특수한 조건하(예, 지리적 환경, 우수한 지도자, 국가적 지원) 협업농(協業農)의 생산성이 기업농(企業農)에 떨어지지 않은 경우 또한 전자에 관하여 예상될 수 있는 일다.

(3) 토지 생산성은 기업농(企業農)에 비하여 일반적으로 협업농(協業農)이 높을 것으로 기대된다.

(4) 산업 자본의 유치에 의한 농업의 기계화나 수출 농산품의 급속한 획득을 위하여 기업농(企業農)의 우위성은 인정된다.

(5) 그러나 기업농(企業農)에는 외래적 경제 조건에 연유한 불안정성이 항상 뒷따른다. 이에 반하여 협업농(協業農)에는 오히려 내부적 단합의 해이에 의한 불안감이 부단한 위협의 조건이다.

(6) 협업농(協業農)은 생산물의 분배와 책임의 분담에 있어서 복잡한 조건을 면치 못하고, 그로 인하여 생산성의 제약을 가져오는 장애는 없지 않다.

(7) 그러나, 노동 쟁의에 의한 생산성의 약화, 흉작으로 인한 손실 부담의 책임은 기업농(企業農)에 한정되거나 그에 있어서 압도적으로 크게 나타난다.

V. 협업농(協業農)의 실증적 고찰

협업농(協業農)의 형태적 실례를 일일이 든다면 우리는 쏘련의 '콜호스'나 '소프호스'와 같은 것으로부터 사회주의 각국의 집단 농장을 들 수 있고, 또한 역사적 '마르크스' 공동체나 '미루'와 같은 것을 찾아 볼 수 있으나, 그것은 우리의 당면한 대상이 될 수 없다19). 여기에는 우선 자본주의 각국에 현존한 1, 2의 현저한 예를 들어서 그의 특징을 간단히 살펴본다20). 그럼에 있어서도 우리는

---

19) 이 방면의 참고 문헌으로서 다음과 같은 것을 볼 수 있다.
　　Emile de Leveleye; Das Urgeigentum (독역, 1874).

각국이 보여 주는 일반적 경제 사회 조건의 차이를 충분히 감안하여 그의 실태를 보지 않으면 아니된다. 한국의 현행 예를 본다 할지라도 그러한 배려는 각별히 요구되는 우리의 정책적 관점이다.

우선 서구 사회에 뚜렷한 협업농(協業農)의 유형으로서 이스라엘과 이태리의 그들을 소묘(素描)한다면 다음과 같다.

(1) Kibbutz(Israel)

1905년 루시아 혁명과 루시아계 유태인의 Palestine 이입을 계기로 이들에 의하여 1910년 최초의 집단 노동 농장 (kibbutz)이 Israel에 설립되었다. 그들에는 우선 고용 노동의 배격 정신이 철저하였고, 자조 자립 의식이 왕성하였으니, 위의 문헌(FAO)에 의하면 다음과 . Fundamental to these Convictions - Strong socialist convictions - was a belief in the immorality of employing labour.

Kibbutz는 1950년까지 213개로 발전되었고, 그의 참가 인원 29,000명, 총 경작 면적은 160,000 ha에 달한 것이나 무엇보다, 철저한 공산 체제로서 문자 그대로 농업 콤뮨이다. 그들에 소속된 토지는 본래 The Juwish National Fund (1901년 창립)로부터 대여 받은 것으로서 이를 조직적으로 이용하되 그의 기구는 총회 및 위원회에 의하여 운영되고, 후자에 의하여 계획은 수립된다. 한편 구성원의 가입과 탈퇴는 자유임이 원칙이다.

kibbutz 내부에 있어서 교환 경제란 있을 수 없고, 회원 각자는 책임적으로 노동하며 필요분만큼 급여를 받고, 특별 휴가에 한하여 소액의 금액을 급여 받을 뿐이다. 탈퇴 시에 지분의 분배는 없고, Kibbutz의 수익은 그의 발전을 위하여 재투자됨이 주목되는 그의 단체성이다.

(2) Moshav Ovdim (동상(同上))

1921년 창설. 이는 공동 경작 조합에 해당한 조직이다. 즉 각 구성원에 우선 1.5~1.6ha의 소경지(小耕地)를 대여하여 그로써 이루어진 집단 경작 형태로서 80~100의 가족적 부락농이 이에 참여하고, 농무에 따라서 지급 받는 예이다. 따라서 Kibbutz에 비하여 이는 훨씬 자유적인 구성의 협업 형태인 것이나, 거기에 유능한 지도자의 기술적 활동이 항상 높이 수반됨은 전자와 다를 바 없다. 이는 대개 전후 식민 이주자에 의한 형성체인 것이나, 소수는 일반 영농자의 자발적 조직도 그 가운데 보이고 있다. 그의 총수는 1950년경에 거의 Kibbutz의 그것에 달해 있었고, 최근 후자보다 증가의 템포를 보이는 경향이다.

(3) Moshav Shitufi(동상(同上))

이는 전 양자의 중간적 공동체로서 (1)또는 (2)의 변형이라 할 수 있다. 즉 농업 알텔형인 것인 모든 토지는 각자의 소 면적을 제외하고 집단화하여 있으나, 구성원 각자의 생계는 자유적이며, 필요에 따라서 (노동의 대가가 아님) 생산 자료나, 급여권이 지급되는 현상이다.

Israel에 있어서 이상 3형태로 구분된 집단 농장의 공통된 점을 말한다면, 첫째 이들의 구성원이

---

20) FAO, Co-operative and Land Use, Prepared bvy Magaret Digby, 1957-이하 본고는 주로 이에 외함

대개 비전통적 농민이라는 것(주로 외부 이주민·전재 이민), 둘째 그들이 특수한 민족 부흥의 의식에 의하여 정신적으로 결합되어 있다는 것, 셋째로 그들 구성원의 교육 수준이 상당히 높고, 교육이 바로 그의 주요 사업의 하나로 되어 있다는 것, 다섯째 그들 농장이 국방적 공동 운명을 지니고 있고, 따라서 국가적 지원이 불소하다는 것, 그리고 무엇보다 그들이 구판매(購販賣) 협동조합21)의 기구를 통하여 서로 연결되어 있다는 사실이다.

(4) 이태리의 노동자 협동 농장 ('Undivided' Co-operative farm)

이태리의 협업농(協業農) 운동은 노동자들에 의한 것이 역사적으로 유명하다. 이는 신개척지의 '노동자 생산 조합'에서 출발하였으며, 그들의 최초의 성공적 농장은 1886년 Ravenna 지방에 설립된 그러한 조합이다. 그는 제1차 세계 대전 후까지 발전 과정에 있었으나, Fascist에 의하여 한 때 저지당한 채 제2차 세계 대전을 맞이하였고, 그 후 재건 도상에 놓여 있음을 본다. 그는 토지의 개별적 분할 소유를 인정하지 않는 농업 알텔 형식이 되어 있으나, 생산 활동의 대부분이 구성원의 출자에 의존하므로 각자의 지분이 인정되며, 가입·탈퇴 또한 자유적임이 특징이다.

구성원으로서 노동자 이외에 소작인(小作人), 그 밖에 영세적 소작농의 가입을 인정하고 있으며, 개별적 조합의 구성원은 9인 이상 수백 명에 달한 것을 볼 수 있다. 조합원의 유한 책임제하에 대외 교역도 하는 것이나, 이윤의 추구력은 없는 점에 있어서 협동 조합적 성격을 갖추고 있다. 그 보유 토지는 본래 국유지의 불하, 자선단체의 기부 등에 의한 것이 많으나, 스스로 구입하기도 한다. 자금 획득이 언제나 난문제로 되어 있는데. 이는 처음부터 자산을 갖지 않는 노동자의 공동 노작적(勞作的) 조직이 되어 있기 때문이다.

농장의 경영 방식은 구구하나, 구성원은 노동의 대가(임금)를 지불받되 농장의 필요에 따라서 고용되고, 농장이 경영난에 빠지게 될 때 임금의 급감으로서 이에 대충한다. 이들 개별적 농장 또한 지역별로 조직하여 대규모 공사나 문화 교육 사업에 종사하는 예이다.

(5) 공동 경작 조합('Divided' Co-operative farm, 이태리)

이태리의 협업 농장화한 경지 면적은 1949년의 농지 개혁 직전에 약 7만ha이었으나, 그중 20%(약 4천ha) 정도는 알텔형 농장이었고, 70%는 공동 경작 조합, 나머지 10%는 양자의 혼합 집단 농장으로 알려져 있다. 그 중 공동 경작 조합은 다시 말할 것도 없이 농업 노동자, 영세 소작농 등이 공동으로 경작하되 소작지를 임대 받아 각기 분할 소유하거나, 또는 그들이 고동 개간지를 확보한 후 분할 소유하는 중추적 농장 형태이다.

농장의 분할은 가족수, 노동 능력에 따라서 이루어지고, 인구 증가와 사정 변경에 따라서 그의 재조정이 있기도 한다. 소작 조합인 경우 대개 토지의 소작 기간은 3~9년간이고, 한 가족의 경작

---

21) Kibbutz 나 Moshav 는 같이 자급자족의 조직이 될 수 없으므로 그들은 그들의 필수품을 대개 협동조합을 통하여 구입 하고, 그들의 생산품을 그를 통하여 판매하고 있다.

면적은 4~5ha 정도에 달해 있는 현상이다. 소작료는 현물로 계약된 것을 현금으로 지불하는 것이 일반이다. 그런데, 그들은 별도 공동 목장을 갖는 수도 있고, 유통 구조를 공동으로 보유하는 예도 많다. 그리고 그들의 활동상 자금의 수요에 대하여 있을 수 있는 금융 관계의 난점은 전자의 불분할 농장에서와 다름이 없다. 한편 농지 개혁 이후 정부의 적극적 지원을 받고 있는 것이 사정에서 정치적으로 이용되기도 하는 실정이다.

더욱 전자의 불분할 농장에 비하여 공동 경작 조합은 주로 인무 조밀한 지역에 분포되어 있고, 비교적 노동 수익이 높다 할 수 있다. 그러나 그의 경영 내용은 지역적으로 반드시 일률적이 아니며, 무엇보다 지도적 기술자의 유무에 그의 업적은 크게 달라지는 사정이다.

한국 협업 농장의 현황

(1) 한국의 협업 농장제는 1961년 5월의 군사정부 수립에 뒤이어 정책의 대상이 되었고, 1963년경부터 농업 구조 개선책이 일환적 시도로서 전국 5개소에 협업 개척 농장을 시범적으로 설치함으로써 본격화하였다. 그러나 협업이나 공동 경작 그 자체만 묻는다면 그는 오랜 역사적 유제이기도 하다. 우선 1963년 정부의 지원 하에 대개 국공유지를 찾아서 설치를 보게 된 위의 5개 농장의 규모는 다음과 같다.

명 칭	총면적	경지면적	재산평가	농장인원
광주농장(경기)	150정(町)	11.3정(町)	3,595,107 원	7 인
운장산농장(전북)	188	14.0	4,514,666	9
백운산농장(전남)	232	48.0	10,928,360	22
박달농장(경북)	145	13.2	4,545,022	11
대리농장(경남)	79	17.5	3,434,818	7

자료: 1965년 말 통계(농림부, 협업 개척 농장 종합 보고서 및 농협·농협 조사 월보.
　　　1966년 8월호 참조. 단 양자의 통계에 차이가 나타나 있음)

그런데, 위의 협업 개척 농장으로 말하면 그의 당면한 설립 목적이 유휴(遊休)된 국토를 개간하여, 이를 종합적 형태로 이용함으로써 농장 개척원의 경제적 향상을 도모하고, 나아가서 농업의 구조 개선과 그 근대화 시범에 기여함에 있는 것이므로 그의 소재지는 처음부터 여유(遊休) 산지(대개 10°~15° 경사)로 되어 있음이 주목된다. 그리고 그들 농장 종사원수로 보아 일반 농가와 비교할 수 없는 대규모 경영으로서 확대한 면적의 산지·경지·목야 등을 공동 개발하는 과정이므로 이의 시도는 주요 산지 개간에 있는 것 같고, 현존 농업 구조의 개선 목적과는 상당히 거리가 먼 시범적 농장이다22)

---

22) 일반 산지나 목야 지를 제외하고, 경지만 본다 할지라도 이를 농장에 있어서 일인당 노동 면적은 위의 표에 비추어 알 수 있는 바와 같이 1정보(町步)를 훨씬 넘는 것이므로 전국 평균 2~3반보(反步)의 5배 이상에 해당한다. 따라서 양자의 경영적 대비는 곤란함을 알 수 있다.

. 물론 이들 농장이 취하고 있는 경영 방법에 관한 한, 그대로 옮겨서 일반적 협업농(協業農)의 운영에 쓰일 수 있을 것이 분명하다. 이들은 대개 전면적 협업화 생활을 영위하는 조직23)인 것이나 인화·절약·근면·교육 등의 정신적 개척으로부터 시작하여 자연 조건의 극복, 경영의 다각화, 산지 이용법 등의 기술면에 걸쳐서 농촌 생활면에 시사를 주는 점이 적지 않은 까닭이다.

협업 개척 농장이 이 땅에 개설된 이래 약 3년, 그 동안 이들이 가리킨 실적은 개경 농지에 있어서의 협업화 정책은 말할 것도 없거니와, 산지 개척의 협업 또한 결코 용이하지 않음을 말해주고 있는 것이 분명하다. 정부의 지원이 지속됨에도 불구하고, 각기 수지를 맞추고 있다고 볼 수 없는 상태이며, 1965년의 경영 분석에 의하면 토지 생산성은 말할 것도 없거니와, 노동 생산성 또한 일반 농가에 비할 수 없을 만큼 저열(低劣)한 실적24)이다. 이것이 대개 선발된 지도자에 의한 선정된 자원자의 조직에서 얻어진 결과이고 보니, 정부의 지원이 완전 단절되는 경우 그들의 지속성은 거의 무망하다 할 수 밖에 없다. 그러므로, 구태여 큰 수익을 고려하지 않은 난민 정착, 산지 이용의 개발 효과만이 그들에게 기대되는 사회적 의의임은 뚜렷한 사실이다.

(2) 위의 시범 개척 농장 이외에 이미 1952년경부터 한국에는 주로 전후 난민 정착을 위한 농장이나 그 밖의 몇몇 농장이 정부 지원이나 민간의 자조적 형태로서 설치된 사실을 우리는 알고 있다. 그러나, 그들의 수는 1964년에 이르기까지 20개소 미만이었고, 그 후 1965년에 이르러 농업 협동조합 가원도 지부에 의하여 관내리동(管內里洞) 조합원의 공동 개간에 의한 공동 경작 조합의 대량적 보급이 촉진됨으로써 그의 수는 급증하였던 실태이다.

---

23) 전면적 협업 형태라 하지만 농장에 따라서 다소의 뉘앙스는 불면(不免)한 상태에 있다. 농장 종업원이 가족을 갖게 될 때 가족 단위의 생활은 거의 불가피하며, 경북 박달 농장은 가족 단위의 개별 생활을 영위하는 현저의 예이다. 이렇게 될 때 농장 경영과 그의 분배 방식은 복잡화하고, 농가는 그 농장 이외에 수입의 원천을 추구하게 되기도 하는 부분적 해체 현상이 주목된다.

24) 협업 농장과 일반 농가의 생산성 대비

	구분	농업조수입	농업경영비	농업소득	1인당 농업소득	노동생산성	토지생산성
농 장	경　주 운장산 백운산 박　달 산　리	163,510원 875.153 673,063 370,486 362,283	48,140 631,214 452,994 337,306 407,891	115,300 203,939 220,019 33,180 -45,608	23,074 22,659 10,000 3,318 -6,515	10원 9 10 0.7 -3	1,021 1,457 3,143 138 365
농 가	0.5정미만 0.5~1.0 1.0~1.5 1.5~2.0 2.0 이상	59,219 106,380 161,434 226,026 321,855	9,653 17,660 31,327 45,794 76,186	49,566 88,720 130,107 180,232 245,670	18,918 28,712 34,415 42,912 54,112	45 47 47 55 58	15,066 12,506 10,367 10,565 10,031

목적별 협업 농장(1996.5)

목 적	농장수
라 환 수 용	2
난 민 정 착	5
일 반	5
이동조합사업	17
	207
계	236

자료: 1966년 8월 호 '농협 조사 월보'

연도별 협업 농장

1952	1
55	2
59	3
61	1
62	2
63	6
64	1
65	210
66	9
계	236

자료: 동좌(同左)

    한편 후자의 운영 상태를 개관하면 그들의 대부분 200여개 농장이 가족 단위의 독립생활 하에 영농하는 부분적 협업 농장이 되어 있고, 초기적 개척 과정에 있어서 공동 식사 등의 생계적 집단 농장을 볼 수도 있다. 그리고 이들 협업 농장의 규모는 대개 5정보(町步) 미만이고[25], 부분적 협업 농장에 있어서 더욱 그러한 경향이며, 그를 넘는 큰 협업 농장은 전면적 협업 형태에 한정될 뿐이다.

    위의 협업 농장 가운데 생산성면의 우위를 자랑하는 농업 경영의 형태는 일반(민간) 협업 농장이며, 그 밖에 리동(里洞) 협동조합 사업으로서 실시하는 일부 농장을 또한 들 수 있다. 전자 가운데는 합자회사적인 성격을 띠고 있는 본래의 기업농(企業農)(후술함)인 것도 없지 않은 실정이나, 우선 협동조합 사업으로서 실행하는 생산적 협업을 보면, 그는 인근지의 개간에 의한 공동 경작이 일반으로서

---

25) 경영규모별 농장 분포 (1966)

규 모	농장수	전면적 협업농장
5정 (町) 미만	220	3
5 ~ 10	3	-
10 ~ 50	5	4
50 ~ 100	4	2
100정(町) 이상	4	3

농협 활동과 밀착되어 있다는 점에 있어서 발전성이 우리에게 어느 정도 예상된다. 더욱 이러한 부분적 공동 경작 사업이 주효(奏效)한다면, 개경지에 대한 협업화의 진도도 자율적으로 실현될 수 있다고 보아지는 점에 있어서 주시되는 하나의 계기이다. 그밖에 우리는 협동조합이 연도별 협업 농장 협업농(協業農)을 경영할 때 계통 조합의 경제적·기술적 지원을 받는 동시에 그의 발전에 대한 물질적 터전을 마련할 수 있다는 사회적 의의를 그 가운데 발견할 수 없지 않다. 물론 이 때에 역시 우리는 협동조합의 진실한 농민적 발전 체계를 전제로 하는 것이며, 더욱 그의 적극적 기능의 발휘 없이 사태진전은 있을 수 없음을 아는 것이다.

그러나 오늘의 실태로 말하면 위의 협동조합적 협업농(協業農)의 실적은 아직 평가의 단계에 놓여 있지 않고, 더구나 우리는 그들 계통 결합의 일반적 지원을 간단히 기대할 수 있는 환경 하에 있지 않다. 보다 확대된 농민적 생산 운동의 정책적 진전만이 크게 소망되는 소이(所以)이다.

한편 일반(민간) 협업농(協業農)의 유형을 보건대 그도 대개는 독지가(篤志家)에 대한 개척 목적26)이나 자선 목적에 동기를 두고 있는 형태의 것이 많고 순순히 경제적 수익성에 입각한 조직이란 드물다고 말 할 수 있다. 그리고 대부분 하천 수지의 이용이나 산지의 개간에 의한 것이 되어 있고, 개경지의 협업화란 전국을 통하여 수개소(數個所)(예. 상주. 울진군하에 봄)에 불과한 형편이다27). 그러나 앞에서도 본 바와 같이 기업적 협업농(協業農)은 그 가운데 없지 않거니와28), 기타의 협업농(協業農) 역시 그의 지속성을 생각할 때 거기에 필경 경제성을 떠나서 말할 수 없음은 분명하다. 이는 협업농(協業農)의 보급책에 있어서 마땅히 고려되어야 할 문제의 요점의 하나이다.

일반(민간) 협업 농장의 재산 소유 상태나 경영 방식을 여기에 일일이 밝힐 수 없으나, 토지에 관한 한 그들이 대개는 공동 소유라 할 수 있고, 생활의 공동화 활동 역시 적지 않다. 다만 그 가운데는 현재의 공동 개간지라 할지라도 장차 분할 소유를 구상하는 것이 불소한 것 같은 인상이다29). 한편 농장의 구성원은 20가족 미만이 일반인 것 같으나, 그들의 인화(人和)문제는 언제나 중요한 요인이 아닐 수 없다. 지금 시험 삼아서 1966년 초에 농업 협동조합 중앙회에서 표본 조사한 협업 농장

---

26) 농업 협동조합의 조사에 의한 바 이들 민간인 협업 농장의 설립 동기는 다음과 같이 두 유형으로 나타나 있다. "하나는 어느 독지가(篤志家)가 인근에 있는 영세민에게 협업의 기회를 부여하여 이들을 자립 안정 농가를 육성하여 보겠다는 인보(隣保)의 정신에서 출발하고 있는 경우이고, 다른 하나는 기업농(企業農)적 성격을 띠고, 경영의 합리화를 위하여 기도(企圖)되고 있는 경우이다. 청송 농장과 청파 농장은 전자의 경우에 속하고, 윤강 농장과 산 농장은 후자의 경우에 속한다. ('농협조사월보', 1966. 8)

27) 개경지의 협업화의 특수한 경우는 전국적으로 세밀히 찾자면 상당수에 달할 것이 추찰(推察)되는 바이다.

28) "산 농장은 합자회사적인 성격을 띠고 있어서 농장의 전체 관리 책임은, 구성원 중에서 1명이 1주일간씩 교대로 담당하고, 농장 노동은 주로 농장 내에 거주하고 있는 고정 인부가 담담하고 있다. 이 농장은 농장 구성원들이 개별적으로 소유 경영하고 하는 농장과는 별도로 노후 안정 생활을 위하여 마련된 협업 농장이며, 따라서 이 농장 수익은 전액 재투자하는 방향으로 경영하고 있다."(농협 월보, 1966,8)더욱 산 농장은 부산에서 32km 지점의 국도 연변(沿邊)에 있고, 400m의 고도에 있으며, 특수 채소 재배로 수익을 올리고 있다.

29) "청송 농장과 청파 농장 및 윤강의 경우에 있어서는 당분간은 협업 농장으로 계속 지속 운영할 방침으로 있으나, 일정한 시기가 지나서 농장 구성이 성공되면 농장 토지를 각 구성원에게 분배하여 자립 안정농으로 지향할 것을 구상하고 있다" (전게(前揭) 농협월보, 1966.8)

중 4개소에 걸친 일반 협업 농장의 구성을 보면 다음과 같은 실태이다.

일반(표본) 협업 농장 실태 (1966.4)

농장	소유면적	경지규모	세대수	해발고도	경사도	교통(위치)
청송	76정(町)	24.0정(町)	20	350m	11~15°	청주까지 31km
청파	57정(町)	45.0정(町)	12	350m	6~15	명주까지 8km
윤강	80정(町)	9.5정(町)	7	280m	0~10	윤림읍까지 600m
산	33정(町)	13.0정(町)	9	400m	8~10	부산까지 32km

자료: 동상 (同上)

그러면 일반(민간) 협업 농장의 경영 수지의 실적은 어떠한 것인가?

조사 자료가 표본 농가이고 그들의 자연적·인적 및 경제적 지배 조건에 있어서 특유한 성질이므로 이를 일반 영농 상태와 간단히 대비함이 곤란하나, 나타난 결과만을 본다면 다음과 같이 월등한 유리성을 보여주고 있는 것 같다. 즉 전게(前揭) 4개 지소 가운데 1개소를 제외하고, 세대당 조수익이나 소득액이 전국 평균 농가를 크게 능가하는 실례(1956년 예)이다. 따라서 이를 앞에서의 정부 시범 개척 농장에 비한다면 엄청난 수익성의 실적 표시인 것이다. 과연 그의 조상(照詳)한 내용이 어떠한 것이니 계수상(計數上) 다소의 의문점은 없지 않다[30]. 그럼에도 불구하고, 상대적 유리성은 이들 '민간' 협업농(協業農)에 분명히 인정되는 것이며, 그 가운데 그들의 지속성은 의연 우리의 관심적 대상이다.

---

30) 청파 농장은 세대당 조수익이나 소득이 월등히 큰 것이나, 경영비는 상대적으로 매우 적다. 이들의 평가 방법에 의문이 없지 않는 사실이다.

협업 농장 농가의 수익성 비교 (1965)

농장·농가	조수익	경영비	소득
청송	13.6 천원	8.3 천원	5.9 천원
청파	1,039.9	11.4	1,028.5
윤강	716.1	115.4	600.7
산	166.6	33.2	133.3
전국 평균	128.0	24.3	103.7

자료: 전게(前揭) 농협 월보, 1968. 8 (세대당 비교임에 주의)

VI. 정책적 제언

1962년 농림부에 설치된 이른바 농업 구조 정책 심의회31)는 동년 12월 22일자로 "농업의 근대화를 촉진함으로써 농업 생산력의 발전과 농가 경제의 향상을 기한다."는 목표 하에 몇 가지 생산성 증대책을 당국에 건의한 바 있었다. 지금 그의 문면(文面)중 우리는 기업농(企業農)과 협업농(協業農)에 관하여 몇 가지 뚜렷한 정책적 제안을 보게 되는 것이나, 우선 그의 요점을 보면 그는 "경지의 급속한 확장과 농업 인구의 타산업에의 전환은 당분간 큰 기대를 갖기는 어렵다."는 전제하에 "기업농(企業農)을 육성한다" 하였고, "협동 경영에 의하여 영세농을 탈피시킨다." 하였다. 그리하여 전자의 방법으로 그는 개인 기업과 사회 기업을 육성하되 개인 기업은 수출 농업과 특용 작물 농업을 위주로 하고, 사회 기업은 "신개척지를 위주로 한다."는 것, 개인의 경지 소유 한도는 별도로 규정한다는 것, 그리고 한편 협동 경영(협업농(協業農))에 관하여서는 부분적 및 전부적(全部的) 생산 조합을 권장하되 그 설립과 형태의 취택은 농민의 자유에 맡긴다고 규정하였던 것이다.

그러나 우리의 견해에 의하면 우선 '기업농(企業農)의 육성'이란 성질상 거의 의미를 갖지 않는 정책이며, 오히려 하나의 모순의 명제로서 지목될 수밖에 없다. 앞에서도 거듭 본 바와 같이 원래 기업 설립의 기본적 조건이란 평균적 이윤 확보에 달려 있을 뿐, 그의 육성이란 일시적 존명(存命)을 위한 특혜를 의미한 것 이외에 아무것도 아닌 까닭이다.

둘째로 협업농(協業農)에 관하여 보건대 위의 심의위원회안인 즉 너무나 간단하여 거기에 정확한 의도의 소재를 밝힐 수 없을 정도이나, 그가 부분적 또는 전체적 공동 경영을 권장하고 있다는 점에 틀림없다. 그리고 그 밖에 협업 형태로 말하면 이를 농민의 자유의사에 위임한다 하는 것이나, 만약 이의 건의를 그대로 준수할 때 그 결과는 우리에게 분명하다. 그것은 곧 협업농(協業農)에 관한 한, 현존 조건하에 있어서 일보의 진전을 볼 수 없을 것만 같은 당면한 객관적 사태이다.

---

31) 농업 구조 정책 심의위원회는 당초 주로 산지 개간과 개척의 가능성에 대한 농림부 당국의 자문 기관으로서 설립된 느낌이 있고, 전기(前記)한 개척 협업 농장의 설치와 그 지도 육성 방안의 협의 기구로서 주 역할을 한 것이나, 점차 농업 구조 일반에 대하여 심의하는 방향으로 나아갔다. 그의 구성은 국내 각 대학의 교수 이외에 다수의 농림부 산하 단체의 기관장들과 농림부 당국자도 참가하고 있다. 더욱 위의 건의문 내용은 전게(前揭) 농림부 간. 농협 개간 농장 사업 종합 보고서. 1965 참조)

그러면, 이러한 사정에 비추어 우리는 지금 어떻게 문제에 대처할 것인가? 원래 정책의 방향으로 말하면 우리의 보는 바, 기업농(企業農)에 관한 한, 적극적 지원의 필요성은 희박함을 알 수 있고 반대로 협업농(協業農)에 관하여 정책적 추진의 의미는 뚜렷함을 볼 수 있다. 따라서 이 점 위의 건의안이 전후 혼동한 방향을 내세운 것이다. 그럼에 있어서도 우리는 우선 농업 생산력의 지속적 발전이나 농업 구조의 생산적 개선이 농산물 가격의 적절한 보장 없이 이루어지기 어렵다는 사정을 확인한다. 특히 기업농(企業農)의 보급에 있어서 그것은 무엇보다 필수적 조건이라 할 수 있거니와, 협업농(協業農) 역시 그러한 조건의 충족없이 일반적 발전을 기하기는 곤란한 사정이다. 그 밖에 우리는 더욱 협업농(協業農)에 관하여 농업 협동조합의 기능이 고도로 발휘되기를 기대하지 않을 수 없고, 한편 그와 동시에 기업농(企業農)과 협업농(協業農)의 본성에 다른 과학적 정책 목표의 설정32)이 필요함을 강조하지 않을 수 없으며, 효율적인 가운데 능동적인 시책의 안출(案出) 또한 중요함을 말하지 않을 수 없다. 예컨대 유휴 산지의 개방에 의한 협업농(協業農)의 보다 광범한 설정 조치라든가, 이 방면에 미치는 농협 운동의 보다 적극적 전개, 그리고 자본과 기술이 효율적 지원, 건실한 지도자의 양성 등에 보다 힘을 기울여야 할 것과, 이들의 구체적 시책에 있어서 농민 당사자의 자발적 생산 의식이 제약되지 않고, 오히려 그가 크게 발휘될 수 있는 조건의 형성을 극력(極力) 도모하는 조건의 구체적 구상은 우리에게 당연히 기대되는 민주적 정책의 기본적 요청이다.

---

32) 예컨대 기업농(企業農)을 일반 수도작(水稻作)에 기대한다든지 또는 협업농(協業農)을 고도의 기술을 요하는 원예나 축산에 기대함은 무리라 할 수 있다. 도는 일시에 농민의 토지 소유욕을 무시하고 개경지의 철저한 협업농(協業農)을 기대할 수 없는 사정 또한 명백한 것이니, 거기에는 반드시 시범적·단계적 진행 과정이 필요함을 알 수 있는 소이(所以)이다.

- 조사 자료 -

나주, 무안, 한해(旱害)지구 답(踏)조사

김 준 보

Kim Joon Bo

당국의 발표에 의하면 금년 춘하계(春夏季) 한발(旱魃)로 인한 미곡 감수 예상량은 대개 평년작수준(平年作水準)의 200만석~250만석 정도로 보도되어 있다. 그것이 사실이라면 전체 수량 면에서 볼 때 감수량은 총 예상 수확고의 1할(割)정도에 그쳐 있는 계산이다. 그러나 한해(旱害)지역이 대체로 한반도의 서남해안 지역에 집중되어 있다는 사정과 그 지역이 비교적 인구 밀집한 곡창(穀倉)지대에 속해 있다는 사정 그리고 특히 빈농의 누적 지대라는 사정과 더불어 그 지역이 거의 연 2년의 피해를 보고 있다는 이들 지역에는 음료수를 타지방으로부터 운반 보급 받아야 할 정도로 격심한 수기근(水饑饉)이 계속된 곳이 불소(不少)하였다는 점에서 금년의 한해(旱害)상황은 보다 실질적 면에서 다각도로 관찰함을 요구하고 있는 것 같다. 8월 중순이래 각 보도 기관이 이 지방 이농장의 속출을 전하는 심각한 사태에 있어서 더욱 그러한 느낌이다.

필자와 전북대농대의 오근배 조교수는 작년 11월 초에 전남의 나주군과 무안군의 한해(旱害)지역을 답사한 바 있었으나 금년 또 다시 동 지역은 극심한 피해라는 데서 양년(兩年)의 피해비교와 그의 원인분석, 그리고 문제점 등을 살펴보고자 현지에 출장하였다. 때는 이앙기를 훨씬 지난 8월 19일~20일 이었거니와 다소 집약적으로 답사한 지역은 유사이래의 한해(旱害)이며 전국 최악의 작황이라는 나주군 동강면(洞江面) 일이(一二)부락이었고, 이름난 무안군 일노면(一老面)의 영화 농장도 작추(昨秋)와 금하(今夏)에 다 같이 우리의 목격한 집단적 한해(旱害) 지구이다.

한해(旱害)의 직접적 원인이 이앙 적기의 강수량 부족에 있다는 것은 통예이지만 금년의 답사 지역은 처음부터 이양 불능의 기후조건인데 대하여 작년의 이곳은 일단 식부(植付)된 이후 한발(旱魃)이란데 약간 양상을 달리하고 있다. 따라서 연례(年例)의 피해 농가에 관한 경제적 타산에서 본다면 작년의 한해(旱害)손실은 금년에 비하여 이중적이라 하겠으나 전년의 한해(旱害) 농가인 경우 금년에 받는 경제적 타격은 가속적으로 누가(累加)하는 조건임은 물론이다. 우리가 작년에도 답사한 나주군 동강면(洞江面) 옥정리(玉亭里) 화정 부락의 예를 보면 부락민(部落民)의 경작 논 약 600두락(斗落) (약 40ha) 가운데 작년에는 비배(肥培) 관리 후 전체적으로 3할(割) 정도의 수확이 얻어진 모양이나 금년에는 불과 80 두락(斗落)이 이양되었을 뿐이라는 이장의 증언이었다. 따라서 작년의 비료대, 노임 등의 경영비에 관한 보상이 이루어지지 못한 가운데 금년 역시 양수(揚手)

작업에 자가 노동은 혹사하였고 그 밖에 상당한 경비를 지변(支辨)하고 보니 식량자급의 길이 진즉 막혀버린 난경(難境)에 더하여 부채의 누적마저 보게 되었다는 이곳 농가 일반의 실토이다.

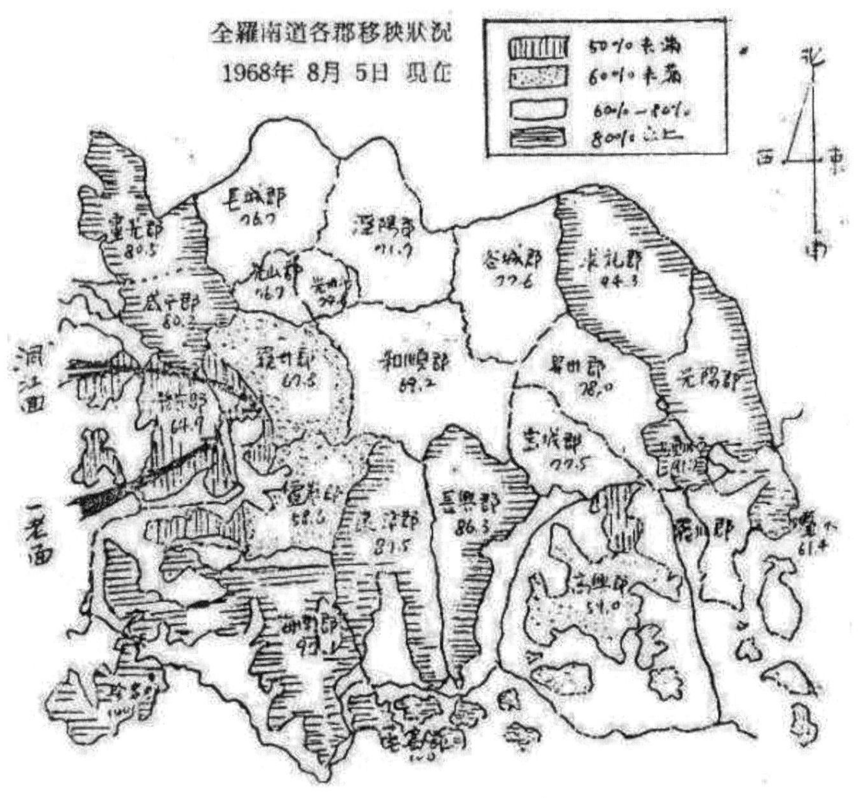

　　화정 부락은 마치 영산강구(榮山江口)의 연안에 점철(點綴)한 소 구릉을 배경으로 미곡 생산을 위주로 한 전형적 소 농촌으로서 소속 78호 농가 가운데 소수는 어노(漁撈)로 생계를 보완하고 있는 형편이었다. 그리고 부락 전면(前面)에 큰 간척지를 두고 있어서 비교적 경작논 면적이 부근 농촌에 비하여 넓은 입지 상태임은 이 고장의 표견(表見)적 특징이다. 이곳 논은 지금 두 소 구릉 간에 시설된 하나의 저수지에 의하여 수리(水利)를 얻고 있는 실정이나 그의 집수양은 처음부터 몽이(蒙利)구역에 대비하여 빈약한 형편임을 면할 수 없다. 하기야 이곳 일대는 금춘(今春) 5월 하순께 50㎜ 정도의 강수를 본 이래, 수일 전 (8월 15~16일)에 재차 60㎜ 정도의 비를 보았을 뿐이라 하므로 대개의 저수지는 구실을 못한 것이 분명하나 8월 15일의 강수에도 불구하고 이곳 부락의 저수지에는 거의 바닥물이 고갈되어 있어서 저수지 가운데 다시 소갈정(小渴井)을 파고 양수기에 의한 급수 작업을 실시하고 있었던 실태이다.

　　대체로 기존 수리시설의 규모나 그의 기술적, 경제적 이용에 관하여 우리의 보다 깊은 연구를 요하는 문제점은 많은 것 같다. 우선, 수원을 충분히 확보하지 못한 저수지는 도처에 많았고 시설 후의 변경 조건이 충분히 고려되어 있는 것인지 의문시되는 곳 또한 불소(不少)함을 보인 까닭이다.

설령 기상 조건에 큰 변동이 없다 할지라도 주변의 임상(林相)이 주밀할 때와 조잡할 때에 따라서 수원에 차이는 큰 것이며, 인접된 대소야정(大小野井)의 수에 따라 저수지의 집수양이 달라질 가능성 또한 분명한 일이 아닐 수 없다. 이점을 보다 적극적인 면에서 추구한다면 호남지방에 관한 한 무엇보다 영산강의 수자원이용이 우리에게 시급한 과제인 것 같고, 그를 위한 대담한 관(官)의 개발계획이 저수지에 관한 조건 개선과 아울러 당장 생각하는 시책의 하나이다.

한편 영반한해(令般旱害)에 접하여 양수기의 충족과 그의 합리적 이용방안 또한 각 지방에 나타난 문제점의 하나라 아니할 수 없다. 우선 저수지나 보(洑)물의 이용순위에 관한 분규(紛糾)와 아울러 양수기의 쟁탈전으로 인하여 한때 이곳 농촌 인접간의 불화는 격성(激成)된 바 있었다는 소견이다. 당초 화정 부락에 인근 함에 따라서 부락 전면(前面)의 초록색이 그런대로 벼농사를 과시한 듯하였으나 실지 현장에 당도하여 목격할 때 한해(旱害)의 심각상(深刻相)이 새삼 뚜렷함에 놀라지 않을 수 없었다. 얼른 보아도 아직 이앙기를 놓친 집단 모자라는 곳곳에 그대로 누어있고 반고사(半枯死)상태에 머물러 있는 늦은 이양 논이 작열(灼熱)한 태양 하에 푸른 광채만을 빛내고 있었던 정경이다. 부락민(部落民)들의 남루한 의복차림이며 부식에 가까운 지붕이나 울타리 등이 유난히 그의 궁색한 생활상을 전시한다. 듣건대 이 고장은 작년의 한해(旱害)로 지붕을 갱신할만한 짚을 충분히 확보하지 못하여 위험한 나날을 보였다는 증언이다. 만약 금춘하(今春夏)에 폭우라도 있었더라면 어떻게 되었을까, 아마 대부분의 주택은 누수로 파배(破坏)되어 버렸을 것이라는 일반의 견해이다.

한해(旱害)는 설상가상으로 병충해를 이 고장에 몰아왔다. 한해(旱害)지역 가운데 일부 조기 이양한 수리(水利)논은 동강면(洞江面)의 경우 맹렬한 이원명충(二元螟蟲)의 공세를 집중적으로 받았다는 피해 농민의 경험담이다. 따라서 이점만 본다 할지라도 총괄적 피해 실적은 식부면적으로 만으로써 간단히 추정할 수 없는 여러 가지 조건이 개재함을 우리는 알 수 있다. 당장 이곳 화정 부락의 경우 이양된 80 두락(斗落)마저 단기일내에 만약 강우를 보지 못한다면 수확가능 논은 50 두락(斗落)만이 남을 것이라는 이장의 설명이었으나 이 또한 강우 조건만을 고려한 계산일뿐이다.

부락민(部落民)의 식량이 아직 얼마만큼 남아 있는지 자세하지 않으나 전반적으로 식량난은 이 지방을 엄습하여 있는 것 같고, 화정 부락의 경우, 78호 농가 중 50여명의 노동 장년이 이미 서울이나 제주도에 일자리를 찾아서 이촌(離村)하였다 한다. 밀가루 배급이라도 있으면 다시 올라 오리라는 동민(洞民)의 관찰이므로 그들이 아직 완전 이농은 아닌 모양이나 한편 급박한 식량난에 대한 보급의 길이 이 지대에 터지지 못한 현실임은 역연(瀝然)한 사정이다.

부락을 등지고 돌아오는 동구(洞口)에서 우리는 [리어카]에 쌀죽재를 만재(滿載)하고 끌고 오는 남녀를 보았으나 필자는 드디어 그의 용도를 물을 만한 용기를 내지 못하였다. 돈사료(豚飼料)려니 생각하면서도 이곳의 전체 상황이 보는 사람으로 하여금 혹시 농가의 식량용이 아닌가 하고 느낄 만큼 궁색한 상태이었던 까닭이다.

양수(揚手)작업은 수일 전(8월 15일)의 강우로 중단상태에 머물러 있는 곳이 많았으나 얼마 전만 하여도 곳곳에 양수기 쟁탈전이 벌어졌다고 한다. 농민은 실로 주야의 구분 없이 타산을 도외시하면서 물과 더불어 싸왔다는 흔적이 역력하다. 그들은 단지 모를 옮기고, 모를 살리기 위한 일념 하에 자가 노동을 거의 영으로 평가하면서 혹사한 것이니 과로에 피를 토하고 쓰러졌다는 수일전의 신문보도가 어찌 과장된 특유한 일이라 하겠는가. 작년의 한발(旱魃)에 놀랜 농민들은 여기저기 자기 농토의 일우(一偶)에 야정(野井)을 파고 있었으나 대개의 경우 그에 의한 집수 작업이란 결국 인접 전답(田畓)의 물을 한곳에 모은 수단에 불과하였다. 따라서 굴정(掘井)의 힘겨운 노동이나 그에 의한 식부면적의 감축을 아울러 생각할 때 이러한 작업의 경제적 효율성이 적어도 현행 곡가(穀價)수준에 비추어 당장 물어지지 않을 수 없는 조건이다. [야정(野井)을 팝시다]하는 관(官)의 표식 간판(看板)이 노변(路邊)에 서있는 곳을 보기도 하였으나 농민 스스로 적지는 대개 다 파고 있었으며 그 밖에 자력으로 가능한 한해(旱害) 대책을 각자 강구하고 있는 실정이었다. 다만 그것이 그들에게 어느 정도의 수익을 가져올 수 있을 것인지 타산(打算)면에 걸쳐서 오늘날 관(官)의 지도층의 연구는 더욱 절실한 문제의 하나이다.

때마침 보도에 의하면 전남도는 31,250정보(町步)의 천수(天水)논 중 25,5%에 해당하는 면적은 전(田)으로 전환시키고, 나머지 74.5%에 전천후(全天候)수리사업을 계획한다 하였다. (8월 20일자 동아일보 전남판). 그리고 전환된 밭에의 63.9%에는 뽕나무를 심고 900정보(町步)에는 과목을 심으며, 나머지 2,100정도(町步)에는 목초를 재배하리라는 계획이다.

더욱 이들 계획의 실천은 한해(旱害)구호사업공사로써 시행한다 하였으니 여기에는 우선 대상 농지의 소유자 관계가 궁금하고, 더구나 그에 의한 제반 경제조건의 조정이 아울러 물어지지 않을 수 없다. 예컨대 전답(田畓) 경작 농가를 즉시 양천(養蚕)농가로 전환시킴에는 필경 생산조건의 변경에 대한 제반 시책이 병행하여야 할 텐데 그러한 점에 대한 세부적 계획이 아쉬운 느낌은 결코 필자만의 관심이 아닐 것이다.

어쨌든 시급한 것은 구호 대책이며, 청장년(靑壯年) 이농뿐만 아니라, 부녀자(婦女子)의 가출방지1)를 위해서도 급속한 한해(旱害) 구호사업이 이 지방에 촉구되고 있었다. 이어서 철저한 치산치수 방안과 개선된 농업 정책이 뒷받침되기를 기대하는 마음 간절할 뿐이다. 물론 야정(野井)을 파는 것은 좋으나 인접한 지성(地城)에 무작정 그것이 보급되는 경우 충분히 집수 효과를 볼 수 있을는지 의문은 적지 않다. 따라서 보다 근본적인 한해(旱害) 대책으로서 우리에게는 수원의 함양(涵養)을 위한 조림(造林)사업이 시급한 것 같고, 한편 대소하천에 대한 댐이나 보(洑)의 대담한 건설이 요구되는

---

1) 한해(旱害)지구 가출 여성의 접대부 전략 1개월 110명 증가라는 기사(동아일보 8월 20일 전남판)

느낌이 크다. 그리고 더욱 선행되어야 할 것은 생산자에 대한 곡가(穀價)의 보장이라 할 수 있을 것 같다. 후자의 적정한 시책이 서지 않고서는 결과는 대개 실효를 거둘 수 없는 까닭이다.

한해(旱害)대책의 하나로써 메밀(蕎麥)의 대파(代播)를 많이 장려하고 있는 현지 실정이었으나 그것은 매우 고사적인 진전 상태이었다. 계속된 한발(旱魃)로 말미암아 기식(旣植)된 메밀의 성장 상태 역시 부진하였거니와 한편 너무나 미미한 그의 경제성은 농민의 의욕을 도저히 유발시킬 수 없었던 형편이다.

필경 행정적 한해(旱害) 구호방안으로서 얼마 후 소맥분의 배급에 의한 [자조근로(自助勤勞)] 공사의 전개를 근간(近間) 볼 모양이나 이 때에 노동력이 없는 부락민(部落民)에 별도의 시책이 요구됨은 말할 것도 없다. 한편 이 점에 관련하여 농민의 의타심과 나태성의 조장(助長)이 우려되기도 하나 우리는 한편 흔히 배급된 소맥분이나 소요(所要) 자재 등이 일선에서 횡류(橫流)되는 불미한 사례를 보았다는 보도(예:8월 23일자 전남 매일신문 동강면(洞江面) 진천(辰泉) 농장사건)등이 언제나 사실이 아니기를 바라면서 조속한 시책의 시행을 바랄 뿐이다.

소농민이라 할지라도 물론 식량 보급만으로써 그의 생계를 지속할 수 없고, 누구나 일상 거래용의 현금이 다소간 필요하다. 그런데 한해(旱害)지성(地城)에 현금난은 이루 형언하기 어려운 고갈상태이다. 이에 대처하여 농민 스스로 배급된 구호 소맥분을 절약하여 시장에서 환전할 수도 있을 것 같으나 그러한 여유가 있을는지 문제려니와 또한 그러한 방식이 그래도 용인되어 있지 않은 원조 당국의 규제인 것 같기도 하다. 그렇다면 작년 한해 동안은 어떻게 빚으로 지냈다 할지라도 금년의 생계지출을 어떻게 꾸릴 것인지 재해 농민의 입장은 딱하기만 하는 현실이다. 물론 학비 감면, 농협 부적(負積) 상환 연기 등의 행정 조치가 있을 것으로 보이기는 하나 그것은 아직 적극적인 구호책이 되지 못한다. 소맥 배급과 아울러 어떻게 노임 살포의 시책이 우리에게 절실한 과제이다. 이번과 같은 큰 재해에는 국고의 지원만이 능히 구제의 실효를 거둘 수 있는 성질이지만 농촌의 경제력이 좀 더 여유 있는 경우라면 농업 재해 보험과 같은 농민의 자율적 공제제도 또한 강구해 볼만한 것이라 할 수 있다. 모름지기 한해(旱害)는 농가의 식량 결핍을 가져옴에 그치지는 않는다는 인식이 관민을 통하여 보다 깊이 요구되는 현황이다.

한해(旱害)는 결코 개별적 농가의 피해나 이농 탈락으로 그치는 것이 아니라 즉시 농촌 구매력을 약화시킴으로써 산업경제 일반을 위축시킨다. 당장 금비(金肥)나 농약이 농업 금고에 누적되어 있는 현실이며, 불경기는 이미 근방의 도시 상황(商況)에 파급되어 있는 실정이다. [버스]의 승객조차 이례적으로 줄었다는 현지의 여론을 우리는 듣고 있다. 이점 더욱 종합적 한해(旱害) 시책이 절실히 요구되는 소이(所以)이다.

작년과 금년은 강우량의 부족으로 연안 어획량의 격감을 초래하였다고 한다2) 어구(漁具類)와

---

2) 강우량의 감소는 연안해수의 감도를 높여서 어족(魚族)의 생활조건을 변경시키고, 어구류(魚具類)의 영양식료를 감소시킨다.

해태(海苔)의 수확도 줄었거니와 당장 그들을 처분할만한 인접 시장도 줄어있는 관계임은 간단히 짐작되는 이곳 해안 한해(旱害) 지구의 실정이다. 다만 일분 어구(漁具) 가격의 등귀만이 생산 금액의 격감을 통계상 커버하고 있을 뿐이라는 한 어민의 실토이고 보니 영세 어민의 구확(救穫)사업 또한 한해(旱害)에 관련하여 시급한 문제의 하나임을 스스로 알 수 있다.

위의 화장 부락의 입구에서 나룻배를 타고 영산강 하류를 건너보면 바로 무안군 일노면(一老面)의 영화농장이 강변에 전개된다. 예년에는 급수의 부족이 없었던 뒷산의 대저수지 역시 작금(昨今) 양년(兩年)에는 일찍이 고갈이 되어서 철도 연변(沿邊)의 소지역을 남기고는 수백 정보(町步)의 옥답(沃畓)이 황토 백답(白畓) 그대로 누워있는 형편이다. 영산강 물은 그래도 흐르고 있지 않은가, 이렇게 단순히 생각할 수도 없겠으나 그럼에도 불구하고 식량 부족이 박두(迫頭)한 우리의 현실에 있어서 수자원이용에 대한 정부 빈곤도 이만저만이 아니라는 느낌을 크게 갖게 된다. 더구나 작금(昨今)에 시기를 잃은 저수지 개수 공사로 말미암아 가중된 피해를 보았다는 이곳 농부들의 증언이고 보니 결코 자연의 가해만이 아님을 알 수 있는 한해(旱害)의 사정이다.

사례는 비단 이 곳뿐이 아니라 여기저기에서 들었던 우리의 특기(特記)할 만한 한해(旱害)의 원이라 할 만하다. 따라서 빈번한 수정 공사를 필요치 않는 당초의 저수 축조(築造) 시설이 소망되거니와 그 밖에 저수를 잃지 않는 기술적 보수공사의 방법이 절실히 요망되는 현실이다.

답사지구 한해(旱害)실황

(1968. 8. 31 현재)

리별(里別)	총가구	농가호수	비농가	총논면적	이양면적	예상수확량별 논 면적						비고
	호	호	호	정(町)	정(町)	70%이상	70~50%	50~40%	40~30%	30~20%	20%이하	
옥정	260	227	33	143.1	8.4	–	1.4	5.2	0.3	0.6	0.9	
나주군 동강면 합계	2,264	1,918	346	1,312.1	197.5	–	44.3	104.0	30.0	12.6	6.6	
무안군 영화농장지역	2,414	1,874	540	919.5	144.7	31.4	6.4	14.2	–	68.0	24.7	
무안군 일노면 합계	3,496	2,871	625	1,303.0	353.3	76.6	35.5	34.8	–	148.0	58.4	

자료: 행정당국 (계속)

리별(里別)	미식답(未植畓)면적	대파(代播)면적(町)				비고	이촌:1967년6월 이후 1968년8월31일 현재			비고
		모밀	조	기타	총미식지		남	녀	계	
옥 정	134.7	4.4	0.4	0.4	129.5		108	14	122	
나주군 동강면 합계	1,114.6	37.7	4.7	4.7	10,68.5		489	57	546	
무안군 영화농장지역	774.8	1,180	3,894	1,127	1,218		198	72	270	
무안군 일노면 합계	950.0		457	163	190		297	110	407	

자료: 동상(同上)

A Comment on
"Korean rice, Taiwan Rice, and Japanese Agricultural Stagnation : An Economic Consequence of Colonialism"

이 논고는 표제에 관하여 1970년 11월 호 "The Quaterly of Journal of Economics" (미 Harvard 대학 간(刊) 에 실린 Hayami 교수(일본)와 Ruttan 교수(미국)의 공동집필논문에 대하여 Ruttan 교수의 요청으로 금년 5월에 필자가 덧붙인 논평이며, 동(同) 교수에 전달된 내용을 그대로 게재한 것이다.(김준보)

Joon Bo Kim[1]

Professor Hayami and Ruttan (1) have made a rare quantitative analysis of "the impact of the very successful Japanese colonial development efforts in Korea Taiwan on the economic growth of Japan" during the interwar period(1920-1935). More specifically, the self-contained conclusion in the elegant technical model suggests that the imports of rice from the two colonial areas to Japan (as the result of colonial agricultural development) and the exhaustion of improved seeds were largerly responsible for the stagnation of Japanese rice productively and agriculture in the interwar years. At last, regarding to their successful model, they have paid due attention to the problem of surplus farm products in Asian countries. But it appears that the paper hastens to reach the conclusion by paying conservative attention to the historical and economic settings of the 1920's and 1930's Japanese agricultural depression as well as the colonial situation and by subjectively choosing certain periods of time which is likely to contribute to the model. My comments are directed at data, hypotheses and quantitative models used in the paper with general remarks.

General Remarks

To begin with, it is well known that the interwar Japanese depression, particularly during the 1930's great agrarian crisis, was a part of the world-wide drastic decline of general production and demand rather then being originally caused by domestic disturbances. This

---

1) The author is Professor of Agricultural Economics and Statistics at Korea University, Seoul, Korea.

depression not only decreased farm productivity but also most other economic activities in Japan. In other words, the two hypothetical factors-imports of colonial rice and exhausted seed improvement seem to bear inly subordinate effects, though they are important.

For instance, many publications clearly show that the moving of rice prices in Japan since 1920 in closely associated with the business cycle index comprised of such factors as the monetary and fiscal situation, industrial production, employment and wage movement, and general price fluctuations. The farm income also showed a similar pattern, and yet it was influenced more strongly by farming cost than the revenue side. Consequently, great change in the demand and supply conditions for rice proved that they occurred as part of the general depression(6, p. 333), and that the presented hypothetical factors are subordinate.

In addition to this, substantial increases in the total number of farms mostly small scale farms (under 2 ha) and tenant farms were stimulated by th post World War I depression and it must have been another effective factor explaining the stagnation in rice production during the interwar period. Small-scale farms as well as tenant farms had a tendency to restrict agricultural techniques, including rice production, and the increase in tenant farming as well as the increase in farming costs raised the level of market supply of rice and thus lowered the market price of rice by increasing the amount of rice available to the landlord for sale. According to the Japanese Ministry of Agriculture and Forestry(2, p.245) about 25.4 percent of total rice production during 1924-1928 was taken by landlords, of which production 91.6 percent was merchandized while only about 45.5 percent was sold out of other share. (Table 1)

Table I . Average Annual Merchandization of Japanese Rice, 1924–28(Unit: 1,000 Suck)

	Total production(A)		Amount sold(B)		B/A (%)
	Amount	%	Amount	%	
Landlord's share	15,207	25.4	12,409	37.6	91.6
Farmer's share	44,597	74.6	20,304	62.1	45.5
Average or Total	59,804	100.0	32,713	100.0	54.7

Source:Shoji Higasiura, Nihon Nogyogairon'(The Outline of Japanese Agriculture), Tokyo, 1993, p.245.

The paper evidently was written on a sort of free market (trade) model, by-passing the peculiarity of the colonial rice supply system. It is true that the expansion of rice p개duction in the colonies was originally enforced by the then prevailing rice shortage in Japan, but it is not true to assume that it was promoted autonomously by price influence. The effect of the Japanese depression, which was s result of the then world-wide panic, transferred to the colonial countries in the interwar year was an important factor causing a forced export of colonial rice to Japan. In fact, the "transferring effect" of colonialism is too political and delicate to show here in detail, but, it must be recognized that the oppressed rice price in the colonies was obviously influenced by the Japanese rice policy or the price level of rice in Japan but strictly speaking, not vice versa.

Though it is quite logical to assume that the amount of the imports from the two colonies somehow effected rice prices in Japan, we have to clarify the fact that the supply of rice imports from the colonies was not necessarily dependent in rice in Japan but rather was determined by the subordinate colonial situation at the time. If we add some historical experiences, expanded rice production in Korea was undertaken mostly by big Japanese farms; the export of rice was also the exclusive business practice of Japanese traders (they were mostly rice-mill owners, too), and, therefore, colonial farmers and landowners were in the situation of being forced to sell, even at starvation prices for whatever was offered by these rice monopolists. Consequently, rice exports to Japan never substantially stimulated colonial productivity of Korean peasant farmers, but principally contributed to Japanese economic development as a whole.

Nevertheless, the increasing colonial rice export to Japan during the 1920-30's depression period was observed and Japanese public opinion including the circle of parliament and scholars especially in those days of 1930's denounced the importation of colonial rice as the main cause of Japanese agricultural stagnation. However, they were not only exaggerating the importation effect, but also ignored most cases the significant results of demand and supply forces caused by the post WW I depression and the peculiarity of colonial trade relations(4, pp. 234-235).

In connection with this theme, we must remember that supply-price relationship formed by current agricultural surplus products from developed to developing countries must be accepted on a different foundation and be analyzed from and be analyzed from a somewhat different angle, though apparently similar points exists.

Data Questionable

It is statistically unfair to classify 1890-1920 as Phase Ⅰ and 1920-1935 as Phase Ⅱ. Phase Ⅰ started in one of the worst crop years in Japanese history and ended in the most booming war-time years, exaggerating a remarkable rice in rice price and its production during the period. However, Phase Ⅱ started in the great booming period making a dramatic contrast with Phase Ⅰ.Moreover, Phase Ⅰ cover 31 years which are almost twice longer than the Phase Ⅱ.

Secondly, the fact that data of rice prices in Table Ⅱ and Ⅴ(1, p. 566 and 582) were deflated by the general price index in [Table Ⅰ] resulted in eliminating the effects of general depression. This treatment is questionable, because, as discussed above, factors under depression might be very useful to see how these affected the rice production in Japan in the interwar period.

Thirdly, it seems unfair that data for the imports of colonial rice [Phase Ⅰ] were confined to the period of 1913-1917, while the seed improvement index was based in the 1890-1920 period. Japan imported a substantial amount of rice from the colonies even prior to the WW Ⅰ depression period. For example, Japan imported rice of 124, 401 metric tons in 1906 and this had been gradually increased since then [5] .

Regarding Hypotheses

The two hypotheses tested to be significant in the paper are rather simple and look misleading the conclusion. First of all, the hypothesis overlooked the drastic decline of most agricultural prices including rice in Japan in 1921-4 and in 1930-4, while the import of colonial rice was steadly increasing. (Figure Ⅰ).

It is too simple and naive to use the seed improvement as the representative factor of agricultural technology which has made the difference in rice production between Phase Ⅰ and Phase Ⅱ. At least, two more factors, fertilizer and irrigation(rainfall), should have been added along with the seed improvement, because a remarkable increase in use of chemical fertilizers, particulary ammonium sulfate, substantially began with WW Ⅰ, and the irrigation condition was a still more diminishing productivity of chemical fertilizer in 1920's might have been effectively included as the paper assumed that of the seed improvement.

Table II Indices of Average Revenue and Operation Costs, Japan

(Base year: 1921=100)

Year	Revenue	Costs of management
1921	100.00	100.00
1922	88.74	94.56
1923	104.72	104.56
1924	105.68	183.09
1925	162.07	189.12
1926	150.23	190.74
1927	133.85	169.41
1928	131.46	169.12
1929	127.83	167.79
1930	88.61	128.24

There are other factors which positively accounts for the Japanese agricultural stagnation during the interwar period. For example, the farmer's increasing payments relative to this revenue must be a restricting factors. In facts, indices of farmer's payment(cost of farm management) increased much more rapidly than those of revenue in the interwar period(Table Ⅱ).

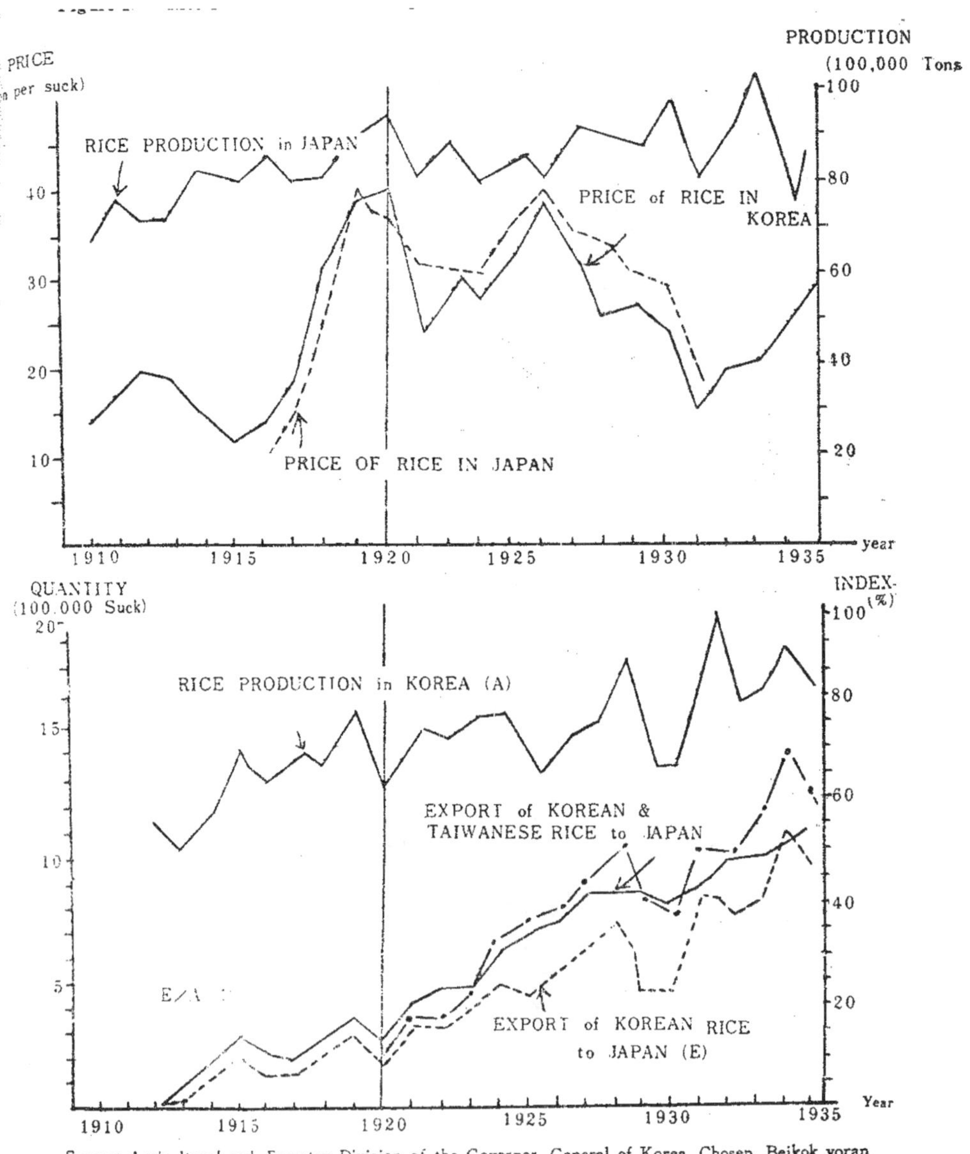

Source: Agricultural and Forestry Division of the Governor General of Korea, Chosen Beikok yoran (Manual of Korean Rice), Seoul. 1936

Substantial changing in the effective demands as well as the market supply for rice due to the change of income level and of agricultural structural above mentioned should also be taken as a positive factor in the hypothesis. It is obviously unfair to consider only a few of the supply factors of rice in Japan, while neglecting the demand side.

Some Problems in Quantitative Model

The model used in the paper is designed to show the causal relationship between the level of rice production (Z) in Japan and the effects of rice imports (k) as well as of seed improvement (S) through the Japanese price mechanism (P). But, as discussed above, these two factors (kZ and S) are not sufficient enough to explain and to lead a conclusion for the said Japanese stagnation problem. The model could have taken into consideration the fact that only about a half of Japanese rice, Z/2, (54.7%m 1924–1928 average) was sold at markets and the remaining was consumed by families (Table I). It always needs to be cautious in applying a sophisticated quantitative model where subsistence production is prevalent.

Also, it is theoretically fragile analyze the price–supply relationship of both the Japanese rice (Z) and the imported colonial rice (kZ) simultaneously based on the one price (P) of domestic (Japanese) rice, since there was a substantial difference in the price structure between the Japanese and colonial rice (Table III).

Table III. The Japanese Market Prices of Japanese and Korean Rice

Year	(A) Price of Korean 3rd Class Rice	(B) Price of Japanese Medium Rice	(C) Price Difference	(D) (C)/(B)
1920	40.52	45.29	4.77	10.6
1921	26.87	31.21	4.33	13.9
1922	31.64	36.59	4.59	13.5
1924	35.35	39.73	4.38	11.0
1925	39.20	42.24	3.24	7.8

Source: J. Hishimoto, 'Chosen Mino Kenktu' (A Study of Korean Rice, 1933), p.393.

The model uses the same parameter (r) of the price elasticity for rice supply both in Japan and the colonies, but it seems inappropriate because the supply of the colonial rice was not necessarily dependent on the price level in Japan.

To use data of prices (P) deflated by the general price index (I) is, as mentioned above, debatable, because most effects of depression including demand factors seem to be unduly reduced. And yet, even the difference of growth rates, 0.38 (=1.38-1.00), between the 1890-1920 rice production and the hypothetical "Case 2" is evidently not "the slight decline" which is due to the structural changes in the demand for rice [1, p. 383 and Tables II and V.]

Finally, there may be so called multicollinearity between the rice price P_{t-1} and the competitive crop price $P_c(t-1)$ in Equation (14) [1, p.577] This property might have caused the coefficient of $P_c(t-1)$ statistically insignificant.

Typograhical errors and some other doubts

a) "supply" and "demand" in the first to lines of page 575, should read "demand" and "supply"
b) "Equation(10) and (11)..." in the 6th line from bottom in page 577 should read "Equation (14) and (15)..."
c) The justification of calculation of 0.12 (=1.5x0.15x0.55) in page 577 is questionable.

References

(1) Hayami, Yujiro and Ruttan, V.W., "Korean Rice, Taiwan Rice, and Japanese Agricultural Stagnation: An Economic Consequence of Colonialism," The Quarterly Journal of Economics Vol. XXXIV, (November 1970).

(2) Hisagura, Shoji, Nihon Nogyogairon (An Outline of Japanese Agriculture) Tokyo: Iwanami, 1933.

(3) Hishimoto, J., Chosen Haino Kenkyu (A Study of Korea Rice;) Tokyo: 1933.

(4) Kim, Joon Bo, Nongup Kyongjjehak Seosul (An Introduction to Agricultural Economics;) Seoul: Korea University Press, 1967.

(5) Norin Tokie Kyokai (Agricultural and Forestry Statistics Bureau), Nihon Nogyo 10 Nen (Japanese Agriculture 100 Year,) 1962.

(6) Ouchi, Tsudomu, Nogyo Kyokoron (The Theory of Agrarian Crisisl Tokyo: Yuhikaku, 1954)

(7) Toabta, Seiichi, Nihon Nongyono Kadai (Tasks of Japanese Agriculture; Tokyo, 1941).

농지개혁의 지대사(地代史)적 논리

-특히 일제 하의 토지조사사업과의 관련에서-

김 준 보[1]

A rent-Historical Interpretation of Agricultural Land Reform in South Korea

Joon Bo Kim

I. 서론

　8.15해방 후 남한에서 실시를 보게 된 농지개혁은 그가 갖는 사회경제사에 획기성에 비추어 마땅히 면밀한 과학적 평가가 우리에게 진즉 주어져 있어야 했다. 더구나 농업구조의 재편성이 논의된 지 오래인 이 땅에 있어서, 그리고 특히 토지제도의 새로운 정립에 몸부림치고 있는 이 땅의 현실적 국면에 있어서, 농지개혁의 역사적 의의에 대한 객관적 체계화의 작업을 보고 있지 못한 것은 중요한 우리 학계의 결함이다

　물론 농지개혁에 관한 구체적 방안이나 정책면의 공과에 대하여서는 일찍이 해방직후부터 식자간(识者间)에 심각한 논의의 대상이 된 바 없지 않다. 근자 그것의 실제에 관하여 여기저기에 단편적 견해를 보고 있는 바 또한 사실이나 농지제도나 개혁에 관한 문제는 본래 현실적 경제체제의 근본에 관련되어 있는 만큼 이들의 평가에는 필경 확고한 지대사(地代史)적 이론의 준비가 요구되는 사정이다.

　두말 할 것 없이 대상된 문제의 사회적 규모가 크고, 그 역사적 뿌리가 깊을수록 우리는 철저히 그 기저적 요인을 찾아서 추구하지 않으면 아니 된다. 마찬가지 뜻에 있어서 우리는 묻는바 남한의 농지개혁을 단순한 소작제(小作制) 타파나 자작농 창설사업으로 볼 수 없고 당연히 그 인과적 조건을 따져 이론화함이 요구된다. 즉 우리는 농지개혁으로 말미암아 이 땅의 소농생산양식이 우선 어떠한 충격을 받았으며, 그것은 당장 자신을 지배하는 자본주의 경제체제와 어떻게 대응되어 있는 것인가, 이점을 당장 지대의 분화변질과 더불어 살펴볼만한 이유를 갖고 있다. 그것은 우선 지대의 일반적 속성이 당하면 농지개혁과 직결되는 기저적 변동요인이란 데서 그렇게 생각되지 않을 수 없고, 무엇보다 지대야말로 자본주의와 자본주의를 판별함에 제1차적 기준으로서 인정되는 동시에 그것의 분배기구를 떠나서 농지개혁의 진실한 평가란 상상할 수 없는 까닭이다.

---

1) 학술원회원 고려대교수, Member, National Academy of Sciences. Prof, Korea Universty

　　사실인즉 남한의 농지개혁에 부여되는 지대사(地代史)적 의의에 관하여서는 필자 스스로 일찍이 그 개괄적 평가를 시도한 바 없지 않다2). 그것은 요컨대 봉건 지대의 내면적 근대화 기구에서 전개된 "의미심장한" 개혁사업이란 것이며, 이른바, 근대적 위기에 대응한 세계정책의 일환적 의미를 갖는 것이었다. 따라서 남한의 농지개혁에 관하여 요구되는 철저한 해명은 그것을 적어도 봉건지대의 본격적 근대화 과정에 이끄는 방법이 되지 않을 수 없다. 요는 문제의 근원에까지 돌아가서 실마리를 찾아야 할 것이 분명하니 이 점 본론이 바로 일제하의 토지조사사업 (1910-1917年) 과의 관련 하에 당연한 문제의 지대사(地代史)적 본성을 이론적으로 추구하여 보는 소이(所以)이다.

Ⅱ. 지대의 근대성과 토지조사사업

　　근대적 의미에 있어서 한반도의 본격적 토지조사사업은 1910년의 한일합작과 더불어 일제 당국에 의하여 실시된 것을 말하고 있다. 그 기술적 내용은 구태여 길게 논의할 필요 없는 주지의 사실이다.

　　물론 토지의 소유관계를 명확화하려는 조사사업은 일제시대에 앞서서 구한말(旧韓末) 정부의 시도한바 되어 있다. 광무양안(光武量案)3)이란 것 또한 그것의 하나이다. 그러나 전후 양자의 성격이 같은 것인가, 이 점은 별도로 그 지배조건이나 피지배조건과 아울러 따져 보아야만 한다. 같은 사유권(私有權)이라 하여도 봉건적 소유와 근대적 소유는 그 지대사(地代史)적 근본개념이 판이하기 때문이다.

　　일제하의 토지조사사업에 관하여서는 일찍이 조사 당로자(当路者)의 실태보고4)와 더불어 진즉 많은 평론이 가해진 사실을 우리는 알고 있다. 실로 당면한 농지개혁의 평가뿐이 아니라 한반도의 토지문제나 농업문제를 기저적(基底的) 토대에서 다루려 할 때 이 조사사업은 필연적으로 물어야 할 문제의 대상조건이다. 물론 해방 후 농지개혁과 더불어 그동안 심각하였던 소작문제는 일단 배제되었으므로 이전과 같은 토지문제의 위기성은 우리에게 완화된 느낌을 주고 있다. 따라서 문제의 배경을 구태여 토지조사 사업에까지 소급(遡及)하여 추구할 필요성은 없지 않은가, 이러한 반문이 나올 법도 하는 논리이다. 그러나 앞에서도 본 바와 같이 농지개혁의 당면한 공과는 물론이요, 장래의 토지 시책에 있어서 적확(適確)한 기준을 얻고자 할진대 우리는 일제하의 토지조사사업과 더불어 문제를 반드시 관련시켜 살펴볼만한 이유를 갖고 있다. 토지조사 사업인즉 바로 지대의 근대화를 통하여 농지개혁의 근원을 이루었을 뿐 아니라, 모름지기 동일 경제체제하에 있어서 역사는 흔히 되풀이하는 성격을 갖는 까닭이다. 그러면 이른 바, 토지조사 사업의 본성은 무엇인가?

　　원래 일제하의 토지조사사업이 한반도의 토지소유제에 뿌리 박힌 봉건적 유산을 청산하려

---

2) 졸저: 「농학 경제학 서설」 1967, p316, 동: 「한국자본주의사연구」 Ⅱ 1976, p.201
3) 김용변 : 「광무양안(光武量案)에 관한 연구」, (1968, 제31호)
4) 한국총독부 임시토시조사국; 「조선토지조사보고서」 1918 화전일랑; , 「조선의 토지제도 및 지세제도 조사보고서」 1920

기도하였다는 통념에는 의문의 여지가 없다. 『토지소유권의 조사, 토지자격의 조사 및 지형지적(地積)의 조사』와 토지에 관한 근대적 등기제도의 정립은 이 사업의 골격이며, 그 밖에 공동소유지의 국유화 조치나 개인에 대한 분할처분 그밖에 죄둔토(罪屯土)의 정리 등 다 같이 이에 수반된 시책의 일환이다. 따라서 토지조사 사업이 적어도 토지소유권의 근대화 즉 지대의 근대화를 정위시킨 점은 틀림이 없다고 보아진다. 그것은 무엇보다 일본인 토지겸병을 위하여 필수불가결한 과업의 수행이 아닐 수 없으며, 이후 일본인의 대대적 농촌 진출을 보게 되었음은 그것의 반증이다.

그럼에도 불구하고 토지조사 사업의 지대사(地代史)적 본성, 다시 말하면 그것이 가져온 토지제도의 변질이 무엇인가에 관하여서는 그동안 반드시 학계에 의견의 일치를 보이고 있지 않다. 오늘의 농지개혁에 대한 이론의 발전을 보고 있지 못한 근본 원인 역시 알고 보면 바로 이점과 관련되고, 또한 이점에서 비롯된 논리의 필연적 귀결이다.

물론 따져보면 토지조사사업의 성격 규정에 있어서 일찍이 이 방면의 통설로서 다루어져 있는 견해는 우리에게 없지 않다. 단적으로 말하여 그것은 토지조사사업이 반봉건적 토지제도를 한반도의 농촌사회에 수립하였다는 소견이다. 즉 토지조사 사업은 토지소유제의 근대화를 가져왔으나 농촌생산양식에 관한 한, 봉건적인 그것을 그대로 온존(溫存)시켰다 한다. 그럼으로써 상호 모순된 중간 형태를 이 땅에 가져왔다고 보는 것이 이의 골자이다5). 따라서 말하자면 토지조사 사업과 더불어 토지의 소유는 봉건적인 것으로부터 자본주의형태로 전환하였으나 기업가적 생산양식은 이루지 못함으로써 소작농 일반은 반농노적 위치에 머물러 있었다는 것, 즉 영세적 소농생산 양식하의 소작농이란 것이다. 그러므로

「자본가적 생산방법인즉 조선의 농업생산에 있어서는 아직 일반적으로 문제로 되어 있지 않다. 토지를 상실한 농민의 압도적 대다수는 도시노동자가 되는 것도 아니고, 농업노동자가 되는 것도 아니며, 다시 봉건사회로부터 그대로 넘어온 영세농적 생산양식에 순연한 소작농으로서 재편성되어 간다. 그리고 그들은 의연 오늘도 또한 일편의 토지에 매달려서 토지소유인 지주와 직접적으로 서로 대립하여 생산관계에 들어서서 그 전통적 경제외적 강제 그것은 지금은 자유계약에 의하여 분장되어 과거와 같은 흉폭한 형태로 존재한 것은 아니지만 직접적으로 잉여 노동을 수취당하는 반농노적 존재에 불과하다 운운(云云)」6) 함과 같다.

그리고 이때에 더욱 중요한 결론으로서 알려진 지대관을 보면 다음과 같다. 즉

「그들 지주에 의하여 수취당하는 지대는 노임 및 이윤을 차감한 나머지인 잉여가치 초과분은 아니고 잉여개치의 일반적 형태로서의 때로는 노임의 일부까지도 포함하는 반봉건적 고율 지대 – 자연물지대(소작료)가 지배적이다」7)

이것이 바로 이른바 통설의 이론적 배경이나, 그것은 분명히 봉건지대의 미분화 상태를 가리키고 있다. 다시 말하면 토지조사 사업이 있었다하더라도 봉건지대이외에 근대적 이윤의 타산적 분화는 아직 성립되어 있지 않았다는 것이 그에 있어서 인식되어 있는 지대사(地代史)적 소견이다. – 과연

---

5) 박문규, 「농촌사회 분화의 기점의 토지조사사업에 취함」(경성제대법문학회, 「조선사회경제사연구」), 1933
6) 박문규; 전게논문, p.3
7) 박문규; 전게논문, p.4

진실이 그러한 것인가?

생각컨대 토지조사사업이 봉건적 토지점유의 근대화위에 전통적 소농생산관계의 존속을 보아온 그 점은 틀림이 없다. 소작료의 현물적 고율화를 촉진한 경위 또한 불만 하다. 대지주와 소작농의 사회적 지위에 있어서 후자의 전자에 대한 종속관계 역시 부인할 수 없었던 역사적 정황이다. 그러나 토지조사 사업이 이 땅에 근대적 농업생산관계를 조금도 가져오지 못하였다고 보는 것은 논리적 식자의 오해를 살만하다. 사실 봉건적 지대이외에 이윤의 근대적 분화를 전적으로 보지 못한 과정이었다고 보는 것은 당시의 영농적 실질을 전반적 지배조건과 더불어 보지 못한 피상적 견해에 불과한 그것이다 무엇보다 비록 농업생산양식이 문자 그대로 자본가적 그것이 아니라 하더라도 우선 강력한 제국주의의 지배력을 배경으로 한 일본인계 대토지소유자에 있어서 근대적 지대와 이윤의 타산을 꾀하지 않을 리 없다. 따라서 적어도 일본인 대지주와 한인 소작농의 소작관계에 관한 한 통설이 이른바 봉건적 또는 반봉건적 현물 고율 소작료란 대개는 기업적 이윤이나 자본 이자나 또는 노임의 일부까지도 포함되어 있는 독점적 이윤의 실질이며 통상적 지대수준을 넘어서 병과되는 것으로 보지 않을 수 없는 내용이다.

어찌 일제하에 지대와 이윤의 분화 또는 지대의 이윤화 현상이 구태여 일본인 대지주와 한인 소작농에 한정된다 할 것 인가 제국주의의 일반적 압력은 점차 토착 지주의 억압을 통하여 토착 소작농의 노동력을 강력히 수취함으로서 스스로 지대의 이윤화 운동을 일으킬 수 없지 않다. 알고 보면 토지조사사업의 동기란 바로 이러한 운동에 대한 편익의 기반을 설정함으로서 필경 그러한 지대사(地代史)적 진행의 근대적 기점을 형성하였다고 보아질 뿐이다.

식민지 역사를 직관하면 토지조사사업은 분명히 봉건적 범주를 이탈하여 근대적 토지제도를 확립함에 그 면목이 있었다고 보아진다. 그러므로 농업 생산양식의 전근대성의 명제 또한 끝까지 고수될 수 있을 것인지 우리의 민예한 관찰이 요구되는 소이(所以)이다.

물론 외양 면에서 근대적 토지소유제라 한다면 형식이 갖추어진 전형적 기업농제를 지칭하는 것이므로 그 점에 있어서 토지소유제의 근대화 그것 역시 처음부터 문제시되는 개념이 아닐 수 없다. 분명히 형식면에서 따져 본다면 토지소유나 그 이용관계나 가릴 것 없이 다 같이 근대적인 것이 되지 못한 까닭이다.

모름지기 우리는 토지의 소유제와 농업의 생산양식을 분리하여 관념할 수 없고 양자는 일체적 개념으로 보아진다. 전자가 봉건적인 것이라면 후자 역시 그러한 것이며 전자가 근대적인 것이라면 후자 또한 그렇게 형영상반(形影相伴)할 뿐이다. 그러므로 통설이 처음부터 양자를 분리시켜 본 점에 우선 이론적 과오는 있다고 생각한다. 실상은 이 점을 유념하였던지 일부의 반봉건 논자에 있어서 당시의 토지소유제를 기생 지주적 소유로서 표현하는 예를 보기도 하는 것이나 불분명한 개념 규정임은 물론이다. 어쨌든 이들은 아직 피압적 식민지에 있어서 토지조사 사업이 가져온 농업구조를 충분히 포괄한 개념이 되어있다고 볼 수 없다. 우선 일본인 대지주의 농장경영에 있어서 근대적 조건은 분명히 주어져 있거니와 한인 대지주에 있어서 역시 기생지주성의 변질은 점차 불가피한 시대적 동태이었기 때문이다.

필경 한일합병과 더불어 일본제국주의에 있어서 계획된 초기의 식민지개발 시책이라 한다면 당연히 근대적 제제도의 급격한 도입과 더불어 그를 토대로 한 수취적 기반의 안정적 설정이 될 수밖에 없다. 더구나 산업자본이 빈약한 일본 제국의 입장에 있어서 한반도의 정지(整地)란 곧 농업토지의 자의적 확보와 자국 내 농민의 이식, 자국식량의 보급, 식민지 농촌치안의 확보, 그로 말미암은 원시적 자본축적의 원활한 수행만이 크게 기대되었던 기본적 구상이다. 따라서 토지조사사업은 이때에 필연적으로 감행될 수밖에 없거니와 우선적으로 시행됨이 당연하다. 사업개시 후 일본인의 토지투자는 적립화 하였음을 볼 수 있는 것이니 이를 테면 1909년 말에 일본인 농업자의 총수는 불과 750인 그 토지경영면적은 6만2천여 호이던 것이 1915년 말에는 경영자수 6969인 소유토지는 20만 5천여호 달했던8) 정도이다 그 중 동양척식회사만을 뽑아 보면 한일합병 당년(1910年)에 소유 토지 약 1만여호이었던 것이 토지조사사업이 끝난 직후 1919년 말에는 전답만도 도합하여 약 7만여호에 달해 있었고 한편 100여호 이상의 일본인 대농장을 들어보면 다음 표와 같은 급속도의 진보 상황을 보이었다. 그에 따른 토지투자액의 증가 일본농민의 이식활동 또한 착실한 침투행적을 우리에 게 보여주는 전말(顚末)이다.

물론 계수적 비중으로 말하면 토지조사사업이 완료된 1918년 말의 통계에 비추어 보아서도 일본인 소유 토지는 아직 한반도 전 농토 면적의 5~6%정도에 불과 하였고 농업경영자수에 이르러서는 그 이하 수준에 놓여있었다. 따라서 이 점만을 본다면 근대적 농업생산관계란 한반도에 있어서 매우 국한된 범주의 것으로 규정될 만도 하다. 그러나 당연한 결과로서 일본인 대토지소유자에 의한 기업농적 경영방식은 이 땅의 농업생산관계를 주도하기 마련이며 한편 정치적 압력은 취약한 한인 소작농의 사회적 지위를 흔들어 놓고 만다. 즉 사태는 농업기구를 신경지에 몰아넣게 됨으로서 토지제도의 전반적 기반에 근대적 생산관계의 파문을 일으키는 성격이다. 바로 일본인 농장의 경영방식의 일유형을 한일합병 당시 즉 토지조사사업의 초기에서 찾아보면 다음과 같다 즉

「전라북도 임파군 천기농장은 임파·일산이군에 항하여 답 373정보, 전 71정보, 산림 70정보, 원야 40정보를 유하고 소작인이 350인이다. 그런데 이는 川崎藤太郎씨의 경영으로서 농사 개량에 노력하여 공동 묘대 개량을 지도하되 매년 소작조(小作租)·대두의 품평회를 개최하고 소작조합을 일으켜서 성적이 양호한 자에게는 우성기 규정에 의해 우성기를 수여하여 이를 표창하는 것이다 그가 거행한 품평회는 이번에 제사회인데 명치 44년 (1911) 부터 시작한 것이다

---

8) 통감부 및 조선총독부, 「통계연감」 및 조선농회; 「조선농업발달사」 발달편 부록표, 1944

일본인대농장 (100호이상) 의 진전

구분	1905년 이전	1906~10년	1910~15	1915~20
1남위 7도	18	38	52	49
남북 6도	-	1	17	25
계	18	39	69	74

자료 : 구문건일 ; 『조선농업の근대적 양상』, 1935, p.4

　　그런데 식민지의 특수한 피압조건은 위와 같이 직접 일본인농장의 소작농을 농업노동자적으로 예속화시켰을 뿐 아니라 더욱 자작농이나 지주 일반에 대한 변질을 또한 필연적 동태로서 가져왔다 요컨대 토착농민은 그 대소규모에 따라서 노동자화하거나 소자본가화하는 양극적 분해과정을 부득이한다는 것, 이 때에 토지조사 사업은 이러한 과정을 형성함에 가장 기초적 조건을 충족한다는 것은 이미 본 바와 같다. 그것은 곧 자본 일반에 대하여 토지소유에 대한 편의의 제도이었을 뿐 아니라 농기업을 원활히 운영함에 결정적 동인이라 할 만하다. 바야흐로 지배자본가나 대지주는 제국주의의 압력을 배경으로 농촌에 침투하여 토지겸병을 자행하고 토지투자를 일삼는 가운데 농촌의 계급적 분화 변질을 촉구하며 여기에 토착농촌의 생산구조는 내면으로 근대화하고 동시에 토지에 대한 화폐 자본적 평가 지대나 이자 등의 타산운동은 예민화하기 마련이다. 따라서 구태여 여기에 일본인 자본의 지배형태에 관하여 좀 더 살펴보면 다음과 같다. 즉

　　　　「그 초기적 형태에서는 대개 상업자본에 의한 전자본주의사회의 약탈의 형태였으나 자본주의화의 장비의 완비와 더불어 자본의 활동형태는 발전하여 농업기구의 내부에 같이 침입하고 스스로 자본가적 기업의 창립자로 될 뿐 아니라 이윤의 원천인 생산과정의 그것까지도 지배함에 이르러 자본은 여기에 산업자본의 발전형태를 표시함에 이르게 된다. 이러한 자본의 발전에 더하여 국가적 배경을 가진 일본의 은행자본의 침입은 자본의 집적과정에서 결정적 세력을 가지고 있음으로서 드디어 금융자본의 발전형태를 취함에 이른다.」 9)

　　그렇다면 이러한 압력적 지배기구 하에 토착자작농의 소작화 소작농의 몰락현상이 점차 노골화하였음은 당연한 추세라 할 수 있다. 그럼에 있어서도 요는 이때에 지주나 소작농이 역사적 봉건지주나 농노적 지위에 머물러 있는 것이 아니라는 것 오히려 전자의 자본가화와 후자의 노동자화 운동이 지대의 근대화와 더불어 상호 대응하여 타율적으로 촉진된다는 것이 우리의 중요한 관점이다. 따라서 통설이 이른바 토지조사사업이 토지소유의 근대화와 농업생산양식의 전근대성이란 모순된 생산구조를 이 땅에 가져왔다는 주장은 단순한 피상적 견해에 불과하다. 소농생산양식 또한 그 실질을 따져보면 지대의 이윤 분화와 더불어 기구적 내면적으로 근대적 분화 운동을 일으킨 것이 틀림없는 까닭이다.

　　토지조사사업의 위와 같은 기동성은 당연히 그에 뒤따른 한반도의 지대사(地代史)적 성격을 크게 변경할 수밖에 없다 우리의 당면한 해방 후의 농지개혁 또한 그 사회경제사적 의의에 관한 기초적

---

9) 구간건일; 전재서, p.7

배경을 여기에 두고 있는 것이 분명한 관계이다 해방 후의 농지개혁은 물론 토지조사사업이 가져온 근대적 토지소유제를 부인하지 않는 가운데 「토지개혁」을 단행한 바 있었다. 따라서 그것은 불철저한 개혁이라 할 수 밖에 없는 것이나, 그럼에도 불구하고 그것은 추진 이유는 분명하다. 다만 우리는 이하에 우선 토지조사사업 후의 토지사적 전개과정으로부터 시작하여 토지개혁의 본성을 점차 객관적으로 밝혀 볼 뿐이다.

토지조사사업이후의농민수구성(1918)

지주	자작	자소작(自小作)	소작	계
3.1	19.1	39.4	37.8	100.0%

자료 : 조선학회 ; 『조선농업발달사』 발달편 부록 1944
　　단, 지주에는 소유토지의 일부를 자작한 지주를 포함함

토지조사사업 이후의 자작지　구성

자작	소작	계
49.5	54.4	100.0%

자료 : 조선총독부 ; 『통계년보』,　1918

Ⅲ. 토지조사 사업 후의 지대사(地代史)적 전개

　1910년대의 토지조사사업이 근대적 토지제도의 실질을 위와 같이 정리한 것이라면 우리는 그의 종결과 더불어 발발한 3.1운동 직후의 지대사(地代史)적 국면이나 다시 그 후에 전개된 1930년대의 대공황, 그리고 해방 전의 전시 체제하에 비쳐진 토지문제의 성격을 대체로 추측할 수 있게 된다. 그 전반적 체제는 한 때 봉건적 생산관계의 심화로서 규정하였던 일파의 주장과는 달리 오히려 증가된 제국주의의 배경 하에 전개된 자본의 범주한 농촌 침투와 그로 말미암은 농업생산 기구의 타율적 분해, 그리고 그에 뒤따른 식민지 기초 경제의 위기적 피압현상을 말해주는 정황이다. 첫째로 1919년 3.1운동은 결코 한반도의 농촌 사회에 이른 바 봉건적 농노제를 강요하도록 후진적인 것이 아니었다. 오히려 일본자본주의 유치, 개발 작업의 적극화, 일본 공황의 한반도에 대한 전가, 그에 따른 농업 공황의 본격화 등 제국주의 발전 형태의 표현이며, 더구나 재정, 금융 기구의 확장, 화폐경제의 발달, 대일교역의 흥행, 국내시장의 분화, 중소공장의 증설(회사제한 금의 철폐) 등이 그 후 눈에 뜨게 되고, 그에 병행한 농촌 전황(錢慌)의 극심화, 「쉐레」 현상의 극화, 농민의식의 변화 역시 우리에게 볼만한 징표이다. 그 가운데 당국에 의한 이른바 산미 증식 계획은 바로 3.1운동 직후

1920년부터 기도된 대표적 지대수취 운동이라 하겠거니와 그것은 바로 식민지 토착농민을 독점적 일본자본에 예속시키는 발전적 지배운동 이외에 다른 것이 아니다. 따라서 그 외양은 어떠하던 간에 그 실질적 국면인 즉 고도의 정치적 독점 지배 자본의 압력에 대응한 취약한 토착농민 대중의 노동자적 피지배과정이라 하겠으니 바로 일본인 경제학자의 이 시대에 관한 일제하의 평가를 듣고 보면 다음과 같다. 즉

> 「이 단계에 있어서 이조시대 원시산업 지역으로서 일응(一應) 국민경제 단위를 형성하였던 반도경제가 전적으로 해체되고, 일본 이출을 목적으로 한 미곡중심의 단종 경작형 산업 구조를 확립함에 이르렀다. 이것은 기왕의 반도 산업구조를 근본적으로 개편하지 않을 수 없게 하였다. 같은 의미로서 일본 이출을 위해 상품화한 미곡을 통하여 반도경제는 완전히 내선(한일)을 통한 유통경제 속에 편입되고, 전산업의 독립성은 여기에 완전 해체되고 말았다. 운운(云云)」 10)

  그러나 우리는 3.1운동 그것이 비로소 이 땅의 봉건체제를 무너뜨리고, 근대화의 막을 올리게 한 직접적 계기였다고 보아서는 아니 된다. 그에 앞서서 이미 근대화 기초조건은 도시와 농촌을 가릴 것 없이 성립되어 있었다는 점, 이미 토지조사사업으로서도 실증된 셈이다. 요컨대 우리에게 입증된 바, 3.1운동은 그 동기에서나 그 결과에 비추어 흔히 이른바와 같이 단순한 시민 혁명적 성격의 것이 될 수 없다. 그 본질인즉 실로 각성된 민족에 의한 반제운동이라 하겠으며, 그 자체 근대적 위기의 선두적 표현일 뿐이다. 그 점은 더욱 1920년부터 본격화한 근대적 소작 쟁의의 전개로서 한 층 뚜렷이 반증된다. 거기에 반체제적 성격은 객관적 및 주관적면에서 노골화하였던 소이(所以)이다. 그럼에도 불구하고, 3.1운동 후의 농촌 계급의 양극화 운동을 전면적으로 촉진하는 동시에 지대의 전면적 이윤화를 촉구한 바 지대사(地代史)적 의미는 유난히 부각된다. 그것은 구구한 대소지주의 소작농민에 대한 전기적 소작료제의 압력으로써 규정될 수 없는 발전된 피압상이며, 곧 그 실질은 일제의 일반적 압력에 대응한 지주와 소작농의 전면적 변용을 가리킨다. 구태여 말하자면 전 단계에서 보아온 지대와 이윤의 부분적 분화 과정을 넘어서 지대의 전면적 이윤화 과정이며, 동시에 각 계급적 주체의식이 크게 강화된 국면이다.

  그 가운데 일본인 대지주의 자본가화 운동은 이른바 농장 경영의 형태로서 앞에서도 본 바이지만, 토착 대지주 역시 지배 자본의 총체적 압력 하에 내실적으로 기업농화하는 일반성을 보여 준다. 즉 그들은 대체로 차익 지대를 넘는 초과이윤을 보유하기 어려운 가운데 토지 자본에 대한 수익률을 날카로운 척도로서 타산하게 마련이다. 이러한 객관적 압력은 점차 중소지주나 소농 일반에 전가하게 될 것이나, 독점적 지배자본의 세력에 대응하여 그들 지주 일반에 있어서 소작농의 수취 운동은 가속화할 수밖에 없다. 그럼으로써 3.1운동 후 이 땅의 소작농을 포함한 소농 일반은 노동자적 입장에 서게 되고 이후, 토지 조사 사업과 병행한 농촌계급의 분화는 양극화의 형세를 한층 본격화하였다고 볼 수 있다. 즉 객관적 형질에서 뿐이 아니라 주체적 인식에 있어서 또한 상대적 계급의 대응성에서

---

10) 영목무웅; 「조선의 경제」, 1942, pp. 87~88

뿐이 아니라 국민경제상의 절대적 피압과정에서 그러한 양극화는 당연한 역사적 명제이다. 이 점, 분명히 3.1 운동 얼마 후 있었던 다음과 같은 지상의 논평을 보아서도 알만하다. 즉

> 「원래 소작인이 노동자냐, 노동자가 아니냐? 하는 점에 대하여 노자간에 논평이 불문하고, 일본에서는 이를 법률상으로 보면 비노동자로 취급하나 형식상으로 보면 일언으로 판단하기 난(難)하다. 그러나 그 실질상으로 논하면 오인은 현대 노동자와 소작인간에 특별한 차이가 없음을 시인하노라. 운운(云云)」 11)
> 「소작농 가운데 대다수를 차지하는 3정보(町步) 미만의 소작농은 순수한 농업 노동계급에 들어가는 것이 유리하다. 운운(云云)」 12)

물론 위와 같이 본격화한 계급적 분화 변질은 정상적 근대화를 뜻하는 것이 아니나 식민지에 있어 전개된 자본주의 경제의 왜곡된 발전 국면임에는 틀림이 없다. 우리는 지금 정치적 요인을 포함하여 일본제국주의의 광범한 지배조건을 자세히 들어 볼만한 여유를 갖지 못하나 구태여 몇 가지 뚜렷한 압력적 지표만을 여기에 들어보면 대체로 다음과 같다.

첫째로 우리는 토지조사사업의 시행과 더불어 농민의 지대 부담이 일로 증가 과정에 있었다는 것, 특히 3.1 운동 후 그러한 동향에서 획기적 제도화를 보게 된 진전이 주목할 만하다. 우선 지세만을 본다 하더라도 이른바, 식민지 "재정독립계획" 하에 1914년에는 지세령(地稅令)의 신공포를 본 것이다. 그 결과는 이른바. 결가(結價)의 3발(割) 인상이란 조치에 직면하게 되었다. 그리고 1918년 이후에는 등록 지가를 과세 기준화하는 동시에 세율이 13/1,000 으로 책정됨으로써 지체 부담이 실질적으로 증가한 점은 널리 알려진 사실이다. 그런데 위의 지세령(地稅令)은 3.1운동 후 다시 1922년에 동지세율을 17/1,000로 올리고 말았다. 따라서 지금 시험 삼아서 1918년의 「각종 직접세·지방세·학교비」 등에 관한 농어촌(군도부) 부담액과 그 이후의 동태를 비교해 보면 내용은 좀더 구체화하는 것이나, 즉 전자에 있어서 호당 5.24원이던 것이 1920년에는 10.58원으로 그리고 다시 1922년에는 13.59원으로 급등을 보았던 형편이다13).

그 밖에 토지조사 사업 후 소작료의 고율화 또한 더욱 크게 볼만하다. 그중 일례로서 일본인 대지주가 집중적으로 많았던 전라북도지방에서의 조사결과, 소작료율의 급격한 등세는 다음 표와 같이 여시한 실태이다. (다음 표 참조)

둘째로 우리는 토지조사사업에 이어서 금융자본을 주축으로 한 각종 지배자본의 강화된 침입활동을 큰 계기로서 지목하지 않을 수 없다. 무엇보다 농업자금이 압도적 비율인 산업자금명목의 대출액이 놀랄 만큼 격증세를 보이는 템포이다.

---

11) 동아일보, 사설, 1923년 4월 7일 자
12) 진곡장지승; 조선에 관한 소작문제의 발전과정(경성제대 법문학회, 조선경제의 연구), 1929, p.347
13) 자료: 조선총독부, 「통계연감」, 1930, p.731~2

답소작료 추이 (전라북도)

연차	소작료		곡가		실등율
	금액(원)	지수	가격	지수	
1912	4.00	100	4.00	100	100
1917	6.50	163	5.00	125	130
1919	14.00	350	9.00	225	157
1922	24.00	600	16.00	400	150

자료 : 조선농회 ; 『조선소작관행』。1930.p.15

3.1 운동전후의 주요투자 지표

연차	회사설립		산업자금 대출액 (주요금융기구) (천원)	대일무역액		금비(金肥) 소비액 (천원)
	사수(社數)	공적자본금 (천원)		수출 (천원)	수입 (천원)	
1918	226	125,623	34,289	137,204	117,273	1,982
	(100)	(100)	(100)	(100)	(100)	(100)
1922	759	495,554	232,913	197,914	160,247	3,915
	(336)	(394)	(679)	(144)	(137)	(198)

자료 : 조선총독부 ; 통계년보조선농회 ; 조선농업발달사, 발달편, 부록

모름지기 금융자본이 지대 일반을 이윤으로서 평가하는 동시에 지대=이윤을 독점한다는 속성은 뚜렷하다. 이는 우선 3·1운동 후 토지투자자본 보다 토지개량자본 (수리자금) 의 투입량이 크게 증가된 태세에도 반영된 사실이다. 그것은 일반의 토지금융에 대한 이자형태로서, 또는 토지의 겸병에 의한 소작료나 복역의 형태로서 뿐이 아니라, 농산물의 불등가적 수매 (공판제) 나 공업제품 (금비, 농기구, 의료)의 독점가격에 의한 강매에서 또한 뚜렷하다. 따라서 되풀이되는 명제이지만 일제하 일본인 학자의 한반도 경제에 관한 시대 단계적 규정으로서 들어 난 다음과 같은 시사(示唆)는 이에 관련하여 볼 만 하다. 즉,

> 「1920년에 시작한 제3기에 있어서 조선블록경제는 진실한 확립을 보게 되고, 일본에의 공업원료내지 식료품 공급시장으로서의 조선, 일본공업제품의 판매시장으로서의 조선 및 이러한 경제적 관계위에 선 일본자본의 수출시장으로서의 조선(주로 토지투자와 같은)의 자세, 한마디로 말하면 전형적 공식적인 모국 대 식민지 경제 관계가 여기에 보여진다. 운운(云云)」[14]

그 후 토지조사사업을 기점으로 한 한반도의 근대적 지대사(地代史)는 1930년초의 대공황에 접함으로써 한층 위계적 국면을 맞이하게 되었다. 문제의 압력적 지배조건은 이 무렵에 이중화한 셈이다. 그러나 그것은 결코 봉건적 경제체제 심화를 뜻하는 것이 아니라 근대적 위계에 직접된 사태라는 것, 바야흐로 근대적 지대의 총체적 압축으로써 특화하는 국면일수밖에 없다는 것은 분명하다. 무엇보다 농촌수공업의 해체에 겸하여 농산물가의 절대적 및 상대적 격락은 고사하고, 소작조건의

---

14) 전국경제조사연 연삽회 조선 지부; 「조선경제연보」 소화 14년판, p.36

악화현상이 한반도의 소농 일반을 거의 질식적 궁상(窮狀)에 몰아넣고 말았던 까닭이다.

사실, 농업공황이 극점에 이르게 되자 이 땅의 대지주에 대한 토지 수익률에 있어서도 일시에 전반적 저락은 불면하였다. 1931년의 통계는 이점을 실증하는 그것이다. 그러나 물론 그것은 소작료의 고율화로써 즉시 소작농에 전가될 수밖에 없었다(다음 표 참조). 그렇게 됨에 따라서 소작문제는 심각도를 높이기 마련인 것이니 실로 이 대공황기야말로 소작전쟁의 격성기로서 특기할 만한 국면이다.

대공황 토지수익률과 소작료 추이

연차	토지수익률(답(畓))	소작료(답실비-畓實費) (중등지-中等地)
30	0.84(할-割)	1.08석(石)(1.23석)
31	0.77	1.17석(石)
32	0.88	1.14석(石)
33	0.85	1.14석(石)
34	0.83	1.20석(石)
35	0.85	1.20석(石)
36	0.82	1.23석(石)

자료 : 조선농회 ; 조선농업발달사, 발달편. pp593~4
   조선총독부농림국 ; 「조선농지년보」 1940, p.160

그러나 1930년대초의 농업공황인즉 토지수익률을 압박함으로써 지대문제를 악화시키는 가운데 일본인측 대지주에 의한 토지겸병을 한층 강화하였다. 이 사정 또한 농촌계급의 양극적 분화를 촉진하는 징표이외에 다른 것이 아니다. 즉,

> 「조선의 소작(小作)도에 있어서는 다만 소작관행그것이 부조리하다는 점뿐이 아니라, 일본이 자본가가 조선에 진출하여 비옥한 답을 멋대로 겸병하는 일이다. 겸병의 수단으로서는 혹은 농민의 궁핍을 기화로 고리의 금곡을 대여하여, 그 반제불능에 빠지는 것을 기다려서 농민의 소유지를 안가(安价)로 매수하거나 또는 농지의 매물 있을 때마다 이를 매수하는 등이다. 왜냐하면 조선에는 아직 일본에 비해 지가가 매우 싸고 더욱이 수리사업의 보급완성 으로써 농지의 생산력이 높아지면 장래 반드시 지가의 등귀를 볼 것이 명백하므로 이 것을 지금 매점하여 둔다는 것은 지극히 유망한 투자사업이 된다고 보아서 토지겸병을 일삼는 자가 나오는 소이(所以)이다. 운운(云云)」[15]

그러면 1930년초의 한일인 대지주가 취한 바 농지의 겸병상황과 그들의 농업경영상황을 어떠한가?

> 「1930년 말의 통계에 의하면 전국을 통해 30정보(町步) 이상을 소유한 대지주의 총수는 5,032인이고, 그 소유면적은 답 37만 1천여 정보(町步), 한전 7만 8천여 정보(町步), 합계 55만 7천오백여町 정보(町步)[16]인데 그 중 일본인이 799로서 답 14만 5천 9백여 정보(町步), 한전 7만 8천여 정보(町步) 계 21만 6천 7백여 정보(町步)를 소유하고, 그 중 100정보(町步) 이상을 소유한 것이 239호로 추산되었다 한다. 이들 지주 중에는 동양척식회사나 그 밖의 실례에서 보는 바와 같이 농장을 설치한 당초부터 회사조직에 의해 이를 경영함이 많음은 물론, 처음에는 개인기업으로 하다가 그 후 규모를 확대하거나 기타 사유로써 점차 회사조직으로 변경하였다. 이렇듯 일본인지주들의 경영방식이 아국인(我国人) 지주의 경영태도에도 영향준 바 있으며, 한

---

15) 택촌강, 「농업정책 상」, 1932, p.282~4
16) 당시의 농지 총면적은 4,647천여 정보이었으므로 전체의 약 1할(割) 2분(分)에 해당함.

편으로는 정치사회의 근본적 변혁의 결과와도 관련하여 점차 종래의, 양반적 토지관리 즉 비경영제적 토지관리에서 이윤추구의 토지관리로 전향하는 기운을 양성하였다.」[17]

따라서 이미 대지주만이 이윤을 추구하고, 중소지주는 봉건적 지대를 추구함에 머물러 있었다고 볼 수 없음은 명백하다. 후자 스스로 피압적 조건하에 이른 바 양극 분화의 주인공으로서 진행하는 가운데 각기 근대적 타산성을 예리하게 발휘하는 소자본가적 존재이다. 그러므로 이에 대응한 소작농의 노동자적 지위란 객관적일 뿐이 아니라 주체적 의식적일 수밖에 없다. 소작쟁의가 바로 이 점을 반증한다는 점, 이미 앞에서 지목한 사실이다. 즉

「1929년 이전까지의 조선의 모든 운동은 예외는 있었으나 대체로 지식계급의 운동이었고, 노농대중은 아직 충분한 의식밑에 활발한 투쟁을 한 일이 없었다. 그러나 이해에 이르러 처음으로 노농대중 자신에 의한 대규모의 일제이익의 획득투쟁이 전개되었으니 신년 벽두에 폭발된 운운(云云)」[18]

그럼에도 불구하고, 대공황하의 피압적 국면을 일부의 「봉건체제론」은 유난히 후퇴화한 것으로 보고 있다. 이를테면 단적으로

「일본자본주의는 특히 20세기초두이래 독점자본주의의 새 단계에 돌입하였으나 그것은 우리조선에 있어서의 구래의 봉건적=반농노적 관계를 근본적으로 소탕하지 않을 뿐 아니라, 오히려 후자의 확대와 심화를 물질적 지반으로 하여 조선을 재편성하였다.」[19]

고 봄과 같다. 진실로 이것이 신증되는 정치적 지배력에 대응하여 변질되는 소농생산양식의 전체적 구조를 내면적으로 보지 못한 표상론에 불과하며 근시적 견해임은 물론이다.

그렇다면 한반도의 지대사(地代史)적 국면은 그 후 중일전쟁이나 태평양전쟁에 따라서 어떻게 변화된 것인가?

사태는 결정적 변혁을 아직 보지 못한 가운데 지대의 국권적 흡수에 의한 토착소농의 일반적 노동자화 과정을 촉진하였다. 말하자면 우리는 이 땅에 필경 농업공황의 전시적 전환기를 맞이하게 된 셈이다. 그렇게 될 때 근대적 지대=이윤의 사적향유는 크게 제약되거나 소감되는 단계에 도달한다. 즉 농촌계급의 분화방향에 근본적 변동을 찾아볼 수 없는 가운데 농산물의 극한적 공출과 농촌노동력의 철저한 동원이 지주 일반에 대하여 지대=이윤의 확보를 사실상 불가능케 하고 만 것이다. 따라서 이것이 종전직전의 사태이나, 토지의 방매운동이 전개되었음은 바로 이 점을 반증한다. 더욱 소작쟁의는 의연 계속되고, 전시하 일본제국주의의 체제적 위기는 내외 양면에 걸쳐서 고조됨을 막을 수 없었을 뿐이다. 1945년 8월을 기하여 대한민족은 드디어 해방을 보게 됨으로써 이 땅의 지대사(地代史)는 또 하나의 획기적 국면을 맞이하였다. 우선 남한에 관하여서 보면 정치적 지배세력이 미군정에 의하여 바꾸어진 것은 큰 변동이다. 그러나 일찍이 토지조사사업에 의하여 정위된 이 땅의 근대적 토지제도의 실질에 근본적 변혁은 당장 없었다. 다만 고율 소작료에 대한 비상적

---

17) 한국은행조사부; 「한국농업의 발전과정」, 1952년 12월
18) 동아일보, 1930년 1월 1일
19) 인정식; 「조선의 농업 기구 분석」, 1937, p.32

규칙만을 보았을 뿐이다. 때마침 종전의 혼란에 편승한 인위적 「쉐레」 현상의 격화와 식량 공출제의 지속이 생산농민에 대하여 전시대 단계를 방불케 하였다. 이것이 해방이후의 시태이니, 여기에 당연히 한걸음 적극적 의미를 갖는 운동형태로써 농지개혁의 논의는 점차 격렬한 전개를 보게 되었고, 우선 그 방법론에 관하여 갑론을박의 논쟁은 재빨리 크게 당두되었던 형편이다

Ⅳ. 농지개혁방안의 지대론적 평개

남한의 농지개혁은 위에 말한 지대사(地代史)적 배경 하에 1948년의 신정부 수립을 기다려서 비로소 실시를 보게 되었다. 그에 앞서서 개혁방안이나 개혁시일에 대하여 이 땅이 정치적 또는 이념적 입장에서 평론의 진통기를 겪게 되었음은 주지의 사실이다.

두 말 할 것 없이 자본주의체제하 농지개혁이란 가장 기본적 생산수단에 관한 소유제적 변경을 뜻하는 것이므로 그것은 처음부터 심각한 정치적 문제의 초점이 되지 않을 수 없었다. 따라서 개혁실시에 앞서서 좌우우익의 정당간에 벌어진 첨예한 공박은 일일이 예거할 수 없을 정도이다. 다만 이때에 개혁실시의 필요성에 관한 한, 의외로 거의 의견의 일치를 보고 있었으므로 윤리의 중심은 스스로 그 방안에 집주된 느낌을 보여 준 바 있었다. 그 중 대상토지의 매수와 분배를 어떻게 할 것인가, 그 유상 또는 무상의 방식에 관한 견해차는 끝까지 타협을 보지 못하였던 의론의 분기점이다.[20]

그러나 알고 보면 농지개혁은 사상적 배경이나 정치적 이해만으로써 평가될 수 있는 성질의 것이 아니다. 그것은 당연히 과학적 근거를 요구하며, 특히 지대사(地代史)적 결론은 필경 현실적 방법론을 넘어서, 역사과학적 배경을 요구하지 않을 수 없는 과제이다.

물론, 농지개혁의 방법이라 하여도 그 결과는 당연히 선행된 토지제도의 성격에 깊이 관련되어 있다. 즉 현재의 토지제도 그것은 어떠한 지대사(地代史)적 과정에 놓여 있는가의 따라서 문제의 결과에 큰 차이를 가져오기 마련이다. 그리하여 이를 테면 당면한 토지소유제가 근대적 과정에 놓여 있는 것인가 또는 봉건적 생산관계에 머물러 있는가에 따라서 당연히 개혁의 의미는 달라질 수밖에 없다. 한편 소작농이 기업농화 과정에 있었던가 또는 노동자화의 길을 지향하고 있었던가에 따라서 지대이론상 다른 의미는 주어질 수 있는 성질이다. 따라서 남한의 농지개혁론은 응당 이러한 조건을 충분히 살펴본 바 있어야 하겠으나, 전통적 의론이 반드시 이에 충실하였다고 볼 수 없다. 기껏하여 구구한 개혁의 방법론에서 예상되는 정책적 득실에 관하여 아전인수적(我田引水的) 강변을 내세운 것이 고작이었을 뿐이다.

모름지기 우리는 남한의 농지개혁이 그 동기를 어디에 두고 있는가를 검토하되, 개혁의 방법론과 더불어 지대사(地代史)적 배경을 충분히 연접시켜 장래를 과학적으로 통찰하지 않으면 안된다. 흔히

---

20) 각 견해의 주체에 관하여 좀 더 자세히는 조선은행조사부; 「조선경제연가A」, 1948의 해당 부문 참조

말하는 역사와 이론과 정책의 삼위일체론적 파악이란 여기에 또한 부합되는 명제이다. 그렇다면 지금 토지조사사업이래의 지대사(地代史)적 동태를 간단히 보아 온 우리는 여기에 농지개혁의 한 동기와 더불어 그 방법론에 관한 체계적 평가를 전후 연결하는 단계에 도달한다. 다만 연결을 일시에 수행할 수 없는 우리는 이하 후자의 평가를 먼저 기도(企圖)할 뿐이다.

우선 농지개혁의 방안에 관하여 나타난 제 견해를 보건데 그들은 매수 분배의 방식에 관하여 대체로 다음의 3안으로 구체화할 것이 기대된다. 즉 첫째는 대상토지에 대한 유상수매·유상분배의 안이 생각되고, 둘째는 유상수매·무상분배의 요령이 있으며, 제3으로는 무상몰수무상분배의 방안이 이것이다.

그러면 첫째로 유상매수무상분배의 주장은 여하 그 안은 곧 지주에 대하여 지가를 보상하고, 분배농민으로부터 그 대가를 수납한다는 취지이므로 일단 현제도상 공평의 원칙에 부합된 것 같기도 하다. 자본주의 경제체제에 대하여 어느 정도 상응성을 갖는 방안임은 물론이다. 따라서 이 안은 미군정이나 보수정당 일반에 있어서 오히려 당연한 정책인양 주장되기도 하였다. 다만 그 구체적 실시내용에는 구구한 차이를 나타냈을 뿐이다. 그러나 좀더 깊이 생각할 때 우선 유상매수론 그것은 농지개혁의 본래의 동기나 그 목적에 비추어 하나의 결정적 난점을 면할 수 없다. 그 난점이란 곧 지주에 대하여 지대를 끝까지 보상하게 됨으로써 논자가 주장하는 개혁에 대하여 논리적 모순을 가져오게 되는 까닭이다.

두말할 것 없이 남한의 농지개혁은 원래 농지에 관한 고율적 소작료제의 극심한 불합리성을 인식하고, 지주제 철폐를 기도하는 취지에서 크게 평가되었다. 무엇보다 봉건체제론을 주장한 통설이 이에 역점을 둔 것 또한 당연한 논리이다.

사실이 그렇다면 농지개혁의 구체적 방안이 대상주지를 유상매수함으로써 지대를 영구적으로 지주에게 보상한다는 것은 논리의 자기모순이 아닐 수 없다. 지대의 현실적 지주에 의한 수취제도가 개혁의 직접적 동인이라 하면서 바로 그 지주에게 지대의 보상을 꾀 하여 준다는 것은 결코 수미일관된 조치로 볼 수 없는 까닭이다.

물론 개혁의 구체적 시행에 있어서 남한의 농지개혁 역시 지주에 대하여 대상지의 장래적 지대를 전액 빠짐없이 보상하는 것은 아니었다. 상당한 제한을 부가한 것이니 대상농지 년평균산출고의 15배에 해당한 금액을 일정한 적감율로써 지가증권을 교부하되 이에 대충하는 요령이 취해진 것이다. 더구나 실정은 그후 전란으로 말미암아 지가증권의 정부수매가 진보되지 못하였으므로 지주에 대한 지가의 보상은 모든 지주에 대하여 거의 당초의 약정 수준에 달하지 못하였다. 따라서 결과로 볼 때 그 실질이 무상몰수와 같다는 평과 더불어 지주측의 불만을 보게 되었다는 점도 어느 정도 수긍되는 사실이다 .

그러나 보상에 대한 지주측의 주장에 비록 과장은 없었다 하더라도 그것은 그들의 입장에서 보아온 현실적 제한에 불과하고, 방법의 논리적 모순이 배제된 것은 물론 아니다. 더구나 소농작의 입장에서 이를 볼 때 유상매수란 필경 유상분배의 기본 원인이 아닐 수 없거니와 그동안 고율지대의 납부로써 취약화한 그들에 대하여 또다시 지대를 부담하게 된다는 것은 이론적으로나 정책면에 있어서 무리라는 것은 이론적으로나 정책면에 있어서 무리라는 것은 필연한 국면이다. 때마침 농지개혁의 착수 직후에 발발한 6.25전란과 그에 뒷따른 토지 수득세(收得稅)(현물세)를 비롯한 농민부담의 가중화 현상은 심각도를 가중한 문제의 정황이 아닐 수 없었다. 사실 그에 앞서 농지를 분배받은 거의 모든 농민은 요구된 현곡(現穀)의 공출과 현물세의 납부에 겸하여 농지대가의 상환을 이행하여야 하였으므로 그들 곤궁인즉 형언하기 어려웠던 형편이다.

　물론 6·25 전란이 발발되지 않았을진대 남한 농민의 지대 부담이 일시에 그렇게 팽대되지는 않았을 것으로 보아진다. 농업생산력도 어느 정도 올랐을 것이 틀림없는 사실이다. 그러나 그도 반드시 속단은 불허한 것이니 일제 하에 있어서도 이른바 자작농 창설 사업은 저리융자 등을 통하여 정력적으로 시행해 온 농업 시책의 하나이었지만 그 결과는 대체로 실패로 돌아가고 말았다. 특혜농민을 빼놓고, 많은 그들은 토지소유를 길게 보전할 수 없이 방치하고 말았던 까닭이다.

　결론에 있어서 남한의 농지개혁으로 구체화한 유상매수 유상분배의 시책인즉 이를 자본주의체제상으로 본다면 원칙적 방안이라 하겠으나, 그가 지대문제를 기본적으로 해결한 방안이 될 수는 없다. 소제작는 필경 재생되고 말 것이며, 다만 토지없는 농민에게 일시적으로 토지를 부여함으로써 정치적 안정효과를 기할 수는 있을 것으로 보아질 뿐이다.

　둘째로 유상매수 무상분배의 방안에 대하여서는 그가 일종의 절충성을 갖는 가운데 우선 유상매수란 점에서 전자의 제1방안이 갖는 모순점을 그대로 내포한다. 뿐만 아니라 이 안의 무상분배에는 특히 그에 따른 재정조달의 난점이 큰 것이다. 그렇다하여 보상지가의 전액을 일반의 세원에 기대한다 할 때 그것은 국민 부담의 평형을 잃게 되는 결함을 면할 수 없다. 따라서 이 안은 필경 이론과 실천의 양쪽에서 실현성이 제약되는 성격인 것이다.

　물론 유상매수 무상분배가운데도 매수토지의 소유권을 그대로 보류한채 수배자에 대하여 토지의 사용권만을 확인하는 일조의 국유화 조치를 생각할 수 없지 않다. 토지의 소유자는 바로 국가라는 것이, 그러나 이에 의할 때 위의 재정적 평형의 원칙은 어느 정도 조절된 것 같기도 하지만 이 또한 그 실효에 있어서 본래의 안과 큰 차이는 없게 된다. 재정문제 이 외에도 지금 만약 소유권의 제한을 강화할 때 토지개량의 소홀 등 태농의 문제는 수부되고 그와 반면에 사용권을 크게 부여 확대한다면 그 실질이 또한 소유권과 다름없게 되는 이치이다.

　그러면 제3의 방안으로서 이른바 무상몰수무상분배론은 어떠한가? 이 안의 골자는 대상 토지를 강체로 몰수하여 무상으로 배당하는 것이므로 해방이후의 남한에 있어서 분명히 혁명적 방법이 아닐 수 없다. 처음부터 자본주의체제에 대한 도전적 의미를 내포한 것이며 국권에 의한 계획적 강제분배의 수단을 마련한 요령임은 물론이다. 따라서 이는 처음부터 제1방안인 유상수매유상분배론과 정적으로 대립되는 것이 전자의 안의 이 대체로 우익측의 입장이었던 것인데 대하여 주로 좌익정당이 내세운 개혁론이 되어 있었다. 그밖에도 토지문제의 심각성을 알고 있었던 일부 중간층의 식자(識者)에 있어서 개혁의 실효를 길게 보장하기 위하여 이 안을 지지한 바 불소(不少)하였던 경위이다.

지금 우리는 이상의 세안을 비교검토하는 가운데 스스로 남한의 농지개혁안이 보여준 정책적 장단점을 대체로 판단할 수 있게 되었다. 그 가운데 특히 유상분배의 방안을 취한 현 체제의 모순이 무엇인가에 관하여 이론적 평가 역시 어느 정도 가능하게 된 셈이다.

그러나 앞에서도 본 봐와 같이 농지개혁의 결정적 의의는 그것의 실시 동기와 더불어 지대사(地代史)적 배경을 아울러 보는데서 비로소 뚜렷이 부각된다. 동기를 떠난 실효의 평가란 잠정적이 아니라면 추상적이 될 수밖에 없고, 이때에 각종의 방법론 역시 적확한 기준을 얻지 못한 공론에 돌아갈 수밖에 없는 까닭이다.

Ⅴ. 농지개혁의 동기와 그 지대사(地代史)적 의의

남한의 농지개혁은 8.15해방 후 고조된 주체적 사회의식에 대응하여 그동안 모순의 극치를 이룬 이 땅의 소작제(小作制)를 타파함에 제1차적 목적이 있었다는 점은 거의 분명하다. 또한 뇌고한 봉건체제를 넘어서 근대적 민주사회를 건설하는 것이 그 근본 동인이었다고 주장하는 편도 내외학계에 많이 퍼져   있었던 여론이다.

그러나 우리는 남한농지개혁의 근본동기에 관한 한, 위와 같은 내용으로써 간단히 볼 수 없고, 그 목적에 관하여 또한 새로운 의미는 부가될 수 있다고 보고 있다. 역사적 소작제(小作制)의 타파라는 것이 분명히 중요한 경제성을 갖는 것이며 민중의 여망임에 틀림이 없었으나 당초 미군정 당국이 농지개혁을 종용한 동기에 비추어 본다면 그것은 하나의 수단적 시책이 아니라면 부차적 목적이 되어 있었던 성질이다.

그러면 미군정이 남한에 농지개혁을 추진한 근본 동기는 무엇인가? 그것은 두말 할 것 없이 해방이후 이 땅에 앙진하는 농촌사회의 정치경제적 위기에 대비하여, 토지를 분배함으로써 전체 체제의 불안을 극복함에 놓여 있었다. 즉 토지를 하루 빨리 농민에게 주지 않고서는 농민의 안정을 얻을 수 없다는 것, 이것이 세계대전 후 동구 각국에서도 보아 온 역사적 교훈이었던 것이다. 거기에 겸하여 북한에 있어서도 1946년3월에 재빨리 토지개혁을 단행한 바 있었으므로 사태는 급진화한 느낌이었다. 이에 자극을 받지 않을 수 없었던 것이 다름아닌 미당국의 정치적 입장이다.

물론 전후 남한에 진주한 미군정은 당초부터 이 땅의 심각한 토지문제에 큰 관심을 가진 바 있었다. 1945년10월에 비상사태를 선포하고 최고소작료제(3.1소작제(小作制))를 공포한 것이 바로 이점을 입증하고 있다. 우선 참고로 그 선포의 출두를 보면 다음과 같은 문면으로 꾸며져 있다. 즉

> 「현 계약에 의하면 소작인이 그 전지에 대해 지불하는 가혹한 소작료 및 이자율과 그 결과를 소작인의 반노
> 예화와 그 생활수준이 군정청의 목적 수준이하에 존재하는 이유로 조선국가 비상사태의 존재를 자에 선포
> 함」(제1조)

이라는 것이다. 이에 따라서 미군정은 이후 소작료를 최고 3분의 1 수준으로 지정함으로써 농촌대중의 민심을 수습하려 하였던 것이 분명하다. 이른 바 3.1 소작제(小作制)의 공포에 의한 위기극복책이 이것이다.

그러나 소작료율의 실시 감면이 어느정도 이루어지고, 따라서 3.1소작제(小作制)의 현실이 그로 말미암아 어느 정도 보급되었던가는 분명치 않다. 더구나 해방 후 이 땅의 소농은 일단 일본제국주의의 기반을 이탈하였다 하더라도 국가적 자본주의의 강력한 지배조건을 벗어 날 수 없었음은 전후 다를 바 없었던 소작농의 입장이다. 다만 일본인의 전면 철수와 더불어 일본인계(日本人系) 토지의 미군정에 의한, 접수 그에 다른 귀속농지의 구소작농에 대한 분배 조치는 그러한 한도에서 이 땅의 농민에게 해방의 실효를 가져왔다고 볼 수 있다. 그 가운데 농지개혁의 기운을 예감한 일부 지주층의 토지방매 내지는 소작농에 대한 토지강매운동이 점차 보편화하였다는 점 또한 추가적으로 볼만한 지대사(地代史)적 동태이다. 그렇다하여 이때에 토착지주나 소작농의 사회적 성격이 변질된 것은 물론 아니며, 양자의 대립과 타산성은 금권만능주의의 침입과 더불어 오히려 이 땅에 한층 노골화하였음을 볼 수 있었다. 그 가운데 대지주의 자본가화 과정과 소지주의 몰락 경향이 크게 눈에 띄게 되었고 소작농의 양극적 분해 또한 한 층 촉구됨을 불가피하였다고 보아질 뿐이다.

그럼에도 남한에선 당초 얼마동안 농지제도에 대한 어떠한 근본의 광정(匡正)의 시책을 보지 못하고 있었으나 미군정은 1947년 초에 이르러 정치적으로 수립된 「남조선과도정부 입법원」을 상대로 비로소 전면적 농지개혁을 꾀하였다. 그리하여 처음 동 입법의원에 대하여 개혁안의 작성을 종용하였으나 그것이 부진상태에 빠지게 되자 스스로 1안을 작성하여 그것의 실현을 촉진하기도 하였다. 이때에 입법의원의 심의대상이 된 제안의 취지로서 보아지는 문면을 보면 다음과 같다. 즉,

> 「봉건적 토지제도를 타파하고, 민주 경제적 토지제도를 수립하여 농민의 사회적 자유, 자경자작의 원칙에 의
> 한 농가경제의 자립, 농민생활의 향상, 농촌문화의 발전, 농업생산력의 증진을 기도한다.」(제1조)

는 것이다. 따라서 이 문면을 그대로 해석하면 당시의 토지제도라는 것이 봉건적 체제하에 머물러 있었다는 것, 따라서 이것을 민주경제적(근대적)토지제도로 전환시키는 것이 그 목적이다.

사실, 미군정의 입장이나 그 안목으로 본다면 소작제(小作制)의 형태는 응당 역사적, 봉건적인 그것 이외에 아무것도 아닐지도 모른다. 그렇게 보는 것이 또한 정치적으로 무난한 명제일 것 같기도 하다.

그러나 앞에서도 거듭 본 바와 같이 농지개혁의 보다 깊은 직접적 동기란 반드시 위와 같은 봉건적 토지제도의 민주경제적전환에 직결되어 있지 않다. 더욱 근본적으로 볼 때 그것인 즉 해방 후 급박화

농촌사회의 경제적 및 정치적 위기를 극복함에 있었다고 보아지는 조건이다. 이 점은 전후 미군의 일본 점령정책에 있어서 역시 그대로 표명된 사실이 아닐 수 없었으니 당시 일본점령에 참여한 미국인 학자의 다음 논평은 바로 이를 입증한 것이 분명하다. 즉

> 「농지개혁이 성공이었다 하더라도 일본의 부여에 적극적 공헌을 했다는 뜻이 아니라 그 정치적 의미를 지각하고 싶다. 그 결과 농촌은 사회주의정당에 반대한 큰 정치적 기반이 되고 농업의 집단화에는 절대 반대하는 세력이 탄생했다. 지금 회고하여 보면 그 정치적 효과가 처음부터 농지개혁의 주 목적이었다고 생각된다. 그것은 비단 일본에 한정된 것은 아니다. 미국식 농지개혁을 시도한 여타 아시아 여러 나라도 역시 마찬가지일 것이다. 운운(云云)」 21)

그렇다면 해방직후 남한의 지배세력에 있어서 농지개혁에 대한 진정한 목적과 동기가 박두하는 사회적 위기의 타개에 핵심이 있었던 것은 분명하다. 따라서 민주화 운운은 부차적인 것이 아니라면 표현적 모순의 시정을 표방함에 그쳐있다고 볼 수밖에 없다. 그것은 실로 미국의 입장에서 전후의 냉전과 세계정책이 요구하는 당연 논리이며, 「건전 온전한 민주주의의 대립」과 「강력한 압력에 대응한 확실한 방위」를 목표삼은 가장 효과적 수단이 아닐 수 없는 조치이다. 그러므로 우리는 농지개혁의 지대사(地代史)적 의의를 우선 이러한 토대에서 파악하여야 하고, 그 실적을 또한 그러한 목표와 더불어 평가하는 것이 지극히 당연하다. 남한의 농지개혁법(제1조)이 내세웠던 농업생산력의 발전이나 농민생활의 향상이란 역시 그러한 동기와 그러한 목적의식을 떠나서 이해될 수 없는 성질이다.

우리는 지금 해방직후의 농촌사회가 갖는 위기의 동인이 무엇이며 특별히 미군정이 인식한 사회적 불안이 어디서 기인한가를 구태여 길게 물어 볼 필요는 없다. 무엇보다도 해방직후의 정치정세는 충분히 이 점을 밝혀주는 내용이다. 그러나 우리는 당시에 직면한 위국이 결코 한반도의 역사적 봉건체제의 변혁에 관련된 조건의 소산이 아니라 개발된 근대적 사회의식의 발동과 더불어 예견되는 그것이라 함에 각별히 유념할 필요는 없지 않다. 그렇지 않을 때 시대착오의 결론을 얻을 수밖에 없는 까닭이다.

그럼에도 불구하고, 남한의 토지제도를 끝까지 봉건적 생산관계로 보는 일부의 견해에 의하면 농지개혁의 결과 봉건적 토지제도는 타파됨으로써 비로소 근대적 토지소유제, 근대적 생산체제는 형성을 보게 되었다고 주장하여 마지않고 있다. 즉 농지개혁으로 말미암아 비로소 이 땅의 전통적봉건적 토지제는 근대화의 과정을 전개함으로써 피지배 소작농민의 해방, 그에 따른 반봉건적 농촌사회의 근대적 기반의 설정이 이룩되었다고 보는 것이 그들의 요지이다. 과연 그러한 것인가?

생각컨대 만약 진실로 소작제(小作制) 타파에 의한 남한의 농지개혁이 곧 봉건적 토지제도의 해체를 뜻한다고 하면 이 땅의 토지제도는 농지개혁에 이르기까지 적어도 이조시대 이후의 전기적 토지제도에 하등의 변천을 겪은 바 없다고 볼 수밖에 없다. 따라서 일제하의 토지조사사업 역시 이 땅의 근대화에 적극적 의미를 갖지 못하였으며, 일제하의 토지소유란 곧 봉건적 그것이 아닐 수 없다는 결론이다.

---

21) M. Bronfenbrenner; The American Occuption of Japan, An Retrospective View(1970년 3월 호, p.19에서)

그 뿐 아니라, 한편 이들에 따라서 토지조사사업에 만약 토지소유에 한한 공적을 돌리게 될 때 우리는 하나의 기묘한 명제에 도달할 수밖에 없다. 즉 농지개혁을 단행하기 직전의 남한 농촌에는 자유적(근대적) 소농과 농노적(봉건적) 소작농이 병존한다는 것이며, 따라서 많은 자소작(自小作)농민이나 지주 겸소작농(兼小作農) 계층에 있어서는 동일인으로서 자유적 측면과 봉건적 측면의 쌍두적 존재로 머물러 있었다는 궁색한 결론을 얻기 마련이다. 더욱 진실로 남한의 농지개혁이 봉건적 소작관계의 해체이외에 다른 것이 아니라면 농지개혁 직후부터 오늘에 다시 대두되고 있는 내밀적 소작관계는 어떠한 것인가? 그 역시 봉건적 소작관계라 할 것인가, 또는 그렇지 않은 것인가?

만약 오늘의 소작관계 역시 봉건적인 그것으로 인정한다면 그것은 농촌사회에 실로 기업농이나 상업농 또는 자유적 소농이외에 상당 부분의 봉건적 소농이 복잡한 형태로서 혼재함을 관념함과 다름이 없다. 한 농가로서 상업적 농업을 영위하는 동시에 봉건적 소작농이란 모순적 주체성도 피할 수 없게 되는 논리이다. 그 뿐인가 결론은 농지개혁 후 재생된 소작에는 동일농민에 있어서 근대적 소유제와 봉건적 타지배성을 반복하여 보유하게 된다는 역리현상을 인정할 수밖에 없다. 사실 개혁 후에 있어서 소작관계의 형상에는 뚜렷한 변동에 엿보이지 않은 까닭이다. 따라서 농지개혁후의 추진 동기나 지배세력의 주관적 의식의 여하에 불구하고 그것의 기본효과가 봉건제 타파에 있다고 보는 것은 필경 시대착오로 인정될 수밖에 없다. 그것은 바로 논리 면에서 그러할 뿐 아니라 사실이 반증하는 역사적 국면이 아닐 수 없는 배리(背理)이다.

요컨대 해방 후 남한에서 실시를 보게 된 농지개혁의 기본목적은 봉건적 소작관계의 해체 그것이 아니라 내재적으로 근대화란 소작제(小作制)를 억제하는 동시에 노동자화한 소작농에 대하여 생산수단인 토지를 부여함으로써 중산적 안정계층을 구조한다는데 제1차적 의미를 갖고 있다. 말하자면 지대=이윤의 수취계층인 중간지주를 배제하고, 소작농인 무생산농민에게 토지를 배당함으로써 후자를 국가자본주의에 연결시키는데 남한 농지개혁의 진면목이 발휘되는 이론적 귀결이다 그것은 곧 점증하는 사회적 위기에 준비하여 중산계급을 형성하려는 취지임에 다름이 없으며 우선 미국의 세계정책에 부합되는 방식이 아닐 수 없다. 다만 그 표현적 방식에 있어서 소제작의 타파라는 것이 공통된 시책으로서 쓰여졌을 뿐이다.

Ⅵ. 결어

우리의 견해에 의하면 해방 후 남한에 실시된 농지개혁이 결코 봉건적 소제작의 타파로서 규정될 수 있는 본성이 아니라 근대적 노동자화하는 무산농민에게 토지라는 기본적 생산수단을 부여함으로서 급박화하는 정치적 위기를 취소하려는 동기에서 출발하였고, 국내에 중산안정의 대중적 토대를 구축하려 함에 제1차적 목적을 두고 있었다. 따라서 소작제(小作制) 타파 그것은 하나의 수단적 방법의 성격에 불과하다. 이 점은 필경 우리들로 하여금 농지개혁을 위요한 각종의 실천적 평가에 관하여 다음과 같은 명제를 내리게 하고야 만다 즉

첫째로 남한의 농지개혁은 경제체제의 근본적 변혁을 종국적 목표로 삼고 있지 않은 반면에 근대적 위기의 급박화를 전제로 삼고 있다. 그리하여 그것이 정치적 불안의 해소에 기여하였다면 그의 1차적 목적은 달했다고 보아지는 것이며, 처음부터 봉건적 경제체제를 전제시하는 지대사(地代史)적 변혁으로 보지 않을 본성이니, 봉건체제론이 근대적 위기를 보지 않을 것은 당연하다.

둘째로 농지개혁의 결과는 소작제(小作制)를 타파함으로서 중간적 지주로서의 기생적 자본가층을 배제하고 생산농민을 국가자본주의의 지배력을 직접으로 받게 한다.

셋째로 남한의 농지개혁이 취한 유상매수유상분배의 자작농 창설방식은 가장 자본주의경제체제에 영합된 그것으로 보아진다. 다만 대상 토지의 강매만은 정치적 위국에 대한 대피조치라는 근거에서 받아들여지며 부득이한 강권 발동으로 용인되어진 결과일 뿐이다.

넷째로 대상농지에 대한 유상매수의 방식은 문제의 지대를 끝까지 지주에게 보상한다는 점에서 모순성은 일반으로 인정되는 조건이다. 특히 농지개혁의 성격을 봉건적 소작제(小作制)도의 타파에 있다고 규정할 때 그 모순성은 강하게 나타나며 유상분배 또한 마찬가지 입장에서 해석하는 시책이다.

다섯째로 농지개혁 후 재생한 소작관계는 「봉건제론」 또는 「반봉건제론」을 지지할 때 성격이 불분명하다. 그것은 결국 봉건적 소작제(小作制)의 재생으로 볼 수밖에 없는 뜻이다. 그러나 우리의 견해에 입각할 때 그것은 일단 토지조사 사업의 완료(3.1운동의 전개)와 더불어 근대적으로 분화 변질 한 소작제(小作制)의 재생적 존속으로 볼 수밖에 없다. 다만 앞으로 농촌계급이 어떻게 분화할 것인가, 소농과 중농 및 대농의 양극화 운동내지 비대현상 관한 결말은 오로지 국가자본주의의 지배방식에 달려 있는 문제이다.

여섯째로 남한의 농지개혁에 대한 우리의 견해는 필연코 일제하에 실시한 토지조사사업의 성격을 분명히 하는 동시에 그것의 지대사(地代史)적 의의를 크게 부각케 한다. 즉 우리는 농지개혁에 앞서서 이미 토지제도의 내면적 근대화가 이루어졌다는 점을 인식하지 않을 수 없는바 그것은 본격적 위기의 이 대체로 토지조사사업을 기점으로 하고 있다는 것, 그리고 농지개혁을 요구 하였던 대중의 주체적이 욕구의식 또는 반봉건적 소작제(小作制)의 타파에 국한되는 것이 아니라, 일제시대부터 내려 온 토지제도의 개변으로서의 「잃어버린 토지」 그것의 재분배22) 에 있었다는 것, 그밖에 농지개혁의

정치적 동인이 된 외세의 지배세력에 원천적 계기에 관한 구체적으로 탐구할 때 그러한 주체의식이 토지조사사업에 미치게 될 것은 필연적인 것은 인 것으로 보아지는 지대사(地代史)적 논리라는 것이다,

Abstract

Even though the Agricultural Land Reform was inaugurated in 1946 with the purpose of modernizing the feudalistic rural economy the prime objective underlying the Reform was considered to mitigate political turmoil arisen from rural problems in those days Distribution of agricultural land to cultivators along with abolishment of tenant system was strongly motivated by a need for counter measuring the socio-political crisis.

It is contradictory to contend that the Land Renform had aimed at modernization of rural economy in Korea For tenant system in those days was not based on the feudalistic rent most of which had already been internally transformed into the Land Reform was manifested to aim at abolishment of feudalistic tenant system what would be the implication for the revival of new tenant farms following the Reform Were they another feudalistic tenant farmers Furthermore purchase of surplus land from landlords according to the Reform could be interpreted as a permanent compensation of feudelistic rent for the landlords and sales policy of the land tenant farmers could mean nothing but a transfer of feudalistic rent to the new land holders

---

22) 이른바 귀속 농지로서 구일본인 소유농지에 관하여 이점은 더욱 뚜렷이 구체화한다.

한국 소농(小農)의 주체성 재평가

김 준 보

목차

Ⅰ. 서론 - 경제주체의 재평가

　자본주의 경제학에 있어서 경제의 주체자는 흔히 이기적 추상인가, 즉 경제인(homo econom-icus)으로 설정되거나 암묵리에 그렇게 전제되어 왔다. 거기에 혹은 「막스·웨버」적 종교정신이나[1] 「칼·마르크스」적 계급의식이[2] 부여된 바 있다 하더라도, 다같이 빈욕(貧慾)과 공리관에 젖어 있는 가상적 개인의 행동이 경제적 주체성의 기조를 이루고 있음에 다름이 없다. 그러므로 전통적 경제학에 있어서 경제의 주체란 필경 예민한 물욕적 인간으로서 이상화한 개념이란 데 각별한 주의는 필요하다. 그 가운데 「아담·스미스」[3]에 의하여 강조된 사회적 분업자로서의 경제주체나 「알프렛트·마아샬」의 「현실 그래도르이 인간」[4]을 본다 하더라도 그들에 의한 경제학 역시 역사적 현실의 인간을

---

1) M.Weber, 「Die Protestantische Ethik und der Geist des Kapitalismus」, 1904~1905
2) K.Marx, 「Das Kapital」 1. 1867, 서문
3) A. Smith, 「An Inquiry into the Nature and Causes of the Wealth of Nations」, 1776

기저(基底)적으로 묻지 않은 채 처음부터 분화(分化)된 계급만을 보거나 개념적 인간에 그쳐 있는 수리적 분석체계로 되어 있을 뿐이다.

더구나 오늘날 「죤·메이너드·케인즈」 5) 이후의 근대경제학이나 현대의 주류적 신고전학파의 균형분석에서 문제를 찾아 볼 때 그들은 오히려 의식적으로 경제주체를 명시하지 않는 내용이 되어 있고, 인간은 거기에서 거의 숨어있는 여건으로 주어져 있다. 시장경제구기구(機構)의 지역적 또는 시간적 운동만이 추구의 대상으로 되어 있는 느낌이다.

원래 경제학이 본래의 자기주장을 떠나서 위와 같은 인간 소외의 방법론을 취하는 것은 과학일반이 요구하는 객관적 발전의 조건과도 깊이 관련되어 있다. 특히 자연과학적 세계관의 도입이 필경, 경제학으로 하여금 그러한 주체적 특성을 약화시킨 동인(動因)으로 이끌었다고도 보아지는 배경이다. 하물며 사물에 대한 실증주의의 관철이 주체적 인간의식의 배제, 특히 가치 판단의 불식(拂拭)이라는 형식논리를 강요한 현실을 볼 때 경제학으로 하여금 본래의 사회과학적 활동 분야로부터 스스로의 기능을 제약하였다고 볼만한 점이 없지 않다. 이점, 예컨대 근대적 경제학에 있어서 사회적 후생경제론을 기도(企圖)한다 하되, 개인의 복지나 국가의 정책목표를 직접적으로 추구할 수 없는 가치 판단론적 함수론으로서6) 사태를 호도하고 마는 태도를 보이는 형편이다.

물론 후생문제를 구태여 들어 논하지 않더라도 우리는 때에 따라서 잠재된 주체적 이념 하에 가치적 실천성이 강조되어 있는 경제학 체계에 접해 볼 수 없지 않다. 이 점 예컨대 「마르크스」 나 「케인즈」 의 원전(原典)에 있어서 역시 뚜렷이 지목되는 사회 의식적 특징이다. 그 중 이론의 총체구성에 설령 노동계급의 휴척(休戚)이 중시되어 있고, 자본가적 생산양식이 크게 내세워져 있는 예를 본다 하더라도 매양 사회적 인간의 주체성 그것이 경제학의 이론적 조건으로 구체화되어 있지 않다. 그들은 대개 그저 주어진 대상이며 독특한 사회학적 범주로서 경제학권외에 머물러 있을 뿐이다.

우리는 무엇보다 오늘날 인간이 경제학의 비판적 요인으로서 뚜렷한 자기 위치를 갖는다고 보고 있다. 경제주체에 대한 이와 같은 객관적 인식 없이 경제학은 도저히 자기 사명을 완수할 수 없다고 보는 것이 우리의 입장이다. 그것은 당연히 경제학의 범주적 확대를 뜻할 뿐 아니라 그것의 실천적 효율성을 위하여 이 학문의 발전상 불가피한 요청이기도 하다. 이 점 인간의 재발견이라 하여도 무방한 절실한 요청이다. 요컨대 우리는 오늘의 경제학이, 응당 실존하는 「역사적 인간」 을 자기 목적으로 삼고, 그들의 경제적 법칙운동을 추구하여야 한다고 보고 있다. 즉 현실적 인간과 자본주의 경제와의 상호 관계, 그들 인간의 피동 조건이나 분화(分化) 발전 등 객관적 양태뿐이 아니라, 보여준 주체적 의식구조의 대응적 변질 역시 당연히 우리의 묻는바 대상이다. 따라서 우리는 처음부터 추상화한 인간을 전제로 삼는 것이 아니라 주어진 현실적 인간을 객관적 요인으로서 재발견 한다. 여기에

---

4) A. Marshall, 「Principle of Economics」, 1890, (1920, P.1)

5) J.M.Keynes, 「General Theory of Employment, Interest and Money」, 1936

6) A. Bergson, P. Samuelson등의 사회적 후생함수론 참조

「역사적 인간」이 우리의 주체로서 관점은 주어진 셈이다. 그 점, 요컨대 자본주의 경제에서 배양된 타산(打算)적 개인의식이나 영리적 욕망자로서 단순히 인간을 추상화한다는 것이 아니라, 더욱 전통적 경제관에 머물러 있는 역사성이나 사회적 현실의 배경을 갖는 인간을 파악한다는 뜻을 지니고 있다. 따라서 자본주의 경제체제하에 봉건적 생산양식이 잔재나 전통적 주체의식의 존속을 우리는 당연한 우리의 대상으로 포함할 수밖에 없거니와 현실적 소농(小農) 생산 양식이나 소농(小農)의 주체적 경제의식 또한 우리에게 주어진 절실한 존재이다. 이 점, 바로 한국의 농업 경제학을 묻는 기점이 아닐 수 없고, 한국의 소기업가나 노동자에 있어서 반드시 이기적 의욕만이 아닌 전통적 사회의식을 개발된 생활철학과 아울러 묻게 되는 소이(所以)이다.

사실인즉 자본주의 경제 체제가 독점단계로 발전됨에 따라서 비리적 경제법칙에 대한 비판적 의식과 더불어 당연히 경제학의 범주에 대한 인간적 요인의 확대 운동이 가속화 한다. 그에 따라서 스스로 경제주체에 대한 객관화의 요구도는 높아지게 마련이다. 이점, 바로 계급적 분화(分化)의 촉진과 자본적 지배세력의 상승에 대응한 대중적 피압(被壓)과정의 소산임에 틀림이 없다. 여기에 역사 관념의 의식적 대립 역시 뚜렷할 뿐이다.

무릇 자본주의 경제체제가 초기적 단계에 머물러 있을 때로 말하면 - 또는 순순한 「아담 스미스」적 시장경제하에 있어서는 - 실업이나 분배의 문제는 그다지 심각한 양상을 보이지 않을 수도 있다. 따라서 17~8세기의 서구 산업 자본주의 사회를 상정한다면 거기에 기본적 경제 주체로서 지목되는 자본가지주 그리고 노동자간의 계급적 마찰 역시 한낮 단순한 우연적 현상으로서 다룰 수 있었던 문제이다. 그러나 일단 독점 자본주의의 진행이 경제의 일반적 위기를 몰려 오자 빈부의 격차나 실업의 위협은 경제사회의 가장 심각한 문제로서 격성을 가져 왔다. 그중 대중적 기존 약세계급의 몰락을 통한 새로운 긴장 관계의 대두로서 문제의 필연성을 강화하였음이 주목된 사실이다. 더구나 오늘날 국내 자본의 독과점적 집중과 다국적 기업의 이식들이 경제력의 정치적 확대 국면을 가져오게 되자 사태는 경제주체의 국제성과 민족성 등 독특한 조건으로서 부각될 수밖에 없게 되었다. 국내 노동자와 국제적 대재벌 그리고 군소(群小)기업 등 자본제 경제 기구(機構)내의 대립상만을 본다 하더라도 주체적 개인의 문제에 대한 객관적 재검토의 중요성이 강조되지 않을 수 없는 동태이다.

그런데 자본의 독점화 과정이 경제주체에 대하여 새로운 개념정립을 요구하고 있다는 우리의 견해에도 불구하고, 당장 역사적 현실 그것이 개별적 경제주체의 사회적 인식을 높여주고 있지는 않다. 오히려 현실은 여러 면에서 본래의 자유적 인간으로 하여금 사회로부터 소회(Entfrem dung)시키는 운동으로 전개하는 경향이다. 그러나 이들 인간 소외야말로 자본주의 경제의 본래의 뜻에 있어서 확대의 모순의 조건이 아닐 수 없다. 예컨대 일부의 대기업만이 국민경제의 무대위에 올라서서 위세를 자랑하는 반면에 생산이나 소비의 대중이 그저 타 의식으로 주어진 시장조건이나 공해 부담에 매달려 있게 되는 상황이고 보면 사태는 다름 아닌 인간적 목표의 상실을 뜻한다고 볼 수밖에 없는 까닭이다.

모름지기 사회과학의 정립에 있어서 우리는 인간의 현실적 재등장을 뜻하지 않을 수 없다. 이때에 현실적 인간이란 다름 아닌 「역사적 인간」을 뜻한다는 점, 이미 앞에서 본 바이다. 그럼에 있어서도 우리는 매양 경제주체를 현실사회의 지배 조건하에 다루고자 하는 만큼, 그의 방법이 자본주의 생산관계나 또는 독점자본주의의 체제적 법칙성을 결코 경시할 수 없다. 오히려 이들 경제 질서에 대응하는 각 개인간의 공통적 개병이나 약점 등 그들의 경제사회적 피지배성을 주체적 의식의 발로(發露) 양식과 더불어 보편적 기반에서 유형화하는 것이 방법론상 기본적으로 중요한 과업이다. 그렇다면 우리의 자본주의 또는 독점 자본주의의 지배법칙 뿐이 아니라 현실적으로 있을 수 있는 전통적 생산양식이나 생활양식, 주체적 인간의 사고방식 등을 아울러 분석하고 또는 사회적 각 요인과 관련적으로 다루는 것이 필요하다. 그러한 목적에 대응하여 현실적 경제기구(機構)와 그것의 역사적 동태를 전후 체계적으로 비교 검토하는 수법 역시 불가피한 요령이다.

우리는 물론, 개별적 경제주체에 있어서 이기적 욕망의 보편성을 경시하지 않는 것이나 한편 물질적 공통성만을 들어본다 하더라도 무엇보다 장래에 대한 불안의 해소나 불안정 요인의 제거에 대한 욕구 역시 강인함에 간과할 수 없다. 개인의 현실적 욕구 충족을 넘어서 바로 장래의 생활면에 물질적 불안정감이 해소되기를 기대하는 것은 모름지기 현실적 의미를 뚜렷이 갖는 주체성의 객관적 조건이다. 그렇다면 우리는 인간의 이기성외에 그들 생활상의 불안 의식이나 그에 수반된 저항 의식, 그리고 그들의 배양기(培養基)로서 존속해 온 역사적 경험 등을 진정한 경제적 주체성으로서 배제할 수 없음을 당연히 인식한다. 그들이 반드시 사리적 향락으로서 충족될 수 있는 조건이라 할 수 없고 어느 면에서 물질적 충족 그것을 넘고 있으니, 그들 역시 사회적 경제법칙을 떠나 있지 않는 인간성의 발로(發露)이다.

그 밖에 자본주의 경제학을 세움에 있어서도 기업적 생산 양식이나 기업가와 노동자와의 관계만을 보는 것이 아니라, 현실적 기업가나 노동계급의 역사적 배경을 아울러 보고, 또는 기업적 생산과 전근대 사회와의 물질적 교류관계를 보는 방법 또한 중요하다. 여기에 자본주의 경제학은 비로소 현실적 의미를 더하게 될 것이 뚜렷하기 때문이다.

그런데 이때에 추구된 사물의 객관적 요인의 법칙성이야말로 현실의 파악에 기여할 뿐 아니라 장래의 동찰(洞察)을 가능케 하는 조건을 제공할 수 없지 않다. 바로 여기에 경제 주체의 역사적 성격이 주어짐으로써 관찰자에 대하여 비판적 인식이 필연적으로 안겨진다는 점, 우리가 내세우는 역점이다. 다만 경제주체의 구구한 입장에 비추어 볼 때 비판적 인식의 구체적 전개는 다양할 수밖에 없다. 그 가운데 우리는 과학적 정리에 따라서 어떠한 공통적 사회의식의 유형적 형식을 계급간 또는 직종별로 추출하여 확인할 수 있는 문제이다.

무릇 사회과학이 자연과학과 구별되는 방법론상의 근본적 특징을 말한다면 전자가 인간과 인간과의 관계를 묻는 만큼 역사적 조건의 인식, 따라서 비판적 인식을 떠나지 않는데 있다[7]. 그도 단순한 주체적 가치 판단에 입각한 현실의 부정이 아니라 객관적 인관 관계의 추구에 의한 비교형량(比較衡量)의 소산이란 점, 뚜렷한 사정이다. 다만 그것의 목표 설정이 현실적 인간의 주체적 활동에 비추어 내려지는 객관적 평가의 결과인 만큼 그 스스로 실천성을 면할 수 없게 된다. 그리하여 문제의 사회과학에 있어서 이론(분석)과 역사(비교)와 실천(비판)의 삼위일체적 종합을 가져오게 마련이며, 그 중 경제학에 있어서 그러한 방법론의 실효성은 각별할 뿐이다.

　우리는 뚜렷한 현대적 사회과학의 정밀화 과정이 자연 과학적 분석법의 지원에 의존할 수 있는 조건을 충분히 이해한다. 더구나 사회과학 일반이 보여준 그동안의 발전이 「르네쌍스」 이래 이론과 역사와 정책(실천)의 분화(分化)를 가져온 과정 또한 무시될 수 없는 동태이다. 그 가운데 이론의 형성에 있어서 사물의 객관적 추상화 그것이 일단 불가피한 방법론상의 요청이고 보면 근대 경제학의 균형 분석론이 보여준 긍정적 배경 또한 누구나 무시할 수 없다. 다만 그럼에 있어서도 자본제 경제의 발전된 현실이 이론의 역사성을 버릴 수 없게 하고, 역사적 평가 역시 이론의 개입을 떠날 수 없게 하고 있다는 것이, 강조된 추세이다. 더구나 이들의 유기적 관계는 본질적인 것이며, 역사학적 인만큼 바로 실천적인 것일 수밖에 없다는 제 명제 역시 경험상 크게 시사된 바와 같다. 그중 우리는 우선 인간의 복지 후생을 포함한 정책적 이론의 객관화 작업이 이러한 종합적 방법과 비판적 인식 없이 이루어질 수 없고, 그렇지 않을 진대 결과는 개념의 유희(遊戱)가 아니라면 허구적 내용으로 될 뿐이다. 그러므로 우리는 오늘날 흔히 자유적 경제인만을 전제로 삼는 일반 균형론의 전개 방식이나 경쟁조건 하 미시적 정태분석의 기교적 수단에 당목(瞠目)한 가운데 있어서도 그들의 추상적 방법이 과연 사회과학적 범주에 속해 있는가를 반문할 때는 오히려 많다[8]. 거기에 분명히 이론은 존재하나 그것의 비현실성이 결코 인간과 인간과의 관계를 규정하는 역사과학적 가치 체계를 끝까지 보장하지 못하고 있기 때문이다.

　지금 우리의 본제에 들어가서 한국 소농(小農)의 주체성을 묻게 될 때 현실적 인간의 피지배적 물질조건과 그에 따른 주체적 의식의 발로(發露)국면은 유난히 뚜렷하다. 그것은 바로 발달된 고도 자본주의하의 「역사적 인간」 상이 보여준 전형적 특성이외에 다른 것이 아니다. 여기에 이들 소농(小農)에 대한 우리의 관찰이 깊어감에 따라서 스스로 역사적 생산 양식간의 비교와 더불어 비판적 인식의 방법은 강조될 수밖에 없다. 다만 그들 주체성의 전모를 철저히 재검토하기에 당장 우리에게는 기술적 한계성이 주어져 있을 뿐이다.

---

7) 졸저(拙著) 「농업경제학 서설」 1966, 참조
8) 일반균형론의 동태화 작업 역시 물리학적이 되어 있어서 경제적 현실에 적합되어 있지 않다.

Ⅱ. 한국 소농(小農)의 시대적 지배조건

　1945년 일제로부터 해방된 후 미국의 개입 하에 정부 수립과 더불어 남한의 농지개혁은 단행되었다. 여기에 소작제는 법률상 일단 해소를 보았으나 그 후 소농(小農)적 생산 양식에 근본적 변동이 따르지 못한 것이 큰 화근이었다. 노작(勞作)적 자작농(自作農)이 기간적으로 지속되어 온 가운데 호당(戶當) 경작규모 역시 1ha(정보-町步) 미만이 압도적(70~80%)인 구체제를 그대로 이어왔다. 그나마 0.5ha미만의 영세농이 전체의 30% 수준이라는 형편이고 보면 문제의 성격은 오히려 뚜렷한 전망이다. 더구나 그동안 겸업농가의 보급 역시 부진하여 10% 정도에 그치고 보니 생산 구조면의 취약성은 처음부터 뚜렷하다. 만성적 공황과 앙진(昂進)하는 「인플레이션」의 영향 하에 영세농의 몰락, 소작농(小作農)의 재생, 이농의 사태 등 위기적 과정이 거의 공식적으로 전개되어 왔을 뿐이다.

　무엇보다 1960년대에 들어서자 고도성장 정책 하 도시 산업화의 촉진 운동에 대응하여 이농사태는 본격화하였다. 그것이 '70년대를 고비로 농촌 인구의 상대적 감소뿐이 아니라 절대적 수준에서 도시 인구에 미치지 못하는 획기성을 보이었고, 농업 생산 또한 낙후된 가운데 1970년대 후반의 농업 비중은 총산업생산(GNP)의 약 24~5%에 머물러 있는 실정이다.

　그러나 농촌인구의 축년(逐年) 감퇴에도 불구하고, 기대된 한국 소농(小農)의 생산 양식에는 변혁을 볼 수 없었다. 농촌 노동의 산업 노동화, 생산 인구의 노약화, 상업적 농업의 지역적 보급, 겸업과 부업의 성장 등이 그 동안 눈에 띄었으며, 아직 자가 노동을 주축으로 한 미곡 중심의 단순 작업경영은 옛이나 다름없는 오늘의 기간적 영농 형태이다. 다만 그 가운데 각별히 지목된 기술적 동태를 말한다면 그것은 역시 경작 노동의 과잉으로부터 노동력의 부족 현상으로 전환된 국면이라 할 수 있다. 이른바 농업 기계화의 요청은 하나의 뚜렷한 징표일 뿐이다.

　한편 경작 면적을 주축으로 한 경영규모를 떠나서 유통시장이나 생활양태를 따져 본다면 우선 소농(小農) 경제 역시 현금 수지면의 확대와 농산물 상품률의 상승을 들 수 있다. 그와 아울러 도시 소득의 농촌 이입, 소비성향의 근대화, 교통 통신의 보급, 전화 사업의 진보 등이 볼만한 외적 진전 과정이다. 그러나 농가소득의 보편적 안정화를 아직 보지 못한 오늘날 소비 상품의 전시 효과로 인한 가계 부채의 누가, 고한(苦汗) 노동의 강화, 생산 규모의 축소 등 간단히 낙관을 불허하는 조건은 쌓여 있다. 불합리한 자원의 분배 양태 또한 불가피한 제약 국면이다.

　그런데 농가 경제를 따져 봄에 있어서도 우리는 이농 현상이나 농외소득의 증가 동태를 결코 분리시켜 관찰할 수 없다. 그것은 필경 자본주의 경제의 진행 운동에 대응한 한국 소농(小農)의 특성을 묻는 것과 다름없는 요령이다. 그럼에 있어서도 우선 시대적 변천에 따라서 경제 주체인 이농민(離農民)의 객관적 성격과 그 주체적 의식상에 상당한 차이점이 발견됨은 중요하다. 이점, 농촌 생활의 빈궁을 참지 못하여 밀려나온 몰락의 처지인가, 통상 사태로서 도시산업 노동의 상대적 고소득을 지향하여 이동한 입장인가에 따라서 전후 경제적 의미는 달라질 것이 분명한 까닭이다.

지금 묻는바 이농의 원인에 관하여서는 식자(識者)에 따라서 뉴앙스를 보여 준다. 그 중 '60년대 이후 경제 개발의 초기단계(1960년대)에 관한 한, 결과는 빈곤과 한해(旱害) 등에 의한 소산이고, 그 후 ('70년대)에 들어서서는 도시산업의 흡수 운동에 주도된 것으로 보는 편도 있는 예이다. 그러나 사태는 물론 그렇게 경제적 요인으로만 평가될 수 없다. 그도 도시산업의 성장이 가져온 현대적 소득수준의 균형운동도 보아야 하겠으나 다만 공식적으로 간단히 규정지을 수도 없다는 것이 소농(小農)적 현실이다. 그 중 도시산업 노동자의 노임소득과 농촌 소득의 평균 차(差)만으로서는 농촌 인구의 도시 집중속도를 반영할 수 없다는 것, 도시 근교에는 오히려 농촌의 영세농보다 더욱 빈곤한 계층의 집중현상을 볼 수 있다는 것, 한발(旱魃) 등의 농촌 재해 또한 독립적 조건이 될 수 없다는 등이 스스로 입증된다. 후진적 소농(小農) 사회의 경우 빈곤과 저소득의 개념은 반드시 일치되지 않는 사정임에 있어서 이농 원인이 복잡성 또한 예측되고, 한편 농촌의 빈곤이 도시의 임금소득을 억제하는 힘이 되어 있기도 하는 과정이다.

어쨌든 우리는 1960년대 이후의 대량적 이농현상이 도시 산업의 성장에 유일한 동인(動因)이 있다고 보지 않는 동시에 국가 자본주의나 독점적 대기업의 경제지주조건이 매양 우위적 의미를 갖는다고 보고 있다. 사실 만성적 농업 공황과 앙진(昂進)된 「인플레이션」이 저곡가·저임금을 주축으로 하여 소농(小農)민과 도시 노동층을 총체적으로 억압해 왔음은 부인할 수 없는 역정(歷程)이다. 그 중 무엇보다 저곡가 정책의 관철이 이 나라의 기간적 노작(勞作) 소농(小農)에 대하여 고한(苦汗)을 짜게 하는 동시에 「인플레이션」 하 「셰레」 현상과 더불어 그들의 몰락을 촉구시켰음이 분명하다. 다만 표면적 결과만을 볼 때 소농(小農)의 누적된 부채나 불시의 재난이 흔히 이농의 충세적(衝勢的) 원인으로 크게 부각되어 왔을 뿐이다.

우선 이농은 경제적 지배 조건 이외에 교육의 보급, 사회적 의식의 일반적 상승에도 관련된다. 그간에 농촌 청소년의 향도(向都)를 자극하였고, 교통의 발달이 농한기 노동의 일시적 출가 이동을 촉진시킨 점 또한 불소하다. 한편 기간 노동을 잃게 된 농가 스스로 영농의 지속이 어렵게 된 점은 더욱 많다. 그 가운데 농촌 잔류 인구의 노쇠화 경향이 인구의 자연 증가에 상대적 하위를 가져온 근자(近者)의 예 등 각지에 특이한 조건은 오히려 늘어가는 현실이다.

사실인즉 고도 성장주의에 대응한 저곡가 정책은 농촌 인구의 감퇴를 가져왔을 뿐이 아니라 생산 구조면에서 농업의 비중을 크게 떨어뜨렸다. 주체면에서 볼 때 특히 대중적 경작 소농(小農)에 대하여 경제적 압박의 도를 가중한 그의 힘은 큰 것이었다. 그중 몰락 직전의 취약 영세농이 산업 예비군적 존재로서 바로 도시 저임금에 직결된 군상(群像)이었음에 다름이 없다. 이 점, 이들 이농자로 하여금 농촌과 도시의 양(兩)지역을 통하여 경제의 희생자로 만든 반면에 도시 산업계의 자본 축적이 풍요한 자원을 그와 더불어 확보하기에 편리케 한 것이 공인된 기구(機構)이다.

그런데 그 동안의 미가의 조절책을 좀 더 보면 그것은 한편에 있어서 저가·다수확 품종의 증산

독려에 병행하여 미국과 일본산 잉여 곡가의 대량적 도입으로 대처하였다. 그러한 관권(官權)적 추진 방식인즉 마치 일제 하 1920년대의 산미(産米) 증식계획을 전후(前後)한 사정을 방불케 한 유형이다. 그가 잉여 곡물의 무질서한 도입 하에 감행된 증산 독려이고 보니 영농 상의 비 타산(打算)성은 가중될 수밖에 없다. 곡가의 생산비 보상은 따르지 않는 가운데 외곡(外穀)은 항상 대기 상태에 있고 금비(金肥)나 농약 등 지출 면의 상승이 따르고 보니 결과가 무엇을 뜻할 것인가는 거의 분명한 전망이다.

지금 그 동안 행정당국이 소농(小農) 일반에 대하여 취한 생산지도 방식을 좀더 평한다면 그도 한때 식민지 시대의 시책과 크게 다를 것이 없었다. 설령 그의 지대 독려의 추진력이 일제하의 폭압적 의도를 갖지 않았다 한들 그것이 발전된 화폐 경제 하 소농(小農)의 피압적 과정을 그와 더불어 강화한 경위는 뚜렷한 국면이다. 모름지기 영농 지도라는 것이 본의 아닌 무리를 강요한다면 소농(小農)의 생산자적 창조성 역시 제약될 수밖에 없다. 그나마 실농의 역효과에 대하여 책임 있는 보상책이 따르지 못하고 보니 모순상은 노골화할 뿐이다. 그럼에도 불구하고 대중적 소농(小農)에 있어서 그들 경제적 곤궁과 사회적 지위의 취약성이 단결의 힘으로써 자기 권익의 보장을 꾀하기에 노동자 이상으로 어렵게 되어 있다. 그 가운데 이른바 농민적 조직으로서 농업 협동조합이 있기는 하나 그는 아직 소농(小農)적이라기보다 자본적이며 또는 관리적 기능자이다.

사실, 한국의 농촌 지방에는 협동 조합기구의 보급이 주어져 있고, 수리 확보를 위한 농지 개량 조합 등이 조직되어 있으나 우선 그들이 각기 본래의 민주적 기능을 발휘하고 있지 못한 과정에 놓여 있다. 그들은 거의 일제 하의 폐풍에 따라서 국가의 행정 기구(機構)와 같이 소농(小農) 위에 군림한 양태이며, 특히 소농민(小農民)의 이익 관계로서 기대되는 협동 종합이 거의 일반의 금융기구(機構)(은행)에 타락하고 있음은 기관이다. 더욱 수리 시설의 조합 운영을 본다 하더라도 수리 불안전 답(畓)은 아직 상대 비중이 남아 있는 가운데 소농(小農)에 대한 수세(水稅) 중과(重課)는 도처에 만성적 문제로 되어 있다. 일찍이 일제 하의 수리조합인 즉 확실히 각처에 농민 원성의 대상이 되기도 하였으나 오늘날 역시 수리조합이 몽리구역내 지가를 오히려 인근의 동종 지가보다 저평가시키고 있는 실례를 종종 보게끔 하고 있는 실정이다.

그 밖에 소농(小農) 일반의 공과적(公課的) 부담을 들어 따져보면 일반의 지세 외에 고리채의 금리나 노동 부역 등 특이한 주체적 종목도 없지 않다. 더구나 근래 소작제의 음성(陰性)적 재생으로 말미암아 소작료는 당연히 중시되어 가는 사회적 문제의 조건이다. 바야흐로 소농(小農)의 사회경제적 피지배성이 농지개혁 이전의 상황과 어떻게 달라진 것인가를 물어보고자 하는 점은 적지 않다. 무엇보다 그가 역사적 기생지주와 소작농(小作農)의 관계가 아니라 국가적 독점 자본주의 하의 소농(小農)이라는 것, 그 가운데 특히 그들 소작농(小作農)의 경제적 타산(打算)성은 날이 갈수록 예민화할 수밖에 없는 가운데 스스로 실질적 노동자화 운동이 촉진되고 있다는 양상이 크게 지목되는 기구(機構)인 까닭이다.

　우리는 도시의 산업화 과정이 농업 노동의 산업 노동화를 가져오는 동시에 경작 규모의 상대적 확대로 파급되고, 상업적 농업의 전개, 기업농의 대두, 농업 생산성의 향상 등 총체적으로 농업의 근대화와 농촌 소득의 증대를 가져올 것으로 낙관하기 쉽다. 그러나 개별적 소농(小農)의 주체적 입장에서 본다면 문제는 일반적으로 오히려 심각한 양상이다. 그들의 계급적 분화(分化) 과정이 타율적으로 촉구될 것은 틀림이 없거니와 우선 도시 산업자본의 팽대 과정이 농촌 가공업의 파괴를 가져왔다. 더구나 곡가의 외세적 지배력 형성이 「셰레」적 적자 수지를 가져왔다 할 때 그것은 바로 그들의 일방적 희생을 뜻할 뿐이다. 한편 공업 공황이 농업 공황을 유발하는 경향이고 보면 세계 불황의 압력이 그들에게 전가되는 기구(機構)적 조건 또한 경시할 수 없다. 산업 자본의 축적에 따라서 「셰레」 운동은 촉진되는 경향이니, 「인플레이션」과 더불어 그 또한 그들을 이중적으로 위협하는 동태일 뿐이다9).

　더욱 도시산업의 발전에 대응하여 근대적 상업 자본이 소농(小農) 경제를 선봉으로 침탈(侵奪)하는 기구(機構) 또한 볼만하다. 사태는 대개 부등가 교환으로 견현(見現)되거니와 이른바 전시효과를 통한 일상 소비수준의 자극 역시 그에 대응한 필연적 조건이다. 하물며 전기적 상업 자본이 고리대 자본과 더불어 쌍두적 기능을 감행한 습속(習俗)은 아직 도시와 농촌의 도처에 아니라 그들 스스로 토지를 매수하여 대토지로서 소작농(小作農) 위에 행세하기도 하는 실정이나, 실로 이렇게 될 때 이 땅의 소농(小農)은 현실적 피압자인 동시에 그 대부분이 장래의 실질 노동자임에 틀림이 없다. 농촌의 표면적 근대화에도 불구하고 그들의 주체적 불안정성이 물어지지 않을 수 없는 소이(所以)이다.

　그러나 한 말로 소농(小農)이라 하여도 거기에는 영세적 소작농(小作農)을 비롯하여 상업적 영농자(營農者)에 이르기까지 피압적 조건의 구분이 없지 않다. 그에 따라서 그들의 객관적 지위에 차등은 불면하고, 주체적 의식 또한 상당한 변이를 보여준다. 그러므로 이러한 객관성과 주체성 또한 구분하여 그의 배경과 더불어 물어볼만한 이유는 뚜렷하다. 거기에 필경 농업 문제의 구체적 조건이 부각됨과 아울러 우리의 「역사적 인간」에 대한 인식의 과정 또한 재확인될 것이 기대되기 때문이다.

---

9) 졸저(拙著) 「한국 자본주의사 연구」 Ⅲ, 1977

Ⅲ. 소농(小農) 생산과 지대·이윤

1. 소농(小農)의 변질과 지대의 분화(分化)

지금 만약 소농(小農)의 개념을 추상적으로 규정하여 소규모의 가족적 경영형태라고 말함에 그친다면 그러한 양식은 일찍이 문명 각국의 고대사회 이래 지구상 도처에 찾아볼 수 있게 된다. 구태여 토지 소유관계를 따져서 묻지 않을 때 일찍이 서구 봉건사회의 기간적 농민계급 역시 이러한 소농(小農)의 범주적 유형이다. 그 가운데 이른바 「자영 농민의 과소농(過小農)적 토지소유 형태」라고 부른 그것은 「그리스」나 「로마」의 최성기에 있어서 오히려 토착사회의 기반을 형성하였다고 보아진다. 봉건적 토지소유의 해체로부터 발생한 영국의 요오만(yeoman)이나 서전(瑞典)의 소농(小農), 불란서·서부 독일 등의 기간 농민 역시 보편적 소농(小農) 생산양식의 이중일 뿐이다.

그러나 원래 역사적 「자유농민들의 토지소유 형태」 = 분할지 농업(Parzelleneigentum)에 있어서 지대라는 잉여가치의 형태적 분화(分化), 즉 지대와 이윤의 분화(分化)는 아직 있을 수 없었다. 지대란 오로지 그들 자유농민의 자신에 귀속되는 잉여노동의 총괄적 개념이었을 뿐이며, 이 점은 바로 그들에 의하여 생산된 농산물의 압도적 부분이 자가 소비에 충족되고, 잔여 일부만이 상품화되는 사실에 대응한다. 농업의 기업화 과정이 진행되기에 앞서서 지대 이외에 이윤의 범주는 분명히 밝혀지지 않는 까닭이다.

한국의 소농(小農) 생산 양식 역시 오늘날 그 자체의 외형에 관한 한, 위의 분할지 농업을 영위하는 자영농(自營農)에 흡사하다. 다만 일견 그 경영규모나 경작 형식 등에 있어서 동양적 영세성이 크게 눈에 띈 양태일 뿐이다. 그러나 그 외위(外圍)적 지배조건을 아울러 살펴볼 때 그 본성이 전후 크게 달라져 있음을 알 수 있다. 우선 봉건사회의 해체기에 있었던 서구적 과소농(過小農)의 독립적 자유성 ─ 따라서 그러한 주체성 ─ 과독점 자본주의 하의 오늘의 제약적 소농(小農)을 우리는 그저 평면적으로 비교할 수 없는 이치이다. 여기에 한국적 소농(小農)의 경제적 주체성에 대한 독특한 의미는 주어진다. 소농(小農)의 주체성 그것이 결코 경제규모나 경작 형식으로서만 판정되는 문제가 아니라, 인간으로서의 주체적 의식 수준과 더불어 역사적 배경에 관련된다는 것, 따라서 그들 입장을 현실화 할 때 필경 「역사적 인간」으로서 그가 물어질 수밖에 없는 논리이다.

독점 자본주의 하의 당면한 소농(小農)과 서구중세기의 자영농(自營農)이 서로 주체적 본성을 달리하고 있다는 점은 분명하다. 그것은 비단 양자의 객관적 지배 조건에서 뿐이 아니라, 그들의 의식수준에서 오히려 엄연한 실태이다. 그것은 서구 과도기의 소농(小農)에 있어서 상당히 독립적, 자유적인데 대하여 우리에 있어서 근대적 피압 조건이 가중된 시대적 배경에 비추어 분명히 말할 수 있다. 이점, 반드시 토지소유의 형태(농민의 토지소유, Propriete paysanne)[10]에서 구분된다

─────────────────────────

10) 불란서에서는 13세기 이래 토지 소유자로서의 농민(농민적 토지소유제)는 공인되었다.

할 수 없고, 요는 봉건사회와 독점 자본주의 사회를 분명히 구분함으로써 비로서 밝혀지는 성질의 것이다. 따라서 이러한 판별은 구태여 서구적 소농(小農)과 한국 소농(小農)을 대조함에 한하여 주어지는 명제가 아니라, 이조 봉건시대의 국내 농민과 현실적 한국 소농(小農)을 비교함에 있어서 당연히 얻어지는 이 방면의 제1차적 평가 기준이다. 이점, 비록 토지소유농민 사이에 그 외견적 양태는 옛이나 오늘이나 다를 것이 없다 하더라도 역사적 지배 조건의 변천에 따라서 그들의 주체성이 크게 다를 수 있다는 사실을 뜻하고 있다. 그동안 사회적 인간과 인간과의 물질적 교류관계에 있어서 특징적 변혁이 주어지게 마련인 까닭이다.

첫째로 우리는 봉건사회에 있어서의 소농(小農) 일반의 체제상 잉여 노동의 일체를 각종 (노동·현물·현금) 지대로서 상납하는 예농(隷農)인데 대하여 현실적 한국 소농(小農)이 그러한 전기적 입장에 놓여 있지 않은 점을 들어 말할 수 있다. 후자에 있어서 우선 역사적 지대는 이미 여러 가지 화폐적 소득형태로서 타산(打算)되고 분화(分化)되어 있는 것이 인식되는 조건이다. 그 중 어느듯 봉건적 토지제의 내면적 근대화와 더불어 지대의 객관성 역시 본질적으로 달라졌다. 그와 아울러 소작농(小作農)의 농업 노동자화 운동과 기생 토지의 자본가적 변질 등 무엇보다 지대(근대적 지대)와 이윤의 분화(分化)를 촉구하여 왔다고 보아지는 과정이 볼만한 변천이다. 더구나 이 때에 지대에는 원리상 차액 지대 이외에 절대지대를 예상하지 않을 수 없고, 이윤의 타산(打算) 또한 노임 수준과 더불어 뒤따랐다. 예컨대 잉여 노동의 일부로서 일반 이윤에 해당한 자본가적 토지의 취득분이 평가되지 않으면 아니됐다는 것, 그럼으로써 지대(근대적)외 이윤의 분리적 동태와 토지의 근대적 상품화 과정이 때를 같이 하여 진행되게 마련이라는 것이 당시 주어진 일반적 동태이다.11)

물론 우리의 대상 소농(小農)의 빠짐없이 영세적 소작농(小作農)이나 농업 노동자는 아니므로 당장 무산(無産) 농민으로서 총칭할 수는 없다. 영세적 지주 역시 이를 독립적으로 생각할 때 일률적으로 자본가화한 것으로 평가할 수도 없는 노릇이다. 따라서 일제 하 지대의 근대화 역시 그만큼 범주적 제약을 볼 수밖에 없었고, 이윤의 분화(分化) 또한 당연히 내재적임을 인정할 수밖에 없다. 그럼에도 이들 경제주체를 제국주의 하의 강권적 피압 조건이나 독점자본주의의 세력적 지배 하에 놓고 볼 때 내재적 변질은 뚜렷한 전망이다. 그 중 개별적 자영 소농(小農)의 실질이 농업 노동자화하고 기생 지주의 상대적 지위 역시 구구한 차이를 보인 가운데 각기 독특한 자본가적 발전을 시현하였음이 입증된다. 이 점, 제국주의 하의 피압적 계급 분화(分化) 과정이라 함에 우리의 각별한 유의는 필요할 뿐이다.

한국의 위와 같은 타율적 근대화 과정은 실지 3.1 운동을 고비로 한 1920년대로부터 보편화 하였다.12) 그도 전반적 사태의 진정이 일시에 이루어진 것은 아닌 만큼 혹은 이를 봉건 관계의 역전으로 보기도

---

11) 지대와 이윤이 이와 같은 분화(分化)는 바로 지세(地稅)의 근대화를 가져왔다.
12) 졸저(拙著), 「한국자본주의사 연구」(I((II)(III)(1970~1977)은 이를 밝힘에 역점을 두고 있다.

하고, 끝가지 과도적 소농(小農)의 침체(沈滯)적 주체성을 자기관념으로서 고수하기도 하였던 것이 사실이다. 그 중 오히려 소작농(小作農)이 스스로 기업농화를 지향한 듯 보기도 하였으나 그들은 다 같이 권력적 지배조건의 개입을 간과한 관찰의 소산에 불과하다. 실상인 즉 그 후 전개된 소작농(小作農)의 몰락, 소작 쟁의나 노동 운동의 발전적 변화나 농지개혁의 시대적 배경을 통하여 역연히 반증된 주체성의 동태이다.

그러면 나아가서 현실적 소농(小農)에 있어서 묻는 바, 지대의 분화(分化) 과정과 세력적 지배자본과의 관계는 어떠한 것인가?

필경 독점자본주의 하 소농(小農) 지대의 대부분이 사실상 지배 자본의 이윤으로 귀속되는 기구(機構)적 조건은 뚜렷하다. 그 점, 직접적 소농(小農)부담이나 시장 거래의 간접적 부등가 교환에 의거할 뿐 아니라, 더욱 크게 공황이나 「인플레이션」의 과정을 통하여 총체적으로 형성되는 문제이다. 더욱 그 중 이른바 농촌 개발사업이나 농업 개량 사업 등을 매체로 하여 지배자본에 의한 지대의 흡수 운동이 이루어진 예도 많거니와 직접 국권에 의하여 그가 이루어질 수 없지 않다. 구태여 구체적 예를 든다면 소농(小農)의 주택 개량 사업이 흔히 「세멘트」 업계를 치부케 하는 반면에 소농(小農)에 대하여 고리(高利)적 부채를 추가함과 같은 결과이다. 따라서 일제 하의 대소 지주와 소작농(小作農)의 관계를 예로서 볼 때 당시의 보편적 소작제 하에 있어 지주의 절대지대나 차액지대는 대부분이 독점(지배)이윤의 형태로서 국권에 의하여 수취되었고, 평균이윤에 해당한 부분만이 흔히 토지의 취득분으로 남게 되었다. 이러한 과정에 대응하여 기생지주의 자본가적 운동과 소작농(小作農)의 농업 노동자화 운동이 추진되었다고 보아서 틀림없는 것이니, 이들 타율적 주체성 변질의 인식 없이 한국 자본주의 이해는 피상적이 될 뿐이다. 그중 사태의 진전이 소작 농민을 보다 강압케하는 추진력으로서 지대의 부담마저 전가되었던 만큼 이 때의 지배적 농민 형태인즉 고율적 소작료(지대)를 부담하는 봉건적 농노(農奴)의 입장에 흡사한 외양이기도 하였으나 자본의 지배 하에 그들의 실질이 단순한 농노가 아니라 오히려 스스로 노임과 지대(소작료)를 타산(打算)적으로 평가하는 독립적 주인공이었다는 것, 곧 농업 노동계급이었던 존재이다. 이 점, 바로 지배 세력에 따른 기생 지주의 자본가화 과정에 대응한다. 그리하여 토지자본가인 이들에 의한 지대의 이윤적 흡수 운동이소작농(小作農)으로 하여금 임금 수득자로서 대립 존속시킬 수 없게 하였던 기구(機構)적 운동 실태이다.

해방 후 농지개혁에 이르기까지 소작농(小作農) 이외에 소토지를 소유하는 노작(勞作)적 자영농(自營農)의 구성도 상당한 수적 비중을 차지하고 있었다. 그들은 일단 차액 지대를 스스로 취득할 수 있다는 점에 있어서 분명히 농업 노동자나 소작농(小作農)과 다른 범주이다. 다만 이 또한 세력적 지배 자본 하에 중과(重課)된 토지 부담을 쉽게 벗어날 수 없는 총체적 피압 신분에 있었고 그들 본래적 자유나 독립성이 스스로 보장되기에 어려웠다. 따라서 앞에서 본 영국의 「요만」과 같은 분할지 소농(小農)이라 할 수도 없는 성격의 것이다. 그럼에도 이 때에 자영농(自營農) 역시 최소한 토지(토지자본)에 대한 평균 이윤의 확보를 기도(企圖)하고, 소작농(小作農) 또한 소작료와 노임을 타산(打算)하기는 하나 정작 그들의 목적이 실현된다는 보장은 물론 없다. 오히려 그들의 노임 부분(필요 노동)마저 수취되는 고율적 고문(拷問) 소작료나 가혹한 영농 부담이 그들의 주체적 사회의식을 공통적으로 높혀 왔던 예이다. 여기에 특별히 심각한 농민 문제나 소작 문제는 대두되었다 하더라도 그것이 결코 봉건제 하의 농민 반항과 같은 실질의 것이 아님에 틀림이 없다. 무엇보다 근대적 소농(小農)의 주체적 입장이 다 같이 대립적 체제 하의 그것이 아니라 실질적 노동자화의 근대적 과정에 놓여 있었던 까닭이다.

만약 일부의 논객에 따라서 위와 같은 지배 자본의 세력적 조건이나 피지배 소농(小農)의 주체적 변질 과정을 시인하지 않는다면 우리는 우선 해방 후의 농지개혁을 소작농(小作農) 해소에 의한 봉건 체제의 타파(농민 해방)운동으로서 평가할 수밖에 없다. 경자유전(耕者有田) 그 자체가 목적이었으며, 봉건적 기생 지주의 배제만이 그에 따랐던 귀결이었다. 그러나 위에 전개된 객관적 견해에 의하면 이 땅의 농지개혁은 이미 실질적 노동자화한 소작료에 대하여 생산수단(토지)을 급여함으로써 자본주의 경제하 유산계급(有産階級)의 욕구불만은 해소시켜야 한다는 세계 정책적 목표에 부응한 시책으로 보아지는 논리이다. 여기에 우리는 자영농(自營農)의 형성, 중간적 자본가층(토지)의 해체와 더불어 국유자본주의의 강화한 사태에 부딪칠 수밖에 없다. 그에 따라서 경제 주체의 변질은 말할 것도 없거니와 지대 취득자의 이동(분배지주에 한하여)이 가져온 사회적 변동 또한 예상되었던 당연한 동태이다. 이 점은 농지 개혁이 일단 차액 토지만큼을 자영농(自營農)에 귀속시키려는 취지에도 불구하고, 그 토지의 형성이 저곡가하 제대로 진행될 수 없었던 사정에도 확인된다. 더욱 노작적(勞作的) 소 자영농(自營農)의 경우, 흔히 자가 노동이나 공용노동의 보상을 충분히 받지 못한 채 몰락의 과정을 걸어올 으로써 소작제의 재생을 보게 된 점 역시 예상되었던 필연적 과정이다.

2. 소농(小農)과 잉여노동

우리는 위에서 한국 소농(小農)의 현실적 배경과 주체적 변질의 역사적 조건을 대체로 밝힌 셈이나 문제인 주체성의 변질 구조에 관한 한, 그 내용을 좀 더 깊이 물어야 마땅하다. 그것은 요컨대 소농(小農)이 어떻게 그의 잉여노동을 형성하고, 따라서 지대를 어떻게 형성하였으며, 더욱 지대는 어떻게 분화(分化)했던가를 한 걸음 기저(基底)적으로 밝혀야 한다는 논리이다. 거기에 비로소 소농(小農)의 사회적 주체성 또한 그의 정체를 뚜렷이 부각할 것으로 기대된다. 우리의 현실적 경제는 지대의 분화(分化) 과정으로부터 근대화의 발걸음을 옮긴 것이 틀림없는 까닭이다.

두말할 것 없이 소농(小農) 생산 양식과 현실적 자본주의 경제를 형성하는 인간요인으로서의 자본가와 산업 노동자, 그리고 소농(小農) 등은 흔히 경제적 주체성이 독립적인 것으로 인정되어 왔다. 이들은 각기 체제상 일단 대등한 인력자로서 다루어져 왔던 존재이다. 다만 그 가운데 소농(小農)과 자본가의 사회적 위치나 경제활동의 양태를 비교해 보면 그 실질이 노동자의 그것과도 매우 판이하다. 양자 반드시 역사적 배경을 달리하는 것은 아니나 계급적 분화(分化)와 더불어 고유한 주체성이 형성되고, 양자 분리된 자기 생활권을 갖는 것이 일반이다.

그럼에도 불구하고 오늘날 소농(小農) 생산 양식(소농(小農))과 자본주의 체제(자본가)는 경제면에서 깊이 연결되어 있다. 그 중 눈에 띄는 것만을 들어본다 하더라도 천태만상의 상품이나 노동의 교류, 화폐의 수여, 투자나 저축, 증권의 매매, 시설이용 등 다양한 거래 관계이다. 그리하여 이들은 다 같이 양자의 세계를 가교(架橋)시키는 중요한 계기로서 기능하며, 그 자체 날이 갈수록 증대하거나 발전되어 가고 있다. 그 가운데 독점적 시장가격이나 세력적 지배 기구(機構)를 통하여 부등가 교환이 빈번히 이루어지고, 때때로 소농(小農)의 궁박(窮迫)적 조건이 가담하여 농촌 공황이나 농업 문제의 격성을 크게 보게 된 점, 누구에도 절실히 인정되어 온 조건이다.

그러나 우리는 소농(小農)과 자본을 종합 관찰함에 있어 상품이나 화폐나 노동의 이동 등이 중요한 복합적 요인임을 인정하는 동시에 이들 양자를 다시 기저(基底)적으로 연결하는 공통적 요인으로 추구 즉 가교성(架橋性)에 관하여 새로운 조건을 발견하지 않으면 아니 된다. 그러한 공통성의 탐색이야말로 과학의 보편적 방법(인간 이성의 발로(發露))인 동시에 당면한 우리의 목적에 직결되는 분석의 수단이다. 그런데 소농(小農)과 자본과의 연결시키는 기구(機構)조건을 표면에서만 관찰할 때 우선 거기에는 각기 전기적 교환관계나 자본제적 시장 조건만이 다양한 형식으로 전개됨을 볼 수 있다. 따라서 일견 어떠한 공통성은 거기에 없을 것도 같은 양태이다. 그렇다면 거래의 공평성이나 균형의 안정성과 같은 시장 경쟁적 요인만이 논의될 것 같기도 하지만 그도 어느 것이나 우리가 찾는 바, 소농(小農)과 자본을 연결시키는 특이한 사회적 조건으로서 부족하다. 그러한 현상 형태는 전기적 사회나 현실사회의 어느 국면에 있어서도 흔히 보아지는 사실이며, 비록 가족적 생활권내라 하더라도 이들은 그대로 나타나는 일상적 거래형식일 뿐이다. 그러므로 우리는 마땅히 깊이 들어서서 다시 현상의 전체를 관통하는 실체적 요인을 추구하지 않으면 아니 된다. 여기에 소농(小農)을 특화하는 사회적 개병의 기구(機構) 역시 비로소 그 기저(基底)적 국면을 좀 더 구체화 할 것이 기대되기 때문이다.

오늘날 전통적 경제학의 주체적 구성을 살펴보면 농업 생산을 통한 고도자본 축적 운동에도 불구하고 그에 대한 소농(小農)의 기여를 평가하는데 매우 등한시되어 있다. 더구나 농민의 주체적 성격을 현실적 차원에서 깊이 묻지 않는 것이 일반적 경향이다. 설령 그들 경제학이 지대의 형성을 묻는다 하더라도 이 때의 농업 생산자는 그저 자본가(농기업가)로 상정되어 있고, 현실적 농민이 되어 있지 않다. 현실 위에 서 있는 경제학이 마치 현실을 외면하고 있는 모순된 인상이 눈에 띌 뿐이다.

두말 할 것 없이 경제의 물적 기초는 후자에 있고, 생산의 양식은 곧 경제의 체제를 규정한다. 자본주의 체제와 봉건체제 또는 소농(小農) 생산양식의 구분을 생산의 발전과 더불어 봄과 같은 예이다. 이 체제적 양식을 규정하는 사회적 생산 관계는 모름지기 생산수단과 노동의 관계 또는 생산수단의 소유자와 노동자와의 관계에 귀착된다. 따라서 생산수단과 인간(인간노동)과의 관계는 결국 고유한 경영체제를 규정하게 마련이다. 그것은 보다 간단히 볼 때 모든 경제현상 역시 인간 노동의 발휘조건에 기초를 두고, 그 자신 인간(노동)을 배양하고 있는데서 연유한다. 그럼으로써 우리의 묻는 바, 위의 두 이질적 생산체제를 연결시키는 가교(架橋)적 조건이 노동에 있을 뿐이 아니라, 그것 이외에 보편적 기반을 구할 수 없다는 것이 당연히 주어지는 명제이다. 그러면 이 때에 당장 소농(小農)의 노동인(動因)즉 자기생산체제와 자본주의 생산체제 간에 마땅히 있을 수 있는 그 연결을 어떻게 맡아 보고 있는 것인가?

문제에 대한 해명은 위의 두 생산 양식 어느 쪽에서부터 시작하여도 마찬가지 결론이 주어지는 것이나 우선 자본가적 생산의 동기로부터 살펴보기로 하자. 무엇이 근대적 생산양식을 가져 왔는가, 즉 지대와 이윤의 분화(分化)를 가져왔는가를 기능적으로 본다는 뜻이다. 우선 「아담·스미스」는 이 점에 관하여 다음과 같이 해명하고 있다. 즉

> 「자본이 특정인에 의하여 축적되면 그 중의 어떤 자는 당연히 그를 근면한 사람들을 노동에 종사시켜 그들에 원료와 생활 자료를 공급케 하는 목적에 충용한다. 이 점, 그들의 노동 생산물을 판매함으로써, 바꾸어 말하면 그들의 노동에 의하여 원료의 가치에 추가된 부분을 그들이 얻음으로써 그에 의하여 이윤을 취득하고자 함에 있다. 즉 노동자들이 원료에 추가한 가치는 이 경우 두 부분에 귀속된다. 그의 하나는 그들의 임금에 해당된 부분이고, 다른 하나는 그들의 고용주가 자기의 구입한 원료 및 임금의 금액에 관하여 얻은 이윤이다. 운운(云云)」 13)

따라서 여기에 일단 이윤이 자본가적 생산의 동기라는 것과 그가 노동 가치의 추가분이라는 명제를 확인한 우리는 나아가서 그에 부수(附隨)하여 다시 묻고자 하는 점이 없지 않다. 이윤취득의 동기에 대한 평가, 이윤의 구성분이나 그것의 형성과정 역시 중요시되는 까닭이다.

첫째로 자본가적 생산의 동기가 가치 추가분인 이윤에 있다면 그것이 인간의 필요노동을 넘는 추가 노동에 관련된 소산일 것은 생산과 노동과의 기본 명제에서 분명하다. 다만 이때에 자본가 자신의 노동이 생산에 참여한다 하더라도 그것은 자기 자신의 노동의 대가를 목적하는 행동에 불과하며, 필경 이윤은 타인 노동의 소산이다. 사실, 원래 자기 자신의 노동 투하로부터 필요 가치 이상의 이윤(가치의 추가분)이 발생할 것인가도 이론상 문제려니와 설령 초과분이 있다 하더라도 그것은 대개 자기 자신의 손실에 대응한다. 예컨대 현재의 생활수준을 유지한 채 보다 근면한 노동을 영위하였다 해도 응당 그만한 추가적 대가를 자기 자신에 지불해야 하기 때문이다.

물론 이윤 없이 자본가는 자본이자나 지대를 지변할 수 없다. 이들 용역의 대가는 응당 보상되어야

---

13) A. Smith. 「Wealth of Nations 」, 1776, chapt. 6.1

하겠으나 이들의 충당(充當)만에 이윤이 그칠 수 없다. 따라 기업적 생산에 대한 자본가의 고유한 보상이 기업에 의하여 요구되기 때문이며, 이들이 다 같이 소농(小農)의 필요 노동을 넘는 잉여노동 = 이윤이 기본 원천임은 물론이다.

그러나 노동의 잉여가치만을 말한다면 그것은 자본가적 생산에 한정된 개념은 아니다. 일찍이 인간 노동과 더불어 경제생활이 있는 한, 어디에서나 주어진 조건이다. 즉

「잉여가치는 인간의 노동력이 기술적 발전의 일정한 정점에 달한 이래, 인간의 유지와 번식에 필요한 생산물의 정액에 잉여를 만들어 낼 수 있다는 사실에서 발생한다. 이와 같은 잉여, 잉여생산물을 인간 노동은 태고(太古)이래 공급하고 있다. 그리고 문화의 진보 역시 기술의 완성에 의한 이 잉여의 점차적 증가에 기초를 두고 있다.」14)

경우에 따라서 자유시장을 상정하는 한 자본가는 우연한 기회에 손실을 볼 수 없지 않고, 한편 형편에 따라서 목전의 이윤을 포기하지 않을 수 없다. 그들 스스로 자선을 표방하기도 하고, 경제적 윤리를 말하기도 하는 예이다. 그 밖에 구태여 말한다면 사 기업에 대한 공익적 기업을 들어 볼 수도 있겠으나 그 어느 것이나 이윤을 끝가지 부정하고 있지는 않다. 만약 끝까지 그들이 이윤을 배제할 때 그들은 자본가적 생산이 아닌 일종의 체제적 생산 기구(機構)일 뿐이다.

고유한 기업 이윤이 자본가의 취득하는 잉여가치분임에 틀림이 없을 진대 당연한 이치로서 기업인은 가능한 한, 그의 최대한 취득을 기도(企圖)한다. 여기에 기업간 경쟁은 치열화할 수밖에 없고, 약육강식의 경제활동이 전개되게 마련이다. 그러나 결과는 우승열패(優勝劣敗)와 자본의 이동 조정으로 필경 이윤율의 평준화(평균이윤), 따라서 동일 상품 가치의 사회적 평균화 운동을 가져온다. 이것이 바로 이른바 노동 가치설이 논하는 「가치법칙」의 내용이다.

그런데 이 때에 경쟁적 자본가의 합리적 생산 활동이란 쉬운 것이 아니다. 따라서 개별적 기업에 있어서 임금의 조절은 흔히 1차적으로 지목되는 그들의 대상이다. 그러므로 여기에 노동자의 필요 노동 확보는 쉽지 않다. 그도 오히려 부단히 압박을 받는 존재이다. 그 중 경쟁에 의하여 각 기업의 특별한 이익과 손실의 기회는 상쇄(相殺)되기 쉽고 일시적 특별 이윤만이 보장될 수 있는 만큼 자본의 집중과 독점화는 진행된다. 이른바 최대한 이윤의 확보 운동 역시 자본가 그들의 개별적 노동자나 소 생산자에 대한 사회적 우세에서 보장될 뿐이다. 곧 독점자본의 경우 그들의 압도적 시장 지배력이 배타적 독점 이윤을 형성한다. 그 독점시장의 확보 방식에도 여러 가지의 것이 있을 수 있으나 독점 자본은 무엇보다 일국의 유통 면을 지배한다. 따라서 단독으로 또는 흔히 스스로 「카텔」, 「트러스트」, 「신디케트」를 결성하기도 하고 「콘체른」의 일부가 되기도 하여 다양적으로 독과점 시장 조건을 꾸며낸다. 소농(小農)경제는 바로 여기에 본격적 피압과정에 들어서는 예이다. 더구나 국내의 독점자본은 국제자본과 연결되기 쉽고, 그들의 지배력은 단순한 경제사회의 활동을 넘어서 정치적 위세에 미치게 된다. 그에 따라서 그들의 세력 팽창 운동이 최대한의 목표 수준에 달하는

---

14) K. Kautsky, 「Agrarfrage」, (일역) p96

것은 당연한 귀추이다. 다만 이 때에 그 독점이윤 역시 사회적 노동의 잉여가치라는데 공통성을 가지고 있다. 본래의 가치(필요노동)를 넘는 잉여가치의 형성 없이 사회적 가치의 원천적 증식은 끝까지 없는 까닭이다.

그럼에도 불구하고 전게(前揭)「아담 스미스」의 론지를 보거나 그 후의 많은 경제학에 있어서 이윤의 구성내용이 반드시 분명하지 않음을 볼 수 있다. 더구나 피용(被傭)노동자가 어떠한 주체성을 갖는 것이며, 원료의 생산자가 누구인가에 따라서 그의 내용이 달라질 수 있다는 점, 각기 소농(小農)에 직결시켜 볼만한 문제의 조건이다. 무엇보다 전통적 경제학이 산업노동자의 주체적 약점이나 자본가적 생산 양식의 강점을 주시하였다 하되 현실적으로 전후 양자와 다시 깊이 관련된 역사적 소농(小農) 생산을 따져보지 않았다는 사실은 주목된다. 오늘날 소농(小農)은 모름지기 산업 노동 계급의 예비적 일원이며 더욱 날이 갈수록 증대해 가는 자본에 대한 기간적 식량과 원료의 공급자이다. 사실 우리는 흔히 노동자 그들이 봉건제 농업 사회에서 배출된 존재라는 역사적 사실이나 소농(小農)의 토지로부터의 이탈, 농촌 노동의 산업 노동화 운동을 자본주의 경제의 당연한 진행법칙으로만 보아왔을 뿐, 바로 「역사적 인간」인 그들이 자본가적 생산 양식과 직결되어 있는 구체적 국면을 자못 등한시 했다고 볼 수 있다. 더구나 후진적 자본주의 각국에 있어서 국내 생산원료의 기간적 공급원으로서 실체 역시 논자의 직설적 대상 주체로서 흔히 다루어지지 않았던 문제의 조건이다.

모름지기 독점자본과 소농(小農)의 상호 관계가 국민경제의 지배적 비중을 차지하는 한국에 있어서 이들의 기초조건을 그대로 놓아 둘 수 없다. 바야흐로 현실 경제의 독점화는 뚜렷이 집약되는 특징적 기구(機構)이다. 다만 이 때에 주어진 독점자본이나 소농(小農)의 주체적 형태는 구구하다. 경제 관계 역시 상호 직결된 시장 관계를 볼 수도 있겠으나 국권의 배경 하에 부등가 교환의 비리를 소농(小農)에 있어서 볼 수도 있는 사정이다. 그 어느 경우에 있어서나 소농(小農)의 잉여노동이 경제활동의 기간적 동인(動因)이 되어 있음에 다름이 없다. 특히 그 가운데 무엇보다 소농(小農)의 타율적 빈곤화 과정이 크게 눈에 띄는 동태일 뿐이다.

결론적으로 말하여 전반적 경제기구(機構)는 크게 소농(小農)의 잉여노동(잉여가치)에 달려 있고 따라서 우리의 목적은 그것의 귀추를 보는데 있다. 내용은 한편에 있어서 그들의 필요 노동을 분석하는 과업이며 필경 주체성을 밝혀보는 방법이다. 이때에 역시 전(全)노동으로부터 필요노동을 제감한 잔여분이 잉여노동임에 다름이 없으나 무엇보다 그들의 객관적 지배조건이 소농(小農) 생산 양식에 있어서 「가치법칙」의 관철을 그래도 요구하지 않고, 그것을 용인하고 있지도 않다. 이 점, 자본주의 경제 하의 가치적 운동법칙과 같지 않은 결과이며, 양자의 연결 방식 또한 복잡한 기구(機構)적 문제이다. 그것은 무엇보다 소농(小農) 사회의 경우 토지의 한계성이 뚜렷하다는 것, 자유시장의 경쟁조건이 제약되어 있다는 것, 반자급적 생산이 일반이라는 것, 자가 노동의 계절적 혹사를 하고 있다는 것, 기아적 생활을 영위한 자가 부소하다는 것 등 제 요인에 크게 관련된다. 따라서 우리는 당장 기업적 생산방식이나 도시인의 생활양식을 그대로 옮겨 놓고, 소농(小農)사회를 볼 수도 없는 소이(所以)이다.

그러나 소농(小農) 생산 양식의 내부적 특수 조건에도 불구하고, 오늘날 저곡가를 주축으로 한 「세례」 현상이나 만성적 궁박(窮迫), 그리고 자가 노동의 남용적 혹사 등을 통하여 문제의 잉여노동은 도시산업자본이나 상업자본을 위하여 축적의 원천이 되기에 편리하다. 더욱 화폐경제와 교통의 발달이 이들을 촉진하는 동인(動因)이란 점 알만한 배경이다. 사실, 기아선상에서 소농(小農)이 자가 노동을 혹사한다 할 때 일정한 농산물에 구현된 그들 노동의 가치는 그만큼 증대될 수밖에 없다. 그럼에도 그들 시장을 통하여 부등가적 교환은 거침없이 성행되고 잉여노동(가치)의 상실은 그에 있어서 불면함을 볼 뿐이다.

그 가운데 소농(小農)의 궁박(窮迫)이 자기 토지를 이탈할 운명의 직전에 놓이게 될 때 그가 토지에 매달려서 몸부림치는 모습은 실로 처참하다. 고리대의 압박, 굴욕적 고통, 육체적 과로, 만성적 기아생활이 흔히 그들의 수명을 단축시키기도 하는 예이다. 여기에 친척 근린(近隣)간 상호부조의 실은 전통적으로 보기도 하는 것이나 그들 방식 역시 반드시 생산적인 것이라 할 수 없다. 유교적 허례(虛禮)나 관혼상제(冠婚喪祭) 등의 이름 밑에 낭비적 조류를 조성하기도 하는 까닭이다.

지금 소농(小農)이 잃게 된바 잉여가치의 구성을 구태여 따져보면 그 실질이 원칙상 지대에 해당한다 하겠으나 이자나 노임부분(필요노동)에 속한 것도 적지 않다. 자가 노동을 혹사하는 노작적(勞作的) 소농(小農)에 있어서 특별히 후자의 형성은 뚜렷한 조건이다. 더욱 본래의 지배(차액 지대)란 이론상 농산물 가격에 의하여 규제되는 것인 만큼 그것의 구분적 평가 또한 쉽지 않은 반면에 농산물 가치의 자률적 저평가 자체 바로 자본가에 의한 소농(小農) 생계의 실질적 압박 가능성을 증대한다. 소농(小農)이 기아적 가계수준 역시 따지고 보면 결과는 자본축적과 직결되는 동인(動因)이다.

물론 소농(小農)에 따라서 언제나 일체의 잉여노동이 반드시 자본가의 이윤으로 귀한다고 볼 수는 없다. 지대의 일부를 소농(小農) 스스로 취득할 수 없지 않고, 이자 등의 실질을 확보할 수도 있는 문제이다. 더욱이 상업적 소농(小農)의 경우 그러한 가능성은 뚜렷하다. 구태여 일부 대농을 말한다면 그 스스로 이윤의 일부를 소농(小農)으로부터 수취하기도 하는 예이다. 다만 우리는 그 어느 것이나 이들 이윤이 다같이 외래적 소산이 아니고 자연이나 토지 그 자체의 소산으로 보아서 아니 된다. 필경 농업노동의 소산이며 따라서 대부분이 소농(小農)의 잉여노동이 전화된 것으로 보아서 틀림이 없는 내용이다.

소농(小農)의 일부 가족이 도시 산업 노동자로 되어 있는 경우, ― 그 예는 증대하여 가고 있거니와 ― 그것은 곧 소농(小農)과 도시 자본과의 주체적 연결을 강화시키는 동인(動因)이 아닐 수 없다. 이 때에 당연히 가족적 지원 관계도 형성되거니와 그 가운데 산업 노동의 일부 저임금이 농사소득으로써 보충되기도 하는 예이다. 그러므로 우리는 농가(소농(小農))소득과 도시 근로자 소득을 그대로 간단히 비교할 수 없다. 더욱 소농(小農)과 노동자의 생계를 그들 소득수준으로 즉시 평가할 수 없는 현실이다.

그 밖에 소농(小農) 생계를 뜻하는 필요노동(따라서 잉여노동)이 지배자본의 세력 하에 「인플레이션」이나 공황 또는 재해의 강도 등에 크게 의존하고 있다는 사실 또한 중요하다. 소농(小農) 스스로 생산조건을 결정하는 여력은 더구나 갖고 있지 않고, 오히려 날이 갈수록 매양 제약될 수밖에 없다는 난점이 그들에게 부가되는 조건이다. 그러나 이들 제양태 역시 따져보면 소농(小農)의 각 유형에 따라서 판이하다. 계층 별 주체성 역시 이 점의 확인에서 비로소 구체화할 수 있을 따름이다.

Ⅳ. 소농(小農)의 계층별 주체성

1. 소농(小農)의 분류기준

소농(小農)의 주체성을 구분하여 보는데는 여러 가지의 기준이 있을 수 있다. 우선 자가 식량을 확보하기 어려운 영세농이 있는가 하면 자가 노동력의 완전 해소에 어려운 소농(小農) 그리고 자가 노동 이외에 다소의 고용 노동에 의존하는 그들의 보는 예이다. 그 밖에 영농상의 경지면적에 따라서 한국이나 일본에서는 0.5ha 미만, 1ha 미만, 1~2ha미만 등의 구분이 널리 쓰여지고 있고, 좀 더 실체적으로는 생산수단(토지)의 소유관계에 따라서 자작농(自作農)과 소작농(小作農), 그리고 양자의 겸업자(자작농(自作農) 겸 소작농(小作農))을 구분하는 요령을 볼 수도 있다. 다 같이 그 나름대로 의미를 갖는 분류 형태이다.

그러나 우리는 당면한 의논의 전개를 위하여 여기에 일단 노작(勞作)적 자영농(自營農)과 소작농(小作農), 그리고 상업적 소농(小農)의 3자를 들어서 제약적으로 살펴 본다. 한편 농업노동자 또한 노작(노작)적 소농(小農)의 실질에 놓여 있는 관련 대상으로 볼 뿐이다. 더욱 노작(勞作)적 소농(小農) 가운데도 따져보면 단순 경영자가 있는가 하면 겸업농이 늘어나고, 상업적 영농형태 역시 구구하다. 따라서 개별적 소농(小農)의 주체성을 간단한 기준으로 평가하기에 그다지 쉽지 않은 현실이다. 다만 그러함에도 우리가 보는 바, 노작농과 상업농(商業農)의 1차적 유형화는 전체 경제의 역사적 발전 형태를 가장 기저(基底)적인 면에서 단적으로 표명한다. 이른바 「역사적 인간」으로서의 주체성이 그에 의하여 무엇보다 확연히 밝혀지는 것으로 보아지는 까닭이다.

물론 소농(小農)이 있다면 당연히 중농(中農)이나 대농(大農)이 있고, 기업농 또한 없지 않다. 소농(小農)이란 개념 역시 상대적인 것이며, 그가 반드시 경작 규모나 경영규모에만 의존하지 않고 있다. 그 중 우리의 뜻하는 대농(大農)은 필경 기업농의 개념이므로 그것은 구태여 제외된다. 따라서 우리의 대상은 당연히 비자본제적 생산 양식을 갖는 영농 계급 일반이다.

지금 소농(小農)의 개념을 「엥겔스」에 따라서 단순히 「자기의 가족과 더불어 통상적으로 경작이 가능한 면적보다는 크지 않고, 가족을 부양하기 보다는 작지 않은 토지소유자 또는 소작인(小作人)」15)으로 파악함에 그친다면 0.5ha 미만의 영세농이나 1ha정도의 경작농 이외에 소농(小農)은 있을 수 없을 것도 같다. 비록 이들 영세적 소농(小農) 역시 따져보면 계절적으로 고용노동에 의존하여야 하는 경우는 적지 않은 것이 한국의 실정이다. 그럼에 있어서도 우리는 여기 가족노동과 토지규모에 관한 기준설정에 큰 모순이 있다고 보고 있지 않다. 그것은 소농(小農)생산에 있어서 이른바 고용노동이란 흔히 농번기(農繁期)의 특수 작업에 한정된 일시적 존재에 불과하며, 그도 대개는 가족노동에 흡사한 작업 조건이 주어져 있기 때문이다.

물론 우리가 지목하는 노작(노작)적 자영농(自營農)과 소작농(小作農), 그리고 상업적 소농(小農)을 아울러 살펴본다면 위의 정의에 논리적 난점은 불가피하다. 당장 상업적 소농(小農)의 경우 노동형태의 기준은 후퇴할 수밖에 없는 논리이다. 그러나 상업적 소농(小農) 역시 소농(小農)인 한에 있어서 즉시 기업농이 될 수없다. 다만 그가 상품 생산을 위주로 하는 점에서 자급자족에 중점을 두고 있는 노작(勞作)적 소농(小農)과 크게 판별될 뿐이다.

끝으로 아직 미맥(米麥)중심의 한국 농사에 비추어 답작농(畓作農)이나 답전작농(畓田作農)인 보통 농사에 대조적으로 과수나 채소 등 특수 작물의 재배나 양축(養畜), 양천(養蚕) 등 동물 사료의 영농형태 또한 구분된다. 이는 대체로 전자의 노작(勞作)적 영농과 후자의 상업적 농업에 대응한 유형이라 할 수 있는 예이다. 다만 노작(勞作)적 소농(小農) 가운데 부업 또는 겸업으로서 원예작물이나 공예작물을 재배하고, 또는 양축(養畜)에 종사하는 예 역시 불소(不少)하다. 더욱 상업적 소농(小農) 가운데 미곡농(米穀農)을 겸영하는 형태 또한 간과할 수 없는 존재이다.

(제1표) 업태별 농가 호수 (단위: 천호)

연도	답전작 (畓田作)	과수	채소	특작	축산	양천 (養蚕)	기타	계 (총농가)
1972	2,227 (908)	25	31	23	16	9	121	2,452
1974	2,131 (895)	42	31	39	26	21	91	2,381
1976	2,082 (892)	46	33	40	16	16	102	2,335
1978	1,981 (891)	50	35	55	8	8	73	2,224

자료: 농협중앙회, 「농업연감」, 1979, p.33(괄호안 수치는 총농가호수에 대한 비중)

---

15) F. Engels, 「Die Bauernfrage in Frankreich und Deutschland」, 1884

2. 노작(勞作)적 자영농(自營農)의 생산조건

농지개혁(1949년) 후 한국 농업의 주역이 이른바, 자작농(自作農), 즉 노작(勞作)적 자영농(自營農)으로 되어 있다는 점은 전체 농가의 업태별 호수(제1표)에서나 경작규모별 농가 호수(제2표)에서 분명히 확인된다. 그들은 곧 소규모의 경작을 가족노동의 혹사로써 충당하는 가운데 그들의 생계를 지탱하기에 쉽지 않은 이 땅의 기간적 영농계층이다.

지금 한국 노작(勞作)적 자영농(自營農)을 그 형태만을 본다면 일찍이 이조 봉건사회 이전의 역사적 생명을 갖고 있다. 토지공유제 하에서도 토지의 개인적 분할이나 양도는 빈번히 이루어져 있었고 특히 개간지에 관한 한 일정한 조건 하에 면세 자작이 허용되었던 것이니, 그 후 있었던 유제(遺制)이다. 그것이 점차 공유제의 해체와 더불어 사유제의 실질로 보편화하였으나 완전한 사유적 경작이 제도적으로 공인된 것은 동학혁명(1894년) 후, 외세에 의한 타율적 근대화 조치에 비롯된 것이었다. 그 중 특히 일제 하의 토지조사사업(1910~1917년)은 이 방면의 획기적 시책이며, 사실 그 후 근대적 소유권의 확증으로부터 시작하여 국유지의 불하(拂下), 공유지의 분할과 해체, 지세제(地稅制)의 확립 등이 뒷따랐음은 널리 인정된 바와 같다. 다만 그들의 제도 일반을 근대적으로 확립시킴에 시대적 배경은 아직 단순하지 아니하였을 뿐이다.

어쨌든 우리는 봉건제 하의 노작(勞作)적 자영농(自營農)과 오늘의 그것이 본성에 있어서 반드시 같다고 볼 수 없다. 그러한 만큼 그들의 존립에 관한 한반도 역사적 배경의 인식은 의연 중요한 우리의 과업이다. 바로 3.1운동(1919년) 이후 일본 식민지 개발정책의 강화에 뒷따른 농업 공황의 본격화는 주목된다. 봉건적 지대의 근대적 이윤화 운동에 대응하여 그들 자작농(自作農)의 소작농(小作農)화와 소작농(小作農)의 노동자화 과정이 진행을 보았던 소산이다. 사실, 그 후 식량에 대한 압박 빈궁(貧窮)의 가중과 더불어 농지에 대한 그들 농민의 애착심이 한없이 증대된 가운데 지대의 화폐적 가치 또한 예리하게 타산(打算)될 수밖에 없었다. 다만 세력적 지배자본의 최대한 축적 운동이 노작(勞作)적 자영농(自營農)의 정상적 지대(차액지대)를 스스로 확보할 수 없게 한 점, 마치 봉건제 하의 농노(農奴)적 자작농(自作農)과 흡사한 정화이었을 뿐이다.

오늘의 노작(勞作)적 자영농(自營農)에도 따져보면 경지의 영세 규모가 주어진 가운데 그 확대 또한 대체로 상한이 주어진다. 고래(古來)로 가족 성원상 노작(勞作) 경영이 2ha 이내를 크게 넘을 수 없는 것이 상식이다. 그 밖에 토지이외의 각종 자산 역시 전통적으로 건물, 동식물, 재고 생산재 등 구구하게 달라짐을 볼 수 있다. 소액이나마 이들 생산수단을 보유하고 있다는 점에서 자영농(自營農)이 단순한 노동자가 아닌 속성이나, 그 중 토지는 그 평가액에 있어서 전 자산의 7할(割)을 넘을 것이므로 그 자신 기본적 생산수단임에 틀림이 없다. 따라서 노작(勞作)적 자영농(自營農)에 있어서 무엇보다 토지의 상실은 곧 그들 주체성의 몰락을 뜻하는 조건이다.

(제2표) 경지규모별 농가 호수 (단위: 천호)

연도	0.5ha 미만	0.5~1.0	1.0~2.0	2.0~3.0	3.0ha 이상
1972	802 (32.7%)	777 (31,75)	637 (26.0%)	117 (4.8%)	35 (1.4%)
1974	673 (28.3)	809 (34.0)	631 (26.5)	119 (5.0)	37 (1.6)
1976	689 (29.5)	814 (34.8)	589 (25.2)	104 (4.5)	33 (1.4)
1978	655 (29.5)	788 (35.4)	573 (25.8)	95 (4.3)	29 (1.3)

자료: 전게(前揭) (제1표) (괄호내의 수치는 총농가호수에 대한 비중)

　　물론 자영농(自營農)을 토지소유규모, 따라서 경작규모에 한정 하더라도 우리는 단순히 토지면적만을 기준 삼아 말할 수없다. 전답제(田畓制)의 지목(地目)도 중요하거니와 경지 이용율 역시 생산규모를 크게 좌우하게 마련이다. (제3표 참조) 따라서 흔히 경지규모 0.5ha 미만의 경우를 영세농, 0.5~1.0ha를 소농(小農), 1.0~2.0ha를 중농(中農), 2.0ha 이상을 대농(大農)으로 세분하기도 하지만 그러한 구분의 효율성은 점차 미미해지고 있다. 경지면적의 기준은 적어도 경지이용률이 일정하다는 전제에서만 그 실질적 의미를 발휘할 수 있는 성질이다. 우리는 적어도 3.0ha를 넘는 경작의 경우라면 가족노동을 총동원하여도 그들만으로써 사실상 집약적 경작이 곤란함을 알 수 있다. 생산물(미맥)의 상품화율도 상당히 높을 것으로 기대되는 그러한 범주이다.

(제3표) 농가호당 경지면적 및 경지 이용률

(단위 : a)

연도	답(畓)	전(田)	계	이용률(연) (%)
1972	51.4	40.0	91.4	137.2
1975	53.6	40.5	94.1	140.4
1978	59.6	40.9	99.9	134/5

자료: 전게서(前揭書), p.31

　　따라서 토지 규모에 관계없이 단순한 노작(勞作)적 영농이 아닌 상업적 농업의 유형을 지역적으로 보게 되는 형편이나 이렇게 될 때 더욱 경지규모의 분류상 기준성에 스스로 난점이 부각된다. 원칙상 상업적 농업에 있어서 경지규모 그것은 큰 의미를 갖지 못한 까닭이다.

　　그 밖에 우리는 언제나 경지규모와 경지 이용률을 동일 차원에서 평면적으로 평가할 수없다. 여기에 전자는 대부분 농가의 소유 규모를 가리키는 사전적 표시이지만 후자는 실지 경지를 이용한 결과의 사후적 표시라는 데서 그러한 의논이다. 그도 노작(勞作)적 자영농(自營農)은 주로 소(小)토지위에 자가 노동을 집약적으로 투하하는 만큼 경지의 효율적 이용이 스스로 예상되나 결과를 간단히 말할 수는 없다. 그가 만약 고용노동이나 생산 장비(농기구 등)를 이용하여 연내의 경지이용률을 높이게 된다면 소농(小農)적 속성 역시 사라지게 마련이다.

　무엇보다 이 땅의 농작(勞作)적 자영농(自營農)이 자가 노동을 혹사하여 경지 이용률을 높일 수 있다는 주체적 의식 그것이 바로 경지의 평가가격으로 하여금 통상적 수익가격을 훨씬 넘게 만드는 동인(動因)이 되어 왔다. 이 또한 자가 노동의 저평가를 전제하는 통성(通性)의 소산이다. 그리하여 지가(地價)의 주체적 상승이 현실적 영농자(營農者)의 부담을 높이는 결과를 자아내게 되고, 농업 투자의 제약, 생산력 발전의 저해를 가져오게 되는 점, 주지하는 바와 같다. 이른바 「빈곤의 악순환」이란 명제 역시 이러한 조건과 기구(機構)상 같이 관련된 속성임은 물론이다.

　노작(勞作)적 자영농(自營農)에 있어서 토지에 대한 열착심(熱着心)이 누구보다 강하다는 이면의 양상인즉 두말할 것 없이 소농(小農)의 궁박(窮迫)적 빈곤에 유래한다. 경지야말로 바로 그들 노동력 소화의 기반인 만큼 소농(小農) 그는 토지를 수익적 생산수단으로 보는 것이 아니다. 그 스스로 가족 부지(扶持)의 가산(家産)으로 볼 수밖에 없고 오히려 자기 자신의 육체적 연장으로 인식하고 있는 것이 오늘날 노작(勞作)적 토지관이다.

　사실, 토지와 더불어 이루어진 자가 노동의 혹사 현상보다 노작(勞作)적 소농(小農) 생산을 특징화하는 전형적 조건은 다시 없다. 그것이 결코 노동력 부족의 소산이 아니라 빈곤에 근원한 자기 착취의 소산이란 데 문제는 있다. 한 톨(粒)의 쌀이라도 보다 많이 얻고자 몸부림치는 그들의 주체적 입장이지만 그들 생산력이 경지면적과 직결되어 있지도 않다. 결과는 필경, 그들 투하 노동의 생산성을 떨어뜨리고, 자가 노동의 저평가를 가져옴으로써 또 하나의 악순환 과정을 형성할 뿐이다.

　물론 소농(小農)의 경작규모에 관하여 비록 영세적이라 할지라도 전업이 아니고, 상당 수준의 겸업을 갖는 농가라면 그만큼 여유 있는 주체성이 발휘된다. 즉 농업에 종사하는 동시에 공상업을 겸영(兼營)하거나 급료 생활자로 되어 있을 경우 자가 노동의 투하 역시 그만큼 합리적 분배가 기대되는 성질이다. 그럼에도 한국의 현실적 제약은 아직 겸업농가의 수적 비중을 20%에 미달케 하고 있다. (제4표) 그 중 전업 또는 겸업농가라 하여도 이른 바 업외(業外)수입(출타노동, 피증보조(被贈補助), 이자 등)에 의존하는 예는 허다한 만큼 그들 분화(分化)에 관한 실질 평가는 어려운 형편이다.

　근자(近者), 기간적 가족노동의 이농과 더불어 부녀 노동이나 노약 노동의 지원적 활용이 또한 주목된다. 그 가운데 노작(勞作)적 경영의 경지 이용적 구조뿐이 아니라 생산력적 검토의 조건은 우리에게 늘어난 형편이다. 작업의 종류에 따라서 부녀 노동이나 노약 노동의 전례 없는 출동이 눈에 띄고 그들의 기능적 미숙성이 흔히 육체적 과로를 촉구할 수 없지 않다. 한편 부녀자의 가사를 떠나는 손실 또한 간단히 평가되기 어려운 문제의 동태이다. 그러므로 우리는 이들 보충 노동의 배출을 즉시 농촌 노동력의 증가로 보기에 곤란하다. 다만 비가사 노동의 보편화와 더불어 농촌 여성의 경제적 주체성 도한 강화하는 국면 또한 간과될 수 없을 뿐이다.

(제4표) 전업(專業) 및 겸업농가 동태

(단위: 천호)

연도	총 농가			2종 겸업	합계
	소계	전업(專業)	1종 겸업		
1972	2,233	2,081	152	219	2,452
	(91.1%)	(84.9%)	(6.2%)	(8.9%)	(100.0%)
1974	2,184	1,912	272	197	1,381
	(91.7)	(80.3)	(11.4)	(8.3)	(100.0)
1976	2,165	1,865	300	171	2,335
	(92.7)	(79.8)	(12.8)	(7.3)	(100.0)
1978	2,052	1,822	230	172	2,224
	(92.2)	(81.9)	(10.3)	(7.7)	(100.0)

자료: 농협중앙회, 「농업연감」, 1979, p.33

(제5표) 경제 규모별 농가 종별(種別) 노동시간(1978)

	가족노동	고용노동	품앗이	합계
평균	1,307.39	287.42	105.30	1,700.11
	(76.9%)	(16.9%)		
0.5ha미만	676.47	92.41	36.82	805.70
	(84.0)	(11.5)		
0.5~1.0	1,226.18	186.25	86.24	1,498.77
	(81.8)	(12.4)		
1.0~1.5	1,646.15	287.79	141.07	2,025.01
	(81.3)	(14.2)		
1.5~2.0	1,852.60	508.05	151.91	2,513.56
	(737.7)	(20.2)		
2.0ha 이상	1,964.40	1,205.31	204.59	3,374.30
	(58.2)	(35.7)		

자료: 농수산부, 「농가경제조사결과보고서」 (괄호내 수치는 총투하노동시간에 대한 비중이며, 노동시간은 「능력환산시간」)

오늘날 농촌의 노동력 부족에도 관련하여 총체적 노동시간이 줄어가는 보고 자료에 접하기도 하는 것이나 현실적 정황에 비추어 당장 직접원이 기계화나 노동의 합리적 이용에 있다고 속단할 수 없다. 이는 오히려 기간적 가족노동의 이농이 아직 잔류 노동으로서 보충되기에 이르지 못한 탓으로 보이는 과도적 현상이다. 그 점, 영세농의 가족노동시간이 상대적으로 높이 머물러 있는 과정(제5표)에서 반증되고, 경지면적당 노동집약도의 통계에서도 짐작된다. (제5의 2표) 농촌잔류 노동의 노약화 현상16)에도 불구하고 이들의 노동 남투(濫投)는 쉽게 해소되지 않은 것이 노작(勞作)적 자영농(自營農)의 실태인 까닭이다.

---

16) 노동시간의 환산률이 낮다.

(제5의 2표) 농가당 노동시간 및 노동집약도 추이

	가족노동	고용노동	품앗이	계	노동집약도(백a당)
1972	1,500 (76.1)	355	140	2,075	177.79
1974	1,256 (76.0)	294	102	1,652	148.23
1976	1,205 (75.7)	308	111	1,724	165.38
1978	1,307 (76.9)	288	105	1,700	155.98

자료:농협중앙회, 「농업연감」, 1979, p.34. (괄호내는 계에 대한 백분비)

물론 개별적 자영농(自營農)이 비록 자가 노동을 혹사한다 하더라도 고용노동에 전혀 의존하지 않는다 할 수 없다. 가축이나 농기구 등 노동수단의 이용을 크게 배제할 수도 없는 현실이다. 수리시설의 보급이나 경지의 정리 농도(農道)의 개선 등이 그들의 전통적 작업 방식에 기술적 지원의 조건이 되기도 하나, 이들 변동효과 역시 당장 소농(小農)의 수익성 향상을 뜻하고 있지 않다. 문제의 심각성은 오히려 그 가운데 가중되고, 무엇보다 부담의 역효과를 그들에게 안겨주는 비리는 너무나 많은 실례이다.

한편 미작(米作)중심의 자영농(自營農)에 있어서 필연적인 계절적 노동 집중 현상이 총체적 노동생산성의 기술적 저해요인으로 기능한 국면 또한 주목된다. 장기적 농휴기에는 자가 노동의 유휴에도 불구하고, 농번기에 이르자 고용노동에 의존할 수밖에 없는 것이 그들 영농의 입장이다. 이는 비단 노동의 이용적 손실에 그칠 문제가 아니라 각종 생산수단의 비효율화와 더불어 전 경제활동의 제약을 초래한다. 여기에 부업이나 겸업이나 또는 농업외 노동의 기회 조성이 강구되기도 하는 예이나, 결과는 흔히 노동력의 부등가적 남투(濫投)를 가져올 따름이다.

우리는 영세농의 계절적 고용노동이 평균 10%를 넘고 있다든가. 중소농(1.5~2.0ha)의 경우 고용노동이 20%에 달해 있다는 계수에 접하되 즉시 거기에 이윤의 발생가능성을 예상해서 아닌 된다. 적어도 노작(勞作)적 자영농(自營農)의 경우 상품화율은 극히 제약되어 있다는 것, 그나마 부등가 교환을 부득이하게 하고 있다는 것, 무엇보다 농촌의 고용노동과 도시의 산업 노동 사이에는 생산주체의 상호 관계에서 크게 다른 점이 있다는 특수성 등이 아울러 물어져야 마땅하다. 그 밖에 뚜렷한 사실은 노작(勞作)적 자영농(自營農)이 흔히 자가 노동의 총체적 부족에서가 아니라 계절적 부족에서 교환적 고용노동(품앗이)에 의존한다는 점을 고사하고, 경작 농업의 자연적 피지배성과 기술적 후진 조건이 소농(小農) 노동의 생산성 평가에 어려운 점을 가져온다. 따라서 고용노동의 양적 수준만을 들어서 소농(小農) 생산의 수익성을 말할 수 없는 결론이다.

농촌의 고용 노동이라 하여도 그 피용(被傭)적 주체자는 대부분 노작(勞作)적 자영농(自營農)이 되어 있고 독립적 농업 노동자란 수적으로 매우 한정되어 있다. 결국 영세적 소농(小農)이 여유 있는 자기 노동을 지역 내 농업 생산에 제공하는 형식이 일반이다. 그러므로 노작(勞作)적 자영농(自營農)이란 스스로 농업 노동자적 생활수준을 벗어나지 못한 가운데 문자 그래도 노동자로서 파용(被傭)되는 이중적 주체자라 함에 새삼 주의는 필요하다. 더구나 계절적 산업노동자로서 농촌과 도시를 내왕(來往)할 때 그들은 바로 반농반노(半農半勞)의 속성이다.

그러나 한국농촌의 현실에 있어서 가족노동에 비하여 고용노동의 비중이 아직 저율에 머물러 잇는 만큼 노작(勞作)적 자영농(自營農)의 피용(被傭) 기호 역시 한계성은 분명하다. 이 점, 농업 소득의 내용 구성이나 「사업 외 수입」 가운데 (피용(被傭)) 노동구성을 대조 검토함으로써 스스로 밝혀지는 국면이다. (제6~7표)

(제6표) 경지 규모별 농가 수지(1978년 호당 평균)

(단위:천원)

	0.5ha미만 총액	0.5ha미만 현금	0.5~1.0 총액	0.5~1.0 현금	1.0~1.5 총액	1.0~1.5 현금	1.5~2.0 총액	1.5~2.0 현금	2.0ha 이상 총액	2.0ha 이상 현금
(A) 조수입	693	290	1,407	729	2,148	1,187	2,846	1,715	4,301	2,743
작 물	522	245	1,115	643	1,706	1,068	2,338	1,553	3,727	2,594
작물외	52	44	96	86	132	120	182	161	173	149
(B) 경영비	159	115	319	229	470	317	679	463	1,143	815
(C) 농업소득	535	175	1,088	500	1,678	870	2,167	1,252	3,158	1,928
(D) 겸업수입	247	239	112	98	51	36	53	43	78	54
(E) 경업소득	76	72	43	33	30	20	25	22	△2	△16
(F) 업외수입	616	508	470	374	408	310	486	372	472	363
(G) 농가소득 (C+E+F)	1,227	754	1,601	907	2,116	1,200	2,678	1,646	3,628	2,275

자료: 농수산부, 「농가경제조사결과 보고서」

(제7표) 경지 규모별 (사)업외 수입(1978년 호당 평균)   (단위:천원)

	평균	0.5ha미만	0.5~1.0	1.0~1.5	1.5~2.0	2.0ha 이상
농업노임	40	55	42	33	23	21
기타노임	53	89	51	38	24	30
급 료	120	187	104	86	129	158
사례금	22	22	26	18	22	16
농지임대	12	26	11	5	12	14
기타임대	15	17	14	17	12	13
피증보조	182	187	183	168	217	172
배당이자	7	6	6	8	8	13
가사수입	2	1	2	17	3	2
기타	31	25	32	34	34	32

자료: 동상(同上), (각 총액만을 기입함)

　그 중 노작(勞作)적 자영농(自營農)의 농업소득(제6표 참조)이 전적으로 자가 노임에 해당한다고 보기에 어렵고, 사업외(업외) 노임의 개념도 반드시 분명하지 않다. 더욱 한 농가의 농업소득과 피용(被傭)노임(임금)을 평면적으로 비교할 수 있을지 그 점도 의문이다. 따라서 우리는 여기에 개략적 노임동태를 봄에 그칠 수밖에 없으나 시간적 계층별로 결과는 거의 예상된 바와 같다. 경지 규모에 역행된 피용(被傭)수준 역시 노작(勞作)적 영세성을 그대로 반영하는 지표일 뿐이다. (제6표)

　지금 영세농에 있어서 농업수입에 비하여 겸업수입이 크다든가 또는 「사업외수입」 가운데도 노임의 수입원이 크다는 비중은 뚜렷하다. 참고로 1978년도의 조사 예(제6표)에 의하며 평균 0.5ha미만의 영세농에 있어서 농업 조수입에 대한 겸업(임업·수산·상·철공업 등) 수입이 35.6%에 달해 있고, 각종 노임을 포함한 「사업외수입」((제7표)을 보면 그의 비중은 88.9%에 달해 있는 실정이다. 이에 반하여 2.0ha 이상 규모의 경우 전자의 비중은 1.8%에 불과하며, 후자의 그것 역시 10.9%에 머물러 있다. 그리고 그들 중간 규모에 있어서 그들은 역시 중간적인 수준이다. 그도 그럴 것이 영세적 경작농일 수록 그의 생계를 처음부터 농외 노동소득에 의존할 수밖에 없거니와 그들이 일정한도를 넘어서 겸업수입이나 「수업외수입」을 크게 올리기에 그들의 경제력은 한정적인 까닭이다.

　원래 소농(小農)의 「사업외수입」이란 개별적 농가의 경우 일반적으로 비경제적 수입에 속해 있다. 그 중에서도 월등히 큰 비중을 차지하는 항목이 「피증보조」임이 주목된다. 그것은 대체로 공적 지원이 아니면 출가가족의 노임 송금이 주요내용이나, 그 중 특례로서 1978년 영세농(0.5ha 미만)의 경우 농가소득의 15.2%에 달해 있다. 전체 농가의 평균수준 역시 10%에 가까운 동년의 수치이다. 이 점 역시 노작(勞作)적 자영농(自營農)의 만성적 생계 곤란을 반영한다. 농업 소득이 아닌 출동 임금이나 피증보고 등 외부지원에 의존하는 농가의 불안 또한 배제될 수 없는 징표이다. (제8표) 이는 필경 노작(勞作)적 소농(小農)의 부분적 이농이 보여준 취약적 동태이며, 한편 지주적 가족 노동력이 도시로 잃게 된 소농(小農)의 궁상(窮狀)이외에 다른 것이 아니다. 이 대에 관(官)의 일방적 생산 장려와 아울러 잔류노동마저 비합리적 지출의 증대를 부득이하게 됨으로써, (제8표) 노작(勞作) 농업소득에 상대적 압박이 악순환하게 될 수 있음은 물론이다. 그 가운데 생계비의 상상도 눈에 띄거니와 무엇보다 비료나 농약 등 독점적 생산재의 지출비중이 큰 템포로 올라간 사실이 주목된다. 그에 따라서 세농(細農)의 전체적 몰락 또한 예상되는 정황이다. 바야흐로 잔류노동의 혹사는 더하여졌으나 이른바 다수확 신품종 미(米)의 보급에 따른 비교·농약의 증시(增施)(제9표)는 반드시 농가소득의 증대와 연결되지 않고 있다. 더구나 그들 생산재 가격의 등귀에 따른 「세례」 과정의 격성이 소농(小農) 경제의 압박을 가중하고 보니 농업 공황은 팽배를 이 방면에 보는 것이 뚜렷한 근자(近者)의 정황이다.

(제8표) 농가경제 주요 지표(호담 평균)

(단위: 천원)

연도 항목	1972		1975		1978	
	총액	비(%)	총액	비(%)	총액	비(%)
농업조수익	428	99.8	891	102.1	1,769	93.7
농업경영비	75	17.5	176	20.2	413	21.9
농업소득	353	82.3	715	81.9	1,356	71.9
겸업수입	25	5.8	52	6.0	121	6.4
겸업지출	10	2.3	30	3.4	77	4.1
겸업소득	15	3.5	22	2.5	44	2.3
업외수입	61	14.2	136	15.6	485	25.7
농가소득	429	100.0	873	100.0	1,885	100.0
조세·공과	4	0.9	13	1.5	32	1.7
부채이자	3	0.7	8	0.9	27	1.4
가처분소득	422	98.4	852	97.6	1,826	96.9
가계비	310	72.3	616	70.1	1,321	70.0
기타지출	9	2.1	10	1.1	21	1.1
과부족	103	24.0	226	25.9	484	25.7

자료: 농협중앙회, 「농업연감」, 1979, 「농가경제」 통계에서

    물론 농촌 노동력의 총체적 부족에 대비한 시책으로서 농기구 보급의 관적 지원 등이 없지 않으나 아직 대부분의 소농(小農)에 있어서 그나마 효율적 이용이 문제로 남아 있다. 그에 앞서서 농기구 확보를 위한 소농(小農)의 경제적 능력 역시 큰 제약 조건이다. 따라서 평균 농가의 연 경영비목(經營費目)에 나타난 그들 농기구비 지출(제9표)이 반드시 영농의 실태를 반영하고 있지 않음에 우리의 주의는 각별하다. 바야흐로 많은 소농(小農)에 있어서 당장 노동 수단의 확보는 절실함에도 불구하고 그들의 제약된 지불 능력이 그에 대한 접근을 어렵게 하고 있는 까닭이다.

    필경, 전형적 노작(勞作)적 자영농(自營農)이 비록 토지 이외에 다소 노동 시설이나 노동 수단을

보유한다 할지라도 그들 생산수단은 대체로 전기적 유산에 불과하다. 적어도 발달된 경운기나 능률적 대형 기구(機構)에 관한 한, 그것의 보급은 아직 시범적 과정이다. (제10표) 따라서 결과적으로 주종적 경운 작업이 아직 축우(畜牛)에 의존한 지역은 많고, 그 밖에 이앙, 탈곡, 수리, 수확 등 소농(小農)의 큰 육체적 부담으로 남아 있다. 실로 고한(苦汗)을 짜내고 있는 저생산성의 주인공이란 것이 노작(勞作)적 소농(小農)에 의하여 제1차적으로 주어지는 객관적 평가이다.

(제9표) 경지 규모별 농업경영비 (1978년 호당 평균)

(단위:천원)

	0.5ha미만		0.5~1.0		1.0~1.5		1.5~2.0		2.0ha 이상	
	총액	현금	총액	현금	총액	현금	총액	현금	총액	현금
종묘	9	8	15	13	24	22	31	26	52	49
비료	24	24	57	57	82	82	114	115	788	187
농약	9	9	20	20	32	31	44	44	70	70
농구(農具)	9	3	18	6	27	9	40	11	75	24
광열(光熱)	0.9	0.9	3	4	8	8	11	11	19	19
동물	9	7	19	13	22	12	31	16	30	13
사료	23	23	32	32	29	29	36	36	28	8
양천(養蚕)	0.8	0.8	1.0	1.0	2	2	3	3	2	2
기타재	7	7	15	15	24	24	34	34	69	69
노임	25	20	51	40	80	61	139	107	333	257
지차료(地借料)	10	3	35	9	55	9	78	17	74	22
기타료(其他料)	13	5	29	11	40	14	50	23	81	35
수리(水利)	4	4	8	2	14	11	24	16	48	133

자료: 「농업연감」, 1979

(제10표) 농기계 보유현황(부, 일본)

	1972(대)	1978년		일본(1978년)	
		대수(천대)	100호당(대)	대수(천대)	100호당(대)
경운기	24,786	19.5	8.5	3,178	67
트럭터	212	1.6	0.07	833	20
이앙기	–	0.531	–	1,251	31
방제기	82,292	236	10.2	3,099	63
수확기	–	3837	–	2,218	50
탈곡기	75,532	186	6.1	–	–
건조기	–	0.962	0.04	1,779	36

자료: 농수산부(「농업연감」, 1979, p.9)

3. 노작(勞作)적 자영농의 주체의식

노작적 자영농의 주체적 특징을 말한다면 우선 영세적 규모하 저생산성에 겸하여 이들 생산과 생활면의 공황적 불안정성에서 찾아진다. 자연의 위협도 문제려니와 제반지출의 상대적 중압성(重壓性)에 대하여 생산수입의 불확실성이 항상 거듭되는 문제의 조건이다. 그 가운데 무엇보다 소농일반의 가계가 고유한 농업소득에 의하여 지변(支辨)되기 어렵다는 현실은 가장 누박(累迫)한 문제의 조건이 아닐 수 없다. 특히 1ha 미만의 소농의 경우 그러한 취약적 동태는 바야흐로 뚜렷하고 영세농의 경우 만약 「피증보조(被贈補助)」 등 「사업외수입」이 없다면 그들의 가처분소득으로서 최저수준의 가계를 정상적으로 꾸려나갈 수 없다는 것이 객관적 근황이다.17) (제 8표)

무엇보다 우리는 농업소득, 농가소득, 가계비 등의 각종 경제지표를 그저 호당평균치로 측정함으로써 경제주체의 특성이 포착된다고 판단할 수 없다. 평균이하의 소득수준이 대중적인 것이므로 형식상 심각한 문제의 조건은 흔히 이 방면에서 숨겨지는 형편이다. 이 점, 생계미달의 위협 밑에 놓여 있는 노작(勞作)적 소농일반을 생각할 때 그들 주체적 의식의 발로 또한 특이할 수 밖에 없다는 사정은 분명하다. 적어도 영세농의 경우 「엥겔」 법칙의 적용이 그대로 행해질리 없는 만큼 그들의 생활수준이 흔히 인간적 일 수 없는 이면상을 우리는 뚜렷이 보게 되는 까닭이다. 더구나 영세농이라 할지라도 통상가구원수(5~6명)에 별반 차이는 없는 만큼 규모별 농가의 기본생계비에 관한 한, 큰 격차는 있을 리 없다. 오히려 보통교육의 보급과 대중문화의 전파운동이 소농일반의 소비생활에 전시효과를 공통적으로 촉진하는 것이 근래의 경향이다. 이것을 당장 경제의 발전으로 평가할 수 없다는 점, 오히려 당연하다. 사태는 필경, 그들로 하여금 빈곤의 질곡하(桎梏下)에 부채를 누적시킬 수도 있는 여건이니 불안의식은 높아질 뿐이다.

(제11표) 농가소득 성장의 불안정 동태(1962~77년)

	전국평균 (연 성장률)	영세농	중농(中農)	대농(大農)
평균성장률	5.38(%)	5.07	5.38	6.38
변이계수	130(%)	107	157	163
변동상한	24.94(%)	15.83	29.67	28.38
변동하한	-17.52(%)	-14.44	-18.26	-24.66

자료: 한국농촌경제연구원, 「전환기의 한국농업」, 1979, p.278(최양부)

사실인즉 노작(勞作)적 소농(小農)의 농가소득이 농산물 가격에 비하여 심한 기복을 보이는 국면에 역시 소농(小農)의 불안정성이 반영된다. 풍흉작의 자연적 지배력 또한 이에 관여된 큰 만성적 조건이다.

---

17) 농협중앙회, 「농업연감」 1979, 「농가경제」 통계 참조.

구태여 1962~77년간의 농가계층별 소득성장률에 비추어 보아도 다음과 같이 연 평균 성장률의 기간 내 변동 폭(상하한)은 놀랄 만하다. 그 중 경영규모에 따라서 계층별 변이 계수는 오히려 증대해 가는 추세이다. (제11표)

　형식적으로 볼 때 위의 연간 성장률에 있어서 영세농이 전국 평균보다 오히려 저수준을 보이는 것 같기도 하나 그것은 결코 그들의 경제적 안정성을 뜻하고 있지 않다. 영세농인즉 본래 구성비중이 절대적으로 우세할 분 아니라 그들 소득이 처음부터 불안정한 농업생산에 대한 의존도에 있어서 상대적으로 낮은 편이 되어 있는 만큼 위의 계수는 곧 빈곤의 안정적 표시일 뿐이다. 어쨌든 영세농의 경우에 있어서도 연간 소득에 대한 변동 폭이 평균치(평균 성장률)의 6배에 달할 정도로 크다는 점에서 노작(勞作)적 소농(小農) 생계의 불안정성이 여실함을 볼 수 있다. 요컨대 62~77년 중 극단적인 경우를 놓고 보면 그동안 영세농에 있어서 평균 연 성장률의 3배만큼 크게 성장한 해가 있었는가 하면 반대로 1/3에 달하는 감속 성장을 보인해도 있었다는 것이 나타난 진폭이다. 그 이상 규모의 노작(勞作)적 자영농(自營農)에 있어서 변동 폭은 다시 말할 것도 없다. 그 점, 바로 농업 생산의 불안정성이 가담한 소치(所致)이다.

　그런데 위와 같은 성장 동태는 대체로 소농(小農) 생산의 객관적 불안상을 반영하고 있거니와 한편 소농(小農) 스스로 주체적 위기의 의식 하에 생산에 종사하는 관행의 현실 또한 불만하다. 말하자면 처음부터 실농(失農)의 개연성을 어느 정도 예상한 채 안정한 농사를 지을 수밖에 없는 것이 이 땅의 노작(勞作)적 소농(小農)이다. 이 점, 당연히 생산의 자연적 및 경제적 제 조건에 관련되거니와 특히 흉작에 대한 대비책(보험, 보상 등)의 유무에 크게 좌우된다. 주변에 소재하는 전통 의식의 영향력 또한 크다. 이러하여 사태는 필경 영농방식의 적극적 개선이나 생산의욕의 발휘를 저지하는 요인이 아니면 농업소득을 간접적으로 제약하는 주체성의 약점이 될 뿐이다.

　가령, 지금 노작(勞作)적 소농(小農)이 적어도 반수는 매 3년마다 흉작을 겪을지 모른다는 불안한 의식 하에 (제12표) 관(官)의 지도권장(指導權獎)를 이기지 못하여 신품종 재배를 부득이한 것이라 하자. (제12표) 거기에 생산성의 정상적 발휘, 자원의 적정 배분, 경영의 합리화 등 근대적 경제원칙의 관철이 기대될 리 없다. 따라서 일반 소농(小農)으로 하여금 단순한 「경제인」이나 「로빈슨 크루소」로서 평가될 수 없게 하는 주체성 또한 그간에 배양된다. 여기에 영농에 대한 불신감은 조성되게 마련이다. 이 점, 알고 보면 노작(勞作)적 자영농(自營農)의 생산면이나 생활면에서 주어진 조건일 뿐이 아니라 경제의 유통부면(流通部面)에 있어서 또한 구조적 낙하성과 더불어 확대된다. 그것을 흔히 궁박(窮迫) 판매란 개념으로써 일단 포함하는 예이다. 그러나 주체적 타산(打算)성이나 영리의 추구력에 있어서 소농(小農)의 도시의 기업가나 상인 활동에 미치지 못할 것은 너무나 당연하다. 이러한 약점 역시 소농(小農) 생산에 미치는 소극적 요인의 소산이다. 이것의 원인인즉 소농(小農) 그들의 교육수준이나 문화수준의 상대적 저위, 교통·통신의 지역적 제약 등에도 관련되고 있으나 기본적으로는 역시 그들의 경제적 취약성에 유래한다. 우선 그들 생산품의 계절성이나 비저축성, 품질의 불균일성, 수량의 영세성 등이 시장거래의 불리조건을 가져오는 객관적 제약 또한 엄청난 예이다. 그러므로 그들은 본래의 낙후적 생산양식에서 뿐이 아니라 부등가적 교환과정의 누가에서 불안이 악순환한다. 여기에 그들의 보수성은 필지(必至)의 것이 되고, 고유한 이윤의 형성이란 본질적으로 그들에게 기대할 수 없는 환상이 되어있을 뿐이다. 그러므로 일부의 논자는 흔히 이 점을 들어서 소농(小農)의 영농목적이 생산에 있지 않고, 소비확보에 있다든가 소농(小農)은 수익을 추구하지 않는다든가하는 예이지만 그것은 정확한 표현이 아니다. 그들 역시 근대적 경제의식만은 일찍이 배양되어 있는 것이 사실이며, 「경제인」적 이기성을 가지고 있는 것이 또한 사실인 까닭이다.

(제12표) 신품종 미작(米作) 농가의 흉년 의식 빈도(1978년 예)

조사지구	매10년(호)	매5년	매3년	매년	계
안성군	20	16	16	22	74
금제군	14	1	6	3	24
사천군	21	76	96	13	206
계	55(18%)	90(30)	118(38)	38(14)	304(100)

자료: 권택보, 「한국소농(小農)의 영농 의식 경정모형의 적용에 관한 연구」(학위논문),1979, p.22. 여기에 신품이란 이른바 「통일벼」계통 품종을 말함

　물론, 객관적으로 따져본다면 노작(勞作)적 소농(小農)이 도시 상인 이상으로 탐욕적이라든가, 타산(打算)적이란 평은 당장 용인될 수 없다. 오히려 많은 소농(小農) 스스로 자기 이익이 쉽게 실현될 수 없는 사정을 경험적으로 직시하고 있는 만큼 그들의 행동은 매양 소극적이다. 더구나 농업 노동의 자연적 환경은 고사하고, 자가 노동의 저평가성이 무엇보다 반이윤적이 될 수밖에 없다. 생산과 소비의 미분화(分化) 상태, 그리고 전통적 유풍(遺風)인 가족주의나 온정주의(溫情主義) 등이 이에 가세하여 문자 그대로 이욕적 인간으로 추상될 수 없는 점이 특징이다. 다만 이들 전통성 역시 시대의 발전과 더불어 서서히 해소되는 가운데 스스로 근대적 변질을 보여주고 있고, 경제의식의 첨예화를 보는 것이 일반이다. 여기에 「역사적 인간」이란 주체성이 재인증되는 가운데 그가 보인 변질 또한 개인의 경제활동에 한정되어 있지 않다. 가족적 생활관계나 단체적 조직 활동에서도 그대로 적용되는 예이며, 우선 농촌계(農村契)와 같은 전통적 공동체를 본다 하더라도 형식과 내용은 차이를 보여주고 있다. 그들 운영이나 기능의 실질 역시 역사적 현실성을 뚜렷이 밝혀주는 경향이다.

　원래 노작(勞作)적 자영농(自營農)의 비합리주의적 생산 활동은 그의 특징이 당장 자가 노동의 저 평가적 혹사에서 찾아지겠으나 그 점은 상품의 시장거래나 금융의 활동 면에서 역시 어느 정도 뚜렷하다. 그들은 흔히 목전의 난관을 넘기 위하여 고리대 부채를 개의치 않는 형편이다. 이점, 마치 증산만을 의욕하여 타산(打算)성을 넘어서 생산재를 남용하는 것과 다름이 없다. 궁박(窮迫)적

매매행위나 상환능력을 돌아보지 않는 고리대방식은 역시 소농(小農)적 취약성의 특징일 뿐이다. 그렇다면 우리에 있어서 당장 여기에 자본주의 경제학의 원리를 내놓는다 하더라도 진정한 문제의 해명이 주어질 리 없다. 특히 적어도 전형적 「경제인」을 전제로 한 현대적 주류의 경제이론이 노작(勞作)적 자영농(自營農)의 제 경영활동을 객관적으로 규정할 수 있다고 보는 것은 망상이다. 그럼에도 불구하고 흔히 현대적 경제분석방법이 이 점을 간과하여 허무한 이론의 조작을 과시하고 있는 것도 같다. 그 또한 필경 경제주체에 대한 정상적 인식부족의 소산이며, 바로 우리의 비판적 인식의 대상이다. 이점, 구태여 이른바 생산분석(activity analysis)의 대표적 일례로서 유명한 Koopmans[18]의 공준(公準)이란 것을 집약화할 때 논지는 좀 더 구체화한다. 그것은 하나의 추상적 구상으로서 수학과 같은 내용의 것이나, 이 때의 문제로는 그가 이른바 생산 공정의 비가역성(irreversivility)(제1공준)과 투입재의 불가결성(도원향의 불가능성, impossibility of the land of Cockaigne)(제2공준)위에 서 있다는 것, 따라서 그가 생산에 관한 인간 활동의 원리적 조건을 추구하는 이론이란 점이다. 즉 그에 있어서는 모든 산출물(Y)이 그로부터 즉시 역행하여 투입물(-Y)을 얻을 수 없다는 것과 모든 산출물의 생산가능 영역 Y가 반드시 투입물, 즉 「마이너스」의 산출물(-Y)을 포함한다는 것이 기본명제로 되어 있다. 따라서 일견, 모든 생산활동을 규정할 수 있을 것도 같은 것이나 구태여 수식적으로 이들 양자를 간단히 표현해 보면 각각 다음과 같다. (위의 2개 공준을 약술한 것뿐이다.)

$$Y \cap (-Y) = \{0\} \quad \text{(제1공준)}$$
$$Y \cap R^n_+ = \{0\} \quad \text{(제2공준)}$$
$$\text{(단 } R^n_+ \text{은 n차원의 정 실수 공간)}$$

사실 위와 같은 단순한 모형인즉 소농(小農)경제의 비합리적 요인을 도입하지 않는 한, 원시적 생산에도 아무런 모순 없이 그대로 통용됨을 일단 인정할 수 있다. 그는 표면상 의문의 여지가 없는 합리적 가정으로서 보편성을 갖는 명제이다. 그러나 우리는 그것을 현실 생산에 옮겨 놓고, 다시 소농(小農) 산출물이나 그에 있어서의 투입물의 가격조건을 넣고 생각할 때 쉽게 그들의 「마이너스」치를 예상할 수 있게 되고, 따라서 본래의 제2공준이 그대로 관철될 수 없는 경우를 추측할 수 있게 된다.[19] 그럼으로써 이들 공준위에 서 있는 이론체계의 전체적 유효성이 배제되는 경우에 접하게 된다는 점, 당연히 얻어지는 결론이다.

몇 번 본 바와 같이 노작(勞作)적 자영농(自營農) 일반이 갖는 수익 가격 이상의 토지 평가나 자가 노동의 저평가 습성은 상호표리관계(相互表裏關係)를 형성하면서 스스로 그들 주체적 의식의 보수성을 강화한다. 이 점, 확실히 전통적 「경제인」이 그들의 주체성이 아님은 물론, 산업 노동자의

---

18) T. C. Koopmans. ed, 「Activity Analysis of Production and Allocation」. 1951
19) 자가노동의 저평가는 결국 마이너스 투입을 뜻하게 되고, 생산물의 저평가는 마이너스 산출을 뜻하게 된다.

성격과도 다른 일면이다. 더욱 세밀히 따지면 그 가운데 역시 지가(地價)의 앙등(昂騰)을 기대하는 노작(勞作)적 소농(小農)의 투기성이 전혀 없지 않으나 대개의 경우 그들 의식적 발로(發露)는 우선 상업적 소농(小農)에 의한 타산(打算)적 활동에 훨씬 뒤떨어져 있다. 가족노동에 의하여 재배 사육하는 농축산물에 관한 한, 시장적 가치를 떠나서 독자적으로 평가하는 관행 역시 오늘날 흔히 볼 수 있는 유제(遺制)이다.

그러나 비록 보수적 개성이 강한 노작(勞作)적 자영농(自營農)이라 할지라도 공동 경작이나 공동판매 등 단체적 행동이나 인보상조(隣保相助)의 협조 의식을 발휘할 수 없지 않다. 근자(近者) 농촌 신용계(信用契)나 공동 저축 등 자율적 금융에 새로운 관심을 나타내기도 하는 기운이다. 그 가운데 때때로 우리는 개별적 소농(小農)이 자기 권익의 옹호를 위하여 단결적 대항 운동을 꾀하는 예를 보게 된다. 공해나 한해(旱害)에서 보여준 소송이나 호소는 그러한 동태의 일단이다. 더욱 이들 노작(勞作)적 소농(小農) 의식의 점진 과정에 있어서도 단순한 미작(米作)중심의 영농자(營農者)와 특수 작물 재배자간에 격차는 엿볼 수 있다. 그밖에 상업적 소농(小農)에 있어서 경제적 타산(打算)성이 강하다는 점은 다시 말할 것도 없고 도시 근교농과 산간 벽지농(僻地農)간에 또한 근대적 의식 수준의 차이는 면할 수 없는 경향이다. 더욱 따져보면 일반적 교양 수준이나 자연환경, 영농 방식의 전통성이나 기계농법의 진도, 상품화률의 고저 등이 서로 결합하여 농민의 주체적 의식수준을 지배하고 있다는 점 또한 당연하다. 다만 우리는 그들 구구한 양태 역시 그들의 불안정한 경제에 직결된 조건임을 부인할 수 없을 뿐이다.

그럼에도 불구하고 우리는 총체적으로 자본주의 경제의 발전에 대응한 소농(小農) 일반의 의식수준이 근대화 과정을 걷고 있다는 사실에 무엇보다 주목한다. 그 가운데 특히 노작적 자영농(自營農)의 주체성 강화는 점차 볼만한 근자(近者)의 동태이다. 비록 그들이 소토지에 매달려서 반타율적 생산을 위하여 자가 노동을 남투(濫投)하는 빈곤의 주인공이라 하더라도 스스로 실질적 농업 노동자화의 길을 닦고 있는 만큼 역시 근대화는 음양으로 피할 수 없다. 그 가운데 「역사적 인간」의 특이한 유형을 다시 그들 발전적 운동과 더불어 확인할 수 있다는 것이 당면한 우리의 결론이다.

4. 소작농(小作農)의 농업 노동자화 기구(機構)

농지개혁(1949년) 후 전통적 소작제는 명목상 일단 해소를 보게 되고, 이 땅의 농민층은 노작(勞作)적 자가농으로서 대체로 제도화를 보았다. 그러나 소작 관계는 처음부터 그의 절감을 기대할 수 없었던 동태이었다. 입영(入營), 교육, 질병 등 자영농(自營農)의 일시적 이농을 제도상 공인한 바 있었고, 사찰단체(寺刹團體) 등의 토지소유를 불식할 수 없었으며, 신규 개간지를 농지개혁법의 대상 외로 다루었다는 점에서 당연한 결과이다. 그나마 무엇보다 재촌(在村) 지주(자영농(自營農))의 인정에서 사실상의 소작제를 막을 길이 없었고, 그에 앞서서 자영적 소농(小農)의 경제적 몰락을 막는 제도적 장치는 처음부터 갖춘바 되어 있지 아니하였다. 여기에 실질적 소작제는 점차 재생하여 이미 소작농(小作農)은 10% 단위로서 논할 수밖에 없게 되어 있고, 소작농(小作農)지 역시 1.6할 이라는 근년(1977년)의 조사 예를 볼 정도이다. (제13표)

　물론 현행 제도하에 소작농(小作農)이나 소작지는 일반적으로 공인되어 있지 않은 만큼 계수적으로 그들의 정밀한 탐색은 곤란시 된다. 더구나 소작관계의 구구한 형태를 따지기란 거의 불가능시되는 난문제이다. 다만 대체로 보아서 적어도 생계를 타인의 토지에 의존하고 있는 소농(小農)만이 전체의 20% 수준에 달해 있다는 것은 틀림이 없고, 따라서 있을 수 있는 소작문제의 재생은 불가피한 기세로 되어 있다. 더욱 그와 더불어 이들 소작농(小作農)의 주체성 역시 긴박한 사회적 의미를 갖게 된 것이 그 동안의 경위이다.

　지금 한국의 소작농(小作農)이 어떠한 역사적 배경을 갖고 있고, 그것의 범주적 성격이 어떠한 것인가는 앞에서도 언급한 바 있었다. 적어도 일제하의 「토지조사사업」을 거쳐서 3.1운동 이래 소작농(小作農)이 실질적 농업 노동자화의 과정을 걷고 있다는 것, 그 변질은 농지 개혁에 이르고 있다는 점, 입증된 정황이다. 그러므로 해방 후의 농지개혁과 더불어 재생된 소작농(小作農)이 무엇을 뜻하는가는 새삼 재 논할 필요도 없는 것이나, 그럼에도 국내외에 이설이 없지 않다. 그 중 유력한 것은 일제하 심화되었던 봉건적 소작관계가 해방 후 농지개혁으로 말미암아 비로소 봉건성의 해체를 보았다는 주장이다.

　만약 1949년 농지개혁에 의한 소작농(小作農)의 자작농(自作農)화 사업이 바로 봉건적 소작제의 타파로써 규정지을 수 있다면 우선 농지개혁과 거의 때를 같이하여 그 후 전개된 소작농(小作農)의 본성인즉, 필경 봉건제 예농층(隷農層)의 재생이 아니면 근대적 자영농(自營農)의 몰락으로 보아서 무방하다. 더구나 고율 소작제는 그 후에 대부분 지속된 바 있었고, 소작농(小作農)과 지주의 관계에 뚜렷한 변동이 졸지에 주어질 리 없었으므로 위의 이설은 지켜지기 어려운 성격이다.

(제13표) 자소작농(小作農)(自小作農)과 소작지(小作地) 비율 동태

연도	농가형태(%)				소작지 (%)	
	완전소작 (完全小作)	주소작 (主小作)	주자작 (主自作)	완전자작 (完全自作)		
1965	7.0	8.0	15.5	69.5	16.8	토지경제연구소
1970	9.7	7.8	16.0	66.5	16.0	농업 「센서스」 (정부)
1975	8.0	6.5	13.3	72.2	12.7	간이농업 「센서스」 (정부)
1977	6.6	9.4	20.1	63.9	16.5	농수산부 「농가경제조사」

자료: 한국농촌경제연구원, 「80년대의 농업전망과 농지제도」, 1979, pp.27~28
　(비고: 주소작(主小作)은 농경지 50%이상의 소작농(小作農), 주자작(主自作)은 그와 반대)

사실 농지개혁의 전후 시점에 따라서 소작제의 내용에 다소의 차등이 있었다 한들 그것을 당장 봉건제로부터 근대화 내지는 그에 준한 체제적 변동으로 규정하기에 전후의 사태는 너무나 유사하다. 그나마 해방 후 자작농(自作農)의 주체성에 변동은 없었던 과정이다. 그러므로 농지개혁 전의 소작제를 끝까지 봉건적 실질의 것이라 하고, 그 후 비로소 농지제에 전면적 근대화를 보았다 하면 이론상 우리는 실로 개혁 당시의 농촌 사회에 근대적 자작농(自作農)과 봉건적 소작농(小作農)의 양자 혼재를 보았다는 결론이 된다. 틀림없이 농지개혁은 소작제만을 폐지한 사업에 불과하고, 그 자체 자작농(自作農)의 근대화를 다루었던 시책이 아니었던 까닭이다.

그렇다면 굳이 전래적(傳來的) 자작농(自作農)의 주체성 변동을 농지개혁과 더불어 보지 않는 한, 농지개혁이 비로소 봉건소작제를 근대적으로 해체하였다고 보는 것은 무리라 할 수 밖에 없다. 따라서 이 당의 농지 개혁인즉 그 기본 목표가 이미 형성된 근대적 무산(無産)소작농(小作農)에게 토지를 분배함에 있었고, 봉건제의 타파란 표견상(表見上)의 결과로 보아질 뿐이다. 그리하여 남한의 농지개혁은 우선 근대적 농촌 위기를 안정화하려는 세계정책의 소산으로 보아서 무방하며, 소작 타파 그것은 곧 전통적 지주인 중간 이윤의 취득자를 배제한 것이었다. 따라서 재생된 소작농(小作農)인즉 다시 근대적 무산계급화한 것 뿐, 그들은 결코 봉건적 예농(隸農)의 부활이 아니며, 실질적 농업 노동자로서 차액지대20) 등의 잉여 노동을 타산적(打算的) 지주에게 제공하는 독점적 경제 주체자의 속성이다.

오늘날 한 말로 소작농(小作農)이라 하여도 앞에서도 본 바와 같이 소규모의 완전한 단순 소작 형태가 있는가 하면 반소작 도는 자작(自作)겸 소작의 형태도 불소(不少)하다. 그 중 단순 소작농(小作農)보다는 다소의 자작지(自作地)를 보유한 겸 소작농(小作農)이 압도적 비중이라는 것(1977년 약 30%)이 드러난 구조이다. 그럼에도 불구하고 그들이 오늘날 다 같이 노작(勞作)적 소농(小農)에 속해 있는 한, 대체로 노동자적 주체성을 면할 수 없다. 사실상 그들이 전적으로 근로소득에 의존하여 있거니와 일상의 생산 활동이나 소작 조건의 책정 역시 대체로 지주의 규제를 벗어날 수 없는 까닭이다.

원래 소작농(小作農)인즉 실질적으로 사회적 몰락의 주인공이며, 빈곤의 대표적 세대로 되어 있다. 따라서 인간적 소외감은 심각하며, 사회적 의식 역시 지주나 자영농(自營農)에 비하여 예민할 수밖에 없다. 그나마 경작규모만 보더라도 평균적으로 노작(勞作)적 자영농(自營農)에 크게 미치지 못한 형편이고, 보면 (제14표) 소작료 지불 후의 생계 양상이 어떠하리라는 것은 능히 추찰(推察)되는 바와 같다. 다만 그들은 토지라는 기본적 생산수단을 임대하여 타산적(打算的)영농을 어느 정도 자력으로써 지속한다는 점에서 단순한 산업 노동자와 다른 생산 조건의 보유자일 뿐이다.

실로 오늘의 객관적 지배조건 하에 소작농(小作農)이 비록 노작(勞作)적 자영농(自營農)과 더불어

---

20) 소작료의 기본구성인 차액지대는 본래 화폐적 지대일 것이나 현물로서 대위할 수 있음은 물론이다.

농업 노동자의 실질을 크게 갖고 있음에도 불구하고, 그간의 토지소유의 유무는 계층간 성격차를 형성한다. 그로 말미암아 소농(小農)사회의 주체적 의식 구조 역시 불안성이 가중된 형편이다. 그리하여 총체적으로 소작농(小作農)이 노작(勞作)적 자영농(自營農)에 비하여 주체성에 있어서 노동자적 위치에 더욱 근접하여 있음에 틀림이 없다. 따라서 구체적 이농의 선후 관계는 별도의 문제로서, 소득 수준이나 빈곤의 정도만이 평가의 기본적 기준이 된다 할지라도 무엇보다 토지소유를 통한 주체적 의식 수준 차는 우선 소작농(小作農)에 있어서 무산자의 위기의식을 감출 수 없게 하는 동인(動因)이다.

(제14표) 농가 형태별 경영지수(1977년)

구분	완전소작 (完全小作)	주소작 (主小作)	주자작 (主自作)	완전자작 (完全自作)
(A) 영농종사자수	2.72인	2.89	2.75	2.76
(B)경지규모	7.5반(反)	9.8	11.4	10.4
B/A	2.76반(反)	3.39	4.15	3.77
경지이용대비	100.0	99.2	96.2	98.5
1인당조수익대비	100.0	137.8	160.0	151.0

자료: 농수산부 「농가경제조사보고」 전게(前揭)

더욱 소작 조건을 아울러 검토하여 볼 때 자영농(自營農)의 안정성이나 농업 생산력의 우위성이 지목되기도 하지만 이들은 대개 독점자본의 소농(小農) 지배력이 미흡할 때의 일시적 동향에 불과하다. 자가 노동의 혹사나 생산과 생활의 피압조건이 가중되어 있는 현실적 과정에 있어서 자영농(自營農)의 본래적 이점 역시 제약될 수밖에 없는 시대상이다. 그러므로 「사유의 마력은 토사(土砂)를 황금으로 만든다」는 「아더 양」(A. Young)의 자영농(自營農) 예찬론도 이미 한계성이 뚜렷함을 알 수 있다. 우선 토지개량의 경제적 실효가 당장 그들 자영농(自營農)에 주어지지 아니할 때 그에 자진(自進)주력할 「경제인」은 없을 것이 분명한 까닭이다.

한편 자영농(自營農)제 하에 소작분료(小作紛料)는 있을 수 없겠으나 당장 그것이 결코 지대문제의 불식을 뜻하고 있지 않다. 세력적 지배자본에 대한 소농(小農)의 상대적 지위가 약화일로(弱化一路)의 상황 하에 표견상(表見上)지대문제는 변질하는 속성일 뿐이다. 그러므로 우리는 농지개혁 후 사회문제로서의 지대문제가 완전히 해소되었다고 보아서 아니 되고, 그가 여러 가지 형태로서 변모된 사실을 인식하여 마땅하다. 가령 「인플레이션」 하 농산물 가격이 부당하게 억제된 조건 하에 있어서도 자작농(自作農)의 현물세나 소작농(小作農)의 현물 소작료 등 현물의 저평가를 거쳐서 반드시 지대의 부담 조건을 그들에게 가져오고 마는 것이 일반이다. 더구나 토지 소작제의 재생을 보게 된 오늘날 직접적으로 사태는 소작농(小作農)과 지주와의 분배관계로서 전개되고, 그도 소작조건이 지주의 개성에 맡겨져 결정될 수 있는 반면에 독점자본주의 하 지주를 통하여 매양 각종 부담이 소작농(小作農)에게 전가되는 폐단은 틀림없이 조장되게 마련이다. 따라서 소작농(小作農)의 이중적 지대부담도 사회 문제화 하겠거니와 토지 투기의 가세로써 지대의 일방적 고률성이 보편화할 수밖에 없다. 그리하여 결과는 소작농(小作農)의 필요노동이 지대로서 침탈될 수 없지 않고, 이어서 그들의 완전 몰락, 현실적 노동자화는 필지(必至)의 운동이 될 뿐이다.

오늘의 제도상 소작제가 공인된 것은 아니며, 소작농(小作農)의 주체적 입장 역시 불변은 아니므로 가혹한 소작조건이 자행되고 있지는 않다. 더구나 농촌인구의 감퇴운동이 촉진되는 과정에 있어서 소작인의 소작권 자진 포기도 흔히 보아지는 근래의 동태이다.

그러나 소농(小農)의 현실적 피지배성이 새로운 국면에 달하지 않는 한, 소작 위기의 해소를 쉽게 기대할 수 없다. 소작인의 빈궁(貧窮)에 대응한 신생 지주나 지배 자본의 총체적 압력을 언제나 예상하지 않을 수 없는 까닭이다.

고유한 소작농(小作農)은 본래 빈곤한 처지에 영세적 규모가 일반이므로 자영농(自營農) 이상으로 자가 노동에 있어서 여유를 갖고 있다. 이 점에서 그들은 실질적 농업 노동자일 뿐 아니라 농촌의 기간적 피용자(被傭者)이다. 즉 그들은 타인의 농업에 종사하는 현실적 노동자이며 한편 그들은 비농업노동에 일시적으로 취업하기도 하는 것이므로 그들의 소득 구조면이 보여준 객관적 의타성은 유난하다. 더구나 그들의 만성적 식량난과 고율적 부채를 아울러 생각할 때 한계적 영농자(營農者)로서의 주체적 불안정성은 뚜렷한 정황이다.

한편 한국 농촌에는 소작농(小作農)을 포함하여 반농반노의 자영적 소농(小農) 이외에 순수한 농업 노동자도 없지는 않다. 그 중 반드시 농촌에 영주하지 않는 자도 있거니와 농촌 거주자로서 농업 부문 또는 비농업부문에 임시로 자기 노동을 파는 부랑적(浮浪的) 계층도 없지 않는 형편이다. 그 가운데는 머슴과 같이 연상용(年常傭)의 노동자도 있거니와 1년 미만의 임시용이나 1개월에 미치지 못한 일용 노동자 등 구구한 형태를 볼 수 있다. 다만 그들의 농촌 내수적 비중인 즉 소작농(小作農)을 포함한 자영업주나 그들의 「가족 종사자」에 비하여 열세로 되어 가는 것이 근래의 경향이다. (제15표)

전통적 머슴이란 원래는 남자 장년으로서 봉건시대를 특징화한 주종 관계의 대상 주체이었다. 그들은 일찍이 고용주(영농주)에 예속하여 노동 지대를 수취당하는 계층이었으나 그것이 근대화 과정에 들어서자 점차 자유적 고용계약의 당사자로서 독립화한 「역사적 인간」의 대표자이다. 오늘날 그와 고용주와의 경제적 대립관계에서 종종 불리한 피압성을 그에서 찾아 볼 수 있으나 그것을 당장 봉건적 주종관계라 말할 수 없다. 오히려 농촌 노동력의 부족현상이 반사적으로 그들의 상대적 지위를 산업 노동층 이상으로 향상시키기도 하며, 산업화에 따라서 그나마 '70년대의 후반기에 들어서자 실수는 급격히 격감하여 오늘날 평야지대의 대농에 한하여 드물게 보게 되었다. 따라서 대우 조건이나 고용기간 등 옛날과는 다른 양상이다.21)

---

21) 1977~8년의 일부 지방의 중간 머슴 급여(새경)는 연 미곡 10입(叺)에 춘하동절(春夏冬節)에 의복 3벌, 잡비 약간이 되

(제15표) 농촌 취업자지위별 동태

(단위:천명)

연차	자영업주	가족종사자	상용(常傭)	임시용	일용(日傭)	계
1965	2,038	2,285	209	213	326	5,071
1970	2,061	2,211	277	93	454	5,116
1975	2,360	2,507	257	119	359	5,602

자료: 노동청, 「한국노동통계연감」, 1977
비고: 상용(常傭)은 계약기간이 1년이상의 피용자(被傭者), 임시용은 1년 미만, 1개월
　　　이상의 그들이고, 일용(日傭)은 1개월 미만의 그들

　　그러나 구태여 말한다면 단순한 머슴 역시 아직 근대적 산업 노동자와 대등한 주체적 의식의
소유자로 되어 있지는 않다. 고용주와의 인간관계나 노동의 내용 등에 있어서 인습(因襲)은 남아
있고, 그 밖에 작업의 옥외성(屋外性)이나 계절성, 농사의 기술적 후진성 등이 이에 가세하여
「경제인」적 타산성(打算性)을 그로부터 쉽게 얻어보기 어려운 형편이다. 일상가족적 생활환경
역시 전통적 조건이 세부적으로는 불식되지 않고 있다. 급여에 대한 현물 관행과 같은 것 역시 고용주와의
공동 운명적 관계를 강조하는 일면이다. 더구나 노동시간이나 작업의 종류 등이 관례에 따라서
이루어지고 임금의 선대(先貸), 고지(雇只)의 급여 등 머슴과 고용주간의 특수한 경제관계를 보는
예도 많다. 이 점, 머슴을 들어서 아직도 흔히 가족노동의 연장과 같이 보는 소이(所以)이다.

　　머슴과 같은 상용 노동자 이외에 농촌의 임시고(臨時雇)와 각기 별거상태에 있는 만큼 독립성과
타산적(打算的) 대립성이 보다 뚜렷하다. 그들은 반드시 농업 노동에만 참가하는 것이 아니고 가사에도
종사하며, 도시 산업계에도 출두하는 등 말하자면 「자유노동자」의 속성이다. 따라서 그들은 산업
예비군의 제1선자임에 틀림이 없고, 한편 소작농(小作農)의 후신이기도 하다. 자영농(自營農)의 일부
가족이 되어 있기도 하나, 더욱 비농업부문의 실업자로 되어 있는 가운데 공업기술면이나 농사기술면에
특수한 능력을 갖기도 하다. 다만 그들 역시 대부분 빈곤의 주인공이다.

　　무엇보다 임시고(臨時雇)나 일용 등의 소득이 불안정하고, 더구나 농업생산의 계절성이 그 점을
조장한다. 따라서 우리는 그들의 급여수준을 즉시 농촌 상고(常雇) 노동자나 산업 노동자와 평면적으로
비교할 수 없는 노릇이다.22) 이 점, 모름지기 노작(勞作)적 소농(小農)이 만성적으로 유휴노동을
보유하고 있으나 생계 지술에 관한 한, 대체로 연중 불변인데 반하여 수입은 연말 집중의 형식이
되어 있어서 과외적(課外的) 부담의 요인이 부가되는 형편이다.

　　지금 소작농(小作農)을 포함하여 농업 노동자 일반이 안고 있는 불안정 주체적 조건은 심각하고도
다기(多岐)하다. 그 중 그들 최대의 관심사는 유휴노동의 투하 기회라 할 수 있고, 그와 더불어 최저수준의
가족적 부양은 누구보다 그들에 있어서 절실한 문제의 조건이다. 그들이 바야흐로 산업 예비군임에는

　　어 있고, 그중 2~3입(以)의 미곡은 선불이었다.
22) 졸저(拙著), 「한국경제와 임금구조」 1979, Ⅲ장 참조

틀림이 없으나 스스로 당장 현역군으로서 완전 취업되어 있지 않는 한에 있어서 그들은 항상 생계의 위협 하에 놓여 있다. 이 점이 노작(勞作)적 자영농(自營農)을 넘는 그들의 큰 역경이다. 따라서 지금 어떠한 이유에 의하여 산업계의 실업이 늘어나거나 농촌 노동의 기회가 줄어진다면 그들의 불안감은 격성될 수밖에 없다. 여기에 그들 주체적 의식의 위기 화는 점차 높아지게 마련이다.

때마침 1960년대 초 이래의 산업화 과정이 성장속도에 점차 한계점을 들어내고 있는 가운데 농업의 기계화 운동이 촉진되어 있으므로 농업 노동자나 소작농(小作農)의 생계 전망은 그만큼 제약적이 아닐 수 없다. 영락된 그들에게 다시 생산수단(토지)를 안겨주는 계기는 쉽게 발견되지 않는 오늘의 정황이다.

5. 상업적 소농(小農)의 특성

일반의 소농(小農)가운데 있어서도 상품 생산을 주목적으로 하는 상업적 소농(小農)은 근래에 상당한 증세를 보이고 있다. 그가 자급적 생산을 전혀 꾀하지 않는 것은 아니나, 생산품의 대부분을 시장 출하함으로써 오직 화폐적 이득을 일삼는 영농형태를 말함이다. 따라서 이미 본 바와 같이 미맥작(米麥作) 소농(小農)은 사실상 이의 범주에 거의 들어갈 수 없다. 적어도 특용 작물이나 과수, 채소, 화훼 등의 재배가 아니면 가축 사양, 낙농, 양천(養蠶), 양봉(養蜂) 등 양축(養畜)이나 가공활동이 눈에 띄는 그들 보편적 형태이다. 다만 그들이 소농(小農)이란 점에서 생산규모나 고용노동량이 그다지 크지 않다. 따라서 노작(勞作)적은 아니나 자가 노동을 위주로 하는 제약성이 그들에게 아직 남아 있는 과정이다.

상업적 농업이라 하여도 반드시 순수독립적인 것은 아니고 일부 미작농(米作農)을 겸영하는 경우는 적지 않다. 농업 이외의 생산이나 기타노동에 종사하는 예는 오히려 많은 현실이다. 그럼에도 노작(勞作)적 소농(小農)에 비하여 그들 주체적 특징은 여러 면에서 뚜렷하다. 우선, 타산성(打算性)이 강한 영리적 주인공이 되어 있는 까닭이다.[23]

지금 한국에 있어서 상업적 농민의 수적 비중이 어느 정도인가를 정확히 말하기는 어려우나 대소 합하여 1할(割)정도에 달한 것으로 보아진다(제1표). 그것이 대형화할 때 이미 본 바와 같이 기업농이 되게 마련이다. 이때에 그들은 필경 생산 면에 전업도(專業度)를 높일 것이 틀림이 없고, 지배적으로 고용노동에 의존하게 된다. 그러므로 그 중 상업적 농업과 기업농의 구분이 사실상 한계를 불분명하게 하는 예는 없지 않지만 물론 이론상 양자는 명확히 판별된다. 기업농이라면 곧 고용 노동의 대량적 도입과 상품생산의 양산을 꾀하는 대농의 속성이다. 결과적으로 말하면 고유한 상업적 농업은 본래적으로 소농(小農)의 범주로서 이윤의 확보에 대한 기대성이 취약하다. 그에 따라서 이윤 취득은

---

23) 상업적 소농(小農)은 상업 자본이나 전기적 상인 자본과 엄격히 구분된다.

오히려 우연적인 예인데 대하여 기업농의 경우 당연히 정상적 이윤의 확보는 기대되는 조건이다. 고용노동이 적은 상업적 소규모 생산에 있어서 설령 일시적으로 이윤이 얻어진다 하더라도 그것은 필경 시장조건에 따른 손실로서 상쇄된다. 더구나 자본의 독점화 과정이 진전된 현실에 있어서 그것은 오히려 필연적 동향이다.

그러나 상업적 농업(소농)의 특징을 노작(勞作)적 소농에 대비할 때 의의는 좀더 크다. 즉

첫째로 상업적 농업은 처음부터 영리적 목적이 내세워진 만큼 노작(勞作)적 농업에 대하여 타산성(打算性)이 강하다. 시장동태에 대하여 항상 민감함과 아울러 시장개척에 적극적으로 주력한다. 특히 자기토지나 자가 노동에 대하여서 정상적 평가를 감행하고, 오히려 수지 타산(打算)을 일삼는다. 따라서 경영목적상 토지의 과대평가나 자가 노동의 저평가란 있을 수 없는 성질이다. 이 점에 관련하여 그들 생산 활동은 반드시 절대량의 증가를 의욕하지 않고, 수익성의 증대를 목표로 삼고 있다. 불황이 예감될 때 생산량의 작위적(作爲的) 감소나 생산의 중단변경을 쉽게 단행하는 것이 그들 속성이다.

둘째로 화폐자본의 요구도는 상업적 일수록 높아지고, 따라서 금융의 필요성 또한 노작농보다 훨씬 급절하다. 현물 경제로부터 화폐 경제화는 상업농(商業農)의 전 분야에서 일반화하는 운동이다.

셋째로 자본시설적 생산이 많고, 직접 식량보다는 가공원료의 생산이 주다. 따라서 대개는 숙련된 기술을 요구하며, 촉성 재배 등 특수한 계절성이나 자연 조건을 효과적으로 이용하는 면이 많다. 그러한 가운데 상업농(商業農)은 특별 이득을 흔히 취하게 되는 예이나 그만큼 실패의 위험성도 불소(不少)하다. 자급자족 면이 배제되어 있는 만큼 투기성이 따르기 때문이다.

넷째로 상업농(商業農)은 동업자의 조직을 흔히 많이 갖는 예이며, 그러한 조직의 확대나 단체적 기능의 발휘 역시 노작농(勞作農)보다 활발하다. 금융기관이나 관공서의 특별한 지원을 받는 예도 많은 편이나 그만큼 반드시 경제성이 보장된 입장은 아닌 주체이다.

필경 몇 가지 반노작농(半勞作農)적 특성에 비추어 상업적 소농(小農)이 실질적 농업 노동자의 범주가 아니라 자본가를 지향하고 있음이 분명하다. 다만 우리는 그들에 있어서 자본 부족이나 기술 제약이 흔히 적극적 기업생산으로 전개되기에 어려운 조건을 현실로서 볼 뿐이다.

상업적 소농(小農) 가운데도 따져 보면 지역적 특성이나 생산 품목, 생산 형태 등에 따라서 주체성에 구구한 차이점이 찾아진다. 설령 동종의 생산 활동이라 할지라도 도시 근교의 것과 산간벽지 (山間僻地)의 것, 또는 해안지대와 내륙지대 그 밖에 집단적 생산구역과 독립적 생산자에 따라서 성격적 변모는 쉽게 엿보이는 예이다. 그 중 생산 형태가 단순 경영이나 복합 경영이냐 또는 자기 자본에 의한 것이냐, 타인 자본에 의존한 것이냐 더욱 자가 노동을 주축으로 하는 것이냐 타인 기술에 의존한 것이냐에 따라서 개별적 상업농(商業農)의 경제적 주체성은 서로 달라진다. 다만 「경제인」적 타산성(打算性)과 공리주의는 그들의 공통적 속성이며, 시장적 불안 또한 일반적 문제의 조건이다.

한편 우리는 근래 노작(勞作)적 소농(小農)이 타율적 권장(勸奬)이나 전시효과에 못이겨 그 스스로

무리한 상품적 생산에 전환을 기도(企圖)한 경우를 종종 볼 수 있다. 이 때에 취약체질의 주체적 불안정성은 각별한 성질이다. 그 가운데 특례로서 흔히 외인에 의한 위탁 생산이나 위탁된 가공업을 겸영하는 실례를 볼 수도 있으나, 그에 연유한 이들 상업농(商業農)의 예속성 또한 소극적 의미를 부여할 뿐이다.

총체적으로 상업적 농업의 국내 보급이 도시 자본의 농촌 도입, 농업 생산력의 점진적 향상, 고용기회의 확대 등 적극적 방향을 시사하는 반면에 국내 경제의 대외의존도를 높이는 역현상은 주목된다. 지주토지의 효율적 이용도를 낮추는 제약성 또한 부인할 수 없는 근대적 동태이다. 농촌 내 화폐 거래의 증대와 더불어 경기변동에 따른 농업 공황의 기구(機構) 조건이 필경, 가중될 수 없지 않다. 식량의 자급도를 떨어뜨리는 경향 역시 큰 문제의 하나이다.

한편 상업적 소농(小農)이 국권이나 대소 자본에 의하여 지배되는 기구(機構)적 운동은 각별히 볼만하다. 일제 하의 공판제와 같은 것은 오히려 민족적 악몽의 대표 사례이다. 오늘날 농산품의 유통기구(機構)만을 본다 하더라도 소농(小農)의 일방적 손실과 부담은 감출 수 없고, 근자(近者) 무모한 외국 농축산물의 수입정책이 국내 일부의 상업적 소농(小農)에 치명적 타격을 가한 예 역시 상기할 만하다. 더욱 유통 시설의 불비(不備)로 말미암아 소농(小農) 부담의 유통 비용이 시장 가격에 2~3할(割)에 달하는 경우를24) 얼마든지 볼 수 있는 이 방면의 통폐(通弊)이다. 문제는 농축산물의 계절성이나 유통적 특성에 겸하여 무엇보다 소농(小農) 경제의 취약성에 근원이 있다 하겠으나 외자의 개입이 매판적 활동을 조상시키는 악예를 볼 수도 있다. 따라서 상업적 소농(小農)의 일방적 종용(慫通)은 간단히 수긍되기 어려운 당면한 정책적 여건이다.

근자(近者), 축산물을 비롯하여 채소나 애호 작물의 소비자 가격이 유난히 계절적 등락폭을 크게 함으로써 소비 대중과 상업적 소농민(小農民)으로 하여금 비명을 교대로 올리게끔 하였다. 그 중 특히 영세적 소농(小農)의 출하 타격은 각별한 문제이었다. 1979~80년만 보아도 한 때 돈육가의 폭락이 축산 소농(小農)으로 하여금 자돈(仔豚)을 그저 폐기할 만큼 극단적 사태를 보인바 있었거니와 채소나 마음의 시세 또한 그러한 공황을 보이었다.25) 한편 고추나 채소의 가격 앙등(昂騰)이 도시 중간 상인만을 비대케 한 역국면 역시 소농(小農)의 취약성을 보일 뿐이다.

그럼에도 불구하고 이 땅의 상업적 소농(小農)이 일시에 몰락하지 않고, 더욱 생산 의욕을 쉽게 포기하지 않는 첫째의 이유는 당장 그들의 전업에 대한 편익이 주어지지 않는다는 데 있다. 다만 스스로 노작(勞作)적 자영농(自營農)(미작(米作) 등)으로서 부분적 전업이 가능하기도 하지만 그 밖에 집단 영농의 경우 그들의 폐업이 타율적으로 제약된다는 것, 호경기의 순환적 도래가 예기된다는 것, 외부적 지원이 때때로 뒤따른다는 등 몇 가지 기대적 조건이 주어져 있는 것도 사실이다. 더욱

---

24) 한국농촌경제연구원, 「전환기의 한국농업」 1977, p227 등
25) 전게(前揭), 「전환기의 한국 농업」 등 참조

도시인구의 증대, 소비 기준의 일반적 향상, 산업의 발달, 교역의 증대, 생산기술의 개선, 시장 경험의 축적 등 보다 유리한 전망이 그들에게 없지 않다. 그 가운데 소농(小農)은 흔히 토지 자본의 수익성을 과대평가하기도 하는 예이다.

그러나 국내외 시장의 확대 예상이 상업적 소농(小農)에 쉽게 복음을 가져오리라고 기대하는 것은 속단에 불과하다. 그들 영리목적이 달성되려면 우선 세계경제의 폭풍우와 더불어 대내외 동종 기업의 부단한 도전을 극복할 것이 절실한 과업이다. 그러므로 우리는 상업적 소농(小農)의 주체적 안정성이 노작(勞作)적 영농자(營農者)를 쉽게 능가한다고 보장할 수 없다. 현존하는 그들이 대다수는 스스로 노작(勞作)적 자영농(自營農)이 되어 버리거나 아직 완전 몰락하지 않을 진대 다양한 형태로서 타에 예속한 채 경기적 부심(浮沈)을 거듭할 것으로 전망될 뿐이다.

V. 결론

우리는 위에서 자본주의 경제의 독점화 과정에 대응하여 한국 소농(小農)의 주체성이 어떠한 현실적 의미를 갖는가를 유형에 따라서 살펴보았다. 말하자면 외위(外圍)적 지배조건의 발전에 대응한 피지배적 소농(小農)의 주체성을 객관적으로 재평가한 셈이다.

그러나 우리는 대상인 각종 소농(小農)을 처음부터 단순한 경제인(homo-economicus)이나 「로빈슨 크루소」와 같이 추상화하여 볼 수는 없었다. 그들을 역사적 변질과정에서 바로 「역사적 인간」의 유형으로서 시대적 배경과 더불어 보아온 것이 당면한 방법론적 요구이다.

물론 현실에 있어서 경제적 주체를 역사적 변질과정에서 의도적으로 객관화하려는 데는 뚜렷한 이유가 없지 않다. 그 점을 이미 서론에서도 밝힌 바와 같거니와 바로 이의 구체적 전개형태로서의 한국 소농(小農)에 관하여 우리의 방법론적 확인이 가져온 몇 가지 요점을 들어보면 다음과 같다. 즉

(1) 우리는 모름지기 한국의 성장발전이나 사회문제의 동태 또는 농업생산의 특성을 봄에 있어서 우선 경제적 주체가 누구이며, 그가 어떠한 지위와 특성의 주인공인가를 적극적으로 물어야 마땅하다. 따라서 우리의 당면한 농업문제를 봄에 있어서도 거기에 흔히 소외되어 있는 주체적 인간으로서의 소농(小農)을 한 걸음 깊이 의논의 범주에 끌여들어서 분석 평가의 대상으로 삼아야 하다고 보아진다.

(2) 우선 한국 소농(小農)의 주체성을 구체적으로 파악함에 있어서 우리는 주어진 경작 규모나 작업 종목·생산품목에 기준을 두어서 봄에 그칠 것이 아니라 역사적 발전의 단계적 조건을 중시한다. 이 때에 우리는 비로소 실효적 유형화 작업에 도달할 수 있고, 그것이 바로 본론이 노작(勞作)적　자영농(自營農)이나　소작농(小作農)　또는　농업　노동자　그리고　상업적 소농(小農)으로 구분하여 각기 주체성을 평가한 소이(所以)이다.

(3) 우리는 농업 노동자를 포함하여 노작(勞作)적 소농(小農)이나 상업적 소농(小農) 또는 기업농이 그 성격에 있어서 다 같이 「경제인」적 자립성을 갖는 점, 부인할 수 없으나 그들이 각기 그들의 발휘 양식을 달리하고 있다는 점에 주목한다. 즉 「역사적 인간」으로서 그들 각기 특징적 불안의 주인공이 되어 있다는 것이다. 예컨대 농업 노동자나 노작(勞作)적 소농(小農)이 갖는 생계의 불안이나, 상업적 소농(小農)의 시장적 불안과 같은 것이다. 이들 불안의 주체적 의식이 이기적 의식(「경제인」)보다 반드시 약하다는 법칙은 없다. 더구나 인간의 자기심과 불안감이 혼합할 때 그 주체적 의식의 발로(發露)는 독특한 성격을 구체화할 것이 예상되는 조건이다.

(4) 자본주의 경제의 발달에 따라서 소농(小農)이나 농업 노동자의 주체적 의식 수준은 올라갈 것이 예상되는 반면에 객관적 피지배 조건의 강화를 볼 수 없지 않다. 그에 따라서 여기에 주체적 행동의 위기성이 나타나게 마련이다.

(5) 세계경제의 확대, 국제무역의 증가 추세와 더불어 국내 소농(小農)의 국제적 대자본과의 긴장관계를 볼 수도 있겠으나 이 때에 소농(小農)의 주체적 의식에 반하여 객관적 지위는 더욱 저열화하기 쉽고, 예속적 경제조건의 형성을 볼 수 없지 않다.

(6) 소농(小農)의 경제적 활동은 반드시 개인에 한정될 수 없고, 공동 협력적 또는 조직적일 수 있다. 그 중 협동조합이나 수리조합 등과 같은 제도적인 것도 있으나 그들이 자본적 조직과 주체적 기능을 크게 달리하고 있다는 점 역시 주목된다.

(7) 자본주의 생산양식과 소농(小農)생산 양식을 가교(架橋)하는 기저적 요인이 무엇인가를 살펴 볼 때 소농(小農)의 특징적 주체성은 더욱 총체적으로나 유형적으로 분명해 질 수 있다. 그를 위하여 경제적 주체성은 항상 이해대립관계의 양면에서 동시에 본다는 것이 유효적이다. 오늘날 자본주의 경제의 지배체제와 소농(小農) 생산의 유형적 주체성을 대결함에 있어서 요구되는 경제학의 전통적 방법에 재검토는 불가피하다. 그 중 특별히 경제의 미시적 시장균형론이나 개인의 합리적 생산이론 등이 반드시 소농(小農) 경제의 현실을 해명하고 있지 못한 점은 뚜렷하다.

(8) 위의 제항에 관련하여 「인간과 인간과의 관계」를 보는 우리의 사회과학적 방법론에는 필연코 우리의 비판적 인식의 조건이 수반된다. 그에 따라서 사회과학적 이론에는 역사성과 실천성이 일반적 의미를 가질 수 있게 된다.

결론적으로 말하여 우리는 한국 소농(小農)의 유형적 주체성에서 우리가 내세운바 「역사적 인간」개념의 구체적 성격을 실증적으로 확인할 수 있게 된 동시에 우리의 경제이론 또는 농업 경제이론으로 하여금 현실적 토대를 더욱 군건히 할 수 있는 계기를 보게 된 셈이다.

A Reappraisal of Economic Subjectivities of Korean Farmers

Homo-economicus has been thought as economic subjectivities, but it seems more meaningful and beneficial to set up "historical man" as economic subjectivities for searching economic rules and understanding economic realities.

As an example of this approach, I propose to survey several types of korean small farmers which are classified ad labourous peasants, tenant farmers, commercial farmers and agricultural workers, and to characterize each type's subjectivities in the capitalistic economic system.

In this thesis, I emphasized economic subjectivities of Korean farmers by reviewing each type's relationship to the industrial economy outwardly and its interrelationship with each other inwardly in the context of historical circumstances.

경제학의 현대적 기능

김 준 보

목차

Ⅰ. 자본주의 발전과 경제학

오늘날 우리가 말하는 과학으로서의 경제학은 주지하는 바와 같이 19세기 말엽 자본주의 생성과 거의 그의 생성의 때를 같이 하였다. 봉건사회에 있어서의 「신의 섭리」에 종지부를 찍고, 이기적 인간의 「자연적 장유의 질서」를 추궁한 스미스(A.Smith, 1723~90)의 국부론(Wealth of nation)은 경제학의 체계적 효시(嚆矢)로서 1776년에 그의 천행을 본 것이다.

우리는 지금 스미스의 고전학파로부터 시작된 경제학의 역사적 발전의 배경을 간단히 살펴봄으로써 오늘의 경제학에 기부(期符)되는 새로운 기능의 인식에 이바지 하려는 것이다.

고전학파의 경제학은 중세기의 억압으로부터 해방된 근대시민사회에 있어서 특질적 빈욕(貧慾)에 잠겨있는 개인을 상정(想定)하고, 이들 이욕(利慾)의 주구(走狗)인 개인의 자유경쟁이 이룩한 사회의 물질적 순서를 그의 정태에 있어서 연역(演繹)하려는데 안목이 있었다.

그러나 그는 얼마 아니 되어서 그가 가진 방법의 단순한 연역(演繹)이 경제사회의 현실에 임하여 무력함을 발견하게 됨으로써 스스로 하나의 신발전의 토대가 되고 말았다. 왜냐하면 자본주의가 생성기로부터 그의 성숙기에 진행함에 따라서 이룩한 사회는 고정적 정태적인 사회가 아니라 유기적 성장의 특징을 가진 동태적인 사회로서의 면모를 심각히 노출하였기 때문이다.

여기에 있어서 「생산상의 부단한 변혁, 근대시민사회를 그 이전의 시대로부터 분리하는 것」이라는 신념 하에 새로운 유동적인 사회관이 배출하게 되었고, 또는 경제사회의 시간적 성장의 형태를 생물학적 유추에 의하여 파악하려는 더욱 현실적인 이론의 확충을 보게 되었다. 마르크스(K. Marx, 1818~83)의 후생경제학은 또한 그러한 생물학적 유추의 특징을 크게 갖는 것이다.

그러나 물론 현실사회의 다양적인 측면은 그러한 한두 가지의 사회관에 의하여 완전히 포함될 수 있을 만치 단순한 것 같지는 아니하였다. 동일한 자본사회에 있어서도 혹은 「개인의 자각」에 관찰의 초점을 둘 수도 있고 혹은 계급간의 이해 길항(桔抗)에 사회의 본질을 추구할 수도 있는 것이며 또는 전체적 이익의 수호에 스스로의 가치를 발견하려는 사회관도 설수 있을 것이다. 필경 이와 같은 다양적인 사회관은 경제학의 구성에 있어서도 고전학파를 직접적으로 확충한 위의 전통적인 경제이론의 정립을 19세기 성숙된 자본사회에 현출시켰으니 이를테면 「개인의 자각」관에 격렬한 멩가 - (C. Menger, 1840~1922)는 개인욕망의 가측성을 전제로 하는 한계효용학파를 창립하였고, 조국의 경제적 후진성을 선진 자본의 침입으로부터 방위(防衛)함에 급석(汲夕)한 리스트(F. List, 1780~1816)는 독일 역사학파의 선두에 나서게 되었다. 그밖에 우리는 한계효용학설의 직접적 발전인 「로-산느」 대학파의 역연한 업적을 볼 수가 있고 특히 자본과 화폐이론에 독특한 역량을 뵈어준 「스칸디나비아」 학파(서전학파)의 이름을 들 수가 있으며 또는 독일 역사학파의 영향 하에 미국의 사회제도를 대변하는 소위 제도학파를 세어 볼 수 있으나 요는 그 어는 것이나 19세기 자본사회의 성숙된 시대상의 일면을 반영한 문화적 소산이 아닐 수 없는 것이다.

새삼스럽게 말할 필요도 없이 지금 일체의 문화적 소산이 경경(經經)사회의 시대적 범주에 종속한다는 통념에 대하여서는 이단이 있는 듯하나 과학으로서의 경제학의 존립이 경제 사회의 시대적 범주를 떠나서 있을 수 없으리라는 것은 너무나 명백하다.

간단히 알 수 있는 바와 같이 경제학은 곧 경제사회의 시대적 동태 그 자체를 추구의 대상으로 삼고 있기 때문이다. 그럼으로써 고전학파의 최후의 대성가(大成家) 존 스투어트 밀(J.S.Mill, 1806~73)도 일찍이 경제학의 이와 같은 본질을 간파하여 「부의 분배는 오로지 사회제도의 문제인 것이다. 사회의 분배를 결정하는 법칙은 사회의 지도적인 단계의 의견과 감정에 의하여 이루어지는 것이고 시대와 국가를 달리함에 따라서 장래도 또한 인류의 욕구에 의하여 크게 변화시킬 수 있을 것이다」 라고 하였다.

J. S. Mill; Principle of politiclal economy with some of their application to social philosophy. 2. vol, 1848, Book 2, Chap. 1, 1

제1차 세계대전이 가져온 격변된 세계정세와 그 후 1930년대의 미회유(未曾有)의 공황을 경험한 고도 자본주의의 진행은 인류문화 일반에 대하여서 질과 양의 양면에 걸쳐서 많은 충동을 준 가운데 경제학에 대하여서도 긴박한 과제의 현실적인 해결을 촉구한 듯하였다. 이리하여 대상을 피안(彼岸)에서 전망함으로써 만족하였던 전세기의 경제학은 「광을 구하는 동시에 과실을 구하는 과학」(A.C. Pigou 1877)으로서의 새로운 사명을 갖게 된 것이다.

오늘에 있어서는 경제 사상(事象)은 「자연의 섭리」가 아님은 물론 「자유의 질서」도 아닌 것이며, 오히려 공포와 불안을 내포한 격파의 항로와도 같은 것이다. 이러한 고도 자본주의의 난숙(爛熟)된 사태에 대응하여 「근대경제학」은 모름지기 새로운 장비를 갖추지 않으면 아니 되었다.

바야흐로 서구학계에 그의 권위를 과시하고 있는 케인스(J. M. Keynes, 1838~1946)의 「일반원리」(General theory)은 현대자본사회의 불황과 침체상태를 모면하고자하는 시대적 소산인 것이며 그밖에 수다한 학자에 의하여 전개되어 있는 일련의 독점경쟁론이나 경기변동이론도 또한 일변 활발히 전개되어 있는 사회주의 경제이론의 현대적 업적과 아울러 – 각기 지향한바 지표는 같지 아니하지마는 – 어느 것이나 긴박한 자본사회의 물질적 시대상을 반영하지 않음이 없는 것이다.

나아가서 제2차 세계대전을 계기로 한 분립된 양대 진영의 심각한 경제전에 대비하여 전통적인 경제학은 또한 질과 양의 양면에 걸쳐서 그의 분석의 정밀도를 가하고 있다. 이리하여 더욱 현실 면에 전급한 경제이론과 그의 방법은 지금 보는 사람으로 하여금 능히 경제사상(事象)이 경제이론을 생성하는 기반이 될 뿐 아니라 새로운 이론의 발전이 새로운 경제운동을 일으키는 유인이 되고 있고 따라서 그가 새로운 경제사회의 진전을 이룩하는 기반이 될 수도 있다는 자각을 갖게끔 되어 있는 것이다.

이상으로써 우리는 고전학파에 출발하여 현대경제학이 생성된 실질적인 배경을 달관(達觀) 하였으나 앞에서 말한바와 같이 우리의 최종 목적은 여기에 있는 것은 아니다. 그러한 배경을 갖고 그러한 성격을 갖는 오늘의 경제학 또는 가까운 장래의 경제학이 경제사회의 객관적 발전에 조응(照應)하여 어떠한 발전을 지향할 것이며 또한 돌아가서 오늘의 객관적 불안한 현실에 대응하여 현대과학으로서의 경제학은 어떠한 사회적 기능을 발휘할 수 있을 것인가를 전통적인 경제학에 비추어 대결함에 당면한 우리의 목적이 있는 것이다.

Ⅱ. 경제학의 신 분야

우리는 앞에서 전통적인 경제학이 그 외 객관대상인 경제사회의 발전에 수응(隨應)하여 어떠한 변전(變轉)의 과정을 밟았는가를 살펴보았다. 다시 말하면 자본사회의 생성기에 있어서 자유경쟁의 복음을 고취(鼓吹)한 고전경제학이 어찌하여 그의 과학적 지위를 현대적인 제(諸)학파에 위양(委讓)하게 되었으며 다시 근대적인 제(諸) 고증(考證)하였다. 그러면 제2차 세계대전 이후 오늘의 객관적 사회정세와 격동하는 경제운동의 과정에 서서 오늘의 경제학은 어떠한 진로를 지향하려 하는가.

오늘의 경제학을 이해하려면 물론 우리는 그의 배경이 되어 있는 오늘의 경제사회를 직시하지 않으면 아니 된다. 오늘의 국한된 우리 사회를 지배하고 있는 경제의 원칙이 자본주의라는 것은 의심할 바 없지마는 좀더 시야를 널리 하여 오늘의 세계적 경제의 지배원칙을 살펴본다면 누구나 아직까지의 경제학이 그의 기본적인 배경으로 삼고 있던 전형적인 자본가적 생산 양식만이 유일한 경제체제가 아니라는 점에 눈이 뜨일 것이다. 지금 세계는 누구나 인정하는 바와 같이 자본가적 생산 양식의 전통에 대립하여 사회주의 생산기구의 팽창을 볼 수가 있고, 그뿐 아니라 자본주의의 원리가 지배되어 있는 사회라 할지라도 그의 고유한 원리가 광범히 기능적으로 분화되어 있는 현실적인 각종 형태의 생산 사회에 문자 그대로 관철되어 있는 것은 아니다. 오히려 자본주의가 고도로 진행되어 가고 있는 사회의 현실적 인식의 반면에는 상대적으로 침체된 후진사회의 존재를 전제하고 있다고도 볼 수 있는 것이니 사실은 이들 비자본주의 또는 전자본주의의 생산 양식이 국한된 우리 사회에 있어서도 점차 현실적인 중대한 의미가 가중되어 가고 있는 실정을 간과하여서는 아니 될 것이다.

즉 이러한 실정은 일예로서 우리의 농촌 사회의 실현을 살펴봄으로써 용이히 이해할 수 있고 나아가서 지구상의 미개발 지역의 인구와 잠재적 경제력에 상도(想到)함으로써 충분히 수긍할 수가 있을 것이다.

지금 일면에 있어서 고도로 발전된 자본가적 생산 양식이 지배적 지위를 차지하고 있고, 타 일면에 있어서 비자본가적 생산 양식이 뚜렷한 현실사회의 구조적 기저로서 놓여 있음이 사실이라면 사실에 민감하지 않으면 아니 될 현대경제학은 도저히 자본가적 생산 양식의 해명자로서의 전통에 머물러 있을 수는 없을 것이고, 비자본주의를 분석하는 현실적 사명에 또한 그의 기능을 다하지 않으면 아니 될 것이다.

그렇다하여 우리는 지금 전통적인 경제학에 있어서 자본적 후진사회의 분석이나 비자본가적 생산 양식의 해명에 대한 기여가 전연 없었다는 것을 의미하는 것은 아니다. 그러한 사회에 있어서도 어떠한 경제원론의 적용이 있었던 것만은 엄연한 사실이다. 그러나 거기에서 본바 경제원리라는 것은 어디까지나 자본주의 분석의 특수한 적용 예로서의 종속적 또는 부수적인 의미를 가지고 있을 따름이었다. 이를 테면 고도 자본사회의 일시적 불황 상태에 대처한 케인스의 『일반이론』이 도저히 후진경제권의 농촌 사회를 해명함에 이기(利器)가 될 수 없음은 자명함에도 불구하고, 후진된 경제사회에 적응된 고유한 경제학의 성립이 없는 간격에 있어서 마치 전자의 이론의 적용을 그대로 강요하려는 예를 보는 경우와 같은 것이다.

다시 말할 필요도 없거니와 우리는 현실적 경제사회의 동태를 직시함으로써 전통적인 경제학이 대상으로 하는 전형적인 자본사회의 분석에 머물러 있지 않고, 그와 아울러 각종 형태의 비자본사회가 가진 세계사적 중요성에 대응한 경제학의 새로운 분야에 걸친 확충을 기도(企圖)하지 않으면 아니 된다는 것이다.

Ⅲ. 현대과학의 위기적 특징

현대의 인류문명은 실증주의와 기계주의의 배경에 의하여 지속되어 있다. 그리하여 철저한 실증주의와 기계주의는 문명의 각부면(各部面)에 걸쳐서 심각한 분화적 발전을 촉구하고 있는 것이다. 따라서 일면에서 말한다면 현대는 곧 사회적 전 요소의 기능적 분화의 시대라고 말할 수 있을 것이다.

사실 전통적인 경제학의 역사적 분화와 또한 앞에서 본 그의 새로운 분야에 대한 지향은 결국 이러한 일반적인 사회적 기능적 분화의 구체적인 반영에 지나지 않는 것이나, 이는 비단 경제학에 국한된 성질의 것이 아니라 과학 일반에서 찾아 볼 수 있는 특징적인 시대상이라 할 수 있다.

즉 19세기의 단순한 「길드」적 또는 「매뉴팩처」적 생산 양식에 조응(照應)하여 소박한 지식의 집대성으로서의 존립하였던 「근대과학」은 20세기의 발달된 기계적 분업의 생산 양식 하에 고도로 진화한 정밀과학으로서 그의 발전을 보고 있는 것이다.

사람들은 흔히 20세기의 인류 문명이 그 이전의 문명에 비하여 가진 일반적 특징이 무엇인가를 묻는 동시에 나아가서는 현대의 과학이 – 사회 과학이나 자연 과학을 가릴 것 없이 – 19세기 이전의 고학으로부터 분리되는 기본적 계기가 무엇인가를 묻는다. 이에 대하여 예상된 여러 해답 가운데 우리는 이미 지적한바와 같이 고도로 진전된 문명의 기능적 분화에 대응한 과학의 기능적 분화의 과정을 먼저 내세우고자 하는 것이다.

극도로 분화되어가는 현대 과학의 오늘의 실태, 이것은 추상적 관념에서 형식적으로 따진다면 혹은 그는 하등의 실적 변천의 실태가 아니라 문화적 요소의 수량적인 집적에 지나지 않은 것이라고도 볼 수도 있을 것이다. 그러나 사태를 좀더 과학적으로 검토하여 본다면 사물의 분화적 과정이 언제나 양적 집적의 과정에 그치는 것이 아니라는 점을 이해할 수 있다.

지금 경제현상의 일례로서 한사람의 노동력의 투하는 분업에 의한 열 사람의 생산량의 10분의 1이 될 수 있는 것이 아니라 수천분의 1의 성과가 될 수밖에 없는 예이고(아담·스미스의 핀 생산의 예시를 상기할)또한 생물학상의 예로서 세포의 세밀한 분석적 실험은 드디어 그 세포를 유기적 생물로부터 무기적실질로 화해버릴 수밖에 없는 것이다. 생산 양식의 분화가 문명의 실증주의와 기계(機械)주의를 촉진시키고 나아가서 과학의 실증적 기계(機械)주의가 과학의 분화적 정밀화를 촉진하는 궁극에 있어서는 돌아가서 분화한 과학 자신이 다시 생산 양식의 분화적 성장을 통하여 문명 일반의 실증적 기계(機械)주의를 촉구하는 과정을 밟게 된다.

이리하여 과학의 분화와 생산 양식의 변천이 상호 원인이 되고 결과가 됨으로써 현대과학은 질량 양면에 걸쳐서 부단한 분화를 거듭하는 것이다. 이러한 과정의 진행은 과학의 전 분야에 걸쳐서 반드시 균일한 속도로써 나타나고 있는 것은 아니고, 현실적으로는 자연과학 부문에 있어서 특히 현저한 경향을 볼 수 있는 것이지마는 물론 어떠한 사회과학에 있어서도 그러한 시대적 특징을 감추어버리고 있지는 않다.

전세기의 과학계에 있어서는 유능한 한사람의 과학자가 능히 복수부문의 과학에 군림할 수 있었고 (뉴-톤, 헬므홀스, 아담 스미스, 포앙카레 등을 생각함) 한사람의 시민이 고학자인 동시에 노동자, 철학자 또한 예술가를 겸할 수 있었던 것이나 오늘의 과학계에 있어서 그러한 과학자를 기대한다면 그는 하나의 망상이 될 수밖에 없을 것이다.

그러면 이와 같이 그침 없이 분화되어가는 현대 과학은 결국 인류 문명에 어떠한 결과를 초래한다 할 것인가.

17·18세기 근대과학의 여명기로부터 비교적 현대에 이르기까지 과학자는 다만 미지의 사상(事象)을 개척함으로써 행복을 자각할 수 있었고, 그들 자신의 지적 탐구가 곧 전체 인류의 행복에 직통하고 있다는 굳은 신념에 잠겨 있었다. 이리하여 과학자의 모든 행동의 수단은 곧 그의 목적이 될 수 있었으므로 그는 자신의 길을 걷기에 아무런 여념이 없었던 것이다.

그러나 극도로 분화된 독자적인 과학의 길을 맹목적으로 돌진하던 이들 과학자는 급기야 자신의 전정(前程)에 일종의 불안을 느끼게 되었으니 그는 모든 과학이 반드시 인류의 행복만을 가져오는 것이 아니라 그의 불행을 가져올 수 있다는 현실적 협위(脅威)에 직면하게 됨으로써 악연(愕然)히 자신의 행동에 번민을 느끼게 된 까닭이다. 최근에 전하는 말에 의하면 20세기 과학의 대표자 「아인슈타인」(Einstein)은 이러한 사실을 반증하듯이 자기가 만약 재배생(再胚生)한다면 결코 과학자의 생애를 취하지는 않을 것이라고 술회(述懷)하였다는 것이며, 유명한 세계적 원자물리학자 오펜하이마아(J.R.Oppenheimer)는 최근의 분화된 고학을 평론한 연술(演述)가운데 금일의 과학자의 고애(苦哀)를 시준하고 있는 것이다. 즉 그가 미국 콜롬비아 대학 이백주년기념 회석상에서 연술(演述)한 내용의 일정을 그래도 게재하면 다음과 같다. (「뉴스 위크」지 1955년 1월 10일 호)

"The frontiers of science, " he said, "are separated now by long years of study, by specialized vocabularies, techniques, and knowledge from the common heritage even of a most civilized society, and anyone working at the frontier of such science is in that sense a very long way from home. ···We know too much for one man to know much, we live too variously to live ad one···Our knowledge separates as well as it unifits ··· in this great time of chang···

"To assail the changes that have unmoored us from the past is futile, and in a deep sense, I think it is wicked. We need to recognize the change and learn what resources we have."

Ⅳ. 경제학의 현대적 기능

위에서 본바와 같이 현대의 고학은 실증주의와 기계(機械)주의의 기치 하에 고도로 분화된 양상으로서의 특징을 갖는 것이나 동시에 그의 극단적인 분화는 드디어 인간으로서의 과학자에 불안을 가져오게 되고, 자신의 목적이 전 인류의 목적과 배반될 수 있다는 현실적 사태에 큰 고뇌를 느낌에 이르게 하였다. 과학의 정수인 원력이 그대로 파괴 살육의 무기가 되고 만다면 전 인류는 과연 어떠한 운명을 가지게 된다 할 것인가 따라서 과학자의 불안과 고뇌는 홀로 그들 과학자에게 국한될 성질의 것이 아니라 실로 전 인류에게 공통될 성질의 것임에 틀림없는 것이다.

현대과학이 내포한 이러한 위기적인 분연(芬然)성에 대하여 그의 궁여(窮餘)의 해결책으로서 식자(識者)는 혹시 과학의 정지를 말하는 수가 있고, 종교관의 보급을 말하는 수가 있으며 도덕의식의 앙양(昻揚)을 말하는 수가 있다. 우리는 그러한 낙관적 견해에 대하여 구태여 이의를 말하려 하지 않으나 과학이 가져온 오늘의 문제의 절실한 해결은 역시 어떠한 과학적인 근거에서 이를 구하지 않으면 아니 된 것으로 믿는 것이다. 만약 과학적인 근거를 떠난 어떠한 방법을 취한다할 때 일시적으로 또는 일부 사회에서 어떠한 효험(效驗)을 기할 수 있다 할지라도 길게 전 인류에 대한 공통적 신념의 확보를 기하기는 어려울 것이기 때문이다.

우리는 구태여 여기에 「과학적인 근거라는 것을 지적하였지마는 과학자체가 가져온 중대하고도 엄숙한 세기적인 난문(難問)에 대처하여 곧 어떠한 구체적 방안이 여기에 준비되어 있음을 말하는 것은 아니다. 다만 우리는 여기에 현대 과학이 어떠한 특징적인 물적 기반 위에 서 있는 가를 냉엄(冷嚴)히 확인하고 특히 그가 개척하여야 할 새로운 분야를 정당히 평가하며 또한 현대 사회의 일반 고뇌의 근원이 어디에 있는가를 통찰(洞察)함에 있어서 문제 해결의 어떠한 과학적인 관건을 얻을 수 있을 것을 기대하는 것이다. 」

우리의 역사적 현실이 명백히 가리킨바 현대 사회의 불안과 인류 비극의 근원이 총체적으로 말하여 물질적 생산 양식에 관련된 물적 계기에 기인한다는 엄연한 사실에 눈을 가리지 않는다면 필시 이러한 물질 계기의 기반 자체를 대상으로 하는 경제학에 있어서 우리는 어떠한 해결의 과학적 권위를 발견할 수 있지는 않을까. 비록 문제의 전체를 그가 처리함에 충분하지 못할지언정 문제의 핵심을 해명하고, 그를 정당한 해결의 방도에 유도하는 제1차기준이 될 수는 있지 않을까. 현대 경제학을 가장 추상적으로 보고자하는 일부 경제학자도 「『경제적 행위』라는 것은 인간의 모든 행위 가운데 일정한 국한된 영역에 속하는 것 같이 생각하고 행쟁(行爭)의 타영역으로부터 예민히 구별할 수 있을 것 같이 보는 것 같이 보는 것은 옳지 못하다. 경제활동은 합리적인 활동이다. 경제활동의 영역은 합리적인 행위의 영역과 경계를 같이 하는 것이다. 」※라고 하였다는 것이며

※ L. von Mises; Die Gemeinswirtschaft, jena, 1932. Seit. 124

「따라서 거기에 있어서 말한 원리라든가 그의 『불가피적인 함축』은 보통 생산과 교환에 관한

특수한 문제라고 보인 것에 적용될 뿐 아니라 모든 형태의 인간 활동 – 요리와 가계, 유희와 오락 휴일의 계획 철학자가 될 것인가 수학자가 될 것인가의 선택 – 의 하나의 측면에 관련된다... 」※는 것이다.

    ※ M. Dobb; Political Economy and Capitalism. (일역(日譯). 동 166면)

우리는 사회의 물질적 기반을 직접 대상으로 하고 인간 행위의 광범한 부면(部面)에 관련되어 있는 경제학 따라서 모든 과학의 기저(基底)에 깊이 관여되어 있는 경제학에 오늘의 과학이 가진 위기와 오늘의 과학자가 가진 번민 나아가서 전 인류가 가진 불안감을 타개 해소시키는 중대한 사명을 부과시킬 수가 있지나 않을 가. 만약 그렇다면 우리는 거기에서 위에 말한 문제 해결의 과학적 근거를 얻을 수 있다는 것을 알 수 있을 것이다.

현대 경제학에 촉망되는 이와 같은 사명을 가리켜서 우리는 고유한 의미를 가진 경제학의 현대적 기능의 하나라고 말하려는 것이나 그렇다하면 그가 이러한 신 기능을 포함한 새로운 확충을 지향함에 있어서 경제학은 과연 그에 적합한 체제적 기중에 만전을 기하고 있다 할 것이다.

물론 경제학이 하나의 순수한 과학인 이상 처음부터 그가 어떠한 구체적인 실천 목적의 실현성을 표방(標榜)하여서는 아니 될 것이고, 형식적으로 말하면 그는 어디까지나 객관 사상(事象)의 일반을 냉철히 관찰하고 보급 타당성 있는 원리를 추가함으로써 임무로 하여야 할 것이다. 그러나 과학의 목적성 내지당위성에 대한 아카데미의 깊은 관심에도 불구하고 문화 일반이 시대적 또는 사회적 기저(基底)를 떠날 수 없는 만치 과학이 그의 기저(基底)적인 목적성을 완전히 배제할 수는 없다는 것이 사실이며, 또한 그에 대한 요구성은 더욱 긴박히 요구되는 과학의 「실현성」에 비추어 점차 짙어질 것으로 생각되는 것이다. 그럼에 있어서 모름지기 현대 경제학은 현대적 기능을 유루(遺漏)없이 감행할 수 있도록 시대적인 준비를 갖추어야 할 것이며 그에 따라서 경제학은 당연히 어떠한 구투적인 방법론에 머물러 있을 수 없고 한층 세동(洗鍊)된 동시에 현실적인 방법론의 발전을 기하여야 할 것으로 생각되는 것이다.

이미 우리는 일반 과학에서와 마찬가지로 경제학에 있어서 몇 가지의 전통적인 방법론을 가지고 있다. 고전학파의 연력법이나 역사학파의 귀납법, 그리고 그를 종합한 형식을 갖는 변증법은 너무나 유명한 것이며 혹은 경제사상(事象)에 대한 역학적 유추법이나 생물학적 유추의 방법도 이미 전통적인 경제학에서 볼 수 있던 형식이고, 특히 근대 경제학에 있어서 경향적으로 취하여 있는 수학적 수단의 확장은 또한 실증주의의 당연한 요청으로서 널리 보급되어 있는 방법이라 할 것이다.

이와 같은 전통적인 제 방법론을 회상함에 있어서 현대경제학은 새로운 어떠한 방법론의 확충을 가져야 하지는 않을 것인가?

(1955년 1월 30일)

경제성장과 경제학의 반성
- 「역사적 인간」 의 재인식 -

김 준 보[1]

I

경제성장의 계획적 추진과 더불어 그의 역효과로서 「인플레이션」 과 소득 격차의 확대, 공해문제 등의 격성을 보게 되었음은 세계적 현상이며 저곡가(低穀價), 저임금을 기조로 한 대중적 빈곤의 심각성은 바야흐로 한국이 직면한 시대상이라 할 수 있다. 이들에 관련하여 근자(近者) 국내외에 고도성장정책에 대한 비판의 여론이 높아지고 있거니와 문제의 해명이나 방법론의 추구에 있어서 현대적 주류경제학에 대한 불만의 논란(論難)이 대두되어 있음은 우연한 일이 아니다. 그중 이른바 경제학의 「제2위기론」(J. Robinson)이나 [1]「불확실시대」 론(J. Galbraith)[2] 등은 특히 유명하다. 그밖에 신고전학파에 대립적인 가치의식적 제도론 (G. Myrdal)[3]도 이미 나와 있으나 어쨌든 경제학의 유효성에 대한 새로운 논쟁은 볼만한 정황이다.

그러면 우선 오늘의 경제성장에 대한 비판이 현대적 주류 경제학파에 집중된 이유는 무엇인가?

첫째로 문제의 조건은 현대적 주류 경제학(신고전학파)이 이기적 「경제인」 (homo economicus)을 상정하고 그들에 의한 자유경쟁체제하에 성장과 분배의 최대한 효과를 얻을 수 있다고 보는데 놓여 있다. 이점, 이미 「케인즈」(J.M.Keynes)의 고용이론[4]에서 부분적으로 부인되어 있거니와 자본주의 시장의 독점화 경향과 실현적 분배의 부조리에 대하여 현대적 주류경제학이 본질적으로 대비함이 없는 까닭이다.

둘째로 현대적 주류경제학이 성장하의 「스태그플레이션」 에 부딪쳐 명쾌한 해명을 주고 있지 못하다. 말하자면 「인플레이션」 과 실업(불황)의 동시적 진행이란 가장 큰 문제에 대처하여 현대적 주류경제학이 효과적 처방을 내리지 못한 무능을 폭로한 셈이다.

특별히 한국과 같은 피지배적 후진 경제를 상정할 때 「스태그플레이션」 은 오히려 불균형 성장하의 기본적 동태라 할 수 있다. 일제하 식민지 시대의 토착 경제는 실로 만성적 「스태그플레이션」 을 노골화하였던 좋은 실례이다.

셋째로 신고전학파의 경제학은 적어도 식민지하의 경제성장을 실질적으로 평가할 수 없다. 우선 거기에는 말하자면 주체적 「경제인」 만이 주어져 있는 만큼 식민지의 경제적 지배관계를 내면적으로 밝히기에 어려운 사정이 있는 까닭이다.

---

1) 고대교수(한국여제학회장 취임연설 요지)(1979. 4. 21 어(於) 서울대)

넷째로 신고전학파나 「케인즈」 이론에 있어서 우리는 효과적 후생이론을 얻어 볼 수 없다. 그들에 있어서 「인플레이션」 이나 성장조건의 분석은 치밀한 바 있지만 일단 후생 경제론에 들어서자 그들 내용은 필경 자유경쟁하 공평한 분배의 정태적 성립 조건만을 추구하는데 그쳐 있는 것이 오늘의 과정이다.

그밖에 현대의 주류경제학이 「케인즈」 에 따라서 비자발적 실업의 존재나 노동의 제약된 공급법칙을 수인한 바 없지 않다 하더라도 [4] 그가 과연 노동대중의 실질 임금과 실업의 내용에 들어가서 어느 정도의 기여를 해주고 있는 것인지 의문은 적지 않다. 더구나 한국의 현실에서 보는 빈부의 격차나 비생계적 저임 대중의 누적에 대하여 정작 효율적 분석의 성과를 보여주고 있지 못한 실태이다. [8]

더욱 불행한 현실로서 현대적 주류 경제학의 내세운바 능률주의와 대기업주의의 발전이 매양 「소시얼 덤핑」 과 연결되기 쉽고, 나아가서 국제경쟁의 격화와 더불어 군비 확장을 일으키기 쉽다는 점, 많은 비판론자의 지적한 바와 같다.[9] 미국의 월남 전쟁을 계기로 하여 경제학의 논쟁이 크게 반전세(反戰勢)와 더불어 일어나기도 한 것이 사실이다[1].

그런데 현대 주류경제학에 대한 위와 같은 논란(論難)에 대하여 그들 옹호자의 고집은 물론 당장 반격도 크거니와 후진 각국의 경제학계에 미친 그들의 세력적 지원은 점차 깊은 뿌리를 박고 있다. [1]한국의 현실 또한 그의 좋은 예이다. 그러면 우리는 여기에 어떠한 이론적 재무장과 객관적 평가의 기준을 찾아야 할 것인가

Ⅱ

당면한 경제성장의 촉진에 따른 사회적 제 문제에 대처하여 현대적 주류경제학이 주체로 삼은 「인간」 은 너무나 추상적이며, 너무나 정적이다. 말하자면 그가 명시적 또는 음성적으로 상정한 일반적 「경제인」 은 적어도 그들 체계를 정태화 시킴으로써 본래의 경제적 동태나 그로 말미암은 사회적 관찰현상을 기구적으로 파악하기에 이론상 어렵게 하는 요인이다. 여기에 우리는 당연히 사회적 동태적 조건을 좀더 감안한 「역사적 인간」 을 경제주체로 삼아야 마땅하다. 그럼으로써 당면한 난제의 해명과 더불어 요구되는 인간 후생의 길을 기저적으로 이론화 하는 것이 당연한 과업이다.

원래 경제행위의 근대적 주체로서 인간을 의식적으로 구체화한 것은 「다니엘 데포우」 의 「로빈슨 크루소」 에 시작된다고 볼 수 있다. 즉 산업혁명 이전 17세기 영국의 근대 자본주의를 일으킨 주역으로서 「데포우」 가 묘사했던 「로빈슨 크루소」 는 그후 「마르크스」 (K.Marx)나 「막스 웨버」 (M.Weber) 에 의하여 높이 평가된 바 있었던 경제사적 주인공의 상징이다[14],[16]. 그 후 자본주의 발전이 「로빈슨 크루소」 로부터 「웨버」 의 이른바 절제있는 「자본주의 정신」 을 쇠퇴시켰음은 주목된다.

그리하여 자의적 「경제인」이란 추상적 이념형태를 점차 기본적 대상으로 보게 되었음은 주지하는 역사이다.

그러나 경제학의 기초적 대상으로서의 「경제인」에 관하여서는 「아담 스미드」(A.Smith) 이래의 고전학파나 「마샬」(A.Marshall)이래의 신고전학파에 있어서 각기 여러모로 인식된 바 있다. 그중 「아담 스미드」는 자연법의 사조하에 오히려 「사회적 분업」을 중시한 것 같고, 「리카도」(D.Bicardo)에 이르러 「경제인」은 좀더 분명히 의식된 바 있으며 [10] 한편 가장 철저히 「경제인」상을 구체화한 것은 이른바 한계효용 학파이었다. 이들에 있어서 「경제인」이란 곧 추상적 인간 유형으로서 반드시 역사성을 묻지 않는 이기적 화신이 된 셈이다.

그 가운데 우리는 물로 「마샬」의 절대적 「인간」관을 볼 수도 있다. 즉 참고로 그에 의하면

> 「잠정적으로 결론지어서 경제학자는 개인들의 활동을 여구하나 개인 생활보다는 그들의 사회적 관계를 연구한다. 경제학자는 추상적 인간, 즉 경제인이 아니라 있는 그대로의 인간 즉 피도 있고 살도 있는 인간을 대상으로 한다. 운운(云云)」[12]

근자(近者)의 후생 경제학에 있어서 역시 「경제인」을 직접 내세우지 않으나 그러한 이기적 인간형을 배제하고 있지 않다. 이른 바 「사무엘슨」(P.Samuelson)의 후생함수론에 의할 때 역시 필경 무차별 곡선상의 선택성을 배제하지 않음으로써 「경제인」적 주체성을 분명히 반증하는 체계의 성질이다. 즉,

> 「개인의 취미나 욕망은 어떠한 종국적 의미에서 자기자신에 속한다고 보기 어려울 만큼 그 정도가 광고(廣告)나 습관에 의하여 사회적으로 규제되어 있다는 주장을 볼 수 있다... 더욱 주의를 요하는 점은 고전경제학자들까지도 문자 그대로 가족이상으로 개인을 심중(心中)에 두고 있지 않다. 물론 어떠한 강한 정신력이 가족 내에 있어서 이들의 집단적 무차별곡선을 개인적 기초위에 귀납(歸納)시키는 주권의 신통성 같은 것을 추구할 수도 있겠지만 운운(云云)」[6]

한편 「마르크스」 역시 당장 「경제학의 출발점이 인간 제 개인의 물질적 생산」이라든가 「사회를 형성하여 생산에 종사하는 인간 제 개인이 경제학의 연구 대상」[13]이라 하여 인간론에 언급하되, 대체로 「스미드」에 따라서 생산 관계의 분업적 참여자로서 경제학적 인간을 보고 있다. 따라서 그 또한 경제주체는 사회적 분업 (「자연발생적 분업」)의 담당자인 개인형이다. 그렇다하여 그가 이기적 인간성의 「경제인」을 제배(除排)한다고 할 수 없다. 요는 그에 있어서 사회적 배경은 매우 강조된 가운데 그의 경제주체에 있어서 「막스 웨버」의 「자본주의 정신」을 적극적으로 볼 수 없을 뿐이다. [13], [14]

Ⅲ

우리의 경제학이 이미 「경제인」에 머물러 있을 수 없이 「역사적 인간」이 되어야 함은 거의 분명하다. 거기에는 필경 「로빈슨 크루소」로부터 「경제인」이나 현실적 전통주의를 어느 정도

종합한 인간 유형이 예상되는 성질이다. 그러나 그도 반드시 현대적 주류경제학의 난제를 해명함에 기여하거나 후생 경제학이 요구하는 가치판단의 편이성을 제공함에 의도적으로 주어진 것이 아니다. 그 스스로 역사적으로 얻어진 성격의 것이며, 따라서 다시 역사와 더불어 변동하는 요인이란 점에 우리의 관심이 추가되는 이론이다.

우선 현실적 경제주체 그것이 추상적 인간인 「경제인」 에 머물러 있게 될 때 결과적으로 「동물적 인간」 을 다루는 것과 다름이 없는 만큼 그의 경제학은 모름지기 자연과학적 범주로 들어갈 수밖에 없다. 적어도 그 방법론에서 기술적 가능성이 짙어지게 될 뿐이다. 따라서 그는 처음부터 가치적 판단의 세계를 떠날 수 있다는 점에서 정밀성과 객관성이 기대될 수 있으나 사회적 현실성이 물어지고 인간의 후생적 조건에 관한 한 더욱 큰 제약을 면할 수 없다. 인간의 가치판단은 적어도 후생 경제학에서 불가피하거니와 그것은 역사적 문화의 비교분석에서 비로소 공통점이 발견될 수 있는 까닭이다.

물론 우리는 과학의 객관성에 비추어 「가치자유」 (Wertfreiheit)의 개념을 경시하지 않으나 적어도 현실적 경제문제의 인과 관계를 역사적 비교의 방법에서 같이 추구하면 추구할수록 사회과학의 범주와 내용은 풍부히 얻어질 수 있고, 그 가운데 요구되는 객관적 가치평가의 공통점 또한 스스로 얻어질 수 있다. 그러한 비판적 방법없이 후생 경제의 실질적 이론 성립은 도저히 불가능시 되는 문제이다. [6]

지금 우리는 「아인슈타인」 의 상대성 원리에서 발휘한 추상화 방법과 일반화 방법을 자연과학적 방법론의 정화(精華)로써 시인하면서도 그것이 끝가지 경제학적 방법이 되리라고 보고 있지 않다. 전자에는 물론 역사적 비교과정과 가치적 평가의 여지는 없는 까닭이다.

그런데 우리의 「역사적 인간」 역시 경제성장이 가져온 시대적 동인에 의하여 변모 분화되는 범주인만큼 장래의 귀추를 보는 우리의 안목 또한 중요하다. 따라서 우리는 여기에 필경 분화된 「역사적 인간」 을 동태적으로 보는 것이나, 그것은 당연히 격급적(隔級的)이 될 수 있고 또는 직업적이 될 수 없지 않다. 그중 기업과 노동의 분화는 오늘날 하나의 뚜렷한 전형을 이루고 있을 뿐이다.

우리는 무의식중 하나의 「경제인」 이 그의 성격을 유지한 채 경제행위의 주인공이 되어 있는 가운데 경제정책의 대상이 되고 있다고 보아왔다. 그러나 비록 동인인이라 하더라도 경제적 반응은 사회적 지위, 환경이나 역사적 배경에 따라서 구구한 것이 일반이다. 그럼에도 불구하고 현대적 경제이론이 이러한 조건을 이론의 형성에 충분히 감안하고 있는 것인지 의문의 여지는 많다. 예컨대 「빠레도」 최적(Pareto optimum)을 수인한다 하더라도 그것은 너무나 정태적이고 비사회적, 개인 동부(動不)의 추상적 모형이 되어 있을 뿐이므로 그것이 어느 정도 실현성을 갖는 것인가, 그의 이론적 한계성이 자명한 내용이다.

필경 우리의 경제학은 처음부터 거시적(macro)이니 또는 미시적(micro)이니 하여 분류하는데 구체적 의미는 있지 않고, 이론과 역사와 실천적 조건의 종합적 인식이 본질적으로 요구됨을 알 수 있다. 그 또한 우리의 경제주체가 「역사적 인간」 으로 파악될 수 있기 때문이다.

참고문헌

[1] J. Robinson, "The Second Crisis of Economic Theory" American Economic Review, May, 1972

[2] J.Galbraith, 「The Age of uncertainty, 1977」

[3] G.Myrdal, 「Against the Stream, 1973」

[4] J.Keynes, 「General Theory of Employment, Interest and Money, 1936」

[5] P.Samulson, "Maximum Principles in Analytical Economics" American Economic Review, June, 1972

[6] P. Samuelson, 「Foundations of Economic Analysis 1947」 (Ⅷ Welfare Economic)

[6] P.Samuelson, 「Economics, 10th ed, 1976」 (p. 824)

[7] 김준보, 「한국자본주의사 연구, Ⅲ, 1977」

[8] 김준보, 「한국경제와 임금구조, 1979」

[9] 우택홍문, 「근대경제의 재검토, 1977」

[10] D.Ricardo, 「On the Prinicples of political Economy and Taxation, 1817」

[11] A.Smith, 「The Wealth of Nations, 1776」 (제1편 제2장)

[12] A.Marshall, 「Priciples of Economics , 1890」 (p.p 25~27)

[13] K.Marx, 「Zur Kritik der politischen Oekonomie, 1854」 (부록서설)

[14] K.Marx, 「Das kapital 1867」 (제1권 제1장)

[15] M.Weber, 「Die Objektivitat sozialwissenschaftlicher und sozialpolitischer Er kenntnis, Archiv Sozialw, Bd, 19, 1904」

[16] M.Weber, 「Die protestantische Ethik und der Geist des kapitalismus, 1904~5」

[17] L.Robins, 「An Essay on the Nature and Significance of Economic Science, 1947」

시장균형의 안정조건과 변수변화

김 준 보[1]

머리말

상품의 시장균형 관계에 있어서 가격(P)과 수량(Q)을 변수 변환하였을 때 그 동학적 체계의 안정조건에 관하여 본질적 차이를 갖지 않을 것인가, 이 점은 당장 Leontief의 투입산출체계에 있어서 현실적 응용의 의미를 보여주고 있다. 그밖에 순수한 이론적 처리에 있어서도 균형의 안정성 평가는 방법론상 하나의 통일적 파악을 위한 기술적 조건과 관련하여 자못 주시되는 분야의 문제이다. 따라서 이점에 기여하고자 우리는 여기에 우선 단일 상품시장에 관한 Walras형을 출발점으로 하여 그것의 변환 형식으로서의 Marshall형을 비교한 다음, 조건을 일반시장에 확대하여 문제의 전모(全貌)를 재검토하고자 의욕한다. 그것은 필경 Hicks로부터 시작하여 Samuelson, Lange등에 의한 이 방면의 업적을 살피되 이론과 현실의 승리(乘離)가 있다면 그것의 큰 것이 무엇인가를 추구할 수밖에 없는 노릇이다.

한편 끝으로 시장균형의 고유한 분야를 떠나서 단순한 변수 변환과 안정 조건에 관한 몇 가지 특례를 Samuelson에 따라서 제시한다. 이 또한 묻는 바 안정조건의 이론적 「불안정성」을 반증하고자 하는 시도일 뿐이다.

Ⅰ. 단일 상품시장의 안정조건

지금 일반의 예에 따라서 완전경쟁 하의 부분 균형적 동태를 다음과 같이 놓고 본다. 즉

수요함수 $Q_D = \alpha + a P_D$, 공급함수 $Q_S = \beta + b P_S$에서 가격의 시간(t)적 변동은 (초과공급의 경우 하락한다고 보아서)

$$\frac{dP}{dt} = -K(Q_S - Q_D) = K(\alpha - \beta) - K(b-a)P, \quad 즉$$

$$\frac{dp}{dt} = \frac{d(P-\overline{P})}{dt} = -K(b-a)P$$

(단, K는 speed of response로서 정수의 성질).

따라서 이때에 균형의 안정조건(stability condition)은

$$(b-a)>0 \quad (1) \qquad 또는 \quad -K(b-a)<0 \qquad (1)'$$

---

1) 고려대 정경대 교수

로서, 즉 이의 경우에 한하여 가격 P는 균형가격 $\overline{P}$에 접근한다. 이것이 곧 Walras의 시장모형이다.

다음에 곧 위의 1차 변환형으로서 이른바 Marshall형을 보건데 이 형의 수요함수와 공급함수는 흔히 다음과 같이 놓고 본다. 즉

$$P_D = \frac{Q_D - \alpha}{\alpha} \qquad\qquad P_S = \frac{Q_S - \beta}{\beta}$$

그리고 이 수량변동식은 위의 예에 따라서

$$\frac{dQ}{dt} = -K(P_S - P_D) = K\left(\frac{\beta}{b} - \frac{\alpha}{a}\right) - K\left(\frac{1}{b} - \frac{1}{\alpha}\right)Q$$

$$\text{즉 } \frac{dq}{dt} = \frac{d(Q - \overline{Q})}{dt} = K\left(\frac{1}{b} - \frac{1}{a}\right)Q$$

이며, 이때에 균형의 안정 조건은 단순히 a, b의 정수에 관하여

$$\left(\frac{1}{b} - \frac{1}{a}\right) > 0 \qquad\qquad (2)$$

$$\text{또는} - K\left(\frac{1}{b} - \frac{1}{a}\right) < 0 \qquad (2)'$$

로서 전후 양형(兩型)간에 수리상 본질적 차이는 없다고 보아온 것이 관례이다.

그러나 좀 더 살펴볼 때 여기 하나의 시장에 있어서 수요 공급의 균형점($\overline{P}$)또는 ($\overline{Q}$)이 얻어지면 Walras형이건 Marshall형이건 경제면의 성격이 같을 것으로 기대됨에도 불구하고, 양자의 물리적 안정성에 관한 한, 반드시 그렇지는 않다. 동일 장소의 동일 균형점이라 하더라도 수요함수와 공급함수의 구조에 따라서 다를 수도 있다는 것, 즉 하나의 형이 안정적일 때 다른 형이 불안정일 수도 있다는 것을 위의 수리적 분석이 가리키는 까닭이다. (다음 상황표 및 도식 참조)

각 동일 균형점에서의 상황(공급함수 기준)

	$b > 0$	$b < 0$	
		$(-b) < (-a)$	$(-b) > (-a)$
Walras 형 Marshall 형	안정 안정	안정 불안정	불안정 안정

R. G. D. Allen, 「Mathematica Economics」, 1956, p.21

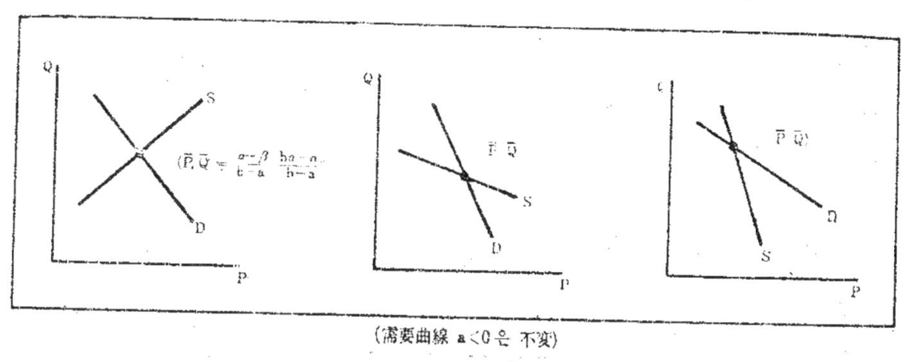

(수요곡선 $a < 0$은 불변)

우리는 위의 결과를 어떻게 보아야 할 것인가?

형식적으로 판단한다면 현실적 재고량의 증감과 가격관계의 변동 양태에 전후 변동이 없는 한, 균형점이 존재성과 안정성의 여부는 별도로 보아서 무방할 것도 같다. 말하자면 일견, 위의 결과에 아무런 모순은 없는 것과 같은 논리이다. 그러나 균형점의 본성을 경제적 차원에서 살펴볼 때 거기에 하나의 난점이 지적된다. 왜냐하면 시장의 균형점이란 당초 주어진 수급상황에 따라서 시간적으로 낙착(落着)된 일종의 극한치로서의 부동점(fixed point)[2]을 뜻하는 것이나, 그것이 일단 결정된 연후에 그 양태가 어떠하리라는 신방향을 말할 수 없는 노릇이다. 그러므로 앞에서와 같은 단순한 변수변환에 의하여 얻어진 균형치의 안정 조건론은 따로 어려운 동태조건을 가정하지 않는 한, 현실적으로 성립될 수 없다고 우리에게는 보아진다. 전통적 안정 조건론이란 바로 제2의 균형점을 찾는 방식이외에 다른 것이 아닌 까닭이다. (다음 참조)

더구나 우리는 현실 목적상 Walras 형과 Marshall형을 대조한다 하더라도 변수변환의 방식을 위화 같이 기계적으로 역함수를 상정할만한 방식은 거의 사실상 있을 수 없다. 이 점, 다음의 일반화 분석에 있어서도 절실히 물어지는 현실적 시장경제의 난점이다.

---

2) Brouwer의 부동점 정리를 상기하라.(필자는 이와 관련하여 별고 준비 중)

Ⅱ. 전통적 시장분석의 일반화

위의 Walras형을 확장하여 다수상품의 사장변동에서 살펴볼 때는 문제는 재확인 될 수 있다. 우선 그 형식을 보면 곧 다음과 같다. [1] 즉,

$$p_i = \frac{dp_i}{dt} = -K_i(S-i-D_i) = -K_i q_i \qquad (i=1,\cdots\cdots,n)$$

$$= -K_i[S-i(p_1,\cdots,P_n)-D_i(p_1,\cdots\cdots p_n)] = K'\sum_{j=1}^{n} a^0 ij(pj-p^0 j) + \cdots\cdots \quad (3)$$

$$[\ \text{단,}\ a^0 ij = \frac{\partial q_i(p_1^0,\cdots\cdots,p_n^0)}{\partial p_j}\ ]$$

위의 해(정상해)는 $P_i(t) = P^{9j} + \sum_{j=1}^{n}(X_{ij}(t)e^{-\lambda jt}$인바, 여기에서 X_{ij}는 초기조건에 의하여 결정되는 다항식(polynomial)이고, λ_j는 다음의 특성 방정식 체계에서의 각 특성(고유)치(characteristic root)이다. 즉 이의 특성방정식 체계는 행열식으로 표시하여

$$f(\lambda) = \begin{pmatrix} k'_1 a_{11}^0 & k'_1 a_{18}^0 & \cdots\cdots & k'_1 a_{1n}^0 \\ k'_2 a_{21}^0 & k'_2 a_{22}^0 - \lambda & \cdots & k'_2 a_{2n}^0 \\ \cdots & \cdots & \cdots & \cdots \\ k'_n a_{n1}^0 & \cdots & \cdots & k'_n a_{nn}^0 - \lambda \end{pmatrix} = |k'a - \lambda I| = |k'a_{ij}^0 - \lambda \delta_{ij}| = 0$$

(4)

[단, δ_{ij},는 크로네카 부호]

그리하여 이 형(식3)의 균형치로서 그의 안정조건은 바로 식(4)에서 얻어진 실근(實根)이 모두 음수(마이너스)이어야 한다는 것, 즉

$$R(\lambda_j) < 0 \qquad (5)$$

이 필요하고도 충분한 조건이다. 따라서 전게(前揭) 단일 상품시장으로 돌아가서 보면 그것은 곧 식 (1′)로서 $k'_{1a_{11}^0} = -k(b-a) = \lambda < 0$로 되고 [2], 식(2)에서는

$$-k\left(\frac{1}{b} - \frac{1}{a}\right) = \lambda < 0$$으로 될 뿐이다.

그런데 한편 P.Samuelson 등의 위의 식 (3)의 동태체계를 전개함에 있어서 이와 대비하여 더욱 J. Hicks의 본래적 정태체계의 안정조건을 기술적으로 비판함으로써 식(5)의 안정조건을 시도한 것이 유명하다. 즉 Hicks 의 균형조건 [3]은

$$\frac{d(Q_{0i} - Q_{oj})}{dP_i} = a_{i1}\frac{dp_1}{dp_i} + \cdots + a_{ii} + \cdots + a_{in}\frac{dp_n}{dp_i} < 0$$

$$\frac{d(Q_{Di} - Q_{Sj})}{dP_i} = a_{j1}\frac{dp_1}{dp_i} + \cdots + a_{ji} + \cdots + a_{jn}\frac{dp_n}{dp_i} = 0$$

$$[단, \ i, \ j = 1, \cdots, n, \ Q - DJ - Q_{SJ} = q_i \ (p_1, \cdots p_n)]$$

에서 얻어진 균형치의 안정조건 (Hicks의 완전안정조건, perfect stability condition)으로서 주어진 바,

$$\left(a_{ii}^0\right) < 0; \ \begin{pmatrix} a_{ii}^0 & a_{ji}^0 \\ a_{ij}^o & a_{jj}^0 \end{pmatrix}; \ \begin{pmatrix} a_{ii}^0 & a_{ij}^0 & a_{ik}^0 \\ a_{ji}^0 & a_{jj}^0 & a_{jk}^0 \\ a_{ki}^0 & a_{kj}^0 & a_{kk}^0 \end{pmatrix} < 0; \ \dots \ = sign(-1)^n \qquad (6)$$

이 자신의 동태적 안정조건(식5)과 같은 성질을 갖게 되려면 Hicks의 체계가 대칭적이어야 한다는 것, 즉 식(6)에서 예컨대 $a_{ij}^0 = a_{ji}^0$ 와 같이 되어야 한다는 것이 지적된 내용이다[4]. 더욱 Samuelson은 나아가서 식(3)의 Walras 동태체계에 돌아가되 [5] $K_i = K'_i > 0$의 전제하에 행렬 형식으로 다음과 같이 p와 q를 대체 표시한다. 즉 $q = ap$(단, q는 p와 열벡타이고, a는 요소 a_{ij}^0의 행렬)로 놓고

$$p = k + \cdots = kap + \cdots \quad (7)$$

에서 보다 일반적 변수변환의 방식을 취하여 본다. 그리하여 본래의 가격 및 수량을 곧 q와 p로 놓고, 변환 후의 가격 및 수량을 $\bar{p}$ 및 $\bar{q}$ 로 놓고 볼 때 안정조건을 가리키는 고유치(특성근)의 성질이 불변이라는 것을 입증한 요령이다. [4] 즉 그의 결과를 우선 간단히 표시하여 보면

$$\dot{p} = \bar{k}\bar{q} + \cdots = c'\bar{k}\bar{q} + \cdots = \bar{k}\bar{a}\bar{p} + \cdots = (c'kac'^{-1})\bar{p} + \cdots \qquad (8)$$

$$[단, \ c는 \ 변환 \ 요인으로서의 \ 행렬]$$

로서 변환전의 p에 대한 행렬 ka와 변환 후의 $\bar{p}$에 대한 그것이 본질적으로 그대로 주어진다는 것이나, 과연 문제의 안정조건을 이렇게 확대 적용할 수 있을 것인가?

Ⅲ. 변수변환의 방법과 평가

당면한 일반적 동태체계에 있어서 이른바 변수 변환의 방식은 논리상 무수히 존재한다 하겠으나 위의 식(8)과 같은 결과는 사실인즉 다음과 같은 특수한 형식 하에 한정적으로 이루어진다. 즉 상품의 가격 p와 수량 q가 1차 변환(linear transformation)형식을 취할 때 변환 전후의 내적(실적계(實積計) inner product)이 불변으로서

$$\sum_{i}^{n} p_i q_i = \sum_{i}^{n} \bar{p}_i \ \bar{q}_i \qquad (9)$$

의 관계가 성립되는 조건인 것이다. 이를 흔히 대립변환(contragredient transformation)이라함은 주지하는 바이다. [6]

위의 대립변환의 방식을 채용하되 이를 다시 행렬(또는 백타)을 써서 표현하고 보면 다음과 같다. 즉,

$$q = c\bar{q} \; ; \; \bar{q} = c^{-1}q \; ; \; p = c'^{-1}\bar{p} \; ; \; \bar{p} = c'\,p \qquad (10)$$

여기에 식(8)의 결과를 얻게 됨은 당연하며, 그 가운데 $c'kq = c'kc\bar{q}$, $\bar{k} = c'kc$ 등도 당연히 얻어지는 결과이다.

그러나 여기에 다시 주목되는 점은 비록 위의 대립변환의 요령이 관념상 일반적 변환방식임에 틀림이 없다하더라도 그에 의할 때 Ⅰ에서 본 바 안정조건의 평가상 모순이 내재되어 있음에는 다음이 없다. 더욱 식(9)의 단순한 형식 역시 단일 상품시장에 관한 변수변환의 정태적 비현실성을 시사하고 있을 뿐이다.

한편 Samuelson 자신에 따라서 가격의 하락이 현재의 재고량(공급의 수요 초과)에 의존하지 않고, 재고가 일정시간을 초과하면서 균형량을 넘은 축적분에 의존한다는 모형을 꾸며보면 앞에서의 식(3)과는 달리

$$P_i = Q_{oi} - \int_0^t (q_S - q_D)dr = Q_i^0 + \int_0^t \sum_{j=1}^n a_{ij}^0 (P_j - P_j^0)dr + \cdots$$

$$\text{즉} \quad \overline{P_i} = \sum_{j=1}^n a_{ij}^0 (p_j - p_j^0) + \cdots$$

에서 이번에는 다음과 같은 일반해를 얻게 된다. [7] 즉,

$$P_i(t) = P_i^0 + \sum_{j=1}^n (A_{ij}e^{\sqrt{\lambda_j}t} + B_{ij}e^{-\sqrt{\lambda_j}t})$$

[단 A 및 B는 초기 조건에 의하여 결정되는 상수]

그렇다면 여기에 특성근 λ를 $|a_{ij}^0 - \lambda_j \delta_{ij}| = 0$에서 구하여 식(11)에 넣고 볼 때 모든 $\sqrt{\lambda_j}$가 순허수가 아닌 경우, 즉 λ_j가 모다 「마이너스」의 실수가 아닌 경우, 불안정 상태 (unstable, explosive and undamped)라는 것, 그리고 반대로 $R(\lambda_j) < 0$의 경우라도 고유한 안정 상태에 있지 않고, 균형점을 중심으로 상하운동을 계속하는 경우(stability condition of the second kind)도 있다는 사정을 알 수 있다. 다만 이때에 역시 이 체계가 대칭적인 경우라면 본래의 제Ⅰ종 안정조건(stability condition of the first kind)은 주어지게 마련이나[5], 요컨대 식(5)로 표시된 안정조건이란 가변적 시장균형 하에 상당한 한계성을 갖는 명제임이 뚜렷하다. 식(11)에 대응한 경우를 포함하여 좀 더 전제조건을 현실화하여 확장하고 볼 때 $R(\lambda) < 0$이 비록 안정상 필요조건이기는 하나 간단히 충분조건이라 할 수 없는 경우를 예상할 수 있기 때문이다.

Ⅳ. 특수함수의 변수변환과 안정조건

동태적 균형관계에 있어서 안정조건의 불안정성은 더욱 다음과 같은 형식적 변수변환의 특례에서 한걸음 구체적으로 확인될 수 없지 않다. 즉 특수한 변동형식으로서 [8] 지금 예컨대

$$\dot{p} = p(1-p) \qquad (12)$$

을 얻었다 할 때 그의 현존상태 $p - p^2 = 0$에서 (균형치 $\bar{p}$ 로서)우리는 0과 1를 얻는 것이나 이때에 식(12)의 일반해로서 우리는 이른바 Logistic law

$$p = \frac{1}{1 + Ke^{-t}} \qquad (13)$$

를 얻게 된다는 것은 유명하다.

그런데 우리는 한편 일정한 기술적 처리에 의하여 [6], 식(13)을 좀더 구체화하여

$$p = \frac{1}{1 + \dfrac{1}{a} e^{-t}} = \frac{ae^t}{1 + ae^t} \qquad (14)$$

$$[단, \ |ae^t| > 1]$$

와 같이 전개해 놓고 볼 수 없지 않다. 그렇다면 결국 처음 두 균형 가운데 $\bar{p} = 0$은 식(14)에서 불안정적임이 분명하다. 그것은 주어진 전제하에 식(14)의 우변이 시간 t의 증가와 더불어 0에서 1 수감(收歛)하지 않기 때문이다.

그러나 만약 위에서 우리가 p를 변수변환하여

$$y = p - 1$$

로 놓고 보면 이번에는

$$y = \frac{1}{1 + Ke^{-t}} - 1 \quad (13)$$

로 되어서 당연히 lim y =0으로 결과는 안정화하고 만다. 따라서 동태적 균형치의 안정성이란 흔히 이와 같이 가변적이고, 상대적이라는 것이 우리에게 새삼 명기되는 명제이다. 여기에 이반균형론이 흔히 정력적으로 추구하는바 동학적 안정 조건이란 것이 그다지 고유한 의미를 갖는 것이 못된다는 점을 재인시하지 않을 수 없다. 그가 경제의 실질적 변동 없이 가변성을 보여줄 수 있다는 것이라면 변수변환의 의미는 제약될 수밖에 없기 때문이다.

참고문헌

[1] O. Lange, Price Flexibility and Employment. 1944, appendix, pp94~96

[2] P. Samuelson, Foundations of Economic Analysis, 1958, p.271

[3] J. Hicks, Value and Capital, 1938, appendix, pp319~320

[4] P. Samuelson, ibid, p.p. 272~273

[5] P. Samuelson, ibid, p.p. 274~275

[6] P. Samuelson, ibid, p 274

[7] P. Samuelson, ibid, p. 275

[8] P. Samuelson, ibid, p.p. 291~292

경제학의 발전과 「역사적 인간」

김 준 보[1]

목차

Ⅰ. 경제주체의 객관화

1. 발전적 「패러다임」과 「역사적 인간」

자본주의 경제의 체제적 발전에 따라서 순수한 자유경쟁의 시장균형을 설정하는 이론적 「패러다임(paradigm)」을 그대로 관철시키기에 어렵게 되었다 함은 많이 지적된 바와 같다. 그 중 A. Smith 이래 A. Marshall을 거쳐서 A. Pigou에 이르는 전통적 고전경제학은 말할 것도 없고 이에 도전을 선언한 J. M. Keynes의 「일반이론」(1936년)[2] 역시 제2차 세계대전 후의 변질된 세계 경제의 지배적 국면을 그대로 커버할 수 없게 된 것이 틀림없는 오늘의 과정이다. 따라서 L.Walars-J. Schumpeter등의 정태적 균형분석이나 그를 발전시킨 J. Hicks 등의 미시적 일반균형론[3]을 거쳐서, 이른바 Keynes의 「일반이론」과 이들 균형론을 조합했다는 현대적 주류 경제학이 전후 각국의 경제문제를 효율적으로 처리함에 현실성을 잃게 되었음은 오히려 당연하다 할 수 있다. 실업과 「인플레이션」의 중복된 문제는 고사하고, 심각한 빈부의 격차나 공해의 문제를 다루기에 이들의 「패러다임」은 너무나 가상적이며, 너무나 추상적인 구상이다.

바야흐로 「경제학의 위기」는 단순한 비판의 영역을 넘어서 파국에 박두(迫頭)한 느낌을 주고

---

1) 전 고려대 정경대 교수
2) J. M. Keynes, The General Theory of Employment, Interest and Money , 1938
3) J. R. Hicks, Value-and Capital, 1938

있다. 새로운 전환점을 모색하거나 실망의 전철을 밟는 것이 오히려 일반이다. 신고전학파의 현대적 거장 P. A. Samuelson 역시 현실적 경제문제의 초점을 이루는 소득분배의 이론조차 미정 상태에 머물러 있음을 자인함에 이르렀다[4]. 더욱 세계경제를 휩쓸고 있는 「스태그플레이션」 (stagflation)을 눈앞에 두고서도 오늘의 경제 분석은 오직 애매모호함을 보여주고 있을 뿐이다[5].

무릇 경제학은 그 본성에 있어서 현실적 경제조건의 해명을 떠나서 일시도 안존할 수 없다. 비록 경쟁적 시장기구의 상정 그것이 주어진 자원의 적정 배분이나 생산과 분배의 합리적 성과를 추구함에 기술적 우위성을 갖는다 할지라도 그 실효성은 우선 현실적 시장 조건이 무엇인가를 직시하는 데서부터 시작된다. 그가 미치는 사회성이 어떠한가를 솔직히 인식시킬 수 있을 때 곧 이 학문의 경제적 가치는 평가될 뿐이다. 그러므로 문제시된 자본주의 경제의 현실이 독점적 지배력을 떠나서 자동적 조화를 기대하기 어려운 당면한 과정에 있어서 고전적 경쟁시장의 균형론의 성립이 그 기반을 굳게 가질 수 없게 됨은 당연하다. 하물며 시장균형의 안정 조건을 묻는다 하여도 전통적 방식에 의하여 그를 찾기에 어려울 뿐 아니라, 가정된 경제적 제(諸)파라미터 역시 부단한 변동을 예상할 수밖에 없는 것이 오늘의 실황이다.

물론 자본주의 경제사회의 발전이 그 동안 자본주의 생산양식에 근본적 변혁을 보지 않은 현실에 있어서 전통적 경쟁시장의 이론이 일시에 그 효력을 상실했다고 말할 수 없다. 「패러다임」 의 수정과 확장을 꾀함으로써 그 역시 현실적 기능을 충분히 발휘할 수 있다고 보는 것이 Samuelson 등의 주장이다. 근자(近者)의 「불균형이론」(theory of disequilibrium)이나 일반균형형식의 동태화[6] 등은 바로 그러한 방편적 성과이나, 그러나 이외 현실적 적용에는 필경 한도가 있는 법이며, 적어도 자유시장의 전면적 독과점상이 눈앞에 보이는 현실인 만큼 본래 전자(前者)의 토대 위에 발전된 「패러다임」 인즉 반드시 새로운 난점을 드러낸다. 사실 앞에서 본 분배의 문제나 「스태그플레이션」 의 문제 등 그 근원적 조건이 바라 자본주의의 체제적 동향에 직결되어 있는 유형의 것이라 한다면 이들 문제의 해명이나 정책적 대결의 방식은 이른바 현대적 주류경제학을 넘는 분야에서 찾아질 수밖에 없고, 요는 그러한 신 분야의 개척이 절실한 과학적 요청이 되리라는 것은 당연한 이론이다. 더구나 경제의 존립 기반이 후진적 국가사회로 되어 있고, 따라서 사회적 제 문제의 조건이 전근대적 생산양식에 직결되어 있는 경우에 있어서 현대적 주류경제학의 「패러다임」 이 가중된 난관을 면치 못하리라는 것은 너무나 뚜렷하다. 거기에는 당연히 전통사회의 역사적 요인이 남아 있는 가운데 발전된 자본주의의 지배력이 강조된 위세를 거침없이 발휘하는 예로 되어 있다. 그 밖에 한국의 현실적 소농 사회를 들어서 구태여 경제의 지배조건과 피지배조건을 아울러 살펴 볼 때 국면은 단순한 자본주의 시장론만이 아닌 경제학이 반드시 있어야 되겠다는

---

4) P. A. Samuelson. Economics, 9th, ed, 1973, p.533
5) P. A. Samuelson. ibid, 10the, ed, 1976, pp.836~837
6) W. Lemonade and Others Studies in the of the American Economy, 1953

것은 누구의 눈에도 자명하다. 그 점 바로 독점자본주의 하의 경제운영이 특유한 이중적 생산관계를 주축으로 하는 데서 찾아지겠지만, 무엇보다 피압(被壓)된 소농 경제의 제양상이란 도저히 발전된 자본주의 경제이론(신고전학파)의 대상이 될 수 없는 까닭이다.

그럼에도 불구하고 1980년대에 들어선 오늘의 과정에 있어서 한국 자본주의를 포괄적으로 규정할 만큼 발전된 체계의 「패러다임」은 아직 뚜렷이 나타나 있지 않다. 그 점은 우선 근간의 자료7)에 나타난 J. Tinbergen의 이른바 "경제학자에 의하여 해결이 촉구되고 있는 장래의 제 문제"로써 스스로 입증된 바와도 같은 예이다. 즉 그에 의한바 소득분배의 조건, 빈국과 부국의 분업(남북문제), 그리고 공해와 자연자원이란 3자는 틀림없이 현대경제학의 맹점이 되어 있다. 「경제학의 위기」가 바야흐로 우리에게 절실한 소이(所以)이나, 구태여 더욱 이 점을 넓힌다면 영국의 대표적 「케인즈」 경제학자인 J. Robinson 여사의 1972년 작 「경제학의 제2위기」 8)를 들어 볼 수 있다. 그도 다만 현실적 주류 경제학이 소득분배의 문제나 공해의 해소에 무력함을 여기에 정면으로 논파하는 가운데 그녀 스스로 이들을 해명함에 아직 적극적 이론체계를 우리 앞에 정립한바 되어 있지 않는 형편이다. 이 점, 유명한 G. Myrdal.의 「제도적 경제학」 9) 역시 아직 체계화의 단계에 이르렀다고 볼 수 없고, 더욱 널리 알려진 J. Galbraith의 반주류적 경제관10)에 있어서 또한 경제학의 「불확정성」만이 드러나고 있을 뿐이다. 필경, 문제는 본성이 자본주의 경제의 체제적 동태에 관련되어 있는 만큼 그것에 대응한 경제학을 위하여 논자는 보다 통찰(洞察)력을 가다듬어야 마땅하다. 적어도 전통적 경제학이 미치지 못한 지배적 제 조건을 밝혀보되 그들은 포함하는 보편적 원리의 정립에 힘을 기울여야 할 것이 기대되는 과업이다. 그 가운데 우리는 자본주의의 독점화 과정이 수다한 왜곡된 시장관계를 형성하는 동시에 현실적 경제기구의 제 형태를 실질적으로 변모시키는 운동력에 각별히 주목한다. 소득의 불균형분포나 「스태그플레이션」 등은 이미 보아 온 현상의 범주이거니와 실업과 빈곤의 근본적 원인 역시 미결 상태이다. 더욱 소 생산자의 몰락, 계급의 분화, 사회 안정의 파괴 등 전통적 균형분석의 역량을 넘는 국면이 늘어만 가고 있다. 그 가운데 사태의 진전이 경제에 관여한 주체적 인간의 객관적 입장을 변화시킬 것이며, 곧 그들의 공통적 사회의식이 대응적 변질을 가져오리라는 점 중요한 인식의 조건이다.

사실, 경제의 발전에 대응을 자처한 경제학의 대중적 인간의 피지배적 조건을 깊이 묻지 않는 구성이라면 중대한 실망이 아닐 수 없다. 결과는 필경, 경제현상으로부터 인간 소외를 촉구하는 동태 이외에 다른 것이 아니다. 그럼에도 근원적으로 무제를 살펴 볼 때 경제주체인 인간의 조건은 경제학으로 하여금 필연적으로 현실화 의의를 강화한다고 볼 수밖에 없다. 바꾸어 말할 때 그것은

---

7) K. Doper de, Economics in the Future, (Towards A New Paradigm, 1976)
8) J. Robinson, The Second Crisis of Economic Theory (American Ec, Review June, 1972)
9) G. Myrdal. Against the Stream, 1973
10) J. Galbraith. The Age of Uncertainty, 1977

바로 전통적 경제학이 막연한 관념으로서 전제하였던, 이른바 「경제인」(homo-economicus)에 대하여 비판과 반성의 의식을 크게 요구하는 방향이다.

우리는 모름지기 개인주의나 이기적 타산(打算)성 이외에 현실적 계급간의 이해 대립을 묻지 않을 수 없다. 인간의 직업적 분화나 시대와 지역의 변동에 따라 인간성의 분화 변질 등 주체적 요인의 재검토 또한 마땅히 뒤따라야 할 우리의 인식이다. 근자(近者) 특별히 국제경제나 세계경제의 확장에 따른 교역적 경제기구의 진전이나 내외 자본 구조의 변동이 가져온 국민성이나 민족성 등 주체적 반응의 조건 역시 더욱 추가되지 않을 수 없다. 그에 따라서 오늘날 단순한 「경제인」의 추상적 주체 만에 의거한 경제학의 형성이란 현실 도피가 아니라면 모름지기 인간 소외의 길을 스스로 닦는 태도이다.

경제 주체의 위와 같은 객관적 재평가는 필경, 우리들로 하여금 경제학의 근본에 돌아가서 그 「인간」적 방법론을 묻는 것과 다름이 없다. 이점, 바로 경제학이 보다 현실성을 갖게 되는 제1차적 요구이다. 그럼에 있어서도 우리는 자본주의 경제를 떠나서 막연히 사실을 보는 것이 아니며, 또한 어떠한 가치의 주관적 평가를 기도(企圖)하는 방편을 묻는 것이 아니다. 어디까지나 현실적 경제 기구 하에 의존하는 사회적 인간을 객관적으로 관찰하되 내외 경제와의 교류 과정에서 그들의 주체적 성격을 뚜렷이 부각하고자 의욕할 뿐이다. 그 가운데 무엇보다 우리의 방법론이 요구하는 현실적 경제주체는 당연히 단순한 이기적 화신(化身)으로서의 추상적 「경제인」이 아니라 각종의 계급적, 직업적 사회인으로서 특이한 목적과 배경을 갖는 구체적 인간이라는 데 주목하지 않을 수 없다. 다만 이들 이간이 어떠한 의미에서든지 역사성을 떠날 수 없다는 것, 따라서 「역사적 인간」이 되어 있을 뿐이다.

물론 경제적 주체성으로서 인간 누구에게나 이기심의 공통성은 뚜렷하다. 그것이 결코 자본가나 지주의 특유한 성격이나 한정된 경제활동의 동기가 아닌 인간 속성이다. 그러나 자본가의 이기적 의식과 노동자의 그것이 반드시 같다고 전제한 것은 속단에 불과하다. 이 점 대자본계층이 취하는 최대한 이윤의 확보 운동과 노동자 일반의 생계적 안정욕을 대비하여 보아서도 곧 알만한 성질이다. 오히려 후진사회의 대다수 민중인즉 생활의 불안이나 생업의 불안정에 젖어 몸부림치는 양상이 단순한 이기욕보다 강한 경제적 동기로 보아진다. 거기에 역시 자리심(自利心)의 적극성에 대하여 소극성으로 주어져 있고, 전자의 근대성에 대하여 후자의 전통성은 그들 사이에 감출 수 없는 특징적 의식의 조건이다. 그 밖에 따져 볼 때 전통적 자본주의 경제법칙이 언제나 어디서나 그대로 관철된다고 볼 수 없고, 더욱 확고부동의 법칙이 이미 성립되어 있다고 말할 수도 없다. 이 점 경제주체에 대한 현실적 평가 그것이 깊이 객관적으로 요구되는 소이(所以)이며, 「경제인」적 의식만이 경제의 주체적 조건이 아닌 반증이다.

한편 거대 자본가라 할지라도 전통적 의식과 전통적 생활요소를 완전히 버릴 수 없는 반면에 후진 소농 역시 지배 사회의 생산체제에서 완전히 벗어날 수 없다. 더욱 인간이기 때문에 각기 문화적 이론성을 비롯하여 공동적 이성과 보편적 약점을 갖기도 하는 예이다. 같은 계급 가운데도 전통성이 강한 층이나 그러한 직업의 현실적 인간 유형을 볼 수 있는가 하면 약육강식의 화신(化身)인 인간상을 볼 수도 있다. 따라서 특별히 독점적 자본주의하의 경제주체를 단순히 「경제인」이나 「로빈슨 크루소」나 어떠한 계급에 한정하여 추상화하기는 어렵게 되어 있고, 각기 생태 역시 실현적 차원에서 그들 유형을 경제의 조건과 관련시켜 재검토하여야 마땅하다고 보는 것이 우리의 입장이다.

사실 우리는 지금 자본주의경제를 떠나서 주체인 인간을 볼 수 없는 반면에 자본주의 운동법칙의 인간 지배관계, 인간과 인간의 관계를 일시도 떠나서 현실적 경제법칙을 다룰 수 없다. 우리의 경제학은 더구나 인간이 경제주체로서 처음부터 굳어져 있다고 보거나, 그도 독립적으로 주어져 있다고 전제하는 것이 아니다. 그들 경제주체 스스로 현실적 경제에 의하여 크게 지배되는 것으로 보는 것이며, 그럼으로써 그들 인간이 경제 조건을 어떻게 형성시키고, 따라서 자본주의 경제의 본래적 운동법칙에 어떻게 대응하는가를 우리의 「인간」학적 방법론은 추구한다. 이 점 바로 「역사적 인간」의 현실적 좌표를 보다 뚜렷이 설정하는 소이연(所以然)이나, 그러면 도시 우리는 우선 현실적 지배 경제인 자본주의 체제를 어떻게 인식한다 할 것인가?

2. 경제사상(事象)의 비판적 인식

우리는 지금 자본주의 경제를 과학적 대상으로 삼음에 있어서 그저 그의 복잡한 운동 기구를 막연히 관찰할 수 없다. 어차피 개별적 관찰자에 의한 주체적 식견의 발휘는 불가피한 작업이다. 여기에 필경 학자의 「비전」에 따른 구구한 경제학이 세워질 수 있다는 것은 당연하다. 그 중 어떠한 경제학이 경제사상(事象)을 가장 정확히 효율적으로 해명하는가, 그 밖에 주된 대상조건은 이미 앞에서 언급한 내용이다. 다만 분석의 효율성에 있어서 정확한 일반적 균형론이나 정태적 주류 경제학이 일견 범사회적 특징을 과시한 것 같기도 하나 경제사상(事象)은 부단히 움직이는 것인 만큼 그도 어떠한 시간적 한정화는 불가피하다. 따라서 경제학에 역사성은 불가피하며, 이론의 전후 비교적 평가 또한 필연적이다. 사실 정태적 경제 분석이나 동태적 모형 형성이니 하는 방법 역시 관찰자의 관념적 추상화에 불과하다. 더구나 거기에 사회적 입장과 경제적 의식을 달리하는 경제주체를 아울러 살펴볼 때 이들 정교한 모형이 갖는 사회적 비현실성은 한 걸음 뚜렷할 뿐이다.

알고 보면 오늘의 자본주의 경제학은 그 어느 것이나 시대의 전기적(봉건적) 경제체제에 대한 비판적 의식과 더불어 배양된 사상적 근원을 갖고 있다. 그 비판적 의식이란 바로 근대적 인간 이성의 발휘라 할 수 있는 범주이다. 그러나 경제학이 우리의 「역사적 인간」을 경제적 주체로서 전제하게 될 때 새로운 비판적 의식은 필연적으로 수반된다. 역사적 인간에 토대를 둔 인과적 비교분석 그것이 바로 비판적 동인(動因) 되리라는 것은 현대 사회적 현상의 인식상 당연한 귀결이다.

　바야흐로 자본주의 시장경제는 점차 독점화하여 자유적 시장기구의 특징에 근본적 변질을 보게 되어 있다. 독과점의 세력에 대하여 노동대중이나 일반 시민의 대립적 역량은 매우 한정적 구성이다. 거기에 현대적 이론과 아울러 객관적 인식 체계의 새로운 정립이 촉구되리라는 점은 또한 당연한 관계로서 주어진다. 다만 이때에 그 「현대적 비판」 이란 것이 개별적 경제 주체 간에 다를 수 있는 다양적 의식을 집약적으로 주도한 대중적 사조임에 틀림이 없으나, 그에 그쳐 있지는 않다. 모름지기 주체적 인간 의식이 독립적 유형을 생성하는 것이 아니라, 상호적이라는 것, 그리고 그가 반드시 시대적 경제사회의 지배원리에 크게 지배되고 있다는 것, 더욱 그 스스로 시대와 더불어 배양된 주체적 의식이라는 것이 우리에게 주목된다. 그 또한 본질적으로 역사적 범주의 것이다. 그리하여 이러한 비판적 사상의 사회의식이 시대적 지성을 동원하여 경제의 객관적 인식체계로 승화되었을 때 우리는 새로운 경제학의 동인을 보는 것으로 믿고 있다. 그럼으로써 비록 구구한 관찰자의 「비전」 이나 각종의 「패러다임」 역시 그들 배경에는 반드시 이러한 공통적 비판의 의식이 숙명적인 것으로 주어져 있게 마련이다.

　물론 이른바 「자본주의 정신」 의 발휘에 있어서도 주체적 「뉘앙스」 는 발상되므로 현실적으로 모든 경제학의 통일성을 기하기란 쉽지 않다. 특히 경제 추체를 인식함에 있어서 바로 「경제인」 을 이상적으로 지목하기도 하는가 하면 그저 「인간 그대로」 를 내세우기도 하는 점, 다음에서 좀 더 보는 내용이다. 그러나 얻어진 비판적 인식 또한 반드시 사태의 냉철한 객관적 평가 위에 진면목이 발휘될 수 있는 만큼 경제학의 구성이 역사적 비교분석과 더불어 「역사적 인간」 을 포함한 현실적 사상(事象)의 보편적 원리 추구를 지향한 과학이 될 것은 당연하다. 그 중 무엇보다 기저(基底)적 요인으로서의 주체적 인간에 대한 객관적 평가가 강조된다는 점, 긴요한 순환적 방법론이다. 여기에 비로써 주어진 경제 사상(事象)에 대한 비판적 체계로서의 목적하는 경제학적 결실을 원만히 얻게 되는 것으로 우리는 믿고 있다. 적어도 경제주체의 유형으로서 위의 비판적 인식하에 「역사적 인간」 을 도입하여 볼 때 경제학은 주관적 가치 평가를 떠나서 현실적 의미를 원만히 보유하는 것으로 보아지기 때문이다. 주지하는 바와 같이 경제학에 있어서 가치 판단의 합목적 조건은 오랜 역사적 논쟁의 대상이 되어 왔다. M. Weber의 유명한 사회과학적 방법론으로서 「몰가치론(沒價値論)」 (wertfreiheit)은 그의 뚜렷한 고전적 기여이다. 결론을 깊이 따져 볼 필요 없이 모름지기 과학 일반이 요구하는 보편성과 객관성으로 말미암아 이론형성에 있어서 주관적 가치 판단의 선행적 도입이 무엇보다 혐기(嫌忌)된다. 가치 판단이란 언제나 주체성을 떠나 있지 않은 성질이다. 우리의 비판적 인식 역시 비록 역사적 사실의 분석과 배양된 사상적 가치의 배경을 면할 수 없다 하더라도, 그 본체 그것이 객관적 사상(事象)의 인식에서 출발한다. 그의 면목은 사물의 인과적 관계를 추구하고, 전후 비교 검토함에 있어서 얻어진 소산이며, 처음부터 목적의식적인 것이 아니라는 점이 내세워진 특징이다. 따라서 그것은 결코 독단적 자기주장을 기도(企圖)한 형식이 아니라, 역사적(인과적) 현실을 묻는 표현이라 할 수 있다. 바로 그러한 인식의 토대위에 결정된 방법론이 바로 「역사적 인간」 경제학이며, 각기 다른 「역사적 인간」의 유형 또한 시대의 발전과 더불어 스스로 객관적 비판의 대상이 될 뿐이다. 이점, 마치 Weber에 있어서 가치 판단의 실천목적성이 배제되나, 토론(비판)의 대상으로서 도입될 수 있다는 명제에 대응된다. 즉 그에 의하면 구속적 규범이나 사상을 발견하여 그로부터 실천에 대한 처방 문을 도출하는 것과 같은 것은 결코 경제과학의 과제로 될 수 없다는 것이다. 그러면 이 명제로부터 어떠한 결론이 나올 것인가?

「가치 판단은 필경, 일정한 이상으로부터 나온 것이고, 따라서 주관적 근원을 갖는 것이나, 과학적 토론으로부터 일반적으로 가치 판단이 배제되는 것으로는 결코 보지 않는다. 운운(云云).」 11)

그런데 지금 우리의 새로운 경제학이 「역사적 인간」을 토대로 하여 비판적 인식 하에 전개될 때 무엇보다 그 체계는 역사와 이론(원리론) 이외에 실천(정책)성을 갖춘 내용이 되지 않을 수 없다. 흔히 말하는 이론과 역사와 정책의 3위1체적 종합 체계라는 것이 재확인되는 셈이다. 그도 이들 3자의 종합화란 그저 형식상 3자의 연결로서 만족하는 것이 아니라 「역사적 인간」이란 공통적 기반 위에 설정된 동적 이론체계라 함에 각별히 주목된다. 그 중 특히 주체적 비판성의 도입이 객관적으로 이루어졌다는 데 특성은 주어지는 관계이다.

물론 과학 일반의 발달과정을 개념 면에서 평하여 본다면 순수한 원리론과 역사와 정책의 분리는 경제학에 있어서 하나의 진보적 방향이라 할 수 있다. 그것은 실로 「르네상스」이래 예술과 과학의 분리, 자연과학으로부터 사회과학의 독립화, 사회과학의 전문화로 이어지는 인간이성의 발전을 뜻하는 그것이다. 그럼에도 불구하고 되풀이되는 의론(議論)이지만 하나의 경제적 사회사상(事象)을 철저한 인간관계의 조건으로서 추구하려 할 때 전후 역사적 기반의 비교를 통하여 얻어진 비판적 평가의 방법은 불가피하고, 그것이 대표적 사회과학으로서의 경제학을 이루게 된다는 점을 지목하지 않을 수 없다. 이 점 분명히 어떻건 개념적 소산이 아니라 사상(事象)의 조건을 합리적으로 따져보아 스스로 결과되는 필연적 방법론의 결산일 뿐이다.

특별히 발전된 자본주의의 인간 소외 운동이 매양 인간 활동의 국면을 급박한 사회문제로 집결시키게 되고, 그에 따라서 경제학에 대한 실천성의 요구는 현실적으로 가중될 수밖에 없다. 여기에 자유적 시장경제의 원리론이 본래의 독립성을 점차 잃게 됨으로써 그 자체 비판의 대상이 되리라는 점 또한 당연한 귀추이다. 이 점의 극복을 위하여 바로 우리의 「역사적 인간」의 도입이 불가피하다는 재인식은 우리에게 중요하다. 따라서 그것이 곧 경제학으로 하여금 이론과 역사와 실천성의 결합을 뜻하게 하는 계기이다.

경제사상(事象)에 관한 역사적 관찰이 과거에 관한 사실을 인식한다는 것은 틀림이 없으나 가장

---

11) M, Weber, Methodologische Schriften (Die Obbektivitat Sozial wissenschaftlicher und Sozialpolitischer Erkentnis, 1904). 1

역사성을 풍부히 갖는다는 것이 실은 현실이라는 데에 또한 의문의 여지가 없다. 그리하여 현실적 경제사상(事象)이란 필경 경제적 사회 조건의 가장 보편적 표현이라 보아서 무방한 내용이다. 그 가운데 그 무한한 역사성을 합목적으로 한정하고, 역사의 보편적 경제자료 가운데 선택의 적정을 기할 수 있는 기준이 있다면 그 또한 당장 주체적 인가, 따라서 「역사적 인간」에 두지 않을 수 없다. 이것이 바로 우리의 경제학이 본질적으로 「인간」적 방법론을 요구하는 추가적 배경이다.

그러나 당연한 명제이지만 위의 「역사적 인간」과 더불어 비판적 인식하에 전개된 경제이론의 역사성과 실천성의 유기적 파악은 결코 기존한 분화적 이론 체계의 일체의 부정을 뜻하고 있지 않다. 그러한 부정적 태도 역시 역사적 현실을 무시하는 비실천적 개념론을 가져오는 주요인이다. 그러므로 우리는 오늘의 분화 발달된 경제체계에 부단한 메스를 가하지 않을 수 없다. 그것은 곧 「역사적 인간」의 객관적 도입과 아울러 우리의 비판적 인식을 구체화하는 효과적 방법일 뿐이다.

모름지기 우리의 방법론이 사물을 역사적 동태에서 비판적으로 본다는 것은 인과적 추구란 인간 이성의 필연적 욕구인 동시에 침체된 과학의 새로운 생장을 묻는 방법이 아닐 수 없다. 경제상 누구나 아는 바와 같이 진실한 것은 움직이는 것이며, 사물의 생성은 그 소감(消滅)을 통하여 얻어지는 개념임에 있어서 그러한 이론이다. 그렇다면 사회과학에 있어서 사상(事象)의 역사적 관찰은 의심할 바 없이 과학의 성립 조건을 묻는 것과 다름없으나 그것의 강조는 일견 진리의 부정이란 의외의 결론에 도달할 것 같기도 하다. 발전은 소감(消滅)을 통하여 비로소 얻어질 수 있다든가, 과학의 모든 이론은 순간적 생명을 가질 뿐이라는 비관론에 접할 수도 있는 까닭이다. 과연 진실은 어떠한 것인가? 일찍이 K. Kautsky는 이 점에 관하여 다음과 같은 시사를 우리에게 남겨놓고 있다. 즉

> 부정에 의한 발전은 결코 모든 기존자의 부정을 뜻하고 있지 않다. 오히려 그는 발전하여야 할 사물의 존속을 전제로 한 내용이다. 만약 발전이 단순한 부정이나 지게(止揭)가 아니고, 보존되는 것이라면, 즉 만약 그것이 마땅히 감망(減亡)하여야 할 기존자와 보존하여야 할 기존자를 발견한다면 그러한 경우에 한하여 발전은 진보라 할 수 있다. 진보는 그 한도에서 이전의 발전 단계의 획득물의 퇴적 가운데 존속 할 뿐이다. 과학의 진보 또한 마찬가지로 기존 업적의 전수와 그 비판 없이 있는 것이 아니다. 운운(운운)12).

그러면 위의 과학적 진보에 대응한 경제학을 새로운 차원에서 기저(基底)적으로 꾸미는 「역사적 인간」 또한 그러한 입장에서 파악되어야 마땅하다. 그럼에도 과연 그 동안의 발전 개병은 어떠한 것인가?

---

12) K. Kautsky, Agrarfrage, 1898. 서문

Ⅱ. 경제학과 「역사적 인간」

1. 경제주체와 「경제인」

경제학은 새삼 말할 것도 없이 인간의 사회적 경제행위, 즉 인간과 인간과의 관계를 물질적 활동 면에서 다루는 만큼 그 결국적 목적 대상이 인간이라는 데 대하여서는 의논의 여지가 없다. 다만 현실 경제의 발전된 국면이 심히 개별적 인간의 주체성을 경제 분야의 표면에서 소외시킴으로써 오늘날 경제학의 주류로 하여금 인간을 떠나서 관념의 세계를 방황케 하는 비리를 가져왔을 뿐이다. 설령 경제법칙의 배후에 타산(打算)적 인간이 숨어 있는 사실을 전제하는 경제학에 있어서도 인간의 인식은 매우 소외된 것임에 틀림이 없다. 기껏하여 자기적 경제 주체인 인간은 경제학의 고유한 점주 밖에 머물러 있어서 경제학의 사회 과학성이 크게 위구시(危懼視)되어 온 것이 작금(昨今)의 과정이다.

그런데 현실 경제를 자본주의 체제에 한정하여 본다 하더라도 그의 발달이 고도화함에 따라서 사회의 물질적 위력이 인간의 생활영역을 지배하는 고도는 오히려 높아진다. 그에 따라서 인간의 주체적 입장을 약화하는 주체적 범주는 각 방면에서 확대될 수밖에 없는 태세이다. 그럼에도 자유적 경제 법칙의 총체적 왜곡 운동이 개별적 대중인간의 경제적 주체성의 후퇴를 강요하는 인간의 소외현상은 날로 짙어진다. 전통적 경제학에 대한 근본적 반성의 요인은 그 가운데 배태될 수밖에 없고, 본론이 구태여 「역사적 인간」 내세워서 문제의 해답에 도전을 시도하는 소이(所以)이다.

사실, 자본주의 각국의 독점적 지배세력이 소비 계층인 대중적 인간을 놓고 볼 때 그것은 총체적으로 노동력이란 상품의 급여자가 아니면 독점적 자기 상품에 대한 구매력 시장에 불과하다. 개별적 인간의 분화 발전이나 그들의 주체적 의식이나 그들의 현실적 생태는 그저 주어져 있는 존재일 뿐이다. 여기에 이러한 지배적 자본 일반의 입장에 서서 그들 세력의 경제활동에 관심을 집결하는 경제학의 추종이 응당 예상된다. 고도성장이나 산업의 발달, 자본의 축적이 고용의 수준을 자동적으로 올릴 수 있고, 복지사회를 스스로 가져올 수 있다고 보는 제 이론의 배경이 바로 그러한 범주이며, 그 또한 인간 소외의 추가 조건이다.

물론 「역사적 인간」이라 하더라도 개념은 결코 고정적이 아니며, 그 자신 역사적 범주이다. 동시에 분화 발전된 모습을 다양적으로 보여주고 있다. 개별적 생명체로서 존립할 뿐 아니라 직업적 또는 계급적 구성체로서 보여주고 있는 현실이다. 그와 아울러 그는 또한 때때로 순수한 경제 주체로서의 입장을 떠나 있기도 하는 것이나 그것은 당장 우리의 문제가 아니다. 여기 우리는 마땅히 소비적 인간이나 자본가를 포괄하여 경제주체로서 인식된 인간유형을 일단 전통적 경제학에서 찾아 본 다음에 우리의 「역사적 인간」을 좀더 구체화할 것이 요구될 따름이다. 그러면 우선 「경제인」이란 무엇인가?

「경제인」 이란 두말 할 것 없이 자기적 화신이며, 「벤담」 의 공리주의에 철해 있는 인간의 추상적 개념에 속해 있다. 개인의 경제활동을 가장 단순한 형태로서 규정하려 할 때 이는 매우 효과적이고 편리한 방법론의 대상 인간이다. 그럼으로써 그것의 원형은 거의 경제학의 창시와 더불어 비롯되어 있다고 보아진다. 일찍이 A. Smith에 의하여 집대성된 고전학파에서도 그의 실질은 찾아지는 것이나. 그 후 C. Menger이래의 한계효용학파에서 개념적인 정립을 보았다고 볼 수 있다. 그 후에 근대경제학 일반에서 개인의 합리적 활동과 관련하여 그의 인간상은 점차 확고한 이론적 뿌리를 박은 셈이나, 다만 L. Walras 나 J. Schumpeter의 일반균형론에 있어서 이러한 주체적 인간 개념은 반드시 이론의 표면에 나와 있지 않다. 그리고 Keynes 경제학이나 이른바 신고전학파에 있어서 역시 「경제인」 은 내재적인 존재이며, 그것의 기초적 전제 의식 없이 그들 이론 구성이 꾀하여졌다고 보아지지 않는 것이 입증된 사실이다. 그 가운데는 현대적 후생함수론에서와 같이 개인의 가치 판단과 관련하여 그것과 대립적 경제주체로서 드물게 이타적 인간이 예정되기도 하나, 사실은 그 역시 총체적 배경이 이기적 「경제인」 을 떠나 있는 이론 체계라 할 수 없다. 그 어느 것이나 개인의 주체적 만족도를 극대화하는 방법 위에 서 있으며 사회적 후생조건의 극대화를 추구함에 있어서 역시 「경제인」 을 적극적으로 배제하고 있지 않는 구성이다.13)

물론 「경제인」 이라 하더라도 깊이 따져보면 추상의 개념화에 따라서 「샤일록」 과 같은 순수한 이기적 인간 유형도 보거니와 그보다는 인간적 논리성과 자제력이 강한 유형도 있을 수 있다. 뿐만 아니라 이들 스스로 경제학과 더불어 시대적 변질의 범주이다. 그리하여 예컨대 A. Smith는 이기적 욕망의 개인을 다룬다 하되, 거기에 논리성과 사회성을 배제하고 있지 않고, 그 가운데 사회적 분업의 참여자로서의 합리적 인간을 중시하고 있다. 이에 대하여 D. Ricardo는 개인적 분배이론에 치중한 나머지 「경제인」 의 추상적 성격을 좀더 뚜렷이 내세우는 입장이다. 그것은 바로 그가 내세우고 있는 수익의 한계개념(수확체감의 법칙)에서 여실하다. 이 점에 관련하여 바로 한계효용학파, 특히 E. von Bohm Bawerk14)에 이르자 「경제인」 은 가장 적극적으로 예리하게 추상화한 셈이며, 사실, Ricardo의 수확체감의 법칙이나 Bohm Bawerk의 한계효용법칙이 경제현상에 그들의 위력을 관철시키려 할 때 「경제인」 은 더 없는 편의적 방법론의 대상으로 될 수밖에 없었다. 오히려 이러한 이기적 욕망의 인간형을 떠나서 그들 이론체계의 엄격한 수립은 처음부터 불가능시 되었던 속성이다. 이 점, 이들 학파에 의하여 바로 다음과 같이 논증된다. 즉,

> 한계효용의 이론이야말로 개명적 자기주의 유형적 활동을 고립화적으로 추구한 올바른 결과이다. "추상적 이기자"는 재화를 그자 투하한 노동의 양에 의하여 평가하지 않고, 그의 한계효용에 의하여 평가한다.15)

원래 「경제인」 으로서 추상된 인간의 이기적 특질이나 철저한 공리 의식은 거의 일반의 물질적

---

13) P. A. Samuelson, Foundations of Economic Analysis, 1958
14) E. von Bohm Bawerk, Grundzuge der Theorie der wirschaftlichen Guterwerts Jahrbucher
15) B. Bawerk, Gesammelte Schrifter von F.X. Weiss Wien, 1924~25

생활면에 있어서 가장 예민하게 발휘되는 근대적 인간 이성의 공통적 속성이라 할 수 있다. 생각건대 그것은 틀림없이 자유적 인간의 본능적 조건이며, 통속적 인간성의 상징자임에 틀림이 없다. 그중 「경제인」 역시 각국의 중세기에 돌아가서 보면 그것이 반드시 자유적 인간으로서가 아니라, 어느 정도 사회적 주종 관계의 계급을 이루고 있었다는 점이 주목된다. 다만 우리는 이러한 역사적 배경을 흔히 간과하고, 「경제인」을 들어서 곧 개인의 자각하 자유적 인간의 자발적 개념으로서 파악하고 있을 뿐이다. 이 점, 사실 한계효용학파에서 역시 그들 한정된 시대적 경제주체로서 규정하고 있지 않는 가운데 그저 그가 추상화한 이기적 절애(折哀)성의 빈욕(貧慾)적 인간이란 것으로 보아온 모순에 대응한다. 그 가운데 스스로 초시대적 경제이론의 구성을 손쉽게 기도(企圖)하는 편이도 얻을 수 있다 하겠으나, 필경 거기에 이론 구성상의 무리는 따르게 마련이다. 한편 자유주의 경제학자 가운데 있어서도 그 후 예컨대 L. E. von Mises[16]나 H. Wolf[17] 등에서와 같이 「경제인」이 고전파 경제학과 더불어 비로소 「실현적 형국인의 구체적 형태」로서 나타났다는 것, 즉 「경제인」 역시 근대 국가나 자본주의 경제의 소산임을 특기한 실례를 볼 수 있다.

　그럼에 있어서도 오늘날 이들 제학자간에 논의된 「경제인」의 개념이 확실히 동일한 것인가에 대하여 보장이 주어져 있지 않는 가운데 「경제인」과 비역성만이 크게 눈에 띌 뿐이다.

2. 「로빈슨 크루소」와 「자본주의 정신」

　「경제인」과 흔히 혼동된 가운데 그 본성을 크게 달리하고 있는 경제주체로서 우리는 「로빈슨 크루소」(Robinson Crusoe)의 유형을 들 수 있다. 그가 17세기 영국의 작가 D. Defoe의 표류 소설에 나온 소년 주인공임은 물론이다.

　「로빈슨 크루소」 역시 이기성의 주인공임에 틀림이 없으나, 그는 본래 이론성을 떠나 있는 문자 그대로의 「샤일록」은 아니었다. 그는 금욕자인 반면에, 합리적 타산(打算)성의 인물이며, 더욱 근면한 생활 활동가의 유형이다. 그리하여 그러한 성격은 일찍이 M. Weber 가 크게 내세운 바 있는 「자본주의 정신」의 구현자로서 파악될 정도이었다. 따라서 이점, 논리성과 역사성을 뚜렷이 갖는 경제 주체라는 데서 「경제인」과 판별되는 대성성의 특징이다. 지금 소설 「로빈슨 크루소」의 시대적 배경을 좀더 살펴보면 그것은 17세기 자본주의 여명기의 경제 환경을 비유적으로 전해주려는 의도가 엿보인다. 작가 Defoe는 곧 당시의 영국 중산층 사회에 팽배하기 시작한 근대적 계명 의식을 「로빈슨 크루소」에 기탁하여 반영하고자 힘을 기울인 것이 고증으로서 드러난 사실이다. 그 점은 일찍이 17세기 영국의 각 지방에 초기적 「매뉴팩처」가 마치 대해(大海)중 고도(孤島)의 산재를 이름과 같이 족출하고 있었다는 사정에 흡사하다. 그리고 그들 지역의 중소 생산자들은 곧 위에

---

16) L. E. von Mises, Grundproblem der Nationalokonomie, 1936
17) H. Wolf, Der Homo Economicus, Eine nationalokonomische Fiktion, 1926

말한 「자본주의 정신」에 충만 되어 있는 계층으로서 바로 「로빈슨 크루소」적 사회의 의존이었다는 것이 추정된 배경이다. 따라서 거듭 본 바와 같이 그것은 역사적 감각이 본질적으로 함축되어 있다. 그리고 또한 절제나 금욕이나 근검 노력의 철학이 처음부터 주어져 있지 않는 「경제인」과 동종 유형의 사변(思辨)적 추상 인간이 아닌 속성이다. 오히려 「로빈슨 크루소」는 당장 이론성을 떠나지 않는 가운데 자원과 노동의 합리적 이용자이며, 스스로 영국 산업혁명의 초기적 원동력을 상징한다. 따라서 지금 예컨대 어떠한 한계효용학파의 논자가 스스로 「로빈슨 크루소」를 「경제인」으로 대칭하고, 양자를 동일주체로서 관념한다 하여도 그것이 본래의 뜻하는 「경제인」과 동일한 개념으로 처리될 수 없는 「역사적 인간」의 특유한 존재일 뿐이다.

K. Marx 역시 「로빈슨 크루소」의 합리적 타산(打算)성과 아울러 근대적 경제사회의 기동적 추진력을 인정하였다. 즉 그는 그의 「자본론」(Das Kapital, 1867)에서 바로 인간으로부터 소외된 「상품의 신밀(神密)성」에 관하여 논급한 가운데 「로빈슨 크루소」를 다음과 같이 평하고 있다. 즉,

> 로빈슨은 본래 온건(穩健)질박(質朴)한 남자지만 충족하고자 하는 각종의 욕망을 가지고 있었으므로 여러 가지 필요한 노동을 하지 않으면 아니 되었다. 그의 생산 기능은 여러 가지였지만 그 어느 것이나 동일한 로빈슨 크루소의 상이한 활동 형태에 불과하다. 그는 필요에 따라서 그 시간을 각 활동 사이에 엄밀히 배당해야만 했다. 그는 경험에 의하여 그를 배울 수 있었다. 그리고 시계, 장부, 잉크, 팬 등을 난파선으로부터 가져와서 선량한 영국인으로서 부기를 적기 시작했다. 그의 가계기록 중에는 그가 소유하고 있는 제용구(諸用具), 그들 물건을 생산하기 위한 작업방법, 끝으로 또한 그들 생산물의 일정량을 얻는 데 평균적으로 요구되는 노동시간 등을 가리키는 표도 들어 있었다. 운운(云云)[18]

더욱 나아가서 이러한 근대적 생산양식과 중세기 생산관계를 비교하여 「자본론」은 또한 다음과 같이 기록한다. 즉,

> 지금 로빈슨이 있던 밝은 고도(孤島)로부터 암우(暗愚)한 중세 유럽에 눈을 돌려보자. 거기에는 독립적 인간은 없고, 어떠한 인간도 농노와 영주, 가신(家臣)과 제후(諸侯), 속인(俗人)과 승려(僧侶)와 같은 상대의존의 관계를 보게 된다. 물질적 생산의 사회관계와 이 생산 위에 구축된 생활부문이 다같이 인적 의존관계로서 특징지을 수 있게 된다. 그리하여 이러한 인적 의존관계가 주어진 사회의 근저(根底)로 되어 있기 때문에 노동이나 생산물이나 그들의 현물과 다른 환상적(신밀적(神密的)-주) 자태를 취할 것 없이 현실 노동 및 현물 급여로서 사회적 생태에 관계되어 있다. 운운(云云)[19]

따라서 중세사회에서는 상품을 얻기 위한 평균 노동시간과 같은 일반화 개념의 개입을 필요로 하지 않았다는 것, 말하자면 거기에 있어서는 「노동의 보편성이 아니라 그 현실적 형태나 특수성이 노동의 직접적 사회적 형태」라는 것, 그러나 자본주의 사회, 즉 「자유적 개인이 공동의 생산 기관에서 노동하되 그 많은 개별적 노동력을 사회적 노동력으로서 의식적으로 지출하는 사회」를 생각해 보면 그렇지 않다는 것, 따라서 「로빈슨 크루소의 노동의 모든 특징은 개인적인 것이 아니고,

---

18) K. Marx, Das Kapital, Bd 1. 1867, Kapt, 4.
19) Ibid, op. cit.

사회적인 것」[20]이라는 것이 여기에 부각되는 중요한 명제이다.

　그럼에도 불구하고 사람들은 흔히 「로빈슨 크루소」와 단순한 「경제인」을 적극적으로 판별하고 있지 않다. 「로빈슨 크루소」를 보되, 그의 특징적 역사성을 분명히 파악하지 못하고 있는 예이다. 그리하여 D. Ricardo를 보라. 즉,

> 그는 곧 원시적 어부와 수렵자를 그대로 상품 소유로 보고 양자간에 어물(魚物)과 조류(鳥類)를 교환시키고 있다. 그럼으로써 이 교환은 그 교환가치 중에 대상화 한 노동 시간에 비례하여 행하여진다고 보고 있다. 그런데 그는 이때에 원시적 어부 및 수렵자를 들어서 노동 기구의 계산상 1817년에 런던 증권거래소에서 통용된 연금표(年金表)를 이용하게 하는 시대착오에 빠져 있었다.[21]

　그러므로 우리는 곧 Ricardo에 있어서 「로빈슨 크루소」의 초역사적 추상화를 재발견할 수 있을 뿐이나, 이는 바로 본래의 「로빈슨 크루소」가 아니라, 고유한 「경제인」의 개념이 아니고 무엇인가. 한편 M. Weber에 따라서 「로빈슨 크루소」를 좀더 보건대 그는 원래 그의 논저 「프로테스탄티즘과 자본주의 정신」 (Die protestantische Ethik und der Geist des Kapitalismus, 1904~1905) 가운데 「로빈슨」을 미국의 B. Franklin[22]으로써 대치한다. 즉 「시민적 직업의식으로 근면과 욕금 하에 양심적으로 경제 활동을 영위하는 자」 그가 바로 「로빈슨 크루소」라는 것이다. 그러므로 그에 있어서 「로빈슨 크루소」는 특히 단순한 「경제인」이 아니라 「프로테스탄트」로서의 특유한 근대적 직업 논리를 가진 경제주체라고 보는 데 특징을 보여주고 있다. 말하자면 신교적 배경을 갖는 「자본주의 정신」의 구현자인 것이나, 다만 이때에 우리는 Weber에 의한바 근대 자본주의 기초 조건인 「금욕적 프로테스탄트」의 직업논리관이 무엇인가를 좀더 살펴 볼만 하다. 즉

> 경제적 발전에 대한 이들 힘찬 종교 운동이 갖는 의미는 첫째로 그 금욕적 수련 기능에 있는 것으로서…… 순수한 종교적 여분이 이미 절정을 지나서 신의 나라를 구하는 열렬한 의식이 점차 냉정한 직업도덕으로 해체되어가고, 종교적 기초가 서서히 생명을 잃게 되는 가운데 공리적 현세주의(現世主義)가 이에 대신하게 된다. 때는 곧 다우덴(Dowden)의 말을 빌면, 민중의 상상력이 "허영의 도시" 가운데 천국을 향하여 달리는 "반얀"의 순례자로가 그 정신적 고립을 떠나서 "고립적 경제인"인 동시에 전도자인 "로빈슨 크루소"에 옮겨갔을 때이다.[23]

> 어쨌든 종교적 생명이 충분한 17세기가 다음의 공리적 시대에 유산으로서 남긴 것은 무엇보다 먼저 합법적 형식으로써 행하는 한도에서 화폐획득에 관하여 놀랄 만큼 정직한 ─ "바리사이"적 정도라 할 수 있는 양심임에 틀림이 없었다.[24]

　그러므로 Weber 에 의한 「로빈슨 크루소」의 주체성을 좀더 구체화한다면 그는 전통주의를 떠나 있는 새로운 논리적 경제주체인 동시에 고리대업자나 거상이 아닌 근면한 생산자라는 것, 따라서 기업가정신이 그에 있어서 농후하나 노동자적 자신을 거기에서 배제하지 않는 근대적 시민 사회의 건립자라는 것이 유형적 대상이다.[25] 따라서 좀더 보면

---

20) Ibid, op. cit.

21) K. Marx. "Kritik der Politischen Oekonomie," 1854, seit 38~39 (Das Kapital, vol 1, Kapt, 1,4)

22) B. Franklin, "Advice to a Young Tradesman, 1784.

23) M. Weber. Die protestantische Ethik und der Geist des Kapitalismus, 1904~1905, Kapt, Ⅱ, 2

24) 동상(同上)

이러한 새로운 형의 경제자가 냉정한 극기(克己)를 항상 유지하고 경제상, 도덕상의 파탄에 이르지 않으려면 지극히 건실한 성격이 필요할 것이고, 또한 명석한 관찰력과 실행력은 고사하고, 특히 뚜렷한 독자적 윤리성이 없으면 이 혁신에 요구되는 고객과 노동자로부터의 신뢰를 얻을 수 없을 것이고, 또한 무수한 저항을 극복하는 강한 힘, 안이한 생활과 양립할 수 없는 강인한 부담의 노동에 견뎌내지 못할 것이다. 이러한 윤리적 성질이 전통주의와 적합하지 않을 것은 물론이다.26)

이러한 사고방식과 행동력의 소유자가 바로 「로빈슨 크루소」이며, 그는 한편에 있어서

모름지기 대규모 금융가가 아니고 오히려 엄격한 생활의 훈육 하에 엄밀한 시민적 인생관과 원칙을 갖는 동시에 사려와 모험을 겸유하며 열성과 냉정 부단히 사업에 정력(精力)한 인물이다.27)

더욱 M. Weber의 종교적 경제관은 위와 같이 초기자본주의 사회의 윤리적 기업가를 관념할 뿐 아니라, 곧 금욕적 「프로테스탄트」의 직업윤리(전게서(前揭書) 제2장)에 대응한 노동의 성격을 지적한다. 예컨대 노동은 무엇보다 신으로부터 명령받은 생활일반의 자기목적물이다. "일하지 않는 자는 먹지 말라"는 「파울」의 명제는 만인에게 절대적으로 타당하다. 노동의 혐오는 신앙생활의 결여를 가리키는 징조이다.28) 운운(云云)

그 밖에 더욱 중요한 명제는 다음과 같다. 즉,

부단한 끊임없는 조직적인 세속적 노동 그것을 최량(最良)의 금욕적 수단으로서, 그리고 재생산을 그의 신앙의 정당성에 대한 가장 정확한 지표로서 종교상 중요시하는 입장이야말로 우리가 본고에서 자본주의의 "정신"이라고 부르는 저 인생관을 넓히기 위한 더없는 강력한 공간이 될 수밖에 없다. 운운(云云)29)

그렇다면 알려진 M. Weber의 자본주의 경제에 관한 비판적 인식의 입각점은 K. Marx의 그것과 본래 다른 바 있다 하더라도 경제 주체로서의 「로빈슨 크루소」의 생태에 관한 한 양자는 크게 다를 바가 없다. 특히 「로빈슨 크루소」와 고유한 「경제인」과의 대비에 있어서는 다 같이 문제의 역사적 인식을 분명히 일깨워 주는 내용이다. 우리는 오히려 이들 양자의 의논에 비추어 「로빈슨 크루소」의 본성을 상호보완적으로 확인하였다고 보아서 무방하다. 그것은 당초의 소설 「로빈슨 크루소」를 훨씬 넘는 과학적 추리이며, 한 걸음 분명히 밝혀진 뚜렷한 「역사적 인간」의 개념이다.

그러면 나아가서 이른바 M. Weber의 「자본주의 정신」은 그 후 어떻게 진전되었으며, 오늘날 그것은 운명은 어떠한 것인가? Weber는 우선 위의 저서의 미미(末尾)부분에서 논하되,

근대 자본주의뿐이 아니라 근대문화의 구성요소로 되어 있는 직업 관념의 기초를 이루는 합리적 생활태도는 기독교의 금욕정신에서 생겼다.30)

고 단정하는 동시에

오늘은 이러한 금욕의 정신은 이미 - 영구적인가 아닌가, 아무도 모른다 - 외향으로 사라졌다. 어쨌든 승리를 얻은 자본주의는 기계적 기초위에 서서부터 이러한 지주는 벌써 필요 없게 되어버렸다. 금욕주의의 행복한 사

---

25) 이 점, 노동자의 입장과 더불어 다음에 좀더 논급함
26) M. weber, op. cit, Ⅰ. 2.
27) 동상(同上)
28) M. weber, op. cit. Ⅱ, 2
29) M. weber, op. cit. Ⅱ, 2
30) M. weber, op. cit. Ⅱ, 2

고 하였다. 따라서 그는 말하자면 약육강식의 현실사회를 무시하지 않는 가운데 스스로 한편에 있어서 완전히 「자본주의 정신」에 대한 희망을 포기하고 있지 않는 것도 같다. 그리하여 그 도한 위의 논술에 이어서 장래에 언급하되 과거의 이상이 부활될 것인가 또는 「일종의 병적 자기 도추에 의하여 분식된 화석(化石)적 기계화가 일어날 것인가는 아무도 모른다」고 하였다. 여기에 만약 후자의 경우가 일어난다면 그 「문화적 전개의 최후의 인간들에 대하여서는 필경 다음과 같은 말이 진리가 될 것」이라 하였다. 즉

정신없는 전문가, 감성 없는 향락인, 이러한 무에 가까운 것들이 인류가 일찍이 도달하지 못했던 단계에 올라 섰다고 자랑할 것이다.32) 운운(云云)

그런데 Weber의 금욕적 「자본주의 정신」이 그 후 자본주의의 발달에 의하여 어떠한 영향을 받게 된 것인가에 대하여서는 전자의 미미(未尾)에 이르러 곧 우리는 「프로테스탄트의 금욕 그것이 그의 성장과 특성에 있어서 사회의 문화적 제(諸)관계, 특히 경제의 조건으로부터 어떠한 영향을 받았는가를 분명히 하지 않으면 아니 된다」고 지적한다. 그러나 그 스스로 해답을 구체적으로 명시하고 있지는 않은 가운데 내용은 그가 이른바 「기계적 기초 위에 서게 된 이래 그러한 지주는 필요 없게 되었다」는 한 문면(文面)에서 적어도 산업 혁명과 더불어 「자본주의 정신」이 쇠퇴되어갔다고 보는 것만은 틀림이 없다. 다만 그럼에 있어서도 그가 말하는 「기계적 생산의 기술적, 경제적 조건이 지배되는 근대적 경제 질서」33)라는 것이 반드시 「유물적」 문화관이나 「유심적」, 인과적 문화관이나 그들 역사관에 의하여 각기 독립적으로 설명될 수 없다고 그는 보고 있다. 따라서 이 점 역시 그의 현저에서 남겨 높은 또 하나의 문제의 조건이다.

그렇다면 위에서 얻어진 우리의 결론은 필경 산업 혁명을 일으킨 「자본주의 정신」이 적어도 산업혁명 이후 소감되어가고 있다는 내용이 되겠으나, 그것은 필경 Weber의 중산적 생산 계급이 점차 영리적 기업주와 산업 노동자로 크게 분화된 사정에 대응한다. 그 중 특별히 영국의 시민사회에서는 산업자본가와 노동자와 지주라는 3대 계급이 정립을 보게 될 때를 뜻하는 과정이다. 그리하여 그 어느 곳에 있어서든지 시장경제는 확대되고, 개별적 인간관계의 사회적 생산관계에 의한 대치가 이루어지며, 무엇보다 노동력의 일반적 상품화는 불가피하게 되었다. 그와 더불어 개별적 인간의 경제로부터의 소외, 개별적 「자본주의 정신」의 대상 상실, 특별히 경쟁의 격화에 따른 고용노동의 강화, 영리심의 발휘, 인간의 비인간화 등이 필연적 과정으로 전개된 것이 세계사적 동향이다. 그

---

31) M. weber, op. cit. Ⅱ, 2
32) M. weber, op. cit, Ⅱ, 2
33) Op, cit. p. 244.

가운데 여기에 순수한 「경제인」을 전제로 한 유상적 경제학이 형성되었다고 우리는 보고 있다. 그것은 바로 「로빈슨 크루소」로부터 동물적 인간을 다룰 수 있게 한 사회상의 변천이다. 그러나 더욱 생각건대 「자본주의 정신」의 쇠퇴라는 것이 근대자본주의 발달과 더불어 진행된 것이라면 그의 「정신」이 17세기 영국 자본주의의 기동적 조건이 되어 있을지언정 그 자신 진실한 「자본주의 정신」이 아니라는 반문이 설 수도 있다. 사실 일찍이 M. Weber에 대립하여 같은 시대에 Brentano는 자본주의라는 것이 17세기 이전에도 있었고, 그 후에도 있었다고 지적하는 가운데, 더욱 기독신교가 없는 곳에도 자본주의는 발전된 역사를 갖는다고 반박하였던 예이다.34) 물론 그후 이들 양자의 「자본주의 정신」에는 현격한 개념적 차이가 있다는 사실이 스스로 판명되었다. 앞에서도 본 바와 같이 Weber는 본래 기업가나 노동자를 구별하지 않은 시민사회의 의식으로서 「자본주의 정신」(Geist des Kapitalismus)을 뜻하였으나, 이에 대하여 Brentano는 기업가(자본가)에 한정하여 그에 주안을 둔 「자본가적 정신」(Kapitalistische Geist)을 의식하였다고 보아지는 까닭이다.

그렇다면 「로빈슨 크루소」의 역사적 현실성과 지역적 한계성은 여기에 더욱 뚜렷이 부각된다. 그는 곧 단순한 「경제인」이 아닌 동시에 특수한 시대적 배경의 기업가나 또는 그와 유사한 근면성과 합리적 타산(打算)성을 갖는 생산 계급이라는 것이 재인식되는 까닭이다.

3. 「현실 그대로의 인간」

고전학파의 경제사상을 이어받은 A. Marshall은 경제학에 있어서의 경제주체로서 인간을 각별히 중시한다. 즉 이 신고전학파의 원조는 그의 명저 「경제학원론」(Principle of Economics)의 서두에서 바로 「경제학은 부의 연구를 함과 아울러 인간을 연구한 일분과(一分科)이다」 35)하였고, 이 부제와 더불어 다시 다음과 같이 부연한 바 있다. 즉,

> 정치경제학(Political Economy), 곧 경제학(Economics)은 생활상의 일상 사무에 관한 인간의 연구이다. 그의 개인적 사회적 행위 중 복지(wellbeing)의 물질적 요건의 획득, 사용에 가장 밀접하게 결부된 부분을 검토한다. 36) 운운(云云).

그리하여 경제학은 다시 그에 의하면

> 일면에 있어서 부의 연구인 동시에 타면에 있어서 - 이 타면이 중요하다 - 인간연구의 일부이다. 왜냐하면 인간의 성격은 그의 작업 및 이를 통하여 얻는 물질적 자력(資力)에 의하여 형성된 것이기 때문이다.37)

그런데 A. Marshall은 경제학에 있어서 적극적으로 인간이 학론(學論)된 가운데 우선 그가 「경제인」을 배제한 것이 주목된다. 즉 그는 전자(前者)의 초판 서문에서 말하되

> 경제학자가 감안해야 할 일 가운데 하나는 윤리적 힘이다. 사실 「경제인」(economic man)이란 윤리적 영향

---

34) L. Brentano; Der wirtschaftende Mensch in der Geschichte, 1923
35) A. Marshall, Principle of Economics, (1890) 1920, p.1
36) A. Marshall, op. cit, p.1.
37) Ibid, p.1.

력을 떠나서 세심하고, 필사적으로, 그리고 기계적, 이기적으로 금전적 이익을 추구하는 인간의 활동과 더불어 추상적 과학을 세우려는 시도는 있었다. 그러나 그들은 성공하지 못했을 뿐 아니라 그것을 끝까지 관철하지도 못하였다. 38)

고 반박한 바 있다. 그리하여 그 이유로서 그는 우선 자기 가족을 위한 노고나 희생을 완전히 떠나 있는 「경제인」을 생각한 사람은 없다는 것, 생각할 수도 없다는 점을 들고 있다. 그러한 가운데 그는 결국 이타적인 경제행위라 하더라도 거기에 규칙적 일반성이 인정되면 이를 경제학의 대상으로 삼을 필요는 있다고 보는 입장이다. 그리하여 그는 되도록 현실적 인간에 접근하여 문제를 살펴본다. 그럼으로써 거기에 개별적 인간차를 인정하되, 그 차를 매양 연속적인 것으로 보아서 (연속성 원리) 수리적 처리에 편리하도록 취한다는 것이 그의 방법론의 골자이다. 따라서 그에 의하면, 요컨대

> 경제학자는 있는 그대로의 인간을 다룬다. 추상인간이나 「경제인」이 아니다. 살(肉)과 피(血)가 있는 인간을 다룬다. 경제학자 그들이 주로 영리생활상의 이기적 동기에 지배된 인간을 다루기는 하지만 이 인간은 동시에 허영과 경율 이상으로 초월한 인간도 아니고, 또는 그 자신을 위하여 기꺼이 일하고, 가족이나 인근이나 국가를 위하여 희생하는 것을 꺼리는 인간도 아니다. 더욱 그 자신을 위하여 도덕적 생활을 사랑하지 않는 인간도 아니다. 운운(云云)39)

그러면 A. Marshall은 「현실적 인간」의 경제적 동기를 어떻게 측정하려 한 것인가?

A. Marshall은 위에서도 본 바와 같이 「있는 그대로의 인간」을 다루지만 원래 그들 인간의 생활상 활동 동기는 매우 규칙적이어서 예측이 가능할 정도이고, 그리고 또한 「동기의 원동력」역시 결과에 의하여 검증할 수 있다고 그는 보고 있다. 따라서 경제학은 과학적 토대위에 올려놓을 수 있다고 보는 것이며, 더구나 그 대상으로서 되도록 수량적으로 관찰한 사실을 취한다는 것, 그리고 한편 경제문제라 하여도 그의 인간 동기에 관한 한, 대부분 공통적 척도인 화폐로써 측정할 수 있다는 것이 그가 취한 태도이다. 그러므로 여기에 Marshall의 경제학에 단순한 추상적 「경제인」의 토대위에 서 있는 한계효용학파와 구별되는 독특한 지표성은 주어진 것이며, 그와 동시에 인간에 관한 경제 동기의 가측(可測)성을 내세운 분석상의 공통성 또한 엿보인다. 다만 인간의 현실적 제반 행동을 어떻게 단순히 수량화 할 것인가의 문제는 그에 있어서 더욱 부각될 수 있을 뿐이다.

그 밖에 따져보면 Marshall의 「인간 그대로」란 어디까지나 각 개인을 주시함에 그쳐 있고, 한편 그가 반드시 사회적 기저 위에 놓여있는 인간, 다시 말하면 경제사회의 시대적 물결 속에 젖어 있는 경제적 인간, 좀더 말하면 특징적 인간체제하에 생을 영위하는 「역사적 인간」을 깊이 보고 있지 않다. 따라서 Marshall의 「현실적 인간」이란 너무나 막연한 범사회적 인간이라는 데서 아직 우리의 비판적 인식의 대상이 되어 있는 셈이다.

설령 「현실적 인간」이 현실적 경제사회에 한정된 경제주체로서 재규정된다 하더라도 만약 그가

---

38) A. Marshall, op. cit, "Preface to the first edition,"vi.
39) A. Marshall, op. cit. pp.26~27

Marshall에 따라서 어떠한 수량적 법칙의 관철만을 요구하는 그런 것이라면 결과는 거의 분명하다. 거기에 필경 위에 말한 「자본주의 정신」 이나 적어도 역사적 지배요인의 유기적 관련성 등을 배제한 형식적 개념 구성을 예상할 수밖에 없는 까닭이다.

사실인즉 Marshall의 「현실적 인간」 에는 비록 그가 시간적 요인을 무시하지 않고, 따라서 역사적 조건을 묻는 바 있다 하더라도 대체로 그의 개념이 생물학적 범사회적 평등인간에 치우쳐 있는 것이 분명하다. 따라서 우선 자본주의 경제제도하의 인간이란 뚜렷한 시대적 제약성이 뚜렷이 주어져 있지 않는 형편이다. 그럼에도 불구하고, 그는 한편 개별적 인간이나 개별적 기업의 시대적 중요성을 인정한 가운데 독특한 개별적 시장 균형론을 전개하고 있다. 즉 그에 의하면

<blockquote>마치 개별적 인간의 역사로써 인류의 역사를 꾸밀 수 없는 것과 마찬가지로 개별적 기업의 역사로써 사업의 역사를 꾸밀 수는 없다. 그러나 인류의 역사는 개별적 인간의 역사의 소산이며, 이반 시장에 대한 총 생산은 개별적 생산자로 하여금 그들의 생산을 확대시키고 또는 축소시키도록 유도하는 제동기의 결과이다.[40]</blockquote>

따라서 Marshall은 수요와 공급의 현실적 시장균형을 말함에 있어서 「평균인간이나 대표적 기업」 을 내세우고 「정상적」 규모의 기업을 관념하기도 하지만,[41] 이때에 과연 그가 반드시 근대사적 의식을 갖는 자본제하의 대표적 소비자나 시장 지배적 「대표적 기업」 을 의도하고 있는 것인지 그 점 의문은 없지 않다. 그리하여 그가 이른바, 「우리는 소속 산업의 생산에 관하여 총체적 규모에 속해 있고, 내부경제 및 기업을 언제나 상정한다」[42] 는 식의 「평균적 개인경제」 론에 분석의 방법론상 우리는 현실성을 떠나 있는 추상적 평균론을 재확인할 따름이다.

4. 「역사적 인간」 의 실체

우리는 A. Marshall의 이른바 현실 그대로의 인간에서 추상적 「경제인」 을 넘는 경제체제에 접할 수도 있은 적어도 그의 현실은 역사성을 떠나 있다. 따라서 그의 방법론이 아직 진실한 「현실적 인간」 에 부합된 것으로 보기에 어렵다는 점, 이미 본 바이다. 더구나 그가 생물학적 개인의 성향만을 강하게 내세운 점에서 현실적 경제사회로부터의 유이성이 엿보이고, 그나마 수량적 평균화에 치우쳐 있어서 결코 현실적인 것이 되어 있지 못하다. 그 스스로 현실적 인간의 본성을 크게 내세우지 못한 느낌이다.

그러면 나아가서 영국의 신고전학파에 대응적으로 나타난 독일의 역사학파는 어떠한가를 보자. 결론은 이 또한 우리에게 매우 절망적이다.

원래 역사학파의 경제학이 식민의식이나 국가주의에 입각하여 개인에 앞서서 민족이나 국가를 내세우고 있음은 주지하는 바와 같다.[43] 따라서 그 방법론이 처음부터 역사성과 현실성을 강조하는

---

40) A. Marshall, op. cit. p. 459
41) Ibid, pp. 459~460.
42) A. Marshall, op. cit. pp. 459~460

속성인 반면에 그는 당장 경제주체로서의 개별적 인간을 중시하지 않는 이론 체계이다. 오히려 그가 직접 경제의 이해대상이 되어 있는 개별적 인간을 경제주체로서 보는 것이 아니라, 그는 민족이나 국가를 거쳐서 그들의 일원으로서의 인간을 보고 있다. 모름지기 그에 있어서 경제의 목표조건은 1차적으로 민족이나 국가 자체로서 고정되어 있고, 이른바 인간 소외란 처음부터 예상된 명제이다. 그러므로 단적으로 말하여 그에 있어서 「경제인」이나 「로빈(할-割)슨 크루소」의 주체성은 원칙상 부정된다. 그리하여 민족이나 국가의 이름 밑에 개인의 일반적 희생마저 강요됨에 하등의 모순성이 시인되지 않는 전체주의적 이론이란 것이 그의 특징이다. 그러나 우리는 전자의 이론에 의하여 지금 「경제인」이나 「로빈슨 크루소」나 「현실 그대로의 인간」을 독립적 경제주체로서 받아들일 수 없고, 더구나 역사학파의 이른바 국가나 민족의 하위개념인 개별 인간을 진실한 경제주체로서 도저히 인정할 수 없다. 거듭 보아온 바 「역사적 인간」만이 현실에 부합되는 존재일 뿐이다. 다만 오늘날 우리의 「역사적 인간」 유형 역시 그의 속성으로서 전게 각종 인간에 준한 이기성이나 공리성이나 지배성 등을 완전히 떠나서 주어질 수 없다. 주체성을 보다 충분히 갖는 인간 유형으로서 각기 역사성은 도저히 떠날 수 없는 조건이다.

우리는 자본주의 체제하의 대표적 경제주체로서 자본가와 노동자를 보는데 일반의 이론과 다름이 없으나 우리는 결코 이들 계급만을 추상적으로 규정함에 만족할 수 없다. 우선 현실적으로 주어진 자본가와 노동자를 보아야 하며, 그도 목전의 동태만을 보는 것이 아니라 그들을 각기 역사적 배경에서 유기적으로 관찰하는 것이 본래의 요령이다. 따라서 우리는 오늘의 기업가를 보되 그들을 단순히 독점적 자본주의 체제하의 경영자로 봄에 그치지 않고 중소기업가나 소농 생산자를 아울러 보고 있다 후진적 국내시장과 자유적 경쟁시장 및 독점적 지배시장을 주체적 활동 면에서 아울러 볼 것은 물론이다.

그럼에 있어서 우리는 문제의 주체적 대상이 국내자본인가 국제자본인가를 그들의 특징을 들어서 살펴본다. 특히 생산의 주체가 이른바 발달된 다국적기업인가, 아직 후진적 기술수준에 머물러 있는 영세기업인가를 가려서 보는 요령 또한 중요한 우리의 방법론적 범주이다. 물론 그 가운데 이들 상호간의 지배관계나 경제관계 등이 눈에 띄게 되는 것이나, 무엇보다 그들을 다 같이 역사적 발전과정에서 파악한다는 것이 중요하다. 이때에 더욱 독점자본주의에 기여하고, 독점자본에 의하여 노동적으로 지배되고 있다는 세계성이 우리에게 간과될 수 없는 문제의 조건이다. 여기에 필경, 단순한 「경제인」이나 「로빈슨 크루소」가 아닌 새로운 소유의식이나 지배의식 또는 대항 의식이 가중된다. 총괄적 경제주체로서 새로운 인간상의 부각이 기대됨은 또한 당연한 전망이다.

물론 독점자본주의하에 있어서의 피지배적 노동자 역시 자유적 자본제하의 그것과 결과 같지 않다. 그들은 우선 생산수단(기계)과의 관계에 있어서 스스로 자기 위치를 변전(變轉)하는 존재이다.

---

43) F. List, Das nationale System der politischen Oekonomie, 1841

드디어 후자에 의하여 구축될 수 있다는 것, 그리고 점차 어떠한 조직 하에 서게 될 수밖에 없게 된다는 것, 따라서 거기에 인간 소외의 운동은 증진된다는 것, 이러한 시대성 또한 중요한 우리의 명제이다. 다만 그럼에 있어서도 후진국의 산업 노동층에 있어서 흔히 전기적 생산양식(예 소농 생산양식) 위에 배양된 역사적 조건이 쉽게 사라지지 않는 예는 많다. 그 가운데 「역사적 인간」 상은 한 걸음 뚜렷하고, 역사적 인간성은 본래의 복합적 구조를 날이 갈수록 더하게 될 뿐이다.

특별히 후진 사회의 노동자나 소농민이나 일반의 소비대중은 자본주의 독점화 단계에 이르러 경제로부터의 단순한 소외가 아니라, 경제의 주체성을 스스로 잃고 마는 동태를 무시할 수 없다. 우선 노동 조건이나 상품 가격은 거의 대기업의 일방적 조작에 맡겨져 있는 형편이고, 각종의 「서비스」 시설 역시 대개 타율적으로 이용이 좌우되는 실정이다. 더구나 그들은 주어진 노동조건 하에 직장을 구해야 하고, 직업을 선택해야 하며, 소비나 저축마저 강요당하는 기구적 조건을 벗어날 수 없다. 그에 따라 개인의 주체적 활동범주는 줄어지는 반면에 자유의식의 정상적 발휘를 보기에 어렵게 되어 있는 것이 필연적 상황이다. 물론, 그러한 가운데 있어서도 현실적 「역사적 인간」 의 유형에는 각기 「경제인」, 「로빈슨 크루소」, 「현실 그대로의 인간」, 전통적 의식의 소유자 등의 농담(濃淡)을 보는 동시에 어떠한 정치적 또는 경제적 의식을 배경으로 한 개인의 조직적 결합체를 무시할 수 없다. 독점기업의 연합체, 상공회의소, 무역업단체 등에 대하여 노동조합, 협동조합, 수리조합 등 역시 눈에 띄는 존재이다. 그러한 조직을 넘어서 다시 국가자본이나 민족자본 등의 의식이 일부에서 강조되고, 후자의 옹호론이 매판자본이나 다국적 기업의 활동에 대치되기도 하는 예이나 그것이 반드시 대중 경제의 이익을 대변한다 할 수 없다. 결과는 민족의식이나 국가의식을 강조한 가운데 소수의 독점자본에 대한 편익에 그치는 예는 너무나 많은 까닭이다.

그 밖에 구태여 한국의 소농 사회를 예로써 들어본다면 거기에는 기간을 이루는 노작(勞作)적 자영농(營農)이나 소작농이 있는가 하면 상업적 영농(營農)자 또한 없지 않다. 단순경영자나 겸업농의 구분을 볼 수도 있으나. 그 중 단순한 농업노동자나 영세적 소작농 층이 늘어가는 추세는 주목되는 경향이다. 더구나 이들이 각기 「역사적 인간」 으로서 공통성을 유지하는 동시에 또한 이질성을 발휘하는 국면은 볼만하다. 지금 시험 삼아 가장 기본적 생산수단인 토지를 기준 삼아 본다면 우선 상업적 영농(營農)자는 그것을 분명히 자산의 일부로서 평가하고, 그에 의한 지대소득을 타소득과 엄연히 구분하는 데 대하여 노작(勞作)적 소농에 있어서 토지 그것은 아직 가산이 되어 있거나 자가 노동의 소화 장소로서 인식되어 있을 뿐이다. 따라서 지대의 독단적 평가는 예민하지 못한 것이 상례인 만큼 후자의 경제적 주체성 또한 취약하다. 44) 거기에 「역사적 인간」 성은 구체화할 뿐이다.

그러나 우리는 무엇보다 위에서 본 기업적 단체나 노동조합, 협동조합, 수리조합 등의 표면적 주체성과 경제활동의 실질이 반드시 같지 않고, 그들의 시대적 성격 또한 경제체제의 전반적 동태와

---

44) 이러한 조건의 인식이 경제이론의 형성에 큰 힘을 발휘함에 주의

더불어 고정적이 아님을 인식하여야 마땅하다. 구태여 농업협동조합의 면목을 본다 하더라도 그가 과연 소농의 실질적 이익단체로서 기능하고 있는 가 적이 의문시되는 주체자이다. 더욱 그것이 자본주의 초기에서의 본질과 독점자본주의 단계에 들어선 오늘에 있어서 존립 성격은 변질될 수밖에 없다. 우선 그의 기능이 강화되어야 할 것은 당연한 요구이다.

한국 농촌의 소농이나 소작농을 내면적으로 볼 때 더욱 그들이 이미 봉건제하의 소농이나 기생지주하의 소작농이 아님은 다시 말할 것도 없다. 그렇다 하여 그들이 단순한 지주나 농(農)기업가는 고사하고 순수한 농업 노동자의 범주도 아닌 특유한 역사성의 주인공이다. 그럼에도 그들은 분명히 현존 상태를 오래 지속한 가운데 그들의 경제 주체적 성격을 실질적으로 변화시켜 마지않고 있다. 즉 오늘의 영세농이나 소작농은 독점자본주의 하 농업노동자와 그의 실질이 거의 다름없는 과정이다. 더욱 쉽게 사업노동자화하는 뜻에서 예비군적 존재이나 이점, 바로 자본주의 경제학이 그 스스로 경제의 발전에 대응한 「역사적 인간」을 한 걸음 깊이 인식해야 할 또 하나의 구체적 교훈의 예라 할 수 있다. 이러한 주체성의 변질에 대한 인식 없이 경제현상에 대한 진실한 평가는 있을 수 없는 논리이다. 우리는 무엇보다 「역사적 인간」의 현실적 도입이 후생 경제이론의 모순 없는 확대에 기여한다는 점 이미 본 바와 같다. 몇 번 본 바와 같이 논자에 있어서 미리 어떠한 「구속적 규범이나 이상을 발견하여 그로부터 실천에 대한 처방문을 도출하려는 것은 결코 경제과학의 과제가 아니라」는 M. Weber의 명제를 지키면서도 어떻게 「주관적 근원을 갖는 것이라는 이유 때문에 과학적 토론으로부터 일반적으로 가치 판단이 제거되어야 한다고 볼 수 없다」45)는 그의 반문에 해답을 줄 수 있는 길은 「역사적 인간」의 객관적 도입만에 기대할 뿐이다. 그도 곧 우리의 비판적 인식의 방법과 더불어 판단되고, 평가되는 수단이 되는 계기이나 그 중 특별히 경제변동이 질적으로 눈에 띄지 않게 되고, 노동 문제나 공해 문제나 농민 부채 등 소극적 경제효과가 빈번히 축적되어가는 현실에 있어서 그들 「역사적 인간」의 구실은 결정적인 것이다. 그러므로 신고전학파를 대표하는 P. Samuelson 역시 다음과 같이 "후생경제학"을 제안한다. 우선 거기에 특별히 「인간학의 타분과와 마찬가지로」 운운(云云)하는 구절이 주목되는 논점이다. 즉

현대경제학자에 있어서 논리적 가치 판단을 과학적 분석에 도입시킬 수 없다고 보는 것은 널리 인정된 바와 같다. 그렇다 하여 후생경제학의 이름 밑에 행해지는 것들이 경제학에는 들어설 여지가 없다는 결론은 유효적이 아니다. 각종 가치판단의 결과를 검토하는 것은 그것이 이론가에 의하여 공인되거나 그렇지 않든 간에 - 마치 비교이론학의 연구가 그 자체 인간학의 타 분과와 마찬가지로 하나의 과학이란 것과 똑같이 정당한 경제분석의 과제이다.46)

사실인즉 바로 위의 과제를 추행코자 Samuelson 등은 이른바, 사회적 후생 함수론을 제시한 것이나, 다만 그것이 전혀 공허한 이론이 아닐진대 처음부터 목적의식적 가치 판단론임에 틀림이

---

45) M. weber, Die "Objektivitat" Sozialwissenschaftlicher und sozial politischer Erkentnis, 1904, 「1(전게)

46) P. Samuelson; Foundations of Economic Analysis, 1958, pp.219~220

없다.47) 따라서 객관적 과학으로서의 성립조건을 갖추지 못한 이론체계이다. 더구나 그 내용이 필경 개인의 효용증대나 자원분배의 합리화 등 계량적 최적화 작업이 되어 있는 만큼 그것은 오히려 성장이론의 형이 되어 있고, 본래의 후생이론으로 보기에 곤란하다. 개인이나 사회의 불안감에 대한 보장, 불안정한 생계에 대한 조치, 개인능력에 적합한 복지 시설의 방안 등 비 계측적 요인은 그 가운데 너무나 많은 까닭이다.

더구나 사회적 후생 함수론이 개인이나 사회의 역사적 배경에 어느 정도의 의식을 부여할 수 있는 것인지, 고유한 사회적 이론관은 고사하고, 전통적 상호부조나 촌락 내부의 공동 활동이나 토지나 노동이나 가산에 대한 비수익적 평가 등 물질적 요인만을 들어 보아도 비계측적 문제의 대상은 많다. 적어도 현대 경제학계의 후생 함수론이 이러한 요인을 묻고 있지 않음에 틀림이 없으며, 당장 현실적 후생함수의 최적화 작업이 이제까지의 개인간 또는 계층간의 불공평한 생계조건이나 분배문제 등에 합리적 시정책을 마련할 수 있다고 보는 것은 망상에 불과하다. 더구나 전통적 사회논리의식이 분명히 경제행동과 관련된 사실임에 있어서 단순한 「경제인」적 목적 달성 전통적 사회 윤리의식이 분명히 경제 행동과 관련된 사실임에 있어서 단순한 「경제인」적 목적 달성이 사실상 유지되기 어려움은 분명하다. 물질 만능의 사조 가운데도 인간성의 조건은 끝까지 우리에게 역사적 범주이다.

그러나 지금 우리의 「역사적 인간」이 과연 후생 경제학이 뜻하는 후생과 복지의 실현만으로써 만족할 것인가. 그 점은 물론 별도의 문제라 할 수 있다. 「역사적 인간」은 현실자로서 과거를 간직하는 동시에 또한 부단히 장래를 지행하는 속성이며, 그도 당장 물질적 부여만을 기대하지 않는 존재이다. 그러므로 우리의 방법론이 뜻하는 경제의 비판적 인식이란 또한 과거에 대한 물질적 평가에 그치는 것이 아니라 스스로 미래의 각종 인간적 조건을 예상한다. 그것이 바로 주체적 인간에 대한 현실적 경제사회에 대한 도전이나 비판을 촉구하는 또 하나의 기능을 방법론의 국면이다. 이 점, 오늘의 경제학으로 하여금 발전적 계기를 마련하는 조건이라 하겠으나, 우리의 경제학적 이론이 그로 말미암아 역사성과 실천성을 보다 광범한 토대 위에 갖추게 되리라는 점 또한 당연하다. 다만 이러한 종합적 내용을 체계화함에 우리의 「역사적 인간」을 어떻게 효율적으로 도입시킬 것인가, 이 점만이 Schumpeter의 이른바 경제학자의 「비전」과 각자의 기술적 역량으로서 우리 앞에 남아 있을 뿐이다.

---

47) 민주적 다수결 원칙을 내세울 수 있으나 거기에 또한 이론(異論)은 허다하다(예 Arrow의 다수결 원칙 「불가능성정리」 참조)

일반이윤율의 확률적 배경

김 준 보

I

고전학파의 가격구성론에 의하면 자유경쟁의 전제하에 상품가격은 이른바 자연 가격을 중심으로 하여 수요 공급의 법칙에 따라서 부단히 동요한다. 그리하여 노동가치설에 있어서도 주지하는 바와 같이 자연가격은 생산가격(비용가격+ 평균이윤)이 되어 있고, 생산가격을 구성하는 평균이윤은 그 사회에 형성되는 일반이윤율(allgemeinen Profitrate)에 조응(照應)되어 있는 것이다. 이 이론을 좀더 정리하여 말하고 보면 다음과 같다.

1) 자유경쟁이 완전한 일정한 단계의 자본주의 사회에 있어서는 자본의 유기적 구성도의 차이에도 불구하고, 자본의 자유적 이동의 효과 투하 자본에 대하여 동일 수준의 이윤율, 즉 일반이유율이 형성되고,

2) 각상품 판매에서 기대되는 이윤은 그 상품의 비용가격에 일반이윤율을 승(乘)한 결과로서 얻게 되는 것이며, 따라서 제(諸)상품의 가격은 그 상품에 구현된 가치를 그대로 반영하는 것이 아니라 그의 생산가격에 기준을 갖는다.

3) 여기에 있어서 이른바 가치법칙의 왜곡이 있게 되는 것이나(여기에 노동가치학설에 대한 근본적 비판의 대상이 숨어 있음은 주지의 사실)그럼에도 불구하고 『제(諸)상품의 생산가격의 총계는 그의 가치의 총계와 같다』(「자본론」 제3권상, 고창택 P.130)

더욱 흔히 보는바 이상의 내용을 수표로서 예시하면 아래와 같다. (전상(全上) (P.127)

	잉여 가치율	잉여 가치	이윤율	소비 된 C	상품 가치	비용 가격	생산 가격	
	%		%					
I 80C+20V	100	20	20	50	90	70	92	
II 70C+30V	100	30	30	51	111	81	103	
III 60C+40V	100	40	40	51	131	91	113	
IV 85C+15V	100	15	15	40	70	55	77	
V 95C+ 5V	100	5	5	10	20	15	37	
390C+110V	–	110	100	202	422	312	422	계
78C+22V	–	22	22	–	–	–	–	평균

(C: 불변자본, V: 가변자본)

위의 표에서 보면 일정한 잉여가치율(100%)하에 사회적(5개 생산부문)으로 형성된 일반이윤율은 22%로 평균화하여 있고, 총생산가격과 총가치는 422로서 일치되어 있는 것이나. 그러면 여기서 문건데 위의 일반이윤율의 형성은 개별적 상품에 관하여 시장가격의 형성에 선행적인 것인가 또는 후행적인가?

만약 일반이윤율이 상품 가격의 형성에 선행하지 않는다면 (반대로 상품가격이 선행적으로 주어진 것으로서 인정한다면) 일견(一見) 우리에게는 생산가격을 말하는 것이 무의미하게 되고, 가치법칙은 전적으로 그의 의미를 상실된다 할진데 본래 가격 구성의 요국을 밝히려는 생산가격의 관념이나 도는 가치법칙의 목적은 모름지기 본래의 대상을 잃게 되기 때문이다.

그러나 돌이켜 생각하면 우리는 즉시 일반이윤율을 형성시키는 자본의 자유적인 이동요인을 상품가격의 형성 이전에 구할 수 없는 것도 사실이다. 그는 곧 개별적 기업의 입장에서 볼 때 이윤율의 고저는 상품가격이 결정됨으로써 비로소 인정되고, 구체적 자본의 이동은 상품가격을 전제로 하는 까닭이지마는 이점을 좀더 확실히 말하면 다음과 같은 것이다. 즉 『상품의 일부가 그의 가치이상으로써 판매되는 것과 마찬가지 비례로써 상품의 타일부(他一部)가 그 가치이하로써 판매된다. 그리하여 상품이 이와 같이 판매됨으로써만이 Ⅰ로부터 Ⅴ까지에 이르는 각 자본의 이윤율은 유기적 구성도의 차이에 관계없이 균등히 22퍼센트로 되는 것이다』(「동상(同上)」 하, P.400)

> 이밖에 많은 변설서(辨說書)에 있어서 같은 취지의 문면(文面)을 볼 수 있다. 예 「슘페라 일」, 「경제학사」, 일역(日譯) P. 209, 「경제학교과서」 일역(日譯) P.263, 대내(大內); 「경제학」 암파(岩波)전서 P. 109, 우야(宇野); 「경제원론하」 P. 58 등.
>
> 그러나 한편 위의 인용문에 뒤이어서 우리는 약간 반대적인 다음과 같은 문면(文面)에 접하는 것이나 이러한 사정은 곧 다음에서 알 수 있을 것이다. 『경쟁은 이윤을 만들어 내는 것은 아니다. 그리하여 우리들의 이윤의 하나의 필연율에 관하여 말할 때 알고자 하는 것은 마치 경쟁상의 제(諸)운동으로부터 독립된 이윤율, 오히려 경쟁을 조절하는 이윤율이다. 운운(云云)』(전상 P. 400~401)

Ⅱ

과연 상품의 시장가격이 평균이윤의 형성, 따라서 일반이윤율의 형성에 앞서서 형성됨을 요구한다는 것은 개별적인 경제주체의 활동을 미시적인 입장에서 살펴 볼 때 오히려 당연하다 할 수 있다. 그러나 한 거름 나아가서 문제를 거시적으로 살펴본다면 그의 전망은 역전하는 것이다. 그리하여 개별적 경제주체의 관여 여하에 불구하고, 일정 사회의 일정한 시간적 단계에는 어떠한 공통적인 이윤율의 선행적으로 형성되어 있음을 보게 된다. 오히려 이때에 우리는 개별적 경제주체의 투자활동은 사회적 일반 이윤율의 전제하의 행동으로서 파악할 수 있게 되는 것이다.

그러면 나아가서 개별적 경제주체의 활동의 집합적 소산인 일반이윤율이 반대로 개별적 경제주체의 활동에 대하여 조절의 기준으로서 나타난다는 사리는 어디에 있는 것인가? 그것은 곧 개별적인 행동에는 우연성이 지배되어 있음에도 불구하고, 그의 전체적인 집단현상에는 일정한 규칙성이 나타난다는 대수의 법칙이 지배되는 까닭인 것이니 여기에 바로 개체의 활동과 전체의 형성을 동시적으로 파악할 수 있는 계기는 숨어있고, 이에 의하여 일반이윤율(규칙성)의 형성을 확률적으로 고찰하는 실질적 의미는 발견될 수 있는 것이다.

> 『경쟁의 부면(部面)은 개별적인 경우에 있어서 이를 보면 우연에 의하여 지배된다. 이리하여 거기에 있어서는 이들 우연을 통하여 실현되고, 또한 이들 우연을 조정하는 내면적 법칙은 이들 우연이 대량적으로 총괄되는 경우에 한하여 눈에 나타나게 되는 것이며 또한 거기에 있어서 이 법칙은 개별적인 생산당사자 그 자신에 대하여서는 의연 눈에 보이지 않고, 이해할 수 없는 것이다』(전상(全上) P.366)

　일반이윤율의 형성을 위와 같이 대수의 법칙 하에 확률적인 조건으로서 해결함으로써 우리는 앞에의 문제 – 가격과 일반이윤율의 선후규정의 문제 –를 구체적으로 해답할 수 있게 된다. 그러나 한편 우리에 있어서 단순히 확률적인 조건 그것만을 찾아본다면 비단 그는 일반이윤율에 한해 있는 것이 아니다. 그는 어떠한 의미에 있어서 일체의 경제량에 관련되어 있다고 말할 수 있게 되고 사실 그럼으로써 우리는 이른바 계량 경제학의 발전된 내용에 있어서 이 방향의 많은 성과를 볼 수도 있게 되어 있는 것이다. 다만 여기에 주의를 요하는 점으로서 경제원리의 구조에 따라서는 그의 성질이 반드시 확률론의 특상(特象)으로서 연격(連格)성을 갖지 않는 것이 없지 않다. 한계효용의 개념은 그의 전형적인 것이라 할 수 있는 것이나 또한 우리는 「케인즈」의 이론에서와 같이 확률적, 수량적인 범주를 의식적으로 넘어 있는 예도 볼 수 있는 것이다.

> 『우리들이 결정을 버리는 장기기대의 상태라는 것은 가능한 최극적(the most probable; 예측만에 의존한다는 것이 아니다. 그는 또한 우리들이 예측을 가능케 하는 확신(confidence)에 의존하기도 하는 것이다』(「General Theory」 P.148)

　지금 실험삼아 계량경제학적 표식을 여기에 빌려서 일반이윤율의 형성 관계를 구체화하건데 첫째 상품 가격 P는 비용가격 p와 어떠한 이윤수준 m에 의하여 구성되는 것이 자명하므로 현실적 가격은

$$P = p + m$$

그런데 각 확률변수에 관하여

$$P = c + v$$

$$m = Kv + e$$

(단 K는 상수로서 잉여가치율, e는 오차 액)

이므로 따라서

$$P = c + v + Kv + e$$

e는 이 식에서 오차 액이 되는 동시에 그는 한편 이윤율 R와 더불어

$$R = \frac{m}{c+v} + \frac{Kv+e}{c+v}$$

로서 어떠한 제약 하에 놓여있는 변량임이 분명하다. 그러면 e, 따라서 R은 자본의 완전경쟁

하에 있어서 어떠한 확률적제적(確率的制的) (확률분포)하에 놓여 있는 것인가?

정확히 수식적으로 말하면 R의 분포는 3개의 변수 c, v, 및 e의 동시 확률 분포형을 취할 것으로서 내용적으로는 지극히 복잡한 구조를 갖는 다고 생각될 수 있다. 그러나 여기에서는 R을 하나의 변수로서 간단히 생각하여 그가 정규분포를 한다고 볼 수 있는 것이다. 그리하여 우리는 그의 기망치(期望値 expected value) $E(R)$로서 하나의 특성치를 얻게 된다. 이것이야말로 바로 우리의 의미한바 일반 이윤율의 표장(表章)이매 틀림이 없는 것이다.

『시장가격은 이 조절적인 생산가격 이상으로 되고, 또는 그 이하로 된다. 그러나 이들 운동은 상호 균형이 귀한다. 하나의 장기간에 걸친 가격표를 관찰하고, 또한 상품의 현실적 가치가 노동생산력의 변동에 의하여 변화할 여러 경우와 또는 자연적 또는 사회적 사고에 의하여 생산 행위상에 교란을 일으키는 여러 경우를 제외하고 생각한다면 우리들은 우선 위의 운동이 비교적 협소한 한계에 그쳐 있다는 것, 그리고 다음에 그의 상호 균형화의 규칙성에 놀라게 된다. 우리들은 이 경우에 있어서 「꾀테레」가 사회적 제 현상을 논증한바와 같은 조절적 평균의 지배를 발견하는 것이다』 (「자본론 전상(全上)」하 P.396)

요컨대 일반이윤율은 하나의 확률적인 기대치 = 평균치이므로 그것은 하나의 관면적인 존재이다. 그러나 현실적으로는 각 상품에 관하여 구체적인 이윤율 R이 나타나 있을 뿐인 것이다. 그러므로 『총생산 가격이 총가치와 같다』는 앞에서의 명제 즉

$$\sum[c+v+E(R)(c+v)]\sum(c+v+Kv+e)$$

도 그러한 의미에 있어서만이 우리의 고찰의 특상(特象)이 될 수 있다는 관계를 인식함은 중요하다. 왜냐하면 위의 식의 좌변에는 총관념적인 요소가 포함되어 있고, 우변은 보다 실체적인 내용으로서 인정되기 때문이다.

Ⅲ

우리는 이상에 있어서 일반이윤율의 형성 관계를 정태적으로 살펴보았으므로 이번에는 나아가서 그의 시간적 변동관계를 확률론적 입장에서 고찰하지 않으면 아니 된다. 그럼으로써 우리의 문제의 내용은 보다 풍부하게 전개될 것이고, 또한 그로 말미암아 우리는 한 거름 깊이 현실에 접근할 수 있게 될 것이다. (다만 시간적 변동, 즉 확률과정의 표현은 일반적으로 복잡성을 띠우게 된다.)

첫째 일반이윤율의 장기적 변동 관계에 대하여서는 주지하는 바와 같이 「저하(低下)의 경향의 법칙」이 없지 않다. 그러므로 우리의 의논 또한 이러한 점을 전제로 하는 것이나 우리는 여기에 문제를 우선 각종 이윤율의 정상적 분포에 관하여 그의 진동(oscillation)의 필연성을 논증하려 하는 것이다.

누구나 아는바와 같이 자유경쟁 하에 있어서 제 상품의 시장가격은 시간적으로 부단히 변동한다. (같은 시점에서 생산된 동일 상품이라 할지라도 물론 개별적 생산부문의 이윤율의 시간적 변동 따라서 사회적 일반이윤율(기망치(期望値))의 시간적 변동에 그대로 조응(照應)되어 있는 것이다. 그러면

우리는 우연적 요인에 의하여 부단히 변동하는 개별적인 상품 가격의 변동 상태 따라서 일반적 이윤율의 변동 상태를 어떻게 여실히 표현할 수 있을 것인가, - 얼른 생각하여 그것은 실지조사의 기록으로써 용이히 지면상에 표현할 수 있을 것도 같다. 그러나 표현의 방식이 문제이다. 왜냐하면 실지 조사의 기록은 사실상의 시간적 변동치에 대한 어떠한 이동 평균치(moving average)로서 인정되고, 사실의 변동 상태는 시간적, 연속적으로 변동하고 있기 때문이다. 그러므로 우리의 이론(사실)과 실지(조사)와의 사시에는 그만큼 오차를 면치 못하는 것이 분명하지만 어쨌든 일반이윤율의 기대된 표장(表章 관념이라 하여도 무방함)은 위에서 본바와 같이 어떠한 시간적 간격에 있어서의 각종 산업이 가진 이윤율의 평균치로서 본질적으로 진동함이 분명하다. (이 관계는 주지하는 바와 같이 일찍이 수리적으로 자세히 고찰되어 있다. - Slutzky - Yule 효과) 요컨대 각산종 (各産種)이윤율에 관한 이동 평균치로서 관념된 일반이윤율은 각산업의 이윤율이 우연성을 갖는 한에 있어서 필연적으로 진동 상태로 표시된다는 것이다. (그림)

Kendall; The Advanced Theory of Statistics, Vol, Ⅱ, P311 이하 참조. 더욱 Slutzky 등의 기도(企圖)한바 경제 환절의 성립을 우연적 소원인(小原因)이 누적 이동평균으로서 설명하고자 하는 구상에 대하여 본론이 가진 다른 성질은 일반이윤율이라는 것이 우연적 이윤율의 기대치 = 평균치로서 처음부터 실질적 의미를 갖는 계량이라는데 있다. 따라서 그의 이동 평균법은 그러한 실질적 의미에 있어서 제약되지 않으면 아니 되는 것이고, 단순한 통계 처리와 같이 기존의 환절 변동에 마쳐서 이동 평균법을 추후적으로 조절하는 것이 아니라는 것이다. 그리고 이동치 산정의 모형이 같지 않다. (그림 참조)

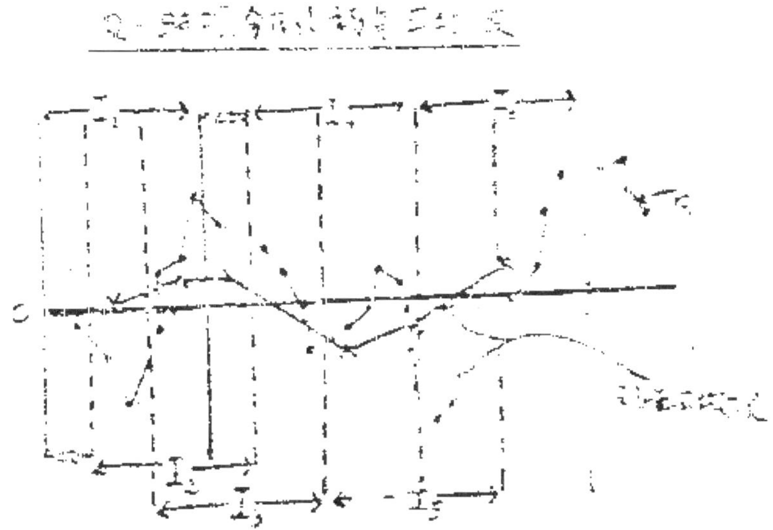

이상의 결과를 여기에 요약하면 다음과 같다. (우리는 일반이윤율을 확률적 배경에서 고찰하게 됨으로써 다음과 같은 몇 가지 사실을 확증하게 되었다고 생각한다.) 즉 (1) 일반이윤율의 형성을 가격의 형성과 동시적으로 파악할 수 있게 되었다는 것 (2) 일반이윤율은 원래 확률적인 기대치에 불과하므로 총생산가격 = 총가치의 명제는 그러한 의미에서 파악되어야 한다는 것 (3) 일반이윤율은 장기적으로는 저하(低下)의 경향을 취하되 단기적으로 간격을 두어서 정상적으로 관념될 때는 (그러한 경우는 실천적인 경우에 조응(照應)한다.) 그는 필연적으로 불규칙적 파동적 변동의 성질을 갖는다는 것이다. 그리하여 만약 이 관계를 도시(圖示)한다면 어떠한 난수열(亂數列) (각 산업의 이윤율은 우연적인 것이므로)에 있어서 하나의 이동 평균계열을 얻게 될 것이 기대되는 것이다. (위의 모형적 그림 참조)

물가지수 체계의 연관 분석적 평가법

김 준 보

오늘날 각국에 널리 통용되고 있는 곡물지수의 작성법은 반드시 객관적 지표성을 뚜렷이 인정할 만한 정립된 이론의 토대 위에 서 있는 것 같지 않다. 지금 우리에게 보편적 계산이 되어 있는 Laspeyres식을 본다 할 때 대상상품의 종목이나 가중치의 결정방법도 문제려니와 기준시점(연도)의 이동에 따른 전후 지수 체계의 불가피한 비연결성은 치명적 결함의 조건이다.

다음 표<Ⅰ>는 한국은행에서 작성 공표한 현행 도매물가지수(Laspeyres식)에 관한 몇 가지 상품의 가중치 변동 상황을 예시한 것이나 우선 1965년 기준에 비하여 1970년을 기준으로 삼았을 때에 격차는 매우 크다. 중간 연도의 변동 상황이 불명임은 물론이다. 따라서 전후 물가기준의 변동을 이로써 측정해 보기에는 너무 객관성이 결여되고 있음을 알 수 있다. 설령 전후 시점간의 상품별 가중치(거래 금액비 또는 거래 수량비)에 큰 변동이 없다 하더라도 일상품(一商品)이 물가에 미치는 영향력(가중치)이란 그 상품의 거래 관계만으로써 평가하기에 부족하고, 그 상품 가격이 다른 상품 일반의 가격(따라서 물가)에 미치는 전체적 효과로써 측정함이 보다 합리적이란 점을 당장 알 수 있는 사실이다.

〈표Ⅰ〉 상품별 가중치 및 동증감(同增減) 요인 (예)

상품 예	1965년 (%)	1970년 (%)	1970/1965	
			가격 증감률 (%)	거래 수량 증감률(%)
미(米)	10.50	8.83	75	14
전력	1.86	2.86	57	132
복합비료	1.33	0.67	-33	78

자료: 한국은행 조사부

물론 Laspeyres 식이 보여준 기준 시점의 이동에 따른 상품별 가중치의 변이에 관한 한, 이른바 「피아아쉐·체크」(Paasche check)라는 평가법이 전통적으로 쓰여지고 있다. 이는 곧 같은 상품별 가격변동의 자료를 이용한다 하되, 그 가중치를 시간과 더불어 변동시키는 물가지수를 따라 계산함으로써 가중치를 고정시킨 전자의 결과와 대조해 본다는 요령이다. 그러나 이러한 「체크」 방식 역시 결코 전식의 본질적 결함을 적극적으로 보완하는 기능을 갖고 있지 않다. 다문 가중치를 고정시킴으로써 발생하는 물가지수(Laspeyres식)와 그것을 매 시점마다 현실화시킴으로써 얻어진 물가지수(Paasche 식)간의 차이가 기준 시점에 비하여 어는 정도인가를 검정할 수 있게 할 뿐이다. 따라서 한국은행이 공표한 다음 〈표II〉가 가리키는 2.1%라는 실례 역시 그러한 이동 차이를 나타내고 있을 뿐, 당연도(當年度)의 적절한 가중치가 과연 무엇인가를 밝혀주는 지표라 할 수 없다. Laspeyres 식의 「비연결성」과 「비객관성」의 결함은 의연 남아있는 큰 문제이다.

〈표II〉 1965년 기준지수의 「파아아쇄·체크」 결과 (예)

	1970년 지수		check : (L-P/L)%
	Laspeyres식 (L)	Paasche 식 (P)	
총지수	145.9	142.9	2.1
섬유류	166.2	164.5	1.0
기계류	136.0	122.0	10.3
연료·전력	160.7	112.7	11.2
잡품(雜品)	158.4	148.2	6.4
	149.2	185.9	-24.6

자료: 동상(同上) 「물가총람」, 1970, 제30면

그러면 Laspeyres식에 의한 물가지수체계의 위와 같은 문제점을 해소시키는 적극적 방법은 우리에게 전혀 없는 것인가?

우리는 현물가지수 체계의 결정적 결함인 가중치에 관한 한, 적어도 하나의 방향 전환에 기대될 수 있는 개척적 국면이 있다고 보고 있다. 그것은 이미 시사한 바와 같이 일상품(一商品)의 가격이 타상품 일반의 가격에 미치는 전체 효과를 측정하는 방법이 포함되는 영역이다. 그리하여 결과는 필경, 산업 연관분석에 준한 각 상품가격의 파급 효과를 빠짐없이 종합하는 구상에 귀착한다. 그렇게 될 때 가중치의 제약성으로 연유한 물가지수의 전후 비연결성 또한 해결을 볼 수 있을 것으로 전망되는 것은 당연한 논리이다.

물론 당연한 목적인 객관적 가중치의 측정을 위하여 현실적으로 주어진 산업연관표[1]나 또는 그로써 작성된 통상적 투입계수표[2]를 당장 그대로 쓸 수는 없다. 특히 여기에 직접적으로 쓰이는 통상적 투입계수표는 원래 재화의 투입산출량을 화폐(가격) 명목으로 환산하여 계수화한 것이므로 그 자체 가격의 파급효과를 전달할 능력을 갖추지 못한 것이다. 그 밖에 현실적 산업연관표 그것이 상품별로 충분히 세분화 되어 있지 않다는 점, 또한 중대한 난관이 아닐 수 없다. 따라서 이하의 논술은 그러한 현실적 제약성이 극복된 연후에 비로소 구체화 될 수 있을 뿐이다.

우리는 첫째로 여기에 일반의 (금액) 투입계수를 간접적으로 물량화하는 요령으로서 다음과 같은

---

1) 산업연관표의 구체적 작성에 관하여서는 생산 가격형, 시장가격형, 수출입 상품의 처리에 관한 몇 가지 상이한 유형이 갈라지는 것이나 이 점에 관한 한, 여기에 논급하지 않는다.
2) 일반 투입계수에는 다음 식(1)에서 보는 바와 같이 처음부터 가격요인이 포함되어 있으므로 이것을 이용하여 묻는바 가격의 파급효과를 측정할 수 없다.

방법을 제시한다. 이것은 지극히 단순한 구상이지만 직접적으로 물량화할 수 없는 현실적 투입계수표를 간접적으로 물량화하였다는 점에서 기간에 건설적 의미는 주어지는 성질이다. 즉 우리는 현존한 투입계수표를 임의연도 그대로 이용하는 것이 아니라 기준 연도의 그것에 연결시킴으로써 가격변동의 요인만을 제거하는 수법을 강구한다. 다시 말하면 주어진 목표연도t_1)의 상품별 일반 투입계수, 즉 j상품을 1단위액 생산하기 위하여 I상품을 몇 단위액 투입하였는가를 나타내는 계수

$$a_{ij} = \frac{p_i x_{ij}}{P_j X_j} \qquad (1)$$

단, X_j는 j상품(부문) 총생산량, X_{ij}는 i부문으로부터 j부문에의 투입량, p_i 및 p_j는 각각 I 및 j 부문의 평균생산 가격

를 보되 그것을 즉시 가격 및 의 비 $R_{ij} = p_i / p_j$ 로써 제하지 아니하고 기준연도(t_0)의 동일 상품의 가격비 $R_{oj} = p_{oi} / p_{oj}$ 로써 일단 이 R_{ij}를 제한 다음, 다시 수정하여 다음과 같은 결과를 얻는다. 즉,

$$\widehat{a_{ij}} = a_{ij} \Big/ \frac{R_{ij}}{R_{0j}} \qquad (2)$$

이는 곧 기준연도의 상품별 상대적 가격(가격비)을 기준(1)으로 하여 비교(당)연도의 가격(금액)구성을 「데프레이트」한 소산이다. 그러므로 이는 분명히 기준연도에 연결된 물량적 투입 계수임에 틀림이 없다. 즉 우리는 여기서 말하자면 기준연도의 기준 기구를 토대로 삼은[3] (가격구성관계를 제거한) 목표연도의 기술적(물량적) 투입산출관계를 추출하여 볼 수 있게 된 셈이다.

그런데 당연도의 개별적 상품의 물량적 투입계수∂_{ij}를 위와 같이 하여 얻게 되면 우리는 n개 상품에 관한 그것의 행렬 A를 얻게 되고, 이번에는 따라 주어진 각 산업(상품) 별의 부가가치률 $\pi_j = \dfrac{Y_j}{X_j}$(단, Y_j 는 j부문의 부가가치)와 더불어 그 가격구성을 다음과 같이 놓고 볼 수 있다.[4] 즉

$$P_j = \sum_{i=1}^{n} p_i \widehat{a_{ij}} + \pi_j \quad (3)$$

$$(j = 1, 2, \ldots, n)$$

위의 식은 행렬로 표시할 때 잘 알려진 형태로서

---

3) 기준연도의 금액 투입계수 그것은 이때에 직접적 고찰의 대상이 되지 않는 것이며 비교연도의 물량적 투입계수를 위와 같이 산출하면 그 또한 물량화 하였다고 보아서 무방하다. 왜냐하면 우리는 이때에 가격비(R_{oj})를 1로 보고 있기 때문이다.

4) 각 부문별 본래의 기술적 투입계수와 부가가치률의 합계는 당연히 1이 될 것이나 그 투입계수를 위와 같이 물량화한 결과는 반드시 1이 된다 할 수 없다.

$$P = [I - A']^{-1}\pi \qquad\qquad (4)$$

<단, I는 단위행렬, A'는 A의 전치행렬>

로 주어질 뿐이다.

그러나 우리의 목적은 우선 임의의 상품가격 p_n이 타상품 가격 $p_1, \cdots, p_{n-1}$ 에 미치는 영향력을 보는데 있으므로 여기에서는 식(3)의 관계를 다음과 같이 변형하는 것이 편리하다. 다만 편이상 투입 계수는 a_{ij}는 이사에서는 이미 물량화한 것으로 본다.

$$\begin{pmatrix} p_1 \\ p_2 \\ \vdots \\ p_{n-1} \\ \pi_n \end{pmatrix} = \begin{pmatrix} 1-a_{11} & -a_{21} & \cdots & -a_{n-1,1} & 0 \\ -a_{12} & 1-a_{22} & \cdots & -a_{n-1,2} & 0 \\ \cdots & \cdots & \cdots & \cdots & \cdots \\ -a_{1,n-1} & -a_{2,n-1} & \cdots & 1-a_{n-1,n-1} & 0 \\ -a_{1,n} & -a_{2,n} & \cdots & a_{n-1,n-1} & -1 \end{pmatrix}^{-1} \left(\begin{pmatrix} \pi_1 \\ \pi_2 \\ \vdots \\ \pi_{n-1} \\ 0 \end{pmatrix} + \begin{pmatrix} a_{n1} \\ a_{n2} \\ \vdots \\ a_{n,n-1} \\ a_{nn}-1 \end{pmatrix} p_n \right) \quad (5)$$

(단 여기에 각 투입계수 a_{ij}는 물량적인 것, 이하 마찬가지)

이 식에서 우리는 임의의 p_n와 $\pi_1, \cdots, \pi_{n-1}$이 주어졌을 때 $p_1, \cdots, p_{n-1}$ 및 π_n을 계산할 수 있게 된다는 것, 따라서 이는 동시에 주어진 $\pi_1, \cdots, \pi_{n-1}$하에 p_n의 변동에 대한 $p_1, \cdots, p_{n-1}$ 및 π_n의 변동을 개별적 및 전체적으로 계산할 수 있다는 관계를 가리킨다. 그리하여 그 변동효과는 이 식에서 바로 p_n을 1로 놓고 행렬을 주어진 수치에 의하여 계산함으로써 획득함이 가능할 것이다. 이 것을 여기에 가장 간단한 $n = 2$ 부문(상품)의 특례를 들어서 구체적으로 밝혀보면 다음과 같다. 즉 1,2 두 상품의 가격구성

$$p_1 = p_1 a_{11} + p_2 a_{21} + \pi_1$$
$$p_2 = p_1 a_{12} + p_2 a_{22} + \pi_2$$

에서 우리는 곧

$$(1 - a_{11})p_1 - a_{21}p_2 = \pi_1$$
$$-a_{12}p_1 + (1 - a_{22})p_2 = \pi_2$$

를 얻게 되는 것이나 이를 행렬화하여 (단, p_2 및 π_1을 기지수(旣知數)로 본다)보면 곧

$$\begin{pmatrix} 1-a_{11} & 0 \\ -a_{12} & -1 \end{pmatrix} \begin{pmatrix} p_1 \\ \pi_2 \end{pmatrix} = \begin{pmatrix} \pi_1 \\ 0 \end{pmatrix} + \begin{pmatrix} a_{21} \\ a_{22}-1 \end{pmatrix} p_2$$

를 얻게 된다. 그렇다면 우리는 식(5)의 유형으로서

$$\begin{pmatrix} p_1 \\ \pi_2 \end{pmatrix} = \begin{pmatrix} 1-a_{11} & 0 \\ -a_{12} & -1 \end{pmatrix}^{-1} \left(\begin{pmatrix} \pi_1 \\ 0 \end{pmatrix} + \begin{pmatrix} a_{21} \\ a_{22}-1 \end{pmatrix} p_2 \right)$$

또는

$$\begin{pmatrix} p_1 \\ \pi_2 \end{pmatrix} = \begin{pmatrix} \dfrac{1}{1-a_{11}} & 0 \\ -a_{12}\big/1-a_{11} & -1 \end{pmatrix}^{-1} \left(\begin{pmatrix} \pi_1 \\ 0 \end{pmatrix} + \begin{pmatrix} a_{21} \\ a_{22}-1 \end{pmatrix} p_2 \right)$$

를 얻기 마련이다. 여기에 있어서 우리는 주어진 조건하에 p_1의 변동기구를 즉시

$$p_1 = \frac{\pi_1}{1-a_{11}} + \frac{a_{21}}{1-a_{11}} p_2$$

로서 얻게 된다. 다만 이때에 식(6)의 우변에서 제1항은 주어진 π_1과 더불어 상수항이 되어 있으므로 그것의 제2항에 주목하여 승수

$$\frac{a_{21}}{1-a_{11}}$$

를 제2상품의 제1상품에 미치는 변동효과로 보아서 무방할 것이며, $n=2$인 이 특례에서는 그것이 바로 물가에 미치는 효과로 보아질 따름이다.

그런데 여기에 만약 기준연도의 상품별 가중치가 어떠한 방법에 의하여서든지 미리 주어져 있다고 설정하면 우리는 위의 승수를 당연도(當年度)의 상품별 가중치의 산정이나 그것의 객관성 평가에 이용할 수 있다는 관계가 성립된다. 그것은 곧 기준연도의 제2상품의 가중치에 그와 같은 승수를 승해 줌으로써 당연도(當年度) 제1상품 가격(따라서 여기에서는 물가로 봄)에 미치는 제2상품 가격의 상대적 영향력(가중치)은 산출되었다고 보아지기 때문이다.

그렇다면 우리는 여기서 당장 식(5)의 일반적 가격 기구로 돌아가서 제n차 상품의 당연(當年) 물가에 미치는 가중치를 위에 준하여 산출할 수 있게 되고 마찬가지 방법을 n번 거듭함으로써 모든 상품에 관하여 상대적 가중치를 규정할 수 있게 된다. 다만 이러한 일반적 기구 하에 있어서는 일상품(一商品)이 타상품에 미치는 효과란 상품마다 반드시 같지 않은 것은 당연하며, 따라서 우리는 각기 다른 그들 개별적 효과의 총계를 이용하여 각 상품의 가중치를 평가하는 승수로서 사용함이 요구될 따름이다.

물론 구체적 산업연관표에 있어서 기준 연도의 상품 구성과 비교연도의 그것이 언제나 일치된다고 기대하기 곤란하다. 다라서 여기에도 현실적 응용의 제약성은 따르기 마련인 것이나, 전후 자료에 관한 적절한 조절의 방법으로써 전통적 Laspeyres식에 비하여 적어도 비교시점의 가중치를 객관적으로 평가하는 길은 얻어질 수 있다고 보아진다. 그럼으로써 여기에 동지수식이 시간적 단속(斷續)성을 구출함에 기여할 수 있다는 명제는 분명히 성립되는 관계이다.

그 밖에 우리의 연관 분석적 방법을 취할 때 대상상품수의 책정에 있어서 전통적 방법이 갖는 임의성이 어느 정도 제지될 수 있다는 점은 중요하다. 그리고 적어도 이론적으로는 전체적 산업 상품을 포괄한다는 기술적 장점이 지목될 수 있다는 점 역시 물가지수의 연속성과 객관성을 강화하는

방향임은 물론이다.

그럼에도 불구하고 좀 더 생각할 때 이 방법 역시 실무적 난점 이외에 투입계수표 이용상의 제약성이 발견된다. 왜냐하면 원래 산업 연관분석이 갖는 고유한 설정은 고사하고, 무엇보다 위에서 본 각 상품별 가격효과라는 것은 알고 보면 생산비 측면에 한정하여 본, 상품별 기술적 파급효과에 지나지 않는 까닭이다. 그러므로 우리는 단순히 위의 방법에 머물러 있을 수 없고, 적어도 경제의 유통적 측면을 감안한 차원에서 가격 변동을 보다 종합적으로 보아야만 한다. 다만 우리는 여기에 후자의 기본적 요인을 도입한 간단한 모형을 구상에 볼 뿐이다.

물론 전상품의 유통관계란 지극히 복잡한 내용이나, 잠정적 예로써 전자의 물질적 투입계수 체계(A)의 간단한 수요공급의 함수관계를 도입한 연립방정식 체계를 상정해 본다. 이 또한 논의의 대상이 되기 마련이지만 우선 식(5)를 한 걸음 현실화한 것임에 틀림이 없다. 즉 선형으로 표시하며5)

$$P = [I - A']^{-1} \pi$$
$$X = [I - A]^{-1} D$$
$$D = \alpha_0 + \alpha_1 p + 9\gamma\pi \qquad (7)$$
$$X = \beta_o + \beta_1 p$$

(단 P는 기준연도의 가격 P_0에 대한 당연도(當年度) 가격 P_1의 상대치)

여기에서 제1식은 이미 식(4)로서 본 행렬 관계이고 제2식은 역시 산업연관표에서의 부문별(상품별) 최종수요 D와 동총산출(同總産出)(공급) X와의 행렬 관계식, 제3식은 별도로 시장조사에 의하여 상품별 수요함수식, 그리고 제4식은 마찬가지로 상품별 공급함수식의 행렬적 표시로 되어 있다. 따라서 이때에 수요 공급 함수식의 「파라미타」인 α, β 및 r의 구성은 각각 다음과 같은 내용이다. 즉

$$\alpha_0 = \begin{pmatrix} \alpha_{10} \\ \alpha_{20} \\ \vdots \\ \alpha_{n0} \end{pmatrix}, \quad \alpha_1 = \begin{pmatrix} \alpha_{11}, & \cdots\cdots & \alpha_{1n} \\ \alpha_{21}, & \cdots\cdots & \alpha_{2n} \\ \cdots & \cdots & \cdots \\ \alpha_{n1}, & \cdots\cdots & \alpha_{nn} \end{pmatrix}, \quad \beta_0 = \begin{pmatrix} \beta_{10} \\ \beta_{20} \\ \vdots \\ \beta_{n0} \end{pmatrix}, \quad \gamma = \begin{pmatrix} \gamma_1 & & \\ & \gamma_2 & \\ & & \ddots \\ & & & \gamma_m \end{pmatrix}$$

그런데 위의 구조식 체계(7)에 있어서 전식은 4개이고, 내생변수 또한 P, π, D 및 X의 4중으로 보는 것이므로 동체계식(同體系式)은 각 변수에 관하여 간단히 풀어지는 예이며, 따라서 위의 P는 다음과 같다. 즉

$$P = [\gamma(I - A') - (I - A)\beta_1 + \alpha_1]^{-1}(I - A)\beta_0 - \alpha_0] \qquad (8)$$

이때에 이 식의 각 「파라미터」인 α, β 및 r는 이미 체계식(7)의 제3식 및 제4식에서 미리 추정하여 얻어진 결과식이라 것, 따라서 그것의 실무적 작업이 문제로 남는다. 그러나 우리가 보는

---

5) 이 모형에서 인정(identification, 식별)의 문제는 회피할 수 있는 것으로 상정한다.

바 식(8)은 말하자면 생산적 구조와 유통기구를 아울어 보았을 때의 각 상품 가격별 형성조건을 가리키고 있다. 다만 P의 규정에 따라서 그것은 기준 연도에 대한 비교연도의 변동효과로 보아지는 상대적 수치일 뿐이다. 여기에 우리는 바로 이 식을 곧 식(6)에서 얻어진 승수와 같이 각 상품별 가중치의 결정에 이용할 수 있을 것이 분명하다. 왜냐하면 지금 기준연도에 비하여 상대적 가격이 그만큼 변동을 하는 것은 곧 그만큼 기준연도의 물가수준에 상대적 영향력을 미치는 것으로 볼 수 있기 때문이다.

　물론 가격 체계에 관한 관계식적 모형화 방법 그 자체는 일찍이 많은 업적으로 우리에게 주어져 있다. 그 뿐 아니라 이는 본론이 지금 개발코자 의도하는 Laspeyres식의 가중치 평가에 한정되는 목적을 갖는 것도 아니며, 앞으로 모형화의 개선과 더불어 응용 면에 대한 새로운 효과적 확대 방향 또한 틀림없이 기대된다. 다만 거듭 본바와 같이 이러한 연관적 분석 방법에 현실적 난점은 허다한 실정이므로 본론은 아직 본격적 연구의 과정을 앞으로 크게 남겨 놓고 있는 하나의 시론(試論)적 범주라는 것을 부기할 따름이다.

ABSTRACT

An Interindustry Approach to Formulations of Price Indexes

The Laspeyres formulae currently employed in formulations of the official price indexes in Korea inevitably causes the calculated price indexes to be affected by discontinuity arising from the variation of the base year. This fact constitutes an important defect that the weights used for each of items in the calculation cannot be objectively evaluated. This paper attempts to establish a theoretical system in which objective weights may be calculated for a current year in relation to a base year based on the analysis of interindustrial price impact of a commodity on another commodities. This system begins with a transformation of value input coefficients with respect to a base year. However, the use of quantitative input coefficients dictated that price change of a commodity cause by change in production cost can be only accounted and not the change in price in transaction channels. Accordingly, the most logical framework may be achieved by the introduction of demand v-v supply relationships into the interindustry system. A theoretical model is established in this aspect.

자기 회귀모형의 응용적 제약성

김 준 보

I. 자기회귀계수의 전통적 추정법

경제적 순환의 규정이나 경제 예측의 수단으로서 많이 쓰여지는 확률정차방정식 체계로서의 자기회귀모형(autoregressive model)에 관해서는 이론의 정밀화 방향에서 근자(近者) 많은 업적이 쌓여지고 있다. [1] 비교적 새로운 개척 분야란 점 또한 그 이유의 하나인 것 같다.

그러나 자기회귀모형의 현실적 이용에는 아직 남점이 많다. 특히 그 계수 추정의 방식에 관한 한, 오히려 치명적 제약성이 그래도 남아 있다고 보는 데 바로 본고의 기점이 있다.

우선 임의(p차)의 자기회귀모형

$$x_t = \alpha_1 x_{t-1} + \alpha_2 x_{t-2} + \cdots\cdots + \alpha_p x_{t-p} + \alpha_0 + \epsilon_t \quad (1)$$

을 생각하고, 각 계수 a를 추정한다고 하자. 이에 관해서는 일찍이(1943년) [만](H. B. Mann)과 「왈드」(A.Wald)[2]에 의한 최우(最尤)추정치(maximum likelihood estimate)의 유도법과 그것의 체계적 증명이 나와 있다. 이 토대는 오늘날 흔히 취하는 바와 같이 (i)확률오차(형공) ε_t가 시간 t에 관하여 독립적으로 동일분포를 취한다는 것(자기상관이나 계열 상관은 없다는 것), (ii)특성 방정식

$$\rho^p - \alpha_1 p^{p-1} - \cdots - \alpha_p = o$$

의 모든 근(ρ)의 절대치가 1보다 작다는 것(안정조건), (iii)그리고 ε_t의 모든 「모멘트」(moment)는 유한으로서 존재한다는 세 가지 설정으로 되어 있다. 그럼으로써 변수간의 비독립성에도 불구하고, 일반의 최우(最尤)추정법에 의한 a의 추정치가 대표본의 경우 일치 추정치로서 얻어진다는 것, 그리고 이 추정치는 최소 자승법에 의한 것과 일치된다는 점, 따라서 최소 자승법을 그대로 적용하여 계수추정을 할 수 있다는 점이 그 요점으로 되어 있다. 그리하여 전통적 자기회귀모형의 계수추정인즉 기본적으로 이에 따르고 있다. 다문 소표본의 경우 기결(旣決) 독립변수 사이에 상관성(multicol linearity)이라든지, 오차액 ε_t의 계수상관성이 검출되는 경우에 편향성(bias)을 어떻게 처리할 것인가에 대한 방법이

---

1) M. Kendall and A. Stuart, The Advanced Theory of Statistics, Vol 3, New York; Hafner Pub, 1966, p.476 이후, H. Wold A Study in the Analysis of Stationary Time Series, 2nd ed. Stockhoim; Almqvist and Wicksell, 1954, Chaps 3~4 그리고 G. Tintner, Econometrics, New York, Wiley, 1954, p.255 이후 참조

2) H. B. Mann and A Wald, "On the Statistical Treatment of Linear Stochastic Difference Equations, " Econometrica, Vol, 11(1943). 3~4, (J. Hooper and M. Nerlove Selected Readings in Econometrics from Econometrica, 1970)

여러모로 연구되고 있는 설정이다.

그러면 위와 같은 분석의 방식에 어떠한 본질적 결함은 없는 것인가?

Ⅱ. 안정조건의 설정과 오차액

우리는 우선 위의 전통적 자기회귀분석이 현실적 응용면에 있어서 매우 어려운 설정위에서 있다는 점을 지목하지 않을 수 없다. 첫째로 일반의 선형모형에서 볼 수 없는 그것의 안정조건(가정 ii)이 곧 오차액 ε_t의 분포에 대하여 뜻하지 않은 제약을 가져오게 된다는 점이 커다란 관심사이다.

지금 식(1)의 가장 간단한 경우로서 1차의 자기회귀모형

$$x_t = \alpha x_{t-1} + \rho_t \quad (3)$$

을 들어서 위의 관계를 살펴 볼 때 x_t가 확대하지 않고 안정적으로 진행하는 조건은 위의 가정(ii) 밑에 $|\alpha| < 1$이라는 것임을 우리는 알고 있다. 그리고 2차의 경우라면

$$x_t = \alpha_1 x_{t-1} + \alpha_2 x_{t-2} + \epsilon_t \quad (4)$$

로서 그것의 안정조건은 주지하는 바와 같이 $|\alpha_1| \leq 2, \quad -1 \leq \alpha_2 < 0$으로 되어 있다. 따라서 자기회귀모형이 취하는 계수의 범주는 어느 정도 제약되어 있어서 당초 식(3)이나 식(4)가 부합될 것이 엿보이는 시차자료에 있어서도 이들 식이 반드시 적용될 수 있을는지 당장 보장은 없다. 구태여 식 (3)을 들어서 볼 때 그것은 $|\alpha| < 1$의 한도에서 구체적으로 성립되는 만큼 ε_t의 분포에 어떠한 제약을 주게 마련이다. 즉 x_t의 정상적 변동이 비록 위의 조건에 일반적으로 적합되는 경향에 있다 하더라도 현실적으로 확산적 경향성을 갖는 x_t의 진행이 그 가운데 없을 수 없다. 그렇다면 결국 구체적으로 얻어진 자기회귀모형은 처음부터 통계자료를 조건에 맞는 것으로 선택하여 놓고 보지 않는 한, 있을 수 있는 당초의 ε_t(따라서 x_t)의 분포를 그만큼 제약한 셈이다.

물론 우리는 당초부터 위의 조건에 알맞은 통계자료를 가정할 수 없지 않다. 사실 전통적 이론은 그렇게 보고 모형을 설정하였다고 보아진다. 그러나 이 또한 반드시 현실적 분석법이라 볼 수 없을 뿐만 아니라 조건의 제약이 붙어 있는 한, 자료를 끝까지 그에 맞추어 놓아야 하는 것이 분명한 사실이다.

그렇다면 이론적으로나 구체적 응용면에 있어서 일단 가설된 자기회귀모형의 오차액 ε_t가 위의 안정조건에 의하여 제약된다는 관계는 불가피한 특성이라고 볼 수밖에 없다. 따라서 처음부터 독립적 자기분포(가정 i)를 취하였다 하더라도 제약된 모형에서 과연 그러한 가정이 그래도 지켜질 것인가, 이점이 문제가 아닐 수 없다. 그리하여 만약 그 분포형식이 처음부터 비자유적인 것이라 하면 그것은 위의 안정조건에 기인하는 왜곡 현상이므로 성질상 그 분포 역시 독립변수 x_{t-1}과 전적으로 무관하다 할 수 없다. 여기에 독립변수와 오차 ε_t가 표현상 시차를 달리하여 상호 독립적으로 보이는 가운데

있어서도 내면적으로 연결되는 계기는 숨어 있다고 우리는 보는 것이다.

더욱 주목되는 것은 위의 안정조건이 따르게 될 때 당초 오차액 ε사이에 있을 수 있는 계열 상관성이 높아질 수 있다는 점이다. 이 점 처음 가정(ii)와 (i)사이에 상형성을 가중하는 관계이다. 즉 가정 (i)은 처음부터 오차액 사이에 계열 상관이 없다고 본 것이지만 그것은 사실상 어려운 가정일 뿐 아니라, 안정조건의 요구에 따른 자료의 제약은 필경 동질 차액 사이에서 볼 수 있을 뿐 아니라 독립변수와 오차액 사이에 있어서도 상관도를 높이는 계기로서 나타나는 성질이다.

그 밖에 자기회귀의 경우 각종 변수 사이에 계열상관은 분명하므로 이들 구성인 오차액 사이에 상관성은 적극적으로 인정된다. 왜냐하면 원래 위에서 ε_t계열과 χ_t계열은 분명히 상관관계에 놓여 있는 바, 지금 만약 x_t와 x_{t-1}사이에 계열상관이 인정된다면 돌아가서 ε_t와 ε_{t-1}사이의 상관성은 수리상 자명한 까닭이다.

우리는 자기회귀모형이 더욱 안정조건하에 오차의 집적현상을 보이는 가운데 이들이 내생변수의 내용을 꾸미고 있다는 사정을 알 수 있다. 즉 식 (3)에서

$$
\begin{aligned}
x_t &= \alpha x_{t-1} + \epsilon_t \\
&= \epsilon + \alpha(\alpha x_{t-2} + \epsilon_{t-2}) \\
&= \epsilon_t + \alpha\epsilon_{t-1} + \alpha^2(x_{t-3} + \epsilon_{t-2}) \\
&= \epsilon_t + \alpha_{\epsilon t-1} + \alpha\epsilon t - 2 + \alpha^3\epsilon t - 3 + \cdots\cdots
\end{aligned}
$$

그리고 식(4)에서 또한 결과만을 보건대[3] 다음과 같다.

$$
x_t = \epsilon_t + \sum_{j=2}^{\infty} k_j\epsilon_{t-j+1}
$$

$$
k_j \frac{2}{\sqrt{4\alpha_2 - \alpha_1^2}} \ R^j\sin(\theta_j), \ R = \sqrt{\alpha_2} < 1, \ \cos\theta = -\alpha_1 \big/ 2\sqrt{\alpha_2}
$$

Ⅲ. 형공(衡擊)요인 및 독립변수의 속성

자기회귀모형이 위에서와 같이 처음부터 단일방정식으로 표현되는 경우이거나 또는 어떠한 연립방정식체계에서 유도되는 경우[4]를 가릴 것 없이 전통적 모형에서 오차액은 독립성이 설정된 가운데 외생변수적 성격이 짙다. 그것을 형공(衡擊)(shock)이라 부르는 소이(所以)이다. 그것(ε_t)은 두말할 것 없이 미지의 확률적 변수로서 종속변수의 원인이 될 지언정 그 반대는 되지 않는다는

---

3) M. Kendall, The Advanced Theory of Statistics, Vol 2. New York Hafner Pub, 1946

4) H. Wold, demand Analysis; A study in econometrics, New York Wiley, 1953. p.48

   R. Benzel and H. Wold, " On statistical demand analysis from the view point of Simultaneous Equations, " Skandinavisk Aktuarietitidskrift, Vol, 29(1946)

것이고 그 원인적 요소의 진행이 누적되어 바로 시계열 (x_t)의 순환적 동태를 형성한다고 보는 것인 (식 5 참조) 곧 이 이론 체계의 특징이다.

그러나 자기회구형의 제약 조건은 고사하고 위에서 본 바와 같이 내생적 요인을 포함하지 않는 형공(衡擊) 그것이 집적되어 내생적 요인(x_t)이 된다는 데는 사실상 이론적 난점이 개재한다. 더욱 그들이 내생적 효과를 가져오는 요인이라 한다 하더라도 끝까지 기존의 자기집적체인 내생적 요인에 의하여 영향을 받을 수 없다는 가정은 무리이다. 따라서 위의 일반적 자기회귀모형을 생각할 때 오차액 ε_t를 외생적인 것으로만 본다는 분석은 현실적으로 불안하다. 무엇보다 x_t를 설명함에 있어서 시차적 독립변수만으로써 내생적 관계가 분명히 주어지는 예는 거의 없다고 보아지기 때문이다.

그렇다면 비록 형공(衡擊)이라 하지만 그 가운데는 반드시 내생적 요인이 포함되어 있다고 보는 것이 현실적이라 할 수 있다. 따라서 독립변수와의 상관성이나 자기상관성은 도저히 부인할 수 없다고 보는 것이 또한 당연한 이론이다.

물론 자기회귀모형의 차수가 높아짐에 따라서 형공(衡擊)에 포함되는 내생변수적 효능이 희박해 질 것은 당연하다. 사실 종속변수는 대부분 처음 독립변수의 영향력에 의하여 크게 규제되는 성향이 있다. 그러나 생각건대 기결(旣決)변수 x_{t-p}와 오채액 ε_t사이에 완전한 무상관성을 보일만큼 내생변수의 요인이 안에 포함되어 있지 않다고 끝가지 보는 것은 속단에 불과하다. 이미 보아온 바, 안정조건의 요구에서도 총체적 상관성이 부여될 수 있거니와 적어도 있을 수 있는 x_{t-p-1}와 x_{t-p}사이에는 원래 x_t와 x_{t-1}사이에서 본바와 같은 상관성이 인정되는 까닭이다.

물론 독립변수와 형공(衡擊) 사이에 다소의 상관성이 있다 하더라도 종속변수를 지배하는 대세는 지배적 종속변수와의 관계에서 주어지는 점을 우리는 알고 있다. 그러나 이 또한 독립변수간의 상관성이 희박한 경우에 타당성이 시인되는 명제일 뿐이다. 전통적인 자기회귀모형에 관한 한, 독립변수 간의 비독립성은 이론상 종속변수와의 그것과 본질적으로 다름이 없다. 여기에 이 모형의 난점이 새삼 지목되는 관계이다. 이때에 더구나 오차액사이의 계열 상관이 일반이라는 성격을 아울러 놓고 볼 때, 전통적 자기회귀모형이 존립하는 가정의 토대는 매우 불안정하다. 이 점 본래의 가정에도 불구하고, 오차액의 독립성에 관련하여 특별히 이 모형에 대한 편향성5)이 많이 논의되는 소이(所以)이다.

---

5) L. Hurwicz, "Bias in Time Series," Statistical Inference in Dynamic Economic Models, ed. by Koopmans, New York Wiley, 1950. p.365

Ⅳ. 결론

우리는 자기회귀모형의 전형적 분석법으로서 처음에 제시한 「만」과 「왈드」 등의 가정이 현실에 비추어 너무나 단순함을 지적하지 않을 수 없다. 오히려 이론적 모순성과 더불어 비현실성이 지목되는 내용이다. 즉,

1) 주어진 시계열자료에 안정조건을 갖는 그들 자기회귀모형을 적용하려 할 때 그 조건에 따른 오차액(ε_t)의 독립적 분포는 필연적으로 제약된다. (이 점 그들의 가정은 상호간에 본질적으로 배반된다.)

처음부터 안정조건에 부합된 자료만을 채택하였을 때 스스로 통계자료의 제약을 가져온다.

2) 위의 제약조건(안정조건)은 필경 오차의 계열 상관성이나 오차액과 독립변수간의 상관도를 높일 가능성을 보여준다.

3) 독립변수간의 비독립성은 처음부터 본질적인 것이나 이들이 오차항간의 계열관계를 필연적으로 가져온다.

물론 우리는 단순한 최소자승법의 회귀추정이 가져온 편향의 규제법을 알고 있다. 6)그러나 적어도 일반의 경제 통계에 관한 한, 자료의 취득난과 더불어 위의 제약성은 거의 전통적 자기 회귀분석이 유효할 것인지 크게 의문시되는 정도이다. 따라서 바야흐로 편향의 단순한 제거법이 아니라 이 모형에 대한 근본적 개신의 구상이 우리에게 요구되는 것도 같다. 이 점이 바로 우리의 숙명인 동시에 본고의 결론이다.

---

6) J. Johnston, Econometric Methods, 2nd ed, New York, MeGraw-Hill, 1963, p303

참고문헌

[1] benzel, R, and Wold, H," On statistical demand analysis from the view point of Simultaneous Equations, " Skandinavisk Aktuarietitidskrift, Vol, 29(1946)

[2] Hurwicz, L. "Bias in Time Series," Statistical Inference in Dynamic Economic Models, ed. by Koopmans, New York Wiley, 1950

[3] J. Johnston, Econometric Methods, 2nd ed, New York, MeGraw-Hill, 1963

[4] Kendall, M, The Advanced Theory of Statistics, Vol 2. New York Hafner, 1946

[5] Kendall, M. and Stuart, A. WThe Advanced Theory of Statistics, Vol 3, New York; Hafner, 1966,

[6] Mann, H. B. and Wald, A, "On the Statistical Treatment of Linear Stochastic Difference Equations, " Econometrica, Vo, 11 (1943), 3~4

[7] Tintner,G. Econometrics, New York, Wiley, 1954

[8] Wold. H.A Study in the Analysis of Stationary Time Series, 2nd ed. Stockhoim; Almqvist and Wicksell, 1954

[9] Wold. H, demand Analysis; A study in econometrics, New York Wiley, 1953

SUMMARY

Some Limitations in the Use of
Traditional Autoregressive Models

In the use of a traditional autoregressive linear equation, there are a number of obvious limitations which may not be conventionally neglected. This paper attempts to disclose some of them with respect to the assumptions made about error terms, conditions of convergence of the equation, properties of estimators, etc.

韓國農業經濟學의 泰斗,
金俊輔 先生의 삶과 學問世界
- 碧齊 金俊輔 教授 回顧 論文集 -

저   자 | 한국농업경제학회
발 행 인 | 최 원 병
발 행 처 | 농민신문사
편집 · 인쇄 | (주)블루엔크리에이티브

초판 1쇄 발행 | 2009년 7월 15일
등 록 번 호 | 제 1-1218호
주   소 | 서울특별시 종로구 종로1가 36
전   화 | 02)3703-6055~7
팩   스 | 02)3703-6208

정가 35,000원
ISBN 978-89-7947-086-4 93320

*저자와의 협약에 의하여 인지 첩부를 생략합니다.